Handbuch des Materialprüfungswesens für Maschinen- und Bauingenieure

Von

Dipl.-Ing. **Otto Wawrziniok**
ord. Professor an der Technischen Hochschule, Dresden

Zweite vermehrte und
vollständig umgearbeitete Auflage

Mit 641 Textabbildungen

Berlin
Verlag von Julius Springer
1923

ISBN 978-3-642-90524-7 ISBN 978-3-642-92381-4 (eBook)
DOI 10.1007/978-3-642-92381-4

Softcover reprint of the hardcover 1st edition 1923

Vorwort zur ersten Auflage.

Das Bedürfnis nach einem Nachschlagewerk, welches Auskunft über die bei Materialprüfungen benutzten Verfahren und Vorrichtungen gibt, veranlaßten mich, das vorliegende Handbuch des Materialprüfungswesens zu verfassen. Es ist dazu bestimmt, in kürzester Form alle wichtigeren, das Materialprüfungswesen betreffenden Fragen zu beantworten und Anleitung zur sachgemäßen Durchführung von Materialprüfungen aus dem Gebiete des Maschinen- und Bauingenieurwesens zu geben. Zur Vermeidung eines zu großen Umfanges des Werkes mußte ich mich bei meinen Ausführungen auf das Notwendigste beschränken und durch Aufnahme zahlreicher Figuren mich zur Erläuterung, wenn irgend angängig, der bildlichen Darstellung bedienen. Ich habe mich bemüht, die Beschreibungen und Anleitungen in allgemeinfaßlicher Weise zu halten und Versuchsverfahren anzugeben, welche auch weniger reich ausgestattete Prüfungsstellen benutzen können. Theorien wurden nur in solchem Umfange gegeben, als zum Verständnis der Prüfungsverfahren erforderlich ist. Es waren in erster Linie einige Abschnitte aus der Festigkeitslehre, deren Behandlung nicht zu umgehen war, da die bloßen Festigkeitsformeln im Prüfungswesen wohl verwendbar sind, ihre Ableitung aber oft Fingerzeige über die Richtung gibt, nach der die Versuchsausführung zu erfolgen hat. Zur Vermeidung von Wiederholungen fand eine Gliederung des gesamten Stoffes in mehrere Teile statt, in denen Gleichartiges zusammengefaßt wurde. Die aufgenommenen Beispiele und Ergebnisse von Versuchen sollen zum Verständnis der erläuterten Versuchsverfahren beitragen und Anhaltspunkte zur Beurteilung von anderen Versuchsergebnissen liefern. Solche Verfahren, die ein rein wissenschaftliches Interesse besitzen und für die praktische Materialprüfung demnach nicht in Frage kommen, sind nur angedeutet, und der Leser ist im übrigen auf die einschlägige Literatur verwiesen worden. Die Aufnahme des letzten Teiles, welcher die Grundzüge der Metallographie behandelt, erschien mir notwendig, weil die Gefügebildung und -beschaffenheit der Metalle wichtige Aufschlüsse über Abweichungen ihrer mechanischen Eigenschaften liefert. Die Erläuterungen wurden auf das geringste zulässige Maß beschränkt und daher die Vorgänge bei der Erstarrung und Abkühlung der Legierungen nur soweit erörtert, als zum Verständnis der Vorgänge bei der Gefügebildung der Legierungen erforderlich ist.

Ich übergebe mein Werk der Öffentlichkeit mit dem Wunsche, daß es seinen Zweck, ein Handbuch und zugleich Lehrbuch für die studierenden und die im praktischen Leben stehenden Ingenieure zu sein, erfülle.

Dresden, im Oktober 1908.

Vorwort zur zweiten Auflage.

Seit dem Erscheinen der ersten Auflage des vorliegenden Handbuches hat die Materialprüfung eine ihre praktische Bedeutung dokumentierende starke Weiterentwicklung erfahren, die es notwendig machte, das Handbuch einer Umarbeitung zu unterziehen. Wenn sich auch an den in der ersten Auflage beschriebenen und vorgeschlagenen Versuchsverfahren an sich nichts oder teilweise nur wenig geändert hat, so bedingte doch die Aufnahme neuer Verfahren und die inzwischen fortgeschrittene Erkenntnis eine teilweise Erweiterung der einschlägigen Abschnitte, deren Einfügung in den behandelten Stoff verschiedene Änderungen im bisherigen Text benötigte. Dabei mußte aber zur Vermeidung der Vergrößerung des Umfanges des Buches sehr vorsichtig verfahren werden, denn eine Vergrößerung des Umfanges hätte eine Verteuerung im Gefolge gehabt, die den Kreis der Käufer des Buches eingeengt haben würde. Da im übrigen für ein umfangreicheres Werk in Anbetracht der vorhandenen Sonderliteratur kein Bedürfnis vorliegt und das vorliegende Handbuch in der seinerzeit gewählten Form in der Fachwelt eine gute Aufnahme gefunden hat, wurde sie beibehalten. Geändert wurde jedoch hinsichtlich des gesamten Aufbaues des Buches die ursprüngliche Einteilung des Stoffes. Insbesondere wurde der Abschnitt „Grundzüge der Metallographie“ als solcher ausgeschieden und sein Inhalt abgeändert und erweitert unmittelbar hinter den technologischen Prüfungsmethoden eingefügt. Diese Umstellung des Textes erfolgte unter dem Gesichtspunkte, daß sich die Metallographie heute als solche wegen ihrer seit der ersten Auflage dieses Buches genommenen Entwicklung nicht mehr in so kurzer Form in „Grundzügen“ zusammenfassen läßt, wie es die Art des Buches erfordert und daß für die praktische Materialprüfung nur Sondergebiete der Metallographie in Betracht kommen. Es wurden deshalb die metallographischen Lehren und Arbeitsmethoden nur insoweit behandelt, als sie als Hilfs- und Ergänzungsmittel bei der mechanischen Materialprüfung benötigt werden. Die rein theoretischen Erläuterungen metallographischer Lehren beschränken sich deshalb auch nur auf das Notwendigste. So wurden z. B. die Erstarrungsverhältnisse einiger weniger Legierungen ganz allgemein und eingehender nur die Vorgänge bei der Abkühlung der Eisen-Kohlenstofflegierungen behandelt, da diese unbedingt bekannt sein müssen, wenn bei mechanischen Metallprüfungen Schlüsse auf die Ursachen mancher nicht ohne weiteres erklärlicher, durch den inneren Aufbau der Legierungen bedingten Versuchsergebnisse gezogen werden sollen. Gegenüber der ersten Auflage des Buches mußte aber auch der neueren Erkenntnis Rechnung getragen werden. Insbesondere geschah dies hinsichtlich des Abkühlungsdiagrammes des reinen Eisens und der Erläuterungen über das Zustandsdiagramm der Eisen-Kohlenstofflegierungen. Diese mußten auf Grund der Ergebnisse der neueren Forschungen einer

Berichtigung unterzogen werden. Im allgemeinen war aber hier ebenso wie an allen anderen Stellen des Buches immer wieder der Grundsatz richtunggebend, nur das zu behandeln, was bei der praktischen Materialprüfung nutzbringend verwertet werden kann.

Einige Schwierigkeiten stellten sich bei der Neubearbeitung des Abschnittes über die Materialprüfungsmaschinen entgegen, die im Laufe der letzten Jahre teils vervollkommnet, teils aus unbekannten Gründen einer Umkonstruktion unterzogen worden sind. Es war die Entscheidung zu treffen, ob die älteren Maschinen, die in der ersten Auflage besprochen wurden, in vollem Umfange ausgeschieden und durch die Neukonstruktionen ersetzt werden sollten oder ob sie trotz ihrer teilweisen Veraltung wieder Aufnahme finden sollten. Auf Grund einer Aussprache mit Fachgenossen wurde zum Teil das letztere Vorgehen gewählt, mit Rücksicht darauf, daß die Maschinen in den maßgebenderen Prüfungsstellen noch vorhanden sind und sich bewährt haben, sowie auch in absehbarer Zeit nicht durch andere werden ersetzt werden. Es wurden daher nur einige weniger wichtige Maschinen ausgeschieden und von neueren wurden nur solche in die neue Auflage eingefügt, als sie neue Systeme darstellen, deren Einführung in die Praxis zu erwarten steht. Im übrigen wurden an den in Betracht kommenden Stellen lediglich Ergänzungen eingefügt, sowie Hinweise auf die einschlägige Literatur angebracht. Von ausländischen Maschinen wurden wiederum nur solche von Amsler in Schaffhausen aufgenommen, da sie in Deutschland weit verbreitet sind.

Trotzdem die Prüfung des Kautschuks bzw. Gummis für den Maschineningenieur nicht ohne Bedeutung ist, wurde von der Aufnahme der Methoden der Kautschukprüfung in das Buch mit Rücksicht darauf abgesehen, daß die Kautschukprüfung ein besonderer Zweig der Materialprüfung ist, der sich besser auf Sonderliteratur beschränkt, hinsichtlich der das Buch von Hinrichsen und Memmler: „Der Kautschuk und seine Prüfung", Leipzig 1910, vorliegt.

Dementsprechend wurde auch davon abgesehen, die speziellen Methoden der elektrischen und magnetischen Prüfung der Materialien sowie der Prüfung der Isolierstoffe der Elektrotechnik in das Buch aufzunehmen. Einerseits geschah dies in Anbetracht dessen, daß die Aufnahme dieser Dinge die Besprechung zahlreicher Grundbegriffe der Elektrotechnik notwendig gemacht haben würde, was nicht in den Rahmen des Buches gepaßt hätte. Andererseits liegt dafür Spezialliteratur vor, wie z. B. das Buch von Demuth, Die Materialprüfung der Isolierstoffe der Elektrotechnik, J. Springer, Berlin 1920, und das Buch von Lasche, Konstruktion und Material im Bau von Dampfturbinen und Turbodynamos, 2. Aufl., J. Springer, Berlin 1921, welche die Materialprüfung in Anlehnung an die Vorschriften des Verbandes deutscher Elektrotechniker behandeln, was im vorliegenden Buche nicht oder nur teilweise möglich gewesen wäre.

In Anbetracht des Leserkreises, für den das Buch bestimmt ist, wurde auch auf die Behandlung rein chemischer Prüfungsverfahren verzichtet und auf chemische Untersuchungsmethoden nur in dem Umfange eingegangen, als sie nicht rein analytischer Natur und ohne besondere umständliche Arbeitsverfahren durchführbar sind.

Als Sonderliteratur für chemische Materialprüfungen, der hier in Frage kommenden Arten können genannt werden: Bauer und Deiß, Probenahme und Analyse von Eisen und Stahl, 2. Aufl., J. Springer, Berlin 1922, und Hinrichsen, Das Materialprüfungswesen, Stuttgart 1912.

Obgleich in Besprechungen der ersten Auflage des Handbuches das Fehlen eines Abschnittes über Eisenbetonprüfungen bemängelt wurde, mußte in der neuen Auflage wiederum darauf verzichtet werden, solche Prüfungen eingehender zu behandeln. Es geschah dies mit Rücksicht darauf, daß Eisenbetonversuche nicht nach bestimmten Normen durchgeführt werden können und daß es auch nutzlos erscheint, für solche Versuche Ratschläge zu erteilen, die über diejenigen hinausgehen, welche die Behandlung des Betons an sich betreffen.

Betonprüfungen an sich sind aber hinreichend eingehend besprochen worden, und es muß den Materialprüfern überlassen bleiben, daraus die Nutzanwendungen bei Eisenbetonversuchen zu ziehen und bei der Planung solcher Versuche die reichhaltige Sonderliteratur nicht außer acht zu lassen.

Eingehende Auskunft über Eisenbetonversuche geben insbesondere die zahlreichen Berichte des Deutschen Ausschusses für Eisenbeton sowie die Zeitschrift „Beton und Eisen", erschienen bei Wilh. Ernst & Sohn in Berlin, ferner einige Mitteilungen über Forschungsarbeiten des Vereins deutscher Ingenieure und der eidgenössischen Materialprüfungsanstalt in Zürich sowie u. a. das Handbuch für Eisenbetonbau von Emperger.

Zur Ermöglichung weiterer Vertiefung in den jeweils behandelten Gegenstand wurden zahlreiche Literaturhinweise in den Text eingefügt oder in Fußbemerkungen angegeben. Dabei wurde aber im allgemeinen nur leicht erreichbare Literatur benutzt und insbesondere solche, die den Gegenstand in einer dem Leserkreise des Buches entsprechenden Form behandelt. Ausländische Literatur wurde nur ausnahmsweise dort angegeben, wo deutsche Übersetzungen oder Auszüge aus wichtigen Stellen nicht vorlagen.

Zur Verdeutlichung des Textes und zur Vermeidung umfänglicher Beschreibungen wurde in der Neuauflage ebenso wie in der ersten Auflage möglichst weitgehend von der bildlichen Darstellung Gebrauch gemacht. Für die neu eingefügten Abbildungen sind dabei ebenso wie für die älteren mit geringen Ausnahmen Originalzeichnungen und -photographien benutzt worden, die zum Teil dem Archiv des Versuchs- und Materialprüfungsamtes der Technischen Hochschule Dresden entstammen, zum anderen Teil aber besonders angefertigt wurden. Nur einige wenige Abbildungen wurden anderweitiger Literatur entnommen und sie kennzeichnen sich durch entsprechende Hinweise an geeigneter Stelle.

Ich hoffe, durch die Neubearbeitung des Werkes in der bisherigen gedrängten Fassung der Fachwelt gedient zu haben, die heute zur intensivsten Zeitausnutzung noch mehr als früher konzentrierter, leichtverständlicher Literatur bedarf, die ihr ohne zu viel nebensächliches Beiwerk die Wege zur Durchführung ihrer Arbeiten weist.

Dresden, im Mai 1923.

Otto Wawrziniok.

Inhaltsverzeichnis.

Zweiter Teil.

Die Bestimmung der Härte der Materialien.

Dritter Teil.

Die Güteprüfung der Metalle durch technologische Proben.

Seite

Vierter Teil.

Die Prüfungsverfahren zur Ermittelung des inneren Aufbaues der Metalle.

Siebenter Teil.

Die Prüfung von Bauteilen aus natürlichen und künstlichen Steinen, sowie aus Beton und Eisenbeton.

Neunter Teil.

Die Materialprüfungsmaschinen.

Vereinheitlichte Buchstabenbezeichnungen.

a = spezifische Schlagarbeit oder auch Kerbzähigkeit (s. S. 176).
d = Dichtigkeitsgrad und auch Durchmesser eines zylindrischen Probekörpers.
d_f und d_r = der zum Raumgewicht r_f und r_r gehörige Dichtigkeitsgrad.
d' oder d_0, d_1, $d_2 \ldots d_n$ = Sonderwerte des Durchmessers.
e = bei einem auf Biegung beanspruchten Probestabe der Abstand der am stärksten gespannten Faser von der Neutralachse.
e_z = der Abstand der am stärksten gezogenen Faser.
e_d = der Abstand der am stärksten gedrückten Faser.
f = Querschnitt eines Probekörpers.
f' oder $f_1, f_2 \ldots f_n$ = Sonderwerte des Querschnittes von Probekörpern.
g = Gewicht der Längeneinheit eines Probekörpers.
h = Fallhöhe bei Schlagversuchen.
l = Länge eines Probekörpers.
l' oder $l_1, l_2 \ldots l_n$ oder auch L = Sonderwerte der Länge von Probekörpern.
l_b = Länge der Meßstrecke eines Zerreißstabes nach dem Bruche.
m = Exponent (s. S. 25) und auch Masse eines Körpers.
p = Flüssigkeitsdruck in kg/qcm.
r = Raumgewicht eines Körpers.
r_f = Raumgewicht (auch Litergewicht) von geschichtetem, stückigem oder pulverisierten Material im eingefüllten Zustande.
r_r = dasselbe im eingerüttelten Zustande.
s = spezifisches Gewicht.
u = Undichtigkeitsgrad.
v und V = Volumen eines Probekörpers.
w = Auftrieb eines festen Körpers in Flüssigkeit.
y = Durchbiegung eines stab- oder plattenförmigen Körpers.
$y', y_1, y_2 \ldots y_n$ = Sonderwerte von y.
A = Formänderungsarbeit (s. S. 40), oder auch Schlagarbeit (s. S. 176).
$A_1, A_2 \ldots A_1', A_2' \ldots$ = Sonderwerte von A.
A_g = Ausbreitung bei der Ausbreiteprobe.
B_g = Biegegröße.
E_g = Erweiterung bei der Aufdornprobe.
G = Gewicht eines Körpers.
H = Kugeldruckhärte.
K = Druckfestigkeit.
K_b = Biegefestigkeit.
K_d = Drehungs- oder Torsionsfestigkeit.
K_z = Zugfestigkeit.
L_R = Reißlänge (s. S. 20).
M_b = Biegungsmoment.
M_d = Drehmoment.
P = Kraft
P_0, P_1, P_2 = Sonderwerte von P.
S = Scherkraft.
S_L = Lochungskraft.
S_g = Streckung bei der Ausbreiteprobe.
St_g = Stauchung bei der Stauchprobe.

Z = Zähigkeit
α = Dehnungszahl, auch Wärmeausdehnungszahl.
$\frac{1}{\alpha}$ = E = Elastizitätsmodul.
β = Schubzahl.
$\frac{1}{\beta}$ = G = Schub- oder Gleitmodul.
γ = Schiebung.
γ' = Sonderwert von γ.
γ_p = Schiebung an der Proportionalitätsgrenze.
γ_d = „ „ „ Drehgrenze.
γ_{max} = Größte Schiebung im Augenblicke des Bruches.
δ = Drahtdurchmesser bei Drahtseilen.
ε = Dehnung oder auch Stauchung.
$\varepsilon_1, \varepsilon_2 \ldots \varepsilon_n$ = Sonderwerte der Dehnung.
η = Reduktionskoeffizient des Elastizitätsmoduls (s. S. 88).
ϑ = Verdrehungswinkel.
ϑ_l = Sonderwert von ϑ.
λ = Verlängerung oder Verkürzung eines Probekörpers.
$\lambda_1, \lambda_2 \ldots \lambda_n$ = Sonderwerte von λ.
μ = 1 Mikron = $^1/_{1000}$ mm.
μ_0 = Koeffizient (s. S. 126).
ϱ = Krümmungsradius der neutralen Schicht beim Biegeversuch, auch beliebiger Radius.
σ = Normalspannung kg/qcm.
$\sigma_1, \sigma_2 \ldots \sigma_n$ = Sonderwerte von σ.
σ_{max} = Höchstwert einer Normalspannung im Augenblicke des Bruches.
σ_f = Spannung an der Fließgrenze.
σ_p = „ „ „ Proportionalitätsgrenze.
σ_e = „ „ „ Elastizitätsgrenze.
σ_z = Zugspannung.
σ_d = Druckspannung.
τ = Schubspannung kg/qcm.
$\tau', \tau_1, \tau_2 \ldots \tau_n$ = Sonderwerte von τ.
τ_p = Schubspannung an der Proportionalitätsgrenze.
τ_d = „ „ „ Drehgrenze.
τ_{max} = K_d = Drehungsfestigkeit.
τ_S = Scherspannung.
τ_L = Lochungsfestigkeit.
φ = Bruchdehnung in Prozenten der ursprünglichen Länge eines Probekörpers, auch Koeffizient.
ψ = Querschnittsverminderung in Prozenten des ursprünglichen Querschnittes.
Θ = Trägheitsmoment.
$\Theta', \Theta_1, \Theta_2 \ldots$ = Sonderwerte von Θ.
Θ_p = Polares Trägheitsmoment.

Einleitung.

I. Aufgaben und Bedeutung des Materialprüfungswesens.

Die Materialprüfung ist ein Sondergebiet der chemischen und der mechanischen Technologie. Während diese jedoch im allgemeinen die Lehre von den Mitteln und Verfahren zur Umwandlung der rohen Naturprodukte in Gebrauchsgegenstände umfaßt, beschränkt sich die Materialprüfung auf die Ermittlung der Zusammensetzung und Beschaffenheit dieser Naturprodukte sowie auf die Feststellung der Eigenschaften, die sie durch die verschiedenartige Bearbeitung erlangt haben oder erlangen können. Da diese Eigenschaften aber von der Art der Umwandlung abhängig sind, der die Materialien unterzogen werden, müssen auch die Untersuchungsmethoden verschiedenartiger Natur sein. Es heißt dies, daß bei stattgehabten chemischen Umwandlungen chemische Untersuchungsverfahren und bei Umwandlungen, die durch mechanische Bearbeitung erfolgten, mechanische Untersuchungsverfahren angewendet werden, ohne daß damit gesagt sein soll, daß nicht in gewissen Fällen auch beide Verfahren sinngemäße Anwendung finden müssen und daß das eine oder andere nicht noch durch eine mikroskopische Untersuchung zu unterstützen ist.

Aus dieser Begriffsfeststellung dürfte bereits hervorgegangen sein, daß die Materialprüfung ein sehr großes Arbeitsgebiet umfaßt und daß vielseitige Kenntnisse zur Beurteilung umfassender Prüfungen gehören.

Wenn auch die wissenschaftliche Materialprüfung erst im vorigen Jahrhundert begonnen hat, darf getrost behauptet werden, daß Materialprüfungen schon stattfinden, solange Menschen unsere Erde bewohnen und zur Befriedigung ihrer Lebensbedürfnisse die ihnen von der Erde dargebotenen Stoffe und Erzeugnisse benutzen. Schon die Auswahl der Nahrungsmittel, welche der erste Mensch treffen mußte, geschah auf Grund von Prüfungen, also von Nahrungsmitteluntersuchungen, die er bewußt oder unbewußt mittels seines eigenen Organismus vornahm. Später erforderte die Beschaffung von Werkzeugen, von Kleidern, von Wohnstätten, von Waffen usw. eingehendes Ausprobieren der dem Menschen zur Verfügung stehenden oder gewinnbaren Materialien.

Besonders die Waffentechnik war es, welche zu Versuchen mit Materialien anregte, nachdem sich gezeigt hatte, daß durch geeignete Behandlung des zur Herstellung verwendeten Stoffes eine Vervollkommnung der Waffen erzielbar war. Auch die im Altertum zu Gebäude- und Straßenbauten benutzten Baustoffe können nur auf Grund von Erfahrungen ausgewählt worden sein, die man durch Ausprobieren verschiedenartiger Materialien gewonnen hatte. Man hätte sie sonst nicht, wie nachgewiesen, von weit her geholt, wenn andere nach der jetzigen Kenntnis ungeeignete Baustoffe, in unmittelbarer Nähe verfügbar waren.

In wissenschaftliche Bahnen gelenkt wurde die Materialprüfung jedoch erst, wie bereits erwähnt, im vorigen Jahrhundert, nachdem die nicht mehr handwerksmäßig ausgeübte Technik verstanden hatte, sich die Lehren der Physik und Chemie für ihre Zwecke nutzbar zu machen. Die größeren Fabriken begannen ihre Rohmaterialien chemisch untersuchen zu lassen und auch die Festigkeit der erzeugten Gegenstände festzustellen. An den Pflegestätten der Wissenschaft, insbesondere den technischen Hochschulen, widmeten sich hervorragende Technologen der Materialprüfung und regten durch die Ergebnisse ihrer Forschungen die ausführende Technik zur Verbesserung ihrer Erzeugnisse an.

Die Folgen blieben nicht aus, indem durch die genaue Kenntnis der Eigenschaften der verarbeiteten Materialien eine einwandfreie Berechnung der Konstruktionsglieder ermöglicht und dadurch die Sicherheit der Bauwerke gewährleistet wurde. Aber nicht nur für die ausführende Technik erlangte die Materialprüfung Bedeutung. Auch die Kontrolle anderer Erzeugnisse, wie z. B. die des Zementes, der Textilprodukte, des Papiers, des Kautschuks usw., ist Sondergebiet der Materialprüfung geworden.

Man gelangte dadurch zu einer Scheidung der zu prüfenden Materialien in sogenannte Verbrauchsmaterialien und Gebrauchsmaterialien, zu denen in erster Linie die Werkstoffe und die Baustoffe gerechnet werden. Wenn auch manche der letzteren, wie z. B. die zum Bauen verwendeten Bindemittel, Kalk, Zement u. dgl. an sich dem Verbrauche unterliegen, so dürfen sie doch nicht unter die Verbrauchsmaterialien gerechnet werden, weil sie, ohne daß ihre Masse verschwindet, in anderer Form, d. i. als Bindeglied zwischen den Bausteinen, dauernd erhalten bleiben.

Die Verbrauchsmaterialien dagegen, als da sind Kohle und sonstige Brennstoffe, Wasser und Schmiermittel, verschwinden nicht nur ihrem Volumen nach, sondern zum Teil auch ihrer chemischen und physikalischen Beschaffenheit nach. Von der Kohle bleibt nur die Asche übrig, welche nicht mehr als Brennstoff benutzbar ist. Die Kohle ist somit verbraucht, nachdem sie ihren Bestimmungszweck erfüllt hat.

Wasser wird als Verbrauchsmaterial benutzt bei den Dampferzeugungs-, Wäscherei- und Färbereianlagen, sowie in denjenigen Betrieben, wo es als Lösungsmittel oder Verdünnungsmittel für andere Stoffe verwendet wird.

Schmiermittel sind in der Hauptsache Kunstprodukte, die dem Verbrauche insofern unterliegen, als sie durch chemische Zersetzung oder Umwandlung an Schmierfähigkeit einbüßen und nicht wieder in ihren ursprünglichen Zustand zurückgeführt werden können.

Fragt man jetzt nach dem Zwecke einer Prüfung der genannten Verbrauchsmaterialien, dann ergibt sich folgendes:

In erster Linie muß festgestellt werden, ob das jeweilige Material für seinen Bestimmungszweck geeignet ist und seinen Beschaffungskosten entspricht.

Bei Kohle lohnt sich häufig nicht einmal die Gewinnung, weil ihre Eigenschaften ungünstige sind und ihr Heizwert so gering ist, daß sie nicht mit

Kohlen anderer Herkunft konkurrieren kann. Die Eignung ist durch chemische Untersuchungen feststellbar, da von der chemischen Zusammensetzung die Verwendungsfähigkeit für bestimmte Zwecke und ihr Heizwert abhängen.

Sollen die Brennstoffe nicht allein für Heizzwecke benutzt werden, sondern z. B. zur Gaserzeugung dienen, oder wie es beim Hochofenprozeß der Fall ist, auch als Reduktionsmittel für die Erze Verwendung finden, so sind außer dem Heizwert noch mehrere andere Faktoren zu berücksichtigen. Der beim Hochofenbetrieb verwendete Brennstoff muß eine verhältnismäßig hohe Festigkeit besitzen, damit er durch die Beschickung nicht zerdrückt oder zu Staub zerrieben wird und eine für den Gebläsewind schwer durchdringliche Masse entsteht. Aus demselben Grunde darf auch keine backende Kohle Verwendung finden, da dieselbe schmelzen und denselben Übelstand verursachen würde.

Das zweite genannte Verbrauchsmaterial, nämlich das Wasser, muß vor seiner Benutzung in Dampferzeugungsanlagen, falls es eine unzulässig große Härte besitzt, gereinigt werden, weil es sonst Kesselstein bildet, der zu Wärmeverlusten und zu Zerstörungen der Kesselwand führt. Für Wäscherei- und Färbereizwecke müssen vor der Verwendung die chemischen und die mechanisch beigemengten Bestandteile durch sorgfältige Untersuchungen festgestellt werden, damit man die Eignung des Wassers gewährleisten kann. Saure Wässer greifen z. B. alle Eisengefäße rasch an, und es müssen daher Rohre und Pumpen, welche saures Wasser zu fördern haben (z. B. in Bergwerken), aus Bronze oder anderen säurewiderstandsfähigen Materialien angefertigt werden. Unreines, sandhaltiges Wasser führt besonders bei großer Strömungsgeschwindigkeit, wie es in Turbinen der Fall ist, zu starker Abnutzung der Metallteile.

An dritter Stelle waren als Verbrauchsmaterialien die Schmiermittel genannt worden. Ihre Prüfung ist ein unbedingtes Erfordernis, wenn sich der Verbraucher vor Schaden schützen will. Man kann sagen, daß fast jede Art Maschinen ein besonderes Schmiermittel erfordert und eine unsachgemäße Auswahl sich hier mehr als sonstwo rächen kann. Heißgelaufene Lager, angefressene Kolben, ungewöhnlich hohe Reibung und damit verbundener Arbeitsverlust sind die Folgen derartigen Vorgehens. Prüft man dagegen die Schmiermittel nach erprobten Methoden, dann wird man finden, daß für schwerbelastete Lager ein dickflüssiges, für geringbelastete dagegen, wie z. B. bei den Spindeln in den Spinnereien, die mit sehr hoher Geschwindigkeit umlaufen, ein dünnflüssiges, aber schlüpfriges Öl verwendet werden muß. Ferner wird sich u. a. ergeben, daß Öl zum Schmieren der Kolben der Heißdampfmaschinen bei der in Frage stehenden hohen Temperatur noch genügend dickflüssig sein muß, um schmierend zu wirken, und außerdem keinen Asphalt abscheiden darf, der Anlaß zur Beschädigung der Kolbengleitflächen gibt.

Aus den Ausführungen folgt, daß die Prüfung der Verbrauchsmaterialien nicht nur den Zweck hat, ihre Eignung zu bestimmen, sondern daß sie auch notwendig ist, um die wirtschaftliche Seite der Gewinnung, Erzeugung und Verwertung zu klären. Die Prüfung ist daher sowohl dem Erzeuger als auch dem Verbraucher von Nutzen. Den Erzeuger klären die Prüfungsergebnisse auf, ob die Materialien ihrem Bestimmungszwecke genügen und er sie für den gedachten Zweck verkaufen darf. Dem Verbraucher dagegen bieten sie eine Kontrolle, ob er die gewünschten Stoffe erhalten hat. Beiden dagegen geben sie Unterlagen an die Hand, welche die Feststellung der Wirtschaftlichkeit der Stofferzeugung und Verwertung gestatten.

Von noch größerer Bedeutung als die durch die angezogenen Beispiele erläuterte Prüfung der Verbrauchsmaterialien ist die Prüfung der Gebrauchsmaterialien und insbesondere der Bau- und Werkstoffe.

Sie gibt vor allem Aufschluß über die Festigkeits- und sonstigen physikalischen Eigenschaften, die bekannt sein müssen, wenn die unter gewissen Voraussetzungen entworfenen Bauwerke oder Maschinen den auf sie einwirkenden Kräften und sonstigen Beanspruchungen Widerstand leisten sollen. Dem Konstrukteur eines Bauwerkes oder einer Maschine muß bekannt sein, wie groß die Tragfähigkeit der zu verwendenden Konstruktionsstoffe ist, damit er die Abmessungen der Einzelteile richtig zu bemessen vermag. Er muß aber auch mit den übrigen Eigenschaften der Stoffe vertraut sein, da deren Kenntnis für die Entscheidung notwendig ist, ob für die Festigkeitsberechnungen ein hoher Sicherheitsgrad maßgebend ist oder ein geringerer ausreicht.

Die in den Handbüchern enthaltenen Festigkeitszahlen berücksichtigen bereits diese Sicherheitskoeffizienten, indem für die verschiedenen Beanspruchungsarten besondere Festigkeitszahlen angegeben werden. Dem Materialunkundigen aber sind dies tote Begriffe und er vermag nicht abzuwägen, welche Zahl berücksichtigt werden muß, da ihm die Art des Einflusses in der Regel unbekannt ist, die den Sicherheitskoeffizienten bestimmt und er auch nicht in der Lage ist, die Grenzen festzustellen, bei denen der eine Beanspruchungsfall in den anderen übergeht. Die Folge dieser Unkenntnis ist die, daß der Konstrukteur entweder zu stark und somit unökonomisch dimensioniert oder einzelnen Teilen zu geringe Abmessungen gibt, wodurch das Bauwerk gefährdet wird. Die Folgen, die letzteres nach sich ziehen kann, sind unübersehbar, und die gelegentlichen Einstürze von Bauwerken sollten eine Mahnung sein, für wichtige Konstruktionsglieder nur Material zu benutzen, dessen Eigenschaften durch sorgfältige und zuverlässige Prüfungen festgestellt wurden.

Aber nicht nur das Material an sich muß geprüft werden, sondern es ist auch festzustellen, ob z. B. die für das Material ermittelte Festigkeit auch dann noch vorhanden ist, wenn es für Konstruktionsteile benutzt wird, die aus mehreren verschiedenartigen Einzelstoffen zusammengesetzt werden.

Ein naheliegender Fall ist die Druckfestigkeit der Mauerziegel. Prüft man nämlich das Material eines Mauerziegels an einem würfelförmigen Probekörper, der mit der Säge aus dem gebrannten Ziegel herausgeschnitten wurde, so ergibt sich eine Druckfestigkeit, die bei besseren Produkten der sogenannten Hartbrandziegel ca. 500 kg/qcm beträgt. Unterzieht man jedoch einen aus ganzen Mauerziegeln im Verband mit Mörtel aufgemauerten sogenannten Mauerwerkskörper dem Druckversuche, so ergibt sich nur eine Festigkeit von ca. 100—150 kg/qcm, je nach der Art des verwendeten Mörtels. Man erkennt daran, daß es falsch wäre, wenn man bei der Berechnung von Mauerstärken die das 4—5fache betragende Materialfestigkeit der Ziegel allein als Faktor benutzen würde. Es muß vielmehr hier die Mauerwerksfestigkeit der

Berechnung zugrunde gelegt werden. Dies berücksichtigen auch bereits einige behördliche Vorschriften über Bauausführungen. So gestatten z. B. in Sachsen die Behörden für Schornsteinmauerwerk, das unter Verwendung von Hartbrandringsteinen aufgemauert wird, die Annahme einer erfahrungsgemäß zulässigen Druckbeanspruchung von 12,0 kg/qcm. Vermag aber der Bauantragsteller für sein Mauerwerk eine höhere zulässige Druckbeanspruchung durch Versuche mit Mauerwerkskörpern nachzuweisen, dann kann unter Voraussetzung einer zehnfachen Sicherheit eine zulässige Druckanstrengung bis zu 25 kg/qcm zugelassen werden. Diese Festigkeit wird tatsächlich von einigen Ziegelfabrikaten erreicht, und der daraus den Schornsteinbauern in wirtschaftlicher Beziehung entstehende Vorteil ist erheblich, da der Querschnitt der Schornsteinsäule um etwa 50 % geringer bemessen werden darf.

Aber nicht nur für den Konstrukteur ist die genaue Kenntnis der Materialeigenschaften von Bedeutung, sondern auch der Materialerzeuger muß sie kennen, und er muß wissen, auf welche Weise diese Eigenschaften geändert und den jeweiligen Bedürfnissen angepaßt werden können. Er muß sich daher durch fortlaufende Prüfung seiner Erzeugnisse über die Ursachen unterrichten, welche die Materialeigenschaften im günstigen oder ungünstigen Sinne beeinflussen. Hierzu ist aber nicht nur die Nachprüfung der Festigkeits- und sonstigen physikalischen Eigenschaften notwendig, sondern es muß auch häufig die chemische Zusammensetzung des erzeugten Stoffes ermittelt werden, denn diese ist es, welche die mechanischen und physikalischen Eigenschaften in hohem Maße beeinflußt. Obgleich die chemische Zusammensetzung durch die bei der Stofferzeugung verwendeten Rohmaterialien bekannt sein sollte, da ja die meisten Stoffe nach bestimmten Rezepten erzeugt werden, kann von einer Analyse des Fertigproduktes nicht abgesehen werden, da während der Materialerzeugung und Verarbeitung manche chemischen Bestandteile der verwendeten Rohstoffe in den gasförmigen Zustand übergehen oder sonstwie abgeschieden werden und somit verschwinden. Andererseits entstehen durch das Zusammenwirken mehrerer chemischer Bestandteile der Rohstoffe neue chemische Verbindungen, so daß das Fertigprodukt häufig eine von der Zusammensetzung der Rohstoffe abweichende Zusammensetzung zeigt.

Besonders tritt dies bei der Gewinnung der Metalle aus den Erzen in die Erscheinung, wo in der Regel größere Mengen der verarbeiteten Rohstoffe in die Schlacken gelangen und zum Teil nur zugesetzt wurden, um die Abscheidung des Metalles in der gewünschten Reinheit zu ermöglichen. Hierbei muß nicht nur die chemische Zusammensetzung der Rohstoffe bekannt sein, sondern es ist auch durch sorgfältige Versuche der Einfluß festzustellen, den jeder der betreffenden Rohstoffe auf die Festigkeits- und sonstigen Eigenschaften des Fertigproduktes ausübt. Auch der Erzeugungsgang ist durch Versuche zu kontrollieren, da es selbst bei sehr genauer Kenntnis der vor sich gehenden Reaktionen sonst nicht möglich ist, ein unter allen Umständen gleichmäßiges Produkt zu erzeugen.

In richtiger Erkenntnis der Wichtigkeit der Materialprüfung haben daher auch zahlreiche, nach wissenschaftlichen Grundsätzen geleitete industrielle Unternehmungen ihren Betrieben Materialprüfungsabteilungen angegliedert, in denen eine sorgfältige Prüfung der Rohstoffe sowie der Halb- und Fertigfabrikate erfolgt. Wenn auch durch diese Einrichtungen das Unkostenkonto der Fabriken erheblich belastet wird, fällt es keiner derselben ein, diese Abteilung ihres Betriebes wieder aufzugeben, da sich die Ausgaben durch Ersparnisse ausgleichen, welche die Materialprüfungen beim Einkaufe veranlassen und als weiteres Äquivalent für die Kosten dieser nicht unmittelbar erwerbenden Abteilungen die Sicherheit zu betrachten ist, die der Fabrik durch Verwendung von Stoffen gewährleistet wird, deren Eigenschaften genau bekannt sind, ganz abgesehen von den Diensten, welche die Materialprüfungsabteilungen bei der Erzeugung neuer Artikel und bei der Aufnahme neuer Fabrikationsverfahren leisten.

Das früher übliche und leider auch noch jetzt hier und da geübte Verfahren, Materialien nur nach dem Aussehen zu beurteilen, ist als unzeitgemäß zu verurteilen, und man muß dieses Verfahren bekämpfen, da es nicht nur dem Käufer, sondern auch dem Verkäufer Schaden bringen kann. Mit Sicherheit können Bau- und Werkstoffe nur durch technologisch ausgebildete Ingenieure beurteilt werden, denen die Hilfsmittel zu Gebote stehen, die zur Ermittlung der Materialeigenschaften notwendig sind.

Nach dem Gesagten müßten somit kleinere Fabriken, die nicht in der Lage sind, sich Materialprüfungslaboratorien einzurichten und wissenschaftlich technologisch gebildete Kräfte für die Prüfung und Beurteilung ihrer Rohstoffe anzustellen, vom billigen und sachgemäßen Einkauf und der Erzielung von Fabrikationsfortschritten ausgeschlossen sein. Dem ist aber nicht so, da denselben die öffentlichen Prüfungsanstalten gegen mäßige Gebührenzahlung zur Verfügung stehen. (Über die Einrichtung solcher Anstalten und die Art ihrer Inanspruchnahme s. das Buch von Kron[1]). Diese übernehmen nicht nur die Prüfung der betreffenden Materialien, sondern sie erteilen auch Ratschläge über zweckmäßige Auswahl und Verwendung derselben. Es ist somit jedermann Gelegenheit geboten, sich die Errungenschaften der Wissenschaft für seinen Betrieb nutzbar zu machen. Leider glauben manche Fabrikleiter, daß die im Betriebe mit dem Material gesammelten Erfahrungen wichtiger sind als die Ergebnisse von Prüfungen. Wichtig sind dieselben wohl, aber nicht wichtiger. Im Grunde genommen stellen die Betriebserfahrungen auch nur Ergebnisse einer ununterbrochenen Versuchsreihe dar, die in der Fabrik selbst durch die Erzeugung und Benutzung von Produkten ausgeführt wurde. Derartige Versuche sind aber sehr teuer, da sich Fehler erst dann herausstellen, wenn das Produkt fertig ist. Will man sich im Betriebe vor Fehlern schützen, ohne besondere Materialprüfungen vorzunehmen, dann ist man, da die wissenschaftliche Basis fehlt, gezwungen, immer dieselben Rohstoffe zu verarbeiten, die aber nicht immer erreichbar sind. Überdies ist man dadurch völlig in die Hand des Lieferanten der Rohstoffe gegeben, der in der Regel selbst nicht weiß, ob jede Materiallieferung der vorhergehenden gleicht. Außerdem kann von einer zielmäßigen Verbesserung der Fertigprodukte und von einem Fortschritte in der Materialerzeugung und der Herstellung von Gegenständen keine Rede sein, da solche in der Regel Wechsel der Rohstoffe bedingen.

[1]) Kron, Verkehr mit Materialprüfungsämtern, Bibl. d. ges. Technik, 1904, Hannover; ferner Herrmann, Steinbruchindustrie. Seite 14 u. ff. Berlin: Bornträger 1916.

Diese Auseinandersetzungen dürften bewiesen haben, daß die Materialprüfung für den Einkauf und die Auswahl der Materialien in allen Industriezweigen benötigt wird.

Damit ist ihre Bedeutung aber noch nicht erschöpft, da sie auch hinsichtlich der Verarbeitung der richtig eingekauften Rohmaterialien eine Rolle spielt.

Entsteht z. B. in der Gießerei ein zu harter oder ein zu wenig harter oder ein blasiger Guß, wird also „Ausschuß" gegossen, so wird in der Regel die Gießerei behaupten, daß die Rohmaterialien die Schuld daran tragen, da nicht nur die Gattierung wie gewöhnlich gewählt, sondern auch von den übrigen Gießgepflogenheiten nicht abgewichen worden sei. Ist dies der Fall, so kann der Gießerei keine Schuld beigemessen werden, da der Schaden dann auch nur am Rohmaterial liegen kann. Dies wird auch durch eine chemische Untersuchung des Gußeisens in Verbindung mit Festigkeitsprüfungen nachgewiesen werden können. Man wird ermitteln, ob die Zusammensetzung des Rohmaterials der üblichen entsprach, und falls dies der Fall ist, ob die für das Gußstück gewählte Gattierung zweckentsprechend war. Nun hängt aber die Güte eines Gußeisens nicht allein von der chemischen Zusammensetzung ab, sondern es sind die Abkühlungsverhältnisse des Gußstückes in hohem Grade für den Erfolg des Gusses maßgebend. Da letztere aber wiederum von der Größe des Gußstückes abhängig sind, ist die Entscheidung, ob die Gattierung richtig war, nicht so einfach, wie es auf den ersten Blick erscheint. Das Gußstück muß eine ganz gewisse Härte besitzen, und außerdem soll die Festigkeit des Gußeisens der vorgeschriebenen entsprechen. Beide Faktoren hängen in erster Linie von dem Kohlenstoff-, Silizium- und Mangangehalt des Gußeisens ab. Da die Erhöhung des Siliziumgehaltes die Aufnahmefähigkeit des Eisens für Kohlenstoff vermindert und, gleiche Abkühlungsverhältnisse vorausgesetzt, ein siliziumreicheres Gußeisen mehr Graphit enthält als ein siliziumärmeres, ist die Härte und auch die Festigkeit desselben geringer. Eine umgekehrte Wirkung wie die des Silizium übt das Mangan aus. Manganzusatz erhöht die Härte des Gußeisens bereits an sich und bewirkt außerdem eine Erhöhung der Aufnahmefähigkeit des Eisens für Kohlenstoff, was eine weitere Härtesteigerung und auch eine Festigkeitserhöhung zur Folge hat. Alle drei Bestandteile der Eisenlegierung müssen daher sorgfältig bemessen und die Gattierung der Größe des Gußstückes angepaßt werden. Ein Gußstück mit großen Abmessungen kann wegen der erheblichen, in sich aufgespeicherten Wärmemengen auch nur langsam abkühlen. Hierdurch gewinnt der Kohlenstoff genügend Zeit, um als Graphit abgeschieden zu werden und es entstehen um so größere Graphitblättchen, je langsamer die Abkühlung vor sich geht. Da die Graphitblättchen das Gefüge des Gußstückes durchsetzen und selbst nur geringe Festigkeit und Härte aufweisen, verursachen sie ein undichtes Gefüge, welches naturgemäß dem Material nur geringe Festigkeit und Härte verleiht. Bei schneller Abkühlung infolge geringer Abmessungen des Gußstückes kann sich der Kohlenstoff nicht als Graphit abscheiden und er bleibt in der Form des gebundenen Kohlenstoffes bestehen, dadurch die Härte des Gußeisens erhöhend. Es wirkt demnach die schnelle Abkühlung ähnlich wie der Manganzusatz.

Die Betrachtungen beweisen, daß es nicht zulässig ist, für alle Arten von Gußstücken die gleiche Roheisengattierung zu verwenden, sondern daß dieselbe der Art und der Größe der Gußstücke angepaßt werden muß.

Hierzu sind aber gewisse Unterlagen nötig, die nur durch Versuche gewonnen werden können. Es ist die chemische Zusammensetzung des Roheisens festzustellen, und dann ist das Material der verschiedenartigen Gußstücke während einiger Zeit fortlaufend zu analysieren. Ferner ist die Festigkeit des erzeugten Gußeisens an geeigneten Probestücken zu ermitteln und dann die Bewährung des Gußstückes nachzuprüfen. Auf diese Weise erlangt man Unterlagen, die zur sicheren Bewährung der Gattierung für bestimmte Zwecke ausreichen. Es ist sicher, daß die durch die zahlreichen Analysen und Festigkeitsversuche entstehenden Kosten immer noch erheblich geringer sind als diejenigen, welche Fehlgüsse veranlassen, ganz abgesehen von den Unannehmlichkeiten, welche Fehlgüsse durch Verzögerung der Fertigstellung von Maschinen zur Folge haben. Andererseits ist der ideale Wert völliger Sicherheit des Erfolges bei der Erzeugung von Gußstücken unberechenbar, da nur diese eine scharfe Preiskalkulation ermöglicht.

Schwieriger als die Erzeugung guter, zweckentsprechender Gußstücke ist die Herstellung von Schmiedestücken, an die hinsichtlich Festigkeit, Härte usw. ganz bestimmte Anforderungen gestellt werden. Während das Material von Maschinengußteilen nach dem Erkalten in der Form in seinem Endzustand angelangt und in der Regel weiteren thermischen Behandlungen oder Formänderungen durch mechanische Beanspruchungen nicht mehr unterworfen ist, ist dies beim schmiedbaren Eisen nicht der Fall. Schmiedeeiserne Maschinenteile können nicht wie Gußeisen jedesmal für den besonderen Fall aus den Rohmaterialien erzeugt werden, sondern sie werden durch Hämmern oder Pressen in glühendem Zustande aus vorhandenen, regelmäßig gestalteten Blöcken in die gewünschte Form gebracht. Sie müssen also mehrmaligen Feuerbehandlungen und mechanischen Beanspruchungen unterzogen werden, bevor sie in ihrem endgültigen Zustande angelangt sind.

Die thermische und mechanische Behandlung hat Veränderungen des Materialgefüges zur Folge, von dem in der Hauptsache die physikalischen Eigenschaften aller Eisensorten abhängen. Will man daher bei der Verwendung von schmiedbarem Eisen sicher gehen, so muß man genau die Einwirkungen kennen, welche die Behandlungsweise ausübt. Am kompliziertesten liegen die Verhältnisse bei solchen schmiedbaren Eisensorten, aus denen Gegenstände gefertigt werden, die eine gewisse Härte besitzen sollen, wie z. B. alle Schneidwerkzeuge, oder mit hohem Druck beanspruchte Maschinenteile, Kugellager oder dgl.

Diese sollen hart, aber nicht spröde sein und außerdem auch genügend Festigkeit besitzen, um den auf sie einwirkenden Kräften Widerstand zu leisten.

Man erkennt hieraus, daß diese Forderung eine sehr genaue Kenntnis der in Frage kommenden Materialeigenschaften und der Umwandlungsvorgänge voraussetzt, welche das Material durch die Behandlung erfährt. Die Härtetechnik ist daher auch wegen ihrer hohen Wichtigkeit zu einem besonderen, auf wissenschaftlichen, von der Materialprüfung geschaffenen Grundlagen aufgebauten Arbeitsgebiete der ausführenden Praxis ausgestaltet worden.

Leider wird dabei in manchen Betrieben viel gesündigt, indem nach geheimen Rezepten gehärtet wird, die als hervorragend betrachtet werden, aber einseitig sind und nichts taugen. Der gewünschte Erfolg bleibt deshalb auch häufig aus, und die Schuld daran wird dem verwendeten Material zugeschrieben, während in Wirklichkeit die Mißerfolge auf falsche Behandlung des Materials zurückgeführt werden müssen. Da die verschieden zusammengesetzten Stähle verschiedene Eigenschaften besitzen, erfordern sie naturgemäß auch verschiedene Behandlungsweisen, was nicht immer beachtet wird.

Die nach wissenschaftlichen Grundsätzen ausgeübte Härtetechnik setzt genaue Kenntnisse der Vorgänge voraus, welche sich beim Härten von Stahlkörpern im Material abspielen. Die allgemeine Feststellung dieser Vorgänge ist das Verdienst des jüngsten Zweiges des Materialprüfungswesens, nämlich der Metallographie, der wir es zu verdanken haben, daß viele noch vor wenigen Jahren völlig unaufgeklärte Eigenschaften der Metalle nunmehr bekannt sind und dem Metalle nach Belieben erteilt oder wieder genommen werden können.

Auf Grund der Lehren dieser Wissenschaft kann man unter Zuhilfenahme des Mikroskopes und thermischer Untersuchungsmethoden das Gefüge der Metalle, seine Entstehung und die Ursachen, welche seine Entstehung beeinflussen, feststellen. Ferner ist man durch sie in die Lage versetzt, nachprüfen zu können, ob z. B. ein geschmiedeter Stahlkörper bei der Feuerbehandlung unzulässig hoch erhitzt oder bei zu niedriger Temperatur einer mechanischen Bearbeitung oder auch einem Härteprozeß unterworfen wurde. Es ergibt sich dies aus dem Aussehen des Gefüges, indem nach zu hoher Erhitzung ein sonst gleichmäßiges, aus dicht nebeneinandergelagerten, feinkörnigen, unregelmäßig gestalteten Kristallaggregaten bestehendes Gefüge um so kristallinischer und regelmäßiger gestaltet worden ist, je höher die angewandte Glühtemperatur war. Mechanische Bearbeitung bei zu niedriger Temperatur ist erkennbar durch Formänderung sonst regelmäßig ausgebildeter Gefügebestandteile, und Härtebehandlung macht sich bemerkbar durch die Art des Gefüges.

Auch die chemische Zusammensetzung von Metallegierungen kann unter gewissen Umständen mit genügender Genauigkeit auf Grund der mikroskopischen Beobachtung festgestellt werden, indem man die aus dem Gefügebild ersichtlichen, den betreffenden chemischen Bestandteilen entsprechenden Anteile ausmißt und unter Berücksichtigung des Erstarrungs- bzw. Umwandlungsdiagrammes der vorliegenden Legierung die Verhältniszahlen berechnet, welche die Zusammensetzung angeben. Die Anwendung dieser Methode ist sogar dann angängig, wenn die Komponenten, aus denen die Legierung aufgebaut ist, chemische Verbindungen miteinander eingehen, da die Zusammensetzung der entstehenden Verbindungen in der Regel bekannt ist. Gegenüber der chemischen Analyse bietet die metallographische Feststellung der chemischen Zusammensetzung einer Legierung, wenn es nicht auf größte Genauigkeit ankommt, den Vorzug schnellerer Bestimmung, und zwar am Fertigprodukt selbst. Gerade der letztere Punkt macht diese Methode besonders wertvoll, weil es meistens nicht zulässig ist, von einem fertigen Gegenstande Material für eine chemische Analyse in der erforderlichen Menge zu entnehmen. Für die mikroskopische Beobachtung dagegen genügt es, an irgendeiner Stelle des Objektes eine nur ein oder wenige Quadratmillimeter große Fläche eben zu schleifen, zu polieren und mit geeigneten Ätzmitteln zur Entwicklung des Gefüges zu behandeln. Die mikroskopische Prüfung ist aber auch als ein wertvolles Hilfsmittel bei chemischen Untersuchungen von Legierungen zu betrachten. Während nämlich durch die chemische Analyse nur festgestellt werden kann, in welchem Mengenverhältnis die Komponenten der Legierung vorhanden sind, gestattet die mikroskopische Prüfung die Feststellung der Verteilung derselben. Sie zeigt, ob Saigerungen stattgefunden haben und ob die Art der entstandenen Kristalle für den Verwendungszweck der Legierung geeignet ist. Am meisten sind Legierungen anzutreffen, die aus Mischungen von Kupfer, Zink, Zinn, Nickel, Aluminium, Blei, Antimon oder ähnlichen Elementen bestehen. Selten werden diese Metalle rein verwendet, da sie in diesem Zustande gewöhnlich nicht brauchbar sind. Gegenüber Eisen fällt auch der Preis dieser Metalle bereits erheblich in die Wagschale, und man muß beim Einkauf zur Vermeidung der Übervorteilung hier mehr als sonstwo auf Prüfung der erhaltenen Materialien bedacht sein, um so mehr, als eine auch nur angenähert schätzungsweise Beurteilung der Zusammensetzung aus dem Aussehen des Metalles nicht möglich ist, weil manche Metalle eine außerordentlich große Färbefähigkeit besitzen und dadurch die anderen Elemente verdecken. Ein besonders deutliches Beispiel der Färbefähigkeit sind die deutschen Nickelmünzen zu 5 und 10 Pfennige, welche von dem teuren Bestandteile, dem Nickel, nur 25 % enthalten und im übrigen aus 75 % Kupfer bestehen, trotzdem sie der Farbe nach bedeutend nickelreicher erscheinen.

Auch bei der Prüfung der sogenannten Bronzen ist Vorsicht am Platze, da die physikalischen Eigenschaften derselben durch anscheinend ganz unwesentliche Zusätze oder durch geringfügige Änderungen des Mischungsverhältnisses in erheblichem Maße geändert werden. Im allgemeinen wird unter der Bezeichnung Bronze eine aus Kupfer und Zinn bestehende Legierung bezeichnet, die frei von anderen Bestandteilen, wie Zink und Blei, sein soll. Tatsächlich enthalten aber die Bronzen diese Bestandteile in den meisten Fällen in recht erheblichen Mengen, und man wäre ungerecht, wollte man diesen Legierungen die Bezeichnung Bronze absprechen. Gewöhnlich enthalten auch die reinsten Bronzen einen Gehalt von 2—3 % Zink. Allerdings vermindert die Beimischung desselben die Festigkeit und die Härte recht merkbar, sie wirkt aber in bezug auf die Gießbarkeit günstig. Kommt es auf große Festigkeit und Härte an, wie es bei den sogenannten Geschützbronzen der Fall ist, dann findet man gewöhnlich keinen Zusatz eines dritten Metalls, sondern nur Kupfer mit mäßigem Zinngehalt. Bei anderen Legierungen liegen die Verhältnisse ähnlich wie bei den Bronzen, jedoch besonders schwierig bei den sogenannten Hartbronzen, die sich durch hohe Festigkeit auszeichnen. Sie sind keine reinen Kupfer-Zinnlegierungen, sondern sie enthalten zur Verbesserung ihrer Eigenschaften Nickel, Mangan und auch Eisen, ihre Herstellung ist umständlich, da sie nicht ohne weiteres durch Zusammenschmelzen der einzelnen Bestandteile, sondern nur durch Umschmelzen erzeugt werden können. Werden diese Legierungen außerdem noch einer mechanischen Bearbeitung durch Hämmern, Walzen oder Ziehen unterworfen, dann erlangen sie eine Festigkeit, die auf ein Vielfaches der im gegossenen Zustande steigt.

Bei der Prüfung solcher Bronzen auf Festigkeit ist daher nicht nur die chemische Zusammensetzung zu berücksichtigen, sondern es muß zur Erlangung eines einwandfreien Einblickes in die Beschaffenheit der Legierung auch noch durch eine metallographische Untersuchung der Zustand derselben festgestellt werden. Es ist nicht gleichgültig, ob die Festigkeit an einem gegossenen Probestabe oder an einem aus einer gezogenen Stange angefertigten ermittelt wird, da die Prüfung beider Probestäbe ganz verschiedene Ergebnisse liefert.

Alle bis jetzt für die Bronzen gemachten Angaben lassen sich auch auf die große Zahl der anderen in der Technik verwendeten Legierungen übertragen und sinngemäß anwenden. Besondere Aufmerksamkeit ist dabei insbesondere den teueren Legierungen, wie es z. B. die Aluminium-Magnesiumlegierungen sind, zu schenken. Da diese Legierungen trotz eines sehr niedrigen spezifischen Gewichtes eine verhältnismäßig hohe Festigkeit besitzen, die reinem Aluminium mangelt, und schon durch Zusatz einiger weniger Prozent Magnesium zum Aluminium die Zugfestigkeit der Legierung auf das Doppelte erhöht wird, ist man bestrebt, diese Legierung mit Rücksicht auf ihr niedriges spezifisches Gewicht im Luftschiff- und Automobilbau zu verwenden und für solche Zwecke zu vervollkommnen. Störend ist hierbei nur der höhere Preis des Magnesiums, der die Gießereien veranlaßt, mit dem Magnesium sparsam umzugehen oder auch weniger reine Metalle zu verwenden. Da dies leider auf Kosten der Festigkeit und anderer mechanischer Eigenschaften, insbesondere auch der Schwindung beim Guß, geschieht, ist eine Nachprüfung des Materials geboten.

Auch bei Feststellungen auf kunsthistorischem Gebiete können manchmal die Materialprüfungsmethoden wertvolle Dienste leisten. Handelt es sich bei der Untersuchung der Echtheit von Kunstwerken z. B. darum, festzustellen, in welcher Zeitepoche der Gegenstand erzeugt wurde, dann bietet eine Prüfung der dazu verwendeten Materialien häufig die einzige Möglichkeit, Aufklärung zu schaffen. Kann in solchem Falle z. B. nachgewiesen werden, daß zu der Zeitepoche, der der Gegenstand zugeschrieben wird, die verwendeten Materialien oder ihre Verarbeitung noch nicht bekannt sein konnten, dann ist der Beweis, daß ein Irrtum oder eine Fälschung vorliegt, geliefert.

Von größter Wichtigkeit sind auch Materialprüfungen für Untersuchungen, die den Zweck haben, aus einer Reihe als gut bekannter Materialien dasjenige auszuwählen, welches bei billigstem Preise dem beabsichtigten Verwendungszweck genügt. Ein Beispiel aus der Tätigkeit des Verfassers wird dies am deutlichsten erläutern.

Für ein großes Bauwerk (Talsperre) sollte ein aus Zement, Kalk, Traß und Sand bestehender Mörtel zur Verwendung gelangen, der bei 4 Atm. Wasserdruck noch wasserdicht ist. Da solche Mörtel in sehr verschiedenen Mischungsverhältnissen hergestellt werden können, von diesen jedoch der Preis des Mörtels abhängt, war zu prüfen, welches Mischungsverhältnis einen hinreichend wasserdichten Mörtel ergibt, der von allen möglichen Mischungsverhältnissen den billigsten Preis besitzt. Da der Mörtel ferner eine gewisse Druckfestigkeit aufweisen mußte, um dem Druck des Mauerwerkes standzuhalten, waren erst die geeignetsten Mörtelmischungen in dieser Hinsicht zu ermitteln, und dann waren auf Grund der chemischen Zusammensetzung der verwendeten Zusatzstoffe die zur Erzielung wasserunlöslicher Mörtel notwendigen Mischungsverhältnisse zu berechnen. Diese beschränkte Zahl von Mörteln wurde alsdann den Versuchen zur Ermittelung der Wasserdurchlässigkeit unterzogen. Nur zwei von acht untersuchten Mörteln waren bei dem vorgeschriebenen Wasserdrucke und der erforderlichen Festigkeit wasserundurchlässig. Ihre unter Berücksichtigung der ortsüblichen Rohmaterialkosten kalkulierten Preise (vor dem Weltkriege) differierten um 1,60 M. pro Kubikmeter, und da 70000 cbm Mörtel benötigt wurden, bedeutet die Wahl des billigsten Mörtels eine Ersparnis beim Baue von 112000 M. bei gleicher Güte hinsichtlich Wasserdurchlässigkeit und der in Frage kommenden sonstigen Eigenschaften. Die Kosten der Materialprüfung beliefen sich auf etwa 1000 M., und das Beispiel beweist, daß die Kosten nicht unnütz aufgewendet worden waren.

Einwandfreie Prüfungen können selbstverständlich nur dann durchgeführt werden, wenn es nach bestimmten Regeln und Methoden geschieht, da das Ergebnis häufig von denselben abhängig ist. Es haben sich daher gewisse Grundsätze für solche Prüfungen herausgebildet, um deren Aufstellung sich die großen Fachverbände und verschiedene Forscher besonders verdient gemacht haben. Insbesondere sind es der Internationale und der Deutsche Verband für die Materialprüfungen der Technik, welchen die allgemeine Einführung solcher Grundsätze zu verdanken ist. Sie haben auch Vorschriften aufgestellt, denen die Materialien genügen müssen, um auf gewisse Handelsbezeichnungen Anspruch erheben zu dürfen. Zum Beispiel haben diese Verbände festgesetzt, daß zur Unterscheidung von Eisen und Stahl die Festigkeit maßgebend sein soll. Hiernach muß z. B. Flußstahl mehr als 5000 kg/qcm Zugfestigkeit besitzen, Material mit geringerer Festigkeit ist als Flußeisen zu bezeichnen. Sehr eingehend sind die Vorschriften, welche gewisse Fabrikantengruppen, z. B. die Portlandzementfabrikanten, die Papierfabrikanten und andere für die Güte ihrer Erzeugnisse festgesetzt haben, und denen sie sich bei Streitigkeiten unterwerfen.

Man erkennt daraus, daß das Materialprüfungswesen bereits eine große Bedeutung erlangt hat und daß sich die Fabrikanten durch Unterwerfung unter die Vorschriften selbst den besten Dienst erweisen, denn sie erleichtern sich dadurch gegenseitig den Konkurrenzkampf. Unterstützt werden die Fabrikanten in ihren Bestrebungen wesentlich durch die Materialprüfungsanstalten, die aber ihrer Art nach getrennt werden müssen in solche, die als öffentliche, zum Teil staatliche Anstalten von jedermann gegen Bezahlung in Anspruch genommen werden können, und in private.

Private Anstalten sind in der Regel dem Fabrikbetriebe als besondere Abteilungen angegliedert, und der Verkehr des Betriebes mit dem Laboratorium erfolgt in gleicher Weise wie mit einem fremden Laboratorium. Im allgemeinen besitzen diese Anstalten ebenso wie die öffentlichen Prüfungsanstalten für die verschiedenen Arten von Versuchen besondere Abteilungen, in denen entsprechend geschulte Spezialkräfte tätig sind. Den chemischen Abteilungen fallen dabei hauptsächlich die den Einkauf betreffenden Untersuchungen zu, da hierbei in erster Linie die chemische Zusammensetzung maßgebend ist. Nur wenn sich die Rohmaterialien bereits in einem gewissen Fertigzustand befinden, muß die chemische Prüfung entweder durch eine mechanische oder metallographische ergänzt werden, oder es findet keine chemische, sondern nur eine mechanische Prüfung statt.

II. Geschichtliches.

Obwohl dem Auslande ein sehr wesentlicher Anteil an der Ausbildung der wissenschaftlichen Materialprüfung und insbesondere der Anfänge derselben überhaupt zuzuschreiben ist, dürfen doch die Deutschen, soweit die vorliegenden Beweisstücke ausreichen, für sich den Ruhm in Anspruch nehmen, die ersten systematischen Materialprüfungen mit besonderen Maschinen ausgeführt zu haben. Es beschafften nämlich bereits im Jahre 1852 die bayerischen Staatsbahnen bei der damaligen Firma Klett & Co. in Nürnberg (jetzt Maschinenfabrik Augsburg-Nürnberg) eine Zerreißmaschine zur Prüfung der eisernen Zugbolzen von Howeträgern. Der Konstrukteur dieser Maschine für 100 t Zugkraft war Direktor Werder. 1857 wurde mit dieser Maschine auch das Material für eine Eisenbahnbrücke über die Isar geprüft.

In England begannen zur gleichen Zeit verschiedene Forscher systematisch Festigkeitsversuche mit Eisen anzustellen, und da ist in erster Linie David Kirkaldy zu erwähnen, der im Jahre 1862 mehrere tausend Versuchszahlen veröffentlichte, die er in seinem Laboratorium (Mr. Kirkaldys new testing and experimenting works. The Engineer. 24. November 1865) festgestellt hatte.

Im Jahre 1863 kaufte Alfred Krupp auf der Londoner Weltausstellung eine Materialprüfungsmaschine und legte durch ihre Aufstellung in seiner Essener Gußstahlfabrik den Grundstein zu der jetzt einzigartigen privaten Versuchsanstalt der Friedrich Krupp A.-G in Essen.

Kurze Zeit später (1863) veröffentlichte Wöhler die ersten Ergebnisse seiner klassisch gewordenen Dauerversuche mit Metallen, welche die hohe Bedeutung vielmaliger Beanspruchungen auf die Eigenschaften der Materialien klarstellten.

1870 begann Bauschinger in seinem Münchener Laboratorium Materialprüfungen vorzunehmen und in zielbewußter Arbeit die Grundlagen für das wissenschaftliche Materialprüfungswesen zu schaffen. (Die Ergebnisse seiner zahlreichen Versuche wurden u. a. in den Mitteilungen aus dem mechanisch-technischen Laboratorium der Technischen Hochschule in München veröffentlicht.)

1876 wurde die Versuchsanstalt für Eisen und Stahl an der Berliner Gewerbeakademie eingerichtet, aus der sich das Materialprüfungsamt Berlin-Dahlem entwickelte.

1888 erfolgte die Eröffnung der Versuchsanstalt für Bau- und Maschinenmaterial am Technologischen Gewerbemuseum in Wien. Hiernach entstanden in rascher Folge an verschiedenen Orten Deutschlands Materialprüfungsanstalten, aus denen inzwischen zahlreiche wissenschaftliche Forschungsarbeiten hervorgegangen sind.

Angeregt durch Bauschinger fand im Jahre 1884 in München eine Zusammenkunft von 79 Forschern und Konstrukteuren statt zu dem Zwecke, einheitliche Materialprüfungsmethoden zu beraten. Der große Erfolg dieser Zusammenkunft veranlaßte sogenannte „Bauschinger-Konferenzen" in München, Dresden, Berlin, Wien und Zürich, die sich schließlich zu internationaler Bedeutung ausgestalteten und im Jahre 1895 auf Betreiben Tetmajers zur Gründung des „Internationalen Verbandes für die Materialprüfungen der Technik" führten. Erster Präsident dieses Verbandes wurde Tetmajer und der Ort des ersten Kongresses war im Jahre 1897 Stockholm.

In den einzelnen Ländern entstanden nationale Verbände mit den gleichen Bestrebungen wie der Internationale Verband und zur Vorbereitung und Durchführung der Arbeiten desselben: z. B. „Deutscher Verband für die Materialprüfungen der Technik", „Amerikanischer Verband für die Materialprüfungen der Technik"; in Frankreich und Belgien „Réunion des Membres Français et Belges de l'Association Internationale pour l'Essai des Matériaux" usw. Alle Vereinigungen strebten „Internationale Normen" an und haben auch bereits wesentlich zur Vereinheitlichung der Prüfungsverfahren beigetragen. Aber es ist auf diesem Gebiete noch viel Arbeit zu leisten, und es darf der Hoffnung Ausdruck verliehen werden, daß die durch den Weltkrieg geschaffenen Gegensätze nicht zu lange die vor dem Kriege so tatkräftig geförderten Vorbereitungen aufhalten werden[1]).

III. Grundsätze für Materialprüfungen.

Unter Berücksichtigung aller Forderungen sind für Materialprüfungen die folgenden Fragen aufzuwerfen:

1. Was soll geprüft werden?
2. Wie sind die erforderlichen Probestücke zu entnehmen?
3. Auf welche Ermittelungen soll sich eine planmäßige Prüfung erstrecken?
4. Wie soll die Prüfung durchgeführt werden?
5. Welche Schlüsse können aus den Versuchsergebnissen gezogen und wie können sie verwertet werden?

1. Was soll geprüft werden?

Eine Erwägung dieser Frage führt zu der Antwort, daß alle diejenigen Materialien einer Prüfung zu unterziehen sind, bei deren Verwendung durch sichere Kenntnis der Festigkeitseigenschaften Ersparnisse infolge angepaßter Dimensionierung erzielt werden können, ferner diejenigen Materialien, welche einer Vervollkommnung durch Änderung ihrer Zusammensetzung oder ihrer Herstellungsweise entgegengeführt werden sollen, und schließlich Bau- und Konstruktionsteile sowie Gegenstände, welche unter gewissen erfahrungsmäßig festgestellten Annahmen konstruiert und hergestellt worden sind, bei denen eine Kontrolle der Richtigkeit der gemachten Annahmen tunlich erscheint.

Der Konstrukteur soll die Abmessungen der Bau- oder Konstruktionsteile stets derartig wählen, daß der Bestand des Bauwerkes oder Gegenstandes gesichert ist und durch die wirkenden Kräfte oder sonstigen Beanspruchungen niemals eine Gefährdung eintreten kann. Eine sichere Berechnung der Abmessungen ist aber nur dann möglich, wenn die zahlenmäßigen Unterlagen für die Festigkeitseigenschaften der benutzten Materialien vorhanden sind. Erscheinen die in Tabellenwerken enthaltenen Angaben dem Konstrukteur für das vorliegende Material nicht genügend sicher, dann wird er die erforderlichen Querschnitte wahrscheinlich reichlich bemessen und damit unökonomisch

[1]) Näheres über die geschichtliche Entwicklung der Materialprüfung im In- und Auslande von Galilei an (1564—1642) findet sich in der ausgezeichneten Zusammenstellung von Leon, „Die Entwicklung und die Bestrebungen der Materialprüfung", Wien 1912.

konstruieren, oder er wird unter Umständen die Festigkeit überschätzen, infolgedessen zu schwach dimensionieren und das Bauwerk gefährden. Hier muß die sachgemäße Prüfung des Materials oder die Nachprüfung des Fertigproduktes Platz greifen.

Für Materialien, welche aus verschiedenen Bestandteilen zusammengesetzt sind, wie z. B. Beton, können infolge der abweichenden Eigenschaften der Einzelstoffe, die durch Materialursprung, Materialbehandlung und durch die Herstellungsweise bedingt sind, niemals allgemein gültige Festigkeitszahlen angenommen werden. Bei solchen Materialien sind sorgfältig alle äußeren Umstände zu erwägen, unter denen sie Benutzung finden und mit welcher Sorgfalt und Sachkenntnis sie zusammengesetzt wurden. Hier sind fortlaufende Prüfungen der einzelnen Bestandteile und des gemischten Produktes Erfordernis.

Hüttenwerke müssen bestrebt sein, ihre Erzeugnisse der höchsten Vollkommenheit entgegenzuführen. Sie sind darum gezwungen, die mit ihren Herstellungsverfahren erreichten Eigenschaften der Produkte kennenzulernen, um durch Änderung des Herstellungsverfahrens oder der Zusammensetzung des Materials eine Vervollkommnung zu erzielen.

Die Forderung der Prüfung ganzer Bau- und Konstruktionsteile ist dann bedingt, wenn bei ihrer Berechnung die bestehenden Theorien nicht anwendbar sind oder infolge ungenügender Kenntnis der Zusammenwirkung mehrerer verschiedener Bau- und Werkstoffe eine sichere Berechnung nicht durchgeführt werden kann.

2. Wie sind die Probestücke zu entnehmen?

Die richtige Entnahme der Probestücke darf wohl mit als der wichtigste Faktor im Materialprüfungswesen bezeichnet werden. Die sorgfältigst durchgeführte Untersuchung kann wertlos sein, wenn die Probenentnahme an ungeeigneter Stelle oder unter solchen Umständen erfolgte, daß es fraglich erscheint, ob die Probe mit dem Material, welches geprüft werden soll, identisch ist, oder ob sie durch zufällig hineingeratene Bestandteile oder durch äußere Einflüsse verändert worden ist. Die Probenentnahme hat deshalb derartig zu erfolgen daß mit Sicherheit angenommen werden darf, die Eigenschaften der Probe entsprechen den mittleren Materialeigenschaften. Allgemein gültige Regeln können aber in dieser Beziehung für die Probenentnahme nicht aufgestellt werden, wenn auch für manche Materialien Vorschriften bestehen. Es muß vielmehr dem Versuchsausführenden oder der für die Prüfung verantwortlichen Stelle überlassen bleiben, von Fall zu Fall unter Berücksichtigung der Art des Materials und der herrschenden äußeren Umstände zu entscheiden, wie die Probe zu entnehmen und wie sie zu behandeln ist. Jedenfalls aber ist die Entscheidung schriftlich festzulegen und dem Protokoll über die ausgeführte Prüfung beizufügen.

Anweisungen über die Probenentnahme geben die verschiedentlichen Lieferungsvorschriften der Behörden oder zum Teil auch die Grundsätze für einheitliche Materialprüfungen, aufgestellt vom Deutschen Verbande für die Materialprüfungen der Technik[1]). Leider weichen die Vorschriften

[1]) Von besonderer Bedeutung erscheinen auch die sogenannten „Weltflugnormen" des „International Airkraft Standards Board". In Deutsch von Dr. E. Everling.

einzelner Behörden noch voneinander ab, und es ist anzustreben, daß auch darin eine Vereinheitlichung erzielt wird. Soweit allgemeingültige Regeln für Probenentnahmen aufgestellt werden können, werden im vorliegenden Buche solche in den einschlägigen Paragraphen angegeben werden[1].

3. Auf welche Ermittelungen soll sich eine planmäßige Prüfung erstrecken?

Bei der Beantwortung dieser Frage muß eine Erwägung stattfinden dahingehend, daß festgestellt wird, zu welchem Zwecke die Prüfung erfolgt. Es muß entschieden werden, ob die Prüfung die Güte des Stoffes nachweisen soll oder ob sie bestimmt ist, Unterlagen für die Berechnung von Bau- und Konstruktionsteilen zu liefern. Jene Prüfung ist als eine vergleichende zu bezeichnen und muß mit Probekörpern bestimmter Form und Abmessungen, sowie nach einem streng festgelegten Verfahren durchgeführt werden. Diese hingegen erfordert soweit als möglich gehende Anpassung an die spätere Verwendung des Materials Sie muß derartig erfolgen, daß die Beanspruchungen, welchen das Material ausgesetzt wird, denjenigen gleich oder nahe kommen, welchen es im Bau- oder Konstruktionsteile Widerstand zu leisten bestimmt ist.

In die eine Gruppe der Prüfungen gehören alle sogenannten Güteprüfungen, wie da sind die üblichen Zerreißversuche mit Probestücken aus Metallen, Baustoffen (Zement), Textilerzeugnissen, ferner die Druckversuche mit natürlichen und künstlichen Steinen, Holz oder dgl. Diese Versuche schaffen einen Einblick in die Eigenschaften des vorliegenden Materials gegenüber den allgemein bekannten und gestatten auf Grund der Ergebnisse eine Beurteilung dahingehend, ob das vorliegende Material besser oder schlechter als ein normales ist.

In die andere Gruppe gehören alle Prüfungen, welche sich auf Fertigprodukte erstrecken oder dazu bestimmt sind, das Verhalten der Materialien unter Verhältnissen zu studieren, die denjenigen nahekommen oder entsprechen unter welchen sie im Fertigprodukt Verwendung finden.

4. Wie soll die Prüfung durchgeführt werden?

Ebenso wie die Ermittelungen besonders festgestellt werden müssen, auf die sich die Prüfung zu erstrecken hat, ist es erforderlich, vor Eintritt in eine Prüfung die Art und Weise festzulegen, nach der die Versuche durchzuführen sind. Die Güteprüfungen haben nach bestimmten Vorschriften zu erfolgen, und es ist zur Erlangung einwandfreier Ergebnisse unbedingtes Erfordernis, alle Punkte dieser Vorschriften genau zu beachten. Die Prüfung ist somit ohne weitere Überlegung durchführbar.

Anders liegen jedoch die Verhältnisse bei Prüfungen, welche Unterlagen für die Berechnung der Abmessungen von Bau- und Konstruktionsteilen schaffen oder an berechneten Teilen die Zuverlässigkeit der angewandten Rechnungsmethoden ermitteln sollen. Die Art des Kraftangriffes und die Wirkung der äußeren Kräfte müssen den tatsächlich auftretenden Verhältnissen entsprechen. Eine Prüfung mit allmählicher stoßfreier Steigerung der Kraft würde z. B. nur untergeordnete Bedeutung haben bei einem Bau-

[1] S. a. Bauer und Deiß, Probenahme und Analyse von Eisen und Stahl, Berlin, Jul. Springer, 1912.

oder Konstruktionsteile, welcher im Betriebe durch Stöße beansprucht wird. An einem solchen müssen vielmehr Versuche angestellt werden, welche die Widerstandsfähigkeit des Materials gegenüber dynamischen Beanspruchungen erkennen lassen.

5. Welche Schlüsse können aus den Versuchsergebnissen gezogen und wie können sie verwertet werden?

Es ist nicht zulässig, die bei Versuchen gewonnenen Ergebnisse ohne weiteres als absolute Werte für die geprüften Materialien zu betrachten. Schon die Verschiedenartigkeit der Ergebnisse von Parallelversuchen mit dem gleichen Material lehrt, daß die Verallgemeinerung eines solchen Ergebnisses einen Fehlschluß bedeuten würde. Die Materialien besitzen nicht an allen Stellen gleiche physikalische Beschaffenheit, auch wenn ihre Entstehungs- oder Erzeugungsweise diese Annahme berechtigt erscheinen lassen sollte. Ferner ist zu berücksichtigen, daß alle Versuche mit Fehlern behaftet sind und ihre Durchführung niemals vollkommen der wirklich auftretenden Beanspruchungsweise angepaßt werden kann. Es muß daher stets im Auge behalten werden, daß die Versuchsergebnisse nur Annäherungen von größerer oder geringerer Genauigkeit darstellen und ihre Verwendung nur unter Erwägung aller Umstände erfolgen darf. Die Widerstandsfähigkeit vieler Materialien und Erzeugnisse ist von der Sorgfalt ihrer Herstellung und von äußeren Einflüssen abhängig, so daß auch diesen Faktoren bei der Übertragung der Versuchsergebnisse auf praktische Anwendungen die entsprechende Aufmerksamkeit zuzuwenden ist.

IV. Die zu ermittelnden Materialeigenschaften.

Für die Materialprüfung kommen in erster Linie die physikalischen Eigenschaften der Bau- und Konstruktionsmaterialien in Frage und die chemischen nur insoweit, als sie die physikalischen beeinflussen. Die chemische Prüfung gestattet nur auf Grund von Erfahrungen die Beurteilung der Verwendungsfähigkeit der Bau- und Werkstoffe, während die Ermittelung der physikalischen Eigenschaften Zahlenwerte liefert, durch deren Kenntnis die Verwendungsfähigkeit bewiesen wird.

Die Eigenschaften, deren Kenntnis gemeinsam, einzeln oder wechselseitig zur Beurteilung der Bau- und Werkstoffe in erster Linie erforderlich ist, sind die folgenden:

1. Die Festigkeit und die durch den Einfluß äußerer Kräfte bedingte Formänderung,
2. die Härte,
3. die Gefügebeschaffenheit,
4. die chemische Zusammensetzung,
5. sonstige Eigenschaften.

Gemäß diesen Eigenschaften wird im vorliegenden Buche der zu behandelnde Stoff eingeteilt werden. Dabei werden aber analytisch-chemische Untersuchungsmethoden keine Behandlung erfahren, sondern es werden nur Hinweise auf solche erfolgen, und auf chemische Eigenschaften wird nur insoweit eingegangen werden, als es zur Beurteilung der Ergebnisse mechanischer Prüfungen erforderlich ist.

Erster Teil.

Die Festigkeitsprüfung der Materialien, insbesondere der Metalle.

§ 1. Die Festigkeit und Formänderung der Materialien.

Die Festigkeit der Materialien wird bedingt durch die Kohäsion der Moleküle bzw. der Molekülaggregate; als Maß für die Festigkeit gilt die Kraft, welche erforderlich ist, die Kohäsion zu überwinden[1]). Je nach der Beanspruchungsweise sprechen wir von Zug-, Druck-, Biege-, Knickungs-, Verdrehungs- und Schubfestigkeit. Die Beanspruchungen der ersten vier genannten Arten von Festigkeit erzeugen Normalspannungen im beanspruchten Querschnitt, und die letzten zwei bringen Schubspannungen hervor. Die Kräfte, welche die Normalspannungen darstellen, sind senkrecht zum beanspruchten Querschnitte gerichtet, und die der Schubspannungen treten in der Ebene des Querschnittes auf. Als Einheit gilt für beide Arten von Spannungen das Kilogramm, bezogen auf die Querschnittseinheit 1 qcm.

Die Wahl dieser Querschnittseinheit ist erfolgt zur Erzielung von Übereinstimmung mit der technischen Atmosphäre = 1 kg Druck auf 1 qcm Fläche. Sie steht im Gegensatz zu der anderenorts üblichen Ausdrucksweise, wo die Spannungen auf 1 qmm Querschnitt bezogen werden. Letztere bietet zwar mancherlei Vorteile, insbesondere, wenn es sich um die Prüfung dünner Probestäbe, z. B. von Drähten handelt, deren Querschnitt weniger als 1 qcm beträgt, aber der oben angegebene Grund, der zur Wahl von 1 qcm als Querschnittseinheit führte, erscheint zwingender, so daß im vorliegenden Buche ausschließlich diese Ausdrucksweise benutzt werden wird.

Jede Spannungsänderung im Material hat eine mehr oder weniger große Formänderung des Körpers zur Folge, welche bleibend oder vorübergehend sein kann. Die vorübergehende Formänderung wird im allgemeinen als „elastische“ bezeichnet, und sie ist es, welche hauptsächlich die praktische Verwendungsfähigkeit eines Materials bedingt. Wenn der Bestand eines Bauwerkes nicht gefährdet sein soll, dürfen die einzelnen Konstruktionsteile infolge Beanspruchung durch äußere Kräfte keine bleibenden Formänderungen erleiden, sondern es müssen die Formänderungen nach Aufhören der Kräftewirkungen wieder verschwinden.

Hieraus ergibt sich auch der begriffliche Unterschied dieser „Belastungsspannungen“ im Gegensatz zu den „Eigenspannungen“, die in manchen Materialien oder Konstruktionsteilen vorhanden sind.

Während die „Belastungsspannungen“ nach Aufhören der äußeren Kräfte wieder verschwinden, bleiben die „Eigenspannungen“ bestehen, falls sie nicht teilweise durch die „Belastungsspannungen“ aufgehoben wurden.

---

[1]) Über inter- und intrakristalline Kohäsion bei Metallen und Legierungen s. Zeitschr. d. österr. Ing.- u. Arch.-Vereins 1916, S. 69 u. f.

Letzteres erfordert aber Belastungsspannungen, die bleibende Formveränderungen zu verursachen vermögen, also in der Regel Spannungen, die im Fließbereich (s. § 4) liegen. Belastungsspannungen innerhalb der Elastizitätsgrenze (s. § 4) werden dagegen die Eigenspannungen nicht zu beeinflussen vermögen. Unter Eigenspannungen sind dabei immer solche zu verstehen, die durch die Herstellung des Materials oder des Konstruktionsteiles oder durch Nachbehandlung desselben entstanden sind. Eigenspannungen entstehen z. B. durch Wärmebehandlung von Stahl beim Glühen, Härten oder Anlassen (s. § 127), ferner beim Walzen und Schmieden von Eisen und Metallegierungen. Auch die sogenannten Gußspannungen in Gußteilen gehören zu den Eigenspannungen, obgleich sie weniger dem Material eigentümlich als vielmehr durch die Formgebung des Gußstückes bedingt sind. Durch nachträgliche Wärmebehandlung, sowie auch durch mechanische Bearbeitung mit Schneidwerkzeugen, Hämmern, Pressen usw. können die Eigenspannungen verändert oder beseitigt werden.

Hinsichtlich der Belastungsspannungen und der Formveränderungen spielt selbstverständlich die Art der Kräftewirkung eine große Rolle. Die Kräfte können allmählich wachsende oder stoßweise auftretende sein oder sie können Schwingungsbeanspruchung hervorrufen. Dementsprechend unterscheidet man: statische Beanspruchung, dynamische Beanspruchung und auch Schwingungsbeanspruchung.

Die Prüfung mit statischer Beanspruchung ist die am meisten gebräuchliche, da sie einfacher durchführbar ist als die mit anderen Beanspruchungsarten. Es werden aber Versuche sowohl mit dynamischer als auch mit Schwingungsbeanspruchung durchgeführt, und zur Vereinfachung weiterer Untersuchungen werden Zusammenhänge zwischen diesen Beanspruchungsarten und der statischen Beanspruchung gesucht. Es ist dann möglich, die Wertzahlen für die dynamischen und Schwingungsbeanspruchungen aus denen abzuleiten, die bei Versuchen mit statischer Beanspruchung gefunden wurden. (Näheres hierüber s. die einschlägigen Abschnitte.)

I. Zugversuche.

§ 2. Die Zugfestigkeit.

Läßt man auf den in Abb. 1 dargestellten zylindrischen Stab vom Durchmesser d und der im Verhältnis zum Durchmesser großen Länge l an den Enden Kräfte von der Größe P wirken, so wird der Stab unter der Einwirkung der Kräfte verlängert und der Durchmesser verringert. Die ursprüngliche Länge l geht in die neue Länge l' über und die Differenz beider stellt die Verlängerung λ des Stabes dar. Zur Vereinfachung der Rechnungen wird die Verlängerung auf die Längeneinheit des Stabes bezogen und als Dehnung ε, d. h. als verhältnismäßige Längenänderung bezeichnet. Hiernach ist: $\varepsilon = \frac{l' - l}{l} = \frac{\lambda}{l}$. Unter der Voraussetzung der Homogenität des Probekörpers wird angenommen, daß sich die äußeren Kräfte P durch die Kohäsion der Moleküle gleichmäßig auf alle Stabquerschnitte f übertragen und daselbst Spannungen σ erzeugen, welche die Trennung je zweier benachbarter Querschnitte anstreben.

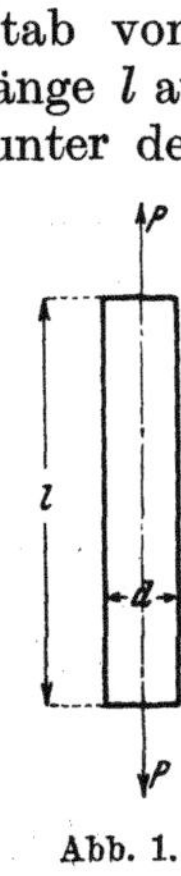

Abb. 1.

Die Größe der Spannungen σ ergibt sich aus der Beziehung

$$\sigma = \frac{P}{f},$$

worin P die jeweils herrschende äußere Kraft und f den ursprünglichen Querschnitt des Stabes bedeuten. Obgleich der zur Kraft P gehörige Querschnitt von dem ursprünglichen unter Umständen erheblich abweicht, ist es doch notwendig, diesen zur Berechnung der Spannung heranzuziehen, weil sonst eine Vergleichung der Ergebnisse unmöglich wäre, und weil der Querschnitt während des Zerreißversuches dauernd abnimmt (s. § 10) und eine Verfestigung des Materials eintritt. Überdies ist bei Konstruktionsteilen der ursprüngliche Querschnitt ebenfalls der maßgebende.

Die Kraft, welche aufgewendet werden muß, um das Zerreißen des Probestabes zu veranlassen, heißt die Bruchbelastung oder Höchstbelastung, und die dazugehörige Materialspannung σ_{max} wird Zugfestigkeit genannt und mit dem Buchstaben K_Z bezeichnet.

§ 3. Die Reißlänge.

Bei Materialien geringerer Homogenität und bei solchen Probestücken, deren Querschnitt sich mit Genauigkeit nicht feststellen läßt oder deren Festigkeit zum Gewichte in gewisser Abhängigkeit steht, wird als Maß für die Festigkeit nicht die Materialspannung, bezogen auf die Querschnittseinheit, angegeben, sondern es wird aus der Bruchbelastung und dem Gewichte der Längeneinheit des Probestückes die Reißlänge[1]) berechnet.

Unter Reißlänge versteht man diejenige Länge des zu prüfenden Probestückes, welche demselben ein solches Gewicht verleihen würde, daß es bei vertikaler Aufhängung an der Einspannstelle infolge seines Eigengewichtes abreißt[2]). Beträgt die Bruchbelastung P kg und das Gewicht der Längeneinheit (Meter) d s Probestückes g kg, dann ist die Reißlänge

$$L_R = \frac{P}{g} \text{ Meter.}$$

In der Hauptsache wird die Reißlänge bestimmt bei der Prüfung von Textilprodukten, insbesondere von Garnen, die gewohnheitsgemäß nach Nummern klassifiziert werden. Unter der Nummer oder der metrischen Feinheitsnummer eines Garnes versteht man nämlich die Zahl, welche angibt, wieviel Meter Garn zusammen 1 g wiegen. Multipliziert man die Bruch- oder Zerreißbelastung in Grammen eines Garnes mit der Nummer, so erhält man die Reißlänge in Metern.

§ 4. Spannungs-Dehnungsdiagramm.

Verfolgt man die Dehnungen des zylindrischen Stabes, welcher aus einem formbaren Material bestehend gedacht ist, als Funktion der Spannungen, so ergibt sich ein Verlauf derselben, wie er durch das Diagramm in Abb. 2 dargestellt wird.

---

[1]) Die Bezeichnung „Zerreißlänge" würde zutreffender sein.

[2]) Diesen Begriff der Reißlänge hat bereits Galilei (1564—1642) gegeben.

Die Ordinaten im Diagramm stellen die Zugspannungen σ und die Abszissen die Dehnungen ε des Stabes dar. Vom Punkte O an verläuft die Kurve als gerade Linie bis zum Punkte P. Hier hört die Proportionalität zwischen Spannung und Dehnung auf; wir bezeichnen P als Proportionalitätsgrenze. Im weiteren Verlaufe wendet sich die Kurve in sanfter Krümmung von der Geraden ab und geht beim Punkte F in eine Parallele zur Abszisse über. Es bedeutet dies großes Anwachsen der Dehnungen ohne Spannungserhöhung; wir bezeichnen diesen Vorgang als Fließen, s. S. 35. Der Punkt F im Diagramm wird Fließ- oder Streckgrenze und die Zeit, während der das Fließen stattfindet, die Fließperiode genannt. (Über die Begriffe „obere und untere Fließgrenze" s. § 14.) Nach Beendigung des Fließens steigt die Kurve allmählich wieder bis zu ihrem Maximum bei B, um von dort an stetig bis zum Punkte Z, wo das Zerreißen des Stabes stattfindet, zu fallen. Der Punkt B heißt Bruchgrenze des Materials, während Z keine besondere Bezeichnung besitzt, weil die Lage von Z unbestimmt und in hohem Maße von der Geschwindigkeit abhängig ist, mit welcher der Stab zerrissen wird.

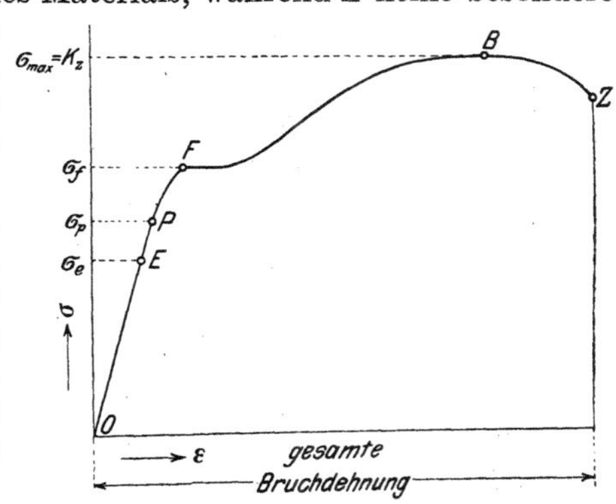

Abb. 2.

Die zur Elastizitätsgrenze (s. S. 22), Proportionalitätsgrenze und Fließgrenze gehörigen Zugspannungen werden mit den Buchstaben σ_e, σ_p und σ_f bezeichnet, während, wie schon früher bemerkt wurde, die Spannung an der Bruchgrenze $\sigma_{\max}$ und die Zugfestigkeit K_Z genannt wird.

In manchen Büchern wird auch dem Punkte Z im Diagramm (Abb. 2) eine Bezeichnung beigelegt, so nennt z. B. Jüptner[1]) die diesem Punkte entsprechende Spannung die „Spannung an der Zerreißgrenze". Das erscheint aber zwecklos, da dieser Wert keine praktische Bedeutung besitzt und in hohem Maße von der Geschwindigkeit abhängt, mit der der Stab gedehnt wird. Es läßt sich überdies die Belastung im Augenblicke des Bruches auch nur bei größter Aufmerksamkeit des Beobachters feststellen, und man sollte deshalb bei der praktischen Prüfung von der Ermittelung dieser Belastung überhaupt absehen, da sie nur die Versuchsausführung schwierig gestaltet, ohne irgendeinen Vorteil zu bieten.

Bei rein wissenschaftlichen Untersuchungen wird man die „Zerreißbelastung" aber mit größter Sorgfalt zu ermitteln versuchen, da sie, bezogen auf den Querschnitt im Augenblicke des Bruches, die Kohäsionskraft der Moleküle darstellt.

Da die Proportionalitätsgrenze nicht immer mit Genauigkeit aus dem Diagramm entnommen werden kann, soll bei Eisen als Proportionalitätsgrenze diejenige Spannung gelten, bei der für jede 100 kg/qcm Spannungsänderung

---

[1]) Jüptner, Die Festigkeitseigenschaften der Metalle. S. 25. Leipzig: Arthur Felix 1919.

die Dehnungen gleich große bleiben; jede neue Dehnungsänderung gilt hier als gleicher Größe mit den vorausgegangenen, solange sie vom Mittelwerte der vorausgegangenen nicht mehr als 0,0005 % der Meßlänge abweicht.

Auch die Fließ- oder Streckgrenze kann nicht immer als Stetigkeitsunterbrechung dem Zerreißdiagramm entnommen werden. Sie wird deshalb als diejenige Spannung definiert, bei der eine bestimmte bleibende Verlängerung der Meßlänge des Probestabes eintritt. Für Eisen sehen die meisten Prüfungsvorschriften als solche bleibende Verlängerung 0,2 % der Meßlänge vor. In anderen Vorschriften finden sich höhere Werte (bis 0,5 %) und für andere Materialien gelten naturgemäß ebenfalls andere Zahlen. Wegen dieser Abweichungen ist es notwendig, in den Prüfungsberichten den maßgebenden Wert anzugeben. Es geschieht zweckmäßig durch Anfügung eines Index an die Bezeichnung, z. B. $P_{f\,0,2}$ oder $\sigma_{f\,0,2}$ für einen Verlängerungswert von 0,2 %. Heyn[1]) verfährt ähnlich, nennt aber die Belastung an der so gekennzeichneten Grenze nicht Fließ- oder Streckgrenze, sondern n-Grenze, z. B. 0,2-Grenze, 0,3-Grenze usw.

Diese Bezeichnungsweise erscheint bedenklich, da sie zu Verwechslungen Anlaß geben kann und keinen Bezug auf die zu kennzeichnende Materialeigenschaft darstellt.

Ein Punkt, welcher sich nicht durch Stetigkeitsabweichung der Spannungs-Dehnungskurve bemerkbar macht und dem im allgemeinen viel zu wenig Beachtung geschenkt wird, ist die Elastizitätsgrenze E. Theoretisch entspricht diese der Spannung, bei der die Grenze der vollkommenen Elastizität des Materials erreicht ist. Da es im allgemeinen aber keine vollkommen elastische Körper gibt, soll als Elastizitätsgrenze diejenige Spannung gelten, bis zu der das Material in praktisch ausreichender Weise noch als vollkommen elastisch gelten kann. Diese Grenze kann bei ca. 0,001 % bleibender Dehnung angenommen werden[2]). Die Elastizitätsgrenze wird oft mit der Proportionalitätsgrenze bzw. mit der Fließgrenze verwechselt[3]). Die Entscheidung, welcher von diesen drei Faktoren in Berichten über Materialprüfungen gemeint ist, fällt überdies schwer, weil in manchen Fällen alle drei Punkte nahe beieinander und in anderen wieder weit voneinander entfernt liegen. Besonders in der hüttenmännischen Praxis ist die Bezeichnung Elastizitätsgrenze für Fließgrenze verbreitet, und der Wert mancher Forschungsarbeiten wird durch die Unklarheit der Begriffsfestlegung geschmälert.

Nach den vorstehenden Erläuterungen enthält das Spannungs-Dehnungs-Diagramm somit dreierlei Dehnungswerte, und zwar:

1. die Gesamtdehnungen, welche der vorher unbelastet gewesene Stab durch seine erstmalige Belastung erfährt,
2. die bleibenden Dehnungen, die nach Entlastung des Stabes bestehen bleiben, und

---

[1]) Handbuch der Materialienkunde II, von Martens-Heyn, Julius Springer.

[2]) Andere Vorschriften bezeichnen als Elastizitätsgrenze diejenige Spannung, bei der die bleibende Dehnung 0,03 % der Meßlänge erreicht. Dieser Wert erscheint etwas hoch, ist aber nicht zu beanstanden, da die Elastizitätsgrenze ja mehr oder weniger ein subjektiver Begriff ist.

[3]) Siehe Wawrziniok, Die elastischen Eigenschaften von Stahl usw. in Metallurgie 1907.

3. die **elastischen** oder federnden Dehnungen, die sich durch Subtraktion der bleibenden Dehnungen von den zugehörigen Gesamtdehnungen errechnen lassen, oder die durch unmittelbare Messung als solche festgestellt werden können.

Zur Unterscheidung werden die genannten Dehnungen mit Zeigern versehen, sie lauten alsdann:

ε_g = Gesamtdehnung,
ε_b = bleibende Dehnung und
ε_e = elastische Dehnung.

Da bei der Aufzeichnung der Spannungs-Dehnungs-Diagramme häufig an Stelle der Spannungen σ in kg/qcm die Belastungen des Probestabes P in kg und an Stelle der Dehnungen ε die Verlängerungen λ unmittelbar aufgetragen werden, erhalten auch die Verlängerungswerte die entsprechenden Zeiger λ_g, λ_b, λ_e. Jedem der drei Dehnungs- und Verlängerungswerte kommt eine besondere Bedeutung zu, da jeder das Material hinsichtlich seiner praktischen Verwendbarkeit kennzeichnet. Es muß daher bei Materialprüfungen jeder der drei Werte zum mindesten innerhalb der praktisch vorkommenden (bei Festigkeitsberechnungen als zulässig angenommenen!) Spannungen festgestellt und zur Übersichtlichkeit in Schaubildern festgelegt werden. Die Abb. 3 zeigt ein solches Schaubild für den gemäß der Zahlentafel (S. 43) geprüften Dannemorastahl. Man erkennt aus dem Verlauf der Kurven, daß gegenüber den Gesamtdehnungen ε_g die bleibenden Dehnungen ε_b sehr gering sind und daß die Kurve der elastischen Dehnungen ε_e innerhalb des für die praktische Benutzung in Betracht kommenden Spannungsbereiches geradlinig verläuft. Das bedeutet, daß die elastischen Dehnungen proportional der Spannungserhöhung zunehmen, und daß demnach der vorliegende Dannemorastahl in eine bestimmte Gruppe von Materialien gehört, über die der § 5 Aufklärung gibt. Ergänzend mag noch darauf hingewiesen werden, daß es immer zweckmäßig ist, bei Feinmeßversuchen zur Ermittelung der Dehnungszahl (s. § 5) die Spannungs-Dehnungs-Kurven bis mindestens zur Proportionalitätsgrenze aufzuzeichnen, da dadurch etwaige bei der Messung begangene Fehler bemerkt und durch graphische Ausgleichung berichtigt werden können.

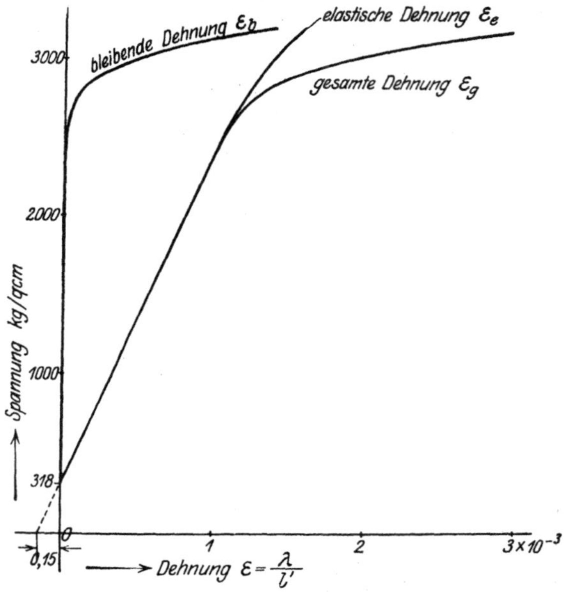

Abb. 3.

Die Kurven in der Abb. 3 gehen nicht von der Belastung „Null“ aus, sondern sie beginnen bei 318 kg/qcm Zugspannung. Das rührt davon her, daß der Stab zur Beseitigung des toten Ganges in der Materialprüfungsmaschine einer beständigen Grundbelastung unterworfen wurde, die dem Stabe bereits eine entsprechende Dehnung erteilt. Dieser Dehnungswert läßt sich durch Fortsetzung der Kurven bis zum Schnittpunkt mit der Abszissenachse graphisch ermitteln, wie die Abbildung erkennen läßt.

Schließlich ist noch zu bemerken, daß die bleibenden Dehnungen nur bei der erstmaligen Belastung in voller Größe auftreten, und daß bei jeder folgenden, und zwar gleich großen Belastung, wie die vorausgegangene, nur elastische Dehnungen entstehen und diese gleich den Gesamtdehnungen sind.

§ 5. Elastische Dehnung.

Dehnung und Spannung weisen innerhalb gewisser Grenzen eine Abhängigkeit auf, die gewöhnlich durch das sogenannte Hookesche Gesetz[1])

$$\varepsilon = \alpha \cdot \sigma$$

ausgedrückt wird. α bedeutet hierin eine Zahl, die Dehnungskoeffizient oder Dehnungszahl genannt wird und die Verlängerung darstellt, welche ein Stab von 1 cm Länge und dem Querschnitt 1 qcm infolge Belastung mit 1 kg erleidet. Dieser leichtverständliche Begriff wurde von Bach in die Festigkeitslehre eingeführt. Er stellt den reziproken Wert des „Elastizitätsmoduls“ dar, der früher allgemein angewendet und von Reuleaux als diejenige Spannung definiert wurde, bei der ein prismatischer, in seiner Längsrichtung beanspruchter Körper um seine ganze Länge ausgedehnt oder zusammengepreßt wird.

Das Hookesche Gesetz, welches ausdrückt, daß Spannung und Dehnung einander proportional sind, besitzt nur für gewisse Materialien und naturgemäß nur für elastische Formänderungen Gültigkeit.

Die Berechnung der Dehnungszahl α nach der obigen Beziehung $\varepsilon = \alpha \cdot \sigma$ ergibt einen Dezimalbruch, der z. B. für Flußstahl $\alpha = 0{,}000\,000\,458$ lauten kann. Das Niederschreiben eines derartigen Bruches führt leicht zu Fehlern, auch prägt sich eine derartige Zahl schwer dem Gedächtnis ein. Es empfiehlt sich deshalb, nicht den Wert α als Dezimalbruch zu errechnen, sondern in der Form $\alpha = \frac{1}{2\,180\,000}$ zum Ausdruck zu bringen. Diese Form ist um deswillen zweckmäßiger, weil einerseits der Nenner des Bruches gleichzeitig den noch andernorts verwendeten Elastizitätsmodul darstellt und er andererseits eine gute Unterscheidungsmöglichkeit bietet[2]).

Nach den neueren Forschungen erfüllen nicht alle Materialien das Hookesche Gesetz, und es zeigen auch nicht alle die erwähnten charakteristischen Punkte im Spannungs-Dehnungsdiagramm. Zu diesen gehört in erster Linie das Gußeisen, bei dem die Dehnungen rascher anwachsen als

[1]) Aufgestellt von Hooke im Jahre 1678. S. a. Zeitschr. d. Ver. deutscher Ingenieure 1917, S. 117 u. f.

[2]) Über eine andere Ausdrucksweise der Dehnungszahl s. Bach u. Baumann, Elastizität und Festigkeit. S. 7ff. 1917.

die Spannungen. Im Gegensatz dazu zeigt Leder gegenüber dem Spannungszuwachs ein langsameres Ansteigen der Dehnung.

Ähnlich wie das Gußeisen verhält sich der Zementbeton (s. S. 484), doch befolgen die Spannungs-Dehnungskurven desselben nicht immer die gleichen Gesetze. Man war deshalb seit langem bestrebt, die Art der Gesetzmäßigkeiten zu bestimmen, nach denen der Spannungs-Dehnungsverlauf bei den einzelnen Materialien angenommen werden darf.

Im Jahre 1849 veröffentlichte Hodgkinson sein parabolisches Spannungsgesetz $\sigma = a \cdot \varepsilon - b \cdot \varepsilon^2$ und im Jahre 1850 Cox sein hyperbolisches Spannungsgesetz $\varepsilon = \frac{\sigma}{a - b \cdot \sigma}$ für Gußeisen, in denen a und b Konstanten sind. Während das letzte Gesetz nur geringe praktische Bedeutung besitzt, bietet das parabolische ein ausgezeichnetes Mittel zur Errechnung des Dehnungskoeffizienten von Beton[1]).

Für die meisten Materialien ist jedoch ein anderes Gesetz, das sogenannte Potenzgesetz, gültig, das in Gemeinschaft mit Schüle von Bach unter Verwendung reichhaltigen Versuchsmaterials aufgestellt wurde, und das mit genügender Annäherung für die untersuchten Materialien den Verlauf des Diagramms für die elastischen Dehnungen als Funktion der Materialspannungen gibt.

Es lautet allgemein:

$$\varepsilon = \alpha \cdot \sigma^m \text{ [2])}.$$

Hierin ist der Exponent m eine Erfahrungszahl, die größer, gleich oder kleiner als 1 sein kann. Bei Gußeisen ist m in der Regel größer als 1, bei Flußeisen gleich 1 und bei Leder kleiner als 1 [3]).

Ist m gleich 1, dann stellt die Formel das Hookesche Gesetz dar; die Spannungs-Dehnungskurve ist eine gerade Linie. Für die Materialien, welche mit Sicherheit das obengenannte Exponentialgesetz erfüllen, erfolgt die Berechnung des Exponenten m am einfachsten in folgender Weise. Logarithmiert man den Ausdruck

$$\varepsilon = \alpha \cdot \sigma^m,$$

so ergibt sich die Gleichung einer Geraden:

$$\log \varepsilon = \log \alpha + m \log \sigma$$

entsprechend

$$(y = a + b \quad x).$$

---

[1]) Näheres hierüber s. Wohlers, „Über den Sicherheitsgrad von bewehrten und unbewehrten Betonkörpern usw.“ — Dissertation. — Dresden 1918. Berlin: Julius Springer. — Ferner: Mehmke, Zum Gesetz der elastischen Dehnungen. Zeitschrift für Mathematik und Physik. 1897.

[2]) In dieser Form ist das Gesetz bereits im Jahre 1729 von Bilfinger und 1822 von Hodgkinson aufgestellt worden. Bach hat es aber in die Materialprüfung eingeführt.

[3]) Bach, Elastizität und Festigkeit. Berlin: Julius Springer. Ferner: Zur Frage der Proportionalität zwischen Dehnungen und Spannungen s. Mitteilungen über Forschungsarbeiten, Heft 1, S. 24; ferner über Gußeisen: Zeitschr. d. Ver. d. Ing. 1908, S. 2061 und 1909, S. 299.

Über weitere Versuche mit Gußeisen s. Nonnenmacher, „Über den derzeitigen Stand unserer Erkenntnis hinsichtlich der Elastizität und Festigkeit von Gußeisen“, 1916.

Stellen ferner $\sigma_1, \sigma_2, \sigma_3 \ldots \sigma_n$ die zu den beobachteten Dehnungen $\varepsilon_1, \varepsilon_2, \varepsilon_3 \ldots \varepsilon_n$ gehörigen Materialspannungen innerhalb der Elastizitätsgrenze dar, dann müssen die Briggschen Logarithmen der Dehnungen proportional denjenigen der zugehörigen Materialspannungen sein. Diese Bedingung gestattet eine vorzügliche Korrektur der Beobachtungsfehler durch Ausgleichen der Logarithmenkurve mittels einer Geraden und gibt gleichzeitig ein Mittel zur Kontrolle der Gültigkeit des Bachschen Gesetzes. Aus der ausgeglichenen Kurve werden zwei Punkte, z. B. mit den Koordinaten σ_2 und σ_3 sowie ε_2 und ε_3 ausgewählt und in die Gleichung

$$\log \varepsilon = \log \alpha + m \log \sigma$$

eingesetzt.

Es ergibt sich hiernach:

$$\log \varepsilon_3 = \log \alpha + m \log \sigma_3$$
$$\log \varepsilon_2 = \log \alpha + m \log \sigma_2$$

und nach Subtraktion beider Gleichungen:

$$m = \frac{\log \varepsilon_3 - \log \varepsilon_2}{\log \sigma_3 - \log \sigma_2}.$$

Wie die vorstehenden Ausführungen gezeigt haben, ist die Berechnung des Exponenten m umständlich. Da ferner nachgewiesen ist, daß das Exponentialgesetz nicht in allen Fällen Gültigkeit besitzt, wird den Bedürfnissen des praktischen Materialprüfungswesens mehr Rechnung getragen, wenn die Dehnungszahl α für verschiedene Spannungsstufen unter der Annahme berechnet wird, daß innerhalb der zugehörigen Spannungsintervalle Proportionalität zwischen Dehnung und Spannung vorhanden ist. Es ist dann:

$$\varepsilon_2 = \alpha \cdot \sigma_2$$
$$\varepsilon_1 = \alpha \cdot \sigma_1.$$

Durch Subtraktion der beiden Gleichungen ergibt sich die Dehnungszahl:

$$\alpha = \frac{\varepsilon_2 - \varepsilon_1}{\sigma_2 - \sigma_1}.$$

Zur Kennzeichnung ist α mit einem entsprechenden Index zu versehen, oder es ist das Spannungsbereich, für das α berechnet wurde, besonders anzugeben. Dabei empfiehlt es sich, diejenigen Spannungsbereiche zu berücksichtigen, die den bei Festigkeitsberechnungen zulässigen Werten entsprechen[1]).

§ 6. Bleibende Dehnung.

Wie bereits erwähnt wurde, gibt es keine vollkommen elastische Körper; jede Formänderung, der ein Körper unterworfen wird, hat eine bleibende zur Folge. Wird der im Anfang betrachtete zylindrische Stab (Abb. 1) gedehnt und dann entlastet, so verkürzt er sich wohl wieder, erlangt aber nicht mehr

[1]) Über die elastischen Eigenschaften der Stoffe, insbesondere in ihrem Zusammenhange mit der Gefügebeschaffenheit s. a. Tammann, Lehrbuch der Metallographie.

seine ehemalige Länge; er hat eine bleibende Verlängerung erfahren, deren Größe von der Kraft abhängig ist, mit der der Stab gedehnt wurde[1]).

Der Verlauf der Kurve der bleibenden Dehnungen in Abhängigkeit von den Zugspannungen, denen der genannte Stab unterworfen wurde, ist bereits auf S. 23 erörtert worden. Es ist noch hinzuzufügen, daß zur Ausbildung der bleibenden Dehnungen eine gewisse Zeit erforderlich ist, und daß bei unmittelbar der Belastung folgenden Entlastung des Probestabes in den meisten Fällen nicht die volle bleibende Dehnung entsteht, weil die dazu notwendige Zeit nicht vorhanden war. Da bei ruhender, gleich groß bleibender Belastung des Stabes häufig eine zu geringe bleibende Dehnung entsteht, ist es zweckmäßiger, den Probestab mehrmals abwechselnd zu belasten und wieder zu entlasten, und zwar so oft, bis sich keine Zunahme der bleibenden Dehnung mehr zeigt.

An manchen Prüfungsstellen werden Probestäbe, an denen die Dehnungszahl ermittelt werden soll, einer Vorbelastung unterworfen, die etwas größer als diejenige ist, die das Material später im Bauwerk zu erleiden hat. Man will dadurch die bleibenden Dehnungen des Materials beseitigen, damit beim Versuch nur elastische Dehnungen auftreten. Dieses Verfahren ist unrichtig, da durch solche Behandlung das Material Veränderungen erfahren kann, die das elastische Verhalten, insbesondere in den niedrigeren Spannungsstufen, beeinflussen.

§ 7. Elastische Nachwirkung.

Manchmal verschwindet nach längerer Ruhezeit die im § 6 erörterte bleibende Dehnung wieder, und der Stab erlangt wieder seine ursprüngliche Länge. Man nennt diese Erscheinung „elastische Nachwirkung". Während bei manchen Materialien die elastischen Nachwirkungen gering sind, erlangen sie bei anderen, wie z. B. Blei, Wismut, Zinn, Zink, Kadmium usw. erhebliche Größen. Martens hat die Erscheinung der elastischen Nachwirkung eingehend an Magnesium studiert[2]).

Besonders auffällig treten die elastischen Nachwirkungen bei Metallprobestäben in die Erscheinung, die vor dem Zugversuch einer andersartigen Beanspruchung, z. B. einer Verdrehung, unterworfen wurden. Ausglühen beseitigt diese Erscheinung manchmal, aber nicht immer vollständig.

Da sowohl zur Ausbildung der bleibenden Dehnungen als auch zur Rückbildung der elastischen, wie schon erwähnt wurde, eine gewisse Zeit erforderlich ist, dürfen weder die Belastungen noch die Entlastungen bei Versuchen zur Ermittelung der Dehnungszahl zu rasch erfolgen. Auch darf nicht eher entlastet werden, als bis Stillstand des Dehnungsanzeigers (Spiegelapparat!) stattgefunden hat. Bestimmte Anweisungen für diese Zeitspannen können nicht gegeben werden, da sich die Materialien hinsichtlich ihrer Formänderungseigenschaften sehr verschieden verhalten. Es muß daher dem Versuchsausführenden überlassen bleiben, die richtigen Zeitspannen zu erkennen und anzuwenden. In den Prüfungsberichten sind die gewählten Zeitspannen aber anzugeben. Überdies empfiehlt es sich, jeden Belastungs-

---

[1]) Siehe hierzu auch: „Versuche mit Körpern aus Gummi" in Bach, Elastizität und Festigkeit.

[2]) Siehe Mitteilungen aus den Versuchsanstalten, Berlin 1887, Ergänzungsheft I.

wechsel zur Feststellung der Dehnungen mehrfach zu wiederholen und zwar um so öfter, je weiter die Genauigkeit des Versuches getrieben werden soll. Aus den letzten drei Ablesungen bildet man schließlich einen Mittelwert, der für die Berechnung benutzt wird.

§ 8. Bruchdehnung.

Nach den vorausgegangenen Erläuterungen besteht die Längenänderung, welche der belastete Stab erfährt, aus einer elastischen und einer bleibenden. Mißt man daher die Länge eines Zerreißstabes im Augenblicke des Bruches, so ergibt sich ein größerer Wert als derjenige ist, den man durch Ausmessen der Länge beider Bruchstücke erhält. Bei den stark dehnbaren Materialien spielt dieser der elastischen Längenänderung entsprechende Teil der Gesamtdehnung gegenüber der großen bleibenden Dehnung (Bruchdehnung) eine nur geringfügige Rolle, und es ist daher nicht nötig, das Spannungs-Dehnungsdiagramm zu berichtigen. Anders ist es dagegen bei Materialien, die eine nur geringe Gesamtdehnung besitzen, wie z. B. gehärteter Stahl Bei diesen kann der Fall eintreten, daß die elastischen Dehnungen größer sind als die Bruchdehnungen. Die als Güteziffer benutzte Bruchdehnung besitzt alsdann einen erheblich geringeren Wert als die, welche man durch Ausmessen des Spannungs-Dehnungsdiagrammes erhalten würde. Es muß deshalb hier darauf hingewiesen werden, daß der allgemein eingeführte Begriff „Bruchdehnung" sich nur auf die bleibende Stabdehnung bezieht und somit in allen Fällen kleiner ist als die im Spannungs-Dehnungsdiagramm enthaltene gesamte Bruchdehnung (s. Abb. 2).

Der Anschaulichkeit wegen wird die Bruchdehnung, welche durch Ausmessen der Bruchstücke ermittelt wird, in Prozenten der Meßlänge ausgedrückt. Es ist die Bruchdehnung $\varphi = \frac{l_b - l}{l} \cdot 100\,\%$, worin l_b die Meßlänge nach dem Bruche und $l_b - l$ die Verlängerung λ des Stabes bedeuten.

Im allgemeinen wird angenommen, daß beim Dehnen, z. B. eines formbaren Eisenstabes, keine Volumenveränderung stattfindet, da mit der Dehnung eine Querzusammenziehung Hand in Hand geht. Das trifft aber nur zu bis zur Bruchbelastung, also für diejenigen Stabdehnungen, die keine Einschnürung veranlassen. Das kann bewiesen werden durch die Ermittelung des spezifischen Gewichtes der verschiedenen Teile der Meßlänge eines bis zur größten Einschnürung gedehnten, aber nicht vollständig zerrissenen Probestabes. Man zerschneidet für diesen Versuch den Probestab in der Weise, daß man symmetrisch zur dünnsten Stelle der Einschnürung, zuerst an dieser Stelle selbst, ein etwa 2 cm langes Stück herausschneidet und dann weitere solche Stücke nach den Enden des Stabes zu. Es wird sich dann zeigen, daß nur das der Einschnürung entnommene Probestück eine Verminderung des spezifischen Gewichtes erlitten hat, während an den übrigen Stücken keine Veränderung wahrnehmbar ist.

§ 9. Die Zähigkeit und Sprödigkeit.

Im allgemeinen wird ein Material als zähe bezeichnet, wenn es bei entsprechend hoher Festigkeit eine große Formänderungsfähigkeit aufweist.

Im Gegensatz dazu nennt man es spröde, wenn es ohne wesentliche Formänderung durch äußere Kraftbeanspruchung zum Bruche gelangt. Die Grenze zwischen Zähigkeit und Sprödigkeit ist nur willkürlich festlegbar, da die Sprödigkeit folgerichtig lediglich einen geringeren Grad von Zähigkeit darstellt. Deshalb ist es besser, den Begriff der Sprödigkeit nicht zu benutzen und nur ein Zähigkeitsmaß einzuführen.

Obgleich die beim Zugversuch ermittelte Bruchdehnung und auch die Querzusammenziehung bereits gewisse Schlüsse auf die Zähigkeit gestatten, sind diese Werte allein nicht als Maßstab für diese Eigenschaft der Materialien benutzbar, da sie die Festigkeit und die Art der Formveränderung außer acht lassen.

Ein Vorschlag Reisers, den Unterschied zwischen Streckgrenze und Bruchgrenze gemeinsam mit der Dehnbarkeit zur Beurteilung der Zähigkeit zu benutzen, führte nach Martens zu einem mit den praktischen Erfahrungen gut in Einklang kommenden Maßstab für die Zähigkeit Z der Materialien.

Dieser kommt zum Ausdruck durch die Beziehung:

$$Z = \frac{\sigma_{max}}{\sigma_f} \cdot \frac{\varphi}{100}$$

Hierin bedeutet σ_{max} die Zugfestigkeit, σ_f die Spannung an der Fließgrenze und φ die Bruchdehnung des Materials, bezogen auf die bei der Ermittelung der Zugfestigkeit benutzten Meßlänge[1]).

Die Zähigkeit ist somit um so größer, je fester und dehnbarer ein Material bei einem möglichst großen Unterschied zwischen Bruch- und Fließgrenze ist. Das entspricht nicht ganz den früheren Anschauungen, wo als zähe diejenigen Materialien bezeichnet wurden, die der bleibenden Formänderung einen möglichst großen Widerstand entgegensetzen, aber nach Überwindung desselben eine große Formänderung anzunehmen vermögen. Bei Anwendung dieser Definition deckt sich der Begriff der Zähigkeit mehr oder weniger mit dem der Zerreißarbeit (s. § 16), was den tatsächlichen Verhältnissen aber nicht entspricht.

Über die Zähigkeit von Stahlkugeln und deren Feststellung s. § 39.

Der Begriff der Zähigkeit ist nicht zu verwechseln mit dem der „Kerbzähigkeit" (s. § 71), die eine ganz besondere Eigenschaft von durch Schlag beanspruchten Probekörpern bestimmter Form und Abmessungen ist. Die Kerbzähigkeit eines Materials ist um so größer, je größeren Widerstand es einer Formänderung durch Stoßbeanspruchung entgegensetzt und in je höherem Maße es die Schlagarbeit in Formänderungsarbeit umzusetzen vermag.

Über die Zähigkeit und Bildsamkeit als Unterbegriffe der Formbarkeit s. Misángyi, Budapest, Mitteilung VIII 12 des V. Kongresses in Kopenhagen 1909.

§ 10. Die Querschnittsverminderung.

Dieselben Gesichtspunkte wie für die Ermittelung der Bruchdehnung (s. S. 28) sind für die Bestimmung der Querzusammenziehung, d. h. der

[1]) Näheres über diesen Gegenstand s. Ludwik, Zeitschr. f. Werkzeugmaschinen und Werkzeuge 1908, S. 327, und Zeitschr. d. Ver. d. Ing. 1901 und 1907, Nr. 37, 38, 39, sowie Schwinning, ebenda 1901, Heft 10.

Querschnittsverminderung oder der Einschnürung an der Bruchstelle der Probestäbe maßgebend. Es ist die Querschnittsverminderung:

$$\psi = \frac{f - f_b}{f} \cdot 100\,\%\,,$$

worin f den ursprünglichen Stabquerschnitt und f_b denjenigen der Bruchstelle bedeutet. Da beim Versuch mit Rundstäben die Durchmesser der

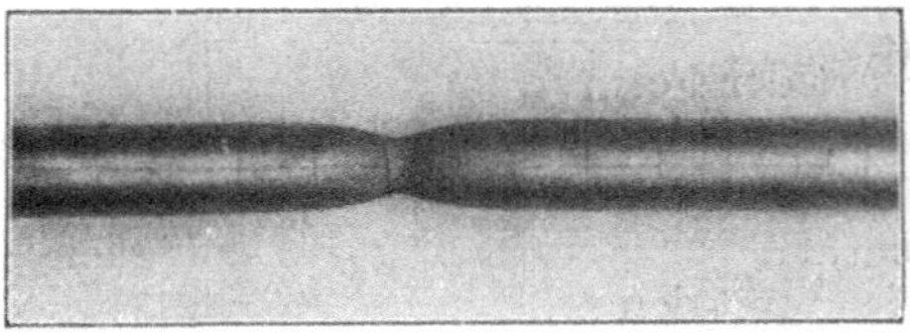

Abb. 4.

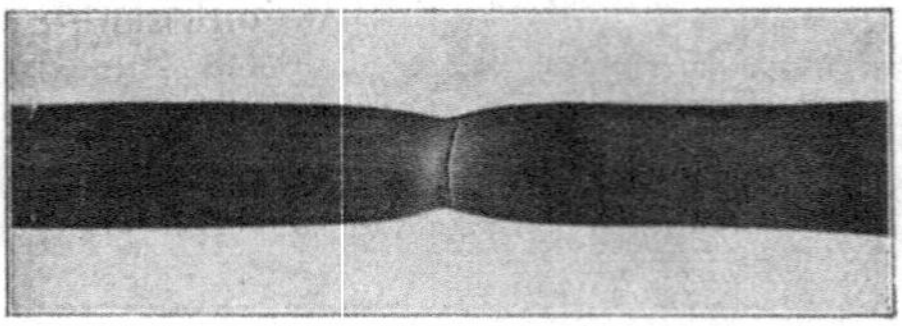

Abb. 5.

Probestäbe gemessen werden, ist es zweckmäßiger, diese zur Berechnung von ψ zu benutzen. Das gibt die Querschnittsverminderung:

$$\psi = \frac{\frac{d^2\pi}{4} - \frac{d_b{}^2\pi}{4}}{\frac{d^2\pi}{4}} \cdot 100 = \left[1 - \left(\frac{d_b}{d}\right)^2\right] \cdot 100\,\%\,.$$

Die Abb. 4 und 5 zeigen die Einschnürung eines Rundstabes und eines Flachstabes aus Flußeisen.

§ 11. Messung der Bruchdehnung.

Je nach dem Formänderungsvermögen der Materialien erleidet der Probestab beim Zerreißversuch eine mehr oder weniger große Bruchdehnung und Querschnittsverminderung. Beide Faktoren stehen in gewisser Beziehung zueinander, ohne daß eine bestimmte Gesetzmäßigkeit vorhanden ist. Jedenfalls sind an der Stelle des Stabes, wo der Bruch erfolgt, die Dehnung und Querzusammenziehung am größten, und sie vermindern sich im allgemeinen mit der Entfernung von der Bruchstelle.

Trägt man auf einer Geraden, deren Länge der Meßlänge des Stabes entspricht, die auf jede ursprüngliche Längeneinheit entfallende Dehnung als Ordinate auf, so ergibt sich ein Diagramm, wie es Abb. 6 zeigt.

Beim Punkte 10, d. h. im mittleren Drittel der Meßlänge liegt die Bruchstelle des Stabes und mithin auch seine größte Dehnung. Die links von 10 gelegene Diagrammfläche ist das Spiegelbild der rechts gelegenen, und die prozentuale Bruchdehnung des Materials ist einwandfrei gleich der mittleren Höhe der Diagrammfläche. Liegt dagegen die Bruchstelle im ersten Drittel der Meßlänge, so ist die Dehnung der äußersten Stabteile des größeren Bruchstückes geringer, als wenn der Bruch im mittleren Drittel der Meßlänge erfolgt wäre. Es ergibt sich in diesem Falle für die mittlere Höhe und demnach für die prozentuale Bruchdehnung ein geringerer Wert als im erstgenannten Falle.

Dieser Umstand kann bei Abnahmeprüfungen, wo ein bestimmter Wert für die Bruchdehnung des Materials vorgeschrieben ist und dieser nicht erreicht wird, schwerwiegende Folgen nach sich ziehen. Obgleich es allgemein üblich ist, Probestäbe, welche infolge Lage der Bruchstelle im ersten Drittel der Meßlänge den Bedingungen nicht entsprechen, durch andere zu ersetzen, kann bei Wiederholung des Versuches derselbe Fall eintreten oder der Bruch

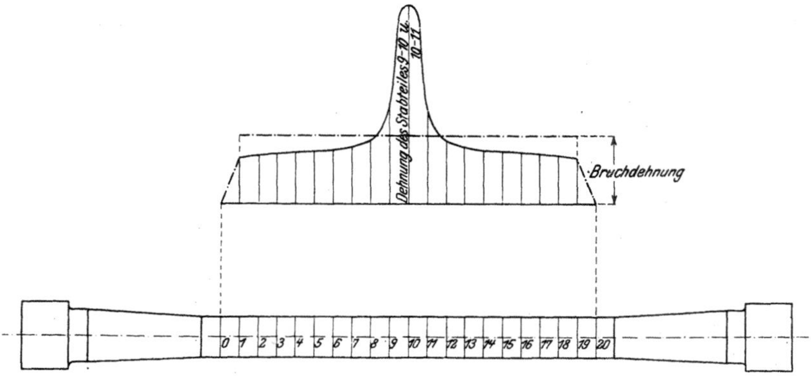

Abb. 6.

am äußersten Ende des mittleren Drittels der Meßlänge liegen, so daß unter Umständen Abnahmeverweigerung des Materials die Folge ist. Zur Vermeidung dieses ungerechtfertigten Vorgehens hat sich zur Bestimmung der Dehnung ein Verfahren eingebürgert, welches auf der Symmetrie der beiden Bruchstücke fußt und annähernd den Bruchdehnungswert ergibt, welchen der Stab besessen hätte, wenn der Bruch in der Mitte eingetreten wäre.

In Abb. 7 ist ein ehemals zylindrischer Zerreißstab dargestellt, dessen Meßlänge vor dem Zerreißversuche mit einer Zentimeterteilung versehen wurde. Durch das Zerreißen haben die einzelnen Intervalle eine Verlängerung erfahren, die von der Bruchstelle aus nach dem Ende der Meßlänge abnimmt.

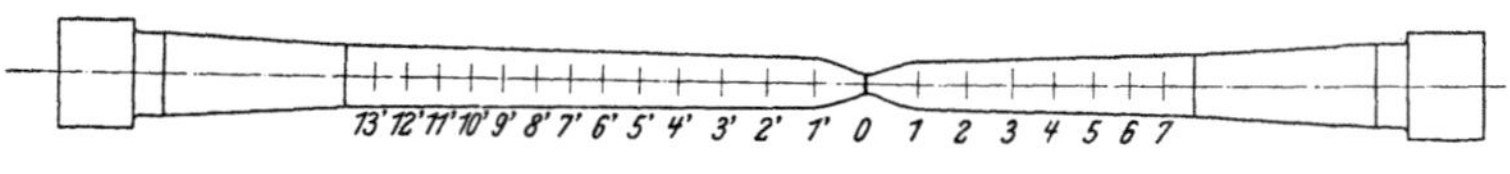

Abb. 7.

Die Bruchstelle liegt im ersten Intervall des mittleren Drittels der Meßlänge, und es wurden von dieser aus mit 0 beginnend die einzelnen Zentimeterstriche mit fortlaufenden Nummern versehen. Rechts von der Bruchstelle liegen 7 Teilstriche und links davon 13 Teilstriche. Die Verlängerung des rechten Stabteiles 0—7 ist symmetrisch der des linken 0—7'. Da aber auch die Intervalle von 7'—13' Verlängerungen erfahren haben und diese, wie bereits oben erwähnt, nach dem Ende der Meßlänge abnehmen, ergibt die Dehnungsmessung infolge der geringen Verlängerung der Teile 10'—13' einen geringeren Wert, als wenn die Bruchstelle 3 Teile weiter nach links gelegen hätte. Man mißt die Verlängerung daher in der Weise, daß man die

Verlängerung der Teile 0—10′ links der Bruchstelle mißt und dazu die der rechts von der Bruchstelle liegenden Teile 0—7 sowie die der Teile 7′—10′ addiert.

Bei der Messung der Bruchdehnung von Flachzerreißstäben ist noch einem anderen Umstand Rechnung zu tragen. Es zeigt sich nämlich beim Zerreißversuch, daß insbesondere bei sehr breiten Flachstäben die Trennung des Stabes zuerst in der Mitte der Breite stattfindet und daß die Querschnittsränder noch zusammenhalten, während in der Mitte bereits ein klaffender Riß vorhanden ist, wie die Abb. 8 erkennen läßt. In solchen Fällen ist die Bruchdehnung doppelt zu messen. Einerseits ist die Verlängerung der auf den Zerreißstabhälften angerissenen Mittellinie festzustellen und andererseits ist der Probestab derartig auszumessen, daß die beiden Bruchenden an der Bruchstelle zusammengestoßen und als Ganzes nochmals ausgemessen werden. Der zweite Dehnungswert ist größer als der erste. Welcher Wert als maßgebend zu betrachten ist, steht im Ermessen des Materialprüfers. Bei Vergleichsmessungen dürfen selbstverständlich nur gleichartig gewonnene Werte berücksichtigt werden. Verfasser empfiehlt, den zweitgenannten Wert als den maßgebenden zu betrachten.

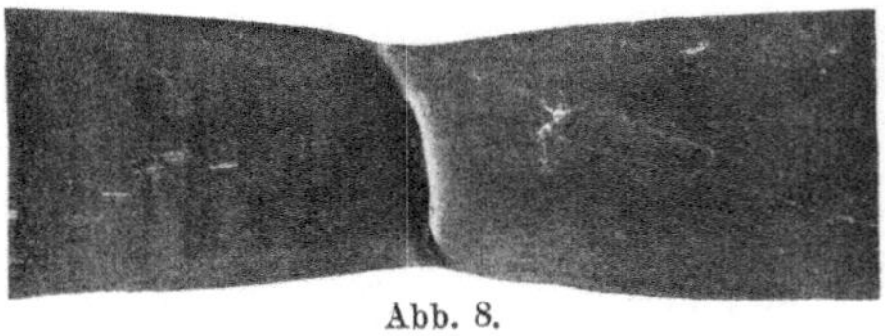

Abb. 8.

§ 12. Bruchformen und Beschaffenheit der Bruchflächen.

Von Wichtigkeit für die Beurteilung der Eigenschaften eines Materials ist die Beschaffenheit der Bruchflächen, welche beim Zerreißversuche entstehen. Es empfiehlt sich deshalb, den Angaben über Festigkeit eine Beschreibung der Bruchform und der Bruchflächen beizufügen. Da aber die Ausbildung der Bruchflächen nicht allein durch die Materialeigenschaften

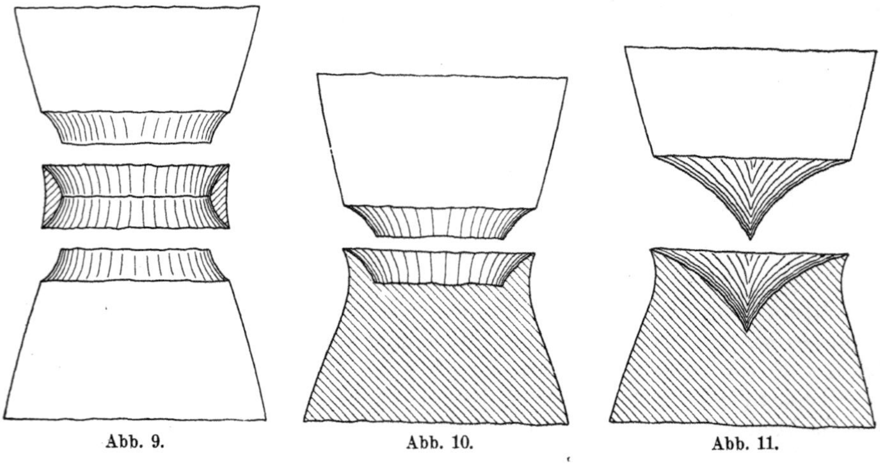

Abb. 9. Abb. 10. Abb. 11.

bedingt ist, sondern auch von der Art der Durchführung des Zugversuches abhängt, muß diese bei Beurteilung der Bruchflächen berücksichtigt werden.

Die Form der Bruchflächen ist in erster Linie bedingt durch die Formänderungsfähigkeit der Materialien. Stark dehnbare Metalle, wie Blei, Zinn u. dgl., ergeben an der Bruchstelle fast 100 % Querschnittsverminderung. Spröde Materialien, wie Glas, Hartguß od. dgl., welche keine Bruchdehnung besitzen, zeigen an der Bruchstelle auch keine Querzusammenziehung. Zwischen beiden Endformen der Einschnürung gibt es Übergänge jeder Abstufung. Materialien mittlerer Dehnbarkeit weisen Bruchformen auf, wie sie für Rundstäbe in Abb. 9—13 dargestellt sind. Abb. 9 zeigt die vollkommenste Bruchform: zwei abgestumpfte Kegel mit Ring, die bei Versuchen aber fast niemals auftritt. Abb. 10 stellt eine weniger vollkommene Bruchform dar, welche häufig beobachtet wird. Das eine Bruchstück besitzt ein kegelförmiges Ende und das andere Bruchstück, die Gegenform, einen Trichter mit ebenem Grunde. Man nennt diese Bruchform daher kurzweg: „Trichterbildung mit ebenem

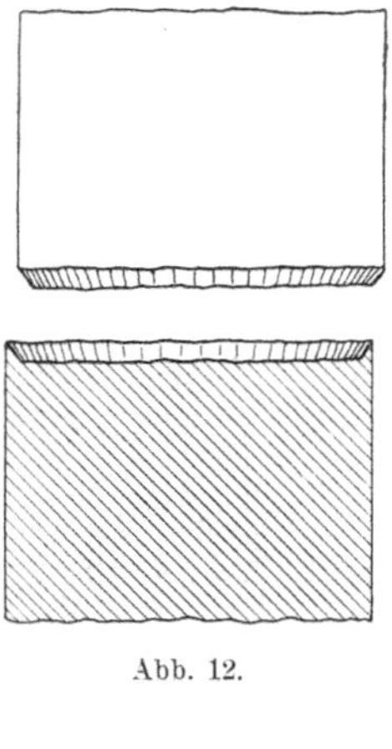

Abb. 12.

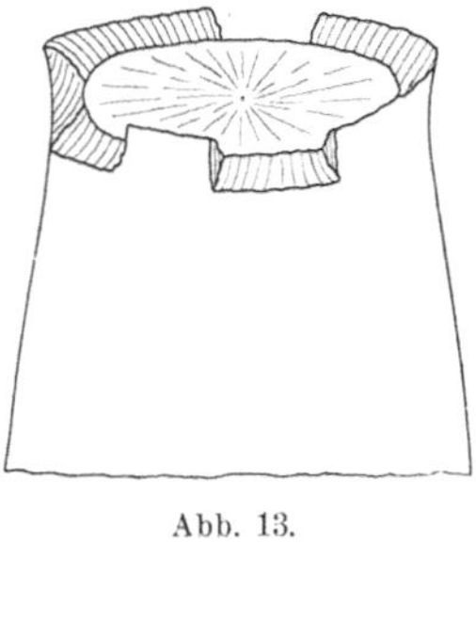

Abb. 13.

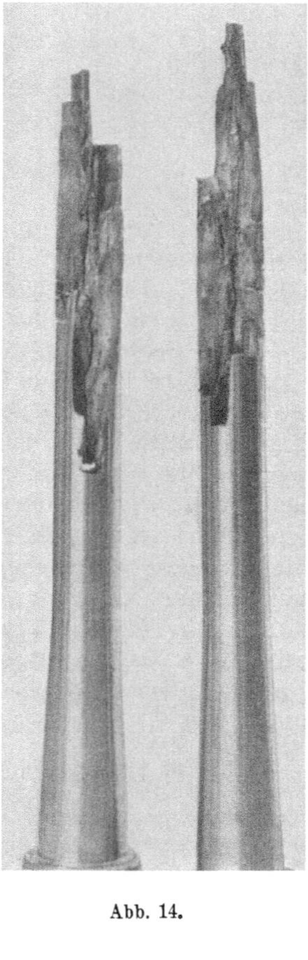

Abb. 14.

Grunde“. Sind Kegel und Trichter vollkommener ausgebildet, wie in Abb. 11, so spricht man von „Trichterbildung“. Befindet sich auf ebener Bruchfläche ein niedriger Rand, wie in Abb. 12, so bezeichnet man die Bruchform als „ebene Bruchfläche mit Rand“. Ist der Rand nicht vollständig zusammenhängend ausgebildet, wie in Abb. 13, so nennt man ihn „zackig“. Bei Flachstäben entstehen annähernd die gleichen Bruchformen, ihre Benennung ist daher gleich der bei Rundstäben.

Bei Beschreibung des Aussehens der Bruchflächen ist sehr vorsichtig zu verfahren, da der Beobachter leicht zu Trugschlüssen veranlaßt werden kann. Es empfiehlt sich darum, die einzelnen Merkmale in besonderer Reihenfolge festzustellen und sorgfältig zu prüfen, ob sie dem Material eigentümlich oder durch besondere Umstände bedingt sind. Ist die Bruchfläche uneben infolge vieler feiner Trichter, so erscheint sie „matt“ gegenüber ebener Fläche. Besitzt die Bruchfläche ein aus kleinen Kristallen mit glänzenden Flächen aufgebautes Gefüge, so nennt man sie „kristallinisch glänzend“ oder, bei sehr kleinen Kristallen, „seidenartig glänzend“, z. B. bei Stehbolzenkupfer. Ist sie

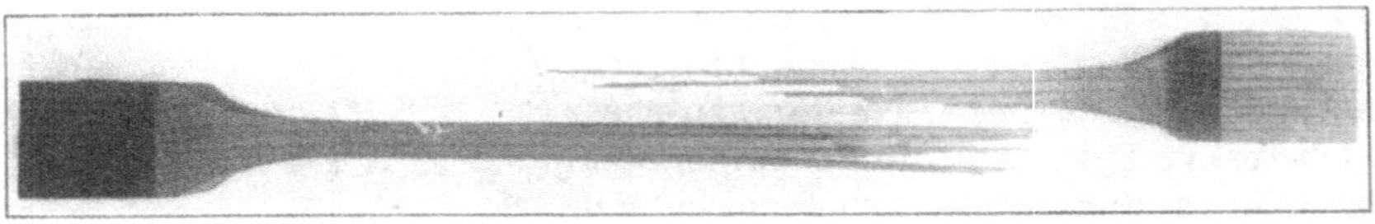

Abb. 15.

am Rande glänzend und in der Mitte matt oder dunkel, so spricht man von „kristallinisch glänzender Fläche mit mattem oder dunklem Kerne“. Häufig bemerkt man auf der Bruchfläche Unebenheiten, welche strahlenförmig von einem Punkte ausgehen, der oft einen Materialfehler enthält, welcher nur bei sorgfältigster Beobachtung sichtbar ist.

Gußeisen besitzt grobkörniges, gehärteter Stahl feinkörniges, oft samtartiges Gefüge; Flußeisen weist schuppige und Schweißeisen sehnige, auch blättrige Struktur auf. Schweißeisen, welches durch Paketieren von Alteisen hergestellt wurde, zeigt sogar innerhalb derselben Bruchfläche mehrere Gefügeformen, je nach der Art des verwendeten Ursprungsmaterials. Der Zerreißstab in der Abb. 14 rührt aus einer Stange Titanstahl her, der infolge starker Oxydeinschlüsse Schichtenbildung aufwies. Einen solchen Bruch kann man auch Faulbruch nennen (s. S. 226). Das Bruchgefüge von Holz (Abb. 15) ist splitterig, wenn die Bruchfläche senkrecht zur Faserrichtung liegt. Glas und überhaupt alle amorphen Materialien besitzen gefügelose Bruchflächen.

§ 13. Oberflächenveränderungen der Probestäbe.

Während des Zerreißversuches mit dehnbaren Materialien macht die Oberfläche des Probekörpers verschiedene Umwandlungen durch. Bei blank

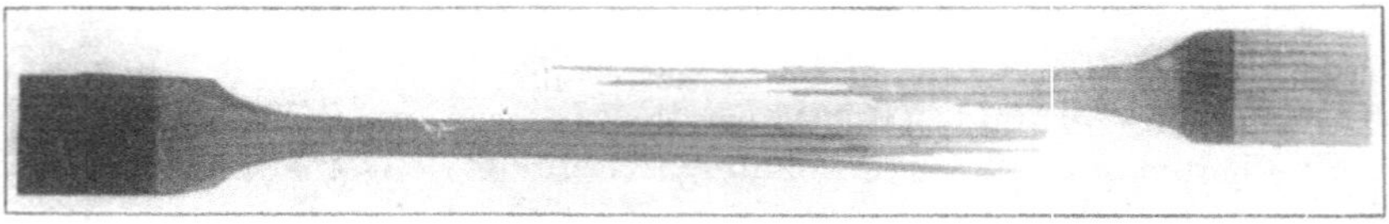

Abb. 15.

bearbeiteten Metallstäben beginnen die dem Auge sichtbaren Wandlungen erst nach Überschreitung der Fließgrenze des Materials, während Eisenstäbe, welche noch die vom Auswalzen herrührende Hammerschlagschicht besitzen, auch schon bei Belastungen innerhalb der Fließgrenze Risse in der Oberfläche aufweisen. Bei genauerer Untersuchung zeigt sich jedoch, daß die Risse nicht tief in das Material eindringen, sondern nur die Hammerschlagschicht durchziehen. Es rührt diese Erscheinung davon her, daß die Dehnbarkeit der Hammerschlagschicht sehr gering ist. Nach Überschreitung der Fließgrenze des Materials blättert infolge der großen Dehnung die Schicht ab, und man sagt: „der Stab wirft ab". Blank bearbeitete Metallstäbe werden bei Eintritt des Fließens rauh; die Oberfläche erlangt dadurch ein mattes Aussehen, welches entweder bis zum Bruche bestehen bleibt oder in ein körniges, knittriges oder narbiges, je nach der Art des Materials, übergeht. Die Oberfläche gehärteten Stahles oder Gußeisens erleidet während des Zerreißversuches bis zum Bruche keine Veränderung, sie bleibt blank. Flußeisen oder ausgeglühter Werkzeugstahl werden matt, Schweißeisen runzlig, sehr weiches Flußeisen (Abb. 16)[1]), Kupfer, Bronze narbig, Blei und Bleilegierungen knittrig[2]).

§ 14. Das Fließen.

Zur Erklärung und weiteren Erörterung der geschilderten Oberflächenveränderungen ist es erforderlich, näher auf diejenigen Erscheinungen einzugehen, welche diese Veränderungen einleiten und durch die sie hervorgerufen werden.

Wird für einen dem Zugversuche unterworfenen Eisenstab das Spannungs-Dehnungsdiagramm (s. § 4) aufgezeichnet, so zeigt sich in den meisten Fällen, daß die an der Fließgrenze entstehende große Dehnung des Probestabes nicht unter derjenigen Materialspannung erfolgt, welche den Fließvorgang einleitete, sondern daß diese Streckung sich unter einer geringeren, manchmal in ihrer Größe wechselnden Spannung, also in einem labilen Zustande des Materials, so lange fortsetzt, bis wieder ein stabiler Zustand erreicht ist und die Kurve weiter ansteigt.

Der Eintritt des Fließens[3]) macht sich durch Sinken des Waghebels der Materialprüfungsmaschine oder bei Maschinen mit hydraulischer Kraftmessung durch Rückgang des Manometers bemerkbar, und im Spannungs-Dehnungsdiagramm erscheint dieser Vorgang als Richtungsänderung der Kurve.

Diejenige Spannung, bei welcher das Fließen bzw. Strecken des Materials zuerst eintritt, wird nach Vorschlägen Bachs als „obere Fließgrenze" und die niedrigste Spannung, bei der es fortschreitet, als „untere Fließgrenze" bezeichnet.

Der Spannungsabfall erfolgt plötzlich, und die vom Diagramm angezeigte, während des Spannungsabfalles entstandene Dehnung ist in Anbetracht der Größe der Meßlänge gering. Hierbei kommt jedoch in Betracht, daß das Fließen nicht gleichzeitig in allen Teilen der Meßlänge, sondern nur innerhalb kürzerer Strecken stattfindet und die aufgezeichnete Dehnung somit nicht unmittelbar mit der außerhalb der Fließperiode vergleichbar ist. Erst bei fortgesetzter Anspannung des Probestabes geraten andere

[1]) Der Probestab ist noch insofern bemerkenswert, als er zwei Einschnürungen (links und rechts) aufweist.

[2]) Ob und inwieweit ein Zusammenhang zwischen den Oberflächenerscheinungen und den Kraftwirkungsfiguren in Flußeisen (s. § 166) besteht, bedarf noch der Klärung.

[3]) Über das Fließen der Metalle: Stahl und Eisen 1914, S. 1889.

Strecken der Meßlänge in das Fließgebiet, und da zur Einleitung des Fließvorganges eine höhere Spannung erforderlich ist, muß ein Ansteigen der Spannungs-Dehnungskurve erfolgen. Dieser Vorgang wiederholt sich so oft, als noch ungestreckte Stabteile vorhanden sind, und verursacht auf diese Weise den zickzackförmigen Verlauf der Spannungs-Dehnungskurve. Erst wenn sämtliche Stabteile geflossen sind, ist der stabile Gleichgewichtszustand der Molekülgruppen des Stabes erreicht und stetiges Ansteigen der Kurve die Folge.

Die höhere Spannung zur Einleitung des Fließens ist mit Hilfe der Theorie von der inneren Reibung in derselben Weise erklärbar, wie die Spannungserhöhung infolge zu großer Streckgeschwindigkeit. Es müssen die einzelnen Molekülgruppen aus dem Zustand der Ruhe in den der Bewegung übergeführt werden, und da der Reibungskoeffizient der Ruhe größer als der der Bewegung ist, muß zur Beschleunigung der Molekülgruppen eine größere Kraft aufgewendet werden, als erforderlich ist, um die in Bewegung gesetzten Massenteilchen in Bewegung zu erhalten [1]).

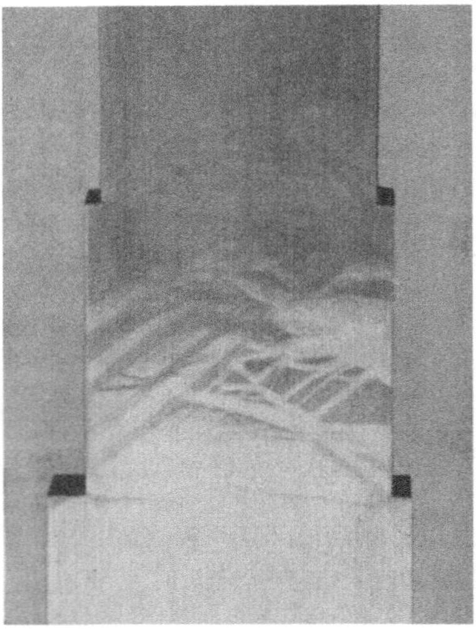

Abb. 17.

Da die Stabverlängerungen innerhalb der Fließperiode verhältnismäßig groß sind, müssen sie dem Auge sichtbar werden und die Möglichkeit bieten, das Fortschreiten des Fließens über die ganze Meßlänge zu beobachten. Diese Annahme entspricht den Tatsachen, und es sind die „Fließfiguren", welche erlauben, den Vorgang zu verfolgen. Sie erklären auch vielerlei Vorgänge bei Festigkeitsversuchen, wo Zugbeanspruchungen allein oder gemeinsam mit anderen Beanspruchungen auftreten. In erster Linie geben die Fließfiguren Aufschluß darüber, an welcher Stelle des beanspruchten Körpers das Fließen des Materials begann. Bei Zerreißstäben zeigen sich an dieser Stelle Linien, die unter einem dem jeweiligen Material eigentümlichen Winkel (etwa 60^0) gegen die Stabachse geneigt sind und je nach der Dehnungsgeschwindigkeit sich mehr oder weniger rasch über die ganze Stablänge ausbreiten. Die Staboberfläche erlangt dadurch ein netzwerkartiges Aussehen (s. Abb. 17), welches bei fortschreitender Dehnung des Stabes schließlich wieder verschwindet und dem weiter oben erwähnten Bruchaussehen Platz macht. Martens, welcher die Fließerscheinungen an geschlichteten Flußeisenstäben studiert hat, nannte dieses Aussehen moiréartig und führt seine Entstehung auf den Walzvorgang bei der Herstellung des Materials zurück.

---

[1]) Ausführlicheres über diese Vorgänge s. Bach, Zeitschr. d. Ver. d. Ing. 1904, S. 1040; Hort, Zeitschr. d. Ver. d. Ing. 1906, S. 2110; Martens, Materialienkunde.

Nach anderer Auffassung[1]) sind die Fließfiguren auf eine kristallinische Umlagerung der Molekülgruppen während des Fließens zurückzuführen. Es wird ihre Entstehung — ein plötzliches Auftreten von feinen Strichen, die breiter werden und sich mit anderen Strichen kreuzen — mit bekannten Kristallisationserscheinungen, z. B. der Bildung von Eisblumen an Fenstern, verglichen. Auch die Umwandlung der feinen Maserungen dieser Eisblumen in gröbere Gebilde bei weiterem Gefrieren soll beim Fließen der Metalle ein Analogon haben, indem die Fließfiguren beim weiteren Längen verschwimmen und die Staboberfläche dann gröbere Zeichnungen, nämlich „Fältelung", „Krispelung" usw., zeigt.

Welche von diesen Auffassungen die richtigere ist, muß so lange unerörtert bleiben, bis planmäßig durchgeführte Versuche die eine oder die andere bestätigen[2]).

Die vom Verfasser zur Deutung des Wesens der Fließfiguren mittels des Mikroskops vorgenommenen Untersuchungen wiesen nach, daß bei Zugbeanspruchung von blank geschliffenen und polierten Flußeisenstäben an den Stellen, wo jedesmal ein Fließstreifen auftrat, sich eine Vertiefung bemerkbar machte. Im Gegensatz dazu hatte eine gleichartige Druckbeanspruchung eine Erhebung des Materials zur Folge. Diese Erscheinung beweist die schon von Hartmann[3]) mitgeteilte Tatsache, daß das örtliche Fließen bei Zugbeanspruchung eine Einschnürung bedeutet, während es bei Druckbeanspruchung ein plastisches Stauchen darstellt.

Bedeutsam ist an den Fließfiguren noch, wie eine mikroskopische Beobachtung zeigt, daß jeder sekundäre Fließstreifen an der Stelle, wo er den primär entstandenen schneidet, keine weitere Einschnürung oder Stauchung veranlaßt. Das weist darauf hin, daß sich in jedem Fließstreifen ein gewisses Gefügegleichgewicht einstellt, das erst dann wieder gestört wird, wenn durch Erhöhung der Beanspruchung der infolge der Reckung verfestigte Fließstreifen selbst wieder zum Fließen gelangt (s. S. 59).

Die Fließfiguren besitzen aber nicht nur theoretisches Interesse, sondern auch eine hohe praktische Bedeutung insofern, als sie besonders an unbearbeiteten Eisenkonstruktionsteilen, z. B. nach Brüchen, die nachträgliche Feststellung gestatten, ob die Teile bis über die Fließgrenze hinaus beansprucht wurden. Das bildet häufig das einzige Mittel, um an zusammengestürzten Eisenkonstruktionen die Bruchursache zu ermitteln.

In unmittelbarem Zusammenhange mit den Vorgängen beim Fließen stehen einige Erscheinungen, die bei der Ausführung von Feinmessungen mit Spiegelapparaten (Zweispiegelapparate) auffallen. Während nämlich bis zur Fließgrenze bei fortschreitender Belastung des Probestabes die Drehung beider Spiegel sich annähernd gleichmäßig vergrößert und bei Einspielen

---

[1]) H. Hort, Die Wärmevorgänge beim Längen von Metallen. Forschungsarbeiten, Heft 41.

[2]) S. Anmerkung [2]) S. 35.

[3]) Hartmann, Distribution des déformations dans les métaux soumis à des efforts", Paris, 1896; ferner Hartmann, Phénomènes qui accompagnent la déformation permanente des métaux, Berichte des Kongresses des Int. Verb. f. Materialprüf. in Paris, 1900.

einer Belastungsstufe beide Spiegel zur Ruhe kommen, tritt bei Eintritt des Fließens der Fall ein, daß

1. beide Spiegel sich rückwärts drehen oder
2. der eine Spiegel eine Rückwärtsdrehung und der andere eine Vorwärtsdrehung erfährt oder
3. beide Spiegel sich gleichmäßig in ihrer Bewegungsrichtung weiterbewegen.

Im ersten Falle findet das Fließen des Materials außerhalb der Meßlänge des Probestabes statt. Es verursacht dies infolge der verhältnismäßig großen Dehnung des Stabes im Fließbereiche eine Entlastung der nicht im Fließen begriffenen Meßstrecke, und die Folge davon ist eine Verkürzung derselben, die sich durch Rückwärtsbewegung der Spiegel anzeigt.

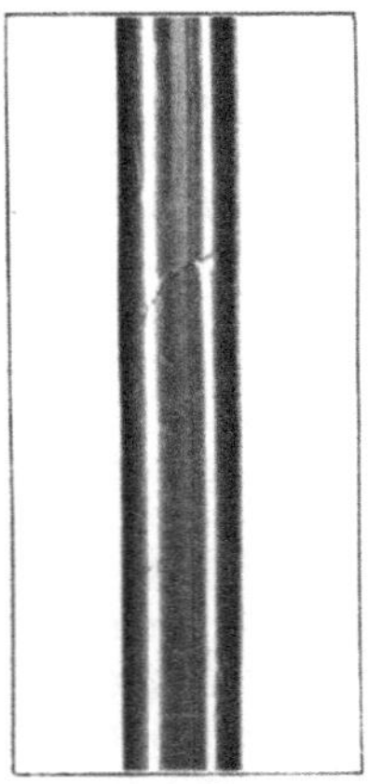

Abb. 18.

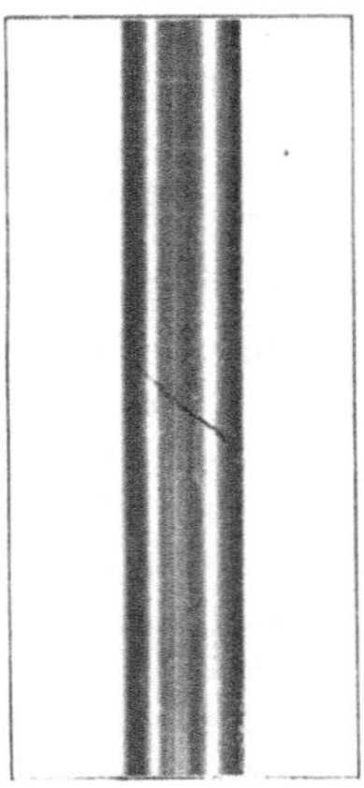

Abb. 19.

Im zweiten Falle fließt das Material in der Weise, daß das Fließbereich derartig zur Stabachse geneigt ist, daß es auf der einen Seite des Stabes innerhalb der Meßlänge liegt und auf der anderen Seite außerhalb derselben.

Der dritte Fall ist der normale, in welchem das Fließen innerhalb der Meßstrecke stattfindet. Es wird dabei die plötzlich auftretende große Stabdehnung durch schnelle Vorwärtsdrehung beider Spiegel angezeigt.

Wenn für ein Metall die Fließgrenze ermittelt werden soll, so ist einerseits darauf zu achten, daß der Probestab noch keiner Vorbeanspruchung unterworfen war, und daß diejenige Belastung maßgebend ist, bei der erstmalig das Fließen eintrat. Wird nämlich nach Belastung des Probestabes über die Fließgrenze hinaus und hiernach folgender Entlastung erneut eine Bestimmung der Fließgrenze vorgenommen, so zeigt sich insbesondere bei den schmiedbaren Eisenarten eine Belastungserhöhung, und zwar um so mehr, je höher in gewissen Grenzen die Vorbelastung des Stabes war. Die Ursache beruht, entsprechend dem bereits weiter oben Erwähnten, darauf, daß der Stab eine Verfestigung erfahren hat (s. auch S. 59), und zwar insofern, als seiner schwächsten Stelle die Fließfähigkeit genommen wurde, was gemäß dem auf S. 36 Gesagten eine größere Tragfähigkeit verursacht. Bevor dann diese Stelle wieder erneut zum Fließen gebracht werden kann, gelangen erst die nächstschwächeren Stellen der Stablänge ins Fließbereich. Dieses Verhalten kann versuchsweise leicht in der Weise festgestellt werden, daß man nach Beendigung des Fließens den Probestab entsprechend seinem Durchmesser an der Fließstelle abdreht und erneut dem Versuch unterwirft. Trotzdem dann der Stab an allen Stellen die gleiche Dicke besitzt, gelangt er nicht an der ursprünglichen Stelle zum Fließen, sondern an einer anderen. Wird dieses

Verfahren fortgesetzt, so zeigt sich immer das gleiche Ergebnis, und dies beweist, daß durch das Dehnen des Stabes eine Veränderung des Materials eingetreten ist, das eine Verfestigung bedeutet. Es kommt nämlich das Dehnen des Stabes einer Kaltbearbeitung gleich, wie sie z. B. der Ziehprozeß darstellt. Bei diesem zeigt sich eine stetige Erhöhung der Fließgrenze nach jedem Zuge[1]).

Bei sogenanntem „weichen Material", das starke Dehnbarkeit besitzt, tritt dieses Verhalten deutlicher in die Erscheinung als bei „hartem", dessen Dehnbarkeit gering ist. Es erklärt das auch den Vorteil des weichen Materials in Baukonstruktionen, die gelegentlich Überbelastungen erfahren können. Dieses Material erfährt durch die Überbelastungen höchstens eine Dehnung unter gleichzeitiger Verfestigung, während das harte infolge seiner geringen Dehnbarkeit leicht zu Bruche gelangen kann, und zwar insbesondere dann, wenn der Konstruktionsteil Oberflächenbeschädigungen besitzt, die als Kerbe zu wirken vermögen (s. S. 338).

§ 15. Weitere Oberflächenveränderungen.

Weitere Erscheinungen, welche an der Oberfläche von eisernen Probestäben beim Zerreißversuche auftreten, sind die Spiralrisse (Abb. 18 und 19), die Längsrisse und die Längsnähte.

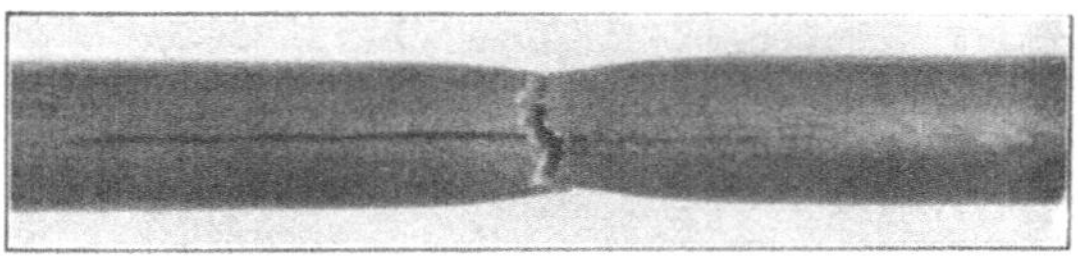

Abb. 20.

Längsrisse durchziehen den Probestab oft bis tief in sein Inneres. Sie rühren davon her, daß bei Flußeisen Schlackeneinschlüsse eingewalzt wurden. Die dadurch erzeugten sehr feinen Lamellen bilden Trennungsschichten, welche das Material durchsetzen, ohne daß sie dem bloßen Auge sichtbar werden. Bei Beanspruchung solchen Materials durch äußere Kräfte wird eine Auflockerung hervorgerufen, so daß

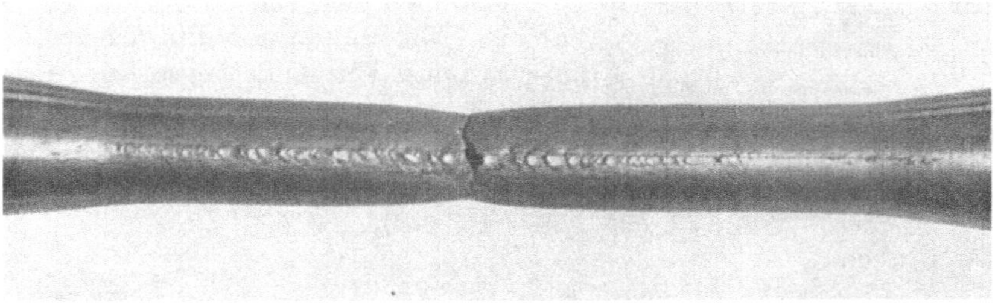

Abb. 21.

die Trennungsschicht als Riß an der Oberfläche erkennbar wird. Während bei Flußeisen solche Längsrisse selten sind, treten sie bei Schweißeisen normaler Qualität sehr häufig und bei solchen Schweißeisensorten, die durch

[1]) Näheres hierüber s. Martens-Heyn, Handbuch der Materialienkunde, II. Bd. A.

Paketieren von Alteisen erzeugt wurden, immer auf. Hier entsprechen sie den Schweißnähten der einzelnen verschweißten Stäbe, welche durch die Zugbeanspruchung infolge ihrer verschieden großen Dehnungsfähigkeit voneinander getrennt werden (Abb. 20).

Längsnähte[1]) haben das aus Abb. 21 ersichtliche Aussehen; ihre Entstehung ist ungleichmäßiger Materialbeschaffenheit zuzuschreiben. Enthält nämlich ein Zerreißprobestab in seiner Längsrichtung ein gegenüber dem übrigen Material härteres[2]) Faserbündel, so ist dessen Dehnungsfähigkeit geringer als die seiner Umgebung. Die Folge davon ist, daß dieses Faserbündel infolge seines innigen Zusammenhanges mit dem umgebenden Material zerreißt, bevor die höchste Dehnung des Stabes erreicht ist. Liegt dieses Faserbündel an der Oberfläche des Stabes, so entstehen mehr oder weniger breite Querrisse (s. Abb. 22). Befindet es sich dagegen im Inneren des Stabes, so macht sich die Brucherscheinung nur durch eine perlenschnurartige Aufrauhung der Staboberfläche bemerkbar. Der Eintritt dieser Erscheinung ist von einem klingenden Geräusche während des Zerreißversuches begleitet.

Abb. 22.

§ 16. Formänderungsarbeit.

Das im § 16 angegebene und erörterte Spannungs-Dehnungsdiagramm kann auch dazu benutzt werden, die zum Zerreißen des Stabes aufgewendete Arbeit bzw. das Arbeitsvermögen des Materials zu bestimmen. Bedenkt man nämlich, daß die Spannungen Kräften entsprechen, welche auf Flächeneinheiten des beanspruchten Querschnittes wirken, und die Dehnungen lineare Bewegungen der Längeneinheit darstellen, so muß das Produkt beider die Arbeit bedeuten, welche die Raumeinheit der Formänderung des Materials entgegensetzt.

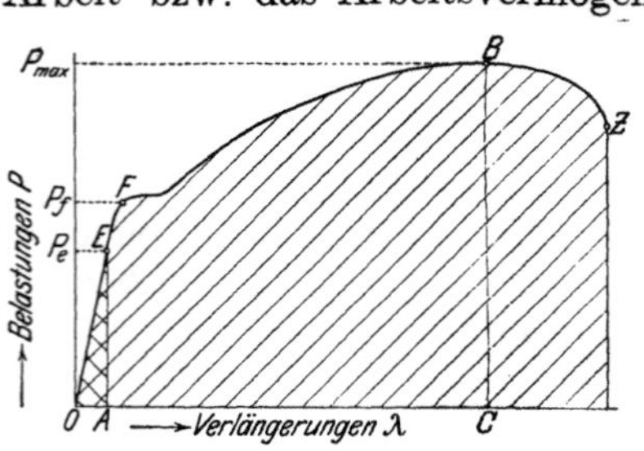

Abb. 23.

Die durch den Teil OEA des Diagrammes (Abb. 23) dargestellte Arbeit ist die elastische Formänderungsarbeit des Probestabes innerhalb der Meßlänge, welche unter der Voraussetzung, daß Proportionalität zwischen Spannung und Dehnung besteht, sich als Inhalt eines rechtwinkligen Dreieckes ergibt zu:

$$A = \tfrac{1}{2} P_e \cdot \lambda_e = \tfrac{1}{2} f \cdot \sigma_e \cdot \lambda_e .$$

Da nun aber

$$\lambda = \alpha \cdot \sigma \cdot l$$

ist, so erhält man:

$$A = \tfrac{1}{2} \cdot \alpha \cdot \sigma_e^2 \cdot f \cdot l$$

und somit:

$$A = \tfrac{1}{2} \cdot \alpha \cdot \sigma_e^2 \cdot V,$$

---

1) Über Längsnähte s. Metallurgie 1908, S. 580.

2) Kann von Phosphorseigerungen herrühren, s. § 162.

worin $V = f \cdot l$ das Volumen des Stabes innerhalb der Meßlänge bedeutet. Die Formel besagt, daß die Arbeit der elastischen Längenänderung proportional dem Volumen des Stabes und proportional dem Quadrate der Spannung ist. Diese elastische Formänderungsarbeit spielt da eine wichtige Rolle, wo zylindrische Stahlstäbe als Federn benutzt werden, und es würde das Arbeitsvermögen einer solchen Feder mit der Arbeit der elastischen Längenänderung identisch sein.

Im übrigen ist die Formänderungsarbeit überall da von Bedeutung, wo die Sprödigkeit der Materialien festzustellen ist, oder wo eine Änderung derselben infolge Ermüdung[1]) zu erwarten steht (s. S. 181). Letzteres trifft z. B. bei der Untersuchung von Drahtseilen zu, die durch die Betriebsbeanspruchungen eine Abnahme ihrer elastischen Dehnbarkeit erfahren und auch an Arbeitsvermögen einbüßen (s. S. 90). Es ist auch zweifellos dasjenige Drahtseil vorzuziehen, dessen einzelne Drähte beim Zerreißversuch das größere Arbeitsvermögen aufweisen, und zwar nicht nur hinsichtlich der elastischen Formänderung, sondern auch der gesamten bis zum Bruch.

Will man die zum Zerreißen eines Probestabes aufgewendete Arbeit bestimmen, so ist der Inhalt der ganzen schraffierten Diagrammfläche unter Berücksichtigung des zur Aufzeichnung benutzten Kräfte- und Längenmaßstabes zu ermitteln. Es geschieht entweder mittels Planimeter oder in bekannter Weise dadurch, daß man ein Stück durchsichtiges Millimeterpapier auf das Diagramm legt und durch Auszählen der Millimeterquadrate innerhalb der Diagrammfläche ihren Inhalt feststellt. Bei Diagrammen, welche von dem Schaulinienzeichner der Materialprüfungsmaschine aufgezeichnet wurden, überzeuge man sich vor Beginn des Ausmessens der Fläche, daß die darin enthaltene Bruchlast mit der am Kraftanzeiger abgelesenen übereinstimmt und auch die gesamte Längenänderung der an den Bruchstücken gemessenen entspricht. Oft kommt es vor, daß durch irgendeinen Zufall die Übertragungsglieder der Kraftanzeiger oder Dehnungsmesser, welche nie in zwangläufiger Verbindung mit den Schaulinienzeichnern stehen, versagen und dadurch falsche Diagrammflächen erzeugen. Aus diesem Grunde verfalle man auch nie in den Fehler, aus Bequemlichkeit die Bruchbelastung eines Probestabes aus dem Diagramm zu entnehmen, sondern beobachte stets den Kraftanzeiger der Maschine mit.

Das gesamte Arbeitsvermögen des geprüften Stabes, das gleich ist der gesamten Arbeit, die aufgewendet werden mußte, um den Stab zu zerreißen, ergibt sich, wie oben dargelegt wurde, aus dem Flächeninhalt der gesamten Diagrammfläche (Abb. 23). Da aber, wie in § 4, S. 21 erläutert wurde, der Verlauf des Linienzuges von B bis Z von der Versuchsausführung abhängt und auch insofern unsicher ist, als innerhalb des letzten Dehnungsintervalles die örtliche Einschnürung liegt, empfiehlt es sich, das Arbeitsvermögen des Materials nur aus der Formänderungsarbeit bis zur Bruchgrenze B zu berechnen, was auch insofern berechtigt erscheint, als die Tragfähigkeit des Stabes bei der Belastung $P_{\max}$ vollständig erschöpft ist.

---

[1]) Siehe Wawrziniok, Studie über die Ermüdung des Eisenbahnschienenmaterials. Berlin, Julius Springer.

Man bezeichne dann aber zur Unterscheidung dieses Arbeitsvermögen als die „Brucharbeit“ des Stabes und beziehe sie auf das ursprüngliche Stabvolumen $V = \frac{d^2\pi}{4} \cdot l$, worin l die Meßlänge des Diagrammapparates oder die sonst zur Aufzeichnung des Diagrammes benutzte Meßlänge bedeutet.

Hiernach ergibt sich unter Berücksichtignng des Diagrammaßstabes die

$$\text{Brucharbeit } A_B = \frac{\text{Fläche } OFBC}{\frac{d^2\pi}{4} \cdot l} \text{ cmkg/ccm.}$$

§ 17. Beispiele von Zugversuchen.

a) Feinmeßversuch.

Aufgabe: Es soll ein abgedrehter zylindrischer Probestab aus Flußeisen von 20 mm Durchmesser und 500 mm Länge bei Zugbeanspruchung untersucht und aus den Ergebnissen die Dehnungszahl, die Spannung an der Elastizitäts-, Fließ- und Bruchgrenze nebst der Bruchdehnung und Querschnittsverminderung ermittelt werden. Das Aussehen der Bruchflächen und der Oberfläche des Probestabes nach dem Bruche sind zu beschreiben.

Versuchsausführung: Mittels Teilmaschine (s. S. 560) oder von Hand unter Benutzung eines genau geteilten Maßstabes wird eine 20 cm lange Strecke in der Mitte der Stablänge durch Anreißen von feinen Ringmarken mit einer Zentimeterteilung und mit einer feinen Längslinie versehen. Hierauf wird der Durchmesser des Stabes mit Mikrometerschraube (s. S. 561) innerhalb jedes Teilungsintervalles in zwei senkrecht zueinander stehenden Richtungen gemessen und aus sämtlichen Messungsergebnissen der Mittelwert gebildet.

Nachdem der Stab in der Prüfungsmaschine befestigt worden ist, wird an ihm in der in § 338 angegebenen Weise ein Feinmeßapparat zur Ermittelung der Dehnungen angebracht und der Versuch gemäß dem Schema (Zugversuch mit Feinmessung der Dehnungen, S. 43) durchgeführt.

Dabei werden zur Erhöhung der Genauigkeit der Messungswerte aus den im § 6 angegebenen Gründen die Belastungswechsel mehrmals vorgenommen und aus den letzten drei Ablesungen wird für die Dehnungen der Mittelwert gebildet. Eine vollständige Entlastung des Stabes darf während des Versuches auf keinen Fall stattfinden, da dies zu Lagenänderung des Stabes gegenüber den Ablesefernrohren und damit zu Ungenauigkeiten der Messung führen kann. Ist durch Unachtsamkeit eine solche vollständige Entlastung vorgekommen, dann empfiehlt es sich, den Feinmeßapparat neu einzustellen, und zwar auf den letzten einwandfrei ermittelten Dehnungswert. Eine Neueinstellung auf die Anfangstellung wäre unrichtig, da der Stab während der Prüfung bereits Veränderungen erlitten hat.

Es ist aber auch nicht zweckmäßig, die jeweilige Entlastung nur bis auf die gewählte Anfangsbelastung vorzunehmen, da infolge etwaigen toten Ganges des Kraftanzeigers der Maschine oder des Feinmeßapparates Fehler eintreten können. Besser ist es, den Probestab um etwa 10% unter die Anfangsbelastung zu entlasten und dann die Belastung wieder auf die Anfangsbelastung

Zug-Versuch mit Feinmessung der Dehnungen.

Maschine: Martens, 50 Tonnen. Material: Dannemora-Stahl.

Abmessungen des Probestabes: Durchmesser $d = 20{,}0$ mm. Querschnitt $f = 3{,}14$ qcm. Meßlänge $l = 200$ mm.

Feinmeßinstrument: Spiegelapparat Martens, Spiegel No. 7 und 8 mit Feinmeßlänge: $l' = 15$ cm und Übersetzungsverhältnis $n = \frac{1000}{1}$.

Belastung P kg	Fernrohrablesung links mm	Fernrohrablesung rechts mm	Mittel aus beiden Ablesungen — Längenänderung der Feinmeßlänge mm · 10^{-3}	Elastische Längenänderung der Feinmeßlänge cm · 10^{-4}
1000	0	0	0	
2000	24,9	20,5	22,7	22,3
1000	0,7	0,1	0,4	
3000	47,9	43,3	45,6	45,0
1000	1,0	0,2	0,6	
4000	71,5	65,3	68,4	67,6
1000	1,4	0,2	0,8	
5000	94,9	87,1	91,0	90,2
1000	1,4	0,2	0,8	
6000	117,8	109,4	113,6	112,8
1000	1,5	0,1	0,8	
7000	141,2	132,4	136,8	135,8
1000	1,7	0,3	1,0	
8000	166,2	157,0	161,6	159,1
1000	4,0	1,0	2,5	
9000	226,1	215,9	221,0	189,2
1000	35,6	28,0	31,8	
10000	444,8	440,8	442,8	235,8
1000	208,9	205,1	207,0	
12100	Fließgrenze			
25000	Bruchbelastung			

Die Bruchflächen zeigten feinkristallinisches Gefüge in gleichmäßiger Beschaffenheit. Die Staboberfläche wies keine Fehler, Risse oder dergl. auf.

Berechnungen:

I. Elastische Eigenschaften.

Mittlere Dehnung des Probestabes für 1000 kg Belastungszunahme innerhalb der Elastizitätsgrenze:

$$\varepsilon = \frac{\lambda}{l'} = \frac{22{,}6 \cdot 10^{-4}}{15} = 1{,}5 \cdot 10^{-4},$$

bei der Zugspannung:

$$\sigma = \frac{P}{f} = \frac{1000}{3{,}14} = 318{,}5 \text{ kg/qcm}.$$

Dehnungszahl:

$$\alpha = \frac{\varepsilon}{\sigma} = \frac{1{,}5 \cdot 10^{-4}}{318{,}5} = 4{,}72 \cdot 10^{-7}$$

oder

$$= \frac{1}{E} = \frac{1}{2120000}.$$

worin E der Elastizitätsmodul ist.

Elastizitätsgrenze P_e bei ca. 0,001 % bleibender Dehnung. d. i. bei 8300 kg Belastung.

II. Gütezahlen.

Spannung an der Elastizitätsgrenze:

$$\sigma_e = \frac{P_e}{f} = \frac{8300}{3{,}14} = 2640 \text{ kg/qcm}.$$

Spannung an der Fließgrenze:

$$\sigma_f = \frac{P_f}{f} = \frac{12100}{3{,}14}$$

$$\sigma_f = 3854 \text{ kg/qcm}.$$

Spannung an der Bruchgrenze:

$$\sigma_{max} = K_z = \frac{P_{max}}{f} = \frac{25000}{3{,}14}$$

$$K_z = 7962 \text{ kg/qcm}.$$

Meßlänge nach dem Bruch $l_b = 216{,}2$ mm.

Bruchdehnung in Prozenten:

$$\varphi_{200} = \frac{l_b - l}{l} \cdot 100 = 8{,}1\,\%.$$

Durchmesser des Stabes nach dem Bruch $d_b = 18{,}6$ mm.

Gesamte Verminderung des Stabquerschnittes f in Prozenten:

$$\psi = \left[1 - \left(\frac{d_b}{d}\right)^2\right] \cdot 100 = \sim 13{,}4\,\%.$$

zu bringen. Dadurch wird toter Gang der Meßeinrichtungen unschädlich gemacht, da ihre ursprünglich rückwärtsläufige Bewegung im Meßinterval dann wieder eine vorwärtsläufige ist. Selbstverständlich muß der Versuch bei gleichbleibender Raumtemperatur durchgeführt werden. Wenn auch nicht zu befürchten steht, daß der Versuchskörper, der in unmittelbarem Kontakt mit den Eisenmassen der Prüfungsmaschine steht, bei geringeren Raumtemperaturschwankungen gleich diese mitmacht, so darf nicht übersehen werden, daß die Meßschienen der Feinmeßapparate und andere Übertragungsglieder derselben wegen ihrer geringen Dimensionen in dieser Beziehung viel empfindlicher sind. Ganz besondere Aufmerksamkeit ist deshalb diesem Umstande bei Feinmeßversuchen bei höheren Temperaturen (s. § 25) zu widmen, da hier die Feinmeßapparate leicht durch strahlende Wärme beeinflußt werden können. Nach Beendigung des Versuches werden die Versuchsergebnisse zur Ausgleichung etwaiger Messungsfehler zeichnerisch aufgetragen. Dabei können auch, wie aus der Abb. 3 auf Seite 23 ersichtlich ist, zur Feststellung der auf die Nullbelastung bezogenen Dehnungen die Spannungsdehnungskurven gemäß den gestrichelten Kurvenstücken ergänzt werden.

b) Zugversuch ohne Feinmessung.

Aufgabe: Es soll ein Probestab von 20 mm Durchmesser, der einer Eiseneinlage eines Betonbauwerkes entnommen wurde, auf Zugfestigkeit geprüft werden. Nach den Vorschriften für die Prüfung solcher Eiseneinlagen ist festzustellen: Die Fließgrenze, und zwar die durch das erstmalige Abfallen der Wage ermittelte, die Zugfestigkeit, die Bruchdehnung und die Querschnittsverminderung. Ferner ist zu berechnen die Verhältniszahl $\frac{\sigma_f}{K_z}$. Diese muß zwischen 0,6 und 0,7 liegen. Die Bruchdehnung soll mindestens 20% betragen.

Versuchsausführung: Auf dem Stabe wird eine Meßlänge von $10d = 200$ mm durch Einschlagen von feinen Körnermarken abgegrenzt, oder er wird mit einer Zentimeterteilung versehen (s. S. 31). Hiernach wird der Stab mittels Beißkeilen in die Zerreißmaschine gespannt und durch allmähliche Steigerung der Kraft belastet. Der Stand des Kraftanzeigers wird fortlaufend beobachtet und beim ersten Abfall desselben wird die Belastung notiert. Diese entspricht der Fließgrenze. Hiernach wird die Belastung weiter bis zur Höchstbelastung gesteigert. Nach dem dabei erneut auftretenden Abfallen der Kraftanzeige vermindert man die Dehnungsgeschwindigkeit ein wenig und bringt den Stab zum Bruche. Zur Feststellung der Bruchdehnung wird die Vergrößerung der abgegrenzten Meßlänge gemessen (s. S. 30). Die Ermittlung der Querschnittsverminderung erfolgt durch Ausmessen des Stabdurchmessers an der Bruchstelle (s. § 10).

Schließlich wird noch die Beschaffenheit der Bruchfläche und der Staboberfläche festgestellt (s. § 12 und 13).

Versuchsergebnisse.

Durchmesser des Probestabes $d = 20$ mm.

Querschnitt des Probestabes $f = \frac{d^2\pi}{4} = \frac{20^2 \cdot \pi}{4} = 314$ qmm $= 3{,}14$ qcm.

Meßlänge $l = 200$ mm.
Belastung an der Fließgrenze $P_f = 7430$ kg.

Spannung $\sigma_f = \frac{7430}{3,14} = \backsim 2360$ kg/qcm.

Bruchbelastung $P_{\max} = 11540$ kg.

Zugfestigkeit $\sigma_{\max} = K_z = \frac{11540}{3,14} = \backsim 3670$ kg/qcm.

Meßlänge nach dem Bruche $l_b = 264,5$ mm.

Bruchdehnung $\varphi_{200} = \frac{264,5 - 200}{200} \cdot 100 = 32,3\,\%$.

Stabdurchmesser an der Bruchstelle $d_b = 11,8$ mm.

Querschnittsverminderung $\psi = \left[1 - \left(\frac{11,8}{20,0}\right)^2\right] \cdot 100 = 65,2\,\%$.

Verhältniszahl $\frac{\sigma_f}{K_z} = \frac{2360}{3670} = 0,64$.

Der Bruch des Stabes erfolgte nahe der Mitte der Meßlänge. Die Staboberfläche zeigte keinerlei Risse oder sonstige Fehlstellen.

Die Bruchfläche war feinkristallinisch bis sehnig und ihre Form entsprach normaler Trichterbildung mit ebenem Grund.

Die Ergebnisse des Versuches zeigen, daß das Material den in der Aufgabe enthaltenen Vorschriften entspricht.

§ 18. Form der Probestäbe.

Wie im § 11 erörtert, beeinflußt das Meßverfahren das Ergebnis der beim Zerreißversuch erzeugten Bruchdehnung. Es war dabei vorausgesetzt worden, daß die Länge des für den Versuch benutzten Probestabes gegenüber der zur Feststellung der Dehnung dienenden Meßlänge verhältnismäßig groß ist. Da man jedoch im Materialprüfungswesen nur selten in der Lage ist, Versuchstücke größerer Abmessungen bei den Versuchen zu benutzen, ist es von großer Bedeutung, den Einfluß zu kennen, welchen die Form und die Abmessungen sowie gegebenenfalls auch die Herstellungsweise des Probestückes auf das Versuchsergebnis ausüben[1]).

Die größte Dehnung erfährt derjenige Teil des Probestabes, welcher die Einschnürung enthält, und es vermindert sich die Dehnung der Längeneinheit, je weiter man sich von der Bruchstelle entfernt. Das Material würde somit die größte Bruchdehnung aufweisen, wenn man zur Berechnung derselben nur dasjenige Stück der Stablänge benutzen würde, welches die Bruchstelle enthält. Wenn auch diese Art der Berechnung der Dehnung in mancher Beziehung einen Wert ergeben würde, der guten Einblick in die Formbarkeit eines Materials gewährt, muß man doch davon absehen, weil bei vielen Materialien die Dehnung selbst an der Bruchstelle sehr gering ist und die Messung einer derartig kurzen Strecke große Schwierigkeiten bietet.

---

[1]) Über zweckmäßigen Guß von Probestäben aus Gußeisen, s. Stahl und Eisen 1909, S. 2025.

Ebenso wie die Größe der Meßlänge das Ergebnis der Dehnungsmessung beeinflußt, veranlaßt verschiedene Querschnittsgröße der Versuchstücke Abweichungen bei gleicher Meßlänge. Nach Versuchen von Bauschinger müssen sich die Meßlängen wie die Wurzeln aus den Stabquerschnitten verhalten, wenn Stäbe aus gleichem Material, aber von verschiedenem Querschnitte gleiche Dehnungen besitzen sollen. Die Größe des Stabquerschnittes besitzt dagegen hinsichtlich der Zerreißfestigkeit und auch der Dehnung keine Bedeutung. Es ist nachgewiesen, daß Rundstäbe oder Flachstäbe keine Abweichungen in der Bruchdehnung zeigen, wenn nur die Meßlängen, wie oben erwähnt, proportional den Wurzeln aus den Stabquerschnitten gewählt werden. Voraussetzung bei diesen Annahmen ist, daß die äußere Kraft gleichmäßig verteilt über den ganzen Stabquerschnitt angreift und das Material keine Nebenspannungen erleidet, welche seine Ausdehnung oder Zusammenziehung verhindern. Wird z. B. ein Stab von 10 qcm Querschnitt in der Längsrichtung in 10 einzelne Stäbe mit je 1 qcm Querschnitt zerlegt und alle 10 Stäbe gemeinschaftlich dem Zerreißversuch unterworfen, so können sich alle 10 Stäbe ausdehnen und zusammenziehen, ohne daß sie sich gegenseitig in ihrer Formänderung beeinträchtigen. Anders verhält es sich dagegen, wenn ein Stab aus demselben Material unzerteilt zerrissen wird. In diesem Falle können sich die auf die Querschnittseinheit entfallenden Materialteile nicht frei deformieren, sondern sie müssen es gemeinsam tun und hindern sich dadurch gegenseitig in ihrer Formänderung. Dieser Widerstand gegen die Formänderung erfordert einen Arbeitsaufwand und hat demgemäß eine Erhöhung der Festigkeit zur Folge.

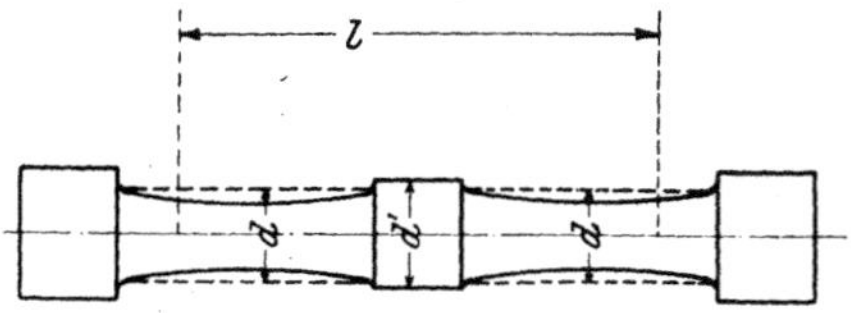

Abb. 24.

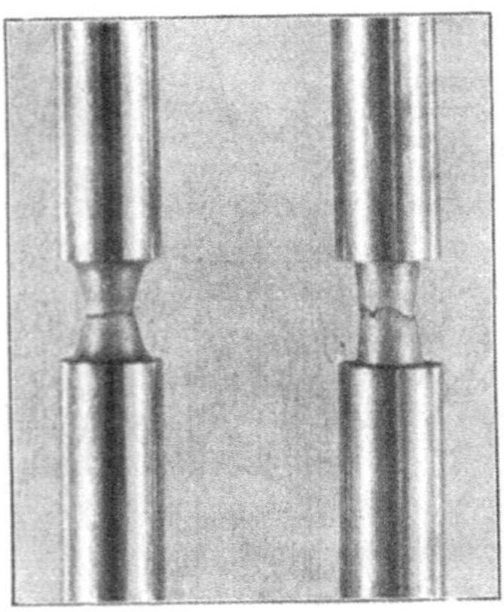
Abb. 25.

Besonders auffällig wird dieser Umstand bei Dehnungsverhinderung infolge großer Materialanhäufungen an Probestäben. Unterwirft man z. B. einen Probestab nach Abb. 24 dem Zerreißversuche, so wird er in der Mitte seiner Meßlänge l prozentual eine geringere Dehnung aufweisen, als wenn er zylindrisch wäre und durchweg den gleichen Durchmesser d besäße. Der Stab nimmt die gezeichnete Form an, welche erkennen läßt, daß die Materialanhäufung durch Vergrößerung des Durchmessers d auf d' die Zusammenziehung und somit auch die Dehnung des Stabes in den unmittelbar neben der Verdickung liegenden Stabteilen verhindert hat. Ähnliches Verhalten beobachtet man an Stäben, welche an Stelle der Verdickung Eindrehungen innerhalb ihrer Meßlänge besitzen. In diesem Falle deformiert sich nur der schwächere Teil des Probestabes in der aus Abb. 25 ersichtlichen Weise.

Man erkennt hieraus, daß Materialanhäufungen an den Enden des schwachen Stabteiles die Zusammenziehung des Stabes hindern und die Dehnung dieses Stabes mithin geringer sein muß als die eines gleichdicken Stabes mit größerer Meßlänge. Klar ist nun, daß auch die Länge und Form der Eindrehung einen wesentlichen Einfluß auf die Ausbildung der Formänderung ausüben. Versuche haben gezeigt, daß die Eindrehungen eine Erhöhung der Festigkeit und eine Verminderung der Einschnürung des Stabes nach sich ziehen.

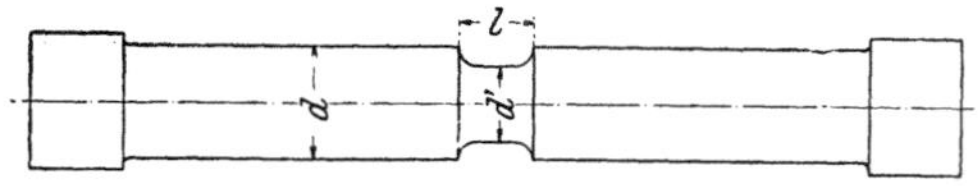

Abb. 26.

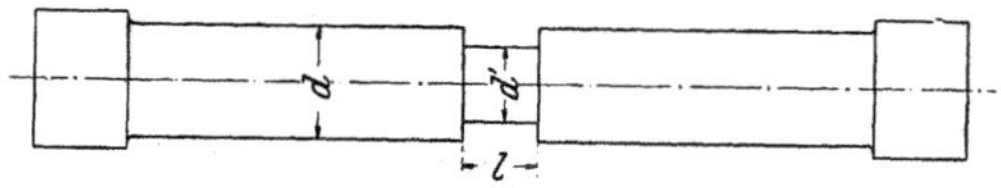

Abb. 27.

Zum Studium des Verhaltens solcher Stäbe mit verschieden langen Eindrehungen mögen Versuche des Verfassers dienen. Die benutzten, aus Flußeisen hergestellten Stäbe besaßen die in Abb. **26** und **27** dargestellte Form.

Bei der einen Reihe war die Eindrehung abgerundet, bei der anderen scharfkantig hergestellt. Bei gleichem Durchmesser d von 3 cm und d' von 2 cm wechselte die Länge l der Eindrehung von 0,2—5,0 cm.

Die Prüfung der Stäbe lieferte folgende Ergebnisse:

Nummer des Probestabes	Form der Eindrehung	Länge der Eindrehung cm	Zerreiß-festigkeit kg/qcm	Querschnitts-verminderung %
1	s. Fig. 26	5	6220	54
2		2	6840	41
3		1	8840	33
4		0,5	9320	11
5	s. Fig. 27	5	6200	52
6		2	6520	36
7		1	7160	18
8		0,5	7890	12
9		0,2	8680	—

Die an einem Normalstab ermittelte Zerreißfestigkeit des Materials betrug 6160 kg/qcm bei 39 % Bruchdehnung und 55 % Querschnittsverminderung.

Eine Vergleichung der Versuchsergebnisse zeigt, daß die zum Zerreißen der Stäbe erforderliche Kraft um so größer ist, je kürzer die Eindrehung der Stäbe ist. Bei 5,0 cm langer Eindrehung ist der Einfluß der Materialanhäufung an den Enden der Eindrehung kaum noch wahrnehmbar, da die ermittelte Zugfestigkeit und Querschnittsverminderung der Stäbe nur unbedeutend von den am Normalstabe ermittelten Werten abweicht.

Besonders auffällig ist außer den vorgenannten Eigenschaften noch die Beeinflussung der Ergebnisse durch die Form der Eindrehung. Bei Abrundung des Überganges der Eindrehung in den dickeren Stabteil ist zum Zerreißen des Stabes eine höhere Kraft erforderlich als bei Verwendung einer scharf eingestochenen Eindrehung, auch ist die Querschnittsverminderung größer. Wenn auch die Länge des zylindrischen Teiles um den doppelten Abrundungsradius geringer ist als bei den Stäben mit scharfer Eindrehung, so ist dennoch der Einfluß unverkennbar. Der Grund dieses Verhaltens ist darin zu suchen, daß durch die Abrundung das Material des dickeren Stabteiles zur Kraftübertragung mit herangezogen wird und daß die Biegungsspannungen, welche das Material an den Stellen plötzlichen Überganges erleidet, vermindert werden, ganz abgesehen von der daneben noch auftretenden Kerbwirkung.

Je geringer nun die Formänderungsfähigkeit eines Materials ist, um so weniger macht sich der Einfluß von Materialanhäufungen auf die Festigkeit bemerkbar. Bei allen spröden Materialien ergibt sich sogar eine Abnahme der Zugfestigkeit infolge der Querschnittsänderung. Diese Erscheinung ist jedoch nicht darauf zurückzuführen, daß bei Materialien, wie Gußeisen, das oben Erörterte keine Gültigkeit besitzt. Der Grund liegt vielmehr darin, daß bei spröden Materialien infolge ihrer geringen Dehnungsfähigkeit der Einfluß ungleicher Spannungsverteilung über den Querschnitt und die Kerbwirkung des plötzlichen Überganges den Einfluß der Querkräfte, welche die Formänderung hindern, überwiegt.

Man ersieht hieraus, daß man bei Beurteilung der Zugfestigkeit eines Materials stets berücksichtigen muß, welche Form und Abmessungen die zur Ermittelung der Festigkeit benutzten Probekörper besaßen und welcher Art das Material hinsichtlich seines inneren Aufbaues ist. Je homogener ein Material ist, desto besser werden seine einzelnen Teilchen zur Kraftübertragung herangezogen. Hat man es jedoch mit zusammengesetzten Körpern zu tun, so ist zu erwägen, ob die Versuchsergebnisse auch auf Körper anderer Form als der beim Versuch benutzten anwendbar sind. Zum Beispiel dürfen Festigkeitszahlen für Holz, welche an Probestäbchen geringen Querschnittes mit einem gewissen Feuchtigkeitsgehalt gewonnen wurden, nicht ohne weiteres auf Stäbe größerer Abmessungen und vielleicht sogar anderen Feuchtigkeitsgehaltes übertragen werden. Auch spielt die Richtung der Holzfaser in bezug auf die Stabachse eine große Rolle; quer oder schief zur Faserrichtung geschnittenes Holz besitzt eine geringere Zugfestigkeit als solches, bei dem die Fasern mit der Längsrichtung des Stabes zusammenfallen.

Ähnlich liegen die Verhältnisse bei Körpern aus Zementmörtel. Die Zugfestigkeit des Zementmörtels wird gewöhnlich an Körpern nach Abb. 410, S. 414, der sogenannten Achterform, mit 5 qcm Querschnitt ermittelt. Diese Probekörper werden gewöhnlich maschinell eingeschlagen und erlangen auf diese Weise große Dichtigkeit. Die Länge ihres prismatischen Teiles ist sehr gering (annähernd gleich Null), und es würden, wenn erhärteter Zementmörtel Formbarkeit besäße, die erläuterten Verhältnisse hinsichtlich Hinderung der Formänderung durch Materialanhäufungen Anwendung finden müssen. Ohne nähere Überlegung scheint dies auch erforderlich, denn die an prismatischen Stäben mit größeren Querschnitten ermittelte Zugfestigkeit von Zementmörtel ist fast nur halb so groß als die mit den Achterformen festgestellte. Die Zugfestigkeit wird um so geringer, je größer der für den Probekörper verwendete Querschnitt ist, ohne daß eine ausgesprochene Gesetzmäßigkeit in der Festigkeitsverminderung gefunden werden könnte. Dieses Verhalten ist jedoch hier nicht, wie bei stark formbaren Materialien, in der kurzen Meßlänge begründet, sondern es sind die Eigenart der Herstellung und die Stoffzusammensetzung der Probekörper der Grund des abweichenden Verhaltens. Es ist niemals möglich, auch nicht bei gleicher Zusammensetzung, für beide Arten von Probekörpern gleiche Dichte bei der Herstellung zu erzielen, selbst wenn für alle Körperformen beim Einschlagen des Mörtels in bezug auf das Volumen der Probekörper gleiche Schlagarbeit angewendet wird. Der Erhärtungsvorgang ist auch bei verschieden großen Körpern infolge der ungleichen Materialmenge und -verteilung verschieden, ganz gleichgültig, in was für einer Umgebung der Erhärtungsprozeß vor sich geht. Es darf daher niemals die mit Achterformen ermittelte Zugfestigkeit des Zementmörtels bei der Berechnung von Zementkonstruktionen benutzt werden, sondern es empfiehlt sich, aus dem vorliegenden reichhaltigen Versuchsmaterial diejenigen Wertziffern auszuwählen, welche an Probekörpern ermittelt wurden, deren Zusammensetzung, Materialursprung sowie Form und Abmessungen denjenigen des betreffenden Konstruktionsteiles am nächsten kommen.

§ 19. Abmessungen der Probestäbe.

Um die im vorhergehenden erörterten Einflüsse bei Zerreißversuchen nach Möglichkeit auszuschalten, sind die Materialprüfungsanstalten bestrebt, für alle Versuchsarten Körper übereinstimmender Abmessungen zu benutzen.

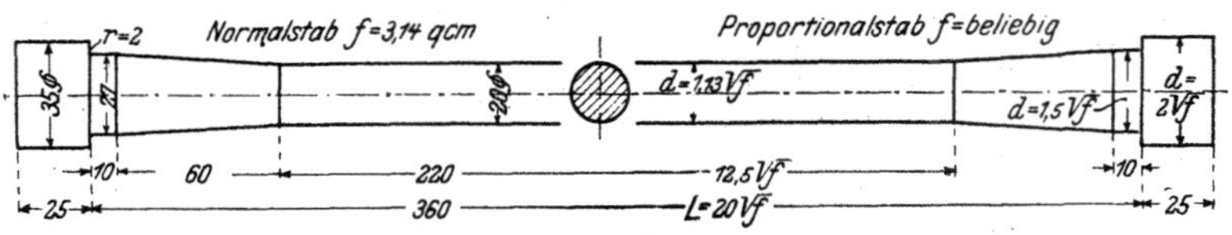

Abb. 28.

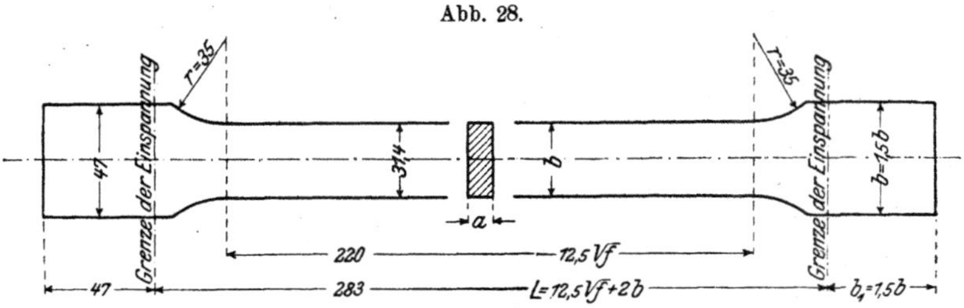

Abb. 29.

In erster Linie galt es, für die Prüfung von Metallen gleichartige Probekörperformen zu schaffen, und es führten die gemeinschaftlichen Bemühungen dazu, für Zerreißversuche, insbesondere für solche mit Feinmessung der Dehnungen, einen Normalstab in das Prüfungswesen einzuführen. Je nach dem Querschnitt werden die Stäbe Normal-Rund- oder Flachstäbe genannt. Die Abmessungen dieser Stäbe sind aus Abb. 28 und 29 zu ersehen. Die des Flachstabes wurden aus denen des Rundstabes abgeleitet.

Der Normalrundstab besitzt einen Durchmesser von 20 mm, so daß der Querschnitt $\frac{d^2\pi}{4} = \frac{2^2 \cdot \pi}{4} = \pi = 3{,}14$ qcm ist. Denselben Querschnitt weist der Normalflachstab auf, nur mit dem Unterschiede, daß der Form des Querschnittes weiter Spielraum gelassen ist. Das Verhältnis von Dicke a zu Breite b dieses Stabes kann beliebig sein. Dieses Zugeständnis ist erforderlich, weil Flachstäbe in der Regel aus Blechen hergestellt werden, bei denen die Walzhaut nicht entfernt werden darf. Es besitzen in diesem Falle zwei Flächen des Probestabes noch bei der Prüfung die Walzhaut.

Sind die Bleche, denen die Probestäbe entnommen werden müssen, verhältnismäßig dick, so kommt es mit Rücksicht auf die Vorschrift: „Meßlänge" $l = 11{,}3\sqrt{f}$ oder $f = \left(\frac{20{,}0}{11{,}3}\right)^2 = 3{,}14$ vor, daß die Breite des Flachstabes geringer ist als seine Dicke. Das ist ein Mißverhältnis gegenüber der Gewohnheit mancher Prüfstellen, das Verhältnis der Breite zur Dicke des Stabes 1 : 1 bis 6 : 1 zu wählen (s. § 20). Diese Gewohnheit sollte aber verschwinden, da sie ungerechtfertigt ist und die Einführung des Normalstabes verhindert[1]. Die unter Umständen sehr geringe Breite des Normalflachstabes ist auf das Versuchsergebnis einflußlos, wie Versuche von Baumann und v. Bach nachgewiesen haben[2].

Beim Vergleich der Festigkeitszahlen, die bei der Prüfung breiter Flachstäbe gewonnen wurden, mit denen, die an schmäleren festgestellt wurden, zeigt sich, daß die Zugfestigkeit der erstgenannten geringer ist als die der letzteren, und man kann sagen, daß mit zunehmender Stabbreite die Festigkeit allmählich geringer wird. Das rührt her von der weniger vollkommenen Spannungsverteilung über den Querschnitt bei den breiteren Stäben, und es weist darauf hin, daß es bei Flachstäben noch mehr als bei Rundstäben notwendig ist, zur Erzielung vergleichbarer Ergebnisse die Proportionalstabformen zu verwenden oder wenigstens geometrisch ähnliche Querschnittsformen zu benutzen. Daß bei sehr breiten Stäben die Spannungsverteilung über die Stabbreite ungleichmäßig ist, ergibt sich einwandfrei aus dem Bruchvorgang solcher Stäbe. Bei ihnen trennen sich nämlich zuerst die in der Mitte des Stabes liegenden Faserbündel, wie die Abb. 8 auf Seite 32 erkennen läßt, d. h. der Bruch des Stabes geht von der Mitte des Querschnittes aus, wo die Materialanhäufung die Dehnung der Stabteile verhindert.

Die Meßlänge l beim Normalrundstab ist gleich dem zehnfachen Durchmesser desselben, und dieselbe Länge ist in Anbetracht der erforderlichen Proportionalität zwischen der Meßlänge und der Wurzel aus dem Querschnitte des Stabes auch für den Normalflachstab in Anwendung.

Die übrigen Abmessungen der Stäbe sind mit Rücksicht auf den Einfluß der Einspannvorrichtungen gewählt.

Wie aus Abb. 28 ersichtlich ist, besitzt beim Normalrundstab der mittlere zylindrische Teil, auf welchem die Meßlänge abgegrenzt wird, eine Länge von 220 mm. Hieran schließt sich ein schwach kegelförmiger Teil von 60 mm Länge an, der vor dem 35 mm Durchmesser besitzenden Einspannkopfe in einen 10 mm

---

[1]) Nach den Vorschriften der Blechwalzwerke darf die größte Breite der Dampfkesselblechprobestäbe betragen:

Bei Blechen	bis 10 mm	Dicke höchstens	60 mm,
„ „	über 10 „ 25 „	„ „	50 „
„ „	über 25 „	„ „	40 „

[2]) Siehe Zeitschr. d. Ver. deutsch. Ing. 1916, S. 854.

langen zylindrischen Teil mit 27 mm Durchmesser übergeht. In gleicher Weise sind die Abmessungen des Normalflachstabes, wie Abb. 29 zeigt, festgelegt. Es empfiehlt sich zur Erlangung einwandfreier und vergleichbarer Versuchsergebnisse, die Stäbe genau nach Lehren herzustellen.

Da der Normalstab eine verhältnismäßig große Menge Versuchsmaterial bedarf, das nicht immer zur Verfügung steht, ist man auch nicht in allen Fällen in der Lage, derartige Stäbe für die Zerreißversuche zu benutzen. Müssen daher Stäbe anderer Abmessungen verwendet werden, und wünscht man solche Ergebnisse zu erhalten, die mit denen vergleichbar sind, welche man an Normalstäben festgestellt hat, so müssen die Abmessungen der Probestäbe proportional denen der Normalstäbe sein. Das Wichtigste dabei ist proportionale

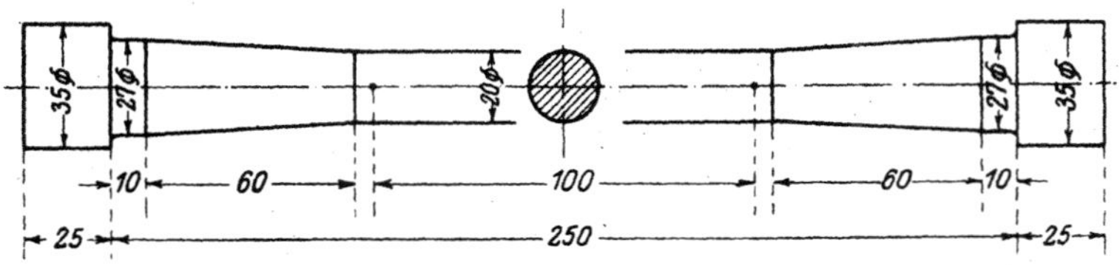

Abb. 30.

Bemessung der Meßlänge, wobei das Verhältnis der Meßlänge l zur Wurzel des Stabquerschnittes f, also $l : \sqrt{f}$ maßgebend ist. Dieser Quotient ist beim Normalrundstab $20{,}0 : \sqrt{3{,}14} = 11{,}3$.

Es muß sein:

$$\frac{l_1}{l_2} = \frac{\sqrt{f_1}}{\sqrt{f_2}}.$$

Da beim Normalstab $l = 20{,}0$ cm und $f = 3{,}14$ qcm ist, so ergibt sich für den anderen Stab, dessen Dehnungswerte mit denen des Normalstabes verglichen werden sollen, die Meßlänge l_1 nach der Beziehung:

$$l_1 = \frac{l_2 \cdot \sqrt{f_1}}{\sqrt{f_2}} = \frac{20}{\sqrt{3{,}14}} \cdot \sqrt{f_1}, \qquad l_1 = 11{,}3\,\sqrt{f_1}.$$

Die übrigen Abmessungen werden in derselben Weise von denen der Normalstäbe abgeleitet und können aus den in Abb. 28 und 29 enthaltenen Angaben leicht berechnet werden.

Neuerdings ist vom Deutschen Verband für die Materialprüfungen der Technik neben dem bisherigen Normalrundstab noch der Stab mit $l = 5d$ anstatt wie beim bisherigen $l = 10d$ eingeführt worden[1]). Der neue Stab (Abb. 30) bietet den Vorteil der geringeren Gesamtlänge, der Materialersparnis und der besseren Entnahmefähigkeit aus Konstruktionsteilen. Er ist aber wegen der geringen Meßlänge für Feinmeßversuche wenig geeignet. Die Einführung dieses neuen Normalstabes hat zur Folge, daß die Dehnungs-

[1]) Siehe Rundschreiben des Verbandes vom September 1919; ferner Rudeloff, Das Verhältnis zwischen den Dehnungen von Zugproben mit den Meßlängen $l = 5d$ und $l = 10d$ usw.; Forschungsarbeiten auf dem Gebiete des Ingenieurwesens, Heft 215; ferner F. Popp, Der Einfluß der Stablänge auf die Dehnung in „Stahl und Eisen" 1919, Nr. 50.

werte der Materialvorschriften auf diesen Stab bezogen werden müssen und bei der Beurteilung von Dehnungswerten daher dem Umstande Rechnung getragen werden muß, ob die Werte an den kurzen oder den langen Normalstäben gewonnen wurden. Es empfiehlt sich daher, bei Angabe von Dehnungen ganz allgemein immer die Meßlänge mit kenntlich zu machen, und als Bruchdehnung z. B. zu schreiben:

$$\varphi_{100} = 35\,\% \quad \text{oder} \quad \varphi_{200} = 35\,\%, \quad \text{oder} \quad \varphi_{5d} = 35\,\%, \quad \text{oder} \quad \varphi_{10d} = 35\,\%.$$

Auf die übrigen Festigkeitswerte hat die Meßlänge keinen Einfluß, und sie kann deshalb hinsichtlich dieser Werte unbeachtet bleiben.

Man könnte einwenden, daß es besser sei, an Stelle des Normalstabes mit $l = 5d = 100$ mm den entsprechenden Proportionalstab (s. S. 49) zu benutzen, da dessen Festigkeitszahlen ohne weiteres mit den am Normalstab mit $l = 10d = 200$ mm gewonnenen vergleichbar wären. Dem widerspricht aber der Vorteil der größeren Stabdicke, die etwaige Poren und Seigerungen im Stabquerschnitte einflußloser macht. Ferner läßt sich der dickere Stab mit $l = 5d$ leichter herstellen als der entsprechende Proportionalstab, dessen Dicke sich nach der Beziehung $l = 11{,}3\sqrt{f}$ ergibt zu $d = 10$ mm.

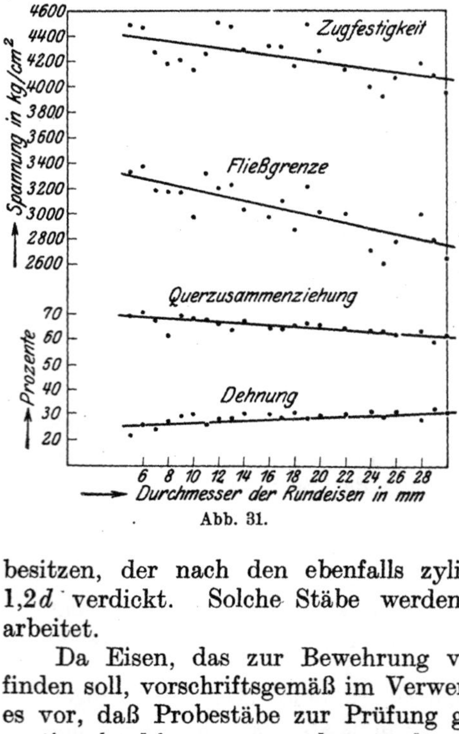

Abb. 31.

Verursacht die Bearbeitung der Probestäbe besondere Schwierigkeiten, wie es z. B. bei Hartstahl der Fall ist, so kann man auf die Normalstabform verzichten und verwendet Probestäbe, die einen etwa $6d$ langen zylindrischen Mittelteil besitzen, der nach den ebenfalls zylindrischen Enden zu sich auf etwa $1{,}2d$ verdickt. Solche Stäbe werden am billigsten durch Schleifen bearbeitet.

Da Eisen, das zur Bewehrung von Eisenbetonbauteilen Verwendung finden soll, vorschriftsgemäß im Verwendungszustande zu prüfen ist, kommt es vor, daß Probestäbe zur Prüfung gelangen müssen, die weder der Proportionalstabform entsprechen noch an der Oberfläche bearbeitet wurden. Die Vorschrift ist einerseits dadurch bedingt, daß die wirkliche Tragfähigkeit des betreffenden Bewehrungseisens festgestellt werden soll, und andererseits hat sie den Zweck, einer besonderen Eigenschaft dieser Eisenstäbe Rechnung zu tragen, die darin besteht, daß dickere Eisenstäbe mit Walzhaut geringere Zugfestigkeit und Fließgrenze sowie geringere Querzusammenziehung besitzen als dünnere, daß ihre Bruchdehnung aber größer ist als die dünnerer Stäbe. Diese Tatsache erhellt aus Ergebnissen von Versuchen des Verfassers, die in der Abb. 31 zusammengestellt sind. Sie begründen die Vorschrift, daß bei Eisen zur Bewehrung von Betonbauten (s. S. 541) die Zugspannung dünnerer Eisen (10 mm) höher gewählt werden darf als die dickerer (30 mm), und daß Eisenstäbe mit Zwischenwerten geradlinig eingeschaltet werden dürfen. Außerdem weisen sie nach, daß die Forderung einer Verhältniszahl $\frac{\text{Fließgrenze}}{\text{Zugfestigkeit}} = 0{,}6-0{,}7$ zwar berechtigt ist, aber nicht genau der Wirklichkeit entspricht.

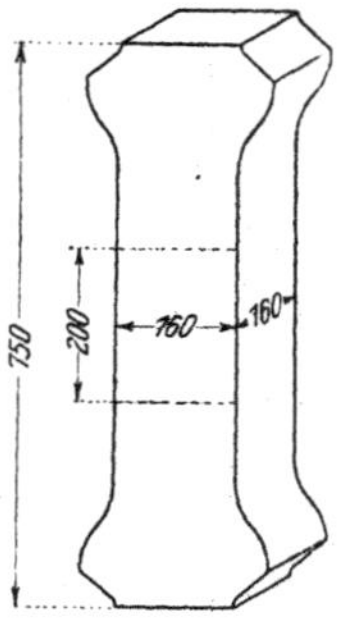

Abb. 32.

Die Probestabformen für andere Materialien als Metalle können nicht nach den vorausgegangenen Erläuterungen gewählt werden. Sie sind vielmehr den jeweiligen Verhältnissen anzupassen und so zu bemessen, daß insbesondere bei Feststellung der elastischen Dehnungen Nebenspannungen vermieden werden und die Größe der Kraftstufen hinreicht, um ihre Ablesung am Kraftanzeiger mit genügender Genauigkeit vornehmen zu können.

Für Beton (s. auch § 274) und Holz sind zweckmäßige Stabformen in Abb. 32 und 33 dargestellt; jene lassen sich auch für Druckversuche benutzen.

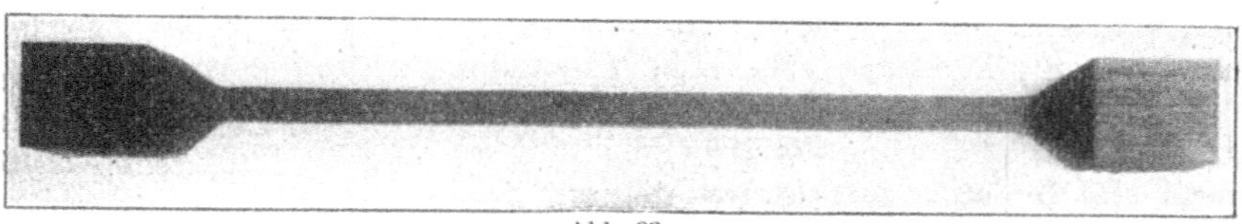
Abb. 33.

Bei Herstellung der Probestäbe aus Holz ist darauf zu achten, daß die Holzfasern parallel zur Stabachse verlaufen und die Stabköpfe unter Berücksichtigung der auf sie wirkenden Scherkräfte hinreichend groß bemessen werden.

§ 20. Umrechnung der Bruchdehnung auf eine andere Meßlänge.

Bach hat versucht, die Abhängigkeit der Bruchdehnung von der Meßlänge formelmäßig zu bestimmen, um Versuchsergebnisse zu korrigieren, die an Probestäben gewonnen wurden, deren Meßlänge nicht, wie oben verlangt, $11{,}3\sqrt{f}$ betrug. Er ging dabei von der Voraussetzung aus, daß es nicht immer möglich ist, die Meßlänge obigem Werte entsprechend zu wählen, weil entweder die Größe der vorhandenen Probestücke dies nicht gestattet, oder weil bei größeren Querschnittsabmessungen die Meßlänge eine verhältnismäßig große Strecke betragen würde. Dieser Fall tritt z. B. bei Kesselblechen größerer Dicke ein. Da für solche Bleche die Vorschrift besteht, daß die Probestäbe die Walzhaut besitzen müssen, hat sich gewohnheitsmäßig eingeführt, die Breite des Stabes nicht geringer als die Blechdicke zu machen. Beträgt die Blechdicke z. B. 30 mm, so ist demnach der Querschnitt 900 qmm und die Meßlänge nach der Beziehung $l = 11{,}3\sqrt{f} = 339$ mm. Diese Meßlänge erfordert eine verhältnismäßig große Stablänge, die nicht immer angängig ist, weil manche Materialprüfungsmaschinen nur die Einspannung von Stäben beschränkter Länge gestatten. Würde man im vorliegenden Falle die Bruchdehnung auf eine 200 mm lange Meßlänge beziehen, wie es bei der Prüfung von Kesselblechen auf Hüttenwerken häufig üblich ist, so ergibt sich die ermittelte Bruchdehnung größer, als wenn ein Stab geringeren Querschnittes mit derselben Meßlänge benutzt worden wäre.

Bach stellte an 3 Rundstäben und 3 Flachstäben von je ca. 5,3 qcm Querschnitt, deren Meßlänge, nach der Beziehung $l = 11{,}3\sqrt{f}$ berechnet, 260 mm hätte betragen müssen, die Bruchdehnung für 50, 70, 100, 150, 200 und 260 mm Meßlänge fest. Es ergab sich dabei, daß bei 50 mm Meßlänge die Dehnung 62,1 % für die Rundstäbe und 61,4 % für die Flachstäbe betrug. Bei 260 mm wurden Bruchdehnungen von 31,9 bzw. 29,1 % gefunden. Die Abnahme der Dehnungen erfolgte gesetzmäßig; die jeweilige Bruchdehnung entsprach mit genügender Genauigkeit der Beziehung

$$\varphi = A + \frac{B}{\sqrt{l}},$$

worin φ die Bruchdehnung in Prozenten der Meßlänge, l die Meßlänge selbst in Millimeter, A und B Erfahrungswerte bedeuten, welche von dem Material und der Querschnittsform abhängen[1]). Diese Werte zeigen für die einzelnen Materialien erhebliche Abweichungen und müssen, sofern sie für das vorliegende Material nicht bekannt sind, jeweils berechnet werden. Es kann dies durch Messung der Bruchdehnung an zwei verschieden großen Meßlängen stattfinden.

Ergibt die Messung der Bruchdehnung bei einem vorliegenden Stabe z. B. $\varphi_{50} = 62{,}1\,\%$ auf eine Strecke von 50 mm und $\varphi_{200} = 35{,}3\,\%$ auf eine Strecke von 200 mm, so berechnet sich die Dehnung für eine Meßlänge von 250 mm in folgender Weise:

Es ist

$$\varphi = A + \frac{B}{\sqrt{l}}.$$

Also

$$\varphi_{50} = A + \frac{B}{\sqrt{50}}; \qquad \varphi_{200} = A + \frac{B}{\sqrt{200}},$$

$$A = \varphi_{50} - \frac{B}{\sqrt{50}}; \qquad B = (\varphi_{200} - A) \cdot \sqrt{200},$$

$$A = 62{,}1 - (35{,}3 - A) \cdot \frac{\sqrt{200}}{\sqrt{50}},$$

$$A = 8{,}5\,; \quad B = 379.$$

Mithin

$$\varphi_{250} = 8{,}5 + \frac{379}{\sqrt{250}},$$

$$\varphi_{250} = 32{,}4\,\%.$$

---

[1]) Näheres über die Bachschen Versuche s. Mitt. über Forschungsarbeiten, Heft 29 und Zeitschr. d. Ver. d. Ing. 1916, S. 854f.

Trotz der Möglichkeit des rechnungsmäßigen Ausschlusses des Einflusses der Meßlänge auf die Bruchdehnung muß dennoch angestrebt werden, die Probestabformen zu vereinheitlichen und diese Hilfsmittel zur Korrektur des Messungsergebnisses für Sonderfälle aufzusparen. Es ist deshalb auch sehr zu bedauern, daß sich noch nicht alle behördlichen Verwaltungen dem Vorgehen der öffentlichen Prüfungsanstalten angeschlossen und den Normalstab als allgemein übliche Stabform angenommen haben. Es ist klar, daß die bei Prüfungen gewonnenen Ergebnisse keinen Vergleichswert besitzen und leicht Anlaß zu Fehlschlüssen geben können, wenn die Umstände, unter denen sie festgestellt wurden, nicht bekannt sind. Es muß daher die eindringliche Mahnung ausgesprochen werden, zum mindesten in allen Versuchsberichten die verwendete Stabform sowie Durchmesser und Meßlänge des Probestabes anzugeben.

§ 21. Einspannung der Probestäbe.

Zur Befestigung von Rundstäben in der Zerreißmaschine dienen die Verdickungen an den Enden der Probestäbe, die sogenannten Stabköpfe.

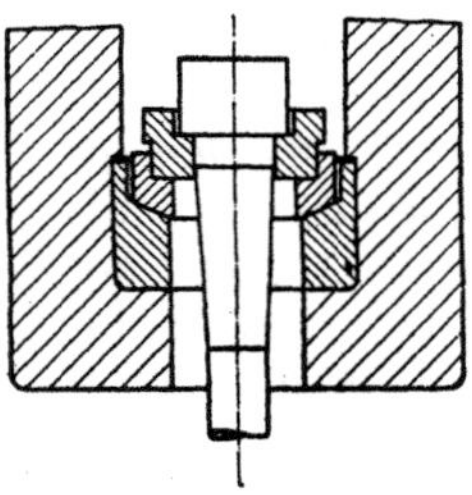

Abb. 34.

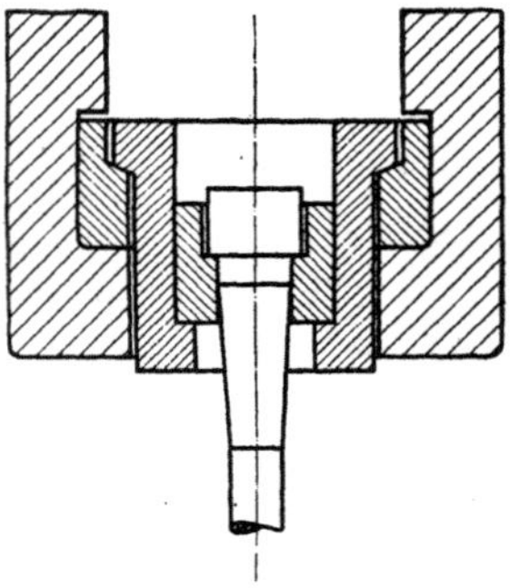

Abb. 35.

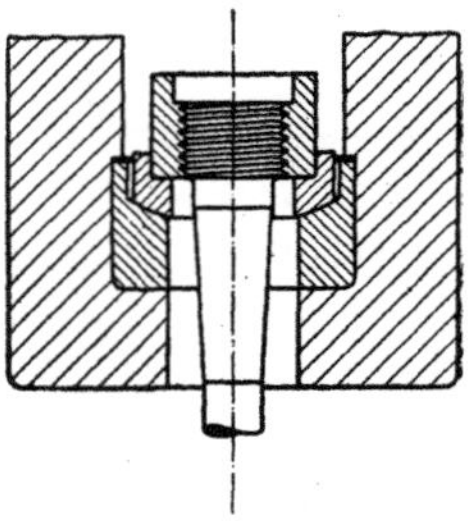

Abb. 36.

Entweder werden sie beispielsweise, wie Abb. 34 und 35 zeigen, mit zweiteiligen Ringen durch Stützung in den Einspannköpfen gehalten, oder sie werden nach Abb. 36 mit Gewinde versehen in die Einspannvorrichtungen eingeschraubt oder sie werden auch ohne Köpfe gemäß Abb. 37 mit Beißkeilen eingespannt.

Die Befestigung der Normalflachstäbe erfolgt in der Regel mit Beißkeilen gemäß den Abb. 38 und 39 oder nach Abb. 40 mit Bolzen.

Außer diesen Einspannvorrichtungen werden noch Ausführungen verschiedenster Arten und Formen verwendet. Ihr Grundsatz entspricht aber im allgemeinen dem der vorstehenden Beispiele, so daß hier nicht weiter darauf eingegangen zu werden braucht[1]).

Bei der Einspannung der Rundstäbe ohne Gewinde ist darauf zu achten, daß die Auflagerflächen an den Stabköpfen eben sind und die zweiteiligen Ringe gleichmäßig ringsum berühren. Ungenügende Berührung veranlaßt ungleichmäßige Längenänderungen gegenüberliegender Materialfasern des

[1]) Über die Bauart dieser Einspannköpfe s. die Kataloge der Fabriken für Materialprüfungsmaschinen.

Probestabes, was bei Messung elastischer Dehnungen fehlerhafte Ergebnisse veranlaßt. Man überzeuge sich daher bei Einspannung eines Stabes davon, daß zusammengehörige Ringteile Benutzung finden, da nur gleichzeitig hergestellte gleichhoch sind, und davon, daß die Auflagerfläche des Stabkopfes passend und sauber bearbeitet ist. Als sicherste Einspannung ist die mit Gewinde zu bezeichnen, weil bei sorgfältiger Herstellung desselben gleichmäßige Inanspruchnahme aller Fasern am Umfange des Stabes gewährleistet ist. Diese Art der Einspannung ist jedoch kostspielig, weil zu den ohnehin hohen Herstellungskosten des Normalstabes noch die des Gewindes treten.

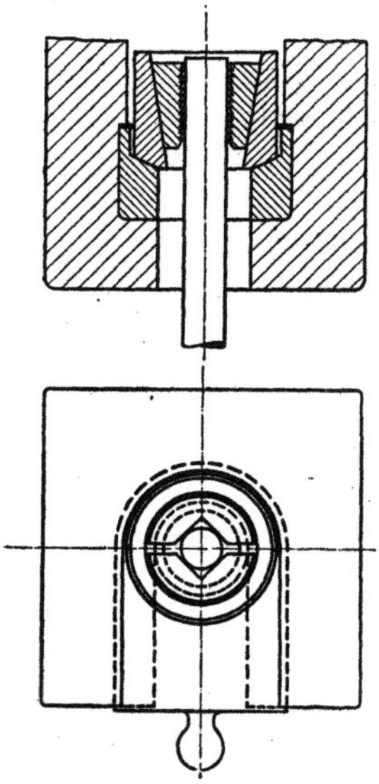

Abb. 37.

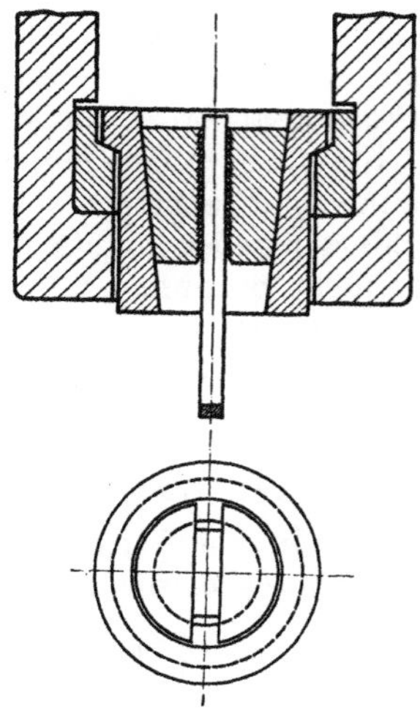

Abb. 38.

Bei Verwendung von Flachstäben bietet die Einspannung mit Beißkeilen insofern Schwierigkeiten, als gleichmäßiges Anliegen der Keile über die ganze Stabkopfbreite nur schwer erreichbar und somit ungleichmäßige Spannungsverteilung über die Stabbreite unvermeidlich ist. In beschränktem Maße kann diesem Übelstande dadurch abgeholfen werden, daß man die Flächen mit Rillen versieht, die mit den Zähnen der Beißkeile übereinstimmen. Die Übereinstimmung wird in Ermangelung eines besonderen Fräsers am besten dadurch erreicht, daß man die Flächen mit Wachs überzieht, die Beißkeile darauf drückt und mit einer Hobelmaschine die dem Wachsabdruck entsprechenden Rillen erzeugt. Die Verschwächung des Stabes durch die Rillen ist ohne Bedeutung, weil der Querschnitt infolge der größeren Kopfbreite und der geringen Tiefe der Rillen immer noch weit größer bleibt als der des prismatischen Stabteiles. Auch

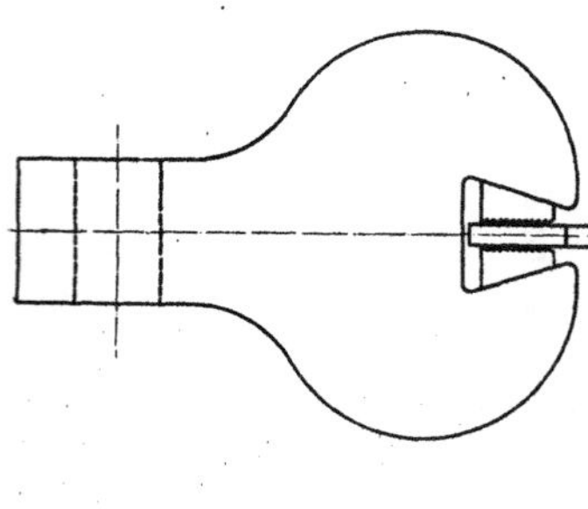

Abb. 39.

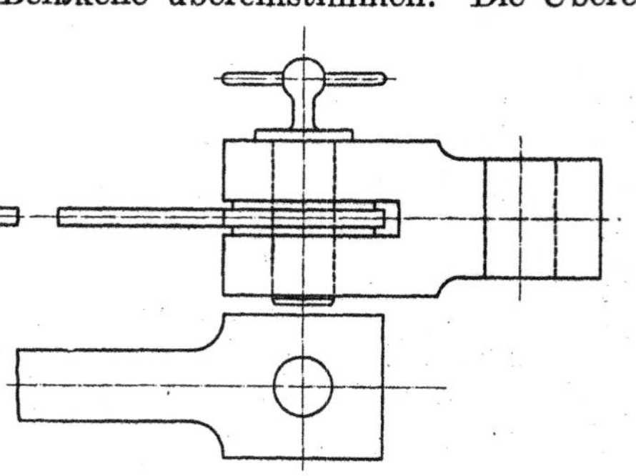

Abb. 40.

sind Mißerfolge bei Feinmessungen an Flachstäben in der Regel auf andere als diese Einflüsse zurückzuführen. Bedingung für Gelingen der Versuche ist, daß Flachstäbe ebenso wie Rundstäbe in Einspannvorrichtungen mit kugelförmig gestalteten Widerlagern befestigt werden. Die kugelige Einspannung soll bewirken, daß die beweglichen Teile der Einspannvorrichtung der Maschine sich in die Zugrichtung, d. h. in die Richtung der Stabachse einstellen, so daß kein Biegungsmoment auf den Stab zur Wirkung gelangt.

Bei der Konstruktion solcher Widerlager ist die Anordnung der Kugelfläche inbezug auf den Stabkopf zu beachten. Durch einfache Überlegung an Hand der Abbildungen wird klar, daß die Wirkung der kugeligen Lagerung um so besser ist, je näher der Kugelmittelpunkt der Auflagerfläche des Stabkopfes liegt. Es soll jedoch an dieser Stelle ausdrücklich darauf hingewiesen werden, daß man sich bei Herstellung der Stabköpfe sowohl als auch bei Justierung der Materialprüfungsmaschine nicht auf die fehlerausgleichende Wirkung der Einspannung verlassen soll. Bei einiger Sorgfalt ist es ein leichtes, gute Stabköpfe anzufertigen, ebenso wie es nur geringe Schwierigkeiten bereitet, die beweglichen Einspannteile der Maschine so zu justieren, daß die Achse des oberen Kopfes mit der des unteren zusammenfällt. Leider läßt in dieser Beziehung die Justierung der Maschinen durch die Lieferanten in manchen Fällen zu wünschen übrig, und es muß dringend geraten werden, die Maschinen in dieser Beziehung selbst zu kontrollieren, wenn man nicht dauernd mit Schwierigkeiten bei der Versuchsausführung zu kämpfen haben will.

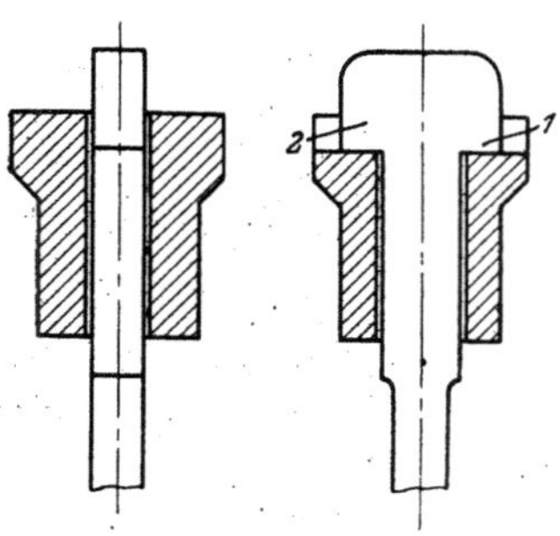

Abb. 41.

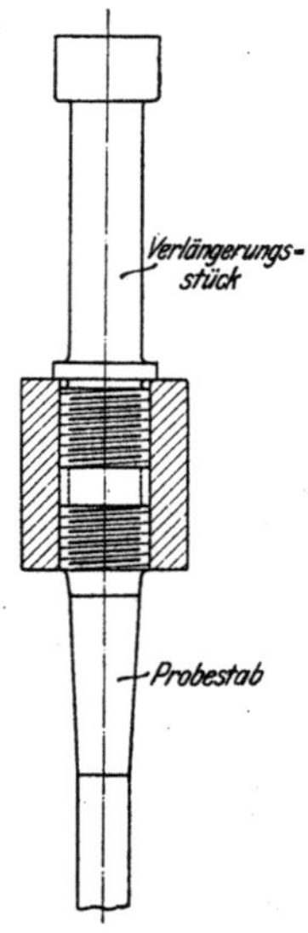

Abb. 42.

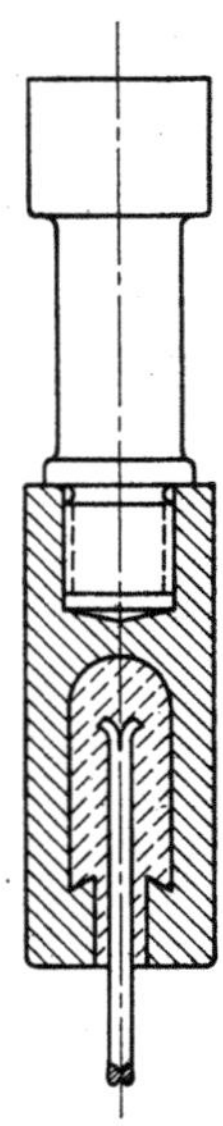

Abb. 43.

Eine Vorrichtung zur Einspannung von Flachstäben mit nicht rechteckigem, sondern trapezförmigem Querschnitte oder mit solchem, bei dem die Stabflächen gewölbt sind, ist in Abb. 41 dargestellt.

Diese Vorrichtung hat sich recht gut bewährt, wenn die Stabschultern 1 und 2 richtig bemessen waren, so daß die bei der Belastung des Stabes entstehende Biegungsbeanspruchung keine Verbiegung derselben hervorbrachte.

Zur Einspannung von Rundstäben geringer Länge empfiehlt sich die Verwendung von Verlängerungsstücken nach Abb. 42.

Profilstäbe mit unregelmäßig gestaltetem Querschnitte, z. B. profilierte Fahrdrähte elektrischer Bahnen, befestigt man am einfachsten durch Vergießen mit Weißmetallkompositionen niedrigen Schmelzpunktes in der aus Abb. 43 ersichtlichen Weise.

Eine geeignete Komposition besteht aus:

68 % Blei, 12 % Antimon, 20 % Zinn.

Probekörper mit niedrigem Schmelzpunkte oder solche, die höheren Temperaturen nicht ausgesetzt werden dürfen, kann man mit der Roseschen Legierung, bestehend aus:

1 Teil Zinn, 1 Teil Blei, 2 Teilen Wismut,

vergießen. Der Schmelzpunkt dieser Legierung liegt derartig niedrig (98°), daß sie in kochendem Wasser geschmolzen werden kann. Bei der Herstellung der Legierung, die eine höhere Temperatur als die vorgenannte erfordert, ist jedoch darauf zu achten, daß die einzelnen Bestandteile durch Verrühren innig gemischt werden. Ungenügende Vermischung erhöht den Schmelzpunkt.

Für die Einspannung von Betonprobekörpern zur Ermittelung der Festigkeits- und elastischen Eigenschaften hat sich die in Abb. 44 dargestellte bewährt. Sie ist jedoch nur dann brauchbar, wenn wenigstens der eine Einspannkopf frei nach allen Seiten beweglich angebracht ist und der Probekörper über die ganze Kopfbreite gleichmäßig anliegt. Ungleichmäßige Anlage macht sich bei Feinmessungen durch starke Abweichung der einzelnen Spiegeldrehungen bemerkbar. Die Anordnung von elastischen Zwischenlagen an den Anlageflächen empfiehlt sich nicht, weil dieselben eine ungleichmäßige Kraftübertragung auf den Probekörper begünstigen (s. auch § 280).

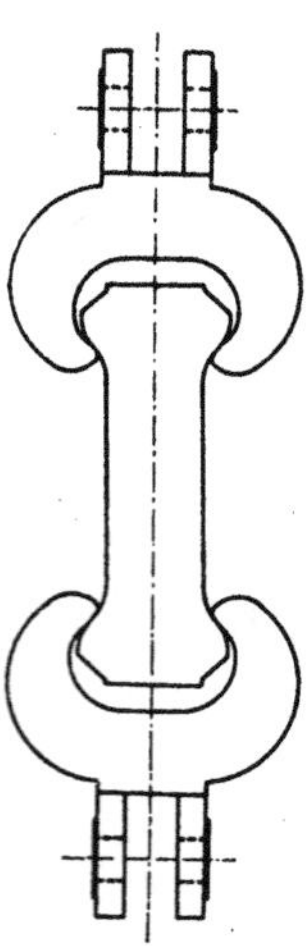

Abb. 44.

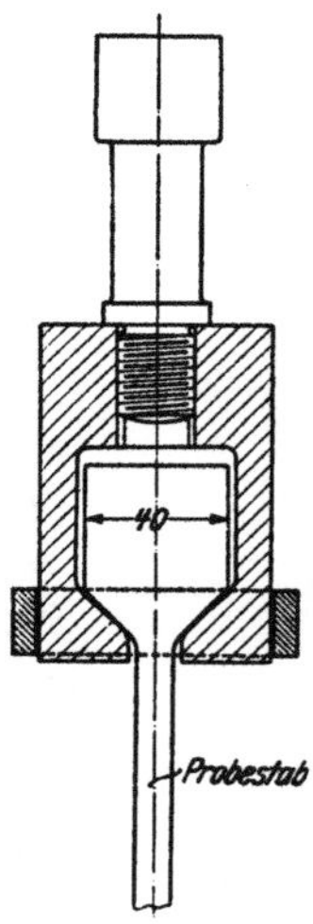

Abb. 45.

Für Zerreißversuche mit Holz (s. § 288) benutzte Verfasser mit gutem Erfolge die in Abb. 45 dargestellte Einspannvorrichtung. Bei ihrer Verwendung ist jedoch darauf zu achten, daß die Länge des Stabkopfes der Scherfestigkeit des Holzes angepaßt wird, die bei Holzarten mit stark ausgeprägten Unterschieden in der Festigkeit des Frühjahr- und Herbstholzes sehr gering ist[1]) (s. auch § 287).

§ 22. Die Verfestigung der Metalle durch Zugbeanspruchung.

Der Verlauf des Zerreißdiagrammes in Abb. 2 (S. 21) beweist, daß das Material des Probestabes infolge seiner Zugbeanspruchung und Dehnung eine Verfestigung erfährt, die mit wachsender Beanspruchung bis zum Beginn der

[1]) Weitere Einspannvorrichtungen für Sonderzwecke finden sich in den einschlägigen Abschnitten erwähnt.

Einschnürung des Stabes zunimmt. Würde das nicht der Fall sein, dann müßte nach Überschreiten der Fließgrenze sich die weitere Dehnung des Stabes unter abnehmender Belastung vollziehen nach einer Gesetzmäßigkeit, die gegeben ist durch die Querschnittsabnahme des Stabes an seiner dünnsten Stelle. Demgegenüber nimmt aber nach Überschreiten der Fließgrenze die Tragfähigkeit des Probestabes zu, und wenn man aus der in jedem Augenblick der Beanspruchung herrschenden Belastung die jeweilige Zugspannung unter Zugrundelegung des jeweilig an der dünnsten Stelle des Stabes vorhandenen Querschnittes errechnet, erlangt das Spannungs-Dehnungsdiagramm in der Richtung seiner Ordinaten, also der Spannungen, eine größere Höhe.

Die Spannungen nehmen bei der fortschreitenden Dehnung ganz erheblich mehr zu, als wenn sie unter Benutzung des ursprünglichen Stabquerschnittes errechnet werden, und ganz besonders groß wird diese Zunahme nach Beginn der Einschnürung des Probestabes. Diese Erscheinung findet ihre Erklärung darin, daß von der dieser Querschnittsveränderung entsprechenden Belastung an die Dehnung auf einen bestimmten Stabteil beschränkt bleibt, was eine große Verfestigung zur Folge hat, die sich in einer wesentlichen Zunahme der spezifischen Tragfähigkeit (Zugspannung) des Probestabes auswirkt. Allerdings wird diese Erhöhung der Zugspannung noch durch die sich allmählich ausbildende eigenartige Form des Probestabes mit bedingt. Es entspricht nämlich der eingeschnürte Stab mehr oder weniger den im § 18 besprochenen mit Eindrehungen versehenen Stäben, deren Form eine Hinderung der Querzusammenziehung mit ihren Folgen verursacht. Das starke Ansteigen der Zugspannung nach Überschreiten der Bruchbelastung ist daher nicht allein der Verfestigung des Materials infolge des „Kaltreckens" zuzuschreiben, sondern mit durch die Formveränderung des Probestabes bedingt.

Die Verfestigung an sich ist veranlaßt durch die beim Dehnen stattfindende Form- und Lagenänderung der einzelnen Kristalle, aus denen das Metall aufgebaut ist. Geht dabei mit dem Dehnen noch eine Erwärmung Hand in Hand, welche hinreicht, um eine Kleingefügeänderung des Metalles hervorzurufen, so kann die anfängliche Verfestigung nach Überschreiten der in Frage kommenden Temperatur in das Gegenteil umschlagen. Jedenfalls kann aber durch die Erwärmung eine derartige Änderung des Kleingefüges eintreten, daß die ursprüngliche durch das Dehnen verursachte Struktur (s. S. 262) wieder verschwindet und eine ganz andere an ihre Stelle tritt.

Bei der Beurteilung von Versuchen zur Feststellung etwaiger Verfestigung der Metalle ist daher sorgfältig zu prüfen, falls Erwärmung nebenher gegangen ist, ob dabei ein Temperaturbereich durchlaufen wurde, innerhalb dessen das untersuchte Metall einen Umwandlungspunkt (s. § 121) besitzt.

Nach Heyn[1]) wird das Dehnen von Metallstäben oder überhaupt die Herbeiführung bleibender Formänderungen in festen metallischen Stoffen durch Ziehen, Drücken, Biegen, Verdrehen usw. ohne Zerstörung des Zusammenhanges mit „Recken" bezeichnet. Geschieht das Recken bei höheren Wärmegraden, so heißt es „Warmrecken", und erfolgt es bei Zimmertempe-

---

[1]) Siehe Martens, Handbuch der Materialienkunde, 2. Teil, Berlin 1912, S. 258 ff.

ratur, so nennt man es „Kaltrecken". Eine scharfe Grenze zwischen beiden Reckungsarten gibt es naturgemäß nicht. Es muß vielmehr von Fall zu Fall erwogen werden, ob „Kaltrecken" oder „Warmrecken" vorliegt. (Näheres über die Vorgänge beim Recken s. Heyn[1]), Fraenkel[2]), v. Schwarz[3]) und Körber[4]). In jedem Falle bedeutet Recken eine Störung des Strukturgleichgewichtes in ähnlicher Art wie die durch thermische Behandlung verursachte Gefügeänderung (s. S. 264).

§ 23. Einfluß der Zeit auf das Ergebnis des Zerreißversuches.

Jeder Körper, der durch Kräfte beansprucht wird, erleidet, wie aus dem früher Erörterten hervorgeht, eine Formänderung, zu deren Ausbildung gewisse Zeit erforderlich ist. Wird dem Körper zur Formänderung nicht genügend Zeit gelassen, so müssen sich dieselben Erscheinungen bemerkbar machen wie bei Hinderung der Formänderung durch Querkräfte infolge von Materialanhäufungen innerhalb des beanspruchten Stabteiles (s. § 18), d. h. die zur Formänderung erforderliche Kraft muß größer sein[5]). Begründet ist diese Eigentümlichkeit der Materialien darin, daß zur Überwindung der inneren Reibung der Moleküle eine gewisse Beschleunigungsarbeit geleistet werden muß, bei der die Kraft um so größer ist, in je kürzerer Zeit die Beschleunigung erfolgen soll. Man verwendet deshalb in den öffentlichen Materialprüfungsanstalten bei leicht formbaren, nicht spröden Metallen eine Streckgeschwindigkeit entsprechend 1—2% Dehnungszuwachs pro Minute.

Das bedeutet, daß man bei den Versuchen gleich große Dehnungsgeschwindigkeit anstrebt. Man drückt sie aus in cm/Sek. Im Gegensatz dazu steht die Forderung gleich groß bleibender Belastungsgeschwindigkeit, die in kg/Sek. angegeben wird und den Belastungszuwachs in der Zeiteinheit bedeutet. Bei Metallen ist, wie oben angegeben wurde, in der Regel vorzuziehen, die Dehnungsgeschwindigkeit gleich groß zu halten. Ausgenommen hiervon seien jedoch die spröden Metalle, bei denen infolge ihrer geringen Dehnbarkeit gleichbleibende Belastungsgeschwindigkeit benutzt werden muß, weil die Messung der Dehnungsgeschwindigkeit unüberwindbare Schwierigkeiten bereiten und meistens sehr große Belastungsgeschwindigkeit ergeben würde. Leichter zu regulieren ist zweifellos die Belastungsgeschwindigkeit, da sie der Messung besser zugänglich ist.

Besonders deutlich zeigt sich der Einfluß der Belastungs- oder der Dehnungsgeschwindigkeit bei Zugversuchen mit Zinkblech, Aluminium, Kupfer, Zinn und insbesondere bei Textilerzeugnissen. Je schneller der Versuch durchgeführt wird, desto größer werden die zu den jeweiligen Dehnungen gehörigen Spannungen. Bei diesen Materialien kann aber die Versuchsdauer

[1]) Siehe Martens, Handbuch der Materialienkunde, 2. Teil, Berlin 1912. S. 258ff.

[2]) Fraenkel, Die Verfestigung der Metalle durch mechanische Beanspruchung, Berlin, Julius Springer.

[3]) v. Schwarz, Der Einfluß der Kaltbearbeitung auf die elastischen Eigenschaften von Flußeisen, Zeitschr. f. Metallkunde, Bd. XII, Heft 8.

[4]) Körber, Mitt. über Eisenforsch. 1922, Heft 2.

[5]) Siehe Ludwik, Über den Einfluß der Deformationsgeschwindigkeit bei bleibenden Deformationen mit besonderer Berücksichtigung der Nachwirkungserscheinungen. Physik. Zeitschr. 1909, S. 411—417.

verhältnismäßig kurz, bis ca. 1 Stunde, gewählt werden, im Gegensatze zu den Materialien mit großen Nachwirkungserscheinungen, wie z. B. Leder. Dieses zeigt noch bei sehr langer Versuchsdauer eine Beeinflussung der Versuchsergebnisse. Versuche von Leloutre, die durch solche von Bach Bestätigung gefunden haben, ergaben, daß die Festigkeit von Leder bei einer Versuchsdauer von

1 Stunde 26 Minuten . . . . 301 kg/qcm

und von

166 Tagen nur . . . . . . 200 kg/qcm

betrug[1]).

Zahlreiche Versuche von Dr.-Ing. Alt, Dresden, die mit besonderer Sorgfalt mit verschiedenen Textilerzeugnissen durchgeführt wurden, zeigten deutlich den großen Einfluß der Belastungsgeschwindigkeit und wiesen nach, daß die Festsetzung von Belastungsgeschwindigkeiten in Abnahmevorschriften unbedingtes Erfordernis ist[2]). Einige der Altschen Versuchsreihen, die Mittelwerte wenig voneinander abweichender Versuchsergebnisse darstellen, sind in der nachstehenden Tabelle enthalten.

13 mm Hanfseil aus Kolonialhanf		Kreuzleinengurt Papiergarn und Leinenkante		Hanfgurt (Bindfadengurt)		Kunstseidenstoff		Leinensegeltuch	
Zerreiß-belastung kg	Versuchs-dauer Sek.	Zerreiß-belastung kg	Versuchs-dauer Sek.	Zerreiß-belastung kg	Versuchs-dauer Sek.	Zerreiß-belastung kg	Versuchs-dauer Sek.	Zerreiß-belastung kg	Versuchs-dauer Sek.
865	28,5	425	9,4	414	11,0	45,1	1,2	186	4,4
782	37,2	389	24,2	409	28,9	40,8	1,5	182	8,7
758	107	365	42	380	47,2	35,1	2,5	177	23
709	189	344	73	358	105	32,2	13,1	165	62
680	358	321	128	327	283	31,6	37,3	154	81
667	890	294	349	322	576	30,4	233	141	87
646	1662	261	3028	306	1372	29,3	552	137	3382
631	3150	—	—	260	2913	28,6	1007	—	—
—	—	—	—	—	—	27,9	2518	—	—

Diese Versuchsergebnisse zeigen überaus auffällig, daß die Zerreißbelastung abnimmt, wenn die Versuchsdauer verlängert wird.

Man ersieht hieraus, daß die üblichen Zeiten, in denen Materialprüfungen vorgenommen werden, eigentlich nicht für alle Materialien einwandfrei sind. Es muß jedoch als ausgeschlossen bezeichnet werden, daß man allgemein Festigkeitsversuche auf lange Zeiträume ausdehnen kann. Man muß vielmehr bestrebt sein, auf Grund von Erfahrungen auf diese Eigenschaft der Materialien Rücksicht zu nehmen und ihr in Materialprüfungsvorschriften Rechnung zu tragen.

---

[1]) Siehe auch Stribeck, Zeitschr. d. Ver. deut. Ing. Jahrg. 1903, S. 559; Le Chatelier, Baumaterialienkunde. Jahrg. 1901 und 1902.

[2]) Beim Kreuzleinengurt (s. obige Tabelle) war z. B. 350 kg Zerreißbelastung vorgeschrieben. Es mußte deshalb der Versuch innerhalb 1 Minute durchgeführt werden, wenn der Gurt den Bedingungen entsprechen sollte. Die Bedingungen enthielten eine solche Vorschrift aber nicht, so daß bei zahlreichen Lieferungen die Abnahme verweigert wurde, wenn die Prüfstelle den Einfluß der Belastungsgeschwindigkeit nicht beachtete.

Um bei Eisen und Stahl den Einfluß der Streckgeschwindigkeit sichtbar zu machen, ist es erforderlich, ganz gleichartiges Material bei sehr großen Streckgeschwindigkeiten zu prüfen. Ihre Erzeugung ist nur möglich mit hydraulisch angetriebenen Zerreißmaschinen, bei denen auch die Kraftmessung auf hydraulischem Wege erfolgt. Da aber bei diesen die Beschleunigung der beweglichen Maschinenmassen und die der Manometer in das Resultat der Messung gelangt, kann man nicht mit Sicherheit behaupten, ob die Abweichung der Ergebnisse durch die Materialeigenschaften bedingt ist oder auf die Massenbeschleunigung der Materialprüfungsmaschinenteile zurückgeführt werden muß[1]).

§ 24. Die Wärmevorgänge beim Dehnen von Metallen.

Unterwirft man einen Probestab dem Zerreißversuche und beobachtet seine Temperatur während des Dehnens, dann bemerkt man nach Überschreitung des Bereiches der elastischen Formänderung eine wesentliche, allmählich steigende Erwärmung. Die Erwärmung ist um so größer, je schneller das Dehnen des Stabes erfolgte. Der Vorgang findet seine Erklärung darin, daß die zur Formänderung des Stabes aufgewendete Arbeit in Wärme umgesetzt wird und diese eine Temperaturerhöhung des Stabes verursacht, welche um so mehr bemerkbar wird, je weniger Zeit das Material besitzt, die Wärme durch Strahlung an die Umgebung oder durch Leitung an die Maschinenteile abzugeben. Würde die gesamte zum Dehnen aufgewendete mechanische Arbeit in molekulare Reibungswärme umgesetzt werden, dann müßte man diese Arbeit durch Messung der Wärmemenge bestimmen können. Dahingehende Versuche sind von H. Hort[2]) ausgeführt worden. Er stellte mit einem Wasserkalorimeter die während des Zugversuches durch die Molekularreibung erzeugte Wärmemenge fest und brachte sie in Vergleich mit der der aufgewendeten Zerreißarbeit äquivalenten Wärmemenge. Es zeigte sich dabei, daß die zum Dehnen aufgewendete Arbeit sich nicht vollständig in Reibungswärme umsetzt, sondern zum Teil latent wird. Die Größe dieses Teiles ist bei den einzelnen Materialien verschieden und soll im Zusammenhang stehen mit der sogenannten Verfestigung (s. S. 58) des Materials, welche es durch mehrmalige Belastung bis zur Fließgrenze erfährt.

Während aber bei Materialspannungen oberhalb der Elastizitätsgrenze eine Erwärmung des Materials eintritt, findet bei Spannungen unterhalb derselben eine Abkühlung statt, deren thermodynamische Erklärung zuerst Thomson gegeben hat. Nach den Ableitungen dieses Forschers ist die bei einer Spannungsänderung $\Delta\sigma$ pro 1 ccm eines Metalles verschwindende Wärmemenge:

$$c \cdot \Delta t = \frac{T \cdot \alpha \cdot \Delta\sigma}{A},$$

worin c die spezifische Wärme in Gramm-Kalorien, Δt die Abkühlung, T die absolute Anfangstemperatur des Probestabes, α sein Wärmeausdehnungskoeffizient, A das mechanische Wärmeäquivalent = 42,7 cmkg/g-Kal. ist.

---

[1]) Über den Einfluß der Zeit auf die Festigkeit von Kolophonium-Wachsgemischen s. Verhandl. d. Deut. Phys. Ges. Braunschweig, Vieweg & Sohn, 1915, S. 95.

[2]) Mitteilungen über Forschungsarbeiten, Heft 41.

Durch diese Eigenschaft der Metalle, innerhalb des Bereiches der elastischen Formänderungen sich abzukühlen und bei Eintritt ins Bereich der bleibenden Formänderungen sich zu erwärmen, ist die Möglichkeit geboten, die Kraft, bei der der Übergang von dem einen in das andere Bereich stattfindet, mit großer Sicherheit festzustellen. Man braucht nur mittels Thermoelemente (s. S. 596), die mit Gummibändern an die Oberfläche des Stabes gepreßt werden, den Verlauf der Temperaturänderung zu beobachten. Es zeigt sich dann die zu ermittelnde Grenze durch Umkehr der Zeigerbewegung am Galvanometer (s. S. 599)[1].

§ 25. Einfluß der Temperatur auf die Zugfestigkeit und Dehnung der Materialien.

In zahlreichen Maschinen und Apparaten werden die Materialien nicht immer bei gewöhnlicher Temperatur, d. i. etwa 20° C benutzt, sondern unter Umständen Temperaturen ausgesetzt, die entweder wesentlich unter oder über den normalen liegen[2]. Bauwerksteile, wie eiserne Träger, Brückenbaumaterial, Eisenbahnschienen u. dgl., werden in manchen Gegenden Temperaturen von — 30° ausgesetzt, während in Dampfüberhitzern das Eisen noch bei 400° genügenden Widerstand leisten muß, ebenso wie es in Automobilmotoren, deren Ventilteller sich oft im rotglühenden Zustande befinden, keine Deformationen erleiden darf. Das gleiche gilt für alle Ofenbaumaterialien, z. B. Feuerungsteile der Dampfkessel, die in vielen Fällen bis zur Weißglut erhitzt werden. Es ist deshalb von größter Wichtigkeit, das Verhalten der Materialien bei diesen Temperaturen zahlenmäßig festzustellen und bei ihrer Verwendung den Einflüssen der Temperatur Rechnung zu tragen, indem man die Dimensionen der Bauwerksteile derartig wählt, daß Überbeanspruchungen infolge der Temperatureinwirkung nicht stattfinden.

Zahlreiche Forscher haben sich bereits mit dem Studium der Metalleigenschaften bei hohen und niedrigen Temperaturen beschäftigt und an geeigneter Stelle berichtet[3]. Wenn auch durch diese Arbeiten die Kenntnis der Metalleigenschaften noch nicht vollständig geklärt wurde, so haben sie doch bereits die Verwendungsgebiete verschiedener Metalle wesentlich erweitert und den Weg gezeigt, der zur planmäßigen Durchführung von Versuchen bei hohen und niedrigen Temperaturen einzuschlagen ist. Die bisher angestellten Versuche erstreckten sich auf die Ermittelung der Zugfestigkeit und teilweise auch der elastischen Eigenschaften von Eisen, Kupfer und seinen Legierungen, Zink und Hartblei. Ein großer Teil der Versuche krankt jedoch daran, daß die chemische Zusammensetzung der untersuchten Metalle nicht ermittelt wurde und somit jede Vergleichbarkeit mit Materialien anderen Ursprungs ausgeschlossen ist.

---

[1]) Siehe Rasch, Sitzungsber. der Kgl. Akademie der Wiss. 1908, Heft X.

[2]) Über den Einfluß hoher Temperaturen mit Versuchsergebnissen s. Werkstatts-Technik 1913, S. 751.

[3]) Eine dankenswerte Zusammenstellung aller dieser Arbeiten hat R. Baumann in seiner Schrift „Die Festigkeitseigenschaften der Metalle in Wärme und Kälte", Stuttgart 1907, gegeben.

Von Versuchen auf diesem Gebiete sind die von Martens, Rudeloff[1]), Bach[2]) und Stribeck[3]) besonders hervorzuheben[4]). Während Martens, Rudeloff und Bach mit Gas geheizte Öfen zur Erwärmung des in einem Flüssigkeitsbade angeordneten Probestabes benutzten, verwendete Stribeck den in Abb. 46 dargestellten elektrischen Widerstandsofen, der sowohl für Versuche im Luftbade als auch im Flüssigkeitsbade verwendbar ist. Ein besonders zweckmäßiger Ofen mit elektrischer Heizung ist auch der in Abb. 47 dargestellte. Seine Bauart sowie der am Stabe befestigte

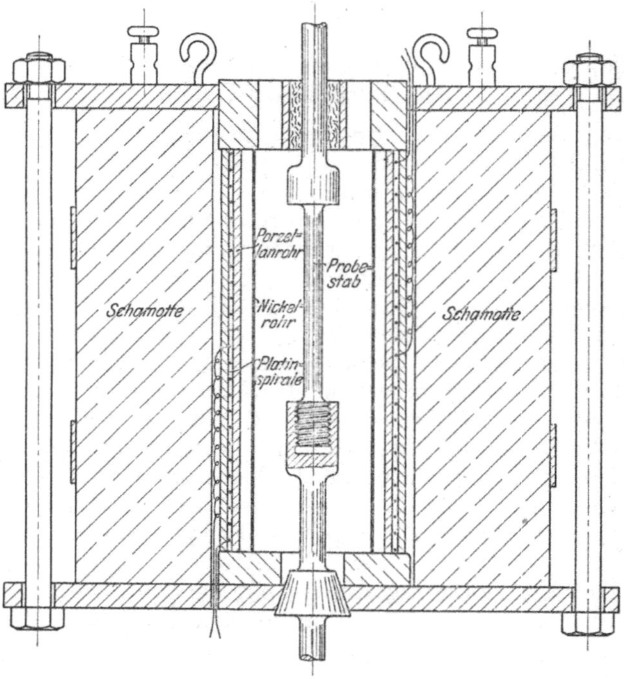

Abb. 46.

Feinmeß-Zeigerapparat sind ohne Erläuterung verständlich. Der Ofen ist in der Versuchsanstalt der Firma Krupp, A.-G. in Essen, ausgebildet worden. Als Flüssigkeitsbäder werden bei solchen Öfen Wasser (bis 100°), geschmolzenes Paraffin (bis 120°), Mineralöl (bis 350°) sowie Salz- und Metallbäder benutzt. Ein für Temperaturen von 350—600° geeignetes Salzbad besteht aus einem Gemisch von gleichen Teilen Kali- und Natronsalpeter. Als Metallbäder empfehlen sich solche aus reinem Blei oder aus Blei-Zinnlegierungen.

[1]) Mitteilgn. a. d. Kgl. Techn. Versuchsanstalten Berlin, 1890; 1893, S. 292; 1900, S. 293.

[2]) Bach & Baumann, Festigkeitseigenschaften und Gefügebilder, Berlin, J. Springer.

[3]) Zeitschr. d. Ver. deut. Ing. 1903, S. 559ff., sowie 1904, S. 897ff.

[4]) Eine Zusammenstellung derselben s. Rudeloff, Der Einfluß erhöhter Temperaturen auf die mechanischen Eigenschaften der Metalle. Bericht VI 1 für den V. Kongreß, Kopenhagen d. Int. Verb. f. d. M. d. T.

Wegen ihrer bequemen Handhabung und der weitgehenden Regulierbarkeit der Temperatur gebührt den elektrischen Öfen gegenüber anderen der Vorzug.

In dem Bericht über seine Versuche (Zeitschr. d. Ver. deut. Ing. 1903, S. 559) stellt Stribeck für solche Öfen eine Anzahl Forderungen auf, welche als Leitsätze zur Konstruktion von Öfen für Materialprüfungen bei höherer Temperatur gelten können und deshalb hier mitgeteilt sowie erörtert werden sollen.

1. Die Temperatur des Stabes muß über die Meßlänge gleich sein.

Es ist klar, daß bei elektrischen Widerstandsöfen, welche durch eine Platinspirale oder Platinfolie erwärmt werden, in der Mitte der Längsachse des Ofens eine andere Temperatur herrschen muß als am Ende. Es wird daher zweckmäßig sein, die Spirale nicht fortlaufend, sondern mit zwei oder mehr Unterbrechungen anzuordnen und jeden dieser Teile mit einem Regulierwiderstand zu versehen. Durch diese Schaltungsweise ist man in der Lage, die Temperatur jedes Teiles der Porzellanmuffel, welche die Platinspirale trägt, gesondert zu verändern und mit den Temperaturen der übrigen Teile in Einklang zu bringen.

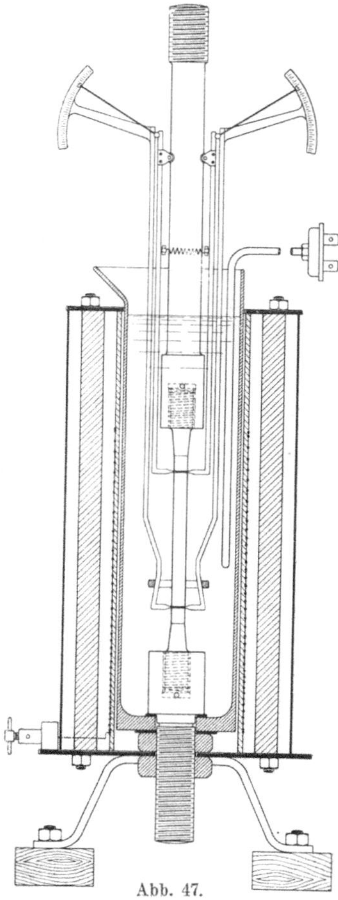

Abb. 47.

Auch den Einfluß der Stabköpfe kann man auf diese Weise unschädlich machen. Es veranlassen nämlich die kalten Stabköpfe eine Wärmeableitung vom Probestabe und somit ungleichmäßige Temperatur in der Meßlänge des Stabes. Heizt man deshalb die Stabenden stärker, so wird diesem Übelstande abgeholfen.

2. Die mittlere Temperatur des Stabes muß genügend genau bestimmt werden können.

Im Gegensatz zu den mit Gas beheizten Flüssigkeitsöfen kann bei den elektrischen Widerstandsöfen der Probestab in einem Luftbade untergebracht werden, welches bei niedrigeren Temperaturen die Wärme von der Muffel auf den Probestab überträgt. Bei höheren Temperaturen wird die Wärmeübertragung jedoch noch durch Strahlung erheblich befördert, und es ist ohne weiteres ersichtlich, daß in diesem Falle die Temperaturunterschiede zwischen dem Luftbade und dem Probestabe erheblicher sein werden. Würde man also das Temperatur-Meßinstrument nicht unmittelbar am Probestabe, sondern in einiger Entfernung davon im Luftbade anordnen, so würden die Thermometeranzeigen wesentlich von den wirklichen Stabtemperaturen abweichen. Messung der Temperatur unmittelbar am Probestab ist somit unbedingtes Erfordernis, und zwar ist es besonders empfehlenswert, nach dem Vorgehen Stribecks die Thermoelemente zur Temperaturmessung im Innern des Stabes anzuordnen. Auf diese Weise erscheint einwandfreie Temperaturmessung gewährleistet. Innerhalb der Meßlänge ist jedoch Einbettung eines Thermoelementes in den Probestab ausgeschlossen und Temperaturmessung außerhalb des Stabes nicht zu vermeiden. In diesem Falle muß der Temperaturunterschied für das zu untersuchende Material durch einen Sonderversuch, bei welchem außer dem Thermoelement in der Nähe der Staboberfläche noch ein solches im Inneren des Stabes angeordnet ist, bestimmt und entsprechend berücksichtigt werden.

3. Der Temperaturzustand des Stabes darf sich während des Versuches nur möglichst wenig ändern.

Dieser Forderung ist leicht durch Einschaltung von Meßinstrumenten in den Heizstromkreis und Benutzung der Regulierwiderstände zu entsprechen.

4. Das Stabmaterial darf während des Versuches nicht durch andere Einflüsse als Wärme und Belastung in unzulässigem Maße verändert werden.

Je länger die Dauer eines Versuches ist, desto mehr muß auf fremde Einflüsse geachtet werden. Stribeck erstreckte seine Versuche mit Kupfer bis auf 100 Stunden Belastungsdauer und machte dabei die Beobachtung, daß durch die Gegenwart des Sauerstoffes sich besonders bei hohen Temperaturen rasch eine Oxydschicht an der Oberfläche des Materials bildete, welche schon bei geringer Stärke einen wirksamen Schutz gegen weitere Einwirkung des Sauerstoffes auf das Material bildete. Gefördert wurde die Einwirkung nur dann, wenn Teile der Oxydschicht absprangen oder wenn eine Komponente der Legierung bei der Versuchstemperatur stark ausdampft, wie es bei Messing beobachtet wurde.

An dieser Stelle muß jedoch darauf hingewiesen werden, daß nicht alle Materialien sich gegenüber dem Sauerstoff so günstig verhalten wie die von Stribeck untersuchten. Bei hohen Temperaturen kann sehr leicht der Fall eintreten, daß das Material Sauerstoff aufnimmt und dadurch eine dauernde Veränderung erfährt. Kohlenstoffhaltiges Eisen kann bei langer Einwirkung des Sauerstoffes erheblich entkohlt und oxydiert werden, und es empfiehlt sich deshalb, den Sauerstoff durch Einleitung eines indifferenten Gases, z. B. wasserfreien Stickstoffes, aus dem Ofen zu verdrängen, wenn man bei der Prüfung solcher Materialien nicht lieber Flüssigkeitsbäder als Wärmeüberträger verwenden will, die jede Oxydation ausschließen. Der in der Abb. 47 dargestellte Ofen wäre für diesen Zweck mit Vorteil verwendbar.

5. Es muß möglich sein, während der Belastung Dehnungsmessungen am Probestabe vorzunehmen.

In dieser Beziehung ist die Erwärmung der Probestäbe im Luftbade mittelst elektrischer Widerstandsöfen die geeignetste für Dehnungsmessungen mit Spiegelapparaten. Wenn auch Rudeloff und Martens u. a. Spiegelapparate bei Versuchen unter Benutzung von flüssigen Metall- und Salzbädern mit Erfolg zur Dehnungsmessung benutzten, ist doch der Dehnungsmessung im Luftbade unter Verwendung elektrischer Heizung der Vorzug zu geben, weil die Entfernung der Spiegelapparate aus einem Metallbade vor dessen Abkühlung schwierig ist, und weil das Metall aus dem heißen Ofen vor seiner Erkaltung ausgeschüttet werden muß. Der Luftbad-Ofen gestattet dagegen jeden Augenblick durch bloße Verschiebung in der Achsenrichtung des Stabes eine Freilegung und somit bequeme Kontrolle des Meßinstrumentes. Ein weiterer Vorzug darf ferner darin erblickt werden, daß die Spiegelachsen unterhalb des Ofens angebracht werden können und infolgedessen durch die aufsteigende Wärme nicht beeinflußt werden.

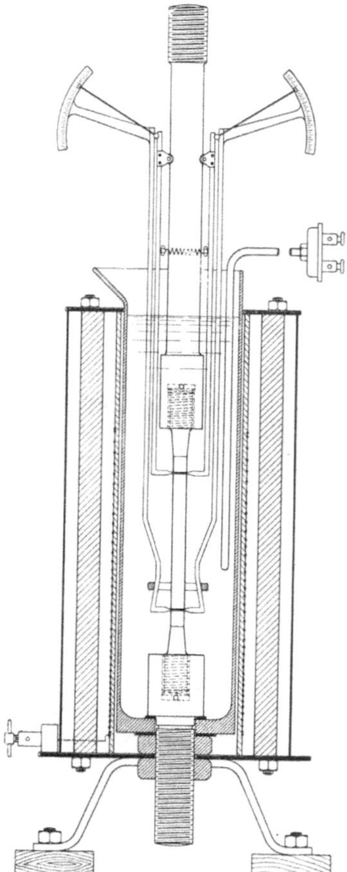
Abb. 47.

Ein vom Verfasser konstruierter Spiegelapparat, bei welchem gegenüber dem Martens- und Rudeloffschen Apparat die Klemmvorrichtungen aus dem Inneren des Ofens nach außen verlegt wurden, ist in Abb. 48 dargestellt. Die beiden Meßschienen 1 und 2 werden mit Klemme 3 am Probestabe befestigt, wobei die Schneiden in eine Ringmarke am Stabe eingreifen. Zwei weitere Meßschienen 4 und 5, von denen das Ende, welches die Schneiden trägt, um 180° verwunden ist, werden in die zweite Ringmarke am Stabe eingesetzt und am unteren Ende durch eine Federklemme 6 zusammengezogen, nachdem die beiden Martensschen Spiegelprismen 7 und 8 zwischen die inneren und äußeren Schienen eingeschaltet worden sind. Die Dehnungsmessung erfolgt in der üblichen Weise, indem die Verschiebung der inneren Schienen gegen die äußeren durch die Drehung der Spiegel bestimmt wird. Die Versuchsausführung bietet insofern gewisse Schwierigkeiten, als bei Temperaturveränderungen nicht nur der Probestab, sondern auch die Meßschienen Längenänderungen erfahren. Dieser Umstand ist jedoch ohne Bedeutung, wenn es sich nur darum handelt, die federnden Längenänderungen des Probestabes zu ermitteln. Diese lassen sich rasch genug feststellen, um Temperaturveränderungen einflußlos zu machen. Fehlerhaft sind aber bei Temperaturschwankungen die Ablesungen, welche den bleibenden Längenänderungen entsprechen, weil sie die Ausdehnungen bzw. Zusammenziehungen des Stabes und der Meßschienen infolge der Temperaturänderungen einschließen. So wichtig auch die

Kenntnis der bleibenden Längenänderungen bei Spannungen innerhalb der Elastizitätsgrenze ist, kann für praktische Zwecke auf ihre Feststellung verzichtet werden, weil ihre Größe gegenüber den durch die Temperaturänderung hervorgerufenen verhältnismäßig gering ist [1]).

Zur Orientierung über das Verhalten von Metallen bei höheren Temperaturen seien in der folgenden Zusammenstellung Ergebnisse von Zugversuchen von Martens mit Eisen, dessen chemische Zusammensetzung leider nicht veröffentlicht wurde, wiedergegeben [2]).

Temperatur t^0	Festigkeit kg/qcm an der Streckgrenze σ_f	Festigkeit kg/qcm an der Bruchgrenze K_z	Bruchdehnung φ %	Querschnittsverminderung ψ %
− 20	2470	4120	31,9	55,8
+ 20	2200	3840	30,4	58,6
+ 100	2000	3910	14,1	50,9
+ 200	1990	5030	15,8	41,5
+ 300	1560	4740	20,0	22,9
+ 400	1130	3410	35,0	57,5
+ 500	—	1930	50,3	79,6
+ 600	320	1070	76,7	90,5

Der Verlauf der Linienzüge in Abb. 49 zeigt, daß die Zugfestigkeit des untersuchten Eisens von -20^0 bis etwa $+20^0$ abnimmt, dann bis etwa 200^0 ansteigt und schließlich wieder abnimmt. Die Bruchdehnungen nehmen bis etwa 100^0 ab, um dann wieder größer zu werden. Für die Einschnürung

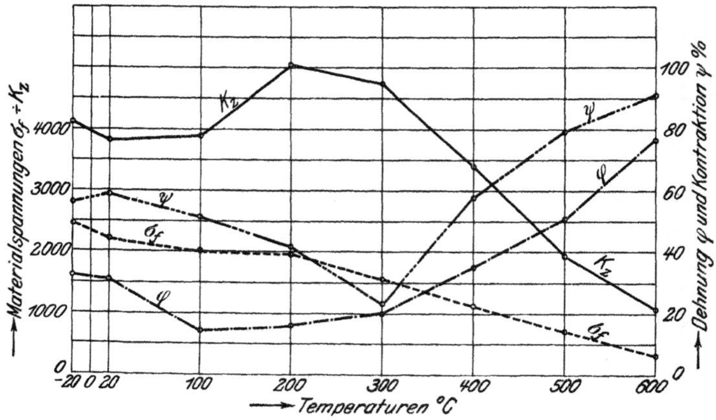

Abb. 49.

findet sich der kleinste Wert bei etwa 300^0, und sie wächst sowohl nach den niedrigeren als auch den höheren Temperaturen hin rasch an. Inwieweit diese Versuchsergebnisse für praktische Anwendungen Benutzung finden können,

[1]) Die Anordnung eines elektrischen Ofens bei Zugversuchen s. Martenssche Materialprüfungsmaschine der Dresdner Hochschule, § 380.

[2]) Auch Martens hat einen elektrischen Widerstandsofen angegeben, s. Denkschrift S. 335; s. a. § 148.

muß dahingestellt bleiben, weil nicht bekannt ist, in welchem Maße die chemische Zusammensetzung, sowie etwaige vorausgegangene mechanische Bearbeitung und thermische Behandlung, ferner die Dauer des Zerreißversuches und seiner Heizperioden die Ergebnisse beeinflussen. Wegen der Wichtigkeit der Frage des Verhaltens der Metalle bei höheren Temperaturen bedürfen die bereits ausgeführten Versuche dringend der Erweiterung und Bestätigung[1]).

Von verschiedenen in dieser Beziehung vorliegenden Versuchsergebnissen verdienen die von Wendt[2]) angegebenen besondere Beachtung, da sie in einer Nebeneinanderstellung den Einfluß der Temperatur auf die Zugfestigkeit von Kohlenstoffstahl und Chromvanadiumstahl bekannter chemischer Zusammensetzung zeigen.

Die in der nachstehenden Tabelle enthaltenen Werte beweisen einerseits die viel höhere Festigkeit des Chromvanadiumstahles gegenüber dem Kohlenstoffstahl selbst bei höheren Temperaturen, und andererseits liefern sie den Nachweis, daß Chromvanadiumstahl nicht die Eigenschaft besitzt wie der Kohlenstoffstahl und das von Martens untersuchte Eisen (s. Abb. 49), bei 200° die höchste Zugfestigkeit aufzuweisen. Dieser Stahl zeigt vielmehr eine stetige Abnahme der Zerreißfestigkeit in Abhängigkeit von der Zunahme der Temperatur.

	Versuchstemperatur ° C.								
	20	200	300	400	500	600	650	700	800
Weicher Kohlenstoffstahl mit ca. 0,2 % C. Zerreißfestigkeit kg/qcm	4400	5340	4810	4200	2440	470	—	—	160
Chromvanadiumstahl mit ca. 2% Cr und 0,5% Va. Zerreißfestigkeit kg/qcm	13000	12300	11510	10290	8590	5790	4020	1620	—

§ 26. Einfluß der thermischen Vorbehandlung auf die Eigenschaften der Materialien.

Durch thermische Behandlung werden die Eigenschaften der Materialien — insbesondere der Metalle, wie teilweise bereits in § 25 erörtert wurde — beeinflußt. Der Einfluß erstreckt sich aber nicht nur auf Änderung ihrer Eigenschaften, während der Körper abnormalen Temperaturen ausgesetzt ist, sondern er bleibt zum Teil auch bestehen, wenn der Körper wieder auf normale Temperatur gebracht worden ist. Eingehend festgestellt worden sind diese Einflüsse für die Metalle und insbesondere für das Eisen bei Beanspruchung auf Zug. Da für die Verwendung von Eisen der Einfluß der thermischen Behandlung desselben

[1]) Näheres über den Einfluß der Temperatur auf die Festigkeitseigenschaften der verschiedenen Metalle s. Bach und Baumann, Elastizität und Festigkeit. Berlin: Julius Springer. Ferner Stahl und Eisen 1911, S. 1728 u. 1853.

[2]) Kruppsche Monatshefte 1922. Juni, Seite 134.

von hervorragender Bedeutung ist, muß auf diesen Punkt näher eingegangen werden.

Nur wenige Eisenkonstruktionsteile, besonders für den Maschinenbau, kommen zur Verwendung, ohne daß sie irgendeiner Behandlung im Feuer ausgesetzt werden. In vielen Fällen werden sie durch Schmieden oder Pressen im erhitzten Zustande in die gewünschte Form gebracht, oder sie werden ausgeglüht, wenn ihre Härte der weiteren Bearbeitung Schwierigkeiten bereitet, oder sie werden vergütet (s. S. 274), wenn dem Teile bestimmte Eigenschaften erteilt werden sollen. Andererseits erfordern manche Konstruktionselemente für ihren Bestand eine gewisse Härte, die nur durch Härten nach vorangegangener Erhitzung erzeugt werden kann. Sowohl das Ausglühen als auch das Härten bewirken Änderungen der mechanischen Eigenschaften, die von der Höhe der angewandten Glüh- bzw. Härtetemperatur abhängen und in unmittelbarem Zusammenhange mit dem Kleingefüge des Materials stehen. Während der Einfluß der thermischen Behandlung auf das Kleingefüge in den einschlägigen Paragraphen behandelt werden wird, sollen hier nur die Einflüsse auf die Zugfestigkeit erörtert und soweit erforderlich, durch Versuchsergebnisse belegt werden.

Abb. 50.

Wie bereits vorausgeschickt wurde, ist die Höhe der angewandten Glühtemperatur beim Eisen von besonderer Bedeutung, und unter sonst gleichen Bedingungen wird die Zugfestigkeit des Eisens verringert, je höher in gewissen Grenzen die Glühtemperatur gewählt wird. Aber nicht allein die Höhe der Glühtemperatur beeinflußt die Zugfestigkeit, sondern auch die Glühdauer, die Art des Glühens, die Abkühlungsgeschwindigkeit usw. rufen Abweichungen in den Ergebnissen des Zugversuches hervor. Soll deshalb der Einfluß thermischer Vorbehandlung auf Metalle festgestellt werden, so müssen alle diese Faktoren Berücksichtigung finden.

Das Glühen muß in Öfen erfolgen, welche einen vollkommenen Schutz des Materials vor Veränderungen infolge der Einwirkung des Feuermaterials oder der Luft gewährleisten. Am besten eignen sich für diese Zwecke Salz- oder

Metallbadöfen oder Muffelöfen, in denen das Material mit den Feuergasen nicht in Berührung kommt, oder bei denen der Heizraum luftleer gemacht oder wenigstens mit einem indifferenten Gase zur Vermeidung von Oxydation gefüllt werden kann [1]).

Verfasser benutzte in Ermangelung eines Salz- oder Metallbadofens bei zahlreichen Glühversuchen mit Erfolg den in Abb. 50 dargestellten Gas-Glühofen mit Schamottemuffel. Bei ihm tritt das Gas mit Luft gemischt an den beiden Seitenwänden durch je 4 Düsen in den Ofen ein, und die Feuergase umspülen infolgedessen die Schamottemuffel gleichmäßig, Die Schamottemuffel wird nach Einsetzen der zu glühenden Metallprobestücke durch eine Schamotteplatte mit feuerfestem Mörtel verschlossen. Zur Bestimmung der Glühtemperatur dienen Thermoelemente (s. § 352), die an den Probestücken befestigt und deren Drähte durch die Muffelwand hindurchgeführt werden. Zur Verdrängung des Sauerstoffes wird reiner, angewärmter und getrockneter Stickstoff durch die Muffel geleitet. Da auch nach Abstellung der Gaszufuhr die erhitzten Ofenwandungen durch Strahlung eine weitere Erwärmung der Muffel und infolgedessen der Probestücke verursachen, muß die Heizung noch vor Erreichung der gewünschten Temperatur abgestellt und, falls dies nicht ausreicht, durch Einblasen kalter Luft in den Heizraum mittels des Gebläses der Ofen abgekühlt werden. Auf diese Weise läßt sich nicht nur eine bestimmte Glühtemperatur erreichen, sondern es ist auch die Möglichkeit vorhanden, die Probestücke mit beliebiger Geschwindigkeit abzukühlen.

Kleinere Probestücke lassen sich aber mit Vorteil in den in den §§ 25 und 148 beschriebenen elektrischen Glühöfen ebensogut behandeln.

Zur Klarstellung des Einflusses der Glühtemperatur auf die mechanischen Eigenschaften der Metalle mögen einige in folgender Tabelle zusammengestellte Ergebnisse von Versuchen Campbells [2]) dienen.

Nr.	Kohlenstoffgehalt %	Zugfestigkeit, Bruchdehnung, Querschnittsverminderung nach Ausglühen bei °C. 0	650	715	760	800	855	905	950	1070	1200
1.	0,70	8200 17,0 27,0	6690 23,0 33,9	6240 27,0 45,2	6030 27,0 38,7	6620 19,0 20,9	6420 18,5 20,7	6350 18,0 21,8	6360 16,5 20,5	6290 18,0 17,9	6330 16,0 16,8
2.	1,61	10 770 6,0 9,1	9010 — 8,3	8220 14,5 21,5	6930 20,0 34,0	6860 18,5 19,1	6670 15,0 14,2	6830 11,5 9,4	6770 7,5 6,8	6630 3,5 2,6	4900 3,0 1,9
3.	2,04	10 110 4,0 3,0	8110 6,0 6,5	8050 7,0 6,6	6950 11,5 16,2	6710 12,5 19,6	6590 12,0 13,2	6690 11,5 12,6	6690 6,0 5,8	6960 4,5 2,7	4030 1,0 0,4

Bemerkung: Die erste Zahlenreihe jeder Spalte bedeutet die Zugfestigkeit in Kilogramm/Quadratzentimeter, die zweite entspricht der zugehörigen Bruchdehnung in Prozenten, ermittelt an einer Länge von 50,8 mm bei 0,632 qcm Querschnitt, und die dritte der Querschnittsverminderung jedes Probestabes in Prozenten.

[1]) Über den Einfluß vielmaliger Erhitzung und Abkühlung s. Mitteilgn. d. k. k. Versuchsamtes in Wien 1912, S. 47.

[2]) Campbell, Metallurgie 1906, Heft 22.

Eine Vergleichung der Versuchsergebnisse zeigt, daß die Festigkeit des Stahles 1 mit 0,70 % Kohlenstoffgehalt durch die Höhe der Glühtemperatur verhältnismäßig wenig beeinflußt wird. Das ist darin begründet, daß Glühen das Gefüge dieses Stahles überhaupt nur wenig zu verändern vermag. Auffälliger macht sich der Einfluß dagegen bei den beiden anderen Stählen bemerkbar. Während die Festigkeitsabnahme durch das Ausglühen bis zu 715° Glühtemperatur nicht sehr beträchtlich ist, nimmt sie bei der nur wenig höheren Temperatur von 760° stark zu, ohne jedoch durch weitere Steigerung der Glühtemperatur bis 1070° eine wesentliche Veränderung zu erfahren. Erst bei 1200° Glühtemperatur tritt eine weitere, allerdings sehr große Verminderung der Festigkeit auf, welcher Umstand darauf hinweist, daß das Material verdorben (überhitzt s. § 123) wurde. Der große Einfluß des Glühens auf die Eigenschaften der hypereutektoiden Stähle (s. § 121) rührt davon her, daß bei ihnen das freie Eisenkarbid sich hinsichtlich Festigkeit ungünstig anordnet.

In höherem Grade als die Festigkeit werden Bruchdehnung und Querschnittsverminderung der Probestäbe beeinflußt. Bei dem Stahl 1 verhalten sich diese beiden Faktoren ähnlich wie die Festigkeit, indem sie von 800° Glühtemperatur an ziemlich konstant bleiben, während bei den beiden anderen Stählen die Formänderung von dieser Temperatur ab stetig abnimmt. Die günstigste Glühtemperatur liegt zwischen 700 und 800°. Wie bereits vorausgeschickt, dürfen die angeführten Versuchsergebnisse jedoch nur als ein Beispiel des Einflusses des Ausglühens auf die mechanischen Eigenschaften von Stahl betrachtet und die gewonnenen Zahlen daher keinesfalls verallgemeinert werden. Die Ergebnisse besitzen nur Vergleichswert für die gleichzeitig untersuchten Stähle, und es ist nicht zulässig, dieselben auf Materialien anderer Provenienz zu übertragen[1]).

§ 27. Einfluß der chemischen Zusammensetzung auf die Festigkeitseigenschaften.

Die Festigkeit eines Materials ist immer abhängig von seiner chemischen Zusammensetzung, welche in erster Linie den Gefügeaufbau bedingt[2]). Wenn aber auch eine solche Abhängigkeit nachgewiesen ist, darf eine Verallgemeinerung dieser Behauptung nicht erfolgen und gesagt werden, daß zu einer bestimmten chemischen Zusammensetzung ein bestimmtes Gefüge und dementsprechend eine bestimmte Festigkeit gehöre. Wir haben gesehen, daß mechanische Bearbeitung und thermische Behandlung die mechanischen Eigenschaften der Metalle erheblich beeinflussen, und wir können mit Bestimmtheit voraussagen, daß bei gleicher chemischer Zusammensetzung zweier Metallkörper, die bei ihrer Erzeugung nicht gleichartig behandelt wurden, ihre Prüfung abweichende Resultate zeitigt. Beide Probekörper sind zwar als chemisch ähnlich bzw. gleich, aber in physikalischer Beziehung un-

---

[1]) Näheres über den Einfluß der thermischen Behandlung auf die Festigkeitseigenschaften verschiedener Metalle s. Bach & Baumann, Elastizität und Festigkeit.

[2]) Über die Zugfestigkeit von Nickelstahl und S. M. Eisen in Abhängigkeit von der chemischen Zusammensetzung s. Deutsche Bauzeitung 1915, S. 174.

ähnlich zu bezeichnen. Besitzen dagegen zwei Probekörper gleiche physikalische Beschaffenheit, aber abweichende chemische Zusammensetzung, so sind sie physikalisch ähnlich, aber in chemischer Beziehung ungleich zu nennen. Es ist daraus ersichtlich, daß verschiedene chemische Bestandteile zweier Stoffe sich gegenseitig zu ersetzen und, gleiche Behandlung vorausgesetzt, dieselben mechanischen Eigenschaften zu erzeugen vermögen.

Geleitet von dem Bestreben, die Festigkeitsprüfung durch die chemische Analyse zu ersetzen, stellten verschiedene Forscher Formeln auf, mit deren Hilfe aus der chemischen Zusammensetzung eines Metalles seine Zugfestigkeit berechnet werden soll. Überlegt man auf Grund des weiter oben über mechanische Bearbeitung und thermische Behandlung Gesagten den Wert einer solchen Berechnungsmethode, so wird man zu dem Schlusse gelangen, daß dieselbe, auch wenn alle Voraussetzungen erfüllt sind, nur beschränkte Bedeutung besitzt. In erster Linie wurden solche Formeln für das Kohlenstoffeisen aufgestellt, und Deshay, Thurston, Haswell, Bauschinger, Weyrauch, Salom beschränkten sich darauf, die Festigkeit als Funktion des Kohlenstoffgehaltes zu bestimmen, von dem erfahrungsgemäß die Festigkeit in hohem Grade abhängig ist. Osmond, Demange, Webster Campbell und v. Jüptner gingen weiter und berücksichtigten in ihren Formeln neben dem Kohlenstoff auch die übrigen hauptsächlichsten Komponenten der Legierung. Der letztere Forscher fand mit Hilfe eines sehr reichhaltigen Versuchsmaterials, daß die Beziehung

$$K_z = 2{,}50 + \frac{2}{3} C + \frac{2}{7} Si + \frac{1}{7} Mn$$

mit seinen Versuchsergebnissen genügende Übereinstimmung lieferte. In der Formel bedeutet 2,50 eine sogenannte „Grundfestigkeit“[1]), C Kohlenstoff, Si Silizium und Mn Mangan. Die Faktoren $\frac{2}{3}$, $\frac{2}{7}$ und $\frac{1}{7}$ stellen Verhältniszahlen dar, die sich aus den auf 12, 28 und 56 abgerundeten Atomgewichten der Legierungskomponenten ergeben.

Die Grundfestigkeit soll nach Angaben Jüptners für gleiche Erzeugungsbedingungen und gleiche thermische sowie mechanische Behandlung konstant sein. Jüptner gelangt zu dem Schlusse, daß seine Formel den Beweis ihrer Brauchbarkeit dadurch erbracht habe, daß sie auf einigen deutschen und

---

[1]) Merkwürdigerweise deckt sich diese Grundfestigkeit mit der Zerreißfestigkeit des fast chemisch reinen Elektrolyteisens, das im Vakuum umgeschmolzen wurde und bei der Prüfung folgende Werte lieferte:

Fließgrenze . . . 1100 kg/qcm,
Zerreißfestigkeit . 2500 „
Bruchdehnung 60 % auf 5 cm Meßlänge,
Querschnittsverminderung 85 %.

Dieses von den Langbein-Pfannhauser-Werken in Leipzig hergestellte Elektrolyteisen enthält im ungeglühten Zustande neben nicht unerheblichen Mengen Wasserstoff sehr geringe Mengen Schwefel.

Ebenso wie seine Festigkeit ist auch die Brinellhärte gering. Sie beträgt etwa 60—70.

französischen Hüttenwerken täglich statt der mechanischen Prüfung mit Erfolg angewendet und nur zeitweise durch Zerreißversuche kontrolliert wird. Andere Forscher fügten noch Phosphor, Kupfer und Schwefel in die Formel ein und fanden angeblich dadurch die Zuverlässigkeit der Berechnungsmethode erhöht[1]). Für manche Hüttenwerke, in denen stets unter den gleichen Bedingungen und nach denselben Verfahren gearbeitet wird, mag die Verwendung einer solchen Berechnungsmethode zur Fabrikationskontrolle gewisse Vorteile bieten und auch Berechtigung besitzen, aber als unbrauchbar muß sie unter allen Umständen für die allgemeine Materialprüfung bezeichnet werden.

Bei Eisensorten normaler Zusammensetzung ist es in erster Linie der Kohlenstoffgehalt, welcher die Zugfestigkeit variiert. Im allgemeinen wächst die Zugfestigkeit des Eisens, gleichartige Behandlung vorausgesetzt, bis zu einem Kohlenstoffgehalt von etwa 0,9 % und fällt dann wieder bei höheren Gehalten[2]).

Aber nicht nur der Kohlenstoff allein ist imstande, die Festigkeit des Eisens zu beeinflussen. In gewissen Mengen beigefügt, vermögen auch einige seltene Metalle, wie Nickel, Chrom, Wolfram u. a. die Wirkung des Kohlenstoffes zu ersetzen und bei richtiger Wahl der Zusatzmenge die Festigkeit des Eisens in günstigem Sinne zu verändern.

§ 28. Einfluß der mechanischen Bearbeitung auf die Festigkeits- und sonstigen Eigenschaften.

(Reckspannungen und Rückkristallisation, Altern).

Mechanische Bearbeitung vermag naturgemäß die Eigenschaften mancher Stoffe zu verändern insofern, als durch sie eine Umbildung oder eine Verlagerung der Kristalle oder der kleinsten Teile, aus denen die Stoffe bestehen, stattfindet. Daraus folgt, daß im vorliegenden Falle nur solche Bearbeitungsverfahren in Betracht kommen können, die auf der Plastizität der Stoffe fußen. Zur Erhöhung der Eindeutigkeit des Begriffes hat man deshalb für diese Art der mechanischen Bearbeitung eine besondere Bezeichnungsweise in das Materialprüfungswesen eingeführt. Man nennt sie Recken und versteht darunter nicht allein die gewollte Formgebung eines Stoffes, insbesondere der Metalle, z. B. durch Schmieden, Pressen, Walzen oder dgl., sondern auch jede andere auf der Formänderungsfähigkeit (Plastizität) der Stoffe beruhende Neugestaltung, bei der keine Trennung des Zusammenhanges der Stoffteilchen erfolgt. Dementsprechend gilt z. B. jede durch Zug-, Druck-, Biege- oder dgl.-beanspruchung entstehende Formänderung als Recken, sobald sie eine bleibende ist und damit eine Verlagerung und dauernde Gestaltsveränderung der kleinsten Teile des Stoffes verursachte. Je nach der Temperatur, bei der das Recken stattfindet, spricht man von Kaltrecken und Warmrecken.

[1]) Weitere umfassende Auskunft über diesen Gegenstand gibt das Buch: H. v. Jüptner, Beziehungen zwischen den mechanischen Eigenschaften, der chemischen Zusammensetzung usw. Leipzig: Arthur Felix 1919.

[2]) Näheres hierüber s. Wawrziniok, Metallurgie 1907, Heft 23; ferner Stahl und Eisen 1911, S. 1728—1730. — Über den Einfluß des Mangangehaltes im Eisen s. ebenda und in Zeitschr. f. prakt. Maschinenbau 1910, S. 709.

Kaltrecken tritt z. B. ein bei der Festigkeitsprüfung der Metalle, wenn die Formänderung soweit getrieben wird, daß sie bleibend ist, ferner beim kalten Drahtziehen, beim Kaltwalzen usw.

Warmrecken entspricht dagegen jedem bei höherer Temperatur durchgeführten Schmiedeverfahren oder dgl.

Durch beide Reckungsarten erleidet das Kleingefüge und die Struktur der Stoffe eine Veränderung, und zwar Streckungen oder Zusammendrückungen je nach der Art und Richtung der Kraftbeanspruchungen, welche das Recken verursachten.

Die kleinsten Teile der Stoffe kommen dadurch auch in verschiedenartige mehr oder weniger große Spannungszustände, die den ursprünglichen Zustand des Stoffes wieder anstreben, ohne daß sie ihn wieder herbeizuführen vermögen. Ein Ausgleich dieses Spannungszustandes ist jedoch manchmal möglich durch andersartige Kraftbeanspruchung, und bei Metallen fast immer durch Ausglühen bei bestimmten Temperaturen, deren Höhe nicht unbedingt von der chemischen Zusammensetzung abhängt, wie man auf Grund der Ausführungen in den §§ 121 u. 126 eigentlich annehmen müßte.

Bei Versuchen zur Ausgleichung solcher Reckspannungen ist man daher mehr auf das Probieren angewiesen, wenn man nicht so verfahren will, daß man gleich von vornherein vom bloßen Spannungsausgleich absieht und einen neuen Gleichgewichtszustand des Gefüges anstrebt, der Spannungsfreiheit gewährleistet. Dieser Gefügezustand kann durch Ausglühen, also durch eine thermische Behandlung erzielt werden. Bewegt sich diese Behandlung in solchen Grenzen, daß sie denselben Gefügezustand hervorbringt, den das Material vor dem Recken besessen hatte, so nennt man den Vorgang auch „Rückkristallisation". Es verlieren bei dieser Behandlung die Kristalle ihre gestreckte Form, und ihre Verlagerung und das Gefüge bzw. die Struktur (s. S. 262) gleichen fast völlig wieder der ursprünglichen. Derartig behandelte Metalle können ohne Schädigung aufs neue gereckt werden. Daraus folgt, daß das beim Drahtziehen geübte Verfahren des Ausglühens nach jedem oder nach mehreren Zügen gerechtfertigt und Grundbedingung für das Entstehen eines einwandfreien Erzeugnisses ist. Im allgemeinen kann man annehmen, daß kaltgereckte Metalle, insbesondere Eisen, höhere Zugfestigkeit und höhere Fließgrenze, aber geringere Bruchdehnung aufweisen als nicht gereckte. Auch die Härte (Kugeldruckhärte und Ritzhärte) erscheint höher. Das spezifische Gewicht erfährt eine Verminderung. Bei warmgereckten Metallen liegen die Verhältnisse nicht so klar, weil bei ihnen die Höhe der Arbeitstemperatur maßgebend ist, welche bei der Abkühlung eine derartig durchgreifende Gefügeveränderung zu bewirken vermag, daß der Einfluß des Warmreckens durchaus verschwindet.

Hingewiesen mag aber darauf werden, daß die Bearbeitung des Eisens bei Blauwärme (150—300^0) (also Warmrecken) ganz besonders starke Spannungszustände zu verursachen vermag, die manchmal so groß sind, daß sie durch geringfügige äußere Anlässe plötzlich ausgelöst werden und die Zerstörung des Gegenstandes veranlassen.

Bei der Untersuchung solcher Brüche führt häufig eine Gefügebeobachtung zum Ziele. Man versucht dabei festzustellen, ob die Kristalle regelmäßig geformt oder in der Formgebungsrichtung gestreckt sind. Ist letzteres der

Fall, obgleich der Beschaffenheit nach der Gegenstand bei höherer Temperatur hätte geschmiedet sein sollen, so darf bei Sprödigkeit des Eisens mit Sicherheit darauf geschlossen werden, daß Bearbeitung in der Blauwärme stattfand, die ein Gefüge verursacht, das demjenigen fast gleich ist, das beim Kaltrecken entsteht. Durch Ausglühen des Probestückes bei richtiger Temperatur wird es in den meisten Fällen möglich sein, dieses Gefüge sowie die Sprödigkeit zu beseitigen und dadurch den Nachweis zu führen, daß die Bearbeitung bei einer zu niedrigen Temperatur erfolgte.

Da, wie weiter oben erwähnt wurde, durch das Recken die Festigkeit erhöht wird, betrachten manche Forscher das Recken als ein Mittel zur „Verfestigung" der Metalle und das nachfolgende Ausglühen als ein Mittel zum „Entfestigen"[1]). Diese Bezeichnung ist nicht ganz zutreffend, da die Entfestigung nur eine teilweise ist und die Verfestigung von geschmiedetem, gewalztem oder gezogenem Material eine dauernde ist, wenn sie nicht durch nachfolgendes unrichtiges Glühen vollständig aufgehoben wird. Richtiges Glühen läßt dagegen die durch das Schmieden erzielte Kornverfeinerung bestehen, bzw. es verändert das Korn nur insofern, als es regelmäßiger gestaltet wird. Die Folge davon ist die bereits schon weiter oben erwähnte Festigkeitserhöhung, die aber bei größerer Streckung nur in der Streckrichtung, d. h. in der Längsrichtung der durch das Schmieden oder Walzen erzeugten Faser bestehen bleibt, in senkrechter Richtung dazu aber mit fortschreitender Streckung wieder abnimmt. Das rührt her von den zwischen den metallischen Fasern eingelagerten und mitgestreckten nichtmetallischen Fasern, die dem Probestück einen geringeren Zusammenhang erteilen als ihn die metallischen Fasern selbst besitzen (siehe das über Schweißeisen Gesagte). Diese Eigenschaft des Stahles fordert bei weitgehenden Formänderungen durch Schmieden z. B. bei Kurbelwellen, daß die Kröpfungen durch Biegen eines geraden Stahlstabes erzeugt werden und nicht, wie es sonst noch geübt wird, durch Herausarbeiten aus vollen Stahlstücken. Bei der erstgenannten Herstellungsweise ergibt sich in der Kurbelwelle ein Fasernverlauf, wie ihn die Abb. 324 (S. 334) erkennen läßt, und das zweitgenannte Herstellungsverfahren verursacht einen Fasernverlauf gemäß Abb. 325. Während bei der Welle nach Abb. 325 die äußeren Betriebskräfte fast ausschließlich nur Spannungen in der Längsrichtung der Fasern verursachen, treten in der Welle nach Abb. 324 auch Beanspruchungen senkrecht zur Faserrichtung auf. Diese Tatsache fordert z. B. bei der Formgebung die stärkere Bemessung der Kurbelarme.

Der Fasernverlauf in den Kurbelwellen der Abb. 324 und 325 ist sichtbar gemacht worden durch Ätzung, und das Beispiel weist gleichzeitig auf das Verfahren hin, das angewendet werden muß, um nachträglich die Herstellungsweise von Kurbelwellen oder auch anderen Konstruktionsgliedern zu ermitteln (s. S. 332).

Eine Begleiterscheinung des Reckens ist das „Altern", welches bei der Prüfung von Flußeisen zu beobachten ist. Belastet man nämlich Flußeisenstäbe bis zur Fließgrenze und stellt nach verschieden langer Lagerungszeit

[1]) Näheres hierüber s. Fraenkel, Die Verfestigung der Metalle durch mechanische Beanspruchung, Berlin: J. Springer, 1920; ferner: „Verfestigung und Glühwirkung", Internat. Zeitschr. f. Metallographie 1916, Bd. VIII, S. 53.

(innerhalb eines Jahres) dieser Stäbe erneut ihre Fließgrenze fest, so findet man, daß dieselbe bei den später geprüften Stäben höher liegt als bei den vorher geprüften. Auf welchen Ursachen diese Erscheinung beruht, ist noch nicht sicher festgestellt. Es darf aber vermutet werden, daß es sich lediglich um einen Ausgleich von Spannungen handelt, die durch das Kaltrecken beim Zugversuch im Probestabe entstanden und die imstande sind, sich im Laufe der Zeit von selbst auszugleichen. Bewiesen erscheint das dadurch, daß das Altern rascher vor sich geht, bzw. daß die Spannungen sich früher ausgleichen, wenn die Probestäbe bei niedrigen Temperaturen (bis 350°) angelassen werden.

Während aber durch das Altern eine Erhöhung der Fließgrenze stattfindet, verursacht es eine Herabminderung der Kerbzähigkeit, und zwar in erheblichem Maße, wie Versuche von Bauer[1]) nachgewiesen haben.

§ 29. Die Zugfestigkeitsprüfung gehärteten Stahles.

Ein gutes Maß für die Wirksamkeit der Härtung von Stahl ist seine Zugfestigkeit unter der Voraussetzung gleichmäßiger Härtung an allen Stellen des beanspruchten Querschnittes. Durch den Zugversuch können aber nur solche Stahlstäbe geprüft werden, deren Härtung eine gleichmäßig durchgehende ist und nicht solche, bei denen z. B. nur eine Oberflächenhärtung durch Zementation (s. S. 274 ff.) erfolgte. Außerdem lassen sich gehärtete Stahlstäbe nur selten in den für Zugversuche erforderlichen Abmessungen anfertigen, so daß auch in dieser Beziehung Schwierigkeiten vorliegen, abgesehen davon, daß auch in Anbetracht der Art der Einspannvorrichtungen eine gleichmäßige Spannungsverteilung über den ganzen Stabquerschnitt kaum erzielbar ist. Stribeck empfiehlt daher, die Zugfestigkeit gehärteten und insbesondere vollharten Stahles durch den Biegeversuch zu ermitteln, und er benutzte bei seinen dahingehenden Versuchen, um Stäbe genügend kleiner Abmessungen verwenden zu können, deren Härtung (s. S. 267) keine Schwierigkeiten bereitet, eine Einrichtung nach Abb. 51 und 52. Sie ist aus der Abbildung ohne weiteres verständlich und zeigt, daß infolge der Richtung der äußeren Kraft P parallel zur Stabachse in dem mittleren Stabteil außer Druckkräften weder Schubkräfte noch von Widerlagerdrücken herrührende Spannungen auftreten können. Das Probestäbchen 1 von etwa 1 cm Durchmesser und 3,0 cm Meßlänge ist in die beiden Hebel 2 und 3 genau eingepaßt. Der Kraftangriff geschieht durch Vermittelung kugeliger Auflager 4 und 5,

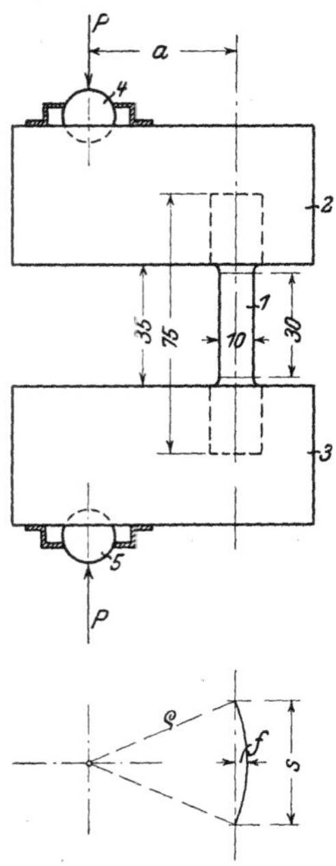

Abb. 51 und 52.

[1]) Siehe Bauer, Beitrag zur Kenntnis des Alterns kaltgereckten Eisens, Mitteilgn. d. Materialprüfungsamtes, Berlin-Dahlem 1921, S. 251; ferner s. auch: Martens, Materialienkunde, Berlin, Bd. I u. II; Heyn in Metall und Erz 1918, S. 411 u. 436, und Fettweis in Stahl und Eisen 1919, S. 1 u. 34.

die Unveränderlichkeit der Hebelarmlänge bei der Durchbiegung des Stäbchens gewährleisten.

Das Biegungsmoment in bezug auf den mittleren Stabteil ist

$$M_b = P \cdot a,$$

wobei $a = 50$ mm gewählt wurde.

Die größte Biegungsspannung ergibt sich hiernach zu

$$\sigma_b = \frac{P \cdot a}{\frac{\pi}{32} d^3}.$$

Die Durchbiegung f der Mitte des Stäbchens gegenüber seinem Ende ist nach Abb. 52:

$$f = \frac{1}{\varrho} \cdot \frac{s^2}{8}.$$

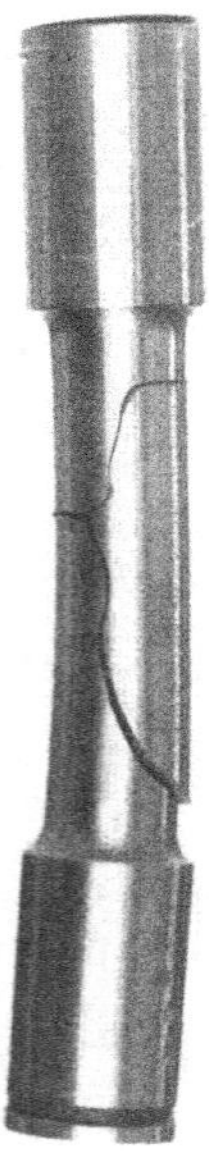

Abb. 53.

Nach Gleichung (13) (§ 41) ist die Krümmung:

$$\frac{1}{\varrho} = \alpha \cdot \frac{M_b}{\Theta}.$$

Da $\Theta = \frac{d^4 \pi}{64}$ und $M_b = P \cdot a$ ist, ergibt sich die Dehnungszahl

$$\alpha = \frac{f \cdot d \cdot 4}{\sigma_b \cdot s^2}$$

und der Elastizitätsmodul:

$$E = \frac{1}{\alpha} = \frac{\sigma_b \cdot s^2}{4 \cdot f \cdot d}.$$

Nach Abzug der Druckspannung $\sigma_d = \frac{P}{\frac{d^2 \pi}{4}}$ ergibt sich die größte Zugspannung im Stabe zu:

$$\sigma_z = \frac{P \cdot a}{\frac{\pi}{32} d^3} - \frac{P}{\frac{\pi}{4} d^2}.$$

Verfasser benutzte die eben angegebene Stribecksche Methode zur Bestimmung der Zähigkeit gehärteten Stahles verschiedener Provenienz und fand, daß sie bei einiger Sorgfalt der Versuchsausführung selbst die Feststellung verhältnismäßig geringer Zähigkeitsunterschiede gestattet.

Die Brucherscheinungen waren bei diesen Versuchen die gleichen wie bei Stribeck. Entweder brach, wie Abb. 53 zeigt, auf der Zugseite ein Stück aus der ganzen Versuchslänge heraus oder es wurden zwei Stücke abgesprengt, deren Trennungsstelle in der Mitte der Meßstrecke lag.

Die erste Bruchform weist darauf hin, daß der Bruch an den Enden begann und sich nach der Mitte hin fortsetzte, und die zweite Bruchform zeigt, daß der Bruch in der Mitte begann und sich dann nach den Enden hin fortsetzte.

Zur Messung der Durchbiegung leistet ein Instrument, dessen Konstruktion aus Abb. 54 ersichtlich ist, gute Dienste. Es ist dem Stribeckschen nachgebildet und besteht aus einer Brücke, welche einerseits mit zwei Federklemmen gegen den Probestab gepreßt wird und andererseits ein Rohr trägt, in dem ein Stahlstift steckt. An dem dem Probestabe zugekehrten Ende trägt der Stift eine Kontaktspitze und eine Feder, welche bestrebt ist, den Stift aus dem Rohre heraus gegen den Probestab zu drücken. Das andere Ende besitzt eine Verdickung, welche gleich dem Rohrdurchmesser ist und das Heraustreten des Stiftes über ein gewisses Maß verhindert. Biegt sich der Stab infolge äußerer Beanspruchung durch, dann wird der Stift in das Innere des Rohres hineingeschoben und die Verdickung erleidet gegenüber dem

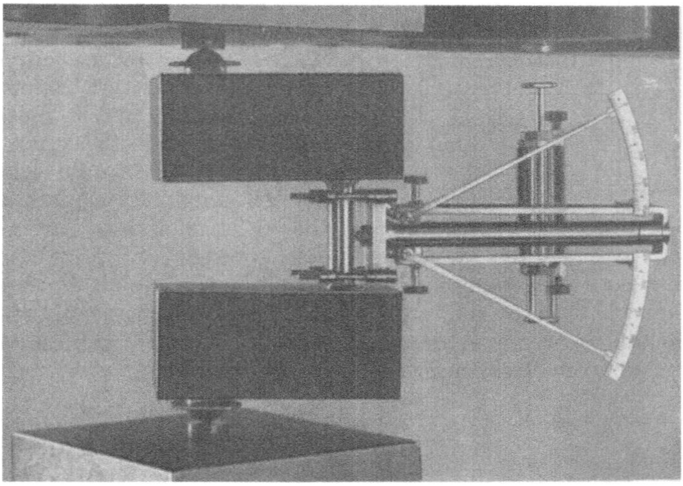

Abb. 54.

Rohre eine Lagenveränderung. Da diese Änderung eine geradlinige Verschiebung ist, kann sie in einfachster Weise mit dem aus der Abbildung 54 mit ersichtlichen Martens-Kennedy-Zeigerapparate (s. S. 575) gemessen werden.

§ 30. Die Prüfung von Treibriemen.

Zur Prüfung von Treibriemen auf Festigkeit unter ruhender Belastung dient der Zugversuch. Es ist dabei zu berücksichtigen, ob die Prüfung über die Festigkeit des Riemenmaterials oder über den Riemen als solchen Aufschluß geben soll. Jene erfolgt in gewöhnlicher Weise, indem der aus einem Stück bestehende Riemen mit Klemmbacken in den Einspannköpfen der Materialprüfungsmaschine befestigt und zerrissen wird. Bei der anderen Prüfung dagegen muß der Einfluß berücksichtigt werden, welchen die Zusammenfügung des Riemens an der Stoßstelle auf die Tragfähigkeit ausübt.

In beiden Fällen bietet die Befestigung der Riemen in den Einspannköpfen der Prüfungsmaschine insofern gewisse Schwierigkeiten, als durch die Einspannung Nebenkräfte ausgeübt werden, welche oft veranlassen, daß der Riemen innerhalb der Einspannvorrichtung zerreißt. Ganz auszuschließen sind diejenigen Einspannvorrichtungen, bei welchen der Riemen mit gezahnten Beißkeilen festgehalten wird. Es dringen hierbei die Zähne in das Riemenmaterial ein und beschädigen es in erheblichem Maße.

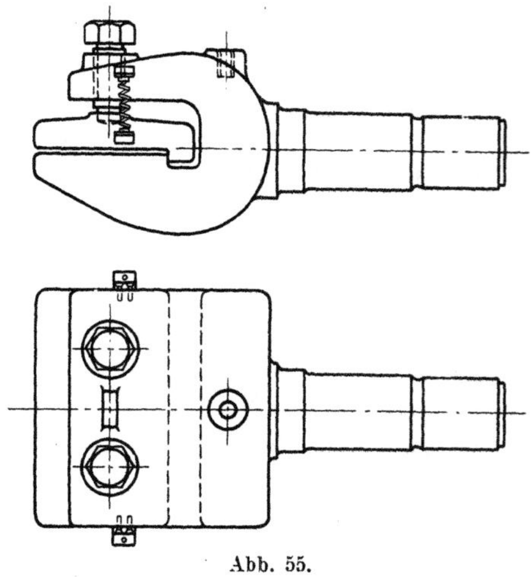

Abb. 55.

Martens benutzte für die Einspannung von Riemen Köpfe nach Abb. 55, während Verfasser mit den Köpfen nach Abb. 56 ebenfalls gute Ergebnisse erzielte. Bei diesen Köpfen werden die beiden mit wellenförmigen Nuten versehenen Klemmbacken 1 und 2 benutzt, die bei 3 und 4 durch Führungsschrauben in ihrer gegenseitigen Lage gesichert werden. Am Ende des Riemens werden mit Schrauben zwei Eisenleisten 5 und 6 befestigt, die bei Beginn der Belastung den Riemen festhalten, bis die Klemmbacken sich einander genähert haben und der Riemen in die Nuten eingedrückt worden ist.

Die Probestücke sollen, wenn möglich, 1,5 m lang sein, damit die Messung der Dehnung innerhalb einer genügend langen Strecke (1 m) erfolgen kann. Als Festigkeitsmaß wird neben der Zugfestigkeit, bezogen auf die Querschnittseinheit, auch die Reißlänge (s. § 3, S. 20) angegeben.

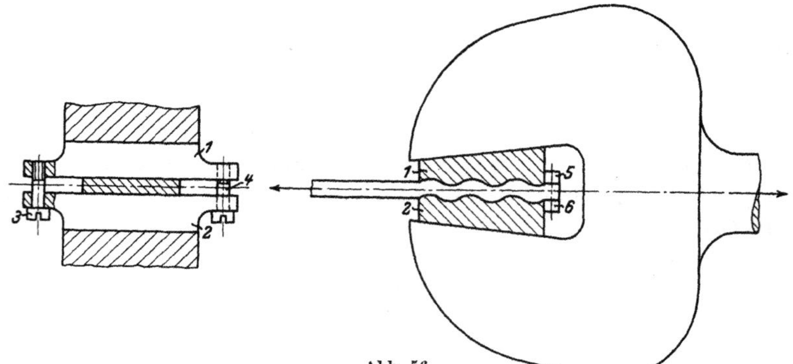

Abb. 56.

Nach Rudeloff schwankt die Zugfestigkeit:
für lohgares Leder von 150—360 kg/qcm bei 1750—4570 m Reißlänge[1]),
„ Baumwollriemen von 350—540 kg/qcm bei 3300—6100 m Reißlänge,
„ Hanfriemen von 340—970 kg/qcm bei 5000—10000 m Reißlänge,
„ Haarriemen von 275—400 kg/qcm bei 2500—3700 m Reißlänge,
„ Balatariemen von 455—590 kg/qcm bei 4300—6100 m Reißlänge.

[1]) Für chromgares Leder sind die Werte gewöhnlich höher.

Zur Ermittelung der Zerreißfestigkeit genähter oder geleimter Riemen kann mit Vorteil eine Vorrichtung nach Abb. 57 benutzt werden. Es werden dabei in den beiden Einspannköpfen der Materialprüfungsmaschine die leicht um ihre Achse drehbaren Riemenscheiben 1 und 2 befestigt, um die der Riemen gelegt wird. Bei der Einspannung ist darauf zu achten, daß beide Riementrumme gleichartige Beschaffenheit besitzen und nicht das eine Leim- oder Nähstellen enthält, während das andere keine solchen aufweist[1]).

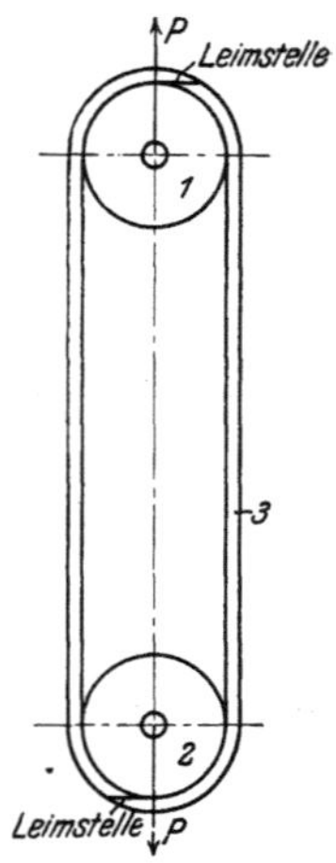

Abb. 57.

Es mag an dieser Stelle darauf hingewiesen werden, daß es nicht angängig ist, Riemenleder allein auf Grund seiner Zerreißfestigkeit und Dehnung zu beurteilen, da die Festigkeit von Riemenleder, selbst innerhalb ein und derselben Riemenbahn starken Schwankungen unterliegt und weil die Betriebserfordernisse nicht unmittelbar mit der Zerreißfestigkeit und Dehnung im Zusammenhang stehen. Festigkeitsversuche vermögen daher lediglich Aufklärungen in gewisser Richtung zu geben, können aber Betriebsversuche selbst dann nicht ersetzen, wenn Elastizitätsmessungen vorgenommen wurden[2]).

§ 31. Die Prüfung von Hanf- und Drahtseilen.

Ebenso wie bei der Prüfung von Riemen ist bei der Prüfung von Hanf- und Drahtseilen auf Zugfestigkeit der Einspannung besondere Aufmerksamkeit zu widmen. Da die Seile bei Benutzung im Betriebe gewöhnlich gespleißt oder mit Schlössern verbunden werden, ist nicht nur das Seil an und für sich, sondern auch eine Spleiß- bzw. Schließstelle der Prüfung zu unterziehen. Soll die Einspannung eines Seiles mit Beiß- oder Klemm-Keilen erfolgen, so müssen diese lang gemacht werden, damit möglichst alle einzelnen Garne oder Drähte des Seiles mit ihnen in Berührung kommen.

Eine Einspannvorrichtung für Hanfseile, bei der die Beanspruchungsweise den praktischen Verhältnissen nahekommt, ist die mittels Ringen gemäß der Abb. 58. Auf diesen wird das Seil durch Reibung festgehalten, und wenn der Durchmesser des Ringes hinreichende Größe besitzt, so besteht auch keine Befürchtung, daß durch die Biegungsspannung des Seiles an der Einspannstelle eine ungleichmäßige Belastung der einzelnen Seillitzen oder Garne erfolgt.

Eine von Martens angegebene Einspannvorrichtung für Seile ist in Abb. 59 abgebildet; ihre Wirkungsweise ist ohne weiteres verständlich. Die Beißkeile (sogenannte Kortümsche) haben schwache Verzahnung und sind so geformt, daß ihre Angriffsflächen dem Seildurchmesser angepaßt sind; durch die Reibung zwischen dem Seile und den Keilen werden letztere in die konischen Führungen hineingezogen und auf diese Weise festgehalten.

[1]) Über Zerreißversuche mit Riemenleder s. Lederindustrie, Ledertechnische Rundschau 1909, Nr. 1—4.

[2]) Über Betriebsversuche s. Rudeloff, Mitt. d. Materialprüfungsamtes, Berlin-Dahlem 1920, S. 262, und 1921 S. 102.

Am sichersten werden Seile durch Eingießen in gußeiserne Büchsen befestigt. Wenn auch Einspannköpfe nach Abb. 58 u. 59 gute Versuchsergebnisse liefern, muß der letzteren Befestigungsmethode der Vorzug eingeräumt werden, weil bei ihr mit Sicherheit sämtliche Garne oder Drähte des Seiles gefaßt werden.

Bei Drahtseilen patentverschlossener Konstruktion sind die gewöhnlichen Keilspannköpfe nicht verwendbar. Während bei geflochtenen oder

Abb. 58.

gedrehten Drahtseilen innerhalb einer gewissen Seillänge nacheinander alle einzelnen Drähte einmal an der Oberfläche des Seiles erscheinen, ist dies bei Seilen verschlossener Konstruktion nicht der Fall. Würde man ein solches Seil mit dem Spannkopf nach Abb. 59 befestigen, dann würde nur die äußere Drahtlage zur Kraftaufnahme herangezogen werden und die inneren Lagen würden fast unbeansprucht bleiben, da die Reibung zwischen den einzelnen Lagen nicht zur Kraftübertragung ausreicht.

Die Verwendung eines Spannkopfes nach Abb. 60 würde dem gewünschten Zwecke schon eher genügen, wenn man damit rechnen darf, daß durch die Ringkeile und Einzelkeile alle einzelnen Drähte mit Sicherheit gefaßt werden.

Hanfseile vergießt man mit der in § 21 bezeichneten Blei-Zinn-Wismutlegierung, wobei die daselbst gemachten Angaben über das Einschmelzen der Legierung zu berücksichtigen sind.

Für Drahtseile hat sich eine Legierung, bestehend aus 68 % Blei, 12 % Antimon, 20 % Zinn, als zweckmäßig erwiesen.

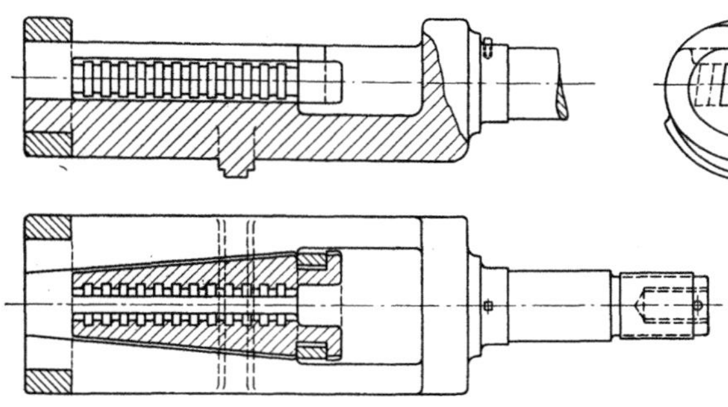

Abb. 59.

Da beim Vergießen von Drahtseilen manchmal Fehler begangen werden, möge die folgende Anweisung über das richtige Vergießen Aufklärung geben. Das Seil wird auf horizontaler Unterlage ausgestreckt und geradegerichtet, worauf seine Enden durch die Eingießbüchsen hindurchgesteckt werden. Dann wird um das Seil in einem Abstande von 25 cm von jedem Ende mit ausgeglühtem

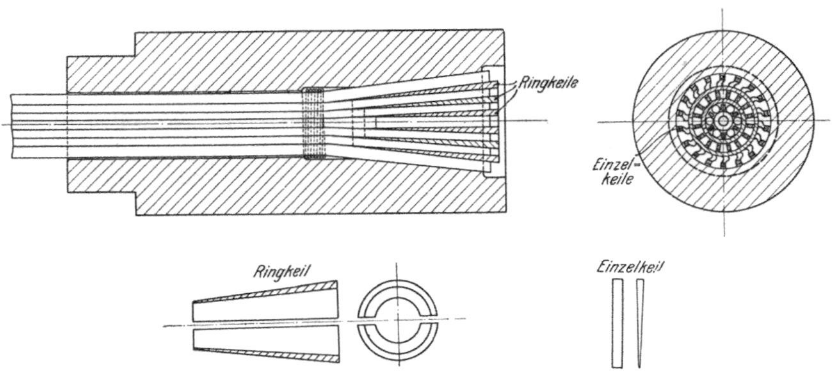

Abb. 60.

Bindedraht auf eine Länge von etwa 5 cm ein fester Wickel hergestellt, welcher verhindern soll, daß die Seildrähte sich über ihn hinaus lockern. Hierauf werden die Seilenden bis zu den Wickeln aufgelöst, soweit als möglich mit einem Holzhammer auf Holzunterlage geradegerichtet, mit Petroleum und Benzin gereinigt und schließlich in einer verdünnten Säure geätzt. (Verzinkte Drähte werden nicht geätzt, sondern nur gereinigt.) Nun zieht man die Büchsen über die aufgereifelten Drähte, wärmt mit einer großen Lötlampe die Büchsen an und gießt die gut flüssige und verrührte Legierung in die Eingußöffnung der Büchsen. Nach Erstarren des Metalles werden die Büchsen energisch mit Wasser abgekühlt. Dies ist erforderlich, weil die Drähte durch das flüssige Metall etwas ausgeglüht werden, infolgedessen an Festigkeit einbüßen und dadurch den Bruch des Seiles am Einspannkopfe veranlassen. Durch das Abkühlen werden die Drähte abgeschreckt, ihre Festigkeit erhöht und die Bruchstelle in der Regel nach der freien Seilstrecke verlegt.

Es ist davor zu warnen, das Seil in gebogenem Zustande (Abb. 61) einzugießen. Bei dieser Anordnung nehmen die Drähte eine andere gegenseitige Lage ein, als im gestreckten Zustande, und beim Erkalten der Legierung

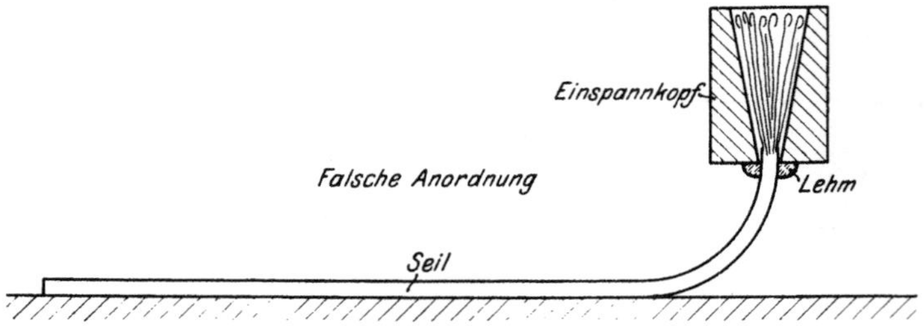

Abb. 61.

werden sie in dieser Lage festgehalten. Dies veranlaßt, daß bei der Zugbeanspruchung nicht alle Drähte gleichmäßig zur Kraftübertragung herangezogen und die einzelnen Seilteile verschieden beansprucht werden. Besonders auffällig macht sich diese Erscheinung bei Seilen verschlossener Konstruktion bemerkbar. Die Seile dürfen deshalb nur in gestrecktem Zustande (s. Abb. 62) entweder in horizontaler oder in vertikaler Lage vergossen werden.

Als freie Versuchslänge sind mindestens 1,5 m zu benutzen. Seile verschlossener Konstruktion erfordern sogar eine Versuchslänge von mindestens

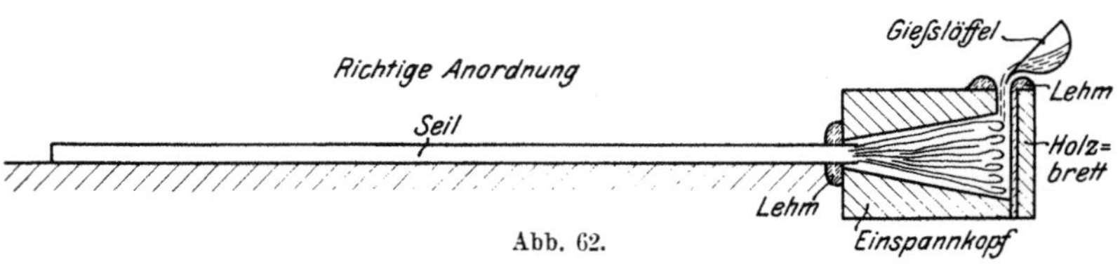

Abb. 62.

3 m. Beim Abtrennen von Probestücken von Seilen ist zu berücksichtigen, daß die Seile das Bestreben haben, sich aufzudrehen. Es sind deshalb in Abständen von ca. 30 cm kräftige und wirksame Drahtwickel um das Probestück zu legen, die erst nach erfolgtem Vergießen der Seilenden gelöst werden dürfen.

Während des Zerreißversuches ist das Seil aufmerksam zu beobachten, da verschiedene Vorfälle auftreten können, die man nicht übersehen darf. Insbesondere ist zu achten auf das während des Versuches auftretende, mehr oder weniger stark tönende, klingende Geräusch, das vom Zerreißen einzelner Drähte im Seile herrührt. Die Belastung darf nur langsam gesteigert werden, weil plötzlich eintretender Bruch den Beobachter durch abspringende Drahtstückchen oder herumgeschleuderte Seillitzen gefährden kann. Neben der Bruchbelastung der Seile wird noch ihre Reißlänge angegeben (s. § 3)[1]).

Vergleicht man die Bruchbelastung eines Seiles mit der Summe der Zerreißbelastungen der Einzeldrähte desselben Seiles, so gelangt man zu dem Ergebnisse, daß jene um einen gewissen Prozentsatz geringer ist als diese. Bei Versuchen des Verfassers ergab sich:

a) die Zerreißbelastung eines dreikantlitzigen Seiles mit einem Querschnitte nach Abb. 63 und 90000 kg Bruchlast durch Addition der Zerreißbelastungen der Einzeldrähte zu 96900 kg, wobei die mittlere Zerreißbelastung der Deckdrähte jeder Litze 688 kg, die der inneren Drähte 377 kg und die der Seelendrähte 663 kg betrug;

b) die Zerreißbelastung eines Seiles patentverschlossener Konstruktion mit einem Querschnitte nach Abb. 64 und 51400 kg Bruchbelastung durch Addition der Zerreißbelastungen der Einzeldrähte zu 52340 kg, wobei die Drähte der Lage I 1670 kg, die der Lage II 800 kg, die der Lage III 1130 kg und der Seelendraht 1100 kg trugen.

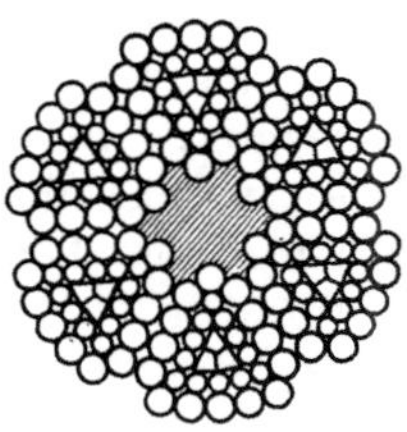

Abb. 63.

Abb. 64.

Eine Vergleichung beider Zerreißbelastungen liefert Verhältniszahlen, die bei dem dreikantlitzigen Seile 1:1,08 und beim patentverschlossenen Seile 1 : 1,02 betragen. Die Verhältniszahlen stellen gleichzeitig die Materialausnutzung in den Drahtseilen dar. Beim ersten Seile würde dieselbe 93 % und beim zweiten 98 % betragen.

Diese Zahlen gelten aber nur für die beiden vorliegenden Seile und sind nicht auf Seile beliebiger Konstruktion und Herkunft übertragbar. Überdies schwanken sie bei den verschiedenen Seilen in weiten Grenzen und hängen nicht nur von der öfters stark wechselnden Zerreißfestigkeit der Einzeldrähte ab, sondern sie werden in erster Linie durch die Konstruktion des Seiles mit bedingt[2]).

---

[1]) Über das Unbrauchbarwerden der Drahtseile s. Baumann, Zeitschr. d. Bayerischen Revisions-Vereins 1915, S. 33.

[2]) Nach den Vorschriften der preußischen Bergbehörden wird bei Förderseilen, welche auch zur Seilfahrt dienen, eine dauernde sechsfache Sicherheit gegenüber der Höchstbelastung bei der Materialförderung verlangt. Der Nachweis ist zu erbringen durch Zerreißen der einzelnen Drähte und durch Addieren der hierbei ermittelten Bruchlastzahlen; nicht mitzurechnen sind dabei die Bruchlast einer etwaig vorhandenen Hauptdrahtseele und die der Kerndrähte der einzelnen Litzen. Voraussetzung ist aber, daß die Litzen nur einen einzigen Kerndraht enthalten, da mehrere miteinander verseilte innere Drähte nicht als Kerndrähte gelten. Ferner sind von der Addition auszuschließen alle Drähte, die gegen die durchschnittliche Bruchfestigkeit der übrigen gleichartigen Drähte um mehr als 20% geringere Bruchfestigkeit aufweisen, sowie diejenigen, die eine geringere Anzahl Biegungen als die nachstehend angegebenen aushalten:

	bis ausschließlich	2,0 mm Durchmesser	= 8 Biegungen	
bei 2,0 „	„	2,2 „ „	= 7	„
„ 2,2 „	„	2,5 „ „	= 6	„
„ 2,5 „	„	2,8 „ „	= 5	„
„ 2,8 mm und stärker	. . . .		= 4	„

Die wirklich auftretende Materialspannung wird bei Drahtseilen in der Weise berechnet, daß man die Belastung P durch die Summe der Drahtquerschnitte dividiert.

Bedeutet i die Anzahl der einzelnen Drähte,
δ den Drahtdurchmesser,
f die Summe der Querschnitte,

dann ist

$$f = i\,\frac{\delta^2 \pi}{4}$$

und die Materialspannung

$$\sigma = \frac{P}{f}.$$

Will man die auf den Seildurchmesser bezogene ideelle Spannung pro Quadratzentimeter des Seilquerschnittes berechnen, dann wird der Seildurchmesser gemessen und als Seilquerschnitt der diesem Durchmesser entsprechende Kreis betrachtet. Da die Messung des Seildurchmessers mit Schublehre oder Taster infolge der unregelmäßigen Form der Oberfläche nicht angängig ist, wird der Umfang des Seiles bestimmt und daraus der Durchmesser berechnet. Die Bestimmung erfolgt am einfachsten mit einem ca. 5 cm breiten Streifen aus weißen, steifen Papier mit gerade geschnittenen Enden, welchen man um das Seil herumlegt; mit einem Bleistifte zieht man auf der darunterliegenden Papierfläche die Begrenzungslinie und mißt die begrenzte Länge.

Zur Kennzeichnung der Seile stellt Verfasser gewöhnlich noch die „Querschnittsverhältniszahl" des Seiles fest. Hierunter ist zu verstehen der Quotient: $\frac{\text{Metallquerschnitt}}{\text{Kreisquerschnitt}}$ des Seiles.

So ergab sich z. B. beim Ausmessen eines Seiles, ähnlicher Konstruktion, wie die des Seiles nach Abb. 67 (Seite 89) der Querschnitt:

des Seelendrahtes	zu 16,33 qmm	=	16,33 qmm
der 6 Drähte der Lage I	„ 16,26 „	=	97,56 „
„ 12 „ „ „ II	„ 16,26 „	=	195,12 „
„ 17 „ „ „ III	„ 16,26 „	=	276,42 „
„ 22 „ „ Decklage	„ 31,90 „	=	700,00 „
	Metallquerschnitt	=	1386,43 qmm

Der Durchmesser des Seiles wurde zu 45 mm festgestellt entsprechend einem Kreisquerschnitt von 1590 qmm.

Die Querschnittsverhältniszahl ist somit: $\frac{1386{,}43}{1590} = 0{,}87$.

Je größer diese Zahl ist, desto wertvollere Eigenschaften besitzt das betreffende Seil gegenüber anderen der gleichen Konstruktion und gleichem Drahtmaterial.

Da für die Verwendung von Drahtseilen die Kenntnis ihrer elastischen und bleibenden Längenänderungen wertvoll und unter Umständen sogar notwendig ist, wird oftmals eine dahingehende Prüfung der Seile verlangt. Sie wird in der Weise durchgeführt, daß die Belastung des Seiles stufenweise gesteigert und die dabei auftretenden Längenänderungen gemessen werden Als Anfangsbelastung dient eine Kraft, deren Größe gleich einem Teile der Nutzlast $\frac{1}{n}$ (etwa $^1/_{10}$) gewählt wird. Man erhält auf diese Weise innerhalb der Nutzlast des Seiles $n - 1$ Kraftstufen, deren Zahl zur Aufzeichnung des Belastungs-Dehnungsdiagrammes hinreicht. Als Nutzlast wird gewöhnlich bei geteerten Hanfseilen $^1/_6$, bei ungeteerten Hanfseilen $^1/_8$ und bei Drahtseilen $^1/_{10}$ der von den Lieferanten angegebenen zu erwartenden Bruchlast betrachtet.

Einige Schwierigkeiten bei der Messung der Längenänderungen bietet die Abgrenzung der Meßlänge. Da nicht vorausgesetzt werden darf, daß alle Garne bzw. Drähte sich gleichmäßig dehnen, ist die Dehnungsmessung zwischen zwei am Seil angerissenen Marken, wie es bei Zerreißprobestäben üblich ist, nicht angängig. Man ist genötigt, an möglichst vielen Stellen des Seilumfanges die Dehnung zu messen, und benutzt daher zweckmäßig zur Begrenzung der Meßlänge Klemmen nach Abb. 65, welche möglichst

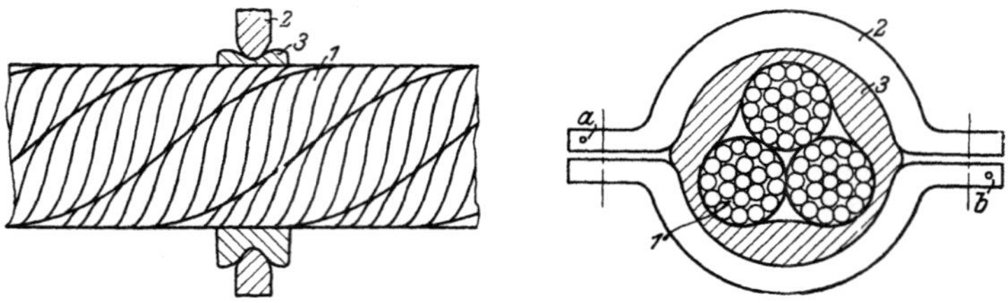

Abb. 65.

alle Litzen oder Garne bzw. Drähte am Seilumfange berühren. Zwischen Seil 1 und Klemme 2 wird ein Gummistreifen 3 angeordnet, der zur Ausfüllung der Hohlräume zwischen den Litzen dient. An den Klemmen sind rechts und links Punkte a und b markiert, an denen die Dehnungsmessung mit Anlegemaßstab (s. § 327) oder Zeigerapparaten (s. § 342) erfolgt. Da an zwei gegenüberliegenden Umfangspunkten des Seiles die Messung vorgenommen und aus beiden der Mittelwert gebildet wird, ist etwaiges Schiefstellen der Klemmen infolge ungleichmäßiger Dehnung der Seilteile ohne Belang.

Bei Verwendung von Zeigerapparaten werden diese an schweren Stativen auf den Fußboden gestellt und die Lagenänderungen der beiden Seilklemmen werden dann gegenüber dem Fußboden gemessen. Aus der Differenz der Ablesung läßt sich hierauf die Seildehnung in einfachster Weise berechnen.

Die Meßstrecke ist so lang als irgend möglich zu wählen. Im allgemeinen sollen Seile mit weniger als 3 m Meßlänge zur Bestimmung der Dehnungszahl nicht benutzt werden.

Berechnet man die Dehnungszahl des Drahtseiles auf Grund eines im vorstehenden beschriebenen Versuches nach der Beziehung

$$\varepsilon = \alpha \cdot \sigma,$$

worin ε die elastische Seildehnung und σ die auf den gesamten Drahtquerschnitt bezogene Materialspannung bedeuten, dann gelangt man zu dem Ergebnisse, daß die Dehnungszahl α eines Seiles erheblich größer ist als diejenige des Drahtmaterials. Der reziproke Wert der Dehnungszahl, also der Elastizitätsmodul des Seiles, ist um einen gewissen Betrag geringer als der des Seildrahtes.

Es ist

$$\frac{1}{\alpha} = E = \eta \cdot E_0 .$$

Hraback[1]) nennt den oben mit η bezeichneten Koeffizienten den Reduktionskoeffizienten des Elastizitätsmoduls. Dieser Reduktionskoeffizient ist starken Schwankungen unterworfen, die von der Konstruktion des Seiles abhängig sind. Nach Versuchen von Bach mit einem gewöhnlichen zweimal geflochtenen Drahtseile ergab sich der Reduktionskoeffizient zu 0,35. Ermittelungen von Divis an einem 36drähtigen Seile führten zu einem Reduktionskoeffizienten

$$\eta = 0{,}353\ ^{2)} .$$

Nach Hraback ist η abhängig von der Flechtungszahl der Seile, und zwar soll der Elastizitätsmodul des Seiles für jedes einzelne Flechten in dem einfachen Verhältnisse 0,6 reduziert werden. Hraback gibt an, daß für den Reduktionskoeffizienten zweifellos folgende geometrische Reihe gültig ist:

1	0,6	$0{,}6^2$	$0{,}6^3$
für Draht (ungeflochten)	für einmaliges Flechten	für zweimaliges Flechten	für dreimaliges Flechten.

Demnach ist der Elastizitätsmodul eines Seiles, wenn der des ungeflochtenen Drahtes gleich 2000000 gesetzt wird:

bei einmaligem Flechten $0{,}6 \cdot 2000000 = 1200000$,
bei zweimaligem Flechten $0{,}6^2 \cdot 2000000 = 720000$,
bei dreimaligem Flechten $0{,}6^3 \cdot 2000000 = 432000$.

Anders liegen die Verhältnisse bei Seilen patentverschlossener Konstruktion. Zugversuche des Verfassers mit neuen Drahtseilen patentverschlossener Konstruktion lieferten folgende Ergebnisse.

1. Seil mit Querschnitt nach Abb. 66
Durchmesser 43 mm,
Metallquerschnitt 11,695 qcm,
Elastizitätsmodul $E = 1220000$.

2. Seil mit Querschnitt nach Abb. 67
Durchmesser 47 mm,
Metallquerschnitt 12,955 qcm,
Elastizitätsmodul $E = 1400000$.

3. Seil mit Querschnitt nach Abb. 68:
Durchmesser 45 mm,
Metallquerschnitt 13,86 qcm,
Elastizitätsmodul $E = 1460000$.

Da Drahtproben den Seilen nicht beigegeben waren, konnte der Elastizitätsmodul des Drahtmaterials nicht durch Versuche ermittelt werden. Da

---

[1]) Hraback, Die Drahtseile, Berlin: J. Springer, 1902.

[2]) Hier ist in Verfolg der Angaben von Hraback an Stelle der sonst benutzten Dehnungszahl α der reziproke Wert derselben $\frac{1}{\alpha} = E$, d. h. der Elastizitätsmodul (s. S. 24) eingesetzt worden.

die aus dem Seil gelösten Drähte aber beim Zerreißversuche große Dehnung besaßen, können sie als sogenannte Weichstahldrähte bezeichnet und ihr Elastizitätsmodul erfahrungsgemäß als gleich 1850000 angenommen werden.

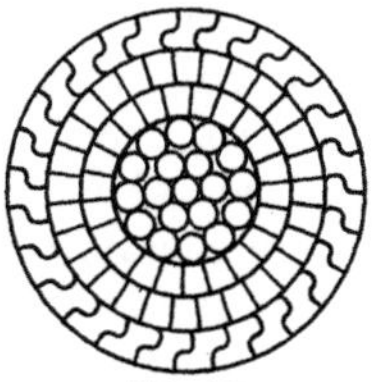

Abb. 66.

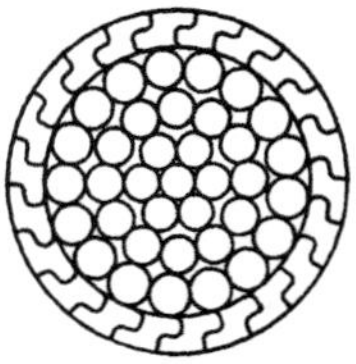

Abb. 67.

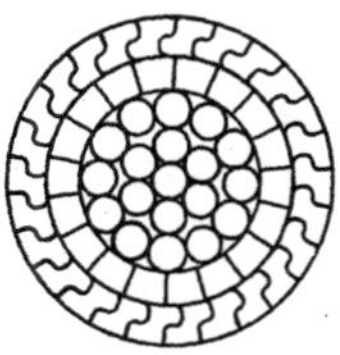

Abb. 68.

Benutzt man diesen Wert zur Berechnung eines Reduktionskoeffizienten des Elastizitätsmoduls für die untersuchten Seile, so ergibt sich:

$$\text{für Seil 1.}\quad \eta = \frac{1220000}{1850000}$$
$$\eta = 0{,}66,$$
$$\text{für Seil 2.}\quad \eta = \frac{1400000}{1850000}$$
$$\eta = 0{,}76,$$
$$\text{für Seil 3.}\quad \eta = \frac{1460000}{1850000}$$
$$\eta = 0{,}79.$$

Die Ergebnisse zeigen somit einige Annäherung an diejenigen von Versuchen mit einmalig geflochtenen Seilen, denen die Konstruktion auch nahekommt. Die Abweichungen scheinen nur durch die innigere Berührung der Profildrähte bedingt zu sein.

Zu beachten ist bei den Dehnungsmessungen zur Ermittelung des Elastizitätsmoduls, daß die elastischen Dehnungen häufig erst von einer gewissen Belastung ab gleich groß werden, und daß sie anfangs größer sind als später. Das rührt davon her, daß anfänglich die Drähte des Seiles nicht so gleichmäßig fest aufeinanderliegen wie bei höheren Belastungen, und daß erst nach Vollziehung des Beanspruchungsausgleiches in den einzelnen Drähten die gleichmäßige Dehnung derselben einsetzt. Bei der Berechnung des Elastizitätsmoduls ist daher entweder die elastische Dehnung bei einer bestimmten Seilbelastung, z. B. bei der zulässigen Betriebsbelastung, zugrunde zu legen oder diejenige, von der an die elastischen Dehnungen proportional zur Seilbelastung zunehmen.

Besonders hervorzuheben ist noch, daß der Elastizitätsmodul der Drähte stets an neuen Drähten ermittelt werden muß. Durch das Flechten bzw. Schlagen der Seile erfahren die Drähte Verbiegungen und Verwindungen, die Veränderungen des Drahtmaterials zur Folge haben. Geraderichten der Drähte hebt die Veränderungen nicht auf, beeinflußt die mechanischen Eigenschaften sogar weiter in ungünstiger Weise.

Drahtseile, z. B. Aufzugseile, die viel über kleine Rollen laufen müssen, sind durch Dauerversuche (s. § 77) zu ermüden, und zwar mittels einer Versuchseinrichtung, die den praktischen Beanspruchungsverhältnissen möglichst nahekommt. Es ist dabei die Zahl der Beanspruchungen festzustellen, die die Seile vertragen, ohne daß Beschädigungen einzelner Seildrähte stattfinden, und dann sind die einzelnen Drähte zur Feststellung des Grades ihrer Ermüdung auf Zugfestigkeit zu prüfen unter Ermittelung der Dehnungszahl und der Arbeitsfähigkeit bis zur Elastizitätsgrenze und bis zur Bruchgrenze.

Mit derartig vorbeanspruchten (ermüdeten) Drahtseilen ist auch neben dem normalen Zerreißversuch ein solcher vorzunehmen, der der Beanspruchungsweise des Seiles an der Rolle entspricht. Die Versuchsanordnung kann dabei entsprechend der in der Abb. 57, S. 81 dargestellten gewählt werden. Zur Herstellung der Schlinge ist das Seil auf eine größere Länge zu verspleisen oder mit einem Seilschloß zu vereinigen.

Eine vollständige mechanische Seiluntersuchung hat sich auf folgende Ermittelungen zu erstrecken:

1. Bestimmung des Seildurchmessers, d. i. der Durchmesser des dem Seilquerschnitt umschriebenen Kreises.
2. Ermittelung des Gewichtes des Seiles für die Längeneinheit.
3. Feststellung der Konstruktion des Seiles, nämlich Schlag- oder Flechtart, Litzenzahl, Draht- oder Garnzahl, Querschnitt der Drähte, Art der Seele usw.
4. Ermittelung der Neigung des Seiles, sich unter Belastung zu verdrehen.
5. Ermittelung der Zerreißfestigkeit und der Reißlänge nebst Dehnung des Seiles.
6. Ermittelung der Zerreißfestigkeit der Drähte bzw. Garne.
7. Feststellung des Materialausnutzungskoeffizienten.
8. Feststellung des Elastizitätsmoduls durch Messung der elastischen Dehnung.
9. Ermittelung der Materialermüdung nach Dauerbiegeversuchen.
10. Ermittelung der Verwindungszahl der Einzeldrähte (s. § 109).
11. Ermittelung der Biegezahl der Einzeldrähte (s. § 108).
12. Ermittelung der Zerreiß- und Torsionsarbeit der Drähte.
13. Mikroskopische Untersuchung des Gefüges des Drahtmaterials.

In Berücksichtigung des auf S. 40 ff. über das Arbeitsvermögen Gesagten ist hier darauf hinzuweisen, daß bei der Feststellung des Grades der Ermüdung von Drahtseilen oder der einzelnen Drähte derselben erst festgestellt werden muß, welche Veränderung das Drahtmaterial durch das Seilschlagen erfahren hat. Es muß daher das Arbeitsvermögen festgestellt werden: 1. an neuen, nicht geschlagenen Drähten, 2. an neuen, geschlagenen und mit dem Holzhammer geradegerichteten Drähten und 3. an den aus dem gebrauchten durch die Beanspruchungen ermüdeten Seile herausgelösten und in der gleichen Weise geradegerichteten Drähten. Der Vergleich der Festigkeits-, Dehnungs- und Arbeitsvermögenszahlen ergibt alsdann den Einfluß des Seilschlagens und der Betriebsbeanspruchungen auf die Festigkeitseigenschaften des Materials [1]).

[1]) Über Versuche mit Spiralseilen s. Dinglers pol. Journal 1909, S. 753; ferner über die Festigkeitseigenschaften verschiedener Drahtseile s. Anz. f. d. Draht-Industrie 1911, S. 237; ferner über das Unbrauchbarwerden der Drahtseile s. Baumann, Zeitschr. d. Bayerischen Revisions-Vereins 1915, S. 33.

Bei der Untersuchung von Drahtseilen in bezug auf Bruchursachen, insbesondere der Einzeldrähte, sind diese an den Bruchstellen auf Materialfehler zu prüfen. Das geschieht am besten durch Untersuchung von Längs- und Querschnitten mittels des Mikroskops. In den meisten Fällen werden die Drähte an den Bruchstellen Schlackeneinschlüsse, Seigerungen, Poren, gehärtete Stellen u. dgl. aufweisen, welche die Festigkeit des Drahtes an der betreffenden Stelle verminderten. Der weitgehende Einfluß solcher Schäden läßt sich durch die Hin- und Herbiegeprobe (s. § 108) nachweisen.

§ 32. Die Prüfung von Ketten.

Unter der Prüfung von Ketten ist nicht ihre Probebelastung zu verstehen, wie sie auf dem Werke durch den Erzeuger mit Kettenprüfungsmaschinen vorgenommen wird, sondern es ist diejenige gemeint, welche Aufschluß über die Zerreißfestigkeit und Bruchdehnung der Kette sowie über ihre Bruchflächenbeschaffenheit gibt. Gewöhnlich geht diese Festigkeitsprüfung der Probebelastung voraus oder sie wird nachträglich aus irgendeinem Grunde, z. B. zur Kontrolle der Güte der Lieferung, wiederholt. Während die Probebelastung mit Kettenstücken von etwa 25 m Länge aus-

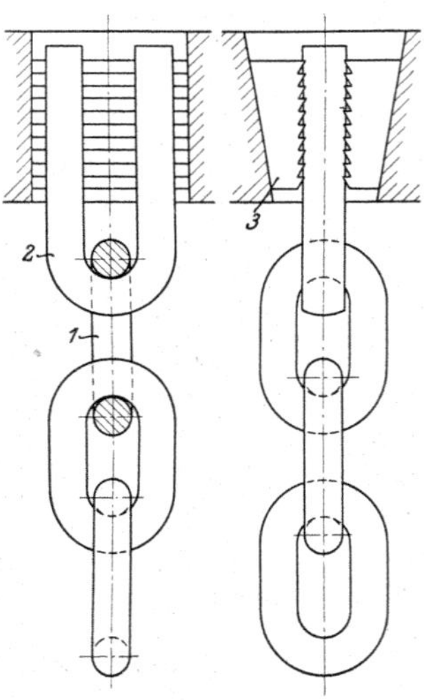

Abb. 69.

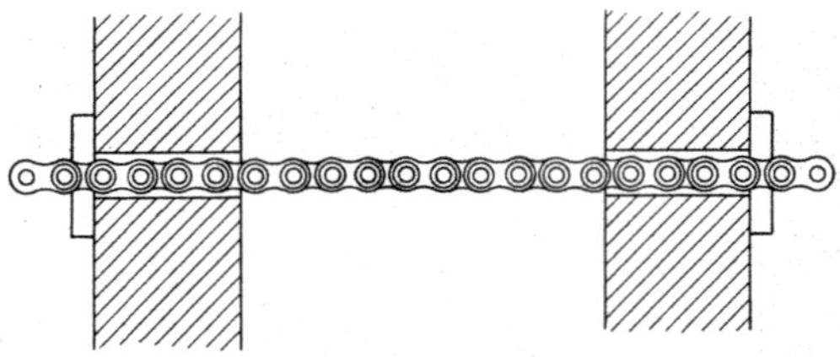
Abb. 70.

geführt wird, erfolgt die Festigkeitsprüfung an Stücken, welche etwa 3 oder 5 Glieder enthalten.

Die Zerreißversuche können in jeder Materialprüfungsmaschine für Zugversuche ausgeführt werden. Besondere Beachtung ist jedoch auch hier der Einspannung der Probestücke zu schenken. Die Einspannung muß der Art der Kette angepaßt werden; Gliederketten erfordern andere Einspannvorrichtungen als Laschen- oder Gelenkketten.

Für Prüfungsstellen, wo spezielle Ketteneinspannvorrichtungen nicht vorhanden sind, empfiehlt Verfasser die einfachen, aber sicher wirkenden Vorrichtungen nach Abb. 69 bzw. Abb. 70. Die erste dient zur Einspannung von Gliederketten und die zweite von Gelenkketten. Bei Gliederketten wird durch das erste und letzte Glied 1 ein Bügel 2 aus abgeflachtem Stahl hoher Festigkeit gesteckt, der in gewöhnlicher Weise mit Beißkeilen 3 in der Prüfungsmaschine befestigt wird. Da die Festigkeit des Kettenmaterials erheblich geringer ist als diejenige des Stahles des Einspannbügels an der Fließgrenze, findet bei ge-

Abb. 71.

eigneter Abmessung des Bügels keine Formänderung desselben statt. Die Vorrichtung ist sehr einfach herzustellen und hat bei zahlreichen Kettenprüfungen nie versagt. Die Befestigung von Laschen- oder Gelenkketten geschieht durch Stahlstücke (Abb. 70), welche durch die Endglieder der Kette hindurchgesteckt werden. Es ist jedoch darauf zu achten, daß das Stahlstück die ganze Breite des Gliedes ausfüllt und an allen Stellen gleichmäßig an dem Gelenkbolzen anliegt, damit dieser nicht ungleichmäßig auf Biegung beansprucht wird.

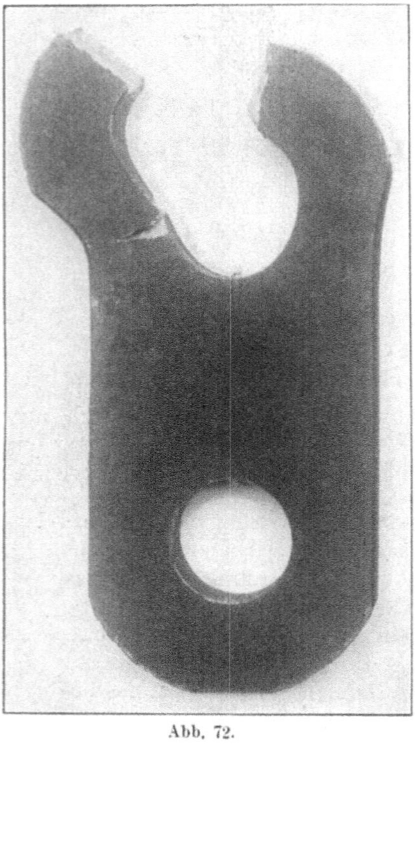

Abb. 72.

Der Bruch erfolgt bei Gliederketten in der Regel an der am stärksten auf Biegung beanspruchten Stelle jedes Kettengliedes durch Zerreißen der Fasern auf der Zugseite. Glieder, die eine unrichtige Feuerbehandlung erfahren haben und grobkristallinisches Bruchgefüge aufweisen, reißen auch in einer Ebene senkrecht zur Kettenachse, wie das mittlere Kettenglied in der Abb. 71 erkennen läßt.

Abb. 71 zeigt verschiedene Bruchformen von Gliederketten und Abb. 72 die normale Bruchform einer Gelenkkette. Gelenkketten gelangen gewöhnlich durch Zerstörung der Laschen zum Bruche, seltener durch Abscheren der Bolzenköpfe.

Wichtig für die Benutzung von Ketten ist auch die Kenntnis der Dehnung, welche sie infolge der Belastung erfahren. Die gesamte Dehnung setzt sich auch hier zusammen aus einer elastischen und einer bleibenden. Mit der bleibenden braucht bei der Verwendung der Ketten nicht mehr gerechnet zu werden, weil sie bereits durch die Probebelastung, welche höher als die Nutzlast ist, erzeugt wurde. Bei langen Ketten ist aber die elastische Dehnung so erheblich, daß ihre Feststellung wichtig ist. Am leichtesten wird diese Ermittelung für die in Betracht kommenden Kraftstufen bei der Probebelastung vorgenommen, indem dabei die Längenzunahme der Kette zwischen den Einspannköpfen gemessen wird. Bei Prüfung von Ketten bis zum Bruche wird am besten die Dehnung jedes einzelnen Gliedes gemessen, indem auf den Ketteneisen Körnermarken angebracht und die Längenänderung durch Abgreifen der Strecke zwischen den Marken festgestellt wird.

Die vollständige Untersuchung einer Gliederkette hat sich auf folgende Ermittelungen zu erstrecken:

1. Feststellung der Abmessungen der Kettenglieder und des Ketteneisens sowie seiner Oberflächenbeschaffenheit, einschließlich Prüfung der Schweißstellen.
2. Feststellung des Gewichtes der Kette für die Längeneinheit.
3. Ermittelung der Zerreißfestigkeit einschließlich der Bruchdehnung.
4. Feststellung des Bruchgefüges nebst Angabe der Lage der Bruchstelle.
5. Feststellung der Schweißbarkeit und der Güte des Ketteneisens.

Bei Kettenprüfungen sind Schutzvorkehrungen gegen Beschädigungen durch abspringende Kettengliederstücke zu treffen[1]).

II. Druckversuche.

§ 33. Die Druckfestigkeit der Materialien und die bei der Druckbeanspruchung auftretenden Formänderungen.

Ein Körper ist auf Druck beansprucht, wenn äußere Kräfte auf ihn einwirken, die ihn zu verkürzen streben. Da diese Art der Beanspruchung sich von der Zugbeanspruchung nur durch entgegengesetzte Kraftrichtung unterscheidet, sind auf sie auch alle Begriffe und Gesetze anwendbar, welche in den Abschnitten über die Zugfestigkeit der Materialien erörtert wurden.

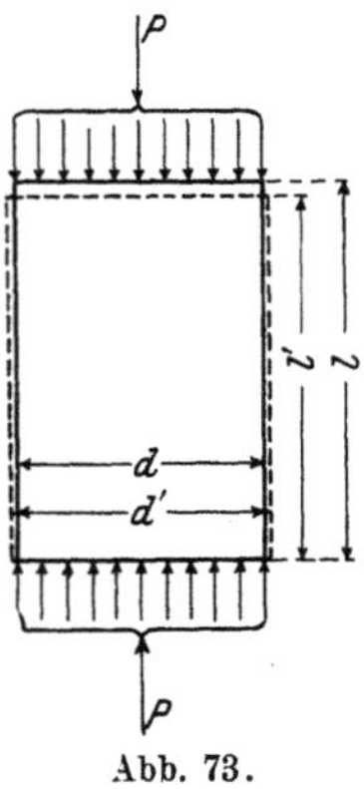

Abb. 73.

Denkt man sich auf den stabförmigen Körper in Abb. 73 die äußeren Kräfte P wirkend, so erleidet der Körper eine Verkürzung. Da mit jeder Längenänderung eine Querschnittsänderung verbunden sein muß, wird eine Verdickung des Stabes eintreten. Die Länge l des Körpers geht über in l' und der Durchmesser d vergrößert sich auf d'. Nimmt man an, daß bei Druckbeanspruchung ebenfalls die äußeren Kräfte gleichmäßig über den Stabquerschnitt verteilt angreifen, so ist die

[1]) Über Ergebnisse von Kettenprüfungen s. Bericht über die Tätigkeit des Materialprüfungsamtes Großlichterfelde 1907, S. 16; 1911, S. 25. Ferner Berichte über Versuche mit Ankerketten aus schlechtem Schweißeisen, Stahl und Eisen 1912, S. 571.

durch die äußeren Kräfte in jedem Stabquerschnitt hervorgerufene Normalspannung:

$$\sigma = \frac{P}{f}.$$

Die Spannung im Augenblicke des Bruches heißt die **Druckfestigkeit** des Materials und wird mit dem Buchstaben K bezeichnet.

Unter „**Druckhöhe**" versteht man einen von den Geologen benutzten Begriff, der sich mit dem der Reißlänge (s. S. 20) deckt. Er bedeutet nämlich die Höhe einer Säule aus einem Gestein, die ausreicht, um der Säule ein solches Gewicht zu erteilen, daß sie an der Auflagerfläche zerquetscht wird. Man erhält diese Höhe durch Division der Druckfestigkeit in kg/qcm durch das Raumgewicht (s. S. 357) des Gesteins.

Die Verkürzung des auf Druck beanspruchten Probestabes bezeichnet man ebenso wie die Verlängerung der Probestäbe beim Zugversuch mit λ und die der Dehnung entsprechende prozentuale Verkürzung als Quetschung mit ε. Es ist

$$\lambda = l - l'$$

und

$$\varepsilon = \frac{l - l'}{l} = \frac{\lambda}{l}.$$

In Hundertteilen der ursprünglichen Stablänge ausgedrückt, ist die Verkürzung

$$\varphi_l = \frac{\lambda}{l} \cdot 100\%.$$

Hierin bedeutet der Index l bei φ die Stablänge, auf der die Verkürzung gemessen wurde. Die Querschnittsvergrößerung ist, ausgedrückt in Hundertteilen des ursprünglichen Querschnittes:

$$\psi = \frac{f' - f}{f} \cdot 100\%$$

$$\psi = \left(\frac{f'}{f} - 1\right) \cdot 100\%.$$

Für die elastische Zusammendrückung bzw. Verkürzung des Probestabes gilt wie beim Zugversuch die Beziehung

$$\varepsilon = \alpha \cdot \sigma.$$

α wird bezeichnet als Dehnungszahl oder Quetschungszahl. Letztere Bezeichnung ist wenig im Gebrauche, und sie erscheint auch überflüssig, weil man die Zusammendrückung ohne weiteres als eine negative Dehnung betrachten darf. Es ist daher auch üblich geworden, alle Kräfte und auch Längen- sowie Querschnittsänderungen bei Druckbeanspruchung zur Unterscheidung der bei Zugbeanspruchung auftretenden mit einem negativen Vorzeichen zu versehen. Im vorliegenden Buche ist dieses Vorgehen jedoch nicht befolgt worden, da es bei Anfängern leicht Rechenfehler veranlaßt und eine Verwechslung der Begriffe als ausgeschlossen gelten darf.

Hinsichtlich der Formänderungen innerhalb der Fließgrenze und der Nachwirkungserscheinungen gelten sinngemäß die gleichen Ausführungen wie die im Abschnitt I für Zugversuche gebrachten.

Verfolgt man den Verlauf der Verkürzungen beim Druckversuch als Funktion der Belastungen, so ergibt sich ein Diagramm, welches für solche Körper, die durch Druckbeanspruchung zum Bruche gebracht werden können, demjenigen bei Zugversuchen ähnlich und unter Umständen sogar kongruent ist.

Die meisten Materialien, welche bei Zugbeanspruchung eine Proportionalitäts- und eine Fließ- bzw. Streckgrenze besitzen, zeigen bei denselben Materialspannungen beim Druckversuch ebenfalls diese ausgeprägten Punkte. Hierbei wird die Fließ- bzw. Streckgrenze auch als Quetschgrenze bezeichnet.

Während aber durch Zugbeanspruchung der Zusammenhang aller Körper aufgehoben werden kann, ist dies bei Druckbeanspruchung von Körpern aus gewissen formbaren Materialien nicht immer möglich. Solche Materialien, z. B. Blei, Flußeisen u. dgl., werden unter der Last zusammengedrückt, vergrößern mehr und mehr ihren Querschnitt, bis sie schließlich zu einer dünnen Folie ausgepreßt sind, ohne daß eine Trennung ihrer Teile eintrat. Bei ihnen ist somit die Feststellung einer Höchstspannung, die der Bruchgrenze beim Zugversuch entspricht, nicht möglich und die sogenannte Druckfestigkeit des Materials als Gütemaßstab nicht feststellbar. Man benutzt in solchen Fällen die Spannung an der Fließgrenze als Gütemaßstab, weil hier bereits eine derartige Formänderung des Materials eintritt, daß seine Benutzung über diese Spannung hinaus nicht angängig ist.

Ebenso wie beim Zugversuch verläuft die Längen- und Querschnittsänderung nicht gleichmäßig über den ganzen Probestab. Ist ein zylindrischer Stab gegenüber seinem Durchmesser verhältnismäßig lang, so erleidet er an irgendeiner Stelle seiner Länge eine Ausbauchung, die der Einschnürung beim Zugversuch entspricht und ebenfalls die Zone der größten Formänderung des Stabes darstellt. Im allgemeinen tritt aber diese Art der Formänderung nicht auf, weil die Länge der Probestäbe für einwandfreie Druckversuche verhältnismäßig sehr gering sein muß und infolgedessen keine örtliche Ausbauchung entstehen kann. Vielmehr nimmt der ganze Probekörper an der Ausbauchung teil, indem die zylindrische Form in Tonnenform übergeht. Die Tonnenform entsteht dadurch, daß das Material durch die Reibung an den Preßplatten, zwischen denen es der Druckbeanspruchung unterworfen wird, zusammengehalten wird, während es nach der Mitte des Körpers hin frei ausweichen kann.

Ist der Probekörper nicht nur, wie vorstehend beschrieben wurde, in der einen Richtung auf Druck beansprucht, sondern allseitig, dann ist das Verhalten der Materialien ein völlig anderes. Die Druckfestigkeit ist höher und der Probekörper vermag eine viel größere Belastung auszuhalten, ohne zum Bruche zu gelangen. Bei Versuchen von Kármán[1]) hat sich auch gezeigt, daß bei wachsendem Manteldruck erheblich größere Achsialdrücke

[1]) Dr. Th. v. Kármán: Festigkeitsversuche unter allseitigem Druck. Zeitschr. d. Ver. deut. Ing. 1911, S. 1749—1757.

erforderlich waren, um die gleiche Verkürzung in achsialer Richtung zu erzielen. Marmor ertrug z. B. Verkürzungen bis 9 %, ohne daß seine normale Druckfestigkeit durch diese Beanspruchung wesentlich geändert worden wäre. Durch Temperaturerhöhung werden die Festigkeits- und Formänderungseigenschaften der Materialien bei Druckbeanspruchung in ähnlicher, aber nicht sich deckender Weise beeinflußt wie bei Zugbeanspruchung (s. § 25)[1].

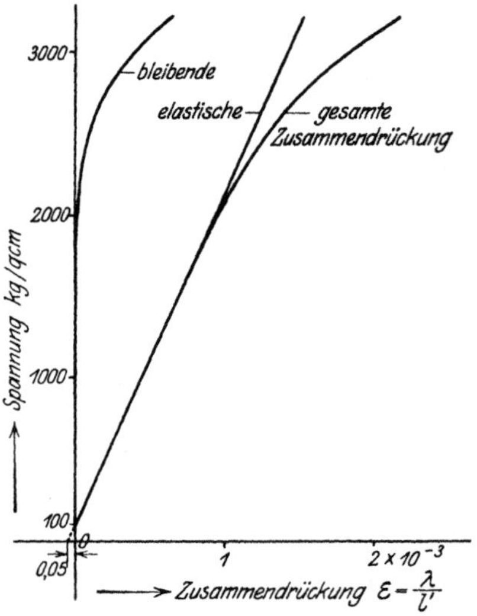

Abb. 74.

Für die Durchführung von Druckversuchen zur Ermittelung der Dehnungszahlen usw. empfiehlt sich das auf Seite 97 dargestellte Schema. Die Ausgleichung der Einzelwerte erfolgt durch Aufzeichnen des Spannungs-Dehnungs-Diagrammes in der gleichen Weise, wie es auf Seite 23 für den Zugversuch erläutert wurde. Den sich dabei ergebenden Kurvenverlauf zeigt die Abb. 74. Er läßt auch die von der Grundbelastung herrührenden Anfangsdehnungen bzw. -Zusammendrückungen erkennen.

§ 34. Form und Herstellung der Probekörper.

Von noch größerer Wichtigkeit als beim Zugversuche ist die Form der Probekörper beim Druckversuche. Da es beim Druckversuche erforderlich ist, den Probekörper zwischen ebene Flächen einzuspannen und die Belastung genau zentrisch wirken zu lassen, bietet sowohl die Herstellung der Probekörper als auch ihre Lagerung in der Prüfungsmaschine gewisse Schwierigkeiten. Der Körper muß genau ebene und parallele Endflächen besitzen. Um Knickbeanspruchung auszuschließen, darf seine Länge in bezug auf den Durchmesser ein gewisses Maß nicht überschreiten. Die Probekörper müssen einander geometrisch ähnlich sein, wenn ihre Prüfung unter der Voraussetzung gleichen Materials geometrisch ähnliche Formänderungen und gleiche Festigkeitsziffern ergeben soll.

Als Normalform der Probekörper bei Druckversuchen gilt der Würfel. Es bedeutet dies, daß

$$\frac{\sqrt{f}}{l} = 1$$

ist. Bei Wahl dieses Verhältnisses in der Körperform findet das Ähnlichkeitsgesetz Bestätigung; alle mit solchen Körpern aus gleichem Material angestellten Druckversuche ergeben gleiche Festigkeiten. Diese Druck-

[1] Über eine Vorrichtung zur Messung der Zusammendrückung bei Druckbeanspruchung unter hoher Temperatur s. Zeitschr. f. Metallkunde 1920, S. 340 bis 358; ferner: Die Prüfung erhitzter Schamottesteine auf Druckfestigkeit, Mitt. a. d. Materialprüfungsamt Großlichterfelde 1910, S. 21ff.

Druckversuch mit Feinmessung der Zusammendrückungen.

Maschine: 150 t-Presse. Material: Flußstahl.

Abmessungen des Probestabes: Durchmesser $d = 3{,}585$ cm; Querschnitt $f = 10{,}09$ qcm; Meßlänge $l = 7{,}20$ cm

Feinmeßinstrument: Martens, Spiegel 5 und 6 mit Feinmeßlänge $l' = 5$ cm und Umsetzungsverhältnis $n = \frac{1000}{1}$.

Belastung P kg	Fernrohrablesung links mm	Fernrohrablesung rechts mm	Mittel aus beiden Ablesungen a mm	Elastische Längenänderung der Feinmeßlänge $a' = \frac{a}{1000}$ mm
1000	0	0		
3000	4,4	4,3	4,35	0,00435
1000	0	0	0	
5000	8,9	8,8	8,85	0,00885
1000	0	0	0	
7000	13,6	13,2	13,40	0,01340
1000	0	0	0	
9000	17,9	17,8	17,85	0,01785
1000	0	0	0	
11000	22,6	22,2	22,40	0,02240
1000	0	0	0	
13000	27,3	26,7	27,00	0,02695
1000	0,1	0,0	0,05	
15000	32,0	31,0	31,50	0,03145
1000	0,1	0,0	0,05	
17000	36,4	36,0	36,20	0,03605
1000	0,2	0,1	0,15	
19000	41,0	40,7	40,85	0,04060
1000	0,3	0,2	0,25	
21000	46,0	45,5	45,75	0,04505
1000	0,8	0,6	0,70	
23000	51,0	50,6	50,80	0,04965
1000	1,2	1,1	1,15	
25000	56,8	56,5	56,65	0,05415
1000	2,6	2,4	2,50	
27000	63,6	63,3	63,45	0,05870
1000	4,8	4,7	4,75	
29000	71,5	71,3	71,40	0,06315
1000	8,3	8,2	8,25	
31000	81,5	81,4	81,45	0,06765
1000	13,9	13,7	13,80	
33000	94,6	94,5	94,55	0,07210
1000	22,6	22,3	22,45	
35000	108,9	108,5	108,70	0,07675
1000	32,0	31,9	31,95	
39400	Fließgrenze			

Berechnungen:

I. Elastische Eigenschaften.

Verkürzung des Probestabes:

$$\varepsilon = \frac{\lambda}{l'} = \frac{0{,}0004525 \text{ cm}}{5 \text{ cm}}$$

$$\varepsilon = 0{,}0000905,$$

bei der Druckspannungszunahme:

$$\sigma = \frac{P}{f} = \frac{2000 \text{ kg}}{10{,}09 \text{ qcm}}$$

$$\sigma = 198{,}1 \text{ kg/qcm}.$$

Dehnungszahl:

$$\alpha = \frac{\varepsilon}{\sigma} = \frac{0{,}0000905}{198{,}1}$$

$$\alpha = 0{,}000000457 \text{ oder}$$

$$\alpha = \frac{1}{E} = \frac{1}{2190000}$$

II. Gütezahlen.

Spannung an der Fließgrenze:

$$\sigma_f = \frac{P_f}{f} = \frac{39400 \text{ kg}}{10{,}09 \text{ qcm}}$$

$$\sigma_f = 3905 \text{ kg/qcm}.$$

Spannung an der Bruchgrenze:

$$\sigma_{\max} = K = \frac{P_{\max}}{f} = \text{nicht}$$

feststellbar.

(Eine Bruchgrenze war wegen der großen Formänderungsfähigkeit nicht feststellbar.)

festigkeitszahlen nennt man auch „Würfelfestigkeiten" im Gegensatz zu den an zylindrischen oder parallelepipedischen Körpern geringer Länge ermittelten „Prismenfestigkeiten". Unter „Säulenfestigkeiten" versteht man nach dem Vorschlage von Bach die beim Prüfen längerer säulenartiger Prismen gewonnenen Druckfestigkeiten.

Wählt man das Verhältnis $\frac{\sqrt{f}}{l} < 1$, so tritt die Gefahr der Knickbeanspruchung des Körpers auf. Ist die Wahl eines solchen Verhältnisses in der Körperform nicht zu umgehen, wie es bei Elastizitätsmessungen der Fall ist, so muß der Einspannung des Probekörpers ganz besondere Aufmerksamkeit geschenkt werden.

Für Feinmeß-Druckversuche mit Metallen benutzte Verfasser immer mit dem besten Erfolge Kreiszylinder mit 10 qcm Querschnitt und 127 mm Länge, entsprechend einem Verhältnis $\frac{\sqrt{f}}{l} = \frac{1}{4}$. Als Feinmeßlänge findet dabei eine Strecke von 5 cm Verwendung. Die an solchen Körpern gewonnenen Versuchsergebnisse dürfen als einwandfrei bezeichnet werden. Es empfiehlt sich, die Querschnitts-Abmessungen der Probekörper stets den Kraftleistungen der zur Verfügung stehenden Materialprüfungsmaschinen anzupassen, d.h. die Querschnitte derartig zu bemessen, daß die Belastungsintervalle am Kraftanzeiger mit Genauigkeit abgelesen werden können. Benutzt man nämlich geringe Querschnitte, so ergeben sich auch geringe Belastungen, und die Folge davon ist Vergrößerung des prozentualen Ablesungsfehlers der Belastung.

Der große Einfluß der Höhe des Probekörpers auf das Ergebnis des Druckversuches ergibt sich deutlich aus Versuchen Bachs mit Blei und Gußeisen. Er benutzte drei Gußeisen- bzw. Bleizylinder verschiedener Höhe, aber gleichen Querschnittes für Druckversuche und erhielt die aus folgenden Tabellen ersichtlichen Ergebnisse.

Gußblei.

Nr. der Versuchsreihe	Höhe cm	Durchmesser cm	Querschnitt qcm	Spez. Gewicht	Belastung in kg/qcm, bei welcher das Material noch nicht ausweicht	Belastung in kg/qcm, bei welcher das Material ausweicht
1.	7,05	3,52	9,76	11,37	46	51
2.	3,47	3,53	9,79	11,36	59	69
3.	1,01	3,48	9,51	11,35	105	126

Gußeisen.

Zugfestigkeit 1860 kg/qcm.

No. der Versuchsreihe	Höhe cm	Durchmesser cm	Querschnitt qcm	Druckfestigkeit kg/qcm
1.	4,00	1,99	3,11	7232
2.	1,98	1,98	3,08	7500
3.	1,00	1,99	3,11	8579

Man ersieht aus den Zusammenstellungen, daß durch Verminderung der Höhe der Probekörper sowohl beim Gußeisen als auch beim Blei die Druckfestigkeit erheblich gestiegen ist.

Die Herstellung der Probekörper aus Metall erfolgt am besten auf der Drehbank, und zwar empfiehlt es sich zur Erzeugung der Druckflächen, die Körper exzentrisch auf die Planscheibe zu spannen und nach dem letzten Drehspan mit einer Drehbank-Schleifvorrichtung eben zu schleifen. Bei zentrischer Aufspannung ist niemals eine völlig ebene Fläche erzeugbar.

Probekörper aus natürlichen und künstlichen Steinen werden zweckmäßig in der Weise hergestellt, daß aus dem Bruchgestein mit der Steinsäge würfelähnliche Stücke herausgesägt und dann auf einer Steinschleifmaschine, welche zwei gegenüberliegende Seitenflächen gleichzeitig bearbeitet, eben geschliffen werden (s. S. 364).

Für die Prüfung von Mauerziegeln werden dieselben halbiert, die beiden Hälften mit Zementbrei aufeinander gemauert und die Oberflächen, auf die bei der Prüfung der Druck ausgeübt wird, mit Zementmörtel 1 : 1 abgeglichen (s. S. 379).

Die Abgleichung der Druckflächen mit Zement wird auch bei anderen Probekörpern mit ungleichmäßiger Oberflächenbeschaffenheit ausgeführt. Die Methode hat sich gut bewährt, ist einfach, und wie Versuche erwiesen haben, stimmen die dabei ermittelten Festigkeitszahlen mit solchen überein, welche an Körpern mit geschliffenen Druckflächen festgestellt wurden.

In bezug auf die Methode der Ziegelprüfung muß jedoch erwähnt werden, daß die mit aus zwei Teilen zusammengesetzten Probekörpern gewonnenen Festigkeitszahlen nicht der tatsächlichen Materialfestigkeit entsprechen, sondern daß die Materialfestigkeit höher ist, wenn sie an Würfeln ermittelt wird, die aus den Ziegeln herausgesägt wurden. Da die Ziegelprüfung aber im allgemeinen nur eine Güteprüfung ist und die wirkliche Ziegelfestigkeit im Mauerwerk niemals voll ausgenutzt werden kann, genügt die Methode[1]).

Die Druckfestigkeit von Mauerwerk (s. S. 526), welches im Verbande mit Mörtel hergestellt wurde, ist daher ebenfalls niedriger als die Druckfestigkeit des Ziegelmaterials, und sie ist mithin auch niedriger als die an Probekörpern aus zwei Ziegelhälften ermittelte. Zum Beispiel ergab sich die Druckfestigkeit von Ziegeln, ermittelt an Würfeln mit 60 mm Kantenlänge, die aus den Ziegeln herausgesägt und geschliffen wurden, zu 510 kg/qcm. Die Prüfung von Probekörpern, welche aus zwei Ziegelhälften mit Zementbrei zusammengemauert und abgeglichen worden waren, lieferte dagegen 377 kg/qcm Druckfestigkeit und die Festigkeitsermittelung von würfelförmigen Mauerwerkskörpern mit 51 cm Kantenlänge, die 28 Tage alt und mit Mörtel 1 : 4 aufgemauert worden waren, nur 115 kg/qcm.

Setzt man die Würfelfestigkeit des Materials gleich 100, so ergibt sich ein Verhältnis der Druckfestigkeiten von

$$100 : 74 : 22.$$

---

[1]) Näheres hierüber s. Wawrziniok, Ziegelfestigkeit und Mauerwerksfestigkeit, Tonindustriezeitung 1909, S. 69, sowie Wawrziniok, Die Festigkeit von Ziegelmauerwerk und die Abhängigkeit derselben von der Art des Mörtels, Zeitschrift d. Verb. deut. Arch. u. Ing.-Ver. 1913. Bd. 2.

Man erkennt an diesem Beispiele, daß es unzulässig ist, die Druckfestigkeit des einzelnen Ziegels oder gar die Würfelfestigkeit des Materials der Berechnung von Mauerwerk zugrunde zu legen.

Zu verwerfen bei Druckversuchen ist die Anwendung von nachgiebigen Zwischenlagen zur Druckverteilung bei unebenen Druckflächen.

Verwendet man nämlich als Zwischenlage ein Material, z. B. Blei, dessen Festigkeit an der Fließgrenze geringer als die Druckfestigkeit des zu prüfenden Materials ist, so fließt bei Erreichung der Fließgrenze das Blei der Zwischenlage seitwärts ab, und die Wirkung ist nicht nur aufgehoben, sondern es wirken jetzt die leicht verschiebbaren Bleiteilchen der Zwischenlagen in den Poren und Höhlungen der Druckflächen sprengend auf den Probekörper. Die ermittelte Festigkeit ist niedriger, als wenn ohne Zwischenlage geprüft worden wäre. Finden dagegen solche Zwischenlagen Verwendung, deren Fließgrenze höher als die Bruchgrenze des untersuchten Materials liegt, so kann die Zwischenlage wegen nicht vorhandener Formänderungsfähigkeit nicht zur Wirkung gelangen und die ermittelte Festigkeit ist gleich der, welche ohne Zwischenlage erhalten worden wäre.

Auch Pappenzwischenlagen, die hier und da angewendet wurden, sind nicht zu empfehlen, da ihre Art und Dicke, insbesondere aber ihr Feuchtigkeitsgehalt nicht ohne Einfluß auf das Versuchsergebnis sind.

Von Bedeutung ist dagegen das Schmieren der Druckflächen. Wir hatten gesehen (s. S. 95), daß das Material an den Druckflächen durch die Reibung an den Preßplatten zusammengehalten wird. Vermindert man die Reibung durch Einschmieren der Druckflächen mit dickem Öl od. dgl., so erfolgt der Bruch der Probekörper bei einer viel niedrigeren Belastung als bei Benutzung ungeschmierter Druckflächen. Bei Gesteinen beträgt die Verminderung der Tragfähigkeit bis zu 50 % und bei Gußeisen bis etwa 20 %. Auffällig ist dann auch die Art der Bruchfläche. Während bei nicht geschmierten Flächen die bekannten Pyramiden (s. S. 102) entstehen, zerspringen Steinwürfel mit geschmierten Druckflächen in Flächen parallel zur Druckrichtung[1]).

§ 35. Einspannung der Probekörper.

Wie bereits im § 33 erörtert wurde, bietet beim Druckversuch die Einspannung der Probekörper gewisse Schwierigkeiten, die einesteils auf den Probekörper selbst und anderenteils auf die Einspannvorrichtungen zurückzuführen sind. Die beiden Druckplatten der Prüfungsmaschine, zwischen welche der Probekörper eingespannt wird, müssen ebenso vollkommen eben sein wie die Endflächen des Probekörpers, und außerdem müssen sie derartig geführt sein, daß ihre Mittelpunkte ihre gegenseitige Lage während des Versuches niemals ändern können. Andererseits wird von den Druckplatten verlangt, daß sie sich der Probekörperform anpassen, indem sie sich selbsttätig einstellen, wenn die beiden Endflächen der Probekörper nicht genau parallel sind. Es müssen deshalb die beiden Druckplatten in Kugelschalen gelagert sein

[1]) Näheres über Zwischenlagen bei Druckversuchen s. Bericht über die Tätigkeit des Kuratoriums und des Vorstandes der Jubiläums-Stiftung 1905. S. 23. Ferner Lang, Hannover in Armierter Beton 1912. S. 310.

(Abb. 75), was Beweglichkeit des Probekörpers unter der Lastwirkung gewährleistet. Ist nur eine Druckplatte mit Kugelschale versehen, so sei es bei Maschinen vertikaler Anordnung die obere, weil dann der Probekörper beim Einbringen in die Prüfungsmaschine auf fester Unterlage stehend die Platte bei Beginn der Belastung dreht und auf diese Weise zum gleichmäßigen Anliegen bringt (s. Abb. 76). Bei Maschinen horizontaler Anordnung soll diejenige Preßplatte beweglich sein, welche während des Belastungsvorganges das Widerlager am Maschinengestell bildet (s. Abb. 77).

Die Längsachse des Probekörpers muß genau mit der Mittelachse der Prüfungsmaschine bzw. der Druckplatten zusammenfallen; daher ist der Einstellung des Probekörpers auf die Mitte der Druckplatten besondere Beachtung zu schenken. Geschieht dies nicht, so ist exzentrische Belastung des Probekörpers die Folge und das Versuchsergebnis in unkontrollierbarer Weise beeinflußt.

Die Aufstellung des Probekörpers auf der Druckplatte wird durch Anreißen konzentrischer Quadrate auf der letzteren erleichtert[1]).

An dieser Stelle sei auch noch auf einen weiteren Übelstand aufmerksam gemacht, welchen manche Prüfungsmaschinen für Druckversuche besitzen. Er besteht darin, daß bei Verwendung nur einer kuglig gelagerten Preßplatte, wie in Abb. 77, die Traverse, welche als zweites Widerlager benutzt wird, sich durchbiegt und die ehemals ebene Widerlagerfläche während des Versuches in eine gekrümmte übergeht. Die Folge davon ist ungleichmäßige Druckverteilung über die Endfläche des Probekörpers und Auftreten von Biegungsspannungen im Probekörper. Auch zu schwach konstruierte Widerlagsplatten mit Kugellagerung zeigen denselben Übelstand, insbesondere dann, wenn die Kugel nicht genau in die Schale eingepaßt ist. Es empfiehlt sich deshalb, vor Ingebrauchnahme solcher Maschinen eine Prüfung zur Feststellung dieser Fehler vorzunehmen.

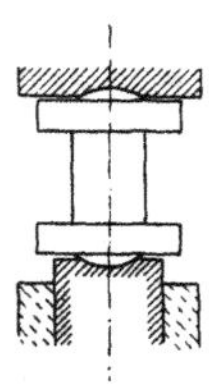

Abb. 75.

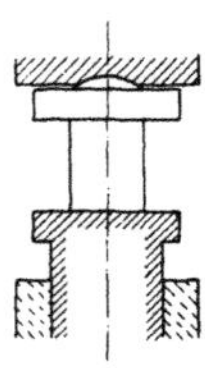

Abb. 76.

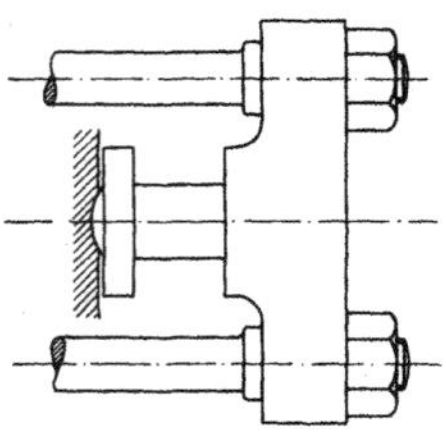

Abb. 77.

Grobe Fehler lassen sich leicht in der Weise feststellen, daß man einen Probekörper mit sorgfältig eben bearbeiteten Endflächen in die Maschine bringt und zwischen Druckflächen und Widerlager weißes Papier in Kontakt mit Blaupapier anordnet. Bei gleichmäßiger Druckverteilung über die Endflächen des Probekörpers muß das weiße Papier mit gleichmäßiger Intensität blau gefärbt werden, während es bei ungleichmäßiger Druckverteilung an den Stellen stärkeren Druckes dunkler gefärbt wird.

Sorgfältige Prüfungen dagegen müssen mit Feinmeßinstrumenten ausgeführt werden. Die Prüfung einer Betonpresse für 300 t Belastung, Bauart Martens (§ 382), die Verfasser durchführte, ergab bei der Maximalbelastung eine Durchbiegung der Mitte des Widerlagerquerhauptes gegenüber den An-

[1]) Die angerissenen Striche dürfen aber nicht tiefe Furchen darstellen, wie es manchmal zu finden ist, sondern sie dürfen nur ganz wenig tiefe Reißnadelrisse darstellen.

griffspunkten der Maschinensäulen von 0,204 mm. Auf den als Druckplatte dienenden mittleren Teil von 320·320 mm Fläche des Querhauptes entfiel dabei eine Durchbiegung von 0,063 mm.

Wenn diese Durchbiegung auch als verhältnismäßig gering zu bezeichnen ist, ist sie dennoch geeignet, das Versuchsergebnis bei der Prüfung spröder Körper zu beeinflussen. Die Fabriken müssen daher bestrebt sein, durch reichliche Bemessung des Querhauptes und Verstärkung des die Druckplatte bildenden Teiles den Fehler zu verkleinern oder ihn durch Anordnung einer in Kugelschale gelagerten Druckplatte auszuschalten.

§ 36. Bruchformen.

Die Bruchform eines Materials ist bei Druckbeanspruchung unmittelbar von seiner Zähigkeit bzw. Sprödigkeit abhängig[1]). Spröde Materialien, wie

Abb. 78.

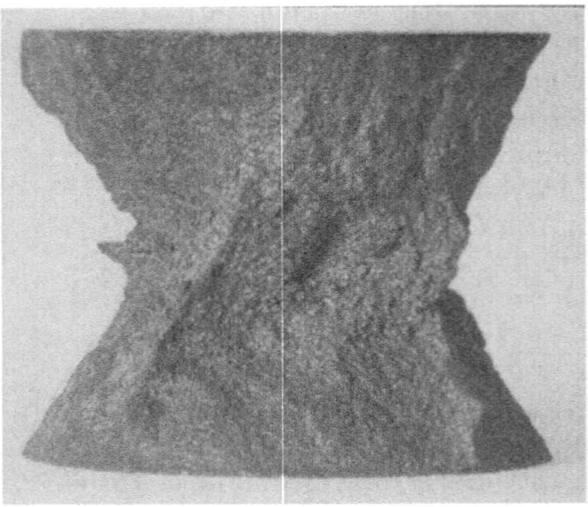

Abb. 79.

Gesteine oder auch Gußeisen, gelangen durch Zertrümmerung zum Bruche. Es lösen sich an den Mantelflächen des Probewürfels oder des Probezylinders Platten oder Ringstücke ab, welche an den Druckflächen scharfkantig und nach der Mitte zu dicker sind. Werden diese Platten oder Ringstücke entfernt, bevor die Tragfähigkeit des Probekörpers vollständig vernichtet ist, so zeigen sich zwei pyramiden- oder kegelförmige Bruchstücke, deren Grundflächen die Druckflächen des Probekörpers sind und deren Spitzen, einander zugekehrt, sich berühren. Bei fortgesetzter Steigerung der Druckkraft schieben sich die beiden Bruchstücke gegeneinander ab.

In Abb. 78 ist die Bruchform eines Sandsteinwürfels und in Abb. 79 diejenige eines Gußeisenzylinders wiedergegeben.

Abb. 80 zeigt die Bruchform eines Hartgußprobekörpers, der durch „Abschiebung" zum Bruche gelangt ist. Diese Art Bruchform ist in erster Linie auf Fehler in der Führung der beiden Preßplatten der Materialprüfungs-

---

[1]) Über systematische Versuche betreffend Bruchformen s. Lang, Hannover in Armierter Beton 1912, S. 314 u. 334.

maschine zurückzuführen. Ist nämlich die Möglichkeit vorhanden, daß die eine Preßplatte sich gegen die andere zu verschieben vermag, so entsteht eine exzentrische Belastung des Probekörpers, welche Nebenspannungen im Material hervorruft, die eine anormale Ausbildung der Bruchform bedingen.

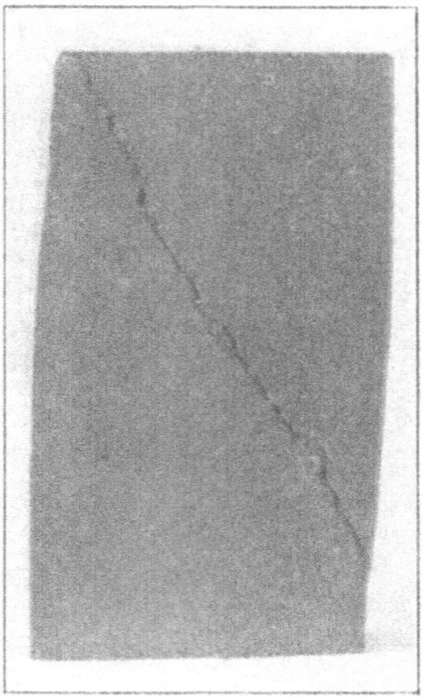
Abb. 80.

Bei würfelförmigen Körpern oder bei Zylindern, deren Länge gleich dem Durchmesser ist, verlaufen die Bruchflächen im allgemeinen unter 45^0 zur Längsachse des Probekörpers geneigt. Bei Körpern größerer Länge nimmt die Bruchfläche auch eine andere Neigung an.

Formbare Materialien, wie Blei, Flußeisen, Bronze, Kupfer usw., pflegen sich auszubauchen, ohne daß Teile abgelöst werden. Manchmal entstehen auf den Mantelflächen der Probekörper Risse, welche parallel zur Achse der Körper oder geneigt dazu verlaufen. Die Risse deuten darauf hin, daß infolge der großen Dehnung des Materials an den Mantelflächen die Zugfestigkeit überschritten worden ist. Sie entstehen in der Regel bei Schweißeisen, dessen Dehnungsfähigkeit wegen der Schweißnähte senkrecht zur Faserrichtung des Materials gering ist.

Abb. 81 zeigt das äußere Aussehen eines Flußeisenkörpers und Abb. 82 das eines Probekörpers aus Schweißeisen nach dem Druckversuch, während die Abb. 322 u. 323 auf S. 333 Schnitte durch solche Körper darstellen. Im allgemeinen nimmt die Oberfläche solcher Körper auch ein mehr oder weniger rauhes Aussehen an. Es rührt davon her, daß die härteren Materialteilchen aus den sie umgebenden weicheren herausgedrückt wurden. Besonders auffällig tritt diese Erscheinung bei den Bronzen zutage.

Abb. 81. Abb. 82.

Auch die Art der Spannungsverteilung beim Druckversuche läßt sich an den Bruchformen der formbaren Materialien studieren. Versieht man nämlich einen Bleizylinder an den Mantelflächen durch Anreißen feiner Striche mit einem quadratischen Netzwerk, so zeigen nach dem Druckversuche die angerissenen

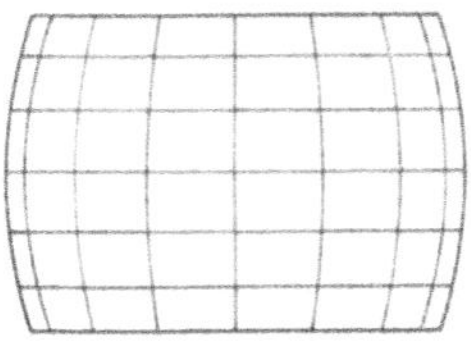
Abb. 83.

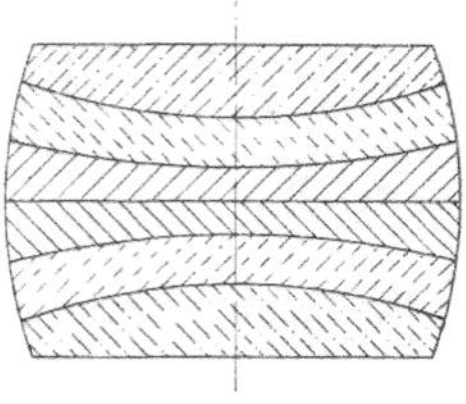
Abb. 84.

Quadrate nach den Enden des Körpers zu eine größere Zusammendrückung desselben als nach der Mitte zu (s. Abb. 83). Sie weisen aber auch nach, daß das Material von den Endflächen aus nach dem Innern des Körpers gedrückt wurde, weil trotz geringerer Zusammendrückung die Quadrate in der Mitte des Körpers in Rechtecke größeren Flächeninhaltes übergegangen sind.

Abb. 85.

Legt man 6 Bleizylinder übereinander und beansprucht sie gemeinsam durch eine Druckkraft bis über die Fließgrenze hinaus, so erleiden sie, von außen gesehen, genau die gleiche Formänderung wie der obenerwähnte Bleizylinder. Durchschneidet man jedoch den geschichteten Körper, so zeigt sich, daß die einzelnen Zylinder die in Abb. 84 dargestellte Form angenommen haben.

Während die beiden mittleren Zylinder in ihrer Berührungsfläche eben geblieben sind, haben die Berührungsflächen der übrigen konkave bzw. konvexe Form angenommen und die Mitte der Zylinder hat mit Ausnahme der beiden Endkörper die größte Zusammendrückung erfahren. Die Bruchform zeigt somit deutlich, daß

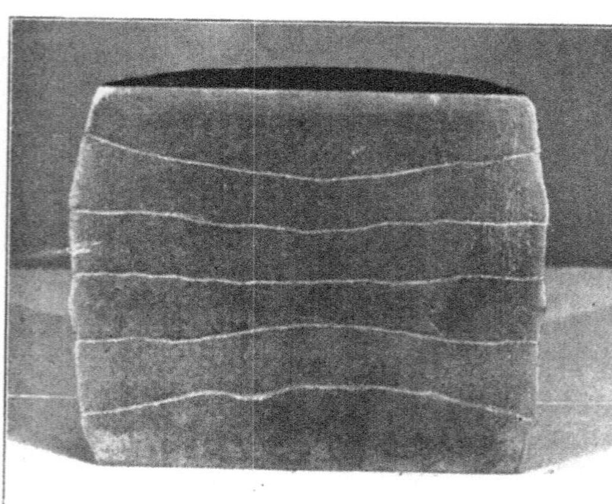

Abb. 86.

1. die Reibung an den Druckflächen das Material an der Ausdehnung hindert,
2. die Druckwirkung in der Mitte des Probekörpers am größten ist,
3. das Material nach der Mitte der Länge des Körpers zu am leichtesten ausweichen kann (s. Abb. 85 und 86) [1]).

Eine Bruchform, welche ihrem Aussehen nach den im vorhergehenden geschilderten Formen ähnlich ist, weist Holz auf. Je nach dem Feuchtigkeits-

[1]) Werden die Druckflächen sauber geschliffen und mit Fett eingeschmiert, so vermindert sich die Reibung und es ergibt sich eine erheblich niedrigere Festigkeit als bei Unterlassung dieser Vorbereitung der Probekörper und die einzelnen Platten bleiben fast eben.

gehalt des Holzes und dem Unterschiede der Festigkeit des Frühjahrs- und Herbstholzes in den einzelnen Jahrringen zeigt Holz wechselnde Bruchformen. Völlig im Vakuumtrockenschrank ausgetrocknetes Holz besitzt einen splittrigen Bruch (s. Abb. 87), ähnlich der Bruchform spröder Materialien. Nasses Holz mit geringen Unterschieden in der Festigkeit des Frühjahrs- und Herbstholzes, wie sie tropische Hölzer besitzen, zeigt die in Abb. 88 abgebildete Bruchform. Es entstehen durch Knickung der einzelnen Holzfasern zwei Keile an Stelle der Druckpyramiden, welche von zwei gegenüberliegenden Mantelflächen Platten abheben, ohne sie aber abzusprengen. Ungleichmäßige Druckverteilung ruft ebenfalls, wie bei anderen Materialien, den Bruch durch Abschieben hervor. (Näheres über Holzprüfungen s. S. 487ff.)

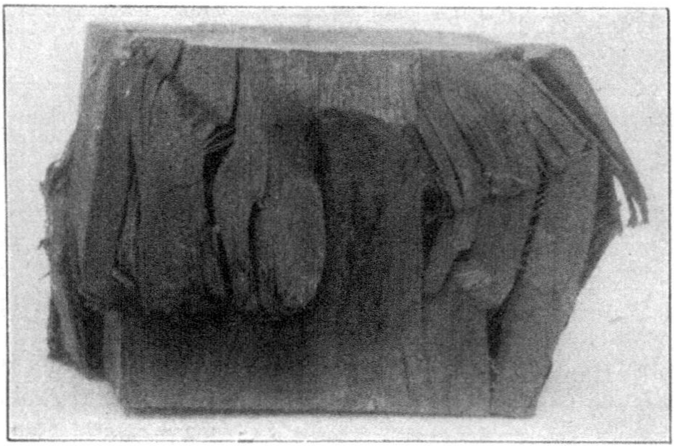

Abb. 87.

§ 37. Einfluß der Richtung der Druckbeanspruchung auf das Festigkeitsergebnis.

Völlig isotrope Materialien besitzen nach allen Richtungen gleiche Festigkeit. Da solche Materialien aber selten sind, muß der Eigenschaft der Materialien, nach verschiedenen Richtungen abweichende Festigkeit zu besitzen, Rechnung getragen werden. Besonders sind die geschichteten Materialien mit diesem Nachteil behaftet. Zu ihnen gehören alle Gesteine mit ausgesprochener Lagerrichtung, wie Schiefer, Sandstein usw., ferner insbesondere Holz, dessen Festigkeit parallel zur Faserrichtung sehr erheblich von der senkrecht dazu vorhandenen abweicht. Während diese Verschiedenheit für Zugbeanspruchung nur untergeordnete Bedeutung besitzt, weil solche Materialien auf Zug fast nie beansprucht werden, muß dieser Eigenschaft bei Druckbeanspruchung besondere Aufmerksamkeit gewidmet werden.

Abb. 88.

Festigkeitsversuche des Verfassers mit Cottaer Sandstein ergaben die in folgender Tabelle enthaltenen Mittelwerte. Die für die Versuche benutzten Probekörper waren sauber geschliffene Würfel mit 5 cm Kantenlänge, die vor der Prüfung 24 Stunden lang bei 60° getrocknet worden waren.

Bezeichnung des Materials	Druckfestigkeit		Verhältnis der Festigkeiten
	senkrecht zur Lagerrichtung	parallel zur Lagerrichtung	
Gute harte Bank . .	420	360	1 : 1,16
Guter Sänder	283	256	1 : 1,10
Gute gelbe Bank . .	380	341	1 : 1,11
Gute weiße Bank . .	384	372	1 : 1,03

Auffälliger als bei dem untersuchten Sandstein sind die Festigkeitsunterschiede bei Holz.

Nach Versuchen des Verfassers mit verschiedenen Holzarten beträgt die Druckfestigkeit von Kiefernholz normaler Beschaffenheit, ermittelt an Würfeln mit ca. 8 cm Kantenlänge bei 15 % Feuchtigkeitsgehalt, parallel zur Faserrichtung 327 kg/qcm und senkrecht zur Faserrichtung nur 19,4 kg/qcm. Diese Festigkeit sinkt mit höherem Feuchtigkeitsgehalt und erreichte bei 93 % Feuchtigkeitsgehalt 162 kg/qcm parallel zur Faserrichtung und 5,3 kg/qcm senkrecht dazu.

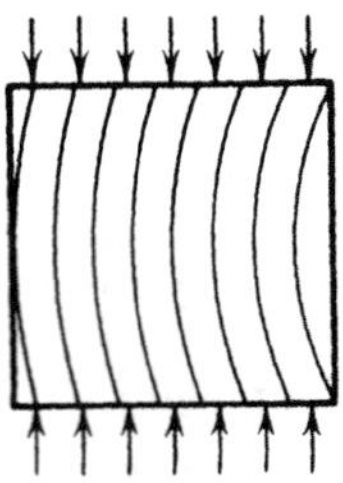

Abb. 89.

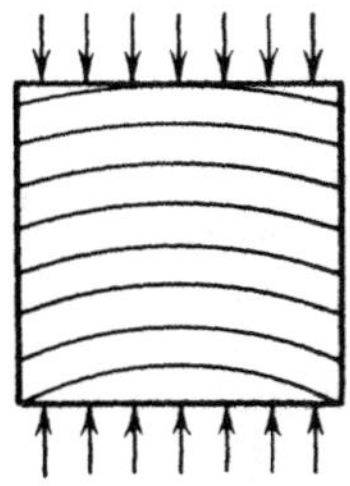

Abb. 90.

Die Verschiedenheit der Druckfestigkeit parallel und senkrecht zur Faserrichtung ist in erster Linie mit auf die verschieden große Festigkeit des Frühjahrs- und Herbstholzes zurückzuführen. Vom Frühjahr bis zum Herbst wächst die Kiefer infolge erhöhter Saftzufuhr schnell und vom Herbste ab langsamer. Die Folge davon ist in den Jahrringen bemerkbar, indem der dem Frühjahrsholzansatz entsprechende Jahresring breit und weich, während der im Herbst entstandene dicht und hart ist. Ein Holzprobekörper ist demnach als ein aus weichen und harten Platten zusammengesetzter zu betrachten. Wird ein solcher Körper parallel zur Plattenrichtung (s. Abb. 89) auf Druck beansprucht, so nehmen einzig und allein die härteren Platten infolge ihrer geringeren Zusammendrückbarkeit die Kraft auf. Wirkt dagegen der Druck senkrecht auf die Fäche der Platten (s. Abb. 90), so wird die Druckkraft durch die härteren Platten auf die weicheren übertragen und das Material der letzteren infolge seiner geringen Festigkeit zwischen den einzelnen härteren Platten herausgedrückt.

Bei Beanspruchung eines solchen Holzkörpers senkrecht zur Faserrichtung, aber parallel zur Richtung der Tangente an die Jahresringe (s. Abb. 89) ist die Druckfestigkeit höher als bei Beanspruchung gemäß Abb. 90. Diese Eigenschaft ist darin begründet, daß hier wie bei Beanspruchung parallel zur Faserrichtung auch nur die härteren Platten die Kraft aufnehmen. Trotzdem kann aber die Festigkeit in diesem Falle nicht diejenige parallel zur Faserrichtung erreichen, weil einerseits die Festigkeit des Herbstholzes senkrecht zur Faserrichtung geringer ist als parallel dazu, und weil andererseits das Ausknicken der einzelnen Jahresringplatten bei Druckbeanspruchung gemäß der Abb. 89 durch die Krümmung der Jahresringe begünstigt wird.

Bei denjenigen Holzarten, die keine so scharf ausgeprägten Unterschiede in den Jahresringen aufweisen wie das Kiefernholz, ist auch der Festigkeitsunterschied nicht so erheblich. Eichenholz, welches bei 12 % Feuchtigkeitsgehalt 505 kg/qcm Druckfestigkeit parallel zur Faserrichtung aufwies, ergab bei Versuchen des Verfassers bei Beanspruchung gemäß Abb. 90 82 kg/qcm. Noch geringer sind die Verschiedenheiten bei manchen tropischen Hölzern, welche infolge gleichmäßigeren Wachstums weniger ausgeprägte Jahresringe besitzen. Eine Eukalyptusart aus Australien, Tallowwood, ergab bei 16% Feuchtigkeitsgehalt eine Druckfestigkeit von 638 kg/qcm bzw. 130 kg/qcm. (Näheres über Holzprüfungen s. S. 487ff.)

§ 38. Einfluß des Feuchtigkeitsgehaltes der Materialien auf die Druckfestigkeit.

Bei allen Materialien, welche imstande sind, Feuchtigkeit aufzunehmen, beeinflußt der Feuchtigkeitsgehalt alle Festigkeitseigenschaften in mehr oder minder hohem Maße. Für Metalle kommt diese Eigenschaft naturgemäß nicht in Betracht, dagegen aber für fast alle anderen Bau- und Konstruktionsmaterialien. Bei einwandfreien Prüfungen muß deshalb stets der Feuchtigkeitsgehalt des Probekörpers bestimmt bzw. der Feuchtigkeitsgehalt desselben einer Norm entsprechend geregelt werden.

Schon bei Gesteinen mit geringen Porositätsgraden macht sich der Einfluß des Feuchtigkeitsgehaltes auf die Druckfestigkeit bemerkbar.

Es ergab bei Versuchen des Verfassers z. B. ein Porphyr, dessen Raumgewicht 2,33 betrug, im lufttrockenen Zustande eine Druckfestigkeit von 1206 kg/qcm und nach 120stündiger Wasserlagerung, während welcher 3,7 % Feuchtigkeit aufgenommen worden waren, eine solche von 1026 kg/qcm. Ein Granatpyroxen mit dem Raumgewichte 2,895 und 0,059 Porositätsgrad ergab im lufttrockenen Zustande eine Druckfestigkeit von 1950 kg/qcm und bei 4,1 % Feuchtigkeitsgehalt eine solche von 1530 kg/qcm.

Am auffälligsten macht sich der Einfluß bei Holz bemerkbar. Verfasser stellte für einige Holzarten folgende Zahlen fest:

Kiefernholz.

Druckfestigkeit parallel zur Faserrichtung	668 kg/qcm	327 kg/qcm	162 kg/qcm
bei einem Feuchtigkeitsgehalt von . . .	1 %	15,5 %	93 %

Tallowwood.

(Australische Eukalyptusart.)

Druckfestigkeit parallel zur Faserrichtung	886 kg/qcm	638 kg/qcm	517 kg/qcm
bei einem Feuchtigkeitsgehalt von . . .	2 %	16,8 %	45,5 %

Karry.

(Australische Eukalyptusart.)

Druckfestigkeit parallel zur Faserrichtung	1013 kg/qcm	628 kg/qcm	442 kg/qcm
bei einem Feuchtigkeitsgehalt von . . .	2,9 %	13 %	49,1 %

Der Umfang der Angaben könnte auf Grund der vorhandenen Versuchsergebnisse noch erheblich erweitert werden. Dies soll jedoch unterbleiben, weil bereits aus den vorliegenden Werten der Einfluß des Feuchtigkeitsgehaltes sowohl auf die Gesteine als auch auf das Holz ersichtlich ist.

§ 39. Die Druckfestigkeit und die Zähigkeit von Stahlkugeln.

Bei dem umfangreichen Verwendungsgebiet gehärteter Stahlkugeln machte sich das Bedürfnis geltend, die höchste Belastung festzustellen, welche diese Kugeln auszuhalten vermögen. Zuerst stellte man die Bruchbelastung der Kugeln fest, indem man sie zwischen zwei ebenen gehärteten Stahlplatten auf Druck beanspruchte. Die dabei erhaltenen Zahlen legte man unter Einführung eines Sicherheitskoeffizienten der Berechnung von Kugellagern u. dgl. zugrunde. Durch viele Mißerfolge bei Herstellung von Kugellagern angeregt, ging man den Ursachen nach und fand, daß die

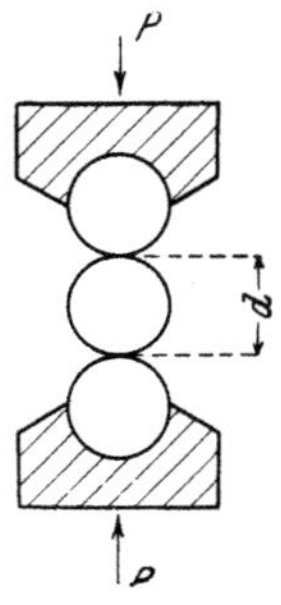

Abb. 91.

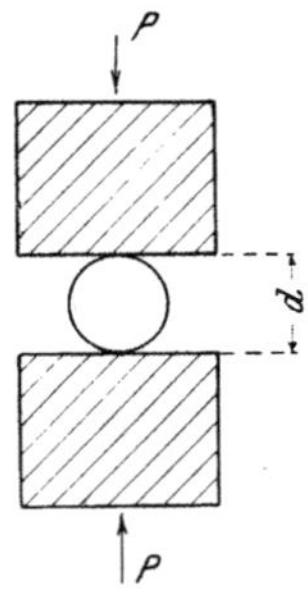

Abb. 92.

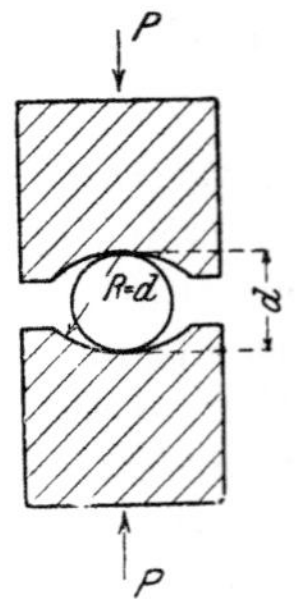

Abb. 93.

Mißerfolge in zu hoher Belastung der Kugeln ihren Grund hatten. Trotzdem bei Berechnung der Lager ein großer Sicherheitsgrad angenommen wurde (es wurde etwa $^1/_8$ der Bruchlast als zulässige Belastung in die Rechnung eingeführt), kamen die Kugeln beim Betriebe zum Bruche. Es mußte dies darauf zurückgeführt werden, daß bei der Prüfung der Kugeln entweder eine Bruchbelastung ermittelt wurde, die viel höher als die tatsächliche war, oder daß durch andere Ursachen die Zerstörung der Kugeln veranlaßt wurde.

Die Nachforschungen bestätigten beide Annahmen. Sie wiesen nach, daß bei richtiger Versuchsanordnung die tatsächliche Festigkeit nur ein Bruchteil der bei der Prüfung zwischen ebenen Platten ermittelten ist, und daß bereits bei noch niedrigerer Belastung eine Beschädigung der Kugel durch Auftreten eines Sprunges beobachtet werden konnte. Eingehend studiert wurden diese Verhältnisse zuerst von Stribeck. Stribeck stellte fest, daß die Belastungsfähigkeit einer Stahlkugel u. a. abhängig ist von der Form der Oberfläche der Preßplatten. Er belastete Stahlkugeln zwischen zwei ebensolchen Kugeln (s. Abb. 91), zwischen zwei ebenen Platten (Abb. 92) und zwischen Stempeln mit hohlkugeligen Druckflächen bestimmten Halbmessers (Abb. 93). Diese Versuche lieferten das folgende Ergebnis:

Setzt man die Tragfähigkeit der Kugel bei der ersten Belastungsart gleich 1, so beträgt sie nach der zweiten 1,55- und nach der dritten 1,95mal soviel. Man erkennt daran, daß die Bruchbelastung von Kugeln gleichen Durchmessers um so größer ist, je inniger die Druckflächen sich an die Kugeln anschmiegen. Bedenkt man ferner, daß die von Stribeck gefundenen Verhältniszahlen nur dann Gültigkeit besitzen, wenn die Preßplatten infolge ausreichender Härte keine weitgehenden Deformationen erleiden, dann sieht man ein, daß die Tragfähigkeit der Kugeln bei ihrem Eindringen in die Preßplatten infolge der größeren Anschmiegung scheinbar eine Erhöhung erfährt.

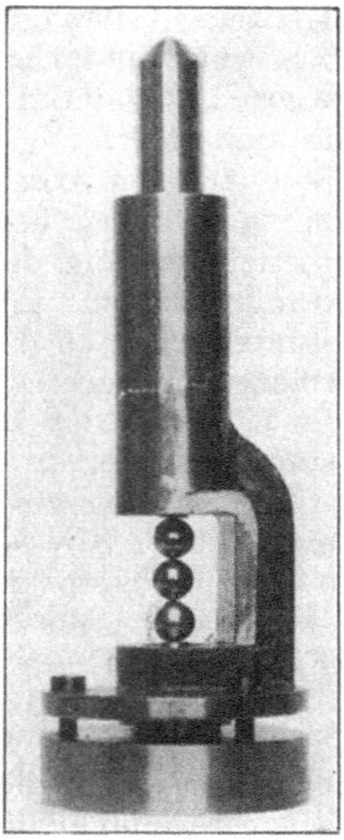

Abb. 94.

Für die Kugelprüfung kann deshalb nur die Methode nach dem ersten Belastungsschema, wobei Eindringen nicht zu befürchten ist, „nämlich Kugel zwischen zwei ebensolchen Kugeln gleichen Durchmessers", in Frage kommen. Da die Einstellung von drei Kugeln übereinander unmittelbar zwischen die Preßplatten einer Materialprüfungsmaschine wegen der Eindringungsgefahr nicht angängig ist, empfiehlt sich die Verwendung einer Führungsvorrichtung nach Abb. 94. Die Vorrichtung liefert die Firma Amsler & Co. in Schaffhausen. Die Benutzung derselben erfolgt in Verbindung mit einer Materialprüfungsmaschine für Druckversuche. Die Kugeln werden zwischen den Führungsstempeln der Vorrichtung angeordnet und dann durch die Presse belastet. Das Ausrichten der Kugeln geschieht in einfachster Weise mit einem kleinen Lineal aus Winkeleisen. Da die Lage der beiden äußeren Kugeln durch ihre Zentrierung in den Stahlstempeln gesichert ist, muß man darauf achten, daß beim Ausrichten nur an die mittlere Kugel gedrückt wird. Nach Einstellung und leichter Belastung der Kugeln treffe man Sicherheitsvorkehrungen gegen die bei Eintritt des Bruches weggeschleuderten Bruchstücke. Die besten Dienste verrichtet ein aus mehreren Teilen bestehender Holzkasten, der die Vorrichtung umschließt. Auch ein herumgelegtes Handtuch bietet hinreichenden Schutz. Der Bruch tritt mit lautem Knalle ein, und die Bruchstücke zeigen das aus Abb. 95 ersichtliche Aussehen. Sie bestehen in der Regel aus vier Teilen, von denen die zwei oben und unten liegenden kegel- oder auch keilförmigen Stücke besonders bemerkenswert sind. Diese Bruchform entsteht, wenn die Kugeln ohne Unterbrechung bis zur Zerstörung belastet werden.

Abb. 95.

Entlastet man dagegen die Kugeln während des Versuches wiederholt, dann tritt nicht nur der Bruch bei einer niedrigeren Belastung, und zwar während einer Entlastungsperiode, ein, sondern es fehlen auch die obenerwähnten Druckkegel, die Kugel zerspringt in einer Meridianebene in zwei gleiche Teile.

Die Ursache der höheren Tragfähigkeit der Kugeln bei ununterbrochener Belastungssteigerung ist darin begründet, daß bei fortschreitender Belastung die beiden bereits teilweise auseinandergesprungenen Kugelhälften durch die Reibung an den Preßstellen zusammengehalten (s. § 34) und erst nach Überschreitung der Scherfestigkeit in den Mantelflächen der beiden Druckkegel durch das Eindringen dieser beiden Kegel in das Innere die beiden Kugelhälften auseinandergesprengt werden. Wird dagegen die Kugel periodisch entlastet, dann hört die Reibung an den Preßstellen zeitweise auf, die Kugel kann ihre ehemalige Gestalt wieder annehmen und ein bereits vorhandener Riß in der Kugel bewirkt beim Spannungsausgleich die Trennung beider Hälften.

Wie aus dem vorstehenden ersichtlich, ist es mithin wichtiger, die Belastung festzustellen, bei der der erste Riß auftritt, als diejenige Kraft, welche eine Zertrümmerung der Kugel bewirkt. Diese Belastung wird Sprungbelastung genannt. Ein Vergleich der Sprungbelastungen mit den Bruchbelastungen führt zu dem Ergebnisse, daß hohe Bruchbelastung keineswegs auch hohe Sprungbelastung bedingt. Es kommt vor, daß der erste Sprung bereits bei einer Belastung eintritt, welche dem zehnten Teile der Bruchbelastung entspricht und somit nach den vorausgeschickten Erläuterungen noch innerhalb der zulässigen Kugelbelastung liegt. Der erste Sprung ist in der Regel ein Kreissprung, welcher die Druckstelle umgibt. Dem bloßen Auge ist er unsichtbar und auch mit dem Mikroskop nur selten wahrnehmbar. Ätzt man dagegen die Kugeloberfläche mit verdünnter Salzsäure, dann wird der Sprung sofort sichtbar.

Da bei Kugeln aber nicht allein die Belastung von Bedeutung ist, welche Sprungbildung oder Zerstörung veranlaßt, sondern bereits bleibende Formänderungen für die Verwendbarkeit von Kugeln maßgebend sind, muß in Übereinstimmung mit dem Härteprüfungsverfahren von Auerbach (s. § 83) diejenige Höchstbelastung ermittelt werden, bei der eine Steigerung der spezifischen Pressung nicht oder wenigstens nicht mehr in erheblichem Maße möglich ist. Zu diesem Zwecke ist die Druckhärtekurve zu zeichnen, worin die Belastungen als Abszissen und die zugehörigen spezifischen Pressungen in kg/qcm als Ordinaten aufgetragen werden.

Stribeck fand, daß für Kugeln jeden Durchmessers sich gleiche Pressungen ergeben, wenn nur die Belastungen proportional den Quadraten der Durchmesser d gewählt werden. Abweichungen treten erst bei sehr hohen Belastungen, beginnend mit etwa $P = 2000\,d^2$ auf. Die hierzu gehörende spezifische Pressung kann als Härtemaß für die Kugeln benutzt werden.

Von Wichtigkeit für die Beurteilung der Güte von Stahlkugeln ist neben ihrer Druckfestigkeit ihre Zähigkeit. Stribeck bezeichnet als Maß für die Zähigkeit die Arbeitsaufnahme, bezogen auf die Volumeneinheit einer zwischen zwei gleichen Kugeln gedrückten Kugel bis zum Eintritt des ersten Sprunges.

Danach ist die Zähigkeit:

$$Z = \frac{1}{\frac{\pi}{6} D^3} \int_0^{\delta\,\text{Spr.}} P \cdot d \cdot \frac{\delta}{2} \cdot$$

$\frac{\delta}{2}$ bedeutet hierin die Zusammendrückung der Kugel.

Setzt man in dieser Formel abweichend von Hertz unter der Annahme einer Dehnungszahl des Kugelmaterials von $\frac{1}{2120000}$ nach Schwinning[1])

$$\frac{\delta}{2} = 0{,}966 \cdot 10^{-4}\left(\frac{P}{D^2}\right)^{0{,}72} D,$$

worin die Einheiten Kilogramm und Zentimeter sind, so ergibt sich die Zähigkeit der Kugel

$$Z = 0{,}77 \cdot 10^{-4}\left(\frac{P}{D^2}\right)^{1{,}72} \text{cmkg}$$

Ist z. B. die Kugelbelastung $P = 800\,D^2$ kg, worin D den Kugeldurchmesser in Zentimetern gemessen bedeutet, dann ergibt sich die Zähigkeit

$$Z = 0{,}77 \cdot 10^{-4}\left(\frac{800\,D^2}{D^2}\right)^{1{,}72} \text{cmkg}$$

$$Z = 7{,}58 \text{ cmkg}.$$

Weitere Erläuterungen über die Druckfestigkeit der Stahlkugeln s. Bach & Baumann, Elastizität und Festigkeit, Berlin, Julius Springer.

III. Biegeversuche.

§ 40. Die Biegefestigkeit der Materialien.

Ein stabförmiger Körper ist auf Biegung beansprucht, wenn die äußeren Kräfte senkrecht zur Richtung der Stabachse wirken und in jedem Querschnitte ein Kräftepaar hervorrufen, dessen Ebene senkrecht auf der Querschnittsebene steht.

Der bei A eingespannte prismatische Stab AB (Abb. 96) sei am Ende B mit der Kraft P, welche in der Ebene der einen Hauptachse des Stabquerschnittes angreift, belastet. Die Kraft ergibt alsdann für den um x von A entfernten Querschnitt C ein

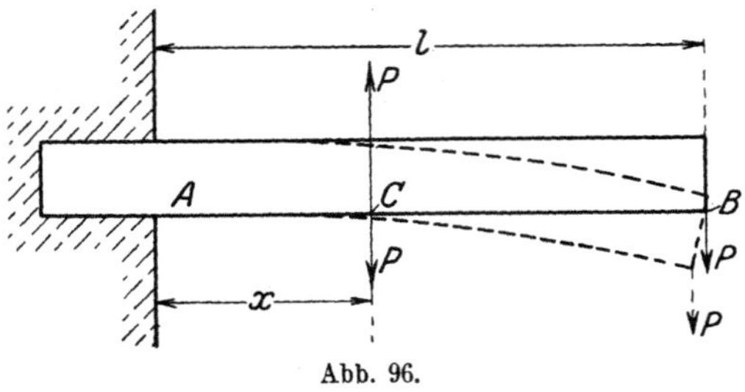

Abb. 96.

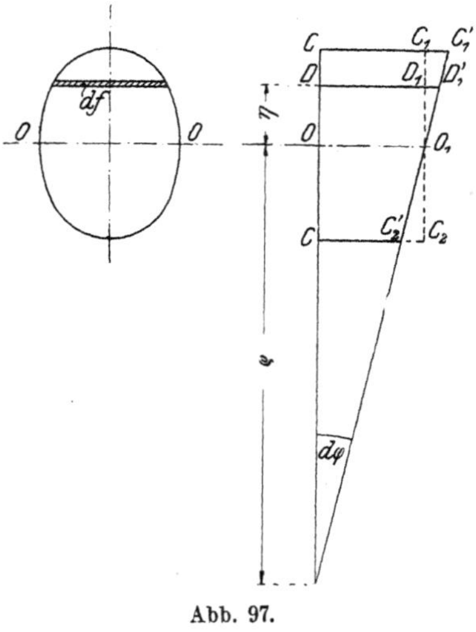

Abb. 97.

Kräftepaar, dessen Moment $M_b = P \cdot (l - x)$ ist und eine in Richtung der Querschnittsebene wirkende Kraft P, die zur Vereinfachung für den vor-

[1]) Zeitschr. d. Ver. deutsch. Ing. 1901, S. 335. Ferner über den gleichen Gegenstand ebenda 1901, S. 73 und 1907, S. 1445.

liegenden Fall jedoch außer acht gelassen werden kann. Die Kraft P des Kräftepaares bewirkt eine Krümmung des Stabes, welche zur Folge hat, daß zwei benachbarte, ehemals parallel zueinanderliegende Querschnitte des Probestabes diesen Parallelismus verlieren und Richtungen annehmen, die sich in einem Punkte, dem Krümmungsmittelpunkte, schneiden. Hierbei ist vorausgesetzt, daß die anfänglich ebenen Querschnitte auch nach der Krümmung eben und senkrecht zur Stabachse bleiben.

Denkt man sich das in Abb. 97 dargestellte, dx lange, nach dem Radius ϱ gebogene Stück OO_1 aus dem Stabe herausgeschnitten und betrachtet die Formänderung desselben gegenüber der ursprünglichen Form, so erkennt man, daß die oberhalb der Faserschicht OO_1 liegenden Fasern eine Verlängerung und die unterhalb liegenden eine Zusammendrückung erfahren haben. Die Faserschicht OO_1 hat sich dagegen an der Formänderung nicht beteiligt, sie ist weder länger noch kürzer geworden und wird deshalb als „neutrale Faserschicht" bezeichnet. In bezug auf den Querschnitt liegt diese Schicht in derjenigen Hauptachse des Querschnittes, welche die Ebene der äußeren Kräfte P senkrecht schneidet. Diese Hauptachse heißt deshalb „neutrale Achse" oder, weil sowohl die Dehnungen als auch die Spannungen in ihr gleich Null sind, auch „Nullachse" oder „Nullinie".

Die in der Entfernung η von der neutralen Schicht liegende Faserschicht DD_1 hat sich um den Betrag D_1D_1' verlängert. Die dieser Verlängerung entsprechende verhältnismäßige Dehnung ε ergibt sich mit Rücksicht darauf, daß $DD_1 = OO_1 = CC_1 = dx$ ist, zu:

$$\varepsilon = \frac{DD_1' - DD_1}{D\,D_1} = \frac{D_1D_1'}{OO_1} = \frac{\eta \cdot d\varphi}{d\,x}\,. \tag{1}$$

Diese Dehnung ε ist hervorgerufen durch eine Spannung σ, welche sich unter Zugrundelegung des Gesetzes

$$\varepsilon = \alpha \cdot \sigma$$

zu

$$\sigma = \frac{\eta \cdot d\,\varphi}{\alpha \cdot d\,x} \tag{2}$$

berechnet.

Die Spannungen σ stellen innere Kräfte dar, deren algebraische Summe, wenn Gleichgewicht herrschen soll, gleich Null und deren Moment gleich und entgegengesetzt dem Momente der äußeren Kraft sein muß.

Die erste Bedingung ist erfüllt, wenn (s. Abb. 97)

$$\int \sigma\, d\,f = 0 \tag{3}$$

genommen über den ganzen Querschnitt ist.

Da der Quotient $\frac{d\,\varphi}{d\,x}$ für sämtliche Flächenstreifen des Querschnittes konstant und

$$\sigma = \frac{\eta}{\alpha} \cdot \frac{d\,\varphi}{d\,x} \text{ ist,}$$

ergibt sich

$$\int \frac{\eta}{\alpha} \cdot d\,f = 0\,. \tag{4}$$

Nimmt man an, daß die Dehnungszahl α für Zug- und Druckbeanspruchung gleich groß ist und zwischen Spannung und Dehnung Proportionalität herrscht, so gilt

$$\int \eta \cdot d f = 0 , \tag{5}$$

d. h. die neutrale Achse, in der, wie wir oben gesehen haben, die Spannungen und Dehnungen gleich Null sind, geht durch den Schwerpunkt des Querschnittes.

Die zweite Gleichgewichtsbedingung fordert, daß

$$\int \sigma \cdot d f \cdot \eta = M_b \text{ ist.} \tag{6}$$

Setzt man für σ unter Berücksichtigung der vorstehenden für den Dehnungskoeffizienten erwähnten Bedingungen den oben aus dem Gesetz $\varepsilon = \alpha \cdot \sigma$ abgeleiteten Wert ein, so ergibt sich:

$$M_b = \frac{1}{\alpha} \cdot \frac{d \varphi}{d x} \int \eta^2 d f . \tag{7}$$

$\int \eta^2 d f$ ist das Trägheitsmoment des Querschnittes, bezogen auf die Schwerpunkts- bzw. Neutralachse OO, und wird allgemein mit Θ bezeichnet.

Aus

$$M_b = \frac{1}{\alpha} \cdot \frac{d\varphi}{dx} \cdot \Theta \tag{8}$$

wird, da

$$\sigma = \frac{\eta}{\alpha} \cdot \frac{d\varphi}{dx}$$

ist,

$$\sigma = \frac{M_b}{\Theta} \cdot \eta . \tag{9}$$

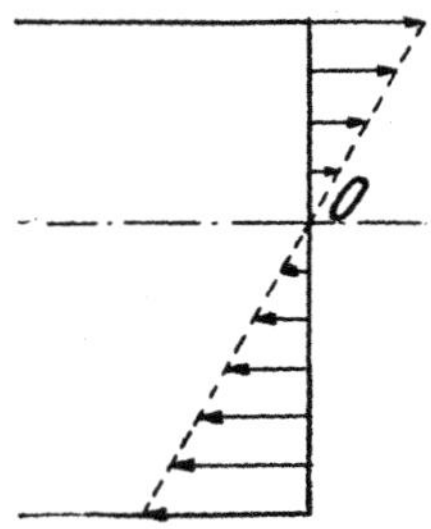

Abb. 98.

Dies bedeutet, daß die Größe der Spannungen proportional ihrem Abstande von der Nullachse zu- oder abnimmt (wie Abb. 98 zeigt). Bezeichnet man den Abstand der am weitesten von der Nullachse entfernten Faserschicht mit e, so ergibt sich die Materialspannung auf der Zugseite des Stabes zu

$$\sigma_z = \frac{M_b}{\Theta} \cdot e_z \tag{10}$$

und auf der Druckseite zu

$$\sigma_d = \frac{M_b}{\Theta} \cdot e_d . \tag{11}$$

Die größte Materialspannung, unter der der Bruch des Probestabes erfolgt, heißt die Biegefestigkeit des Materials. Sie kann eine Zugspannung σ_z oder eine Druckspannung σ_d sein, je nachdem, ob der Bruch durch Zerreißen der Fasern auf der Zugseite oder durch Zusammenstauchen derselben auf der Druckseite des Stabes stattfindet. Ihre Berechnung erfolgt nach den Beziehungen (10) oder (11).

§ 41. Die Formänderungen der Probestäbe bei der Biegungsbeanspruchung.

Wie bereits im § 40 auseinandergesetzt wurde, erleidet der auf Biegung beanspruchte Probestab durch die äußeren Kräfte eine Durchbiegung. Die Art derselben ist abhängig vom Kraftangriff und der Größe des Biegungsmomentes.

an dem betrachteten Querschnitt. Einfach liegen in dieser Beziehung die Verhältnisse bei den stabförmigen Körpern mit durchgehends gleichen Querschnitten, da bei ihnen die Momenten- und Spannungsverteilung ohne weiteres feststellbar ist. Schwieriger gestalten sich die Verhältnisse aber bei der Untersuchung von Konstruktionsteilen wechselnder Querschnitte und nicht gerader Stabform, wie sie z. B. bei der Prüfung von Achsen, Kurbelwellen u. dgl. vorliegen. In solchem Falle ist den gleichzeitig auftretenden Nebenspannungen Aufmerksamkeit zu widmen, und die Versuchsanordnung ist so zu treffen, daß alle Spannungsarten der Messung zugängig werden.

Bei dem einseitig eingespannten prismatischen Stabe der Abb. 96 schneiden sich die beiden in der Abb. 97 dargestellten Querschnittsebenen im Krümmungsmittelpunkte der Stabachse, d. i. der elastischen Linie. Bezeichnet man den dazugehörigen Krümmungsradius mit ϱ, so ergibt sich:

$$\varrho = \frac{dx}{d\varphi} = \frac{\Theta}{\alpha \cdot M_b} \tag{12}$$

oder die Krümmung:

$$\frac{1}{\varrho} = \alpha \cdot \frac{M_b}{\Theta}. \tag{13}$$

Der Krümmungsradius für eine Kurve ist allgemein:

$$\varrho = \frac{\left[1 + \left(\frac{dy}{dx}\right)^2\right]^{\frac{3}{2}}}{\pm \frac{d^2y}{dx^2}}. \tag{14}$$

Der Faktor $1 + \left(\frac{dy}{dx}\right)^2$ darf wegen der Kleinheit der in Betracht kommenden Durchbiegungen gleich 1 gesetzt werden, so daß sich die Krümmung ergibt zu:

$$\frac{1}{\varrho} = \pm \frac{d^2y}{dx^2}. \tag{15}$$

Führt man diesen Wert für die Krümmung in die obige Beziehung ein, so erhält man allgemein das biegende Moment

$$M_b = \pm \frac{\Theta}{\alpha} \cdot \frac{d^2y}{dx^2}. \tag{16}$$

Für den in der beliebigen Entfernung x von der Einspannstelle des Stabes befindlichen Querschnitt war das biegende Moment:

$$M_b = P(l - x), \tag{17}$$

so daß sich ergibt:

$$P(l - x) = \frac{\Theta}{\alpha} \cdot \frac{d^2y}{dx^2}. \tag{18}$$

Unter der bereits früher gemachten Voraussetzung, daß die Dehnungszahl α für Zug- und Druckbeanspruchung gleich groß und der Stabquerschnitt über die ganze Länge konstant sind, ergibt die Integration obiger Gleichung:

$$\frac{\Theta}{\alpha} \cdot \frac{dy}{dx} = P\left(l\,x - \frac{x^2}{2}\right) + C \tag{19}$$

Da mit genügender Annäherung die ehemals gerade Stabachse in der Einspannstelle als Tangente der gekrümmten, d. i. der elastischen Linie betrachtet werden darf, so ist für

$x = 0$ auch $\frac{dy}{dx} = 0$, also auch $C = 0$,

mithin

$$\frac{dy}{dx} = \frac{\alpha}{\Theta} \cdot P\left(l - \frac{x}{2}\right) \cdot x. \qquad (20)$$

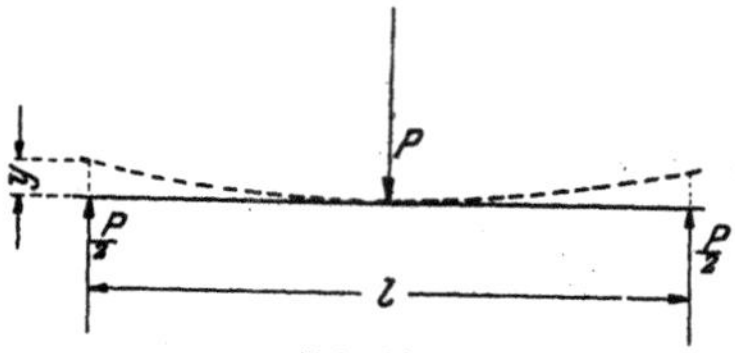

Abb. 99.

Hieraus folgt, daß für $x = 0$ auch $y = 0$ wird. Die Integration der Gleichung gibt die Gleichung der elastischen Linie:

$$y = \frac{\alpha}{\Theta} \cdot \frac{P}{2}\left(l - \frac{x}{3}\right) \cdot x^2. \qquad (21)$$

Die Durchbiegung des gewichtslos gedachten, einseitig eingespannten Stabes am Ende ergibt sich hieraus, indem $x = l$ gesetzt wird, zu:

$$y = \frac{\alpha}{\Theta} \cdot \frac{P}{2} \cdot \left(l - \frac{l}{3}\right) l^2;$$

$$y = \frac{\alpha}{\Theta} \cdot \frac{P}{3} \cdot l^3. \qquad (22)$$

Dieser Belastungsfall kommt im Materialprüfungswesen fast niemals und bei der Prüfung von Konstruktionsteilen selten vor.

Am wichtigsten ist der Fall (nach Abb. 99), daß der Stab an seinen Enden frei aufliegt und in der Mitte durch eine Einzelkraft belastet wird. Dieser

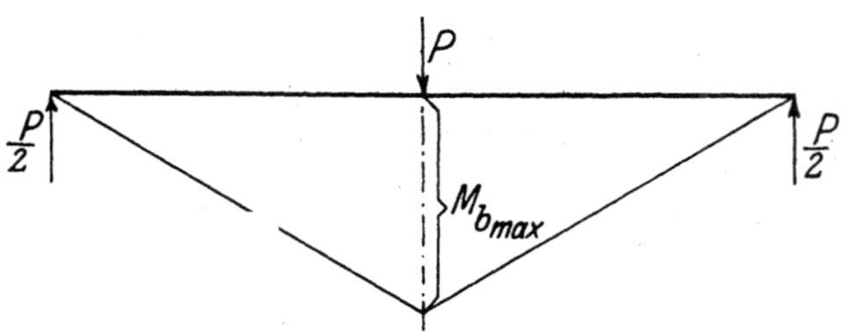

Abb. 100.

Belastungsfall kann aus demjenigen einseitiger Einspannung insofern unmittelbar abgeleitet werden, als angenommen wird, daß der Stab in der Mitte am Kraftangriffspunkte eingespannt und an den Enden durch den Widerlagerdruck belastet wird. Das biegende Moment ist demnach:

$$M_b = \frac{P}{2} \cdot \frac{l}{2} = \frac{P \cdot l}{4} \qquad (23)$$

und die größte Materialspannung im gefährlichen Querschnitte nach Gleichung (9):

$$\sigma = \frac{P \cdot l}{4} \cdot \frac{e}{\Theta}. \qquad (24)$$

Der gefährliche Querschnitt liegt in der Mitte der Stablänge und die Verteilung der Biegungsmomente erfolgt gemäß der Abb. 100.

Führt man in die Gleichung der elastischen Linie für P und l die entsprechenden Werte $\frac{P}{2}$ und $\frac{l}{2}$ ein, so ergibt sich unter Vernachlässigung des Eigengewichtes des Stabes die Durchbiegung seiner Enden gegenüber der Mitte zu:

$$y = \frac{\alpha}{\Theta} \cdot \frac{P}{6} \cdot \frac{l^3}{8},$$

$$y = \frac{\alpha}{48} \cdot \frac{P \cdot l^3}{\Theta}. \tag{25}$$

Diese Gleichung wird in der Regel benutzt, um die Dehnungszahl bzw. den Elastizitätsmodul eines Materials mit Hilfe des Biegeversuches zu ermitteln. Mißt man nämlich die zu einer gewissen Belastung P gehörige Durchbiegung eines Stabes mit über seine ganze Länge gleich großem Trägheitsmomente Θ, so ergibt sich unter den Voraussetzungen, für welche die allgemeine Gleichung der elastischen Linie anwendbar ist, die Dehnungszahl

$$\alpha = 48 \cdot \frac{y}{P} \cdot \frac{\Theta}{l^3} \tag{26}$$

und der Elastizitätsmodul

$$E = \frac{1}{\alpha} = \frac{l^3}{48} \cdot \frac{P}{\Theta \cdot y}. \tag{27}$$

Bei dieser Berechnungsmethode ist zu beachten, daß das Verhältnis der Querschnittshöhe zur Länge des Probestabes eine gewisse Größe nicht überschreiten darf. Besitzt nämlich der Probestab gegenüber der Länge eine verhältnismäßig große Querschnittshöhe, so wird die Durchbiegung durch die Schubkraft, welche die äußere Kraft hervorruft, sowie durch die Reibungskräfte an den Auflagern beeinflußt und die Dehnungszahl wird zu groß gefunden[1]).

Da durch die Schubspannungen und durch die Reibungskräfte nicht allein die Dehnungszahl, sondern auch die Biegungsfestigkeit beeinflußt wird, schreibt der Internationale Verband für die Materialprüfungen der Technik für die Prüfung von Gußeisen Stäbe vor, die bei 100 cm Stützweite quadratischen Querschnitt mit 3,0 cm Seitenlänge besitzen[2]). Dieses Verhältnis 1 : 33,3 empfiehlt sich auch für alle anderen Materialien, und es ist anzustreben, zur Vergleichbarkeit der gewonnenen Einzelwerte stets dieses Verhältnis von Querschnittshöhe zu Stützweite bei Biegeversuchen zu benutzen. Ist diese Forderung nicht zu erfüllen, so kontrolliere man das

---

[1]) Über Durchbiegung infolge von Schubspannungen s. Stahl und Eisen 1909, S. 2025.

[2]) Neuerdings sind für Biegeversuche mit Gußeisen auch zylindrische Stäbe von 30 mm Durchmesser und 650 mm Länge bei 600 mm Auflagerentfernung zugelassen. Über die Vergleichbarkeit der an runden Stäben gewonnenen Ergebnisse mit den an solchen mit quadratischem Querschnitte ermittelten s. Bach, Zeitschr. d. Ver. deutscher Ing. 1908, S. 2061, und 1909, S. 299ff.; ferner: Bericht von Jüngst, erstattet im Protokoll der 12. Hauptversammlung des Deutschen Verbandes für die Materialprüfungen der Technik 1911 in Düsseldorf, Schade, Berlin.

Versuchsergebnis durch Rechnung unter Benutzung der Gleichungen[1]) für die Festigkeit eines auf Biegung und Schub beanspruchten Stabes.

Die Größe des Einflusses, welchen das Verhältnis — Querschnittshöhe zu Stützweite des Probestabes — ausübt, ist aus den im folgenden wiedergegebenen Versuchen des Verfassers mit Gußeisenstäben zu ersehen. Es wurden je 5 Stäbe mit quadratischem Querschnitte von 3,0 × 3,0 cm aus demselben Maschinengußeisen, dessen Zerreißfestigkeit durch 5 Versuche zu 1435 kg/qcm ermittelt worden war, dem Biegeversuche bei verschiedenen Stützweiten unterzogen. Die mittlere Biegefestigkeit der Stäbe betrug:

Stützweite cm	Verhältnis von Querschnitts-höhe zu Stützweite	Biegefestigkeit kg/qcm	Zunahme der Biegefestigkeit %
100	1: 33,3	2300	—
50	1: 16,7	2400	4,3
40	1: 13,3	2510	9,2
30	1: 10,0	2590	12,6
20	1: 6,7	2630	14,4

Eine weitere Möglichkeit zur Berechnung der Dehnungszahl α aus den Ergebnissen des Biegeversuches bietet die Gleichung (20):

$$\frac{dy}{dx} = \frac{\alpha}{\Theta} \cdot P\left(l - \frac{x}{2}\right) \cdot x .$$

Berücksichtigt man nämlich, daß bei dem in Abb. 96 dargestellten Belastungsfalle $\frac{dy}{dx}$ gleich der trigonometrischen Tangente des Winkels ist, welchen die gebogene Stabachse im Angriffspunkte der Kraft P mit der ehemals geraden Stabachse bildet, so ist für das Ende B des Stabes, da $x = l$ ist,

$$\operatorname{tg}\beta = \frac{\alpha}{\Theta} \cdot P\left(l - \frac{l}{2}\right) \cdot l ,$$

$$\operatorname{tg}\beta = \frac{\alpha}{\Theta} \cdot \frac{P \cdot l^2}{2} . \tag{28}$$

β ist stets ein sehr kleiner Winkel, so daß man die Tangente des Winkels gleich dem Bogen setzen kann. Es ist alsdann die Dehnungszahl α des gewichtslos gedachten Stabes

$$\alpha = \frac{2\beta \cdot \Theta}{P \cdot l^2} \tag{29}$$

und der Elastizitätsmodul

$$E = \frac{1}{\alpha} = \frac{P \cdot l^2}{2\beta \cdot \Theta} \tag{30}$$

Diese letzte Berechnungsweise wird dann angewandt, wenn aus irgendeinem Grunde die Messung der Durchbiegung des Stabes nicht

[1]) Siehe Bach, Elastizität und Festigkeit, Berlin, oder „Hütte".

angängig ist, aber für Bestimmung des Winkels β Mittel zu Gebote stehen.

Ein weiterer Belastungsfall, der dann angewendet wird, wenn innerhalb einer gewissen Stablänge ein gleich großes biegendes Moment benötigt wird, ist der gemäß Abb. 101. Es wirken dabei zwei parallele Einzelkräfte auf den Stab ein, die so angeordnet werden müssen, daß sie sich gegenseitig nicht beeinflussen. Es muß daher der Kraftübertragungsvorrichtung besondere Aufmerksamkeit geschenkt und bei der Belastungsfeststellung darauf geachtet

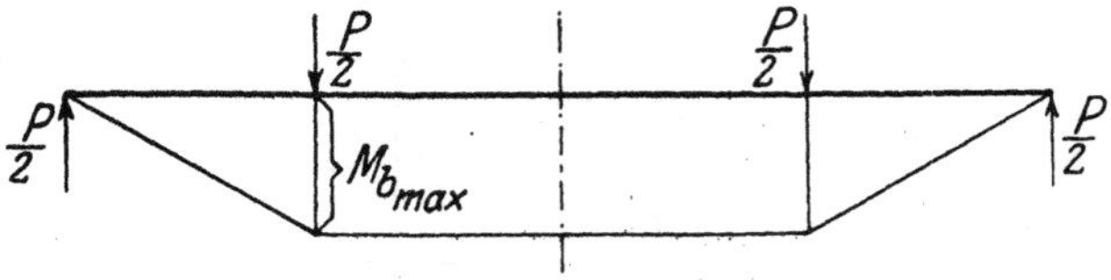

Abb. 101.

werden, daß das Gewicht des Stabes mit berücksichtigt wird, wenn es als zusätzliche Belastung wirkt.

Auch gleichmäßig verteilte Belastung gemäß Abb. 102 wird bei Biegeversuchen gelegentlich verwendet (s. S. 542 und Abb. 497).

Für die Materialprüfung kommt dem Biegeversuch insofern besondere Bedeutung zu, als er geeignet ist, auch die Zugfestigkeit spröder Körper mit großer Genauigkeit festzustellen. Während sich nämlich beim normalen Zugversuch mit spröden Stoffen etwaige Unregelmäßigkeiten der Einspannung

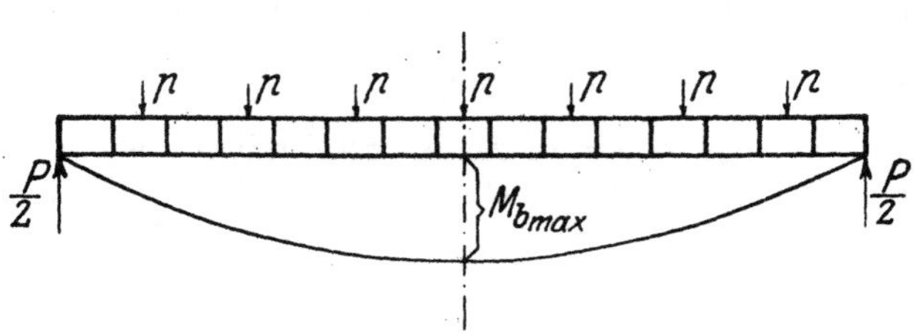

Abb. 102.

des Probekörpers höchst unliebsam durch vorzeitigen Bruch bemerkbar machen, lassen sich die Probekörper für Biegeversuche völlig einwandfrei in der Prüfungsmaschine belasten, ohne daß Nebenbeanspruchungen das Ergebnis zu beeinflussen vermögen. Es ist jedoch notwendig, sich beim Versuch davon zu überzeugen, ob die Formänderungen auf der Zug- und Druckseite des Stabes gleich groß oder verschieden sind. Das läßt sich aber leicht nach bestimmten Methoden (s. S. 125) ermitteln.

Bei Gesteinen läßt sich z. B. die Zugfestigkeit durch den Zugversuch in den seltensten Fällen einwandfrei erproben. Der Biegeversuch dagegen liefert in jedem Falle ein zutreffendes Ergebnis, insbesondere dann, wenn der Versuch nach der Belastungsart Abb. 101 angeordnet wird.

Der Gang eines zweckmäßig ausgeführten Biegeversuches zur Ermittelung der Materialkonstanten ergibt sich aus dem nebenstehenden Schema (S. 119).

Biegeversuch mit Feinmessung der Durchbiegungen.

Maschine: 150-tPresse von Amsler. Material: Flußeisen.

Feinmeßinstrument: Zeigerapparate mit Übersetzungsverhältnis $n = \frac{400}{1}$.

Belastungsweise:

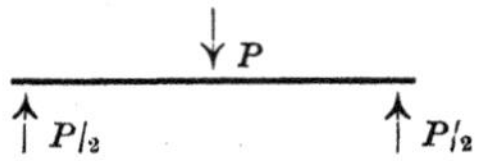

Stützweite $l = 100$ cm.

Abmessungen des gefährlichen Querschnittes: cm

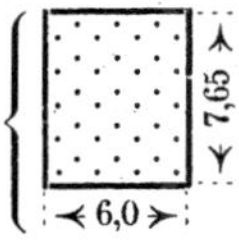

$e_z = e_d = e$.

Trägheitsmoment $\Theta = 223{,}85$ cm^4

Abstand der am stärksten gespannten Faser von der Neutralachse $e = 3{,}825$ cm.

Belastung P kg	Ablesung am Feinmeßinstrument mm links	rechts	Mittel aus beiden Ablesungen a mm	Elastische Durchbiegung $y = \frac{a}{n \cdot 10}$ cm
200	0	0	0	0
400	34,4	36,0	35,2	0,008525
200	1,0	1,2	1,1	
600	71,0	71,4	71,2	0,017225
200	2,2	2,4	2,3	
800	106,9	107,5	107,2	0,025950
200	3,1	3,7	3,4	
1000	143,1	143,3	143,2	0,034675
200	4,3	4,7	4,5	
1200	178,7	179,3	179,0	0,043400
200	5,3	5,5	5,4	
1400	214,8	215,2	215,0	0,052100
200	6,4	6,8	6,6	
1600	250,9	251,3	251,1	0,060825
200	7,6	8,0	7,8	
1800	286,5	287,3	286,9	0,069550
200	8,5	8,9	8,7	
2000	322,8	323,4	323,1	0,078275
200	9,8	10,2	10,0	
2200	358,8	359,2	359,0	0,086975
200	10,9	11,3	11,1	
2400	395,0	395,2	395,1	0,095725
200	11,9	12,5	12,2	
12500	Biegegrenze			

Berechnungen.

Elastische Durchbiegung: y von 800 bis 1200 kg Belastung $= 0{,}043400 - 0{,}025950 = 0{,}017450$ cm, so daß sich ergibt für die Belastungszunahme von 400 kg die Dehnungszahl:

$$\alpha = \frac{48 \cdot y \cdot \Theta}{P \cdot l^3} = \frac{48 \cdot 0{,}017450 \cdot 223{,}85}{400 \cdot 1000000} = \frac{1}{E} = \frac{1}{2135200}.$$

Biegungsspannung an der Fließ- bzw. Biegegrenze:

$$\sigma_f = \frac{P \cdot l}{4} \cdot \frac{e}{\Theta}$$

$$\sigma_f = 5340 \text{ kg/qcm.}$$

Bemerkungen:

Anscheinend infolge ungenauen Aufliegens des Probestabes sind die Werte für die Belastungen bis 600 kg nicht einwandfrei. Zur Berechnung der Dehnungszahl wurden daher nur die elastischen Durchbiegungen von 800 bis 1200 kg Belastung benutzt, da man von einer graphischen Ausgleichung[1]) der Messungsergebnisse absehen wollte.

[1]) Zur graphischen Ausgleichung werden die gemessenen elastischen Durchbiegungen als Funktion der Belastungen aufgezeichnet und aus den Werten der Ausgleichskurve (im vorliegenden Falle eine gerade Linie!) berichtigt. Diese berichtigten Werte werden alsdann zur Berechnung der Dehnungszahl benutzt. Ist die Kurve keine gerade Linie, dann gilt hinsichtlich der Dehnungszahl das gleiche wie beim Zugversuch (s. § 5). Es wird alsdann die Dehnungszahl für bestimmte Belastungs- bzw. Spannungsintervalle berechnet.

§ 42. Bestimmung des Trägheitsmomentes.

a) Rechnerisches Verfahren.

Die Benutzung der in § 40 entwickelten Hauptgleichungen setzt die Kenntnis des Trägheitsmomentes der Querschnitte der verwendeten Probestäbe voraus.

Für einfache Querschnittsformen läßt sich das Trägheitsmoment leicht berechnen, während es für unregelmäßige Querschnitte nach den unter b) angegebenen Verfahren zeichnerisch oder mittels Integrator bestimmt wird.

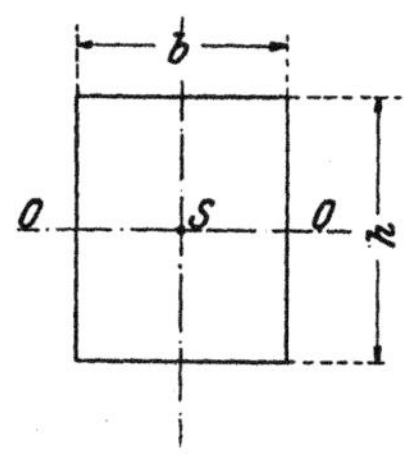

Abb. 103.

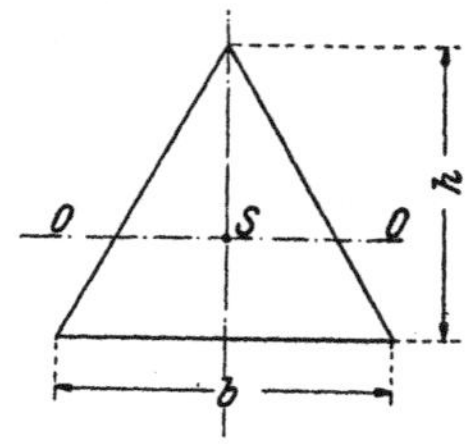

Abb. 104.

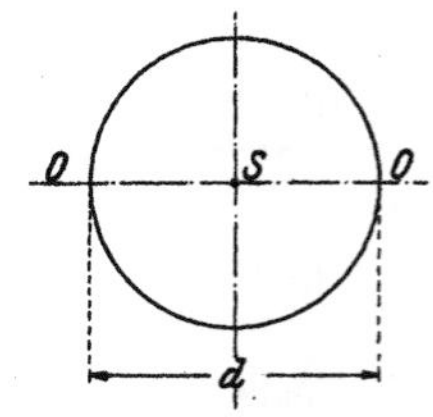

Abb. 105.

In bezug auf die Schwerpunktsachse OO ist das Trägheitsmoment für den rechteckigen Querschnitt (Abb. 103):

$$\Theta = \frac{1}{12} b h^3, \tag{1}$$

für den dreieckigen Querschnitt (Abb. 104):

$$\Theta = \frac{1}{36} b h^3, \tag{2}$$

für den kreisförmigen Querschnitt (Abb. 105):

$$\Theta = \frac{\pi}{64} d^4. \tag{3}$$

für den elliptischen Querschnitt (Abb. 106):

$$\Theta = \frac{\pi}{4} \cdot a^3 b, \tag{4}$$

für den kreisringförmigen Querschnitt (Abb. 107):

$$\Theta = \frac{\pi}{64} \cdot (d^4 - d_0^4). \tag{5}$$

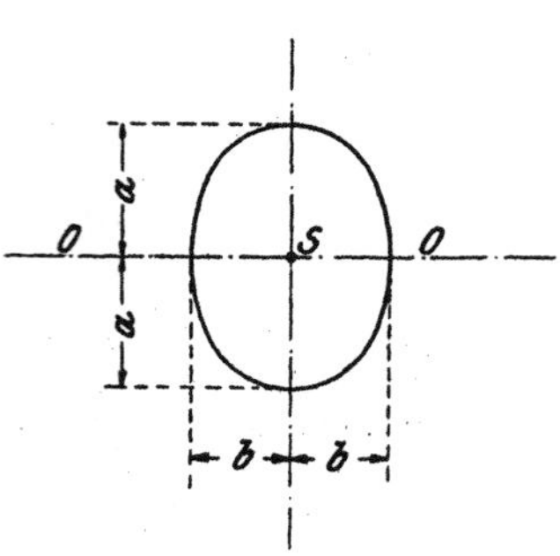

Abb. 106.

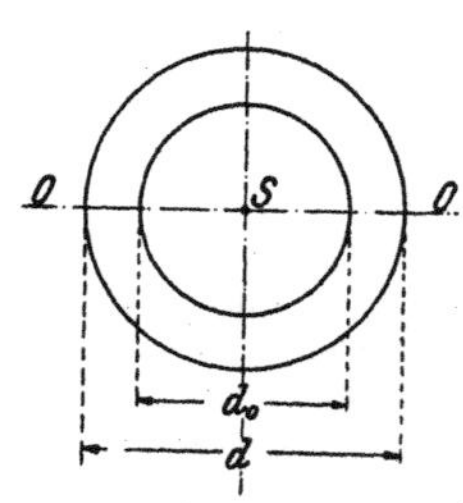

Abb. 107.

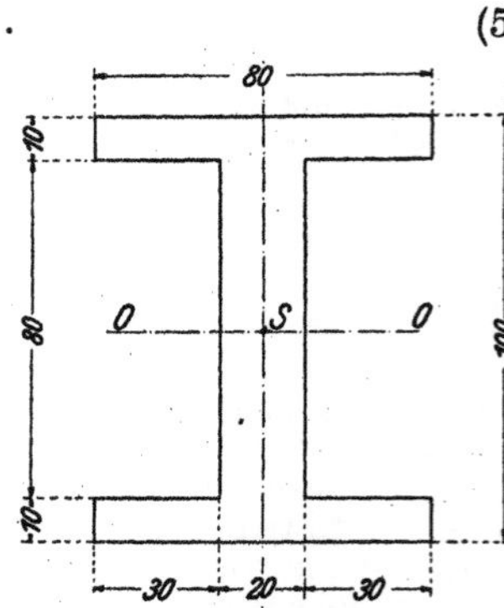

Abb. 108.

Für zusammengesetzte Querschnitte einfacherer Form wird das Trägheitsmoment in folgender Weise berechnet: Den in der Abb. 108 dargestellten Querschnitt kann man sich aus einem rechteckigen entstanden denken, indem von beiden Seitenhälften des Querschnittes je ein Rechteck von $30 \cdot 80$ mm Fläche entfernt wurde. Der Schwerpunkt liegt infolge der symmetrischen Gestalt des Querschnittes in dessen Mitte, also im Abstande

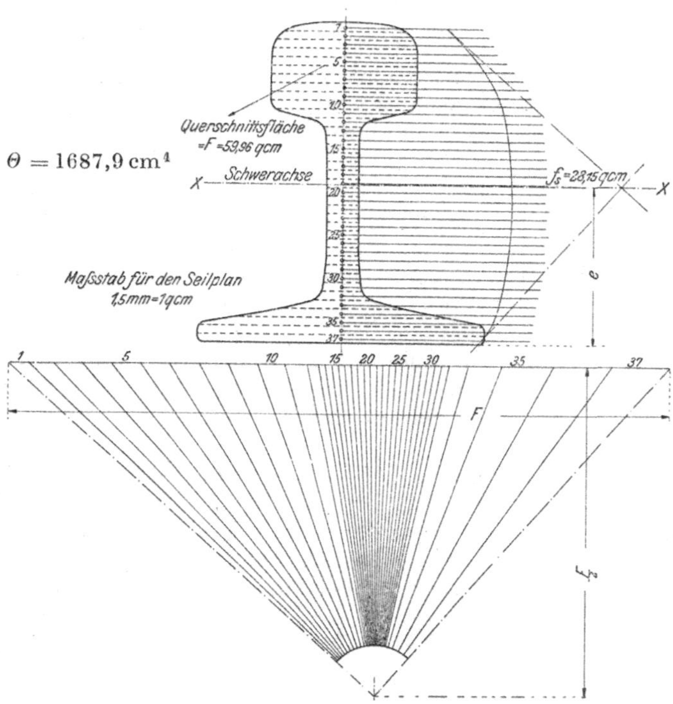

Abb. 109.

von 50 mm von der unteren Querschnittsbegrenzung. Das Trägheitsmoment, bezogen auf die Achse OO, ist mithin

$$\Theta = \frac{1}{12} \cdot 8{,}0 \cdot 10{,}0^3 - 2 \cdot \left(\frac{1}{12} \cdot 3{,}0 \cdot 8{,}0^3\right)$$

$$\Theta = 666{,}6 - 2 \cdot 128$$

$$\Theta = 410{,}6 \text{ cm}^4 .$$

b) Zeichnerisches Verfahren.

Für die Bestimmung des Trägheitsmomentes weniger einfacher Querschnitte, insbesondere solcher mit unregelmäßig gestalteten Begrenzungen, ist das graphische Verfahren nach Mohr dem rechnerischen vorzuziehen, um so mehr, als es neben dem Trägheitsmomente noch die Lage des Schwerpunktes liefert.

Es wird bei diesem Verfahren die Querschnittsfläche F (s. Abb. 109) durch parallel zur Achse gezogene Geraden in Flächenstreifen zerlegt, die so schmal gemacht werden müssen, daß die einzelnen Streifen mit genügender Genauigkeit als Rechtecke oder Trapeze gelten können. Hierauf bestimmt man den Inhalt eines jeden Flächenstreifens und denkt sich dieselben parallel zur Schwerpunktsachse als Schwerkraft in dem Schwerpunkte des Streifens angreifend. Mit diesen Kräften zeichnet man ein Kräftepolygon mit einem Polabstande, der gleich der halben Summe aller Kräfte F, also gleich $\frac{F}{2}$ ist, und konstruiert das zugehörige Seilpolygon. Der Schnittpunkt der beiden äußersten Polygonseiten gibt alsdann die Schwerpunktsachse des Querschnittes, und der Inhalt der vom Seilpolygon umschlossenen Fläche, multipliziert mit der Querschnittsfläche F, liefert das gesuchte Trägheitsmoment Θ, bezogen auf die Schwerpunktsachse $x - x$.[1])

Je schmaler die Flächenstreifen genommen werden, desto genauer ergibt sich der gesuchte Wert. Aus Abb. 109 ist die graphische Bestimmung des Trägheitsmomentes einer Eisenbahnschiene sächsisches Normalprofil Nr. 6 ersichtlich. Es ergab sich: $\Theta = 1687{,}9\ \text{cm}^4$.

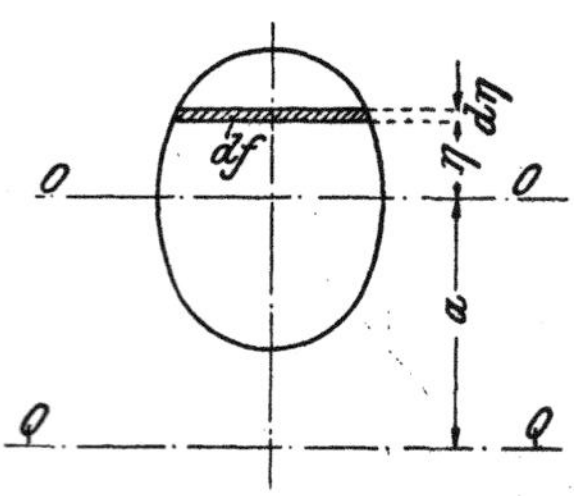

Abb. 110.

Für den in Abb. 110 dargestellten Querschnitt ist das Trägheitsmoment in bezug auf die Schwerpunktsachse OO:

$$\Theta = \int \eta^2 \cdot df. \tag{6}$$

Benötigt man das Trägheitsmoment Θ' eines solchen Querschnittes, bezogen auf eine andere Achse QQ, die im Abstande a parallel zur Schwerpunktsachse verläuft, so ist

$$\Theta' = \Theta + a^2 f,$$

worin f den gesamten Stabquerschnitt bedeutet.

§ 43. Das Spannungs-Durchbiegungsdiagramm.

Verfolgt man den Verlauf eines Biegeversuches, indem man in einem Koordinatensystem die Durchbiegungen als Funktion der Belastungen oder Materialspannungen aufzeichnet, so ergibt sich ein ähnliches Diagramm, wie es beim Zug- oder Druckversuche erhalten würde (s. Abb. 111).

Ist die Dehnungszahl α des vorliegenden Materials für Zug- und Druckbeanspruchung bei allen Spannungen gleich groß, so ist nach Gleichung (25) Seite 116 die Durchbiegung innerhalb einer gewissen Grenze proportional der äußeren Kraft P und, da nach Gleichung (24) Seite 115 σ proportional P ist, auch proportional der Materialspannung σ. Die Diagrammkurve ist demnach in ihrem Anfange von 0 bis zu dem Punkte P eine Gerade. Hiernach weicht sie in sanfter Krümmung bis zum Punkte F von der Geraden ab, um dann in

[1]) Einfacher erfolgt die Bestimmung der Trägheitsmomente instrumentell mittels eines „Integrators“. Dabei wird die Querschnittsfläche einfach wie beim Planimetrieren umfahren.

Richtung der y-Achse allmählich ansteigend bis zum Punkt B zu verlaufen. Diese markanten Punkte sind mit denen des Spannungs-Dehnungsdiagrammes beim Zugversuche identisch.

P ist die Proportionalitätsgrenze,

F ist die Fließgrenze, die beim Biegeversuche auch Biegegrenze genannt wird, und

B ist die Bruchgrenze des Materials.

Zur Unterscheidung werden die zu diesen Punkten gehörigen Grenzwerte der Belastungen, Spannungen und Durchbiegungen mit den Indizes p, f, b oder max. bezeichnet.

Die Berechnung der zu den genannten Punkten gehörigen Materialspannungen σ_p, σ_f und σ_b erfolgt nach den Beziehungen (10) und (11) (S. 113). $\sigma_b = \sigma_{\max}$ ist gleich der Biegefestigkeit K_b des Materials.

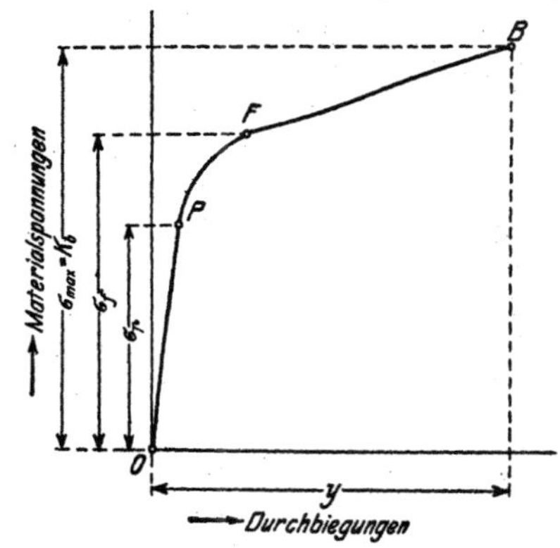

Abb. 111.

Die Proportionalitätsgrenze und die Fließgrenze des auf Biegung beanspruchten Stabes werden dadurch hervorgerufen, daß in der am stärksten gespannten Faser des Probestabes die Proportionalitäts- oder die Fließgrenze des Materials für Zug- oder Druckbeanspruchung erreicht ist. Beide Grenzen sind im Diagramm deutlich ausgeprägt, wenn die Formänderungen entsprechend dem Hookeschen Gesetz stattfinden, und wenn an der Fließgrenze eine plötzliche Dehnungszunahme vorhanden ist.

Gar nicht erkennbar sind die Punkte P und F im Diagramm, wenn das geprüfte Material nicht dem Hookeschen Gesetz (s. S. 24) genügt, und wenn mit dem Fließen keine starke Formänderung einhergeht.

Die Bruchgrenze kann nur bei solchen Stäben festgestellt werden, deren Material genügend Sprödigkeit besitzt, um durch allmähliche Steigerung der Durchbiegung in der am stärksten beanspruchten Faser zum Bruche gebracht zu werden. Stäbe aus zähem Material biegen sich dagegen immer mehr und mehr durch, ohne zum Bruche zu gelangen. Sie lassen sich unter Umständen, ohne zu brechen, so weit deformieren, daß die beiden Stabenden einander unmittelbar berühren (s. S. 224). Als Gütemaßstab gilt bei diesen Materialien, ebenso wie beim Druckversuche, die Spannung an der Biegegrenze.

Naturgemäß sind die Durchbiegungen des Probestabes abhängig von den Dehnungen, die das Material des Stabes durch die Normalspannungen in den einzelnen Querschnitten erfährt. Da diese Dehnungen nicht nur elastische, sondern auch bleibende sind, machen sich bei Belastungswechseln eines auf Biegung beanspruchten Stabes neben den federnden auch bleibende Durchbiegungen bemerkbar, und man erhält, ebenso wie beim Zug- und Druckversuche, Belastungs-Durchbiegungsdiagramme sowohl für federnde als auch für bleibende Durchbiegungen (s. Abb. 3, Seite 23). Zur Berechnung der Dehnungszahl α sind natürlich nur die federnden Dehnungen innerhalb der Elastizitäts- bzw. Proportionalitätsgrenze heranzuziehen (s. § 4).

§ 44. Biegeversuche mit Materialien, die nicht das Hookesche Gesetz erfüllen.

Sämtliche in den vorstehenden Paragraphen gegebenen Entwicklungen beziehen sich nur auf solche Körper, welche über ihre ganze Länge gleichartigen und gleich großen Querschnitt besitzen, und deren Material bei Zug- oder Druckbeanspruchung das Hookesche Gesetz erfüllt. Sind diese Voraussetzungen nicht gegeben, so müssen die Berechnungsweisen den vorliegenden Verhältnissen entsprechend geändert werden. Da im Materialprüfungswesen Körper mit wechselndem Querschnitte fast nie vorkommen, darf auf theoretische Darlegungen für solche Körper verzichtet werden.

Einzugehen ist dagegen auf die Vorgänge, die bei der Prüfung von Körpern eintreten, deren Material nicht dem Hookeschen Gesetz entspricht. Wie Bach u. a. nachgewiesen haben und wie bereits in § 5 erörtert worden ist, wachsen bei Gußeisen, Kupfer, Bronze, Sandstein, Granit, Zementmörtel, Zementbeton usw. die Dehnungen rascher als die Spannungen. Betrachtet man daher unter der von Anfang an gemachten Annahme, daß die Querschnitte bei der Biegung eben bleiben, die Spannungsverteilung in einem solchen Stabe, so kommt man zu dem Schlusse, daß wohl die Dehnungen proportional ihrem Abstande von der Neutralachse wachsen, die zugehörigen Spannungen sich aber nach einer Gesetzmäßigkeit verteilen, wie wir sie bei Zug- oder Druckbeanspruchung gefunden haben. Da die Dehnungen schneller anwachsen als die Spannungen, gehört zu den geringer gedehnten Stabfasern eine verhältnismäßig größere Materialspannung als zu den stärker gedehnten, weiter von der Neutralachse abstehenden Fasern, und es erhellt hieraus, daß das Stabmaterial in der Nähe der Neutralachse in höherem Maße zur Widerstandsleistung gegen die Wirkung der äußeren Kraft herangezogen wird als das entfernter liegende, d. h. es wird das in der Nähe der Neutralachse angehäufte Material besser ausgenutzt. Die Folge davon ist, daß die Widerstandsfähigkeit eines Balkens, dessen Material sich in dieser Weise verhält, gegen Biegung größer ist, als die Berechnung nach der üblichen Biegungsgleichung ergibt.

So lieferten z. B. Biegeversuche des Verfassers mit bearbeiteten Stäben aus demselben Gußeisen die folgenden Ergebnisse:

Querschnitt	Trägheitsmoment cm^4	Stützweite cm	Biegefestigkeit kg/qcm
rechteckig h = 11,41 cm b = 6,25 cm	773	100	1745
kreisförmig d = 11,20 cm	772	100	2120

Sie beweisen augenfällig die obige Feststellung, daß Materialanhäufung in der Nähe der neutralen Schicht bei Gußeisen nicht ungünstig ist.

Da bei diesen Materialien ferner die Dehnungszahlen für Zug- und Druckbeanspruchung ungleich sind, kann die Neutralachse des Stabes nicht zugleich Schwerpunktsachse der Querschnitte sein. Sie ist vielmehr gemäß dem Verhältnis der Zug- zur Druckdehnungszahl verschoben. Bei Gußeisen z. B. ist die Dehnungszahl für Zugbeanspruchung größer als die für Druckbeanspruchung, und die Folge davon ist, daß die Neutralachse außerhalb der Schwerpunktsachse liegt, und zwar nach der Druckseite des Querschnittes hin.

Im allgemeinen ist bei allen Materialien dieser Art der Abstand der Neutralachse von der Schwerpunktsachse nur gering; seine Größe hat bei den zahlreichen Biegeversuchen des Verfassers mit prismatischen Gußeisen- und Betonbalken rechteckigen Querschnittes nie 8 % der Querschnittshöhe überschritten. Dieser Betrag ist so gering, daß er für praktische Zwecke außer acht gelassen werden darf. Bei exakten Untersuchungen ist die Vernachlässigung dieses Umstandes jedoch nicht angängig; man ist gezwungen, die Lage der Neutralachse unmittelbar durch Versuch zu bestimmen.

Dieses geschieht in einfachster Weise, indem man die Dehnungen ε_z

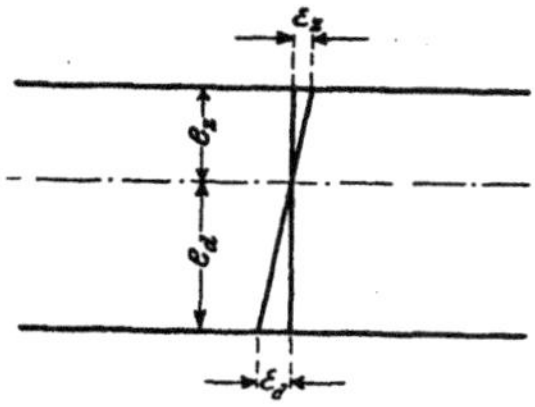

Abb. 112.

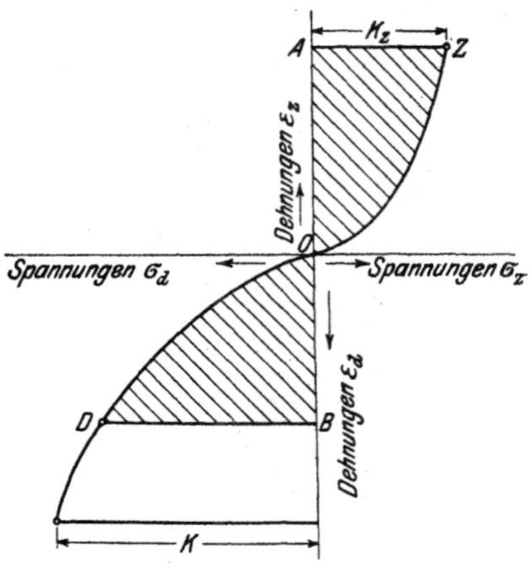

Abb. 113.

bzw. Zusammendrückungen ε_d der äußersten Fasern eines Probestabes (Abb. 112) auf der Zug- bzw. Druckseite mit Spiegelapparaten bestimmt und unter der Annahme, daß die Querschnitte bei der Biegung eben bleiben, die Höhe des Stabes im Verhältnis der jeweiligen Dehnungen teilt.

Es ist:

$$e_d = e_z \cdot \frac{\varepsilon_d}{\varepsilon_z} .$$

Nach einem anderen von Ritter und Bach vorgeschlagenen Verfahren wird die Lage der Neutralachse im Augenblicke des Bruches eines auf Biegung beanspruchten Körpers graphisch dadurch bestimmt, daß man (wie Abb. 113 zeigt) in einem Koordinatensystem die Spannungs-Dehnungsdiagramme des Materials für Zug- und Druckbeanspruchung, welche durch Sonderversuche ermittelt wurden, aufträgt. Der Inhalt beider Diagrammflächen stellt die Zerreiß- und Zerdrückarbeit des betreffenden Materials dar. Da, wie ersichtlich, beim vorliegenden Material die Zerreißarbeit geringer ist als die Zerdrückarbeit, muß der Bruch des auf Biegung beanspruchten Stabes durch Zerreißen der am stärksten auf Zug beanspruchten Fasern erfolgen. Maßgebend für die Festigkeit des Stabes ist mithin die Zerreißfestigkeit K_z.

Nach Gleichung (3) (S. 112) muß, wenn Gleichgewicht der Kräfte herrschen soll, die Summe aller inneren Kräfte gleich Null sein. Dies bedingt, daß im Augenblicke des Bruches auch die Zerreißarbeit gleich der bis dahin geleisteten Zerdrückarbeit ist. Auf Grund dieser Bedingung ist nur erforderlich, durch Planimetrieren der Diagrammfläche für die Zerreißarbeit OAZ ihre Größe zu bestimmen und durch Probieren einen gleichgroßen Teil ODB der Diagrammfläche für die Zerdrückarbeit abzutrennen. Die Strecke DB stellt alsdann die Druckspannung dar, welche im Augenblicke des Bruches in der äußersten Faserschicht geherrscht hat, und die Strecke OB gibt die dazugehörige Zusammendrückung dieser Schicht. Aus dem Verhältnisse der beiden Strecken OA und OB ist dann, wie bei dem vorher beschriebenen Verfahren, die Lage der Neutralachse zu berechnen.

So bestechend auch das Verfahren erscheint, ist es insofern nicht ganz einwandfrei, als es nicht immer angängig ist, die Zug- und Druckversuche an Probestäben vorzunehmen, die aus dem Biegestabe selbst herausgearbeitet wurden. Die Abweichungen der Materialbeschaffenheit einer Materialgattung sind so bedeutend, daß man die beim Zug- und Druckversuche gewonnenen Ergebnisse nicht ohne weiteres mit den Vorgängen beim Biegeversuche an einem Körper anderen Ursprunges und vor allem anderer Querschnittsform in Zusammenhang bringen darf. Das Verfahren der direkten Messung der Dehnungen am Probestabe (s. Seite 125) ist daher stets vorzuziehen, wenn es sich nur darum handelt, die Lage der neutralen Schicht bei Spannungen innerhalb der Elastizitätsgrenze festzustellen. Kommen dagegen stärkere Deformationen bis über die Elastizitäts- oder gar Fließgrenze in Frage, wie es bei Materialien mit größerer Zähigkeit der Fall ist, dann versagen beide Verfahren. Die Stabquerschnitte bleiben dann bei weiter fortschreitender Durchbiegung nicht mehr eben; es ist die Hauptvoraussetzung, die dem Verfahren zugrunde liegt, nicht mehr erfüllt. Bei derartig großen Deformationen ist aber die Kenntnis der Lage der neutralen Schicht von untergeordneter Bedeutung, und es erübrigt sich, an dieser Stelle darauf einzugehen.

Bei solchen Materialien, deren Dehnungszahlen für Zug und Druck und für alle Spannungen gleich sind, ergibt sich die Biegefestigkeit gleich der Zug- oder Druckfestigkeit, gleichgültig, welche Form der Querschnitt des Probestabes besitzt. Anders verhalten sich jedoch Körper aus Materialien, deren Dehnungszahlen nicht gleich sind. Infolge der besseren Ausnutzung des Materials in der Nähe der Neutralachse (s. S. 124) ist die durch Versuch ermittelte Biegefestigkeit größer als die Zugfestigkeit und die Verteilung des Materials in bezug auf die Höhe des Probestabes von wesentlichem Einflusse auf das Ergebnis des Biegeversuches. Diejenigen Stäbe, deren Querschnitte so ausgestaltet sind, daß in der Nähe der Neutralachse Materialanhäufung vorhanden ist, werden also eine höhere Biegefestigkeit aufweisen als Stäbe, deren Material in größerer Entfernung von der Neutralachse zusammengedrängt ist. Versuche Bachs[1]) mit einem Gußeisen ohne Gußhaut, dessen Zugfestigkeit 1369 kg/qcm betrug, zeigten in anschaulicher Weise die Abhängigkeit der Biegefestigkeit von der Querschnittsform. Sie lieferten den Nachweis der bereits oben ausgesprochenen Annahme hinsichtlich der Materialverteilung in bezug auf die Neutralachse.

Bach brachte die Abhängigkeit der Biegefestigkeit von der Querschnittsform mit guter Annäherung zum Ausdruck durch die Beziehung

$$K_b = \mu_0 \sqrt{\frac{e}{z_0}} \cdot K_z .$$

1) Siehe Bach, Elastizität und Festigkeit.

Hierin bedeutet (Abb. 114):

μ_0 einen Koeffizienten, der abhängig ist von der Querschnittsform und der auf Grund der Versuche ermittelt wurde zu:

1,2 für Querschnitte, welche oben und unten durch eine zur Horizontalachse parallele Gerade begrenzt werden,

1,33 für Querschnitte, welche oben und unten durch einen Punkt begrenzt werden,

z_0 den Abstand des Schwerpunktes des auf der einen Seite der Neutralachse liegenden Teiles der Querschnittsfläche von dieser Achse,

e den Abstand der am stärksten gespannten Faser.

Man erkennt hieraus, welche große Bedeutung die Querschnittsform des Probestabes für das Versuchsergebnis besitzt und wie notwendig es ist, bei Materialprüfungen diesem Umstande Beachtung zu schenken.

Einen weiteren Einfluß auf das Ergebnis des Biegeversuches übt die Beschaffenheit der Oberfläche des Probestabes aus. Gegossene Materialien besitzen gewöhnlich an ihrer Oberfläche eine härtere Schicht, die sog. Gußhaut, welche gegenüber dem übrigen Material eine verhältnismäßig geringe Dehnungsfähigkeit besitzt. Versuche haben nachgewiesen, daß die Gußhaut die Biegefähigkeit eines Stabes ungünstig beeinflußt. Die Durchbiegung von Stäben mit Gußhaut erwies sich geringer als diejenige bearbeiteter Stäbe. Dieser Umstand wird dadurch bedingt, daß die Gußhaut infolge ihrer geringen Dehnungsfähigkeit vorzeitig zerreißt, dadurch die Oberflächenspannung des Stabes vernichtet und der Bruch früher eingeleitet wird, als bei einem Stabe, der keine so harte Deckschicht besitzt[1]).

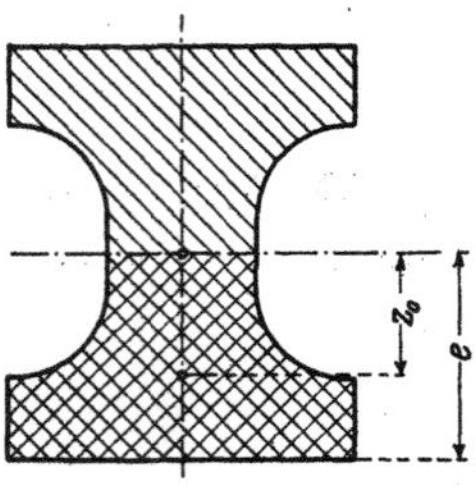

Abb. 114.

Die Biegefestigkeit solcher Stäbe ist aber in der Regel höher, wie die nachstehenden Versuchsergebnisse beweisen, die Verfasser bei der Prüfung einer größeren Zahl von Stäben aus dem gleichen Gußeisen mit 3 × 3 cm Querschnitt gewonnen hat.

Material:	Stützweite des Stabes cm	Biegefestigkeit kg/qcm	Verhältniszahl
Gußeisen mit Gußhaut	100 50 25	2615 2695 2950	1,06 1,07 1,13
Gußeisen ohne Gußhaut	100 50 25	2450 2520 2600	— — —

In der letzten Spalte der Tabelle ist die Verhältniszahl angegeben, die zeigt, um wieviel die Festigkeit der Stäbe mit Gußhaut größer ist als diejenige

[1]) Näheres hierüber s. Bach, Elastizität und Festigkeit, Berlin; ferner: Nonnenmacher, Über den derzeitigen Stand unserer Erkenntnisse hinsichtlich der Elastizität und Festigkeit von Gußeisen, Stuttgart 1916.

der Stäbe ohne Gußhaut. Diese Verhältniszahl läßt auch deutlich den Einfluß der Stützweite erkennen (s. S. 116). Oft wird die Biegefestigkeit von bearbeiteten Gußeisenstäben höher gefunden als die von unbearbeiteten, d. h. von solchen, deren Gußhaut entfernt wurde. Dieser Umstand scheint dadurch bedingt zu sein, daß Gußeisenstäbe mit Gußhaut häufig vorzeitig zu Bruche gelangen, veranlaßt durch Risse oder Poren, die als Kerben wirken. Daraus ergibt sich die Forderung, daß man Gußeisenstäbe nur nach Entfernung der Gußhaut prüfen und bei Berechnungen von Gußeisenteilen nur die Festigkeit des Gußeisens ohne Gußhaut zugrunde legen sollte. Aber auch die Entfernung der Gußhaut von den Stäben gibt keine Gewähr dafür, daß nicht vorzeitige Brüche eintreten. Nach der Natur des Gußeisens ist es nämlich nicht ausgeschlossen, daß auch in der Oberfläche bearbeiteter Biegestäbe Poren oder Risse vorhanden sind, welche, wie bereits weiter oben erwähnt wurde, als Kerben wirken und vorzeitigen Bruch veranlassen. Es ist deshalb der Beobachtung und Beschreibung der Bruchfläche von Gußeisen-Biegestäben besonders große Aufmerksamkeit zu schenken.

§ 45. Messung der Durchbiegungen.

Wie wir in § 40 gesehen haben, muß bei Biegeversuchen, die den Zweck verfolgen, die Biegefestigkeit eines Materials festzustellen, die Kraft ermittelt werden, die erforderlich ist, den Bruch des Probestabes herbeizuführen. Man hat also nur nötig, die maximale, von der Prüfungsmaschine auf den Probestab ausgeübte Kraft festzustellen. Umständlicher dagegen wird die Versuchsausführung, sobald außer der Biegefestigkeit auch die Durchbiegungen bei verschiedenen Belastungsstufen ermittelt werden müssen. In diesem Falle bedarf es verschiedener Instrumente und Vorrichtungen, deren zweckmäßige Verwendung von Fall zu Fall zu überlegen ist.

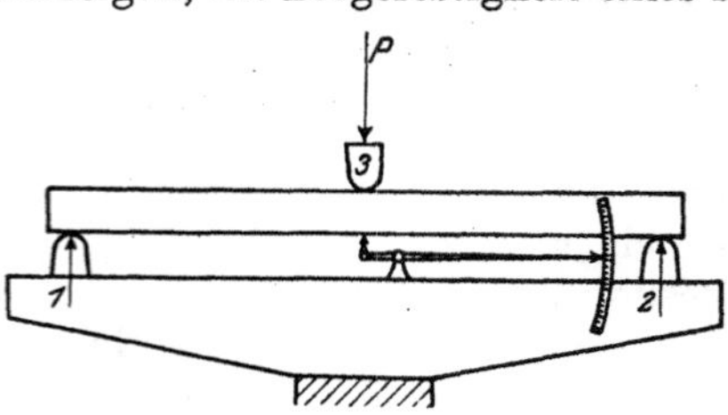

Abb. 115.

Ein einwandfreies Instrument zur Messung der Durchbiegung eines auf Biegung beanspruchten Stabes muß so beschaffen sein, daß es nur Bewegungen mißt, welche die Mitte der Stabachse gegenüber den vertikal über den Widerlagern befindlichen Punkten der Stabachse ausführt.

Für solche Versuche, bei denen es nur darauf ankommt, annähernd die Durchbiegung der Stabmitte gegenüber den Enden festzustellen, genügt die Anwendung eines Zeigers, dessen Drehpunkt an den unbeweglichen Widerlagern der Prüfungsvorrichtung befestigt wird.

In Abb. 115 ist die Anwendungsweise eines solchen Zeigers schematisch dargestellt. Wie ersichtlich, werden bei dieser Anordnung auch Zusammendrückungen, die das Stabmaterial an den Widerlagern 1 und 2 erleidet, als Durchbiegungen gemessen. Besser ist daher bereits eine Anordnung, bei der drei Zeiger Anwendung finden, die auf schweren Stativen befestigt sind, welche auf dem Fußboden stehen und die Bewegung der Stabenden und der Stabmitte gegenüber dem Fußboden messen. Hierbei läßt sich bereits durch Verwendung von Zeigerapparaten (s. § 342) eine Feinheit der Messung erzielen, welche hinreicht, die zur Berechnung der Dehnungszahl erforderlichen Durchbiegungen festzustellen. Es kommt nur darauf an, die Meßapparate unmittelbar am Probekörper angreifen zu lassen.

Eine in der Dresdner Hochschule verwendete Vorrichtung zur Messung der Durchbiegungen bei Feinmeßversuchen zur Ermittelung der Dehnungs-

Abb. 116.

zahl von Metallen bei Biegungsbeanspruchung ist in Abb. 116 dargestellt. Sie besteht im wesentlichen aus zwei Gitterträgern, an denen in der Mitte Zeigerapparate befestigt sind. Die Gitterträger werden mit Haltern derart an dem Probestabe angebracht, daß die Spitzen der Schrauben in der Neutralachse des Stabes angreifen. In der Stabmitte wird ebenfalls mit Spitzenschrauben in der neutralen Schicht ein Halter befestigt, der zur

Abb. 117.

Bewegungsübertragung auf den Zeigerapparat dient. Der Gitterträger ist mit sorgfältig gelagerten Gleitführungen mit den Haltern an den Stabenden befestigt und verhindert durch die Gleitführungen eine Durchbiegung des Gitterträgers bei Durchbiegung des Probestabes. Das Übersetzungsverhältnis der Zeigerapparate ist 1 : 400. Aus den auf S. 570 erwähnten Gründen finden auch hier Messungen auf gegenüberliegenden Seiten des Probestabes statt.

Bei Versuchen, wo Unfälle durch plötzlichen Bruch des Körpers zu befürchten sind und daher auch die verhältnismäßig kostbaren Instrumente gefährdet sind, empfiehlt sich zur angenäherten Messung der Durchbiegungen folgendes Verfahren. Man bringt in der Mitte und an den Enden des Probekörpers feingeteilte Maßstäbe aus widerstandsfähigem Material an und liest mit Fadenkreuz-Fernrohren die Verschiebungen der erwähnten Punkte des Probestabes gegenüber dem Fußboden ab.

Sind Kathetometer vorhanden, so kann man durch ihre Verwendung den Genauigkeitsgrad dieser Meßmethode erhöhen, indem man durch Ein-

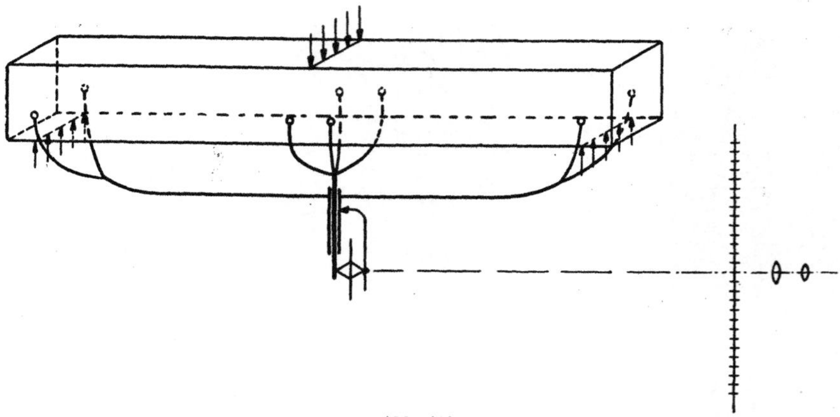

Abb. 118.

stellung des Instrumentes auf Marken am Probestabe deren Bewegung gegenüber dem Fußboden feststellt.

Auch Spiegelapparate lassen sich bei Biegeversuchen mit Vorteil verwenden. In den meisten Fällen sind sie jedoch vermeidbar, weil die Genauigkeit der Zeigerapparate völlig ausreicht. Verfasser verwendete Martenssche Spiegelprismen in Verbindung mit dem in Abb. 117 dargestellten Apparate, dessen Wirkungsweise aus der schematischen Darstellung in der Abb. 118 ohne Erläuterung klar ist. Bemerkenswert ist bei diesem Apparat, daß die Klemmen der Meßschienen in der neutralen Schicht des Probestabes angreifen. Diese Anordnung findet auch Anwendung, um einem größeren Zuhörerkreise die Durchbiegungen eines Stabes zu demonstrieren, indem in der auf S. 577 beschriebenen Weise ein Lichtstrahl in die Spiegel projiziert und von da auf eine allen Zuhörern sichtbare Skala reflektiert wird.

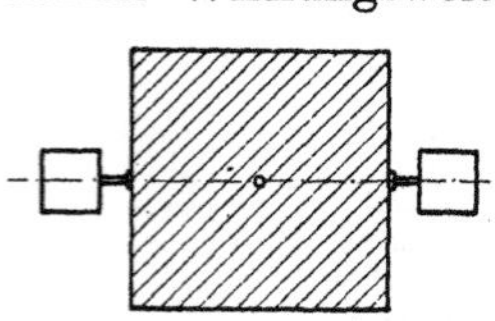

Abb. 119.

Ist aus irgendeinem Grunde die Messung der Durchbiegung des Probestabes nicht angängig, dann kann die auf S. 117 erwähnte Methode in der Weise angewendet werden, daß an den Enden des Probestabes ein Spiegel befestigt wird, mit dem die Neigung der Stabenden gegen die ehemals gerade Stabachse gemessen wird. Die Spiegel werden mit Wachs an den Stabenden befestigt; ihre Drehung wird mit Skalen-Fernrohren abgelesen. Die Berechnung der Dehnungszahl geschieht alsdann nach Gleichung (29) bzw. (30) (§ 41) unter Berücksichtigung der Stützungsart des Probestabes.

Ragen die Enden des Probestabes erheblich über die Widerlager hinaus, dann wird die Messung fehlerhaft, weil die Spiegel außer einer Drehung auch eine Verschiebung erleiden. Der Fehler wird vermieden, wenn die Spiegel mit Haltern versehen werden, mit denen man sie nach Abb. 119 an den Seitenflächen des Probestabes, und zwar in der neutralen Schicht vertikal über den Widerlagern befestigt. Bei dieser Befestigungsweise erfahren die Spiegel nur eine Drehung.

§ 46. Stützung der Probekörper.

Der Konstruktion der Widerlager ist bei Vorrichtungen zur Beanspruchung von Probestäben auf Biegung ebenso große Aufmerksamkeit zu schenken wie den Einspannvorrichtungen beim Zug- und Druckversuche.

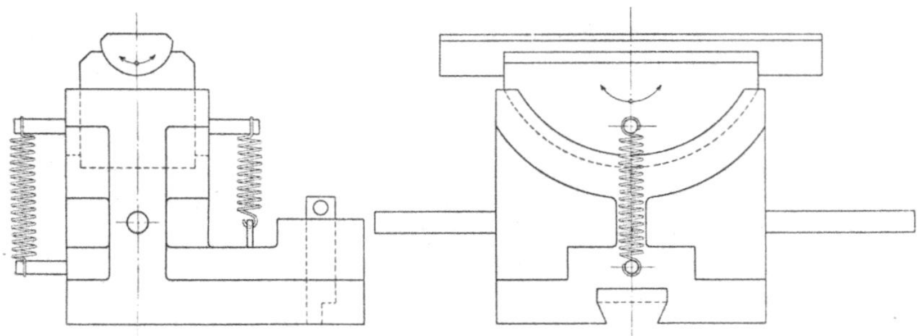

Abb. 120.

Es sind dabei folgende Punkte zu berücksichtigen:

1. Die Widerlager müssen allseitig beweglich sein, um sich etwaigen Verwindungen des Probekörpers anpassen und seiner Durchbiegung folgen zu können.
2. Die Oberfläche der Widerlager soll abgerundet und derart beschaffen sein, daß der Längenänderung des Probekörpers bei starker Durchbiegung kein Widerstand entgegengesetzt wird.
3. Die Widerlager sind mit Zwischenlagen zu versehen, wenn ihr Eindringen in den Probekörper infolge zu hohen spezifischen Flächendruckes zu befürchten ist.

Diesen Bedingungen genügen die in Abb. 120 dargestellten Widerlager. Der Probebalken stützt sich gegen abgeflachte Rollen, welche um ihre Achse drehbar und außerdem so gelagert sind, daß sie in einer Ebene senkrecht zur Stabachse zu schwingen vermögen. Die Drehbarkeit um ihre Achse ermöglicht, daß bei fortschreitender Durchbiegung des Probekörpers, die eine Ausdehnung der unteren Faserschicht zur Folge hat, die Rolle sich dreht und der Körper auf dem Widerlager nicht oder nur sehr wenig zu gleiten braucht. Die zweite Bewegung gewährleistet Aufliegen des Probekörpers auf den Widerlagern, auch wenn eine Verwindung der Enden des Probekörpers gegenüber der Mitte stattfinden sollte. Sowohl die Rollen als auch die kreisbogenförmig gekrümmten Widerlager und die oberen Auflagerflächen der Rollen müssen sorgfältig geschmiert werden.

Die dritte obengenannte Bedingung ist besonders wichtig, wenn die Druckfestigkeit des Materials in der Richtung, in der die äußere, auf Durchbiegung hinzielende Kraft wirkt, verhältnismäßig gering ist. In diesem Falle dringen die als Angriffspunkte der äußeren Kräfte dienenden Rollen oder Schneiden in das Material ein, verringern auf diese Weise den Stabquerschnitt und verursachen eine vorzeitige Zerstörung. Man verwendet in solchen Fällen Zwischenlagen, deren Art und Abmessungen den jeweiligen Materialeigenschaften angepaßt werden müssen, um keine Hinderung der Durchbiegung des Probekörpers hervorzurufen. Als vorteilhaft hat sich bei vielen Materialien eine Platte aus feuchtem Buchen- oder Eichenholz von ca. 15—25 mm Dicke erwiesen, die mit den Hirnflächen zwischen Probekörper und Widerlager geschaltet wird. Infolge ihrer leichten Biegefähigkeit verhindert eine solche Hirnholzplatte nicht die Durchbiegung des Probekörpers, gewährleistet aber durch ihre genügend große Druckfestigkeit in Richtung der Holzfasern eine gleichmäßige Verteilung des Auflagerdruckes auf eine größere Fläche des Probekörpers.

§ 47. Besondere Biegeversuche.

Die bisher behandelten Fälle bezogen sich auf Biegeversuche, welche den Zweck haben, die Biegefestigkeit sowie die elastischen Eigenschaften von Materialien an besonders dafür ausgestalteten Probekörpern zu ermitteln. Anders liegen die Verhältnisse, wenn es sich darum handelt, Körper zu untersuchen, bei denen in umgekehrter Weise nicht die Probekörper der Versuchsausführung entsprechend gewählt werden können, sondern wo diese der Art des Probeobjektes angepaßt werden muß. Es gehören hierher Biegeversuche mit Konstruktionsteilen, Kurbelwellen, Achsen u. dgl., ferner die Probebelastungen von Brücken, Massivdecken und sonstigen Bauwerksteilen.

Bei der Bearbeitung der an solchen Probekörpern gewonnenen Versuchsergebnisse können die angegebenen Formeln und Berechnungsweisen nicht immer benutzt werden, weil in den meisten Fällen die Voraussetzungen nicht erfüllt sind, die bei Ableitung der Formeln gemacht wurden. Es muß bei solchen Versuchen daher geprüft werden, ob die Stützung der Probekörper als frei aufliegend oder eingespannt zu betrachten ist, ob eine Biegungsbeanspruchung vorliegt oder ob Nebenspannungen bei Beanspruchung des Probekörpers auftreten. In gewissen Fällen darf auch das Eigengewicht des Probekörpers nicht vernachlässigt werden. Alle diese Gesichtspunkte müssen vor Inangriffnahme des Versuches genau überlegt werden, um die anzustellenden Messungen den Forderungen anzupassen, die dahingehende Berechnungen erheischen.

IV. Knickungsversuche.

§ 48. Die Knickfestigkeit.

Ein stabförmiger Körper ist auf Knickung beansprucht, wenn die in Richtung seiner Längsachse wirkende Druckkraft nicht allein Druckspannungen in den einzelnen Stabquerschnitten hervorruft, sondern auch Zugspannungen veranlaßt, welche Verbiegungen des Stabes zur Folge haben. Diese Zugspannungen werden dadurch verursacht, daß bei verhältnismäßig langen, auf Druck beanspruchten Probestäben

1. die Druckkraft nicht genau mit der Stabachse zusammenfällt,
2. die Stabachse keine gerade Linie ist,
3. das Material nicht an allen Stellen des Probestabes gleichartig ist.

Wären alle diese Bedingungen erfüllt, so könnten nur Druckspannungen in jedem Stabquerschnitte auftreten, und es wären die im Abschnitte über Druckfestigkeit gegebenen Berechnungen anzuwenden[1]).

Zur Veranschaulichung der Knickungsbeanspruchung eines Stabes diene folgender Versuch. Spannt man einen möglichst geraden Stab AB mit gleichförmigem Querschnitte (s. Abb. 121) in vertikaler Lage an dem unteren Ende ein und belastet ihn an dem oberen freien Ende mit einem Gewichte P, so wird die ehemals gerade Stabachse eine Krümmung erleiden; das obere Ende des Stabes entfernt sich um eine Strecke y aus seiner ehemaligen Lage. Durch diese Lagenveränderung des Gewichtes P entsteht in jedem Stabquerschnitte ein biegendes Moment, welches an der Einspannstelle gleich $P \cdot y$ ist. Diesem Momente halten die im Stabmaterial auftretenden inneren Kräfte das Gleichgewicht. Erteilt man jetzt dem Stabe durch eine zusätzliche Kraft eine stärkere Krümmung und nimmt alsdann die Kraft wieder weg, so kehrt er in seine ursprüngliche Lage wieder zurück. Er ist im stabilen Gleichgewichte, d. h. die algebraische Summe der Momente der inneren Kräfte ist gleich dem äußeren Momente. Vergrößert man allmählich das Gewicht P, so nimmt die Krümmung des Stabes ebenfalls zu, bis bei einem bestimmten Gewichte P_0 die Widerstandsfähigkeit des Stabes aufhört und er sich soweit verbiegt, daß das Gewicht zu Boden sinkt. Entfernt man hierauf das Gewicht von dem Stabe, so richtet er sich wieder auf, kehrt aber in seine ehemalige vertikale Lage nicht wieder zurück, weil er durch die starke Krümmung eine bleibende Formänderung erlitten hat.

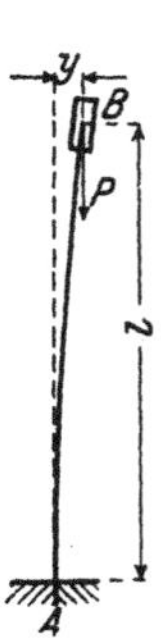

Abb. 121.

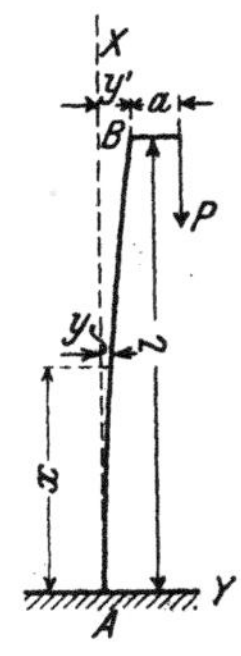

Abb. 122.

Die Kraft P_0, bei der die Knickung erfolgt, nennen wir **Knickbelastung** und definieren sie in folgender Weise. Die Knickbelastung ist diejenige Kraft, welche gerade ausreicht, einen in der Stabachse belasteten stabförmigen Körper so weit zu verbiegen, daß Gleichgewicht zwischen dem äußeren biegenden Momente und der Summe der Momente der inneren Kräfte nicht mehr besteht.

Folgen wir bei Entwicklung der Gleichungen: „Bach, Elastizität und Festigkeit", so ergibt sich, wenn

P die in Richtung der ursprünglichen Stabachse wirkende Kraft,
P_0 die Knickbelastung,
Θ das der Biegung gegenüber in Betracht kommende Trägheitsmoment des Stabquerschnittes (in der Regel das kleinere der beiden Hauptträgheitsmomente),
l die Länge des Stabes,
α die Dehnungszahl

ist, folgendes:

---

[1]) Über ein neues Verfahren zur Berechnung von Druckstäben auf Knickung s. Zentralblatt d. Bauverwaltung 1914, S. 88 u. f.

Für den um x von A abstehenden Querschnitt (Abb. 122) des Probestabes ist das biegende Moment, dessen Ebene den Querschnitt in einer der beiden Hauptachsen schneidet:

$$M_b = P(a + y' - y). \tag{1}$$

Da nach Gleichung (16) (§ 41)

$$M_b = \pm \frac{\Theta}{\alpha} \cdot \frac{d^2 y}{d x^2} \text{ ist,}$$

ergibt sich:

$$\frac{d^2 y}{d x^2} = \frac{\alpha \cdot P}{\Theta} \cdot (a + y' - y). \tag{2}$$

Setzt man

$$\frac{\alpha \cdot P}{\Theta} = n^2 \quad \text{und} \quad a + y' - y = -z,$$

so folgt:

$$\frac{d^2 z}{d x^2} = \frac{d^2 y}{d x^2} = -n^2 \cdot z.$$

Dieser Gleichung entspricht unter der Voraussetzung, daß α und Θ konstante Größen sind, das Integral:

$$z = C_1 \cdot \sin(n x) + C_2 \cdot \cos(n x)$$

oder

$$y - a - y' = C_1 \sin(n x) + C_2 \cdot \cos(n x).$$

Die beiden Integrationskonstanten C_1 und C_2 sind dadurch bestimmt, daß für den Punkt A, also für $x = 0$,

$$y = 0 \quad \text{und} \quad \frac{d y}{d x} = 0 \text{ ist,}$$

d. h.

$$C_2 = -a - y'; \qquad C_1 = 0.$$

Hieraus folgt:

$$y = (a + y') \cdot [1 - \cos(n x)]. \tag{3}$$

Für $x = l$ wird $y = y'$, also:

$$y' = (a + y') \cdot [1 - \cos(n l)],$$

$$y' = a \cdot \frac{1 - \cos(n l)}{\cos(n l)} = a \left[\frac{1}{\cos(n l)} - 1\right],$$

$$y' = a \left[\frac{1}{\cos\left(l \cdot \sqrt{\frac{\alpha P}{\Theta}}\right)} - 1\right]. \tag{4}$$

Die Gleichung der elastischen Linie ergibt sich alsdann zu:

$$y = a \cdot \frac{1 - \cos(n x)}{\cos(n l)} = a \cdot \frac{1 - \cos\left(x \sqrt{\frac{\alpha P}{\Theta}}\right)}{\cos\left(l \cdot \sqrt{\frac{\alpha P}{\Theta}}\right)} \tag{5}$$

Bei völliger Knickung, d. h. bei Beanspruchung des Stabes durch die Knickbelastung P_0, wird:

$$y' = a \cdot \infty,$$

d. h.

$$\cos\left(l \cdot \sqrt{\frac{\alpha P_0}{\Theta}}\right) = 0,$$

$$l\sqrt{\frac{\alpha P_0}{\Theta}} = \frac{\pi}{2},$$

$$P_0 = \frac{\pi^2}{4} \cdot \frac{1}{\alpha} \cdot \frac{\Theta}{l^2}. \qquad (6)$$

Wird die äußere Kraft P, welche auf den Stab $A-B$ wirkt, nach Abb. 123 gerade geführt, so verhält sich jede der beiden Stabhälften $\frac{l}{2}$ genau so wie der vorige Stab.

Die Knickbelastung ergibt sich demnach zu:

$$P_0 = \frac{\pi^2}{4} \cdot \frac{1}{\alpha} \cdot \frac{\Theta}{(0{,}5\,l)^2};$$

$$P_0 = \pi^2 \cdot \frac{1}{\alpha} \cdot \frac{\Theta}{l^2}. \qquad (7)$$

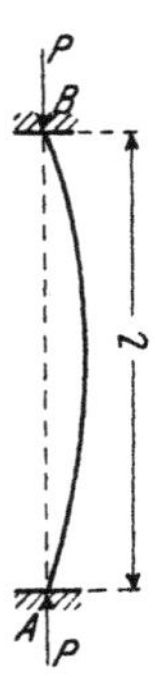

Abb. 123.

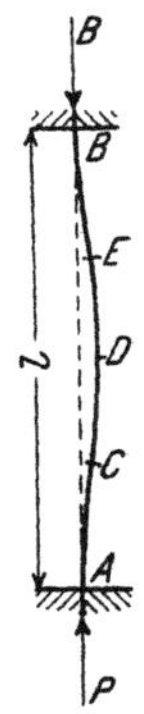

Abb. 124.

Ist der Stab nach Abb. 124 beansprucht, d. h. an beiden Enden eingespannt und gerade geführt, so daß die ehemals gerade Stabachse nach der Ausbiegung in den Einspannstellen Tangente zur gekrümmten Stabachse ist, so liegen bei Punkt E und C Wendepunkte der elastischen Linie, und es verhalten sich die Endstücke AC und BE wie der Stab in Abb. 122, während das mittlere Stück CDE dem Stabe in Abb. 123 entspricht.

Diese Erwägung ergibt für die beiden Endstücke je von der Länge $\frac{l}{4}$ nach Gleichung (6):

$$P_0 = \frac{\pi^2}{4} \cdot \frac{1}{\alpha} \cdot \frac{\Theta}{\left(\frac{l}{4}\right)^2},$$

$$P_0 = 4\pi^2 \cdot \frac{1}{\alpha} \cdot \frac{\Theta}{l^2},$$

für das Mittelstück, dessen Länge $\frac{l}{2}$ nach Gleichung (7):

$$P_0 = \pi^2 \cdot \frac{1}{\alpha} \cdot \frac{\Theta}{\left(\frac{l}{2}\right)^2}.$$

$$P_0 = 4\pi^2 \cdot \frac{1}{\alpha} \cdot \frac{\Theta}{l^2}.$$

Folglich gilt auch für den ganzen Stab bei Beanspruchung nach Abb. 124:

$$P_0 = 4\,\pi^2 \cdot \frac{1}{\alpha} \cdot \frac{\Theta}{l^2} \,. \tag{8}$$

Die Knickbelastungen der drei Beanspruchungsfälle verhalten sich somit zueinander wie $\frac{1}{4} : 1 : 4 = 1 : 4 : 16$.

§ 49. Einspannung der Probekörper beim Knickversuch.

Aus den Ableitungen § 48 ersieht man, daß die Größe der Knickbelastung in erster Linie von der Art der Einspannung abhängig ist. Je vollkommener die Einspannung eines Stabes an beiden Enden ist, desto größer ist seine Widerstandsfähigkeit gegen Ausknicken. Die Gleichungen (6), (7) und (8) heißen die Eulerschen Gleichungen, und ihre Anwendung ist nach den Versuchen Bauschingers und Tetmayers für alle Fälle des Materialprüfungswesens zulässig. Die Abhängigkeit der Knickfestigkeit von der Art der Einspannung des Probestabes weist darauf hin, daß bei Knickversuchen der Ausbildung der Einspannvorrichtungen besondere Aufmerksamkeit zu widmen ist.

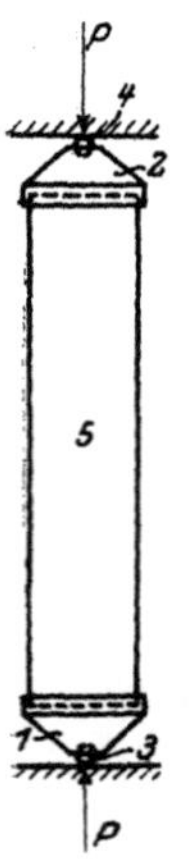

Abb. 125.

Der erste Fall der Knickung nach Gleichung (6) (S. 135) kommt für das Materialprüfungswesen im allgemeinen nicht in Betracht. Dagegen werden Versuche nach dem Belastungsschema Abb. 123 und 124 des öfteren ausgeführt. Die Einspannung der Probekörper nach Belastungsschema Abb. 123 erfolgt in der Weise, daß die Enden der Probekörper mit Armierungen versehen werden, welche sich mit Spitzen oder Kugeln gegen die Widerlager der Materialprüfungsmaschine stützen und so allseitige Beweglichkeit des Probekörpers während der Belastung gewährleisten.

Eine vom Verfasser konstruierte Armierung, die bei Knickversuchen mit Körpern von geringen Abmessungen benutzt wird, ist in Abb. 125 dargestellt. Sie besteht aus den Stahlplatten 1 und 2, welche am Probekörper 5 angebracht werden und Stahlkugeln 3 und 4 tragen, mit denen sich der Körper gegen die Widerlager der Prüfungsmaschine stützt. Bedingung bei dieser Vorrichtung ist, daß sie genau zentrisch zum Probekörper angeordnet wird.

Abb. 608 S. 664 zeigt die Einspannvorrichtungen der 1000 t-Materialprüfungsmaschine der Dresdner Hochschule, welche Verfasser für Knickversuche mit Eisenbetonsäulen bis zu 4,5 m Länge konstruierte. Sie sind im wesentlichen denen der Werdermaschine (s. S. 636) nachgebildet und bestehen aus den kugelig gelagerten Preßplatten, die in Hohlkugeln des Kolbens bzw. des Widerlagers der Maschine ruhen und bei Ausbiegung des Probekörpers sich allseitig zu bewegen vermögen. Die Schrauben 15 an den Preßplatten ermöglichen Festlegung der Preßplatten bei den Versuchen nach dem Belastungsschema Abb. 124. Der Einstellung der Schrauben ist besondere Aufmerksamkeit zu schenken. Es empfiehlt sich, den Probekörper erst mit geringer Belastung unter Benutzung der Kugellagerung einzuspannen und erst, wenn man sich überzeugt hat, daß die Preßplatten an allen Stellen der Endflächen des Probekörpers gleichmäßig zur Anlage gelangt sind, die Schrauben so weit zu verstellen, bis die Unbeweglichkeit der Preßplatte gesichert ist.

Bei Maschinen horizontaler Anordnung der auf Knickung zu prüfenden Probekörper veranlaßt das Eigengewicht einseitige Ausbiegung des Probekörpers und begünstigt infolgedessen die Knickung nach dieser Richtung. Um den Einfluß des Eigengewichtes auszuschalten, muß dieses ausbalanciert werden, indem man den Probekörper aufhängt. Die Aufhängungsvorrichtung muß jedoch so beschaffen sein, daß sich der Probekörper ungehindert nach allen Richtungen zu verbiegen vermag.

Bauschinger benutzte zur Ausbalanzierung eine Vorrichtung nach Abb. 126. Sie gestattete infolge Anordnung der einseitig beschwerten doppelarmigen Hebel 1, die am Maschinengestelle befestigt waren, daß die Aufhängestangen 2 den Bewegungen des Probekörpers 3 zu folgen vermochten, ohne daß die in der Aufhängevorrichtung wirkende Kraft eine Änderung erfuhr.

Die doppelarmigen Hebel können auch durch Federn ersetzt werden, welche an den Stangen 2 angreifen und vor Belastung des Probekörpers

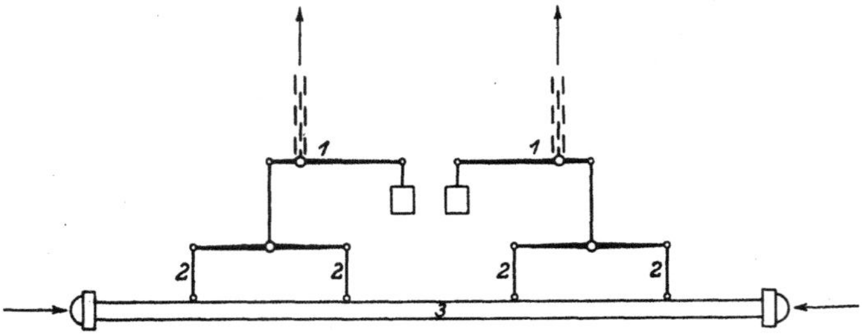

Abb. 126.

derart anzuspannen sind, daß sie sein gesamtes Gewicht zu tragen vermögen. Die beim Ausbiegen des Probekörpers entstehende Vergrößerung oder Verringerung der Federspannungen übt einen nur unwesentlichen Einfluß auf die Entlastung des Probekörpers aus.

§ 50. Messung der Formänderungen.

Wie die Formeln (6)—(8) im § 48 zeigen, genügt für Ermittelung der Dehnungszahl α durch Knickversuche die Feststellung der zur Knickung erforderlichen Kraft P und des Trägheitsmomentes. Die Feststellung des Trägheitsmomentes bietet keine Schwierigkeiten, solange wir es mit Körpern zu tun haben, deren Querschnitte nach allen Richtungen hin in bezug auf den Schwerpunkt das gleiche Trägheitsmoment besitzen. Kommen dagegen Körper in Betracht, deren Trägheitsmoment nach den verschiedenen Richtungen verschieden ist, so muß zur Feststellung der Achse, in bezug auf welche das Trägheitsmoment zu bestimmen ist, die Richtung ermittelt werden, nach der der Körper ausbiegt. Es geschieht in der Weise, daß man die Ausbiegungen des Probekörpers räumlich in bezug auf zwei vertikal zueinander stehende Richtungen feststellt und aus den Messungsergebnissen graphisch die Richtung und die wirkliche Größe der Ausbiegung ermittelt.

Da stets mit einer Verschiebung des Probekörpers auf seinem Widerlager zu rechnen ist, genügt es nicht allein, die Ausbiegung der Mitte des Körpers zu bestimmen, sondern es muß ihre Bewegung gegenüber den Enden des Probekörpers festgestellt werden. Man benutzt deshalb für diese Messungen Zeigerapparate (s. § 342), welche an schweren Stativen befestigt werden, die ohne Berührung mit der Prüfungsmaschine auf dem Fußboden des Maschinenraumes stehen. Die Zahnstange der Apparate lehnt sich dabei unter Ausschluß jeglicher Zwischenglieder, die das Messungsergebnis trüben könnten, gegen den Probekörper und überträgt auf diese Weise die Bewegungen unmittelbar auf den Zeiger. Eine Anordnung der Apparate bei der Prüfung von Eisenbetonsäulen mit der Werdermaschine (§ 379) ist aus der Abb. 127 ersichtlich.

An Stelle der Zeigerapparate können natürlich auch andere Meßinstrumente, wie Mikrometerschrauben oder Hebelapparate, Verwendung finden.

Abb. 127.

Bauschinger benutzte Hebelapparate in der aus Abb. 128 und 129 ersichtlichen Anordnung.

Eine weitere Meßvorrichtung Bauschingers ist in Abb. 130 schematisch dargestellt.

Er befestigte an dem Probekörper mit Spitzenschrauben die drei Ringe 1, 2, 3, von denen die beiden äußeren 1 und 3 eine Latte 4 trugen, die in ihrem mittleren Teile bei 5 und 6 mit feinen Millimeterteilungen versehen war. Mit zwei an dem mittleren Ringe, den Millimeterteilungen gegenüber angebrachten Mikroskopen 7 und 8 wurden alsdann die Bewegungen des Ringes 2 gegenüber den Ringen 1 und 3 abgelesen. Es erübrigte sich bei dieser Meßmethode, die Ausbiegung des Probekörpers innerhalb der Meßlänge gegenüber etwaigen Bewegungen der Enden desselben zu berechnen, wie es bei der Meßvorrichtung nach Abb. 128 oder 129 notwendig war. Die Ablesungen ergaben unmittelbar die Ausbiegung der Mitte gegenüber den Enden der Meßlänge.

Die ersten den praktischen Verhältnissen angepaßten Knickversuche wurden von Bauschinger ausgeführt, der darüber in den Mitteilungen aus dem mechanisch-technischen Laboratorium der Kgl. Technischen Hochschule in München, Heft 15, Jahrg. 1887, berichtete[1]).

Bei der Belastung von Säulen aus Mauerwerk, Beton und Eisenbeton sowie auch von Gittermasten u. dgl. liegt nicht immer eine reine Knickungs-

[1]) Über neuere Versuche s. Zentralblatt d. Bauverwaltung 1911, S. 90: Druckversuche an Probestäben aus Nickelstahl für die neue Quebec-Brücke. Ferner Karmán, Mitteilungen über Forschungsarbeiten 1910, Heft 81, sowie Bach, Zeitsch. d. Ver. deutsch. Ing. 1913.

beanspruchung vor, da einerseits in diesen Säulen und Masten nicht alle Querschnittsteile die gleich große Tragfähigkeit und Formänderungsfähigkeit besitzen und weil andererseits in den seltensten Fällen die Belastung eine rein zentrale Druckbeanspruchung darstellt. Es muß deshalb immer der Angriffspunkt der resultierenden Kraft sorgfältig ermittelt werden, um

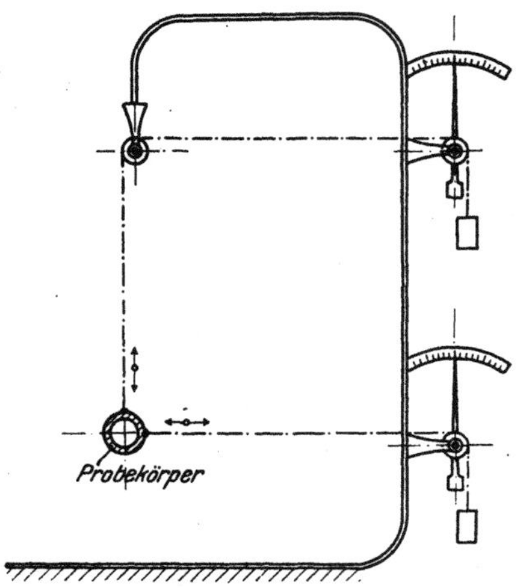

Abb. 128.

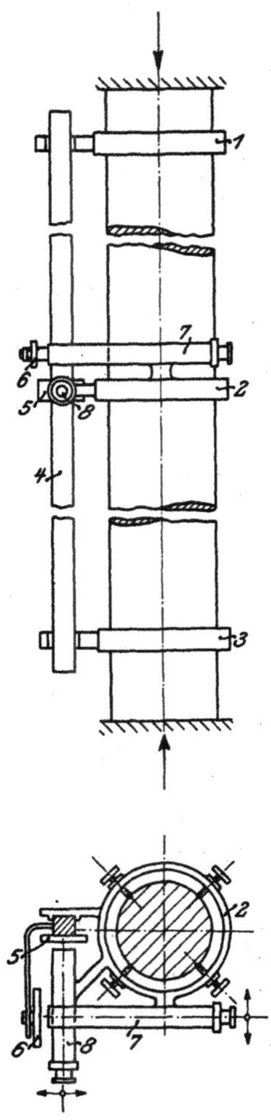

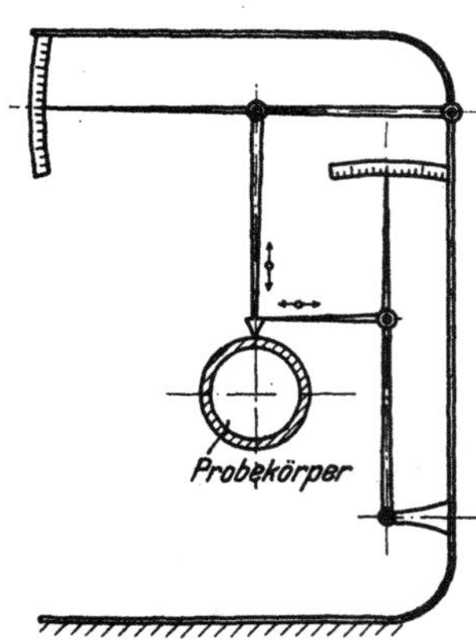

Abb. 129.

Abb. 130.

die dadurch bedingte einseitige Druckverteilung auf den Säulenquerschnitt feststellen zu können.

Der unterste Querschnitt der Säule erhält einerseits gleichmäßige, vom Eigengewicht der Säule herrührende Druckspannungen, zu der die von der einseitigen Belastung herrührenden Druckspannungen hinzukommen, andererseits aber noch zusätzliche Druckspannungen, die an dem einen Querschnittsrande um so größer sind, je näher die einseitige Kraft diesem Rande liegt.

Hinsichtlich der in solchen Fällen anzuwendenden Berechnungsmethoden und über einschlägige Untersuchungsergebnisse s. Zeitschr. d. Ver. deut. Ing. 1910, S. 1625, und Heft 166/169 der Mitteilgn. über Forschungsarbeiten.

V. Scher- und Lochungsversuche.

§ 51. Die Schubfestigkeit.

Ein Körper ist auf Schub beansprucht, wenn die auf ihn wirkenden äußeren Kräfte in den einzelnen Körperelementen keine Normalspannungen, sondern nur solche Spannungen hervorrufen, deren Richtung mit den Ebenen der Begrenzungsflächen der Körperelemente zusammenfällt. Da diese Spannungen auf eine Verschiebung benachbarter Körperelemente gegeneinander hinwirken, werden sie im Gegensatze zu den Normalspannungen, welche dieses Bestreben nicht äußern, Schubspannungen genannt und, bezogen auf die Querschnittseinheit, mit τ bezeichnet.

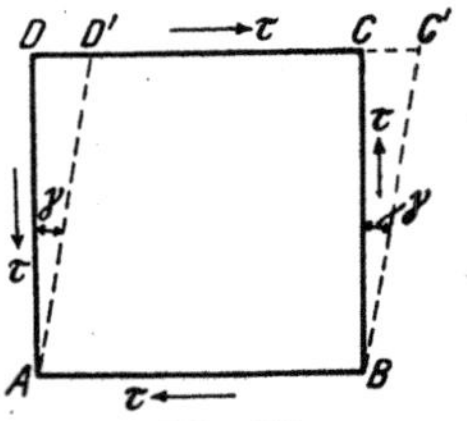

Abb. 131.

Denkt man sich aus einem stabförmigen Körper, auf den senkrecht zur Stabachse äußere Kräfte wirken, ein würfelförmiges Körperelement (Abb. 131) herausgelöst, so wird durch in den Begrenzungsflächen auftretende Schubspannungen τ die Form des Würfels geändert, indem die ehemals rechten Kantenwinkel DAB und ABC in den spitzen Winkel $D'AB$ und den stumpfen ABC' übergehen. Der Winkel DAB wird um den Betrag γ vermindert und der Winkel ABC um den gleichen Betrag vergrößert. Die Größe der Winkeländerung ergibt sich aus der Beziehung:

$$\operatorname{tg}\gamma = \frac{DD'}{DA} = \frac{CC'}{CB}.$$

Da γ stets ein sehr kleiner Winkel ist, kann die Tangente gleich dem Bogen gesetzt werden, und somit ist

$$\gamma = \frac{DD'}{DA} = \frac{CC'}{CB}.$$

Diese Beziehung stellt die verhältnismäßige Verschiebung des Punktes D bzw. C gegenüber den Punkten A und B dar und wird deshalb Schiebung oder Gleitung genannt. γ ist somit die Strecke, um die sich zwei in der Entfernung 1 voneinander befindliche parallele Flächen unter der Wirkung der Schubspannung τ gegeneinander verschieben. Die Größen γ und τ stehen somit in unmittelbarer Beziehung zueinander, die ausgedrückt wird durch die Gleichung:

$$\gamma = \beta \cdot \tau. \tag{1}$$

β bedeutet darin die Schubzahl, deren Definition lautet: Die Schubzahl β stellt diejenige Strecke dar, um welche sich zwei in der Entfernung 1 voneinander befindliche parallele Flächenelemente unter Einwirkung der Schubspannung 1 kg gegeneinander verschieben. Der reziproke Werk der Schubzahl wird als Schubelastizitätsmodul oder auch als Schubmodul bezeichnet.

Die Definitionen zeigen, daß zwischen Schiebung, Schubspannung und Schubzahl dieselben Beziehungen bestehen wie zwischen Dehnung, Normalspannung und Dehnungszahl. Sie setzen aber auch voraus, daß die Schubzahl β innerhalb eines gewissen Spannungsgebietes konstant ist.

Auf das in Abb. 132 gezeichnete würfelförmige Körperelement wirkten in den Begrenzungsflächen die Schubspannungen τ. Sie veranlaßten eine

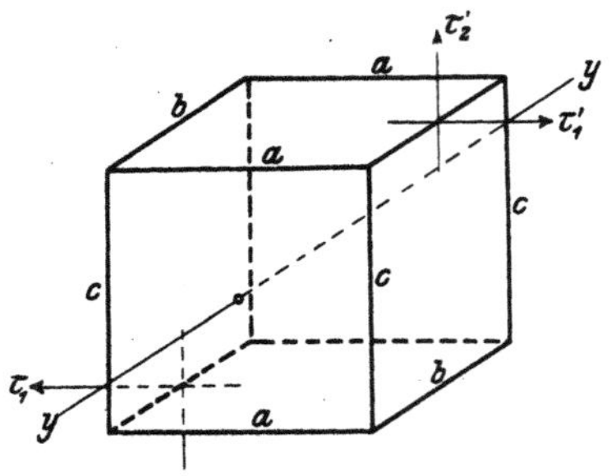

Abb. 132.

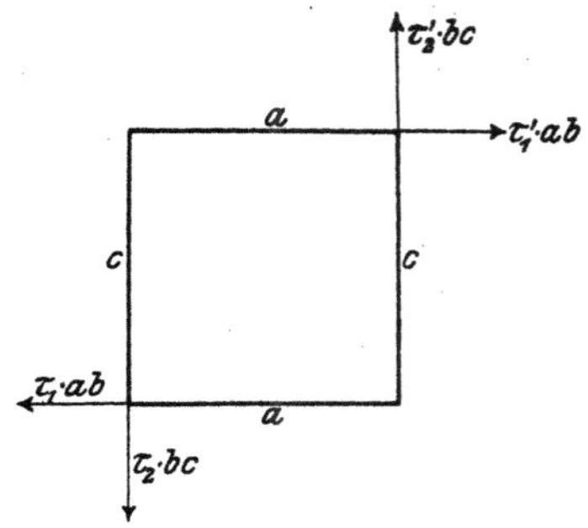

Abb. 133.

Schiebung des Würfels und waren miteinander im Gleichgewicht. Läßt man an den Kanten von der Länge abc des Würfels (s. Abb. 132 und 133) die Schubspannungen $\tau_1 \tau_2$ und $\tau_1' \tau_2'$ als Kräfte, deren Resultierende gleich $\tau_1 \cdot ab$, $\tau_2 \cdot bc$, $\tau_1' \cdot ab$, $\tau_2' \cdot bc$ ist, wirken und stellt in bezug auf die Drehachse YY, die parallel bzw. senkrecht zu den Würfelflächen gerichtet ist, die Momentengleichung auf, so muß

$$\tau_1 \cdot ab \cdot \frac{c}{2} - \tau_2 \cdot bc \cdot \frac{a}{2} + \tau_1' \cdot ab \cdot \frac{c}{2} - \tau_2' \cdot bc \cdot \frac{a}{2} = 0 \text{ sein.} \qquad (2)$$

Da τ_1' bzw. τ_2' von τ_1 bzw. τ_2 nur um unendlich kleine Größen voneinander verschieden sind, können die Differenzen gegenüber den endlichen Größen τ_1 bzw. τ_2 vernachlässigt werden, so daß in der Momentengleichung

$$\tau_1 = \tau_1' \text{ und } \tau_2 = \tau_2'$$

gesetzt werden darf.

Dies veranlaßt, daß

$$\tau_1 - \tau_2 = 0$$

und

$$\tau_1 = \tau_2 \qquad (3)$$

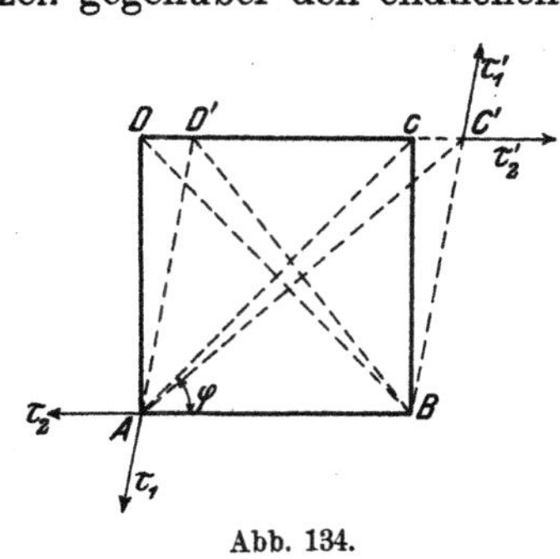

Abb. 134.

ist, d. h. die beiden senkrecht zur Würfelkante b stehenden Schubspannungen τ_1 und τ_2 sind einander gleich, und wenn Gleichgewicht der inneren Kräfte herrschen soll, müssen stets beide gleichzeitig vorhanden sein.

Wird somit ein Körper auf Schub beansprucht, so treten nicht allein Schubspannungen parallel zu den äußeren Kräften auf, sondern sie werden stets durch solche begleitet, die senkrecht zu der Richtung dieser Kräfte stehen.

Infolge der paarweisen Wirkung der Schubspannungen geht der in Abb. 134 dargestellte Würfelschnitt $ABCD$ in den Rhombus $ABC'D'$ über. Die Diagonale AC wird verlängert und die Diagonale BD verkürzt. Das Verhältnis der Schiebung zur Verlängerung ist dabei 1 : 2, so daß sich die Dehnung bzw. Zusammendrückung gleich der halben Schiebung ergibt.

Nach Bach, „Elastizität und Festigkeit" ist die Schubzahl:

$$\beta = 2\,\frac{m+1}{m}\cdot\alpha\,, \tag{4}$$

so daß das Verhältnis der Dehnungszahl zur Schubzahl sich ergibt zu:

$$\frac{\alpha}{\beta} = \frac{m}{2\,(m+1)}\,. \tag{5}$$

Wenn α und β durch Versuche bestimmt werden, läßt sich m für die einzelnen Materialien berechnen. In der Regel ist m eine zwischen 3 und 4 liegende Zahl, so daß die Schubzahl $\beta = \frac{5}{2}\,\alpha$ bis $\frac{8}{3}\,\alpha$ sein kann.

§ 52. Der Scherversuch.

Nach der gegebenen Definition der Schubbeanspruchung dürfen bei Schubversuchen die äußeren Kräfte keine Normalspannungen im Innern des Probekörpers hervorrufen. Dieser Bedingung kann nur genügt werden, wenn die äußere Kraft, welche das Abschieben zweier benachbarter Querschnitte des Körpers veranlaßt, unmittelbar in der begrenzenden Querschnittsebene angreift. Praktisch ist diese Voraussetzung unerfüllbar, weil Kräfte nur durch materielle Übertragungsglieder auf einen Körper ausgeübt werden können, die selbst genügend stark dimensioniert werden müssen, um genügende Widerstandsfähigkeit zu besitzen. Nur eine Schere mit unendlich dünnen Schneiden würde eine reine Schubbeanspruchung eines Körpers hervorzurufen vermögen. Dickere Schneiden würden nach Abb. 135, sobald sie auch nur bis zu sehr geringer Tiefe in den Körper eingedrungen sind, ein biegendes Moment $S \cdot a$ erzeugen, dessen Größe um so mehr zunimmt, je tiefer die Schneiden eindringen.

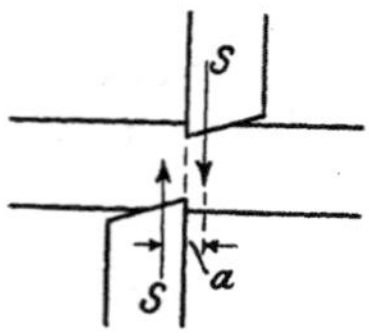

Abb. 135.

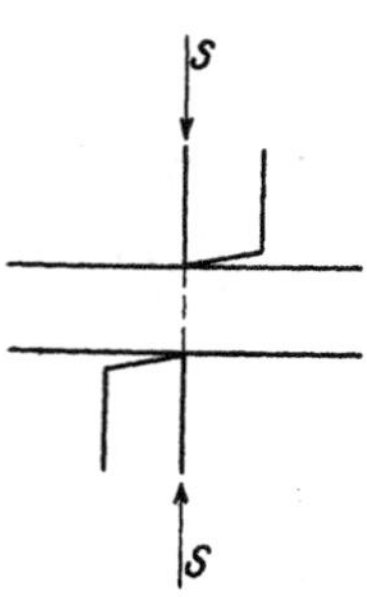

Abb. 136.

Man ersieht hieraus, daß bei Schubversuchen mit Scheren die Schubkraft stets ein biegendes Moment hervorruft, welches reine Schubbeanspruchung unmöglich macht. Nur im Augenblick der Schneidenberührung (Abb. 136) liegt annähernd reine Schubbeanspruchung vor; diese erzeugt in dem beanspruchten Querschnitte f Schubspannungen τ, die an allen Stellen des Querschnittes als gleich groß zu betrachten sind.

Unter dieser Annahme ergibt sich die Größe der Schubkraft zu

$$S = \tau \cdot f\,, \tag{6}$$

d. h. die Schubkraft S ist gleich dem Produkte aus Schubspannung und beanspruchtem Querschnitte.

Da es, wie die obigen Ausführungen gezeigt haben, nicht möglich ist, die Schubfestigkeitskonstanten durch Schubversuche festzustellen, aber das Bedürfnis vorliegt, die Kräfte zu kennen, welche zur Trennung eines Körpers durch Scheren erforderlich sind, hat man im Materialprüfungswesen zur Vermeidung von Verwechslungen diese Art von Versuchen nicht als Schubversuche, sondern als Scherversuche bezeichnet und den dabei auftretenden Materialspannungen den Namen Scherspannungen gegeben. Als Scherfestigkeit wird alsdann der Widerstand τ, den ein Körper dem Verschieben seiner Teilchen innerhalb eines Querschnittes entgegensetzt, bezeichnet. Die Berechnung der Spannung geschieht dabei nach Formel (6) unter der Annahme gleichmäßiger Spannungsverteilung über den ganzen Querschnitt[1]).

§ 53. Vorrichtungen für Scherversuche.

Eine Vorrichtung für Scherversuche nach dem Schema Abb. 136 ist in Abb. 590, S. 642 dargestellt. Sie findet in Verbindung mit der Biege-

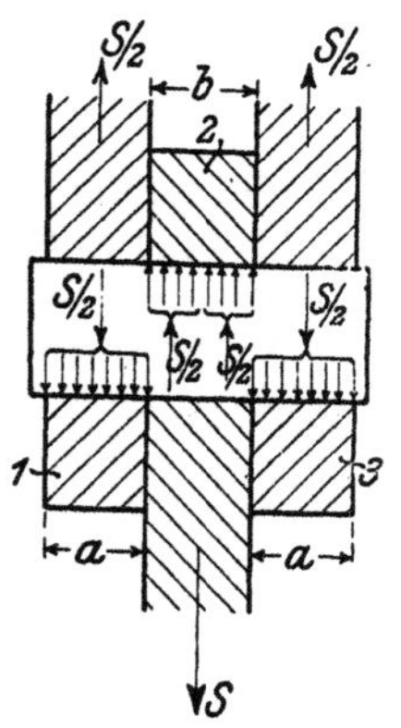

Abb. 137.

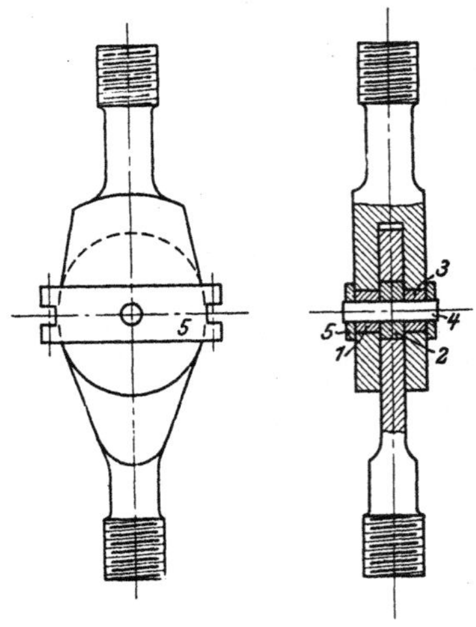

Abb. 138.

vorrichtung der Werdermaschine Anwendung. Es wird bei ihr der Probekörper gegen das am Maschinengestell befestigte Messer 1 gestützt und durch das bewegliche Messer 2, welches von dem Kolben der Maschine gegen den Probekörper gedrückt wird, abgeschert.

Zu beachten ist bei dieser Versuchsanordnung, daß das bewegliche Messer reibungslos gerade geführt und nicht einseitig belastet wird. Diese Art der Abscherung bezeichnet man als einschnittige im Gegensatze zu der nach Schema Abb. 137, wo zwei parallele Querschnitte des Probekörpers gleichzeitig beansprucht werden (zweischnittige Abscherung).

Im allgemeinen wird bei Scherversuchen mit Metallen die letzte Anordnung, d. h. zweischnittige Abscherung benutzt. Sie bietet gegenüber

[1]) Über Haftfestigkeit und Scherfestigkeit s. Tonindustrie-Ztg. 1908, S. 1665.

jener den Vorzug der Einfachheit, weil dabei mit zylindrischen Probekörpern operiert werden kann, deren Stützung keine Schwierigkeiten bereitet. Eine Vorrichtung, die in Verbindung mit Zerreißmaschinen Anwendung findet, ist in Abb. 138 dargestellt.

Bei ihr bestehen die kraftübertragenden Teile aus den gehärteten Stahlringen 1, 2, 3, in welche der Probekörper 4 genau eingepaßt werden muß, wenn annähernd gleichmäßige Kraftverteilung gewährleistet sein soll. Bei der Versuchsausführung ist darauf zu achten, daß die Stahlringe sich mit ihren Seitenflächen dicht berühren. Ist die Berührung nicht genügend gesichert, so werden durch die fortschreitende Deformation des Probekörpers die Ringe auseinandergeschoben und infolgedessen nicht mehr zwei unmittelbar benachbarte Querschnitte auf Abscherung beansprucht. Die Klemme 5 hat die Aufgabe, diese seitliche Verschiebung zu verhindern.

§ 54. Berechnung der Scherfestigkeit.

Die Berechnung der Versuchsergebnisse erfolgt bei beiden Vorrichtungen nach der gleichen Methode unter Annahme gleichmäßiger Spannungsverteilung über beide beanspruchte Querschnitte. Bezeichnet f den Querschnitt des zylindrischen Probekörpers, so ergibt sich die Scherfestigkeit τ_S aus der Scherkraft S zu:

$$\tau_S = \frac{S}{2f}. \tag{7}$$

Will man auch das beim Abscheren auftretende Biegungsmoment bei der Berechnung berücksichtigen, so muß man von der Betrachtung ausgehen, daß im Augenblicke der Berührung der Scherbacken mit dem Probekörper eine Kraftverteilung nach Abb. 137 vorliegt. Die auf den mittleren Backen 2 wirkende Scherkraft S verteilt sich gleichmäßig über die Backenbreite und erzeugt auf den als Widerlager dienenden äußeren Backen 1 und 3 ebenfalls gleichmäßig verteilte Stützdrücke. Die Größe des dadurch im mittleren Querschnitte des Probekörpers wachgerufenen Biegungsmomentes ergibt sich nach

$$M_b = \frac{S}{2}\left(\frac{a}{2} + \frac{b}{2}\right) - \frac{S}{2} \cdot \frac{b}{4}$$

zu

$$M_b = \frac{S}{4}\left(a + \frac{b}{2}\right). \tag{8}$$

Dieses Moment wirkt jedoch, wie vorausgeschickt wurde, nur im Augenblicke der ersten Berührung der Scherbacken. Beginnt dagegen der Körper sich infolge des Biegungsmomentes zu verbiegen, so heben sich die Enden des Probekörpers, wenn auch nur in geringem Maße, innerhalb der Lose in den Scherbacken von ihren Widerlagern ab und die Resultierende der Stützdrücke rückt um so weiter nach der Mitte, je größer die Biegung innerhalb der Scherbacken möglich ist.

Gelangen schließlich die Enden des Probekörpers an den gegenüberliegenden Innenseiten der Scherbacken zum Anliegen, so entstehen dort Widerlagerdrücke und Reibungskräfte, welche in bezug auf den mittelsten Querschnitt des Probekörpers dem ersteren entgegengesetzt wirkende

Biegungsmomente erzeugen. Ihre Größe läßt sich allerdings rechnerisch nicht ermitteln, aber durch Versuche soweit feststellen, daß behauptet werden darf, die Vereinigung beider Momente ergibt im Augenblicke des Bruches ein Moment, dessen Größe annähernd gleich dem oben abgeleiteten ist. Selbstverständlich läßt sich diese Behauptung nur mit spröden Körpern beweisen, welche bereits durch geringe Biegung zum Bruche gebracht werden können.

Prüft man Gußeisen oder harten Stahl nach dem Schema Abb. 137, so macht sich der Eintritt des Biegungsbruches durch Geräusch bei einer Kraft bemerkbar, welche nur wenig von der nach Gleichung (8) berechneten Biegungskraft abweicht. Je nach der Sprödigkeit des Materials ist der Bruch des Körpers vollständig oder teilweise. Bei Gußeisen, Bronze, Hartkupfer zerreißen gewöhnlich nur die Fasern auf der Zugseite, während im übrigen der Zusammenhang des Körpers gewahrt bleibt. Wird nach Eintritt des Biegungsbruches die Scherkraft S (Abb. 137) weiter gesteigert, so erfolgt schließlich die zweischnittige Trennung des Probekörpers in derselben Weise wie bei formbaren Materialien. Die auf diese Weise ermittelte Scherfestigkeit ist etwa 30 % größer als die aus Torsionsversuchen ermittelte Schubfestigkeit desselben Materials.

Versuche des Verfassers mit Vorrichtungen nach den Abb. 136 und 137 lieferten die aus den nachstehenden Zusammenstellungen ersichtlichen Werte.

Scherversuche.

a) Einschnittig (s. Abb. 136).

Material	Abmessungen der Scherfläche: Breite b cm	Dicke s cm	Querschnitt $f = b \cdot s$ qcm	Scherbelastung S kg	Scherspannung $\tau_S = \frac{S}{f}$ kg/qcm
Flußeisenblech . .	20,06	0,337	6,76	32910	4850
Kupferblech . . .	19,86	0,264	5,24	8690	1660
Messingblech . . .	19,90	0,305	6,07	15940	2620
Aluminiumblech .	17,42	0,203	3,54	3260	920

b) Zweischnittig (s. Abb. 137).

Material	Abmessungen der Scherfläche: Durchmesser d cm	Querschnitt f qcm	Scherbelastung S kg	Scherspannung $\tau_S = \frac{S}{2f}$ kg/qcm
Flußeisen	1,995	3,12	29080	4660
Schweißeisen. . . .	1,995	3,12	18310	2940
Messing.	1,995	3,12	17550	2810
Bronze	1,995	3,12	13150	2110
Gußeisen	1,995	3,12	13240[1])	2120

§ 55. Bruchformen beim Scherversuch.

In Abb. 139 und 140 sind Bruchstücke von Probekörpern, die dem zweischnittigen Scherversuche unterworfen wurden, abgebildet.

[1]) Bei 6100 kg konnte der vollzogene Biegebruch festgestellt werden.

Die Bruchstücke (Abb. 139), welche aus Gußeisen bestehen, zeigen deutlich den Biegebruch im mittleren Stabteile, während die Stücke (Abb. 140) neben der Form der Scherflächen auch die starken Deformationen erkennen lassen, welche formbare Materialien, im vorliegenden Falle Flußeisen, vor Eintritt des Abscherens erleiden.

§ 56. Bedeutung des Scherversuches.

Wie die Erläuterungen gezeigt haben, besitzen Scherversuche für das eigentliche Materialprüfungswesen nur untergeordnete Bedeutung. Die dabei ermittelten Zahlenwerte können als Festigkeitszahlen bei Berechnung von Konstruktionsteilen keine Verwendung finden, weil die neben den Schubspannungen auftretenden Biegungsspannungen überwiegen und somit in erster Linie für die Sicherheit des Bauwerkes maßgebend sind. Wenn deshalb ein Konstruktionsteil auf Abscherung beansprucht erscheint, ist stets zu prüfen, ob nicht die auftretenden Biegungsspannungen gefährlicher sind als die Scherspannungen.

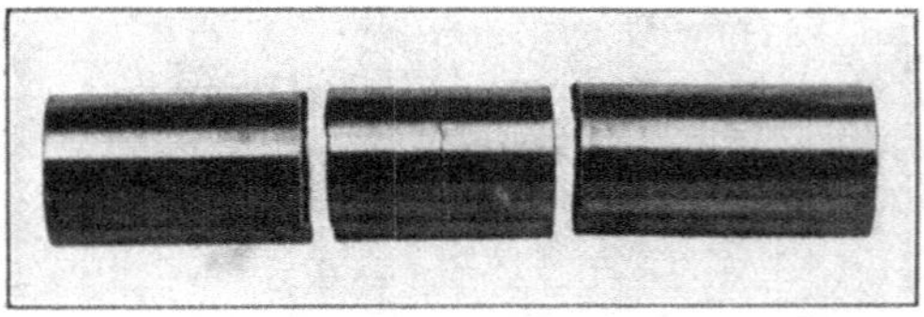

Abb. 139.

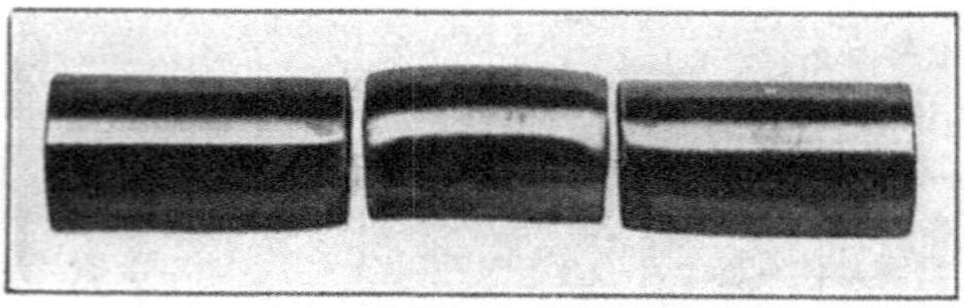

Abb. 140.

Dagegen sind die Scherfestigkeitszahlen wertvoll für den Konstrukteur von Scheren, der zur Berechnung der Übersetzungsverhältnisse von Hebelscheren oder zur Bemessung der Zylinder von hydraulisch betriebenen Scheren Unterlagen benötigt.

§ 57. Der Lochungsversuch.

Ein Sonderfall des Scherversuches ist der Lochungsversuch. Auch er dient nicht zur Ermittelung von Schubfestigkeitseigenschaften, obgleich er für diesen Zweck bereits mehrfach in Vorschlag gebracht wurde, sondern er besitzt nur insofern besonderes Interesse, als er die Unterlagen zur Berechnung der Abmessungen von Stanzen liefert.

Im allgemeinen ist der Vorgang des Lochens bzw. des Stanzens der gleiche wie beim Scheren, nur wird dabei nicht die Trennung eines Körpers durch Zerschneiden bewirkt, sondern es wird aus einem Körper nach örtlicher Verdichtung des Materials mit einem Stempel, ein der Stempelgröße entsprechendes Stück herausgeschert. Den Stempel nennt man bei den dazu verwendeten Vorrichtungen ebenso wie bei den Stanzen die Patrize und die mit entsprechender Höhlung versehene Unterlage die Matrize. Da die Hohlform der Matrize gegenüber der äußeren Form der Patrize zur Erzielung geeigneter Wirkung größer gemacht werden muß, treten auch beim Lochungsversuche Biegungsbeanspruchungen des Probekörpers auf, die noch von besonderen Druckspannungen begleitet werden. Beim Auftreffen des Stempels tritt wie beim Scherversuche erst eine Verdichtung des Materials auf einer Fläche ein, welche dem Stempelquerschnitte entspricht. Es entsteht auf dem zu lochenden Körper eine Vertiefung, deren Ränder nach der Körperoberfläche zu scharf gekrümmt sind, und erst wenn die lochende Kraft eine derartige Größe erlangt hat, daß die dadurch hervorgerufene Materialspannung gleich der Scherfestigkeit des Materials ist, erfolgt das Ausstoßen des Putzens.

Durchschneidet man ein gelochtes Blech, z. B. Schweißeisenblech, in Richtung eines Lochdurchmessers und ätzt die vorher glattgeschliffene Schnittfläche mit einer schwachen Säure, so erkennt man deutlich die Formänderungen, welche das Blech in der Lochbegrenzung erlitten hat. Die einzelnen Materialfasern sind nicht nur verbogen, sondern auch durch feine Risse getrennt worden, die oft bis auf größere Strecken vom Lochrande aus in das Material des Bleches verlaufen. Diesen Zustand läßt die Abbildung 343 auf Seite 344 deutlich erkennen, und der dazugehörige Text gibt die entsprechenden Erläuterungen.

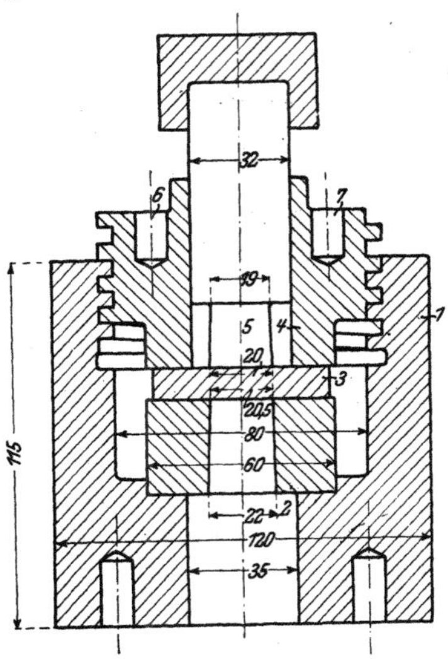

Abb. 141.

Eine vom Verfasser konstruierte Vorrichtung zur Ausführung von Lochungsversuchen ist in Abb. 141 dargestellt. Sie besteht aus dem Gehäuse 1, welches in der Mitte mit einer Bohrung versehen ist, an deren oberen Ende ein gehärteter und geschliffener Stahlring 2, die Matrize, angeordnet ist. Der Probekörper 3 wird mit der Schraube 4 gegen die Matrize gepreßt und schließlich durch den Stempel 5, welcher kreisrunden Querschnitt besitzt, beansprucht. Die Löcher 6 und 7 dienen zum Angriff von Hakenschlüsseln zwecks Lösens oder Zusammenschraubens der Vorrichtung. Die Schraube 4 hat außerdem noch den Zweck, den Stempel gerade zu führen und das Aufbiegen des Probekörpers zu verhindern. Die Bohrung der Matrize 2 ist konisch und außerdem am oberen Ende 0,5 mm weiter als der Stempeldurchmesser. Die Konizität begünstigt das Austreten des ausgelochten Materials, indem sie seine Ausdehnung gestattet. Zu den Vorrichtungen sind Stempel mit 1,0, 1,5, 2,0, 2,5, 3,0 cm Durchmesser vorhanden, zu denen Matrizen mit 1,05, 1,55, 2,05, 2,55, 3,05 cm Weite gehören.

Die Benutzung der Vorrichtung geschieht in der Weise, daß das Gehäuse auf die eine Preßplatte einer Materialprüfungsmaschine für Druckversuche gesetzt und der Stempel unter Vermittelung der anderen Preßplatte durch den Krafterzeuger belastet wird. Die Kraftanzeige der Prüfungsmaschine entspricht alsdann der zum Lochen erforderlichen Kraft. Wie bei allen Materialprüfungen ist auch beim Lochungsversuche mit gleichbleibender Geschwindigkeit zu belasten, da die Deformationen, welchen das Material unterworfen wird, eine gewisse Zeit zur Ausbildung benötigen.

§ 58. Berechnung der Lochungsfestigkeit.

Die Berechnung der Lochungsfestigkeit geschieht unter denselben Voraussetzungen wie die der Scherfestigkeit nach der Beziehung

$$S_L = \tau_L \cdot f,$$

worin S_L die zum Lochen erforderliche Kraft, $f = d \cdot \pi \cdot s$ den beim Lochen abgescherten Querschnitt und τ_L die Lochungsfestigkeit bedeutet.

Stellt man die Lochungsfestigkeit τ_L für verschiedene Blechdicken s fest und führt dieselbe Versuchsreihe unter Verwendung von Matrizen verschiedener Weite durch, so ergeben die Versuche wesentlich voneinander abweichende Werte. Erhöhung der Dicke des Probekörpers liefert höhere Lochungsfestigkeit, und Vergrößerung des Stempeldurchmessers verringert sie. Daraus ergibt sich, daß die bei Lochungsversuchen gewonnenen Ergebnisse nicht verallgemeinert werden dürfen. Es ist vielmehr dem Stempeldurchmesser und der Blechdicke entsprechend Rechnung zu tragen. In diesem Falle bietet aber der Lochungsversuch ein ausgezeichnetes Mittel zur Feststellung der Gleichartigkeit von Blechen, die zu verschiedenen Zeiten geliefert wurden.

Es soll hier noch erwähnt werden, daß der Lochungsversuch nicht identisch ist mit der Lochungsprobe, die zu den technologischen Proben gehört und weiter unten (s. § 102, S. 219) behandelt werden wird.

VI. Verdrehungsversuche.

§ 59. Die Verdrehungsfestigkeit.

Ein stabförmiger Körper ist auf Verdrehung beansprucht, wenn die auf ihn wirkenden äußeren Kräfte in jedem Querschnitt ein Kräftepaar erzeugen, dessen Ebene senkrecht zur Längsachse des Körpers steht[1]).

Der zylindrische Körper (Abb. 142) mit der Achse AB sei bei A eingespannt und am freien Ende B durch das Kräftepaar PP beansprucht.

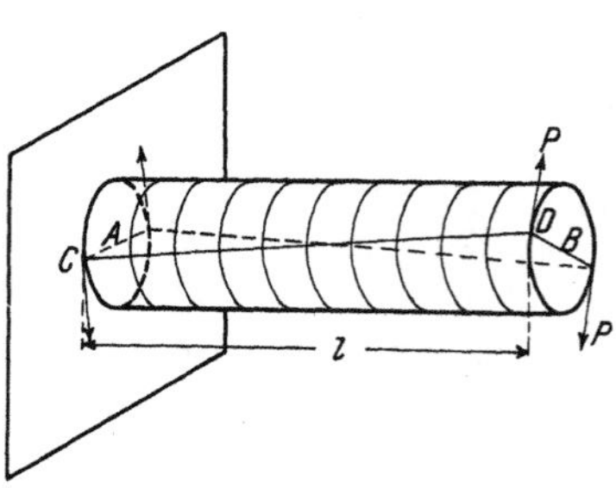

Abb. 142.

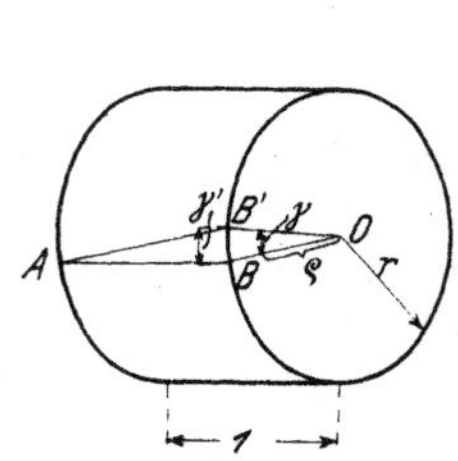

Abb. 143.

Durch das Kräftepaar wird im Querschnitt A des Stabes ein Moment wachgerufen, welches mit dem des Kräftepaares im Gleichgewichte steht. Die einzelnen Stabquerschnitte werden gegeneinander verdreht, so daß jede Mantellinie CD des Zylinders in eine Schraubenlinie übergeht, die beweist,

[1]) Der Verdrehungsversuch eignet sich gut zur Feststellung der Homo-

daß gleich weit voneinander abstehende Querschnitte um gleichviel gegeneinander verdreht werden.

Parallelkreise auf der Oberfläche des Probestabes ändern ihr Aussehen bei der Verdrehung nicht, sie bleiben parallel, und weisen somit nach, daß die einzelnen Stabquerschnitte auch nach der Verdrehung eben bleiben und ihre senkrechte Lage zur Stabachse beibehalten.

Betrachtet man die Formänderung des in Abb. 143 dargestellten Stückes des Probestabes von der Länge 1, so ergibt sich, daß die Mantellinie AB des Stabes die Lage AB' eingenommen und der Punkt B sich somit um die Strecke $BB' = \gamma'$ verschoben hat. Diese Strecke γ' heißt die Schiebung und steht in unmittelbarer Abhängigkeit von der Größe des Momentes des äußeren Kräftepaares. Durch die Verdrehung des Stabes ist der Radius OB in die Lage OB' übergegangen, und jeder Punkt des Radius OB hat sich um eine Strecke verschoben, die seinem Abstande ϱ vom Querschnittsmittelpunkte proportional ist.

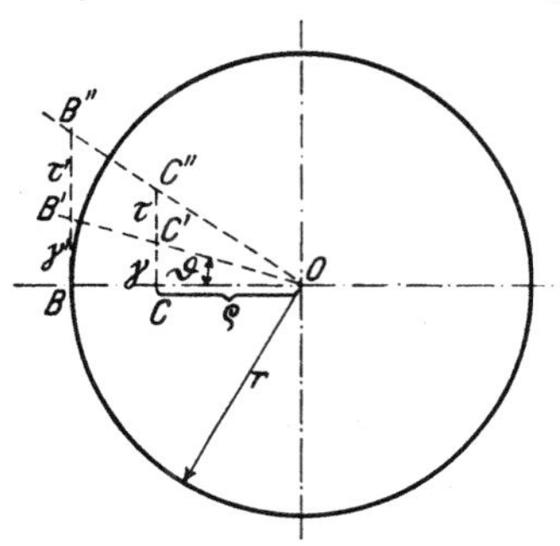

Abb. 144.

Es ist

$$\gamma : \gamma' = \varrho : r,$$

mithin

$$\gamma = \gamma' \cdot \frac{\varrho}{r}. \qquad (1)$$

Nach Gleichung (1) im § 51 ist für einen beliebigen Punkt des Radius OB im Abstande ϱ von der Achse des Stabes die der Schiebung entsprechende Schubspannung

$$\tau = \frac{\gamma}{\beta},$$

und für den Punkt B

$$\tau' = \frac{\gamma'}{\beta}.$$

da nach (1)

$$\gamma = \gamma' \cdot \frac{\varrho}{r},$$

ist

$$\tau = \frac{\gamma'}{\beta} \cdot \frac{\varrho}{r}. \qquad (2)$$

Die Richtung der Schubspannung τ steht senkrecht auf dem Querschnittsradius und ist proportional dem Abstande von der Stabachse, wenn β konstant ist. Die Verteilung der Schubspannungen läßt sich somit durch eine Gerade BB'' bzw. CC'' (Abb. 144) darstellen, worin $CC'' = \tau$ und $BB'' = \tau'$ ist. Ist dagegen β veränderlich, so verlaufen die Spannungen nicht nach einer geraden Linie, sondern nach einer einseitig gekrümmten Kurve, die ihre konvexe Seite der Geraden BO zu- oder abkehrt, je nachdem, ob die Schiebungen schneller oder langsamer wachsen als die Schubspannungen.

Da innere Kräfte, das sind die Schubspannungen, sich mit dem Momente M_d des äußeren Kräftepaares im Gleichgewicht befinden müssen, ist

$$M_d = \int \tau \cdot df \cdot \varrho, \qquad (3)$$

worin df das in C liegende Flächenelement bezeichnet. Setzt man

$$\tau = \frac{\gamma'}{\beta} \cdot \frac{\varrho}{r},$$

so ist

$$M_d = \frac{\gamma'}{r} \int \frac{1}{\beta} \cdot \varrho^2 \cdot df.$$

Unter der Voraussetzung, daß β konstant ist, ergibt sich alsdann

$$M_d = \frac{\gamma'}{r \cdot \beta} \cdot \int \varrho^2 \cdot df; \tag{4}$$

$\int \varrho^2 \cdot df$ stellt das **polare Trägheitsmoment** des Stabquerschnittes dar, welches gleich der Summe beider äquatorialen Trägheitsmomente, bezogen auf die beiden Hauptachsen des Querschnittes, ist. Es ist somit

$$M_d = \frac{\gamma'}{r \cdot \beta} \cdot \left(\Theta_1 + \Theta_2\right), \qquad M_d = \frac{\tau'}{r} \cdot \left(\Theta_1 + \Theta_2\right). \tag{5}$$

$$M_d = \frac{\gamma'}{r \cdot \beta} \cdot \Theta_p, \qquad M_d = \frac{\tau'}{r} \cdot \Theta_p. \tag{6}$$

Verdrehungversuche zur Ermittelung der Materialkonstanten werden mit zylindrischen Probestäben ausgeführt. Für solche ist das polare Trägheitsmoment in Anbetracht von Gleichung (3) im § 42:

$$\Theta_p = \Theta_1 + \Theta_2 = \frac{\pi}{64} d^4 + \frac{\pi}{64} d^4 = \frac{\pi}{32} d^4. \tag{7}$$

Demnach

$$M_d = \frac{\tau'}{r} \cdot \frac{\pi}{32} d^4,$$

$$M_d = \tau' \cdot \frac{\pi}{16} d^3.$$

Mithin

$$\tau' = \frac{16}{\pi} \cdot \frac{M_d}{d^3}, \tag{8}$$

d. h. die Bruchspannung läßt sich berechnen, wenn die Prüfungsmaschine das Drehungsmoment im Augenblicke des Bruches anzeigt.

Für Bestimmung der Schubzahl muß die Verdrehung gemessen werden, welche zwei um die Entfernung 1 voneinander abstehende parallele Querschnitte durch das Drehmoment erleiden. Nach Abb. 144 ist der Verdrehungswinkel

$$\vartheta = \frac{\gamma'}{r},$$

d. h. der Verdrehungswinkel ist gleich der Schiebung an der Oberfläche des Stabes, dividiert durch den Radius des Probestabes.

Unter Benutzung von Gleichung (6) ergibt sich alsdann:

$$M_d = \vartheta \cdot \frac{\Theta_p}{\beta}.$$

Also

$$\beta = \frac{\vartheta \cdot \Theta_p}{M_d},$$

$$\beta = \frac{\vartheta \cdot d^4 \pi}{M_d \cdot 32}. \tag{9}$$

Da die der Messung zugängliche Schiebung γ' zweier um 1 voneinander entfernten Querschnitte an der Oberfläche des Probestabes einen sehr kleinen Wert besitzt, wird zur Verkleinerung des Messungsfehlers die Schiebung an einer größeren Länge l des Probestabes festgestellt. Unter der oben gemachten

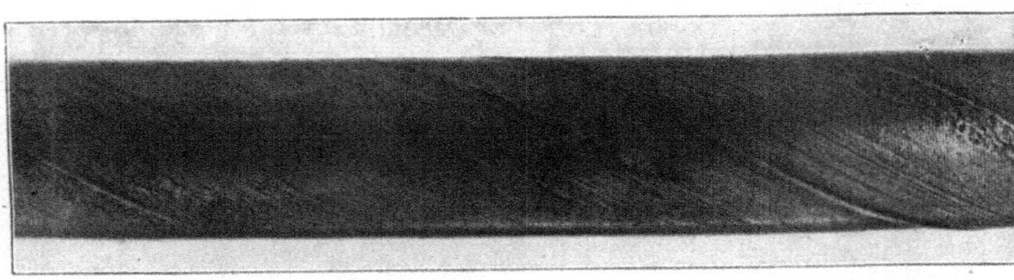

Abb. 145.

Voraussetzung, daß alle gleich weit voneinander abstehenden Querschnitte des Probestabes sich um gleiche Winkel gegeneinander verdrehen, ist der Verdrehungswinkel:

$$\vartheta = \frac{\vartheta_l}{l}$$

und somit

$$\beta = \frac{\vartheta_l \cdot d^4 \pi}{M_d \cdot l \cdot 32}. \tag{10}$$

Da nach Gleichung (3) (§ 51) die Schubspannungen stets paarweise auftreten, müssen außer den in den einzelnen Querschnittsebenen wirkenden Spannungen auch solche auftreten, die auf Abschieben der Stabelemente parallel zur Stabachse hinwirken. Bei geschichteten Materialien, wie Schweißeisen u. dgl., bei denen die Schubfestigkeit des Materials parallel zur Faserrichtung geringer ist als senkrecht dazu, macht sich die Wirkung dieser Spannungen durch Risse an der Oberfläche des Probestabes bemerkbar (Abb. 145). Die Risse stellen die Schweißnähte dar, deren Zusammenhang infolge der zwischenliegenden Oxydschicht bereits durch geringe Beanspruchungen gelöst wird.

§ 60. Bruchformen beim Verdrehungsversuch.

Bei spröden, wenig formbaren Materialien, wie Glas, Gußeisen u. dgl., erfolgt der Bruch des Probestabes auf einer Schraubenfläche, die 45° zur Stabachse geneigt ist (s. Abb. 146, Gußeisen).

Zur Erklärung dieser Bruchform kann die im § 51 gegebene Erläuterung benutzt werden, wonach die Schubspannungen von Normalspannungen begleitet sind, deren Richtung mit der Richtung der Schubspannungen einen Winkel von 45° einschließen. Da bei den genannten spröden Materialien die Dehnbarkeit sehr gering ist, wird durch die auftretenden obengenannten Normalspannungen die Trennung der Stabelemente in Richtung der Diagonalen der Verkürzungen bewirkt, deren geometrischer Ort eine Schraubenfläche ist.

Zylindrische Körper aus formbaren Materialien, wie Flußeisen, weisen eine Bruchform auf (Abb. 147), die sich als ebene Fläche senkrecht zur Stabachse darstellt. Bei diesen Materialien wird der Bruch durch die Schubspannungen veranlaßt, da die Dehnungsfähigkeit des Materials sehr groß ist und daher ein Zerreißen der Körperelemente infolge der Normalspannungen ausgeschlossen ist.

Abb. 146.

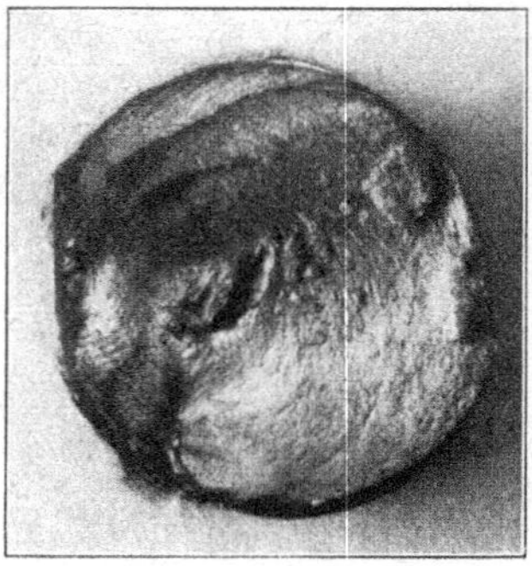
Abb. 147.

§ 61. Einfluß der Querschnittsform des Probestabes[1]).

Allen vorausgegangenen Erörterungen lag die Annahme zugrunde, daß die Stabquerschnitte auch nach erfolgter Verdrehung noch eben sind und daß die Schubzahl konstant ist.

Beide Voraussetzungen sind jedoch bei nur wenigen Materialien erfüllt. Die erste Voraussetzung gilt überhaupt nur für Probestäbe mit kreisförmigem Querschnitt. Unterwirft man nämlich einen zylindrischen Probestab, dessen Oberfläche durch Parallelkreise und Längslinien in Quadrate geteilt ist, dem Verdrehungsversuche, so gehen die Quadrate in Rhomben über (s. Abb. 148),

---

[1]) S. a. Bach, Versuche über die Drehungsfestigkeit von Körpern mit trapezförmigem und dreieckigem Querschnitt (Mitteilungen über Forschungsarbeiten, Heft 33, S. 71); ferner: Bach, Elastizität und Festigkeit. Berlin: Julius Springer.

ohne daß die Parallelkreise ihre Lage ändern; nur die Längslinien nehmen die Form von Schraubenlinien an.

Anders dagegen verhält sich ein in gleicher Weise behandelter Stab mit quadratischem oder rechteckigem Querschnitte. Die Quadrate nehmen ebenfalls rhombische Gestalt an, aber nicht in der Weise, daß alle gleiche Winkel besitzen wie beim zylindrischen Stabe, sondern mit der Abweichung, daß die Rhombenwinkel dem rechten Winkel um so mehr gleichkommen, je näher der Rhombus der Stabkante liegt. Die ehemals geraden Querlinien am rechteckigen Probestabe nehmen die aus Abb. 149 und 150 ersichtliche

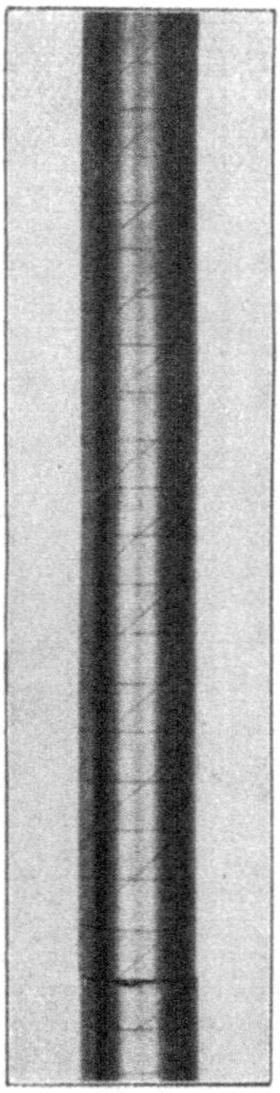

Abb. 148.

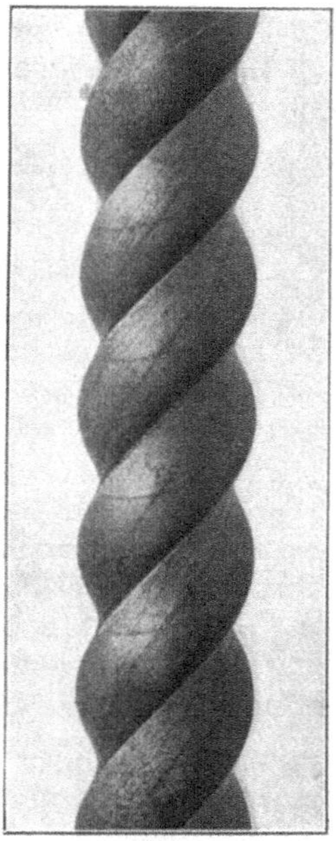

Abb. 149.

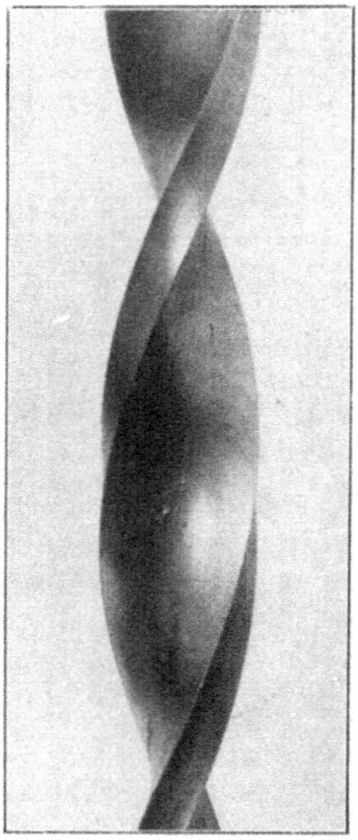

Abb. 150.

Form an, welche darauf hinweist, daß die Schiebung, d. i. die Änderung des rechten Winkels (s. S. 140), an den Kanten des Probestabes Null und in der Mitte der breiteren Querschnittsseite ein Maximum ist. Dieser Umstand deutet darauf hin, daß die Spannungsverteilung über den Stabquerschnitt nicht gleichmäßig erfolgt, sondern daß die Schubspannung an dem Punkte der Staboberfläche am größten ist, welcher der Stabmitte am nächsten liegt. Die Formänderung der Querlinien beweist ferner, daß die einzelnen Stabquerschnitte nicht wie beim zylindrischen Stabe eben geblieben sind, sondern sich gewölbt haben.

Während beim rechteckigen Probestabe nur die beiden Symmetrieachsen des Querschnittes in einer Ebene verbleiben und die übrigen Flächenteile die Krümmung erleiden, behalten bei Probestäben mit quadratischem

Querschnitt auch die Querschnittsdiagonalen ihre Lage gegenüber den Symmetrieachsen bei. Bei Stäben mit quadratischem Querschnitt sind darum auch die Schiebungen und Schubspannungen in beiden Seitenmitten gleich groß.

Dem Einflusse der Querschnittsform auf die Verdrehungsfestigkeit kann dadurch Rechnung getragen werden, daß man in Gleichung (6) im § 59 eine Berichtigungszahl φ einführt. Die Gleichung (6) besagt, daß das Drehungsmoment gleich dem Produkt aus Schubspannung und der Summe beider Hauptträgheitsmomente dividiert durch den Abstand der am stärksten gespannten Materialfaser ist, d.h. für den kreisförmigen Querschnitt, da beide Hauptträgheitsmomente gleich groß sind:

$$M_d = \frac{\tau'}{r} \cdot 2\Theta.$$

Es kann daher die Gleichung auf die Form:

$$M_d = \varphi \cdot \frac{\tau'}{r} \cdot \Theta$$

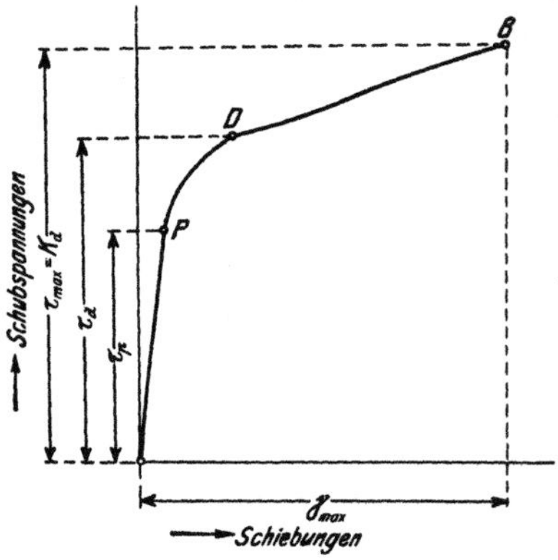

Abb. 151.

gebracht werden. Hierin bedeutet φ die Berichtigungszahl und es ist:

$\varphi = 2$, für den kreisförmigen Querschnitt, und

$\varphi = \frac{4}{3}$ für den rechteckigen Querschnitt;

Θ bedeutet das kleinere der beiden Hauptträgheitsmomente und

r den Abstand der am stärksten gespannten Materialfaser, d. i. die der Stabmitte am nächsten liegende Faser der Staboberfläche.

§ 62. Formänderungen beim Verdrehungsversuche.

Die Ausführung von Verdrehungsversuchen geschieht in der Regel derart, daß das verdrehende Moment stufenweise gesteigert und neben dem Drehmomente der zu jeder Stufe gehörige Verdrehungswinkel gemessen wird. Trägt man die Versuchsergebnisse zeichnerisch auf, indem man in einem rechtwinkligen Koordinatensystem die den Drehmomenten entsprechenden Schubspannungen als Funktion der Verdrehungswinkel einzeichnet, so ergibt sich eine Kurve, die den Spannungs-Dehnungs-Diagrammen bei durch Normalspannungen beanspruchten Stäben ähnlich ist. Bei den Materialien mit konstanter Schubzahl β, z. B. bei Eisen, ist diese Kurve anfänglich eine gerade Linie. Sie behält diese Eigenschaft bis zu einem Punkte P des aus der Abb. 151 ersichtlichen Arbeitsdiagrammes bei und verläuft dann gekrümmt weiter bis zum Punkte D, wo sie entweder einen ein- oder mehrmaligen Abfall mit nachfolgendem Anstieg erfährt, oder stetig bis zum Punkte B ansteigt, wo sie infolge Bruches des Stabes endigt. Der Punkt P heißt die Proportionalitätsgrenze, D ist die Drehgrenze, die der Fließgrenze des Materials entspricht und B ist die Bruchgrenze, bei der die Trennung des Stabes in zwei Teile stattfindet. τ_p, τ_d, τ_{max} bzw. γ_p, γ_d, γ_{max} sind die zugehörigen Schubspannungen bzw. Schiebungen.

Da die Schubzahl β nur aus den elastischen Schiebungen berechnet werden kann, müssen die elastischen Verdrehungen ermittelt werden. Ebenso ist zur Feststellung der Elastizitätsgrenze die Messung der bleibenden Verdrehungen erforderlich. Der Verlauf der Kurven für die elastischen und bleibenden Formänderungen ist aus der Abb. 158, Seite 159 ersichtlich. Es erübrigt sich, die Messung der elastischen Formänderungen über die Proportionalitätsgrenze hinaus auszudehnen, da die Voraussetzungen, welche der Ableitung der Schubzahl zugrunde gelegt wurden, nur solange erfüllt sind, als Proportionalität zwischen Schubspannung und Schiebung besteht.

Da die Rückbildung der stattgehabten Formänderung in jedem Falle eine gewisse Zeit benötigt und desto langsamer vonstatten geht, je mehr sich der Probestab wieder der ursprünglichen Form nähert, machen sich auch hier Nachwirkungen bemerkbar, die bei Versuchen nur durch genügend lange Dauer der Entlastung ausgeschaltet werden können (s. § 7 Seite 27).

Die zur Verdrehung des Probestabes aufgewendete spezifische Formänderungsarbeit ergibt sich aus dem Spannungs-Schiebungs-Diagramm (s. Abb. 151, Seite 154) durch Bestimmung seines Inhaltes unter Berücksichtigung des Maßstabes, in dem das Diagramm gezeichnet wurde, in gleicher Weise wie im § 16 Seite 40 erläutert wurde.

Zur Feststellung der gesamten Formänderungsarbeit können die gesamten Verdrehungen als Funktion der Drehmomente aufgezeichnet werden. Das geschieht, wenn mehrere Materialien miteinander verglichen werden sollen, z. B. zur Feststellung von Ermüdungen (s. S. 181 ff.).

Für die Praxis hat der Verdrehungsversuch noch insofern besondere Bedeutung, als er Aufschluß gibt über die Gleichartigkeit des Materials an den verschiedenen Stellen der Länge von Probestäben. Die Verdrehung setzt selbstverständlich dort zuerst ein, wo die Widerstandsfähigkeit des Stoffes am geringsten ist, und sie schreitet über diejenigen Stellen fort, an denen diese Widerstandsfähigkeit zunehmend größer ist. Harte Stellen in einem Probestabe machen sich beim Verdrehungsversuche dadurch bemerkbar, daß sich der Stab an ihnen nicht verdreht, an den übrigen Stellen aber die Verdrehung stattfindet[1]).

§ 63. Einspannung der Probestäbe beim Verdrehungsversuche.

Zur Befestigung der Probestäbe in den Materialprüfungsmaschinen bedient man sich der in Abb. 152 u. 153 dargestellten Vorrichtungen. Die älteste Art der Einspannung ist die nach Abb. 152, welche bereits Bauschinger benutzte. Sie besteht aus den mit quadratischen Aushöhlungen versehenen Einspannköpfen 1 und 2, in die die Köpfe 3 und 4 der Probestäbe unmittelbar oder unter Verwendung von Beilagen eingesetzt werden. Die Benutzung solcher Probestäbe empfiehlt sich jedoch nur bei Versuchen mit gegossenen Materialien, wenn sie unmittelbar in der benötigten Form hergestellt werden können. Ist man gezwungen, zylindrische Probestäbe ohne Köpfe zu ver-

---

[1]) Über Versuche über die Verdrehung von Stäben mit rechteckigem Querschnitt s. Bretschneider, Heft 121 der Forschungsarbeiten auf dem Gebiete des Ingenieurwesens.

wenden, so geschieht ihre Befestigung mit Beißkeilen nach Abb. 153. In diesem Falle wird der Probestab 1 in der Mitte der Einspannköpfe 2 und 3 angeordnet und durch die Beißkeile 4 und 5 bzw. 6 und 7 eingeklemmt. Infolge des auf den Stab wirkenden Drehmomentes dringen die Zähne der Beißkeile in das Material ein und fassen den Stab um so fester, je mehr das Drehmoment wächst. Wegen der Hinderung der Deformation durch die Beißkeile erfolgt bei solchen Stäben in der Regel der Bruch unmittelbar neben den Einspannstellen. Verfasser empfiehlt daher bei Verdrehungsversuchen zur Ermittelung der Materialkonstanten Zerreißprobestäbe in Normalform zu benutzen, deren Köpfe in der oben beschriebenen Weise in der Maschine befestigt werden. Bei solchen Stäben liegt die Bruchstelle stets im zylindrischen Teile. Zum besseren Festhalten können dabei die Stabköpfe in ähnlicher Weise abgeflacht werden, wie es das obere Ende des Stabes in der Abb. 154 zeigt.

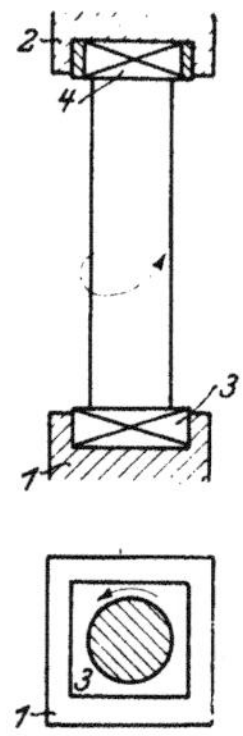

Abb. 152.

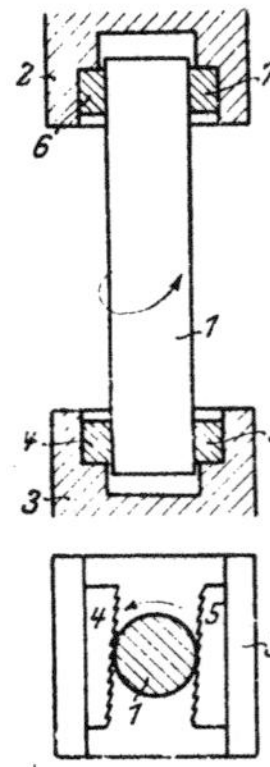

Abb. 153.

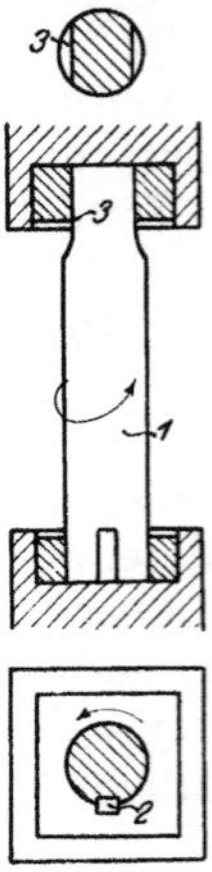

Abb. 154.

An einigen Prüfungsstellen werden auch Einspannungen nach Abb. 154 verwendet, bei denen die Befestigung des Stabes 1 mit Feder und Nut 2 oder mit Abflachungen 3 an den Enden geschieht. Diese Vorrichtungen bewirken jedoch Schwächungen des Probstabes, die den Bruch an diesen Stellen zur Folge haben, wenn der Stab nicht wie bei Benutzung von Normalzerreißstäben mit Verdickungen an den Enden versehen ist, welche die Schwächung ausgleichen.

§ 64. Messung der Formänderung.

Die Messung des Verdrehungswinkels geschieht im allgemeinen durch Zeiger- oder Spiegelapparate. In Abb. 155 ist ein Zeigerapparat dargestellt, der unmittelbar die durch Verdrehung des Stabes bewirkte Verschiebung der Klemme 1 gegenüber der Klemme 2 durch den Zeiger 4 am Gradbogen 3 abzulesen gestattet. Die Vorrichtung ist brauchbar, solange es sich darum handelt, größere Verdrehungswinkel zu messen. Ungeeignet wird sie jedoch, sobald die Größe kleiner Verdrehungswinkel bestimmt werden soll, wie es bei Messungen zur Ermittelung der Schubzahl erforderlich ist.

Bauschinger benutzte in solchem Falle zwei Fernrohre, die nach Abb. 156 durch Klemmen an dem Probestabe 1 derart befestigt waren, daß die optischen Achsen der Fernrohre 2 die Stabachse senkrecht kreuzten. Er stellte den Fernrohren gegenüber Skalen 3 auf, an denen die Verdrehung der zwischen beiden Fernrohrklemmen liegenden Meßstrecke festgestellt werden konnte. Infolge des verhältnismäßig großen Gewichtes der Fernrohre eignet sich die Vorrichtung jedoch nur zur Anbringung an Stäben größerer Abmessungen.

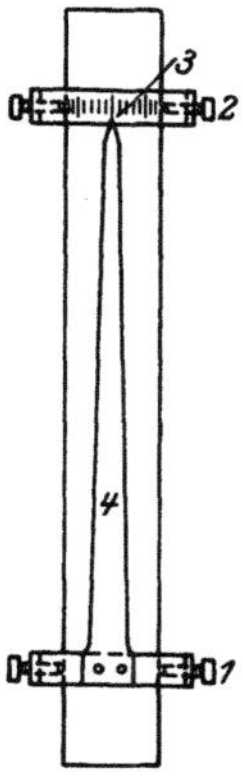

Abb. 155.

Die einfachste Vorrichtung, welche sich an Stäben aller Abmessungen und bei allen Maschinenformen benutzen läßt, besteht aus zwei Spiegeln mit Klemmen, die am Stabe in einer gewissen als Meßstrecke dienenden Entfernung befestigt und deren gegenseitige Verdrehung mit Ablesefernrohren und Skalen festgestellt wird.

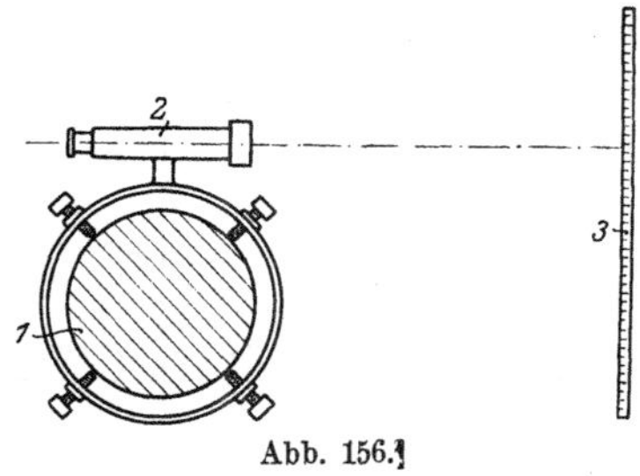

Abb. 156.

Die Vorrichtung ist aus Abb. 157 ersichtlich. Das Übersetzungsverhältnis kann beliebig durch Vergrößerung der Skalenentfernung vergrößert werden. Es ergibt sich der Verdrehungswinkel α des Stabes gegenüber dem Fernrohrstandpunkt aus der Beziehung:

$$\alpha = \frac{a}{2A};$$

a bedeutet hierin die Ablesung an der kreisförmig gekrümmten Skala und A den Abstand der Stabmitte von der Skala.

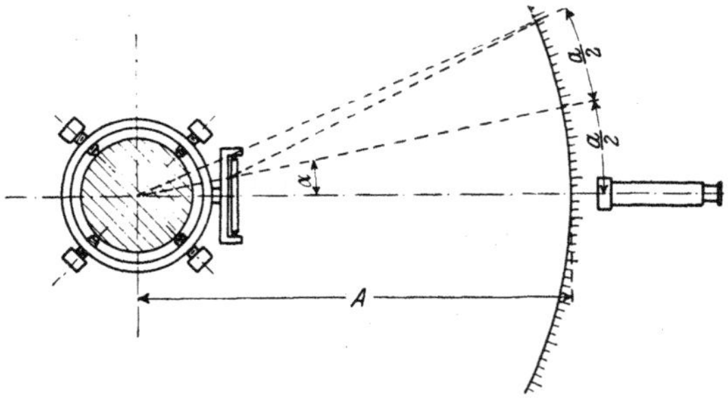

Abb. 157.

Bei der Benutzung dieser Vorrichtung ist darauf zu achten, daß sich infolge der Verdrehung des Probestabes und insbesondere der Einspannköpfe der Prüfungsmaschine nicht der Abstand A der Ablesefernrohre von den Spiegeln verändert und daß die kreisförmig gekrümmte Skala konzentrisch zur Mitte des Probestabes verbleibt. Da ferner beim Einspannen der Probestäbe mit Beißkeilen in die Maschinenköpfe sich der Probestab nicht unerheblich gegenüber den Fernrohrachsen verdreht, so beschreiben die Spiegel verhältnismäßig große Winkel, die so groß werden können, daß die Messung des Verdrehungswinkels des einen Spiegels gegenüber dem anderen nicht mehr möglich wird, weil die Fernrohrskalen zu kurz sind.

Verdrehungsversuch mit Feinmessung der Schiebungen.

Datum: . . . . .

Maschine: Amslersche 250 mkg-Torsionsmaschine.

Stabform: Proportionalzerreißstab.

Halbmesser des Probestabquerschnittes: $r = 1,25$ cm.

Polares Trägheitsmoment: $\Theta_p = 3,836$ cm^4.

Material: Flußstahl.

Feinmeßinstrument: Spiegelapparat.

Feinmeßlänge $l = 19$ cm.

Skalenabstand $A = 115$ cm.

Skaleneinheit: mm.

Übersetzungsverhältnis: $\frac{\gamma'}{a} = \frac{r}{2A}$ (s. Abb. 157, S.157).

Drehmoment M_d cmkg	Skalenablesung I mm	Skalenablesung II mm	Differenz der Skalenablesungen mm	Elastische Verdrehung der Meßlänge in Skalenteilen $= a$ mm
1000	0	0	0	
1500	14,9	7,8	7,1	7,0
1000	3,1	3,0	0,1	
2000	29,8	15,7	14,1	13,9
1000	6,0	5,8	0,2	
2500	44,0	22,9	21,1	20,8
1000	8,2	7,9	0,3	
3000	57,8	29,8	28,0	27,7
1000	10,3	10,0	0,3	
3500	71,9	37,0	34,9	34,5
1000	12,6	12,2	0,4	
4000	85,7	43,8	41,9	41,4
1000	14,4	13,9	0,5	
4500	98,9	50,0	48,9	48,3
1000	15,6	15,0	0,6	
5000	113,2	56,9	56,3	55,1
1000	18,4	17,2	1,2	
5500	126,9	63,2	63,7	61,9
1000	20,4	18,6	1,8	
6000	142,1	69,9	72,2	68,7
1000	23,5	20,0	3,5	
6500	159,1	76,2	82,9	75,6
1000	29,4	22,1	7,3	
6800	Drehgrenze			
17200	Bruchgrenze			

Berechnungen.

I. Elastische Eigenschaften.

Es ist a für 500 cmkg Drehmoment ausgeglichen $= 6,86$. Mithin ist die Schiebung

$$\gamma' = \frac{a \cdot r}{2 \cdot A \cdot l} = \frac{0,686 \cdot 1,25}{2 \cdot 115 \cdot 19} = 0,000196,$$

und wenn

$$\tau' = \frac{r \cdot M_d}{\Theta_p} = \frac{1,25 \cdot 500}{3,836} = 163,1 \text{ kg/qcm},$$

so ist die Schubzahl

$$\beta = \frac{\gamma'}{\tau'} = \frac{0,000\,196}{163,1} = \frac{1}{832\,000}.$$

II. Gütezahlen.

Spannung an der Drehgrenze:

$$\tau_d = \frac{r \cdot M_d}{\Theta_p} = \frac{1,25 \cdot 6800}{3,836} = 2217 \text{ kg/qcm}.$$

Spannung an der Bruchgrenze:

$$K_d = \tau_{max} = \frac{r \cdot M_{d\,max}}{\Theta_p} = \frac{1,25 \cdot 17\,200}{3,836} = 5670 \text{ kg/qcm}.$$

Gesamte Verdrehung der Meßlänge bei Eintritt des Bruches $= 1840$ Grad $= \sim 5,12$ Umdrehungen.

Um diesen Übelstand zu vermeiden, empfiehlt es sich für Versuche, bei denen der Verdrehungswinkel gemessen werden soll, eine weniger bewegliche Einspannung, z. B. nach den Abb. 152 und 154, zu wählen und zur Unschädlichmachung der großen Drehbewegung des beweglichen Einspannkopfes der Prüfungsmaschine die Ablesefernrohre und ihre Skalen an einem starren Ausleger anzubringen, der unmittelbar am beweglichen Einspannkopf befestigt ist.

In solchem Falle bildet die Meßvorrichtung nach Abb. 157 ein ausgezeichnetes Mittel zur Feststellung der federnden Verdrehungen des Probestabes.

Zur Vermeidung von Irrtümern müssen die Fernrohrablesungen zuverlässig neben den zugehörigen Drehmomenten notiert werden. Das geschieht zweckmäßig nach einem Schema, wie es auf der S. 158 dargestellt ist.

Analog dem Vorgehen bei anderen Versuchen, z. B. beim Zugversuch (s. S. 43), erhält der Probestab zur Sicherung seiner Einspannung in der Prüfungsmaschine eine dauernde Anfangsspannung, auf die er nach jeder Spannungserhöhung wieder entlastet wird, so daß wechselnde Drehmomente der Art entstehen, wie sie in der ersten Spalte der Tafel auf S. 158 enthalten sind.

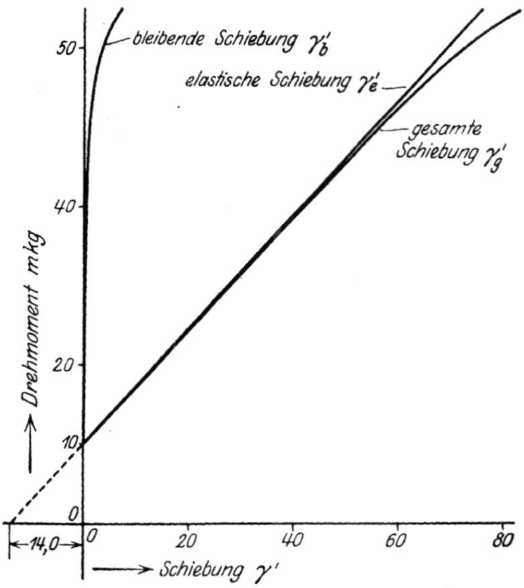

Abb. 158.

Die Verdrehungen der Spiegel bzw. der Meßstellen am Probestabe werden gegenüber den Fernrohren in Skaleneinheiten (Millimeter) festgestellt. Die Differenz beider Ablesungen ergibt die Verdrehung der Meßlänge, und zwar die gesamte gegenüber der des ursprünglich eingestellten, die Grundbelastung darstellenden Anfangsdrehmomentes bzw. der dauernden Anfangsspannung. Durch Abzug der jeweiligen bleibenden Verdrehung von der gesamten ergibt sich die in der letzten Spalte der Tabelle enthaltene elastische Verdrehung (in Skaleneinheiten!).

Der Gang der Berechnung der Festigkeitszahlen ergibt sich aus den Angaben in der Tabelle auf S. 158 und zwar für einen geprüften Flußeisenstab von 25 mm Durchmesser[1]).

Zur Korrektur etwaiger Ablesungsfehler ist es zweckmäßig, die Ablesungswerte oder die Werte der errechneten Schiebungen gemäß der Abb. 158 zeichnerisch auszugleichen und die ausgeglichenen Werte zur Berechnung der Schubzahl β zu benutzen. (Näheres s. Seite 23 ff.).

[1]) Über eingehende Verdrehungsversuche s. Bretschneider, Heft 121 der Forschungsarbeiten auf dem Gebiete des Ingenieurwesens; ferner: Bach, Heft 16 der Veröffentlichungen des Deutschen Ausschusses für Eisenbeton 1912.

VII. Versuche mit stoßweiser Beanspruchung.

§ 65. Die Schlagfestigkeit.

Im Gegensatze zu den im Vorausgehenden besprochenen Beanspruchungsweisen, bei denen als Maß der Festigkeit die durch die äußere Kraft hervorgerufene Materialspannung im Augenblicke des Bruches gilt, wird die Schlagfestigkeit allgemein ausgedrückt durch eine Arbeit, und zwar die, welche erforderlich ist, den Probekörper zum Bruche zu bringen. Wir haben es also im ersten Falle mit Kräften und im zweiten Falle mit Arbeiten zu tun. Jene werden durch statische, diese durch dynamische Beanspruchung erzeugt.

Es ist eine bekannte Erscheinung, daß manche Materialien gegen statische Beanspruchungen große Widerstandsfähigkeit besitzen, während sie schon durch verhältnismäßig geringfügige Stöße zerstört werden[1]). Da nun im Maschinenbetriebe reine statische Beanspruchungen selten vorkommen, ist es von besonderer Wichtigkeit, das Verhalten der Materialien bei dynamischen Beanspruchungen kennenzulernen.

Schon frühzeitig kam man zu der Einsicht, daß die Prüfung der Materialien durch den Schlagversuch von Wichtigkeit sei, und untersuchte Schienen, Radbandagen u. dgl. unter dem Fallwerke. Da diese Prüfungsmethode jedoch keine Unterlagen für Berechnung der Abmessungen der Konstruktionselemente lieferte, und der Bau von Materialprüfungsmaschinen für statische Beanspruchungen Fortschritte gemacht hatte, gab man der letzten Prüfungsmethode ihrer Einfachheit wegen den Vorzug, bis man die erste neuerdings neben jener, wenn auch in abgeänderter Form, wieder aufgenommen hat.

Während manche Materialien bei statischer Beanspruchung ein großes Formänderungsvermögen aufweisen, zeigen sie beim Schlagversuch keines oder nur sehr geringes; sie erweisen sich als spröde. So lassen sich unverletzte Eisenbahnschienen bei statischer Beanspruchung fast so weit zusammenbiegen, daß die beiden Schenkel des Probestückes aufeinander zu liegen kommen. Bei dynamischen Beanspruchungen dagegen bricht die Schiene ohne große Formänderung. Der Grund für dieses Verhalten ist darin zu suchen, daß bei Schlagbeanspruchung, wo die Formänderung plötzlich innerhalb des Bruchteiles einer Sekunde vollzogen werden muß, die einzelnen Probekörperelemente keine Zeit haben, ihre gegenseitige Lage ohne Aufgabe des Zusammenhanges zu ändern.

Wie in § 25 erörtert wurde, ist bei Eisen der Einfluß der Temperatur auf das Ergebnis des Zerreißversuches und mithin auch des Biegeversuches innerhalb Temperaturen von -20^0 bis $+20^0$ nicht bedeutend. Anders ist das Verhältnis jedoch bei Schlagversuchen, wo mit abnehmender Temperatur die Schlagfestigkeit ganz wesentlich geringer wird. Charpy fand, daß Metalle, welche bei $+20^0$ einen Bruchwiderstand von 24 mkg leisteten, bei -20^0 nicht mehr als 2—3 mkg vertrugen. (S. a. S. 177.)

Schlagversuche werden ausgeführt durch Beanspruchung der Probestäbe auf Zug, Druck und Biegung[2]).

---

[1]) Pech erweist sich bei statischer Beanspruchung sehr bildsam und zähe, bei dynamischer dagegen als spröde.

[2]) Über Stoßbeanspruchung und Schlagversuche s. Dinglers pol. Journal 1908, Heft 17 u. 18; Der Ingenieur 1909, S. 408; Stahl u. Eisen 1909, S. 1452, u. 1912, S. 23.

1. Stoßbeanspruchung durch Fallwerke.

§ 66. Allgemeines und Konstruktionsgrundsätze der Fallwerke.

Für Schlagbiegeversuche mit dem Fallwerke kommt fast ausschließlich Eisenbahnmaterial in Frage, welches nach den Abnahmevorschriften des Vereins Deutscher Eisenbahnverwaltungen auf Schlagfestigkeit geprüft werden muß. In erster Linie sind es Schienen, Achsen und Radbandagen, welche diesem Versuche unterworfen werden.

Da beim Schlagversuche das Versuchsergebnis durch das Gewicht des Fallbären und seine Geschwindigkeit beeinflußt wird, ist es notwendig, allerorts Fallwerke gleicher Abmessungen zu benutzen, wenn die gewonnenen Ergebnisse Vergleichbarkeit besitzen sollen. Durch den Verband für die Materialprüfungen der Technik sind daher Vorschläge für ein Normalfallwerk gemacht worden, dessen Konstruktion folgenden Grundsätzen entspricht[1]):

1. Das gewöhnliche Bärgewicht sei 1000 oder 500 kg. In besonderen Fällen sind kleinere Bärgewichte zuzulassen.
2. Die Bärmasse kann aus Gußeisen, gegossenem oder geschmiedetem Stahl bestehen.
3. Die Bärform ist so zu wählen, daß der Schwerpunkt der ganzen Bärmasse möglichst tief liegt.
4. Die Schwerlinie des Bären muß in die Mittellinie der Bärführungen fallen.
5. Besondere Marken auf dem Amboß (der Schabotte) sollen diese Mittellinie kenntlich machen.
6. Das Verhältnis der Führungslänge des Bären zur Lichtweite zwischen den Führungen soll größer als 2 : 1 sein.
7. Die Führungsschienen sollen senkrecht stehen. Die Reibung des Bären soll durch Glätten der Berührungsflächen möglichst vermindert werden. Schmierung mit Graphit wird empfohlen.
8. Es ist eine besondere Hammerbahn aus geschmiedetem Stahl einzusetzen und durch Schwalbenschwanz und Keil durchaus zentrisch zur Schwerlinie des Bären zu befestigen. Durch besondere Marken ist die Erfüllung dieser Bedingung kenntlich zu machen.
9. Die Hammerbahn soll nach einem Halbmesser von 150 mm abgerundet sein. Bei Schlagversuchen, bei denen die Anwendung eines der Querschnittsform des zu prüfenden Stückes entsprechenden Aufsatzstückes vorgeschrieben ist, z. B. bei Schlagbiegeversuchen mit Radreifen und Schienen, muß das Aufsatzstück oben eine ebene Anschlagfläche haben.
10. Die Aufsatzstücke müssen leicht sein, wenn möglich 20 kg wiegen.
11. Die Auslösevorrichtung für den Bären soll so beschaffen sein, daß sie den freien Fall des Bären nicht beeinflußt.
12. Es ist eine Einrichtung zu treffen, durch die das zufällige Herabfallen des Bären verhindert wird.

---

[1]) Verfasser betrachtet Fallwerke und Pendelschlagwerke nicht als Materialprüfungs**maschinen**, sondern als **Apparate**. Deshalb sind die Angaben über dieselben nicht ausschließlich in den IX. Teil dieses Buches aufgenommen, sondern zur besseren Übersichtlichkeit an den jeweilig geeigneten Stellen eingefügt worden.

13. Die Schabotte (Amboß) soll aus einem Stück Gußeisen bestehen und ihr Gewicht mindestens das 10fache des Bärgewichtes betragen.
14. Das Fundament soll möglichst unelastisch aus einem festen Mauerkörper gebildet sein, dessen Größe durch die Baugrundverhältnisse bedingt ist, aber dessen Gewicht mindestens das 6fache der Schabotte betragen soll.
15. Die Auflagerstücke für den Probekörper sind an der Schabotte gut zu befestigen.
16. Es sind Einrichtungen zu treffen, durch die das Herausspringen der Versuchsstücke aus den Auflagern verhindert wird, jedoch ohne die Stoßbeanspruchung des Stückes hierdurch zu beeinflussen.
17. Die Teilung zum Ablesen der Fallhöhe soll in Zentimetern und verschiebbar ausgeführt werden.

Als Maß für die Fallhöhe wird 6 m empfohlen, weil Schlagwerke bis zu solcher Fallhöhe leichter in geschlossenen Räumen untergebracht und zuverlässiger gebaut werden können als höhere. Als Konstruktionsmaterial für die Fallwerke soll nur Eisen zur Verwendung gelangen. Es müssen auch Vorkehrungen getroffen werden, welche beim Aufschlagen des Fallbärs ein Kippen oder seitliches Ausweichen des Schienenstückes verhüten.

Außer diesen Konstruktionsgrundsätzen sind noch Forderungen mannigfachster Art zu berücksichtigen. Insbesondere sind es die Eisenbahnverwaltungen, welche diesen Grundsätzen noch verschiedene Forderungen anfügen. Sie beziehen sich aber weniger auf die Konstruktion der Fallwerke als auf die Manipulationen bei ihrer Benutzung. Es soll hier nicht weiter auf diese Einzelheiten eingegangen, sondern nur auf die einschlägigen Vorschriften verwiesen werden. Unter Berücksichtigung dieser wird es leicht sein, auf Grund der vorausgegangenen und der folgenden Ausführungen das Schlagwerk selbst als auch die Versuchsausführung den Bedingungen entsprechend zu modifizieren.

§ 67. Kontrolle der Fallwerke[1]).

Vor der Benutzung eines Fallwerkes ist dasselbe auf ordnungsmäßigen Gang zu prüfen. Insbesondere ist festzustellen, ob der Bär sich frei in seiner Führung bewegt. Das Probestück ist so einzustellen, daß der Treffpunkt am Stück genau in der Mitte der Hammerbahn liegt. Auch eine zeitweilige Eichung des Fallwerkes ist ebenso dringend erforderlich wie die der übrigen Materialprüfungsmaschinen (s. § 414). Die Eichung der Fallwerke erfolgt mit Normalkupferzylindern, die aus bestem Stehbolzenkupfer hergestellt und zweckmäßig vom Materialprüfungsamte Berlin-Dahlem bezogen werden, welches für diese Normalschlagkörper die Längenänderung angibt, die sie bei bestimmter Schlagarbeit unter einem vorschriftsmäßigen Fallwerke erfahren. Schlagwerke, bei denen die mit Normalschlagkörpern festgestellte Schlagarbeit um mehr als 2 % geringer ist als die, welche sich durch Multiplikation des Bärgewichtes mit der Fallhöhe ergibt, sind nicht benutzbar. Die Differenzen rühren in erster Linie von der Reibung her, welche in den Bär-

[1]) S. Anmerkung [1]) auf Seite 161.

führungen auftritt, und es ist gegebenenfalls zu prüfen, ob die Führungen genau senkrecht stehen und zwischen Bär und Führungsschienen genügend Spiel vorhanden ist.

§ 68. Der Schlagzerreißversuch.

Die Prüfung auf Zug hat nur geringere Bedeutung erlangt, weil es nicht möglich ist, mit den bekannten Fallwerken den Schlag unmittelbar auf das Probestück wirken zu lassen. Es sind vielmehr Zwischenglieder notwendig, deren Abmessungen nicht zu gering sein dürfen und infolgedessen einen Teil der vom Fallgewichte geleisteten Arbeit teils zur Massenbeschleunigung und teils zur Formänderung in sich aufnehmen. Da die Größe dieses Teiles der geleisteten Arbeit unbestimmbar ist, ist es nicht möglich, die wirklich zur Formänderung des Probestückes aufgewendete Schlagarbeit mit Genauigkeit zu bestimmen.

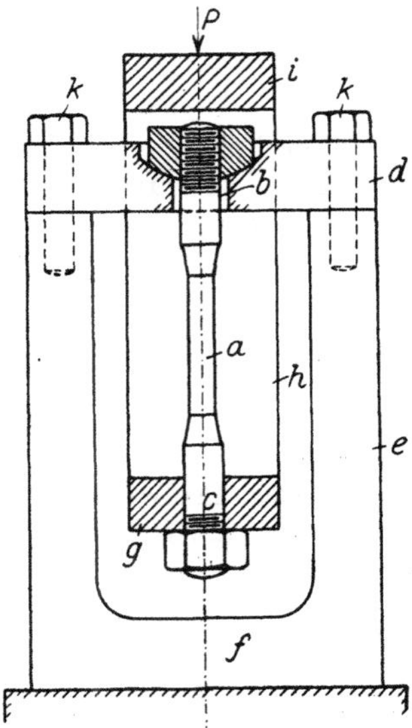

Abb. 159.

Im allgemeinen darf angenommen werden, daß die Formänderungen beim Fallzerreißversuche genau so verlaufen wie beim Zerreißversuche unter ruhig wirkender Last. Hiernach hat es also keinen Zweck, den normalen Zerreißversuch durch den Fallzerreißversuch zu ersetzen oder zu ergänzen[1]).

Eine einfache Vorrichtung für Schlagzerreißversuche zeigt die Abb. 159. Der Stab *a* ist mit dem Ende *b* kugelig im Widerlager *def* gelagert, während am anderen Ende *c* das Gehänge *ghi* angreift, auf dessen Kopffläche der Schlag *P* ausgeübt wird. Mit den Schrauben *k* wird das Querstück *d* am Widerlager *e*—*f* befestigt.

Wichtiger als der Schlagzerreißversuch ist der Schlagdruckversuch — Stauchversuch — genannt.

§ 69. Der Stauchversuch.

Es können bei diesem genau die gleichen Probekörper verwendet werden wie beim gewöhnlichen Druckversuche, und das fallende Gewicht kann seine gesamte, beim Auftreffen noch vorhandene Energie an das Probestück abgeben. Selbstverständlich wird auch hier nicht die ganze abgegebene mechanische Energie in das Probestück hineingelegt, sondern ein Teil geht ebenfalls durch Übertragung auf den Amboß verloren. Da die Größe der Arbeitsverluste nicht meßbar ist, begnügt man sich, da ja die Versuche überhaupt nur als Vergleichsversuche betrachtet werden dürfen, die gesamte vom fallenden Gewichte geleistete Arbeit zu bestimmen.

[1]) Betrachtungen über dynamische Zugbeanspruchung von Plank in Heft 133 der Forschungsarbeiten auf dem Gebiete des Ingenieurwesens.

Bedeutet G die Größe des Fallgewichtes in Kilogramm und h die Fallhöhe in Zentimeter, so ist die bei einem Schlage geleistete Arbeit

$$A = G \cdot h \text{ cmkg.}$$

Bezieht man die Arbeit auf die Volumen- oder Gewichtseinheit des Probekörpers, so ist die spezifische Schlagarbeit a bzw. a', wenn v das Volumen in Kubikzentimeter und g das Gewicht in Gramm des Probekörpers darstellt:

$$a = \frac{h \cdot G}{v} \text{ cmkg pro Kubikzentimeter}$$

und

$$a' = \frac{h \cdot G}{g} \text{ cmkg pro Gramm.}$$

Wird die Schlagarbeit durch mehrere Schläge geleistet, so ist die gesamte Schlagarbeit gleich der Summe aller einzelnen Arbeiten. Bezeichnet i die Anzahl der ausgeübten Schläge, dann ist die gesamte Arbeit, welche zur Deformation des Probekörpers erforderlich war,

$$A = i \cdot G \cdot h,$$

oder, wenn die Einzelarbeiten verschiedene Größe besaßen,

$$A = A_1' + A_2' + A_3' + \ldots . A_n'.$$

Dasselbe gilt für die Formänderungen. Jeder Schlag bewirkt eine Verkürzung λ des Probekörpers, die gleich der Differenz der ursprünglichen und der durch den Schlag erzeugten Länge ist. Die spezifische Verkürzung, Stauchung genannt, ist dann

$$\varepsilon = \frac{\lambda}{l},$$

wenn λ die Verkürzung und l die Länge des Körpers vor dem Schlage bedeutet. Bei Erzeugung der Verkürzung durch mehrere Schläge ist die gesamte Stauchung analog der gesamten Schlagarbeit

$$\varepsilon = \frac{\lambda_1 + \lambda_2 + \lambda_3 + \ldots . \lambda_n}{l}.$$

Im Vorhergehenden war als Maß für die Schlagfestigkeit die Arbeit $G \cdot h$ eingeführt worden. Diese Arbeit kann geleistet werden durch ein großes Gewicht G und geringe Fallhöhe h, oder durch geringes Gewicht G und große Fallhöhe h. Beide Methoden benutzen die gleiche Arbeitsmenge und müssen somit auch gleiche Formänderung liefern. Die Geschwindigkeit aber, mit der das fallende Gewicht auftrifft, ist in beiden Fällen verschieden. Nach Versuchen von Kick mit Bleikörpern, bei denen Endgeschwindigkeiten von 7,75 und 2,22 m in Frage kamen, spielen diese Geschwindigkeitsunterschiede in bezug auf das Ergebnis keine Rolle. Auch von anderer Seite angestellte Versuche weisen nach, daß die Geschwindigkeit, solange sie innerhalb gewisser Grenzen bleibt, nur einen unwesentlichen Einfluß auf das Ergebnis ausübt.

Anders ist es dagegen, wenn die Geschwindigkeit des auftreffenden Gewichtes sehr hoch gesteigert wird. Bei Beschießversuchen zeigen z. B. manche Metalle nur geringe Widerstandsfähigkeit, trotzdem sie bei der Schlagprobe gutes Verhalten aufweisen. Da jedoch derartig hohe Geschwindigeiten für Schlagversuche nicht in Frage kommen, kann man sich mit der orausgegangenen Äußerung begnügen und die Geschwindigkeit bei der vor-egenden Beanspruchungsweise als einflußlos betrachten.

Vergleicht man die Stauchungen zweier Probekörper, von denen der ine durch einen einzigen Schlag und der andere durch mehrere Schläge aber nit gleicher Gesamtarbeit deformiert worden ist, so ergibt sich, daß die Stauchung des ersten größer als die des letzten ist. Der Grund für dieses Verhalten liegt in folgendem Umstande. Bei einmalig fallendem Gewichte wird neben der Arbeit zur bleibenden Formänderung die Arbeit für die elastische Formänderung nur einmal geleistet und die Materialteilchen werden nur einmal beschleunigt. Bei mehrfachen Schlägen dagegen muß die bereits vom vorhergegangenen Schlage geleistete Arbeit zur elastischen Formänderung wiederholt werden, und auch die Materialteilchen müssen aufs neue beschleunigt werden. Diese wiederholt geleisteten Arbeiten zur Erzeugung der elastischen Formänderung und zur Beschleunigung der Massenteilchen müssen somit um den genannten Betrag größer werden. Bei manchen Materialien wird dieser Betrag noch vergrößert durch die Veränderungen, welche die Eigenschaften des Materials infolge der Verdichtung beim Schlagen erleiden. Auch die bei jedem Schlage größer werdende Auftrefffläche des Fallgewichtes am Probekörper wirkt auf Vergrößerung der zur Deformation erforderlichen Arbeit hin. Für praktische Zwecke kann aber der Einfluß der Schlagzahl außer acht gelassen werden, weil die zufälligen Versuchsfehler im allgemeinen größer sind als die durch die genannten Vorgänge hervorgerufenen Abweichungen.

Diejenige spezifische Schlagarbeit, welche den Bruch des Probekörpers gerade durch einen einzigen Schlag herbeiführt, heißt nach Kick der Bruchfaktor und ist bei gleichem Material und ähnlicher Form der Probekörper eine Konstante, die als Maßstab für die Güte des Materials benutzt werden kann. Da dieser Bruchfaktor nur für solche Materialien bestimmbar ist, die durch Schlagbeanspruchung zu Bruche gehen, empfiehlt es sich, bei der Prüfung formbarer Materialien den Versuch derart durchzuführen, daß man die Arbeit bestimmt, welche erforderlich ist, den Probekörper um ein bestimmtes Maß zu stauchen.

Man kann aber auch so verfahren, daß man durch Probieren diejenige Arbeit bestimmt, die gerade hinreicht, eine bleibende Formänderung hervorzurufen [1]).

Martens schlug vor, den Begriff des Bruchfaktors unter der Bezeichnung Stauchfaktor zu erweitern und als Stauchfaktor diejenige spezifische Schlagarbeit in cmkg/ccm zu bezeichnen, die aufgewendet werden muß, um einen Körper bestimmter Grundform durch einen einzigen Schlag gerade zum Bruche zu bringen oder um 80 % seiner Länge zu stauchen.

Die Bruchformen beim Stauchversuche mit einem einzigen Schlage sind die gleichen wie beim Druckversuche mit ununterbrochener Belastung. Formbare, zylindrische Körper nehmen Tonnenform an, spröde dagegen werden zertrümmert, indem sich Druckkegel bilden. Auch die durch mehrere Schläge erzeugten Bruchformen weichen in ihrem Aussehen nicht von solchen ab, die durch ruhig wirkenden Druck entstehen. Bedingung ist nur, daß der

---

[1]) S. Mitteil. d. k. k. Versuchsamtes in Wien 1912, S. 41.

Körper beim Druckversuche jedesmal nach der einem Schlage entsprechenden Deformationsarbeit entlastet wird[1]).

Da beim Schlag-Stauchversuch die Beschaffenheit der Druckflächen des Probekörpers und der Auflagerflächen von ebensolcher Bedeutung ist wie beim Druckversuch (s. S. 96), müssen vergleichbare Stauchversuche unter gleichartigen Verhältnissen durchgeführt werden. Rauhe Druckflächen ergeben geringere Zusammendrückungen beim Stauchversuch als glatte. Die größten Zusammendrückungen (Stauchungen) treten auf, wenn die Druck- und Endflächen glattgeschliffen und geschmiert sind (s. S. 100).

§ 70. Der Schlagbiegeversuch.

Nach dem Stauchversuch ist der Schlagbiegeversuch derjenige, der sich am einfachsten durchführen läßt und der Ergebnisse liefert, die sich auf Fälle der Praxis übertragen lassen. Deshalb wurden Schlagbiegeversuche unter dem Fallwerke bereits in den Anfängen der systematischen Materialprüfung vorgenommen. Allerdings geschah dies weniger zur Ermittelung

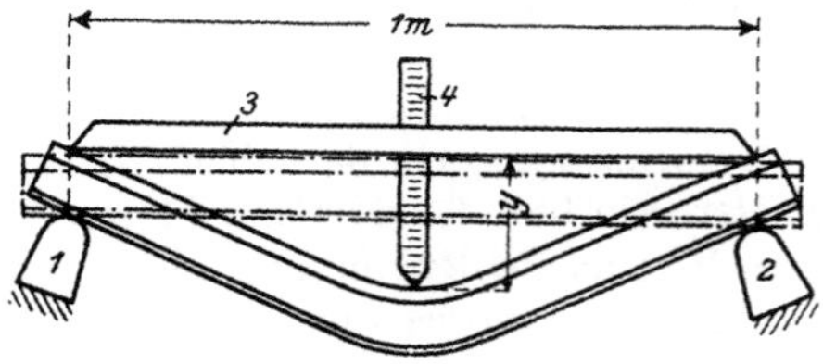

Abb. 160.

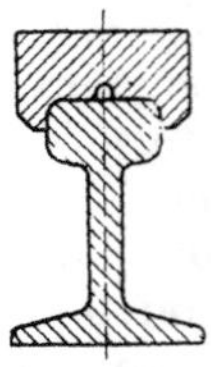

Abb. 161.

von Gütezahlen der Werkstoffe, sondern zur Erprobung von Werkstücken, insbesondere von Eisenbahnschienen.

Man verfuhr dabei wie folgt. Die Schiene, welche 1,3 m Länge besitzen und frei von Laschenschraubenlöchern sowie sichtbaren Fehlerstellen sein muß, wird auf den nach Abb. 160 geformten Stützen 1 und 2 gelagert. Auf die Fahrbahn der Schiene wird hiernach in der Mitte der Stützweite ein Aufsatzstück nach Abb. 161 gesetzt, das zur Übertragung des Schlages auf die Schiene dient. Nachdem man sich überzeugt hat, daß die Mitte des Aufsatzstückes genau in der Mittellinie des Fallbären liegt, d. h. die Schiene genau zentriert und die zur Messung der Fallhöhe an der Führungsbahn des Bären verschiebbar angebrachte Skala der Schienenhöhe entsprechend eingestellt ist, betätigt man die Auslösevorrichtung des Bären. Hierauf wird der Bär wieder hochgezogen; die Schienen werden auf Risse oder sonstige Veränderungen untersucht. Die durch den Schlag entstandene Durchbiegung y wird mit einem Tiefenmaße nach Abb. 160 gemessen. Das Tiefenmaß besteht aus einer Holzschiene 3 von 1 m Länge (die Enden der Schiene werden zweckmäßig mit Metallarmierung versehen), in deren Mitte ein Schieber 4, mit Millimeterteilung, angebracht ist[2]).

[1]) Über die experimentelle Ermittelung des Verlaufes der Stoßkraft und die Bestimmung der Deformationsarbeit beim Stauchversuch s. Seehase, Heft 182 der Forschungsarbeiten auf dem Gebiete des Ingenieurwesens.

[2]) Über die Ergebnisse von Versuchen mit Eisenbahnschienen s. Stahl und Eisen 1911, S. 1726.

Zu beachten ist, daß, wie bereits bei den Stauchversuchen erwähnt wurde:

1. ein einzelner Schlag mit großer Arbeitsleistung eine größere Durchbiegung hervorbringt als mehrere Schläge derselben Gesamtleistung;
2. bei gleicher Arbeitsleistung mit schwereren Bären eine größere Durchbiegung erzielt wird.

Sollen also Versuchsergebnisse Vergleichbarkeit besitzen, dann müssen sie unter ganz gleichen Verhältnissen gewonnen sein.

Die beim Schlagbiegeversuch auftretenden Formänderungen und Brucherscheinungen stimmen im allgemeinen mit den beim gewöhnlichen Biegeversuche erörterten überein. An den auf Zug beanspruchten Stellen der Probekörper sind Fließfiguren und bei Körpern mit Walzhaut auch „Abwerfen" zu beobachten. Während aber die Temperatur beim gewöhnlichen Biegeversuche innerhalb gewisser Grenzen nur geringen Einfluß auf das Festigkeitsergebnis und auf die Ausbildung der Bruchformen äußert, macht sich dieser Einfluß beim Schlagbiegeversuch in hohem Maße bemerkbar. Alle Versuche müssen daher bei annähernd gleicher Temperatur (etwa 17°) ausgeführt werden. Bereits Temperaturen von wenigen Graden unter Null lassen manche Materialien beim Biegeversuch spröde erscheinen.

Die weitere Ausbildung des Materialprüfungswesens drängte dazu, auch den Schlagbiegeversuch als Güteprüfungsverfahren in die eigentliche Werkstoffprüfung einzufügen. Dazu war es aber notwendig, vereinfachte Verfahren und insbesondere solche aufzusuchen, bei denen der Versuch in einfacher und einwandfreier Weise mit Normalprobestäben durchgeführt werden konnte. So schufen Barba und Frémont ein Verfahren, bei dem die Biegeprobestäbe durch einen Fallhammer zerschlagen wurden, wobei sich die verbrauchte Schlagarbeit aus den Zusammendrückungen von Auffangfedern berechnen ließ. Guillery benutzte zum Zerschlagen der Proben ein Schwungrad, an dem eine Nase angebracht war, die den Probestab traf. Die Schlagarbeit berechnete er aus dem Geschwindigkeitsverluste des Schwungrades. Einfacher und zuverlässiger ist die Methode nach Charpy, bei der zur Versuchsausführung ein Pendelhammer in normalisierter Bauart verwendet wird (s. § 72, S. 173).

2. Stoßbeanspruchung mit Pendelhämmern.

§ 71. Die Kerbschlagbiegeprobe.

Während es bei den Versuchen mit Fallwerken nicht möglich ist, bei Eintritt des Bruches die vom Probekörper aufgenommene Schlagarbeit festzustellen, gestatten dies die mit Pendelhämmern. Die Konstruktion dieser Hämmer basiert auf derjenigen der ballistischen Fallwerke. Es wird bei ihnen ein um eine horizontale Achse schwingender Hammer verwendet, dessen Stiel ein oder mehrere Meter Länge besitzt. Den Hammer hebt man bis zu bestimmter Höhe an und läßt ihn dann fallen. Auf seinem Wege trifft er in der Vertikallage auf den in einem Schraubstocke eingespannten oder sonstwie gelagerten Probekörper, zerschlägt ihn und schwingt über die Vertikallage hinaus. Da aus dem Hammergewichte und dem nach Zertrümmerung des Probekörpers zurückgelegten Wege die dem Hammer noch innewohnende lebendige Kraft bestimmbar ist, kann die zur Zertrümmerung aufgewendete

Schlagarbeit berechnet werden. Man erkennt hieraus, daß die Prüfung mit dem Pendelhammer zweckmäßiger ist als die mit Fallwerken, bei denen die überschüssige Arbeit unbekannt bleibt. Der Probekörper wird mit einem einzigen Schlage zum Bruche gebracht und die aufgewendete Arbeit kann einwandfrei bestimmt werden. Hammergewicht und Fallhöhe bleiben für alle Versuche unverändert.

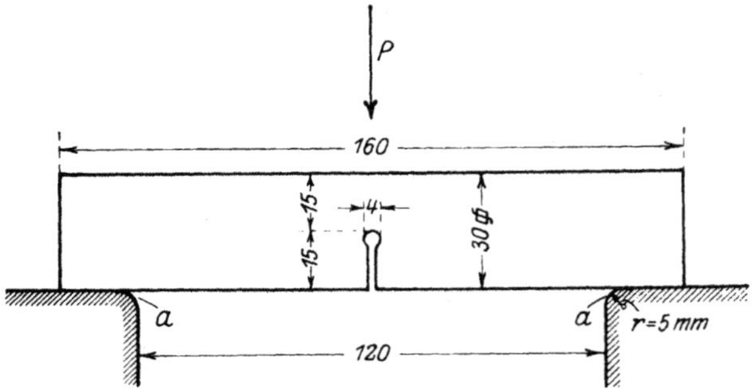

Abb. 162.

Durch eingehende Vorversuche[1]), die auf Veranlassung des Internationalen Verbandes für die Materialprüfungen der Technik durchgeführt wurden, ist für die Kerbschlagprobe ein Verfahren ausgearbeitet worden, das von Charpy herrührt und das vom Deutschen Verband für die Materialprüfungen der Technik normalisiert und in das deutsche Materialprüfungswesen eingeführt worden ist[2]).

Für die beim Schlagversuch zu benutzenden Probestäbe gelten hiernach die folgenden Vorschriften[3]):

1. Die Probestücke sollen folgende Abmessungen besitzen: Länge 160 mm bei 30 · 30 mm quadratischem Querschnitte, in der Mitte der Länge ein Loch von 4 mm Durchmesser, welches nach der Seite aufgeschnitten wird. Die übrigbleibende Querschnittshöhe soll 15 mm betragen (der Kerb wird „Rundkerb“ genannt) (s. Abb. 162).

   Bei dünnen Proben, z. B. Blechen von geringerer Dicke als 30 mm, wird die Querschnittshöhe des Stabes entsprechend der Blechdicke gewählt. Die übrigen Abmessungen des Probestabes bleiben unverändert[4]).

   Probestücke, für deren Prüfung der Hammer mit 10 mkg Schlagarbeit ausreicht, können geringere Abmessungen erhalten. Es genügt eine Länge von 100 mm bei quadratischem Querschnitte von 8—10 mm. Als Einkerbung ist ein „scharfer Kerb“ von 2 mm Tiefe und 45^0 Winkel zu benutzen. (Der Stab ähnelt dem in der Abb. 163 dargestellten Normstab.[5])

---

[1]) Siehe Leber, Stahl und Eisen 1907, Nr. 31 u. 32.

[2]) Siehe auch Moser: Zur Gesetzmäßigkeit der Kerbschlagprobe, Kruppsche Monatshefte, Dezember 1921.

[3]) Über die Zulässigkeit von Proportionalstäben s. Stribeck: Die Kerbschlagprobe und das Ähnlichkeitsgesetz im Protokoll der 14. Hauptversammlung des Deutschen Verbandes für die Materialprüfungen der Technik 1913. Berlin: Schade.

[4]) Versuche über den Einfluß der Breite bei Kerbschlagproben s. Baumann, Zeitschr. d. Ver. deut. Ing. 1912, S. 1311.

[5]) Nach einem Vorschlage des Int. Verb. f. d. Materialprüf. d. Technik soll auch beim 10-mkg-Schlagwerke ein Stab mit Rundkerb verwendet werden, dessen Lochdurchmesser = $\frac{4}{3}$ mm ist und dessen Bruchquerschnittshöhe 5 mm bei 10 mm Stabhöhe und 10 mm Stabbreite beträgt.

2. Die Probestücke sind kalt abzutrennen und dürfen nachträglich nicht erwärmt werden.
3. Von Blechen sind Lang- und Querproben zu entnehmen, der Schlag hat immer parallel zur Blechebene zu erfolgen.
4. Die Versuchstemperatur ist anzugeben. In der Regel sind die Proben bei gewöhnlicher Temperatur vorzunehmen (15—20°). In besonderen Fällen können andere Temperaturen vorgeschrieben werden.

Hinsichtlich der Auflagerung der Probestäbe im Schlagwerke ist zu beachten, daß sie fest am Widerlager anliegen. Das ist z. B. dann nicht der Fall, wenn Unreinigkeiten im Winkel der Auflagerung vorhanden sind oder wenn die Widerlager des Stabes nicht genau rechtwinklig zum Auflager angeordnet sind. Im letzten Falle ist es notwendig, das Widerlager nachzuarbeiten und auszurichten. Ferner empfiehlt es sich, im Winkel des Auflagers eine Furche einzuarbeiten, in der sich etwaige Unreinigkeiten (Hammerschlag od. dgl.) sammeln können (s. Abb. 164).

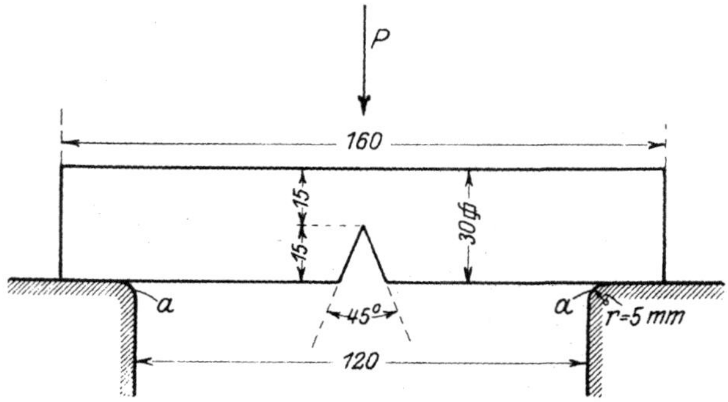

Abb. 163.

Es hat sich auch gezeigt, daß es zweckmäßig ist, die scharfen Kanten an den Widerlagern bei a (s. Abb. 163) etwas abzurunden, da scharfe Kanten das leichte Abgleiten der Bruchstücke verhindern.

Es sei auch darauf hingewiesen, daß bei manchen Pendelhämmern der Amboß zwischen den beiden Widerlagern zu eng ist, so daß die Bruchstücke nach dem Zerschlagen zwischen Amboß und Hammer klemmen. Da dieser Umstand nicht ohne weiteres erkennbar ist, aber das Ergebnis der Versuche fehlerhaft zu beeinflussen vermag, überzeuge man sich vor der Ingebrauchnahme eines Pendelhammers, ob derselbe diesen Fehler besitzt und beseitige ihn gegebenenfalls durch entsprechendes Abarbeiten der Amboßseitenflächen. Verfasser mußte bei dem von ihm benutzten Pendelhammer ebenfalls erst die vorerwähnten Änderungen vornehmen, bevor er brauchbare Versuchsergebnisse erzielte.

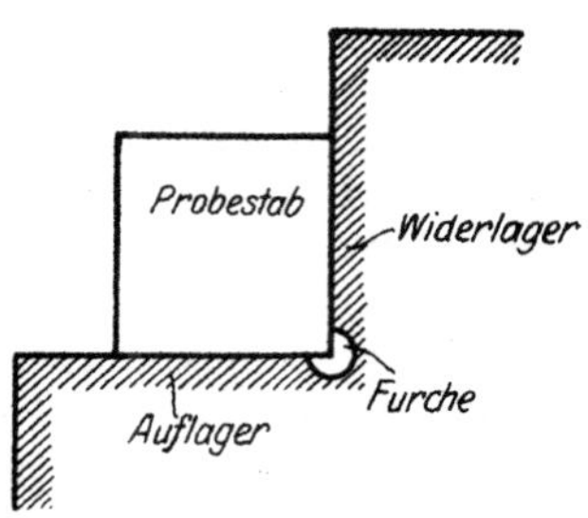

Abb. 164.

Beim Versuche wird der Probestab durch einen einzigen Schlag zum Bruche gebracht und es wird die dazu benötigte lebendige Kraft aus Fallhöhe und Steighöhe des Hammers berechnet. Dieselbe wird alsdann auf den Probestabquerschnitt bezogen und als „spezifische Schlagarbeit" in mkg/qcm bezeichnet.

Die bei der normalisierten Kerbschlagprobe entwickelte Eigenschaft des Werkstoffes heißt „Kerbzähigkeit"[1]). Spröde Werkstoffe besitzen geringe Kerbzähigkeit, während andere einen wesentlichen Aufwand von Schlagarbeit bedingen, bevor sie zum Bruche gelangen. Die Kerbschlagprobe ist bereits in großem Umfange in die Materialprüfung eingeführt worden. Auch hat man bereits versucht, Abhängigkeiten zwischen der Zerreißfestigkeit und der Kerbzähigkeit sowie der Kugeldruckhärte und der Kerbzähigkeit aufzufinden. Ein einwandfreier Erfolg ist diesen Bemühungen aber noch nicht beschieden gewesen, und es erscheint auch mit Rücksicht auf die Verschiedenartigkeit der Beanspruchungsweise zweifelhaft, daß es möglich sein wird, in dieser Beziehung einen gesetzmäßigen Zusammenhang festzustellen.

Verfasser mißt der zahlenmäßigen Feststellung der Kerbzähigkeit für die allgemeine Materialprüfung und insbesondere als Abnahmeprobe, überhaupt keine große Bedeutung bei und er legt mehr Wert auf die Beurteilung der Bruchflächenbeschaffenheit des Probestabes, da diese dem Sachkundigen einen weitgehenden Einblick in die Materialbeschaffenheit gewährt. Die Beurteilung

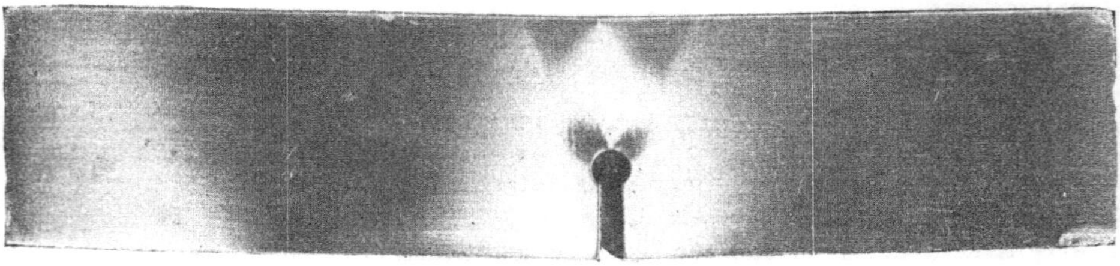

Abb. 165.

solcher Bruchflächen erfordert aber ein großes Maß von Materialkenntnis, und deshalb ist der Weg der zahlenmäßigen Feststellung der Schlagarbeit nicht in allen Fällen von der Hand zu weisen, insbesondere wenn Normalprobestäbe und normalisierte Schlagwerke Verwendung finden[2]).

Es sind aber dann die Probestäbe systematisch aus dem Versuchsmaterial herauszuarbeiten und es ist ihre Lage im Versuchsmaterial derartig zu kennzeichnen, daß nach der Prüfung der Stäbe festgestellt werden kann, ob abweichende Versuchsergebnisse durch verschiedenartige Beschaffenheit infolge verschiedenartiger Lage im Versuchsmaterial bedingt sind.

Während bei unverletzten Probestäben sich die Formänderung auf der Zug- oder Druckseite gleichmäßig ausbildet, zeigt die Abb. 165, daß bei den eingekerbten Kerbschlagprobestäben sich die Dehnung am Grunde der Kerbe stark zusammendrängt, denn es sind die Fließfiguren am Kerbgrunde viel weniger ausgedehnt vorhanden, als auf der Druckseite des Probestabes[3]).

---

[1]) Über eine Kritik dieser Bezeichnung s. Moser: Zur Gesetzmäßigkeit der Kerbschlagprobe, Kruppsche Monatshefte, Dezember 1921, S. 15.

[2]) Siehe Stribeck, Die Kerbschlagprobe und das Ähnlichkeitsgesetz. Zeitschrift d. Ver. deutsch. Ing. 1915, S. 57; ferner: Ders., Stahl und Eisen, 1922, S. 405.

[3]) Die Abbildungen 165 und 166 entstammen den Kruppschen Monatsheften.

Eine ausgezeichnete Prüfungsmethode stellt die Kerbzähigkeitsbestimmung in solchen Fällen dar, in denen an sich gleichartiges Versuchsmaterial zur Feststellung des Einflusses etwaiger Vorbehandlung, z. B. Ausglühen oder Vergüten (s. S. 264ff.) von Stahl, geprüft werden muß. Außerdem ist die Kerbschlagprobe zur Feststellung von Ermüdungserscheinungen von Konstruktionsmaterial mit Vorteil benutzbar, wie sich Verfasser bei dahingehenden Versuchen überzeugen konnte [1]).

Besonders betont soll aber nochmals werden, daß bei der Kerbschlagprobe mehr als sonstwo hinsichtlich der Entnahme der Probestäbe aus

Abb. 166a.

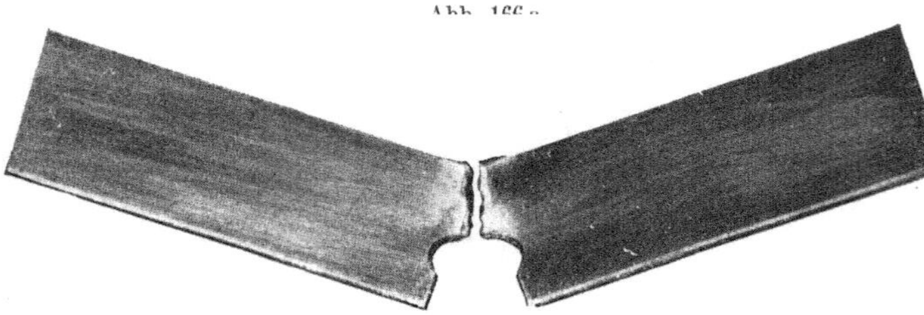

Abb. 166b.

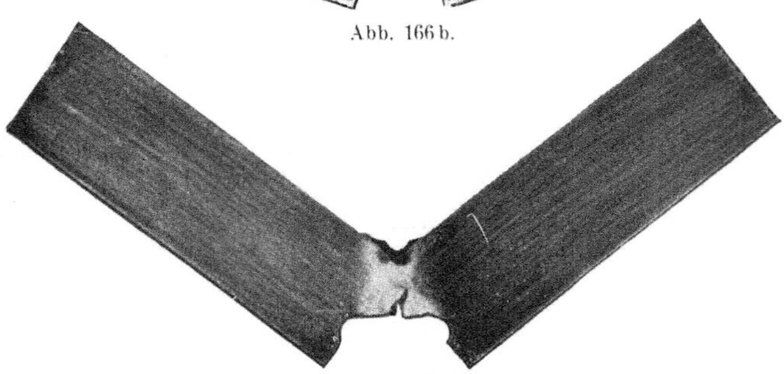

Abb. 166c.

dem Versuchsmaterial die allergrößte Vorsicht und Aufmerksamkeit geboten ist, und zwar noch höhere, als dies bei Probestäben zur Anstellung anderer Versuche, z. B. von Zugversuchen, notwendig ist. Bei diesen werden außer der Festigkeit (an der Fließ- und an der Bruchgrenze) noch Formänderungen (Bruchdehnung und Querschnittsverminderung) festgestellt, und die Beurteilung des Materials kann somit auf Grund mehrerer an demselben Probekörper gewonnenen Versuchsergebnisse erfolgen. Bei der Kerbschlagprobe wird aber lediglich die Kerbzähigkeit ermittelt, und wenn diese eine unerwartete und nicht ohne weiteres erklärliche Größe besitzt, hat man kein weiteres Mittel (außer etwa noch die Bruchflächenbeschaffen-

[1]) Siehe Wawrziniok: Studie über die Ermüdung des Eisenbahnschienenmaterials. S. 40ff. Berlin: J. Springer 1910.

heit) an der Hand, um Schlüsse auf die Ursache des unerwarteten Ergebnisses ziehen zu können.

Schon dieser Umstand weist erneut auf die weiter oben ausgesprochene Forderung hin, daß bei der Entnahme von Kerbschlagprobestäben besondere Sorgfalt beobachtet werden muß.

Besonders gilt dies u. a. hinsichtlich der Entnahme aus verschieden dicken Konstruktionsteilen oder Halbfabrikaten. So zeigen z. B. Kerbschlagprobestäbe, die aus verschieden dicken Rundeisenstäben herausgearbeitet wurden, in der Regel stark voneinander abweichende Ergebnisse, und zwar stärker abweichende, als es z. B. bei der Prüfung von Zugprobestäben zu

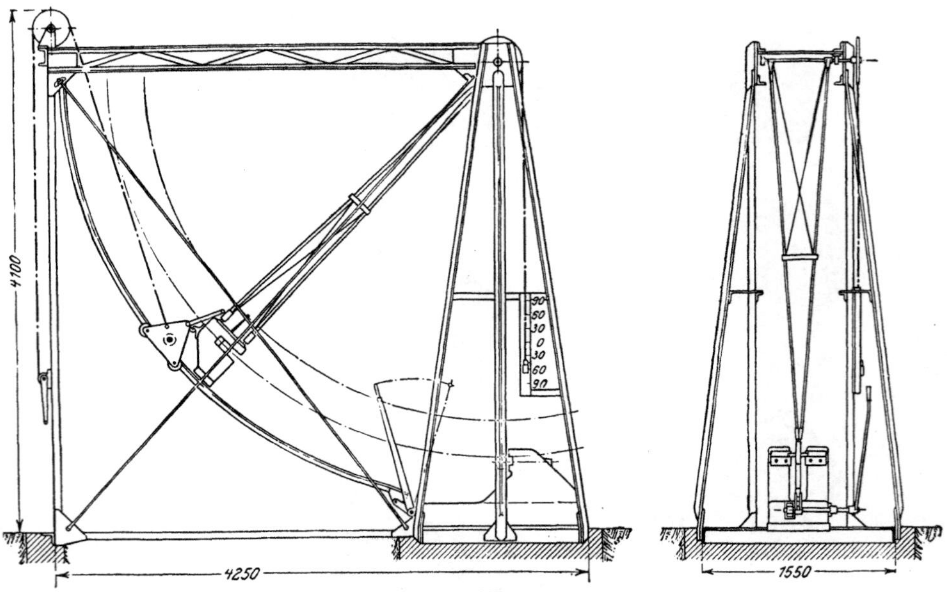

Abb. 167.

beobachten ist, die unter den gleichen Verhältnissen gewonnen wurden. Das rührt daher, daß sich bei der Schlagbeanspruchung die Gefügebeschaffenheit sowie etwaige Seigerungen (s. § 324) in höherem Maße bemerkbar machen als bei statischer Beanspruchung. Bei Nachforschungen nach der Ursache von abweichenden Ergebnissen von Kerbschlagprüfungen ist daher diesen Umständen Rechnung zu tragen und die Beobachtung des Kleingefüges (s. § 169) vorzunehmen. Diese zeigt, ob die zu vergleichenden Probestücke gleichartigen Gefügeaufbau besitzen, ob sie einer thermischen Vorbehandlung, z. B. durch Glühen, Vergüten oder dgl. unterworfen waren oder ob sie verschiedenartig geschmiedet oder in ähnlicher Weise mechanisch bearbeitet wurden.

Die Abb. 166a entspricht dem Aussehen eines Kerbschlagprobestabes aus sprödem, die Abb. 166b dem aus mittelzähem und die Abb. 166c dem aus zähem Stahl.

§ 72. Die Bauarten der Pendelhammerschlagwerke.

Es ist selbstverständlich, daß die Bauart der Schlagwerke die Ergebnisse der Versuche beeinflussen muß, und daß somit die festgestellte Kerbzähigkeit durch die Bauart und die Beschaffenheit des Schlagwerkes bedingt ist. In erster Linie kommt die Arbeitsfähigkeit des Schlagwerkes in Betracht, und

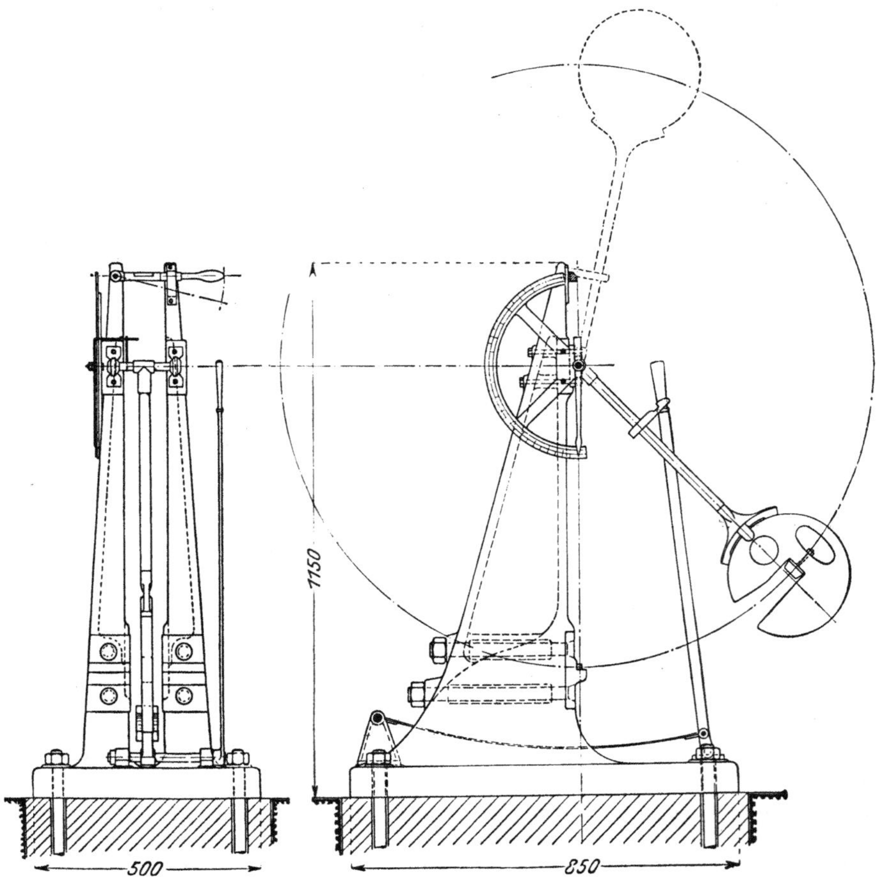

Abb. 168.

andererseits ist die Geschwindigkeit, mit der der Hammer auf das Probestück auftrifft, nicht ohne Bedeutung für das Untersuchungsergebnis. Aus diesem Grunde sind, wie bereits weiter oben angegeben wurde, sowohl die Pendelhammerschlagwerke als auch die Probestäbe normalisiert und auf Grund zahlreicher grundlegender Versuche[1]) für die Schlagwerke dem Sinne nach die folgenden Grundsätze aufgestellt worden[2]):

---

[1]) Siehe Ehrensberger: Die Kerbschlagprobe im Materialprüfungswesen. Zeitschr. d. Ver. deutscher Ing. 1907, S. 1974 u. f.

[2]) Siehe Anmerkung [1]) auf S. 161.

1. Die Schlagwerke sind so zu konstruieren, daß sie überall als Ganzes hingestellt werden können.
2. Es werden 3 Typen von Schlagwerken benutzt. Sie sollen 250, 75 und 10 mkg Schlagarbeit zu leisten imstande sein.
3. Besondere Aufmerksamkeit ist der Konstruktion des Pendels zu schenken.
   a) Das Pendel muß in Kugellagern schwingen.
   b) Der Schwerpunkt des Pendels ist tief zu legen. Es muß deshalb am unteren Ende schwer und im Gestänge sehr leicht, aber dennoch stabil ausgeführt werden.
   c) Die Schwerpunkte von Pendelmasse und Gestänge sowie der Schwerpunkt des Probestabes und der Treffpunkt der Schlagschneide müssen zur Vermeidung von Vibrationen in der Schwerpunkts-Schwingungsebene des ganzen Pendels liegen.
   d) Das Stoßzentrum soll ebenfalls zur Vermeidung von Vibrationen bei dem 250-mkg-Schlagwerk etwa 50 mm und beim 75-mkg-Schlagwerk etwa 25 mm über dem Probestabschwerpunkte liegen. Beim 10-mkg-Schlagwerk mögen diese beiden Punkte ungefähr zusammenfallen.
4. Die Stützweite der Probestäbe soll bei den ersten beiden Typen von Schlagwerken 120, bei der dritten 70 mm betragen.
5. Die beiden großen Schlagwerke werden zum Aufziehen der Pendel mit Handwinden versehen.
6. Zur Vernichtung der lebendigen Kraft des Pendels nach vollendetem Versuch ist an dem Schlagwerke eine Bremse anzubringen, welche durch eine einzige Hebelbewegung die Festlegung des Pendels gestattet.
7. Es ist eine Vorrichtung anzubringen, welche die Schwingungsweite des Pendels aufzeichnet.

In Abb. 167 und 168 sind zwei der vom Verbande für die Materialprüfungen der Technik vorgeschlagenen Ausführungsformen von Schlagwerken schematisch dargestellt und in § 389 sind die Konstruktionseinzelheiten des Normalpendelschlagwerkes für 75 mkg von Mohr & Federhaff erläutert.

Beim Schlagwerke für 250 mkg beträgt das Pendelgewicht 85 kg und die größte Fallhöhe ist 2,94 m, beim Schlagwerke für 75 mkg (Abb. 167) entsprechend 33 kg und 2,28 m, beim Schlagwerke für 10 mkg (Abb. 168) entsprechend 8,2 kg und 1,22 m. Diese angegebenen größten Fallhöhen werden bei den ersten beiden Schlagwerken nicht immer eingestellt, weil selten die volle lebendige Kraft der Fallwerke benötigt wird. Bei geringerem Schlagwiderstande des Probestabes arbeitet man daher auch mit geringerer Energie, trotzdem die Auftreffgeschwindigkeit des Pendels alsdann eine geringere Größe besitzt. Auf das Versuchsergebnis übt dies aber keinen Einfluß aus. Versuche haben erwiesen, daß bei der Kerbschlagprobe die Auftreffgeschwindigkeit erst dann einen Einfluß äußert, wenn sie die durch die Konstruktion der Schlagwerke gezogenen Grenzen überschreitet. Ganz allgemein darf angenommen werden, daß mit zunehmender Schlaggeschwindigkeit die Kerbzähigkeit geringer wird.

§ 73. Ausführung einer Kerbschlagbiegeprobe.

Der Vorgang beim Versuch mit den Schlagwerken für 250 und 75 mkg ist folgender:

Man berechnet schätzungsweise die zum Durchschlagen des Probestabes erforderliche lebendige Kraft des Pendels und hebt es in eine dieser Kraft entsprechende Höhe. Hierauf lagert man den Probestab auf dem Amboß und stellt die Vorrichtung zur Aufzeichnung der Schwingungsweite ein. Nachdem man sich überzeugt hat, daß alles in Ordnung ist, betätigt man die Auslöseklinke des Pendels. Das Pendel durchschlägt mit einem Schlage den Probestab, schwingt über seine Vertikallage hinaus und muß bei der Rückschwingung zur Vernichtung der noch vorhandenen Kraft mit der vorgesehenen Hemmvorrichtung gebremst werden.

Die zum Durchschlagen des Probestabes verbrauchte lebendige Kraft berechnet sich alsdann aus der Differenz der dem Pendel beim Auftreffen innewohnenden und der nach dem Zerschlagen noch vorhandenen Energie. Jene ist gleich dem Produkte aus Fallhöhe und Pendelgewicht, diese gleich dem Produkte aus Steighöhe und Pendelgewicht. Der durch Reibung in dem Kugellager des Pendels vernichtete Teil von Energie kann bei der Berechnung wegen seiner geringfügigen Größe vernachlässigt werden[1]).

Bei dem 10-mkg-Schlagwerk wird das Pendel immer auf die größte Fallhöhe eingestellt und die Messung der Steighöhe erfolgt durch einen Schleppzeiger, der beim Durchschwingen der Nullage durch das weiterschwingende Pendel bis zur höchsten Lage mitgenommen wird[2]). Bei den beiden größeren Schlagwerken dient zur Messung der Fall- und Steighöhen die folgende Vorrichtung.

Auf der Drehachse des Pendels befindet sich eine Scheibe, um welche ein dünner Draht geschlungen ist, der am freien Ende durch ein geradegeführtes Gewicht beschwert wird. Bei hochgezogenem Pendel befindet sich dieses Gewicht in seiner tiefsten Lage. Es steigt, sobald das Pendel gelöst wird, und erreicht seine Höchstlage, wenn das Pendel umkehrt. Da das Gewicht aber beim Zurückschwingen des Pendels ebenfalls zurückgeht, ist mit ihm ein kleiner Schleppzeiger verbunden, der in der Höchstlage des Gewichtes verbleibt und diese somit dauernd markiert. Unter dem Schleppzeiger befindet sich eine Skala, an deren Teilung unmittelbar der Schwingungswinkel oder die Fall- bzw. Steighöhe abgelesen werden kann (s. a. § 74).

§ 74. Berechnung der Fallhöhe und der Schlagarbeit der Pendelschlagwerke.

1. Versuch mit dem Pendelschlagwerk für 75 mkg.

Gemäß der Abb. 169 ist die Fallhöhe h_1 des Hammers G gleich $l - x_1$ und die Steighöhe h_2 gleich $l - x_2$.

---

[1]) Der Verlust kann aber auch ein für alle Male durch Versuch bestimmt werden, indem man das Pendel mehrere Male hin und her schwingen läßt und aus der Verminderung des Ausschlages die Reibungswiderstände berechnet.

[2]) Schleppzeiger leisten einen Widerstand, der das Ergebnis des Schlagversuches fehlerhaft gestalten würde, wenn man seine Größe nicht berücksichtigte. Man kann den Reibungsverlust experimentell bestimmen, indem man das Pendel das eine Mal mit dem Schleppzeiger ausschwingen läßt und das andere Mal den Versuch wiederholt, ohne den Zeiger zurückzudrehen. Der Betrag, um welchen der Zeiger beim zweiten Versuch weitergeschoben wird, entspricht der Reibung.

Demnach ist die zum Zerschlagen des Probestabes notwendig gewesene Fallhöhe (in m.):

$$h = x_2 - x_1 = l \cdot \cos\alpha_2 - l \cdot \cos\alpha_1$$

$$h = l\,(\cos\alpha_2 - \cos\alpha_1)\,.$$

Die verbrauchte Schlagarbeit ist:

$$A = G \cdot h = G \cdot l \cdot (\cos\alpha_2 - \cos\alpha_1)\ \text{mkg}\,.$$

Daraus folgt die spezifische Schlagarbeit, d. h. die verbrauchte Schlagarbeit bezogen auf den beanspruchten Querschnitt oder die „Kerbzähigkeit a" zu

$$a = \frac{G \cdot h}{f}\ \text{mkg/qcm}\,.$$

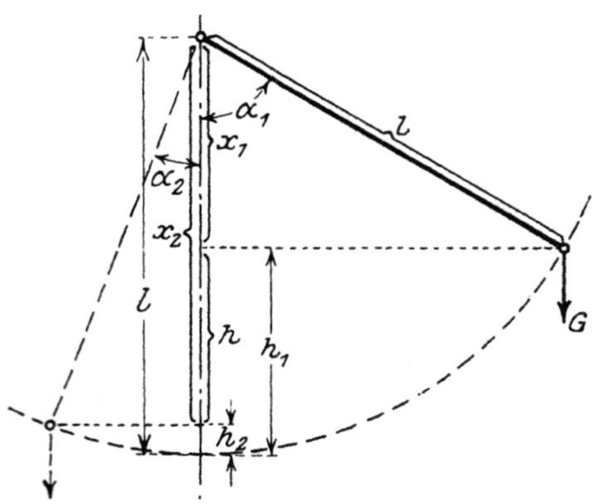

Abb. 169.

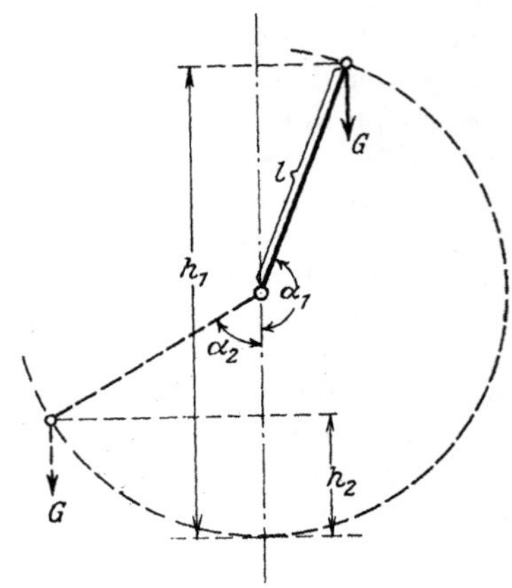

Abb. 170.

Rechnungsbeispiel.

Pendellänge $l = 2{,}5$ m.
Wirksames Pendelgewicht $G = 33$ kg.
Material: Gußeisen, Normalstab mit Rundkerb $f = 4{,}5$ qcm (s. Abb. 162).
Es wurde ermittelt:

Der Fallhöhenwinkel $\alpha_1 = 40^0$ $\cos\alpha_1 = 0{,}7660$,
der Steighöhenwinkel $\alpha_2 = 30^0$ $\cos\alpha_2 = 0{,}8660$.

Die wirksame Fallhöhe ist demnach:

$$h = 2{,}5\,(0{,}8660 - 0{,}7660)$$

und die Schlagarbeit:

$$A = 33 \cdot 0{,}25 = 8{,}25\ \text{mkg}\,.$$

Daraus folgt die Kerbzähigkeit a zu:

$$a = \frac{A}{f} = \frac{8{,}25}{4{,}5} = 1{,}83\ \text{mkg/qcm}\,.$$

2. Versuch mit dem Pendelschlagwerk für 10 mkg.

Gemäß der Abb. 170 ist, da der Hammer immer in die gleiche Anfangslage gehoben wird, die bei allen Versuchen gleich große Fallhöhe

$$h_1 = l \cdot [1 + \cos(180 - \alpha_1)]$$

und die Steighöhe

$$h_2 = l \cdot (1 - \cos\alpha_2)\,.$$

Die zum Zerschlagen des Probestabes notwendig gewesene Fallhöhe ist daher $h = h_1 - h_2$ und die verbrauchte Schlagarbeit ist:

$$A = G \cdot h = G \cdot (h_1 - h_2)\,.$$

Daraus folgt:

$$A = G \cdot \{l \cdot [\cos(180 - \alpha_1) + \cos\alpha_2]\}\ \text{mkg}\,.$$

Rechnungsbeispiel.

Pendellänge $l = 0{,}65$ m.

Wirksames Pendelgewicht $G = 7{,}95$ kg.

Material: Flußeisen, Stab (10×10 mm) mit scharfem Kerb von 2 mm Tiefe (s. S. 168)

$$f = 0{,}8 \times 1 = 0{,}8\ \text{qcm}\,.$$

Es wurde ermittelt:

Der Fallhöhenwinkel $\alpha_1 = 160^0$ $\cos(180 - \alpha_1) = 0{,}9397$

der Steighöhenwinkel $\alpha_2 = 60^0$ $\cos\alpha_2 = 0{,}5000\,.$

Die wirksame Fallhöhe ist demnach:

$$h = 0{,}65 \cdot 1{,}4397 = 0{,}9358\,\text{m}$$

und die Schlagarbeit:

$$A = 7{,}95 \cdot 0{,}9358 = 7{,}44\ \text{mkg}\,.$$

Daraus folgt eine Kerbzähigkeit a von:

$$a = \frac{7{,}44}{0{,}8} = 9{,}3\ \text{mkg/qcm}\,.$$

§ 75. Einfluß der Form und der Temperatur des Probestabes auf das Versuchsergebnis.

Die vom Verbande angenommene Probestabform weicht von der Charpyschen nur im Lochdurchmesser ab. Charpy versah seine Probestäbe mit einem Loch von 6 mm Durchmesser im Gegensatze zu dem angenommenen von 4 mm. Die Abweichung war insofern berechtigt, als die Versuche zeigten, daß bei Verwendung eines 4-mm-Loches der Unterschied zwischen sprödem und weichem Material deutlicher in die Erscheinung trat als bei Benutzung von Probestäben mit 6-mm-Loch, trotzdem diese Versuche geringere Werte für die Kerbzähigkeit lieferten.

Die geringsten Werte erhält man bei der Kerbschlagprobe, wenn an Stelle der Rundkerbe scharfe Kerbe in den Probestäben benutzt werden. Am auffälligsten zeigt sich der Unterschied zwischen scharfem und Rundkerb bei sprödem Stahl, wenig bei sehr zähem Stahl.

Mit abnehmender Stabdicke nimmt sowohl bei scharfem Kerb als auch bei Rundkerb der Wert für die Kerbzähigkeit des Stahles zu, und es ist deshalb die Verwendung der normalen Stabform in allen Fällen ebenso wie beim Zerreißversuch anzustreben. Das Bestreben, an Stelle des Normalstabes von 3×3 qcm Querschnitt einen diesem proportionalen Stab einzuführen, erscheint aussichtslos, da Versuche mit verschieden starken Stäben, deren Abmessungen denen des Normalstabes proportional gehalten wurden, gezeigt haben, daß die Ergebnisse solcher Versuche keine Vergleichbarkeit besitzen. Es dürfte das in erster Linie auf die ungleiche Beschaffenheit des Materials — selbst bei den besten Qualitäten — zurückzuführen sein, was veranlaßt, daß selbst bei der Entnahme der Probestäbe aus derselben Stange jeweils andere Zonen des Stangenquerschnittes in den Bruchquerschnitt des Kerbschlagprobestabes zu liegen kommen. Außerdem dürfte die beim Proportionalstab vorliegende andere Krümmung der Bohrung das Versuchsergebnis unkontrollierbar beeinflussen. Vergleichbarkeit besitzen daher ausschließlich solche Versuche, die unter Verwendung des 3×3-qcm-Normalstabes ausgeführt wurden. Der Anwendung scharfer Kerbe steht die Schwierigkeit ihrer Herstellung entgegen. Es ist schwer, einen scharfen Kerb herzustellen, weil sich die Spitzen des Hobelstahles oder Fräsers sehr bald abnutzen[1]). Die Erzeugung des Rundkerbes dagegen ist äußerst einfach, es wird mit dem Bohrer das Loch von 4 mm Durchmesser hergestellt[2]) und es nach der Oberseite des Stabes hin durch einen Sägeschnitt geöffnet.

Wie bereits auf S. 167 bei der Besprechung des Schlagbiegeversuches gesagt wurde, entstehen auch durch die Schlagbeanspruchung auf der Oberfläche blank bearbeiteter Probestäbe die charakteristischen Fließfiguren, welche die Spannungsverteilung in der Nähe des gefährlichen Querschnittes erkennen lassen. Die Verlegung des auf Zug beanspruchten Querschnittes des eingekerbten Probestabes auf den Grund der Kerbe verursacht, daß sich die Fließfiguren dort weniger ausbreiten als auf der nichteingekerbten Druckseite. Es ist das ein Zeichen für die größere Spannung im Grunde der Einkerbung[3]).

Besondere Aufmerksamkeit bei Ausführung der Kerbschlagprobe ist der Temperatur des Probestabes zu widmen. Versuche haben gezeigt, daß die Kerbzähigkeit von Stahl bei niedrigen Temperaturen erheblich geringer ist als bei normalen. Es ergab die normengemäße Kerbschlagprobe, mit ein und demselben Kohlenstoffstahl ausgeführt, eine spezifische Schlagarbeit

von	4,24 mkg	bei	—	20°
,,	16,29 ,,	,,	—	1°
,,	24,69 ,,	,,	+	20°
,,	33,90 ,,	,,	+	200°.

Demnach macht sich der größte Unterschied bei Temperaturen unter 0° bemerkbar. Während der Abfall in der spezifischen Schlagarbeit bei einem

[1]) Manche Firmen stellen ihren Materiallieferanten Normalfräser zur Verfügung, mit denen der Kerb hergestellt werden muß.

[2]) Es empfiehlt sich, das Loch nach dem Bohren mit einer Präzisionsreibahle auf den genauen Durchmesser aufzureiben.

[3]) Über Kraftwirkungsfiguren (s. § 166) in beansprucht gewesenen Kerbschlag-Biegestücken s. Wendt in Kruppsche Monatshefte 1922, S. 123.

Temperaturunterschiede von + 20° bis — 1° nur 34 % beträgt, ist derselbe bei einer Temperaturabnahme von — 10° bis — 20° bereits 74 %. Die Kerbschlagprobe muß daher bei ca. 15°—25° ausgeführt werden, wenn nicht besondere Umstände die Anwendung anderer Temperaturen fordern [1]).

Von besonderem Interesse sind die von Wendt[2]) angegebenen Versuchsergebnisse über die Kerbzähigkeit von legierten Stählen bei + 20° und — 190°. Sie zeigen, wie die untenstehende Zusammenstellung erkennen läßt, daß ausgeglühtes, sehr kohlenstoffarmes Eisen gegen niedrige Temperatur besonders empfindlich ist, und daß auch ein Nickelgehalt (Probe 4) von 2,3 % gegenüber dem nickelfreien Stahl (Probe 2) diese Empfindlichkeit nur wenig zu vermindern vermag. Die geringste Empfindlichkeit zeigt der hochprozentige Nickelstahl (47,0 % Ni), da seine Kerbzähigkeit mit 29,4 mkg/qcm bei — 190° gegenüber der von 32,5 mkg/qcm bei + 20° nur eine geringfügige Kerbzähigkeitsverminderung darstellt.

Dieses eigentümliche Verhalten ist nach Untersuchungen von Guillet und Cournot[3]) darauf zurückzuführen, daß nickellegierte Stahle und unter diesen die austenitischen (s. S. 259) von ihrer Zähigkeit selbst durch sehr tiefe Temperaturen weniger verlieren als Kohlenstoffstahle, und daß die Sprödigkeit bei tiefen Temperaturen im wesentlichen eine Eigentümlichkeit des Ferrits ist.

Aber auch sonst zeigen die mit Nickel oder Chrom oder mit beiden Stoffen legierten Stahle, daß durch den Zusatz dieser Legierungskomponenten die Kerbzähigkeit eine Erhöhung erfährt, diese Stahle also gegen Stoßbeanspruchung widerstandsfähiger sind. Allerdings vermag auch die thermische Behandlung diese Stahle besonders stark zu beeinflussen, und es ist bei der Prüfung solcher Stahle oder bei ihrer Untersuchung zur Erforschung von Bruchursachen (s. S. 337) sehr sorgfältig durch mikroskopische Gefügebeobachtungen festzustellen, welcher Art die Vorbehandlung der Stahle war, d. h. ob sie im vergüteten, geglühten oder gehärteten Zustande vorliegen. (Über Glühen, Vergüten, Härten usw. s. S. 264ff.)

Materialprobe	Brinellhärte [4])		Kerbzähigkeit mkg/qcm	
	bei + 20°	bei — 190°	bei + 20°	bei — 190°
1. Elektrolyteisen, ausgeglüht	80	269	21,2	1,9
2. Flußeisen, (0,1 % C) ausgeglüht	110	273	31,9	1,8
3. Mittelharter Stahl (0,33 % C) ausgeglüht	176	286	13,1	3,7
4. Nickelstahl für Einsatzhärtung (0,06 % C, 2,30 % Ni)	130	230	31,2	3,1
5. Nickelstahl, luftgehärtet (0,25 % C, 4,25 % Ni, 1,2 % Cr)	460	578	11,2	10,0
6. Hochprozentig. Nickelstahl (36,8 % Ni)	157	239	41,2	17,5
7. Hochprozentig. Nickelstahl (47,0 % Ni)	184	238	32,5	29,4

[1]) Über Schlagversuche bei höheren Temperaturen s. Metallurgie 1910, S. 343 u. 273.

[2]) Siehe Kruppsche Monatshefte 1922, S. 134.

[3]) L. Guillet & J. Cournot: Sur la variation des propriétés mécaniques les métaux etc., Comptes Rendus 174, 384 (1922).

[4]) Näheres siehe Seite 195.

Bei der Ausführung von Schlagproben zur Ermittelung der Kerbzähigkeit von Eisen, z. B. bei der Untersuchung desselben zur Feststellung etwaiger fehlerhafter Beschaffenheit (s. V. Teil, S. 315ff.) ist zu beachten, daß geringe Kerbzähigkeit unter anderem außer durch die chemische Zusammensetzung und die thermische Vorbehandlung auch veranlaßt sein kann durch höheren Phosphor- oder Schwefelgehalt oder auch durch Eigenspannungen, die im Material von seiner Herstellung her oder durch nachträgliche Kaltbearbeitung verblieben sind. Der Phosphor- und Schwefelgehalt kann durch chemische Analyse oder durch Ätzversuche (s. S. 328) festgestellt werden, während man Eigenspannungen durch Ausglühversuche (s. S. 264) zu beseitigen vermag. Auch die mechanische Bearbeitung in der Blauwärme (bei 150—300°) vermag die Kerbzähigkeit von Flußeisen in hohem Maße zu beeinflussen. Besonders auffällig ist dabei die Verminderung der Kerbzähigkeit, wenn die Bearbeitung bei 300° vorgenommen wurde. Erweist sich daher eine Flußeisenprobe beim Kerbschlagversuch als besonders spröde und ergibt weder die Kleingefügeuntersuchung noch die Beobachtung der Struktur (s. § 123) irgendwelche Abweichungen von der normalen Beschaffenheit, so ist mit Sicherheit darauf zu schließen, daß in der Blauwärme bearbeitetes Material vorliegt[1]).

VIII. Dauerversuche.

§ 76. Allgemeines.

Während bei den bisher besprochenen Versuchen zur Ermittelung der Festigkeitseigenschaften die Probekörper durch eine einmalig wirkende, allmählich oder stoßweise bis zur Bruchgrenze gesteigerte Belastung beansprucht wurden, erfolgt bei den Dauerversuchen die Beanspruchung durch Kräfte, die häufig weit unter der obenerwähnten Bruchgrenze liegen. Dabei können die Kräfte entweder als dauernd gleichbleibende oder stoßfrei von Null bis Maximum wechselnde oder auch von —Maximum bis +Maximum schwankende wirken. Sie können aber auch unter den gleichen Verhältnissen als Stoßkräfte auftreten.

Hiernach unterscheidet man „ruhende Dauerbeanspruchung", „wechselnde Dauerbeanspruchung" und „Dauerschlagbeanspruchung". Man kann annehmen, daß durch vielmalig wiederholte Beanspruchungen das Material des Probekörpers im gefährlichen Querschnitt eine „Ermüdung" erleidet. Diese darf man sich aber nicht etwa so vorstellen, daß eine Gefügeveränderung oder eine Kristallumwandlung des Metalls stattfindet, oder daß eine Formveränderung der kleinsten Teile des Stoffes erfolgt. Es dürfte vielmehr die Annahme berechtigt sein, daß die Ermüdung des Stoffes nur durch eine Lockerung des Zusammenhanges der kleinsten Teile des Stoffes verursacht wird. Bei jeder Deformation werden nämlich im gefährlichen Querschnitt die kleinsten Teile verzerrt. Dadurch entstehen in den Begrenzungsflächen der kleinsten Teile verschiedenartige Materialspannungen, die bestrebt sind, eine Trennung an diesen Stellen hervorzurufen. Berücksichtigt man weiter, daß alle in der Technik benutzten Materialien mehr oder weniger unhomogen

---

[1]) Siehe Oberhoffer: Das schmiedbare Eisen. Berlin: J. Springer. 1920.

sind, so ist naheliegend, daß in den Begrenzungsflächen der kleinsten Teile, allerfeinste Poren und Risse vorhanden sind, die bei Auftreten der Spannungen „Kerbwirkungen" äußern mit den im § 167 erläuterten Folgen. Diese Erklärung bedingt, daß die durch vielmalige Beanspruchung verursachte „Materialermüdung" mit einer Verminderung des Arbeitsvermögens des Stoffes Hand in Hand gehen muß. Versuche zur Feststellung von Materialermüdungen wären deshalb in der Weise durchzuführen, daß Probekörper in verschiedenen Stadien der Ermüdung z. B. dem Zugversuch unterzogen werden und durch ihn festgestellt wird, ob das Arbeitsvermögen des Stoffes nachgelassen hat. Auch die Kerbschlagprobe und Lösungsversuche (s. S. 353) mit verdünnter Schwefelsäure erscheinen zur Feststellung von Materialermüdungen geeignet. Versuche des Verfassers mit Eisenbahnschienenmaterial haben erwiesen, daß durch Dauerbeanspruchungen tatsächlich solche Ermüdungen eintreten, und es ist anzunehmen, daß viele bisher unerklärt gebliebene Bruchursachen auf solche zurückgeführt werden müssen. Näheres hierüber s. die einschlägige Literatur[1]).

Die ersten planmäßigen Dauerversuche mit wechselnder Beanspruchung wurden von Wöhler angestellt[2]) und von Bauschinger sowie Spangenberg ergänzt bzw. fortgesetzt. Die von Wöhler benutzten Maschinen befinden sich neben den modernen, von Martens herrührenden, im Materialprüfungsamt Berlin-Dahlem. Näheres hierüber s. Martens, Materialienkunde, und Martens, Denkschrift zur Eröffnung des Kgl. Materialprüfungsamtes Großlichterfelde, sowie verschiedene zerstreut erschienene Aufsätze in Dinglers polytechnisches Journal 1905—1907, Journal of the Iron and Steel Institute 1905 usw.

Wenn auch die genannten Dauerversuche für die Wissenschaft und ausführende Technik von hervorragender Bedeutung sind, so spielen sie für die praktische Materialprüfung und insbesondere zur Ermittelung der Materialkonstanten nur eine untergeordnete Rolle. Es werden daher, da das vorliegende Buch in erster Linie als Handbuch für die praktische Materialprüfung dienen soll, im folgenden nur die notwendigsten Hinweise auf diese Versuche gegeben werden.

§ 77. Die Ermüdung der Werkstoffe.

Im vorstehenden Paragraphen war auf die Ermüdung der Werkstoffe bei Dauerbeanspruchungen Bezug genommen worden. Da hinsichtlich des Begriffes „Ermüdung" mancherlei Unklarheiten bestehen und irrigerweise auch der Begriff „Ermüdungsfestigkeit" geprägt wurde, soll hier der Begriff der Ermüdung erläutert und ferner festgestellt werden, worauf die Ermüdung der Werkstoffe zurückzuführen ist.

Nach Ansicht des Verfassers stellt Ermüdung ganz allgemein die Abnahme einer Arbeitsfähigkeit dar. Dabei ist es gleichgültig, ob es sich

---

[1]) Wawrziniok, Studie über die Ermüdung des Eisenbahnschienenmaterials. Berlin: J. Springer 1910, und „Die Ermüdung der Werkstoffe" in Mitteilgn. d. Inst. f. Kraftfahrwesen an der Technischen Hochschule Dresden, I. Reihe, Nr. 5, Berlin: Klasing & Co.; ferner: Ludwik: Über die Ermüdung der Metalle in Zeitschr. d. österr. Ing.- u. Arch.-Ver. 1916, S. 795ff.

[2]) Zeitschr. f. Bauwesen 1860, S. 583; 1863, S. 233; 1866, S. 67; 1870, S. 73.

um Lebewesen oder um leblose, aber arbeitsfähige Stoffe handelt. Ausgegangen bei der Erläuterung des Begriffes muß unbedingt von den Verhältnissen bei Lebewesen werden, denn von diesen wurde der Begriff „Ermüdung“ übernommen. So wie bei Lebewesen eine dauernde Inanspruchnahme der Körperkräfte eine Ermüdung zur Folge hat, so muß auch ein arbeitsfähiger lebloser Stoff allmählich weniger arbeitsfähig werden, wenn die dauernde Beanspruchung seinen inneren Aufbau zu verändern vermag. Daß solche Veränderungen eintreten, ist zweifellos der Fall, und zwar auch dann, wenn die Größe jeder Einzelbeanspruchung nur gering war, falls sie nur häufig genug wiederholt wurde. Die Verhältnisse liegen demnach ganz ähnlich wie bei Lebewesen. Auch bei diesen führen sehr geringfügige Anstrengungen, falls sie lange andauern, zu der gleichen Ermüdung wie bei kurzer, aber entsprechend größerer Arbeitsleistung. Es ist aber auch klar, daß bloßes Ausruhen eines Lebewesens ohne Regenerierungsprozeß, wie ihn die Sauerstoff- und Nahrungsaufnahme mit sich bringt, nicht wieder Arbeitsfähigkeit zu schaffen vermag. Es muß vielmehr durch chemische Vorgänge erst wieder eine entsprechende Umbildung des Gesamtorganismus stattfinden, bevor neue Arbeit ohne weitergehende Schädigung geleistet werden kann. Dasselbe gilt für leblose Stoffe. Auch sie sind nur solange arbeitsfähig, als ihre Dauerinanspruchnahme nicht eine so weitgehende Veränderung ihres inneren Aufbaues verursachte, daß eine weitere einmalige Inanspruchnahme ihre endgültige Zerstörung ermöglicht. Solche Stoffe versagen dann ebenso plötzlich ihren Dienst, wie es Lebewesen tun, welche durch übermäßig große Anstrengung bis zur völligen Erschöpfung Arbeit leisteten. Die Ermüdung ist daher in jedem Falle ein Vorgang, der bei immer gleichmäßiger, an sich geringfügig starker Inanspruchnahme allmählich eine Zunahme erfährt. Gegenüber dem Vorgange bei Lebewesen ist die Ermüdung bei Werkstoffen jedoch nur insofern etwas anderes, als sie endgültig ist. Während nämlich bei Lebewesen der Regenerierungsprozeß auch während der Arbeitsleistung und insbesondere in Ruhepausen stattfindet, erfordert bei den Werkstoffen die Auffrischung eine besondere Leistung von außen her, da bloßes Ausruhen der Stoffe zwecklos ist, wenn nicht zufällig, während der Inanspruchnahme, Resonanzerscheinungen vorlagen, die durch Ausschaltung während der Ruhepausen wieder ausgeglichen werden. Bei Eisen würde zur völligen Auffrischung eine thermische oder eine mechanische Behandlung oder eine kombinierte, z. B. Schmieden, notwendig sein, um den Körper wieder in einen, dem ursprünglichen entsprechenden Zustand zu versetzen, falls seine Ermüdung nicht bereits soweit fortgeschritten war, daß dieser Weg der Auffrischung nicht mehr gangbar ist.

Den Beanspruchungsweisen von Konstruktionsteilen entsprechend, tritt in den Werkstoffen die Ermüdung im allgemeinen nur örtlich ein, und zwar an den am stärksten beanspruchten Stellen.

Es muß deshalb bei Versuchen zur Feststellung von Ermüdungen erst sehr genau überlegt werden, an welchen Stellen der Konstruktionsteile solche Ermüdungen zu erwarten sind. Völlige Ermüdungen machen sich bei Dauerversuchen dadurch bemerkbar, daß der Probekörper im gefährlichen Querschnitt zum Bruche gelangt, und die Widerstandsfähigkeit gegen den Ermüdungsbruch kann zum Ausdruck gebracht werden durch einen Wert, der zusammengesetzt ist aus der Zahl der Beanspruchungen, der Größe der Formänderungen (z. B. Durchbiegungen bei Dauer-Biegeversuchen) und der Größe der Belastungen. Dieser Wert würde der gesamten Arbeit entsprechen, die während der ganzen Versuchsdauer in den Probekörper hineingelegt wurde. Selbstverständlich dürfen die dauernden oder dauernd wiederholten Formänderungen nur elastische gewesen sein.

Für die Praxis haben aber solche den Ermüdungs bruch kennzeichnenden Werte nur geringe Bedeutung, und zwar noch insbesondere dann, wenn der Bruch an Stellen eintrat, die infolge plötzlicher Querschnittsübergänge oder infolge von Kerben oder dgl. besondere Schwächungen erlitten hatten. In solchen Fällen ist der Bruch zwar auch eine Folge örtlicher Materialermüdung, aber es stellt die Beanspruchungszahl keinen einwandfreien Wert dar, weil dem Bruch eine Rißbildung vorausging, deren Einfluß unkontrollierbar ist.

Deshalb ist es wichtiger, den Grad der Ermüdung innerhalb gewisser Zeitintervalle während der ganzen Benutzungsdauer des beanspruchten Konstruktionsteiles oder des Probekörpers kennenzulernen.

Das kann dadurch geschehen, daß man die Abnahme der Arbeitsfähigkeit des Materials innerhalb gewisser Beanspruchungsgrenzen, z. B. durch Feinmeßzugversuche oder durch andere Versuche (s. S. 353) feststellt. Andererseits kann man aber auch bei der Prüfung von Metallen, insbesondere von Eisen, die mikroskopische Gefügeuntersuchung heranziehen. Allerdings sind in dieser Beziehung die Verhältnisse noch nicht soweit geklärt, um die mikroskopische Untersuchung als ein einwandfreies Mittel zur Feststellung von Ermüdungen heranziehen zu können.

Es ist lediglich durch Versuche des Verfassers (s. S. 181, Anmerkung [1])) festgestellt worden, daß ermüdetes Flußeisen bei Behandlung mit verdünnter Schwefelsäure (s. S. 353) eine größere Lösungsfähigkeit besitzt als nichtermüdetes, und dadurch erscheint der Schluß berechtigt, daß mit der Ermüdung eine Rißbildung innerhalb des Materials Hand in Hand ging, welche die kleinsten Teilchen des Stoffes durch zahlreiche, winzig kleine Risse trennte und dadurch dem Lösungsmittel Zutritt zu den inneren kleinsten Materialteilchen verschaffte.

Zuverlässiger, und da sie zahlenmäßige Werte liefert, auch wertvoller, dürfte die Feststellung des Grades der Ermüdung auf dem Wege der Ermittelung der Abnahme der Arbeitsfähigkeit durch die bereits oben erwähnte Ermittelung der jeweiligen Arbeitsfähigkeit von Probekörpern nach verschiedenen Zeitspannen der Beanspruchung des Materials sein. Versuche in dieser Richtung sind wünschenswert, und sie erscheinen nach den Erfahrungen des Verfassers bei eigenen Versuchen auch aussichtsreich.

Gewarnt soll aber davor werden, die Dauerwechselschlagprobe mit eingekerbten Stäben als ein geeignetes Mittel zur Feststellung von Materialermüdungen überhaupt heranzuziehen. Selbstverständlich ist der Bruch bei dieser Probe mehr oder weniger auch eine Folge von Materialermüdung an der Einkerbung, aber nur bedingt, denn es ist nicht die Materialermüdung allein, die den Bruch verursacht, sondern es wirken mehrere verschiedenartige Vorgänge nacheinander. Erst tritt infolge völliger Ermüdung der obersten Faser im Grunde der Kerbe des Probestabes ein feiner Riß ein, der zu außerordentlichen Kerbspannungen führt, die schließlich den Bruch verursachen. Für die Ermüdung kommt daher lediglich die Zeit bis zur Rißbildung in Betracht. Diese läßt sich aber nicht feststellen, und deshalb muß die Dauer-Kerbschlagprobe in der üblichen Form als Mittel zur Feststellung von Ermüdungen ausscheiden. Selbst wenn es möglich wäre, den Zeitpunkt der Rißbildung zu ermitteln, so wäre auch dann das Ergebnis nicht einwandfrei, da die Entstehung des ersten Anrisses zu sehr von der zufälligen Beschaffenheit des Materialgefüges an der Anrißstelle abhängt. Bei Anwendung eines scharfen Kerbes darf angenommen werden, daß im Grunde des Kerbes nur ein einziger Kristall der obersten Faser die höchste Zugbeanspruchung erfährt, dessen Lage durchaus vom Zufall abhängt. Liegt dieser Kristall zufällig so, daß eine seiner Spaltflächen im Grunde der Kerbe beginnt, so wird der Probekörper schneller ermüden, d. h. der Anriß wird früher entstehen, als wenn der betreffende Kristall anders orientiert ist. Das beweist aufs neue, daß die Dauerkerbschlagprobe nicht unmittelbar zur Feststellung der Ermüdung geeignet sein kann, und daß es auch abwegig ist, die Dauerschlagbruchzahlen als Maß für einen als „Ermüdungsfestigkeit“ bezeichneten Begriff zu benutzen[1]).

§ 78. Ruhende Dauerbeanspruchung.

Im § 23 wurde der Einfluß der Zeit auf das Ergebnis des Zerreißversuches dargelegt, und da sich herausgestellt hat, daß die Formveränderung mancher Materialien zur Ausbildung selbst jahrelanger Zeit benötigt, so werden gelegentlich auch zur Aufklärung der in Frage kommenden Zeit solche Dauerversuche tatsächlich durchgeführt. Besonders auffällig ist bei solchen Versuchen das Verhalten von Zink, wie Verfasser festgestellt hat. Zink gibt z. B. bei Druckbeanspruchung dauernd nach[2]). Aber auch andere Stoffe, wie Leder, Textilprodukte und Eisenbetonbalken zeigen eine sehr lange andauernde Ausbildung der Formveränderung bei ruhender Belastung.

Die Durchführung solcher Versuche und die dabei erforderlichen Formänderungsmessungen erfolgen am besten durch Beanspruchung der Probekörper mit Gewichtsbelastung; im übrigen aber in der gleichen Weise wie die Versuche mit kurzer Beanspruchungsdauer.

§ 79. Wechselnde Dauerbeanspruchung.

Bei den Versuchen mit wechselnder Dauerbeanspruchung wird die Belastung der Probekörper abwechselnd von Null bis zu einem Maximum gesteigert und wieder auf Null vermindert. Die Belastungswechsel erfolgen dabei in bestimmten Zeitabschnitten, deren Größe von dem Bestimmungszwecke des untersuchten Materials abhängt. Es kommen Wechselzahlen von wenigen in der Stunde bis zu vielen Tausenden vor. Die Maschine von Prof. Knapp in Birmingham gestattet z. B. Belastungswechsel von 360000 in der Stunde, wobei die Belastung durch einen Wechselstrom-Elektromagneten erfolgt.

---

[1]) Siehe Zeitschr. d. Ver. deutsch. Ing. 1922, S. 543: Über die Ermüdung geglühter und vergüteter Kohlenstoffstähle.

[2]) Auf dieser Eigenschaft des Zinkes beruht das andauernde Lockerwerden von Schraubenklemmverbindungen an elektrischen Leitungen aus Zinkdraht.

Bei diesen Versuchen wird festgestellt, wie viele Belastungen der Probekörper auszuhalten vermag, bevor er zum Bruche gelangt. Diese Feststellung ist zwar nicht unwichtig, aber sie besitzt nur geringe Bedeutung gegenüber der durch die Dauerbeanspruchung allmählich eintretenden und sich vergrößernden Ermüdung des Materials. Es ist deshalb notwendig, bei Dauerversuchen der vorstehend gekennzeichneten Art eine größere Zahl von gleichartigen Probestäben der gleichartigen Beanspruchung zu unterziehen und nach Verlauf gewisser Zeitintervalle festzustellen, ob und in welchem Grade eine Ermüdung der geprüften Stoffe stattgefunden hat.

Das kann in einfacher Weise dadurch geschehen, daß man nach Ablauf des vorgesehenen Zeitintervalles immer einen oder mehrere der ermüdeten Probestäbe, z. B. dem Zugversuch mit Feinmessung unterzieht und dabei feststellt, welche Veränderungen mit dem Stoffe vor sich gegangen sind. Ergibt sich dabei, daß durch die Dauerbeanspruchungen der Stoff immer mehr an Arbeitsfähigkeit einbüßt, und daß sie gesetzmäßig bis Null abnimmt, so ist damit für den betreffenden Stoff das Gesetz für den Ermüdungsverlauf gefunden. Diese Feststellung ist für die praktische Materialprüfung und für die Verwendung der Werkstoffe insofern von Wichtigkeit, als sie Rückschlüsse auf die Lebensdauer der Stoffe unter bestimmten Beanspruchungen in Abhängigkeit von Festigkeits- oder Formänderungszahlen zu ziehen gestattet.

Die Versuche mit wechselnder Dauerbeanspruchung heißen auch Schwingungsversuche und die dabei ermittelten Festigkeitszahlen entsprechen der Schwingungsfestigkeit oder Arbeitsfestigkeit des Materials. Unter der Schwingungsfestigkeit eines Materials hat man diejenige größte Spannung zu verstehen, welche ein Material bei vielmaliger Beanspruchung von einem positiven Maximum nach einem gleich großen negativen gerade noch zu ertragen vermag[1]).

§ 80. Die Dauerwechselschlagprobe.

Während bei den im § 79 behandelten Dauerbeanspruchungen die Kräfte mehr oder weniger stoßfrei wirken, läßt man bei der Dauerwechselschlagprobe einen an beiden Enden gestützten Probestab in der Mitte seiner Stützweite durch ein periodisch in gleichen Zeiträumen fallendes Gewicht auf Biegung beanspruchen. Dabei wird überdies der Probestab vor jedem neuen Schlag um seine Achse derartig gedreht, daß der Stab entweder jeweils eine Drehung um 180° oder um kleinere Winkel erfährt. Die erste Beanspruchungsart soll derjenigen entsprechen, die bei Konstruktionsteilen auftritt, die in der Praxis abwechselnd in der gleichen Richtung stoßweise hin und her gebogen werden, so daß immer die gleichen Fasern abwechselnd auf Zug oder Druck beansprucht werden. Die zweite Beanspruchungsart soll dagegen sich beständig gleichmäßig drehenden Wellen oder Achsen entsprechen, bei denen jede der Mantelfasern infolge einseitiger Biegungsbeanspruchung von Null über ein Maximum bis Null zurück eine Zug- und anschließend ebenso eine Druckbeanspruchung erfährt.

---

[1]) Über Dauerversuchsmaschinen s. Seite 686 sowie Der Ingenieur 1909/10, Heft I.

Für die Dauerwechselschlagprobe wurde von der Firma Krupp in Essen[1]) die in Abb. 171 dargestellte Maschine ausgebildet, mit der die vorstehend genannten Beanspruchungsweisen möglich sind.

Ein in der Mitte mit einem rillenartigen Kerb[2]) versehener Probestab mit den aus den Abb. 172 oder 173 ersichtlichen Abmessungen wird mit seinen Enden in besonders ausgestalteten Widerlagern sicher, aber drehbar, gestützt. Die Festhaltung des Stabes erfolgt durch die Rille *a*. Die Übertragung der Drehbewegung geschieht durch einen Stift, der in das Loch *b* am Ende des Probestabes eingreift und durch eine Vorrichtung, mittels der der Probestab in der gewünschten Weise, entweder um 180° oder kleinere Winkel (normal 360/25°), ruckweise weitergedreht werden kann. Über der Mitte des Probestabes ist in einer zuverlässigen Führung ein kleiner Fallbär von 4,185 kg Gewicht aufgehängt, der mittels eines Gehänges in regelmäßigen Zeiträumen um 30 mm angehoben wird und dann auf den Stab fällt. Die Geschwindigkeit der Schlagfolge muß so eingestellt werden, daß kein Tanzen des Fallbären auf dem Stabe stattfindet. Er muß vielmehr sofort nach dem Auftreffen wieder angehoben werden. Im allgemeinen beträgt die Anzahl der Schläge entsprechend der Drehzahl des Antriebselektromotors 85 in der Minute. Sie kann aber auch durch einen Regulierwiderstand zwischen 60 und 120 in der Minute verändert werden. Zur Feststellung der Schlagzahl ist der Apparat mit einem Zählwerk versehen. Sobald der Stab bricht, fällt der Fallbär tiefer als vorher und schaltet den Stromkreis des elektrischen Antriebsmotors oder eine Kuppelung aus, durch welche die Bewegung auf den Apparat übertragen wird. Es kann daher der Apparat unbeaufsichtigt sich selbst überlassen bleiben, wenn nicht Sonderversuche eine dauernde Beobachtung der Probestäbe erfordern. Das ist z. B. notwendig, wenn die Schlagzahl ermittelt werden soll, die den ersten Einriß im Probestabe verursachte. (Näheres über diese Dauerschlagmaschine s. Seite 659.)

Abb. 171.

[1]) Hergestellt und vertrieben wird die Maschine von der Mannheimer Maschinenfabrik Mohr & Federhaff in Mannheim.

[2]) Der Kerb ist nach dem Abdrehen sorgfältig zu polieren.

Wie bereits erwähnt wurde, trifft der Fallbär unmittelbar auf den Probestab. Das verursacht naturgemäß eine Beschädigung desselben an der Auf-

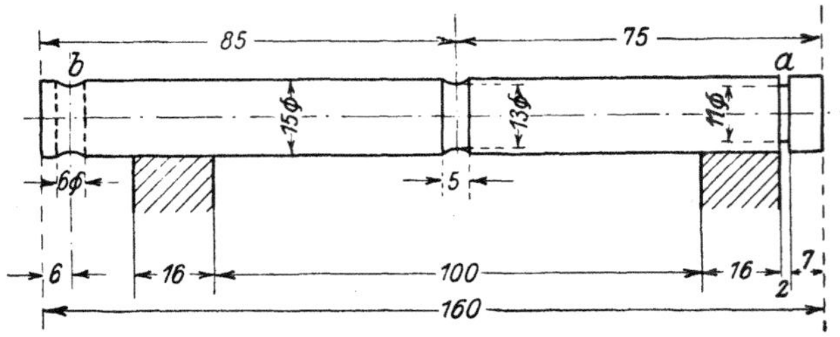

Abb. 172.

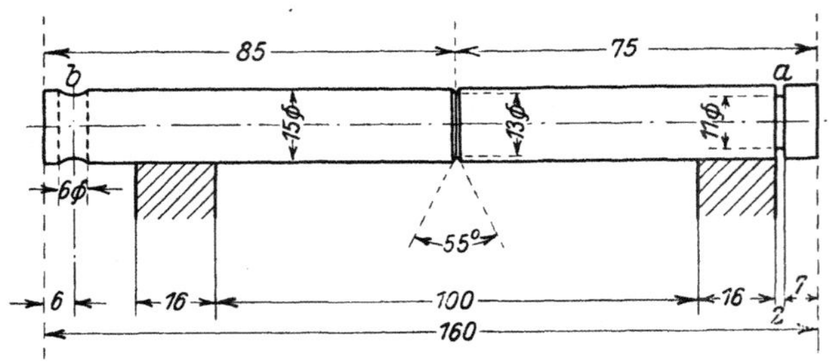

Abb. 173.

treffstelle, die das Versuchsergebnis in hohem Maße beeinflußt, wenn nicht die weiter oben erwähnte Einkerbung (Abb. 172 und 173) gehörig tief bemessen wurde. So zeigt z. B. die Abb. 174a einen Probestab, der von Versuchen des Verfassers herrührt, bei denen die Beschädigungen, die endlich den Bruch des Stabes verursachten, deutlich erkennbar sind. Als Einkerbung wurde auf diesem Probestabe mit der Stahlreißnadel eine schwache Rille eingeritzt. Sie wurde durch die Schläge allmählich geschlossen und der Bruchquerschnitt verlegte sich an den Rand der Schlagbeanspruchungsstelle im Gegensatze zu dem Stabe (Abb. 174b), der mit einem um ein weniges tieferen Anriß versehen wurde und der den Bruch trotz der Verletzung der Umgebung an der Kerbstelle hervorrief.

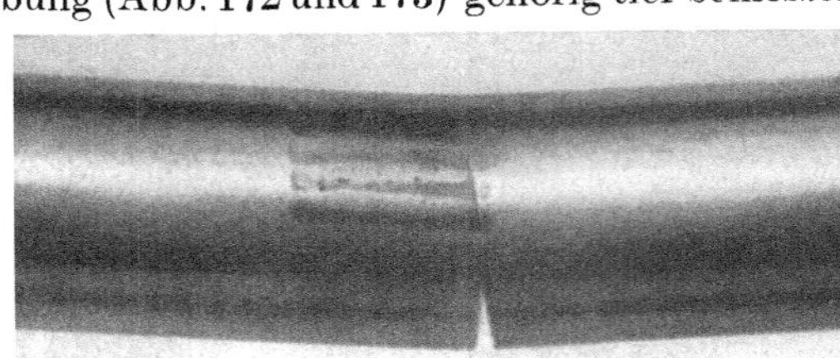

Abb. 174a.

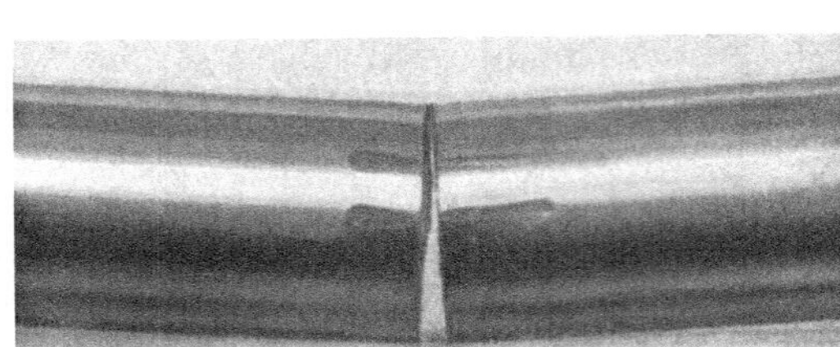

Abb. 174b.

Die Schlagzahl ist in hohem Maße von der Art der Einkerbung abhängig, und deshalb empfiehlt es sich, wie bei der Kerbschlagprobe auch bei der Dauerwechselschlagprobe ausschließlich Normalprobestäbe (Abb. 172 und 173) zu verwenden. Diese können ebenfalls wie dort mit Rundkerb oder mit Scharfkerb versehen sein[1]).

Eigenartig ist das Aussehen der Bruchflächen der Dauerschlagprobestäbe. In erster Linie zeigen sich wesentliche Unterschiede zwischen den Bruchformen der Stäbe, die ruhend beansprucht oder die dabei um 180° gedreht wurden und denen, die dauernder Drehung unterworfen worden waren. Die ersten sind in der Abb. 175a u. b dargestellt, während die zweitgenannten der Abb. 175c entsprechen.

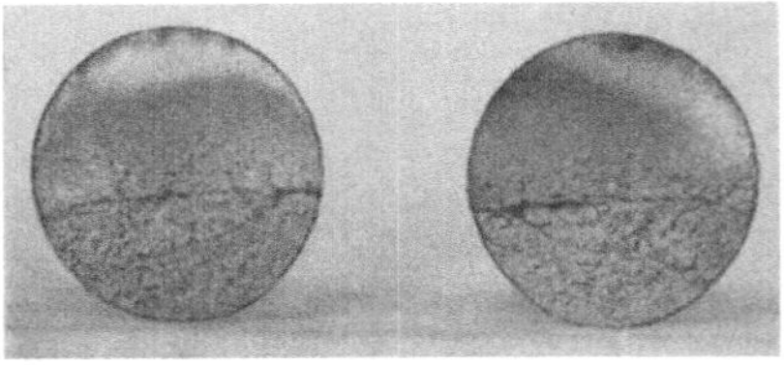

Abb. 175a.

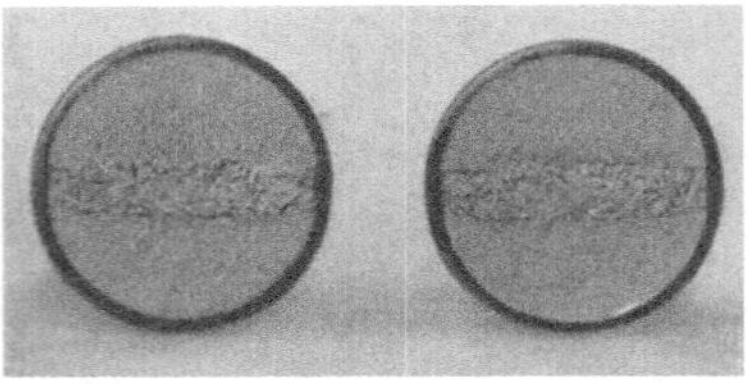

Abb. 175b.

Abb. 175c.

Die Bruchflächen lassen deutlich die Entstehungsweise des Bruches erkennen. Durch die außerordentliche Materialspannung in der Tiefe des Kerbes, die hervorgerufen wird durch die Unmöglichkeit der Formänderung an dieser Stelle (s. auch § 18, S. 45), entsteht bereits nach einer geringen Anzahl von Schlägen ein feiner Einriß, in dessen Grunde ein noch weiteres Anschwellen der Spannungen erfolgt. Dadurch setzt sich der Riß immer weiter nach dem Inneren des Stabes zu fort, und je tiefer er fortschreitet, desto größer wird die Biegungsbeweglichkeit des Stabes an der Rißstelle. Auf der Zugseite entfernen sich die Rißflächen voneinander und auf der Druckseite werden sie zusammengepreßt. Die erste Bewegung verursacht das Fortschreiten des Einrisses und die zweite ein Flachdrücken der Materialkörner, so daß die Bruchfläche nach dem Rande hin blank gedrückt erscheint (Abb. 175). Das Hin- und Herbiegen ruft gleichzeitig axiale Zugspannungen im Probestabe wach, die schließlich den Bruch durch Zerreißen des Stabes veranlassen, sobald sie die Widerstandsfähigkeit des noch erhaltengebliebenen Kernes überschreiten. Dieser zeigt deshalb auch das der Zugbeanspruchung eigentümliche Aussehen.

Diese Erklärung des Bruchvorganges wird bestätigt durch das Ergebnis von Versuchen mit im Einsatz gehärteten Stahlstäben[2]), die den Nachweis lieferten, daß solche Stäbe eine viel größere Widerstandsfähigkeit beim Dauerschlagversuch besitzen. Es wird nämlich bei solchen Stäben durch die harte Außenschicht an der Einrißstelle die Zusammendrückung des

[1]) Preuß: Die Festigkeit von Schweißeisen gegenüber Stoßbeanspruchung. Stahl und Eisen 1914, Nr. 29. — Derselbe: Die Sprödigkeit von Flußeisen infolge Bearbeitung in der Blauwärme. Stahl und Eisen 1914, S. 33. Ferner s. Anm.[1]) auf S. 225.

[2]) Siehe Kruppsche Monatshefte 1920, S. 103.

Materials an dieser Stelle vermindert und dadurch die große Beweglichkeit des Probestabes an der Rißstelle beseitigt. Dadurch ist auch die zusätzliche Zugspannung im noch nicht eingerissenen Kern geringer, was verursacht, daß der Riß sich nicht so rasch ausbildet, als es bei Stäben geschieht, die infolge größerer Zusammendrückbarkeit der Bruchstellenränder eine größere Beweglichkeit an der Rißstelle besitzen.

Nach Rittershausen und Fischer[1]) ist die Schlagzahl bei der Dauerwechselschlagprobe bei dauernder Drehung deutlich abhängig von der Streckgrenze des Materials bei Zugbeanspruchung. Auf Grund zahlreicher Versuche haben diese Forscher festgestellt, daß die Schlagzahl bei Stäben mit Rundkerb in Abhängigkeit von der Streckgrenze, steigend mit dieser, rasch zunimmt, während bei Stäben mit Scharfkerb die Zunahme nur viel weniger rasch und nur unbedeutend erfolgt. Diese Tatsache bestätigt ebenfalls die weiter oben dargelegte Erklärung der Entstehung des Dauerbruches, da hohe Streckgrenze im allgemeinen auch eine hohe Elastizitätsgrenze bedingt, die eine geringe Beweglichkeit des Probestabes an der Rißstelle zur Folge hat.

Merkwürdig ist, daß zwischen Kerbzähigkeit und Widerstandsfähigkeit beim Dauerschlagversuch kein unmittelbarer Zusammenhang zu bestehen scheint. Während z. B. der Kohlenstoffstahl der untenstehenden Tabelle[2]) mit Scharfkerb nur eine Kerbzähigkeit von 3,4 mkg/qcm und eine Schlagzahl beim Dauerschlagversuch von 4805 besaß, zeigte der Nickelstahl mit einer Kerbzähigkeit von 22,7 mkg/qcm nur eine Schlagzahl von 4240. Ähnliche Unterschiede finden sich beim Silizium-Manganstahl und dem Chromnickelstahl der gleichen Tabelle. Der erste besitzt eine Kerbzähigkeit von 3 mkg/qcm bei einer Schlagzahl von 10098 und der andere eine Kerbzähigkeit von 13 mkg/qcm gegenüber einer Schlagzahl von 16795.

Material	Kohlenstoffstahl	Nickelstahl	Manganstahl	Silizium-Manganstahl	Chromnickelstahl
Zugversuche. Stabdurchmesser 12 mm					
Fließgrenze σ_f	3800	3800	4600	6400	7600
Zugfestigkeit K_z	5850	5010	6430	8440	8560
Bruchdehnung φ_{5d} %	28,6	31,8	23,5	22,8	22,7
Querzusammenziehung ψ % .	65	73	67	52	68
Kerbschlagversuche. Stab 30 × 30 × 160 mm					
mkg/qcm Rundkerb	11,4	28,7	14,7	6,0	19,8
mkg/qcm Scharfkerb	3,4	22,7	6,4	ca. 3	ca. 13
Dauerwechselschlagversuche. Dauernde Drehung. Schlagzahl bei:					
Normalrundkerb	15807	15630	23168	30075	50170
Normalscharfkerb.	4805	4240	6992	10098	16795

[1]) Kruppsche Monatshefte 1920, S. 98.
[2]) Kruppsche Monatshefte 1920, S. 102.

Auch den Unterschied zwischen Rundkerb- und Scharfkerb, sowohl beim Kerbschlagversuch als auch beim Dauerwechselschlagversuch, lassen die Werte der vorgenannten Tabelle deutlich erkennen. Es besaßen die Stäbe mit Rundkerb nicht nur eine höhere Kerbzähigkeit, sondern sie ertrugen auch eine größere Schlagzahl bei der Dauerwechselschlagprobe. Eine Gesetzmäßigkeit in dieser Beziehung besteht aber bei keiner der beiden Proben. Auffällig ist nur, daß beim Kerbschlagversuch mit dem Nickelstahl die Kerbenform keine so große Rolle spielt wie beim Dauerwechselschlagversuch. Auch dies zeigt, daß die beiden Versuchsarten keine vergleichbaren Ergebnisse liefern.

Ganz allgemein mag darauf hingewiesen werden, daß Dauerschlagversuche der gekennzeichneten Art nur dann einwandfrei sein können, wenn die Probestäbe und insbesondere die Einkerbungen derselben mit der allergrößten Sorgfalt hergestellt wurden.

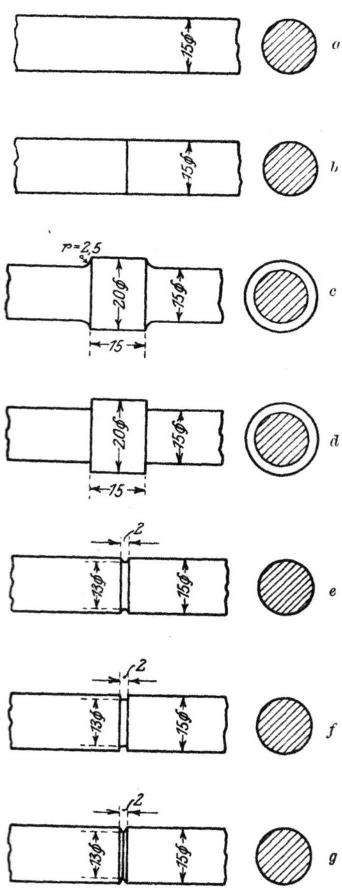

Abb. 176 *a*—*g*.

Zur Erläuterung des Einflusses der Ausgestaltung des Probestabes an der Schlagstelle können Versuche des Verfassers dienen, welche mit einem geglühten Werkzeugstahl der nachstehend angegebenen chemischen Zusammensetzung vorgenommen wurden.

1,18 % C, 0,026 % Si, 0,43 % Mn, 0,016 % S.

Die an sich zylindrisch geschliffenen Probestäbe besaßen die aus der Abb. 176 ersichtlichen Abmessungen und Formen. Die Form *e* sollte die Grundform darstellen, während die Benutzung der anderen Formen zu dem Zwecke erfolgte, den Einfluß der Probestabform darzulegen und insbesondere den hohen Einfluß der Einkerbungen gegenüber glatten Stäben und den von plötzlichen Materialanhäufungen am gefährlichen Querschnitt zu beweisen. Die Versuche lieferten als Mittelwerte aus je drei Versuchen die folgenden Ergebnisse:

Stabform (siehe Abb. 176)	Schlagzahl bis zum Bruch
a	62064
b	50876
c	22559
d	13980
e	3672
f	3348
g	2627

Ein praktisches Beispiel für Dauerschlagbrüche bieten u. a. Glockenklöppel. Solche Klöppel brechen gelegentlich unverhofft, ohne daß eine Überbeanspruchung vorausging. Dehnungen oder Fließerscheinungen sind in der Nähe der Bruchstelle niemals feststellbar. Die Bruchflächen zeigen vielmehr das typische Aussehen der Dauerbrüche, wobei, ausgehend von einer geringfügigen, kaum sichtbaren Verletzung der Oberfläche, sich immer mehr zonenartig ausbreitende Anrisse sichtbar sind, die schließlich in körnige Bruchflächen übergehen. In solchen Fällen ist zweifellos die Oberflächenverletzung mit ihrer Kerbwirkung die Ursache des Bruches. In anderen Fällen, wo eine Oberflächenverletzung nicht erkennbar ist und auch keine Zonenbildung vorliegt, sondern eine glatte, fein- oder grobkörnige Bruchfläche vorhanden ist, dürfte die Ursache des Bruches in einer Überbeanspruchung des Klöppels zu suchen sein, die gelegentlich durch Resonanz an einer bestimmten Stelle des Klöppels auftritt. Daß der Bruch in solchen Fällen durch Ermüdung des Materials (s. S. 181) verursacht wurde, erscheint wenig wahrscheinlich, da die Beanspruchungswechsel in den Klöppeln nicht zahlreich genug sind, um völlige Ermüdung zu veranlassen.

Zweiter Teil.

Die Bestimmung der Härte der Materialien.

§ 81. Allgemeines.

Im allgemeinen Sprachgebrauch werden die Bezeichnungen hart und weich als Gegensätze für die Beschaffenheit von Körpern angewendet, ohne daß man in der Lage ist, anzugeben, wo die Grenze zwischen Härte und Weichheit zu suchen sei. Ebenso wie die Bezeichnung Kälte nur einen geringeren Grad von Wärme bedeutet, stellt die Weichheit nur einen geringeren Grad von Härte dar. Da die Begriffsfestlegung daher sehr schwierig, wenn nicht gar unmöglich ist, empfiehlt es sich, im Materialprüfungswesen die Bezeichnung Weichheit zu vermeiden und das Maß der Härte eines Körpers in irgendeiner Weise anzugeben. Ein solches Vorgehen begegnet aber insofern gewissen Schwierigkeiten, als die Härtebestimmungsverfahren nicht für alle Materialien einheitlich verwendbar sind und es bisher noch nicht gelungen ist, Verfahren zu finden, mit denen man die Härte von Metallen, Gesteinen und anderen Stoffen in gleichartiger Weise feststellen kann. Alle möglichen Eigenschaften der Materialien sind herangezogen worden, um aus ihnen den Grad der Härte abzuleiten, und nur sehr wenige Vorschläge sind es, welche einigen Erfolg gezeitigt haben[1]).

In erster Linie waren es die Festigkeitseigenschaften, zu denen man die Härte in Abhängigkeit zu bringen suchte, und zwar bot der Fließvorgang beim Zugversuche mit Metallen einige Anknüpfungspunkte, indem von verschiedenen Seiten behauptet wurde, daß die Fließgrenze um so höher läge, je größer die Härte des Materiales sei. Da aber viele Materialien keine Fließgrenze besitzen und bei manchen Materialien die Fließgrenze durch Überbeanspruchung verlegt werden kann, auch nach S. 22 die Fließgrenze nur auf einer Vereinbarung hinsichtlich der bleibenden Stabdehnung beruht,

[1]) Eine wertvolle Zusammenstellung der bis 1891 bekannten Härteprüfungsverfahren und eine Kritik derselben auf Grund von Versuchsergebnissen s. Kirsch: Mitt. d. k. k. Technol. Gew.-Museums in Wien, 1891, Seite 79ff.

muß diesen Methoden wenigstens für die praktische Materialprüfung jede Berechtigung abgesprochen werden.

Zu einem ebenfalls auf Festigkeitseigenschaften beruhenden Härtemaß gelangte Kick durch seine Versuche mit allseitig umschlossenen Körpern. Er stellte fest, daß spröde Körper, z. B. Gips, wenn sie in gleichfalls spröde aber härtere und schmelzbare Körper, z. B. Schwefel, und dieser in noch härtere, z. B. Kupfer, eingeschlossen werden, sich mit den Hüllen biegen lassen, ohne zu brechen. Es bedeutet dies, daß spröde Körper durch allseitig auf sie einwirkenden Druck bildsamer werden. Ferner hat sich ergeben, daß solche allseitig umschlossenen Körper von gleicher Härte auch gleiche Scherfestigkeit haben, und die Umkehrung dieses Ergebnisses führte zu der Folgerung, daß Körper gleicher Scherfestigkeit auch gleiche Härte besitzen. Nach Kick würde somit die Scherfestigkeit gleichzeitig ein Maß für die Härte eines Körpers geben.

Auch die chemische Zusammensetzung hat man mit der Härte in Beziehung zu bringen versucht, indem man insbesondere für Werkzeugstahl Härteskalen aufstellte, die den Kohlenstoffgehalt zur Grundlage hatten. Überlegt man aber nach den in § 26 gegebenen Erörterungen, welchen Einfluß die thermische und mechanische Behandlung allein schon auf die Eigenschaften des Stahles ausübt, so gelangt man zu dem Schlusse, daß auch diese Methode nicht geeignet ist, ein Härtemaß, wenn auch nur für Stahl, zu liefern. Weiter hat es nicht daran gefehlt, die elektrische Leitfähigkeit, die Magnetisierbarkeit usw. zur Aufstellung von Härteskalen heranzuziehen. Nach Benedicks soll die Härte der Elemente proportional der Atomkonzentration, d. i. spezifisches Gewicht dividiert durch Atomgewicht, sein.

Eine sorgfältige Erwägung aller vorgenannten Vorschläge führt zu dem Schlusse, daß alle Vorschläge wohl für wissenschaftliche Zwecke benutzbar sein können, aber für die praktische Materialprüfung nicht in Frage kommen können. Die Ausführung der Versuche begegnet mannigfachen Schwierigkeiten, und die Ergebnisse lassen es in den weitaus meisten Fällen nicht zu, unmittelbar Schlüsse auf die Eigenschaften des vorliegenden Materials zu ziehen. Die praktische Materialprüfung erfordert Methoden, die ohne weitgehende Vorbereitung der Probekörper in jederzeit kontrollierbarer Weise sofort ein Härtemaß liefern[1]).

Im allgemeinen wird dem Begriff der Härte der Materialien folgende Definition zugrunde gelegt:

Härte ist der Widerstand, den ein Körper dem Eindringen eines anderen (härteren) Körpers entgegensetzt.

Diese Definition erscheint einwandfrei und deshalb soll sie die Grundlage für die weiteren Ausführungen bilden.

§ 82. Einteilung der Härteprüfungsverfahren.

Unter Zugrundelegung der vorstehenden Definition der Härte hat man zwei Gruppen der Prüfungsverfahren zu unterscheiden.

---

[1]) Über die Härtebestimmung durch Bohrversuche s. Zeitschr. f. Praktischen Maschinenbau 1911, S. 245. Ferner Mitteilg. d. k. k. Versuchsamtes in Wien 1912. S. 45.

Gruppe I. Die Eindringungsverfahren.

Hierbei erleidet der zu prüfende Körper gegenüber dem eindringenden während des Versuches keine Ortsveränderung.

Die Gruppe enthält die Unterabteilungen:
Eindruckverfahren und
Einhiebverfahren.

a) Eindruckverfahren.

Bei diesen Verfahren werden eigenartig gestaltete Stempel mit stoßfrei wirkendem Druck in die Oberfläche des zu prüfenden Körpers eingedrückt und dabei
die Eindringungstiefe bei konstantem Drucke oder
der zur Erzeugung einer bestimmten Eindringungstiefe erforderliche Druck
gemessen.

b) Einhiebverfahren.

Bei diesen Verfahren werden die Stempel durch fallende Gewichte in das zu prüfende Material eingetrieben und dabei
die Eindringungstiefe bei gleicher Schlagleistung oder
die zur Erzeugung einer bestimmten Eindringungstiefe erforderliche Schlagleistung
gemessen.

Gruppe II. Die Ritzverfahren.

Bei den Ritzverfahren wird entweder der eindringende Körper gegen den zu prüfenden oder umgekehrt dieser gegen den eindringenden Körper verschoben.

Die Gruppe enthält ebenfalls zwei Unterabteilungen, nämlich:

a) Ritzen des zu prüfenden Körpers mit mehreren solchen bekannter Härte und

b) Ritzen des zu prüfenden Körpers mit einem einzigen bekannter Härte.

Beim Verfahren a) wird die Härte des zu prüfenden Körpers vergleichsweise mit Hilfe einer Reihe von verschieden harten Körpern bestimmt.

Bei der Ritzung nach dem Verfahren b) mit einem einzigen Körper bekannter Härte wird dieser gegen den zu prüfenden Körper gedrückt und dabei wird gemessen entweder:

1. der Druck, welcher nötig ist, um durch den ritzenden Körper einen Riß von bestimmter Breite in der Oberfläche des zu prüfenden Körpers zu erzeugen, oder
2. die Spurbreite, welche durch den ritzenden Körper unter bestimmter Belastung in der Oberfläche des zu prüfenden Körpers hervorgerufen wird.

I. Die Eindringungsverfahren.

Von den Eindringungsverfahren besitzen zur Zeit die Eindruckverfahren die größere Bedeutung, da sie am weitgehendsten ausgebildet sind und sich übersichtlicher ausführen lassen als die Einhiebverfahren, die zur Erzeugung der Schlagwirkung besondere Schlagmittel benötigen, deren Wirkungsweise von mancherlei Zufälligkeiten abhängt. Es ist deshalb auch zu erwarten, daß bei Laboratoriumsversuchen die Eindruckverfahren immer bevorzugt bleiben werden.

1. Die Eindruckverfahren.

§ 83. Verschiedene Eindruckverfahren.

Beim Verfahren von Middelberg werden Stempel nach Abb. 177 benutzt. Die Stempelschneide besitzt einen Winkel von 30° und ist nach einem Radius von 25 mm gekrümmt. Der Anpressungsdruck P der Schneide an den zu prüfenden Körper soll 292 kg betragen[1]). Das Maß für die Härte bildet dabei die Länge l des Eindruckes, welchen der Stempel unter der Wirkung des Anpressungsdruckes erzeugt.

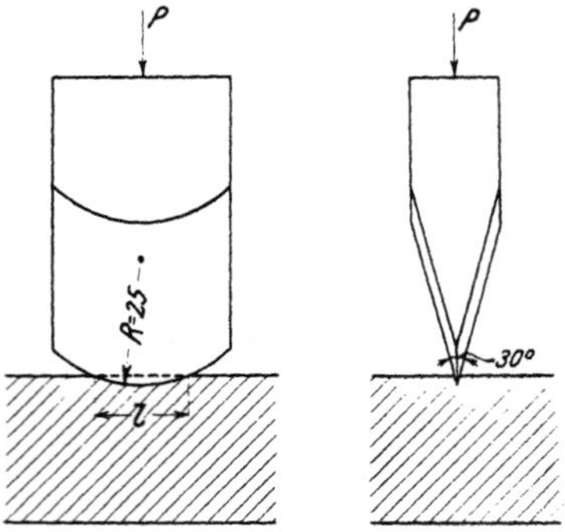

Abb. 177.

Beim Verfahren von Calvert und Johnson wird die Härte durch die Kraft P gemessen, welche imstande ist, einen Stahlstempel mit 1,25 mm Durchmesser nach Abb. 178 im Verlaufe einer halben Stunde 3,5 mm tief in das zu prüfende Material einzudrücken[2]).

Nach Kerpely soll ein Kreiskegel aus Stahl nach Abb. 179 mit konstanter Kraft in das zu prüfende Material eingedrückt und als Maß der Härte der Durchmesser δ des Eindruckes an der Körperoberfläche festgestellt werden.

Kirsch[3]) drückt Stempel nach Abb. 180 gegen die Oberfläche des Materials und bestimmt den Druck, der angewendet werden muß, damit bei spröden Körpern ein Sprung oder bei zähen gerade der erste bleibende Eindruck s entsteht.

Bei Härtebestimmungen nach dem Verfahren von Rudeloff und Föppl werden zwei kreuzweise übereinandergelegte halbe Kreiszylinder aus dem zu untersuchenden Material mit allmählich wachsender Kraft gegeneinandergepreßt, und als Maß der Härte wird die Kraft bestimmt, welche gerade erforderlich ist, einen Sprung oder einen bleibenden Eindruck hervorzurufen.

Das Verfahren von Auerbach beruht auf der von Hertz[4]) (1882) gegebenen, mathematisch begründeten Definition der Härte und der von ihm empfohlenen Bestimmungsmethode.

Hertz führt aus: Die Härte eines Körpers wird gemessen durch den Normaldruck auf die Flächeneinheit, welcher im Mittelpunkte einer kreisförmigen Druckfläche herrschen muß, damit in einem Punkte des Körpers die Spannungen eben die Fließgrenze erreichen.

---

[1]) Bei Vergleichsversuchen kann auch eine andere Druckkraft benutzt werden.
[2]) Dieses Verfahren ist überaus umständlich und zeitraubend.
[3]) Kirsch, Mitteilg. aus d. Technolog. Gew.-Mus. in Wien 1891, S. 108.
[4]) Hertz, Gesammelte Werke I, S. 193.

Auerbach[1]) benutzte für seine Versuche Platten aus durchsichtigen Körpern (von etwa 8 mm Dicke), gegen die er Linsen (von 1—30 mm Krümmungsradius) aus dem gleichen Material mit allmählich wachsender Kraft drückte. Die Druckfläche maß er während des Versuches aus und beobachtete bei spröden Körpern gleichzeitig das Auftreten des ersten Sprunges, um die Überschreitung der Elastizitätsgrenze festzustellen. Bei formbaren Körpern war dieses Verfahren nicht angängig. Auerbach fand aber, daß die spezifische Pressung in der Druckfläche zwar erst anwuchs, aber von einer bestimmten Belastung an unveränderlich blieb, so hoch auch die Belastung gesteigert wurde. Der Höchstwert der Belastung erwies sich von der Krümmung abhängig, und Auerbach wählte als Maß für die Härte das Produkt aus spezifischer Pressung und dem Werte $\sqrt[3]{\varrho}$, worin ϱ den Krümmungsradius bedeutet. Für spröde Körper dagegen benutzte er den in gleicher Weise um-

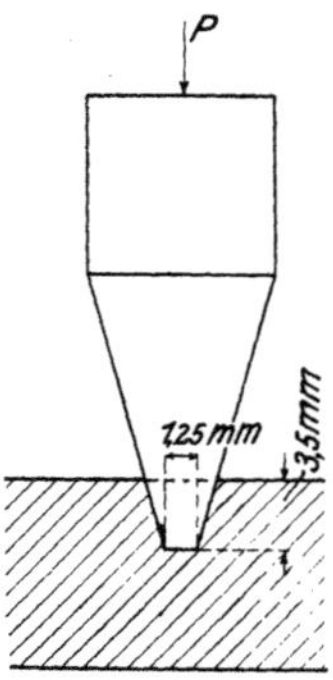

Abb. 178.

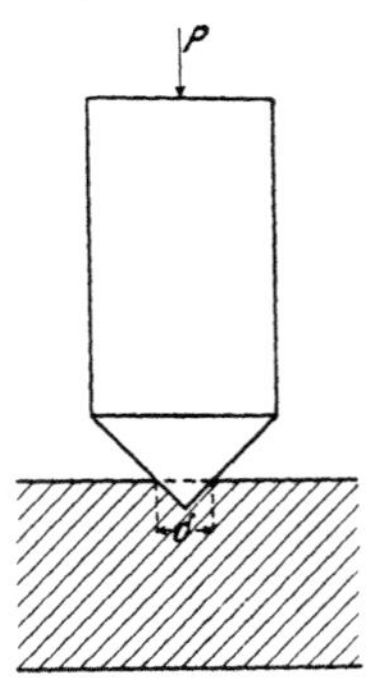

Abb. 179.

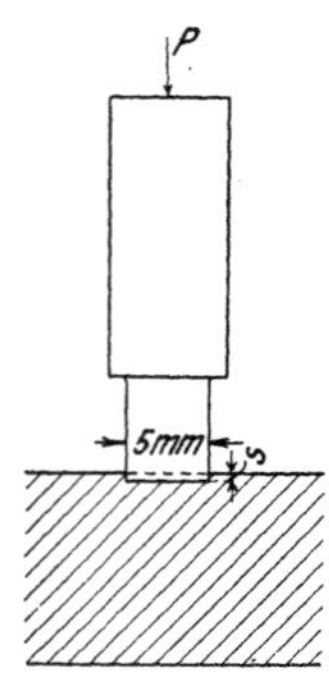

Abb. 180.

gerechneten Wert der spezifischen Pressung bei Eintritt des ersten Sprunges. Auch die Methode von Auerbach leidet daran, daß die zu untersuchenden Körper erst weitgehender Vorbereitungen bedürfen, und sie ist somit umständlich[2]).

§ 84. Die Brinellsche Kugelprobe.

Bei der Brinellschen Kugelprobe wird eine gehärtete Stahlkugel von 10 mm Durchmesser durch meßbaren, stoßfrei wirkenden Druck in die Oberfläche des zu prüfenden Materials eingetrieben und der größte Durchmesser des Eindruckes bis auf $^1/_{100}$ mm gemessen. Dividiert man alsdann die größte angewandte Druckkraft in Kilogrammen durch die Fläche in Quadratmillimetern der gebildeten sphärischen Vertiefung, so erhält man die „Härtezahl“ als Maß der absoluten Härte. Je größer die Härtezahl, desto größer ist die Härte des Materials[3]).

---

[1]) Auerbach, Absolute Härtemessung, Exners Repertorium der Physik, Bd. 27. — Derselbe, Annalen der Physik und Chemie 1891, Bd. 43. — Derselbe, Die Härteskala im absoluten Maße, Annalen der Physik und Chemie 1896, Bd. 58.

[2]) Eine ausgezeichnete Abhandlung über die Arbeiten von Hertz, Auerbach u. a. s. Föppl, Drang und Zwang, München 1920, Oldenbourg; s. auch Irion, Neuere Prüfmaschinen. Zeitschr. d. Ver. deutsch. Ing. 1921, S. 315 ff.

[3]) Siehe Meyer, Untersuchungen über Härteprüfung und Härte. Zeitschr. des Ver. deutsch. Ing. 1908, S. 645.

An Stelle der Messung des Durchmessers des Eindruckes kann man auch die Vertiefung messen und aus dieser die Oberfläche des Eindruckes berechnen. Im letzten Falle ist aber die Wulst zu beachten, die sich beim Eindrücken der Kugel bildet. Die Höhe der Wulst muß von der gemessenen Tiefe abgezogen werden, um die wirkliche Eindringungstiefe zu erhalten.

Wird die Wulsthöhe mitgemessen und die vorgenannte Korrektur nicht vorgenommen, so erhält man Härtezahlen, die bei Flußeisen der verschiedenen Härtegrade um 22—27 % zu groß sind[1]).

Vom Härteprüfer nach Martens-Heyn (s. S. 205) wird die Eindrucktiefe der Kugel unmittelbar angezeigt, was die Messung ungemein vereinfacht, und die Prüfungsmethode besonders wertvoll macht[2]).

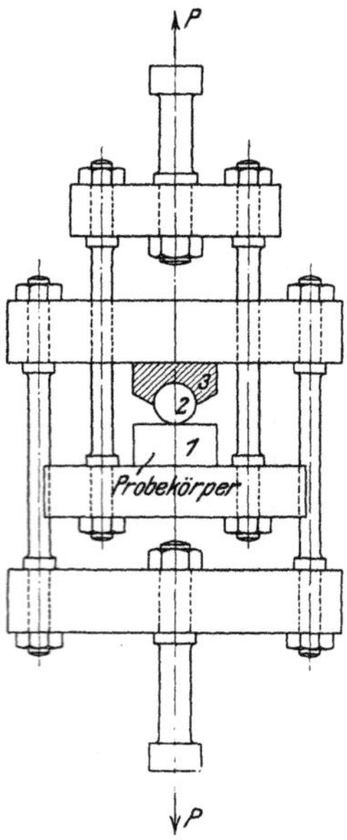

Abb. 181.

Martens und Heyn haben nämlich vorgeschlagen, die Kugel nicht unter gleichbleibender, sondern mit steigender Belastung einzudrücken und dabei so zu verfahren, daß diejenige Kraft $P_{0,05}$ festgestellt wird, die nötig ist, um eine Kugel von 5 mm Durchmesser 0,05 mm tief in das Probestück einzudrücken. Die Kraft $P_{0,05}$ gilt alsdann als Härtezahl. (Der dieser Eindrucktiefe entsprechende Durchmesser des Kugeleindruckes ist etwa 1 mm.) Diese Methode hat den Vorteil, daß der Stoff in dem ursprünglichen Zustande geprüft wird und nicht in einem künstlich durch Kaltbearbeitung erzeugten, wie es der bei Wahl einer größeren Eindrucktiefe ist.

Während nach Hertz bzw. Auerbach die Belastung nicht so hoch getrieben werden darf, daß bleibende Formänderungen eintreten, berücksichtigt dies die Methode von Brinell nicht. Hertz bzw. Auerbach will, daß bei den Versuchen die Elastizitätsgrenze nicht überschritten wird. Berücksichtigt man aber, daß bei Metallen und überhaupt formbaren Körpern schon der geringste Druck eine bleibende Vertiefung in dem zu untersuchenden Material hervorbringt, so ist klar, daß die Hertzschen Methoden für alle Metalle nicht anwendbar sind und man sich mit Methoden begnügen muß, auf welche die Elastizitätstheorie keine Anwendung finden kann, die aber durch Vergleichsbestimmungen mit genügender Annäherung ein Maß für die Härte der verschiedenen Materialien liefern.

Die Ausführung der Härteprüfung nach Brinell kann mit jeder Materialprüfungsmaschine erfolgen, die mit einer Vorrichtung für Druckversuche versehen ist. Ist eine solche Vorrichtung, wie es bei Zerreißmaschinen häufig der Fall ist, nicht vorhanden, so wird das von Brinell bereits benutzte Hilfsmittel gute Dienste leisten. Er brachte am oberen und unteren Einspannkopfe der Zerreißmaschine ein Gehänge an, dessen Konstruktion aus Abb. 181 ohne weiteres klar wird. Spezialmaschinen zur Härteprüfung

[1]) Siehe Stahl und Eisen 1911, S. 1106.
[2]) Siehe Forschungsheft Nr. 75.

nach Brinell sind auf S. 201 und im § 85 beschrieben; die letztere Maschine gestattet neben Feststellung der Kraft gleichzeitig die Bestimmung der Eindrückungstiefe.

Die Durchführung des Versuches geschieht in folgender Weise. Der zu prüfende Körper 1 (s. Abb. 181) wird auf der unteren Preßplatte der Prüfungsvorrichtung gelagert und durch die Kugel 2, welche in eine Haltevorrichtung 3 eingepaßt ist, auf örtlichen Druck beansprucht. Der Druck soll bei Eisen ¼ Minute und bei weniger harten Metallen ½ Minute wirken.

Bei manchen Metallen ist die Dauer der Beanspruchung von ¼ oder ½ Minute zu gering, da sich bei längerer Wirkung der Kugeleindruck noch vertieft. Es empfiehlt sich deshalb, bei längeren Versuchsreihen dieser Eigenschaft des Materials Rechnung zu tragen und erst festzustellen, nach wie langer Zeit keine weitere Vertiefung mehr stattfindet. Es muß aber dann jeweils die Zeit im Versuchsprotokoll vermerkt werden.

Auch die Geschwindigkeit, mit der die Kugel eingedrückt wird, ist nicht einflußlos auf das Ergebnis, da rasche Belastung, ähnlich wie eine Schlagbeanspruchung wirkt und eine zu hohe Härtezahl ergibt. Das Material vermag dann nicht rasch genug auszuweichen und die Vertiefung ist geringer als bei langsam steigender Belastung. Wenn auch die Unterschiede der Härtezahlen bei rascher und langsamer Belastung nicht sehr erheblich sind, so müssen sie doch bei genauen Versuchen berücksichtigt werden. Im allgemeinen wird eine Versuchsdauer von 1 Minute ausreichen. Bei normalen Laboratoriums- oder Werkstattsversuchen verfahre man so, daß man die Belastung während 1 Minute bis auf die vorgeschriebene Höhe steigert und dann während 1 Minute auf dieser hält. Zu beachten ist jedoch, daß beim Einstellen des Probekörpers, d. h. bei der ersten Berührung der Kugel mit dem Probekörper kein Stoß erfolgt, was leicht geschehen kann, wenn z. B. bei der Alpha-Presse (S. 201) die Berührung der Kugel mit dem Probestück durch Emporschrauben des Widerlagers mittels des Handrades der Schraubenspindel hergestellt wird.

Zur Erlangung vergleichbarer Ergebnisse muß sowohl die Kugel einen bestimmten Durchmesser als auch der zu prüfende Gegenstand stets gleiche Hauptabmessungen besitzen.

Versuche haben ergeben, daß Härtebestimmungen mit Kugeln verschiedener Durchmesser innerhalb der Versuchsfehlergrenzen gleich große Werte liefern, wenn die Belastungen proportional dem Quadrate der Kugeldurchmesser sind und wenn keine höhere Belastung als 20 d^2 kg in Frage kommt.

Für dünne Probenstücke empfiehlt der Verband für die Materialprüfungen der Technik die Verwendung kleinerer Kugeln nach Maßgabe der folgenden Zusammenstellung:

Dicke des Probestückes (in mm) . . .	> 6	$6-3$	< 3
Durchmesser d der Kugel (in mm) . .	10	5	2,5
Belastung P in kg:			
für Eisen und Stahl: $P = 30d^2$ . .	3000	750	187,5
für Kupfer, Messing, Bronze u. a.: $P = 10d^2$	1000	250	62,5
Belastungsdauer: 30 Sekunden.			

Für Stahl von $H \geqq 140$ sind 10 Sekunden ausreichend. Der Abstand der Eindruckmitte vom Rand der Probe soll so groß sein, daß der Rand nicht augenfällig ausgebogen wird, das trifft zu, wenn der Abstand nicht kleiner als der Kugeldurchmesser ist.

Brinell empfiehlt, als „Normalkugel" eine Kugel von 10 mm Durchmesser zu benutzen und den Probestücken 10 mm Dicke bei 35 mm Breite zu geben. Er stellte Versuche an, wobei sich ergab, daß Bleche von 35 mm Breite und 2,5 bzw. 5 mm und 10 mm Dicke nach seiner Methode gleiche Härte aufwiesen. Wurden dagegen Bleche mit 17 mm Breite verwendet, dann quoll das Material infolge des Kugeleindruckes seitlich aus dem Probestreifen heraus.

Da die Eindringungstiefe außer vom Durchmesser der Kugel in erster Linie von der Höhe der Kraft abhängt, die zum Eindrücken der Kugel benutzt wird, ist es erforderlich, für die Größe der anzuwendenden Kraft bestimmte Werte zugrunde zu legen. Brinell bemißt daher den Druck P derartig, daß der Eindringungswinkel (s. Abb. 182) niemals größer als 90° wird. Als Kräfte kommen in Betracht je nach der Art des Materials 5000, 3000, 500 und 200 kg, für Eisen wird in der Regel 3000 kg und für weniger harte Metalle 500 kg als Belastung gewählt. Die Messung des Durchmessers d des Kugeleindruckes erfolgt am besten mit einem Komparator (s. § 336) oder Okular-Schraubenmikrometer (s. § 333), wobei eine Genauigkeit bis auf $^1/_{100}$ mm genügt. Da im gewalzten oder geschmiedeten Material manchmal unrunde Eindrücke entstehen, sind diese in mehreren Richtungen auszumessen und aus den Ergebnissen ist ein Mittelwert zu bilden, welcher der Berechnung zugrunde zu legen ist. Die Härtezahl selbst kann der Tabelle S. 203 entnommen werden.

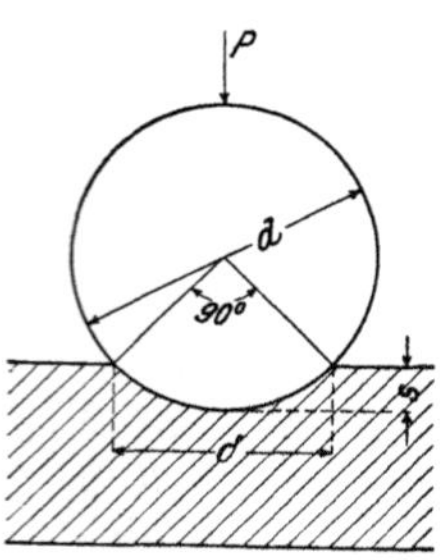

Abb. 182.

Die Messung der Kugeleindruckdurchmesser, insbesondere solcher von geringer Größe, läßt sich auch sehr bequem und zuverlässig mittels eines mikrophotographischen Apparates bewirken. Man stellt den Apparat unter Benutzung eines schwach vergrößernden optischen Systems (Mikroplanar) auf eine bestimmte Vergrößerung, z. B. 20fach, ein, und zwar durch Vergleichsmessung (s. § 145). Man kann dann hintereinander, ohne erneute jedesmalige Veränderung der Einstellung, die Ausmessung des auf die Mattscheibe projizierten Kugeleindruckes vornehmen. Am besten eignet sich ein mikrophotographischer Apparat nach Art des Le Chatelierschen (s. § 144), weil man bei diesem das mit dem Kugeleindruck versehene Probestück ohne besondere Ausrichtungsmaßnahmen nur auf den Objekttisch des Mikroskops zu legen braucht, wodurch jede weitere Ausrichtung gegenüber der optischen Achse des Mikroskops entfällt.

Die Berechnung der Härtezahlen erfolgt gemäß den Bezeichnungen in der Abb. 182 nach der Formel:

$$H = \frac{P}{\pi \cdot d \cdot \left(\frac{d}{2} - \sqrt{\frac{d^2}{4} - \frac{\delta^2}{4}}\right)}$$

wenn der Durchmesser δ der Kugelkalotte gemessen wird.

Wird dagegen die Eindrucktiefe s der Kugel festgestellt, so berechnet sich die Härte nach der Beziehung:

$$H = \frac{P}{\pi \cdot d \cdot s}$$

Da die normalen Stahlkugeln infolge ihrer polierten Oberfläche sehr glatte Eindruckflächen auf den Probestücken ergeben, was die Ausmessung unter dem Mikroskop erschwert, empfiehlt es sich, die Kugeln matt zu ätzen unter Benutzung eines der im § 135 genannten Ätzmittels für gehärteten Stahl.

Die Brinellsche Härtebestimmungsmethode hat bereits vielfach Anwendung gefunden, und es ist nachgewiesen, daß zwischen der Brinellschen Härtezahl und der Zerreißfestigkeit eine gewisse Abhängigkeit besteht, die es in manchen Fällen ermöglicht, daß man die Zerreißfestigkeit eines Werkstoffes aus der durch die Härteprüfung ermittelten Härtezahl zu berechnen vermag. Es braucht nur die Härtezahl mit einem für das jeweilige Material gültigen Koeffizienten multipliziert zu werden, um die Zerreißfestigkeit zu erhalten. Für Eisen und Stahl bewegt sich dieser Koeffizient von etwa 0,32—0,36. Der große Vorteil, den diese Methode der Berechnung der Zerreißfestigkeit bietet, beruht darin, daß man die Festigkeit an den Konstruktionsteilen selbst ohne Entnahme besonderer Versuchsstücke ermitteln kann. Das bedeutet einen besonderen Vorzug, wenn es sich um die Prüfung großer Konstruktionsteile, z. B. Schiffswellen, Walzen od. dgl., handelt, bei denen gleichzeitig die Gleichartigkeit des Werkstoffes an verschiedenen Stellen festgestellt werden muß[1]). Auch zur Zusammenstellung gleicher Radsätze von Eisenbahnfahrzeugen wird die Methode benutzt. Solche Radsätze müssen bekanntlich zur Erzielung gleicher Abnutzung (s. S. 230) gleiche Härte und Festigkeit besitzen. Man ermittelt daher an den Radbandagen diese Eigenschaften und stellt dann die gleichartigen Räder zu Sätzen zusammen.

Nach den von Brinell und Dillner ausgeführten Versuchen zur Ermittelung der Beziehung zwischen Zerreißfestigkeit und Härtezahl soll die Härtezahl der Zugfestigkeit proportional sein.

Dillner schlägt als Koeffizienten zur Errechnung der Zugfestigkeit von Stahl auf Grund seiner Versuche mit schwedischem Stahle folgende Werte vor:

Für Härtezahlen	Druckrichtung bei der Kugelprobe senkrecht zur Walzrichtung	Druckrichtung bei der Kugelprobe parallel zur Walzrichtung
unter 175	0,362	0,354
über 175	0,344	0,324

Die größten Abweichungen zwischen der aus der Härtezahl berechneten und der versuchsweise bestimmten Zugfestigkeit betrug bei diesen Versuchen

[1]) Näheres s. A. Kürth, Beziehung der Kugeldruckhärte zur Streckgrenze und zur Zerreißfestigkeit zäher Metalle. Forschungsarb. d. Ver. deutsch. Ing., Heft 66; ferner: Derselbe, Zeitschr. d. Ver. deutsch. Ing. 1908, S. 1608 u. 1560; ferner: Irion, Neuere Prüfmaschinen. Zeitschr. d. Ver. deutsch. Ing. 1921, S. 317.

im höchsten Falle 6%. Charpy[1]) bestätigt die Dillnerschen Versuchsergebnisse auf Grund eigener Versuche, bei denen er für französisches Stahlmaterial Koeffizienten von 0,351 bzw. 0,336 feststellte. Die Druckrichtung bei der Kugelprobe war dabei parallel zur Walzrichtung des Materials.

Ob solche Beziehungen zwischen Härtezahl und Zugfestigkeit allgemeine Gültigkeit haben, ist trotz zahlreicher auch von anderen Forschern[2]) ausgeführten Versuche noch nicht einwandfrei geklärt. Es erscheint auch überaus fraglich, ob eine solche Beziehung für alle Werkstoffe bestehen kann, da hier die Gefügeverhältnisse mitbestimmend sind. Das trifft insbesondere für alle sogenannten Metallegierungen zu, bei denen während der Erstarrung eine mehr oder weniger große Trennung der Legierungskomponenten erfolgt (s. § 116). Hinsichtlich der schmiedbaren Eisenlegierungen dürfte sich, wie die bereits vorliegenden Versuchsergebnisse lehren, eine Beziehung zwischen Härtezahl und Festigkeit aufstellen lassen, wenn die thermische und mechanische Vorbehandlung nicht unberücksichtigt bleibt[3]).

Abb. 183.

Versuche von Dillner und Breuil zur Untersuchung der von Brinell angedeuteten Abhängigkeit der Streckgrenze und Dehnung der Materialien von den Härtezahlen lieferten Ergebnisse, welche Abweichungen von 10 bis 20% zeigten. Sie haben somit nachgewiesen, daß beide Faktoren rechnerisch aus der Härtezahl nicht bestimmbar sind.

Hinsichtlich der Kerbzähigkeit erscheint durch Versuche von Grard[4]) der Nachweis geliefert worden zu sein, daß zwischen dieser und der Brinellschen Kugeldruckhärte keine Beziehung bestehen kann.

Bei allen Kugeldruckversuchen ist die Druckrichtung in bezug auf den Faserverlauf (Walzrichtung) des Metalles zu beachten. So zeigt sich z. B. bei gewalztem Flußeisen, entsprechend der verschieden großen Zerreißfestigkeit, daß die Kugeldruckhärte bei Wirkung der Kraft senkrecht zur Faserrichtung größer ist als bei Wirkung derselben parallel zur Faserrichtung[5]).

[1]) Versuche von Charpy s. Dinglers polytechnisches Journal 1903, Bd. 318, S. 188 u. a. 1902, Bd. 317, S. 419.

[2]) S. Anm. [1]) S. 199. Kürth.

[3]) Über die Härte des Stahls bei tiefen Temperaturen s. Stahl und Eisen 1909, S. 640.

[4]) Revue de Metallurgie 1911, März, S. 241—274, und Stahl und Eisen 1911, S. 1107. [5]) S. Tabelle auf S. 199.

Eine zweckmäßige Maschine zur Ausführung der Kugeldruckprobe, welche auch Brinell für seine Versuche benutzte, ist in Abb. 183 abgebildet[1]). Es ist eine hydraulische Presse, deren Gestell 1 einen Fuß 2 besitzt, in welchen eine Schraubenspindel 3 eingesetzt ist. Die Schraubenspindel trägt an ihrem oberen Ende eine in Kugelschale gelagerte Preßplatte 4, auf welche das zu prüfende Probestück 5 gelegt wird. Je nach der Größe des Probestückes wird die Preßplatte durch Verstellen der Schraubenspindel 3 mit dem Handrade 6 dem mit Kugel 7 versehenen Preßstempel 8 genähert. Der Preßstempel ist zur Abdichtung in den Zylinder der im Oberteil des Maschinengestelles angeordneten hydraulischen Presse 9 eingeschliffen (s. § 368). Das durch die Dichtungsflächen tretende Öl wird am unteren Ende des Zylinders gesammelt und durch die Rohrleitung 10 dem Sammelgefäß 11 zugeführt, aus dem es durch den Trichter 12 wieder in den Ölbehälter der hydraulischen Presse zurückgegossen werden kann. Der Preßdruck wird mit der Handpumpe 13 erzeugt und durch Manometer 16, dessen Teilung Kilogramme angibt, gemessen. Zur Vermeidung von Fehlern bei unrichtiger Anzeige des Manometers ist die Presse mit einer Vorrichtung versehen, die das Einstellen eines ganz bestimmten Druckes ohne Benutzung des Manometers gestattet. Die Vorrichtung, ein Druckregler, entspricht in ihrer Anordnung einem Gewichtsakkumulator, dessen Druckraum mit dem Zylinder der hydraulischen Presse 9 in Verbindung steht. Die Flüssigkeitspressung im Akkumulator kann durch Auflegen entsprechend bezeichneter Gewichtsstücke 15 geregelt und damit auf 500, 1000, 1500, 2000, 2500 und 3000 kg Preßstempeldruck eingestellt werden. Es ist nur darauf zu achten, daß sich während des Versuches der Druckregler in Schwebe befindet.

Zur Benutzung der Presse mit einer kleineren Druckkugel, z. B. von 1 mm Durchmesser, die man gern anwendet, wenn es sich um die Ermittelung der Gleichartigkeit des Werkstoffes an verschiedenen Stellen eines Werkstückes oder von kleinen Werkstücken, insbesondere von gehärteten handelt, sind die genannten Belastungen zu hoch, und auch das Belastungsgewicht des Akkumulators der Presse ist zu groß. Es empfiehlt sich deshalb, in solchem Falle eine andere leichtere Traverse mit kleineren Gewichten einzubauen. Die kleine Kugel eignet sich auch sehr für die Untersuchung der Härte einzelner Zähne an Zahnrädern. Bei Verwendung einer derartig kleinen Kugel muß jedoch die zu prüfende Fläche sehr gut eben bearbeitet werden, da sonst der Eindruck falsch gemessen wird.

Die Ausführung eines Versuches geschieht in folgender Weise. Das eben bearbeitete Probestück wird auf die Preßplatte gelegt und diese so hoch geschraubt, daß sich die Kugel und das Probestück berühren. Hierauf wird durch Schließen des Ventils 14 die Verbindung zwischen dem Preßzylinder und seinem Ölbehälter unterbrochen und die Handpumpe 13 so lange betätigt, bis der Druckregler schwebt und das Manometer den gewünschten Druck anzeigt. Nach etwa $\frac{1}{4}$—$\frac{1}{2}$ Minute Druckwirkung ist die Deformation des Probestückes beendigt und die Entlastung kann vorgenommen werden. Durch Öffnen des Ventils 14 fließt das Öl aus dem Preßzylinder in

[1]) Konstruktion und Ausführung der Aktiebolaget Alpha, Stockholm, die auch noch ein kleineres Modell baut. Über eine Abänderung der Maschine s. Stahl und Eisen 1909, S. 2025.

den Behälter zurück und die im Inneren des Zylinders befindliche Schraubenfeder hebt den Preßstempel mit der Kugel wieder vom Preßstück ab.

Zur Veranschaulichung der Unterschiede der Härtezahlen verschiedener Werkstoffe ist die Abb. 184[1]) geeignet. Sie zeigt die Härtezahlen, festgestellt nach dem Brinellschen Verfahren, mittels der 10-mm-Kugel unter Belastungen von 500 und 3000 kg.

Zur Prüfung gehärteter oder insbesondere von einsatzgehärteten Stählen ist die Brinellsche Probe nicht geeignet, da sie nur Mittelwerte der Härte

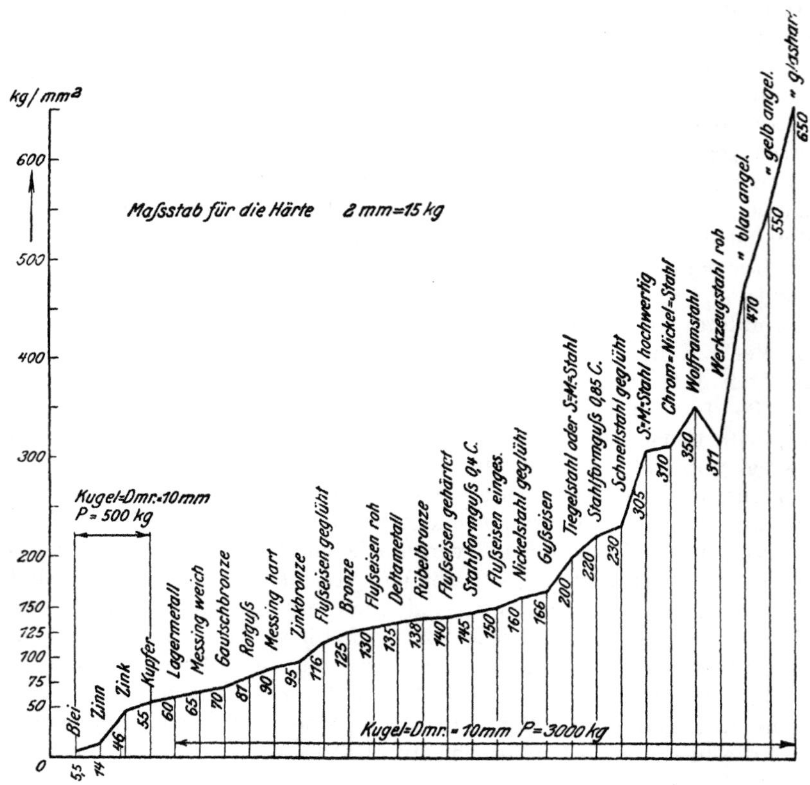

Abb. 184.

der verschieden harten Materialzonen von der Oberfläche des Körpers aus nach dem Inneren desselben hin liefern kann. Für solche Stoffe können nur die Ritzverfahren (s. S. 212) verwendet werden oder, wenn es sich lediglich um die Feststellung der Gleichartigkeit eines Körpers an verschiedenen Stellen handelt, kann man auch das Skleroskop (s. § 215) benutzen.

Da bei sehr tiefen Kugeleindrücken eine Verfestigung des Materials durch Kaltbearbeitung an der Druckstelle eintritt, wird das Ergebnis gefälscht Es darf daher der Kugeleindruck das auf S. 198 angegebene Maß nicht überschreiten. Um diesen Fehler so gut wie ganz auszuschalten, wird bei dem Härte

[1]) Zeitschr. d. Ver. deutsch. Ing. 1921, S. 317.

Tabelle der Härtezahlen

für bestimmte Durchmesser des Eindruckes einer Kugel mit 10 mm Durchmesser bei 3000 und 500 kg Probedruck.

Durchmesser des Kugel-eindruckes mm	Härtezahl bei Probedruck von kg 3000	500	Durchmesser des Kugel-eindruckes mm	Härtezahl bei Probedruck von kg 3000	500
2,00	946	158	4,50	179	29,7
2,05	898	150	4,55	174	29,1
2,10	857	143	4,60	170	28,4
2,15	817	136	4,65	166	27,8
2,20	782	130	4,70	163	27,2
2,25	744	124	4,75	159	26,5
2,30	713	119	4,80	156	25,9
2,35	683	114	4,85	153	25,4
2,40	652	109	4,90	149	24,9
2,45	627	105	4,95	146	24,4
2,50	600	100	5,00	143	23,8
2,55	578	96	5,05	140	23,3
2,60	555	93	5,10	137	22,8
2,65	532	89	5,15	134	22,3
2,70	512	86	5,20	131	21,8
2,75	495	83	5,25	128	21,5
2,80	477	80	5,30	126	21,0
2,85	460	77	5,35	124	20,6
2,90	444	74	5,40	121	20,1
2,95	430	73	5,45	118	19,7
3,00	418	70	5,50	116	19,3
3,05	402	67	5,55	114	19,0
3,10	387	65	5,60	112	18,6
3,15	375	63	5,65	109	18,2
3,20	364	61	5,70	107	17,8
3,25	351	59	5,75	105	17,5
3,30	340	57	5,80	103	17,2
3,35	332	55	5,85	101	16,9
3,40	321	54	5,90	99	16,6
3,45	311	52	5,95	97	16,2
3,50	302	50	6,00	95	15,9
3,55	293	49	6,05	94	15,6
3,60	286	48	6,10	92	15,3
3,65	277	46	6,15	90	15,1
3,70	269	45	6,20	89	14,8
3,75	262	44	6,25	87	14,5
3,80	255	43	6,30	86	14,3
3,85	248	41	6,35	84	14,0
3,90	241	40	6,40	82	13,8
3,95	235	39	6,45	81	13,5
4,00	228	38	6,50	80	13,3
4,05	223	37	6,55	79	13,1
4,10	217	36	6,60	77	12,8
4,15	212	35	6,65	76	12,6
4,20	207	34,5	6,70	74	12,4
4,25	202	33,6	6,75	73	12,2
4,30	196	32,6	6,80	71,5	11,9
4,35	192	32	6,85	70	11,7
4,40	187	31,2	6,90	69	11,5
4,45	183	30,4	6,95	68	11,3

bestimmungsverfahren von Martens-Heyn (s. § 85) ein Eindruck von bestimmter Tiefe (meist 0,05 mm) erzeugt und als Härtemaß der Druck benutzt, der den Eindruck hervorrief.

Wie eben gesagt wurde, verursacht eine Kaltbearbeitung[1]) abweichende Ergebnisse bei der Härteprüfung und deshalb ist vor Ausführung von Härteprüfungen zu überlegen, ob das Material in dem Zustande vorliegt, in dem man es zu prüfen beabsichtigt. Es ist deshalb unrichtig, die Härte an Probekörpern festzustellen, die man vorher zu anderen Versuchen, z. B. Druckversuchen oder Ausglüh- oder Härteversuchen verwendete, während man die Härte im ursprünglichen Zustande kennenzulernen wünscht.

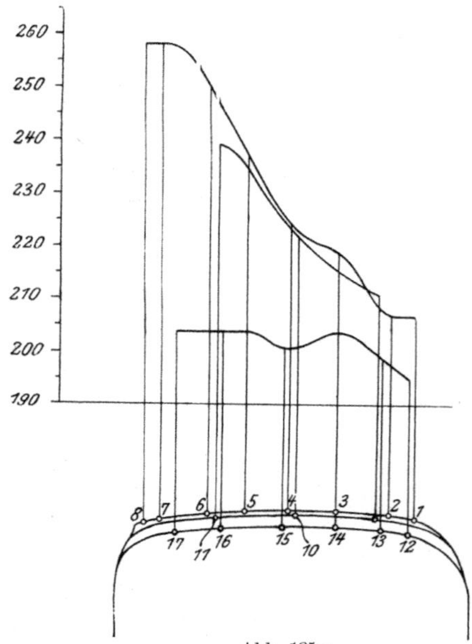

Abb. 185 a.

Bei sich widersprechenden Ergebnissen ist deshalb das Material mikroskopisch auf seine Beschaffenheit zu untersuchen, um seinen Zustand festzustellen.

Kaltbearbeitung beeinflußt die Härte sehr erheblich, wie Kugeldruckversuche zu bestätigen vermögen, die Verfasser an Eisenbahnschienenköpfen ausführte, um den Grad der Kaltbearbeitung derselben durch das Hämmern der Eisenbahnwagenräder festzustellen. Aus der

Abb. 185 b.

Abb. 185a sind die Ergebnisse dieser Versuche ersichtlich. Die Ordinaten über den Punkten 1 bis 17 stellen die Härtezahlen an diesen Punkten dar.

Die mikroskopische Untersuchung des Schienenkopfes hatte die aus der Abb. 185b ersichtliche Struktur geliefert und gezeigt, daß vom Punkte 1 nach dem Punkte 8 hin eine allmählich zunehmende Verdichtung des Materials stattgefunden hatte, daß aber in einer Tiefe von etwa 3 mm von der Schienenlauffläche aus gemessen keine Beeinflussung des Schienenstoffes mehr erkennbar war.

---

[1]) Über die Abhängigkeit der Kugeldruckhärte von der mechanischen Vorbehandlung des Materials (kaltgezogenes und angelassenes Flußeisen) s. Bauer, Mitteil. d. k. Materialprüfungsamtes Großlichterfelde 1915, S. 395.

Die Nachprüfung mittels der Kugeldruckprobe wies nach, daß die Brinellhärte vom Punkte 1 an nach dem Punkte 8 hin größer wurde und nach Abhobeln einer 3 mm dicken Schicht vom Schienenkopf an den Stellen 12 bis 17 keine wesentlichen Verschiedenheiten mehr besaß.

Es beweist dieses Ergebnis aber auch, daß die Kugeldruckhärte mit zunehmender Kaltbearbeitung größer wird und damit in Abhängigkeit steht von dem Grade der Verdichtung des beanspruchten Stoffes.

§ 85. Der Härteprüfer, Bauart Martens.

Der in der Abb. 186 dargestellte Härteprüfer besitzt den im Fuße *e—d* untergebrachten Krafterzeuger, der durch eine Meßdose gebildet ist, deren Kraftäußerung am Manometer *g* abgelesen werden kann. Die Anzeige desselben entspricht der Kraft, mit der das auf der Auflagerplatte *l* liegende zu prüfende Objekt gegen die im Halter *i* angebrachte Stahlkugel gepreßt wird. Der Wasserzutritt zum Druckerzeuger und sein Austritt werden geregelt durch die Regulierventile *h* und h_1. Zur Messung der Eindrucktiefe der Kugel dient eine im oberen Querhaupt des Apparates angeordnete Meßvorrichtung, die mit einem Glaskapillarrohr *r* in Verbindung steht, in das um so mehr Quecksilber aus der Meßvorrichtung gedrückt wird, je tiefer die Stahlkugel in das zu prüfende Objekt eindringt. Die Steighöhe des Quecksilbers bildet ein Maß für die Eindringungstiefe, die an der Spiegelskala *t* abgelesen werden kann.

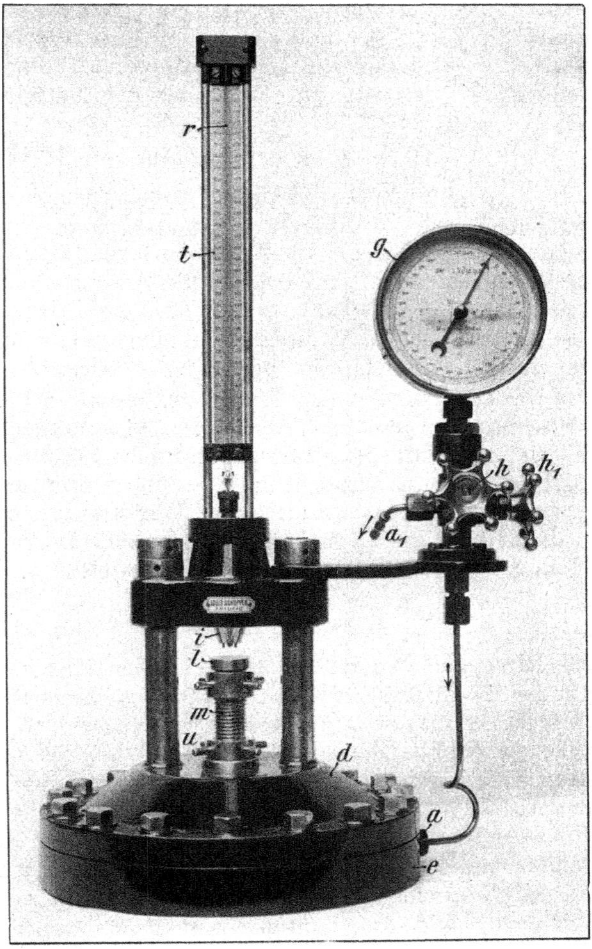

Abb. 186.

Es ist ohne weiteres klar, daß bei Steigerung der Druckkraft auf die Kugel nicht nur die bleibende Eindrückung gemessen wird, sondern gleichzeitig mit dieser die elastische Eindrückung und dazu die elastische Zusammendrückung der Kugel und der beteiligten Apparatteile. Es ist daher notwendig, diese Anteile der Anzeige des Tiefenmessers auszuschalten. Das geschieht dadurch, daß man die Eindringungstiefe unter der Höchstbelastung abliest, dann den Apparat entlastet und bei der Belastung Null nochmals eine Ablesung am Tiefenmaß vornimmt. Die Differenz beider Ablesungen ist die wirkliche bleibende Eindringungstiefe der Kugel, die der Berechnung zugrunde gelegt werden muß, wenn man die Brinellsche Härtezahl errechnen will. Nach Martens sieht man aber von dieser Berechnung ab und betrachtet als Härtemaß den Druck, der aufgewendet werden muß, um eine Stahlkugel von 5 mm Durchmesser 0,05 mm tief in die Oberfläche des zu prüfenden Stoffes bzw. Körpers einzudrücken.

Diese geringe Eindringungstiefe hat den Vorteil der schnellen Durchführbarkeit der Versuche an Stoffen mit großer Deformationsnachwirkung. Während die Kugel in der Brinell-Presse häufig erst nach langer Zeit zur Ruhe gelangt, ist das Eindringen im Martens-Prüfer ziemlich rasch beendet. Näheres s. Martens-Heyn, Handbuch der Materialienkunde.

§ 86. Das Verfahren von Stribeck.

Das Stribecksche Verfahren ähnelt demjenigen von Brinell und unterscheidet sich von diesem dadurch, daß es die Anschmiegung des zu prüfenden Körpers an die als Werkzeug dienende Stahlkugel berücksichtigt. Nach Versuchen von Stribeck ist die Anschmiegung einflußlos, wenn die Kugelbelastung $P \leq 2000\, d^2$ kg ist. d bedeutet dabei den Kugeldurchmesser in Zentimeter. Bei Wahl dieser Belastung ist es ohne Belang, ob die Oberfläche des zu prüfenden Körpers konkav oder konvex gekrümmt ist; die Härtezahlen sind immer vergleichbar, auch wenn sie mit Kugeln verschiedenen Durchmessers gewonnen wurden. Bei grundlegenden Versuchen verdient nach Stribeck die Härteprüfung durch Gegeneinanderdrücken gleicher Kugeln, die aus demselben Material und unter den gleichen Umständen hergestellt wurden, allen anderen Verfahren vorgezogen zu werden.

Als Maß für die Härte gilt die spezifische Pressung, welche sich bei der Belastung $P = 2000\, d^2$ ergibt (s. a. § 39 S. 110).

§ 87. Die Härte von Stahlkugeln.

Naturgemäß wird bei der Brinellschen Kugeldruckprobe das Ergebnis durch die Beschaffenheit und insbesondere durch die Härte der benutzten Kugeln beeinflußt, wenn Materialien geprüft werden, deren Härte nur wenig von der der Stahlkugeln abweicht. Deshalb ist es notwendig, die Härte der Kugeln selbst festzustellen und diese den zu prüfenden Materialien anzupassen. Durch Versuche ist nachgewiesen, daß die Härte der Kugeln einflußlos ist (normale Kugelhärte vorausgesetzt!), solange die Härtezahl H des zu prüfenden Materials eine bestimmte Größe, und zwar $H = 450$ nicht überschreitet. Für solche Versuche bedarf es daher keiner besonderen Auswahl der Kugeln, und Härteunterschiede derselben können unberücksichtigt bleiben. Bei der Prüfung härterer Werkstoffe (Kugellagerringe, gehärtete

Werkzeuge u. dgl.) ist dagegen zu beachten, daß die Härtezahl H mit abnehmender Kugelhärte zu niedrig festgestellt wird, da in diesen Fällen eine Abplattung der Kugel eintritt. Es sind deshalb für solche Prüfungen besonders harte Kugeln zu verwenden, trotzdem auch Ergebnisse von mit weniger harten Kugeln durchgeführten Versuchen unter sich Vergleichbarkeit besitzen, wenn die Kugeln an sich gleiche Härte aufweisen.

Ähnlich wie bei der im § 39 beschriebenen Druckfestigkeitsprüfung von Kugeln werden zur Bestimmung der Härte zwei Kugeln gleicher Härte mit der Kraft $P = 5d^2$ kg (d in Millimetern gemessen) gegeneinandergedrückt und die mittlere spezifische Pressung in der Berührungsfläche vom Durchmesser δ festgestellt. Hiernach ist:

$$H_{\text{Kugel}} = \frac{P}{\frac{\delta^2 \cdot \pi}{4}}$$

Bei guten Kugeln normaler Beschaffenheit soll die Härtezahl mindestens 630 betragen. Kugeln mit einer größeren Härtezahl als 670 kommen nur ausnahmsweise vor.

§ 88. Das Verfahren von Ludwik.

Das Verfahren von Ludwik[1]) ist dem Kerpelyschen unter Benutzung der Brinellschen Forschungsergebnisse nachgebildet. Ludwik benutzt ebenso wie Kerpely, zur Härteprüfung einen gehärteten Stahlstempel mit kegelförmiger Spitze (Abb. 187), die beim Versuche mit meßbarer Kraft in vertikaler Richtung gegen das Probestück gepreßt wird. Er gibt dem Kegel einen Spitzenwinkel von 90° und mißt außer dem Anpressungsdrucke die Eindringungstiefe der Spitze.

Bedeutet P den Anpressungsdruck in Kilogramm, d den Durchmesser des Hohlkegelschnittes in der Oberflächenebene des Probestückes, gemessen in Millimeter, t die zum Durchmesser d gehörige Eindringungstiefe der Spitze in Millimeter, dann ist die Ludwiksche Härtezahl, die sogenannte „Kegeldruckhärte",

$$\text{Kegeldruckhärte} = \frac{P}{\frac{d^2 \pi}{4} \cdot \sqrt{2}} \cdot$$

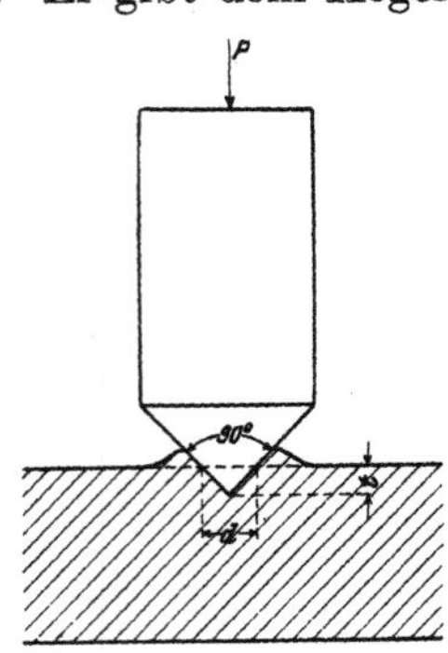

Abb. 187.

Ihre Definition lautet somit:

Die Kegeldruckhärte eines Materials wird dargestellt durch die Kraft in Kilogramm/Quadratmillimeter, welche erforderlich ist, um einen rechtwinkeligen Kreiskegel normal in dasselbe bis zu beliebiger Tiefe einzudrücken.

Da die Messung der Eindringungstiefe einfacher ist als die Durchmesserbestimmung des Kegelschnittes und beide Faktoren in proportionaler Ab-

---

[1]) Ludwik, Über Härtebestimmung usw. Baumaterialienkunde 1907, Heft 8, 9, 10; ferner Meyer, Untersuchungen über Härteprüfung und Härte, Zeitschr. d. Ver. deutsch. Ing. 1908, S. 645.

hängigkeit voneinander stehen, braucht man nicht den Durchmesser des Eindruckes zu bestimmen, sondern die Eindringungstiefe der Spitze in mm. Diese Methode besitzt den Vorzug, daß die Eindringungstiefe während des Versuches dauernd und somit ohne Entlastung des Stempels jederzeit abgelesen und die Kegeldruckhärte berechnet werden kann.

Die beanspruchte Druckfläche ist:

$$f = \frac{d^2 \pi}{4} \cdot \sqrt{2} = 1{,}11\, d^2 = 4{,}44\, t^2,$$

so daß die Kegeldruckhärte auch $= \dfrac{P}{4{,}44\, t^2}$ ist.

2. Die Einhiebverfahren.

§ 89. Verschiedene Einhiebverfahren.

Beim Verfahren von Uchatius wird ein Meißel ähnlicher Form (s. Abb. 177, S. 194) wie bei der Methode von Middelberg benutzt. Er unterscheidet sich von dem jener Methode nur dadurch, daß die Schneide nicht scharf, sondern abgerundet ist. Die Beanspruchung des Probekörpers geschieht in der Weise, daß der Meißel durch ein aus 0,25 m Höhe herabfallendes Gewicht von 2 kg gegen das Probestück gestoßen wird. Als Härtemaß ist die Länge des Kerbes zu betrachten, der durch den Meißel erzeugt wird.

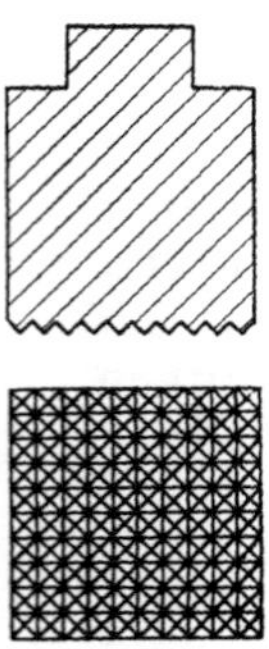

Abb. 188.

Das Verfahren von Spangenberg stimmt mit dem Middelbergschen insofern mehr überein, als bei ihm ebenfalls ein scharfer Meißel durch ein fallendes Gewicht gegen das Probestück gedrückt wird. Als Härtemaß gilt auch hier die Länge des eingestoßenen Kerbes.

Keep benutzte einen gehärteten Stahlstempel nach Abb. 188, der an der Druckfläche 100 kleine Pyramiden trug. Mit einer geringen Anzahl Pyramidenspitzen beginnend, wurde die Zahl der Spitzen unter Ausübung eines Schlagmomentes von 288 cm kg auf den Stempel allmählich soweit vergrößert, bis die Pyramiden auf dem Probestücke gerade noch sichtbare Eindrücke hervorbrachten. Als Härtemaß wurde die Anzahl der zuletzt in Anwendung gewesenen Pyramidenspitzen benutzt.

Beim Verfahren von Muschenbroeck wird ein kleiner Stab aus dem zu untersuchenden Material mit einem Meißel durch so viele Schläge gleicher Schlagleistung beansprucht, bis eine Trennung des Stabes in zwei Teile erzielt ist. Als Härtemaß ist dabei die Schlagarbeit bzw. die Anzahl Schläge zu betrachten, welche die Trennung bewirkte.

§ 90. Die Schlaghärteprobe.

Die Ausführung der Härteprüfung nach Brinell erfordert zur Erzeugung des Anpreßdruckes für die Kugel Maschinen, deren Abmessungen und Gewichte nicht unbedeutende sind und die nur Probestücke begrenzter Abmessungen zu prüfen gestatten. Es bestand daher immer das Bestreben, die auf statischen

Anpressungsdruck angewiesene Brinell-Probe auf Grund der bei anderen Versuchsverfahren gewonnenen Erfahrungen durch solche mit dynamischer Beanspruchung zu ersetzen[1]), und zwar durch Proben, bei denen mit leichteren und einfacheren Hilfsmitteln, als es die Brinell-Pressen sind, operiert werden kann. Ein Produkt dieser Bestrebungen ist der einfache, in der Abb. 189 abgebildete

Schlaghärteprüfer der Poldihütte in Wien[2]).

In einer Hülse *a* ist ein Kopfstück *b* eingeschraubt. Das Kopfstück *b* endigt in zwei federnde Arme *c*, die zwischen sich eine Öffnung *d* frei lassen. Diese Öffnung dient zur Aufnahme eines Vergleichsstückes *e*. Dieses Vergleichsstück ist ein prismatischer Stab von durchaus gleicher Härte. Zur leichteren Einführung in die Öffnung des Kopfstückes ist der Stab an den Enden abgeschrägt. Zwischen den Enden der Arme *c* ist eine gehärtete Stahlkugel *f* derart gelagert, daß sie sich leicht drehen kann. In der Hülse *a* ist ein Schlagbolzen *g* geführt, der einen Ringansatz *h* besitzt. Eine Schraubenfeder *i* wirkt gegen diesen Ansatz und drückt den Schlagbolzen *g* gegen den in die Öffnung *d* eingeführten Vergleichsstab *e*. Die Bewegung wird bei herausgezogenem Stabe *e* durch Anschlag des Ringansatzes *h* an das Kopfstück *b* begrenzt.

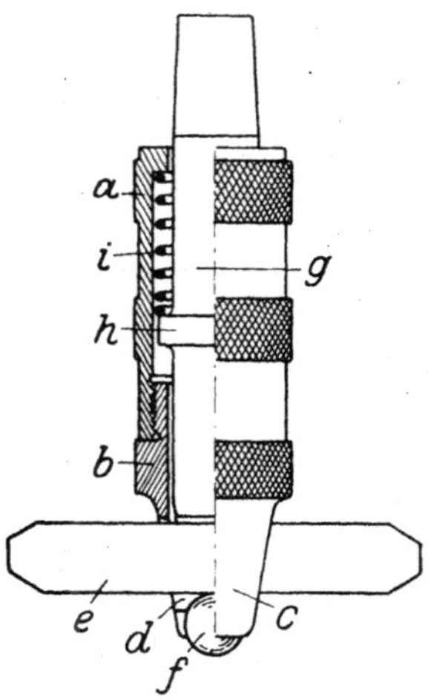

Abb. 189.

Bei Prüfung der Härte wird der Härteprüfer mit eingeschobenem Stabe auf den zu prüfenden Werkstoff aufgesetzt. Durch einen Schlag mit einem Hammer auf das obere Ende des Schlagbolzens *g* wird die Stahlkugel *f* sowohl in den Prüfstoff als auch in den Vergleichsstab *e* eingedrückt. Die Größe des Eindruckes am Vergleichsstab und am Prüfstoff wird gemessen und aus den beiden Eindrücken in bekannter Weise die Härte bestimmt. Der Stab *e* kann auf allen vier Seiten zur Aufnahme der Kugeleindrücke verwendet werden, so daß eine größere Zahl von Messungen vorgenommen werden kann, ehe der Stab durch einen neuen ersetzt werden muß. Auch die gehärtete Stahlkugel hält eine Reihe von Messungen aus. Nur bei Prüfung sehr harter Werkstoffe wird die Kugel öfters ausgewechselt werden müssen. Das erfolgt in einfacher Weise dadurch, daß der Härteprüfer mit der Kugel gegen eine harte Unterlage geschlagen wird. Hierbei geben die federnden Arme *c* des Kopfstückes *b* nach und die Kugel springt heraus. Eine neue Kugel wird in der Weise eingefügt, daß sie in die Mulde der federnden Arme *c* eingelegt und dann mit Hilfe der abgeschrägten Flächen des Vergleichsstabes von oben nach unten zwischen die Arme gedrückt wird.

---

[1]) Ludwik, Ein neues Verfahren zur Härtebestimmung von Materialien, Berlin 1908; ferner Zeitschr. d. österr. Ing.- u. Architekten-Ver. 1907, Heft 46.

[2]) D. R. P. Nr. 304732.

Ein anderer, auf dem gleichen Grundsatz beruhender Schlaghärteprüfer, bei dem aber ein Vergleichsmetallstück nicht dauernd, sondern nur zeitweise zur Eichung des Apparates Verwendung findet, ist der

Schlaghärteprüfer, Bauart Graven, der Fritz Werner A.-G.[1]).

Derselbe (Abb. 190) besteht aus einer Hülse *A*, in welcher ein Kolben *B* gleitet. Der Verschluß der Hülse am oberen Ende erfolgt durch die Kapsel *C*. Zwischen beiden Teilen liegt die Spiralfeder *D*, die den Kolben stets nach unten drückt. Das untere Ende der Hülse ist durch den Hohlzylinder *E* und die Mutter *F* verschlossen. In dem Zylinder gleitet der Schlagbolzen *G*, der mit dem Kolben *B* lösbar gekuppelt ist und durch den luftdicht schließenden Ring *H* geführt wird. Sein vorderes Ende trägt die Kugel I, die durch eine Überwurfmutter gehalten wird. Wird nun der Hammer mit der Kugel gegen das zu prüfende Material gedrückt, so schiebt sich der Schlagbolzen *G* und der mit ihm gekuppelte Kolben *B* in die Hülse *A* hinein. Dabei wird die Spiralfeder *D* gespannt. Im Laufe der Bewegung stößt der Kolben *B* gegen die Schräge *K*; hierbei wird die Kuppelung *L* zwischen Kolben und Schlagbolzen ausgelöst, der Kolben schnellt vor und

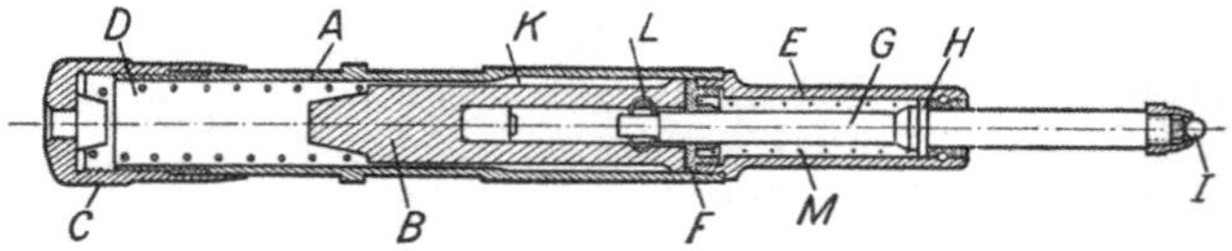

Abb. 190.

treibt den Schlagbolzen mit der Kugel in das Material hinein. Wird der Hammer abgehoben, so bringt die im Hohlzylinder *E* liegende Spiralfeder *M* den Schlagbolzen wieder in seine Anfangslage zurück. Eine Beschädigung des Kugeleindruckes kann dabei nicht stattfinden, da der Bolzen unter der Wirkung des vor dem Dichtungsring *H* eingeschlossenen Luftkissens nur langsam zurückgehen kann. Der Hammer leistet also bei jeder Auslösung eine bestimmte, stets gleichbleibende Schlagarbeit, die in genau derselben Weise wie der statische Druck der Brinell-Presse zur Ermittelung der Festigkeit benutzt werden kann. Ändert sich die Spannung der Feder im Laufe der Zeit, so kann sie durch Drehen der Kapsel *C* wieder richtiggestellt werden. Die Einstellung erfolgt durch Vergleich mit dem Kugeleindruck eines mitgelieferten Probestückes. Stimmt der erhaltene Eindruck mit dem Normaleindruck überein, so ist der Hammer in Ordnung; wenn es nicht der Fall ist, muß die Federspannung entsprechend geregelt werden.

Zur Erlangung einwandfreier Ergebnisse muß dafür gesorgt werden, daß die vom Hammer geleistete Schlagarbeit auch wirklich restlos zur Erzeugung des Kugeleindruckes benutzt wird. Ist das Stück federnd gelagert, so geht ein Teil der Schlagarbeit verloren, und das Ergebnis ist dann natürlich falsch. Die Lagerungsart ist bedeutungslos, wenn das Probestück ein Gewicht

---

[1]) Siehe Willi Mitan, Ein neuer Materialprüfungsapparat. Der Betrieb 1921, S. 845; ferner von Schwarz, Zeitschr. für Metallkunde, September 1921.

von etwa 50 kg besitzt; ist es leichter, so muß es auf eine feste Unterlage gelegt werden. Unregelmäßig geformte Stücke werden am besten auf Erde oder Sand gelegt und in diesen eingerieben, bis sie sich der Unterlage angeschmiegt haben.

Eine Vervollkommnung des vorbeschriebenen Apparates bedeutet der

Schlaghärteprüfer von Wilk[1])

(Abb. 191), da er immer gleich große Schlagstärke erwarten läßt und unmittelbar die Kugeleindrucktiefe anzeigt.

Bei ihm wird eine Kugel von 2,375 mm Durchmesser durch die plötzliche Entspannung einer Feder in die Stahlprobe eingetrieben, und zwar mit einer Auftreffkraft von 19,5 kg und einem Entfederungsweg von 7,8 mm.

Die ausgeübte Schlagarbeit beträgt 224 mmkg.

Während bei der Brinellschen Probe (s. S. 195) die Härte gleich dem Quotienten aus der statischen Druckkraft P und der Kalottenoberfläche O des Kugeleindruckes, also $H_{BO} = \frac{P}{O}$ ist, will Wilk die von seinem Apparat ausgeübte Schlagarbeit A_W auf das durch die Kugel verdrängte Volumen V_t beziehen, so daß die Schlaghärte $H_{WV} = \frac{A_W}{V_t}$ ist.

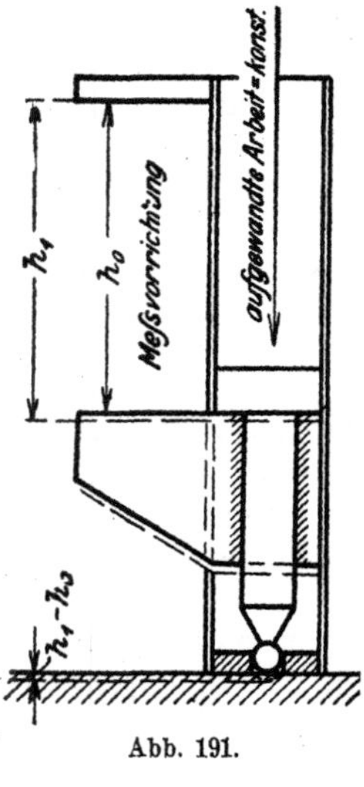

Abb. 191.

Eingehende, von Müller[1]) mit dem Wilkschen Apparat ausgeführte Versuche haben aber gezeigt, daß die unter verschiedenartigen Verhältnissen gewonnenen dynamischen Härtezahlen gesetzmäßig verlaufen, wenn die Schlag-Härtezahlen wie bei der Brinellschen Probe auf die Oberfläche O der Kugelkalotte bezogen werden, so daß $H_{WO} = \frac{A_W}{O}$ ist.

Bei dieser Art der Berechnung ergibt sich überdies eine ausgezeichnete Vergleichbarkeit und Übereinstimmung mit der statischen Brinell-Härte.

Müller fand bei einer großen Zahl von Versuchen mit verschiedenartigen Stählen, daß der zur Erzeugung einer bestimmten Eindrucktiefe notwendige statische Druck = 3,55 × der Schlaghärte ist, bezogen auf die Kalottenoberfläche, oder daß die Schlaghärte, bezogen auf die Kalottenoberfläche, = 0,28 × der zur Erzeugung der gleichen Eindrucktiefe erforderlichen ruhenden Belastung ist.

Diese Feststellung ist überaus wertvoll insofern, als sie beweist, daß die eine Härtebestimmungsmethode je nach Bedarf durch die andere ersetzt werden kann und daß es möglich ist, aus den Ergebnissen sowohl die Brinell-Härte als auch die Schlaghärtezahl zu errechnen.

---

[1]) Müller, Schlagbiegefestigkeit und Schlaghärte legierter Konstruktionsstähle. Forschungsarbeiten, Heft 247. Jahrg. 1922.

II. Die Ritzverfahren.

§ 91. Das Verfahren von Mohs.

Dieses ist das älteste in Anwendung befindliche Härtebestimmungsverfahren. Es wird dabei kein absolutes Maß für die Härte gewonnen, sondern es wird die Härte des zu untersuchenden Körpers relativ zu der als bekannt angenommenen Härte bestimmter Materialien festgestellt.

Die sogenannte Mohssche Härteskala der Mineralogen enthält 10 Stufen, die durch 10 bestimmte Mineralien abgegrenzt sind.

Diese Mineralien sind:

1. Talk . . . . } beide sind mit dem Fingernagel ritzbar.
2. Steinsalz oder Gips }
3. Kalkspat.
4. Flußspat.
5. Apatit . . . . . . } gewöhnliches Fensterglas besitzt die Härte 5,5.
6. Feldspat . . . . . }
7. Quarz. . . . . . . } ritzen Glas.
8. Topas . . . . . . }
9. Korund . . . . . . } schneiden Glas.
10. Diamant . . . . . }

Die Benutzung der Mohsschen Skala geschieht in der Weise, daß der Probekörper mit einem der vorgenannten Mineralien geritzt und dasjenige ermittelt wird, welches einen deutlich sichtbaren Riß auf dem Körper hervorruft. Wird ein Material, das alle vorhergehenden Mineralien der Mohsschen Reihe selbst ritzt, von Quarz deutlich geritzt, so liegt seine Härte zwischen 6 und 7.

§ 92. Verschiedene Ritzverfahren.

Gollner stellte sich ebenso wie Mohs eine Härteskala auf, in die er Probierstifte aus verschieden harten Materialien einreihte und sie mit Härtezahlen versah. Mit diesen Stiften ritzte er bei vertikaler Stiftstellung unter stets gleicher Belastung sauber polierte Flächen des Materials und bestimmte die Nummer desjenigen Stiftes, welcher gerade einen sichtbaren Riß auf der Fläche hervorbrachte. Die Nummer des vorhergehenden Stiftes, welcher keinen Riß erzeugte, war dann die Härtezahl des geprüften Materials.

Müller[1]) empfiehlt, zur Härtebestimmung der Metalle eine Reihe Stahlstäbe von Naturhärte aus reinem Zementstahl zu benutzen, deren Kohlenstoffgehalt stetig um 0,1 % steigt. Die Stäbe sollen Spitzen besitzen, mit denen in ähnlicher Weise wie bei der Gollnerschen Methode polierte Flächen der Probekörper geritzt werden. Wird dann z. B. ein Material vom Stäbchen Nr. 7 gerade geritzt, so soll demselben die Härte Nr. 6 zugesprochen werden.

Bei dem Verfahren von Turner[2]) werden auf einer Schliffläche des Probematerials mit einem Diamanten Striche gezogen. Die Kraft, mit welcher der Diamant gegen die Fläche gedrückt wird, erfährt so lange eine Verringerung, bis die vom Diamanten gezogenen Striche dem bloßen Auge nicht mehr sichtbar sind. Als Härtemaß gilt die Belastung des Diamanten, welche gerade einen noch sichtbaren Strich verursacht.

---

[1]) s. Glasers Annalen 1882.

[2]) Proceedings of the Birmingham Philosophical Society.

§ 93. Das Verfahren von Martens.

Das Martenssche Verfahren ist aus dem Turnerschen abgeleitet, und es darf als das vollkommenste sowie zuverlässigste Ritzhärtebestimmungsverfahren bezeichnet werden[1]). Während bei dem Turnerschen Verfahren

Abb. 192.

die Härtezahl von der mehr oder weniger großen Wahrnehmungsfähigkeit des beobachtenden Auges abhängt, machte sich Martens von diesem Einflusse unabhängig, indem er die Belastung des Diamanten feststellte, die zur Erzeugung eines Striches bestimmter Breite erforderlich ist, oder die Strichbreite ermittelte, die der Diamant unter bestimmter Belastung erzeugte.

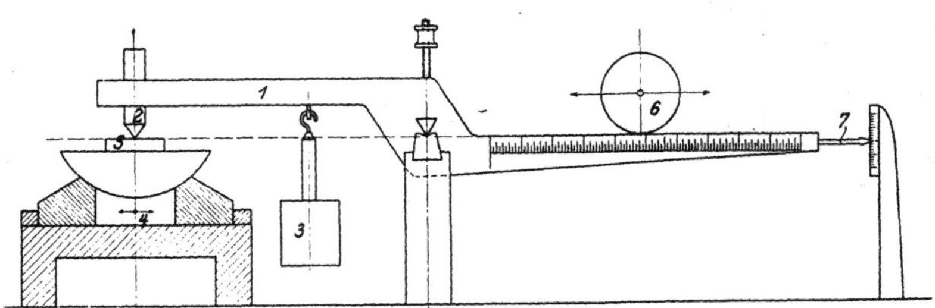

Abb. 193.

Letztere Ausführungsweise führt schneller zum Ziele, weil die Messung der Strichbreite sich in einfachster Weise mit einem Komparator (s. § 336) oder Okular-Schraubenmikrometer (s. § 333) bewerkstelligen läßt. Will man dennoch die erste Anwendungsweise der Methode wählen, so verfährt man am besten

---

[1]) Siehe auch Meyer, Untersuchungen über Härteprüfung und Härte. Zeitschrift d. Ver. deutsch. Ing. 1908, S. 645.

in der Weise, daß man unter verschiedener Belastung des Diamanten eine Anzahl Parallelstriche zieht, ihre Breite mißt und dann in einem Koordinatensystem die Strichbreiten als Funktion der Belastungen aufträgt. Aus der erhaltenen Kurve ist es alsdann leicht möglich, diejenige Belastung in Gramm zu ermitteln, die einer bestimmten Strichbreite, z. B. 10 μ[1]), entspricht.

Zur Ausführung der Versuche konstruierte Martens einen Ritzhärteprüfer, der in Abb. 192 abgebildet ist. Der Konstruktionsgrundsatz ist aus Abb. 193 ersichtlich. An dem linken Ende des doppelarmigen Waghebels 1 ist ein Diamant 2 mit kegelförmiger Spitze von nahezu 90° Spitzenwinkel befestigt, der durch die Wirkung des Gewichtes 3 gegen das auf dem Schlitten 4 liegende Probestück 5 gedrückt wird. Auf dem rechten Ende des doppelarmigen Waghebels, der eine Teilung besitzt, kann ein Laufgewicht 6 hin und her bewegt und eine Entlastung des Diamanten bewirkt werden. Zeiger 7 dient zur Sichtbarmachung der Gleichgewichtslage des Waghebels.

Die Probekörper müssen ebene, sauber geschliffene und polierte Flächen erhalten, damit bei Messung der Strichbreite keine Irrtümer durch Schleifrisse unterlaufen können.

III. Besondere Härtebestimmungsverfahren.

§ 94. Die Kugelrücksprungzahl.

Nach dem Vorgehen von Shore[2]) soll die Rücksprunghöhe einer auf die zu prüfende Fläche aus bestimmter Höhe fallen gelassenen Stahlkugel ein Maß für die Härte des Stoffes sein. Es ist klar, daß dieses Härtemaß durch die Elastizität des Stoffes und der Kugel beeinflußt wird und daß selbst unter Ausschaltung des letzteren Faktors in Anbetracht der dauernden Gleichheit desselben die nach dem Shoreschen Verfahren gewonnenen Härtezahlen eigentlich keine solchen sind, sondern mehr oder weniger Elastizitätszahlen darstellen. Daraus folgt, daß die Shoreschen Härtezahlen nicht vergleichbar sind mit solchen, die nach anderen Verfahren festgestellt wurden, bei denen die auf S. 192 angegebene Definition der Härte zugrunde gelegt wird. Es ist aber das Verfahren mit Vorteil überall da anwendbar, wo es sich darum handelt, die Gleichartigkeit insbesondere der Oberflächenhärte von an sich bekannten Stoffen zu verschiedenen Zeiten oder den Einfluß festzustellen, den besondere Behandlungen, z. B. Ausglühen, Härten, Vergüten u. dgl., verursachen. Auch eignet sich das Verfahren z. B. besonders gut zur Untersuchung von fertigen Konstruktionsteilen, bei denen gleiche Beschaffenheit der Oberfläche verlangt wird, wie es z. B. bei Walzen notwendig ist.

Besser wäre es, die Shoresche Rücksprungzahl nicht als Härtezahl zu bezeichnen, da sie den sonst üblichen Anschauungen und Gewohnheiten in keiner Weise entspricht. Es ist z. B. die nach dem Shoreschen Verfahren ermittelte Härte von Gußeisen geringer als die von Kautschuk, während die Härte von Glas ziemlich derjenigen von gehärtetem Werkzeugstahl entspricht. Dieser Umstand sowie die Erfahrung, daß die Shoreschen Härte-

---

[1]) $1\,\mu = 1\,\text{Mikron} = \frac{1}{1000}\,\text{mm}$.

[2]) American Machinist 1907, S. 747; siehe auch Schneider, Die Kugelfallprobe. Forschungsarbeiten, Heft 104.

zahlen sich gleichartig reihen wie die bei der Brinellschen Kugeldruckprobe gewonnenen, wenn die Dehnungszahlen der geprüften Materialien nicht große Unterschiede aufweisen, lehrt, daß die Shoresche Probe nur zur Prüfung solcher Stoffe verwendet werden sollte, die man nach den landläufigen Begriffen als sehr harte betrachtet.

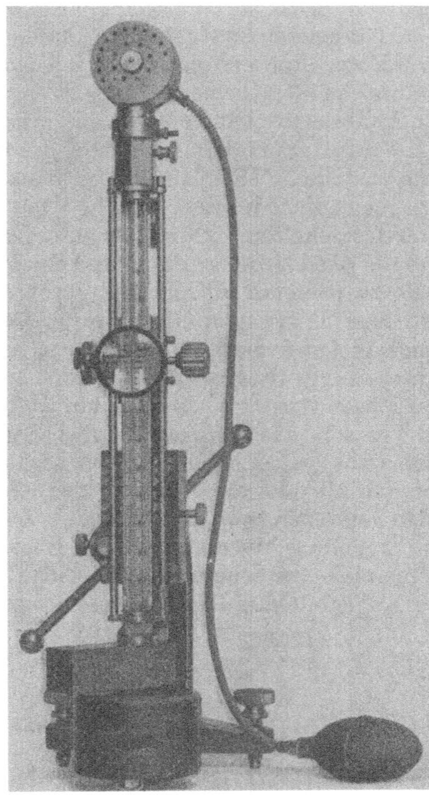

Abb. 194.

Da die Probe somit nur eine beschränkte Anwendbarkeit und die durch sie ermittelten Zahlen keine Vergleichbarkeit mit den sonstigen Härtezahlen besitzt, empfiehlt Verfasser, den nach dem Shoreschen Verfahren ermittelten Wert als „Kugelrücksprungzahl" zu bezeichnen und das Verfahren selbst nicht unmittelbar als Härtebestimmungsverfahren, sondern als ein besonderes Prüfungsverfahren zu betrachten, dessen Endzweck nicht die Feststellung des als Härte des Stoffes zu bezeichnenden Begriffes ist. Die „Kugelrücksprungzahl" soll vielmehr ein Maß sein für bestimmte Eigenschaften des Stoffes, die erfahrungsgemäß festliegen und die durch die Kugelfallprobe nachprüfbar sind. Wenn dabei festgestellt wird, daß bei manchen Materialien eine feste Beziehung zwischen Brinell-Härte und Kugelrücksprungzahl besteht, so kann es jedem unbenommen sein, das Abhängigkeitsverhältnis zur Berechnung der Härtezahl zu benutzen[1]). Es ist jedoch Voraussetzung, daß die Feststellung der Rücksprungzahl immer mit derselben Apparatur vorgenommen wird, da die Apparatur ausschlaggebend für das Ergebnis ist. So können z. B. Rücksprungzahlen, die mit Stahlkugeln ermittelt wurden, niemals mit solchen verglichen werden, die man mittels des Shoreschen Skleroskops (s. § 95) feststellte.

§ 95. Das Shoresche Skleroskop.

Das Shoresche Skleroskop[2]) dient zur Ermittelung der Kugelrücksprungzahl, deren Bedeutung im § 94 erläutert wurde. Es ist, wie die Abb. 194 er-

[1]) Siehe Wüst und Bardenheuer, Härteprüfung durch die Kugelfallprobe in Mitteil. aus dem Kaiser-Wilhelm-Institut für Eisenforschung. Verlag Stahleisen, Bd. I.

[2]) Shore, An instrument for testing hardness. American Machinist, November 1907.

kennen läßt, ein kleiner, handlicher Apparat, der überall leicht aufgestellt werden kann und selbst zur unmittelbaren Prüfung sehr großer Probestücke verwendbar ist.

Bei diesem Apparat wird die Rücksprungzahl nicht mit einer Stahlkugel ermittelt, sondern mit einem kleinen, etwa 2,6 g schweren Fallhämmerchen, das als Hammerbahn einen nach einer bestimmten Kugelfläche geschliffenen und in besonderer Art gefaßten Diamanten trägt. Die Beanspruchung der zu prüfenden Stoffe erfolgt daher mit einem Körper, der fabrikatorisch leicht mit hinreichender Gleichartigkeit erzeugbar ist. Das Hämmerchen steckt in einem kalibrierten Glasrohr, das es luftdicht abschließt, und es kann unten nur mit der Hammerbahn aus dem Rohre austreten, um auf die zu prüfende Fläche zu fallen. Mittels eines Gummisaugballes kann das Hämmerchen im Rohre angehoben werden, und in seiner höchsten Lage wird es durch einen Greifer festgehalten. Durch erneute Betätigung der Gummiballvorrichtung kann man den Greifer auslösen und das Hämmerchen fallen lassen. Es schlägt auf die zu prüfende Fläche und springt zurück auf eine Höhe, die man an einer Skala hinter dem Glasrohre ablesen kann und die die gesuchte Rücksprungzahl (Shoresche Härtezahl) ist. (Näheres über die Einrichtung und die Benutzungsweise des Skleroskops siehe die jedem Apparat beigegebene Gebrauchsanweisung.) Zu beachten ist bei der Benutzung des Apparates, daß beim Versuch, das Glasrohr möglichst genau senkrecht zu der zu prüfenden Fläche steht. Auch ist es notwendig, zahlreiche Versuche anzustellen und aus ihnen den Mittelwert zu bilden, wenn es notwendig ist, die Rücksprungzahl für den geprüften Stoff zu ermitteln. Die Versuche liefern nur dann einwandfreie Ergebnisse, wenn sie ohne Hast ausgeführt werden und wenn das Hämmerchen vor seinem Fall in seiner Höchstlage richtig festgeklemmt und einen Augenblick in Ruhe gewesen war[1]).

Dritter Teil.

Die Güteprüfung der Metalle durch technologische Proben.

§ 96. Allgemeines.

Unter der Bezeichnung „technologische Proben" faßt man alle diejenigen Versuche zusammen, welche dazu dienen, ohne Ausführung von Kraft- oder Formänderungsmessungen ein Urteil über das vorliegende Material zu schaffen, d. h. auf Grund bloßer Beobachtung des Verhaltens eines Materials, bei verschiedenartiger Beanspruchungsweise, die Güte desselben festzustellen. Auch die Feststellung der Oberflächenbeschaffenheit von Probestücken gehört zu dieser Art von Prüfungen.

---

[1]) Über die gegenseitige Abhängigkeit der Skleroskop-Kugeldruck- und Ritzhärte s. Werkstattstechnik 1920, Bd. 14, Heft 7. Ferner von Schwarz, Aus der metallographischen Praxis. Zeitschr. f. Metallkunde 1920, S. 6. Ferner: Müller, s. Anm. [1]), Seite 211.

Diese Proben stellen die einfachste Art der Materialprüfung dar, da sie sich in jedem Fabrikbetriebe auch ohne maschinelle Hilfsmittel ausführen lassen und bei geschickter Durchführung dem geübten Beobachter viele Anhaltepunkte zur Beurteilung eines Materials in allgemeiner Beziehung und insbesondere hinsichtlich seiner Bearbeitbarkeit bieten.

Naturgemäß kommen diese Proben nur für die Metallprüfungen in Frage. Die hierhergehörigen Versuche sind folgende:

1. Die Schmiedeproben:
   a) die Ausbreiteprobe, b) die Polterprobe, c) die Umbördelungsprobe, d) die Stauchprobe, e) die Aufdornprobe, f) die Lochungsprobe, g) die Schweißprobe, h) die Aufrollprobe;
2. die Biegeproben:
   a) die Kaltbiegeprobe, b) die Warmbiegeprobe;
3. besondere Proben:
   a) die Hin- und Herbiegeprobe, b) die Verwindungsprobe, c) die Treibprobe, d) die Abnutzungsprobe;
4. die Prüfung durch Oberflächenbesichtigung.

1. Schmiedeproben.

§ 97. Die Ausbreiteprobe.

Bei dieser Probe wird ein Flachstab, der aus dem zu untersuchenden Material, in der Regel Blech, auf kaltem Wege herausgearbeitet wurde, mit der nach einem Radius von 15 mm abgerundeten Hammerfinne in rotwarmem Zustande bearbeitet. Die Hammerschläge sind parallel zur Walzrichtung des Materials zu führen, und es ist darauf zu achten, daß die Temperatur des Probestückes keine zu große Verminderung erfährt; das Probestück ist nötigenfalls aufs neue zu erhitzen. Die Bearbeitung ist so lange fortzusetzen, bis das Probestück sich auf ein bestimmtes Maß, im allgemeinen bis auf das 1½- bis 2fache seiner ursprünglichen Breite, ausgedehnt hat. Risse dürfen dabei nicht entstanden sein.

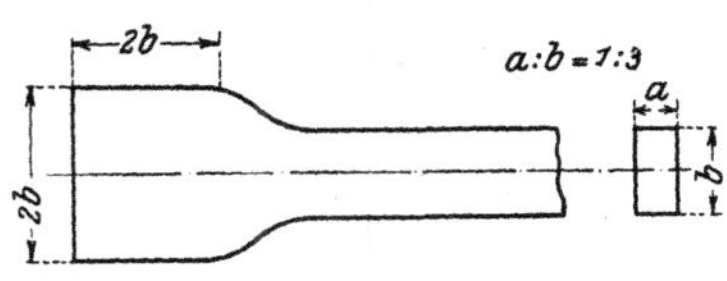

Abb. 195.

Der Probestab soll ein Breitenverhältnis $a : b = 1 : 3$ haben und auf eine Länge $L = 1{,}5$ bis $2b$ ausgebreitet oder ausgestreckt werden (s. Abb. 195). Als Maß für die Ausbreitung Ag von b auf b' oder für die Streckung Sg von l auf l' gilt der bei der Rißbildung erreichte Wert von $Ag = \frac{b' - b}{b} \cdot 100\%$ oder $Sg = \frac{l' - l}{l} \cdot 100\%$.

§ 98. Die Polterprobe.

Die Polterprobe wird an kreisrund geschnittenen Blechen in kirschrotglühendem Zustande ausgeführt, indem das Blech mit Hammerschlägen in ein Gesenk nach Abb. 196 eingetrieben wird. Nach dieser Bearbeitung darf das Blech weder auf der Unterseite noch auf der Oberseite Risse oder Abblätterungen aufweisen. Je nach der Dicke des Bleches darf dasselbe während des Versuches einmal oder mehrmals erwärmt werden. Der Durchmesser und die Tiefe der gepolterten Kugelhaube sind in den jeweiligen Abnahmebedingungen vorgeschrieben.

§ 99. Die Umbördelungsprobe.

Für diese Probe wird aus dem zu untersuchenden Bleche ein kreisringförmiges Probestück z. B. von ca. 600 mm äußerem und 140 mm innerem Durchmesser herausgeschnitten, kirschrotglühend gemacht und sein innerer Rand durch Hämmern auf einer Polterplatte nach Abb. 197 entsprechend deren Lochdurchmesser bis 90^0 umgebördelt. Bei dieser Bearbeitung dürfen sich weder am Rande noch in der Rundung des ausgetriebenen Halses Risse oder schadhafte Stellen irgendwelcher Art zeigen. Je nach der vorliegenden Blechdicke können dem Probestücke mehrere Hitzen gegeben werden.

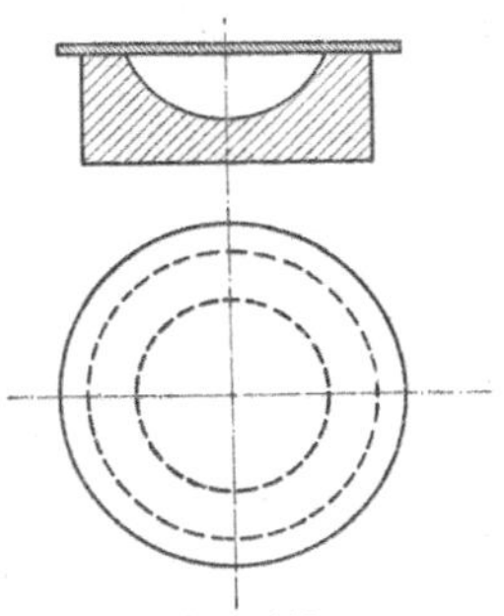

Abb. 196.

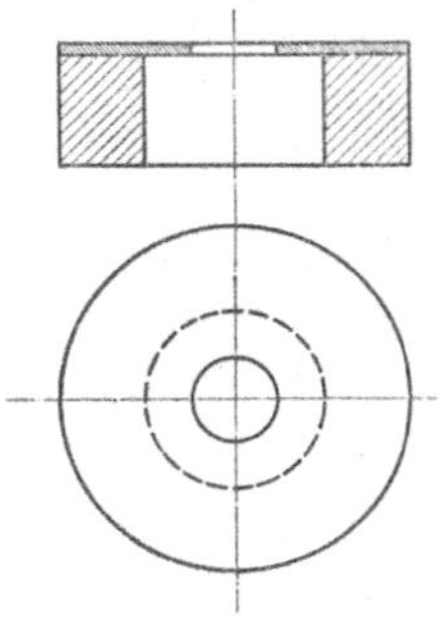

Abb. 197.

Bei der Umbördelungsprobe an Rohren werden die Rohrenden durch eine Polterplatte gesteckt, deren Lochdurchmesser dem äußeren Rohrdurchmesser entspricht, und mehr oder weniger stark umgebördelt.

§ 100. Die Stauchprobe.

Die Stauchprobe kommt im allgemeinen nur bei Nietmaterial in Anwendung. Sie erstreckt sich auf die Stauchung des Nietkopfes und des Nietschaftes mit dem Hammer. Der Nietkopf muß sich dabei in glühendem Zustande, ohne Risse zu erhalten, so flach schlagen lassen, daß seine Höhe gleich einem Bruchteile des Nietdurchmessers (etwa $^1/_5$) wird. Ein Nietschaft, dessen Länge h gleich seinem Durchmesser d ist, muß sich in rotwarmem Zustande bis auf ein gewisses Maß (etwa $^1/_3$) seiner Höhe zusammenstauchen lassen, ohne Risse zu erhalten.

Bei Vergleichsversuchen gilt als Maß für die Stauchung Stg eines Körpers mit $L = 2d$ der bei der Rißbildung erreichte Wert von

$$Stg = \frac{L - L'}{L} \cdot 100\,^0/_0 .$$

§ 101. Die Aufdornprobe.

Die Aufdornprobe wird derart ausgeführt, daß im hellrotglühenden Zustande des Bleches ein kegelförmiger Dorn mit leichten Hammerschlägen in das Probestück eingetrieben und das entstandene Loch hiernach mit immer größeren Dornen so lange erweitert wird, bis Kantenrisse entstehen.

Das Verhältnis der Querschnittsseiten des Probestabes soll $a : b = 1 : 5$ und der Durchmesser des Loches gleich $2a$ sein. Die Auftreibdorne sollen auf 10 mm Länge um 1 mm im Durchmesser wachsen. Als Maßstab für die Erweiterung Eg des Loches gilt der bei der Rißbildung erreichte Wert von $Eg = \frac{d' - d}{d} \cdot 100\,\%$, worin d der Durchmesser des zuerst hergestellten Loches und d' der Durchmesser des erweiterten Loches ist.

§ 102. Die Lochungsprobe.

Bei der Lochungsprobe wird mit einem Stempel, dessen Durchmesser gleich der Dicke des zu lochenden Bleches bzw. Probestreifens ist, das Probestück im glühenden Zustande mehrfach gelocht und dabei festgestellt, wie nahe man das Loch an den Rand setzen kann, ohne daß das Probestück aufreißt.

Das Breitenverhältnis $a : b$ des Probestreifens soll dabei größer als 1 : 5 sein.

Als Maß des Widerstandes gegen das Aufreißen gilt das Verhältnis zwischen der Probendicke und dem doppelten Abstande des Lochrandes von der Kante des Probestückes. (Die Lochungsprobe darf nicht mit dem Lochungsversuch [s. § 57, S. 146] verwechselt werden.)

§ 103. Die Schweißprobe.

Manche Lieferungsbedingungen schreiben auch Schweißversuche vor. Sie werden so vorgenommen, daß man einen Flachstab von dem Material abtrennt, in zwei Hälften teilt und ohne Anwendung von Schweißpulver

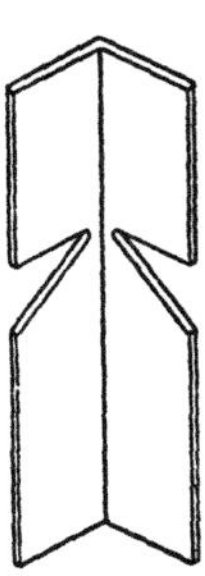

Abb. 198.

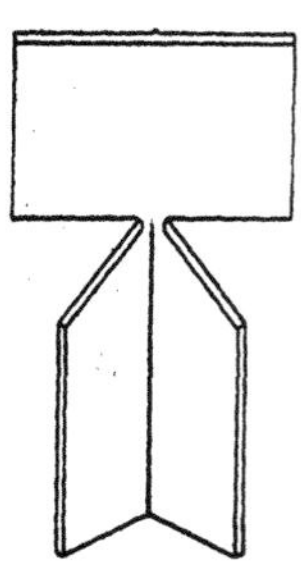

Abb. 199.

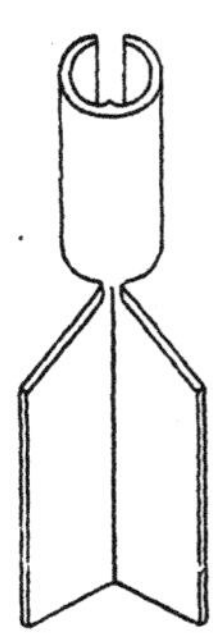

Abb. 200.

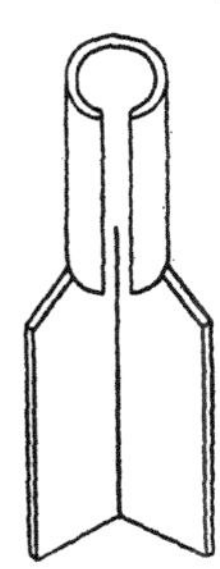

Abb. 201.

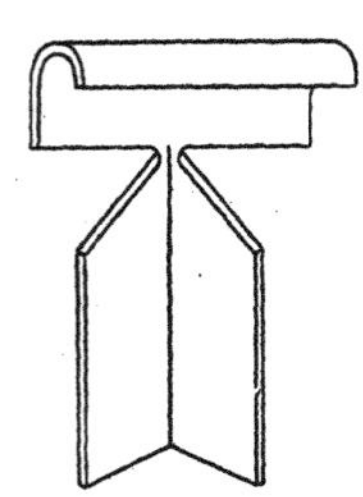

Abb. 202.

diese in einer Hitze durch Schmieden wieder zusammenschweißt, dann kurze Zeit ausglüht und hiernach allmählich erkalten läßt.

Die Vollkommenheit der Schweißung wird dadurch nachgewiesen, daß der geschweißte Stab in der Schweißstelle sich um einen gewissen Winkel ohne Trennung der Schweißnaht verbiegen läßt.

Auch durch Zerreißversuche kann die Vollkommenheit der Schweißung geprüft werden; dabei soll im allgemeinen der Probestab nicht in der Schweißstelle zerreißen. Meistens beträgt die Festigkeit der Schweißstelle nur 85—90% derjenigen des übrigen Stabes.

§ 104. Die Aufrollprobe.

Zur Feststellung unganzer Stellen in Winkeleisenmaterial pflegt man auch Proben auszuführen, deren Art die Abb. 198—202 verdeutlichen. Es wird dabei ein nach Abb. 198 vorgeschnittenes Winkeleisenstück in rotglühendem Zustande nach Abb. 199 ausgebreitet und dann nach Abb. 200—202 gerollt.

Bei dieser Bearbeitung darf das Probestück keine Risse erhalten.

2. Biegeproben.

§ 105. Allgemeines.

Biegeproben werden fast ausschließlich mit eisernen Konstruktionsgliedern, Teilen solcher, z. B. Rohren[1]), und mit besonderen Probestäben angestellt.

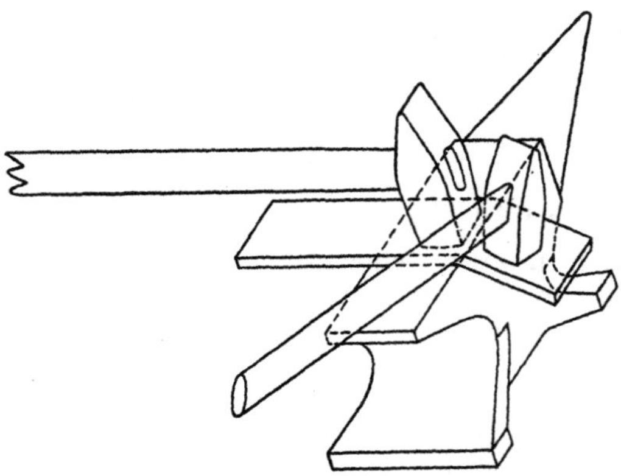

Abb. 203.

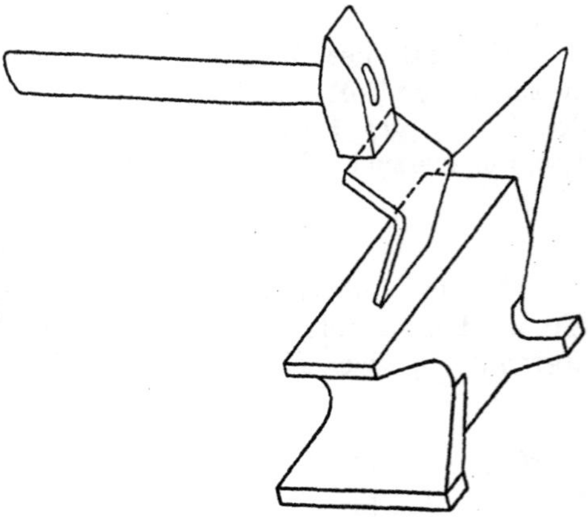

Abb. 204.

Sie sind geeignet, Aufschluß über die Zähigkeit der Materialien zu geben. Sie werden an Probestäben von etwa 150—300 mm Länge, deren Breite etwa gleich der vierfachen Dicke sein soll, mit besonderen Maschinen oder unter Benutzung eines Hammers mit Amboß oder auch eines Schraubstockes ausgeführt.

Wegen der Einfachheit der erforderlichen Mittel ist die Biegeprobe mit Hammer oder Schraubstock am meisten verbreitet. Wenn sie auch nicht als einwandfrei bezeichnet werden darf, veranlaßt sie dennoch einen ganz guten Einblick in die Beschaffenheit des Materials. Sie wird derart ausgeführt, daß der Probestab nach Abb. 203 auf den Amboß gelegt, mit einem Vorschlaghammer angedrückt und durch leichte Schläge mit dem Handhammer vorgebogen wird. Hierauf stellt man den gebogenen Stab nach Abb. 204 auf den Amboß und schlägt ihn weiter zusammen, bis er bricht oder die beiden

---

[1]) Bei der Prüfung von Rohren werden dieselben mit Sand, Pech, Kolophonium od. dgl. ausgefüllt und dann im kalten oder heißen Zustande um Dorne vorgeschriebenen Durchmessers gebogen.

Schenkel aufeinanderliegen. Man kann ihn auch in einen kräftigen Schraubstock einspannen und zusammendrücken.

Zuverlässig und für Vergleiche geeignet ist die Biegeprobe nur dann, wenn sie maschinell ausgeführt wird. Die Maschinen müssen die Probestäbe mit langsam und stetig wirkender Kraft biegen, wobei die Zugseite des beanspruchten Stabes stets dem Auge sichtbar bleiben muß. Entweder erfolgt die Biegung des Stabes durch Mitteldruck gegen zwei Stützen oder durch Beanspruchung des freien Endes bei einseitiger Einspannung. Je nach der Art der Einspannung oder Stützung unterscheidet man: Biegung über Dorn und freie Biegung.

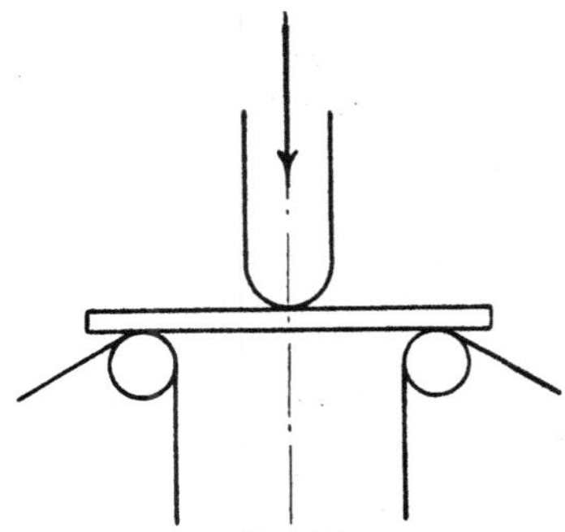
Abb. 205.

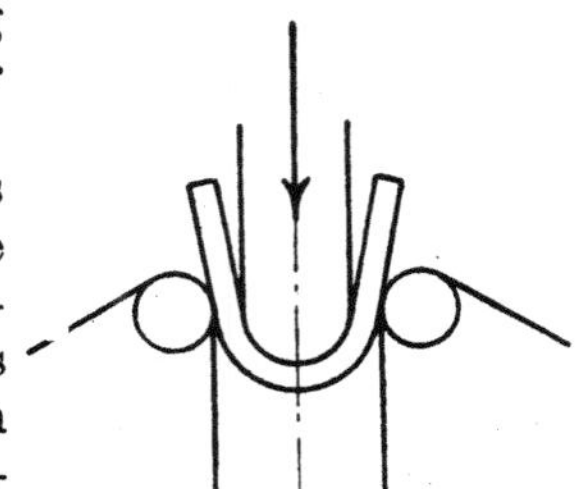
Abb. 206.

Bei der ersten Methode erfolgt die Biegung des Probestabes gezwungen über einen Dorn, wobei die innere Seite des Probestabes satt an dem Dorn anliegt. Der Verlauf des Versuches ist ohne weiteres aus den Abb. 205—209 ersichtlich. Bei der zweiten Methode wird der Probestab frei um eine abgerundete Kante des Druckstempels oder der Einspannbacke gebogen. Bei der Biegeprobe über Dorn muß der Durchmesser des Dornes der Probendicke angepaßt werden; er soll ein Vielfaches der Probendicke betragen.

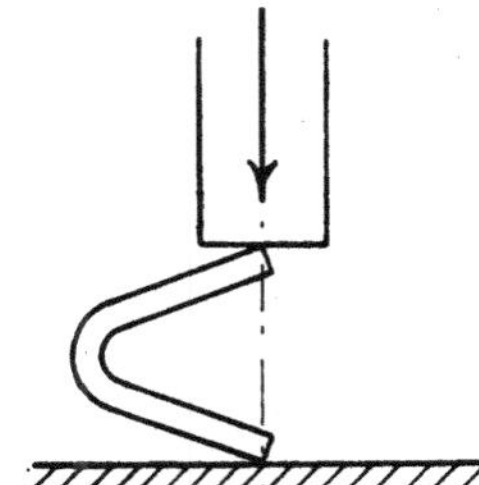
Abb. 207.

Zur Beurteilung des Materials dient das Verhältnis zwischen Probendicke a und dem Krümmungshalbmesser ϱ der neutralen Schicht beim Eintritt von deutlichen Rissen. Als Gütemaßstab dagegen wird die Biegegröße Bg benutzt. Sie ist nach Tetmajer:

$$Bg = 50 \cdot \frac{a}{\varrho}.$$

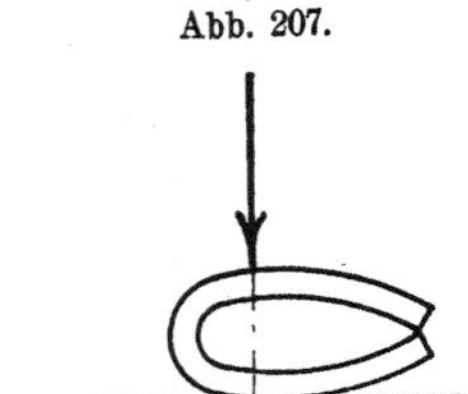
Abb. 208.

Die Feststellung der Größe des Krümmungshalbmessers erfolgt mit Lehren oder auf graphischem Wege, indem man den gebogenen Probestab auf ein Blatt Papier legt, den Stab mit einem Zeichenstift umfährt und dann den Krümmungshalbmesser auf dem Papiere bestimmt.

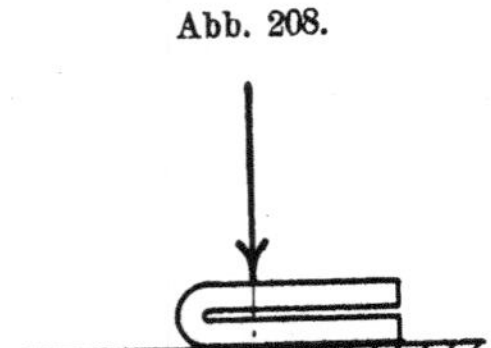
Abb. 209.

Die Feststellung der ersten Risse am Probestabe bietet dem ungeübten Beobachter insofern gewisse Schwierigkeiten, als er einerseits Walzhautrisse oder auch Fließfiguren als Materialzerstörungen betrachtet und andererseits wirkliche Materialzerstörungen nicht erkennt, weil die Risse manchmal derart fein sind, daß sie nur bei scharfer und aufmerksamer Beobachtung festgestellt werden können.

An manchen Prüfungsstellen werden auch Biegeproben mit verletzten Probestäben ausgeführt. Es werden dabei die Probestäbe entweder mit einer Einkerbung auf der späteren Zugseite oder mit Lochung versehen. Werden diese Prüfungsmethoden in Anwendung gebracht, so empfiehlt es sich, für die Einkerbung einen unter 90° zugespitzten Hobelstahl zu benutzen und die Einkerbung bis auf 0,2 der Probendicke reichen zu lassen. Bei Benutzung gelochter Probestäbe soll die Breite des Stabes gleich seiner fünffachen Dicke sein und das Loch einen Durchmesser besitzen, der gleich der doppelten Stabdicke ist.

Neuerdings hat die Prüfung eingekerbter Stäbe noch insofern an Bedeutung gewonnen, als man durch die Ergebnisse der Schlagbiegeversuche (s. § 71) erkannte, daß Verletzungen an der Oberfläche von Konstruktionsteilen geeignet sind, deren Festigkeit ganz bedeutend zu vermindern. Während sich z. B. ein Stahlstab von 30 × 30 mm Querschnitt und 300 mm Länge ohne Einkerbung bis zum Aufeinanderliegen der beiden Stabenden ohne eine Oberflächenverletzung zu erleiden, zusammenbiegen läßt, gestattet ein Stab aus dem gleichen Material diese Formänderung nicht, wenn er auf der bei der Biegung auf Zug beanspruchten Seite mit einer kaum merklichen Einkerbung versehen wurde. Dieser Stab bricht infolge der Einkerbung bereits bei einer verhältnismäßig geringen Biegung. Die Ursache dieses Verhaltens ist dem Umstande zuzuschreiben, daß sich im gefährlichen Querschnitt, und das ist ja die Stelle der Einkerbung, die Formänderung innerhalb einer auf den Bruchteil eines Millimeters begrenzten Länge vollziehen muß. Das bedingt eine außerordentlich hohe Spannung im Grunde der Einkerbung, der das Material nicht gewachsen ist. Es erfolgt vielmehr vom Grunde der Einkerbung ausgehend ein Einreißen der Probe und damit der Bruch derselben.

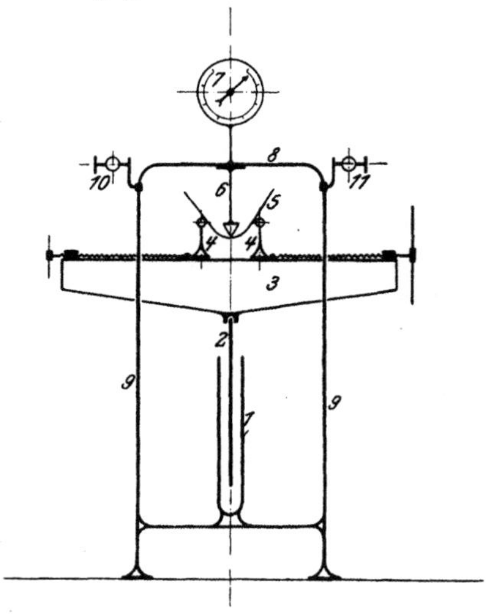

Abb. 210.

Viele Brüche von auf Biegung beanspruchten Konstruktionsteilen sind auf solche Kerbwirkungen zurückzuführen. Dabei brauchen die Kerben gar nicht offensichtlich hergestellt oder durch die Formgebung der Teile bedingt zu sein. Es genügt z. B. ein zufällig entstandener Meißelhieb an der Oberfläche des Teiles, um die Gefahr des Kerbbruches nahezurücken. Auch plötzliche Querschnittsübergänge verursachen Kerbwirkung, da an ihnen ein plötzliches Anschwellen der Spannung eintreten muß, sobald der Konstruktionsteil durch äußere Kräfte beansprucht wird. Es ist deshalb notwendig, bei der Formgebung diese Kerbgefahr durch Anordnung gehörig großer Ausrundungen und allmählicher Querschnittsübergänge auf ein Mindestmaß zu beschränken.

Bei der Wahl der Probestäbe für Versuche mit eingekerbten Stäben ist natürlich zu beachten, daß nur solche Versuchsergebnisse vergleichbar sind, die an gleichartigen Probestäben gewonnen wurden. Bei der Aufstellung von Versuchsreihen müssen daher alle Probestäbe genau gleiche Abmessungen erhalten.

Bei der Beurteilung der Versuchsergebnisse ist auch große Vorsicht geboten, da die Versuche durch zahlreiche Umstände stark beeinflußt werden. So wirkt z. B. die Versuchsdauer derartig ein, daß rasche Versuchsausführung geringere Durchbiegung liefert und größere Biegungskräfte erfordert als langsamere. Es dürfen daher die Versuche nicht zu rasch durchgeführt werden, damit den Spannungen und Formänderungen Zeit zur Ausbreitung und Ausbildung bleibt.

Ferner sind die Bruchflächen genau mit der Lupe zu untersuchen, mit Rücksicht darauf, daß feine, dem bloßen Auge nicht sichtbare Poren auf Verminderung der Widerstandsfähigkeit der Probestäbe hinwirken.

Abb. 210 veranschaulicht den Konstruktionsgrundsatz der für Biegeproben bestimmten Faltmaschine von Amsler.

Im Zylinder 1 der hydraulischen Presse steigt beim Einpressen von Drucköl der Kolben 2 in die Höhe. Auf dem Kolben 2 liegt ein Biegebalken 3 mit zwei verstellbaren Widerlagern 4. Auf diese wird der Probestab 5 gelegt und gegen den darüberstehenden Stempel 6 gepreßt.

Zum Messen der Kraft, die für das Ergebnis des Versuches aber ohne Bedeutung ist, dient ein Federmanometer 7, das am Querhaupt 8 des Maschinengestelles 9 befestigt ist. Die beiden Ventile 10 und 11 werden zum Steuern des Kolbens benutzt.

§ 106. Die Kaltbiegeprobe.

Für die Kaltbiegeprobe ist der Probestab in kaltem Zustande, d. h. bei normaler Zimmertemperatur so abzutrennen, daß er keine Formänderungen erleidet. Es sind also keine Scheren zu benutzen, sondern je nach den Verhältnissen ist der Probestab herauszusägen, herauszufräsen oder in ähnlicher Weise zu erzeugen.

Die Prüfung erfolgt bei derselben Temperatur, oder wenn das Material später niedrigen Temperaturen ausgesetzt werden soll, wenn angängig, auch bei solchen Temperaturen. Bei niedriger Temperatur werden manche Metalle brüchig; man nennt sie frostbrüchig.

Manche Metalle sind auch vor der Biegeprobe gewissen Behandlungen zu unterwerfen. Sie sind zu glühen oder nach erfolgtem Glühen in Wasser abzuschrecken, oder das Glühen erfolgt durch Erhitzen des Probestabes in einer der Eigenart des Metalles angepaßten Weise mit nachfolgendem langsamen Abkühlen. Zum Beispiel wird Eisen bis auf Hellrotglut, das sind etwa 800°, Kupfer bis etwa 600—700° erhitzt. Probestäbe aus Eisen, welche abzuschrecken sind, werden bis 800° erhitzt und dann in Wasser von 15—30° unter Umrühren schnell abgekühlt[1]). Die Prüfung derartig vorbehandelter Stäbe hat den Zweck, festzustellen, ob das Material Härtbarkeit besitzt. Diese Eigenschaft macht sich bei der Kaltbiegeprobe dadurch bemerkbar, daß der Stab im Gegensatz zu dem nichtabgeschreckten zum Bruche gelangt, ohne eine erhebliche Durchbiegung zu erfahren.

---

[1]) Über die Gründe zur Wahl dieser Temperaturen s. § 126.

Stark formbare Materialien, wie Flußeisen, erleiden, selbst bei größeren Querschnittsabmessungen, bei der Kaltbiegeprobe keinen Bruch. Die beiden Enden des Probestabes lassen sich, wie Abb. 211 zeigt, bis zur gegenseitigen Berührung zusammenbiegen, ohne daß eine Trennung der einzelnen Materialfasern stattfindet. Auf der Zugseite hat der Probestab eine sehr große Dehnung und auf der Druckseite eine Zusammendrückung erlitten. Da jene eine Querzusammenziehung und diese eine Ausdehnung zur Folge haben muß, hat sich die Breite des ehemals quadratischen Probestabes von der neutralen Schicht

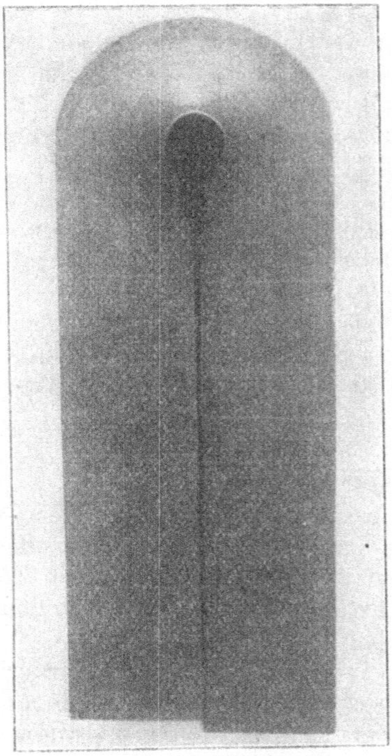

Abb. 211.

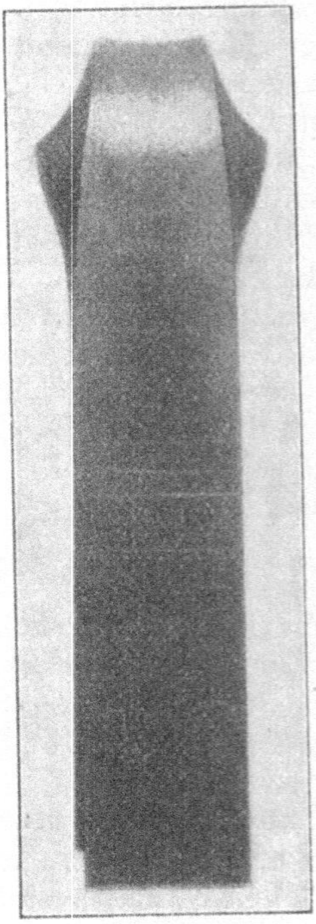

Abb. 212.

nach außen hin verringert und nach der Mitte zu vergrößert. Der ehemals quadratische Querschnitt hat Trapezform angenommen, wobei die Seiten des Trapezes leicht gekrümmt sind (s. Abb. 212).

Ermittelt man durch Ausmessen der Abstände der einzelnen gekrümmten Linien (s. Abb. 211) diejenige Stabschicht, in der eine Längenänderung nicht stattgefunden hat, also die im § 40 als neutrale Faserschicht bezeichnete Zone, so ergibt sich für sie eine Lage, die erheblich von der Querschnittsmitte abweicht. Da aber das vorliegende Material ein solches ist, bei dem die neutrale Schicht bei Beginn der Biegung in der Querschnittsmitte liegen muß, so ist nachgewiesen, daß die neutrale Schicht während der Biegung eine Verlegung erleidet, die um so größer ist, je weiter die Biegung getrieben wird. Auch die in § 40 gemachte Voraussetzung, daß die Querschnitte auch nach der Biegung des Stabes noch eben sind, bestätigt sich hierbei nicht, da die vor dem Biegeversuch auf dem Stabe angerissenen Geraden durch die Biegung in stark gekrümmte Kurven übergegangen sind.

Das Beispiel lehrt, daß die bei Ableitung der Formeln in § 40 gemachten Annahmen und Voraussetzungen nur innerhalb gewisser Spannungsintervalle Gültigkeit besitzen. Bedenkt man ferner, daß das Hookesche Gesetz auch nur für Spannungen innerhalb der Elastizitätsgrenze anwendbar ist und jenes Gesetz allen Ableitungen zugrunde gelegt wurde, so ist ersichtlich, daß die Verhältnisse hinsichtlich der Spannungsverteilung im gebogenen Stabe sich von der Elastizitätsgrenze ab ändern und um so verwickelter werden, je weiter die Durchbiegung fortschreitet.

In Abb. 213 sind die Bruchstücke eines der Biegeprobe unterworfenen Schweißeisenrundstabes dargestellt. Trotzdem der Biegewinkel noch verhältnismäßig gering ist, hat bereits eine völlige Trennung der Materialfasern stattgefunden. Die Zerstörung ist bei diesem Stabe in erster Linie dadurch hervorgerufen worden, daß die Dehnungsfähigkeit des Schweißeisens nicht ausreichte, die verhältnismäßig große Längsdehnung zu liefern, welche die große Stabdicke bedingte.

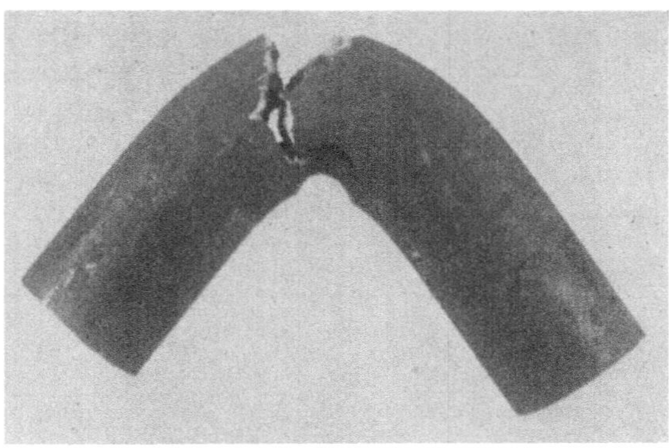

Abb. 213.

Die Kaltbiegeprobe wurde vom Deutschen Ausschuß für Eisenbeton am 5. Dezember 1913 als Güteprüfung für Bewehrungseisen empfohlen. Das Eisen soll dabei in der Stärke geprüft werden, in der es Benutzung finden soll. Die Biegung hat über einen Dorn zu erfolgen, dessen Dicke gleich der Eisenstärke ist, so daß die lichte Weite der Schleife gleich dieser wird. Bei Flacheisen soll die lichte Weite der Schleife ebenfalls gleich der Eisendicke sein. Auf der Zugseite dürfen während der Probe keine Risse im Probestabe entstehen.

§ 107. Die Warmbiegeprobe.

Die Warmbiegeproben werden als Blauwarmbiegeproben und Rotwarmbiegeproben ausgeführt. Sie sind insofern für Eisen wichtig, als dasselbe bei Bearbeitung bei den diesen Zuständen entsprechenden Temperaturen mehr oder weniger große Brüchigkeit besitzt[1]).

Die Erwärmung der Probestäbe für diese Versuche erfolgt am besten in Muffel- oder Salzbadöfen. Wenn Temperaturmessungen nicht angängig sind,

[1]) Eingehende Erläuterungen hierüber s. Heft 1 der Sonderreihe M der Forschungsarbeiten auf dem Gebiete des Ingenieurwesens, Berlin 1919 oder Stahl und Eisen 1919. S. 1 und 34: „Über die Blaubrüchigkeit und das Altern des Eisens.“

kann man die gehörige Erwärmung für die Blauwarmprobe, welche 300° beträgt[1]), dadurch feststellen, daß man die Anlauffarbe des Eisens (s. S. 272) an einer blank gemachten Stelle beobachtet. Ist die Farbe blau und beständig, so ist die Temperatur richtig. Verschwindet die blaue Farbe dagegen wieder, so ist der Probestab zu heiß. Erscheint die blaue Anlauffarbe überhaupt nicht, so ist die Temperatur zu niedrig. Für die Rotwarmprobe muß das Eisen eine Temperatur von 600° besitzen, die den Probestab im Dunkeln deutlich rot erscheinen läßt.

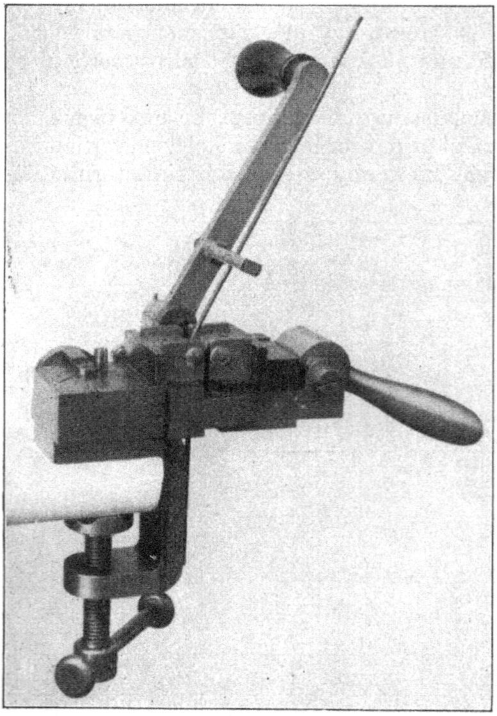

Abb. 214.

Bricht das Eisen bei der Blauwarmprobe, so nennt man es „blaubrüchig“[2]). Manches Eisen, welches bei der Kaltbiegeprobe und bei der Rotwarmbiegeprobe tadelloses Verhalten zeigte, erhält bei der Blauwarmbiegeprobe Risse. Die Erscheinung der Brüchigkeit des Eisens bei Rotwärme heißt „Rotbruch“. Sie rührt von gewissen Bestandteilen im Eisen her, deren Einfluß die Brüchigkeit zuzuschreiben ist. In erster Linie sind es Schwefel und Sauerstoff, die dem Eisen Rotbruch verleihen.

Manchmal weist das Eisen, insbesondere Schweißeisen, eine dem Rotbruche ähnliche Erscheinung auf, die zu Verwechslungen Anlaß geben kann. Sie wird durch mechanisch beigemengte fremde Körper verursacht, die in der Schmiedetemperatur nicht herausgepreßt wurden und dann schichtenartig im Material eingelagert blieben, so daß sie bei der Biegeprobe Kantenrisse veranlassen. Man bezeichnet diese Eigenschaft des Eisens als Faulbrüchigkeit oder Faulbruch (s. a. S. 34).

3. Besondere Proben.

§ 108. Die Hin- und Herbiegeprobe.

Ein Sonderfall der technologischen Biegeprobe ist die sogenannte Hin- und Herbiegeprobe, die zur Prüfung von Drähten ausgeführt wird. Es ist

[1]) Das Maximum der Sprödigkeit des Eisens liegt bei 470°.

[2]) Näheres über Blaubrüchigkeit siehe die einschlägigen Paragraphen sowie: Stahl u. Eisen, 1919, S. 1, ferner Tammann, Metallographie, Leipzig 1914, S. 105 und Zeitschrift d. Ver. deutsch. Ing. 1915, S. 628.

dazu ein besonderer Apparat (Abb. 214) erforderlich, dessen Konstruktionsgrundsatz aus Abb. 215 ersichtlich ist[1]). Der Draht wird an dem einen Ende zwischen die Klemmbacken eines Schraub- oder Klemmstockes eingespannt und das andere freie Ende mit einem Hebel, der für den Draht ein Führungsstück besitzt, mit mäßiger Geschwindigkeit hin und her gebogen. Die Klemmbacken müssen mit einer Abrundung bestimmten Halbmessers versehen und derart geformt sein, daß die Möglichkeit geboten ist, den Draht um 180° zu verbiegen.

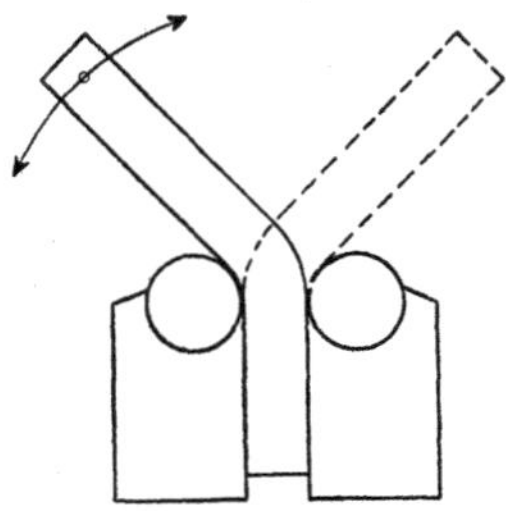
Abb. 215.

Als Gütemaßstab gilt die Anzahl der Biegungen um 180°, welche der Draht zu erleiden vermag, ohne zu brechen. Die Biegung um 180° setzt sich zusammen aus der Biegung des Drahtes von der Anfangslage aus um 90° nach rechts oder links und um 90° in die Anfangslage zurück. Die Biegungen haben abwechselnd nach rechts und links zu erfolgen. Der Bruch ist als eingetreten zu betrachten, wenn der Draht an der Biegestelle einen deutlich sichtbaren Querriß aufweist.

Im allgemeinen müssen Flußeisendrähte bei der Hin- und Herbiegeprobe die in folgender Zusammenstellung angegebenen Biegungen ertragen, ohne zu brechen (s. auch S. 85).

Drahtdicke	6	5	4	3	2,5	2	1,7 mm.
Biegezahl	6	7	8	8	10	14	16
Abrundungsradius der Klemmbacken	10 mm			5 mm.			

Die Hin- und Herbiegeprobe ist besonders geeignet zur Feststellung der sogenannten Beizbrüchigkeit[2]) von Drähten und Blechen, die diese bei der Fabrikation infolge der Behandlung mit Säure (Schwefelsäure u. a.) erleiden. Die Beizbrüchigkeit ist verursacht durch Wasserstoffaufnahme[3]). Sie kann teilweise weggeschafft werden durch Ausglühen mit nachfolgender allmählicher Abkühlung. Elektrolyteisen, das im ungeglühten Zustande viel Wasserstoff enthält und dadurch sehr spröde ist, kann durch Ausglühen außerordentlich weich und zähe gemacht werden. Solche Proben sind deshalb im Anlieferungs- und ausgeglühten Zustande zu prüfen.

§ 109. Die Verwindungsprobe.

Diese Probe wird ebenfalls, wie die Hin- und Herbiegeprobe, zur Güteprüfung von Drähten ausgeführt. Je gleichmäßiger sich die Verdrehung über die ganze Länge des Probedrahtes beim Versuche vollzieht, desto homogener ist das Drahtmaterial und desto widerstandsfähiger ist der Draht gegen jegliche Beanspruchung. Beim Versuch wird der Draht mit einer Maschine um seine Achse verdreht und dabei die Anzahl der Verwindungen gezählt. Die Verwindungszahl dient als Gütemaß.

1) Ein weiterer Apparat ist in § 411 beschrieben.

2) Über die Einwirkung der Temperatur auf die Biegefähigkeit von Flußeisen- und Kupferdrähten, s. Stahl und Eisen 1915, S. 22.

3) S. Stahl und Eisen 1900, S. 837; 1901, S. 913.

Der Probedraht soll zwischen den Einspannvorrichtungen eine freie Länge besitzen, die gleich der 75fachen Drahtdicke, mindestens aber gleich

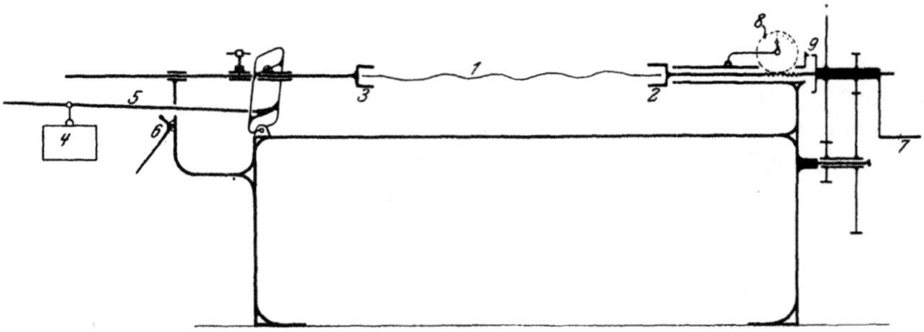

Abb. 216.

15 cm ist. Die Einspannung des Drahtes erfolgt mit Beißkeilen, in denen er durch Reibung festgehalten wird.

Die Maschine darf der Entwicklung etwaiger Längenänderungen des Drahtes während des Versuches kein Hindernis bereiten, sie soll aber auch

Abb. 217.

so beschaffen sein, daß der Draht beständig unter gleichbleibender Spannung erhalten wird.

Im allgemeinen müssen Flußeisendrähte folgende Verwindungszahlen besitzen.

Drahtdicke	6	5	4	3	2,5	2	1,7
Verwindungszahl . . .	16	19	23	28	30	32	38

Abb. 216 zeigt das Schema einer für die Verwindungsprobe geeigneten Maschine von Amsler.

Der Probestab 1, in den Einspannköpfen 2 und 3 festgehalten, wird durch das Gewicht 4 an dem Hebel 5 gespannt. Der Exzenterhebel 6 verhindert die Wirkung des Gewichtes 4 beim Einstellen und es läßt sich der gegen Drehen gesicherte Einspannkopf 3 in die richtige Lage zum Probestab 1 verschieben. Der Antrieb zum langsamen Verwinden geschieht mit der Kurbel 7 durch doppelte Stirnradübersetzung. Das Umstellen der Kurbel 7 auf direkten Angriff am Einspannkopf 2 erlaubt ein rascheres Verdrehen. Die Anzahl der Verwindungen zeigt die Scheibe 9 an; Bruchteile werden an dem mit Skala versehenen Schneckenrädchen 8 abgelesen. Die zum Verwinden nötige Kraft läßt sich mit diesem Apparat nicht messen. Soll auch diese festgestellt werden, so ist eine Torsionsmaschine, s. § 409, zu verwenden.

Aus Abb. 217 ist die Ausführungsform des Apparates nach Schema Abb. 216 ersichtlich.

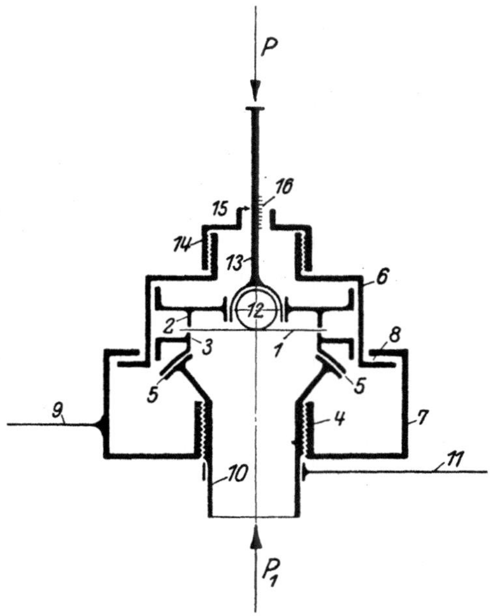

Abb. 218.

§ 110. Die Treibprobe mit Blechen.

Zur Ermittelung der Treib-, Zieh- und Bördelungsfähigkeit von Blechen kann die Treibprobe angestellt werden. Man benutzt dabei zweckmäßig einen Apparat, der außer der Formänderung auch die Höhe der Kraftbeanspruchung zu messen gestattet. Das Schema eines solchen Apparates (Bauart Amsler) zeigt die Abb. 218.

Das aus dem zu prüfenden Bleche herausgeschnittene 90 mm Durchmesser besitzende Probestück 1 wird zwischen die beiden Ringe 2 und 3 gelegt und mittels des Gewindes 4 durch Hinaufpressen des kugeligen Auflagers 5 im Gehäuseteil 6 des Apparates fest eingespannt. Die Auflagerflächen der Ringe 2 und 3 sind zur Vermeidung des Rutschens des Bleches aufgerauht. Das Oberteil des Gehäuses 6 ist mit dem Unterteil 7 desselben durch den Bajonettverschluß 8 verbunden. 9 ist ein Handgriff zum Festhalten des Gehäuseteiles 7 beim Einschrauben des Widerlagerteiles 10 mittels des Handgriffes 11. Auf die Oberseite des Probestückes 1 wird der mit

Abb. 219.

der 20 mm Durchmesser besitzenden Druckkugel 12 versehene Stempel 13 gesetzt, der in der Überwurfmutter 14 geführt und mit einer feinen Millimeterteilung 16 versehen ist. Der Zeiger 15 gestattet hierbei die Messung der Einsenkung des Stempels 13 und damit der Durchbiegung des Probestückes 1, sobald die Kräfte P bzw. P_1 zur Wirkung gelangen. Die Kräfte können in einfachster Weise durch eine Materialprüfungsmaschine erzeugt werden, indem die ganze Vorrichtung wie ein Druckkörper zwischen die Preßplatten der Maschine gesetzt wird. Die Einzelteile der Vorrichtung zeigt die Abb. 219.

§ 111. Die Abnutzbarkeit der Metalle.

Abnutzung von Metallen tritt überall da auf, wo nicht oder ungenügend geschmierte Flächen sich gegeneinander bewegen, oder wo neben Reibungsbeanspruchungen noch Stöße auf die Abnutzungsflächen zur Wirkung gelangen. Besonders auffällig macht sich die letztgenannte Inanspruchnahme bei Eisenbahnschienen und den Bandagen der Eisenbahnwagenräder bemerkbar. Diese erleiden durch die Schlingerbewegungen und die sonstigen Schwingungen der Wagenräder eigenartige Beanspruchungen, die sich an den Schienen als Riffelbildung und seitliche Abnutzung der Schienenköpfe bemerkbar machen. Zur Prüfung der Metalle hinsichtlich ihrer Widerstandsfähigkeit gegen Abnutzung sind bereits zahlreiche Versuche ausgeführt und es sind auch bereits verschiedenartige Prüfungsmaschinen geschaffen worden. Bisher ist es aber noch nicht gelungen, wirklich zuverlässige Ergebnisse zu erlangen, die zahlenmäßige Rückschlüsse auf die Abnutzbarkeit der Metalle zu ziehen gestatten, wie es z. B. bei der Prüfung der natürlichen und künstlichen Bausteine (s. S. 366) möglich ist. Die bisherigen Versuchsverfahren besitzen daher noch mancherlei Mängel, so daß sie für die laufenden Materialprüfungen nicht benutzbar sind. Es muß deshalb von einer Aufnahme dieser Prüfungsverfahren in das vorliegende Buch abgesehen werden, und es mag der Hinweis auf den Aufsatz von Scheibe in Organ für die Fortschritte des Eisenbahnwesens, 1921, Heft 23 genügen, der diesen Gegenstand und Versuche behandelt, die mit einem Schleifapparat (Bauart Wawrziniok) zur Ermittelung der Abnutzung von Schienenstahl ausgeführt wurden[1]).

§ 112. Prüfung von Konstruktionsteilen oder Probestücken durch Oberflächenbesichtigung.

Der Prüfung der Oberflächenbeschaffenheit wird bei Materialabnahmen häufig nicht die genügende Aufmerksamkeit gewidmet, trotzdem sich auf Grund der Ergebnisse bereits mancherlei Schlüsse auf die Materialbeschaffenheit ziehen lassen. Gelegentlich sind nämlich Schmiede- oder Gußstücke oder auch sonstige bereits der Bearbeitung unterzogene Gegenstände an der Oberfläche mit Fehlern behaftet, welche seitens des Lieferanten manchmal nur als Schönheitsfehler betrachtet und durch Verdeckungsmittel unsichtbar

---

[1]) Die Beschreibungen anderer Maschinen s. Stahl und Eisen 1922, S. 391 und Zeitschr. d. Ver. deutsch. Ing. 1922, S. 376; ferner s. a. Saniter, Härteprüfung und Widerstand gegen mechanische Abnutzung. Berichte des Int. Verb. f. d. Materialprüfungen der Technik VI. Kongreß, New-York 1912.

gemacht wurden. Im Betriebe können aber solche Fehler sehr leicht zu Brüchen führen und großen Schaden anrichten. Es sind deshalb die betreffenden Probestücke sorgfältig in der gekennzeichneten Richtung zu untersuchen.

Bei Schmiedestücken, die nachträglich nicht bearbeitet werden, sind z. B. Risse oder von schiefen Hammerschlägen herrührende Kerben und scharfe Absätze sehr gefährlich, da sie Kerbwirkungen (s. S. 222) wachzurufen vermögen. Das gleiche gilt von unvollkommenen Schweißfugen oder nicht gehörig verschweißten Lunkern (s. S. 318). Auch hinsichtlich verbrannter Stellen ist die Oberfläche von Schmiedestücken abzusuchen. Sie machen sich im allgemeinen durch schwammartige Porosität oder durch schmelzflußartiges Aussehen kenntlich. Gußstücke sollen möglichst glatte Oberfläche besitzen und keine Blasen, Risse oder sonstige unganze Stellen aufweisen. Sie sollen auch frei von anhaftendem Formsand sein. Abgemeißelte Gußnähte dürfen keine scharfen Kanten enthalten; sie sollen deshalb nachträglich mit der Feile geebnet werden.

Es ist zweckmäßig, vor der Besichtigung die Gußstücke mit dem Sandstrahlgebläse sauber reinigen zu lassen und etwaige zweifelhafte Stellen durch Abschleifen freizulegen. Zur Feststellung etwaig vermuteter Sprödigkeit des Materials, die besonders bei Graugußeisen vorkommt, kann man mit einem Handhammer Schläge gegen scharfe Kanten des Gußstückes führen. Durch diese Beanspruchung darf lediglich eine Abplattung entstehen und kein Absplittern von Materialteilen erfolgen. Bei der Untersuchung ganzer Kessel- oder sonstiger Behälterbleche, die auf Maß geschnitten geliefert werden, sind außer den Oberflächen auch die Schnittflächen sehr sorgfältig zu untersuchen. Diese müssen glatt, eben und ohne Einrisse sein.

Besonders mag darauf hingewiesen werden, daß etwaige Abnahmestempel nicht an solchen Stellen eingeschlagen werden dürfen, wo später im Betriebe Materialspannungen auftreten. Die durch den Stempel verursachten Vertiefungen stellen Kerben dar, die zu Brüchen Anlaß geben können.

Besondere Aufklärung bei der Besichtigungsprobe vermag die Klangprobe zu gewähren. Sie wird entweder an abgetrennten Probestücken oder an vorbearbeiteten oder fertiggestellten Schmiede- und Gußstücken ausgeführt und dient zur Feststellung von Rissen, Hohlräumen oder sonstigen Fehlern.

Die Probestücke werden für die Klangprobe an einem Drahte frei schwebend aufgehängt und mit einem Handhammer werden leichte Schläge auf sie ausgeübt.

Der Klang der Hammerschläge soll klar und rein, aber nicht dumpf oder gar mißtönend sein. Bleche sollen einen klaren, glockenähnlichen Klang ergeben.

---

[1]) Neuere Forschungen über Kerbwirkungen, s. Stahl und Eisen, 1921, Nr. 16 und 18.

Vierter Teil.

Die Prüfungsverfahren zur Ermittelung des inneren Aufbaues der Metalle[1].

§ 113. Allgemeines.

Es ist eine bekannte Tatsache, daß in manchen Materialprüfungslaboratorien viel zu häufig Festigkeitsversuche vorgenommen werden, wenn es sich z. B. bei Reklamationen darum handelt, die Nichtbewährung eines Konstruktionsteiles zu erforschen, nachdem festgestellt wurde, daß hinsichtlich seiner Dimensionierung keine Fehler begangen worden waren. Festigkeitsversuche sollte man in solchen Fällen immer erst zu allerletzt ausführen, wenn man auf Grund der im folgenden zu behandelnden Prüfungsmethoden zu der Überzeugung gekommen ist, daß die Festigkeitseigenschaften des vorliegenden Materials unzureichend sind. Auf Grund der Erkenntnis, die uns die Lehren der Metallographie vermittelt haben, ist es naheliegender, erst andere Wege zur Aufklärung der fehlerhaften Beschaffenheit eines Konstruktionsteiles einzuschlagen, bevor man Festigkeitsversuche an Probekörpern ausführt, die man in Anbetracht ihrer unbedingt nicht unerheblichen Größe meistens an ganz anderen Stellen entnehmen muß als die ist, wo sich der beanstandete Fehler befindet. Man muß sich immer als Richtschnur die Tatsache dienen lassen, daß bei Brüchen in jedem Falle immer erst die Bruchstelle selbst mit ihrer nächsten Umgebung einer eingehenden Untersuchung unterzogen werden muß, bevor man die Untersuchung auf entfernter liegende Stellen ausdehnt. Dazu ist aber eine ganz genaue Kenntnis der durch verschiedene Geschehnisse veranlaßten Bruchflächenbeschaffenheit und damit des ganzen inneren Aufbaues der Materialien Vorbedingung. Dieser innere Aufbau steht in unmittelbarer Abhängigkeit von der Entstehung der jeweiligen Materialien, und da manche Materialien, wie insbesondere die Metalle, nach ihrer Erzeugung noch mancherlei Umwandlungen durch thermische oder mechanische Behandlung unterworfen werden, ist es notwendig, auch diese zu kennen und sich die Wechselbeziehungen zwischen den einzelnen Abhängigkeiten zu eigen zu machen.

Für die neuzeitliche Materialprüfung ist es daher notwendig, die bisher üblichen mit Metallen angestellten Festigkeitsprüfungen mehr zurückzustellen und auch die anderen mechanischen Prüfungsmethoden gegenüber den metallographischen Untersuchungsmethoden in den Hintergrund zu rücken und sie lieber als Ergänzungsprüfungen der vorgenannten zu betrachten, wenn nicht zur Schaffung von Berechnungsgrundlagen Festigkeits- und Formänderungszahlen festzustellen sind.

Unter diesen Gesichtspunkten ist der Inhalt der folgenden Paragraphen zu betrachten, und es ist dabei zu berücksichtigen, daß die rein theoretischen Erläuterungen, z. B. über die Erstarrungs- und Umwandlungsvorgänge der Legierungen, zur Erkenntnis der nachträglichen Materialbeschaffenheit notwendig sind, da manchmal erst die Berücksichtigung von Zwischenzuständen, die die Metalle während ihrer Verarbeitung und Verwendung zu durchlaufen

[1]) Einige Abbildungen in diesem Teil sind andernorts erschienenen Veröffentlichungen entnommen. Zur Kennzeichnung sind diese Abbildungen mit den Namen der Verfasser jener Veröffentlichungen versehen worden.

haben, zur Erkenntnis gewisser Fehlerursachen zu führen vermag. Es ist deshalb für den Materialprüfer notwendig, diese Erläuterungen nicht etwa als Abschweifungen zu betrachten, sondern gerade ihnen besondere Aufmerksamkeit zu widmen. Bedingt ist der innere Aufbau der Bau- und Konstruktionsmaterialien durch ihren Ursprung, durch ihre Entstehung und durch die Nachbehandlung, die sie nach ihrer Erzeugung erfahren haben. Demnach stellen sie entweder unmittelbar Naturerzeugnisse dar oder Naturerzeugnisse, die durch mechanische oder thermische Behandlung für ihren Bestimmungszweck vorbereitet wurden. Insoweit daher die Materalien nicht in ihrem Ursprungszustande, d. h. in dem Zustande, in dem sie die Natur entstehen ließ, zur praktischen Verwendung gelangen, ist die Kenntnis der inneren Vorgänge bei ihrer Umarbeitung notwendig, wenn man, ausgehend von der Naturbeschaffenheit der Materialien Schlüsse auf ihre Beschaffenheit im Endzustand ziehen will. Im allgemeinen ist die Lehre von der Beschaffenheit der Materialien an sich und teilweise auch die Lehre von den vorgenannten Veränderungen Aufgabe der „Stoffkunde“, so daß von Darlegungen über diesen Gegenstand im vorliegenden Buche, das die Prüfung der Materialien behandelt, abgesehen werden sollte. Im besonderen ist aber im Materialprüfungswesen die Kenntnis der inneren Vorgänge bei der Entstehung und Nachbehandlung der Materialien wegen ihres manchmal eigenartigen Verhaltens bei ihrer praktischen Benutzung zur Deutung desselben notwendig, so daß die Gefügebildung sowie die Verfahren zur Feststellung des Materialgefüges und seiner Umwandlungen als Sonderzweige des Materialprüfungswesens betrachtet werden müssen, um so mehr, als insbesondere durch die metallographischen Forschungen nachgewiesen ist, daß innige Wechselbeziehungen zwischen den Festigkeits- sowie Formänderungseigenschaften und der Gefügebeschaffenheit der Metalle bestehen. Es werden deshalb in den folgenden Paragraphen zusammenhängend die für die Materialprüfung maßgebenden metallographischen Arbeitsverfahren zusammen mit den in Frage kommenden Betrachtungen über die Gefügebeschaffenheit und Gefügebildung behandelt werden, insoweit solche Darlegungen zur Durchführung und Förderung von Metallprüfungen notwendig sind. Hinsichtlich der übrigen Materialien, für die noch keine so weitgehende Erkenntnis der Wechselbeziehungen zwischen den mechanischen Eigenschaften und dem Gefügeaufbau besteht, werden kurze Hinweise in den einschlägigen Paragraphen genügen müssen.

1. Die Vorgänge bei der Erstarrung der Metalle und Legierungen.

§ 114. Wesentliche Merkmale der Legierungen.

Alle in der Technik verwendeten Metalle sind mehr oder weniger Legierungen, d. h. innige Gemische oder chemische Verbindungen mehrerer geeigneter Stoffe, wobei die Innigkeit der Mischung von der Löslichkeit des einen Stoffes in dem anderen abhängt. Obgleich die meisten Metalle im flüssigen Zustande eine unbegrenzte Löslichkeit füreinander besitzen, gibt es dennoch einzelne, die diese unbegrenzte Löslichkeit nicht aufweisen und keine homogene, flüssige Lösungen ergeben. Solche Metalle sind z. B. Blei und Zink. Diese Stoffe lassen sich zwar im flüssigen Zustande in beliebigen Verhältnissen vermischen, aber sie trennen sich wieder von bestimmten

Mischungsverhältnissen an, die von der jeweiligen Temperatur abhängen und lagern sich in zwei Schichten übereinander ab. Dabei enthält die untere als die spezifisch schwerere überwiegend Blei mit etwas Zinkgehalt, während die obere neben Zink nur einen geringen Bleigehalt aufweist.

Praktisch gar keine Löslichkeit füreinander besitzen z. B. Eisen und Blei. Diese Stoffe lagern sich im flüssigen Zustande wie Öl auf Wasser übereinander ab.

Im allgemeinen lassen sich aber fast alle Metalle, soweit dies für die praktische Benutzung von Bedeutung ist, leicht legieren, und sie ergeben im flüssigen Zustande völlig homogene Lösungen.

Dabei ist nicht Voraussetzung, daß alle diese Stoffe Metalle sind, denn es können in Legierungen auch nichtmetallische Stoffe enthalten sein, wie z. B. der Kohlenstoff, der bekanntlich ein wichtiger Legierungsbestandteil des Eisens ist. Auch das regelmäßig im technischen Eisen auftretende Silizium und der Phosphor sowie der Schwefel sind Nichtmetalle. Voraussetzung dafür, daß einem Stoff die Bezeichnung Metallegierung gebührt, ist lediglich sein metallisches Aussehen und sein Verhalten hinsichtlich mechanischer Bearbeitung sowie thermischer Behandlung und die Bedingung, daß alle Bestandteile (insbesondere auch die nichtmetallischen) im flüssigen Zustande in der Legierung gelöst waren. Ob einzelne dieser Bestandteile während der Erstarrung wieder ausgeschieden werden und dann in der Gesamtmasse verteilt sind, ist von untergeordneter Bedeutung und beeinflußt das Wesen der Legierung als solche nicht. Die erstarrte Legierung braucht keine homogene, feste Lösung zu sein, und es gibt nur sehr wenige Legierungen, die im festen Zustande ebenso homogen sind wie im flüssigen. Homogen darf eine erstarrte Legierung daher nur dann genannt werden, wenn sie im festen Zustande, d. h. nach ihrer Erstarrung ihre Bestandteile in der gleichen Verteilung enthält wie im flüssigen Zustande. Die anderen Legierungen heißen lediglich erstarrte Metallösungen von mehr oder weniger großer Homogenität, und zwar selbst dann, wenn sie im flüssigen Zustande völlig homogene Lösungen darstellten.

Hinsichtlich des Lösungs- und Erstarrungsvorganges ähneln die Metalle durchaus den Salzlösungen. Ebenso wie Kochsalz in Wasser zur Lösung gebracht wird, können sich zwei Metalle ineinander auflösen. Ist das eine Metall in großem Überschusse zugegen, dann wird es häufig als Lösungsmittel des anderen bezeichnet. Das ist aber nicht richtig, da auch das andere Metall der lösende Körper sein kann. Während man früher annahm, daß die Metalllegierungen homogene Körper seien, die an allen Stellen gleiche chemische und physikalische Beschaffenheit besäßen, hat Guthrie den Nachweis geliefert, daß dies, wie bereits weiter oben dargelegt wurde, nicht der Fall ist und daß sich im allgemeinen alle für wässerige Salzlösungen gültigen Gesetze auch unverändert auf geschmolzene Metallösungen anwenden lassen.

§ 115. Die Erstarrung wässeriger Salzlösungen.

Überläßt man reinen Wasserdampf von 125° der allmählichen Abkühlung und stellt in einem Diagramm den Verlauf der Temperaturabnahme als Funktion der Zeit dar, dann ergibt sich ein Kurvenverlauf, wie er aus Abb. 220 ersichtlich ist. Die Abkühlung verläuft zunächst bis 100° stetig, hier findet die Kondensation des Dampfes statt, wobei infolge der frei werdenden latenten Verdampfungswärme eine Unterbrechung in der Temperaturabnahme erfolgt. Die Temperatur bleibt konstant, bis sämtlicher Dampf von 100° sich in Wasser von 100° verwandelt hat. Ist dies geschehen, dann beginnt die Abkühlung des Wassers und setzt sich stetig fort, bis bei 0° infolge der frei werdenden Schmelzwärme wiederum ein Stillstand der Temperatur erfolgt, der solange andauert, bis die ganze Masse zu Eis erstarrt ist. Hiernach kühlt sich das Eis weiter ab, ohne daß nochmals ein Temperaturstillstand eintritt.

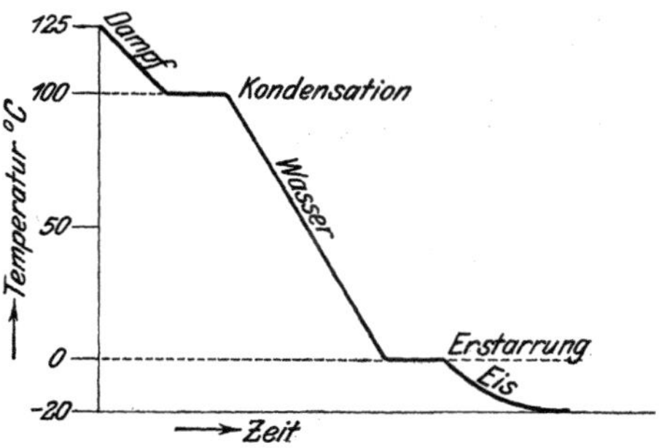

Abb. 220.

Die Punkte 100° und 0° heißen die Umwandlungspunkte, weil in ihnen eine Änderung des Aggregatzustandes stattfindet. Bei 100° geht der Wasserdampf in den flüssigen Zustand und bei 0° aus dem flüssigen in den festen Aggregatzustand über.

Löst man in dem Wasser eine gewisse Menge eines Salzes, z. B. 10% Kochsalz, dann geht die Abkühlung des Gemisches nicht mehr in derselben Weise vor sich wie die des reinen Wassers. Durch den Salzzusatz wird der Gefrierpunkt des Wassers erniedrigt und in der Abkühlungskurve (Abb. 221) machen sich zwei Haltepunkte bemerkbar. Bei −8° tritt eine Verzögerung der Temperaturabnahme ein. Sie hört nach und nach auf und die Temperatur fällt weiter, bis bei −22° der flüssige Rest unter Wärmeabgabe erstarrt.

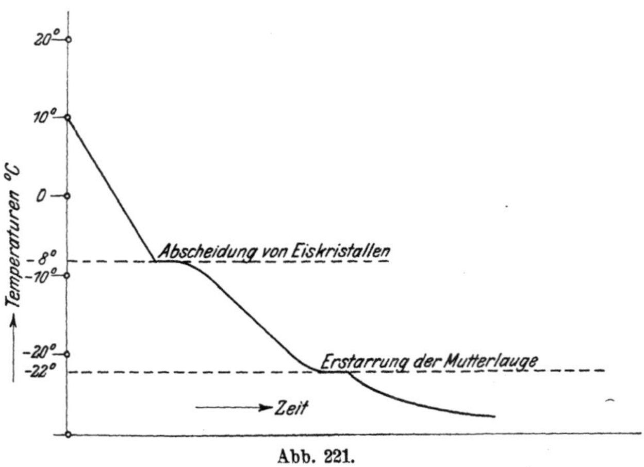

Abb. 221.

Ein Zusatz von 15% Kochsalz erniedrigt die Lage des ersten Haltepunktes noch weiter, während der zweite bei derselben Temperatur wie vorher, d. i. −22°, auftritt. Dieselbe Erscheinung macht sich bei einem Zusatz von 20% Kochsalz bemerkbar. Enthält aber die Lösung 23% Kochsalz, dann erscheint nur ein einziger Haltepunkt, und zwar bei −22°; es fällt bei dieser Konzentration der Lösung der erste Haltepunkt mit dem zweiten zusammen. Bei weiterer Erhöhung des Kochsalzgehaltes ergeben sich im Abkühlungsdiagramm wiederum zwei Haltepunkte, von denen der erste um so höher liegt, je größer der Kochsalzgehalt gewählt wurde. Gemeinsam ist aber allen Lösungen die Lage des zweiten Haltepunktes. Während der erste Haltepunkt abhängig ist von der Konzentration der Lösung, zeigt der zweite eine solche Abhängigkeit nicht, weil er stets bei der gleichen Temperatur auftritt.

Verfolgt man die bei den Haltepunkten sich in der 10 %igen Lösung abspielenden Vorgänge (s. Abb. 221), so ergibt sich, daß bei Erreichung des ersten Haltepunktes eine Ausscheidung von Eiskristallen beginnt. Sie setzt sich bei weiterer Abkühlung fort, der flüssig bleibende Rest wird immer kochsalzreicher, und beim zweiten Haltepunkt erstarrt die Mutterlauge, deren Zusammensetzung die chemische Analyse zu 23,5 % Kochsalz und 76,5 % Wasser ergibt, gleichgültig, welchen Gehalt an Kochsalz die Lösung vorher besessen hatte. Bei den Lösungen mit mehr als 23,5 % Kochsalzgehalt findet beim ersten Haltepunkt eine Abscheidung von Kochsalzkristallen statt, welche den verbleibenden flüssigen Rest immer kochsalzärmer macht. Ist die Temperatur auf —22 ⁰ gesunken, dann besitzt der flüssige Rest die Konzentration von 23,5 %, und die Erstarrung findet plötzlich statt.

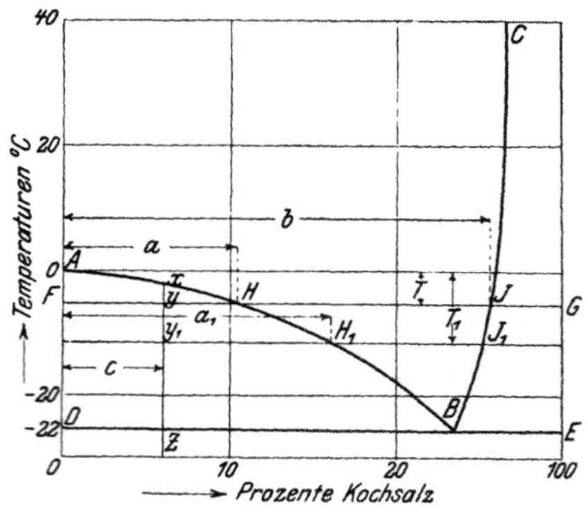

Abb. 222.

Die 23,5 % Wasser-Kochsalzmischung nimmt somit in der Reihe sämtlicher Mischungen eine besondere Stellung ein, indem sie am längsten flüssig und homogen bleibt und nur einen einzigen Erstarrungspunkt besitzt, der immer bei derselben Temperatur liegt. Man nennt diese Mischung „eutektische Mischung" (gutflüssige Mischung) oder „Eutektikum", und die Temperatur, bei welcher das Eutektikum erstarrt, die „eutektische Temperatur".

Diese Eigenschaften des Eutektikum, konstante Zusammensetzung und konstanten Erstarrungspunkt zu besitzen, hatten früher dazu geführt, dasselbe als chemische Verbindung anzusehen. Genaue Untersuchungen ergaben aber, daß diese Annahme ungerechtfertigt war und daß das Eutektikum aus zahllosen Lamellen von Eis und Salz besteht, die mechanisch nebeneinander gelagert sind.

Faßt man die Haltepunkte sämtlicher Wasser-Kochsalzlösungen in einem Diagramm (Abb 222) zusammen, in welchem die Abszissen Prozente Kochsalz und die Ordinaten Temperaturen bedeuten, so stellt die Kurve *AB* den geometrischen Ort aller ersten Haltepunkte dar, an welchem die Abscheidung von Eiskristallen und die Kurve *BC* denjenigen, an dem die Ausscheidung von Salzkristallen beginnt. Die Gerade *DBE* aber ist der geometrische Ort aller zweiten Haltepunkte. Ein solches Diagramm nennt man „Erstarrungsbild". Man kann aus ihm für jede beliebige Wasser-Kochsalzmischung, deren Zusammensetzung bekannt ist, den Zustand herauslesen, in welchem sie sich bei einer bestimmten Temperatur befindet. Das Diagramm gibt aber auch Aufschluß über den Sättigungszustand der Lösungen. Die Punkte der Kurve *AB* entsprechen Lösungen, die bezüglich Eis, die Punkte der Kurve *BC* Lösungen, die bezüglich Kochsalz gesättigt sind. Punkt *B* gibt an, daß ein System mit 23,5 % Kochsalz bei einer Temperatur von -22^0 sowohl in bezug auf Eis als auch in bezug auf Kochsalz gesättigt ist.

Man erkennt weiter aus dem Diagramm, welche Mutterlauge bei einer bestimmten Temperatur T mit Eis- oder Kochsalzkristallen im Gleichgewicht ist. Man braucht nur die Parallele FG zur Abszisse im Abstande T von dieser zu ziehen. Die Punkte $FHIG$ besagen, daß bei der Temperatur T Eis (Punkt F) neben einer Mutterlauge mit a % Kochsalz, oder daß Kochsalz (Punkt G) bei dieser Temperatur neben einer Mutterlauge mit b % Kochsalz im Gleichgewicht bestehen kann. Greift man ein beliebiges, durch die Gerade XZ bestimmtes System Wasser-Kochsalz mit c % Kochsalzgehalt heraus, so gibt der Punkt Y den Zustand des Systems bei der Temperatur T an. Da das System bei dieser Temperatur in bezug auf Eis übersättigt ist, kann es nicht flüssig homogen bestehen bleiben, es scheiden sich solange Eiskristalle aus, bis die darüberstehende Mutterlauge den dem Punkt H entsprechenden Kochsalzgehalt angenommen hat.

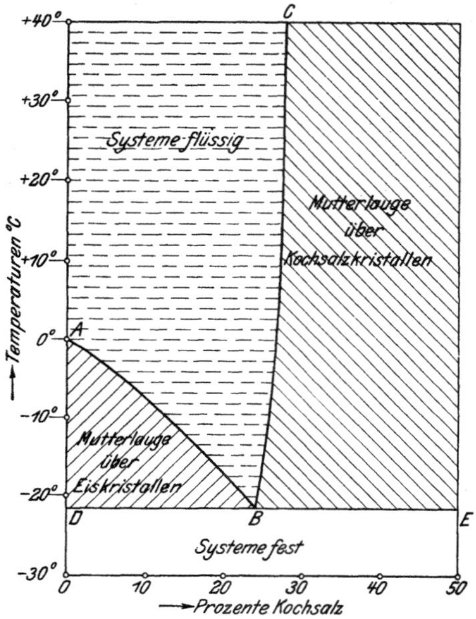

Abb. 223.

Das System zerfällt somit in zwei Teile, den festen Teil F und den flüssigen Teil H. Der feste Teil F besteht aus Eis und der flüssige Teil H aus einer a %igen Lösung von Wasser und Kochsalz. Läßt man die Temperatur des Systems XZ von T auf T_1 sinken, so muß auch der Gleichgewichtszustand eine Änderung erfahren, weil bei der Temperatur T_1 Eiskristalle nur mit einer Mutterlauge mit a_1 % Kochsalz (Punkt H_1) im Gleichgewicht sein können. Es findet deshalb eine weitere Eisausscheidung statt, und die Menge der Mutterlauge nimmt dementsprechend ab. Ihr Kochsalzgehalt nimmt aber dafür zu, er wächst von a % auf a_1 %.

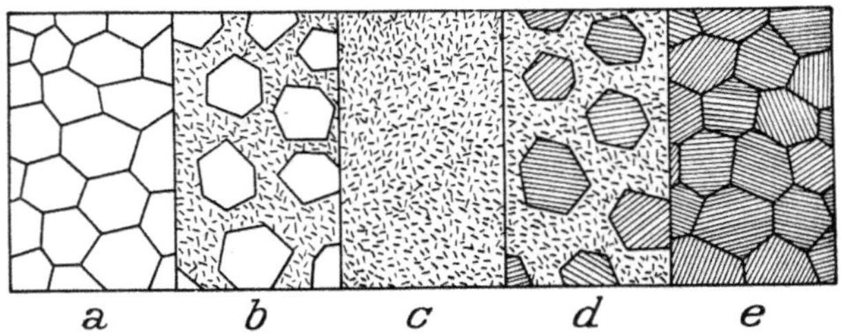

Abb. 224.

Bei weiterer Temperaturabnahme geht die Eisausscheidung und die Abnahme der Menge der Mutterlauge weiter vor sich, bis bei -22^0 das System in die den Punkten D und B entsprechenden Teile zerfällt. Jetzt muß bei gleichbleibender Temperatur eine gleichzeitige Ausscheidung von Eis- und

Kochsalzkristallen stattfinden, bis alles erstarrt ist, weil die Mutterlauge sowohl in bezug auf Eis als auch in bezug auf Kochsalz gesättigt ist.

Die Gerade *DBE* (s. Abb. 223) bildet somit die Grenze, unterhalb der sich sämtliche Systeme, gleichgültig, welches ihr Kochsalzgehalt ist, im festen Aggregatzustand befinden. Während oberhalb der Kurve *ABC* alle Systeme homogen und in flüssigem Zustande sind, bezeichnen die Flächenteile *ABD* und *CBE* diejenigen Bereiche, innerhalb deren die Systeme aus einem festen und einem flüssigen Teile bestehen.

Genau die gleichen Vorgänge, nur in umgekehrter Reihenfolge, spielen sich ab, wenn die Systeme anstatt aus dem flüssigen in den festen, umgekehrt aus dem festen in den flüssigen Zustand übergeführt werden.

Das schematische Aussehen der typischen, erstarrten, wässerigen Salzlösungen und der dem gleichen Erstarrungstypus entsprechenden Metalllösungen zeigt die Abb. 224. Sie läßt erkennen, daß die eutektische Mischung (Abb. 224 c) aus lauter gleich großen, sehr kleinen Kristallen besteht, die innig miteinander vermischt ein gleichartiges Gefüge gewährleisten. Das System (Abb. 224 b) zeigt dagegen neben diesem Gemisch von sehr kleinen Kristallen noch helle, regelmäßig gestaltete große Kristalle, die Eiskristalle darstellen, entsprechend den hypoeutektischen Mischungen unterhalb des Kurvenzweiges *AB* der Abb. 222 und 223. Die hypereutektischen Mischungen (Abb. 224 d) unterhalb des Kurvenzweiges *BC* zeigen demgegenüber große dunkle Kristalle, die aus Kochsalz bestehen. Es sind demnach sowohl in den hypoeutektischen als auch in den hypereutektischen Salzlösungen neben den das Eutektikum darstellenden kleinen Kristallen noch große Kristalle gegenwärtig, die je aus einer der beiden Komponenten bestehen. Die hypoeutektischen Lösungen enthalten demnach große Eiskristalle in dem aus kleinen Eis- und Salzkristallen bestehenden Eutektikum und die hypereutektischen Lösungen zeigen große Salzkristalle in dem gleichen Eutektikum.

§ 116. Die Erstarrung geschmolzener binärer Metallösungen.

a) Die Komponenten bilden keine chemische Verbindung miteinander.

Ganz analoge Erscheinungen, wie die im vorigen Paragraphen besprochenen, treten bei der Erstarrung von Metallösungen auf.

In Abb. 225 ist das Erstarrungsbild der Silber-Kupferlegierungen dargestellt, wie es von Heycock und Neville[1]) ermittelt wurde. Die Abszissen bedeuten darin den Gehalt der Legierungen an Kupfer und die Ordinaten die Temperatur der Haltepunkte. Das Erstarrungsbild besteht wieder aus zwei Kurvenzweigen *AB*, *BC*, welche der geometrische Ort aller oberen Haltepunkte sind. In jedem Punkte dieser Kurven befinden sich die zugehörigen Systeme im Gleichgewicht, und bei der weiteren Abkühlung wird eine der beiden Legierungskomponenten ausgeschieden. Nur bei dem System, welches dem Punkt *B* entspricht, findet keine Ausscheidung einer Komponente statt, sondern die Legierung erstarrt als einheitliches Ganzes. Der Punkt *B* entspricht dabei dem Eutektikum mit einer Zusammensetzung von 28 % Kupfer und 72 % Silber. Die eutektische Temperatur beträgt 778°.

[1]) Heyn, Zeitschr. d. Ver. deutsch. Ing. 1900, S. 139.

Verfolgt man den Abkühlungsvorgang eines Systems mit 20 % Kupfer und 80 % Silber, also einer hypoeutektischen Mischung, dann findet man den oberen Haltepunkt X bei etwa 815°. Bis hierher befand sich das System im flüssigen Zustande, es war homogen, und die Komponenten waren im Gleichgewichte. Kühlt es weiter ab, dann kann es nicht flüssig homogen bestehen bleiben, weil es in bezug auf Silber übersättigt ist, es werden infolgedessen Silberkristalliten ausgeschieden. Bis zum Punkte Y (bei 800°) müssen z. B. so viele ausgeschieden sein, daß die über ihnen stehende Mutterlauge die Zusammensetzung 23 % Kupfer und 77 % Silber besitzt. Im Punkte Z beginnt die gleichzeitige Ausscheidung von Silber- und Kupferkristalliten und sie dauert bei gleichbleibender Temperatur solange an, bis die Mutterlauge völlig erstarrt ist und das gesamte System sich im festen Zustande befindet. In derselben Weise geht die Abkühlung jeder hypereutektischen Legierung, d. i. mit mehr als 28 % Kupfergehalt, vor sich. Aber anstatt daß wie vorher beim oberen

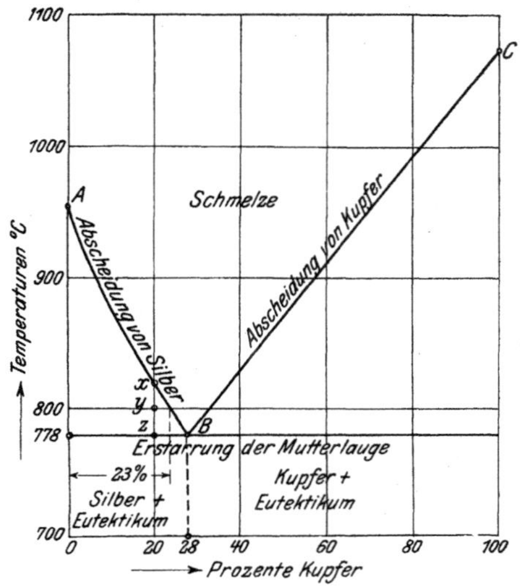

Abb. 225.

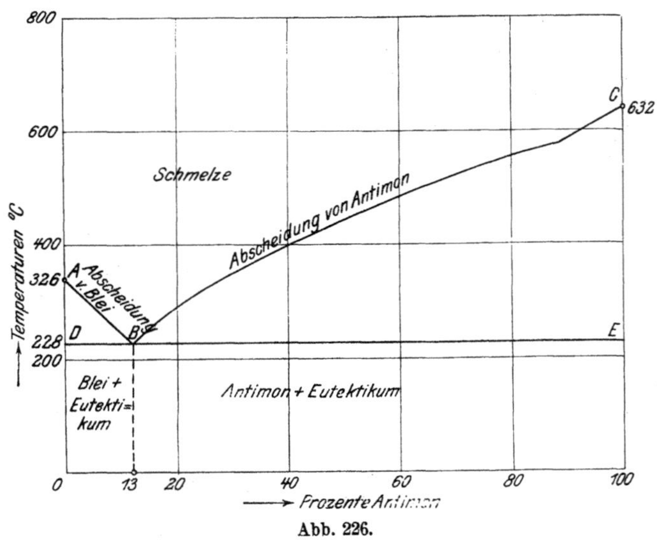

Abb. 226.

Haltepunkt die Ausscheidung von Silberkristallen beginnt, findet hier die Ausscheidung von Kupferkristallen statt. Die verbleibende Mutterlauge wird mit sinkender Temperatur immer silberreicher, bis endlich bei 778° soviel Kupfer ausgeschieden ist, daß sie nur noch 28 % Kupfer enthält und als einheitlicher Körper zu einem innigen Gemenge von Silber und Kupfer erstarren kann.

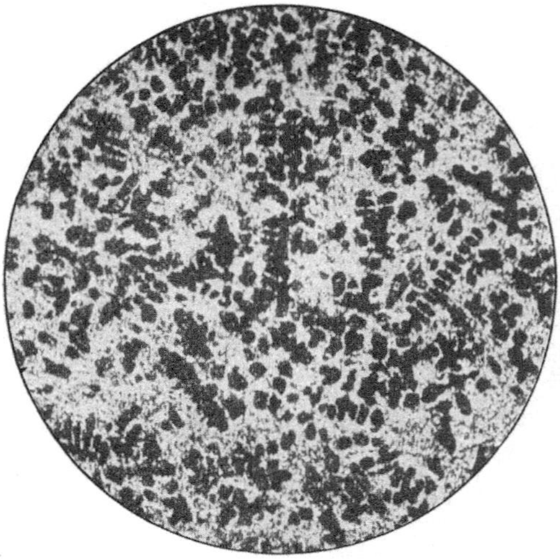

Abb. 227. V. = 50.

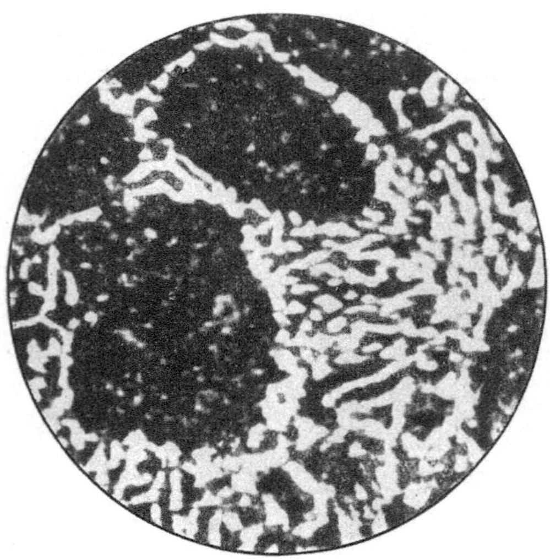

Abb. 228. V. = 500.

Ebenso wie die eutektische Mischung demnach den niedrigsten Erstarrungspunkt aller Systeme Silber-Kupfer besitzt, hat sie auch den niedrigsten Schmelzpunkt. Bei allen anderen Mischungen schmilzt zuerst das Eutektikum, und erst später lösen sich die Ausscheidungen, bis beim oberen Haltepunkte alles gelöst ist und das System sich bei höheren Temperaturen im flüssigen Zustande befindet.

In Abb. 226 ist das Erstarrungsbild der Blei-Antimonlegierungen, wie es von Roland-Gosselin[1]) ermittelt wurde, dargestellt. Es ist demjenigen der Silber-Kupferlegierungen völlig ähnlich. Die eutektische Mischung enthält 13 % Antimon und 87 % Blei. Die eutektische Temperatur ist 228°. Der Kurvenzweig *A B* beginnt bei 326°, dem Schmelzpunkte des Bleies und der Zweig *C B* bei 632°, dem Schmelzpunkte des Antimons. Bei Temperaturen oberhalb der beiden Kurvenzweige befindet sich die Legierung im flüssigen Zustande. Bei Temperaturen, die nach oben durch die Kurvenzweige *A B C* und nach unten durch die Gerade *D E* begrenzt sind, findet die Ausscheidung einer der beiden Legierungskomponenten statt, und unterhalb der Geraden *D E* befinden sich die Systeme im festen Aggregatzustande. Bei den hypoeutektischen, also mit weniger als 13 % Antimongehalt, herrscht Gleichgewicht zwischen Eutektikum und Bleikristallen und bei den hypereutektischen (mit mehr als 13 % Antimon) ist das Eutektikum mit Antimonkristallen im Gleichgewicht.

[1]) Gautier, Recherches sur la fusibilité des alliages métalliques. Bulletin de la Société d'Encouragement pour l'industrie nationale 1896.

Abb. 227 zeigt in 50facher Vergrößerung das Gefüge einer hypoeutektischen Blei-Antimonlegierung mit 8 % Antimongehalt, bei der nach dem Erstarrungsbilde Bleiausscheidungen vorhanden sein müssen. Dies ist der Fall, da die schwarzen Bestandteile Bleikristalliten sind. Sie sind eingebettet in eine graue Grundmasse, die das Eutektikum Blei-Antimon mit 13 % Antimon darstellt. Abb. 228 zeigt denselben Schliff, aber bei 500facher Vergrößerung. Die dunklen Teile des Bildes stellen die Bleiausscheidungen dar und die übrigen das Eutektikum. Die Legierung, deren Gefüge in Abb. 229 bei 50facher Vergrößerung dargestellt ist, ist hypereutektisch; sie enthält 16 % Antimon und 84 % Blei. Nach dem Erstarrungsbilde (S. 239) muß die Legierung bei zirka 250° Antimonkristalle auszuscheiden beginnen. Im Gefüge findet man demnach freie Antimonkristalliten im Eutektikum, die weißen Flecken stellen die Antimonkristalliten dar und die dazwischenliegende Grundmasse das Eutektikum.

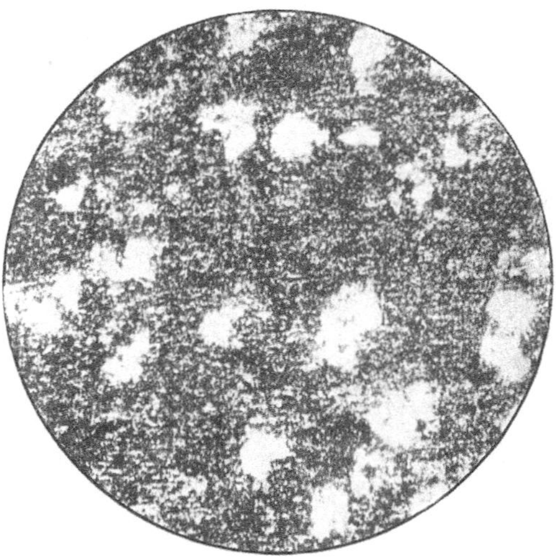

Abb. 229. V. = 50.

Trotzdem es an und für sich selbstverständlich ist, soll an dieser Stelle darauf hingewiesen werden, daß alle vorausgeschickten Ausführungen sich nur auf solche Legierungen beziehen, die bereits gehörig gemischt, d. h. bereits geschmolzen waren. Nur mechanisch gemischte, noch nicht geschmolzene Gemenge verschiedener Metalle erfüllen die erwähnten Gesetze nicht. Dasselbe gilt von zusammengeschmolzenen Legierungen, die infolge Seigerung an ihren einzelnen Stellen abweichende Zusammensetzung besitzen. Schmilzt man z. B. eine Legierung von 80 % Blei und 20 % Antimon und überläßt alsdann die flüssige Lösung der langsamen Abkühlung, so werden, weil die eutektische Mischung nur 13 % Antimon gelöst zu halten vermag, Antimonkristalle ausgeschieden. Diese Kristalle steigen infolge ihres geringeren spezifischen Gewichtes im Tiegel nach oben, es tritt eine Entmischung d. i. Seigerung, ein, so daß der untere Teil des Blockes nur aus eutektischer Mischung besteht und der obere Teil reichliche Mengen von Antimonkristallen enthält.

Ein erneutes Schmelzen dieses Blockes würde ebenfalls nicht nach dem für das System Blei-Antimon gültigen Erstarrungsbilde stattfinden. Infolge des niedrigen Schmelzpunktes des Eutektikums wäre der untere Teil des Blockes bereits völlig flüssig, während im oberen Teile noch feste Antimonkristalle vorhanden wären. Probeschmelzen aus solchen Legierungen müssen deshalb vor ihrem Erstarrungsbeginn sorgfältig durchgerührt und dann nicht zu langsam abgekühlt werden.

b) Die Komponenten gehen chemische Verbindungen ein.

Die bis hierher betrachteten Legierungen waren solche, deren Bestandteile beim Erstarren sich wieder trennen und deren Erstarrungspunkte sämtlich niedriger liegen als die der reinen Bestandteile. Legierungen dagegen, bei denen keine vollständige Trennung der Bestandteile mehr stattfindet, bei denen vielmehr die beiden Bestandteile eine chemische Verbindung eingehen, zeigen wesentlich abweichende Erstarrungsbilder. In Abb. 230 ist das Erstarrungsbild der Legierungen von Kupfer und Antimon nach Le Chatelier[1]) abgebildet. Die Abszisse gibt den Gehalt an Kupfer, die Ordinate die Haltepunktstemperaturen an.

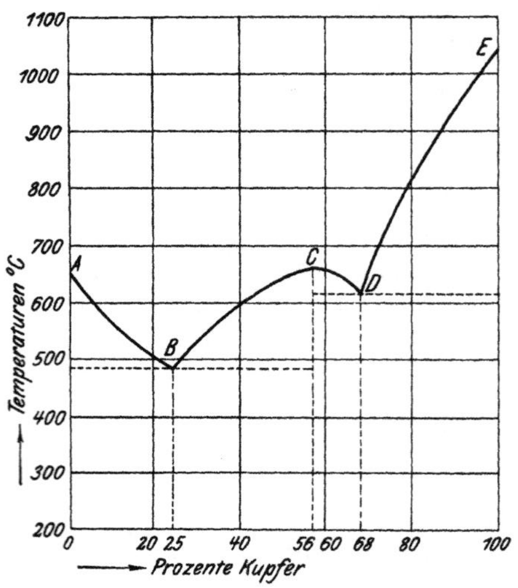

Abb. 230.

Während bei den früher besprochenen Legierungen die Haltepunktskurve nur zwei Zweige enthielt, die bei der eutektischen Temperatur ihren Schnittpunkt besaßen, zeigt die vorliegende Kurve vier Zweige *ABCDE* und zwei eutektische Temperaturen *B* und *D*. Bei *C* besitzt die Kurve einen Scheitel, der andeutet, daß die Legierung, deren Zusammensetzung 56 % Kupfer und 44 % Antimon ist, aus der chemischen Verbindung Antimonkupfer $SbCu_2$ besteht. Alle Legierungen, deren obere Haltepunkte auf den Kurvenzweigen *BCD* liegen, scheiden demnach bei beginnender Erstarrung Antimonkupfer aus, das in einem Eutektikum Antimon-Antimonkupfer bzw. Kupfer-Antimonkupfer eingelagert ist. Die Legierungen mit 25 % Kupfer und 68 % Kupfer sind eutektisch; sie unterscheiden sich dadurch, daß jene ein inniges Gemenge von Antimon und Antimonkupfer, und diese ein solches von Kupfer und Antimonkupfer sind.

§ 117. Die Entstehung von Legierungen im festen Zustande.

In den vorausgegangenen Darlegungen waren Legierungen behandelt worden, deren Komponenten im flüssigen Zustande vollkommen ineinander löslich sind, die sich aber bei der Erstarrung wieder völlig voneinander trennen und Kristalle bilden, die entweder die Komponenten im reinen Zustande oder in chemischer Verbindung enthalten. Manche Metalle besitzen aber auch im festen Zustande eine gewisse Löslichkeit füreinander und für andere Stoffe, die am deutlichsten durch das folgende Beispiel belegt werden kann. Werden nämlich je ein Stück Gold und Blei in inniger Berührung miteinander während einiger Zeit auf 100^0 erhitzt, so geht durch Diffusion das Gold zum Teil in das Blei über und es bildet sich neben dem reinen Blei und dem reinen Gold eine

[1]) Bulletin de la Société d'Encouragement pour l'industrie nationale 1895.

Blei-Goldlegierung, ohne daß beide oder eines der beiden Metalle vorher flüssig gemacht wurden. In gleicher Weise legieren sich Metalldämpfe mit festen Metallen. Wenn, wie es z. B. bei der Fabrikation des unechten Golddrahtes geschieht, erhitzte Kupferdrähte der Einwirkung von Zinkdämpfen ausgesetzt werden, so diffundiert das Zink in das Kupfer und es entsteht an der Oberfläche des Kupferdrahtes eine Messinglegierung, die dem Drahte nach dem weiteren Ziehen das goldähnliche Aussehen verleiht.

Auch Kohlenstoff, der bekanntlich von flüssigem Eisen in erheblicher Menge aufgelöst zu werden vermag, legiert sich mit erhitztem festen Eisen ebenfalls, wenn es in unmittelbarer Berührung mit kohlenstoffabgebenden Mitteln längere Zeit geglüht wird.

Lassen sich in derartig entstandenen Legierungen die Legierungsbestandteile durch keinerlei physikalische Hilfsmittel voneinander unterscheiden, wie es beispielsweise hinsichtlich der Blei-Goldlegierungen zutrifft, so bezeichnet man die Legierung als eine im starren Zustande entstandene „feste Lösung". Sie stellt dabei eine feste Lösung der gleichen Art dar wie eine aus dem flüssigen Zustande heraus entstandene. Besteht schließlich noch die Legierung aus Kristallen, so nennt man diese aus fester Lösung aufgebauten Kristalle „Mischkristalle", trotzdem sie nicht unmittelbar aus einer Mischung der Legierungsbestandteile entstanden sind. Da ihre Beschaffenheit aber denjenigen Mischkristallen entspricht, die bei der Erstarrung mischkristallbildender Legierungen entstehen, ist diese Bezeichnungsweise richtig.

§ 118. Die Erstarrung flüssiger Lösungen zu Mischkristallen.

Vertreter der Legierungen, die zu Mischkristallen aus homogener fester Lösung erstarren und in diesem Zustande bei der weiteren Abkühlung verbleiben, sind die Kupfer-Nickellegierungen, deren Erstarrungsdiagramm in der Abb. 231 nach Kurnakow und Żemczużny enthalten ist. Die linke Hälfte des Diagramms zeigt die Abkühlungskurven des reinen Nickels und des reinen Kupfers sowie der 30- und 70%igen Nickel-Kupferlegierung. Die Abkühlungskurve des Nickels enthält einen einzigen Haltepunkt bei 1451° und ebenso die des reinen Kupfers bei 1084°. Dazwischen zeigen die Kurven für die beiden Legierungen, daß 30% *Cu*-Gehalt einen Erstarrungsbeginn bei 1381° und ein Erstarrungsende bei 1310° veranlaßt und daß 70% *Cu*-Gehalt ein Erstarrungsintervall von 1235—1160° aufweist. Die Erstarrung

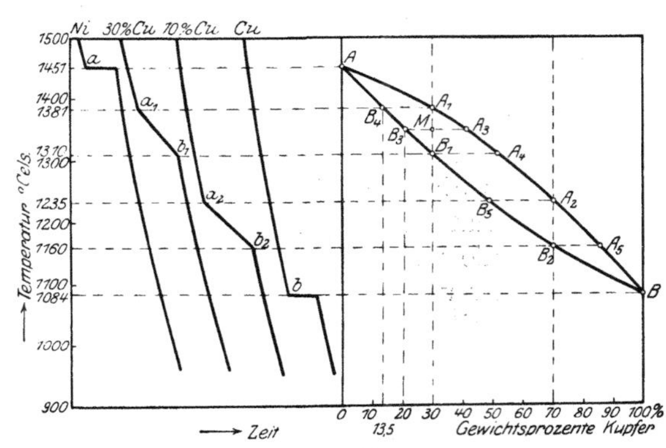

Abb. 231.

geht demnach bei keiner Kupfer-Nickellegierung bei gleichbleibender Temperatur vor sich, sondern immer während abnehmender Temperatur innerhalb eines bestimmten Temperaturintervalles. Werden die Temperaturintervalle in einem Kurvenbilde dargestellt, so erhält man den rechten Teil der Abb. 231. Oberhalb der Kurve $A A_1 A_2 B$ ist die Legierung flüssig, und deshalb heißt diese Kurve Liquiduskurve oder auch die Kurve der beginnenden Erstarrung. Demgegenüber erhält man die Kurve $A B_1 B_2 B$ als Soliduskurve oder als Kurve der beendigten Erstarrung.

Der Erstarrungsvorgang erfolgt nun aber bei diesen Legierungen nicht so einfach, wie wir es früher kennengelernt haben, sondern es ist das ein Vorgang, den man sich als eine Kombination der normalen Erstarrung und derjenigen denken kann, die durch das Beispiel der Diffusion des Goldes in das Blei (s. S. 242) belegt ist. Untersucht man nämlich einige der bei A_1 abgeschiedenen Nickel-Kupferkristalle chemisch, so ergibt sich ein Kupfergehalt derselben von 13,5 %, also weniger, als der ursprünglichen Schmelze entspricht. Demgegenüber ergibt aber die chemische Untersuchung einen Kupfergehalt der bei der Zwischentemperatur $M = 1350^0$ vorhandenen Kristalle von 20 % und der bei B_1 vorhandenen von 30 %. Das beweist, daß die bei sinkender Temperatur abgeschiedenen Kristalle während des Erstarrungsintervalles Kupfer durch Diffusion aus der umgebenden Schmelze aufgenommen haben. Aus dem Diagramm läßt sich aber auch die chemische Zusammensetzung der Kristalle und der Schmelzen bei jeder Temperatur ohne weiteres ablesen. Die chemische Zusammensetzung der bei A_1 gebildeten Kristalle ergibt der Schnittpunkt der Horizontalen mit der Soliduskurve in B_4 und die chemische Zusammensetzung der Kristalle bei M der Schnittpunkt B_3 mit der Soliduskurve. Die chemische Zusammensetzung der in dem Erstarrungsintervall $A_1 B_1$ abgeschiedenen Kristalle entspricht daher den Punkten B_4, B_3 und B_1 der Soliduskurve. Andererseits ist die chemische Zusammensetzung der zugehörigen Schmelzen gegeben durch die Punkte A_1, A_3 und A_4 der Liquiduskurve.

Während des Erstarrungsintervalles $A_1 B_1$ hat demnach die Lösung in ihrer Zusammensetzung eine allmähliche Veränderung erfahren. Sie besaß im flüssigen Zustande ursprünglich 30 % Kupfer, gab dann während der Erstarrung bei abnehmender Temperatur Nickel-Kupferkristalle mit steigendem Kupfergehalt ab, der schließlich dem Punkte B_1 entsprach. Während der Abkühlung hatten sich aber die abgeschiedenen kupferärmeren Nickel-Kupferkristalle wieder mit Kupfer angereichert, so daß sie schließlich entsprechend der ursprünglichen Schmelze im festen Zustande ebenfalls 30 % Kupfer enthalten. Trotz der eigenartigen Erstarrungsvorgänge ist somit aus der ursprünglichen homogenen flüssigen Lösung eine homogene feste Lösung der gleichen Zusammensetzung entstanden, die aus Mischkristallen von Nickel und 30 % Kupfer aufgebaut ist. Sämtliche flüssigen Lösungen von Kupfer und Nickel sind begrenzt durch die Liquiduskurve $A A_1 A_2 B$ und sämtliche feste Lösungen durch die Soliduskurve $A B_4 B_1 B_5 B$. Beide Kurven gestatten die Feststellung der jeweiligen Zusammensetzung der in der Erstarrung begriffenen Legierungen, und der Verlauf der Soliduskurve beweist, daß sämtliche Kupfer-Nickellegierungen aus homogenen Mischkristallen der beiden Komponenten bestehen müssen.

§ 119. Legierungen mit mehr als zwei Komponenten.

Diese Legierungen enthalten drei und mehr Bestandteile, welche entweder nebeneinander bestehen oder teilweise chemische Verbindungen eingehen. Verhältnismäßig einfach verhalten sich in dieser Beziehung noch die ternären Legierungen. Komplizierter jedoch bereits die quarternären und in noch höherem Grade diejenigen mit mehr als vier Bestandteilen. Vertreter der ternären Legierungen sind insbesondere die Lagermetalle, die im allgemeinen aus folgenden Komponenten bestehen: Antimon-Kupfer-Blei, Antimon-Kupfer-Zinn, Antimon-Blei-Zinn, Antimon-Zink-Zinn.

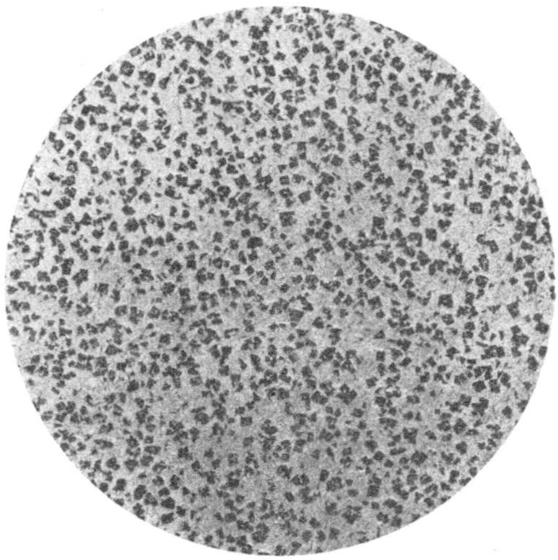

Abb. 232 a.
Die dunkeln Anteile im Bild sind Antimon-Zinn-Kristalle und die Grundmasse besteht aus einem Eutektikum von Blei- und Antimon-Zinn.

Auf die Erstarrungsverhältnisse dieser Legierungen kann, da es den Rahmen des Buches überschreiten würde, ebensowenig eingegangen werden wie auf die Einflüsse, welche Gase, z. B. Sauerstoff, auf die geschmolzenen Metallösungen ausüben.

Es mag der Hinweis genügen, daß das Kleingefüge der Legierungen, die mehr als zwei Komponenten enthalten, durch das Hinzutreten einer dritten oder von noch mehr Komponenten häufig gar nicht oder nur wenig verändert wird in Anbetracht dessen, daß die Gefügeart durch die beiden Hauptkomponenten gegeben ist. Beeinflußt wird dagegen das thermische Verhalten und die mechanischen Eigenschaften. (Näheres s. die einschlägige Literatur[1]).

Als Beleg für die Veränderungen, die ein dritter Bestandteil zu verursachen vermag, soll die Abb 232 a dienen. Sie entspricht der hypereutektischen Blei-Antimonlegierung

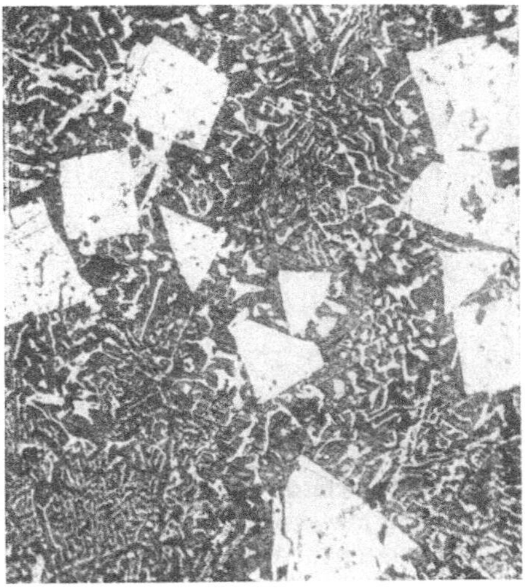

Abb. 232 b.

[1]) Goerens, Einführung in die Metallographie, Halle, Knapp; Tammann, Lehrbuch der Metallographie. Voß, Leipzig.

der Abb. 229, der aber nachträglich noch Zinn zugesetzt wurde. Durch diesen Zinnzusatz wurde verursacht, daß die ursprünglich unregelmäßig gestalteten (in der Abb. 229 hellgefärbten) Antimonkristalliten eine kubische Gestalt annahmen. Das rührt daher, daß sie nicht mehr, wie in der Abb. 229, aus reinem Antimon bestehen, sondern aus Antimon-Zinn *Sb Sn*, das kubisch kristallisiert. Diese Kristalle sind zwar, wie die stärkere Vergrößerung (Abb. 232 b) zeigt, eingebettet in ein Eutektikum, aber es besteht dieses nicht mehr wie dort aus Blei und Antimon, sondern es stellt ein inniges Gemenge dar von Blei und der Antimon-Zinnverbindung *Sb Sn*.

2. Die Vorgänge bei der Erstarrung und Abkühlung des Eisens.

§ 120. Die Umwandlungen des chemisch reinen Eisens bei der Erstarrung und Abkühlung.

Wie im § 27 erläutert wurde, beeinflußt der Kohlenstoff die mechanischen Eigenschaften des Eisens in hohem Maße, und durch Gegenwart anderer Elemente kann der Einfluß aufgehoben, vermindert oder verstärkt werden.

Die Abb. 233 zeigt die Abkühlungs- und Erhitzungskurven des **reinen** Eisens. Die erstere enthält außer dem durch die Erstarrung bedingten Haltepunkt bei 1528° drei weitere bei 1401°, 898° und 768°. Während bei 1528° das Eisen aus dem flüssigen in den festen Aggregatzustand übergeht, erleidet

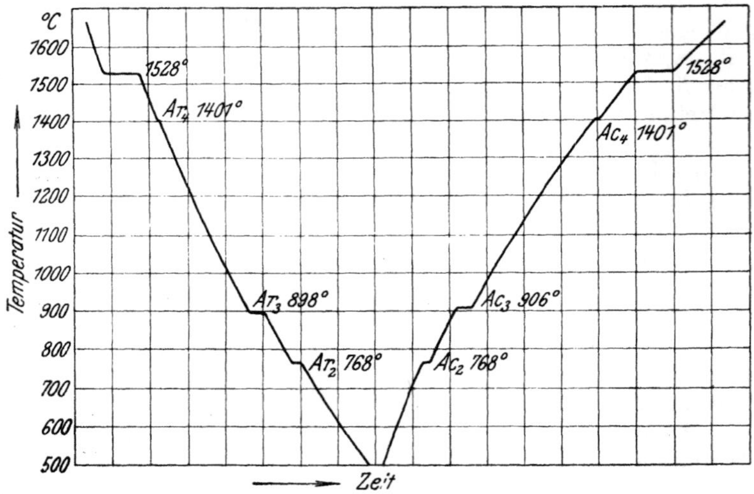

Abb. 233.

es bei den anderen genannten Temperaturen allotrope Umwandlungen. Man nennt diese Punkte der Kurve Haltepunkte oder Umwandlungs- oder kritische Punkte. Die einzelnen durch die Temperaturen gekennzeichneten Temperaturbereiche entsprechen besonderen Modifikationen des Eisens.

Es entspricht:

Das	Bereich	1528 – 1401°	der	δ-Modifikation	
„	„	1401 – 898°	„	γ	„
„	„	898 – 768°	„	β	„
„	„	unter 768°	„	α	„

Die genannten Temperaturen finden sich bei der Abkühlung des geschmolzen gewesenen Eisens. Bei der Erhitzung dagegen findet sich, wie die rechte Kurve erkennen läßt, der Punkt A_{c3} um 8^0 höher. Diese Hysteresis ist abhängig von der Abkühlungsgeschwindigkeit, und deshalb decken sich nicht bei allen Forschern die Angaben für die Punkte A_c und A_r.

Von praktischer Bedeutung ist, daß während der Erhitzung von 0^0 an die Magnetisierbarkeit des reinen Eisens allmählich abnimmt und beim Punkte A_2 fast nicht mehr vorliegt, nach Abkühlung unter die Temperatur dieses Punktes aber wieder eintritt. Auch durch Stetigkeitsänderungen der Ausdehnung und Zusammenziehung des Eisens sowie durch Änderung der elektrischen und magnetischen Eigenschaften während der Erhitzung oder Abkühlung kennzeichnen sich die Umwandlungspunkte[1]).

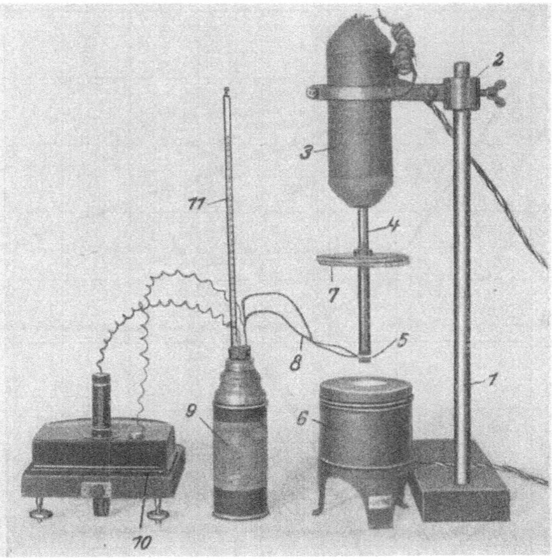

Abb. 234.

Während sich die Umwandlungspunkte als solche nach den im § 151 beschriebenen Verfahren ermitteln lassen, kann man die Temperaturen, bei denen die magnetischen Umwandlungen auftreten, leicht mit der aus der Abb. 234 ersichtlichen Vorrichtung (Konstruktion des Verfassers) feststellen.

1 mit 2 stellt ein kräftiges Eisenstativ dar.

3 ist die Drahtspule eines Solenoids, die auf ein Porzellanrohr gewickelt ist. Sie wird mit 220 Volt Gleichstrom betrieben.

4 ist der zugehörige Eisenkern, der beim Kurzschließen der Spule 3 in das Rohr hineingezogen und beim Öffnen des Stromkreises vor dem Herausfallen durch einen Querstift am oberen Ende gesichert wird.

Solange Eisen vom magnetischen Kern 4 angezogen zu werden vermag, haftet der Probekörper 5 an ihm und der Kern 4 nimmt gegenüber der Spule 3 eine dem Gewicht des Probekörpers 5 entsprechende Lage ein.

Wird der Probekörper 5, nachdem er mit einem Thermoelemente 8 versehen wurde, in einen Glühofen eingesetzt, so bleibt er solange an dem Eisenkern 4 hängen, bis die Umwandlungstemperatur erreicht ist. Wird diese überschritten, so fällt die Eisenprobe 5 innerhalb des Ofens vom Eisenkern 4 ab. Dieser Augenblick macht sich außerhalb des Ofens dadurch kenntlich, daß der Eisenkern entsprechend seiner Entlastung in die Spule zurückschnellt.

[1]) Bemerkenswert ist auch, daß β-Eisen und γ-Eisen erheblich härter sind als α-Eisen.

Wird gleichzeitig am Galvanometer 10 die Temperaturanzeige des Thermoelementes 8 beobachtet, so kann nachträglich unter Berücksichtigung der Temperatur der Kaltlötstellen des Thermoelementes, die in üblicher Weise in der Thermophorflasche 9 untergebracht sind (s. S. 597), die Temperatur der magnetischen Umwandlung ermittelt werden. Zur Feststellung der Temperatur der Kaltlötstellen dient das Thermometer 11.

§ 121. Die Abkühlung und Umwandlung der Eisen-Kohlenstofflegierungen.

Durch Zutritt von Kohlenstoff und anderen Komponenten zum reinen Eisen erleiden die Umwandlungspunkte Veränderungen, die an bestimmte

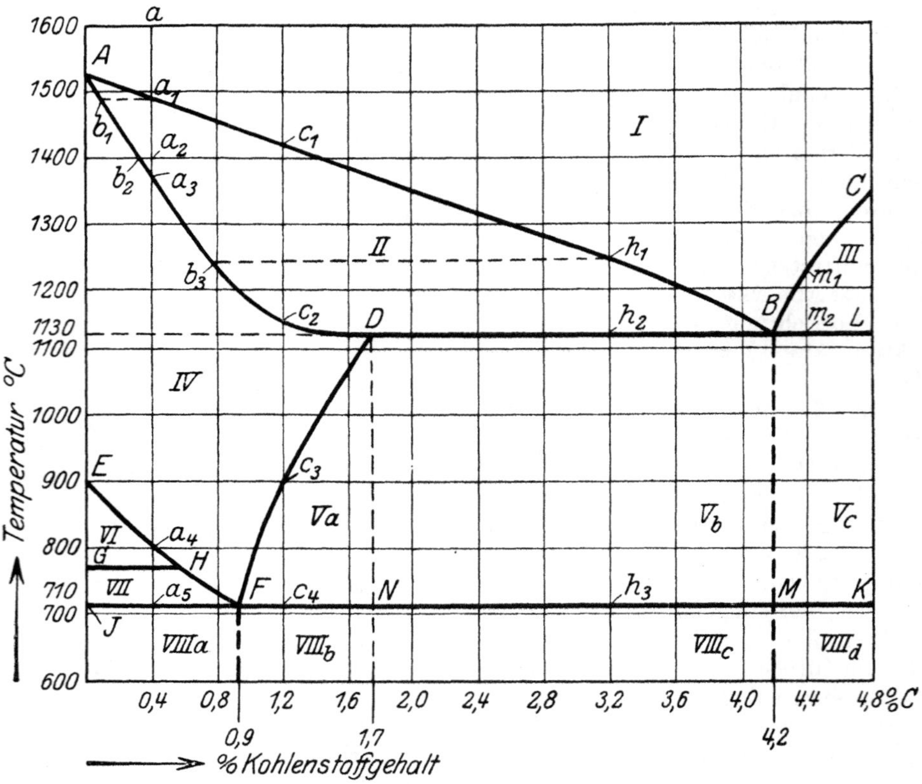

Abb. 235.

Gesetze gebunden sind. Die Gesetzmäßigkeit kommt zum Ausdruck durch das Zustandsdiagramm der Eisen-Kohlenstofflegierungen. Das erste derartige Zustandsdiagramm wurde im Jahre 1899 von Roberts-Austen mitgeteilt und im Jahre 1900 von Backhuis Roozeboom theoretisch ergänzt. Seit jener Zeit wurde von verschiedenen Forschern (Benedicks, Goerens, Ruer u. a.) an der Richtigstellung dieses Schaubildes gearbeitet, so daß ihm zur Zeit die aus der Abb. 235 ersichtliche Form zugesprochen werden darf[1]). Allerdings ist darin der δ-Modifikation, die unterhalb 0,4 % Kohlenstoffgehalt vorliegt, nicht Rechnung getragen worden. Es geschah dies zum leichteren Verständnis der folgenden Erläuterungen und mit Rücksicht darauf, daß diese vierte Modifikation keine unmittelbar praktische Bedeutung besitzt[2]).

Im schmiedbaren Eisen, dessen Umwandlungsvorgänge in den folgenden Darlegungen zuerst behandelt werden sollen, kommt der Kohlenstoff ausschließlich in chemischer Verbindung mit Eisen, im Eisenkarbid Fe_3C mit 6,67 % Kohlenstoffgehalt, vor. Es stellen die sämtlichen Eisen-Kohlenstofflegierungen daher Legierungen dar, die u. a. aus den beiden Komponenten Eisen und Eisenkarbid aufgebaut sind.

Oberhalb der Liquiduskurve ABC, d. h. im Felde I des Schaubildes, befinden sich die Legierungen im flüssigen Zustande, die Lösungen sind homogen und die Komponenten derselben sind jeweils im Gleichgewicht. Bei der Erstarrung und nachfolgenden Abkühlung gelangen die Legierungen in Zustände, die durch die Felder II—VIIId des Schaubildes gekennzeichnet sind.

Verfolgt man zunächst den Verlauf der Erstarrung einer Legierung mit 0,4 % C-Gehalt entsprechend der Ordinate durch a, so ergibt sich folgendes. Beim Unterschreiten der durch die Kurve AB festgelegten Gleichgewichtsgrenze bei a_1 werden Mischkristalle aus Eisen und Eisenkarbid ausgeschieden, deren Kohlenstoffgehalt geringer ist als der der ehemaligen Schmelze. Die Höhe des Kohlenstoffgehaltes ist aber gegeben durch den Kurvenzweig AD. Zieht man nämlich durch a_1 eine Parallele zur Abszisse, so gibt die Abszisse zu b_1 den Kohlenstoffgehalt der ausgeschiedenen Mischkristalle an und die Kurve AD kennzeichnet sich als der geometrische Ort aller Kohlenstoffgehalte, welche die im Temperaturbereich a_1—a_3 abgeschiedenen Mischkristalle enthalten. Daraus ergibt sich, daß der Kohlenstoffgehalt der Mischkristalle bei sinkender Temperatur immer größer wird. Es ist aber weiter zu beachten, daß die bereits abgeschiedenen Mischkristalle während der Abkühlung durch Diffusion Kohlenstoff aus der umgebenden Schmelze aufnehmen und dadurch kohlenstoffreicher werden, so daß bei Erreichung der dem Punkte a_3 entsprechenden Temperatur alle abgeschiedenen Mischkristalle den gleichen Kohlenstoffgehalt wie die ursprüngliche Schmelze, also 0,4 % aufweisen. Unterhalb der Temperatur a_3 besteht somit die Legierung nur aus Mischkristallen der genannten Art. Da in ihnen das Eisen in der γ-Modifikation enthalten ist, werden die Mischkristalle selbst γ-Mischkristalle genannt. Im Temperaturbereich a_1—a_3 bestand die Legierung dementsprechend aus γ-Mischkristallen und Schmelze. Erreicht die Temperaturabnahme den Punkt a_4, so erfolgt eine neue Umwandlung. Die Mischkristalle zerfallen, da sich das γ-Eisen derselben in β-Eisen umzuwandeln beginnt, das mit dem Eisenkarbid keine feste Lösung zu bilden vermag. Die Folge davon ist, daß β-Eisen abgeschieden wird. Bei weiter sinkender Temperatur setzt sich dieser Zerfall fort. Es wird immer mehr und mehr β-Eisen abgeschieden

[1]) Die einzelnen Umwandlungstemperaturen sind Schaubildern entnommen, die in gleicher Weise aufgenommen wurden wie die des Schaubildes in Abb. 233.

[2]) Näheres hierüber siehe Oberhoffer, Das schmiedbare Eisen, Berlin 1920. Jul. Springer.

und die Folge davon ist, daß die bestehenbleibenden Mischkristalle immer kohlenstoffreicher werden, und zwar nach einem Gesetze, das dem Verlauf der Kurve $E - F$ entspricht. Bei $a_5 = 710^0$ ist bereits so viel Eisen abgeschieden worden, daß der Kohlenstoffgehalt des Restes der Mischkristalle $0{,}9\,^0/_0$ beträgt. Dieser Kohlenstoffgehalt entspricht dem der eutektischen Mischung von Eisen und Eisenkarbid und F gilt als der eutektische Punkt. Zur Unterscheidung vom eutektischen Punkt B der Schmelze nennt man den Punkt F den eutektoiden Punkt und die zugehörige Mischung die eutektoide Mischung. Da sich das β-Eisen bei der die Geraden GH entsprechenden Temperatur in α-Eisen umwandelt, bestehen die abgeschiedenen Eisenkristalle unterhalb dieser Geraden aus α-Eisen und die noch vorhandenen Mischkristalle enthalten das Eisen ebenfalls in dieser Modifikation, so daß sie aus α-Eisen und Eisenkarbid bestehen. Sinkt die Temperatur dann unter a_5 entsprechend der Geraden IF, so zerfallen die Mischkristalle in ihre Bestandteile, nämlich in α-Eisen und Eisenkarbid, und die gesamte Legierung besteht alsdann endgültig aus abgeschiedenen großen primären α-Eisenkristallen, zwischen denen sich das Eutektoid, bestehend aus kleinen α-Eisenkristallen neben den zugehörigen kleinen Eisenkarbidkristallen vorfindet. Diesen Umwandlungsvorgängen entsprechen alle Eisen-Kohlenstofflegierungen bis 0,9 % Kohlenstoffgehalt. Die Legierung mit 0,9 % Kohlenstoffgehalt ist die eutektoide, und sie erlangt nach Durchlaufen ihres Zustandes IV ihren Endzustand in der Weise, daß die das γ-Eisen enthaltenden Mischkristalle bei Erreichen der eutektoiden Temperatur (710^0), unmittelbar in kleine[1]), die eutektoide Mischung darstellende α-Eisen- und Eisenkarbidkristalle zerfallen. Eine feststellbare Umwandlung des γ-Eisens in β-Eisen findet demnach nicht statt.

Untersucht man die Verhältnisse an einer übereutektoiden Schmelze, z. B. mit 1,2 % Kohlenstoffgehalt, so entstehen bei der Erstarrung von c_1 an erst die Mischkristalle des Zustandsfeldes II. Bei c_2 ist die Erstarrung beendet und der Zustand IV erreicht. Bei der Temperatur c_3 des Kurvenzweiges FD hört der Gleichgewichtszustand des γ-Eisens mit dem Eisenkarbid auf, und es beginnt mit sinkender Temperatur die Abscheidung von „großen" Eisenkarbidkristallen, wodurch die verbleibenden Mischkristalle kohlenstoffärmer werden. Bei der eutektoiden Temperatur c_4 haben sie die Zusammensetzung der eutektoiden Mischung erreicht, und sie zerfallen bei Unterschreiten dieser Temperatur in den Endzustand, nämlich in das Eutektoid, bestehend aus „kleinen" Eisen- und Eisenkarbidkristallen.

Im vorausgegangenen waren die Eisenkohlenstofflegierungen behandelt worden, die infolge ihres geringeren Kohlenstoffgehaltes (unter 1,7 %) schmiedbares Eisen darstellen. Ihre Erstarrungs- und Abkühlungsverhältnisse sowie ihre notwendigen Gefügeformen ergeben sich aus der Abb. 235. Da aber auch die höher kohlenstoffhaltigen Legierungen bei der Materialprüfung besonderes Interesse beanspruchen, in Anbetracht dessen, daß sie im Gußeisen vorliegen, sollen auch diese noch einer Besprechung unterzogen werden.

[1]) „Kleine" ist hier gebraucht als Gegensatz zu den größeren primär ausgeschiedenen Eisenkristallen der untereutektoiden Legierungen.

Bekanntlich befinden sich alle in der Abb. 235 angedeuteten Eisenkohlenstofflegierungen oberhalb der Liquiduskurve *ABC* im Zustande der homogenen flüssigen Lösung und unterhalb der Soliduslinie *ADBL* teils im Zustande der festen Lösung, teils andersartig zusammengesetzt. In fester Lösung liegen alle Legierungen bis zu 1,7 % Kohlenstoffgehalt vor, entsprechend dem Punkte *D* der Abb. 235. *B* ist der eutektische Punkt, also der Erstarrungspunkt (1130°) der eutektischen Eisenkohlenstofflegierung, die sich durch einen Kohlenstoffgehalt von 4,2 % kennzeichnet. Diese Legierung geht bei gleichbleibender Temperatur (1130°) und hinreichend großer Abkühlungsgeschwindigkeit unter Bildung von gesättigten Mischkristallen und Eisenkarbidkristallen in den festen Zustand über. Die Mischkristalle besitzen entsprechend dem Diagramm einen Kohlenstoffgehalt von 1,7 %. Den gleichen Kohlenstoffgehalt besitzen die bis zur Soliduslinie *DB* abgeschiedenen Mischkristalle aller anderen Legierungen zwischen 1,7 und 4,2 % Kohlenstoffgehalt. Daneben enthalten sie aber noch zur Ergänzung des Gesamtkohlenstoffgehaltes das dem Punkte *B* entsprechende Eutektikum mit 4,2 % Kohlenstoffgehalt. Beispielsweise gestaltet sich die Erstarrung der Legierung mit 3,2 % Kohlenstoffgehalt bei der entsprechend großen Abkühlungsgeschwindigkeit wie folgt. Beim Punkte h_1 beginnt die Abscheidung von Mischkristallen, die gemäß dem Schnittpunkte b_3 der Horizontalen mit der Soliduslinie *AD* 0,78 % Kohlenstoff enthalten. Bei sinkender Temperatur nimmt der Kohlenstoffgehalt der sich abscheidenden Mischkristalle entsprechend dem Verlauf der Soliduslinie *AD* zu und in die bereits abgeschiedenen diffundiert Kohlenstoff aus dem noch flüssigen Rest der Lösung über, bis bei Erreichen der Temperatur von 1130°, wo die ganze Legierung erstarrt ist, alle Mischkristalle den Kohlenstoffgehalt von 1,7 % besitzen. Diese Mischkristalle bilden aber nicht die ganze Legierung. Sie enthält vielmehr neben ihnen als Grundmasse beziehungsweise als Füllmasse das aus den gleichen, aber feiner ausgebildeten Mischkristallen und Eisenkarbid bestehende Eutektikum mit 4,2 % Kohlenstoffgehalt. Im Gefüge finden sich demnach bei der Temperatur von 1130° die größeren Mischkristalle eingebettet in das aus kleinen Mischkristallen und kleinen Eisenkarbidkristallen bestehende Eutektikum (falls die Abkühlung hinreichend rasch erfolgte).

Anders liegen die Verhältnisse bei den Legierungen mit mehr als 4,2 % Kohlenstoffgehalt. So scheiden sich beispielsweise aus einer Legierung mit 4,4 % Kohlenstoffgehalt, bei der Temperatur von 1220° beginnend, entsprechend dem Punkte m_1 der Liquiduskurve *BC* Eisenkarbidkristalle aus, die in der flüssig bleibenden Lösung verteilt so lange gegeneinander beweglich bleiben, bis bei m_2 die Temperatur 1130° erreicht ist. Bei dieser ist der Schmelze durch die abgeschiedenen Eisenkarbidkristalle bereits so viel Kohlenstoff entzogen worden, daß der noch flüssige Rest die Zusammensetzung der eutektischen Mischung (4,2 % Kohlenstoffgehalt) angenommen hat. Im festen Zustande zeigt infolgedessen diese Legierung freie größere Eisenkarbidkristalle, eingebettet in das aus kleinen Mischkristallen und kleinen Eisenkarbidkristallen bestehende Eutektikum.

Alle Legierungen von 1,7 bis 4,8 % Kohlenstoffgehalt enthalten demnach bei 1130° und hinreichend großer Abkühlungsgeschwindigkeit das genannte Eutektikum, in dem entweder größere Mischkristalle (Austenit) oder größere Eisenkarbidkristalle (Zementit) eingebettet sind.

Metallographisch nennt man das diesem Eutektikum eigentümliche Gefüge Ledeburit[1]).

Die im vorstehenden dargelegte Beschaffenheit der Legierungen mit mehr als 1,7 % Kohlenstoffgehalt bleibt bestehen, wenn die Legierungen von der eutektischen Temperatur aus nicht allmählich, sondern rascher bis auf Zimmertemperatur abgekühlt werden. Das sich dadurch bildende Eisen nennt man technisch „Weißeisen". Es kennzeichnet sich dadurch, daß der gesamte Kohlenstoff in der Form des Eisenkarbids gegenwärtig ist.

Den Gegensatz vom Weißeisen bildet technisch das graue Gußeisen oder graue Roheisen, und es soll deshalb im folgenden dargelegt werden, wie die Bildung dieses Eisens vor sich geht.

Aus der Bedingung, daß sich Weißeisen nur dann bilden kann, wenn die Abkühlung der Legierung beschleunigt wird, ergibt sich, daß sie sich nicht im stabilen Zustande befindet. Das trifft auch zu, denn das Eisenkarbid ist bei höheren Temperaturen nicht beständig und zur Umbildung beziehungsweise Zersetzung nach der Gleichung $Fe_3C = C + 3Fe$ geneigt. Wenn nun die Abkühlung der Legierungen nicht schnell, sondern wie es in der Graugußgießerei üblich ist, allmählich erfolgt, so zersetzt sich das Eisenkarbid während des Erstarrungsvorganges der Schmelze in Eisen und Graphit. Die großen, im Kurvenbereich BCL sich abscheidenden Eisenkarbidkristalle zerfallen in Ferrit und große Graphitblättchen, die man auch Garschaumgraphit nennt, da sie infolge ihres geringen spezifischen Gewichtes einen verhältnismäßig großen Auftrieb besitzen, der sie als Garschaum an die Oberfläche der Schmelze befördert. Bei schnellerer Abkühlung ist diese Absonderung des Graphits aus der Schmelze aber häufig nicht möglich, und deshalb verbleiben die entstandenen Graphitblätter in der Legierung und sie kennzeichnen sich alsdann im Gefüge als größere flächen- oder strichförmige schwarze Einlagerungen sehr geringer Härte, die um so größer sind, je langsamer die Erkaltung vor sich gegangen ist und je größere Querschnittsabmessungen das Gußstück besitzt. Da sich aber auch das im Eutektikum (Ledeburit) befindliche Eisenkarbid noch während des Erstarrungsvorganges zersetzt, entsteht neben diesem vorgenannten Garschaumgraphit noch der in feinen Abscheidungen gegenwärtige eutektische Graphit. Es finden sich deshalb unterhalb der Temperatur von 1130° im Gefüge vor:

a) entweder nur eutektischer Graphit, entsprechend der Legierung mit 4,2 % Kohlenstoff, oder
b) mehr oder weniger Garschaumgraphit neben eutektischem Graphit, entsprechend der Zusammensetzung der Legierungen mit mehr als 4,2 % Kohlenstoffgehalt.

Die Zerfallsprodukte sind theoretisch Graphit und Ferrit, wenn der Zerfall vollkommen verlaufen würde. Da dies aber gewöhnlich nicht eintritt, finden sich neben diesen Zerfallsprodukten noch Reste des freien Eisenkarbids (Zementit) sowie außerdem Perlit, der dadurch entstanden ist, daß das beim Zerfall frei werdende Eisen sich wieder mit Kohlenstoff bzw. Eisenkarbid gesättigt hat. Sinkt schließlich die Temperatur unter die eutektoide Linie FK bei 710°, so zerfällt unter der Voraussetzung, daß die Abkühlung

[1]) Zu Ehren des großen Metallurgen Ledebur in Freiberg.

hinreichend langsam vonstatten geht, sowohl der freie Austenit der Legierungen von 1,7 bis 4,2 % Kohlenstoffgehalt als auch der im Eutektikum (Ledeburit) enthaltene Austenit in seine stabile Gefügeform, die sich als Perlit der gleichen Art kennzeichnet wie der beim endgültigen Zerfall des Austenits der Legierungen mit weniger als 1,7 % Kohlenstoffgehalt entstehende aus Ferrit und Zementit aufgebaute Perlit.

Den einzelnen Feldern der Abb. 235 entsprechen hiernach die folgenden Zustände der Eisen-Kohlenstofflegierungen.

Feld I	(oberhalb *ABC*) homogene flüssige Lösung von Eisen und Kohlenstoff.
Feld II	(*ABD*) γ-Mischkristalle + flüssige Lösung.
Feld III	(*BCL*) Eisenkarbidkristalle + flüssige Lösung oder Eisenkarbidkristalle + Graphit + flüssige Lösung.
Feld IV	(*AEFD*) γ-Mischkristalle (Austenit) = homogene feste Lösung von Eisenkarbid und γ-Eisen.
Feld Va	(*FDN*) Eisenkarbid (Zementit) + γ-Mischkristalle (Austenit).
Feld Vb	(*DBMN*) Mischkristalle (Austenit mit 1,7 % C) + Ledeburit.
Feld Vc	(*LBMK*) Zementit + Ledeburit oder Zementit + Graphit + Ledeburit.
Feld VI	(*EHG*) β-Eisen + Austenit.
Feld VII	(*GHFI*) α-Eisen + Austenit.
Feld VIIIa	α-Eisen (Ferrit) + Eutektoid mit 0,9 % C (Perlit).
Feld VIIIb	Zementit + Perlit.
Feld VIIIc	Zementit + Ledeburit oder Zementit + α-Eisen + Graphit.
Feld VIIId	Zementit + Ledeburit oder Zementit + α-Eisen + Graphit.

Durch Hinzufügen weiterer Stoffe zu den Eisen-Kohlenstofflegierungen, und zwar in erheblichen Mengen erleiden die im Zustandsdiagramm enthaltenen Temperaturen Verlagerungen, so daß bei der Wahl von Glüh- und Härtetemperaturen diesem Umstande Beachtung geschenkt werden muß (s. S. 264 ff.).

§ 122. Die Gefügebestandteile der Eisen-Kohlenstofflegierungen.

Wie im § 121 gezeigt wurde, erleidet das Eisen nach dem Erstarren während der Abkühlung verschiedene Umwandlungen, welche die Gefügebildung verursachen.

Die dabei entstehenden Gefügebestandteile sind:

1. der Ferrit, kohlenstofffreies, reines Eisen;
2. der Zementit, Eisenkarbid Fe_3C;
3. der Perlit, das eutektoide Gemisch von Ferrit und Zementit;
4. der Austenit, die homogene feste Lösung von Eisenkarbid und γ-Eisen;
5. der Graphit, freier, kristallinischer Kohlenstoff;
6. der Martensit, als labile feste Lösung von Eisenkarbid und γ-Eisen;
7. der Troostit, der Osmondit[1]) und der Sorbit als labile Übergangsformen von Martensit zum Perlit;
8. die Temperkohle, freier, amorpher, sekundär entstandener Kohlenstoff;
9. der Ledeburit, als Eutektikum aus Austenit und Zementit.

[1]) Heyn und Bauer, Über den inneren Aufbau der gehärteten und angelassenen Werkzeugstähle, Mitt. aus dem Materialprüfungsamt Großlichterfelde 1906, S. 29.

Diese Gefügebestandteile bilden gewisse Gefügeformen, die teils scharf begrenzt deutlich hervortreten, teils mehr oder weniger scharf erkenntlich sind. In jedem Falle besitzen sie aber gewisse Merkmale, die ihre Unterscheidung ermöglichen.

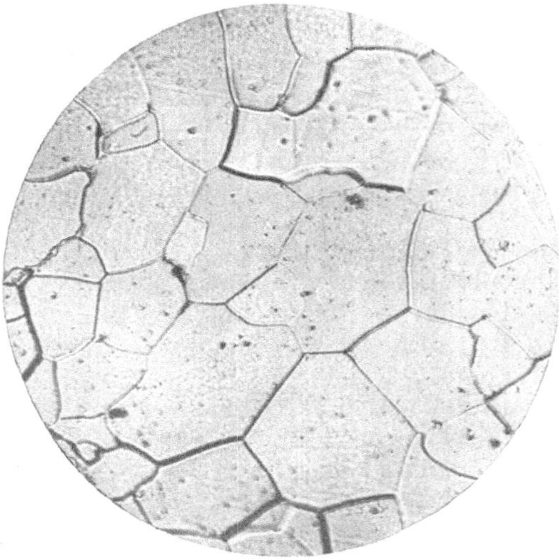

Abb. 236. V. = 200.
Ferritkörner. (Oberhoffer.)

a) Der Ferrit.

Der Ferrit ist chemisch reines oder doch kohlenstofffreies α-Eisen (s. S. 246). Bei mikroskopischer Beobachtung erscheint er aus Körnern bestehend, deren Begrenzungslinien sich scharf abzeichnen,

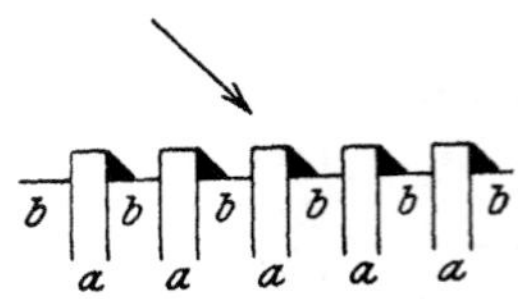

a = Zementit, b = Ferrit.
Abb. 237.

aber keine kristallinische Orientierung besitzen (s. Abb. 236). Er wird sichtbar gemacht durch Relief- oder Ätzpolieren und durch Behandlung mit Säure. Insbesondere mit alkoholischer Pikrinsäure läßt sich das Gefüge des Ferrits in reinem Eisen sehr scharf begrenzt entwickeln. Die mehr oder weniger dunklen Begrenzungslinien (Abb. 236) stellen Schattenwirkungen dar, die veranlaßt sind durch Beleuchtung der Schliffläche mit schief auffallendem Lichte gemäß der Abb. 237. Eine Unterscheidung der Ferritkörner ist auch durch Färbung derselben möglich. Läßt man nämlich stärkere Ätzmittel, z. B. alkoholische Salpetersäure oder 12%ige wässerige Kupferammoniumchloridlösung auf die Schliffläche einwirken, dann färben sich die einzelnen Körner verschieden stark dunkel, veranlaßt durch die verschiedenartige Orientierung der Schnittfläche jedes einzelnen Kristalles (s. Abb. 238).

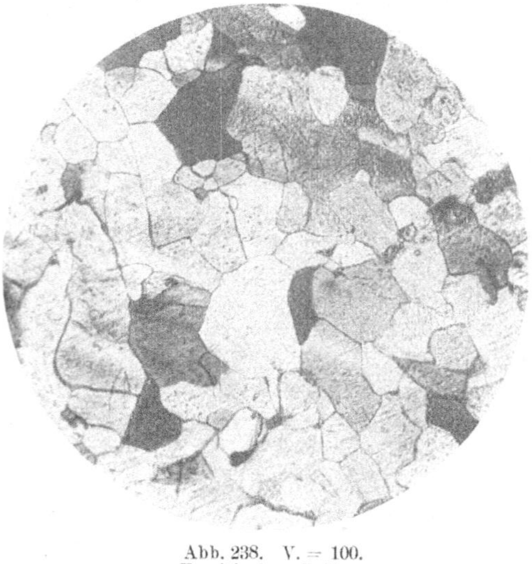

Abb. 238. V. = 100.
Ferritisches Gefüge.

Der innere Aufbau der Körner läßt sich am besten mit Kupferammoniumchloridlösung (s. S. 285) und verdünnter Salpetersäure (s. S. 284) entwickeln. Die Körner werden dadurch zum Teil rauh und dunkler und bei starken Vergrößerungen werden auf ihnen nach kräftiger Ätzung „Ätzfiguren", — das wichtigste Kennzeichen des Ferrits — sichtbar (s. Abb. 239). Die Ätzfiguren entsprechen in ihrem Aussehen Eindrücken kleiner Würfel in eine ebene Fläche. In ein und demselben Ferritkorn haben alle diese Vertiefungen gleiche Gestalt und Anordnung. Geht man aber zu einem benachbarten Ferritkorn über, so ist die Gestalt und Anordnung von der im ersten Ferritkorn verschieden.

Abb. 239. V. = 200.
Ferrit mit Ätzfiguren. (Oberhoffer.)

Silizium, Phosphor, Mangan, welche der Ferrit in erheblichen Mengen in fester Lösung zu halten vermag, verändern das Aussehen der Ferritkörner nicht.

b) Der Zementit.

Zementit ist ein Eisenkarbid von der Formel Fe_3C und besteht aus 93,33 % Eisen und 6,66 % Kohlenstoff. Da Eisenkarbid keine stabile Verbindung ist, läßt sich der Zementit durch thermische Behandlung zum Zerfall bringen (s. S. 261). Zementit ist der härteste Gefügebestandteil in den Eisen-Kohlenstofflegierungen und er erscheint deshalb bei Relief- oder Ätzpolieren stets erhaben (s. Abb. 240). Nach der Behandlung mit Säuren bleibt er ungefärbt und spiegelblank. Nur durch Behandlung mit Natriumpikrat färbt er sich braun bis braunschwarz (s. S. 286), während die übrigen Gefügebestandteile unangegriffen bleiben. Ist er dagegen in sehr feinen Lamellen (weniger als 0,001 mm) gegenwärtig, so wirkt das Natriumpikrat nicht ein.

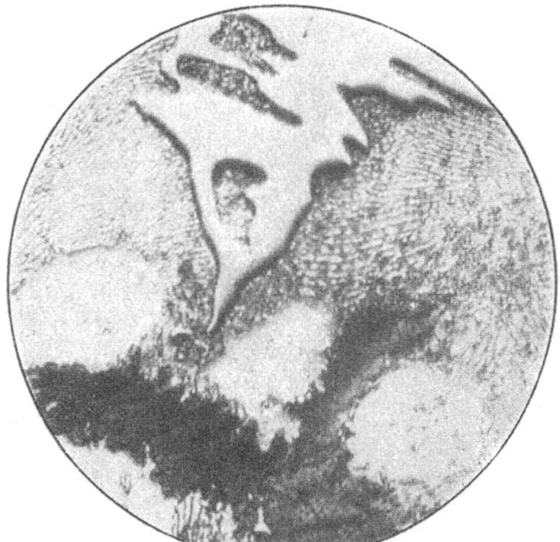

Abb. 240. V. = 500.
Der glatte erhabene weiße Teil ist Zementit, der glatte vertiefte weiße Teil ist Ferrit, der lamellare ist Perlit und der schwarze ist Temperkohle.

Ritzen des Schliffes mit einer feinen Stahlnadel hat zur Folge, daß dieselbe über den Zementit hinweggleitet, ohne ihn zu verletzen, die danebenliegenden Gefügebestandteile aber angreift.

c) Der Perlit.

Der Perlit ist das Eutektikum von Ferrit und Zementit. Er kommt vor als lamellarer (s. Abb. 241) oder körniger Perlit (s. Abb. 242). In der ersten

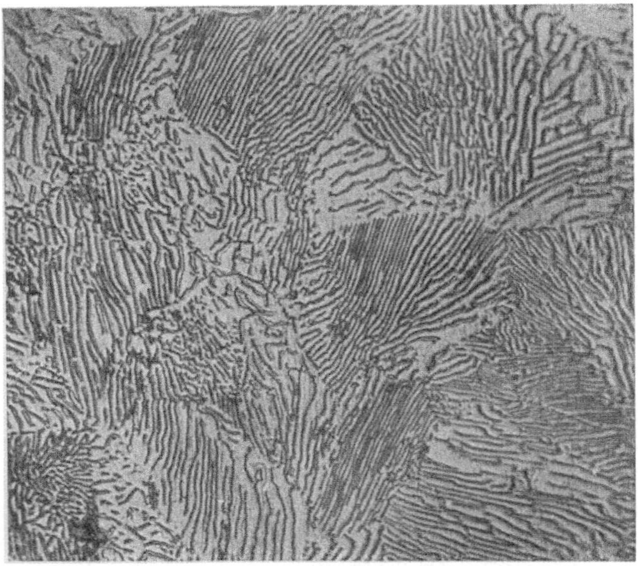

Abb. 241. V. = 500. Lamellarer Perlit. (Goerens.)

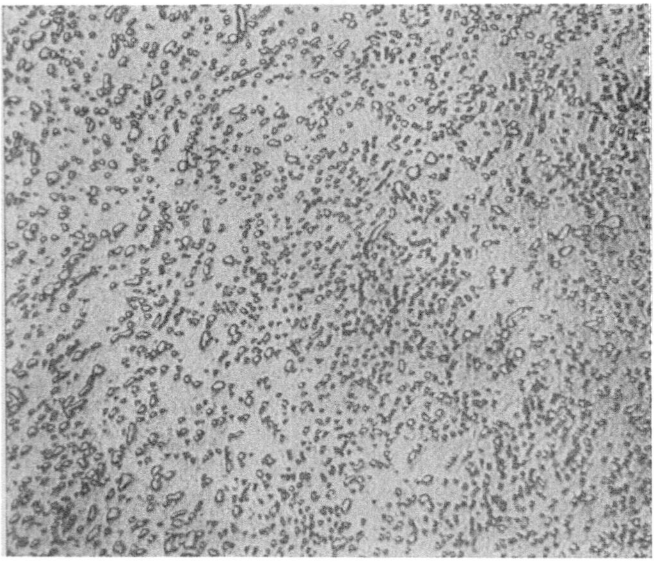

Abb. 242. V. = 500. Körniger Perlit. (Goerens.)

Form erscheint er, wenn das Material ohne Störung und langsam zu erkalten vermochte. Dagegen tritt er körnig auf in gehärteten und angelassenen

Stählen sowie in solchen, die schneller erkalteten oder die bereits lamellaren Perlit enthielten, aber längere Zeit bei einer Temperatur nahe unter 700° geglüht wurden, so daß sich eine Trennung des Ferrits und Zementits vollziehen konnte.

Den Namen Perlit erhielt der Gefügebestandteil durch Sorby wegen des perlmutterartigen Glanzes seiner Flächen.

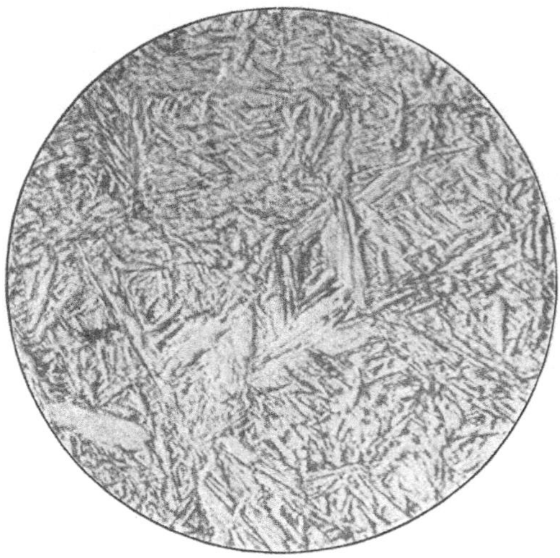

Abb. 243. V. = 1500.
Das ganze Gefüge besteht aus grobnadeligem Martensit.

d) Martensit.

Das Gefüge einer Legierung des Eisens mit Kohlenstoff besteht nur aus Martensit, wenn die Legierung durch Abschrecken (s. § 126) im Zustande der festen Lösung erhalten wurde. Martensit ist immer härter als Ferrit, aber weniger hart als Zementit. Er besteht, wenn die geätzten Flächen bei genügend starker Vergrößerung betrachtet werden, aus feinen, unter dem Mikroskop schwer einstellbaren nadelartigen Lamellen, die sich nach verschiedenen Richtungen schneiden (s. Abb. 243). Es ist dies das sicherste Unterscheidungsmerkmal des Martensits vom lamellaren Perlit, da sich beim Perlit die einzelnen Lamellen niemals schneiden, sondern immer parallel zueinander verlaufen. Die Temperatur, bei welcher das Abschrecken des Probestückes erfolgen muß, damit das ganze Gefüge aus Martensit besteht, ist durch das Zustandsdiagramm (s. S. 270) gegeben. Nur oberhalb der Kurve *ABF* befindet sich der Kohlenstoff bzw. das Eisenkarbid in fester Lösung mit dem Eisen, und das Abschrecken muß daher bei Temperaturen oberhalb dieser Kurve erfolgen. Ist die Temperatur so weit gesunken, daß bereits der eine Gefügebestandteil abgeschieden wurde, so bewirkt das Abschrecken, daß nur die noch vorhandene feste Lösung martensitisches Gefüge annimmt. Das Gefüge besteht alsdann aus Martensit mit Ferrit oder aus Martensit mit

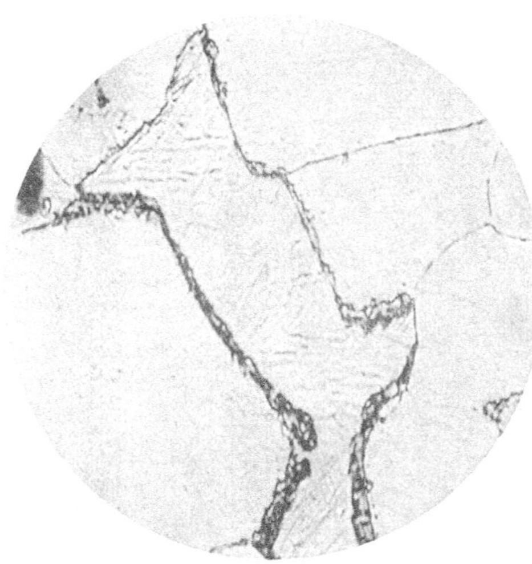

Abb. 244. V. = 300.
Die dunklen Gefügeteile sind Troostit, die von ihm umschlossenen Martensit und die außerhalb des Troostit liegenden sind Ferrit. (Oberhoffer.)

Zementit. Es können aber auch Übergangsformen auftreten. Der Name Martensit wurde dem Gefügebestandteil von Osmond zu Ehren des um die Metallographie hochverdienten Forschers Martens gegeben.

Beste Ätzmittel zur Sichtbarmachung des Martensits (s. § 135, a).

Abb. 245. V. = 300.
Der sich nicht als lamellarer Perlit kennzeichnende Gefügebestandteil ist Sorbit. (Oberhoffer.)

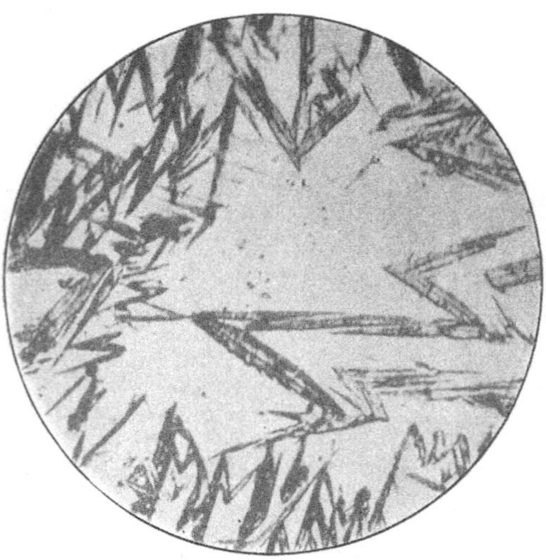

Abb. 246. V. = 500.
Die hellen Bestandteile sind Austenit, die dunklen Martensit.

e) Der Troostit.

Nach Ätzen mit Pikrinsäure erscheint Troostit unter dem Mikroskop als strukturloser, gleichförmig dunkel gefärbter Gefügebestandteil, der in der Regel in Martensit eingebettet ist (s. Abb. 244). Neben Martensit kann im Gefüge noch Austenit, Ferrit oder Zementit, aber niemals Perlit vorhanden sein. Der Name Troostit wurde dem Gefügebestandteil von Osmond zu Ehren des französischen Forschers Troost gegeben.

Am meisten findet sich Troostit in angelassenen austenitischen oder martensitischen Stählen. Kommt dieser Gefügebestandteil nach Anlassen bei dieser Temperatur nicht gemeinsam mit Austenit oder Martensit, sondern allein vor, so wird nach Heyn und Bauer[1]) der dieser Anlaßstufe entsprechende Gefügebestandteil als Osmondit bezeichnet. Das besondere Charakteristikum des Osmondits ist seine große Löslichkeit in verdünnter Schwefelsäure.

Der Troostit wird von fast allen Ätzmitteln stark angegriffen und dunkel gefärbt.

f) Der Sorbit.

Wird kohlenstoffhaltiges Eisen während der Abkühlung oberhalb der eutektoiden Temperatur abgeschreckt, wo also die Perlitbildung noch nicht

[1]) Stahl und Eisen 1906, S. 778.

begonnen hat, so entsteht an Stelle des Perlits oder neben dem Perlit ein Gefügebestandteil, dem von Osmond zu Ehren Sorbys der Name Sorbit gegeben wurde. Sorbit wird durch Säuren schwarz bis braun gefärbt, und man kann einen strukturlosen Gefügebestandteil, der neben Perlit auftritt, mit Sicherheit als Sorbit ansprechen (s. Abb. 245). Neben Martensit oder Austenit kann Sorbit nicht vorkommen. Sorbit entsteht aber auch beim Anlassen von Stahl, und zwar bei Anlaßtemperaturen von 400 bis 650⁰.

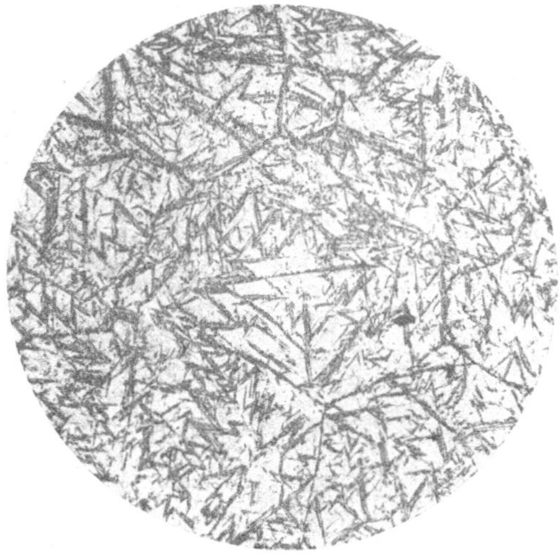

Abb. 247. V. = 200.
Die hellen Bestandteile sind Austenit, die dunklen Martensit.

g) Der Austenit.

Wie im § 121 auseinandergesetzt wurde, entspricht der Austenit der festen Lösung von γ-Eisen und Eisenkarbid. Er stellt sich im Gefüge dar als aus unregelmäßigen, geradlinig begrenzten Polyedern bestehend, die entsprechend ihrer verschiedenen Orientierung, durch Ätzmittel, verschieden gefärbt und angegriffen werden. Als ein besonderes Kennzeichen des Austenits darf die Zwillingsstreifung desselben gelten. Er kommt insbesondere in gewissen Spezialstählen, wie Nickelstahl, Manganstahl u. a. vor, ohne ihnen aber eigentümlich zu sein. Er entsteht aber auch durch Abschrecken hochkohlenstoffhaltiger Stähle (ca. 1,5⁰/₀ C) von hoher Temperatur (ca. 1100⁰) in Eiswasser (s. Abb. 246). Beim Ätzen mit wässeriger Salzsäure unter Zuhilfenahme des elektrischen Stromes (s. S. 287) bleibt der Austenit hellglänzend und der etwa gleichzeitig gegenwärtige Martensit erscheint dunkel gefärbt[1]) (s. Abb. 247). Den Martensit erkennt man an seinem Aufbau aus nadelförmigen Gebilden, während der Austenit eine fast strukturlose Masse ist. Seinen Namen erhielt der Austenit zu Ehren von Roberts-Austen, der das erste

Abb. 248. V. = 150. Austenitischer Nickelstahl 0,12 % C, 25,0 % Ni. (Guillet.)

[1]) Das Färbungsverhältnis ist aber manchmal auch umgekehrt.

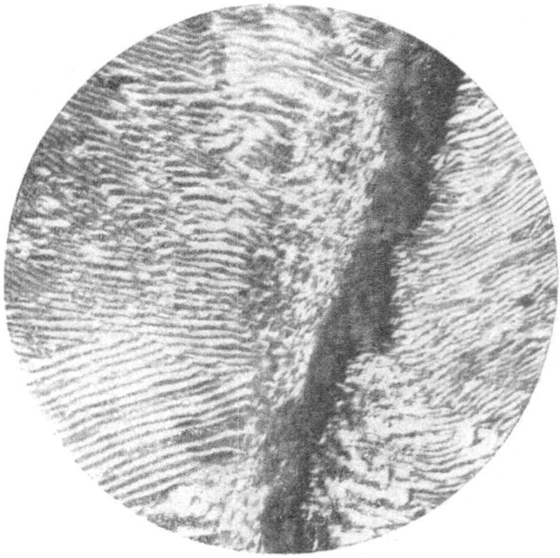

Abb. 249. V. = 2000.
Lamellarer Perlit. Der schwarze Streifen stellt den Schnitt durch ein Graphitblatt dar.

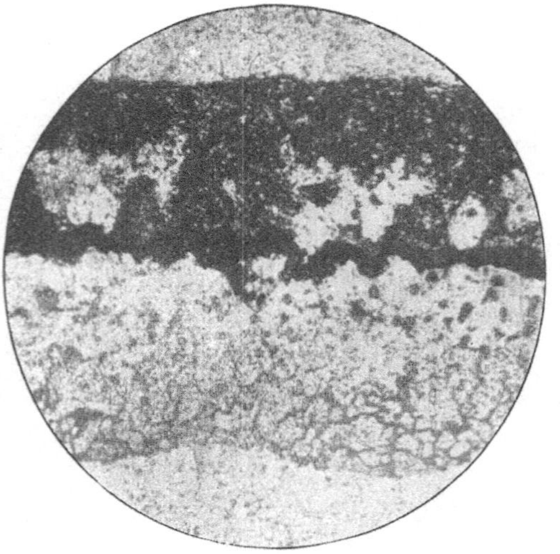

Abb. 250. V. = 300.
Schnitt durch einen getemperten Gußeisenstab. Die schwarzen Bestandteile sind Temperkohle. Nach unten zu wird das Gefüge immer kohlenstoffärmer. Im untersten Teil des Bildes sind die Begrenzungsflächen des Ferrit zu erkennen.

Zustandsdiagramm der Eisen-Kohlenstofflegierungen aufstellte (s. S. 248)[1]).

Infolge der tiefliegenden Umwandlungstemperatur der hochprozentigen Nickelstähle verbleiben bei langsamer Abkühlung bis auf Zimmertemperatur diese Stähle in fester Lösung. Dadurch findet sich bei ihnen martensitisches oder austenitisches Gefüge. Die Abb. 248 zeigt einen derartigen Stahl mit der typischen austenitischen Polyederstruktur[2]).

Zu erwähnen wäre noch, daß Austenit unmagnetisch und weniger hart ist als Martensit.

h) Der Graphit.

Wird Roheisen sehr langsam aus dem flüssigen in den festen Aggregatzustand übergeführt, so scheidet sich ein großer Teil des Kohlenstoffes als Graphit aus (s. S. 252), der dem Material ein graues Aussehen (graues Roheisen) verleiht. Der Graphit ist reiner Kohlenstoff und bildet dünne Blättchen, die im Schliff geschnitten, als langgestreckte schwarze Adern erscheinen. Abb. 249 zeigt den Schnitt durch ein in Perlit eingebettetes Graphitblatt. Eine Ätzung des Schliffes ist zur Sichtbarmachung des Graphits nicht nötig. Wurde der Kohlenstoff nur zum Teil als Graphit abgeschieden, so bezeichnet man das Material als „halbiertes Roheisen“.

[1]) Zur Entwicklung des Austenits in hochprozentigem Nickelstahl eignet sich nach Czochralski eine 10%ige wässerige Ammoniumpersulfatlösung besonders gut.

[2]) Über die Veränderung des Gefüges dieser Stähle durch Wärmebehandlung s. Oberhoffer, Das schmiedbare Eisen, Berlin, Jul. Springer. S. 289ff.

i) Temperkohle.

Bei schnellem Erstarren des Roheisens entsteht Weißeisen, welches den Kohlenstoff als Karbidkohle enthält (s. S. 252). Glüht man solches Eisen nachträglich längere Zeit bei etwa 1000°, so wird der Zementit (Eisenkarbid) und Austenit unter Bildung von Temperkohle zerlegt.

Nach dem Reliefpolieren erscheint sie als schwarzer, pulverförmiger, in Ferrit eingebetteter Gefügebestandteil (s. Abb. 240, S. 255).

Neben ihr und Ferrit enthält das Probestück noch Perlit. Daneben kann aber auch noch Zementit vorhanden sein.

Wird temperkohlehaltiges Roheisen in Berührung mit sauerstoffabgebenden Körpern, z. B. Eisenoxyden, geglüht, so oxydiert sich die Temperkohle und es kann fast kohlenstofffreies Eisen zurückbleiben (schmiedbarer Guß) (s. Abb. 250).

Abb. 251. V. = 200.
Ledeburit im Austenit-Martensit. (Schäfer.)

k) Der Ledeburit.

Der Ledeburit ist das die eutektische Eisen-Kohlenstofflegierung (s. S. 250) kennzeichnende Gefüge. Es besteht aus einem innigen Gemenge von Mischkristallen mit 1,7 % Kohlenstoffgehalt (Austenit) und Eisenkarbidkristallen (Zementit). Beide Bestandteile sind ähnlich wie die des Perlits angeordnet, d. h. es sind Austenitlamellen oder Körner in eine ebenfalls lamellenförmig erscheinende Grundmasse eingebettet, die aus Zementit besteht. Ledeburit ist ebenso wie der Martensit kein stabiler Gefügebestandteil. Er entsteht nur bei rascher Abkühlung, und da dabei eine teilweise Zersetzung des Austenits nicht unterbleibt, findet sich in den diesem Bestandteil entsprechenden Anteilen des Gefüges neben Austenit noch Martensit oder neben diesem auch noch Troostit.

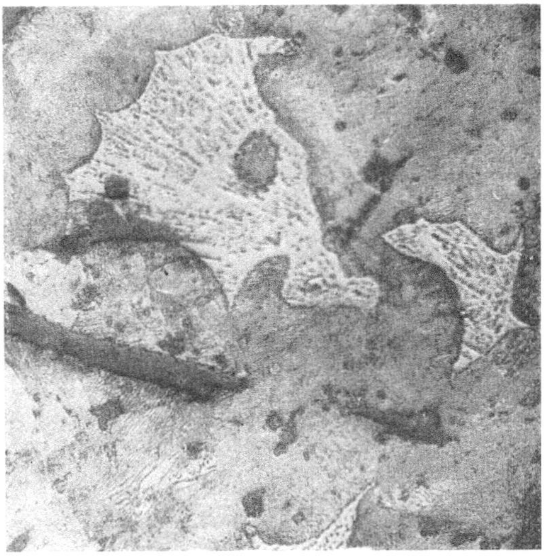
Abb. 252. V. = 200.
Die schwarzen Gefügeteile sind Graphit.

Die Abb. 251 zeigt den im Werkzeugstahl mit 1,54% Kohlenstoff durch Härtung bei 1350° in Wasser entstandenen Ledeburit, während die Abb. 252 einem Gußeisenprobestück entstammt, das neben freiem Graphit erhebliche Mengen von Ledeburit in einer teils sorbitischen, teils perlitischen Grundmasse enthält.

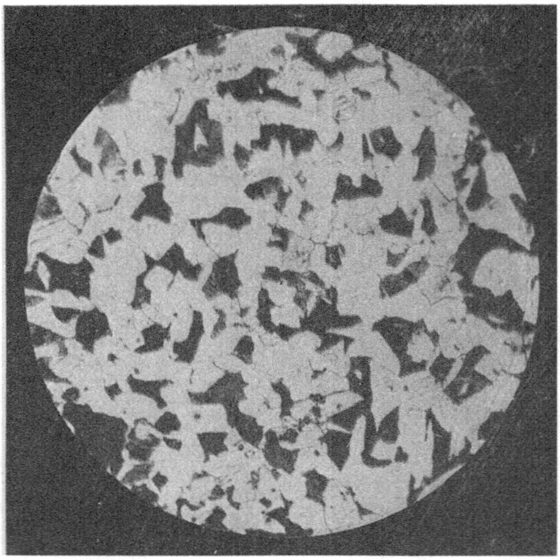

Abb. 253. V. = 100. Kornstruktur.

§ 123. Strukturen der Eisen-Kohlenstofflegierungen.

Außer den im § 122 genannten Kleingefügeformen gibt es noch sogenannte Strukturformen, welche durch thermische oder mechanische Behandlung des Materials nach seiner Erzeugung entstehen.

Die am meisten vorkommende und als Normalstruktur zu betrachtende ist die Kornstruktur (s. Abb. 253). Sie liegt vor in gegossenen, mechanisch nicht bearbeiteten Legierungen oder in solchen Walz- oder Schmiedeprodukten, die bei Temperaturen oberhalb

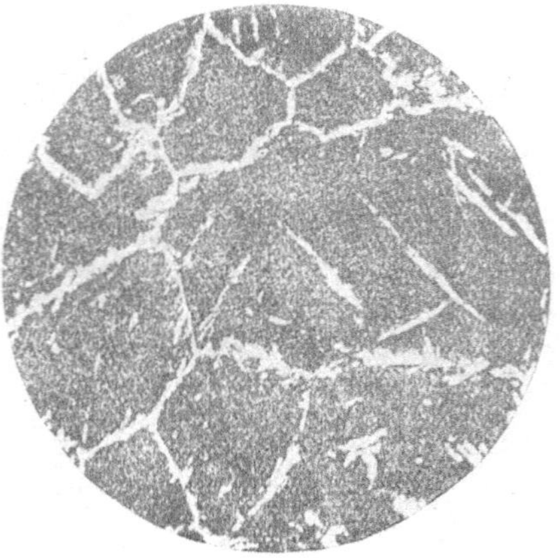

Abb. 254. V. = 100. Netzstruktur mit Ferrit.

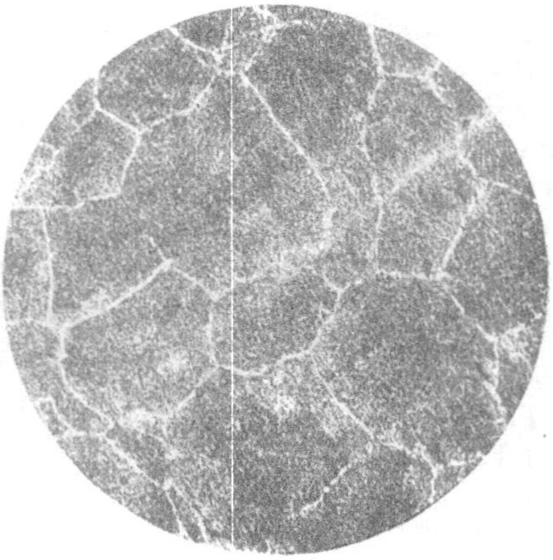

Abb. 255. V. = 100. Netzstruktur mit Zementit.

der oberen Umwandlungspunkte (Ac_3) bearbeitet und dann allmählich abgekühlt wurden, so daß die Kristallkörner sich ungehindert zu bilden vermochten.

Eine insbesondere durch Glühen des Eisens verursachte Struktur ist die Netzstruktur. Wie die Abb. 254 und 255 zeigen, kennzeichnet sie sich dadurch, daß bei hypoeutektoiden Legierungen die Kristalle durch abgesonderten Ferrit umgeben sind, während hypereutektoide Legierungen von Zementit umschlossene Kristalle aufweisen. Die Kristalle selbst bestehen ihrem Aussehen nach in den meisten Fällen aus Eutektoid, so daß im Gefüge größere Perlitinseln von Ferrit- oder Zementitadern umschlossen erscheinen. Die Netzstruktur ist um so deutlicher ausgebildet, je länger geglüht wurde oder je höher die Glühtemperatur war. Überhitzte Stähle zeigen daher in der Regel Netzstruktur.

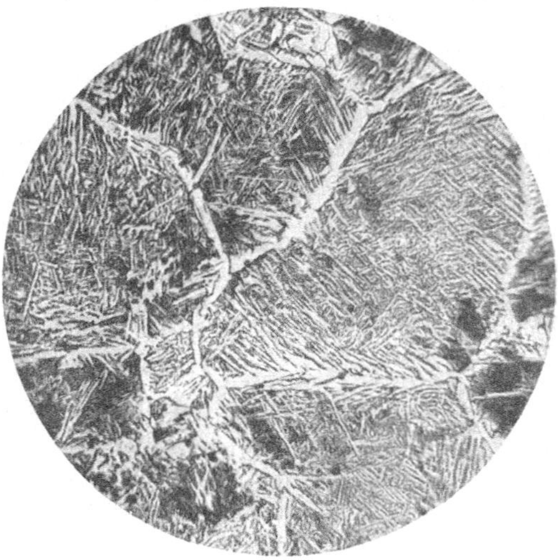

Abb. 256. V. = 100.
Widmannstättensche Struktur.

Die **Widmannstättensche Struktur** entsteht, wenn die Abkühlung der Eisen-Kohlenstofflegierungen rasch vor sich geht, so daß sich die Absonderung des Ferrits oder des Zementits in Netzstruktur nicht zu vollziehen vermag. Es lagern sich dann diese Bestandteile im Innern der einzelnen Kristalle als plattenförmige Körper ab, die je nach der kristallographischen Orientierung auf der Schliff-fläche als gegeneinander geneigte, mehr oder weniger dicke Nadeln erscheinen, wie die Abb. 256 erkennen läßt.

Abb. 257. V. = 50.
Zeilenstruktur. (Oberhoffer.)

Die aus der Abb. 257 ersichtliche Struktur wird nach **Oberhoffer Zeilenstruktur** genannt. Sie liegt häufig in Stücken aus solchen untereutektoiden Eisenlegierungen vor, die durch Schmieden oder Walzen einer durchgreifenden Formveränderung unterzogen wurden[1]). Am meisten stellen sich die zeilenartigen Einlagerungen als nichtmetallische Einschlüsse oder als Oxyde dar, die beim Strecken der Körper in der Streckrich-

[1]) In eutektoiden Eisenkohlenstofflegierungen (0,9 % C) sind die Zeilen zusammenhängender, so daß die Struktur mehr einer **Faser**struktur gleichkommt.

tung ausgedehnt wurden und dann bei der Erkaltung des Schmiede- oder Walzstückes als Kristallisationszentren für den Ferrit dienten.

Sowohl die *Zeilenstruktur* als auch die *Faserstruktur* treten nur in Längsschnitten auf, d. h. in solchen, die in der Streckrichtung des Probestückes verlaufen. In den Querschnitten besitzen diese Probestücke mehr oder weniger Kornstruktur.

Die Netzstruktur, Widmannstättensche Struktur, Kornstruktur und daneben auch noch die gelegentlich in kohlenstoffreichen Legierungen vorkommende Tannenbaumstruktur kann man unter dem Sammelbegriff *Gußstruktur* zusammenfassen, während die Zeilenstruktur und die Faserstruktur als *Bearbeitungs-* oder *Reckungsstrukturen* bezeichnet werden können.

3. Thermische Arbeitsmethoden zur Erzeugung bestimmter Gefügearten.

§ 124. Allgemeines.

In den vorausgegangenen Abschnitten ist mehrfach darauf hingewiesen worden, daß das Gefüge der Eisen-Kohlenstofflegierungen durch thermische Behandlung in hohem Maße beeinflußt werden kann und daß der Endzustand dieser Legierungen sowie ihre mechanischen Eigenschaften durch die vorangegangene thermische Behandlung bedingt sind.

Da bei Materialuntersuchungen, insbesondere zum Zwecke der Ermittelung von Bruchursachen, häufig künstlich beziehungsweise nachträglich bestimmte Gefügeformen oder bestimmte Zustände des vorliegenden Materials erzeugt werden müssen, sollen in den folgenden Paragraphen die hierfür erforderlichen Arbeitsverfahren erörtert werden.

§ 125. Das Glühen des schmiedbaren Eisens zum Zwecke der Umkristallisation.

Die verschiedenen zur Untersuchung gelangenden Eisenproben befinden sich nur selten in gleichartigen Zuständen. Je nachdem, ob sie mechanischer Warm- oder Kaltbearbeitung unterzogen waren oder ob sie normales Walzmaterial darstellen, besitzen sie verschiedenartige Struktur und verschiedenartiges Kleingefüge und häufig außerdem auch Eigenspannungen. Ihre mechanischen Eigenschaften, die bei Festigkeits- oder Güteprüfungen ermittelt wurden, sind daher nicht vergleichbar, und es können hinsichtlich der Materialien irrige Schlüsse gezogen werden

Das Glühen erfolgt in der Weise, daß man die Eisenprobe auf die vorgeschriebene Temperatur erhitzt und sie dann je nach ihrer Größe einige Zeit (10 Minuten bis mehrere Stunden) auf dieser Temperatur erhält. Zu lange Glühdauer bewirkt Vergrößerung der Kristallkörner, und zwar um so mehr, je höher die Glühtemperatur über derjenigen der Kurve *ABF* der Abb. 264 gewählt wurde. Die Glühdauer darf deshalb nur so bemessen werden, daß ein vollständiges Durchglühen des Probekörpers gewährleistet ist.

Zu hohe Glühtemperatur veranlaßt Überhitzung, die sich durch Sprödigkeit und ein besonders grobkörniges Gefüge (s. S. 262) kennzeichnet, dessen Korngröße mit der Glühtemperatur zunimmt. Eine chemische Veränderung tritt durch das Überhitzen nicht ein, und deshalb ist es möglich, die Folgen der Überhitzung, also das grobe Korn und die Sprödigkeit, durch nachträgliche ein- oder mehrmalige Wiederholung des Ausglühens bei richtiger Temperatur (über Ac_3), oder noch besser durch Schmieden mit nachfolgender Vergütung zu beseitigen.

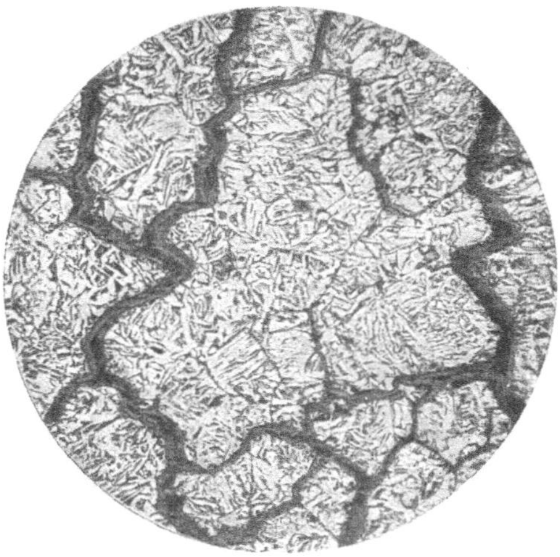

Abb. 258. V. = 50.
Verbranntes Stahlblech. (Oberhoffer.)

Die Überhitzung ist nicht zu verwechseln mit dem Verbrennen des Eisens. Verbranntes Eisen läßt sich meistens nicht mehr verwenden, da es eine durchgreifende chemische Veränderung erlitten hat. In der Hauptsache ist es entkohlt. Da ferner das Verbrennen erst bei Temperaturen eintritt, bei denen bereits Teile der Legierung schmelzen und diese Anteile die einzelnen Kristalle als Häute umlagern, so müssen diese Kristalle, wenn der Sauerstoff der Luft Zutritt erhält, und was infolge der Gasentwicklung fast immer eintritt, wegen Verbrennen dieser Häute ihren festen Zusammenhang verlieren, denn sie werden nur noch durch Oxydationsprodukte zusammengehalten. Verbrannte Zonen finden sich häufig an den Außenflächen autogen geschweißten Flußstahles. Dem entspricht das Gefüge der Abb. 258. Sie kennzeichnen sich durch größere Härte und Sprödigkeit. Aber auch Werkzeuge zeigen manchmal verbranntes Gefüge, insbesondere Drehstähle und Fräser, die beim Härten ungeschickt behandelt wurden. Es ist aber eine irrige Auffassung, daß sich solche Stähle nicht wieder regenerieren lassen. Durch geeignetes Glühen und Ablöschen in Kohlenstoff und Stickstoff liefernden Flüssigkeiten lassen sich die Schäden des Verbrennens, die nur oberflächlich sind, beseitigen und zwar auch bei Schnelldrehstählen.

Die Abkühlung nach dem Glühen der Probestücke darf nicht zu schnell, sondern muß ganz allmählich erfolgen. Am besten gelingt es, wenn man die Probestücke zusammen mit dem Ofen erkalten läßt.

Man darf annehmen, daß jeder Stahl eine kritische Abkühlungszeit[1]) besitzt, die nicht unterschritten werden darf, wenn man Härtung vermeiden will. Im allgemeinen betrachtet man als Abkühlungszeit die Zeit (in Sekunden), die ein Stahlstück zur Abkühlung um 500° (z. B. von 700° bis 200°) benötigt. Sie hängt ausschließlich von der chemischen Zusammensetzung des Stahles ab und sie beträgt beim eutektoiden Kohlenstoffstahl erfahrungsgemäß etwa 6 Sekunden. Bei den legierten Stählen ist sie viel höher und bei Chromnickelstahl beträgt sie ein Vielfaches davon, etwa 10 Minuten und mehr. Das weist erneut darauf hin, daß die legierten Stähle ganz anders zu behandeln sind, als die Kohlenstoffstähle und daß die Abkühlung nach dem Glühen viel langsamer zu erfolgen hat, wenn Härtung vermieden und vollständiges Ausglühen gewährleistet sein soll.

Abb. 259. V. = 100.
Stahlprobe im Lieferungszustand.

Abb. 260. V. = 100.
Stahlprobe bei 900° geglüht.

Die Abb. 259—263 zeigen das Gefüge von Kohlenstoffstahl der Zusammensetzung 1,32 % C, 0,50 % Mn, 0,024 % Si und 0,010 % S, der bei verschieden hohen Temperaturen geglüht wurde. Die Abb. 259 stellt den Stahl im Lieferungszustande und zwar bei richtiger Temperatur geschmiedet und geglüht dar. Man erkennt im Gefüge eine gleichmäßige Verteilung des freien Zementits. Fast keine Veränderung brachte das Glühen dieses Stahles bei 900° hervor (s. Abb. 260) Stärker ist aber die Veränderung durch das Glühen bei 970° geworden (s. Abb. 261). Man erkennt, daß im Probestück bereits eine deutliche Kristallbildung eingesetzt hat, daß sie aber noch unvollkommen und wenig ausgeprägt ist. Demgegenüber zeigt die Abb. 262, die dem bei 1050° geglühten Probestück entspricht, schon die Bildung grober Kristalle und die Abwanderung des Zementits in die Kristallbegrenzungsflächen, was auf zu hohe Temperatur hinweist und Überhitzung des Stahles andeutet.

Die Abb. 263 zeigt das durch Glühen bei 1200° entstandene, dem überhitzten — aber nicht verbrannten — Stahl eigentümliche Gefüge. Es sind regelmäßig geformte Kristalle vorhanden, die im Innern nur noch wenig

[1]) Man könnte diesen Begriff auch als Abkühlungsgeschwindigkeit bezeichnen. Das würde aber voraussetzen, daß mit gleichbleibender Geschwindigkeit abgekühlt wird. Da das aber nicht immer der Fall ist, erscheint die gewählte Bezeichnung richtiger.

freien Zementit besitzen und dessen Reste deutlich nach den Kristallbegrenzungsflächen hinstreben.

Das Gefüge läßt sich durch Vergüten des Stahles wieder rückbilden, und durch Ausschmieden ist es möglich, dem Stahl wieder seine ursprünglichen Eigenschaften und das in der Abb. 259 dargestellte Gefüge zu erteilen.

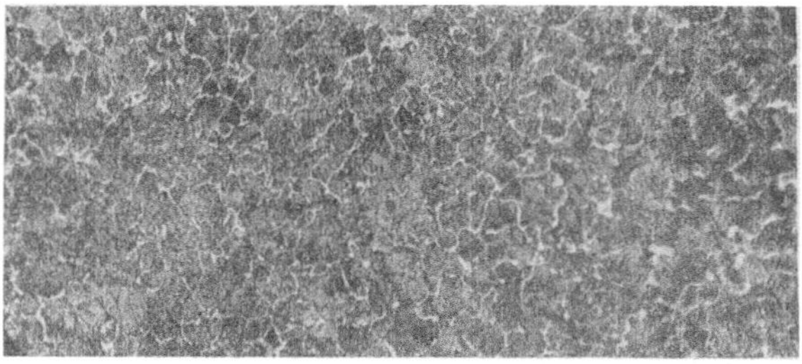

Abb. 261. V. = 100.
Stahlprobe bei 970° geglüht.

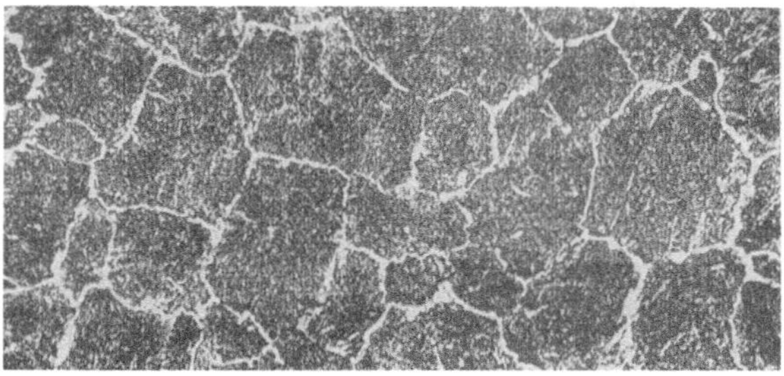

Abb. 262. V. = 100.
Stahlprobe bei 1050° geglüht.

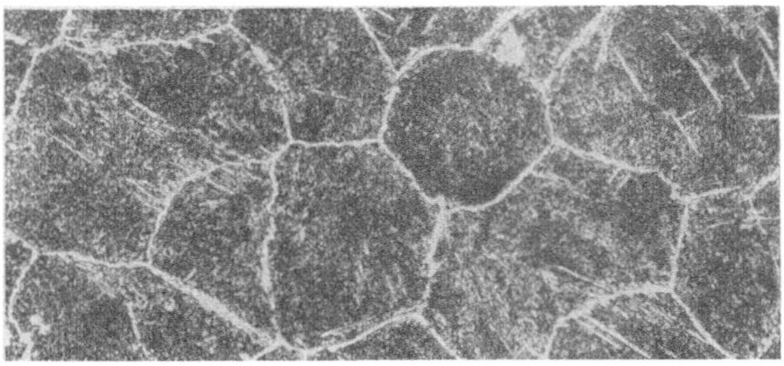

Abb. 263. V. = 100.
Stahlprobe bei 1200° geglüht.

Es ist selbstverständlich, daß während des ganzen Glühvorganges die Ofentemperatur fortlaufend kontrolliert werden muß. (Die Instrumente hierzu s. S. 594 ff.)

Das Gefüge des geglühten schmiedbaren Eisens entspricht dem Endzustande des durch das Abkühlungsdiagramm für die Eisen-Kohlenstofflegierungen (Abb. 235) gegebenen. Es kennzeichnet sich durch seinen Perlitgehalt, neben dem noch Ferrit oder Zementit gegenwärtig sein kann.

Besondere Ausglühversuche müssen mit Eisen angestellt werden, wenn die Vermutung besteht, daß dasselbe Eigenspannungen (s. S. 75) besitzt. Diese können nämlich durch Ausglühen bei den dem Diagramm Abb. 264 zu entnehmenden Temperaturen beseitigt werden. Wenn z. B. bei der Untersuchung von Kesselblechen die Biegeprobe eine sehr niedrige Biegegröße ergibt, so liegt die Vermutung nahe, daß das Blech überhitzt wurde. Ausglühen während einer halben Stunde wird eine höhere Biegegröße veranlassen, wenn das Blech nicht verdorben ist. Ebenso werden Eigenspannungen, die vom Walzprozeß herrühren, durch Ausglühen zum Verschwinden gebracht. Solche Eigenspannungen kennzeichnen sich manchmal auf der einen Blechseite als Zugspannungen und auf der anderen als Druckspannungen.

§ 126. Das Härten des schmiedbaren Eisens.

Das Härten von Eisenproben geschieht bei Materialprüfungen zu dem Zwecke, um einerseits die mechanischen Eigenschaften des jeweiligen Materials im Zustande verschiedener Härtung festzustellen, und andererseits, um den Zusammenhang zwischen Kleingefüge und mechanischen Eigenschaften kennenzulernen. Ferner wird die Härtung benutzt, um den Einfluß des Vergütens auf diese Eigenschaften zu studieren. Im allgemeinen wird durch Härten die Zugfestigkeit des schmiedbaren Eisens erhöht und die Dehnbarkeit vermindert. Andererseits kann aber durch mehrmals wiederholtes Härten mit nachfolgendem Anlassen eine Vergütung vorgenommen werden, welche insbesondere die Zähigkeit des Materials gegenüber der im ursprünglichen Zustande oder dem nach Härtung erhöht Jedem dieser Zustände entspricht ein besonderes Kleingefüge, so daß sich auch aus der Beschaffenheit und der Art desselben Rückschlüsse auf die Vorbehandlung des Materials ziehen lassen. Da aber auch hier die Temperatur von ausschlaggebender Bedeutung ist, müssen alle für die Härtung in Betracht kommenden Temperaturen sorgfältig gewählt und auf Grund von Messungen während der Versuche eingehalten werden.

Die Erhitzung für die Härtung erfolgt unter den gleichen Gesichtspunkten wie das Glühen. Das Abschrecken geschieht dagegen je nach der Art des Materials verschieden, und es ist zweckmäßig, sich bei dieser Manipulation nach den Angaben der Hüttenwerke zu richten, denen das Prüfungsmaterial entstammt.

Bei der Besprechung des Glühens (S. 264) ist bereits darauf hingewiesen worden, daß jede Stahlsorte eine kritische Abkühlungszeit besitzt und daraus folgt, daß auch beim Härten diesem Faktor Rechnung getragen werden muß. Die Abkühlung zum Zwecke der Härtung, also das Abschrecken, muß in kürzerer Zeit stattfinden als der kritischen Abkühlungszeit entspricht, da sonst an Stelle von Martensit sich der dem ausgeglühten Stahl eigentümliche Perlit bildet. Bei dem auf Seite 250 erwähnten eutektoiden Kohlenstoffstahl hat sich daher beispielsweise die Härtung, bzw. Abschreckung in weniger als 6 Sekunden zu vollziehen, wenn Martensit entstehen soll. Da diese Zeit sehr kurz ist, ist es auch nur bei sehr dünnen Probestücken möglich, eine völlig durchgehende Härtung zu erzielen. Im allgemeinen entsteht nur eine harte martensitische Oberflächenschicht, während sich im Kern Troostit oder auch noch Perlit vorfindet. Daraus wird auch das Verhalten des Kohlenstoffstahles beim Vergüten (s. S. 266) klar. Es zeigt sich nämlich, daß sich Kohlenstoffstähle viel schwieriger und weniger durchgreifend vergüten lassen als legierte Stähle. Die Ursache beruht auf der obenerwähnten kurzen kritischen Abkühlungszeit des Kohlenstoffstahles, welche eine vollständige Umwandlung des Gefüges in Martensit in stärkeren Probestücken, die doch Grundbedingung des Vergütens ist, unmöglich macht, wenn man nicht sehr hohe Abschrecktemperaturen verwendet. Übermäßig hohe Abschreckungstemperaturen sind aber wegen der damit verbundenen Gefahr von Spannungsrissen in jedem Falle von Übel.

Demgegenüber lassen sich legierte Stähle infolge ihrer langen kritischen Abkühlungszeit leicht vollständig durchhärten, denn während beim Kohlenstoffstahl die Abschreckung innerhalb 6 Sekunden vollzogen sein muß, genügt es, wenn bei einem 5%igen Nickelstahl[1]) die Abkühlung in etwa 60 Sekunden

[1]) Nach Wendt, Kruppsche Monatshefte 1922, Seite 141.

und bei einem Chromnickelstahl mit 3 % Ni und 1,5 % Chrom sogar erst in etwa 500 Sekunden erfolgt, um martensitisches Härtungsgefüge herbeizuführen. Daher sind die genannten legierten Stähle für die Vergütung besonders geeignet. Es ist jedoch zu beachten, daß bei ihnen auch das Anlassen zum Zwecke der Vergütung viel mehr Zeit erfordert als das Anlassen von Kohlenstoffstählen.

Bei der Ausführung des Abschreckens ist darauf zu achten, daß das zu härtende Probestück unverzüglich aus dem Glühofen in die Abschreckflüssigkeit gebracht wird. Größere Probestücke, z. B. die für Festigkeitsversuche bestimmten, befestigt man deshalb zweckmäßig an einem hinreichend festen Draht und versenkt ihn mit Hilfe desselben parallel zu seiner Achsenrichtung, also nicht etwa flach, da er sonst wegen einseitiger Abkühlung krumm wird, rasch in die Abschreckflüssigkeit, die möglichst in wallender Bewegung zu erhalten ist, damit örtliche Erwärmungen der Flüssigkeit vermieden werden. Kleine Probestücke, z. B. die für die mikroskopische Beobachtung bestimmten, schüttet man am besten unmittelbar aus dem Glühofen in einen in der Flüssigkeit untergebrachten Drahtkorb, der während des Abkühlens der Probe zu schütteln ist.

Als Abschreckflüssigkeit verwendet man, je nach der Art des zu härtenden Stahles, reines Wasser oder eine gesättigte Chlorkalziumlösung, oder eine Lösung von 2 Teilen Chlorbarium und 1 Teil Chlorkalzium oder Glyzerin. Andererseits liefern aber Mineralöle, Petroleum und manche Pflanzenöle (Leinöl, Rüböl u. a.) bei gewissen Stählen bessere Ergebnisse. Man richte sich deshalb auch hinsichtlich der Abschreckflüssigkeit nach den Angaben der Stahlfabrikanten. Im allgemeinen darf gesagt werden, daß beim Abschrecken in Wasser die größte Härte erzielbar ist, und zwar um so größere, je geringere Temperatur das Wasser besitzt. Das in der Praxis übliche Verfahren zu verwenden, bei dem auf das Wasser eine Ölschicht gebracht wird, erscheint bei Materialprüfungen nicht zweckmäßig, da bei den einzelnen Versuchen nicht immer der gleiche Zustand herstellbar ist.

Auf alle Fälle ist es notwendig, das Probestück in der Abschreckflüssigkeit vollständig abzukühlen und es nicht etwa um deswillen vorher herauszunehmen, weil es nachträglich angelassen werden soll.

Ebenso darf auch nicht der Probekörper aus der Glühhitze heraus abgeschreckt werden, falls er vorher geglüht wurde, sondern er ist nach erfolgter Abkühlung aufs neue zu erhitzen. Sonderstähle, insbesondere Schnelldrehstähle, wie überhaupt alle naturharten Stähle, sind beim Abschrecken in der ihnen eigentümlichen Weise zu behandeln. Als Abschreckmittel dienen dabei Tran, Rindertalg, Petroleum, Öle oder Luft. Bei Benutzung von Luft als Abschreckmittel lagert man das abzuschreckende Probestück am besten in einem Rohre, das von einem gleichmäßig starken Luftstrom durchströmt wird, wobei aber ebenfalls einseitige Abkühlung vermieden werden muß.

Da die Abschreckung der Probestücke entsprechend der angewandten Härtetemperatur aus dem Zustande der festen Lösung heraus erfolgt und der Zweck der Härtung der ist, den Stahl in diesem Zustande zu erhalten, muß als Folge davon das der festen Lösung eigentümliche Gefüge bei der Härtung entstehen. Dieses Gefüge kennzeichnet sich in der Regel als Martensit. Dieser ist um so stärker ausgebildet, je höher die Temperatur über der Kurve *EFD* der Abb. 235 war, von der aus abgeschreckt wurde und je rascher die Abkühlung erfolgte. Da in der Regel aber, wie oben dargelegt wurde, das Abschrecken bei Temperaturen vorgenommen werden muß, die beim Erhitzen nur ganz wenig oberhalb der Bildungstemperatur der festen Lösung liegen, entsteht ein kaum als solcher erkennbarer, fast gefügeloser Martensit, der auch Hardenit[1]) genannt wird. Neben diesem Gefügebestandteil findet sich in der Regel auch noch freier Ferrit oder freier Zementit vor in Anbetracht dessen, daß die Abschrecktemperatur nicht hoch genug war, um während der Abkühlung die Gefügeumwandlung hintenanzuhalten. Bei allen anderen höheren Temperaturen entsteht durch die Abschreckung ausschließlich mehr oder weniger deutlich ausgebildeter Martensit. Nur beim Abschrecken von Sonderstählen in Wasser, z. B. von hoch kohlenstoffhaltigem Manganstahl, oder von Nickelstahl mit 10% Ni bei 0,5% C von hoher Temperatur aus, kann man auch Austenit erhalten.

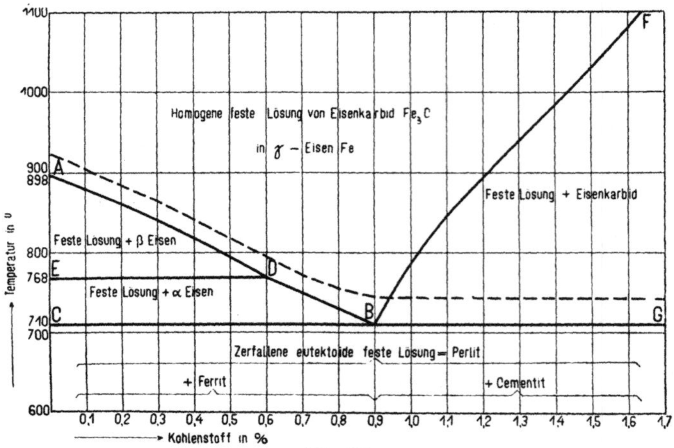

Abb. 264.

Demgegenüber zeigt u. a. der unmagnetische Nickelstahl (25% Ni bei 0,15% C) selbst ohne besondere Abschreckung durchweg austenitisches Gefüge.

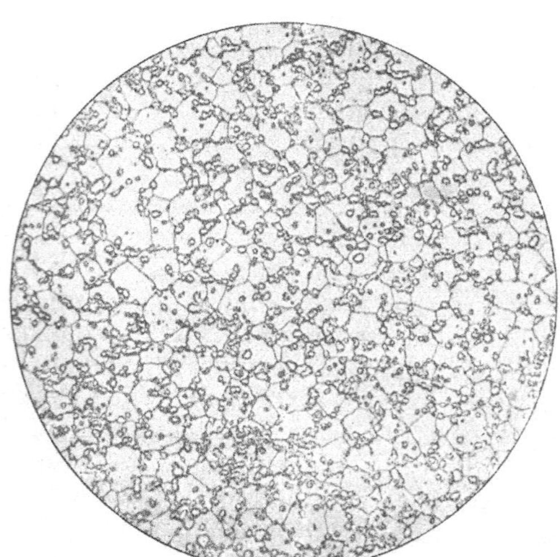

Abb. 265. V. = 200. Schnelldrehstahl mit 0,64% C, 18,89% Wo, 2,45% Cr, 0,11% Va. (Schäfer.)

In der Praxis werden bei hypereutektoiden Stählen die Härtetemperaturen nicht der Kurve *FD* der Abb. 235 entsprechend gewählt, sondern etwa 50° höher als die Temperaturen der unteren Umwandlungspunkte, wie der gestrichelte Kurvenzweig über *BG* der Abb. 264 andeutet. Das geschieht im Hinblick darauf, daß man das Härten immer bei der niedrigsten Temperatur vornehmen soll, die überhaupt verwendbar ist, um hinreichende Härte zu

[1]) Siehe Hanemann, Stahl und Eisen 1912, S. 1379; ferner Strauß, Kruppsche Monatshefte 1921, Seite 86.

erzielen. Da nun aber der bei der allmählichen Abkühlung hypereutektoider Stähle abgeschiedene Zementit härter ist als Martensit, so kann man beruhigt erst die Abscheidung dieses Gefügebestandteiles zulassen, bevor zur Abschreckung zwecks Verhinderung der Entstehung von Perlit geschritten wird. In den gehärteten und nicht angelassenen hypereutektoiden Stählen findet sich infolgedessen fast immer neben Martensit noch freier Zementit vor.

Bei der Härtung von naturharten Stählen ist zu beachten, daß deren Glüh- und Härtetemperaturen wesentlich höhere sind als die von Kohlenstoffstählen und daß sich bei diesen Stählen die Umwandlung vom Zustand der festen Lösung in den Endzustand während eines viel größeren Temperaturbereiches vollzieht. So liegen z. B. bei den Schnelldrehstählen die der Geraden *CBG* in der Abb. 264 entsprechenden unteren Umwandlungspunkte unterhalb Null Grad, so daß diese Stähle auch bei der allmähligen Abkühlung an der Luft ihren mehr oder weniger dem Zustande der festen Lösung entsprechenden Zustand beibehalten und die Härte desselben annehmen. Aber auch die oberen Umwandlungspunkte liegen anders und zwar höher, so daß diesen Stählen, wie bereits oben erwähnt wurde, zum Zwecke des Glühens oder Härtens eine viel höhere Temperatur erteilt werden muß, als den Kohlenstoffstählen.

So benötigten z. B. die Stähle I und II der nachstehenden Zusammenstellung Härtetemperaturen von 1175° und 1275°, um die erforderliche Härte anzunehmen. Bei diesen Temperaturen würden Kohlenstoffstähle verbrennen, wie ein Blick auf die Abb. 235 lehrt. Zu erwähnen ist noch, daß derartige naturharte Sonderstähle nicht langsam bis auf die Härtetemperatur erhitzt werden dürfen, sondern daß es zweckmäßig ist, sie erst in einem gewöhnlichen Glühofen auf etwa 700° bis 800° zu erwärmen und sie dann innerhalb sehr kurzer Zeit (ca. 1 Minute) in einem entsprechend hoch erhitzten Ofen auf die erforderliche Härtungstemperatur zu bringen[1]).

Stahl Nr.	Kohlenstoff %	Chrom %	Wolfram %	Vanadium %
I	0,76	3,31	17,6	0,85
II	0,62	3,48	16,60	0,71

Das typische Kleingefüge der bei hoher Temperatur gehärteten Schnelldrehstähle zeigt die Abb. 265. Man erkennt in ihr polyedrische Kristalle mit Einlagerungen von Zementitkörnern.

§ 127. Das Anlassen des gehärteten Stahles.

Das Anlassen erfolgt bei Materialprüfungen zu dem Zwecke, um dem gehärteten Material eine größere Zähigkeit zu erteilen, und außerdem müssen Anlaßversuche vorgenommen werden, um bei mikroskopischen Gefügeuntersuchungen die gewünschten Zustände herzustellen. Maßgebend beim Anlassen ist die Anlaßtemperatur, da von ihr allein die Gefügeumwandlung abhängt. Im allgemeinen gilt, daß Anlassen gehärteten Stahles bei Temperaturen bis 200° keine wesentliche Veränderung der Härte bewirkt[2]),

[1]) Über Volumenänderungen durch das Härten und über die dadurch verursachten Spannungen, s. Strauß, Kruppsche Monatshefte 1921, Seite 81 u. f.

[2]) Das trifft aber nur bedingt zu, da bereits längeres Kochen von gehärtetem Stahl in siedendem Wasser eine merkbare Abminderung der Härte verursacht.

daß aber bei weiterer Steigerung der Anlaßtemperatur die Härte rasch abnimmt. Es ist deshalb die Temperatur, bei der das Anlassen erfolgt, sehr genau zu regulieren und insbesondere auch der Stahlart anzupassen. Im allgemeinen kann dies durch Beobachtung der Anlauffarben geschehen, die der Stahl bei Erreichung der vorgeschriebenen Temperatur annimmt. Dieses Verfahren ist zwar benutzbar, aber nicht ganz einwandfrei, da es vom subjektiven Empfinden des Beobachters abhängt und große Geschicklichkeit erfordert, in Anbetracht dessen, daß die zu einer bestimmten Anlauffarbe gehörige Temperatur nur für den Augenblick ihres Erscheinens gilt.

Die den einzelnen Anlauffarben entsprechenden Temperaturen sind aus der folgenden Zusammenstellung ersichtlich[1]).

Anlauffarbe:	Temperatur:
keine Farbe	bis 220°
hellgelb	220—230°
dunkelgelb	240°
gelbbraun	255°
rotbraun	265°
purpurrot	275°
violett	285°
kornblumenblau	295°
hellblau	310—315°
grau oder meergrün	325—330°
keine Farbe	über 330°

In Wirklichkeit bietet diese Temperaturskala aber, wie schon oben gesagt wurde, keine Zuverlässigkeit, insbesondere noch deshalb, weil für die Entstehung der Anlauffarbe auch die Zeit, d. h. die Glühdauer bei bestimmter Temperatur mitbestimmend ist. Sie kann daher nur für oberflächliche Schätzungen benutzt werden, während bei genauen Anlaßversuchen durch unmittelbare Temperaturmessung mittels geeigneter Instrumente (s. Abschnitt IV S. 594) für die richtige Einhaltung der Anlaßtemperatur gesorgt werden muß. Dieses geschieht am besten durch Verwendung besonderer Metall-, Salz- oder Ölbäder, die auf gleichbleibender Temperatur gehalten werden können.

Als Metallbad ist geeignet: reines Blei, das bei 327° flüssig ist. Niedrigere Temperaturen werden erhalten durch Zinnzusätze zum Blei, entsprechend der folgenden Zusammenstellung.

Zinnzusatz	10	20	30	40	50	60	Prozent
Badtemperatur:	300°	275°	255°	230°	210°	185°	

Die Probekörper werden in den Metallbädern solange belassen, als zu ihrer völligen Durchwärmung notwendig ist. Dann werden sie herausgenommen und rasch abgekühlt. Das beim Anlassen entstehende Gefüge ist selten einheitlich. Bei Anlaßtemperaturen bis 400° wandelt sich der durch die Härtung erhaltene Martensit um in den Troostit, wobei der Martensit um so mehr verschwindet, je höher die Anlaßtemperatur gewählt wurde. Niedrigere Anlaßtemperaturen veranlassen die Entstehung von Troostit neben dem nadligen Martensit, wobei dieser umso deutlicher erhalten bleibt, je nied-

[1]) Siehe Brearley-Schäfer, Die Werkzeugstähle und ihre Wärmebehandlung. 3. Aufl. Berlin: Julius Springer, 1922. S. 119.

riger die Anlaßtemperatur ist. Bei Anlaßtemperaturen von etwa 400° entsteht an Stelle des Troostit der Osmondit, der gefügelos genannt werden darf und ebenso schwer als solcher erkennbar ist, wie der bei den höheren Anlaßtemperaturen sich bildende Sorbit. Dieser ist unter dem Mikroskop nur überaus schwer erkennbar und zwar um so schwerer, je näher die Anlaßtemperatur der des unteren Umwandlungspunktes kommt. Es nähert sich dann die Legierung immer mehr ihrem stabilen Zustande, und das Anlaßgefüge stellt sich dar als Perlit. Dieser durch Anlassen erzeugte Perlit ist aber nicht lamellar wie der durch allmähliche Abkühlung entstandene, sondern

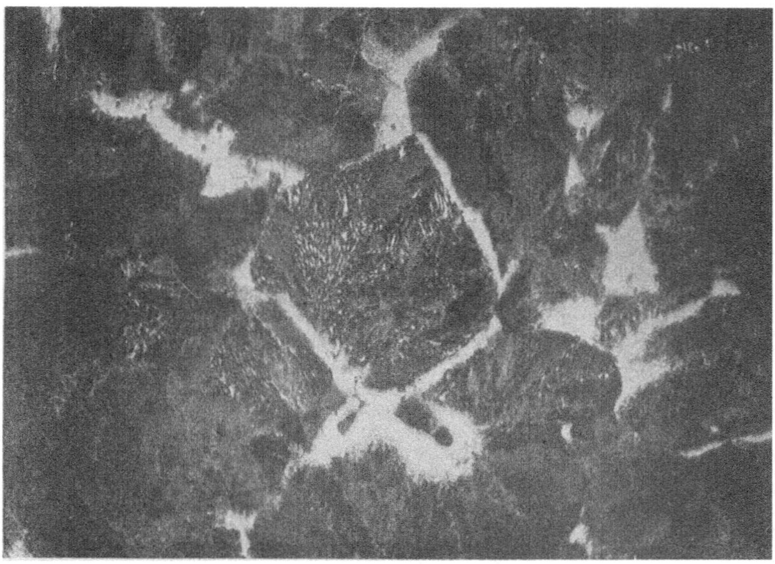

Abb. 266. Chromnickelstahl, geglüht. (Goerens.)

körnig (s. Abb. 242). Der Umwandlungsvorgang beim Anlassen vollzieht sich demnach in der Reihenfolge:

Austenit — Martensit — Troostit — Osmondit — Sorbit — Perlit.

Ein Verfahren, bei dem die Probestücke erst gehärtet und hiernach wieder vollständig angelassen werden, wird unter dem Begriff „Vergüten des Stahles“ ausgeübt. Es geschieht zu dem Zwecke, um einem Stahle, der durch die Vorbehandlung (z. B. Ausglühen) eine kristallinische Struktur erlangt und dadurch eine Festigkeitsverminderung erfahren hat, eine nicht kristalline oder weniger kristalline Struktur zu erteilen.

Durch Härten gelangt der Stahl bekanntlich in den Zustand der festen Lösung, deren Gefüge martensitisch oder austenitisch und deren Struktur nicht mehr kristallinisch ist. Wird dieses Härtungsgefüge durch Anlassen beseitigt, so erlangt der Stahl ein gleichmäßiges, perlitisches Gefüge mit günstigeren mechanischen Eigenschaften.

Abb. 266 zeigt beispielsweise einen geglühten Chromnickelstahl (0,35% C, 2% Ni, 1,2% Cr) mit 4400 kg/qcm Fließgrenze und 7700 kg/qcm Zugfestigkeit. Das Gefüge dieses Stahles ist zwar perlitisch, aber ungleichmäßig und kristallinisch aufgebaut. Im Gegensatz dazu ist das Gefüge desselben Stahles nach geeignetem Vergüten, wie die Abb. 267 beweist, durchweg gleichmäßig perlitisch und nicht kristallinisch. Im vergüteten Zustande besitzt der Stahl die viel höhere Zugfestigkeit von 9000 kg/qcm bei 7000 kg/qcm Fließgrenze.

Diese Zahlen und das Gefüge lehren, daß Vergüten in hohem Maße die Eigenschaften von Stahl günstig zu beeinflussen vermag. In der Praxis sollte deshalb von diesem Verfahren möglichst weitgehend Gebrauch ge-

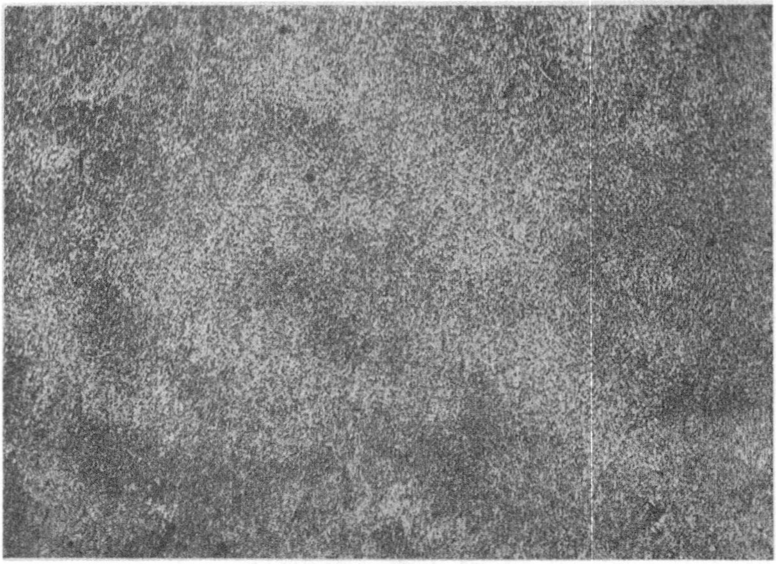

Abb. 267. Chromnickelstahl, vergütet. (Goerens.)

macht werden; aber nur dann, wenn insbesondere für die Härtung zuverlässige Einrichtungen zur Verfügung stehen. Anderenfalls kann das „Vergüten" mehr schaden als nützen[1]).

§ 128. Das Einsatzhärten.

Gelegentlich ist bei Materialprüfungen die Feststellung notwendig, ob gewisse Eisenproben zur Einsatzhärtung geeignet sind und wie sie sich beim Einsatzhärten verhalten. Bekanntlich wird die Einsatzhärtung zu dem Zwecke vorgenommen, Konstruktionsteilen an gewissen Stellen ihrer Oberfläche eine harte Schicht zu erteilen zur Erhöhung ihrer Widerstandsfähigkeit gegen Reibungs- oder Stoßbeanspruchung an der Oberfläche, ohne daß der innere Kern eine Härtung erfährt. Da bei den einzelnen Konstruktionsteilen

[1]) Näheres hierüber s. Goerens. Über die Erzielung verschiedener Festigkeitseigenschaften in Konstruktionsstahlen. Kruppsche Monatshefte 1921, S. 161ff.

aber die Tiefe der Härtung von Bedeutung ist, so muß durch Versuche festgestellt werden, welche Glühtemperaturen und welche Glühdauer anzuwenden sind, um die gewünschte Härtungstiefe zu erzielen. Dabei ist zu beachten, daß bei Konstruktionsteilen, die nachträglich durch Schleifen bearbeitet werden sollen, eine größere Härtungstiefe in Frage kommt als bei anderen.

Im allgemeinen besteht das Einsatzhärten aus zwei Arbeitsphasen, nämlich dem Zementieren und dem Härten. Das Zementieren beruht auf der Erkenntnis, daß Eisen, das zusammen mit höher kohlenstoffhaltigen, den Kohlenstoff abgebenden Mitteln, längere Zeit bei höherer Temperatur geglüht wird, Kohlenstoff durch Diffusion aufnimmt und daß beim nachträglichen Härten solchen Materials nur die gekohlte Oberflächenschicht hart wird, während der Kern ungehärtet bleibt.

Zur Ausführung des Härtungsversuches werden die sorgfältig gereinigten Probestücke in ein gußeisernes Einsatzhärtekästchen gelegt, das vollständig mit dem Einsatzmittel ausgestampft wird. Die Einbettung soll so stark sein, daß die umgebende Einsatzmittelschicht eine Dicke von mindestens 30 mm besitzt. Der Kasten wird mit einem Deckel verschlossen, durch Verschmieren mit Lehm gut abgedichtet und dann in den Ofen gestellt. Das Einsatzmittel muß durchaus trocken sein[1]).

Bei gewöhnlichen Flußeisensorten betragen in Abhängigkeit vom Kohlenstoffgehalt die Einsatztemperaturen etwa 850—950^0 entsprechend den Temperaturen des Kurvenzweiges *AB* der Abb. 264.

Die Glühdauer ist abhängig von der gewünschten Härtungstiefe und kann viele Stunden betragen. Im allgemeinen reicht eine Glühdauer von 2—3 Stunden aus[2]). Da große Probestücke eine längere Glühdauer benötigen als kleine, so dürfen, falls mehrere Stücke gleichzeitig behandelt werden, nur Stücke möglichst gleichen Volumens im gleichen Kasten untergebracht werden.

Nach Beendigung des Zementierens wird das Zementierkästchen entweder außerhalb des Ofens oder zusammen mit dem ganzen Ofen langsam erkalten gelassen. Nimmt man das Kästchen aus dem Ofen heraus, dann setze man es auf eine vorgewärmte Schamotteplatte oder bette es in Asche ein zur Vermeidung einseitiger rascher Abkühlung.

Nach dem Zementieren sind die Probestücke sorgfältig zu reinigen und falls sich der Versuch in dieser Richtung erstrecken soll, zur Beseitigung etwaiger Eigenspannungen in einer Muffel zu glühen, und zwar in einem Ofen, dessen Temperatur allmählich auf 650^0 gesteigert werden kann. Nach Erreichen dieser Temperatur haben die Probestücke noch, je nach ihrer Größe eine halbe bis eine Stunde im Ofen zu verbleiben. Hiernach läßt man den Ofen erkalten oder man nimmt die Probestücke aus ihm heraus, um sie in heißer Asche allmählich abkühlen zu lassen.

Die Härtung erfolgt entsprechend den Erläuterungen im § 126 in der Weise, daß man die sorgfältig gereinigten Probestücke im Glühofen allmählich auf 690^0 und dann rasch auf die entsprechende Härtetemperatur erhitzt,

[1]) Auch durch Behandlung mit gasförmigen Kohlenstoff z. B. Kohlenoxyd oder Kohlenwasserstoffen oder auch durch Stickstoffdiffusion kann Zementation erzielt werden (s. Kruppsche Monatshefte 1922, Seite 143).

[2]) Legierte Stähle (Sonderstähle) nehmen den Kohlenstoff langsamer auf als nicht legierte Kohlenstoffstähle.

um sie hiernach rasch abzuschrecken[1]). Da hierbei manchmal Spannungen auftreten, empfiehlt sich ein nachträgliches leichtes Anlassen der Probestücke. Es erfolgt am besten durch mehrstündiges Erwärmen in siedendem Wasser bei 100° oder in heißem Öl höherer Temperatur, wenn ein stärkeres Anlassen gewünscht wird.

Als feste Einsatzmittel werden sogenannte Härtepulver verschiedener Art verwendet, die hauptsächlich aus Kohlenstoff, Zyanverbindungen und anderen mehr oder weniger wirksamen Stoffen bestehen, z. B. Holzkohle mit Bariumkarbonat.

Neuerdings wird das Zementieren auch in Salzbädern, bestehend aus Bariumchlorid und Kaliumchlorid, vorgenommen, denen man Kalziumzyanamid (Kalkstickstoff) zusetzt[2]). Der Kalkstickstoff gibt in der Schmelze sowohl Kohlenstoff wie Stickstoff an das eingetauchte Stahlstück ab und die Zementation vollzieht sich dabei viel schneller als bei der sonst üblichen mit Einsatzpulver. Nebenbei besteht noch der Vorteil, daß die Probestücke vollständig blank bleiben.

4. Die Verfahren zur mikroskopischen Feststellung des Kleingefüges der Metalle.

§ 129. Allgemeines.

Unter dem Kleingefüge eines Materials hat man die Form und Anordnung der Gefügebestandteile zu verstehen, die dem bloßen Auge unsichtbar sind, die aber nach geeigneter Vorbehandlung bei mikroskopischer Beobachtung erkannt werden können. Dabei genügen häufig schon sehr wenig starke Vergrößerungen, und selten müssen in Sonderfällen besonders starke optische Systeme zur Beobachtung benutzt werden. Jedenfalls beginne man eine mikroskopische Beobachtung niemals mit starken Vergrößerungen, da ein solches Verfahren leicht auf Irrwege führen kann in Anbetracht dessen, daß das Gesichtsfeld mit zunehmender Vergrößerung abnimmt, was die allgemeine Orientierung über das Gesamtgefüge erschwert. Erst wenn es gilt, das Gefüge zwecks Nachprüfung eines einzelnen Gefügebestandteiles hinsichtlich Art und Beschaffenheit, stärker aufzulösen, greife man zu stärkeren optischen Systemen. Selbstverständlich können mikroskopische Gefügebeobachtungen nur an völlig ebenen Schnittflächen angestellt werden, die um so mehr geebnet sein müssen, je stärkere Vergrößerungen benutzt werden sollen.

Der außerordentliche Wert mikroskopischer Untersuchungen von Schliffflächen erhellt ohne weiteres aus der folgenden Überlegung.

Ermittelt man die chemische Zusammensetzung einer Legierung durch die chemische Analyse, so lernt man wohl die einzelnen Bestandteile derselben kennen, aber ihre Verteilung im Probestücke entzieht sich der Kenntnis. Läßt man aber zur chemischen Analyse noch die Prüfung mit dem Mikroskop unter Benutzung der Lehren der Metallographie treten, dann kann man auch die Verteilung der Bestandteile oder das diesen Bestandteilen eigentümliche Gefüge des Materials erforschen. Man kann ferner ermitteln,

[1]) Manchmal ist zweckmäßig ein zweimaliges Härten vorzunehmen um das vom Zementieren herrührende grobkristallinische Gefüge zu beseitigen.

[2]) Wendt, Kruppsche Monatshefte 1922, S. 143.

ob die Gefügebildung beim Übergang aus dem flüssigen in den starren Zustand gestört worden ist, oder ob die Gefügekörner durch mechanische Beanspruchungen in ihrer Gestalt Änderungen erfahren haben. Die mikroskopische Beobachtung erlaubt auch die Feststellung des einer bestimmten Temperatur entsprechenden Materialgefüges, und infolgedessen bei widersprechenden Ergebnissen von Festigkeitsversuchen eine Nachprüfung der über die thermische Vorbehandlung des Materials bekannten Angaben. Auch die Ursache von Materialzerstörungen, die man früher nicht festzustellen vermochte, läßt sich in vielen Fällen durch mikroskopische Beobachtungen aufklären.

Je nach der Art des Materials bietet die Erzeugung der Beobachtungsflächen gewisse Schwierigkeiten. Am leichtesten vorzubereiten sind harte Materialien, wie Stahl, Roheisen usw.; wenig harte Metalle dagegen, wie Kupfer, Bronze, Lagermetall u. dgl. erfordern Manipulationen, die man sich nur durch große Übung aneignen kann. Deshalb dürfen die in den folgenden Paragraphen beschriebenen Verfahren nicht als die einzig anwendbaren betrachtet werden, sondern sie sollen nur Anhaltspunkte für denjenigen geben, welcher der Sache mehr oder weniger als Neuling gegenübersteht.

§ 130. Die Entnahme der Probestücke.

Für die Entnahme der Probestücke gilt alles bereits auf S. 15 Erwähnte. Das Probestück muß eine zuverlässige Mittelprobe des zu untersuchenden Materials darstellen. Wenn alsdann beispielsweise seine Abkühlungsverhältnisse festgestellt wurden, ist die mikroskopische Beobachtung an Stellen vorzunehmen, die sich in unmittelbarer Nähe des Temperaturmeßinstrumentes befanden.

Zur Ermittelung der chemischen Zusammensetzung ist am besten das ganze Probestück, oder wenn dies nicht angängig ist, Material aus der unmittelbaren Nähe der beobachteten Stelle zu benutzen. Insbesondere ist darauf zu achten, daß das Probestück sich in dem Zustande befindet, welcher für die Untersuchung in Betracht kommt. In dieser Beziehung werden oft Fehler gemacht, indem Probestücke benutzt werden, die Versuchskörpern entstammen, welche bereits Festigkeitsversuchen unterzogen wurden. Solche Probestücke besitzen naturgemäß nicht mehr ihre ursprüngliche Struktur und nicht mehr ihr ursprüngliches Gefüge; die Bestandteile haben Formänderungen erlitten, die Fehlschlüsse bei der Beurteilung verursachen.

§ 131. Die Vorbereitung der Probestücke für die Untersuchung.

Von dem zu untersuchenden Material wird mit der Säge ein Stück abgetrennt, aus dem ein Probekörper mit den Abmessungen von etwa 1 qcm Fläche und 5 mm Dicke hergestellt werden kann[1]). Abschneiden mit der Schere oder Abschlagen mit dem Meißel ist unrichtig, weil das Probestück dadurch Formveränderungen erleidet. Harte Materialien zerteilt man am besten durch Schleifen unter Wasser mit schmalen Karborundumscheiben. Das gewöhnlich unregelmäßig gestaltete Probestück wird zunächst mit Säge oder Schleifmaschine in möglichst regelmäßige Form gebracht, wobei darauf

[1]) Die Lage des Probestückes im ursprünglichen Gegenstand ist zeichnerisch festzulegen zwecks Deutung etwaiger Abweichungen der Struktur- und Kleingefügeformen von den normalen oder erwarteten.

zu achten ist, daß keine Erhitzung eintritt, welche Gefügeänderungen zur Folge haben würde. Die Erhitzung wird vermieden, wenn man die Bearbeitung, wie bereits oben erwähnt, unter Wasser ausführt.

Hiernach wird an dem Probestück durch Schleifen unter Wasser mit Schmirgelscheiben verschiedener Körnung eine ebene Fläche hergestellt.

Sehr kleine Probestücke fügt man mit Schellack oder Siegellack in ein größeres mit einer entsprechenden Aushöhlung versehenes regelmäßig geformtes Metallstück ein, um es besser festhalten zu können.

§ 132. Das Feinschleifen.

Nach dem Vorschleifen wird das Probestück zur Entfernung aller anhaftenden Fett- und Schmirgelteilchen sorgfältig mit Benzol gewaschen und mit Alkohol gespült. Das nun beginnende Feinschleifen geschieht entweder von Hand, indem man das Probestück auf einem keramischen Abziehstein hin und her reibt, oder maschinell durch Andrücken des Probestückes an eine unter Öl laufende Schleifscheibe. Das Probestück wird bei letzterem Verfahren in der Hand gehalten und von Zeit zu Zeit um 180° gedreht, damit die Schleifrisse immer parallel verlaufen. Schleifen in zwei Richtungen erzeugt ein Netzwerk von Schleifrissen, das nur schwer wieder zu entfernen ist (s. weiter unten!).

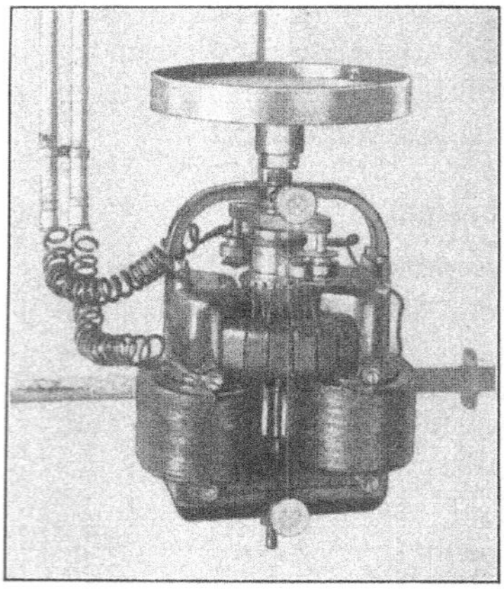

Abb. 268.

Nach gehörigem Reinigen des Probestückes in Benzol schleift man auf Schmirgelpapier weiter, das in Blättern von etwa 200 × 300 mm Größe auf Glasplatten gespannt zur Verwendung gelangt. Als Richtschnur gilt dabei, das Probestück mit einer Serie Schmirgelpapier von immer feinerer Körnung zu bearbeiten, und zwar in der Weise, daß man, mit dem gröbsten Schmirgelpapier beginnend, das Probestück auf jedem Papiere solange reibt, bis die Spuren des vorhergegangenen Reibens verschwunden sind. Ratsam ist dabei, die Schlifffläche auf ein und demselben Papier stets in der gleichen Richtung zu reiben und sie beim Übergange zu einem Papier anderer Körnung um 90° zu drehen, so daß die neu entstehenden Schleifrisse senkrecht zu denjenigen stehen, die beim vorangegangenen Schleifen entstanden sind. Es ist dies ein Hilfsmittel zum Erkennen des Standes des Schleiffortschrittes. Man kann nämlich das Schleifen abbrechen, wenn die Risse des vorangegangenen Schleifens verschwunden sind. Bevor man zur Benutzung eines feineren Schmirgelpapiers übergeht, muß die bearbeitete Fläche sorgfältig abgewaschen werden, damit kein Körnchen an ihr zurückbleibt. Die Beschaffenheit des Schmirgelpapiers ist zur Erlangung guter Resultate von wesentlicher Bedeutung. Das Papier selbst darf nicht zu rauh und der Schmirgel muß gleichmäßig sowie von genügender Feinheit sein.

Verfasser benutzt das Schmirgelpapier von Dujardin, Düsseldorf, welches speziell für metallographische Zwecke hergestellt wird. Das Papier gröbster Körnung ist Nr. 1 F. Es folgen alsdann die Nr. 0, 00, 000, 0000, 00000. Zu große Schärfe der Papiere kann man durch einige Tropfen Öl vermindern.

Wenig harte Metalle schleift man erst auf dem keramischen Abziehstein und dann unter Zuhilfenahme einiger Tropfen Öl gleich auf dem Schmirgelpapier Nr. 0000, und zwar solange, bis die Risse, die der keramische Stein zurückgelassen hat, verschwunden sind. Nach gehöriger Reinigung des Körpers schleift man auf Papier derselben Körnung, aber unter Anwendung von Vaseline an Stelle des Öles, weiter, bis die Fläche ein gleichmäßiges, mattes Aussehen angenommen hat.

Während des ganzen Schleifprozesses ist größte Sauberkeit der Hände und der Schleifscheiben mit oberste Bedingung.

Abb. 269.

Steht eine Schleifmaschine zur Verfügung, so kann man das Schmirgelpapier auch auf Holzscheiben heften und das Probestück durch leichtes Andrücken an die rotierende Scheibe bearbeiten. Die Holzscheiben müssen aus mehrfach gesperrtem Holze angefertigt und zur Befestigung auf der Spindel der Schleifmaschine mit gußeisernen Naben versehen werden. Verfasser benutzt an Stelle der hölzernen Scheiben eben gedrehte gußeiserne, auf welche das Schmirgelpapier mit Stärkekleister geklebt wird. Gußeiserne Scheiben besitzen gegenüber hölzernen den Vorzug, daß sie sich leichter reinigen lassen und sich nicht werfen.

In Abb. 268, 269 und 270 sind drei vom Verfasser konstruierte Schleifmaschinen der Dresdner Hochschule dargestellt. Die erste dient zum Schleifen der Probestücke unter Öl. Die Schleifscheibe ist zu diesem Zwecke horizontal angeordnet und unmittelbar auf der Achse eines Elektromotors mit vertikaler Achse befestigt. Die Schleifscheibe selbst besitzt einen erhöhten Rand, der das Abfließen des Öles verhindert.

Die zweite Schleifmaschine ist mit 5 Schleif- oder Polierscheiben versehen, die jede für sich ihren Antrieb von einer gemeinsamen Welle erhalten.

welche durch einen regulierbaren Elektromotor in Umdrehung versetzt wird. Die Drehzahl der Scheiben ist regelbar und beträgt 500 bis 1500 pro Minute.

Die dritte Schleifmaschine (Abb. 270) ist ähnlich wie die zuerst genannte gebaut. Sie besitzt aber ein besonderes Maschinengestell, 1 mit dem sie auf dem Erdboden steht und in das der Antriebselektromotor 3 eingebaut ist. Mittels eines Regulierwiderstandes kann die Drehzahl des Motors in sehr weiten Grenzen reguliert werden. Die eigentliche Schleifeinrichtung besteht aus einer horizontal angeordneten Bronzescheibe 6 von 40 cm Durchmesser, die im Maschinengestell mittels der Welle 5 sicher gelagert und durch eine Kupplung 4 mit dem Elektromotor 3 verbunden ist. Die Bronzescheibe 6 besitzt einen Rand 7, mit einer vertieften Rinne, die mit Wasserablauflöchern versehen ist. In der Mitte besitzt die Bronzescheibe 6 ein genau zentrisch gebohrtes Loch, das zur Zentrierung von 5 mm dicken, beiderseits eben bearbeiteten und in der Mitte mit einem kalibrierten Bolzen 10 versehenen Eisenscheiben 9 dient, auf welche das Schmirgelpapier geklebt wird. Zum Auswechseln brauchen die Scheiben 9 nur auf die Bronzescheibe 6 gelegt zu werden. Verschrauben ist nicht notwendig, doch sind zur Sicherung gegen Verdrehung Paßstifte 8 vorgesehen. Unterhalb der Bronzescheibe 6 ist das Maschinengestell bei 13 trogartig ausgestaltet und mit einem Wasserablauf 14 versehen. Diese Anordnung dient dazu, um im Wasserstrome schleifen und auch polieren zu können. Man läßt dabei das Wasser mitten auf die Scheibe laufen, von wo es durch die Zentrifugalkraft gleichmäßig über die Schleifscheibe verteilt wird. Beim Polieren wird an Stelle der Schleifscheiben ein Poliertuch auf die Bronzescheibe 6 gelegt, das in der Mitte zur Zentrierung ein Loch besitzt, durch das der Dorn 10 in der Mitte der Bronzescheibe geschoben wird. Im übrigen braucht das Tuch nicht befestigt zu werden, da es durch die Zentrifugalkraft gespannt

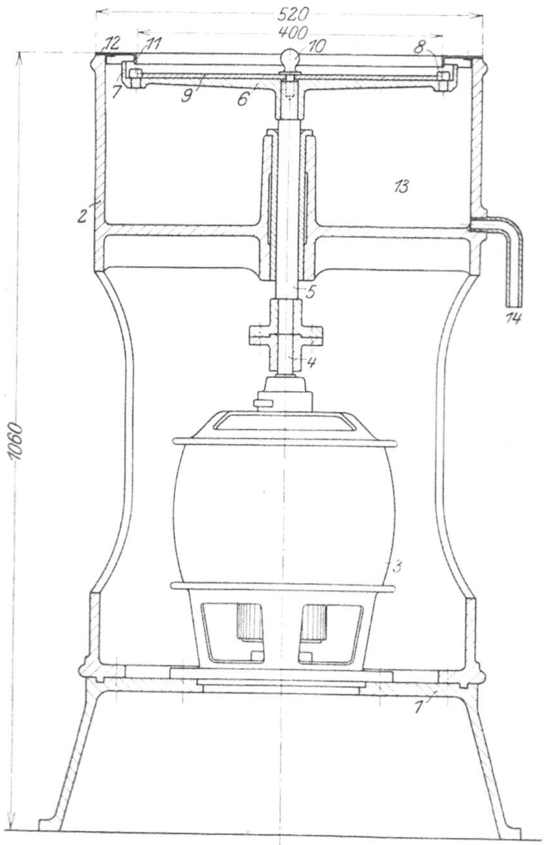

Abb. 270.

erhalten wird. Das Poliermittel wird in viel Wasser gerührt und mit diesem ebenso über dem Poliertuch verteilt, wie das weiter oben für das Schleifwasser angegeben wurde. Da alle etwaigen Unreinigkeiten durch die Zentrifugalkraft nach außen geschleudert werden, gewährleistet diese Schleifmaschine ein besonders sauberes Arbeiten. Sollte beim Schleifen oder Polieren das Schliffstück der haltenden Hand entfallen, so wird es durch die Zentrifugalkraft nach außen geschleudert, so daß es ohne Beschädigung der Schlifffläche schnell von der Schleiffläche heruntergelangt. Es fliegt dabei gegen den Auffangering 11, der es in die Rinne 7 ablenkt. Das reichlich durchfließende Poliermittel kann, da es aufgefangen wird, nach Abschlämmen aufs neue verwendet werden[1]).

§ 133. Das Polieren.

Das Polieren der Schliffe geschieht auf rotierenden Tuchscheiben mit Tonerde verschiedener Körnung. Die Scheiben sind aus mehrfach gesperrtem Holze hergestellt und mit Gußnabe versehen oder vollständig aus Eisen angefertigt. Zur Schaffung einer völlig ebenen Fläche besitzen die hölzernen Scheiben eine Auflage aus Hartgummi, über welche das durch längeres Waschen und Abbürsten präparierte Tuch gespannt wird.

Die von Dujardin gelieferte Tonerde ist besonders für Polierzwecke präpariert, sie braucht nur mit Wasser gemischt und mit einem Zerstäuber auf die Scheibe aufgetragen zu werden. Man drückt das Probestück leicht gegen die befeuchtete Scheibe, wobei man es beständig dreht, um die Schleifrichtung zu ändern. Das Polieren ist solange fortzusetzen, bis unter dem Mikroskop Schleifrisse oder sonstige Unebenheiten nicht mehr zu erkennen sind.

Die Polierscheiben müssen sorgfältig vor Verstauben geschützt und bei starkem Gebrauch öfters unter fließendem Wasser mit Bürste abgewaschen werden. Jedenfalls darf man die Tonerde auf ihnen nicht eintrocknen lassen. Es empfiehlt sich, die Scheiben gesondert voneinander in Schutzkästen aus Blech unterzubringen. Beim Polieren weicher Metalle ist es ratsam, das Tuch der Polierscheibe vor dem Aufbringen der Tonerde mit Seife einzureiben. Über das Polieren mit der neuen Maschine des Verfassers (s. S. 280 u. Abb. 270).

§ 134. Die Entwicklung des Gefüges der Schlifffläche.

Nach dem Polieren erscheint die Schlifffläche unter dem Mikroskop im allgemeinen als spiegelnde Fläche, in der höchstens einzelne Pünktchen u. dgl. sichtbar sind. Das Gefüge muß daher erst durch geeignete Behandlung entwickelt werden.

Es geschieht durch:

Anlassen,
Reliefpolieren,
Ätzpolieren,
Ätzen.

Jede Methode ist nicht für alle Materialien geeignet; es ist von Fall zu Fall zu erwägen, welche anzuwenden ist und die besten Erfolge erwarten läßt.

[1]) Diese Schleifmaschine kann bezogen werden von der Maschinenfabrik Vogel & Schlegel in Dresden-Plauen.

a) Das Anlassen.

Beim Erhitzen vieler Metalle an der Luft entstehen auf ihren Schliffflächen dünne Oxydhäutchen, deren Interferenzfarben infolge der Eigenschaft einzelner Gefügebestandteile, sich rascher zu oxydieren, eine Abgrenzung dieser Bestandteile gegen die anderen bewirken. Zur Unterscheidung mancher Bestandteile, z. B. der Karbide und Phosphide, sofern sie gleichzeitig vorkommen, ist daher das Anlassen die einzige Methode, welche brauchbare Resultate ergibt.

Zum Anlassen wird der Schliff nach gehöriger Reinigung mit Benzol, Alkohol und Äther auf einer eisernen Platte erhitzt, bis die gewünschte Anlauffarbe erscheint. Hiernach wird das Probestück schnell in Quecksilber abgeschreckt. Ist der Versuch mißglückt, so kann man das Oxydhäutchen durch Wiederholen des Polierens entfernen und die Schlifffläche aufs neue anlassen.

Obgleich die Gefügeentwicklung durch Anlassen bereits in den ersten Untersuchungen über das Spiegeleisen von Martens mit Erfolg angewendet wurde, ist dieses Verfahren später weniger benutzt worden, bis es durch die Einführung der Lumièreschen Farbenphotographie in die Metallographie[1]) wieder aufgenommen wurde. Namentlich die Eisenkohlenstofflegierungen sind zum Anlassen gut geeignet, weil die Schliffflächen dabei die ganze Farbenskala von hellgelb bis blau durchlaufen. (Über die Anlauffarben s. S. 272.)

b) Das Reliefpolieren.

Diese Methode ist bei der Untersuchung von Eisenkohlenstofflegierungen mehrfach angewendet worden und hat gute Ergebnisse geliefert. Sie beruht darauf, aus der Schlifffläche die leichter abnutzbaren Gefügebestandteile durch Schleifen mit einem feinen Poliermittel (Tonerde) auf weicher Unterlage herauszuarbeiten, so daß die härteren als Relief bestehen bleiben. Als Unterlage benutzt man am besten eine Gummiplatte oder Pergament, auf der die Schlifffläche ohne Anwendung von Druck hin- und hergerieben wird. Von dem Fortschreiten der Arbeit überzeugt man sich durch Besichtigung des Schliffes unter dem Mikroskop. Das Polieren ist als beendet anzusehen, wenn die Einzelheiten des Gefüges deutlich im Relief zu erkennen sind. Oft bietet die Unterscheidung, welcher von den sichtbaren Gefügebestandteilen erhaben oder vertieft ist, einige Schwierigkeiten In solchen Fällen hilft man sich mit folgendem Kunstgriffe.

Bei stark abgeblendeter Eintrittsöffnung der Lichtstrahlen rückt man das Objektiv etwas näher als notwendig an die Schlifffläche heran und hebt es dann langsam. Die Reliefs, die im Mikroskop anfänglich relativ glänzend und gelblich auf dem dunkleren Grunde erschienen, werden fortschreitend dunkler auf hellem Grunde. Die Vertiefungen zeigen umgekehrte Erscheinungen, sie sind erst dunkel und werden immer heller. Die Größe der Tiefenunterschiede läßt sich mittels der auf S. 289 angegebenen Methode leicht messen.

c) Das Ätzpolieren.

Beim Ätzpolieren unterstützt man die Wirkung des Reliefpolierens durch chemische Einwirkungen, indem man dem Poliermittel ein schwaches

[1]) Siehe Metallurgie, Jahrg. 1908, S. 19 und Goerens, Einführung in die Metallographie, Halle, Knapp.

Ätzmittel zusetzt. Man kann dazu nach Osmond auf kaltem Wege gewonnenen Süßholzextrakt oder Ammoniumnitrat (2 g Ammoniumnitrat mit 100 ccm Wasser) verwenden.

Der Süßholzextrakt wird auf folgende Weise hergestellt:

Man mazeriert während 4 Stunden 10 g zerkleinerte Süßholzwurzel in 100 g Wasser und filtriert. Die Lösung verdirbt ziemlich schnell, wird aber um so wirksamer, je älter sie ist. Ammoniumnitrat wirkt kräftiger.

d) Das Ätzen.

Beim Ätzen der Metallschliffe wird das Gefüge dadurch sichtbar gemacht, daß die einzelnen Gefügebestandteile durch das Ätzmittel verschieden stark angegriffen oder gefärbt werden. Bei der erstgenannten Wirkung entsteht ein schwaches Relief, was zur Folge hat, daß die darauffallenden Lichtstrahlen verschieden stark reflektiert werden und dadurch eine Unterscheidung der Bestandteile ermöglichen. Die Feststellung der Bestandteile auf Grund der verschiedenen Färbung, welche ihnen das Ätzmittel verleiht, ist nicht ein für allemal einwandfrei, weil sich oft verschiedene Bestandteile gleichartig färben. Es ist dann eine der anderen Entwicklungsmethoden zum Sichtbarmachen des Gefüges zu benutzen.

Damit das Ätzmittel gleichmäßig angreifen kann, muß die Schlifffläche von Fett befreit werden. Man erreicht dies durch Abwaschen des Probestückes mit Benzol oder Alkohol und Abreiben mit einem fettfreien Tuche. Beim Ätzen taucht man das Probestück (die Schlifffläche nach oben) in das Ätzmittel oder man bringt mit einem Glasstabe das Ätzmittel auf die Schlifffläche. Nach einer einige Sekunden oder bei manchen Metallen länger währenden Einwirkung spült man das Probestück ab, trocknet es und betrachtet den Schliff unter dem Mikroskop. Beobachtet man keine oder nur eine schwache Wirkung, so wiederholt man die Ätzung an derselben oder an einer anderen Stelle des Schliffes. War die Wirkung zu stark, so verdünnt man das Ätzmittel oder beschränkt die Dauer der Einwirkung. Ist die Ätzung befriedigend, so reinige man das Probestück vor der weiteren Beobachtung nochmals mit Alkohol und trockne mit Äther. Zum Abwischen der Schliffe benutze man nur reine Wattebäusche, die man nachher wegwirft, da es bei der Verwendung weicher Lappen vorkommt, daß darin haftende Körnchen den Schliff verderben. Trocknen des Probestückes im trockenen Luftstrom ist das zuverlässigste Verfahren.

§ 135. Zusammensetzung und Anwendungsweise sowie Wirkungsweise der Ätzmittel.

Bei der Auswahl der Ätzmittel spielt die Erfahrung sowie die Gewöhnung eine große Rolle, und manche Materialprüfer werden bei der Benutzung des einen oder anderen Mittels bessere Erfolge zu verzeichnen haben, als dies bei anderen Prüfern der Fall ist. Es ist deshalb notwendig, sich die Wirkungsweise der einzelnen Ätzmittel genau einzuprägen, um bei Mißerfolgen mit dem einen Mittel auf Grund der Erfahrung ein anderes in Anwendung bringen zu können. Jedenfalls beschränke man sich bei seinen normalen Arbeiten auf wenige Ätzmittel und benutze nur dann andere, wenn es die Umstände erfordern oder die Wirkung der gewohnten Ätzmittel trotz mehrfacher Wiederholung der Behandlung der Schliffe unbefriedigend ist.

Ebenso wie bei der Herstellung der Schliffe der oberste Leitsatz „größte Sauberkeit" lautet, ist auch hinsichtlich der Ätzmittel und ihrer Anwendung darauf hinzuweisen, daß der Erfolg in erster Linie mit durch Sauberkeit und Aufmerksamkeit beim Ätzen bedingt ist. Auch sind die Rückstände der Ätzmittel sorgfältig von den Schliffstücken abzuspülen.

a) Ätzen mit Salpetersäure.

Mischung I:

Konzentrierte Salpetersäure (spez. Gew. 1,4),

geeignet zur Untersuchung von Eisenkohlenstofflegierungen und Kupfer. In den ersteren lassen sich insbesondere Schlackeneinschlüsse sichtbar machen.

Der Schliff wird untergetaucht, hin und her bewegt und dann schnell unter einem kräftigen Wasserstrahl abgespült.

Mischung II:

20 ccm Salpetersäure (spez. Gew. 1,4),
100 ccm Wasser,

geeignet für Eisenkohlenstofflegierungen, Blei-Antimonlegierungen u. a.

Mischung III:

1 ccm Salpetersäure (spez. Gew. 1,4),
50 ccm absoluter Alkohol,
50 ccm Äther,

geeignet für Eisenkohlenstofflegierungen. Nachspülen mit Alkohol und Äther.

Mischung IV:

1 ccm Salpetersäure (spez. Gew. 1,4),
100 ccm Amylalkohol,

geeignet für Eisenkohlenstofflegierungen. Troostit und Sorbit wird dadurch schwarz bis braun, manchmal grünlich gefärbt, Martensit bleibt weiß, Austenit wird braun.

Mischung V nach Kurbatoff[1]):

α) 1 Teil 4 %ige Lösung von Salpetersäure in Isoamylalkohol + 3 Teile gesättigte Nitranilinlösung in Essigsäureanhydrid, oder

β) 1 Teil 4 %ige Lösung von Salpetersäure in Essigsäureanhydrid + 1 Teil Methylalkohol + 1 Teil Alkohol + 1 Teil Isoamylalkohol.

Beide sind geeignet für Eisenkohlenstofflegierungen, insbesondere zur Sichtbarmachung von Martensit und Austenit. Das zweite auch zur Entwicklung des Troostit. Nachspülen mit Alkohol.

b) Ätzen mit Salzsäure.

Mischung I:

1 ccm Salzsäure (spez. Gew. 1,19),
100 ccm absoluter Alkohol.

[1]) Kurbatoff, Contribution à l'étude métallographique des aciers trempés. Revue de métallurgie, Mémoires S. 169. Mars 1905.

Diese Mischung wurde von Martens und Heyn bei der Untersuchung von Eisenkohlenstofflegierungen verwendet.

Mischung II:

10 ccm Salzsäure (spez. Gew. 1,19),
100 ccm absoluter Alkohol,

geeignet für Kupfer-Zinnlegierungen.

Mischung III:

Lösung von Brom in Salzsäure

ist ein schnell wirkendes Ätz- und Färbemittel für Eisenkohlenstofflegierungen.

Mischung IV:

3 Teile 20 %ige Lösung von Salzsäure (spez. Gew. 1,19) in Isoamylalkohol + 1 Teil gesättigte Nitranilinlösung in absolutem Alkohol.

Kurbatoff empfiehlt diese Mischung für die Untersuchung von Eisenkohlenstofflegierungen.

c) Ätzen mit Kupferammoniumchloridlösung.

Mischung I:

10 g Kupferammoniumchlorid, kristall.,
120 g dest. Wasser[1]).

Dieses Ätzmittel ist für Eisenkohlenstofflegierungen, besonders für Kohlenstoffstähle im ungehärteten Zustande und für weißes Roheisen geeignet. Das sich niederschlagende Kupfer wird mit einem Wattebausch vorsichtig abgerieben. Für graphithaltige Roheisensorten ist es aber nicht verwendbar, weil sich infolge der galvanischen Wirkung des Graphits Kupfer fest auf der geschliffenen Fläche absetzt. Ausgeschlossen ist auch seine Verwendung zur Ätzung von Spezialstählen.

Mischung II (ammoniakalische Kupferammoniumchloridlösung):

10 g Kupferammoniumchlorid, kristall.,
120 g dest. Wasser,

hierzu soviel Ammoniak, bis sich der anfangs entstehende Niederschlag wieder auflöst.

Geeignet für Kupfer, Kupfer-Zinklegierungen, Eisenbronzen, Kupfer-Zinnlegierungen, Eisen-Kohlenstofflegierungen.

d) Ätzen mit Pikrinsäure.

Mischung I:

4 g Pikrinsäure, kristall.,
100 ccm Äthylalkohol.

Geeignet für alle Eisen-Kohlenstofflegierungen. Der Ferrit wird aufgerauht. Nach dem Ätzen muß das Probestück sorgfältig in Alkohol gespült und dann mit Wattebausch abgewischt werden.

---

[1]) Die Lösung darf nicht verdünnt werden, da sich das Kupfer sonst auf der Schliffläche fest ansetzt.

Mischung II:

4 g Pikrinsäure,
100 ccm Isoamylalkohol.

Diese Mischung ist wie die Mischung I zu benutzen. Das Ätzmittel wirkt langsamer, aber gleichmäßiger.

e) Ätzen mit Jod.

Mischung I:

1 Teil Jodtinktur, bestehend aus 10 g Jod und 100 ccm Alkohol (96 %),
1 Teil dest. Wasser,

hierzu etwas Salzsäure.

Das Ätzmittel ist geeignet zum Sichtbarmachen von Blei in Zinn und von Silber in Blei. Im ersten Falle entsteht Zinnjodid als Nebenprodukt, das sich in der verdünnten Salzsäure löst, im anderen Falle Bleijodid, das sich durch Auskochen mit Wasser entfernen läßt.

Mischung II:

Zinn-Antimonlegierungen ätzt man mit Joddampf, indem man den Schliff in einem Gefäße lagert, worin sich etwas Jod befindet.

Mischung III:

10 g Jod (sublimiert),
20 g Jodkalium,
100 ccm dest. Wasser

oder

5 g Jod (kristall.),
100 ccm Äthylalkohol.

Beide Mischungen sind zur Ätzung von Eisen-Kohlenstofflegierungen geeignet und vermögen überall da noch gute Ergebnisse zu liefern, wo die Kupferammoniumchloridlösung versagt.

Das Eisen wird durch das Ätzmittel gelöst und der Kohlenstoff als dunkles Pulver abgeschieden.

Mit Rücksicht auf die stark färbende Wirkung muß man das Ätzmittel von den Händen fernhalten. Man trägt es deshalb zweckmäßig mittels Pinsel auf die Schlifffläche auf.

f) Ätzen mit Natriumpikrat[1]).

Mischung:

2 g Pikrinsäure werden mit 25 g Ätznatron in 75 ccm Wasser während ½ Stunde auf dem Wasserbade digeriert. Hierauf schüttet man die überstehende Lösung ab und verwahrt sie in einer luftdicht verschlossenen, dunklen Flasche.

Beim Ätzen eines Schliffes verfährt man in der Art, daß man von der Natriumpikratlösung eine gewisse Menge in ein Reagenzglas gießt, dasselbe in ein mit kochendem Wasser gefülltes Becherglas stellt und, sobald das Ganze die Temperatur des Bades angenommen hat, das Schliffstück einführt. Nach 5—10 Minuten ist meistens die Ätzung genügend stark; man spült

[1]) Goerens, Einführung in die Metallographie, Knapp, Halle.

den Schliff mit Wasser ab und wiederholt, wenn nötig, die Operation. Das Verfahren erscheint umständlich, doch ist es zum Nachweise des Eisenkarbides das einzig sichere, insofern dieses nicht wie im Perlit in sehr feinen Anteilen gegenwärtig ist[1]).

g) Ätzen mit Ammoniak.

Ammoniaklösung ist geeignet zum Ätzen von Bronzen und Kupfer. Konzentrierte Ammoniaklösung färbt bei Manganbronzen das Mangan bräunlich.

h) Ätzen mit konzentrierter Kalilauge[2]).

Diese Methode besteht darin, daß das Probestück mit einer gesättigten heißen Lösung von Kalilauge behandelt wird. Sie gibt bei Zink-Kupferlegierungen mit mehr als 70 % Zink sehr gleichmäßige Resultate.

i) Ätzen unter gleichzeitiger Anwendung des elektrischen Stromes.

Methode I.

Das Probestück wird als Anode in ein Ätzmittel, bestehend aus

1 ccm Salzsäure (spez. Gew. = 1,19),
500 ccm Wasser

gehängt und ein elektrischer Strom von 0,2 Amp. hineingeschickt. Die Methode ist besonders für abgeschreckte Eisen-Kohlenstofflegierungen geeignet.

Methode II, nach Charpy; zur Untersuchung von Messing besonders geeignet.

In ein aus verdünnter Schwefelsäure 1 : 10 bestehendes Bad 1 (s. Abb. 271) wird die poröse Tonzelle 2 gesenkt, welche eine gesättigte Lösung von Kupfersulfat 3 sowie einen Kupferblechstreifen 4 enthält, daneben wird der Probekörper 5 auf einem Halter 6 aus Platin eingesetzt. Man erhält auf diese Art ein Daniellsches Element, in welchem das Zink durch den Probekörper ersetzt ist. Durch die Einwirkung des Stromes löst sich das Zink etwas rascher auf als das Kupfer. Die Dauer der Einwirkung beträgt etwa eine Viertelstunde. Das auf der Schlifffläche sich niederschlagende Kupfer muß von Zeit zu Zeit mit einem Pinsel entfernt werden.

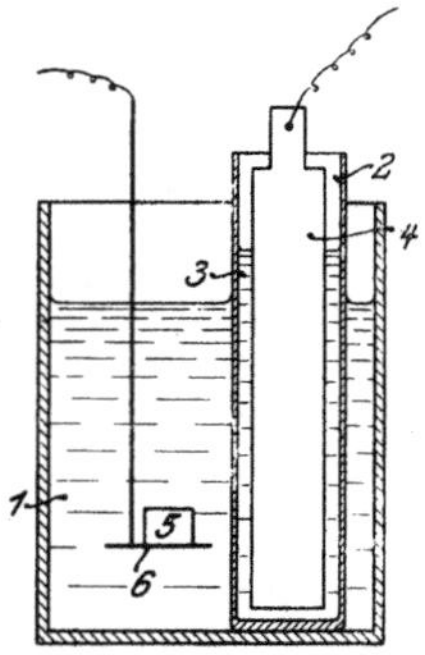

Abb. 271.

Methode III.

Nach Le Chatelier verbindet man das Schliffstück mit dem positiven Pole einer galvanischen Batterie und taucht es in eine 10 %ige Lösung von Chlorammonium oder Ammoniumsulfat, in der sich ein mit dem negativen Pole der Batterie verbundenes Stückchen Bleiblech befindet. Durch Einstellen des Abstandes des Schliffstückes vom Bleiblech und durch Betätigung eines Regulierwiderstandes läßt man die Anordnung von einem Strome von 0,001—0,01 Amp. pro

[1]) Die Natriumpikratlösung läßt sich auch zum Nachweis von Sulfid- und Eisenoxydeinschlüssen verwenden. Siehe Stahl und Eisen 1917, S. 383.

[2]) S. Anm. [1]) auf Seite 286.

1 qcm Schliffläche durchströmen. Hierdurch werden nach einigen Minuten selbst sehr schwer angreifbare, insbesondere gehärtete Eisen-Kohlenstofflegierungen deutlich geätzt.

§ 136. Die Mittel zur Gefügebeobachtung.

Das durch Ätzen oder sonstwie entwickelte Kleingefüge kann nur in den seltensten Fällen mit dem bloßen Auge beobachtet und festgestellt werden, da die Einzelheiten gewöhnlich so klein sind, daß Vergrößerungen notwendig sind, um sie zu erkennen. Als Vergrößerungsmittel können manchmal bereits Lupen verschiedener Schärfe gute Dienste leisten, aber meistens sind zur einwandfreien Deutung des Gefüges stärkere Vergrößerungen notwendig, die nur Mikroskope zu bieten vermögen.

§ 137. Die optische Ausrüstung der Mikroskope.

Die wesentlichen Bestandteile der Mikroskope sind bekanntlich der Tubus, in dessen dem Objekt zugekehrten Ende das Objektiv eingeschraubt wird, während zur Beobachtung am anderen Ende das Okular eingeschoben wird. Fast alle deutschen Mikroskope sind für eine Tubuslänge von 160 mm eingerichtet, während das von Le Chatelier (s. S. 296) und englische mit dem 10zölligen (250 mm) Tubus versehen sind. Da alle Objektive hinsichtlich der Tubuslänge sehr empfindlich sind und gute Bilder nur dann liefern, wenn die für sie vorgesehene Tubuslänge benutzt wird, so ist es notwendig, der Einstellung der richtigen Tubuslänge besondere Beachtung zu schenken. Unter Tubuslänge hat man zu verstehen den Abstand der Ansatzfläche des Objektivgewindes vom anderen Ende des Tubus, an dem das Okular anliegt. Die jeweilige Tubuslänge ist an einer Teilung ablesbar, die am Auszugrohr des Tubus angebracht ist. Wird zwischen Objektiv und Tubus ein Apparat geschaltet, z. B. ein Vertikalilluminator (s. S. 291) oder eine Objektivwechselvorrichtung (Revolver- oder Schlittenwechsler), so ist die Länge dieses Apparates zu beachten, da die Teilung am Auszugrohr sich auf die Tubuslänge ohne solche Apparate bezieht.

Als Objektive sind für stärkere Vergrößerungen die „Apochromate“ den „achromatischen“ vorzuziehen, da bei ihnen die Art der Lichtquelle für die Beleuchtung und insbesondere ihre Farbe fast ohne Bedeutung ist und bei der Beobachtung das Objekt in seinen natürlichen Farben erscheint. Außerdem ist bei ihnen das ganze Sehfeld von gleichmäßiger Schärfe, während bei den achromatischen Objektiven, insbesondere bei stärkeren Vergrößerungen, die Bilder nach den Rändern des Sehfeldes hin an Schärfe verlieren. Außerdem gestatten die Apochromate die Benutzung stärkerer Okulare infolge ihrer guten Strahlenvereinigung, wodurch schwächere Objektive mit größerem Objektabstand verwendet werden können.

Als Okulare liefern die Kompensations- und die Projektionsokulare die beste Auflösung Es ist aber zweckmäßig, lieber stärkere Objektive zu benutzen, als die Auflösung des Bildes mit starken Okularen erzwingen zu wollen. Hinsichtlich der Objektive ist zu beachten, daß sie für die Benutzung ohne Deckglas, wie es bei Metallbeobachtungen die Regel ist, besonders korrigiert sein müssen. Andererseits muß bei der Benutzung von Deckgläsern die richtige Dicke derselben verwendet werden. Im allgemeinen ist die Deckglasdicke, für welche die Objektive korrigiert sind, auf deren Fassung angegeben. Zweckmäßig ist es, für Arbeiten mit Deckgläsern ein Objektiv mit Korrektionsfassung zu besitzen, das für die verschiedenen Deckglasdicken jeweils mühelos durch Verdrehen eines Stellringes, auf dem die Deckglasdicke in 0,01 mm angegeben ist, einstellbar ist. Unbekannte Deckglasdicken lassen sich leicht mittels des Abbeschen Dickenmessers (S. 565) nachmessen.

Die Objektive für homogene Immersion bedürfen einer Immersionsflüssigkeit, als die bei den Zeiß-Objektiven eingedicktes Zedernholzöl dient. Zum Aufbringen des Öles auf das Objekt benutze man keine harten Metallstäbchen, da mit ihnen die Schlifffläche leicht zerkratzt werden kann. Am besten eignen sich hierzu sowie zur Aufbewahrung des Öles die von Zeiß hergestellten Fläschchen mit Tupfstäbchen.

Nach dem Gebrauche müssen die Objektive immer sorgfältig gereinigt werden. Es geschieht am besten durch Abwischen mittels eines in Benzol getauchten weichen Seidenläppchens.

Die Okulare sind mit Nummern versehen, z. B. 2, 4, 6, 8, 12, 18. Diese Nummern geben gleichzeitig die Okularvergrößerung an, indem das aus ihnen und der Eigenvergrößerung des Objektives gebildete Produkt die Gesamtvergrößerung darstellt. Unter der Eigenvergrößerung des Objektives versteht man dabei diejenige Vergrößerung, welche das Objektiv, als Lupe gebraucht, auf die Weite des deutlichen Sehens (250 mm) ergeben würde. Dieselbe ist gleich 250, dividiert durch die Brennweite des Objektivs in Millimeter (s. auch S. 293). Das Okular Nr. 2 dient wegen seiner schwachen Vergrößerung als Sucherokular. Es wird lediglich zur Absuchung der Schlifffläche nach Eigenheiten benutzt, auf die nachher die stärkeren Systeme eingestellt werden.

Ein Fehler, der beim Einsetzen der Objektive und Okulare in den Tubus, insbesondere bei horizontalen Stativen, oft begangen wird und der eine unbefriedigende Auflösung der Bilder verursacht, ist der, daß die Objektive nicht gehörig tief bis zum Gewindeansatz eingeschraubt oder daß die Okulare nicht bis zum Anschlag eingeschoben werden. Dieser Fehler verursacht eine unrichtige Tubuslänge mit ihren nachteiligen Folgen.

Die Tubuseinstellung, d. h. die Verschiebung des ganzen im Tubus untergebrachten optischen Systems, ist eine doppelte. Sie besteht in der normalen, mittels Handschraube zu betätigenden Grobeinstellung und der Mikrometer-Feineinstellung. Die letztere ist besonders wichtig, da man mit ihrer Hilfe Dickenmessungen und auch Tiefenmessungen, z. B. zur Feststellung der Tiefe von Tiefätzungen, vornehmen kann. Es besitzt nämlich der eine Triebknopf der Feineinstellung eine Mikrometerteilung, in der beim Zeißschen Stativ die Bewegung um einen Teilstrich einer Tubusverschiebung von 0,002 mm und eine ganze Umdrehung des Knopfes einer solchen von 0,04 mm entspricht.

Bei der Ausführung einer Tiefenmessung wird so verfahren, daß man das eine Mal die obere Fläche scharf einstellt und das andere Mal die untere Fläche, wobei jedesmal die Teilung an der Mikrometerschraube abgelesen wird. Die Differenz beider Ablesungen entspricht dem Höhenunterschiede zwischen den beiden Flächen, aber unte der Voraussetzung, daß sich zwischen den beiden Flächen nur Luft und nicht etwa ein Deckglas oder eine Immersionsflüssigkeit befindet.

Ein Mikroskop, das stereoskopisches Sehen ermöglicht und das besonders für unebene Flächen (Bruchflächen) geeignet ist, zeigt die Abb. 272. Es ist dies das binokulare Mikroskop nach Greenough, das aus zwei bildaufrichtenden Mikroskopen kombiniert ist. Es kann in der Anordnung nach der Abb. 273 auch für stereoskopische Aufnahmen Benutzung finden.

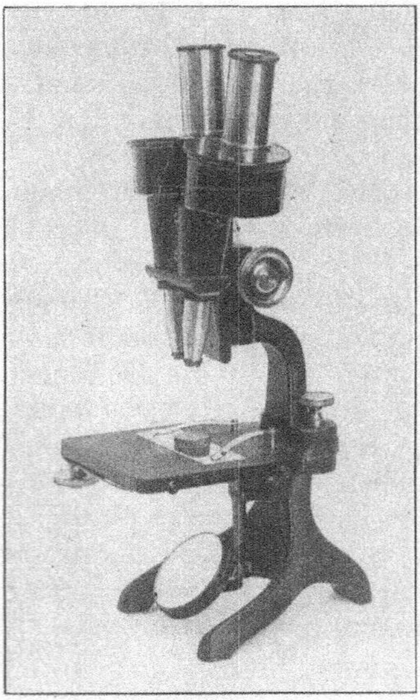

Abb. 272.

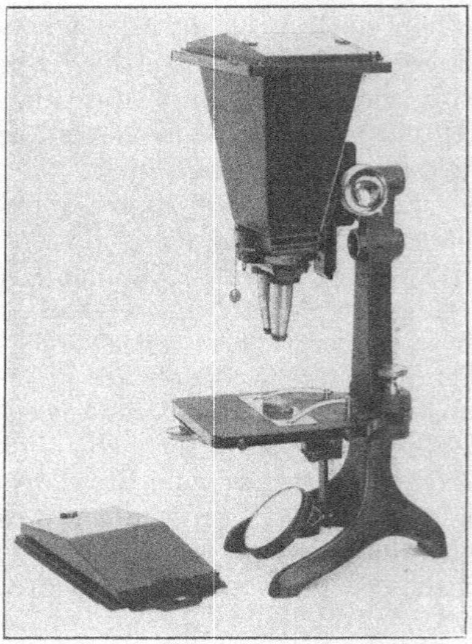

Abb. 273.

§ 138. Die Methoden der mikroskopischen Untersuchung.

Infolge ihrer Undurchsichtigkeit ist eine Beobachtung der Metallschliffe im durchfallenden Lichte wie bei Gesteinen nicht angängig; sie müssen daher im auffallenden Lichte untersucht werden. Bei geringen Vergrößerungen bietet dabei die Beleuchtung wegen des großen Objektivabstandes vom Objekt keine Schwierigkeiten; ein zwischen Objekt und Objektiv (nach Abb. 274) geschaltetes Planparallelglas oder schief auffallendes Licht (nach Abb. 275) bewirkt genügende Aufhellung der zu beobachtenden Schlifffläche. Starke Vergrößerungen, bei denen der Abstand der Frontlinse des Objektives vom Objekt nur Bruchteile eines Millimeters beträgt, erfordern dagegen eine besondere Beleuchtungsvorrichtung. Eine solche ist der in Abb. 277 dargestellte Vertikalilluminator. Der Strahlengang bei seiner Benutzung ist aus Abb. 276 ersichtlich. Das von der Lichtquelle kommende Lichtbündel L trifft auf ein Reflexionsprisma, wird dort total reflektiert und durch die eine Objektivhälfte auf das Objekt konzentriert. Die hier diffus reflektierten Strahlen werden durch die andere Objektivhälfte zu einem Bilde des Objektes vereinigt, welches wie gewöhnlich beobachtet wird. Zur Abblendung des einfallenden Lichtbündels ist vor dem Reflexionsprisma eine Irisblende angeordnet.

Der Vertikalilluminator kann in Verbindung mit jedem Mikroskop benutzt werden, nur müssen die Objektive für Benutzung ohne Deckglas korrigiert (s. S. 289) und für stärkere Vergrößerungen mit kurzer Fassung versehen sein.

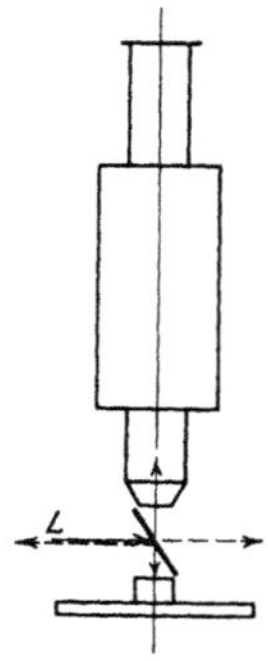

Abb. 274.

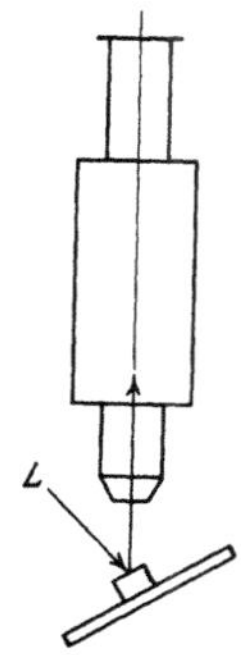

Abb. 275.

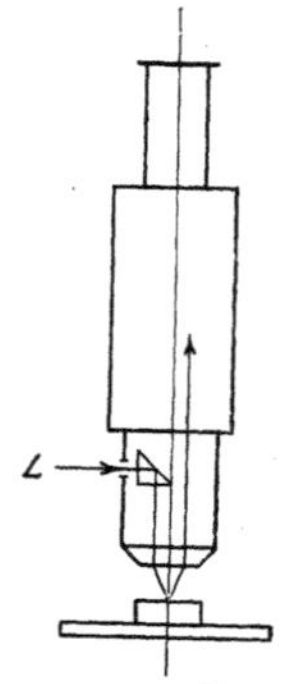

Abb. 276.

An Stelle des Reflexionsprismas im Vertikalilluminator läßt sich auch ein unter 45° gegen die Mikroskopachse geneigt angeordnetes dünnes (0,2 bis 0,5 mm) Planparallelglas verwenden, welches die ganze Objektivöffnung frei läßt. Dieses erfordert jedoch bei photographischen Aufnahmen eine längere Expositionszeit, wie Verfasser beim Arbeiten mit einem von Zeiß, Jena, im Jahre 1909 gelieferten Planparallelglas-Illuminator feststellte. Neuerdings ist der hohe Wert dieses Illuminators durch eine sehr bemerkenswerte Arbeit[1]) von Benedicks und Walldow bewiesen worden. Dieser Illuminator ist besonders für starke Vergrößerungen geeignet, da durch ihn das Auflösungsvermögen der Objektive nicht wesentlich beeinträchtigt wird.

§ 139. Beleuchtungsmittel bei mikroskopischen Beobachtungen.

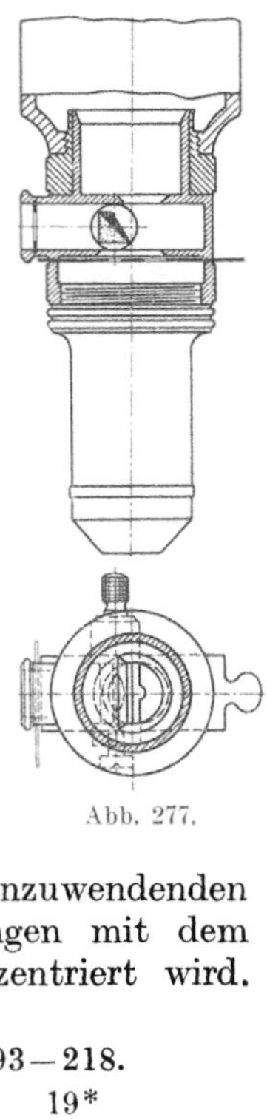
Abb. 277.

Bei geringeren Vergrößerungen läßt sich mit Vorteil Tageslicht benutzen. Es besitzt gegenüber künstlichem Lichte den Vorzug, daß es das Objekt in seinen natürlichen Farben erscheinen läßt und Tiefenunterschiede besonders gut hervorhebt. Zur künstlichen Beleuchtung leisten Gasglühlichtlampen, Nernstlampen und Bogenlicht, aber auch Metallfadenlampen gute Dienste. Die stärkste Beleuchtung, die deshalb auch bei mikrophotographischen Arbeiten Verwendung findet, liefert Bogenlampenlicht. Ihre systematische Anordnung ist aus § 141 u. 144 ersichtlich. Zur gewöhnlichen Beobachtung mit dem Auge genügt aber eine Vorrichtung, die aus einer Gas- oder elektrischen Glühlampe besteht, vor die ein mit schwach blauer Kupfersulfatlösung oder mit Wasser gefüllter Kochkolben (Schuhmacherkugel!) geschaltet ist. Das Ganze wird so vor das Mikroskop gestellt, daß durch die Flüssigkeit das Licht je nach der anzuwendenden Methode unmittelbar auf das Objekt oder bei Beobachtungen mit dem Vertikalilluminator auf das Fenster des Illuminators konzentriert wird.

[1]) Zeitschr. für wissensch. Mikroskopie, Bd. 36, 1920. S. 193—218.

§ 140. Das Kugelmikroskop nach Martens.

Ein für die Beobachtung der Schliffe bei geringeren Vergrößerungen in schief auffallendem Lichte sehr geeignetes Mikroskop ist das in Abb. 278 abgebildete Kugelmikroskop nach Martens. Dasselbe gestattet nicht nur Schiefstellen des Objekttisches, sondern es ermöglicht auch infolge der allseitigen Beweglichkeit des Tubusträgers die Einstellung des Mikroskopes auf jede Stelle beliebig geformter Gegenstände. Nach Feststellen des Objekttisches und Ausrichten des Tubus läßt sich dieses Mikroskop aber auch mit den anderen im § 138 angegebenen Beleuchtungsmethoden verwenden.

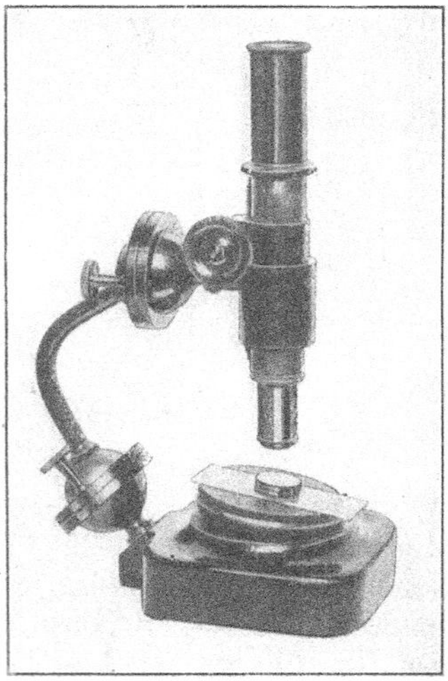

Abb. 278.

§ 141. Der mikrophotographische Apparat von Zeiß.

Abb. 279 zeigt das zum großen mikrophotographischen Apparat der Dresdner Hochschule gehörige Mikroskop[1]). Das Mikroskop ist für Untersuchungen bei durchfallendem und bei auffallendem Lichte unter Benutzung eines Beleuchtungsspiegels, Planparallelglases oder Vertikalilluminators eingerichtet.

Abb. 279.

Die optische Ausrüstung besteht aus:

1. Mikroplanar 70.
2. Mikroplanar 35.

Beide Gläser werden für schwache Vergrößerungen und in der Regel nur bei photographischen Aufnahmen in zerstreutem Tageslicht oder unter Zuhilfenahme eines Beleuchtungsspiegels benutzt.

3. Apochromat 16 mm, Apertur 0,30, Eigenvergrößerung 15,5.
4. Apochromat 4 mm kurze Fassung, Apertur 0,95, Eigenvergrößerung 63.
5. Dasselbe mit Korrektionsfassung.
6. Apochromat 2 mm, Apertur 1,30, Eigenvergrößerung 125.

---

[1]) Es wurde von der Firma Zeiß geliefert, welche diese Art Mikroskope nach Angaben von Martens konstruierte.

7. Apochromat 1,5 mm, Apertur 1,30, Eigenvergrößerung 167.
   Die Objektive 3, 4 und 5 sind Trockensysteme, 6 und 7 Systeme für homogene Immersion (Zedernholzöl).
8. Die Kompensationsokulare 2, 4, 6, 8, 12, 18.
9. Die Projektionsokulare 2, 4, 4*.

Die Vergrößerung dieser optischen Systeme ergibt sich durch Multiplikation des Wertes der Eigenvergrößerung des Objektives mit der Nummer des Kompensationsokulares (s. S. 289).

Beispiel:

Objektiv 2 mm,
Okular 8,

$$\text{Gesamte Vergrößerung} = \frac{250}{2} \,.\, 8 = 1000.$$

Zur Bestimmung der Vergrößerung der Mikroplanare, welche fast ausschließlich zum Photographieren oder zur Projektion benutzt werden, hat

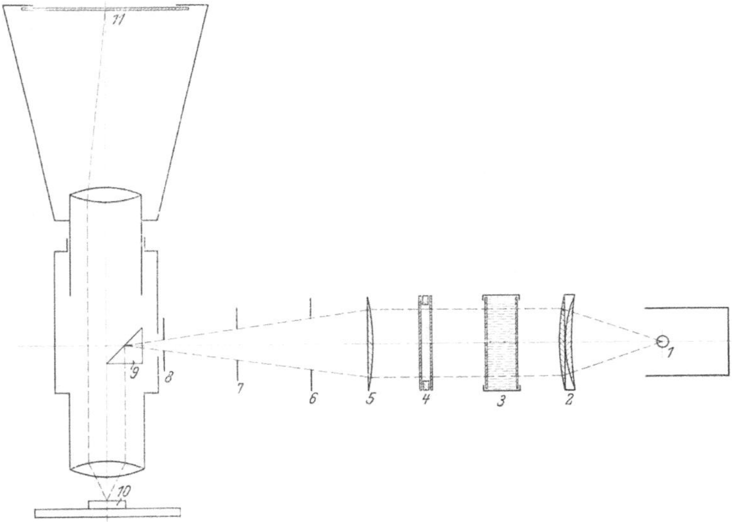

Abb. 280.

man die Entfernung des Bildes auf der Mattscheibe der photographischen Kamera oder des Projektionsschirmes vom Objektiv durch dessen Brennweite zu dividieren und den Quotienten dann um 1 zu vermindern[1]).

Das Schema des großen mikrophotographischen Apparates zeigt Abb. 280.

1 ist die Lichtquelle, eine Bogenlampe von 20 Ampere.

2 ist der Zweilinsenteil, welcher, mit der hohlen Linsenfläche nach der Lichtquelle gerichtet, die Strahlen nahezu parallel macht.

3 ist eine Wasserkammer, die mit reinem ausgekochten Wasser gefüllt wird, zur Abkühlung der Wärmestrahlen.

4 ist eine Bürette zur Aufnahme einer als Lichtfilter dienenden Flüssigkeit. (Zettnow-Filter besteht aus: 160 g Kupfernitrat, 14 g Chromsäure,

[1]) Näheres über die Mikroskope s. Katalog von Carl Zeiß, Jena.

25 g Wasser bei 1 cm dicker Schicht.) Solche Lichtfilter veranlassen eine bessere Unterscheidung der einzelnen Farbtönungen der Schlifffläche.

5 ist der Einlinsenteil, welcher die parallelen Strahlen wieder zu einem Brennpunkte sammelt.

6 ist eine Irisblende zum Abblenden des Lichtbündels.

7 ist eine zweite Irisblende.

8 ist eine dritte Irisblende, die am Vertikalilluminator angebracht ist.

9 stellt das Beleuchtungsprisma dar.

10 entspricht der Beobachtungsfläche des Objektes und 11 ist die photographische Platte, auf welche das Bild des Objektes projiziert wird.

Die Vergrößerung des Bildes auf der photographischen Platte des mikrophotographischen Apparates läßt sich leicht durch Berechnung ermitteln. Sicherer ist aber die experimentelle Feststellung. Sie erfolgt in der Weise, daß man auf dem Objekttische des Mikroskopes einen feingeteilten ($^1/_{100}$ mm) Strichmaßstab anordnet, ihn auf die Mattscheibe projiziert und dort vergleichsweise ausmißt.

Da Erschütterungen des Apparates photographische Aufnahmen, insbesondere bei stärkeren Vergrößerungen, unmöglich machen, ließ Verfasser den Apparat der Technischen Hochschule Dresden derartig aufstellen, daß sowohl das Mikroskopstativ als auch die photographische Kamera sowie die Bogenlampe jedes für sich auf Betonsäulen ruhen, die auf gewachsenem Erdboden gegründet sind und mit dem Fußboden des Beobachtungsraumes sonst nicht in Berührung stehen. Bei längeren Belichtungen gestattet diese Anordnung, daß im Zimmer hin- und hergegangen werden kann, ohne daß Erschütterungen auf den Apparat gelangen.

§ 142. Die Einstellung und photographische Aufnahme eines Gefügebildes mit dem Zeißschen Apparate.

Hinsichtlich der photographischen Aufnahme von Metallschliffen aller Art ist darauf hinzuweisen, daß die Aufnahme unmittelbar nach der Gefügeentwicklung (Ätzen) zu erfolgen hat, da sich zahlreiche Metalle bereits durch kurze Einwirkung der Luft an der Schlifffläche schnell verändern. Es entstehen Oxydschichten, die häufig ein ganz anders aussehendes Gefüge verursachen, als dasjenige ist, das der Legierung tatsächlich entspricht.

Bei der Einstellung des Bildes verfährt man in folgender Weise:

Man stellt das Bild vorläufig mit einem Sucherokular und dann mit einem Kompensationsokular ein, entfernt dasselbe alsdann und ersetzt es durch ein Projektionsokular, dessen vordere Linse der Kameralänge entsprechend eingestellt wurde. Hierauf schiebt man die vordere Öffnung der Kamera über das Okularende des Mikroskoptubus und stellt mit Hilfe der Feineinstellung das Bild erst auf der Mattscheibe und dann unter Zuhilfenahme der Einstellupe auf der Einstellscheibe aus Spiegelglas scharf ein. Die Aufnahme des Bildes erfolgt hiernach derartig, daß man erst mit einem Stück Pappe die Lichtquelle abdeckt, dann eine photographische Platte an Stelle der Mattscheibe einsetzt und durch Entfernen des Pappstückes belichtet. Orthochromatische Platten verdienen gegenüber gewöhnlichen Trockenplatten den Vorzug, da sie besonders bei gefärbten Objekten die Färbungsunterschiede besser zum Ausdruck bringen. Das Entwickeln und

Fixieren geschieht in gleicher Weise wie bei jeder anderen photographischen Aufnahme. Besondere Behandlung erfordern nur die farbenempfindlichen Platten bei Anwendung der Lumièreschen Farbenphotographie. Sie müssen in völlig dunklem Raume in die Kassetten eingelegt werden, weil sie auch für die roten Strahlen der Dunkelkammerlampen empfindlich sind. Ihre Schichtseite kommt nicht wie bei den gewöhnlichen Platten nach außen gerichtet, sondern umgekehrt in die Kassette zu liegen. Es muß deshalb zur Vermeidung des Zerkratzens der Schichtseite durch die Spannfeder der Kassette ein dunkler Karton unter die Platte gelegt werden. Im übrigen gelten für Aufnahmen mit Lumièreschen Platten für Farbenphotographie die in ihrer Gebrauchsanweisung enthaltenen Angaben. Betont soll aber hier werden, daß die Farbenphotographie bei Metallprüfungen nur eine untergeordnete Bedeutung besitzt.

In allen Fällen, sowohl bei Verwendung gewöhnlicher Platten als auch der für Farbenphotographie, gewöhne man sich daran, nach der Zeit zu belichten und zu entwickeln. Diese Methode gibt, wenn die benutzten Zeiten und übrigen Umstände notiert werden, für spätere Aufnahmen gute Anhaltspunkte und liefert Unterlagen für die Beurteilung von mikrophotographischen Bildern.

§ 143. Vorrichtungen zum Befestigen der Probestücke auf dem Objekttisch.

Die Befestigung der Probestücke auf dem Objekttische der Mikroskope und das Ausrichten der Schlifffläche verursacht gewisse Schwierigkeiten[1]). Baumann[2]) empfiehlt, leichtere Objekte unter Benutzung von Ausrichteringen auf Objektgläsern zu befestigen, bei der Untersuchung schwerer Gegenstände dagegen das Mikroskop unter Benutzung einer besonders geformten Fußplatte, ähnlich wie sie von Zeiß dem binokularen Mikroskop nach Greenough (s. S. 290) beigegeben wird, auf die zu beobachtenden Flächen zu setzen. Beide Methoden sind zweckmäßig und ihre Verwendbarkeit ist anerkannt.

Abb. 281.

[1]) S. Wawrziniok, Metall. VII. Jahrgang, Heft 10.
[2]) S. Metall. 1909, S. 407.

Für Probestücke mittlerer Größe und für langgestreckte Gegenstände ist jedoch keine der beiden Anordnungen anwendbar. Ferner leidet das Verfahren der Befestigung von Schliffstücken mittels Wachs oder Plastilin[1]) auf Objektgläsern an dem Übelstand, daß die bereits befestigten Objekte, falls sich eine weitere Behandlung derselben mit Ätzmitteln o. dgl. notwendig macht, erst wieder von den Objektgläsern losgelöst und gereinigt werden müssen. Auch genügt nicht in allen Fällen das Ausrichten der Schlifffläche unter Benutzung von Ringen mit parallelen Endflächen, abgesehen von der häufig beobachteten nachträglichen Veränderung der Lage des Schliffstückes. Die Folge davon ist, daß trotz aller Sorgfalt bei dem Aufsetzen des Objektglases die Schlifffläche noch besonders ausgerichtet werden muß.

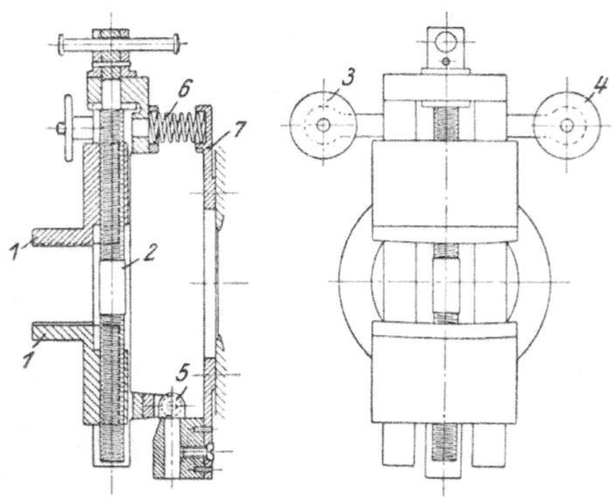

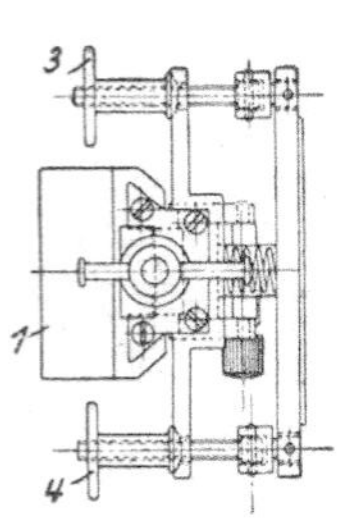

Abb. 282.

Es erscheint deshalb zweckmäßiger, eine Vorrichtung nach Abb. 281 und 282 (Bauart des Verfassers) zu benutzen, die das Objekt gut festhält und leicht verstellbar ist. Sie besteht aus einer schraubstockartigen Klemme 1, die mittels der Schraube 2 geöffnet oder geschlossen werden und mittels der Preßschrauben 3 und 4 um das Kreuzgelenk 5 nach allen Richtungen geneigt werden kann. Die Feder 6 hält das ganze System, welches mit der Grundplatte 7 auf dem Objekttisch des Mikroskopstatives verschraubt ist, in Spannung, so daß die Klemme mit dem Gegenstand sofort der Bewegung der Preßschrauben folgt. Das Einstellen der Schlifffläche geschieht entweder frei oder unter Zuhilfenahme eines von Fueß[2]) empfohlenen „Justierlineals", welches die Einstellung wesentlich erleichtert.

§ 144. Der mikrophotographische Apparat nach Le Chatelier.

Außer dem Martensschen mikrophotographischen Apparat ist auch der nach Le Chatelier bei metallographischen Arbeiten stark in Aufnahme gekommen. Abgesehen von seiner ungewöhnlichen Form besitzt das Le Chateliersche Mikroskop dem Martensschen gegenüber den Vorzug, daß das Probestück unregelmäßig gestaltet sein darf und nur eine ebene Fläche, die gleichzeitig Schlifffläche ist, zu haben braucht. Mit dieser Fläche wird es unter Zwischenschaltung eigenartig gelochter Glasscheiben auf den horizontal angeordneten Objekttisch gelegt, so daß die Ebene des Schliffes ohne wei-

[1]) S. Stahl und Eisen, Jahrgang 1909, S. 555.
[2]) S. Metall. Jahrgang 1908, S. 268.

teres mit derjenigen des Tisches übereinstimmt. Da die Tischebene selbst senkrecht zur optischen Achse des Objektives steht, ist eine weitere Einstellung des Objektes nicht erforderlich. Das Schema des Apparates zeigt Abb. 283.

1 ist das Objekt auf dem Objekttisch 2, der durch Betätigung einer Einstellschraube dem Objektiv 3 genähert oder von ihm entfernt werden kann. Die Beleuchtung der zu beobachtenden Fläche erfolgt durch das Prisma 4, welches den durch den Beleuchtungstubus 5 von der Lichtquelle 9 aus eintretenden Lichtstrahl ablenkt und durch die eine Objektivhälfte auf das Objekt konzentriert. Die hier reflektierten Strahlen treffen auf ein in der optischen Achse des Objektives angeordnetes Prisma 6 und werden von diesem je nach der Stellung desselben entweder nach vorn in ein Beobachtungsokular oder nach links durch das Projektionsokular 7 in die photographische Kamera 8 abgelenkt. Zu diesem Zwecke ist das Prisma 6 um die optische Achse des Objektives drehbar. Abb. 284 zeigt die Ausführung des Mikroskopes mit Beleuchtungsvorrichtung und photographischer Kamera der Dresdner Technischen Hochschule.

Der Apparat kann wechselweise mit Bogenlampe oder bei schwächeren Vergrößerungen auch mit Nernstlampe als Lichtquelle Verwendung finden.

Zur Vermeidung von Erschütterungen stellte Verfasser den Apparat auf einem Tische auf, der in Federn hängt.

Hinsichtlich der optischen Ausrüstung gilt für diesen Apparat dasselbe, was für den großen mikrophotographischen Apparat von Zeiß (s. § 141) gesagt wurde. Zu erwähnen ist noch, daß beim Le Chatelier-Apparat die Objektive ohne Gewinde ausgeführt sind. Das ist angängig, da die Objektive vertikal mit der Frontlinse nach oben gerichtet lediglich in den Objektivhalter eingesetzt zu werden brauchen. Außer den in der Abb. 283 angegebenen Einzelheiten wird zweckmäßig zwischen die Lichtquelle 9 und den Beleuchtungstubus 5 ein Lichtfilter geschaltet.

§ 145. Das Ausmessen der Gefügebilder.

Soll die Größe einzelner Gefügebestandteile festgestellt werden, so kann dies am einfachsten durch Ausmessen des Bildes auf der Mattscheibe der mikrophotographischen Kamera unter Berück-

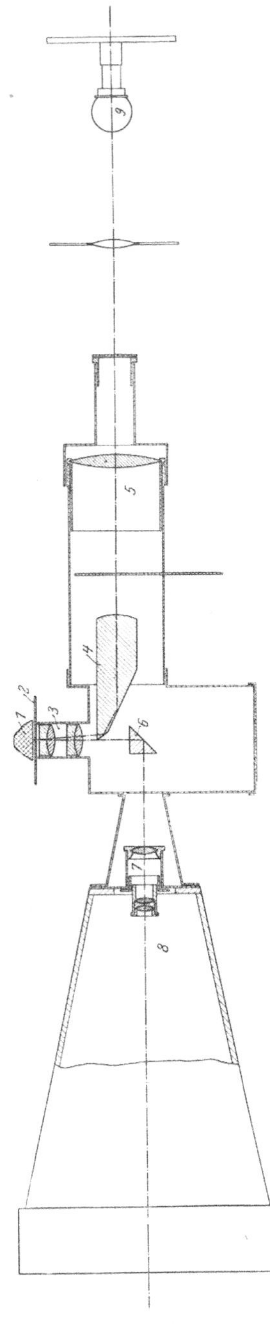

Abb. 283.

Abb. 284.

sichtigung der Vergrößerung oder durch unmittelbare Beobachtung mit dem in § 333 beschriebenen Okular-Schraubenmikrometer geschehen. Den Flächeninhalt der Gefügebestandteile ermittelt man dagegen mit einem Plani-

Abb. 285.

meter, indem man bei vertikalstehender Kamera mit dem Planimeterstift den Gefügebestandteil auf der Mattscheibe umfährt.

Auch unter Benutzung eines Zeichenapparates (Abb. 285) abgezeichnete Gefügebestandteile können nach der gleichen Methode ausgemessen werden.

5. Die Verfahren und die Hilfsmittel zur Vornahme thermischer Untersuchungen.

die in der Abkühlungskurve eine Verzögerung der Temperaturabnahme verursachen. Aber nicht allein bei Aggregatzustandsänderungen sind solche Wärmeerscheinungen zu beobachten, sondern sie treten auch innerhalb ein und desselben Aggregatzustandes auf. Es geschieht dies, wenn der Körper Modifikationsänderungen erleidet, d. h. wenn er aus einer allotropen Modifikation in eine andere übergeht. Die dabei in die Erscheinung tretenden Wärmevorgänge sind aber nicht so ausgeprägt, wie bei den Aggregatzustandsänderungen, doch ist nach Lothar Meyer die Umwandlung einer allotropen Form dem Übergange von einem Aggregatzustande in den anderen so ähnlich, daß, genau genommen, die drei Aggregatzustände irgendeiner Substanz als drei allotrope Modifikationen derselben beschrieben werden müßten.

Während die bei Aggregatzustandsänderungen gebundene oder frei werdende Wärme „latente Schmelzwärme“, „latente Verdampfungswärme“ heißt, bezeichnet man sie bei Modifikationsänderungen mit „Umwandlungswärme“ und die Temperaturen, bei denen sich die Änderungen vollziehen, die „Umwandlungstemperaturen“ oder Umwandlungspunkte.

Da diese Wärmevorgänge immer bei bestimmten Körpertemperaturen auftreten, ist der Beginn der erwähnten Zustandsänderungen leicht zu ermitteln. Man braucht nur den Verlauf der Abkühlung oder Erhitzung eines Körpers durch Temperaturmessung in Abhängigkeit von der Zeit zu bestimmen, um diejenigen Temperaturen zu finden, bei denen die Zustandsänderungen erfolgen. Zu beachten ist aber, daß dabei keine „Unterkühlung“ des Körpers stattfindet.

Im allgemeinen ist bei Metallen die Gefahr der Unterkühlung gering, trotzdem sie vorhanden ist[1]).

Hinsichtlich des Vorganges der Abkühlung hat man zu beachten, daß er eine Kristallisation darstellt, und zwar können bei ein und demselben Metall nacheinander mehrere Kristallisationen stattfinden. Einerseits kristallisiert das Metall beim Übergang aus dem flüssigen in den festen Zustand, wobei man sich den Vorgang wie folgt vorzustellen hat. Es bilden sich in der flüssigen Schmelze „Kristallisationszentren“, die durch Anlagerung von Teilchen zu Kristallisationskernen anwachsen. An diese lagern sich allmählich weitere Teilchen an, die den Kristall bilden und so lange sein weiteres Wachstum veranlassen, bis er durch die Kristallflächen der ihm entgegenwachsenden Kristalle am weiteren Wachstum verhindert wird. Aus dieser Erklärung ergibt sich die Ursache der ungleichen Größe und der ganz verschiedenartigen Form von Kristallen, die bei der ersten Kristallisation, d. h. beim Übergang aus dem flüssigen in den festen Zustand, entstanden sind.

Dieser ersten Kristallisation beim Übergang in den festen Zustand (primäre Kristallisation) steht andererseits die zweite (sekundäre Kristallisation) gegenüber, die bei manchen Metallen durch Modifikationsänderungen bedingt ist. Es bilden sich dabei die primär entstandenen Kristalle in andere um, die entweder bestehen bleiben oder nochmals eine Umkristallisation erfahren.

---

[1]) S. Zeitschr. d. Ver. deutsch. Ing. 1917, S. 345.

Da sich die Kristallisationszentren erst bei der Erstarrungstemperatur bilden und beispielsweise bei der Erstarrung von Eisen in einer eisernen Kokille die an der Kokillenwand befindlichen Teile der flüssigen Schmelze zuerst die Erstarrungstemperatur erreichen, erklärt sich ohne weiteres die aus der Abb. 286 ersichtliche Struktur (s. S. 262) der Bruchfläche eines Siemens-Martin-Flußeisenblocks. Diese „Gußstruktur" (s. S. 264) läßt deutlich den Verlauf des Wachstums und des Ansetzens der Kristalle an die bereits gebildeten erkennen. Man sieht deutlich, daß die ersten Kristalle sich an die kalte Kokillenwand angesetzt haben und senkrecht zu dieser gewachsen sind. An der Ecke des Blockes trafen sie sich aber und versuchten sich gegenseitig zu verdrängen. Teilweise gelang dies, so daß einer der beiden Kristallfäden weiter wuchs, während das Wachstum des anderen aufhörte. Diese Kristallfäden sind in der Abbildung diejenigen, welche die pfeilspitzenartigen Gebilde verursachten.

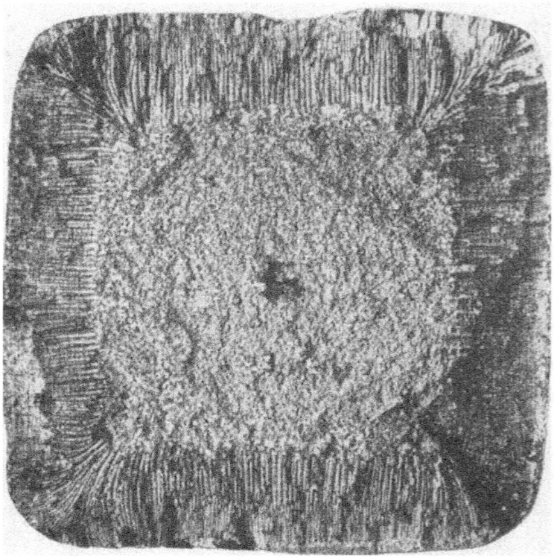

Abb. 286.

§ 147. Die Herstellung von Probeschmelzen.

Zur Feststellung der Schmelz- und Umwandlungstemperaturen ist es notwendig, Schmelzversuche auszuführen, bei denen entweder bereits vorliegende Legierungen niedergeschmolzen werden oder bei denen die Legierungen aus den einzelnen Komponenten erst zusammengesetzt werden müssen. Während bei den ersteren Versuchen nur darauf zu achten ist, daß die Legierungen nicht mit den Flammgasen in Berührung kommen, ist beim Zusammenschmelzen von Rein-Metallen auch noch darauf zu achten, daß erst das Metall mit dem höchsten Schmelzpunkte und dann die anderen mit den nächst niedrigeren Schmelzpunkten in der Reihenfolge ihrer Schmelztemperaturen flüssig gemacht werden. Wird umgekehrt verfahren, dann kann infolge von Überhitzung und Abbrand leicht eine völlig andere Zusammensetzung der Legierung entstehen, als beabsichtigt war. Die chemische Zusammensetzung der Legierungen kann aber auch dadurch verändert werden, daß sie im flüssigen Zustande z. B. aus den Schmelztiegelwandungen Stoffe aufnehmen oder an sie abgeben. Deshalb dürfen z. B. Eisen, Nickel und alle Kohlenstoff aufnehmenden Metalle nicht in kohlenstoffhaltigen Tiegeln (Graphittiegeln) geschmolzen werden. Ebenso können auch Verunreinigungen dadurch in die Schmelzen gelangen, daß die Legierungen das Gefäßmaterial reduzieren. Es sind deshalb die Schmelztiegel für Probeschmelzen sorgfältig für die jeweiligen Legierungen auszuwählen.

Am besten und für alle Legierungen geeignet sind Magnesiatiegel oder noch besser mit Magnesia ausgekleidete Graphittiegel, da Magnesiatiegel allein gegen Temperaturschwankungen sehr empfindlich sind und leicht rissig werden.

Für niedrige Temperaturen (bis 1000 °) reichen aber Magnesiatiegel oder unten geschlossene Magnesiarohre der aus der Abb. 287 ersichtlichen Form vollständig aus. Für noch niedrigere Temperaturen (unter 450 °) können auch Porzellanrohre zur Verwendung gelangen.

Je nach der Höhe der erforderlichen Temperatur wird der Schmelzversuch in einem geeigneten Ofen ausgeführt, wobei zu berücksichtigen ist, daß es sich zur Vermeidung zu rascher Abkühlung empfiehlt, Öfen mit großer Masse zu verwenden, die ihre Wärme weniger leicht ausstrahlen. Selbstverständlich müssen die Probeschmelzen zur Feststellung ihrer endgültigen Zusammensetzung chemisch analysiert werden.

Die einfachste Anordnung einer Einrichtung zur Ermittelung von Abkühlungskurven von bei niedriger Temperatur schmelzenden Legierungen zeigt die Abb. 287. Sie besteht aus dem armierten Porzellanrohr 1 von etwa 25 mm Weite, in dem sich die Probeschmelze befindet. In sie taucht man, wenn die ganze Schmelze gut flüssig geworden ist, ein vorher angewärmtes Thermometer 3 sowie einen als Rührer dienenden, am Ende zu einem Kreisring gebogenen Stab 4 aus Quarzglas oder Eisen hinein, wartet, bis Thermometer und Rührer die Temperatur der Schmelze angenommen haben, und läßt alsdann die Schmelze erkalten. Während der Abkühlung liest man in bestimmten Zeiträumen, etwa alle halben Minuten, unter ständigem Auf- und Abbewegen des Rührers zur Verhinderung von Seigerungen die Temperaturen ab und zeichnet sie als Funktion der Zeit auf. Sobald sich beim Rühren ein Widerstand bemerkbar macht, also die Schmelze zu erstarren beginnt, hört man mit Rühren auf, ohne aber die Temperaturablesungen zu unterbrechen. Weiteres Rühren würde eine Absonderung der ausgeschiedenen Kristalle und infolgedessen eine Änderung der Zusammensetzung der Legierung bewirken. Die festgestellten Temperaturen müssen infolge der abweichenden Temperatur des herausragenden Quecksilberfadens korrigiert werden (s. S. 595). Ist man infolge sehr schneller Abkühlung nicht imstande, gewisse Zeitintervalle bei der Ablesung der Temperaturen innezuhalten, so lese man nur die Temperaturen ab und lege den Zeitpunkt durch Betätigung eines Chronographen (s. § 152) fest.

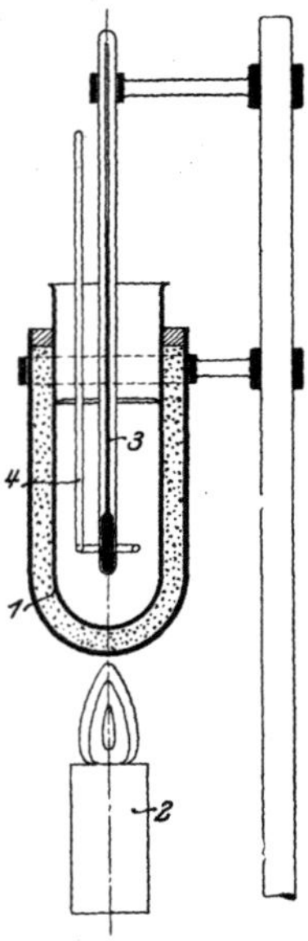

Abb. 287.

Bequemer gestaltet sich die Messung bei Verwendung von Thermoelementen (s. § 352). Man kann sich dabei die direkten Temperaturablesungen sparen, indem man die elektromotorische Kraft der Thermoströme durch ein registrierendes Galvanometer (s. § 354) aufzeichnen läßt. Bei Temperaturen über 450 ° ist man zur Benutzung von Thermoelementen gezwungen, weil dann Thermometer nicht mehr ausreichen. In den meisten Fällen müssen die Thermoelemente mit Schutzrohren (Marquardtsche Masse) versehen sein, da sie bei Berührung mit den Legierungen oder den Flammgasen des Ofens zerstört werden können.

§ 148. Öfen für Probeschmelzen und zur Ermittelung von Haltepunktskurven.

Am bequemsten sind für alle thermischen Versuche, insoweit Salzbadöfen nicht zur Verfügung stehen, elektrisch heizbare Widerstandsöfen, und zwar solche mit Platinwickelung, da sie die beste Regulierfähigkeit besitzen. Ein kleiner elektrischer Tiegelofen dieser Art von Heraeus für Temperaturen bis 1000° und 30 ccm Tiegelinhalt ist in Abb. 288 abgebildet. Der Heiz-

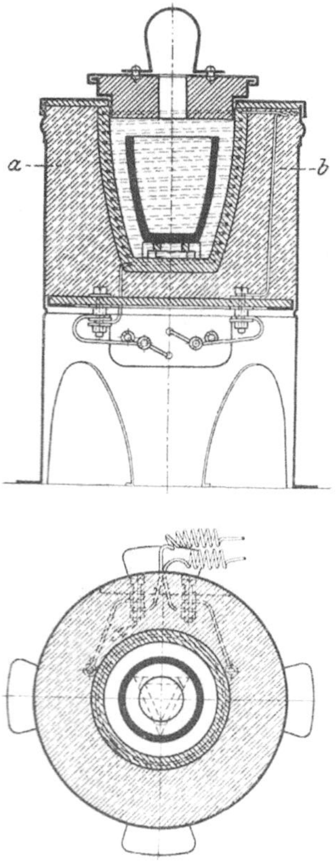

Abb. 288.

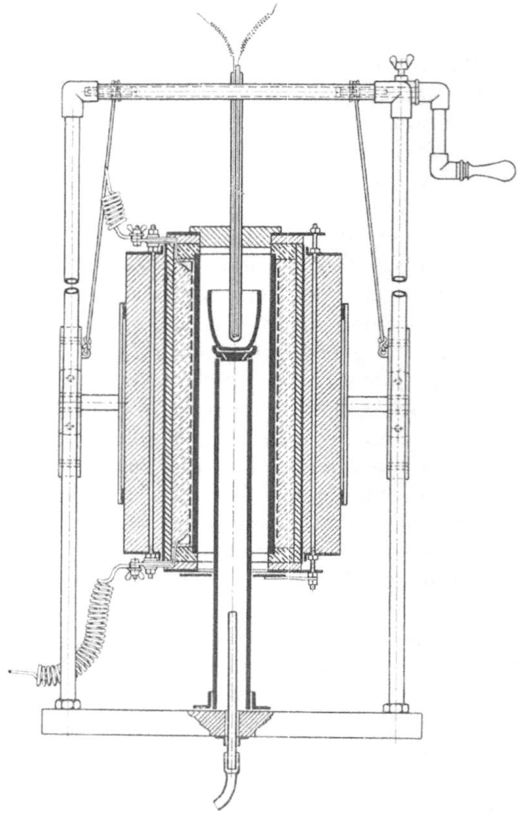

Abb. 289.

widerstand besteht aus einem in die Innenwand des Heizraumes eingebetteten Platindrahte. Zur Regelung der Temperatur bzw. der Stromstärke dient ein Vorschaltwiderstand.

Abb. 289 zeigt einen elektrischen Röhrenofen von Heraeus für 1350°. Er ist als Senkofen ausgebildet, so daß er nach dem Anheizen über den auf einem Rohre stehenden Tiegel geschoben werden kann. Außerdem ist er um eine horizontale Achse drehbar, was seine Verwendung mit Einlegerohr nach Abb. 290 gestattet. Der Ofen enthält als Heizkörper ein Rohr von 65 mm lichter Weite aus Marquardtscher Masse, um welches eine Platinfolie in spiraligen Windungen gewickelt ist. Zum Anheizen muß zur Vermeidung zu schneller Erhitzung des Heizrohres ein Vorschaltwiderstand benutzt werden. Bei 220 Volt Spannung erfordert der Ofen eine Stromstärke von

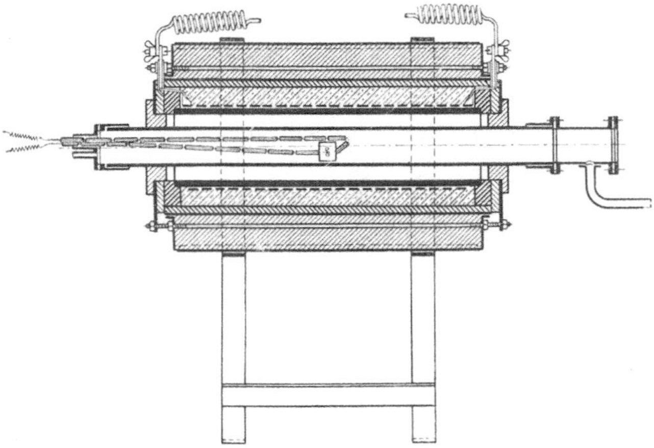

Abb. 290.

19 Ampere. Heraeus baut noch einen ganz gleichartig konstruierten Ofen, zu dem an Stelle des Rohres aus Marquardtscher Masse ein Irridiumrohr benutzt wird. Dieser Ofen ist für Temperaturen bis 2100° brauchbar.

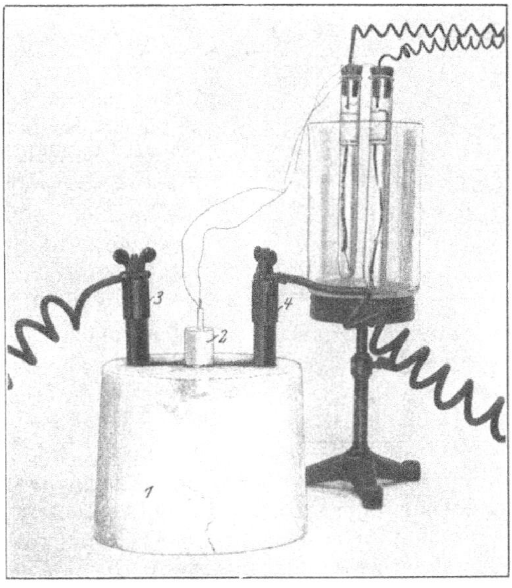

Abb. 291.

In Abb. 291 ist ein Friedrichscher Kryptoltiegelofen[1]), in der Ausführung, wie ihn Verfasser bei zahlreichen Versuchen benutzte, dargestellt. Der Ofenkörper wurde von der Porzellanmanufaktur Meißen geliefert. Der Ofen kann unmittelbar an eine 220 Volt-Gleichstromleitung angeschlossen werden und zeichnet sich durch seinen billigen Preis aus. Das Gehäuse 1 ist aus hochfeuerfester Masse hergestellt und besitzt eine Aussparung, in deren Mitte ein Porzellanrohr 2 oder ein ähnliches Rohr aus gebrannter Magnesia, welches als Schmelztiegel dient, angeordnet wird. Die Stromzuführung erfolgt durch Kohlestifte mit Anschlußklemmen 3 und 4. Im übrigen ist die Aussparung mit Kryptol gefüllt. Der Ofen hat sich bei zahl-

[1]) Siehe Metallurgie 1907, S. 781.

reichen Schmelzversuchen gut bewährt, und es ist möglich, mit ihm innerhalb einiger Minuten im Tiegel eine Temperatur von über 1500° zu erreichen. Bedingung für guten Erfolg ist jedoch sorgfältige Verteilung des Kryptols, langsame Steigerung der Stromstärke und andauerndes Drehen des Tiegelrohres während des Anheizens. Ist nämlich das Kryptol nicht gleichmäßig dicht in der Aussparung verteilt, so entstehen im Kryptol Lichtbogen, die örtliche Zerstörung des Tiegels oder des Ofenmaterials bewirken. In der Dresdner Hochschule wird der Ofen mit Gleichstrom von 220 Volt betrieben, und er erfordert zur Erzielung von 1500° ca. 20 Ampere. Zwischentemperaturen lassen sich durch einen Regulierwiderstand leicht einstellen.

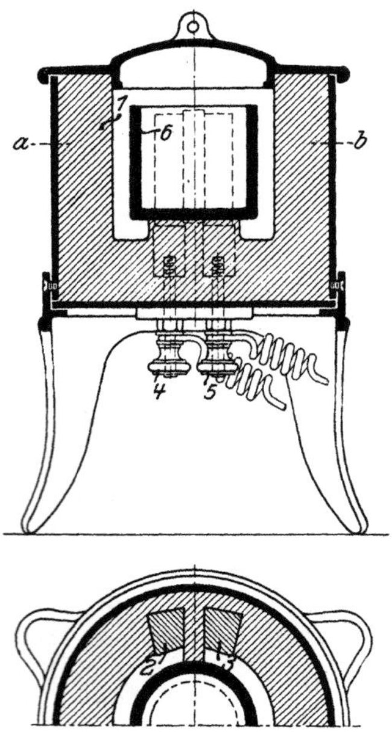

Abb. 292.

Eine weitere Ofenkonstruktion ist aus Abb. 292 ersichtlich. Er besteht aus einem mit Eisenmantel versehenen Schamottegehäuse 1, in welches zwei Kohleelektroden 2 und 3 eingesetzt sind, die mit Anschlußklemmen 4 und 5 für die Stromzuführung verbunden sind. Der Tiegel 6 wird in den Heizraum eingesetzt und der Zwischenraum mit Kryptol gefüllt. Auch mit diesem Ofen läßt sich leicht eine Temperatur von über 1500° erzeugen.

Vorteilhaft verwendbar sind auch die Tammannschen Kohlerohr-Kurzschlußöfen[1]), da bei ihnen weder empfindliche Widerstandsspiralen noch gekörnte Kohle als Heizkörper Verwendung finden. Beim Tammannschen Ofen dient als Heizkörper nämlich ein Kohlerohr, das mittels Wechselstrom unter Zwischenschaltung einer Drosselspule zur Stromregulierung erhitzt wird. Die Abb. 294, S. 306 zeigt die Schaltungsweise der ganzen Anordnung und die Abb. 293 stellt die Bauart des Ofens dar. In der letzteren Abbildung ist 1 das Kohlerohr, dem der elektrische Strom durch die zweiteiligen kupfernen Halter 2 und 3 zugeleitet wird. Zur Kühlung sind diese Halter mit Bohrungen 4 versehen, durch die unter Vermittelung der Rohrleitungen 5 Kühlwasser geleitet werden kann. Zusammengehalten wird jeder der zweiteiligen Halter durch die Klemmschrauben 6, von denen die eine gleichzeitig zur Aufnahme der Strom-Zuleitungskabel 7 dient. Zur Vermeidung eines zu großen Übergangswiderstandes müssen die kupfernen Halter 2 das Kohlerohr 1 fest umschließen. Der äußere Mantel des Ofens besteht aus dem Schamotterohr 8, und der Raum 9 zwischen ihm und dem Kohlerohr 1 ist mit gekörnter Kohle ausgefüllt, die von den Stromzuführungen 7 mittels Asbestpappe 10 isoliert ist. Der ganze Ofen steht auf einer Schamotteplatte 11.

Zur Aufnahme der Schmelze dient das Tammannsche Rohr 12, das auf der gekörnten Kohle 13 ruht.

[1]) Bezugsquelle: Gebr. Ruhstrat in Göttingen.

Das Rohr besitzt einen Deckel 14, durch den das Thermoelementschutzrohr 15 und die Gasführungsrohre 16 geschoben sind. Das Thermoelementschutzrohr 15 taucht in die Schmelze 17 ein und die Thermoelementdrähte 18 sind zu einem Galvanometer geführt, das aus der schematischen Darstellung (Abb. 294) ersichtlich ist. Hiernach liegen an dem Ofen 1 die

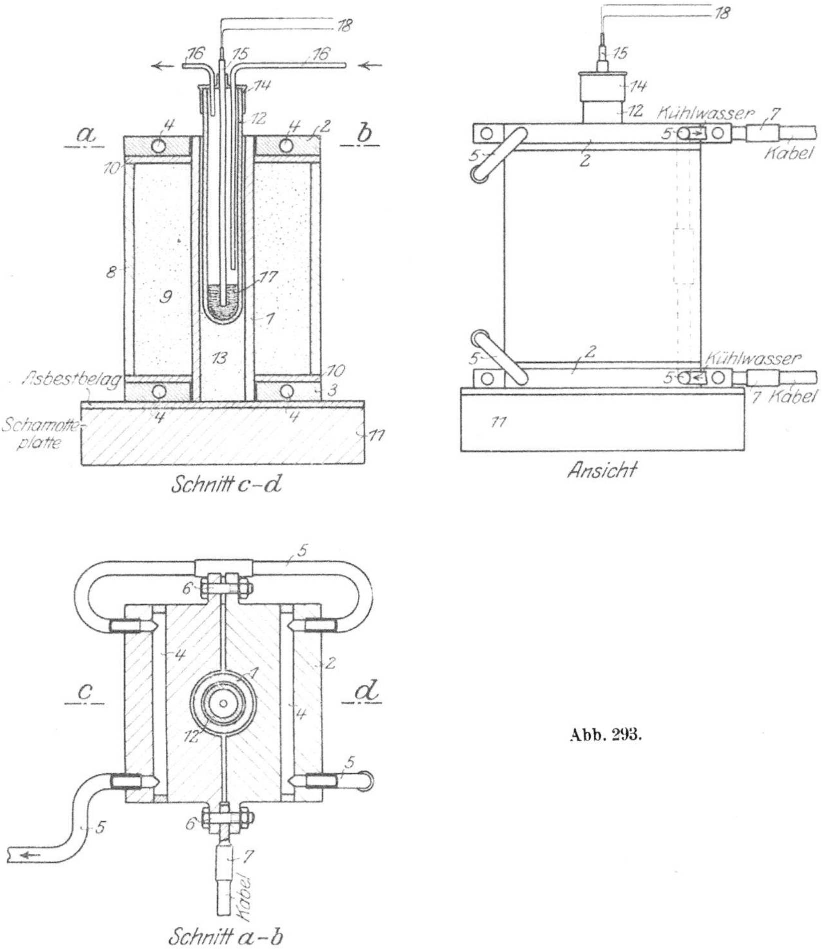

Abb. 293.

starken, vom Transformator kommenden Stromzuleitungskabel 2 und 3, während der Transformator 4 von der Wechselstromdynamo 5 gespeist wird. Mittels der Drosselspule 6 kann die Stromstärke reguliert werden und der Stromzeiger 7 gestattet ihre Ablesung. Die geheizte, aus einem schwer schmelzbaren Glasrohr bestehende Vorlage 8, die mit Eisendrehspänen gefüllt ist, dient zur Reinigung des zugeführten Stickstoffes und das Galvanometer 9 zur Ablesung der Temperatur des Tiegelinhaltes mittelst des Thermoelementes 10.

Ein Nachteil dieses Ofens ist der, daß er zum Betriebe Wechselstrom mit einem Umformer größerer Abmessungen benötigt.

Einen elektrisch heizbaren Salzbadofen zeigt die Abb. 295[1]). Er besteht aus einem schmiedeeisernen Kasten, der mit feuerfesten Schamottesteinen ausgefüttert ist. An gegenüberliegenden Seitenwänden des Innenraumes sind zwei schmiedeeiserne Elektroden angebracht, die mit Kupferschienen in Verbindung stehen, welche zur Zuführung niedrig gespannten Wechselstromes dienen. Der Innenraum des Ofens nimmt das aus einer Mischung von Chlorbarium und Chlorkalium bestehende Salzbad auf. (Für Schnelldrehstähle wird nur Chlorbarium benutzt.) In dieses Salzbad können die Probestücke unmittelbar eingebracht werden, ohne daß Oxydation zu

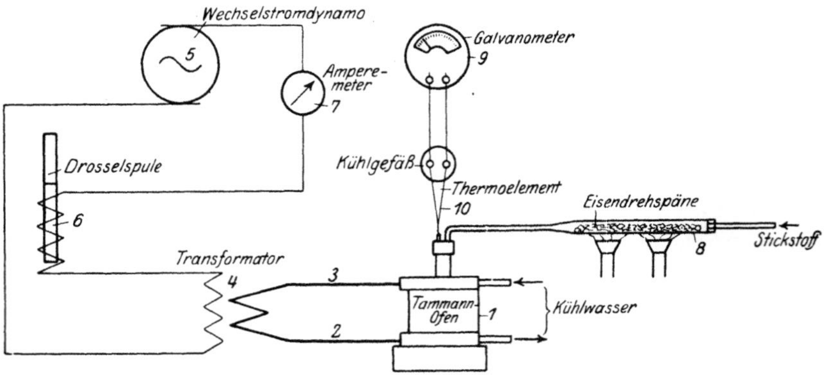

Abb. 294.

befürchten ist. Beim Herausnehmen der Probestücke aus dem Salzbade und nach Entfernung der sich im Wasser auflösenden Salzschicht auf ihnen, zeigt sich die Oberfläche metallisch glänzend.

Näheres über die Benutzungsweise der Salzbadöfen s. Brearley-Schäfer, Die Werkzeugstahle, Berlin, Julius Springer.

§ 149. Schutz der Schmelzen und der sonstigen Glühkörper gegen den Einfluß der Flammengase und der Atmosphäre.

Durch den Einfluß der Atmosphäre oxydieren in den normalen Öfen mit Luftbad bei den hohen Ofentemperaturen alle Metalle rasch. Es ist daher der Ofeninhalt gegen diesen Einfluß zu schützen. Es geschieht in einfachster Weise durch Zuführen indifferenter Gase oder durch Einpacken des Ofeninhaltes in Holzkohle bzw. durch Niederschmelzen des Tiegelinhaltes unter einer Decke aus pulverisierter Holzkohle[2]).

[1]) Ausführung der Allg. Elektr.-Ges. Berlin, vergl. Stahl und Eisen 1909, Seite 667.

[2]) Über andere Schutzstoffe s. Goerens, Einführung in die Metallographie.

Neutrale Gase werden gemäß dem Schema in den Abb. 289, 290, 293 und 294 zugeführt, wobei darauf zu achten ist, daß der Tiegeldeckel hinreichend abdichtet, wenn nicht mit dauernd strömenden Gasstrom gearbeitet wird und dieser die Luft vollständig zu verdrängen vermag. Bequemer ist daher das Arbeiten mit Kohledecken auf Schmelzen und das Einpacken der zu glühenden Probekörper in Holzkohlepulver. Handelt es sich um längeres Glühen, bei dem auch oberflächliche Oxydation vermieden werden soll, so werden die Probekörper in Asbestpapier eingewickelt, in einem mit Eisenspänen gefüllten Schmelztiegel angeordnet, der oben mit Holzkohlepulver bedeckt wird. Werden bei dieser Anordnung zur Temperaturmessung Thermoelemente benutzt, so sind sie vor der Berührung mit den Eisenspänen und der Holzkohle zu schützen, da sie Kohlenstoff aufzunehmen vermögen und dadurch verderben.

§ 150. Abkühlungsversuche mit thermoelektrischer Temperaturbestimmung.

Nachdem die Schmelze unter ihrer Kohledecke gehörig flüssig geworden ist, wird das vorher in einer Gasgebläseflamme oder im Tiegelofen angewärmte Thermoelement mit Schutzrohr durch die Öffnung einer als Deckel dienenden Glimmerplatte in den Tiegel eingeführt, wobei darauf zu achten ist, daß die Lötstelle ungefähr in die Mitte der Schmelze zu liegen kommt. Hiernach wartet man einige Minuten, bis das Thermoelementschutzrohr die Temperatur der Schmelze angenommen hat, und stellt alsdann den Heizstrom ab. Überläßt man jetzt den Ofen der langsamen Abkühlung, so wird sich bei Beginn des Erstarrens der Schmelze eine Verzögerung in der Temperaturabnahme bemerkbar machen. Wenn diese eingetreten ist und die Temperatur wieder zu fallen beginnt, erhitzt man den Ofen aufs neue und beobachtet, ob bei Beginn des Schmelzens dieselbe Temperatur herrscht wie die, welche vorher beim Erstarren festgestellt wurde. Wenn Abkühlung und Erhitzung langsam vor sich gehen, fallen beide Haltepunkte zusammen. Fallen sie nicht zusammen, dann hat Unterkühlung stattgefunden, und der Versuch muß wiederholt werden. In diesem Falle empfiehlt es sich, die Schmelze während der Abkühlung zu rühren oder durch Einwerfen von festen Splittern (Impfen) die Unterkühlung zu verhindern.

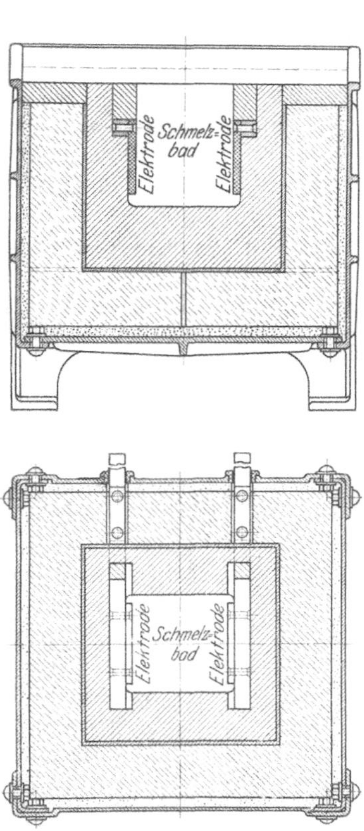

Abb. 295.

Bei sehr genauen Ermittelungen muß man das Schutzrohr weglassen und die Lötstelle des Thermoelementes unmittelbar in die Schmelze eintauchen. In manchen Fällen wird das Thermoelement allerdings dadurch verdorben und die Enden müssen vor neuer Benutzung abgeschnitten und neu zusammengeschmolzen werden.

Da die Le Chatelierschen Normalelemente aus 0,6 mm dickem Draht teuer sind, verwendet man zweckmäßig Elemente aus Drähten von 0,2 mm Dicke, die wesentlich billiger als die Normalelemente sind. Sie werden allerdings ohne Eichschein geliefert, können aber in einfachster Weise durch Vergleichung mit einem Normalelement geeicht werden. Als Schutz- bzw. Isolationsrohre dienen Quarzglasrohre oder Porzellanrohre von der Berliner Porzellanmanufaktur von 12 cm Länge, 4 mm äußerem und 2 mm innerem, bzw. 1 mm äußerem und 0,4 mm innerem Durchmesser. Diese dünnen Schutzrohre besitzen gegenüber den erheblich dickeren der Normalelemente den Vorzug, daß Wärmeschwankungen schneller auf das Thermoelement übertragen werden. Ein Nachteil der dünnen Drähte ist jedoch, daß die Elemente sehr leicht verderben und daher nach jedem Versuch kontrolliert werden müssen.

§ 151. Versuche zur Ermittelung der Umwandlungspunkte.

Die bisher besprochenen Verfahren zur Ermittelung der Schmelzpunkte liefern nur dann brauchbare Ergebnisse, wenn die Verzögerungen der Temperaturabnahme verhältnismäßig lange andauern und sich deutlich als eine Änderung des stetigen Verlaufes der Abkühlungskurve bemerkbar machen. Sie entgehen aber der Beobachtung, wenn die Reaktion schnell verläuft, wie es z. B. bei den Umwandlungen der Eisen-Kohlenstofflegierungen geschieht.

Für solche Fälle hat bereits Roberts-Austen ein Verfahren angegeben. Er schaltete nämlich bei der thermoelektrischen Messung dem Strom des Thermoelementes, welches die Körpertemperatur anzeigte, einen der Temperatur der Umgebung des Körpers proportionalen Thermostrom entgegen, so daß sich, bei gleichem Abfall der Körpertemperatur und der seiner Umgebung die beiden Ströme kompensieren und infolgedessen nur bei Verzögerung der Temperaturabnahme des einen Körpers vom Galvanometer ein Strom angezeigt wird. Die Spannung dieses Differenzstromes entspricht der Temperaturdifferenz zwischen Körper und Umgebung.

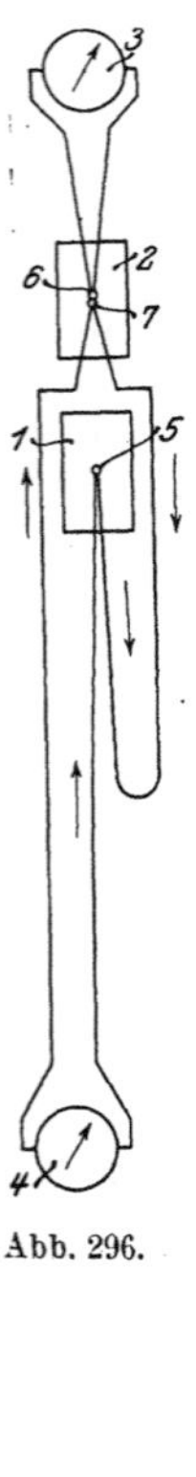
Abb. 296.

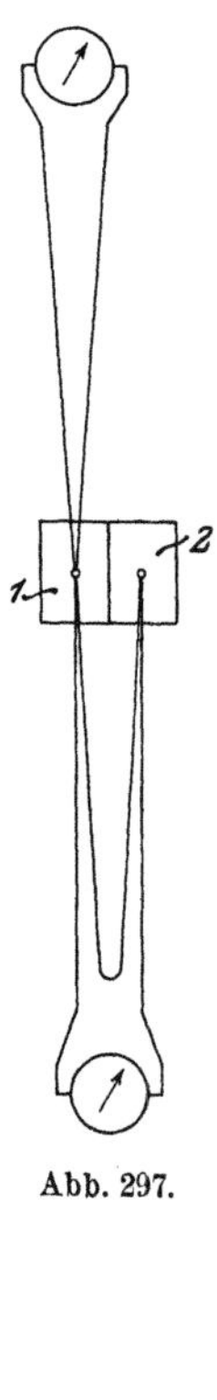
Abb. 297.

Das Schema dieser Kompensationsschaltung ist aus Abb. 296 ersichtlich. 1 ist der zu prüfende Körper, 2 ein Stück Platin, beide Körper befinden sich in unmittelbarer Nähe, ohne sich aber zu berühren, so daß der eine Körper seine Temperatur zu ändern vermag, ohne den anderen zu beeinflussen. Platin besitzt innerhalb des in Betracht kommenden Temperaturbereiches keine kritischen Punkte und kühlt sich daher in gleicher Weise ab wie seine Umgebung. Seine Temperatur wird mit Thermoelement 6, zu dem das Galvanometer 3 gehört, gemessen. Neben der Lötstelle dieses Thermoelementes befindet sich die eine Lötstelle 7 des Differenzelementes. Die zweite Lötstelle 5 dieses Elementes ist in den Probekörper 1 eingebettet und Spiegelgalvanometer 4 dient zur Messung der Differenz der elektromotorischen Kräfte der Lötstellen 5 und 7.

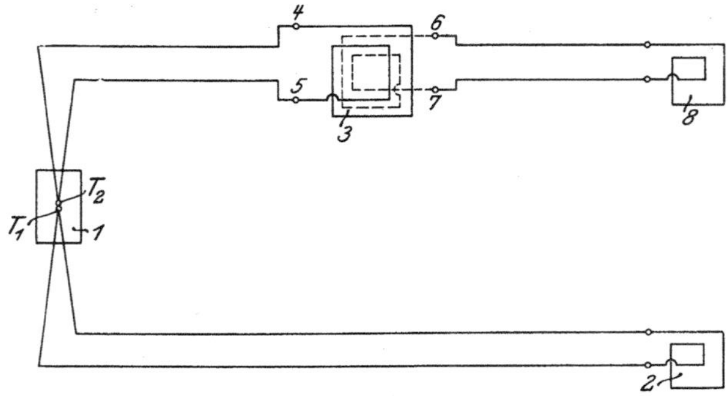

Abb. 298.

Da man auf diese Weise die Temperaturen feststellt, bei denen Wärmeentwicklungen des Probekörpers auftreten, kann man Kurven konstruieren, welche die Größe der Temperaturdifferenzen der beiden abkühlenden Körper zu gleichen Zeiten als Funktion der Temperatur der sich stetig abkühlenden Umgebung des Körpers darstellen.

Heyn ersetzte das Platin bei dieser Versuchsmethode durch einen Vergleichskörper aus Hartporzellan[1]) und gab diesem sowie dem Probekörper eine Form (s. Abb. 297), welche mit größerer Sicherheit gleiche Temperatur beider Körper außerhalb der kritischen Punkte während der Abkühlung gewährleistet. 1 ist der Probekörper und 2 der Vergleichskörper aus Hartporzellan. Jeder Körper besteht aus zwei Hälften, die nach Einbettung der Thermoelemente zusammengebunden werden. Die Bestimmungen geschehen in der gleichen Weise wie bei der Anordnung von Roberts-Austen. Die Heynsche Anordnung hat aber gegen der anderen den Vorzug, daß die Temperatur nicht am Vergleichskörper, sondern am zu prüfenden Körper gemessen wird, was allein richtig ist.

Abb. 299.

Die Verwendung von Vergleichskörpern birgt mancherlei Fehlerquellen in sich, darum ist die Anordnung von Dejean zur Ermittelung der Haltepunkte, bei der kein Vergleichskörper benutzt wird, besonders vorteilhaft.

Die Anordnung ist aus Abb. 298 ersichtlich. 1 ist der Körper, dessen kritische Punkte ermittelt werden sollen; er kann sich im flüssigen oder festen

[1]) An Stelle des Hartporzellankörpers oder des Platinkörpers bei der Methode von Roberts-Austen, kann auch ein Körper aus Reinnickel oder aus 25%igen Nickelstahl Verwendung finden, da beide Metalle keine Umwandlungspunkte bei den in Frage kommenden Temperaturen besitzen.

Zustande befinden. In das Innere des Körpers sind die Lötstellen zweier Thermoelemente T_1 und T_2 eingebettet, von denen das eine mit dem Zeiger- oder Spiegelgalvanometer 2 und das andere mit dem Galvanometer 3 verbunden ist. Das Galvanometer 3 (s. Abb. 299)[1]) besitzt eine besondere Konstruktion, indem sein bewegliches System mit zwei voneinander isolierten Wicklungen versehen ist, die zu den 4 Polklemmen 4, 5, 6, 7 führen. Mit der einen Wickelung (Klemme 4, 5) steht das Thermoelement T' in Verbindung und mit der zweiten Wickelung (Klemme 6,7) das sehr empfindliche Spiegelgalvanometer 8. Thermoelement T_1 mit Galvanometer 2 dient zur Temperaturmessung des Körpers und das Galvanometer 8 zur Messung der elektromotorischen Kraft des in der zweiten Wickelung des Galvanometers 3 durch die Bewegung der Spule im Magnetfelde des Galvanometers 3 induzierten Stromes.

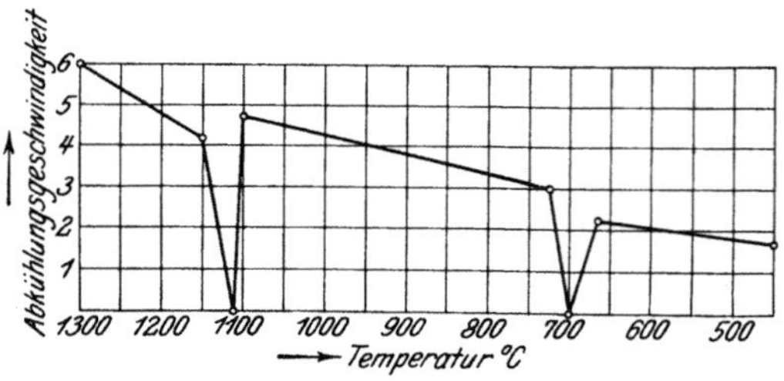

Abb. 300.

Da die elektromotorische Kraft des induzierten Stromes proportional der Drehgeschwindigkeit der Spule und diese proportional der Erwärmungs- bzw. Abkühlungsgeschwindigkeit der zu untersuchenden Legierung ist, müssen Veränderungen dieser Geschwindigkeit durch das empfindliche Galvanometer 8 angezeigt werden. Es muß sich nämlich letzteres Galvanometer auf Null einstellen, wenn die Spule des Galvanometers 3 infolge Verzögerung der Temperaturab- oder -zunahme des Probekörpers stehenbleibt und infolgedessen kein Strom induziert wird. Setzt die Abkühlung oder Erhitzung des Probekörpers wieder ein, dann erfolgt Bewegung der Spule des Galvanometers 3, und der dadurch in der zweiten Wickelung induzierte Strom veranlaßt einen Ausschlag des Galvanometers 8. Die Vereinigung der Ablesungen beider Galvanometer ergibt ein Diagramm, aus welchem die Abkühlungs- oder Erhitzungsgeschwindigkeit als Funktion der Temperatur ersichtlich ist.

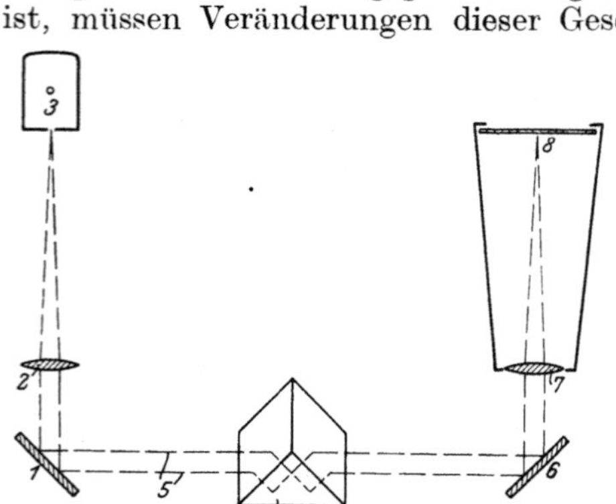

Abb. 301.

Nach den obigen Ausführungen bedeuten somit in der Kurve (Abb. 300) die Ordinaten die Zahl der Grade, um welche sich der Probekörper bei der zugehörigen Temperatur in der Zeiteinheit abkühlt. Ihre absoluten Werte sind nebensächlich. Während eines Haltepunktes wird die Abkühlungs- oder Erhitzungsgeschwindigkeit gleich Null, so daß die Kurve steil bis zur Abszissenachse abfallen muß.

[1]) Instrument der Technischen Hochschule Dresden, von Carpentier, Paris.

Zur selbsttätigen Aufzeichnung von Umwandlungsdiagrammen kann der von Saladin und Le Chatelier angegebene Apparat benutzt werden. Sein Prinzip ist aus Abb. 301 ersichtlich.

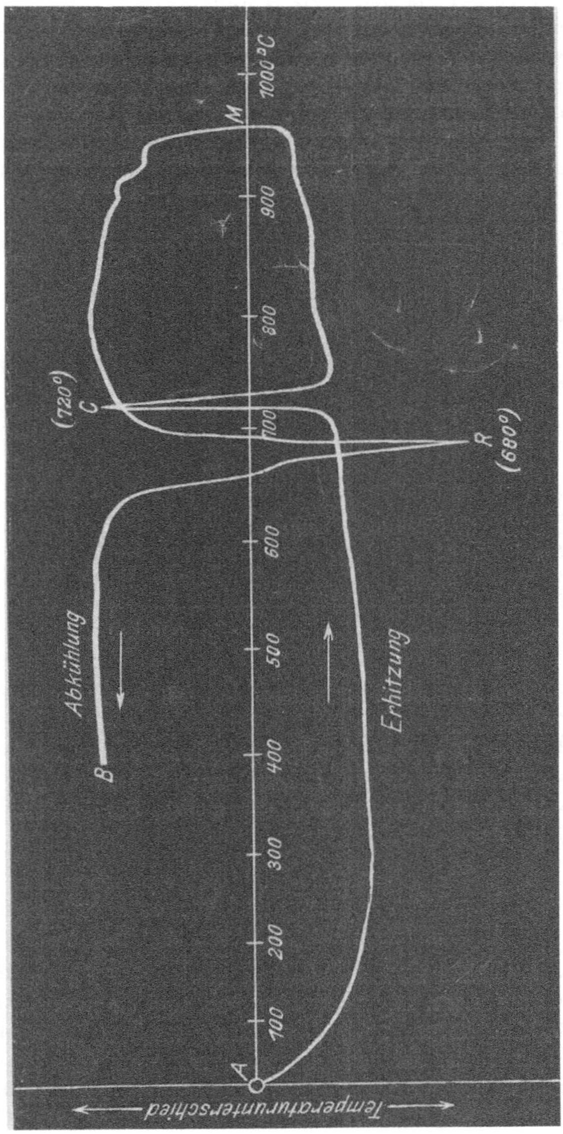

Abb. 302. (Schäfer.)

1 ist der Spiegel des Galvanometers, das durch den Strom des Differenz-Thermoelementes abgelenkt wird s. Abb. 297. Im Brennpunkt der achromatischen Linse 2 befindet sich ein Diaphragma von ca. 0,2 mm Durchmesser, unmittelbar davor die Lichtquelle 3, z.B. eine Nernstlampe. Das von der Öffnung im Diaphragma ausgehende Lichtbündel wird durch die Linse 2 in ein solches paralleler Strahlen verwandelt, welche auf den oben erwähnten Galvanometerspiegel 1 fallen. Dieser reflektiert sie in das schrägstehende Prisma 4. Durch das Ausschlagen des Spiegels 1 werden die Strahlen 5 in einer horizontalen Ebene abgelenkt und durch das Prisma 4 in eine Vertikalebene gedreht. Hier treffen sie auf den Galvanometerspiegel 6, der durch den Strom des zur Temperaturmessung dienenden Galvanometers (s. Abb. 297) in einer Horizontalebene abgelenkt wird. Die von ihm reflektierten Strahlen werden durch die Linse 7 im Brennpunkt 8 zu einem Punkte vereinigt; daselbst wird die Bewegung des Punktes auf einer photographischen Platte festgehalten. Da sich die Strahlen der Lichtquelle auf dem Galvanometerspiegel 6 in vertikaler Richtung bewegen und der Spiegel selbst eine Drehung erfährt, welche die Strahlen

in einer horizontalen Ebene ablenkt, muß die Vereinigung beider Bewegungen auf der photographischen Platte eine Kurve ergeben, deren Abszissen die Körpertemperaturen darstellen, während die Ordinaten den Differenzen der elektromotorischen Kräfte der beiden Lötstellen des Differenzthermoelementes entsprechen. Die Kurve muß stetig verlaufen, solange die Temperatur des Probekörpers in der gleichen Weise wie die des Vergleichskörpers abnimmt. Tritt dagegen eine plötzliche Stetigkeitsänderung auf, so bedeutet dies, daß bei der zugehörigen Temperatur ein Haltepunkt liegt. Die Abb. 302 zeigt die Haltepunktskurve eines eutektoiden Kohlenstoffstahles. Die Stetigkeitsänderung der Kurve findet sich bei 720°

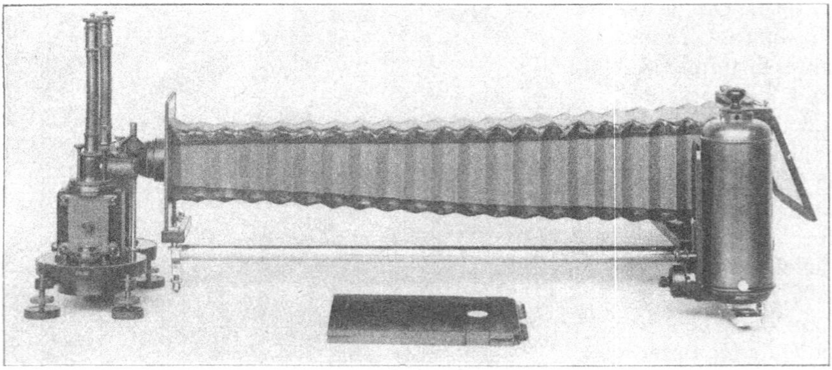

Abb. 303.

während der Erhitzung und bei 680° während der Abkühlung des Probestückes.

Abb. 303 stellt das Doppelgalvanometer nach Saladin der Technischen Hochschule Dresden, gebaut von Siemens & Halske, mit der photographischen Kamera und der neben der Mattscheibe befindlichen Nernstlampe dar.

§ 152. Versuchsanordnung und Versuchsausführung bei der Bestimmung der Umwandlungstemperaturen von Eisen-Kohlenstofflegierungen.

Im § 151 ist die Schaltungsweise der Thermoelemente bei Haltepunktsbestimmungen angegeben worden, und es wurde darauf hingewiesen, daß als Vergleichskörper solche aus Hartporzellan Verwendung finden können. Da es notwendig ist, die Probekörper und die Vergleichskörper unmittelbar nebeneinander im Glühofen anzuordnen, muß man diesen Körpern eine geeignete Form geben. Verfasser verwendete mit Vorteil die in der Abb. 304 dargestellte Körperform neben den von Dujardin in Düsseldorf gelieferten, in der Abb. 305 dargestellten. Die erstere Probekörperform besitzt den Vorzug, daß der Mittelschenkel des Differentialthermoelementes keine bestimmte Länge besitzen muß, wie es die aus der Abb. 305 ersichtliche Anordnung benötigt. Die Lötstellen 1, 2 und 4 der Thermoelemente werden bei Anordnung nach Abb. 304 fest zwischen die beiden Hälften des Probekörpers *c* und *d* und des Vergleichskörpers *a* und *b* eingeklemmt, und zwar mittels eines durch die Bohrungen 7 und 8 gezogenen Platin- oder Nickeldrahtes, der bei 6 zusammengedreht wird.

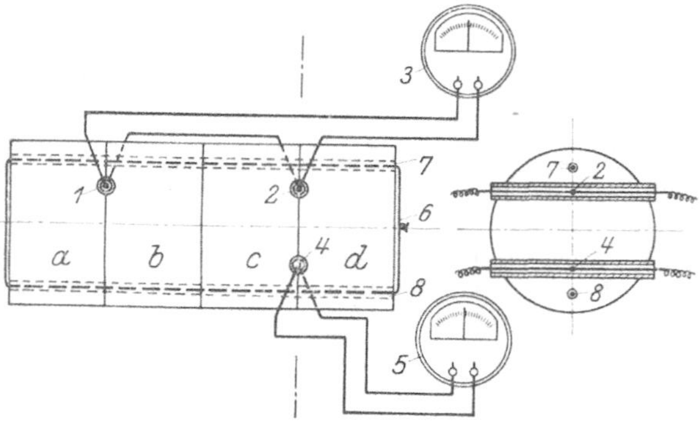

Abb. 304.

Die Anordnung des Probekörpers und des Vergleichskörpers sowie der Thermoelemente gemäß der Abb. 305 ist ohne weitere Erklärung verständlich. Bei beiden Schaltungen werden die Thermoelementdrähte, zur gegenseitigen Isolierung und zur Isolierung gegenüber den Ofenwänden, durch dünne Quarz- oder Porzellanrohre geführt. Da die Versuche in einer neutralen Atmo-

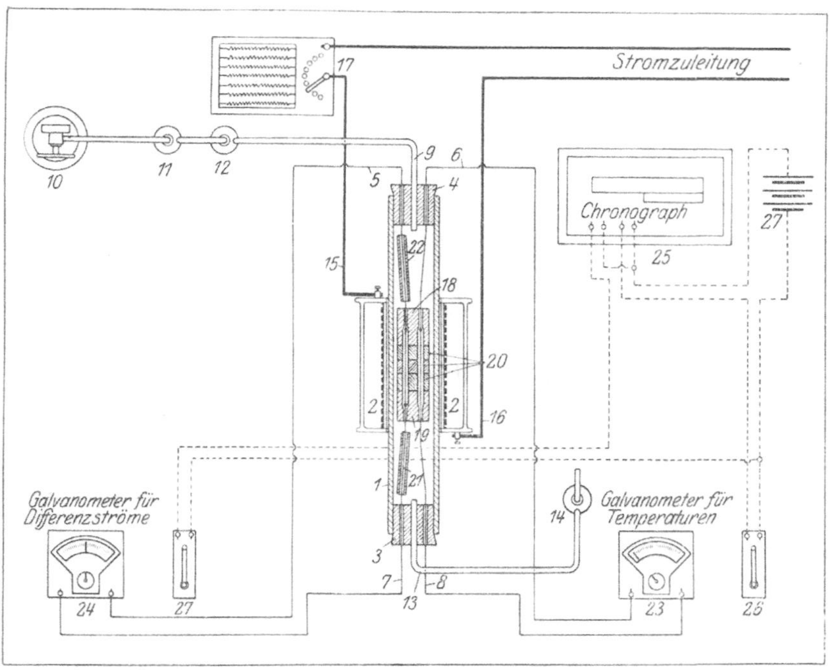

Abb. 305.

sphäre durchgeführt werden müssen, werden die Probe- und Vergleichskörper in ein Porzellanrohr 1 eingeschlossen, das etwas länger als der Glühofen 2 ist (s. Abb. 305). Die Enden des Rohres 1 werden mit Gummistopfen 3 und 4 verschlossen. Sie sind mit Bohrungen zur Durchführung der Thermoelementdrähte 5—8 und der Gaszuführung 9 versehen. Als indifferentes Gas zur Herstellung der neutralen Atmosphäre läßt man Stickstoff durch das Porzellanrohr 1 strömen, der einer Bombe 10 entnommen und vor dem Eintritt in das Rohr 1 zur Reinigung und zur Befreiung vom Sauerstoffgehalt durch je eine mit alkalischer Pyrogallussäure und eine mit Schwefelsäure gefüllte Vorlage 11 und 12 geleitet wird. An das Gasaustrittsrohr 13 ist zweckmäßig ebenfalls eine Vorlage 14 anzuschließen zur Vermeidung des rückwärtigen Eintrittes von Luft. Der Glühofen, ein elektrischer Widerstandsofen der auf S. 302 beschriebenen Art, wird durch die Zuleitungen 15 und 16 über den Regulierwiderstand 17 an eine Starkstromleitung (110 oder 220 Volt) angeschlossen. Hierbei ist darauf zu achten, daß die Thermoelementdrähte nicht mit den Klemmen der Stromzuführung des Ofens in Berührung kommen. 21 und 22 sind Porzellanrohre zur Isolierung der Thermoelementdrähte gegeneinander, 18 ist der Probekörper, 19 ist der Vergleichsporzellankörper und 20 sind Zwischenkörper zur Ausgleichung der Schenkellänge des Differentialthermoelementes 5—7. Instrument 23 ist das Zeigergalvanometer zur Messung der Temperatur des Probekörpers und 24 ist das empfindlichere Galvanometer zur Bestimmung der elektromotorischen Kraft des Differentialthermoelementes. 25 ist ein Richardscher Chronograph zur Aufzeichnung der Zeitintervalle bei der Ablesung der Galvanometer. 26 und 27 sind die zugehörigen elektrischen Taster sowie die Akkumulatorenbatterie für die Betätigung des Chronographen.

Bei der Benutzung dieser Anordnung wird gemäß der von Mars und Dujardin gegebenen Anleitung wie folgt verfahren: Man beginnt mit dem Durchleiten des Stickstoffstromes von 10 aus, bis das ganze Innere der Vorlagen und des Ofens 1 mit Stickstoff gefüllt ist, worauf der Strom verringert bzw. ganz abgestellt werden kann. Darauf wird der Ofen zunächst durch Einschalten des Stromes bei ganz eingeschaltetem Widerstand angeheizt. Kurz vor Beginn der eigentlichen Aufzeichnung der Ablesungen wird der Chronograph 25 durch Lösen seiner Arretierung in Betrieb gesetzt. Ein Beobachter nimmt am Galvanometer 23 mit Zelsiusgradeinteilung zur Notierung der absoluten Temperatur, der andere Beobachter am Differentialelementgalvanometer 24 zur Notierung von dessen Nadelausschlägen Platz.

Sobald mit der Aufzeichnung begonnen wird, beispielsweise bei 100^0 C, macht der Beobachter am Normalgalvanometer 23 durch Betätigung des Stromkontaktes 26 zu seiner Rechten ein entsprechendes Zeichen auf dem Papierstreifen des Chronographen und wiederholt von da an in bestimmten Temperaturintervallen von beispielsweise 10^0 zu 10^0 C dieses Zeichen bis zur Beendigung des ganzen Versuches. Eine etwaige Umkehr der Nadel während der Erhitzung, wie sie bei Eintreten des Haltepunktes mitunter zu beobachten ist, wird während der Dauer der Erhitzung unberücksichtigt gelassen. Die Umkehr der Nadel bei Beginn der Abkühlung wird dagegen in geeigneter Weise z. B. durch mehrere rasch aufeinanderfolgende Zeichen vermerkt, worauf im übrigen derselbe Vorgang bei der Abkühlung wie bei der Erhitzung beobachtet wird.

Der Beobachter am Galvanometer 24 hat bei Beginn der Ablesungen zunächst soviel Zeichen mit seinem Kontakt zu geben, als sich die Zeigernadel seines Instrumentes zu diesem Zeitpunkt bereits an Skalenteilstrichen nach links oder rechts bewegt hat, worauf ein weiteres Fortschreiten der Nadel durch jedesmalige Betätigung des Kontaktes 27 vermerkt wird. Eine Umkehr der Nadel des Galvanometers 24 muß jedenfalls durch außergewöhnliche, als solche erkennbare Zeichen (z. B. mehrere rasch aufeinanderfolgende Zeichen oder ein langes Zeichen) vermerkt werden.

Ist die Temperatur von etwa 500—700 °C erreicht, so kann man durch allmähliche Ausschaltung des Widerstandes 17 die Zufuhr des Heizstromes verstärken und damit die Erhitzung beschleunigen. Am zweckmäßigsten ist es, hierbei ein gewisses System zu beobachten, um eine möglichst gleichmäßige Erhitzung zu erzielen, z. B. von 500 °C ab bei je 100° Temperatursteigerung die Ausschaltung des Widerstandes um bestimmte Beträge (ein oder zwei Knöpfe des Widerstandes) zu bewirken.

Die Aufstellung der Kurven nach beendetem Versuch ist sehr einfach. Man versieht zunächst zweckmäßig die einzelnen Zeichen auf dem Papierstreifen mit den Temperatur- bzw. Millivoltzahlen, denen sie entsprechen, und trägt darauf zu den betreffenden Temperaturen der Temperaturachse, die zur Ordinatenachse oder Abszissenachse gemacht werden kann, die auf dem Papierstreifen zu den Temperaturen gehörenden Millivoltzahlen als entsprechende Abszissen bzw. Ordinaten ein. Die Verbindung der einzelnen Punkte ergibt sodann die Kurven

Natürlich kann man die Aufzeichnung des Beobachters am Galvanometer 23, welche ja die Temperatur der Probe anzeigen, auch dazu benutzen, mit Hilfe der vom Chronographen gleichzeitig verzeichneten Zeiträume zwischen den gewählten Temperaturintervallen die Temperatur-Zeit-Kurven aufzustellen. Es ist dieses sogar von Vorteil. Die Differentialmethode gewährt hierdurch neben einer vollständig selbständigen, von der Zeit unabhängigen Kurve eine gute Kontrolle der erstbeschriebenen Bestimmungsmethode der kritischen Punkte durch Aufstellung der Temperatur-Zeit-Kurven

Fünfter Teil.

Die Untersuchung fehlerhafter Konstruktionsglieder aus Metall, insbesondere aus Eisen.

§ 153. Allgemeines.

Die folgenden Ausführungen sollen zeigen, wie die vorbeschriebenen Lehren und Prüfungsverfahren bei der Untersuchung von Konstruktionsgliedern, die sich in Bauwerken, Maschinen u. dgl. nicht bewährten, benutzt werden können. Häufig tritt an den Ingenieur die Aufgabe heran, die Ursachen zu erforschen, die das unbefriedigende Verhalten mancher Konstruktionsglieder veranlaßten. Solche Untersuchungen haben sich in zwei Richtungen zu bewegen. Einerseits ist eine Prüfung darüber vorzunehmen, ob der Konstruktionsteil hinsichtlich seiner Abmessungen richtig vorausbestimmt worden war und ob seine Beanspruchungsart hinsichtlich der

Größe der Kräfte und der Richtung derselben den bei der Berechnung gemachten Voraussetzungen entsprach. Andererseits ist zu prüfen, ob das Material hinreichende Festigkeit und Zähigkeit besaß, so daß es den beanspruchenden Kräften zu widerstehen vermochte, oder ob es mit Fehlern behaftet war.

Die Untersuchungen der erstgenannten Art sind Aufgabe der Konstrukteure, so daß sie hier nur insoweit behandelt zu werden brauchen, als sie die Materialeigenschaften tangieren. Anders ist es aber hinsichtlich der etwaigen Fehlerhaftigkeit des Materials. Die Feststellungen in dieser Richtung erfordern Materialkenntnis an sich, und zwar nicht nur hinsichtlich des Verhaltens der Materialien bei Kräftebeanspruchung, sondern auch hinsichtlich der möglichen Fehler, die bei der Erzeugung und Weiterbearbeitung der Materialien auftreten können. Es ist daher notwendig, in erster Linie die Herstellungsfehler und die Mittel zu ihrer Erkenntnis und Deutung kennenzulernen.

Wesentlich gefördert wurden die Kenntnisse auf diesem Gebiete durch die Lehren der Metallographie, die in den vorausgegangenen Paragraphen, soweit sie für die im folgenden zu behandelnden Untersuchungen benötigt werden, dargelegt wurden. Es ist deshalb auch nur notwendig, im folgenden die Nutzanwendung dieser Erläuterungen zu zeigen und sie für Sonderfälle zu ergänzen.

Ausgegangen muß bei allen Materialuntersuchungen, die sich in der gekennzeichneten Richtung zu bewegen haben, davon werden, daß man die physikalische und chemische Beschaffenheit des jeweiligen Materials als unbekannt voraussetzt und sie erst durch systematische Prüfungen zu bestimmen hat. Tut man dies nicht, sondern nimmt man an, daß das zur Verwendung vorgeschriebene Material tatsächlich vorliegt, dann kann man gleich von vornherein auf Irrwege geraten, was die ganze Untersuchung illusorisch macht.

Wenn somit aus dem Aussehen des betreffenden Konstruktionsteiles, insbesondere aus etwaigen Bruchflächen, keine sicheren Schlüsse auf die Ursachen der Nichtbewährung gezogen werden können, so ist der Kreis der Untersuchungen systematisch zu erweitern[1]). Dabei ist aber zur Vermeidung eines zu großen unnötigen Arbeitsaufwandes mancherlei zu beachten. Es hat z. B. bei der Untersuchung eines nur normal beansprucht gewesenen zerbrochenen Konstruktionsteiles gar keinen Zweck, gleich Zerreißversuche mit dem Material anzustellen oder Kerbschlagproben oder andere technologische Proben vorzunehmen, die große Vorbereitungen erfordern, sondern man wird erst gegebenenfalls unter Zuhilfenahme einer Lupe oder eines binokularen Mikroskopes die Bruchstelle eingehend auf Gleichartigkeit des Bruchgefüges oder auf etwaige fremde Einschlüsse untersuchen. Zeigt sich hierbei Anormales, so wird man weitere Feststellungen zur Aufklärung vornehmen. Man wird z. B. in unmittelbarer Nähe der Bruchstelle einen par-

[1]) Bei der Beurteilung der Bruchflächen muß man zur Vermeidung von Trugschlüssen sehr vorsichtig verfahren, da Eigenarten der Bruchfläche manchmal sowohl vom Material als auch von der Beanspruchungsart herrühren können.

Eine wertvolle Studie über diesen Gegenstand ist in den Kruppschen Monatsheften, August 1921, von Moser veröffentlicht worden.

allelen Schnitt zu dieser herstellen und ihn gemäß den Angaben im Abschnitt 2 u. 3, Seite 318ff. untersuchen. Führt dies zu keinem einwandfreien Resultat, so wird man in eine mikroskopische Untersuchung dieser Schnittfläche eintreten und gleichzeitig eine chemische Materialuntersuchung vornehmen lassen, wobei aber der Art der Probeentnahme ganz besondere Aufmerksamkeit zu schenken ist. Diese Untersuchungen führen in der Regel selbst in den schwierigsten Fällen zum Ziele und sie liefern Unterlagen zur sicheren Deutung des aufgetretenen Fehlers. Festigkeitsuntersuchungen sind in den seltensten Fällen von Erfolg begleitet, es sei denn, daß bei der Auswahl des Materials ein ganz besonders grober Fehler begangen wurde, denn es muß bei der Feststellung von Bruchursachen das Material in der unmittelbaren Nähe der Bruchstelle geprüft werden, was durch Festigkeitsproben gewöhnlich nicht möglich ist wegen der erforderlichen nicht unerheblichen Größe der Probekörper.

Bei Materialverwechslungen führt auch häufig bereits eine Feststellung des spezifischen Gewichtes zum Ziele, die mittels der im § 348, S. 588 angegebenen Methoden leicht durchgeführt werden kann (s. a. § 158).

1. Konstruktionsfehler.

§ 154. Mittel zur Sichtbarmachung von Formveränderungen von Konstruktionsteilen.

Manchmal ist es notwendig, an Konstruktionsteilen diejenigen Stellen festzustellen, wo Formänderungen auftreten und wie sie sich ausbilden. Mittel dazu bietet die Beobachtung von Fließfiguren (s. S. 36), von Kraftwirkungsfiguren (s. S. 334) und von Seigerungslinien (s. S. 324). Man kann aber auch mit Vorteil gelegentlich Liniennetze benutzen, die auf der Oberfläche der später durch äußere Kräfte zu beanspruchenden Probekörper angebracht werden. Aus der Verlagerung der Linienzüge lassen sich nach der Beanspruchung mancherlei Schlüsse ziehen. So zeigen z. B. die ursprünglich geraden zur Stabachse senkrechten Linien des in der Abb. 149, S. 153 dargestellten Torsionsprobestabes nach dem Versuch eine Verlagerung, die darauf hinweist, daß die Querschnitte nicht mehr eben sind, im Gegensatz zu dem zylindrischen Torsionsstabe der Abb. 148, S. 153. Auch aus der Verlagerung des Liniennetzes des Kaltbiegeprobestabes (Abb. 211, S. 224) läßt sich auf den Formänderungsverlauf schließen. Selbst bei schwierigen Untersuchungen leisten solche Liniennetze häufig wertvolle Dienste. So konnten z. B. eigenartige Verbiegungen von Achsschenkeln von Kraftwagen mit Hilfe des aus der Abb. 306 ersichtlichen Liniennetzes aufgeklärt werden. Die Ausmessung der Abstände der einzelnen Linien nach der Biegungsbeanspruchung der Achsschenkel bewies, daß einerseits nur das untere Zapfenlager an der bleibenden Deformation beteiligt war und daß die zu schwache Bemessung dieses Teiles an einer ganz bestimmten Stelle die Ursache der Verbiegung war. Die ursprünglich geraden Linien hatten an der Biegungsstelle die der Biegung entsprechende Form angenommen und die starke Vergrößerung der Abstände der Horizontallinien nach rechts hin und die unmeßbar geringe Annäherung dieser Horizontallinien links, wies nach, daß die Ausbildungsform des gefährlichen Querschnittes eine höchst ungünstige war und starke Zugspannungen im Grunde der Aussparung veranlaßte, die leicht zu Rissen bei Stoßbeanspruchung zu führen vermochte. Eine Verstärkung des Achsschenkels an der erwähnten Stelle beseitigte die Verbiegungen und Rißbildungen.

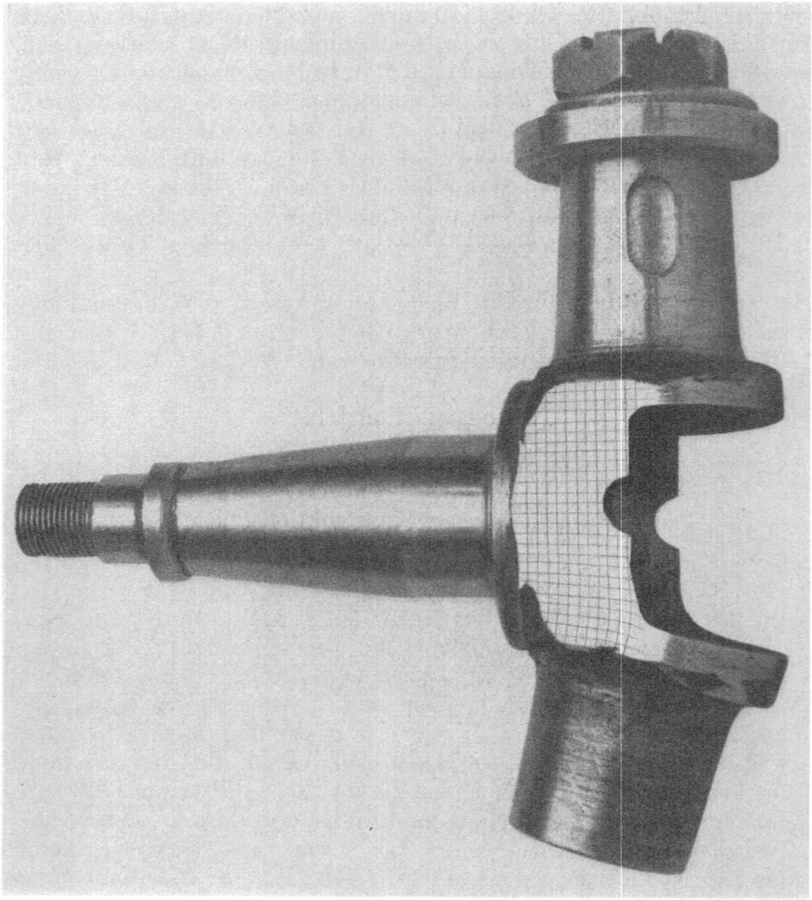

Abb. 306.

2. Fehler im Ursprungsmaterial.

§ 155. Gasblasen und Lunker.

Unter Gasblasen sind Hohlräume in Metallstücken zu verstehen, die durch örtliche Ansammlung von Gasen beim Übergang des Metalles in den festen Zustand entstanden sind. Sie sind meistens mit Gasen gefüllt, die unter mehr oder weniger hohem Druck stehen. Die Art des Gases kann festgestellt werden. Dies geschieht in der Weise, daß das Metallstück unter Wasser angebohrt, die entweichenden Gasblasen aufgefangen und das Gas analysiert wird. Meistens besteht das Gas aus Wasserstoff, Stickstoff, Kohlenoxyd od. dgl.

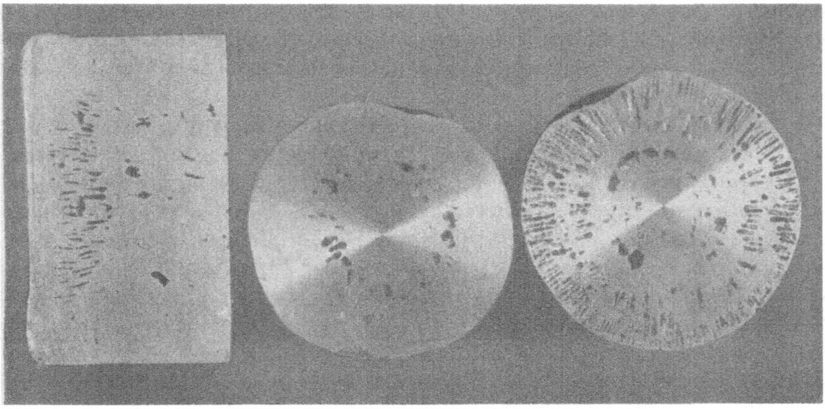

Abb. 307.

Im Innern sind die Gasblasen häufig mit einer Oxydschicht überzogen, die beim Verdichten des Metallstückes durch Schmieden, Pressen usw. das Zusammenschweißen verhindert. Die Folge davon ist, daß die Blase an sich wohl verschwunden, aber ein ihr entsprechender Riß zurückgeblieben ist, der den Anlaß zum Bruche des Konstruktionsteiles bilden kann.

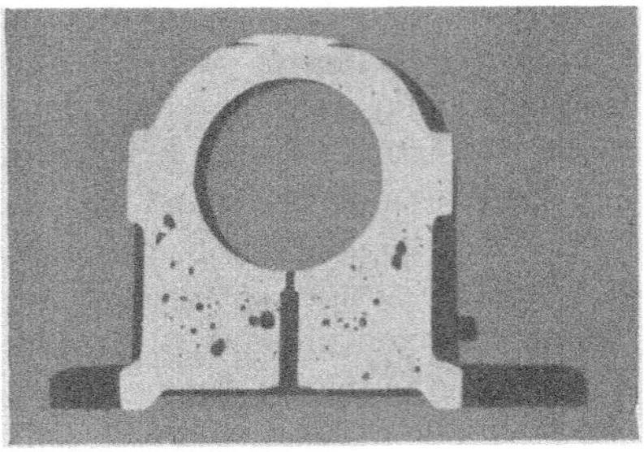

Abb. 308.

Während die Gasblasen auf den Schnittflächen meist dem bloßen Auge sichtbar sind, wie die Abb. 307 erkennen läßt, benötigt die Sichtbarmachung der Risse ein leichtes Anätzen der Fläche mit schwacher Säure.

Die Abb. 307 [1]) stellt Schnitte durch Flußeisenblöcke dar, während die Abb. 308 einen Schnitt durch ein Spritzgußstück aus einer Zinklegierung zeigt.

Die Abb. 309, die den Schnitt durch ein Kesselblech darstellt, das zur Explosion des Kessels geführt hatte, zeigt deutlich die Gefahr ausgewalzter

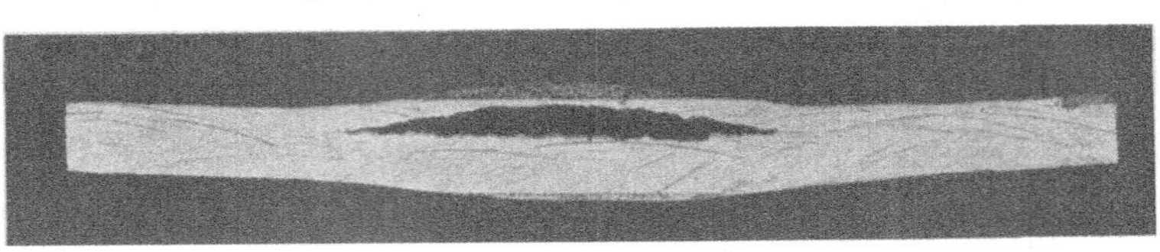

Abb. 309.

Gasblasen. Es hatten sich nämlich bei der Erhitzung des Kessels die in der Blase eingeschlossenen Gase so ausgedehnt, daß sie das Blech in der aus der Abb. 309 ersichtlichen Weise auseinandertrieben. Auch die Abb. 337 auf S. 340 läßt den verderblichen Einfluß von Gasblasen erkennen.

[1]) Die Abb. 307 wurde dem Verfasser von Herrn Prof. Dr. Schwinning, Dresden, zur Verfügung gestellt.

Unter der Oberfläche liegende Gasblasen können auch durch Untersuchung mit Röntgenstrahlen festgestellt werden, doch ist die Apparatur dafür umfangreich und die Anwendbarkeit des Verfahrens auf gewisse Größen der Probestücke beschränkt[1]).

Auch die manchmal auf Feinblechen vorhandenen Buckel finden ihre Ursache in Gasblasen. Werden nämlich solche Feinbleche bei der Herstellung gebeizt, so kann Säure in die von den Blasen herrührenden rißähnlichen Hohlräume eindringen, wenn sie mit der Außenseite des Bleches in Verbindung stehen, was meistens der Fall ist. Die Säure in den Blasen verursacht bald Rostbildung und die Folge davon ist Auftreiben der Blase mit Buckelbildung auf der Oberfläche des Bleches. Andererseits können aber auch nach außen geschlossene Blasen Buckelbildung veranlassen, wenn die Feinbleche verzinnt oder sonstwie in der Wärme mit Metallüberzügen versehen werden. In solchem Falle bewirkt, wie bei dem oben beschriebenen Kesselblech (Abb. 309) die Erwärmung Auftreiben der flachgewalzten Blase infolge Ausdehnung des in der Blase enthaltenen Gases.

Ein einfaches Verfahren zur Feststellung von Blasen in Feinblechen gibt Bauer an[2]).

Er geht davon aus, daß Bleche an den Stellen, wo sich Blasen befinden, eine geringere Wärmedurchlässigkeit besitzen als an anderen, weil die in den Blasen befindlichen Gase isolierend wirken.

Bauer legte daher auf verschiedene Stellen der zu untersuchenden Bleche Thermoelemente und bestimmte die Temperaturerhöhung der Blechoberfläche, welche sie durch Erwärmung von der entgegengesetzten Seite her erfuhr. Befand sich zwischen der Lötstelle des Thermoelementes und der Wärmequelle eine Blase im Feinblech, so erfuhr die Blechoberfläche eine langsamere Erwärmung, als wenn keine solche isolierende Blase vorhanden war.

Besonders nachteilig wirken offene Blasen in gebeizten Blechen, die nach gewisser Formgebung zur Erzeugung eines gefälligen Aussehens lackiert werden. So finden sich beispielsweise manchmal auf der Oberfläche von gespachtelten und lackierten Kotschützern von Kraftwagen zahlreiche Beulen, die anfangs ganz unbedeutend sind, aber allmählich immer größer werden, bis schließlich an den betreffenden Stellen schalenartige Gebilde in der Größe der Beulen abplatzen und stark verrostetes Blech freilegen. Eine mikroskopische Untersuchung dieser Stellen zeigt, daß nicht nur die Spachtel- und Lackschicht abgesprungen ist, sondern daß auch Blechteile abgelöst sind, die der Überdeckung der ursprünglichen Blase entsprechen. In solchen Fällen trägt

[1]) Nach einem Bericht in „The Iron Age" vom 8. April 1920 können mittels der Untersuchung durch Röntgenstrahlen nur solche Fehler im Innern von Werkstücken festgestellt werden, die bei Freiliegen dem unbewaffneten Auge erkennbar sein würden, während die Auffindung von Haarrissen und anderen unscheinbaren Fehlern unsicher ist. Als größte Dicke der untersuchungsfähigen Werkstücke werden 38 mm angegeben. Bei solchen sollen Belichtungszeiten von $2^1/_2$ bis 160 Minuten und Funkenstrecken von 25,4 bis 38 cm Länge ausreichen.

Weiteres über Untersuchungen mit Röntgenstrahlen, s. Zeitschr. d. Ver. deutsch. Ing. 1919, S. 203 u. 1920, S. 461; ferner Stahl und Eisen 1922, S. 540 bis 545.

[2]) Über den Einfluß von Blasen in Feinblechen auf den Rostangriff. Mitteilungen des Materialprüfungsamtes Groß-Lichterfelde 1919, S. 1.

nicht der Lackierer oder der Klempner die Schuld, sondern der Erzeuger des Bleches, der blasiges Material verwalzte.

Lunker sind ähnliche Hohlräume wie die Gasblasen in Gußblöcken, und wenn ihre Wände beim Schmieden oder Walzen des Blockes nicht verschweißt werden, sind sie im Konstruktionsteil als mehr oder weniger weit klaffende Risse gegenwärtig. Im Gegensatz zu den Gasblasen entstehen die Lunker nicht durch örtliche Gasansammlungen, sondern durch Schwinden des erstarrenden Gußstückes. Im allgemeinen sind die Lunker leer, aber sie können auch Gase enthalten, wenn das Material solche während der Erstarrung abschied. Lunker sind, wenn sie nicht entdeckt werden, ebenso gefährlich wie die Gasblasen und deren Produkte, als die die Materialrisse zu gelten haben. Häufig bleiben die Lunker selbst beim Ausschmieden als größere Hohlräume bestehen, und dann sind sie nicht nur wegen der Querschnittsschwächung gefährlich, sondern sie veranlassen, z. B. in schnell umlaufenden Wellen, auch unzulässige Schwingungen. Solche Wellen müssen deshalb sorgfältig auf Lunker oder sonstige Hohlräume geprüft werden. Es geschieht mit Röntgenstrahlen oder nach einem Glühverfahren, über das Lasche berichtete[1]).

Abb. 310.

Lunkerähnliche Hohlräume treten manchmal auch in Schweißeisen auf. Tatsächlich verdienen sie aber diesen Namen nicht, da sie weniger durch Schwindung, als dadurch entstanden sind, daß beim Schweißen der Rohschienen klaffende Zwischenräume verblieben. Einen solchen Fehler zeigt die Abb. 310, die den Schnitt durch einen Lokomotivachsenzapfen aus Schweißeisen darstellt.

Nach Kaye[2]) ist es möglich, mittels Röntgenstrahlen Probestücke der folgenden Dicken zu durchleuchten und photographische Bilder derselben aufzunehmen.

Blei bis 5 mm, Zinn bis 12 mm, Kohlenstoffeisen bis 75 mm, Aluminium und seine Legierungen bis 150 mm, Holz bis 400 mm.

Die Wirkung der Durchleuchtung ist abhängig von der Spannung an den Röhren und der Dauer der Einwirkung. Es konnte z. B. in etwa 1 Minute ein deutliches photographisches Bild eines Stahlstückes von 25,4 mm Dicke bei Anwendung einer Spannung von 130000 Volt mittels Coolidge-Röhren erzielt werden.

Mit Vorteil anwendbar ist das Verfahren auch zur Feststellung von sonst unsichtbaren Rissen, Lunkern, Schweißnähten u. dgl. in Metallen aller Art. Ob es aber benutzbar ist zur Ermittelung der Verteilung von Legierungs-

[1]) Lasche, Konstruktion und Material im Bau von Dampfturbinen, S. 107. Berlin: Julius Springer, 1920.

[2]) Zeitschrift für Metallkunde 1921. Maiheft. S. a. Anm. [1]) S. 320.

bestandteilen in Probestücken, wie Kaye angibt, erscheint fraglich, da infolge der Überdeckung der einzelnen Gruppen von Legierungsbestandteilen es nicht möglich sein dürfte, eine einwandfreie Unterscheidung der Bestandteile vorzunehmen.

§ 156. Schlackeneinschlüsse und andere schädliche Beimengungen.

Die meisten Schlackeneinschlüsse finden sich im Schweißeisen vor, wo sie bei der Erzeugung zurückgeblieben sind, da sie wegen des nicht flüssigen Zustandes des Eisens sich nicht von diesem zu trennen vermochten (s. Abb. 311)[1]) Anderer Art sind dagegen die Schlackeneinschlüsse in Flußeisen. Wenn ihre Entstehungsursache und ihre Art auch noch nicht als einwandfrei geklärt zu betrachten ist, so darf doch angenommen werden, daß sich die meisten Schlackeneinschlüsse erst während der Desoxydation im Ofen und während des Gießens sowie in der Gußform bilden. Teils sind die Schlackeneinschlüsse metallischer, teils nicht metallischer Natur, aber in jedem Falle vermindern sie die Qualität des Eisens, und wenn sie im Konstruktionsteil an ungünstiger Stelle liegen, können sie Bruchursachen darstellen. An der Oberfläche dynamisch auf Biegung beanspruchter Teile verursachen sie eine Kerbwirkung, die leicht zum Bruche führt.

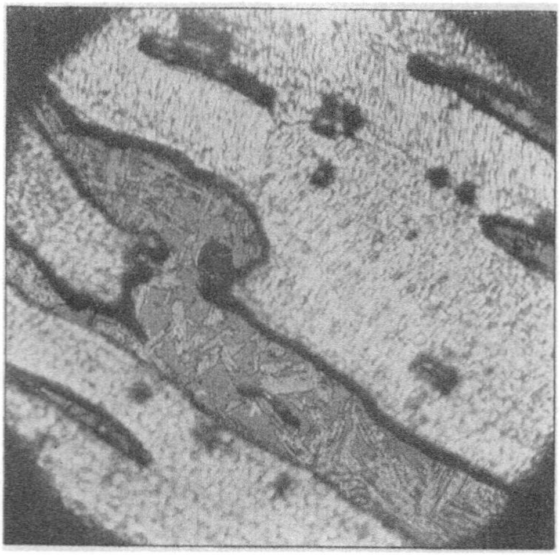

Abb. 311. V. = 350.
Schlackeneinschluß in Schweißeisen.

Die manchmal im Flußeisen schon bei geringer Vergrößerung zu beobachtenden punktartigen Einschlüsse sind meistens keine Schlacken, sondern sie rühren von örtlicher Sauerstoffaufnahme der betreffenden Eisenkristallaggregate her. Sie verursachen daher auch nur in den seltensten Fällen Brüche. Wirkliche Schlackeneinschlüsse sind auf polierten Flächen meistens schon mit dem unbewaffneten Auge erkennbar. Nach geeigneter Behandlung der Schliffflächen mit schwachen Säuren treten sie aber noch deutlicher hervor. Das Ätzen darf in solchen Fällen aber nicht zu lange fortgesetzt werden, da sonst die Eisenwände der Einlagerungen mit angegriffen werden und dann der Einschluß größer erscheint als er in Wirklichkeit war. Zur sicheren Feststellung der Art der Schlackeneinschlüsse genügt es nicht nur, einen Querschnitt des Probestückes zu prüfen. Es muß vielmehr auch, insbesondere bei längsgewalztem oder geschmiedetem Material, ein Längsschnitt der Prüfung unterzogen werden, da die Schlacken häufig mit gedehnt werden und dann als Fasern geringer Festigkeit das Probestück durchziehen[2]).

[1]) Die Abb. 311 entstammt dem Buche Martens-Heyn. Materialienkunde.
[2]) Eine sehr beachtliche Arbeit über Schlackeneinschlüsse siehe Rosenhain, Teddington, Mitteilungen des V. Kongresses in Kopenhagen 1909.

Die Abb. 312 zeigt mikroskopisch feine Einschlüsse von Schlacke in Siemens-Martinstahl, der zur Herstellung von Zahnrädern diente. In solchen Gegenständen sind Schlackeneinschlüsse besonders gefährlich, da sie Ausbrechen von Zähnen veranlassen. Über einen anderen Schlackeneinschluß s. Abb. 357, S. 350.

Außer Schlacken können aber auch noch andere Stoffe in den Metallen vorhanden sein, deren Gegenwart die mechanischen Eigenschaften ungünstig beeinflußt, ohne daß diesen Stoffen an sich immer eine schädigende Wirkung eigentümlich ist. Einerseits vermag nämlich der Zusatz mancher Metalle zu anderen eine wesentliche Festigkeitszunahme und eine Vergrößerung der Formänderungsfähigkeit der letzteren zu verursachen, andererseits bewirkt aber auch der Gehalt an manchen anderen Stoffen das Gegenteil.

Zusätze von Chrom, Nickel, Vanadium u. a. zum Eisen oder von Magnesium zum Aluminium wirken z. B. günstig. Andererseits veranlaßt aber, wie bereits auf S. 180 erwähnt wurde, Phosphorgehalt im Eisen Kaltbrüchigkeit. So vermag bereits ein Gehalt von 0,25 % P bei Eisen mit niedrigem Kohlenstoffgehalt (ca. 0,1 %) die Schlagfestigkeit zu vernichten. Es wird aber auch durch den Phosphorgehalt die Schweißbarkeit des Eisens vermindert.

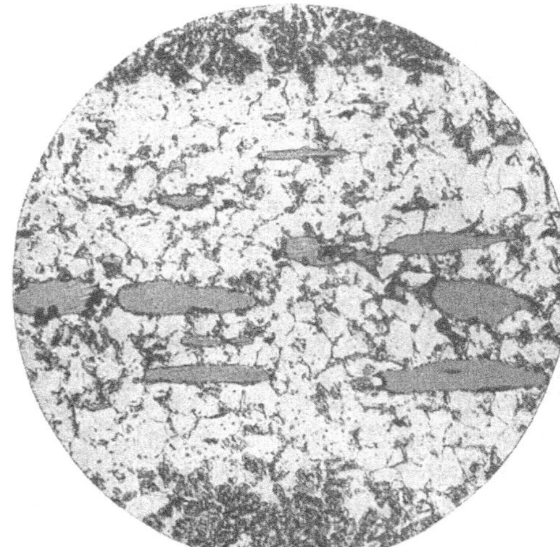

Abb. 312. V. = 200.
Siemens-Martin-Stahl, Längsschnitt.

Schwefelgehalt (über 0,2 %) macht das Eisen rotbrüchig und setzt schon bei Gehalten von ca. 0,05 % an die Schweißbarkeit merkbar herab. Die Schlagfestigkeit schwefelhaltigen Eisens sinkt rasch und wird bei ca. 0,2 % Schwefelgehalt gleich Null.

Auch Arsengehalt verursacht Rotbruch und von gewissen Gehalten an eine Verminderung der Festigkeit und Formänderungsfähigkeit. Da dies erst von übermäßigen Arsengehalten an (über 0,2 %) erfolgt, die im allgemeinen in technischen Eisensorten nicht vorkommen, empfiehlt sich bei der Feststellung von Bruchursachen auch eine Prüfung auf Arsengehalt. Anderenfalls gibt auch der Schlagversuch mit Aufschluß, da die Schlagfestigkeit durch Arsen sehr vermindert wird. Die Gegenwart von Arsen ist nur durch chemische Analyse feststellbar.

Aluminium, das dem Eisen bei der Erzeugung zur Desoxydation zugesetzt wird, vermindert die Schlagfestigkeit und die Zähigkeit, sowie in hohem Maße auch die Schweißbarkeit. Titangehalt wirkt bei Gehalten von mehr als 3 % im gleichen Sinne.

Okkludierte Gase vermögen ebenfalls die Festigkeitseigenschaften zu beeinflussen, während dies bei chemisch gebundenen zweifelhaft erscheint. So verursacht der Wasserstoffgehalt gebeizten Eisens Sprödigkeit, die sogenannte

Beizbrüchigkeit. Die chemische Ermittelung des Gehaltes an Gasen ist schwierig[1]).

§ 157. Die Seigerungen.

Bei der Herstellung von Legierungen treten beim Übergang derselben aus dem flüssigen in den festen Zustand, aber auch im flüssigen Zustande selbst, Entmischungen auf, die für das Gießereiwesen und für die Weiterverarbeiter solcher Güsse von größter Bedeutung sind. Diese Entmischungen, die allgemein als Seigerungen bezeichnet werden, kennzeichnen sich dadurch, daß an den verschiedenen Stellen des Gußblockes verschiedenartige chemische Zusammensetzungen vorliegen, die sich meistens auch im Gefüge bemerkbar machen. Bei der Eisengießerei ist es der Graphit, der infolge seines geringen spezifischen Gewichtes in der flüssigen Schmelze nach oben steigt und sich als Garschaumgraphit abscheidet (s. S. 252). Andererseits entmischen sich z. B. die hypereutektischen Blei-Antimonlegierungen (s. S. 240) sehr leicht, wenn sich ihre Erstarrung langsam vollzieht. In diesem Falle sondern sich die primär abgeschiedenen, spezifisch leichteren Antimonkristalle ab und steigen in der Schmelze nach oben, so daß sich nach der Erstarrung am unteren Ende des Blockes ein viel größerer Bleigehalt vorfindet als am oberen Ende desselben. In der Praxis werden solche Legierungen deshalb rasch abgekühlt; aber bei der Herstellung von Probeschmelzen für Haltepunktsbestimmungen (s. S. 300) ist das nicht angängig und deshalb müssen solche Legierungen solange als möglich während ihrer Erstarrung gerührt werden. Die Seigerungen werden aber nicht allein durch die verschiedenartigen spezifischen Gewichte der einzelnen Legierungsbestandteile verursacht, sondern auch durch die besondere Neigung gewisser Legierungsbestandteile sich abzusondern und nach einem bestimmten Typus zu erstarren. Ein Beispiel dafür ist die Entstehung der Mischkristalle beim Erstarren der Eisen-Kohlenstofflegierungen (s. S. 249). Bei dieser interkristallinen Seigerung findet erst eine Abscheidung des Kohlenstoffes statt, der aber nachträglich wieder durch Diffusion aufgenommen wird in einer Weise, die aus dem Erstarrungsdiagramm (Abb. 235, S. 248) und der Beschreibung dazu hervorgeht.

Im Gegensatz zu dieser interkristallinen Seigerung steht beim Flußeisen, obgleich sie mit durch diese verursacht wird, die sogenannte Blockseigerung. Beim Erstarren von Flußeisen in eisernen Kokillen werden bekanntlich infolge der starken Wärmeableitung die Teile der Schmelze in der Nähe der Kokillenwände zuerst fest, und die sich dort ansetzenden Kristalle (s. S. 300 und Abb. 286) drängen den flüssigen Rest der Schmelze nach dem heißesten noch flüssigen Teile des Blockes. Dieser soll möglichst immer das oberste Ende des Blockes sein und deshalb wird die Abkühlung dieses Blockendes so weit als möglich hintenangehalten, z. B. durch Heizung dieses Blockteiles. Man erzielt dadurch, daß alle Abscheidungen aus der Schmelze sich an dieser Stelle sammeln und durch Abschneiden des oberen Blockendes entfernt werden können.

Beim Flußeisen besitzen fast alle Legierungskomponenten Neigung zum Seigern und deshalb sind alle zuerst abgeschiedenen Teile der Schmelze ärmer

[1]) Über ein Bestimmungsverfahren von Goerens s. Stahl u. Eisen 1910, S. 1514.

an Kohlenstoff, Mangan, Phosphor und Schwefel. Die Folge davon ist, daß der Gehalt an diesen Bestandteilen vom Blockrande aus nach der am längsten flüssig gebliebenen Stelle hin allmählich zunimmt, wenn der Block nicht nachträglich einer thermischen Behandlung unterworfen wurde zur Erzielung eines Ausgleiches der Zusammensetzung durch Diffusion. Ist keine derartige Ausgleichung eingetreten, dann bleibt die Seigerungsstruktur des Blockes bestehen und ihre Folgen machen sich noch im fertigen Walz- oder Schmiede- oder Ziehprodukt, das aus dem Blocke stammt, bemerkbar, wie die Beispiele in den folgenden Ausführungen lehren. Näheres über Blockseigerungen s. Oberhoffer, Das schmiedbare Eisen, S. 205. Berlin, Julius Springer, 1920.

§ 158. Beeinflussung des spezifischen Gewichtes durch Beimengungen.

Durch eingeschlossene Hohlräume wird das spezifische Gewicht der Metalle sowie auch anderer Materialien erniedrigt. Andererseits bewirken aber auch manche Legierungsbestandteile in Metallen eine erhebliche Beeinflussung des spezifischen Gewichtes, so daß dieses als Maßstab für die Menge mancher Legierungsbestandteile benutzt werden kann. Bei den reinen Kohlenstoffstählen nimmt z. B. das spezifische Gewicht mit wachsendem Kohlenstoffgehalt fast proportional zu.

Aber auch andere Bestandteile beeinflussen das spezifische Gewicht des Stahles, wie die folgende Zusammenstellung zeigt.

Nickelstahl	5 % Ni	Spezifisches Gewicht	7,787
,,	15 % Ni	,, ,,	7,903
,,	26 % Ni	,, ,,	8,095

Besonders auffällig ist das hohe spezifische Gewicht des Schnelldrehstahles, das etwa 8,5 beträgt, gegenüber dem spezifischen Gewicht 7,80 des Kohlenstoffstahles mit 0,4 % Kohlenstoffgehalt. (Über die Ermittelung des spezifischen Gewichtes s. § 348, S. 588.)

3. Die makroskopische Untersuchung von Eisenschliffen.

§ 159. Allgemeines.

Die makroskopische Untersuchung des Eisens, zur Feststellung von lokalen Fehlern, wie Lunkern, Schlackeneinschlüssen, verwalzten Blasen, Rissen u. dgl. ist seit langer Zeit in Anwendung[1]). Vorschriften über die Vornahme solcher Untersuchungen finden sich in den Lieferungsbedingungen verschiedener Behörden, in erster Linie der Staatsbahnen[2]). Nach diesen Vorschriften sollen z. B. mit der Feile ebenbearbeitete (nicht geschliffene) Flächen mit verdünnter Salzsäure, bestehend aus 30 Teilen Salzsäure und 70 Teilen Wasser, 3×24 Stunden lang geätzt werden. Völlig dichtes, phosphorfreies Material wird durch diese Behandlung nicht wesentlich verändert, die geätzte Fläche erscheint nur rauh. Rissiges Material dagegen und solches

[1]) Siehe M. v. Schwarz, Metallographie in der Werkstatt, Zeitschrift des Vereins deutscher Ingenieure 1920, S. 589.

[2]) Siehe auch Bericht X_{40} der Mitteilungen über den VI. Kongreß in New-York 1912, Gewähr für fehlerfreie Stahlschienen, erstattet von Robert W. Hunt.

mit Phosphorgehalt wird angegriffen. In Abb. 313a und 313b sind zwei der Ätzung mit Salzsäure unterworfene Schienenstücke abgebildet. Abb. 313a entstammt einer Schiene aus Siemens-Martineisen mit 0,33 % Kohlenstoff, 1,26 % Mangan, 0,42 % Silizium, 0,073 % Phosphor und Abb. 313b einer solchen aus Thomaseisen mit 0,22 % Kohlenstoff, 1,37 % Mangan, 0,22 % Silizium, 0,074 % Phosphor[1]). Während das Material der ersten Schiene nach der Ätzung noch völlig dicht und nur aufgerauht erscheint, ist das der zweiten von tiefen Furchen durchzogen und mit Löchern durchsetzt. Diese Beschädigungen können davon herrühren, daß im Walzblock enthaltene Blasen beim Walzprozeß nicht gehörig verschweißt wurden, so daß Risse entstanden, oder daß das Material in der Kernzone Phosphorseigerungen besitzt.

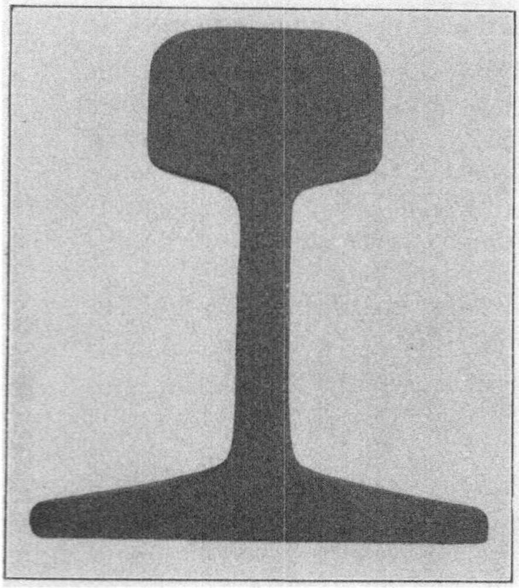

Abb. 313a.

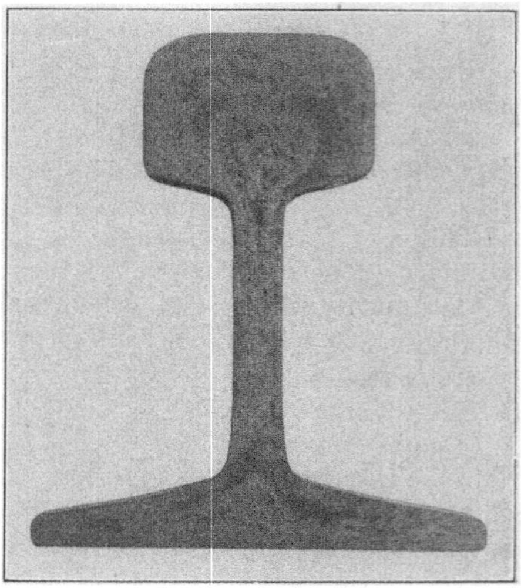

Abb. 313b.

Eine Unterscheidung, welcher von beiden Eigenschaften der Angriff des Ätzmittels zugeschrieben werden darf, ist nicht möglich, um so mehr, als das Ätzmittel nicht nur unganze Stellen selbst freigelegt, sondern infolge Eindringens in die Risse dieselben erweitert hat. Es ist deshalb besser, an Stelle der Salzsäure andere Ätzmittel, insbesondere Jod- oder Kupferammoniumchloridlösung (s. S. 285), zu verwenden.

So einfach wie diese Ätzverfahren an sich sind, muß bei ihrer Ausführung doch mit einer gewissen Überlegung verfahren werden, da andernfalls leicht falsche Schlüsse aus den Ätzbildern gezogen werden können. Man muß sich daher bei Benutzung der in den folgenden Paragraphen auseinandergesetzten Verfahren ein systematisches und immer gleichartiges Vorgehen angewöhnen, damit alle Versuchsergebnisse ohne weiteres vergleichbar bleiben. Außerdem sind die Versuche so anzulegen, daß sie durch andere Versuchsverfahren, z. B. durch Härteprüfungen, Biegeproben und Kerbschlagproben ergänzt werden können.

[1]) Die chemische Zusammensetzung entspricht der des Schienenkopfes.

§ 160. Die Vorbereitung der Probestücke für die Untersuchungen.

Von dem zu untersuchenden Eisenmaterial werden Abschnitte von etwa 10 mm Dicke mit der Säge abgetrennt, geschliffen und poliert[1]). Hierauf erfolgt die Ätzung mit Kupferammoniumchloridlösung (s. S. 285). Da die Abschnitte gewöhnlich größere Dimensionen besitzen, müssen sie mit besonderer Vorsicht in die Ätzflüssigkeit eingetaucht werden, damit dieselbe sofort die ganze Schlifffläche überzieht und nicht etwa einige Stellen infolge von anhaftenden Luftblasen oder sonstiger Einflüsse unbenetzt bleiben; es entstehen sonst Streifen und Punkte auf der Schlifffläche, welche die Deutung des Gefüges verhindern oder doch erschweren. Die Einwirkungsdauer des Ätzmittels soll etwa 1 Minute betragen. Das sich absetzende schwammige Kupfer wird abgewischt. Nach Abspülen mit Wasser wird das Probestück noch in Alkohol gewaschen und dann mit einem weichen Tuche abgetupft oder besser mit Äther getrocknet. Die Aufbewahrung erfolgt in einem mit Chlorkalzium trockengehaltenen Behälter.

Während Salzsäure Löcher in die Schlifffläche frißt oder vorhandene erweitert, geschieht dies bei der Ätzung mit Kupferammoniumchloridlösung nicht. Sie greift die einzelnen Gefügebestandteile gleichmäßig an, so daß die Schlifffläche nicht uneben wird und infolgedessen neben der makroskopischen auch eine mikroskopische Beobachtung stattfinden kann. Bemerkt man also Hohlräume oder mikroskopische Vertiefungen im geätzten Schliff, so waren sie bereits darin vorhanden und sind nicht die Folge der Ätzung. Sehr kleine Poren machen sich dadurch kenntlich, daß aus ihnen auch nach mehrmaligem Abwischen noch Ätzflüssigkeit ausschwitzt.

§ 161. Prüfung auf Kohlenstoffverteilung.

Manchmal ist es von Wichtigkeit, die Verteilung des Kohlenstoffgehaltes innerhalb eines Probestückes kennenzulernen, z. B. wenn die Wirkung des Temperns oder des Einsatzhärtens festgestellt werden soll. Eine chemische Analyse der einzelnen Zonen des Materialstückes wäre zu langwierig und könnte wegen des allmählichen Überganges des kohlenstoffärmeren Teiles nach dem kohlenstoffreicheren nicht mit Genauigkeit erfolgen.

Die Ätzung mit Kupferammoniumchloridlösung bewirkt bei ungehärtetem, schmiedbarem Eisen eine dunklere Färbung der kohlenstoffreicheren Stellen, was dadurch veranlaßt wird, daß der Perlit gefärbt wird, während der Ferrit ungefärbt bleibt. Da kohlenstoffärmere Stellen mehr Ferrit enthalten als kohlenstoffreichere, müssen jene heller erscheinen als diese. Eine anschließende mikroskopische Untersuchung des Gefüges ermöglicht auch eine schätzungsweise Feststellung der Höhe des Kohlenstoffgehaltes, indem man die Menge des freien Ferrits mit der des Perlits vergleicht.

Liegt das Probestück in gehärtetem Zustande vor, so muß es für den Versuch ausgeglüht werden, da Martensitisches Gefüge eine Schätzung des Kohlenstoffgehaltes ausschließt.

---

[1]) Hierzu kann die im § 132 beschriebene Methode benutzt werden.

§ 162. Prüfung auf Phosphorseigerungen.

Phosphorhaltiges Eisen ist kaltbrüchig und sein Gefüge grobkristallinisch. Zeigt daher ein Material z. B. geringe Kerbzähigkeit oder an der Bruchstelle teilweise grobkristallinisches Gefüge, so liegt die Vermutung nahe, daß daselbst eine Anreicherung von Phosphor vorhanden ist.

Die Ätzung mit Kupferammoniumchloridlösung bewirkt eine Dunkelfärbung der phosphorreicheren Stellen des Schliffes, wie die Abb. 314[1]) erkennen läßt, die sich von der durch Kohlenstoffanreicherung bewirkten dadurch unterscheidet, daß sie bronzefarben erscheint. Die Färbung ist aber oft nicht deutlich genug, so daß die Unterscheidung schwerfällt. Besser führt dann die Tiefätzung mit Salzsäure 3 : 7 (s. S. 325) zum Ziele, welche aber mikroskopische Beobachtung ausschließt. Salzsäure besitzt für phosphorhaltiges Eisen eine größere Lösungsfähigkeit als für phosphorarmes, so daß phosphorreiche Stellen im Schliffe mehr angegriffen werden als phosphorarme.

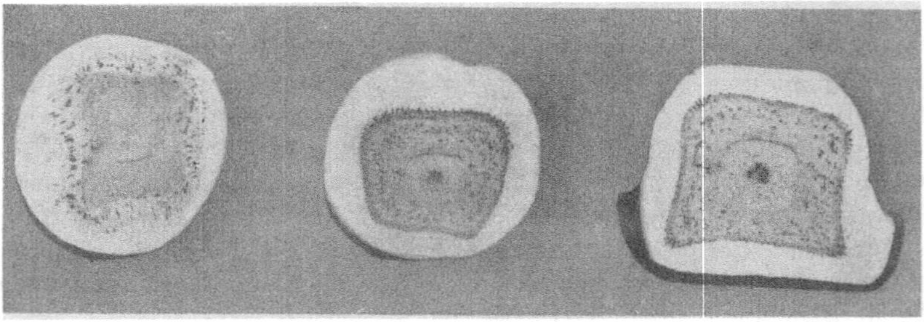

Abb. 314.

Die Ätzung darf aber nicht zu lange ausgedehnt werden, weil sonst Anfressen der benachbarten Teile stattfindet und die Beurteilung der Wirkung der Säure verhindert wird.

Bei der Ausführung der Ätzung mit wässeriger Kupferammoniumchloridlösung 1 : 12 muß die Schlifffläche nach oben in das Ätzgefäß gelegt werden und die Einwirkung der Lösung soll etwa 10 Sekunden dauern. Da das auf der Schlifffläche niedergeschlagene Kupfer die Beobachtung verhindert, muß nach der Ätzung der Kupferniederschlag mit einer weichen Borsten-Bürste unter kräftigem Wasserstrahl entfernt werden. Zeigt sich hiernach, daß die Ätzung zur Entwicklung der Seigerungen noch nicht ausreichte, so kann sie ohne weiteres mehrfach wiederholt werden. Sehr große Probestücke, die in einem Ätzgefäß nicht untergebracht werden können, ätzt man in der Weise, daß man die Kupferammoniumchloridlösung mittels eines Wattebausches gleichmäßig auf die zu untersuchende Fläche aufträgt.

Sollte der Kupferniederschlag auf der Schlifffläche festhaften, so läßt er sich meistens durch Behandlung mit einer gesättigten wässerigen Zyankaliumlösung entfernen[2]). Besser ist es aber, in solchen Fällen ein anderes Ätzmittel zu verwenden.

[1]) Die Schliffe entstammen verschiedenen Stellen eines Kranhakens, der, verursacht durch den stark phosphorhaltigen Kern, bei einer stoßweisen Beanspruchung zerbrochen war.

[2]) Siehe Stahl und Eisen 1916, S. 798.

Die Dunkelfärbung der phosphorreichen Stellen durch Kupferammoniumchloridlösung beruht darauf, daß Ferritkristalle, welche Eisenphosphat in fester Lösung enthalten, vermutlich durch die Bildung von Phosphorkupfer auf dem Schliffe unter der Wirkung des Ätzmittels dunklere Färbung annehmen. Reines Eisenphosphat wird von Kupferammoniumchloridlösung nicht angegriffen, es bleibt hell, ähnlich wie der Zementit. Auch Ferrit, der mehr als 1 % Phosphor enthält, wird nicht gefärbt. Dieser hohe Gehalt kommt aber bei schmiedbaren Eisensorten nie, auch nicht in Seigerungen vor; da aber bereits ein Gehalt von 0,2 % Phosphor schädlich auf die mechanischen Eigenschaften des Eisens einwirkt, ist die Bestimmungsmethode genügend zuverlässig[1]). Die Abb. 315 zeigt den Schnitt durch eine mit starker Phosphorseigerung behaftete Kleinbahnschiene, die wegen geringer Schlagfestigkeit zur metallographischen Untersuchung gelangte.

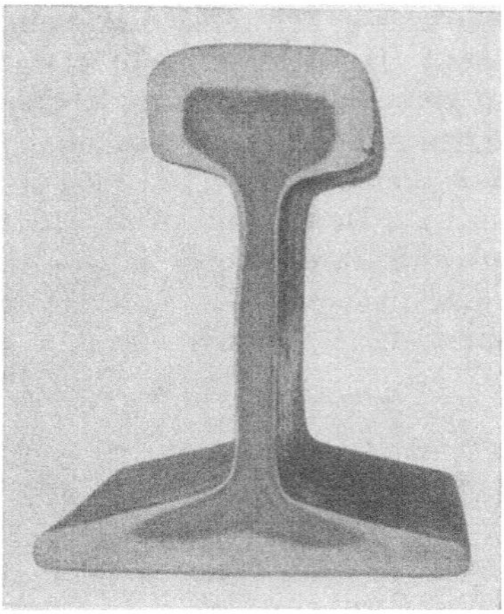

Abb. 315.

§ 163. Prüfung auf Schwefelseigerungen.

Außer Phosphor nimmt auch der Schwefel an der Seigerung teil. Das ist von Nachteil, weil schwefelhaltiges Eisen „rotbrüchig“ (s. S. 226) ist. Es bildet sich bei Anwesenheit von Mangan, Schwefelmangan *MnS* und der vom Mangan nicht aufgenommene Schwefel bildet mit dem Eisen Schwefeleisen *FeS*. Manganfreies Schweißeisen neigt schon bei 0,02 % Schwefelgehalt zum Rotbruch, während ein Mangangehalt die Wirkung aufhebt oder vermindert.

Für die Sichtbarmachung örtlicher Schwefelanreicherungen im Eisen gibt Heyn folgendes Verfahren an: Auf der Schnittfläche, die nicht besonders poliert, sondern nur glattgefeilt zu sein braucht, wird ein Seidenläppchen aufgelegt und mit Pinsel mit einer Quecksilberchloridlösung angefeuchtet. Darauf wird Salzsäure auf das Läppchen aufgetragen. An den Stellen, wo Schwefelmetalleinschlüsse liegen, entwickelt sich Schwefelwasserstoff, der nach einer Einwirkungsdauer von etwa 4—5 Minuten das Läppchen dunkel färbt. Die Färbung ist schwarzbraun und durch Quecksilbersulfid verursacht, das die Zusammenwirkung des Schwefels und des Eisens mit dem salzsauren Quecksilberchlorid des Läppchens entstehen ließ. Enthält das Probestück auch Phosphorseigerungen, so bildet sich an deren Stellen Quecksilberphosphid, das aber das Seidenläppchen nur leicht gelb färbt, so daß es von der Quecksilbersulfidfärbung leicht unterscheidbar ist.

Ein anderes, überaus bequemes Verfahren ist das von Baumann angegebene, und es ist dem vorgenannten vorzuziehen, da es die Schwefelver-

---

[1]) Wüst und Felser, Der Einfluß der Seigerungen auf die Festigkeit des Flußeisens, Mitt. aus dem Eisenhüttenm. Inst. d. Techn. Hochschule Aachen 4, 1911, S. 109.

teilung dauernd festlegt. Bei Anwendung dieses Verfahrens wird auf die geebnete und gereinigte, zur Untersuchung bestimmte Eisenfläche ein Stück Bromsilberpapier, das vorher mit verdünnter Schwefelsäure angefeuchtet wurde, mit der Schichtseite auf die Eisenfläche gelegt. (5 Teile konzentrierte Schwefelsäure vom spezifischen Gewicht 1,84 auf 100 Teile Wasser.) Das Papier bleibt etwa 10 Sekunden liegen und wird dann, ohne es zu verschieben, sorgsam abgezogen. Es zeigt alsdann auf seiner Schichtseite den sogenannten Schwefelabdruck, der durch Schwarzfärbung diejenigen Stellen kennzeichnet, an denen sich im Probestück Schwefelseigerungen befinden. Durch die Abb. 316 ist der Schwefelabdruck eines Schweißeisen- und durch die Abb. 317 der eines Flußeisenschliffes wiedergegeben. Werden nacheinander mehrere Schwefelabdrücke nach diesem Verfahren angefertigt, so können aus dem allmählichen Verschwinden der Intensität der Färbung Schlüsse auf die Stärke der jeweiligen Schwefelanreicherungen an den verschiedenen Stellen der Probefläche gezogen werden. Die Reaktion verläuft derartig, daß die im Bromsilberpapier befindliche Schwefelsäure das in der Eisenfläche frei liegende Eisen- und Mangansulfid unter Entwicklung von Schwefelwasserstoff zersetzt, der alsdann aus dem Bromsilber des Papiers an den Seigerungsstellen schwarzes Schwefelsilber abscheidet.

Abb. 316.

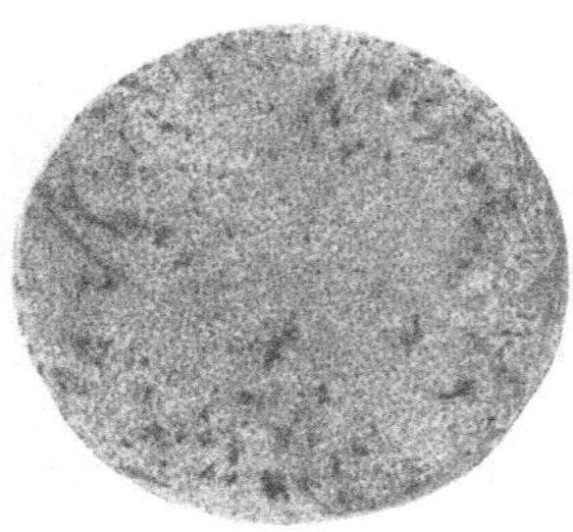

Abb. 317.

Außer mit dem Schwefel reagiert die Schwefelsäure des Bromsilberpapiers aber auch mit etwaigen Phosphiden der Eisenfläche. Es entstehen daher neben den Schwefelsilberflecken auf dem Papier auch noch Silberphosphidflecken. Da diese jedoch eine hellere, und zwar gelbbraune Farbe besitzen, kann man sie leicht von den erstgenannten unterscheiden.

Da man das Bromsilberpapier wie jedes photographische Papier nach der Probe in der üblichen Weise fixieren kann, so lassen sich solche Schwefelabdrücke unbegrenzt lange aufbewahren.

Unter dem Mikroskop erscheinen Schwefelmetalleinschlüsse nach der Ätzung grau gefärbt.

§ 164. Entscheidung, ob ein Material Schweißeisen oder Flußeisen ist.

Manchmal bietet die Entscheidung, ob bei Zerreißversuchen Schweißeisen oder Flußeisen vorliegt, Schwierigkeiten, da die Beurteilung aus der Beschaffenheit der Bruchflächen allein nicht immer möglich ist. Unterwirft man aber das Probestück der Ätzprobe, so werden bei Schweißeisen, welches ja u. a. auch durch Paketieren verschiedener Eisensorten erzeugt wird, die einzelnen, beim Auswalzen entstandenen Bänder verschieden stark angegriffen und gefärbt. Außerdem werden die Schweißnähte der einzelnen Bänder mit den darin angehäuften Einschlüssen von Schweißschlacke sichtbar, welche untrügliche Zeichen für Schweißeisen sind.

Im Flußeisen können zwar auch Gefügeverschiedenheiten vorhanden sein, aber nicht in der Art wie bei Schweißeisen. Da Flußeisen in dem Zustande verwalzt wird, in welchem es sich nach dem Erstarren befindet, muß das Gefüge an allen Stellen des Quer- oder Längsschnittes gleichartig sein. Das Eisen kann höchstens mikroskopisch kleine Schlackeneinschlüsse oder unter Umständen, wenn blasiges Material ausgewalzt wurde, auch Risse enthalten oder es kann Seigerungen aufweisen. In Abb. 318 ist ein Schnitt durch einen Schweißeisenzerreißstab und in Abb. 319 ein solcher durch einen Flußeisenstab abgebildet. Der erstere besitzt den durch die Herstellung des Materials, d. h. durch das Zusammenschweißen der Knüppel bedingten zonenartigen Aufbau, während der andere gemäß dem Vorhergesagten gleichartigen Aufbau zeigt.

Die Abb. 320 stellt den geätzten Schnitt durch einen Eisenstab dar, der aus paketierten Alteisen gewalzt wurde. Er zeigt im Kern eine in ihrer Form nur wenig veränderte Eisenbahnschiene, die sich durch die Form ihrer Phosphorseigerungen als aus Thomasmaterial bestehend kennzeichnet. Die übrigen Teile der Schlifffläche zeigen, daß in dem Probestück einzelne Schweißeisen- und Flußeisen-Flach- und Rundstäbe vorhanden sind, von denen einzelne erkennen lassen, daß sie selbst bereits durch Paketieren erzeugt worden waren. Die gleichmäßig hell erscheinenden Anteile der Schlifffläche sind Schnitte durch eingeschweißte hochwertigere Flußeisenstäbe, die vom Ätzmittel nicht gefärbt wurden.

Abb. 318.

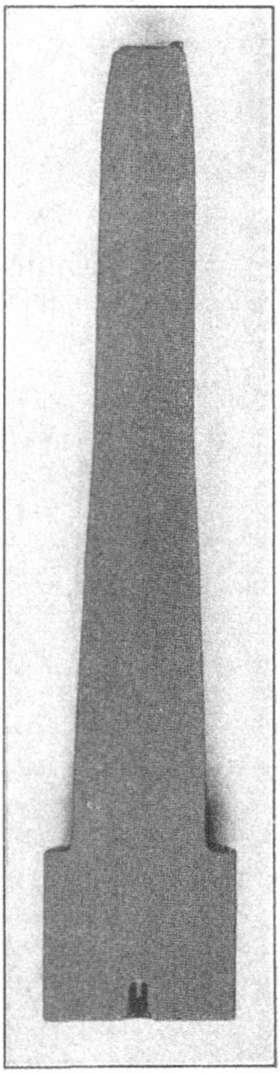

Abb. 319.

Da die Abbildung 320 den Probestabquerschnitt in natürlicher Größe darstellt, liefert sie auch den Beweis, daß durch Auswalzen (Warmrecken s. S. 75) lediglich eine Streckung des Walzblockes in der Längsrichtung mit einer dadurch bedingten Querzusammenziehung erfolgt, ohne daß eine Formveränderung oder Einknetung der einzelnen Teile in die anderen stattfindet.

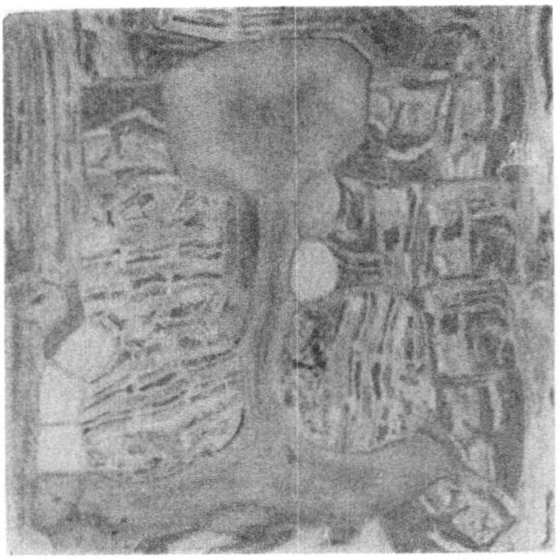

Abb. 320.

§ 165. Feststellung, ob Probestücke Deformationen erlitten haben[1]).

Wird die Schliffläche eines Probestückes, das örtliche Formveränderungen erlitten hat, mit Kupferammoniumchlorid geätzt, so erscheinen diejenigen Stellen, welche Zugspannungen erlitten haben, dunkler. Abb. 321 stellt einen Längsschnitt durch den Probekörper einer Kaltbiegeprobe aus Flußeisen dar. An der auf Zug beanspruchten Seite haben sich die einzelnen Faserbündel entsprechend ihrem Abstande von der Neutralachse gegeneinander verschoben und die dadurch hervorgerufenen Spannungen haben eine Lockerung des Gefüges an den betreffenden Stellen bewirkt.

Dieselbe Erscheinung wird durch Abb. 322 und Abb. 323 belegt, welche Längsschnitten von Druckprobekörpern nach erfolgter Stauchung entsprechen. Der erste Probekörper ist aus Schweißeisen und der andere aus Flußeisen (s. auch § 164).

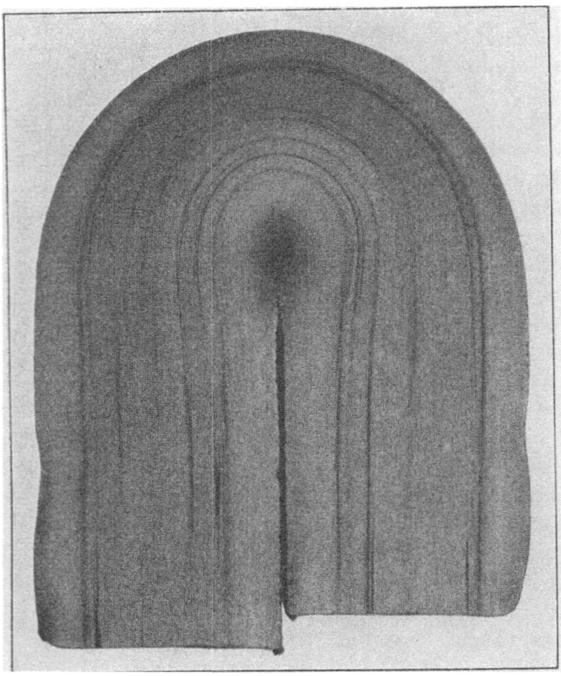

Abb. 321.

Auch zur Entscheidung der Herstellungsweise von Konstruktionsteilen leisten die Ätzverfahren vorzügliche Dienste.

Soll z.B. festgestellt werden, ob eine gekröpfte Kurbelwelle aus dem Vollen gearbeitet oder durch Biegen eines Rundeisenstabes erfolgte, so kann dies durch Untersuchung einer Biegungsstelle erfolgen. Während eine aus dem Vollen gearbeitete Welle (Abb. 324) keine Faserkrümmungen zeigt, weist eine gebogene solche Krümmungen auf, wie die Abb. 325 erkennen läßt[2]).

[1]) Siehe auch Zeitschr. d. Ver. deutsch. Ing. 1900, S. 433: Heyn, Die Umwandlung des Kleingefüges von Eisen und Kupfer.

[2]) Die Abbildungen stellen Schnitte durch Automobilkurbelwellen der Poldihütte in Kladno dar, die solche Wellen aus dem Vollen arbeitet oder auch durch Biegen aus Spezialstahl erzeugt (s. S. 334).

Schweißnähte oder Lötstellen lassen sich ebenfalls sichtbar machen; so daß das Ätzverfahren den Nachweis gestattet, ob ein Gegenstand, z. B. ein Rohr, gezogen, geschweißt oder gelötet ist (s. S. 345).

Abb. 326 zeigt den Längsschnitt durch einen Zerreißstab, der dem Kopfe einer autogen geschweißten Straßenbahnschiene entnommen und zur Ermittelung der Wirksamkeit der Schweißung der Zerreißprobe unterworfen wurde. Die mit Kupferammoniumchlorid geätzte Schlifffläche läßt die Schweißstelle erkennen und zeigt durch die Helligkeit deutlich, daß das innerhalb der Schweißstelle gelegene Material kohlenstoffärmer ist als das seiner Umgebung und daß somit zum Zusammenfügen der Schienen ein kohlenstoffarmes Eisen benutzt wurde.

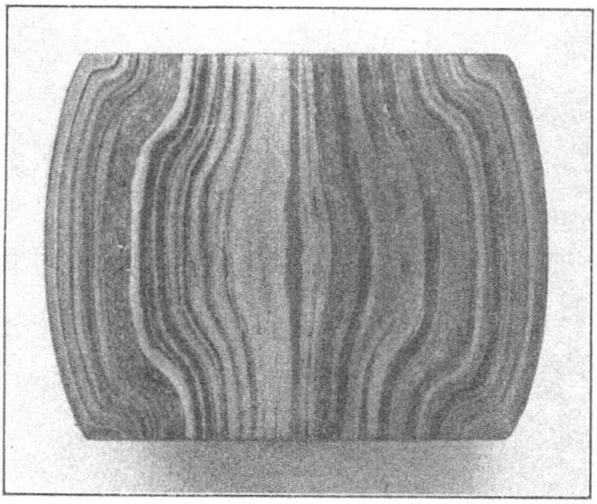
Abb. 322.

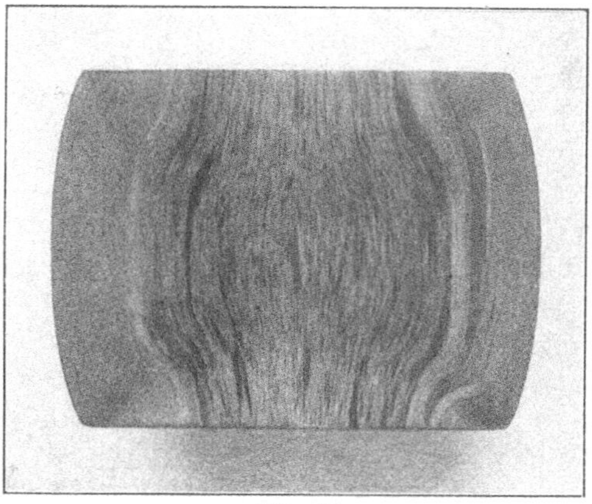
Abb. 323.

Besonders wertvoll sind die Ätzverfahren bei der Verfolgung mechanischer Bearbeitung der Metalle, insbesondere wenn man zur Beobachtung der Metallstruktur die Lupe zu Hilfe nimmt. So kann man z. B. bei Ziehprozessen durch Verfolgung der damit verbundenen Strukturveränderungen sehr genau feststellen, ob der Ziehgrad richtig gewählt wurde und ob die Glüh- und Arbeitstemperaturen den betreffenden Verhältnissen richtig angepaßt waren.

Über die dabei entstehende Zeilenstruktur wurde bereits auf S. 263 gesprochen und ebenso wurde an derselben Stelle die Faserstruktur als Kennzeichen der Längsstruktur des gezogenen Drahtes erwähnt.

Beim zu kalten Ziehen können aber auch Fehler im Drahte entstehen. Entweder stellen sich solche Fehler als Querrisse in der Oberfläche des Drahtes dar, wie die vergrößerte Abb. 327 erkennen läßt, oder es bilden sich im Kern des Drahtes Risse gemäß der Abb. 328, die darauf hinweisen, daß das Material im Inneren wegen zu niedriger Temperatur oder wegen zu hoher Dehnungsgeschwindigkeit dem äußeren Material nicht zu folgen vermochte[1]). Es ist das eine ähnliche Erscheinung, wie diejenige, welche bereits auf S. 40 bei der Besprechung von Oberflächenveränderungen an der Hand der Abb. 21 erläutert wurde.

[1]) Die Abb. 327 und 328 wurden dem Verfasser von Herrn Prof. Dr. Schwinning, Dresden, zur Verfügung gestellt.

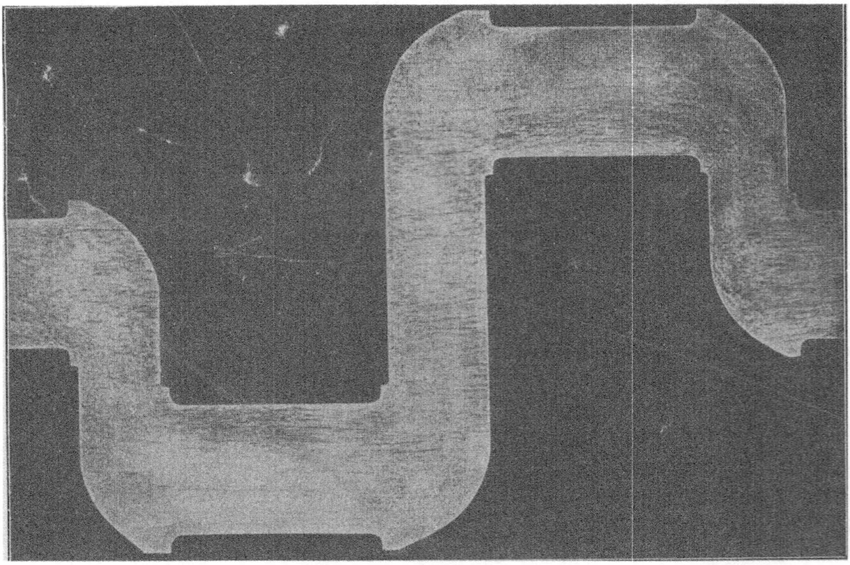

Abb. 324.

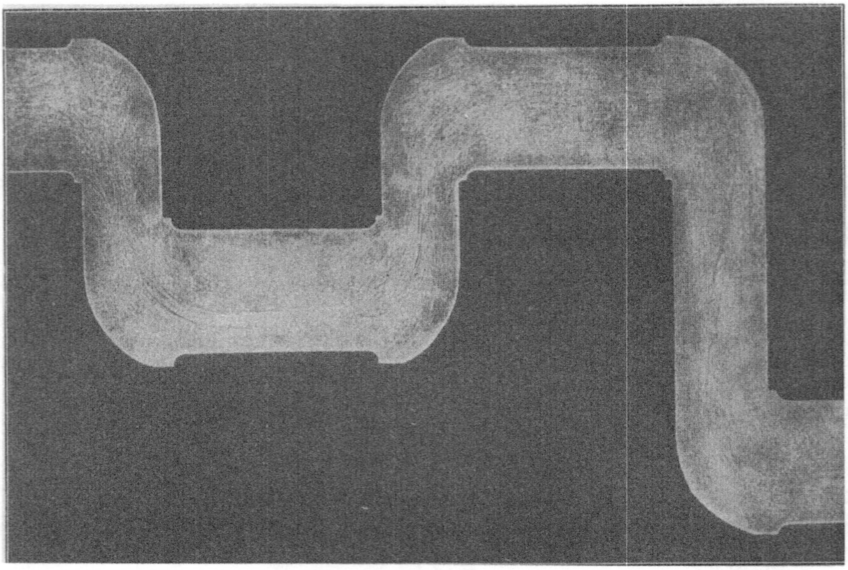

Abb. 325.

§ 166. Kraftwirkungsfiguren im Flußeisen[1]).

Während im § 165 darauf hingewiesen wurde, daß durch die Behandlung von Schnittflächen von im kalten Zustande mechanisch deformierten Flußeisen-

[1]) Nach einem Berichte von Dr.-Ing. Ad. Fry in Kruppsche Monatshefte, Juli 1921, Seite 117—136; ferner: Wendt, ebenda Juni 1922, Seite 123 ff.

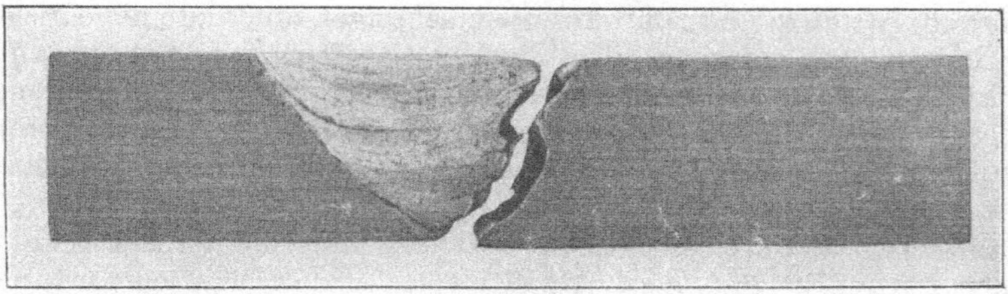

Abb. 326.

stäben mit wässeriger Kupferammoniumchloridlösung gezogene und gedrückte Stellen dunkel gefärbt werden, kann man durch Anwendung eines besonderen, von Fry angegebenen Ätzverfahrens auf den Schnittflächen Kraftwirkungs-

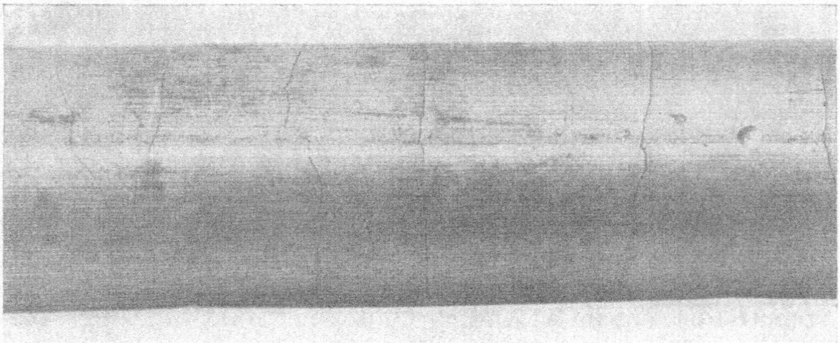

Abb. 327. V. = 6.

figuren sichtbar machen, die zur Klärung mancher bisher verborgen gebliebener Ursachen von Brucherscheinungen dienen können.

Die Abb. 329 zeigt einen Schnitt durch ein vorgebogenes Kesselblech, der mit Kupferammoniumchlorid geätzt wurde, während die Abb. 330 dasselbe Blech nach Ätzung mit dem Fryschen Ätzmittel darstellt. Die erstere

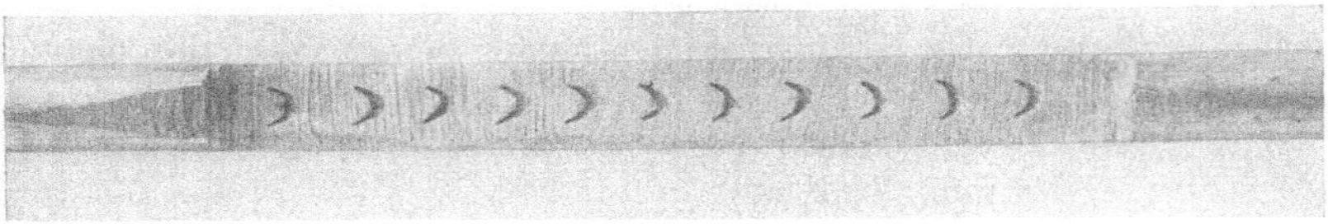

Abb. 328.

Ätzung läßt lediglich die bekannte Phosphorseigerungsstreifung erkennen. Die andere dagegen zeigt neben dieser Streifung noch eigentümliche, unter 90° gegeneinander und unter 45° gegen die Blechoberfläche geneigt verlaufende eigentümliche Figuren, die in hohem Maße den Fließfiguren (s. S. 36) ähneln, die durch mechanische Beanspruchung im kalten Zustande an der Oberfläche von Eisenblechen u. dgl. entstehen. Ob die Kraftwirkungsfiguren mit jenen Fließfiguren identisch sind, bedarf noch der Klärung. Es ist aber wahrscheinlich, daß beide auf die gleichen Entstehungsursachen zurückgeführt werden müssen. Beide können nur durch Rutschungen innerhalb der Kristallaggregate entstanden sein, wie Fry für die Kraftwirkungsfiguren durch mikroskopische Untersuchungen zu beweisen vermochte. Es war ihm sogar möglich, festzustellen, daß ein Kornzerfall durch die Deformation eingetreten war, so daß innerhalb der ursprünglichen Kristallkörner neue Grenzlinien sichtbar wurden.

Während bei dem sonst üblichen Ätzverfahren die Probestücke im vorliegenden Zustande mit dem Ätzmittel behandelt werden, erfordert

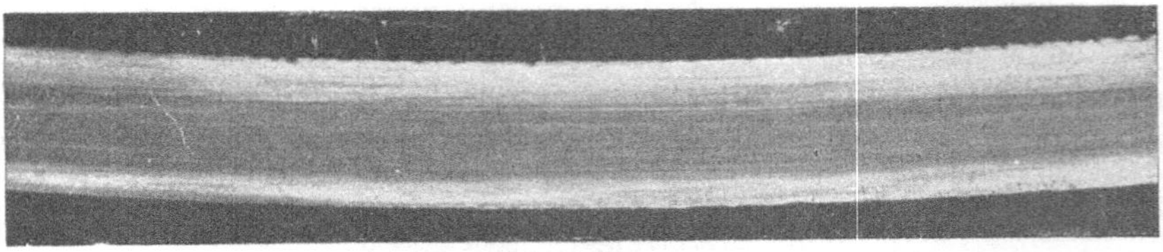

Abb. 329.

das Frysche Verfahren zur Sichtbarmachung der Kraftwirkungsfiguren vor dem Herrichten und Ätzen ein halbstündiges Anlassen der Probe bei 200° (s. S. 271). Erst hiernach wird die Schnittfläche hergestellt, geschliffen, sowie gegebenenfalls poliert, wenn eine mikroskopische Untersuchung beabsichtigt ist. Für die makroskopische Betrachtung genügt Schleifen mit feinem Schmirgelpapier.

Das Ätzmittel besteht im wesentlichen aus einer stark salzsauren Lösung von Kupferchlorid. Der Gehalt an freier Säure ist so bemessen, daß die Lösung nicht in der Lage ist, freies Kupfer auf dem Eisen niederzuschlagen.

Abb. 330.

Zur Ätzung für makroskopische Untersuchungen benutzt man die folgende Ätzflüssigkeit:

120 ccm konzentrierte Salzsäure,
100 ccm Wasser,
90 g kristallisiertes Kupferchlorid.

In dieser Lösung ätzt man den Schliff 1—3 Minuten an, nimmt ihn dann aus der Flüssigkeit heraus und ätzt weiter, indem man gepulvertes Kupferchlorid, das öfters erneuert wird, mit einem in dem Ätzmittel stark getränkten Läppchen auf der zu ätzenden Fläche unter wiederholter Tränkung des Läppchens verreibt. Die Ätzung ist normal in 2—20 Minuten beendet[1]. Sobald die Figuren klar entwickelt sind, bricht man die Ätzung ab, indem

[1] Da das Ätzmittel die Hände angreift, sind Schutzhandschuhe aus Gummi anzulegen.

man den Schliff schwach abtrocknet, dann mit Alkohol abspült und nachtrocknet. Das Abspülen mit Wasser ist zu vermeiden, da Wasser Kupferniederschlag auf der Schlifffläche verursacht. Ist die Fläche unsauber, so reibt man sie mit einem mit der Ätzflüssigkeit getränkten Läppchen nach und trocknet aufs neue.

Für mikroskopische Beobachtungen ätzt man mit einer Lösung von:

40 ccm Salzsäure,
30 ccm Wasser,
25 ccm Äthylalkohol,
5 g krist. Kupferchlorid

in der sonst üblichen Weise kurze Zeit, nötigenfalls unter wiederholtem Nachpolieren und Nachätzen.

Der Ausbau dieses Verfahrens ist überaus wünschenswert, da es geeignet erscheint, bei der Untersuchung von Bruchursachen Unterlagen über die vorangegangenen mechanischen Beanspruchungen zu liefern, die der Konstruktionsteil erlitten hatte.

§ 167. Gang der Untersuchungen zur Feststellung von Bruchursachen.

In erster Linie ist an Zeichnungen oder Skizzen die Wirkungsweise der äußeren Kräfte auf den Konstruktionsteil festzustellen. Dann ist nachzurechnen, ob die Abmessungen des Teiles richtig waren, d. h. es sind die Materialspannungen festzustellen, die im Betriebe auftreten. Zeigt sich dabei, daß diese die zulässigen Grenzen nicht überschreiten, so ist durch Überlegungen und Nachforschungen zu ermitteln, ob die Materialspannungen durch statisch wirkende Kräfte verursacht wurden oder ob auch dynamische Beanspruchungen auftraten. Letzteres wird häufig der Fall sein, trotzdem diese Voraussetzung bei der Bemessung des Konstruktionsteiles nicht gemacht wurde. Ist das Vorhandensein dynamischer Beanspruchungen nicht zu verneinen, so ist festzustellen, ob das Material ein solches ist, das für den vorliegenden Fall als hinreichend zähe (hohe Kerbzähigkeit s. S. 170) anzusprechen ist. Gleichzeitig ist in die Untersuchung der Bruchfläche und der Oberfläche in der Umgebung der Bruchfläche einzutreten. Hierzu ist vorerst die Bruchfläche und die Oberfläche des Konstruktionsteiles gehörig zu reinigen[1]). Besitzt die Oberfläche eine Walzhaut, so wird eine statische Überbeanspruchung sie „abgeworfen“ haben. War die Oberfläche dagegen blank bearbeitet, so werden matte Stellen in der Nachbarschaft der Bruchstelle vorhanden sein. Sind diese Kennzeichen nicht vorhanden, so darf ein „Dauerbruch“ vermutet werden, der durch die Betriebsbeanspruchungen in gleicher Weise entstand, wie bei Dauerschlagversuchen.

Es ist nunmehr die Bruchfläche selbst zu untersuchen.

In erster Linie ist festzustellen, ob die Bruchfläche einen vollen Querschnitt darstellt oder ob derselbe durch Einschnitte, z. B. Bohrungen, Keil-

[1]) Die Reinigung der Bruchflächen erfolgt am besten mit Benzol unter Verwendung einer Borstenbürste (keine Drahtbürste!). Von mit Ölfarbe angestrichenen Konstruktionsteilen entfernt man die Farbe durch Waschen mit einer Mischung, bestehend aus Benzol und Spiritus 2:1. Lauge zu verwenden empfiehlt sich nicht, da dieselbe unter Umständen das Material angreift.

nuten, Verletzungen durch Meißelhiebe od. dgl. unterbrochen ist. Die letztgenannten Verletzungen können geringfügigster Art sein, z. B. werden zahlreiche solcher Verletzungen durch Abnahme- oder Kontrollstempel hervorgerufen, selbst wenn sie nur wenig tief eingeschlagen wurden. (Es sollen daher solche Kennzeichen nur an nicht wesentlich beanspruchten Stellen eingeschlagen werden.)

Alle solche Querschnittsunterbrechungen sind als Kerben im Sinne der Erläuterungen im § 80 anzusehen. Sie bewirken infolge Zusammendrängens der Dehnungslänge auf ein Mindestmaß ein überaus großes Anschwellen der Materialspannung im Grunde der Kerbe und dadurch einen allmählich fortschreitenden Einriß. Dabei ist zu beachten, daß der Einriß um so leichter und bei geringfügigerer Beanspruchung eintritt, als der Kerb schärfer ist als ein anderer[1]). Als solche Kerbe wirken z. B. auch bei Zapfen die Furchen des Drehstahles. Sie sind besonders gefährlich bei gehärteten Teilen (auch bei zementierten), da sie bereits beim Härten Eigenspannungen wachrufen, zu denen sich dann noch die Betriebsspannungen zusätzlich gesellen. Gehärtete Zapfen sollten deshalb immer an der Oberfläche sorgfältig geschliffen und poliert werden zur Entfernung aller von der Herstellung herrührenden Verletzungen (z. B. Drehstahlfurchen).

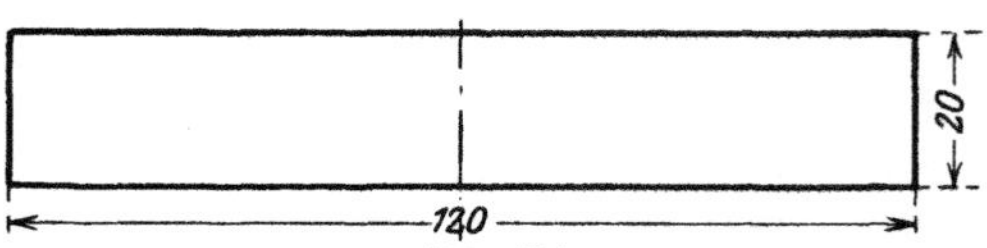

Abb. 331.

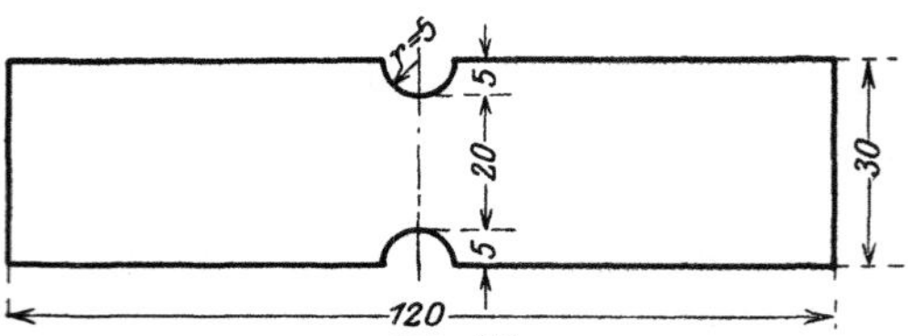

Abb. 332.

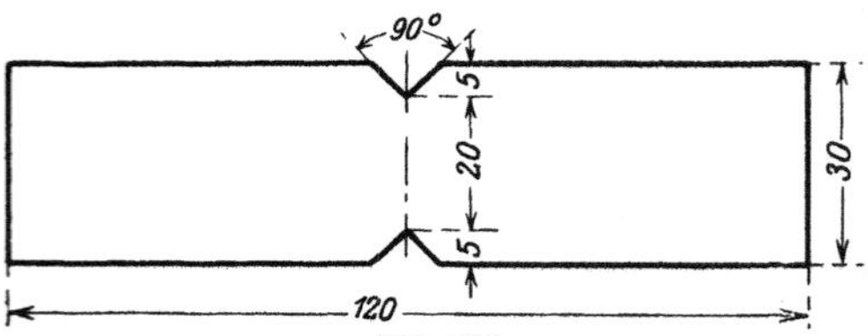

Abb. 333.

Ist bei der ersten Untersuchung keine Verletzung der Oberfläche zu entdecken, dann wiederhole man sie mittels der Lupe und achte dabei auch auf etwaige Poren der feinsten Art in der Bruchfläche. Manchmal wird sich eine solche Pore am Rande der Bruchfläche vorfinden, und man sieht dann

[1]) Von diesen Vorgängen kann man sich durch ein sehr einfaches Experiment überzeugen. Man nimmt eine etwa 2 bis 3 mm dicke Gummiplatte (z. B. ein Stück Luftreifenschlauch), schneidet aus dieser Streifen mit glatten Rändern (Abb. 331) für Zerreißversuche heraus und versieht einige der Streifen in der Mitte der Länge (Abb. 332) mittels eines Locheisens mit Rundkerben und andere mit feinen Einschnitten (Scharfkerb [Abb. 333]).

Versuche des Verfassers mit solchen Streifen lieferten die folgenden Ergebnisse:

Probestreifen	Tragfähigkeit
Abb. 331	63 kg
Abb. 332	58 kg
Abb. 333	29 kg

von dort aus angenähert kreisförmig begrenzte Zonen ausgehen, welche der fortschreitenden Rißausbreitung entsprechen.

In solchen Fällen wird also die Verletzung letzten Endes immer die Ursache des Bruches gewesen sein oder den Bruch vorzeitig herbeigeführt haben, nach einer Beanspruchungsweise, wie sie im § 80 erörtert wurde.

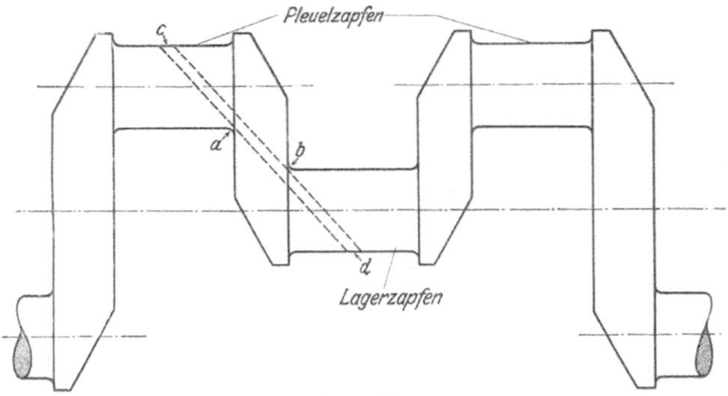

Abb. 334.

Auch plötzliche Querschnittsübergänge von Konstruktionsteilen wirken kerbartig. So sind z. B. bei gekröpften Kurbelwellen ohne gehörige Abrundung ansetzende Zapfen häufig die Ursache von Brüchen an dieser Stelle.

Eine gewisse Gefahr bieten auch die Schmierkanalbohrungen in Kurbelwellen (s. Abb. 334). Die Bohrung c—d soll das Schmieröl vom Lagerzapfen

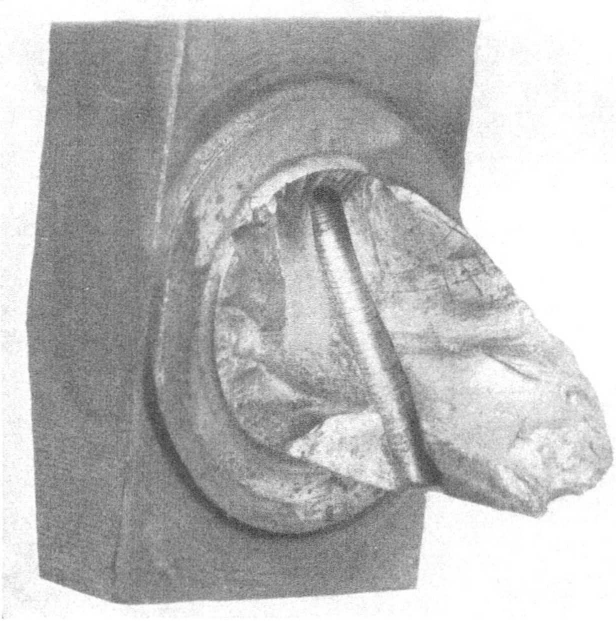
Abb. 335.

nach dem Pleuelzapfen gelangen lassen. Wenn in diesem Falle bei a und b die Bohrung dicht unter der Oberfläche liegt oder sogar punktartig die Oberfläche durchdringt, wie der Verfasser bei entsprechenden Untersuchungen fest-

Abb. 336.

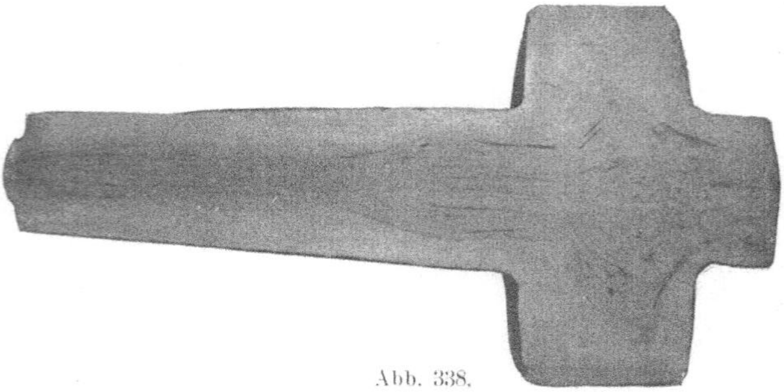

Abb. 338.

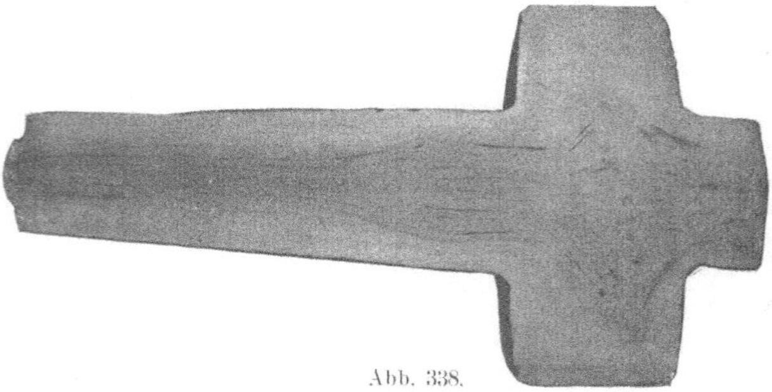

Abb. 338.

stellen konnte, so bildet die Bohrung an sich nicht nur eine wesentliche Schwächung der Kurbel an den gerade am stärksten beanspruchten Stellen, sondern sie kann auch den Ausgangspunkt eines Dauerbruches bilden, und zwar insbesondere dann, wenn die Zapfen durch Einsetzen gehärtet wurden und sich die Stellen *a* und *b* in der harten Schicht befanden.

Das gleiche gilt für andere Konstruktionsteile, wo aus Materialanhäufungen schwächere Teile herausragen. Im allgemeinen zeigen durch diese Ursache gebrochene Konstruktionsteile muschelige Bruchflächen, ähnlich der aus der Abb. 335, rechts oben ersichtlichen Ausgestaltung.

Sind keinerlei der geschilderten Anzeichen der Bruchursache an dem Bruchstück zu entdecken und ist eine zufällige Überbeanspruchung durch eine äußere Kraft als ausgeschlossen zu betrachten, so ist das Material hinsichtlich Festigkeit, Formbarkeit und Kerbzähigkeit nachzuprüfen und der Konstruktionsteil aus einem höherwertigen Material zu erneuern. Die Untersuchung hat dann lediglich den Nachweis geliefert, daß das Material nicht fest oder nicht elastisch genug war.

Manchmal kann die Ursache eines Bruches aber auch durch die Herstellungsweise des Konstruktionsteiles veranlaßt worden sein.

Wenn z. B. bei einer aus dem Vollen gearbeiteten Kurbelwelle ein Kurbelarm bricht, was kein so seltenes Vorkommnis ist, so kann dies durch den Faserverlauf im Kurbelarm verursacht sein, denn die an dieser Stelle auftretenden Biegungsspannungen beanspruchen das Material senkrecht zur Faser auf Zug. Bekanntlich ist diese Beanspruchungsart ungünstiger als die parallel zur Faserrichtung, wie sie bei der aus dem geraden Stab gebogenen Welle stattfindet. Der Bruch der aus dem Vollen gebogenen Welle kann aber

Abb. 339.

noch durch Seigerungen mit veranlaßt sein. Phosphorseigerungen, die das Eisen kaltbrüchig machen, sammeln sich im innersten Teil des Ingots und verbleiben dann beim Ausschmieden an derselben Stelle. Bei der Welle nach Abb. 324 S. 334 wurden die Kröpfungen herausgearbeitet und der ursprünglich im Innern des Blockes gewesene Teil des Kurbelarmes wurde freigelegt. Ist derselbe durch Seigerung übermäßig phosphorhaltig, so ist die Ursache für Kaltbruch gegeben und die Bruchursache ist auf diese Eigenschaft zurückzuführen. Die Prüfung hat sich deshalb auch in dieser Richtung zu erstrecken. Sie wird durchgeführt durch eine chemische Untersuchung und durch eine Ätzung gemäß § 162. Im vorliegenden Falle kann der Bruch somit verursacht worden sein durch die Herstellungsart und durch fehlerhaftes Material.

Einfach verläuft eine Untersuchung, wenn der Fehler offensichtlich ist, wie bei dem Kraftwagen-Achsenschenkel in der Abb. 336. Die Bruchfläche zeigte einen schalenartigen Aufbau, was bereits auf rissiges Material schließen ließ, und die Abb. 337 beweist diese Annahme. Sie stellt einen Schnitt durch den Achsenschenkel dar, der deutlich zeigt, daß einige im Schmiedestück vorhanden gewesene Blasen zu den rißartigen Gebilden *a* und *b* verdichtet worden waren, welche zufällig an der am stärksten beanspruchten Stelle des Achsenschenkels lagen und damit eine Schwächung desselben bildeten.

Schwieriger gestalten sich im Gegensatz zum vorbeschriebenen Falle Untersuchungen, die wie die folgende die Bruchursache ausschließlich in der Herstellungsart zu suchen haben.

Es handelte sich hier ebenfalls um Kraftwagen-Achsschenkel der gleichen Art wie der vorbeschriebene, von denen aber zahlreiche im Betriebe zu Bruche gingen, ohne daß äußere Merkmale Schlüsse auf die Bruchursache zuließen.

Die Achsstummel der Schenkel waren immer an der mit *a* bezeichneten Stelle (s. Abb. 336) abgebrochen und die Bruchflächen zeigten nicht das typische Aussehen des Dauerbruches, wie es die Abb. 339 erkennen läßt, sondern mehr das eines einmaligen Schlagbruches. Durch Untersuchung eines Längsschnittes durch den Achsstummel konnte nach Ätzung mit Kupferammoniumchlorid 1:12 aus dem Verlauf der Seigerungslinien nachgewiesen werden, daß der Achsschenkel durch Ausschmieden eines Rundeisenstückes hergestellt worden war, wobei der Zapfen ausgestreckt und der tellerartige Teil im Gesenk angestaucht wurde.

Abb. 340.

Nach dieser Feststellung wurde ein noch nicht abgedrehtes Rohschmiedestück des gleichen Ursprunges der Untersuchung unterworfen. Dabei zeigte der mit Kupferammoniumchlorid 1 : 12 geätzte Längsschnitt durch das Probestück das aus der Abb. 338 ersichtliche Aussehen. Man erkennt eine nicht unerhebliche Phosphorseigerung im Kern und aus dem Verlauf der Seigerungslinien an der Verdickung, daß diese durch Anstauchen erzeugt worden ist. Aus dem Rohschmiedestück war der Zapfen mit dem tellerartigen Gebilde auf der Drehbank herausgearbeitet worden, und es folgt daraus, daß hierbei die phosphorarme äußere Schicht entfernt worden und der phosphorreiche innere Kern des ursprünglichen Schmiedestückes den an sich stark beanspruchten Zapfen des Achsschenkels bildete. Ein der in Frage kommenden Materialzone entnommenes Kerbschlagprobestück lieferte bei der Prüfung den Nachweis, daß das Material sehr geringe Kerbzähigkeit besaß[1]).

In der Abb. 340 ist ein abgebrochener Zapfen einer Lokomotivtenderachse vom Jahre 1877 abgebildet, der aus Schweißeisen besteht und den für solches Material typischen Dauerbruch aufweist. Der Bruch hat am Übergang des zylindrischen Zapfenteiles nach der Ausrundung hin begonnen, und schließlich wurde das innerste Faserbündel aus dem übrigen Achsen-

---

[1]) Näheres hierüber siehe Wawrziniok, Mitt. d. Instituts für Kraftfahrwesen, Dresden, Heft 5. Berlin: Klasing, 1921.

stück herausgerissen, und zwar in einer Ausbildung, die man bei Zerreißversuchen mit eingeschnürten Stäben beobachtet (s. § 18, S. 45).

Die Randzone der Bruchfläche des Zapfens ist eben und von dem Hin- und Herbiegen des angebrochenen Endes verdrückt, so daß sie glatt gestaltet ist. Durch das eben erwähnte Hin- und Herbiegen (s. S. 188) erweiterte sich der Anriß und damit der Randdruck immer mehr, so daß schließlich auf den noch bestehenden Kern eine starke Zugbeanspruchung kam, die schließlich den für Zugbeanspruchung typischen Bruch des Kernes verursachte.

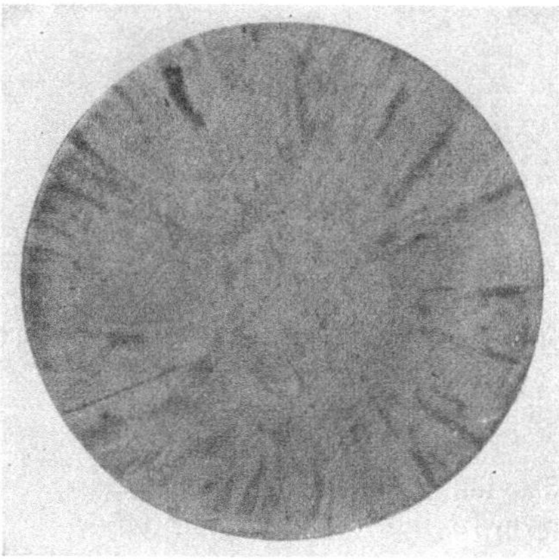

Abb. 341.

Abb. 342.

Der in Abb. 341 dargestellte und mit Kupferammoniumchlorid 1 : 12 geätzte Querschliff des Zapfens, dicht neben der Bruchfläche, zeigt das typische Aussehen des Schweißeisens und insbesondere zusammengeschweißte, rund um einen einzelnen Stab angeordnete Rohstäbe. Der in der Abb. 342 wiedergegebene Schwefelabdruck läßt überdies auf hohen Schwefelgehalt des Materials schließen.

§ 168. Weitere Beispiele.

Die folgenden Beispiele sollen dazu dienen, die Wege zu zeigen, die bei Untersuchungen zur Entscheidung von Streitfällen einzuschlagen sind, um nachträglich die Herstellungsverfahren von Konstruktionsteilen zu ermitteln.

Beispiel 1.

Die Abb. 343 zeigt den Schnitt durch die Nietreihe einer undichten Kesselnietung. Es sollte die Ursache der Undichtheit festgestellt werden.

Das Bild läßt erkennen, daß

1. die beiden zusammengenieteten Bleche nicht dicht aneinander anliegen, sondern zwischen den Nieten ausgebeult sind,
2. die Nieten wegen ungenügender Deckung der Nietlöcher geknickt sind,
3. die Nietlöcher nicht durch Bohren, sondern durch Stanzen hergestellt wurden.

Das schlechte Anliegen der Bleche wurde dadurch veranlaßt, daß der äußere Kesselschuß einen größeren Durchmesser besaß als der innere, und die Aufbeulung zwischen den Nieten wurde durch den Anzug der Nieten verursacht.

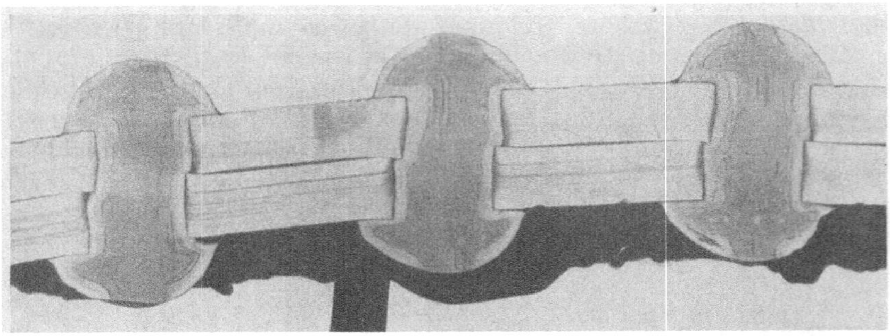

Abb. 343.

Die Knickung der Nietschäfte ergibt sich aus der Lage der Nietlöcher, und die jetzt gekrümmten, ehemals parallel zur geraden Nietachse verlaufenden Seigerungslinien lassen die Beanspruchungsart der Nieten erkennen.

Daß die Nietlöcher durch Stanzen erzeugt wurden, beweisen die Seigerungslinien der Bleche. Diese Linien verliefen ursprünglich parallel zur Ober-

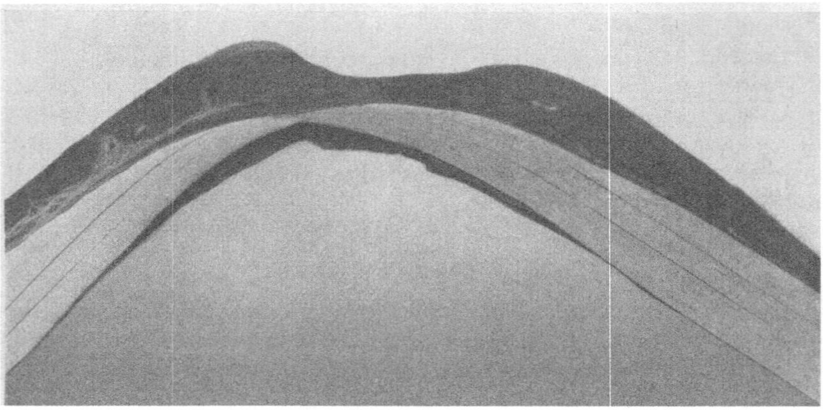

Abb. 344.

fläche der Bleche, wurden aber durch den Lochstempel der Stanze an den Lochrändern gekrümmt. Gebohrte Löcher zeigen solche Krümmungen nicht, da ihre Ränder die einzelnen Zonen der Bleche glatt durchschneiden.

Beispiel 2.

An einem aus dem gewellten Flammrohre eines Kessels stammenden Blechstücke, welches auf beiden Seiten starke Korrosionen und an einer Stelle ein Loch aufwies, sollte festgestellt werden, von welcher Seite her die Anfressungen stattgefunden hatten.

Es wurde an einer durch Messung ermittelten dünnsten Stelle ein Schnitt durch das Blech gelegt und diese Schnittfläche geschliffen und geätzt. Das dadurch entwickelte Bild (Abb. 344), zeigte deutlich die Seigerungslinien, und der Verlauf derselben ließ erkennen, daß die Anfressung von der einen Seite her, welche die Feuerseite des Wellrohres war, erfolgte.

Die Beschädigung konnte alsdann auf Wärmestauungen zurückgeführt werden, die durch Einbauten im Wellrohre veranlaßt worden waren.

Beispiel 3.

Ein eisernes Rohr sollte hinsichtlich seines Herstellungsverfahrens geprüft werden.

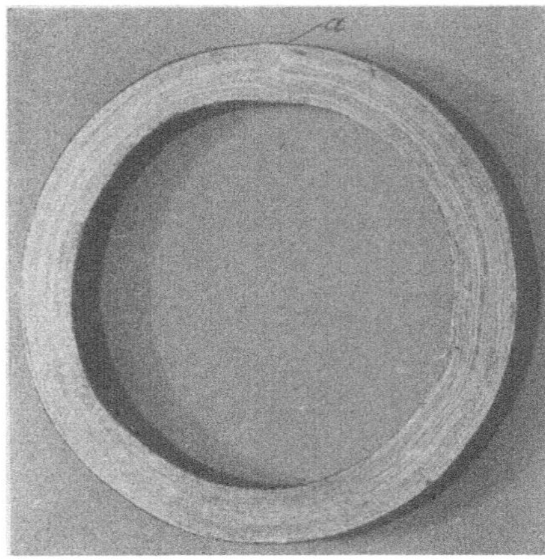

Abb. 345.

Der durch das Rohr gelegte Querschnitt zeigte nach Ätzung mit Kupferammoniumchloridlösung gemäß der Abb. 345 bei *a* den eigenartigen Verlauf der Seigerungslinien, der beweist, daß an dieser Stelle das Rohr eine Schweißnaht besaß. Es handelte sich somit um ein natürlich geschweißtes Rohr.

Beispiel 4.

An einem zerplatzten Überhitzerrohr, welches einen Längsriß aufwies, wie er in der Regel bei geschweißten Rohren beobachtet wird, sollte festgestellt werden, ob das Rohr geschweißt oder den Vorschriften entsprechend gezogen war.

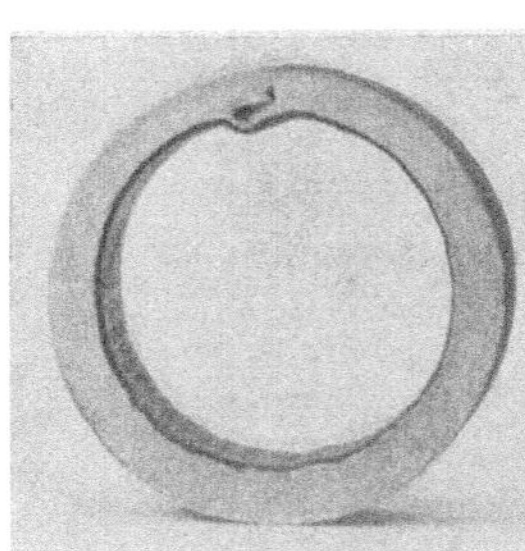

Abb. 346.

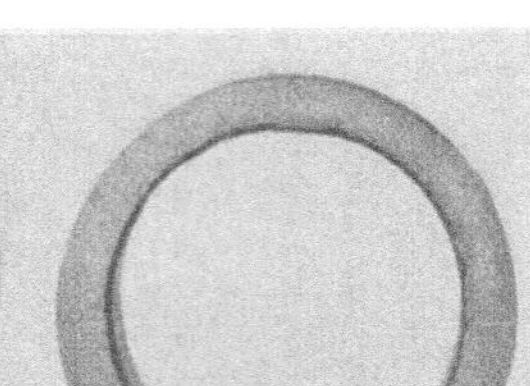

Abb. 347.

Ein Schnitt durch das Rohr am Ende des Risses zeigte nach dem Schleifen und Ätzen der Schnittfläche eine Stelle, die einer Schweißnaht ähnelte (siehe Abb. 346). Ein weiterer, in einigem Abstand von der geprüften Stelle angebrachter Schnitt Abb. 347 ergab jedoch das Gefüge eines gezogenen Rohres.

Das Ergebnis der Untersuchung war, daß im Block, aus dem das Rohr hergestellt wurde, an der zerplatzten Stelle des Rohres eine Blase vorhanden gewesen sein muß, die beim Ziehen sich ausdehnte, ohne daß ihre Wandungen genügend verschweißten. Beim Erhitzen wurde die Blase aufgetrieben, und die Folge der dadurch bedingten geringen Festigkeit gegen inneren Druck war das Aufplatzen im Betriebe.

Beispiel 5.

Auch die Nachprüfung der Herstellung von Kettengliedern ermöglichen die metallographischen Untersuchungsmethoden.

Es sollte in einem Streitfalle festgestellt werden, ob ein Kettenglied durch Rollen oder mit stumpfem Stoß aus Rundeisen hergestellt worden war.

Der in Abb. 348 dargestellte Längsschnitt durch das Kettenglied zeigt den Fasernverlauf des Eisens bzw. den der Seigerungslinien. Man erkennt deutlich, daß das Glied aus einem Eisenstab durch Zusammenrollen erzeugt wurde. Links innen bei *b* ist der Anfang des Eisenstabes erkennbar und links außen bei *a* das Ende desselben.

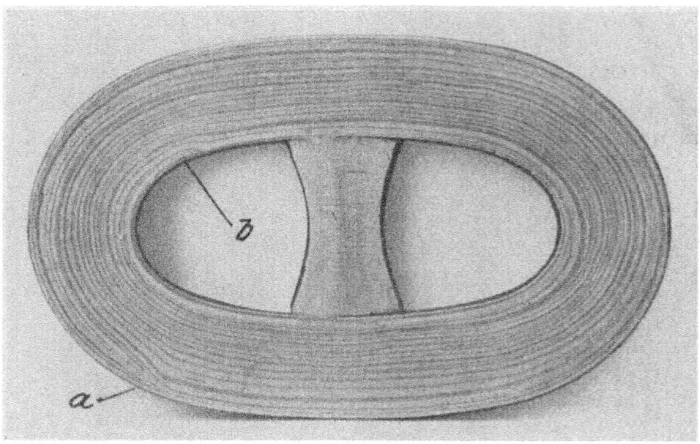

Abb. 348.

Abb. 349.

Beispiel 6.

In der Abb. 349 ist der Schnitt durch einen Spritzgußteil dargestellt, durch den ermittelt werden sollte, wie die eingegossenen Messingteile geformt waren. Die Schnittfläche wurde nach dem Schleifen und Polieren leicht angeätzt und ließ dann die Ausbildung und die Verbindung des eingegossenen Teiles mit dem Spritzguß deutlich erkennen.

Abb. 350.

Beispiel 7.

Manchmal läßt sich die Herstellungsweise von Gegenständen auch bereits unmittelbar an Bruchflächen erkennen, insbesondere wenn man zur Strukturbeobachtung eine Lupe oder besser das binokulare Mikroskop (s. S. 290) zu Hilfe nimmt. So zeigt z. B. die in der Abb. 350 dargestellte Bruchfläche eine weiße, deutlich kristallinisch ausgebildete matte, graue Zone, während die linke Seite der Bruchfläche Spiegeleisen ähnelt und sehr große Härte aufwies. Das Bruchstück entstammte einer zersprungenen Walze, die sich somit als aus Hartguß bestehend kennzeichnet. Die Untersuchung einer der Bruchfläche parallel laufenden Schnittfläche würde nicht nur den

Übergang zwischen den beiden Zonen, sondern auch die verschiedenartige Gefügebeschaffenheit aufklären[1]).

4. Die Beurteilung von Metallen auf Grund des mikroskopischen Gefüges.

§ 169. Untersuchungsergebnisse.

Beispiel 1.

Drei auf Zugfestigkeit mit Feinmessung der Dehnungen geprüfte Stahlstäbe, die aus der gleichen Materiallieferung stammen sollten, lieferten trotz gleicher chemischer Zusammensetzung wesentlich abweichende Ergebnisse. Die Festigkeit des einen Stabes war um 30% geringer als die der beiden anderen und die Bruchdehnung erheblich größer. Ebenso war die elastische Dehnung dieses Stabes wesentlich von derjenigen der beiden anderen Stäbe verschieden.

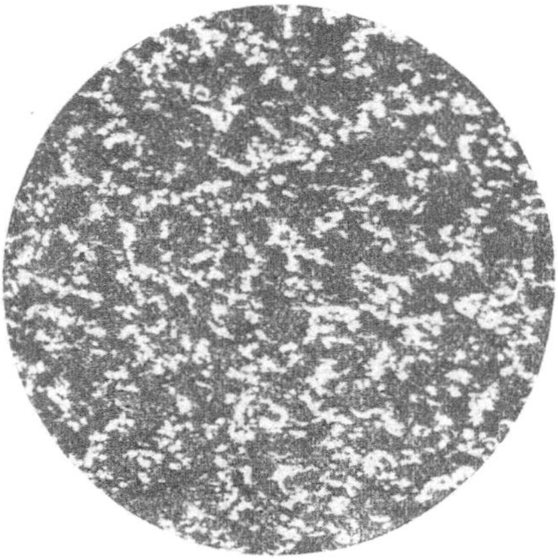

Abb. 351.

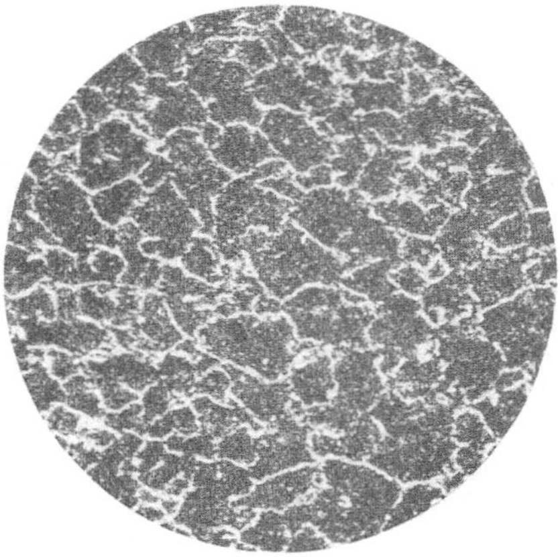

Abb. 352.

Da eine Wiederholung des Versuches mangels weiteren Versuchsmaterials unmöglich war und auch nutzlos gewesen wäre, mußte die metallographische Untersuchung zur Klarstellung des eigentümlichen Verhaltens herangezogen werden.

Während das Material der beiden gleichartigen Stäbe das aus Abb. 351 ersichtliche Gefüge aufwies, wurde bei dem fraglichen Stabe das in Abb. 352 dargestellte festgestellt.

Alle drei Stäbe besaßen demnach hypereutektoides Gefüge, entsprechend dem durch chemische Analyse ermittelten Kohlenstoffgehalte von 1,16 %. Während aber bei den beiden gleichartigen Stäben der Zementit gleichmäßig über den Querschnitt verteilt war, zeigte er sich im dritten Stabe als Netzwerk. Es war somit der Beweis geliefert, daß der Zustand der drei Stäbe ungleichartig war und das Ergebnis der Zerreißprobe zu Bedenken keinen Anlaß bot.

Da das Gefüge des Stahles nach Abb. 352 einem bei zulässiger Temperatur geglühten und allmählich abgekühlten Stahl entspricht, war mit Sicherheit anzunehmen, daß der Stab vor der Einlieferung ausgeglüht worden war.

---

[1]) Eine Sammlung von ähnlichen und anderen Beispielen, s. Bach und Baumann, Festigkeitseigenschaften und Gefügebilder der Konstruktionsmaterialien, Berlin: Julius Springer.

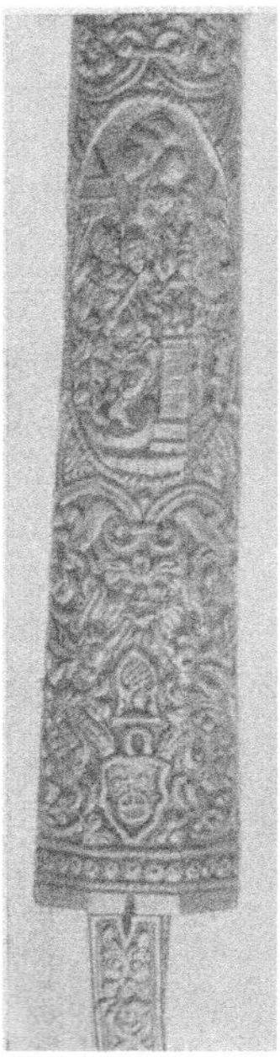

Abb. 353.

Beispiel 2

Es sollte festgestellt werden, ob ein von einem Museum übersandtes fein ziseliertes, wertvolles Faustrohr (Feuerwaffe) echt war, d. h. daß es aus Schmiedeeisen bestand und nicht in unlauterer Absicht durch Gießen hergestellt worden war.

Da das Faustrohr nicht beschädigt werden durfte, mußte versucht werden, allein durch mikroskopische und photographische Untersuchungsverfahren die Frage aufzuklären.

Das Schloßende des Faustrohrlaufes zeigt die Abb. 353 in etwa $^1/_2$ natürlicher Größe, und die Abb. 354 stellt das untere Ende des Laufes in etwa dreifacher Vergrößerung der natürlichen Größe dar.

Eine Vergleichung dieser beiden Abbildungen mit den Abb. 355 und 356, welche gleichartig photographierten Teilen eines anderen Faustrohres entsprechen, dessen Echtheit zweifelsfrei war, ergibt das Folgende. Die Ziselierung des Faustrohres in der Abb. 355 ist, wie die Abb. 356 erkennen läßt, scharf umrissen und in figürlicher Beziehung seiner Zeitepoche entsprechend. Im Gegensatz dazu ist die Ziselierung des zur Untersuchung stehenden Faustrohres (Abb. 353 und 354) andersartig und insbesondere im Aussehen dem figürlichen Schmuck gußeiserner Gegenstände ähnlich. Die

Abb. 354.

mikroskopische Untersuchung blanker Stellen an der Oberfläche des Faustrohres ließ einzelne feine rißähnliche Gebilde und Einschlüsse erkennen, die man unter Umständen als Graphitblättchen deuten konnte. Da diese Art der Untersuchung somit nicht zum Ziele führte, wurden an einigen unauffälligen Stellen des Rohrlaufes unter Benutzung einer feinen Feile ebene Schliffstellen erzeugt und in der üblichen Weise für die mikroskopische Untersuchung vorbereitet, die schließlich ein Gefüge nachwies, das an den einzelnen Stellen zwar sehr ungleichmäßig war, sich im Mittel aber als das Gefüge eines unreinen, kohlenstoffarmen geschmiedeten Eisens kennzeichnete, das anscheinend im Frischfeuer unmittelbar aus Roheisen erzeugt

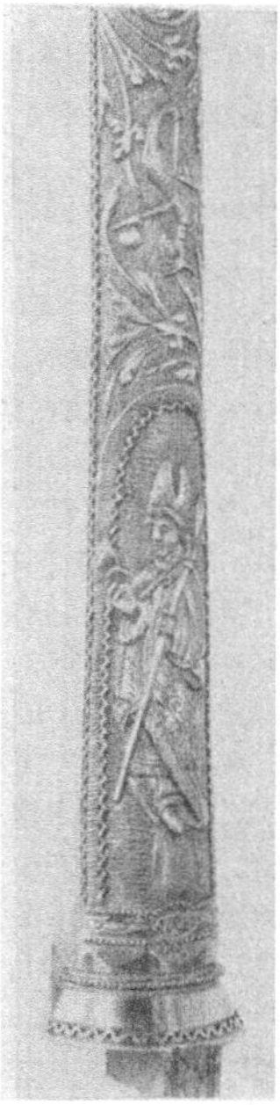

Abb. 355.

Abb. 356.

worden war. Da außerdem Sulfid- und Schlackeneinschlüsse (Abb. 357) in einer Art vorhanden waren, wie sie sich in derartigen Eisensorten des Mittelalters allgemein vorfinden, durfte mit Sicherheit angenommen werden, daß das Rohr nicht aus Gußeisen bestand und somit echt war. Die abgerundeten Formen der Ziselierung dürften durch starke Abnutzung, z. B. infolge Putzens mit Sand, oder dadurch verursacht worden sein, daß das Rohr stark verrostet war und dann in unsachgemäßer Weise gereinigt wurde.

Eine auf das Radschloß des Faustrohres ausgedehnte Untersuchung wies nach, daß Teile desselben aus gehärtetem Schweißstahl bestanden.

Beispiel 3.

An einem von Härterissen durchzogenen Fräser sollte die Ursache der Risse festgestellt werden.

Es zeigte sich, daß das Gefüge der Fräserscheibe fast bis zur Mitte aus grobnadeligem Martensit bestand und nur im innersten Kern einige Troostitflecken enthielt. Dieser Befund lieferte den Nachweis, daß eine falsche Wärmebehandlung vorlag; der Fräser war von zu hoher Temperatur aus abgeschreckt worden[1]).

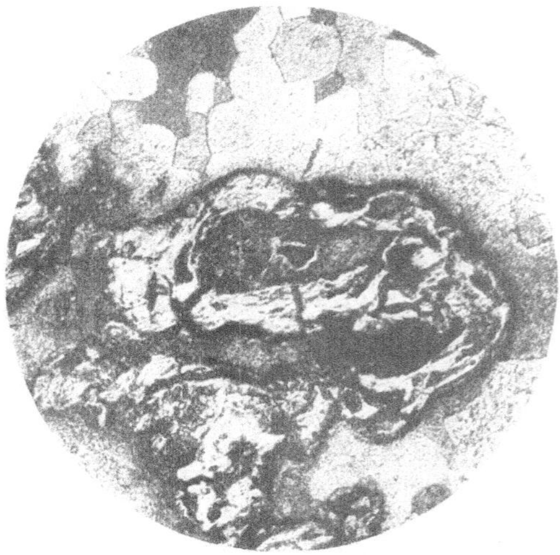

Abb. 357.

5. Weitere Untersuchungsverfahren.

§ 170. Rostungsversuche.

In allen den Fällen, wo Eisen der Rostungsgefahr ausgesetzt ist und wo es nicht durch Anstrich geschützt werden kann, ist es notwendig, eine Eisensorte zu verwenden, die dem Rostangriff gehörigen Widerstand zu leisten vermag. Die gewöhnlichen Flußeisensorten, d. h. die, bei denen die Festigkeit und Härte lediglich durch Kohlenstoffzusatz bedingt ist, vermögen das nicht immer. Sie rosten selbst dann, wenn sie nicht unmittelbar der Feuchtigkeit oder Säuredämpfen ausgesetzt sind. Das ist sehr nachteilig, da Rostung nicht nur eine Querschnittsverminderung der Konstruktionsteile verursacht, sondern sogar zur völligen Zerstörung oder Aufzehrung einzelner Konstruktionselemente führen kann. Dem Verfasser sind Fälle bekannt, wo Pumpenkolbenstangen, Rohre, Bolzen und Schrauben vom Rost fast aufgezehrt wurden und der Schaden erst dann entdeckt wurde, als die Teile ihren Dienst versagten. Auch Dampfturbinenschaufeln sind dieser Gefahr in hohem Maße ausgesetzt, und es hat langer, angestrengter Forschungstätigkeit bedurft, bevor für diese geeignete Materialien gefunden wurden. Während man anfangs hochprozentige Nickelstähle für diesen Zweck verwendete, ist man neuerdings dazu übergegangen, die Turbinenschaufeln aus Chromnickelstahl herzustellen, der in hohem Maße Widerstandsfähigkeit gegen Rosten besitzt. Besonders deutlich zeigt dies ein bei der Firma Krupp angestellter Versuch[2]), bei dem in einem Turbinenrade abwechselnd segmentweise Schaufeln aus 5%igem Nickelstahl und dem Kruppschen Chromnickelstahl V. 1. M. mit 6000 kg Fließgrenze, 8000 kg Zerreißfestigkeit, 15% Dehnung und martensitischem Gefüge, der sich für hohe Beanspruchungen besonders gut eignet, eingesetzt waren. Die der Abhandlung beigegebene Abbildung zeigt, daß nach 3jährigem Betriebe die Nickelstahlschaufeln sehr stark

[1]) Weitere Beispiele s. Preuß, Die praktische Nutzanwendung der Prüfung des Eisens durch Ätzverfahren und mit Hilfe des Mikroskopes. Berlin: Julius Springer 1921; ferner Bach & Baumann, Festigkeitseigenschaften und Gefügebilder. Berlin: Julius Springer.

[2]) Siehe Kruppsche Monatshefte 1920, S. 144.

korrodiert waren, während die Chromnickelstahlschaufeln gar keinen Angriff zeigten.

Auch bei Eisenbetonbauten besitzt die Rostgefahr des Eisens große Bedeutung, da sie die Standsicherheit des Bauwerkes gefährdet, ohne daß es möglich ist, festzustellen, ob und inwieweit ein Rostangriff stattgefunden hat, mit Rücksicht darauf, daß die Eiseneinlagen vollständig von Zementbeton umgeben sind[1]). Der Rostangriff erfolgt bei solchen Bauwerken an Rißstellen, die die Feuchtigkeit zusammen mit dem Sauerstoff der Luft zu den Eiseneinlagen gelangen lassen. Versuche haben bewiesen, daß bei diesen Eiseneinlagen Rostgefahr vorliegt und daß es deshalb zweckmäßig erscheint, an solchen Stellen, wo Rosten zu erwarten und durch besondere Maßnahmen nicht vermeidbar ist, ebenfalls Eisensorten zu verwenden, die größere Widerstandsfähigkeit gegen Rosten besitzen.

Rostungsversuche müssen stets als Vergleichsversuche durchgeführt werden, und die festgestellten Zahlen besitzen nur Gültigkeit für die geprüften Probestücke. Es empfiehlt sich auch, den Versuch nicht nach einem bestimmten Schema anzuordnen, sondern ihn möglichst der Beanspruchungsart anzupassen, der das Material in der Praxis ausgesetzt ist. Es ist dabei zu beachten, daß das Ergebnis beeinflußt wird durch die Temperatur, durch Wechsel von Feuchtigkeit und Trockenheit, sowie insbesondere durch die Dauer der Behandlung, wobei wieder eine Rolle spielt, ob die Behandlung ununterbrochen oder wechselweise stattfindet. Während z. B. trockene, schwefelige Säure häufig nur wenig Rosten verursacht, befördert gleichzeitiger Zutritt von Wasserdampf das Rosten erheblich.

Eine beliebte und zweckmäßige Methode des Rostversuches ist die, zylindrische Probestäbe oder Flachstäbe halb in die Flüssigkeit oder den Dampf eintauchen zu lassen, während die andere Hälfte der Luft ausgesetzt bleibt. Dabei können auch Erschütterungen der Probekörper notwendig sein, wenn z. B. Flüssigkeiten verwendet werden, die Gasbildung an den Probestäben verursachen.

Die Probestäbe werden in gewissen Zeitabschnitten abgespült, getrocknet, und dann wird durch Wägung ihre Gewichtsabnahme festgestellt. Unter Umständen empfiehlt sich auch die jeweilige Ermittelung des spezifischen Gewichtes, und zwar mit Rücksicht darauf, daß manche Angriffsflüssigkeiten nur bestimmte Gefügebestandteile lösen (z. B. bei Eisen den Ferrit und nicht den Zementit), die spezifisch leichter oder schwerer als die anderen sind.

Es ist auch noch zu beachten, daß vor dem Wiedereinsetzen der Probekörper in die Angriffsflüssigkeiten die Körper sorgfältig entfettet werden müssen[2]).

Die nachstehende Zahlentafel zeigt die Ergebnisse von Rostungsversuchen[3]) der im vorstehenden gekennzeichneten Art.

---

[1]) Siehe Scheit, Wawrziniok und Amos, Versuche zur Ermittelung des Rostschutzes der Eiseneinlagen im Beton, Berichte des Deutschen Ausschusses für Eisenbeton, Heft 31, Wilh. Ernst u. Sohn 1915,; ferner Gary, ebenda Heft 22, 1913.

[2]) Siehe Seite 283.

[3]) Kruppsche Monatshefte 1920, S. 144. Die Tabellenwerte zeigen die Gewichtsabnahme der Probekörper in Prozenten bezogen auf die Gewichtsabnahme von Flußeisen.

Material	Die Probekörper wurden gelagert an der Luft 30 Tage	in Seewasser 30 Tage	in Salpetersäure 10% kalt. 14 Tage	in Salpetersäure, 50% kochend 2 Stunden
Flußeisen	100	100	100	100
5% Nickelstahl	—	—	97	98
9% Nickelstahl	70	79	—	—
25% Nickelstahl	11	55	69	103
Chromnickelstahl V. 1. M.	0,4	5,2	—	—
Chromnickelstahl V. 2. A.	0	0,6	0	0

Die Werte lassen erkennen, daß die beiden Chromnickelstähle eine ganz außergewöhnliche Widerstandsfähigkeit gegen Rosten besitzen, und zwar der Chromnickelstahl V. 2. A. in noch viel höherem Maße als der Stahl V. 1. M.

Auch hinsichtlich der Einwirkung von hocherhitzten Gasen und Dämpfen zeigten sich diese Stähle besonders widerstandsfähig.

Strauß und Mauru erhitzten je zwei austenitische Probestücke des Kruppschen Chromnickelstahls V. 2. A. neben Flußeisen im Ofen unter Luftzutritt und fanden dabei die in der nachstehenden Zahlentafel angegebenen Werte. Auch sie lassen die große Widerstandsfähigkeit des Chromnickelstahles erkennen.

Material	Glühdauer in Stunden	Glühtemperatur °C	Gewichtsverlust g
Flußeisen	100	1000	416
	25	1200	250
Chromnickelstahl V. 2. A.	100	1000	6
	25	1200	10

In den meisten Fällen erübrigt sich bei Rostungsversuchen oder überhaupt bei Korrosionsversuchen mit Metallen die quantitative Feststellung des Angriffes der Flüssigkeit oder des Gases auf den Probekörper. Es wird dann lediglich festgestellt, ob die Probestücke angegriffen werden oder nicht, und ob dieser Angriff stark oder unbedeutend ist.

Handelt es sich darum, auch den Einfluß vagabundierender elektrischer Ströme oder von galvanischen Strömen zu studieren, so muß der Versuch dementsprechend angelegt und dabei beachtet werden, daß das zu prüfende Material in der Flüssigkeit als Anode und nicht etwa als Kathode angeordnet wird, da nur die Anode, die den Strom in die Flüssigkeit leitet, angegriffen wird[1]).

[1]) Näheres s. Lasche, Konstruktion und Material im Bau von Dampfturbinen. Berlin: Julius Springer, 1920.

Über eingehende Versuche zur Erforschung des Angriffes des Eisens durch Wasser und wässerige Lösungen s. Heyn und Bauer, sowie Bauer und Vogel in den Mitteilungen des Materialprüfungsamtes, Groß-Lichterfelde 1910, Heft 2 u. 3, S. 82, 1918, Heft 3 u. 4, S. 114 bis 208, sowie 1920, Heft 2 u. 3, S. 85 — 125.

§ 171. Lösungsversuche mit Metallen.

Zum Nachweise einer vorausgegangenen mechanischen Kalt- oder Warmbearbeitung, sowie zur Feststellung der Verschiedenartigkeit mehrerer vorliegender, sonst gleichartig aussehender Metalle, können manchmal Lösungsversuche mit Säuren wertvolle Aufschlüsse liefern. Man verwendet dazu zweckmäßig regelmäßig gestaltete Probekörper, möglichst genau gleicher Abmessungen, wobei aber Überlegungen über den Zweck der Versuche vorauszugehen haben. Handelt es sich lediglich um die Feststellung der Löslichkeit des Stoffes, ohne Rücksicht auf andere Einflüsse, z. B. den der Luft, so werden am besten Scheiben von 30 mm Durchmesser und 10 mm Dicke benutzt, die in der Mitte ein Loch besitzen, mittels dem sie auf Glashaken in der Lösungsflüssigkeit aufgehängt werden können. Diese Probekörper werden nach Reinigung mit Benzol und Alkohol auf einer Analysenwage gewogen und hiernach in die Lösungsflüssigkeit gebracht. Als solche kann man verdünnte Salzsäure, Schwefelsäure oder Salpetersäure verwenden. Die größte Angriffsfähigkeit besitzt kochende Salpetersäure. Im allgemeinen erweist sich 1 %ige Schwefelsäure am vorteilhaftesten, da sie nicht so kräftig angreift wie die anderen Säuren. Von Zeit zu Zeit sind die Probekörper der Lösungsflüssigkeit zu entnehmen und nach gehöriger Reinigung zur Entfernung der Säurereste, zwecks Feststellung der Gewichtsabnahme zu wiegen. Diese wird schließlich in Prozenten, bezogen auf das ursprüngliche Gewicht der Probekörper, als Ergebnis der Versuche bzw. als Maß der Angreifbarkeit des betreffenden Metalles festgelegt.

Die nachstehende Zahlentafel enthält die Ergebnisse von Versuchen, die Verfasser zur Ermittelung des Einflusses der Ermüdung von Eisenbahnschienenstahl (Siemens-Martinstahl) (s. S. 181) durchführte.

Ursprung des Probekörpers aus Schienenstück	Ursprüngliches Gewicht des Probekörpers	Gewichtsverlust der Probekörper infolge Einwirkung der Säure während							
		24 Stunden	48 Stunden	72 Stunden	96 Stunden	120 Stunden	144 Stunden	144 Stunden in Proz. bezogen auf das ursprüngliche Gewicht	
Nr.	g	g	g	g	g	g	g	%	Mittelwert %
69	40,8763	0,1214	0,2820	0,5263	0,8223	1,1989	1,5276	3,73	3,69
69	40,5292	0,1247	0,2770	0,5207	0,8162	1,2030	1,5419	3,80	
65	41,7345	0,1251	0,2828	0,5300	0,8261	1,2023	1,5207	3,64	
65	42,4110	0,1340	0,2739	0,5163	0,8135	1,1934	1,5163	3,57	
18	43,6341	0,1901	0,5225	0,9290	1,3162	1,7143	2,0651	4,73	4,72
18	43,4385	0,1885	0,5211	0 9268	1,3075	1,7091	2,0700	4,50	
22	42,9156	0,1845	0.5198	0,9136	1,2961	1,6913	2,0396	4,75	
22	42,1465	0,1940	0,5354	0,9347	1,3178	1,7095	2,0537	4,88	
5	40,5852	0,1887	0,5297	0,9452	1,3363	1,7522	2,1298	5,25	5,16
5	42,0645	0,1932	0,5381	0,9568	1,3428	1,7572	2,1895	5,25	
9	42,4093	0,1985	0,5546	0,9693	1,3633	1,7840	2,1575	5,09	
9	43,1185	0,1950	0,5485	0,9620	1,3658	1,7944	2,1790	5,05	

Die Mittelwerte der letzten Spalte der Zahlentafel beweisen, daß ein verschieden starker Angriff der Probekörper erfolgte, trotzdem das Material aller Probekörper gleichartigen Ursprunges war. Da es aber verschiedenartige Beanspruchungen erfahren hatte, lieferten die Versuche den Nachweis, daß die verschiedenen Beanspruchungsarten auch die Lösungsfähigkeit verschiedenartig beeinflußten und daß die Lösungsversuche ein geeignetes Mittel zur Nachprüfung dieser Verschiedenartigkeit waren.

Lösungsversuche müssen andererseits aber auch angestellt werden, wenn es gilt, für irgendeinen Zweck säurewiderstandsfähiges Material zu ermitteln. Da bei solchen Versuchen aber der Einfluß der atmosphärischen Luft mit zu beachten ist, empfiehlt sich hier die Verwendung anders gestalteter Probekörper und die Anwendung andersartiger Beanspruchungsweisen derselben.

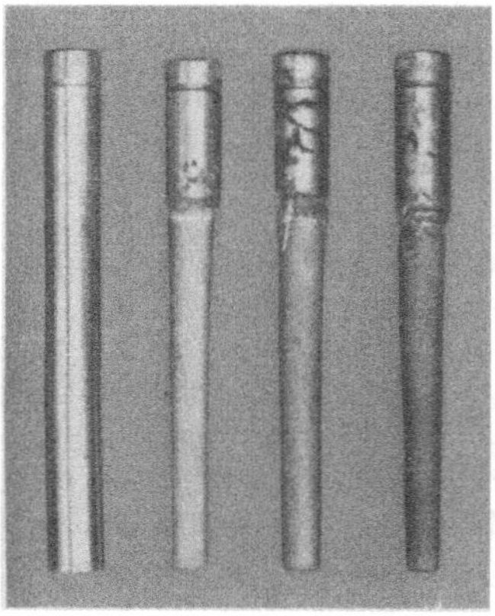

Abb. 358.

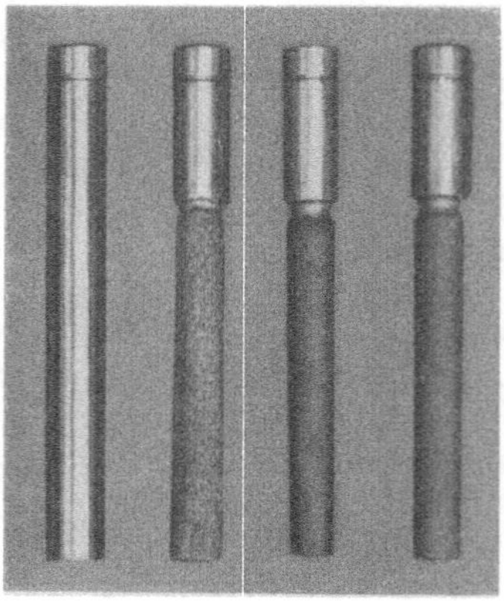

Abb. 359.

Man benutzt hier besser zylindrische, stabförmige Probekörper, die man nicht vollständig in den Lösungsflüssigkeiten untertaucht, sondern nur teilweise, und zwar in einer Art und Weise, welche die Abb. 358 und 359 belegen. An den oberen Enden dieser Probestäbe ist deutlich der Einfluß der Luft bzw. der Säuredämpfe an der Oberfläche der Lösungsflüssigkeit zu erkennen. Dieser Einfluß macht sich aber auch gelegentlich in der Weise geltend, daß das untere Ende der Stäbe sich nach Entstehen einer Einkerbung, ähnlich den aus den rechten Probestäben der Abb. 359 ersichtlichen, vom oberen Stabende ablöst und in der Löseflüssigkeit zu Boden fällt. Die Abb. 358 und 359 zeigen Probestäbe, die bei Lösungsversuchen in der Kruppschen Versuchsanstalt[1]) benutzt wurden. Die Abb. 358 entspricht dabei Probestäben, die 14 Tage lang mit 10 %iger Salpetersäure von 20° behandelt wurden, während die Abb. 359 Probestäbe darstellt, die einer zweistündigen Behandlung mit 50 %iger kochender Salpetersäure unterworfen worden waren. Die Ergebnisse der Versuche sind in der nachstehenden Zahlentafel zusammengestellt. Sie zeigen das verblüffende Ergebnis, daß der Chromnickelstahl

[1]) Siehe a. Strauß u. Maurer: Die hochlegierten Chromnickelstahle als nichtrostende Stahle. Kruppsche Monatshefte 1920, S. 129 ff.

V. 2. A., der auch in anderer Beziehung (s. S. 352) ein ganz außergewöhnliches Verhalten aufwies, durch die Säurebehandlung keinerlei Angriff erfahren hatte.

Art des Angriffes	Gewichtsabnahme in g von			
	Flußeisen	5%iger Nickelstahl	25%iger Nickelstahl	Chromnickelstahl V. 2. A.
14 Tage in 10%iger Salpetersäure von 20°	221	216	153	0
2 Stunden in 50%iger kochender Salpetersäure	230	227	236	0

Sechster Teil.

Anderweite Baustoffprüfungen.

§ 172. Allgemeines.

Die Prüfung der Baustoffe erfolgt durch mechanische, physikalische, chemische und mikroskopische Verfahren, wobei bei den einzelnen Stoffen das eine oder das andere Verfahren mehr oder weniger in den Vordergrund zu treten hat. In den folgenden Abschnitten werden diese Verfahren neben Erläuterungen allgemeiner Natur aber nur in beschränktem Umfange und nur insoweit Behandlung finden, als es zur Durchführung sogenannter mechanisch-technologischer Prüfungen notwendig ist. Rein chemische und rein mikroskopische Untersuchungsverfahren werden mit Rücksicht auf den Bestimmungszweck des vorliegenden Buches ganz weggelassen werden. Über solche Untersuchungen besteht eine ausreichende Sonderliteratur, auf die an den betreffenden Stellen verwiesen werden wird. Insbesondere sind das die ausgezeichneten Werke von Hirschwald, Die Prüfung der natürlichen Bausteine auf ihre Wetterbeständigkeit, Berlin 1908; Derselbe, Handbuch der bautechnischen Gesteinsprüfung, Berlin 1912, Gebr. Borntraeger; Derselbe, Leitsätze für praktische Beurteilung der natürlichen Bausteine, Berlin 1915, Borntraeger; Kerl, Handbuch der gesamten Tonwarenindustrie, Braunschweig; ferner Hinrichsen, Materialprüfungswesen, und Mitteilungen aus dem Materialprüfungsamte Groß-Lichterfelde, bzw. Berlin-Dahlem.

I. Die Prüfung der natürlichen Bausteine.

§ 173. Einleitung.

Unter den natürlichen Bausteinen versteht man alle diejenigen, die aus Gesteinen gewonnen wurden, welche in der Natur vorkommen und die ohne weitere Behandlung, wie Brennen, Pressen od. dgl., zu Bauzwecken Verwendung finden können. Da aber nicht alle Gesteine dafür geeignet sind, indem manche wohl hinreichende Festigkeit, aber z. B. nicht genügende Widerstandsfähigkeit gegen die Einwirkung von Feuchtigkeit oder gegen sonstige äußere Einflüsse besitzen, ist eine Prüfung der Gesteine vor ihrer Verwendung notwendig, wenn diese nach wissenschaftlichen Grundsätzen erfolgen soll[1]).

Eine umfassende Prüfung von natürlichen Bausteinen hat sich mindestens auf die Ermittelung der folgenden Merkmale und Eigenschaften zu erstrecken:

1. Geologisches Alter und petrographische Merkmale;
2. Spezifisches Gewicht, Raumgewicht, Dichtigkeits- und Undichtigkeitsgrad;
3. Härte;
4. Wasseraufnahmefähigkeit;
5. Druckfestigkeit;
6. Schlagfestigkeit;
7. Frostbeständigkeit (Wetterbeständigkeit);
8. Abnutzbarkeit.

§ 174. Das geologische Alter und die petrographische Beschreibung.

Das geologische Alter des Gesteins bestimmt man am einfachsten an Hand der geologischen Karte der Fundstätte[2]). Die petrographische Beschreibung dagegen erfolgt in bezug auf Strukturverhältnisse, Form, Größe, Farbe und äußere Beschaffenheit der einzelnen Mineralbestandteile bei Besichtigung mit der Lupe oder durch mikroskopische Untersuchung von Dünnschliffen. Außerdem ist die Bank des Bruches zu bezeichnen, welcher das Probematerial entstammt. Besonders wichtig ist auch die richtige wissenschaftliche Bezeichnung der Gesteine zur Vermeidung von Irrtümern bei der Klassifizierung.

In dieser Beziehung hat man zu unterscheiden:

1. Eruptivgesteine, die aus dem schmelzflüssigen Zustande entstanden sind. Vertreter dieser Gesteine sind: Basalt, Granit, Syenit u. a.
2. Kristalline Schiefer (z. B. Gneis, Glimmerschiefer u. a.), die eine Übergangsform darstellen zwischen den vorgenannten Eruptivgesteinen und denen der dritten Gruppe.
3. Sediment- oder Schichtgesteine (Kalkstein, Sandstein, vulkanischer Tuff u. a.), die sich durch Absetzen fester Bestandteile aus Lösungen oder Gemischen gebildet haben.

Die Gesteine unter 1. besitzen stets kristalline Struktur, die sich dadurch kennzeichnet, daß die einzelnen Gemengeteile, aus denen das jeweilige Ge-

---

[1]) Literatur: Herrmann, Steinbruch-Industrie, Berlin 1916, Borntraeger; u. Mitt. aus den technischen Versuchsanstalten Berlin 1885, 1889, 1892, 1897; ferner: Tetmajer, Methoden und Resultate der Prüfung künstlicher und natürlicher Bausteine, Zürich 1900; Hirschwald, Die Prüfung der natürlichen Bausteine auf ihre Wetterbeständigkeit, Berlin 1908; ders., Handbuch der bautechnischen Gesteinsprüfung, Berlin 1912; ders., Leitsätze für praktische Beurteilung der natürlichen Bausteine, Berlin 1915.

[2]) Joh. Walter, Geologische Wandkarte Deutschlands, Leipzig 1914; Credner, Geologische Übersichtskarte des Königreichs Sachsen, Leipzig 1908 u. a.

stein aufgebaut ist, in unmittelbarer Kornbindung miteinander verwachsen sind. Im Gegensatz dazu zeigen die unter 3. genannten Gesteine meist, aber nicht immer, zwischen den Gemengeteilen mehr oder weniger deutlich sichtbare Verkittungs- oder Bindemittel, welche die einzelnen Teilchen (Gesteinstrümmer) zusammenhalten. Diese Gesteine heißen deshalb auch Trümmergesteine oder klastische Gesteine.

Eine andere in der Technik übliche Einteilung der Gesteine ist noch die Unterscheidung in Hart- und Weichgesteine. Sie beruht weniger darauf, daß für die Unterscheidung die tatsächliche Härtezahl (s. S. 358) maßgebend ist, sondern mehr auf dem Verhalten der Gesteine bei ihrer mechanischen Bearbeitung. Zu den Hartgesteinen gehören z. B. der Granit, Syenit, Diabas, Quarzporphyr, Basalt, Gneis, Kieselschiefer u. a., während Weichgesteine der Kalkstein, Dolomitstein, Marmor, Magnesitstein, Sandstein, Tuffstein, Serpentin u. a. sind.

Bei der Beschreibung eines zur Untersuchung stehenden Gesteines ist es in eine der vorgenannten Gruppen oder Arten einzureihen. Ferner ist aber noch sein äußeres Aussehen zu beschreiben, insbesondere ist die Farbe und die sogenannte Farbzeichnung festzulegen, die bei Dekorationsgesteinen von besonderer Bedeutung ist. Hierzu leistet die Photographie in natürlichen Farben vorzügliche Dienste. Im allgemeinen können die Gesteine als punktiert, gefleckt, wolkig, geadert, gebändert, gestreift (Schlieren) oder sonstwie gemustert bezeichnet werden[1]).

§ 175. Spezifisches Gewicht, Raumgewicht, Dichtigkeitsgrad und Undichtigkeitsgrad.

Das spezifische Gewicht (*s*) wird am gepulverten Gesteine mit dem Volumenometer (s. S. 588) festgestellt, und zwar wird dasjenige Material für die Ermittelung benutzt, welches beim Absieben zwischen dem Siebe von 900 und 4900 Maschen für das Quadratzentimeter (s. § 215) verbleibt.

Das spezifische Gewicht und das Raumgewicht der einzelnen Gesteine ist selbst innerhalb der einzelnen Gesteinsart starken Schwankungen unterworfen. Es ist deshalb mit großer Genauigkeit bis auf 3 Dezimalstellen zu ermitteln. Im allgemeinen bewegen sich diese Faktoren um die aus der nachstehenden Tabelle ersichtlichen Werte.

Gesteinsart	Granit	Basalt	Sandstein	Kalkstein
Spez. Gewicht	2,582–2,685	2,932—3,088	2,593—2,715	2,708—2,845
Raumgewicht	2,563—2,671	2,930—2,999	2,112—2,140	2,683—2,463

Die Bestimmung des Raumgewichtes (*r*) erfolgt an einem bei 110° bis zu gleichbleibendem Gewicht getrocknetem Gesteinsstücke mit Paraffinumhüllung nach einer der in § 348 angegebenen Methoden.

Ebenso erfolgt die Berechnung des Dichtigkeitsgrades (*d*) und des Undichtigkeitsgrades (*u*) nach § 349.

[1]) Über die allgemeine Beschaffenheit der Bausteine s. u. a. Max Foerster, Lehrbuch der Baumaterialienkunde, Leipzig: Engelmann, 1913.

§ 176. Die Härte.

Für die Beurteilung der Bearbeitungsfähigkeit und auch zur Feststellung der Eignung für gewisse Verwendungszwecke ist die Kenntnis der Härte erforderlich. Sie wird von alters her nach dem Ritzverfahren mit der Mohsschen Skala (s. § 91) ermittelt. Die Methode ist aber hier nicht ganz einwandfrei, weil sie bei zusammengesetzten, insbesondere klastischen Gesteinen, deren Bestandteile verschiedene Härte besitzen, abweichende Ergebnisse liefert. Da aber keine der übrigen bekannten Methoden als geeigneter zu betrachten ist, muß sie bis auf weiteres beibehalten werden. Selbstverständlich ist zur Härtebestimmung der Martenssche Härteprüfer (§ 93) ebenso geeignet wie die Mohssche Skala. Bei der Feststellung der Härte ist zu beachten, daß nasse Gesteine weniger hart sind als trockene. Es ist daher der Feuchtigkeitsgehalt neben der Härte anzugeben.

§ 177. Die Wasseraufnahmefähigkeit.

Zur Bestimmung der Wasseraufnahmefähigkeit benutzt man gewöhnlich die zur Ermittelung der Druckfestigkeit bestimmten Probewürfel. Sie werden zuerst bis zu gleichbleibendem Gewicht getrocknet, hiernach gewogen, dann in destilliertes Wasser von 15—20° getaucht[1]) und schließlich nach 12, 24, 48, 96, 120 und 144 Stunden usw. zur Feststellung der aufgesaugten Wassermenge gewogen[2]). Je nach der Art des Gesteines ist die Wasseraufnahme früher oder später beendet; in manchen Fällen tritt dieser Zeitpunkt bereits nach 24 Stunden, in anderen erst nach mehreren Monaten ein. Vor dem jedesmaligen Wägen werden die Körper mit einem trockenen Tuche leicht abgetupft. Angegeben wird die Wasseraufnahme in Prozenten des Trockengewichtes oder in Raumprozenten der Steine. Die Bestimmung der Wasseraufnahmefähigkeit ist wichtig, weil von dieser die Festigkeit, sowie die Wetter- und Frostbeständigkeit der Gesteine wesentlich abhängt. Außerdem liefert sie einen guten Einblick in die Beschaffenheit des Gesteines, indem sie Schlüsse auf die Porosität zu ziehen gestattet und Aufschluß über etwaige Hohlräume im Innern des Probekörpers gibt. Für diese letzteren Untersuchungen ist es aber notwendig, die Wasserzuführung in anderer Weise zu bewirken, da die in den Poren eingeschlossene Luft das Eintreten des Wassers verhindert. Es muß deshalb für das gleichzeitige Austreiben der Luft gesorgt werden. Das kann geschehen durch Kochen der Probekörper in siedendem Wasser mit nachträglichem Erkalten in demselben Wasser. Ein nachträglicher Vergleich der Wasseraufnahmefähigkeit, ermittelt nach den beiden Verfahren, ergibt, daß beim letzteren Verfahren eine größere Wasseraufnahmefähigkeit stattfindet, und es darf angenommen werden, daß bei diesem Verfahren eine weitgehende Wassersättigung eintritt[3]). Zur Erzielung vollständiger Wassersättigung muß das Wasser unter sehr hohem Drucke (5—1000 kg/qcm) zugeführt werden.

[1]) Beim Lagern in Wasser sind die Probekörper zuerst 2 cm, dann allmählich tiefer und erst nach Verlauf von 6 Stunden ganz, aber nur so weit unterzutauchen, daß die Würfel gerade vom Wasser bedeckt sind. Taucht man sie gleich vollständig unter, dann kann die im Innern befindliche Luft nicht entweichen.

[2]) Im allgemeinen genügt eine Beobachtungsdauer von 288 Stunden.

[3]) Näheres hierüber s. Tonindustrie-Zeitung 1911, S. 67.

Bedeutet G_t das Gewicht des trockenen Gesteinstückes, G_w das des mit Wasser getränkten und r das Raumgewicht, so ist die Wasseraufnahme

$$w_g = \frac{G_w - G_t}{G_t} \cdot 100 \text{ in Gewichtsprozenten und}$$

$$w_r = r \cdot \frac{(G_w - G_t)}{G_t} \cdot 100 \text{ in Raumprozenten.}$$

Außer der Wasseraufnahmefähigkeit muß gelegentlich auch die Wasserabgabefähigkeit von Gesteinsproben festgestellt werden.

Zu diesem Zwecke werden die Probekörper auf Holzrosten je nach Erfordernis im abgeschlossenen Raume oder im Freien vor Witterungseinflüssen geschützt gelagert und in gewissen Zeitabschnitten gewogen. Nach Eintritt des Zustandes der Gewichtsgleichheit (Lufttrockengewicht) wird der Probekörper noch im Trockenschrank (bei 105° oder im Vakuum) vollständig trocken gemacht, um den Gesamtfeuchtigkeitsgehalt zu erhalten.

Der große Einfluß, den das Sättigungsverfahren auf das Ergebnis der Wasseraufnahmebestimmung ausübt, ist aus der nachstehenden Zusammenstellung von Versuchsergebnissen des Verfassers ersichtlich.

Gesteinsart	Wasseraufnahme in Gewichtsprozenten des trockenen Gesteinkörpers:		
	langsam eingetaucht %	im Vakuum getränkt %	bei 100 Atm.-Druck getränkt %
Basalt	0,31	0,42	0,43
Granit	0,81	0,99	1,25
Sandstein	3,38	3,40	4,00
Traß[1]) aus dem Brohltal	12,98	14,50	14,60

Sie lassen deutlich erkennen, daß das gewöhnlich geübte Verfahren der Wassersättigung[2]) nicht zur vollständigen Füllung der Hohlräume ausreicht. Die Ursache liegt darin begründet, daß die bloße Kapillarwirkung der kleinsten Poren zu gering ist, um das Wasser nach den innersten Poren des Gesteinskörpers zu schaffen und die darin eingeschlossene Luft zu verdrängen. Da sich gezeigt hat, daß bei Benutzung gewöhnlichen Leitungswassers selbst bei Anwendung des Hochdruckverfahrens noch keine vollständige Wassersättigung eintritt, empfiehlt es sich, längere Zeit gekochtes Wasser bei den Sättigungsversuchen zu verwenden, da dieses besser imstande ist, die in den Poren eingeschlossene Luft zu absorbieren und nach außen zu leiten. Zweckmäßig erscheint auch eine Kombination der genannten Verfahren in der Weise, daß man die Probekörper zuerst durch allmähliches Eintauchen tränkt, dann das Hochdruckverfahren in Anwendung bringt, hiernach die Probekörper kocht und schließlich nochmals unter Hochdruck sättigt.

---

[1]) Siehe Seite 461.
[2]) Siehe Seite 358.

Bestimmt man die durch Kapillarwirkung aufgenommene Wassermenge w_2 und die bei hohem Druck zugeführte w_1, dann kann der Sättigungskoeffizient $S = \frac{w_2}{w_1}$ berechnet werden.

Von Bedeutung ist auch der Verteilungskoeffizient v für geschichtete Gesteine und für solche mit flaseriger Struktur. Man versteht darunter den Faktor

$$v = \frac{w_{2\perp}}{w_{2\parallel}}$$

worin $w_{2\perp}$ die kapillare Wasseraufnahme in Gewichtsprozenten senkrecht zur Schichtung und $w_{2\parallel}$ diejenige parallel zu dieser bedeutet.

§ 178. Die Zugfestigkeit.

Hinsichtlich der Zugfestigkeitsprüfung gilt mit den entsprechenden Einschränkungen alles, was im I. Teil dieses Buches Seite 18 ff. ausgeführt wurde. Obgleich Gesteinskörper in der Praxis fast nie eine reine Zugbeanspruchung erfahren, sondern Zugbeanspruchung nur bei gebogenen Gesteinskörpern auftreten, führt man dennoch Zugversuche aus, da sie einen guten Einblick in die Kornbindung der Gesteine ermöglichen und insbesondere jede Veränderung des Grades der Kornbindung

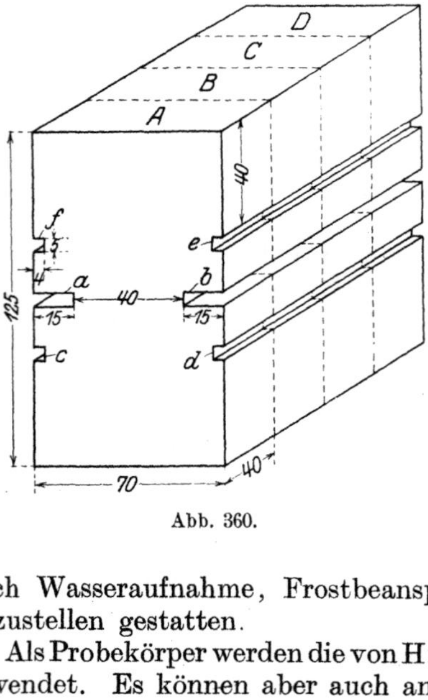

Abb. 360.

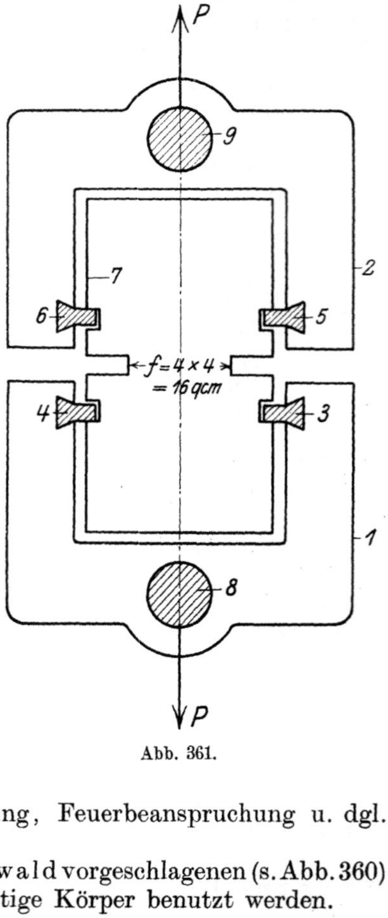

Abb. 361.

durch Wasseraufnahme, Frostbeanspruchung, Feuerbeanspruchung u. dgl. festzustellen gestatten.

Als Probekörper werden die von Hirschwald vorgeschlagenen (s. Abb. 360) verwendet. Es können aber auch andersartige Körper benutzt werden.

Die Hirschwaldschen Probekörper zeichnen sich durch ihre leichte Erzeugungsweise aus. Es wird für die Herstellung einer Probekörperserie, z. B. von 5 Stück, ein regelmäßig gestalteter Block aus dem Gestein herausgearbeitet, dann mit den aus der Abb. 360 ersichtlichen Einschnitten versehen und schließlich in die einzelnen Teile *A*, *B*, *C* u. *D* zerlegt. Die Einspannung dieser Körper in die Zerreißmaschine erfolgt mit einer Vorrichtung nach Abb. 361.

§ 179. Die Druckfestigkeit.

Die Druckfestigkeit ist abhängig von der mineralogischen Zusammensetzung, von dem Bindemittel, von der Art der Gesteinsmasse, von der Dichtigkeit, und wie bereits in § 38 nachgewiesen wurde, von dem Feuchtigkeitsgehalt und nach § 37 auch von der Druckrichtung in bezug auf die Lagerrichtung mancher Gesteine. Als Probekörper dienen Würfel, für deren Abmessungen und deren Herstellung das in § 34 Erwähnte gilt[1]). Bei der Prüfung gleichartigen Materials sollen mindestens 5 Probewürfel und bei weniger gleichartigem mindestens 10 Verwendung finden. Da, wie bereits auf S. 107 erwähnt, Feuchtigkeitsgehalt die Festigkeit des Gesteins zu erniedrigen pflegt, dürfen bei Vergleichsversuchen niemals grubenfeuchte Probekörper oder solche, die bei der Bearbeitung oder sonstwie naß geworden sind, benutzt werden, sondern die Probekörper müssen vor dem Versuche in den lufttrockenen Zustand oder auf völlige Trockenheit gebracht werden, die durch zeitweise wiederholte Wägungen festzustellen ist. Da höhere Temperaturen manchen Gesteinen schädlich sind, soll die Trocknung bei höchstens 60° und, wenn nötig, im Vakuum erfolgen. Zur Feststellung der Festigkeitserniedrigung (der Erweichung) durch Wasseraufnahme und durch Frostbeanspruchung werden die Probekörper benutzt, welche zur Bestimmung der Wasseraufnahmefähigkeit und zur Ermittelung des Einflusses von Frost bei den Frostbeständigkeitsversuchen Verwendung fanden. Bei geschichteten Gesteinen ist für den Kraftangriff die Lagerrichtung genau zu beachten, da sie, wie auf S. 106 erläutert, einen erheblichen Einfluß auf das Festigkeitsergebnis ausübt. Die Druckfestigkeit ist deshalb bei Beanspruchung senkrecht zur Lagerrichtung und parallel dazu festzustellen. (Hinsichtlich der Beschaffenheit der Druckflächen s. S. 99, und wegen Verwendung der an manchen Prüfungsstellen gebräuchlichen Zwischenlagen s. S. 100.)

Unter dem Erweichungskoeffizienten versteht man den Faktor $\frac{K_w}{K}$ worin K_w die Druckfestigkeit des Gesteins im Zustande der Wassersättigung und K_t diejenige im trockenen Zustande bedeutet. Für beide Festigkeiten ist der Feuchtigkeitsgehalt anzugeben.

Da Gesteine mit hoher Festigkeit in der Regel plötzlich zu Bruche gelangen, sind wegen der fortgeschleuderten Bruchstücke Vorsichtsmaßregeln anzuwenden. Der beste Schutz ist ein lose um den Probekörper gelegtes Tuch, welches die Bruchstücke auffängt.

Hinsichtlich der Höhe der Druckfestigkeit spielt der innere Aufbau der Gesteine insofern eine besondere Rolle, als bei kristallinen Gesteinen,

[1]) Die zur Herstellung der Probekörper benutzten Maschinen sind in § 180 beschrieben.

deren Bestandteile unregelmäßig gestaltet sind und wirr durcheinanderliegen sowie gegenseitig ineinandergreifen, die Verbandfestigkeit eine größere ist als bei solchen Gesteinen, deren Gemengteile glatte Begrenzungsflächen besitzen.

Im Gegensatz dazu ist bei klastischen Gesteinen die Druckfestigkeit mehr oder weniger durch die Art und die Menge sowie durch die Haftfähigkeit und die Beständigkeit des Bindemittels bedingt.

Unterschiede in dieser Beziehung lassen sich meistens leicht durch mikroskopische Beobachtung von Schliffflächen feststellen, während in anderen Fällen, insbesondere bei den klastischen Gesteinen, eine chemische Untersuchung des Bindemittels zum Ziele führt.

§ 180. Vorbereitung der Probekörper für Druckversuche.

Die zur Verfügung stehenden Gesteinsblöcke, auf denen die Lagerrichtung durch unverwischbare Farbstriche angegeben sein soll, werden mit Gattersäge oder Kreissäge in Teile zerlegt, deren Abmessungen für die erforderlichen Würfel ausreichen, wobei zu beachten ist, daß die Sägeschnitte senkrecht und parallel zur Lagerrichtung geführt werden. Die auf diese Weise vorbereiteten Gesteinstücke werden alsdann durch Schleifen oder Hobeln auf genaue Würfelform[1]) gebracht.

Abb. 362.

Abb. 362 zeigt eine Gattersäge der Firma Amsler in Schaffhausen. Sie besteht aus einem Maschinengestell, worin ein Rahmen, der die Sägeblätter trägt, durch eine Kurbelwelle auf einer Geradführung hin und her bewegt wird. Harte Gesteine schneidet man dabei mit „Diamantsägeblättern"[2]). Es sind dies eiserne Sägeblätter, an deren Schneidfläche Diamantsplitter eingesetzt sind. Für weniger harte Gesteine dagegen genügen gewöhnliche Stahlblätter ohne Zähne, deren Schneidflächen Sand oder Stahlkörner[3]), mit Wasser gemischt, zugeführt werden. Die Zuführung geschieht durch Rohre von einem über der Maschine liegenden Behälter aus, in welchen das abfließende Wasser und das Schneid-

[1]) An manchen Prüfungsstellen werden nur die Druckflächen geebnet.
[2]) Lieferant: Lange, Lorke & Co. in Brieg, Reg.-Bez. Breslau.
[3]) Lieferant: Backhaus & Langensiepen in Leipzig.

mittel durch eine unter der Maschine angeordnete Zentrifugalpumpe zurückbefördert wird.

Eine für die Steinbearbeitung geeignete Kreissäge von Henrich & Söhne in Hanau ist in Abb. 363 abgebildet. Sie ist mit zwei Sägeblättern versehen und wird an der Dresdner Hochschule zum Schneiden kleinerer Gesteinsstücke benutzt. Die Sägeblätter bestehen aus Stahlblech von 1 mm Dicke, besitzen keine Zähne und sind auf einer Welle angebracht, die zur Erzeugung verschiedener Umdrehungszahlen mit einer Stufenscheibe versehen ist. Wenig harte Gesteine werden ohne Schneidmittel nur unter Verwendung von Wasser,

Abb. 363.

härtere mit Sand und sehr harte unter Zuhilfenahme von Diamantkörnchen zersägt. In letzterem Falle tritt an Stelle des Wassers etwas Petroleum. Das Arbeitsstück ist in eine schraubstockartige Klaue eingespannt, durch die es in einer Geradführung mit gleichbleibendem Druck gegen das Sägeblatt gedrückt wird.

Bei manchen Gesteinen, z. B. bei der Bearbeitung von hartem Basalt, empfiehlt es sich, an Stelle der Sägeblätter schmale Karborundumschleifscheiben zum Durchschneiden der Steinblöcke zu verwenden.

Die von Henrich & Söhne in Hanau ausgeführte Schleifmaschine (s. Abb. 364) besteht aus zwei in entgegengesetzter Drehrichtung umlaufenden Schleifscheiben (Karborundum), die auf gleichzeitig parallel beweglichen Supporten gelagert sind und von einem Vorgelege angetrieben werden. Zwischen beiden Schleifscheiben wird der in einem Rahmen eingespannte, auf Würfelform zersägte Stein in einer Geradführung auf und ab bewegt; da die Supporte mit einer automatisch wirkenden Schaltvorrichtung versehen sind, die sie nach jedem Hub des Steines parallel verschiebt, wird durch die Schleifscheiben allmählich eine völlig ebene Fläche erzeugt.

§ 181. Die Schlagfestigkeit.

Bausteine, welche als Fußbodenbelagmaterial Verwendung finden, erleiden bei ihrer Benutzung durch Begehen, Befahren, fallende Gegenstände usw. dynamische Beanspruchungen, die auf Zerstörung hinwirken. Zur Ermittelung ihrer Widerstandsfähigkeit gegen derartige Beanspruchung werden Schlagversuche ausgeführt, indem die Bausteine auf feingesiebtem, trockenem Sande gelagert und durch ein fallendes Gewicht beansprucht werden. Als Fallgewicht dient ein birnenförmiger Körper, dessen Gewicht der mutmaßlichen Schlagfestigkeit des Steines angepaßt wird. Zur Verwendung gelangen gewöhnlich vier Fallkörper von 5, 2, 1, 0,5 kg Gewicht, die an dem unteren Ende halbkugelig mit 45, 32, 26, 20 mm Krümmungsradius abgerundet und am oberen Ende mit einer Öse versehen sind. Die Schläge werden auf die Oberfläche, und zwar auf die Mitte der Steine ausgeübt. Als Maß für die Schlagfestigkeit gilt die Arbeit, welche imstande ist, den Probekörper mit einem Schlage zu zertrümmern (Bruchfaktor[1]),

Abb. 364.

Abb. 365.

[1]) Siehe Seite 165 und Martens, Materialienkunde I, Abs. 247.

oder auch die Zahl der Schläge von gleicher und bestimmter Größe, welche den Bruch herbeiführt. Vorzuziehen ist die Feststellung des erstgenannten Wertes. Zur Ausführung der Versuche dient ein maschinelles Fallwerk, dessen Ausgestaltung aus der Abb. 365 ersichtlich ist. Das untere Ende des Führungsgerüstes 5 wird auf den zu prüfenden Probesteine 2 aufgesetzt, der auf feingesiebtem Sande im Kastentisch 1 ruht, während der birnenförmige Fallkörper 8 an der auslösbaren Klaue 6 hängt. Durch die Klemmschraube 7 kann die Haltevorrichtung des Fallkörpers 8 festgestellt werden. Die Fallhöhe ist an der Teilung 9 ablesbar. Zur Stützung ist das Führungsgerüst schwingbar mittels der Schwingarme 3 und 4 an der Wand befestigt. In Ermangelung eines Fallwerkes kann man den Versuch auch derartig durchführen, daß man den Fallkörper an einem dünnen Faden in gemessener Höhe aufhängt und durch Zerschneiden oder Durchbrennen desselben den Fallkörper auf den Probekörper niederfallen läßt.

§ 182. Zähigkeitsprüfung nach Föppl.

Zur Ermittelung einer Eigenschaft, die Föppl die Zähigkeit[1]) des Gesteins nennt, werden Schlagversuche unter Benutzung von Würfeln mit nöglichst 3,5 cm Kantenlänge unter einem Fallhammer von 50 kg Gewicht usgeführt. Die Fallhöhe des Gewichtes wird dabei in Abhängigkeit gebracht um Rauminhalt der Probewürfel. Beträgt dieser z. B. 25 ccm, so ist die Fallhöhe gleich 1 cm einzustellen, entsprechend einer spezifischen Schlagarbeit on $\frac{50 \cdot 1}{25} = 2$ cmkg/ccm. Bei einem anderen Rauminhalt wird die Fallhöhe m Verhältnis der Rauminhalte der Probewürfel vergrößert, also z. B. bei 0 ccm auf $\frac{50}{25} = 2$ cm. Widersteht der Probekörper dem ersten Schlage, o wird ein zweiter Schlag auf ihn aus der zweifachen Höhe ausgeübt, dann in dritter aus der dreifachen und so weiter fort bis zum Bruche des Würfels. ämtliche aufgewendeten einzelnen Schlagarbeiten addiert, entsprechen der esamten Arbeitsleistung, die nach Division mit dem Rauminhalt der Probeürfel die Wertziffer für das Gestein ergibt.

Föppl gibt als Wertziffer für Granite 216,7, für Basalte 263—819, für rauwacke 537, für Sandsteine 15—25 an. Als Maß der Zähigkeit bzw. prödigkeit will Föppl den Faktor

$$s = \frac{\text{Wertziffer in cmkg für 1 ccm}}{\text{Druckfestigkeit in kg/qcm}}$$

etrachtet wissen.

§ 183. Die Wetterbeständigkeit.

Die Wetterbeständigkeit der Bausteine hängt ab einerseits von dem neren Aufbau derselben und andererseits von den Einflüssen, welche von ißen her auf die Gesteine einwirken. Die letzteren werden bedingt durch die rtlichkeit, an der sich die Bausteine nach ihrem Einbau befinden. Es können

[1]) Siehe Mitteilungen aus dem mechanisch-technischen Laboratorium der echnischen Hochschule München, Heft 30.

Einflüsse ausüben: Temperaturschwankungen, Feuchtigkeitsschwankungen, Rauchgase, Staub, organisches Leben, dem Baumörtel oder dem Erdboden entstammende ausblühende Salze.

Die für das Bauwesen in erster Linie in Betracht kommenden Einflüsse sind die beiden erstgenannten, während die anderen zwar auch von außerordentlicher Bedeutung sind, aber durch rein praktische Materialprüfungen, die das vorliegende Buch behandelt, nicht festgestellt werden können. Hierfür sind neben physikalischen, weitgehende chemische und mikroskopische Untersuchungsverfahren anzuwenden, deren Behandlung den Rahmen dieses Buches überschreitet. Es muß deshalb hinsichtlich dieser Prüfungsverfahren auf die Sonderliteratur[1]) verwiesen werden.

§ 184. Die Frostbeständigkeitsprüfung.

Die Frostprobe ist mehr oder weniger auch eine Wetterbeständigkeitsprobe, und sie gewährt einen Einblick in das Verhalten der Bausteine bei Beanspruchung durch Temperaturschwankungen, welche bewirken, daß die Gesteinsteilchen abwechselnd einander genähert und wieder voneinander entfernt werden. Auf trockene Gesteine übt mehrmalige Frostbeanspruchung in der Regel keine zerstörende Wirkung aus. Bei nassen dagegen kann das in den Poren eingeschlossene Wasser infolge seiner Volumenvergrößerung beim Übergang aus dem flüssigen in den festen Aggregatzustand den Probekörper zersprengen, oder wenigstens eine Auflockerung des Gesteins bewirken. Trockene Gesteine werden nur dann durch Frostbeanspruchung schädigend beeinflußt, wenn sie Einsprenglinge von Materialien enthalten, die eine andere Ausdehnungsfähigkeit besitzen als das Gestein selbst.

Die Ausführung der Probe erfolgt mit den im § 228 beschriebenen Einrichtungen. Zehn völlig ausgetrocknete Steinwürfel (oder auch Bruchstücke) und zehn für die Bestimmung der Wasseraufnahmefähigkeit benutzte, werden abwechselnd 25 mal 4 Stunden in Luft von -25^0 aufbewahrt und hiernach jedesmal 4 Stunden lang in Wasser von $15-20^0$ aufgetaut. Zeigen die Probekörper nach dieser Beanspruchung weder einen Gewichtsverlust noch Absprengungen, Risse oder sonstige Veränderungen, so dürfen sie als frostbeständig bezeichnet werden. Die Beschädigungen sind jedoch nicht immer äußerlich sichtbar, und außerdem ist bei einer Beurteilung der Frostbeständigkeit nach solchen Merkmalen eine zahlenmäßige Festlegung des Grades der Frostbeständigkeit nicht angängig. Es empfiehlt sich daher, dem Frostversuche eine Druckfestigkeitsprüfung folgen zu lassen und die Veränderung der Druckfestigkeit als Maß für die Frostbeständigkeit zu betrachten.

§ 185. Die Abnutzbarkeit.

Bei Benutzung der natürlichen Steine als Belagmaterial für Gangbahnen, Treppenstufen, Straßenpflasterungen ist Widerstandsfähigkeit gegen Abnutzung zu berücksichtigen. Sie ist teilweise abhängig von der Härte des Gesteins und sie wird beeinflußt durch seine Zähigkeit.

---

[1]) Seipp, Die Wetterbeständigkeit der Bausteine, Jena 1900; Hirschwald, Die Prüfung der natürlichen Bausteine auf ihre Wetterbeständigkeit, Berlin 1908. Derselbe, Handbuch der bautechnischen Gesteinsprüfung, Berlin 1912.

Zur Ermittelung der Abnutzbarkeit werden drei Verfahren angewendet:

1. Schleifversuche mit der Bauschingerschen Schleifmaschine,
2. Abnutzungsversuche mit dem Sandstrahlgebläse,
3. Mahlversuche mit der Trommelmühle.

Die ersten beiden Verfahren benutzt man zur Prüfung von Bausteinen, die in behauener regelmäßiger Form zur Verwendung gelangen, und das letztere zur Prüfung von Schottermaterial (s. S. 384). Die Versuche werden als Vergleichsversuche durchgeführt, indem man die ermittelte Abnutzungsgröße mit derjenigen bewährter Gesteine in Vergleich bringt und zur weiteren Kennzeichnung des Gesteins seine Druckfestigkeit angibt.

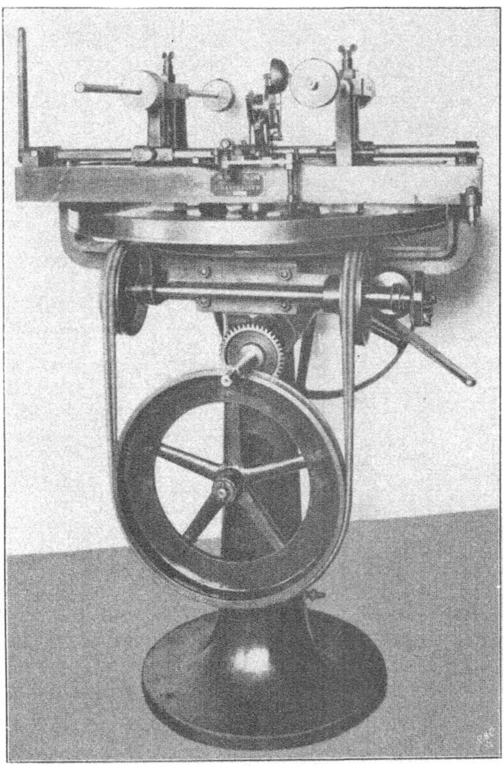

Abb. 366.

a) Versuche mit der Schleifmaschine.

Für diese Versuche wird die Bauschingersche Schleifmaschine (Abb. 366) benutzt. Sie besteht aus einer horizontal gelagerten, gußeisernen Schleifscheibe[1]) von 800 mm Durchmesser, die von einem Vorgelege aus mit gleichmäßiger Geschwindigkeit (22 Umdrehungen in der Minute) gedreht wird und deren Umdrehungen durch ein Zählwerk bestimmt werden. In einem gewissen Abstande von der Schleifscheibe sind zwei Haltevorrichtungen zur Aufnahme der zu prüfenden Probekörper angebracht. Die Probekörper, ebene Platten mit 50 qcm Fläche, werden in die Haltevorrichtungen eingesetzt und durch ein Gewichtshebelwerk in einer Gradführung mit gleichbleibender Kraft gegen die Schleifscheibe gedrückt. Als Schleifmaterial dient Naxosschmirgel Nr. 3[2]).

Die Ausführung des Versuches geschieht in der Weise, daß zwei getrocknete und gewogene Probekörper, in 22 cm Abstand von der Drehachse der Maschine eingespannt, mit 30 kg belastet und nach Anstellen der Maschine bei Beginn des Schleifens und nach je 22 Scheibenumgängen, d. h. nach je 1 Minute, für jeden Probekörper 20 g Naxosschmirgel Nr. 3 aufgegeben werden. Das

[1]) Die Schleifscheibe muß von Zeit zu Zeit abgedreht werden.
[2]) Lieferant: Naxos-Union, Frankfurt a. M.

Aufbringen des Schmirgels geschieht am besten mit einem Hohlmaß, wobei darauf zu achten ist, daß der Schmirgel gleichmäßig über die Schleiffläche verteilt wird. Nach je 110 Scheibenumgängen, also nach fünfmaliger Schmirgelaufgabe, entsprechend $2 \cdot 0{,}22 \cdot \pi \cdot 110 = 152$ m Schleifweg, werden die Probekörper aus der Maschine herausgenommen und nach Entfernung der anhaftenden Schmirgelreste wird die abgeschliffene Gesteinsmenge durch Wägung ermittelt. Diese Beanspruchung der Probekörper wird noch dreimal wiederholt und der Schleifverlust als Summe der vier Einzelergebnisse in Gewichts-

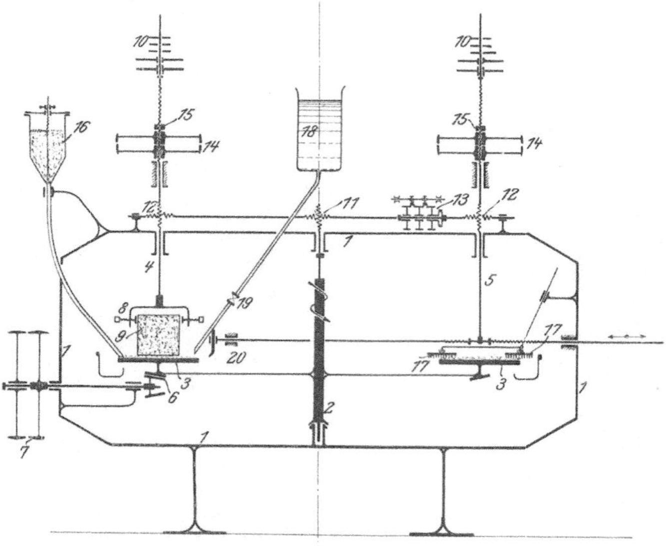

Abb. 367.

teilen berechnet. Hieraus ergibt sich die Abnutzung der Steinmasse dem Volumen nach, wenn r das Raumgewicht des Materials bedeutet, aus der Beziehung

$$\text{Volumen } V = \frac{\text{Abnutzung } G \text{ in g}}{r} \text{ ccm}.$$

Die Versuchsergebnisse werden zweckmäßig in folgendes Schema gebracht.

Material:	Nr. des Versuches	Gewichtsverlust in g nach Umdrehungen				Gesamte Abnutzung*)	im Mittel	
		110	220	330	440	g	g	ccm
Sandstein I . .	1	3,34	2,91	2,04	1,88	10,17	10,11	4,79
	2	3,58	2,70	2,09	1,68	10,05		
Sandstein II . .	1	3,63	3,05	2,17	2,17	11,42	11,41	4,38
	2	3,81	3,24	1,90	1,90	11,39		

*) Granit mit 1570 kg/qcm Druckfestigkeit besitzt eine gesamte Abnutzung von 2,65 ccm.

Zur Bedienung der Maschine sind zwei Personen erforderlich, die, auf gegenüberliegenden Seiten der Maschine stehend, damit beschäftigt sind, den Schmirgel auf die Schleifbahn des Probekörpers zu streichen, den verbrauchten zu entfernen und neuen aufzugeben.

Manchmal tritt der Fall ein, daß auf der Schleiffläche des Probekörpers Furchen entstehen, durch welche der weitere Angriff des Schmirgels verhindert wird. Es rührt dies von ungleichmäßiger Verteilung des Schmirgels, ungleich harter oder unebener Schleiffläche und auch von ungenauer Einstellung des Probekörpers her. Mit solchen Probekörpern darf man den Versuch nicht fortsetzen, sondern es muß die Schleiffläche erst wieder ebengeschliffen werden. Um diesem Umstande zu begegnen, werden an manchen Prüfungsstellen die Probekörper nach einer bestimmten Zahl Umdrehungen um 90° gedreht oder auch andauernd in Drehung erhalten, so daß das Schleifen in einer zur ersten Schleifrichtung senkrechten Richtung fortgesetzt wird oder dauernd eine andere Schleifrichtung vorhanden ist. Verfasser kann in diesem Vorgehen keinen Vorteil erblicken, da dabei unkontrollierbare Relativbewegungen auftreten. Ruhende Probekörper lassen sich einfacher und sicherer während des Versuches beobachten, und die Furchenbildung läßt sich bei sorgfältiger Versuchsausführung vermeiden. Jedenfalls dürfen Versuchsergebnisse, die an ruhenden Körpern gewonnen wurden, nicht mit solchen verglichen werden, die man an bewegten Probekörpern ermittelte.

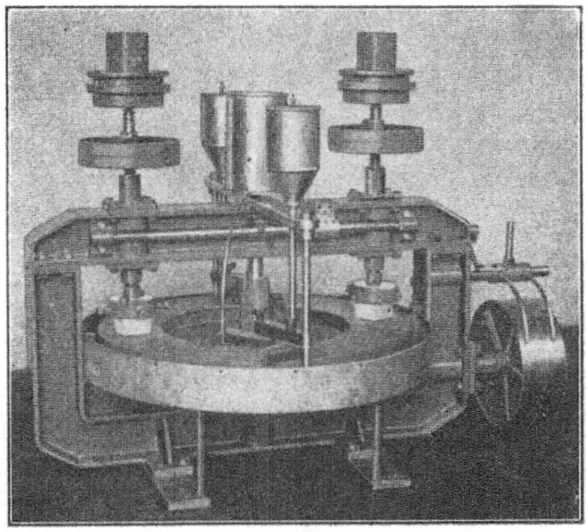

Abb. 368.

Den Konstruktionsgrundsatz einer Schleifmaschine mit beständig bewegten Probekörpern veranschaulicht das Schema Abb. 367 (Maschine von Amsler in Schaffhausen).

Der Ständer 1, in dem die Achse 2 der Schleifscheibe 3 läuft, trägt zwei Halter 4 und 5. Der Antrieb der Scheibe 3 erfolgt durch Riemen und durch Kegelrad 6 von den Scheiben 7 aus. Jeder Halter 4 und 5 besteht aus einer vertikal leicht verschiebbaren und drehbaren Welle mit der Einspannvorrichtung 8 für das Probestück 9. Das obere Ende des Halters 4 kann durch Gewicht 10 belastet werden. Die beiden Halter 4 und 5 werden durch Schneckengetriebe 11 und 12 von der Scheibenachse 2 aus in Umdrehung versetzt. Nach einer bestimmten Anzahl Umdrehungen der Schleifscheibe 3 stellt sich die Maschine von selbst ab. Der Zähler 13 mit springenden Zahlen zeigt den Schleifweg an. Durch Abwärtsschrauben des Handrades 14 entfernt sich das Probestück von der Scheibe 3; der Anschlag 15 verhindert das zu tiefe Herabsinken des Probestückes 9. Das Schleifmittel ist in der Büchse 16 mit regulierbarem Auslauf enthalten. Die beiden Bürsten 17 verteilen den Schmirgel auf der Scheibe 3. Aus dem Gefäße 18 mit Auslaufhahn 19 fließt beim Naßschleifen das erforderliche Wasser. Nach Abnutzung der

Schleifbahn kann diese mit dem Drehstahl 20 wieder ebengedreht werden. Abb. 368 zeigt die Ausführung der Maschine.

Eine einfachere Schleifmaschine für Abnutzungsversuche ist die nach Böhme. Sie unterscheidet sich von den vorbeschriebenen dadurch, daß beim Schleifen nur ein einziger Körper zur Verwendung gelangt. Infolge ihrer Bauart ist diese Maschine auch wohlfeiler als die anderen. Ihre Ausführungsweise zeigt die Abb. 369[1]).

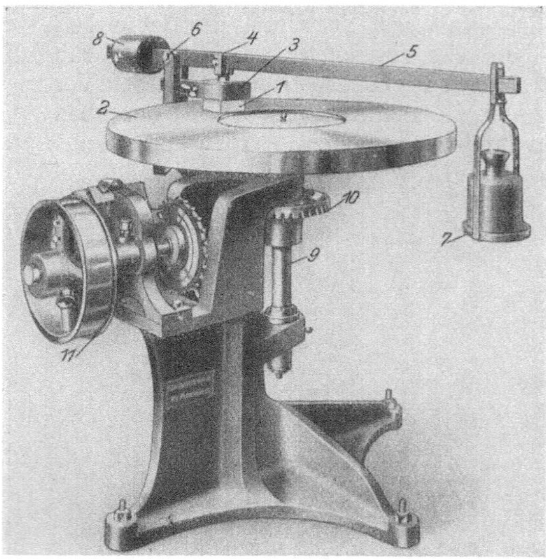

Abb. 369.

Der in der Haltevorrichtung 3 eingespannte Probekörper 1 wird durch ein Hebelwerk gegen die Scheibe 2 gepreßt, welche durch Vermittelung der Welle 9 mit dem Kegelrädertrieb 10 von der Riemenscheibe 11 aus in Umdrehung gesetzt wird. Das Hebelwerk zur Anpressung des Probekörpers 1 besteht aus dem bei 6 schwingbar gelagerten Hebel 5, an dessen freiem Ende die Wagschale 7 angebracht ist, während das entgegengesetzte Ende das Ausgleichsgewicht 8 trägt. Unter Vermittelung des Gelenkes 4 drückt der Hebel 5 auf den Probekörper 1 und zwar mit einer Kraft, deren Größe von den auf der Wagschale 7 befindlichen Gewichtsstücken abhängt.

Die Benutzungsweise dieser Maschine ist die gleiche wie die der anderen vorbeschriebenen Maschinen.

b) Versuche mit dem Sandstrahlgebläse.

Während bei dem Abnutzungsversuche mit der Schleifmaschine jedes Korn des Schleifmittels wiederholt zum Angriff auf die zu prüfende Fläche gelangt und auch die abgeschliffenen Materialteilchen eine Wirkung als Schleifmittel äußern, vermeidet das Sandstrahlgebläse diesen Übelstand, indem jedes Korn des Schleifmittels nur einmal die Schleiffläche beansprucht und dann sofort entfernt wird. Dieses den tatsächlichen Verhältnissen häufig sehr nahekommende Versuchsverfahren wurde nach den Vorschlägen von Gary[2]) im Materialprüfungsamt Großlichterfelde ausgebildet und in das Materialprüfungswesen eingeführt.

[1]) Die Maschine wird geliefert vom Chemischen Laboratorium für Tonindustrie in Berlin NW. 21.

[2]) Gary, Mitteilungen aus den technischen Versuchsanstalten zu Berlin 1901, S. 211; 1904, S. 103; ferner 1910, Heft 4: Vergleichsversuche mit der Bauschinger-Maschine und dem Sandstrahlgebläse, Baumaterialienmarkt 1910, S. 347.; Baumaterialienkunde 1902, S. 24.

Die von der Firma Vogel & Schemann, Kabel in Westfalen, gelieferten Sandstrahlgebläse für Abnutzungsversuche sind für Dampfbetrieb und für Betrieb mit komprimierter Luft eingerichtet. Das Gebläse für Dampfbetrieb ist in Abb. 370 dargestellt. Es arbeitet mit 3 Atmosphären Dampfdruck und ist mit einem Dampftrockner versehen, da es von Wichtigkeit ist, daß der Sand vollkommen trocken auf die Versuchsfläche trifft. Es tritt deshalb der schon vorher von Wasserteilchen befreite Kesseldampf zunächst in den

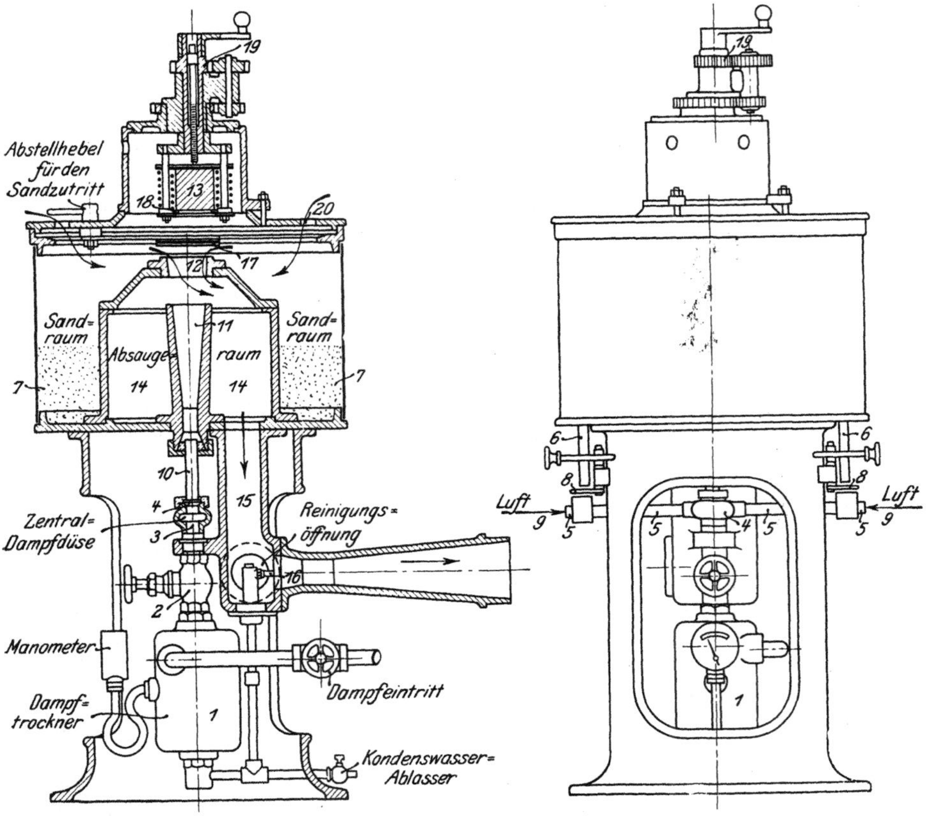

Abb. 370.

mit Manometer versehenen Dampftrockner 1 ein, von wo er nach der Abscheidung etwa noch mitgerissenen Wassers durch das Ventil 2 zur Dampfdüse 3 gelangt. Über dieser befindet sich die Mischdüse 4, in die seitlich die Sandzuführungsröhrchen 5 münden. Die vorn offenen Röhrchen tragen außen die Sandtrichter, denen durch die senkrechten Rohre 6 der Sand aus dem Raume 7 zugeführt wird; durch die Drehschieber 8 kann der Sandzufluß über den Trichtern abgesperrt werden. Der aus der Düse 3 austretende Dampf erzeugt in der Mischdüse 4 ein Vakuum, das die bei 9 in die Zuführungsrohre 5 eintretende Luft kräftig ansaugt; der entstehende Luftstrom reißt den von oben einfallenden Sand mit und führt ihn der Mischdüse und dem in sie mündenden Hartgußröhrchen 10 zu. Letzteres ist mit seinem oberen Ende in dem Blasrohr 11 abgedichtet, durch das nun ein Gemisch von Dampf, Luft und Sand dem Mündungsstück 12 zuströmt. Um den Dampf zu entfernen, bevor der Strahl auf das Versuchsstück 13 trifft, ist um das Blasrohr der Absaugekasten 14 angeordnet, von dem das Auswurfrohr 15 unten ins Freie führt. Eine kleine Dampfdüse 16 erzeugt in dem Rohre 15 und dem Absaugeraum 14 einen Gegenluftstrom, der den Dampf aus dem Strahlgemisch mit sich nach außen reißt. Den nunmehr vollkommen trockenen Sandstrahl läßt man nach Öffnen des Absperrschiebers 17 auf das Versuchsstück 13 einwirken, das durch eine Stahlschablone 18 bis auf eine kreisrunde Öffnung von 6 cm Durchmesser abgedeckt ist. Da nun diese Fläche vollkommen gleichmäßig abgenutzt werden soll, der Sandstrahl aber, schon infolge der einseitigen Dampfabsaugung, nicht in seinem ganzen Querschnitt gleichmäßig wirkt, so ist das Versuchsstück exzentrisch über der Düse 11 gelagert und wird durch ein von Hand bewegtes Planetenradgetriebe 19 kreisförmig über dem Sandstrahl gedreht. Zum Auffangen des benutzten Sandes dient ein über dem Sandraum 7 angeordneter ringförmiger Blechkasten (in der Abbildung nicht gezeichnet), der zeitweise entleert werden muß. Der Deckel mit der Haltevorrichtung des Probekörpers ist abhebbar eingerichtet und mit Lufteintrittsöffnungen 20 versehen. Der Abstand der Probefläche von der Düsenmündung beträgt 6 cm. Obgleich sich die Drehgeschwindigkeit des Probestückes als einflußlos auf das Ergebnis erwiesen hat, werden in der Regel 24 Umdrehungen in der Minute angewendet. Die Dauer des Versuches beträgt 2 Minuten.

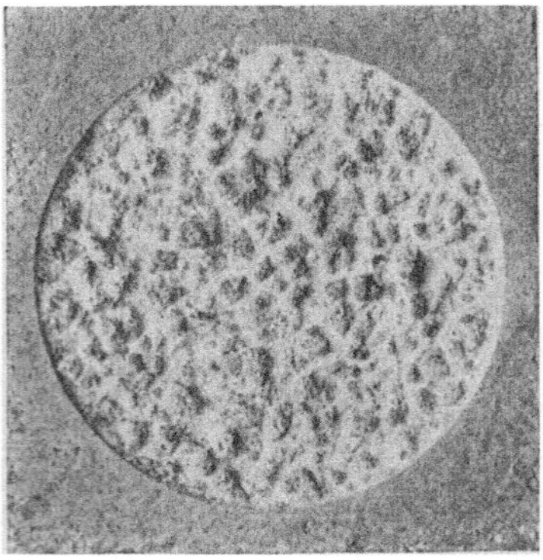
Abb. 371.

Als Sand wird der Abfallsand von der Normensandfabrikation (s. § 221) benutzt, der durch ein Sieb von 120 Maschen auf 1 qcm gefallen ist. Bei der Inbetriebnahme des Apparates sind einige Handgriffe zu beachten, die sich auf das Anwärmen der einzelnen Teile durch den Dampf zur Vermeidung von Kondenswasser erstrecken.

Nachteile der mit Dampf betriebenen Gebläse sind: geräuschvoller Betrieb, Ablenkung des Sandstrahles durch das Absaugen des Dampfes, unter Umständen nicht völlig trockener Sand und die mit der hohen Temperatur verbundenen sonstigen Übelstände. Wenn daher die höheren Kosten nicht gescheut zu werden brauchen, dürfte ein mit Druckluft betriebenes Gebläse vorzuziehen sein. Die Konstruktion dieses Gebläses stimmt im allgemeinen mit der des vorher beschriebenen Dampfstrahlgebläses überein, doch fallen die durch den Dampfbetrieb bedingten Einzelteile, wie Dampftrockner usw., weg.

Mit Steinen werden immer je zwei Einzelversuche ausgeführt, und zwar bei Beanspruchung senkrecht zur Schichtungsfläche des Gesteins und parallel dazu. Die dabei ermittelten Gewichtsverluste werden auf Volumeneinheiten umgerechnet und der Mittelwert derselben, bezogen auf die Flächeneinheit der Abnutzungsfläche, als Abnutzungsgröße angegeben (s. folgendes Schema).

Lfde. Nr.	Sandstrahl senkrecht zur Schichtungsfläche des Gesteins: Gewichtsverlust in g		Volumenverlust in ccm		Sandstrahl parallel zur Schichtungsfläche des Gesteins: Gewichtsverlust in g		Volumenverlust in ccm	
	einzeln	im Mittel	gesamt	bezogen auf die Flächeneinheit	einzeln	im Mittel	gesamt	bezogen auf die Flächeneinheit
1.	8,60 9,00	8,80	3,2	0,11	6,90 5,85	6,37	2,46	0,09
2.	—	—	—	—	—	—	—	—
3.	—	—	—	—	—	—	—	—

Das Aussehen eines durch das Sandstrahlgebläse abgenutzten Probekörpers zeigt die Abb. 371. Es beweist, daß der Sand die Gesteinsfläche ungleichmäßig, und zwar derartig beansprucht, daß die harten Gesteinsteile weniger angegriffen werden und im Relief erhaben bestehen bleiben. Diese Beanspruchungsart entspricht daher nicht derjenigen, die z. B. bei Pflastermaterial vorliegt. Sie kommt lediglich derjenigen nahe, die z. B. bei Fassadensteinen vorliegt, welche Flugsand ausgesetzt sind. Eine Vergleichung der bei Versuchen mit dem Sandstrahlgebläse gewonnenen Versuchsergebnisse mit denen die unter Benutzung der Bauschingerschen Schleifmaschine ermittelt wurden, ist daher nicht angängig.

c) Mahlversuche mit der Trommelmühle.

Die Ausführungsweise dieser Versuche und die dazu benutzten Einrichtungen sind in § 209 beschrieben.

II. Die Prüfung der künstlichen Bausteine.

§ 186. Allgemeines.

Die künstlichen Bausteine können in zwei Hauptgruppen eingeteilt werden, und zwar in solche, welche unter Verwendung eines Bindemittels hergestellt werden, und in solche, die eines solchen Bindemittels nicht bedürfen. In die erste Gruppe fallen alle Kunststeine, zu deren Erzeugung Kalk, Zement, Asphalt, Gips oder dgl. Verwendung findet. Die zweite Gruppe dagegen umfaßt alle diejenigen Erzeugnisse, die durch Brennen angefertigt werden[1]).

Die Prüfung der künstlichen Bausteine stimmt mit derjenigen der natürlichen im allgemeinen überein, mit dem Unterschiede, daß sie der Eigenart des betreffenden Materials und dem Verwendungszwecke angepaßt werden muß. Bodenbelagplatten wird man z. B. nicht in derselben Weise prüfen wie Dachschiefer, oder gebrannte Tonziegel nicht ebenso wie Asphaltkorksteine usw. Es muß vielmehr von Fall zu Fall entschieden werden, welche Prüfungsverfahren den Beanspruchungen entsprechen, die das Material bei seiner Verwendung als Baumaterial erleidet. (Über die Einteilung und Benennung

[1]) Näheres s. Kerl, Handbuch der gesamten Tonwarenindustrie, bearbeitet von Cramer & Hecht, Berlin.

der künstlichen Bausteine s. Förster, Lehrbuch der Baumaterialienkunde, Leipzig.)

Im allgemeinen werden bei der Prüfung künstlicher Bausteine folgende Eigenschaften ermittelt[1]):

1. Die Form, die Abmessungen und das Stückgewicht der Steine;
2. die Beschaffenheit und Farbe der Oberfläche und das Bruchgefüge;
3. das spezifische Gewicht s, das Raumgewicht r, der Dichtigkeitsgrad d und der Undichtigkeitsgrad u;
4. die Wasseraufnahme- und -abgabefähigkeit;
5. die Wasserdurchlässigkeit;
6. die Wetterbeständigkeit (Frostbeständigkeit, Gehalt an schädlichen Einlagerungen);
7. die Feuerbeständigkeit;
8. die Druck- und Biegefestigkeit;
9. die Schlagfestigkeit;
10. die Abnutzbarkeit;
11. der Gehalt an löslichen Salzen;
12. die Säurebeständigkeit;
13. die Isolierfähigkeit gegen Temperaturveränderungen.

§ 187. Form, Abmessungen und Gewicht der Steine.

Die Form wird durch Zeichnung oder Lichtbild und die Abmessungen werden durch Ausmessen festgelegt. Da künstliche Steine selten genau übereinstimmende Abmessungen besitzen und auch das Stückgewicht Abweichungen zeigt, werden für die Ermittelung je 10 Steine benutzt.

§ 188. Beschaffenheit und Farbe der Oberfläche und das Bruchgefüge.

Die Beschaffenheit und Farbe der Oberfläche, sowie die Art des Gefüges sind zu beschreiben. Der Farbton ist genau, am besten durch Farbenmuster, anzugeben. Es ist ferner festzustellen, ob die Oberfläche oder die Bruchfläche Hohlräume oder Einlagerungen von Fremdkörpern aufweist.

§ 189. Spezifisches Gewicht, Raumgewicht, Dichtigkeitsgrad, Undichtigkeitsgrad, Feuchtigkeitsgehalt, Glühverlust.

Das spezifische Gewicht bestimmt man mit dem Volumenometer am gepulverten Material, welches durch Absieben auf einem Siebe mit 900 Maschen für das Quadratzentimeter von groben Körnern und auf einem Siebe mit 4900 Maschen vom feinsten Staube befreit wurde.

Die Raumgewichtsbestimmung geschieht an zehn ganzen Steinen oder, wenn dies nicht angängig, an nicht zu kleinen Bruchstücken nach der Auftriebsmethode (s. S. 593) oder durch Volumenermittelung (s. S. 588).

[1]) Kalksandsteine prüft man noch auf Gehalt an löslicher Kieselsäure, von welcher die Güte der Steine wesentlich abhängt. Je höher ihr Gehalt an Kieselsäure ist, desto widerstandsfähiger zeigen sie sich gegen Wasser und Frostbeanspruchung. Die Ausführung der Untersuchung erfolgt nach den in der Chemie üblichen Methoden, wobei die Zerkleinerung des Steines sorgfältig geschehen muß, damit nicht etwa Sandkörner zermalmt werden.

Der Dichtigkeits- und der Undichtigkeitsgrad wird nach § 349 berechnet.

Die Bestimmung des Feuchtigkeitsgehaltes erfolgt an ganzen Steinen oder an größeren Bruchstücken derselben durch Austrocknen bei 110° oder bei niedrigerer Temperatur im Vakuumtrockenapparat.

Den Glühverlust dagegen bestimmt man am gepulverten Material nach § 214.

§ 190. Die Wasseraufnahme- und -abgabefähigkeit.

Den für die natürlichen Steine in § 177 und für die Prüfung von Steinzeugwaren in § 307 gemachten Angaben ist hinzuzufügen, daß die Versuche mit je zehn Steinen ausgeführt werden, die vorher bis zu gleichbleibendem Gewicht getrocknet wurden. Als Maß für die Wasseraufnahmefähigkeit ist die gesamte bis zur Gewichtsgleichheit aufgesaugte Wassermenge in Prozenten des Trockengewichtes zu betrachten.

Die Bestimmung der Porosität oder des Undichtigkeitsgrades aus der bis zu völliger Sättigung aufgesaugten Wassermenge ist nicht einwandfrei; dieses Verfahren sollte unterbleiben. Manche Materialien besitzen größere Poren, die eine saugende Wirkung nicht zu äußern vermögen, auch oft von gesinterten Wänden umgeben sind, die überhaupt keine Durchlässigkeit aufweisen, so daß die aufgesaugte Wassermenge nicht dem Volumen der Hohlräume entspricht. Die Bestimmung des Undichtigkeitsgrades darf deshalb nur durch Berechnung aus dem spezifischen und dem Raumgewicht erfolgen.

Die Ermittelung der Wasserabgabefähigkeit ist von Bedeutung zur Beurteilung des Austrocknens von Bauten. Sie erfolgt in der Weise, daß man in einem mäßig warmen, gut gelüfteten Raume (ca. 20°) die Bausteine hochkantig aufstellt und von einem durch Tischfächer erzeugten Luftstrom bestreichen läßt. Die Wasserabgabe der Steine wird durch tägliche Wägung festgestellt.

§ 191. Die Wasserdurchlässigkeit.

Die Prüfung auf Wasserdurchlässigkeit erfolgt nach den in § 231 und §§ 295 l und 275 angegebenen Verfahren.

§ 192. Die Wetterbeständigkeit.

Zur Erprobung der Wetterbeständigkeit der künstlichen Bausteine dient in der Hauptsache der Frostversuch, dessen Ausführung mit dem in § 228 und § 295 m beschriebenen übereinstimmt, und die Prüfung auf schädliche Einlagerungen, die jedoch ausschließlich für gebrannte Tonsteine in Betracht kommt. Einlagerungen von kohlensaurem Kalk in Stücken, sowie Schwefelkies und Gips erleiden nämlich im gebrannten Zustande, wenn sie feuchter Luft ausgesetzt werden, eine Volumenzunahme, die Aussprengungen der Erzeugnisse verursacht. Man führt die Prüfung in der Weise aus, daß man einige Probesteine 8 Tage lang in feuchter Luft aufbewahrt, z. B. unter einer evakuierten Glasglocke, in der sich ein mit Wasser gefülltes Gefäß befindet. Sind während dieser Zeit Absprengungen noch nicht aufgetreten, so kann man sicher sein, daß schädliche Bestandteile nicht vorhanden sind.

Eine schärfere Prüfung ist die folgende: Man bringt mehrere Steinstücke in einem Papinschen Topf unter, jedoch so, daß sie nicht vom Wasser berührt, sondern nur vom Wasserdampf getroffen werden, setzt sie 3 Stunden einem Dampfdrucke von 0,25 Atmosphären aus und untersucht sie hiernach mit der Lupe auf entstandene Risse.

Wenn irgend angängig, soll auch das Rohmaterial (Ton) einer Prüfung auf Gehalt an löschfähigen Bestandteilen unterzogen werden. Das Rohmaterial wird in Wasser aufgeweicht und durch Absieben auf einem Siebe von 400 Maschen für das Quadratzentimeter werden die groben Teile ausgesondert. Der so gewonnene Siebrückstand wird mit der Lupe und durch Behandlung mit Salzsäure usw. auf die Art seiner mineralischen Bestandteile geprüft.

§ 193. Die Feuerbeständigkeit.

Hinsichtlich der Feuerbeständigkeit ist die Feuersicherheit und die Feuerfestigkeit zu unterscheiden. Jene ist im allgemeinen diejenige Eigenschaft der Bausteine, eine plötzliche Erwärmung zu ertragen, ohne Zerstörung anheimzufallen. Die Prüfung auf diese Eigenschaft wird in der Weise vorgenommen, daß man mehrere Steine in einem Ofen, dessen Temperatur geregelt werden kann, bis zu entsprechender Temperatur (gebrannte Steine bis zur hellen Rotglut) erhitzt und dann plötzlich in Wasser abkühlt. Steine, welche durch diese Beanspruchung nicht zerspringen und eine nur unwesentliche Herabminderung ihrer Festigkeit erfahren, sind als feuersicher zu betrachten.

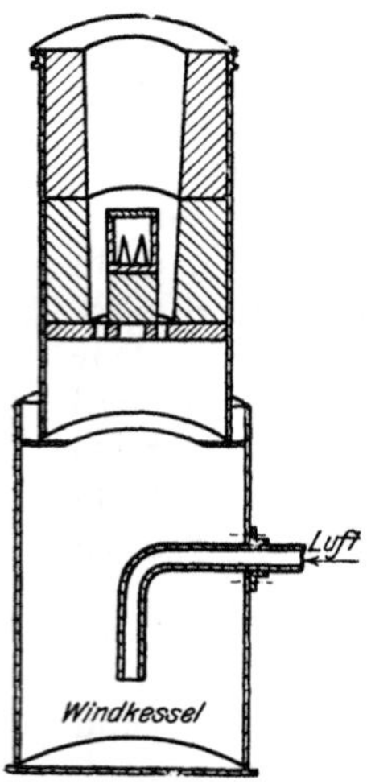

Abb. 372.

Die Feuerfestigkeit ist die Eigenschaft mancher Steine, hohen Temperaturen zu widerstehen, ohne zu schmelzen oder an Festigkeit einzubüßen. Für Bausteine ist diese Eigenschaft von besonderer Bedeutung, wenn sie zur Errichtung von Feuerungsanlagen Verwendung finden sollen. Die Prüfung kann als Festigkeitsuntersuchung ausgeführt werden, indem man die auf entsprechender Temperatur befindlichen Steine dem Druckversuch unterzieht[1]), oder man beschränkt sich darauf, die Erweichungs- oder Schmelztemperatur der Steine zu bestimmen[2]). Zu letzterem Versuche dient der Devillesche Ofen, der in Abb. 372 dargestellt ist[3]). Der obere, mit feuerfester Masse ausgekleidete Raum ist der Feuer- und Schmelzraum, während der untere als Windkessel für die zugeführte Gebläseluft dient. Beide Räume sind durch eine eiserne Platte getrennt, welche in der Mitte eine Öffnung von 3 cm Durchmesser besitzt, um die Löcher von 6 mm Weite angeordnet sind.

[1]) Der Versuch kann analog dem in § 25 beschriebenen Zugversuch angeordnet werden; s. a. Tonindustriezeitung 1910, S. 633 und 1914, S. 409; ferner Stahl und Eisen 1914, S. 146 und 1917, S. 15.

[2]) Segers Ges. Schriften, S. 417, Berlin 1896.

[3]) Über andere Öfen s. Zeitschrift „Zement" 1919, S. 164ff.; ferner Tonindustriezeitung 1911, S. 412, sowie die im vorliegenden Buche in den §§ 148 u. 26 beschriebenen Schmelzöfen, die zwar für andere Zwecke bestimmt sind, aber auch für die zur Erörterung stehenden verwendet werden können.

Der Feuer- bzw. Schmelzraum ist schwach konisch und unten etwa 9 cm, oben 11 cm weit. Die feuerfeste Ausfütterung des Ofens ist etwa 6 cm stark und besteht bis zu etwa 18 cm Höhe aus zwei hydraulisch gepreßten Magnesitringen. Der übrige Teil des Futters ist aus einem Gemisch von 90 Teilen bis zur Sinterung gebrannten Magnesit und 10 Teilen Zettlitzer Kaolin gestampft. Als Feuerungsmaterial dient Koks oder Retortengraphit, dem mit einem Gebläse Luft zugeführt wird. Auf der Bodenplatte des Schmelzraumes ruht ein Untersatz, auf welchem ein zylindrischer Tiegel mit Deckel von 40 mm äußerem Durchmesser und 45 mm Höhe angeordnet wird, in dem die zu untersuchenden Materialien mit dem Vergleichsmaterial (Segerkegel s. § 358) untergebracht werden.

Aus dem zu prüfenden Stein werden mit der Handsäge Körper ähnlicher Abmessungen wie die Segerkegel herausgearbeitet, oder es werden die zur Herstellung der Steine verwendeten Tone mit Wasser angemacht zu solchen Körpern geformt. Während diese vor der Prüfung erst getrocknet und schwach geglüht werden müssen, können jene ohne weiteres gemeinsam mit Segerkegeln in den Tiegel eingesetzt und der Prüfung unterzogen werden.

Um ein Umfallen der Kegel zu verhüten, werden sie auf dem Tiegelboden festgeklebt. Dies geschieht mit Schlicker aus Kaolin, in welchen man die Kegel mit der Basis eintaucht und dann auf die hierfür vorgesehene Unterlage drückt.

Die Stellung der Kegel zueinander muß angemerkt werden. Zuerst benutzt man Segerkegel 26, 27, 28 neben 2—3 Kegeln aus dem zu prüfenden Körper. Schmelzen alle Segerkegel nieder, bevor der Körper schmilzt, so ist der Versuch mit Segerkegeln höherer Nummern, andernfalls mit solchen niedrigerer Nummern zu wiederholen. Im allgemeinen können Steine oder Tone, die bei Segerkegel 26 schmelzen, keinen Anspruch darauf machen, als feuerfest bezeichnet zu werden.

Das Anzünden des Ofens geschieht ohne Verwendung von Papier, dessen Asche stets Ofenfutter und Tiegel angreift, in der Weise, daß etwa 30 g Holzkohle in einem Sieblöffel über einer kräftigen Bunsenflamme oder einem anderen Feuer zur Glut gebracht, hierauf in den Deville-Ofen eingeführt werden und bei schwachem Gebläsewind der abgewogene Brennstoff, Koks oder Retortengraphit, zugegeben werden.

Das Glühen setzt man solange fort, bis der Tiegel wieder deutlich sichtbar wird, letzterer wird alsdann mit einer Zange aus dem glühenden Ofen herausgenommen und sein Deckel geöffnet. Ist der Deckel angeschmolzen, so kann man ihn leicht durch Einschieben eines Messers öffnen. Aus dem Aussehen des Segerkegels und des Probekörpers sind alsdann die nötigen Schlüsse zu ziehen.

Für einen Versuch genügen in der Regel 1000 g Koks oder 900 g Retortengraphit, um Segerkegel 26 zum Schmelzen zu bringen. Für die folgenden Versuche werden stets 100 g Koks oder Graphit mehr verwendet. Nach jedesmaligem Versuch muß der Ofen gereinigt werden[1]).

[1]) Elektrisch geheizte Öfen erleichtern den Versuch wesentlich, da man ihre Temperatur in einfachster Weise zu regulieren vermag. Solche Öfen werden u. a. vom Chemischen Laboratorium für Tonindustrie in Berlin geliefert.

§ 194. Die Festigkeit der künstlichen Bausteine.

In Bauwerken sind die Bausteine den verschiedenartigsten anspruchungen ausgesetzt. Sie erleiden Zug-, Druck-, Biegungs-, Scl und Torsionsbeanspruchungen und auch zusammengesetzte Anstrengung indem zwei oder drei der vorgenannten Beanspruchungsweisen gleichze auf den Körper einwirken.

Zur Erforschung der Festigkeitseigenschaften der Bausteine stellt r daher entsprechende Versuche an, hinsichtlich deren Ausführung auf die schlägigen Abschnitte des ersten Teiles dieses Buches verwiesen werden ka Jenen Erläuterungen ist nur noch hinzuzufügen, daß die für die Versuche benutzende Probekörperform der Art des Materials und der Art des Kr angriffes im Bauwerk angepaßt werden muß. Als Hauptgrundsatz muß da gelten, daß als Probekörper, solange es sich um e Güteprüfung des Materials handelt, ganze Bauste in der Form zu benutzen sind, in der sie im Bauw zur Verwendung gelangen, um der Art ihrer geg seitigen Verbindung Rechnung zu tragen.

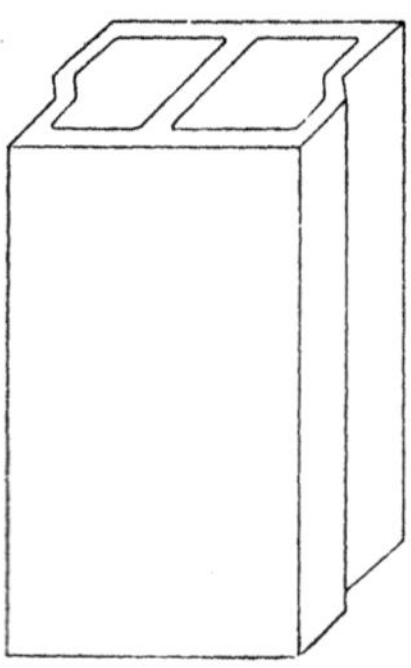

Abb. 373.

Zur Vergleichung der Güte verschiedener Bauste untereinander oder zur Ermittelung des Einflusses irge welcher Inanspruchnahmen, z. B. durch Frost, Fe Wasser oder dgl., werden Druck- und Biegeversuche a geführt. Für die Druckversuche benutzt man Wü welche aus dem Probematerial, wie aus natürlic Steinen (s. S. 362), herausgearbeitet werden, oder es fin Probekörper Verwendung, die durch Vereinigung mehr Materialstücke in der in § 34 beschriebenen Weise zeugt werden, wenn nicht die Prüfung des ganzen Steines in seinen ursprü lichen Abmessungen erforderlich ist[1]).

Mauerziegel werden ihrer Druckfestigkeit entsprechend klassifiziert. gibt Klinkerziegel (mehr als 350 kg/qcm), Hartbrandziegel (mehr 250 kg/qcm), Hintermauerungssteine I. Klasse (über 150 kg/qcm) Hintermauerungssteine II. Klasse (100—150 kg/qcm). Sogenan Grundbauziegel sind gewöhnlich Hartbrandziegel.

Biegeversuche stellt man nach Möglichkeit am ganzen Stein an, in man ihn an beiden Enden stützt und in der Mitte durch eine Einzelk belastet. (Näheres über die Vorbereitung der Probekörper für Druck- Biegeversuche s. §§ 34 und 295 n.)

Abweichend davon sind diejenigen Bausteine zu behandeln, aus de sich wegen ihrer Form weder würfelförmige Körper herausschneiden r durch Zusammenkitten von zwei Steinhälften annähernd würfelförr Körper erzeugen lassen. Es sind dies in erster Linie die Hohlsteine, d Löcher den Stein entweder in seiner Längsrichtung oder senkrecht zu di durchziehen. Würde man solche Steine zerteilen, so ist eine Beschädig derselben unvermeidlich, und außerdem würde ihre Prüfung keinen Aufscl

[1]) Stampfasphalt prüft man auf Druckfestigkeit an Würfeln, die in gleichen Weise wie Portlandzementwürfel (s. S. 414) in Formen eingestar wurden. Gußasphalt wird in solche Formen, nach Anwärmen derselben, gegossen.

über die Festigkeit des Steines selbst liefern. Man muß daher Probekörperformen wählen, bei deren Prüfung der Körper Beanspruchungen erleidet, die denen nahekommen, welchen er im Bauwerke ausgesetzt ist. Die einzige dieser Forderung entsprechende Körperform ist diejenige des ganzen Bausteines.

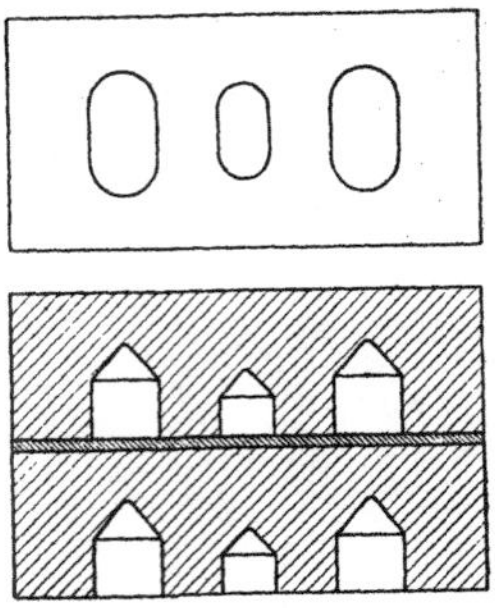

Abb. 374.

Man bereitet deshalb für die Druckversuche die Steine, z. B. Deckenhohlsteine, in der Weise vor, daß man sie an den Druckflächen eben schleift oder mit Zementmörtel 1 : 1 abgleicht. Besitzt z. B. ein Stein die in Abb. 373 angegebene Form, so wird er am oberen und unteren Ende eben geschliffen oder abgeglichen, indem man ihn nach Annässen auf eine Mörtelschicht drückt, die auf einer geölten, glatten Eisen- oder Glasplatte ausgebreitet wurde. Nach Abbinden des Mörtels hebt man die Platte ab, schneidet mit einem Messer den über die Ränder des Steines hervorstehenden Mörtel ab, entfernt auch den die Löcher verschließenden Mörtel und bereitet die andere Druckfläche in gleicher Weise vor.

Aus hohlen Mauerziegeln, Schornsteinradialziegeln und Zementmauersteinen mit Mörtelvertiefungen nach Abb. 374 werden durch Aufeinanderkitten zweier ganzen Bausteine Druckprobekörper hergestellt, deren Druckflächen mit Zementmörtel 1 : 1 abgeglichen werden. Die Löcher werden ebenfalls, wie oben angegeben, vom Mörtel befreit und bei Angabe der Druckfestigkeit wird die Bruchbelastung auf die wahre Druckfläche, d. i. die Steinfläche unter Abzug der Lochquerschnitte, und außerdem auf die gesamte Steinfläche bezogen.

Abb. 375.

Wegen der schnelleren Erhärtung kann man auch Steine geringerer Festigkeit, wie Schwemmsteine, Schlackensteine u. dgl., mit Gips abgleichen.

Manche künstlichen Bausteine, wie Korksteine, Steinholz, Asphalt usw., welche eine verhältnismäßig geringe Widerstandsfähigkeit gegen Druckbeanspruchung insofern besitzen, als sie bereits bei niedrigsten Lasten bleibende Zusammendrückungen erleiden und bei denen die elastischen Nachwirkungen (s. § 7) groß sind, werden in der Weise geprüft, daß man die Zusammendrückungen plattenförmiger Körper bei gewissen Belastungsstufen mißt und außerdem diejenigen Belastungen feststellt, bei welchen ein auf den Probekörper wirkender Stempel einen deutlich sichtbaren Eindruck hinterläßt. Die erstere Prüfung soll den S e t z u n g s f a k t o r liefern, mit dem man bei Verwendung des Materials als Baustoff zu rechnen hat, und die letztere soll zahlenmäßige Unterlagen zur Bemessung von Möbelfüßen oder dgl. liefern, die keinen bleibenden Eindruck auf dem Material hinterlassen.

Die Prüfung auf Zusammendrückbarkeit geschieht in einer Materialprüfungsmaschine, indem man Platten von ca. 12 × 12 qcm Fläche oder, wenn es die Verhältnisse erfordern, auch größere[1]) stufenweise einem allmählich wachsenden Drucke von 0 bis Maximum aussetzt und nach Erreichen jeder Laststufe die Annäherung der Preßplatten mißt[2]). In ähnlicher Weise werden die Versuche mit dem Stempel ausgeführt. Man lagert den Probekörper auf der unteren Preßplatte der Prüfungsmaschine, setzt auf seine Mitte einen zylindrischen eisernen Stempel von 5, 10, 25, 50 oder 100 qcm Querschnitt, dessen Kanten schwach abgerundet sind und belastet damit stufenweise den Probekörper, mit geringer Kraft beginnend, bis ein meßbarer, bleibender Eindruck auf der Oberfläche des Körpers entsteht. Ist diese Kraft mit Zuverlässigkeit ermittelt, dann steigert man die Belastung, bis die Ränder der beanspruchten Körperoberfläche von dem Material der Umgebung abreißen, und stellt die Kraft fest, welche hinreicht, um das Abreißen einzuleiten.

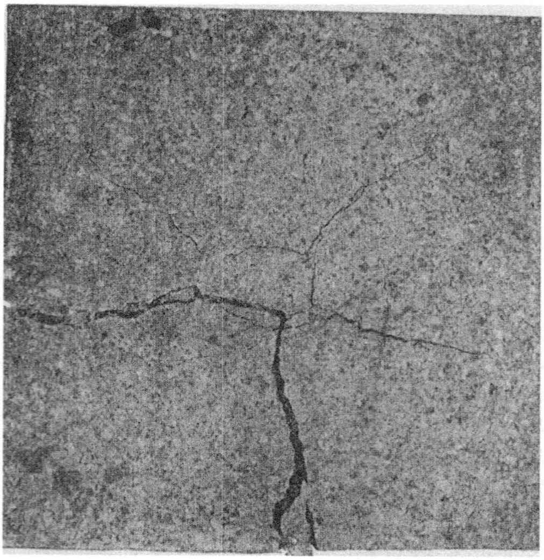

Abb. 376.

Da bei solchen Versuchen die Versuchsdauer (s. § 23) von erheblichem Einfluß ist, empfiehlt es sich, sie als Dauerversuche auszuführen, indem man die Stempelbelastung tage- oder auch monatelang auf den Körper wirken läßt. Eine Vorrichtung der Dresdner Hochschule für solche Versuche ist in Abb. 375 abgebildet. Sie besteht aus einem kräftigen, gußeisernen Wandkonsol, auf welchem der Probekörper gelagert wird, und der Belastungsvorrichtung, die mit einer Spitze am oberen Ende des Stempels angreift. Die Belastungsvorrichtung wird durch ein Gehänge mit Platte zur Aufnahme von Belastungsgewichten gebildet.

Die Prüfung eines Korkestrichs für Fußbodenbelag ergab z. B. bei Beanspruchung mit einem Stempel von 10 qcm Querschnitt und 500 kg Belastung, daß nach 24 Stunden Belastungsdauer noch kein sichtbarer Eindruck entstanden war, daß derselbe aber nach 72 Stunden eintrat. Bei 790 kg Belastung und 168 Stunden Lastwirkung machten sich Risse an der beanspruchten Druckfläche bemerkbar.

---

[1]) Unebene Flächen müssen vor dem Versuche ausgeglichen werden.
[2]) Über den dadurch bedingten Fehler s. S. 98 und 103.

Zur Prüfung einer Reihe weniger widerstandsfähiger Asphalte bediente sich Verfasser zylindrischer Stempel mit 10 qcm Querschnitt und verschiedenem Gewichte. Die Stempel wurden auf die Probekörper aufgesetzt und während mehrerer Wochen wurde bei verschiedenen Raumtemperaturen beobachtet, nach welcher Zeit die einzelnen Stempel einen merklichen Eindruck auf dem Material hinterließen. Die dabei gewonnenen Ergebnisse lieferten auch Anhaltspunkte zur Beurteilung der Erweichungsfähigkeit der Asphalte, die für ihre Verwendung als Straßenpflaster oder dgl., das von der Sonne bestrahlt wird, von Bedeutung ist. (Näheres über Asphaltprüfungen siehe Mitteilungen aus den technischen Versuchsanstalten zu Berlin 1897, S. 74.)

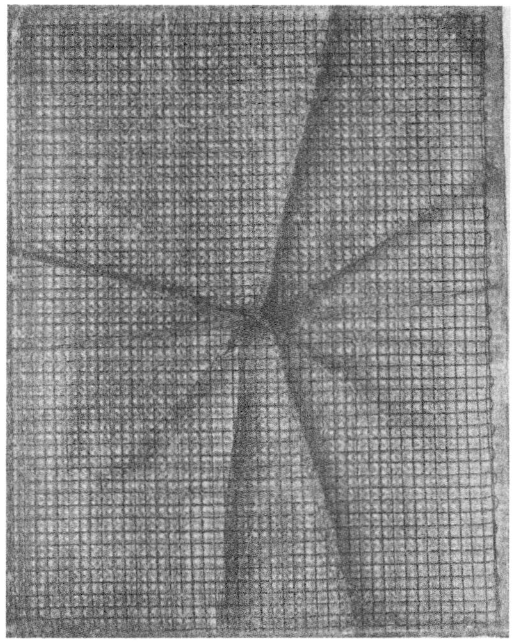

Abb. 377.

Eine weitere Prüfung der Bausteine, welche als Pflastermaterial Verwendung finden, ist die Ermittelung ihrer Widerstandsfähigkeit gegen Raddruck[1]). Die Prüfung geschieht zweckmäßig in der Weise, daß die auf einem Eisenrahmen mit Zement untergossene, aber sonst allseitig frei aufliegende Platte[2]) in der Mitte durch ein Stück Radkranz aus Gußeisen, dessen Breite der Druckfläche des jeweilig in Betracht kommenden Wagenrades entspricht, langsam ansteigend belastet wird, bis die Zerstörung des Versuchsstückes erfolgt.

Die Ermittelung der Größe der Berührungsfläche geschieht dabei wie bei Prüfung von Gelenksteinen (s. § 313) durch Ausmessen von mit Blaupapier erzeugten Abdrücken.

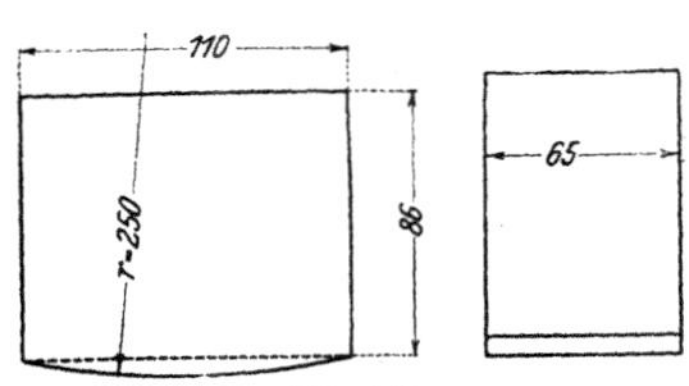

Abb. 378.

Abb. 376 zeigt das Aussehen einer quadratischen Kunstgranit-Fußbodenbelagplatte von 300 mm Seitenlänge und 70 mm Dicke, und Abb. 377 das einer Drahtglasplatte von 300 × 385 mm Fläche und 30 mm Dicke nach der Druckbeanspruchung mit einem Radkranzstück nach Abb. 378.

Die Prüfung der ersteren ergab eine höchste Tragfähigkeit von 15300 kg, entsprechend einer spezifischen Druckbeanspruchung von 100 kg/qcm. Die

[1]) Siehe Mitteilungen aus den technischen Versuchsanstalten zu Berlin 1903, S. 235; ferner 1913, S. 117.

[2]) Die Auflagerbreite beträgt 20 mm.

Drahtglasplatten gelangten dagegen bei 885 kg gesamter Belastung zum Bruche.

§ 195. Die Schlagfestigkeit.

Die Ermittelung der Schlagfestigkeit erfolgt in derselben Weise, wie in § 181 für die Prüfung der natürlichen Steine beschrieben wurde. Wegen Prüfung der Dachsteine ist auf § 295 o zu verweisen.

§ 196. Die Abnutzbarkeit.

Zur Bestimmung der Abnutzbarkeit werden die in § 185 angegebenen Verfahren und Einrichtungen verwendet[1]).

§ 197. Der Gehalt an löslichen Salzen.

An manchen Bausteinen zeigen sich, insbesondere nach Regenwetter oder bei Grundfeuchtigkeit, wenn die Steine wieder trocken geworden sind, Auswitterungen[2]), die sich bei der chemischen Untersuchung vorzugsweise als schwefelsaure Salze, schwefelsaure Alkalien, schwefelsaure Magnesia u. a. darstellen. Im allgemeinen treten sie nur bei Bausteinen auf, die aus gebranntem Ton erzeugt wurden, und zwar waren die Salze dort bereits im Tone vorhanden oder sie sind erst durch die zum Brennen benutzten Brennstoffe in das Material gelangt.

Irrtümlich werden diese Ausblühungen häufig als Salpeter bezeichnet. Tatsächlich sind sie aber durch schwefelsaure Verbindungen von Alkalien bedingt. Bei Mauerziegeln können die durch das Rohmaterial bedingten Ausblühungen dadurch verhindert werden, daß man dem Lehm Baryt zusetzt. Bei geringem Gehalt an schwefelsauren Salzen reicht auch bereits scharfes Brennen der Ziegel aus, um die Ausblühungen zu verhindern[3]).

Nach den Beschlüssen der Konferenzen zur Vereinbarung einheitlicher Prüfungsverfahren usw. sollen für die Bestimmung der löslichen Salze fünf Steine, und zwar die schwächstgebrannten, verwendet werden, die noch nicht vom Wasser berührt sein dürfen. Sie werden nach drei Richtungen gespalten und von den so erhaltenen acht Spaltungsstücken die nach dem Innern zu gelegenen Ecken abgeschlagen. Diese Stückchen werden gepulvert, bis alles durch ein Sieb mit 900 Maschen für das Quadratzentimeter hindurchgeht, dann wird durch ein Sieb mit 4900 Maschen für das Quadratzentimeter der feine Staub abgesiebt und das zwischen dem 900er und 4900er Sieb verbleibende Material untersucht. 25 g des Pulvers werden mit 250 ccm destilliertem Wasser übergossen und unter Ersatz des verdampfenden Wassers 1 Stunde lang gekocht, hierauf abfiltriert und ausgewaschen. Die Flüssigkeit wird abgedampft, der Rückstand schwach geglüht und in Prozenten des Steingewichtes angegeben. Die erhaltene Salzmasse soll quantitativ analysiert

[1]) Über die Abnutzbarkeit von Fußbodenplatten s. Baumaterialienmarkt 1909, S. 173 und 1910, S. 422.

[2]) An Zementwaren sollen die Ausblühungen durch Traßzusatz verhindert werden können; s. Baumaterialienmarkt 1909, S. 312.

[3]) Näheres hierüber s. Ziegel und Zement 1910, S. 99; ferner Reese, Die Krankheiten des Ziegelmauerwerks, Leipzig bei Degener und Jahresbericht 1913, S. 20 des Materialprüfungsamtes Großlichterfelde; ferner Tonindustriezeitung 1909, S. 1007.

werden[1]). Es kommen in Betracht: Schwefelsäure, Kalk, Magnesia, Kali und Natron, die nach den allgemeinen analytischen Methoden zu bestimmen sind. Am geeignetsten wird der Rückstand in Wasser unter Zusatz einiger Tropfen Salzsäure gelöst und die Lösung auf 200 ccm durch Zusatz von destilliertem Wasser gebracht; 100 ccm dienen zur Bestimmung von Schwefelsäure und Alkalien, die andere Hälfte wird zur Ermittelung des Gehaltes an Kalk und Magnesia verwendet. Neben den schwefelsauren Salzen enthalten die Tone nicht selten Vanadinverbindungen, die sich durch starke grünlich-gelbe Färbung der Tonbausteine bemerkbar machen. Auch Chlorverbindungen, kohlensaure und phosphorsaure Salze, die dem Mörtel oder dem Erdreich entstammen, können neben schwefelsauren Salzen als Auswitterungsprodukte auftreten. Steht das Mauerwerk mit verwesenden, stickstoffhaltigen Substanzen in Verbindung, so können auch salpetersaure Salze in die Ziegel gelangen. Frischgebrannte Tonziegel enthalten jedoch niemals Salpeter, wie oft irrtümlich angenommen wird.

Mäckler[2]) hat nachgewiesen, daß die Menge löslicher Salze kein sicheres Maß für die Auswitterung darstellt, da Steine mit verhältnismäßig hohem Gehalt an schwefelsaurem Natron und schwefelsaurer Magnesia geringere Auswitterungen zeigten als solche mit geringerem Salzgehalt. Aus diesem Grunde stellt man künstliche Auswitterungsversuche[3]) an, indem man halbe Ziegelsteine mit Hilfe darauf gesetzter, oben geschlossener Glaszylinder, aus denen allmählich Wasser in die Steinmasse eindringt, wassersatt macht und dann trocknen läßt. Beim Austrocknen treten je nach Umständen die auskristallisierten, leichtlöslichen Salze mehr oder minder deutlich an die Außenfläche der Steinstücke.

§ 198. Die Säurebeständigkeit.

Bausteine für Säurebehälter, Fußbodenbelagsteine u. a. dürfen durch Säureeinwirkungen nicht zerstört werden. Die Prüfung auf Säurebeständigkeit erfolgt nach den in § 295 r u. 308 angegebenen Verfahren oder in der Weise[4]), daß 25 g des gepulverten Steinmaterials, welches beim Absieben zwischen dem 900- und 4900-Maschensieb verblieb, in einem Erlenmeyerschen Kolben der Einwirkung von 250 ccm einer 10 %igen Salz-, Salpeter- und Schwefelsäure 24 Stunden lang unter öfterem Umschütteln ausgesetzt werden. Die überstehende Flüssigkeit wird durch ein vorher getrocknetes und gewogenes Filter gegossen, der Rückstand mit heißem Wasser ausgewaschen und sodann auf das Filter gespült. Nachdem das Filter mit Inhalt bei 110° bis zur Gewichtskonstanz getrocknet ist, gibt die Differenz der beiden Gewichte den Verlust an Metalloxyden an.

Außer dieser Methode wird noch eine andere verwendet, bei der man anstatt pulverförmigen Versuchsmaterial Steinstücke, z. B. halbierte Mauerziegel benutzt.

[1]) Lunge, Chemisch-technische Untersuchungsmethoden, 5. Aufl., I., S. 612. Berlin 1904.

[2]) Protokoll der Verhandlung des deutschen Vereins für Ton-, Zement- und Kalkindustrie 1903 und 1904; s. a. Mäckler, die Ausblühungen des Mauerwerkes 1902.

[3]) Mitteilungen aus den technischen Versuchsanstalten zu Berlin 1903, S. 229.

[4]) Verfahren des Laboratoriums der deutschen Töpfer- und Ziegler-Zeitung s. Lunge I, S. 613.

Die Ziegel werden hochkantig stehend derartig in konzentrierte Salzsäure und in ein Gemisch von konzentrierter Salpetersäure und konzentrierter Schwefelsäure 1:1 (Nitrosäure) gestellt, daß sie zur Hälfte herausragen.

Während einer Beobachtungsdauer von mindestens 14 Tagen dürfen die Steine keine Veränderung erleiden.

§ 199. Isolierfähigkeit gegen Wärmeableitung.

Versuche zur Ermittelung der Isolierfähigkeit von künstlichen Bausteinen (Korkbausteine, Schwemmsteine, Gipsdielen, gepreßten Wolleplatten u. dgl.) kann man in der Weise ausführen, daß man einen doppelwandigen Blechkasten mit dem Isoliermaterial auskleidet und die Temperaturveränderungen im Innern des Kastens beobachtet, wenn die Außentemperatur des Kastens ab- oder zunimmt.

Der Kasten wird in den Kühlschacht einer Kälteerzeugungsanlage (s. § 228) eingesetzt. Hierauf wird die Temperatur im Schacht bis auf — 30° erniedrigt und gewartet, bis die Temperatur im Innern des Kastens gleich der Außentemperatur ist. Nach beendigtem Temperaturausgleich hebt man den Kasten aus dem Kühlschacht und beobachtet bei gleichbleibender Raumtemperatur mit Hilfe der an verschiedenen Stellen des Kastens außen und innen angebrachten Thermoelemente (s. § 352) den Verlauf der Temperaturzunahme, bis Außen- und Innentemperatur gleich geworden sind (ca. 20°). Der Versuch wird mehrere Male wiederholt und die Ergebnisse mit denen in Vergleich gesetzt, die an Materialien gewonnen wurden, deren isolierende Eigenschaften bekannt sind. Da der Versuchsraum immer auf gleiche Temperatur eingestellt werden kann, findet die Wärmezufuhr zum Kasten zu jeder Zeit in gleicher Weise statt und können deshalb die an verschiedenen Tagen gewonnenen Versuchsergebnisse unmittelbar miteinander verglichen werden. Man zeichnet die Temperatur als Funktion der Zeit auf und erhält dadurch eine Kurve, die um so steiler ansteigt, je geringer die Isolierfähigkeit des Materials ist[1]).

III. Die Prüfung von Sand, Kies, Steinschlag und deren Ersatzstoffen[2]).

§ 200. Begriffsfeststellung und Allgemeines.

a) Sand[3]).

Unter Sand versteht man ein loses Gemenge von runden und eckigen Gesteinskörnern von etwa 0,1—7 mm Korngröße (s. Abb. 379). Der am

---

[1]) Über die Wärmeleitfähigkeit von Mauerwerk s. Tonindustriezeitung 1911, S. 416.

[2]) Als Ersatzstoffe von Sand, Kies und Steinschlag finden Verwendung: Schlackensand, Bimssand, Lokomotivlösche, Asche, Bimskies, Hochofenschlacke, Schlackenschotter, Ziegelbrocken usw. Ihr Anwendungsgebiet ist aber beschränkt und zur Feststellung ihrer Eignung, insbesondere zur Betonbereitung, ist die Kenntnis der chemischen Zusammensetzung des Materials erforderlich. Die physikalische Prüfung dieser Ersatzstoffe muß entsprechend ihrem jeweiligen Verwendungszweck erfolgen; deshalb können allgemein gültige Angaben über die Versuchsausführung nicht gemacht werden.

[3]) Über die Prüfung von Formsand s. Stahl und Eisen 1908 S. 1886.

häufigsten zur Verwendung gelangende Sand ist der Quarzsand, welcher aus runden und eckigen Körnern besteht und gewöhnlich Beimengungen von Feldspat, Magneteisen- und Glaukonitkörnern, sowie Glimmerblättchen und auch Muscheln enthält. Im reinsten Zustande ist Quarzsand farblos, sonst aber je nach seinen Beimengungen oder Bestandteilen rötlich, gelblich, grauweiß und weiß gefärbt. Nach den Fundorten unterscheidet man Grubensand, Flußsand und Meeressand. Der Grubensand ist häufig mit Ton- und Humusstoffen verunreinigt und besitzt eine Korngröße, die von Staubfeinheit bis Erbsenkorngröße wechselt. Die feinen Teile sind für technische Zwecke nur wenig geeignet. Ebenso darf Grubensand, welcher mehr als 10 % Lehm, Ton oder sonstige Verunreinigungen aufweist, zur Mörtel- oder Betonbereitung nicht verwendet werden [1]).

Abb. 379. Sand mit Körnern bis 7 mm Größe.

Flußsand ist gewöhnlich rein, wenn er nicht aus einem Gebiete angeschwemmt wurde, welches durch Fremdstoffe verunreinigt ist.

Meeressand enthält salzige Bestandteile und besitzt deshalb für Mörtelbereitung auch nur untergeordnete Bedeutung.

Als bester Sand für Bauzwecke gilt ein solcher mit scharfkantigen und rauhen Körnern [2]), der durch Waschen von Lehm-, Ton- und Humusteilen und durch Sieben von allen mehligen Teilchen befreit wurde.

Außer diesen natürlichen Sanden gibt es noch Brech- oder Quetschsand, der durch Zerkleinern von Gesteinsstücken erzeugt wurde, sowie Schlackensand, der im Wasser gekörnte Hochofenschlacke darstellt mit Körnern bis zu 7 mm Größe.

b) Kies.

Kies entstammt dem Fluß-, Strand- oder Gletschergerölle und besteht aus abgerundeten Körnern von 7—70 mm Größe (s. § 206 und Abb. 380—382) [3]).

Diese einzelnen Körner werden Kiesgraupen, Kiessteine, Kiesel, Bimskieskörner usw. genannt.

Kiessand ist das natürliche Gemenge von Sand und Kies, wie es sich in den Kieslagern, Kiesgruben u. dgl. vorfindet. Er enthält demnach Körner

[1]) Über den Einfluß von Ton im Sand des Zementmörtels s. Ziegel und Zement 1909, S. 235.

[2]) Die Form der Körner ist gleichgültig und die Abneigung gegen rundkörnigen Sand unbegründet.

[3]) Über die Verwendung von Seekies für Eisenbeton (Vergleichsversuche) s. Eisenbeton 1909, Nr. 9.

von 0,1—70 mm Größe, entsprechend der Korngröße des Sandes und des Kieses.

c) Steinschlag (Schotter).

Mit Steinschlag bezeichnet man unregelmäßig gestaltete, vielkantige Gesteinsbruchstücke von 25—70 mm Korngröße, die zur Beschotterung von Straßen, Gleisbettung und Betonbereitung benutzt werden. Seine Herstellung erfolgt von Hand mit dem langgestielten Steinklopfhammer oder mit Steinbrechern (Steinknackern). Die Handarbeit gibt wohl ein Produkt gleichmäßigerer Beschaffenheit als das des Steinbrechers, aber die Erzeugung ist teurer und weniger ausgiebig als die Maschinenarbeit, um so mehr, als auch die aus dem Steinbrecher kommenden feinen Bruchstückchen als Feinschlag oder Steingruß Verwendung finden können.

Zur Straßenbeschotterung werden Bruchstücke benutzt von etwa 3 bis 7 cm Größe und beliebiger Form, zur Gleisbettung solche von 3—6 cm Größe von möglichst würfliger, nicht plattiger Form[1]) und für die Betonbereitung solche von 1—7 mm Größe als Gruß, von 7—17 mm als Feinschlag und von 15—35 mm als Klarschlag.

§ 201. Umfang der Prüfung.

Die Prüfung von Sand, Kies und Steinschlag richtet sich nach dem Verwendungszwecke, dem die Materialien dienen sollen.

Im allgemeinen wird festgestellt:

1. der Ursprung des Materials; die geologischen und mineralogischen Merkmale, sowie die petrographische und die technische Bezeichnung;
2. das spezifische Gewicht s der Kornmasse;
3. das Raumgewicht r im lose eingefüllten (r_f) und eingerüttelten (r_r) Zustande, sowie der Dichtigkeitsgrad (d_f und d_r);
4. der Feuchtigkeitsgehalt;
5. die Korngröße und Form sowie Oberflächenbeschaffenheit der Körner;
6. die Menge der abschlämmbaren Substanz;
7. unter Umständen die chemische Zusammensetzung.

Straßenschotter und Gleisbettungsmaterial wird ferner geprüft auf Druckfestigkeit bei statischer und Schlagbeanspruchung, Abnutzbarkeit und Frostbeständigkeit, sowie Widerstandsfähigkeit gegen Witterungseinflüsse.

Die Eignung von Sand, Kies und Steinschlag zur Betonbereitung (s. § 261) wird durch Druckfestigkeitsversuche an Probekörpern ermittelt, die aus Portlandzement und den genannten Materialien als Zuschlagstoffe hergestellt wurden[2]).

§ 202. Ursprung des Materials.

Die Feststellung des Materialursprunges erfolgt nach den in der Geologie, Mineralogie und Petrographie üblichen Methoden.

---

[1]) Normen für den Bau der Haupteisenbahnen Deutschlands vom 5. Juli 1892.

[2]) Ergebnisse von Sand- und Kiesuntersuchungen s. Zentralblatt der Bauverwaltung 1910, Nr. 32 und Armierter Beton 1910, S. 36.

§ 203. Das spezifische Gewicht.

Die Ermittelung des spezifischen Gewichtes *s* geschieht nach den in § 348 angegebenen Verfahren am gepulverten, völlig trockenen Material.

§ 204. Das Raumgewicht.

Das Raumgewicht wird zweckmäßig in der Weise festgestellt, daß das Material in eine zylindrische Hohlform gefüllt und darin gewogen wird.

Bei Bestimmungen für Zwecke der Betonbereitung besitzt die Hohlform 10 l Inhalt bei 24,8 cm Durchmesser und 20,6 cm Höhe. Für die Prüfung

Abb. 380. Kies mit 7—15 mm Korngröße.

von Straßenbeschotterungs- oder Gleisbettungsmaterial wird dagegen eine zylindrische Hohlform von 100 l Inhalt bei 50 cm Durchmesser und 52 cm Höhe benutzt. Die Versuche erstrecken sich auf das gewaschene und ungewaschene Material im trockenen und im nassen Zustande. Das Einrütteln des Materials wird fortgesetzt, bis keine Gewichtszunahme des gefüllten, gerade abgestrichenen Meßgefäßes eintritt. In der Regel ist dieser Zustand nach 250maligem Aufstoßen des Gefäßes erreicht.

Neben dem Raumgewicht wird noch der Dichtigkeitsgrad des geschichteten Materials angegeben. Seine Berechnung erfolgt nach § 349[1]).

§ 205. Der Feuchtigkeitsgehalt.

Der Feuchtigkeitsgehalt wird durch Trocknen einer gewogenen Menge des Materials bei 110° bis zur Gewichtsgleichheit ermittelt.

[1]) Die noch im Gebrauch befindliche Methode, den Dichtigkeitsgrad durch Versuch zu bestimmen, indem man die Hohlräume des Materials in dem Meßgefäß mit Wasser füllt und das Gewicht des Wassers feststellt, ist unzuverlässig und liefert insbesondere bei Sand und Kies stark abweichende Ergebnisse.

§ 206. Die Korngröße, Kornform und Oberflächenbeschaffenheit des Kornes.

Zur Ermittelung der Korngröße wird der Sand, Kies oder Steinschlag durch Absieben auf gelochten Sieben mit entsprechender Lochweite abgesiebt.

Abb. 381. Kies mit 15–20 mm Korngröße.

Die Siebe haben 1 qm Größe und sind zur leichteren Handhabung an vier Eisenstäben aufgehängt. Sand und Kies werden durch Schütteln der Siebe

Abb. 382. Kies mit 20–30 mm Korngröße.

abgesiebt, und Steinschlag wird in der Weise in seine Teile zerlegt, daß er mit der Hand auf dem Siebe hin und her geschoben wird, bis nichts mehr durchfällt. Die auf den einzelnen Sieben zurückbleibenden Bestandteile werden in Prozenten des Gewichtes des ursprünglichen Materials bestimmt, zur Kennzeichnung werden Raumgewicht und Dichtigkeitsgrad angegeben. Die Form der Körner, ihre Oberflächenbeschaffenheit, sowie ihre Bruchflächen werden beschrieben und nötigenfalls durch Lichtbild festgelegt.

In Abb. 379 und Abb. 380—382 sind in natürlicher Größe Körner von Grubensand und Grubenkies aus Cossebaude bei Dresden mit 0—7, 7—15, 15—20 und 20—30 mm Korngröße abgebildet, während Abb. 383—385 Syenitsteinschlag von 7—15, 15—20 und 20—30 mm Korngröße zeigen.

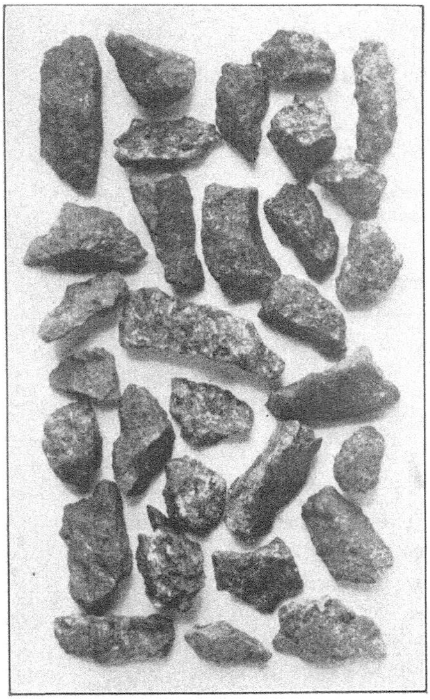

Abb. 383. Syenitfeinschlag mit 7—15 mm Korngröße.

Abb. 384. Syenitklarschlag mit 15—20 mm Korngröße.

a) Der Kiessand.

Die Untersuchung des vorstehend erwähnten Kiessandes und eines aus ihm durch Absieben gewonnenen Sandes lieferte die folgenden Ergebnisse.

Nach Entfernung aller Anteile von mehr als 25 mm Korngröße betrug das Gewicht des getrockneten Kiessandes:

lose geschichtet 1703 kg/cbm,
eingerüttelt 1903 kg/cbm.

Der Dichtigkeitsgrad war:

lose geschichtet 0,654,
eingerüttelt 0,730.

Bei den Siebversuchen zur Ermittelung der Korngröße hinterließ der Kiessand als Rückstand auf dem Siebe mit:

25 mm Lochweite	0,70%	20 Maschen für 1 qcm . .	8,55%
20 „ „	3,55%	60 „ „ „ . .	13,56%
15 „ „	5,25%	120 „ „ „ . .	13,61%
10 „ „	10,13%	300 „ „ „ . .	15,87%
7 „ „	2,60%	500 „ „ „ . .	20,19%
5 „ „	4,19%	900 „ „ „ . .	0,25%

Siebfeines	1,06%
Streuverlust	0,90%

b) Der Sand.

Der aus dem Kiessande abgesiebte Sand hinterließ bei den Siebversuchen als Rückstand auf dem Siebe mit:

5 mm Lochweite	4,04%	500 Maschen für 1 qcm . . .	28,80%
20 Maschen für 1 qcm . .	10,08%	900 „ „ „ . . .	1,75%
60 „ „ „ . . .	14,10%	Siebfeines	2,40%
120 „ „ „ . . .	17,95%	Streuverlust	1,10%
300 „ „ „ . . .	19,78%		

Das Gewicht des getrockneten Sandes betrug:

lose geschichtet 1504 kg/cbm,
eingerüttelt 1702 kg/cbm.

Der Dichtigkeitsgrad war:

lose geschichtet 0,577,
eingerüttelt 0,654.

Abb. 385.
Syenitsteinschlag von 20—30 mm Korngröße.

c) Der Syenitsteinschlag.

Die Untersuchung des Syenitsteinschlages ergab:

das Gewicht
im lose geschichteten Zustand . . . . . 1290 kg/cbm,
im eingerüttelten Zustande . . . . . . 1573 kg/cbm.

Bei den Siebversuchen ergab sich als Rückstand auf dem Siebe mit:

25 mm Lochweite	8,96%
20 „ „	20,78%
15 „ „	26,95%
10 „ „	31,45%
7 „ „	8,80%
Siebfeines	2,65%
Streuverlust	0,41%

§ 207. Menge der abschlämmbaren Substanz.

Die Menge der abschlämmbaren Substanz stellt man dadurch fest, daß man 10 l getrocknetes Material wägt, hierauf längere Zeit (mindestens 3 Stunden) wäscht und nach dem Trocknen den Gewichtsverlust ermittelt.

Dabei ist darauf zu achten, daß keine steinigen Bestandteile, also Gesteinssplitter, Sand od. dgl., verlorengehen, sondern daß nur Schlammteile (Ton, Lehm, Staub) entfernt werden. Zweckmäßig werden Proben derselben zur Nachprüfung ihrer Art mit der Lupe oder mikroskopisch und in Zweifelsfällen auch chemisch untersucht.

Obgleich sie nicht zu den abschlämmbaren Anteilen gehören, werden bei den Schlämmversuchen auch andere schädliche Beimengungen festgestellt. Als solche sind zu betrachten, z. B. die im Flußsand (Elbe) häufig vorkommenden Kohleteilchen oder auch Ätzkalkbrocken u. a.

§ 208. Die Druckfestigkeit.

a) Versuche mit statischer Beanspruchung.

Da bei Schotter- und Gleisbettungsmaterial[1]) die Druckfestigkeit des Gesteins an sich nicht maßgebend ist, werden außer den üblichen Druckversuchen noch solche mit dem auf gebrauchsfähige Korngröße zerkleinerten Gestein ausgeführt.

Diese Prüfung erfolgt nach dem von Rudeloff[2]) angegebenen Verfahren, indem man

a) trockenes,
b) wassersattes,
c) gefrorenes und
d) wassersattes Material, welches mehrere Male gefroren und wieder aufgetaut wurde (s. § 210),

in einem geschlossenen Gefäße durch einen Stempel mit 20000 kg belastet, und die dadurch hervorgerufene Zertrümmerung der Körner durch Absieben feststellt. Das von Rudeloff benutzte Gefäß, sowie der Stempel besaßen die aus Abb. 386 ersichtlichen Abmessungen, und die Auffüllhöhe des Materials betrug 100 mm. Bei dieser Auffüllhöhe erstreckte sich die Zertrümmerung der Körner über die ganze Füllung des Rohres.

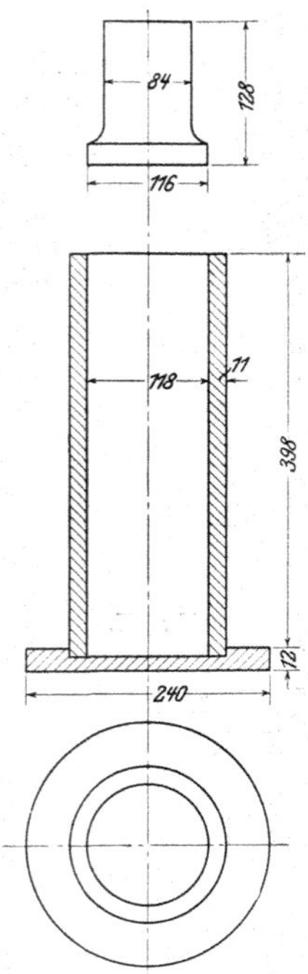

Abb. 386.

b) Versuche mit Schlagbeanspruchung.

Bei Verwendung von Kies und Steinschlag als Gleisbettungsmaterial erfährt es durch die darüberrollenden Züge, sowie durch das Unterstopfen mit der Stopfhacke vielfache Schlagbeanspruchungen, die auf Zertrümmerung des Gesteines hinwirken. Die bei diesen Beanspruchungsweisen auftretenden Erscheinungen sind von Rudeloff eingehend studiert und erörtert worden.

---

1) Über die Prüfung von Gleisbettungsmaterial s. Zeitschrift für Bauwesen 1896 und 1897.

2) Rudeloff, Untersuchungen von Kies und Steinschlag zur Beurteilung ihres Wertes als Stopfmaterial für den Eisenbahnoberbau; Mitteilungen aus den technischen Versuchsanstalten Berlin 1897, S. 279.

α) Versuche mit der Stopfhacke.

Die Schlagversuche führte **Rudeloff** mit einem Fallwerke aus, dessen Bär (9,5 kg) durch eine hölzerne Stange geführt wurde und der die in Abb. 387 abgebildete Form einer Stopfhacke besaß. 5,6 kg des Materials wurden in Holzkästen nach Abb. 388 untergebracht, deren Seitenwände 1 und 2 seitlich ausweichen konnten und nur durch Federn 3, 4 angepreßt wurden. Nach 100, 300, 600 und 800 Schlägen gleicher Arbeit, d. h. nach Ausübung von 207, 621, 1242 und 1656 mkg Schlagarbeit (s. § 69) wurde die Korngröße des Materials durch Siebversuche ermittelt und nach gehörigem Mischen die ganze Masse zur Fortsetzung des Versuchs wieder in den Kasten gefüllt.

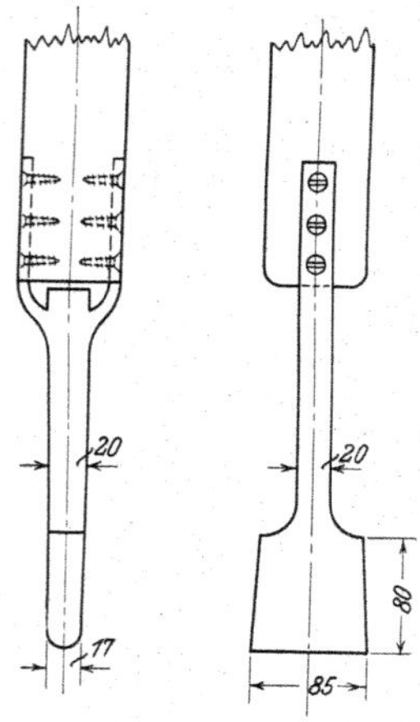

Abb. 387.

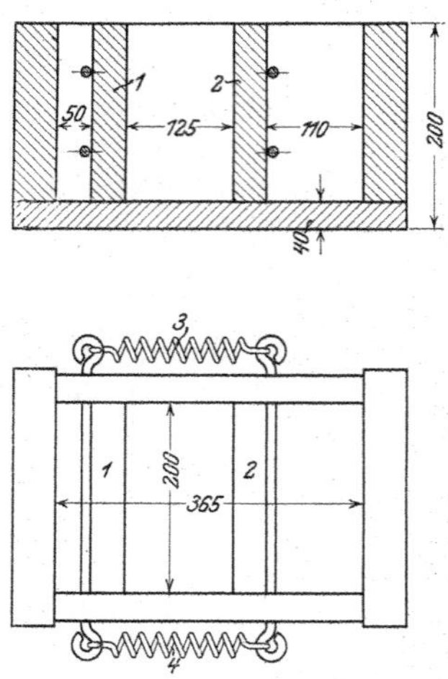

Abb. 388.

β) Versuche mit dem Stempel.

Durch diese Versuche sollte die schwingende Bewegung der Schienenschwellen nachgeahmt werden. Als Fallbär benutzte **Rudeloff** einen Stempel von 15 kg Gewicht nach Abb. 389, den er auf die Gesteinsmasse niederfallen ließ, welche in einem Kasten von 125 mm Breite, 200 mm Länge und 200 mm Höhe 100 mm hoch gefüllt war. Im Gegensatz zu dem Kasten für die Versuche mit der Stopfhacke hatte dieser Kasten feste, unverrückbare Seitenwände. Auch wurden die Schläge mit dem Fallbären nicht unmittelbar auf das Gestein ausgeübt, sondern man bedeckte dasselbe mit dem Deckel nach Abb. 390, so daß sich die Gesteinskörner nur gegenseitig und mit Holz rieben. Nach 500, 1000 und 1500 Schlägen, d. h. nach einer Gesamtschlagarbeit von

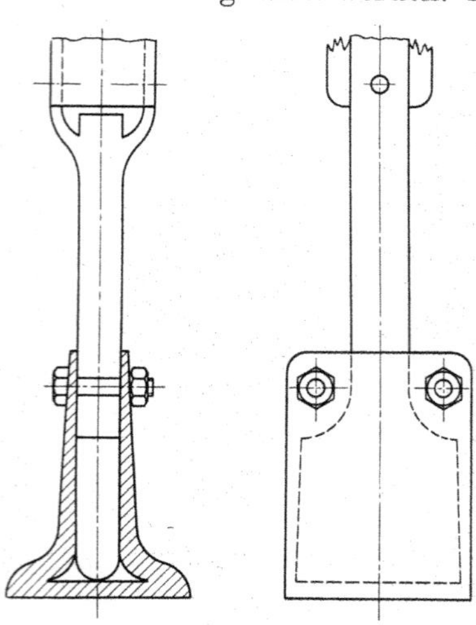

Abb. 389.

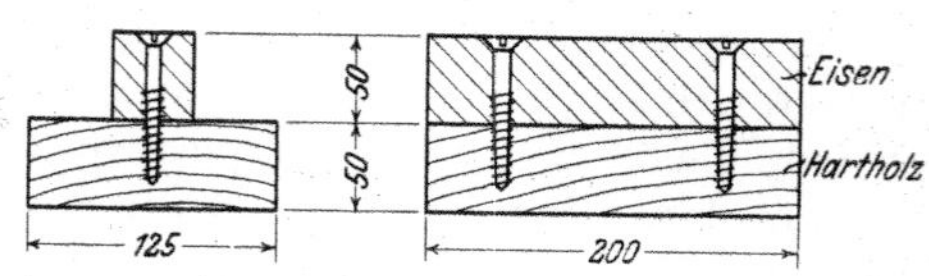

Abb. 390.

1585, 3170 und 4755 mkg wurde die Zertrümmerung des Gesteins durch Siebversuche festgestellt. Rudeloff kam zu dem Schlusse, daß bei der Verwendung von Kies und Steinschlag als Eisenbahnschotter deren Widerstandsfähigkeit gegen Druck durch die stetigen Schwingungen der Schwellen beim Befahren des Gleises von größerer Bedeutung für den Nutzwert des Materials sei, als die Widerstandsfähigkeit gegen die lediglich beim Unterstopfen der Schwellen auftretenden Schläge mit der Stopfhacke.

§ 209. Die Abnutzbarkeit.

Straßenbeschotterungsmaterial ist durch die darüberfahrenden Wagen und den sonstigen Verkehr der Abnutzung unterworfen. Es findet dabei nicht nur eine Zertrümmerung der Gesteinskörner statt, sondern durch die beständige gegenseitige Reibung werden sie auch abgeschliffen. Als das geeignetste Gestein darf deshalb dasjenige bezeichnet werden, welches hohe Widerstandsfähigkeit gegen Druck- und Schlagbeanspruchung aufweist und geringe Abnutzbarkeit sowie Polierfähigkeit besitzt; Abnutzungsversuche mit einzelnen Gesteinsstücken im Sandstrahlgebläse oder auf der Bauschingerschen Abnutzungsmaschine (s. § 185) würden der wirklich auftretenden Beanspruchung nicht nahekommen, weil dabei nur die Abnutzung der Gesteinsmasse bestimmt wird, ohne daß der Begünstigung der Abnutzung durch die gegeneinander reibenden scharfen Gesteinsecken und Kanten Rechnung getragen wird.

Der geeignetste Versuch zur Prüfung von Straßenschotter auf Abnutzbarkeit dürfte der sein, eine Straße mit lebhaftem Verkehr mit dem Material zu beschottern und sein Verhalten im Gegensatz zu einem bekannten Material festzustellen. Da aber derartige Versuche mit erheblichen Kosten verknüpft sind und längere Zeit erfordern, sind sie nicht immer anwendbar. Man muß sie deshalb durch einen Versuch ersetzen, der den wirklichen Verhältnissen möglichst nahekommt.

Nach einem Verfahren des Verfassers[1]) wird der Versuch mit einer Trommelmühle ausgeführt. Die Trommel besitzt 400 mm Durchmesser, 400 mm Länge und macht 60 Umdrehungen in der Minute. Das der Prüfung zu unterziehende Gestein wird maschinell oder von Hand (s. § 200) auf die vorgeschriebene Korngröße gebracht (in der Regel 4—6 cm) und durch Sieben auf einem Siebe mit 5800 Maschen für das Quadratmeter von Staub und kleineren Bruchstücken befreit.

10 kg dieses so gewonnenen und bei 110^0 getrockneten Schotters füllt man in die Trommel und stellt nach je 1000 Umdrehungen seine Abnutzung fest. Es geschieht in der Weise, daß der Schotter auf dem Siebe mit 5800 Maschen für das Quadratmeter abgesiebt und aus dem Siebfeinen mit einem Siebe von 128 Maschen für das Quadratzentimeter das Staubfeine entfernt wird, welches man als Abnutzung betrachtet. Hiernach wird der Versuch mit dem auf dem 128 Maschensieb verbliebenen Rückstand fortgesetzt, bis sich die Abnutzung für je 1000 Umdrehungen annähernd konstant ergibt. Dieser Zustand ist in der Regel nach 10000 Trommelumdrehungen eingetreten. Jeder Versuch wird mindestens zweimal ausgeführt und die Abnutzung in Prozenten

des ursprünglichen Gewichtes berechnet. Zur besseren Vergleichbarkeit der Ergebnisse mit den an bekanntem Gestein gewonnenen wird die „Abnutzungsgröße“, d. i. die Abnutzung für je 1000 Trommelumdrehungen, berechnet und als Funktion der Zahl der Trommelumdrehungen graphisch dargestellt.

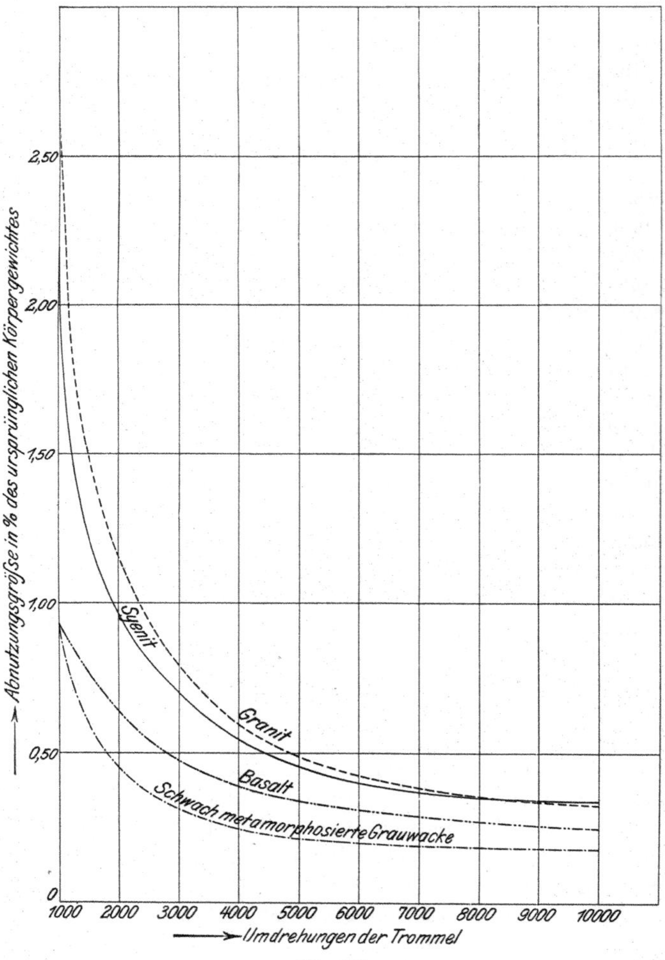

Abb. 391.

Abb. 391 zeigt die Kurve der Abnutzungsgröße für

Granit	(Druckfestigkeit	1420	kg/qcm),
Syenit	(,,	1400	,,),
Basalt	(,,	2100	,,),
Grauwacke	(,,	1970	,,).

Aus den Kurven für die Änderung der Abnutzungsgröße ist ersichtlich, daß die Abnutzung im Anfange, wo das Gestein noch scharfe Ecken und

Kanten besitzt, am stärksten ist, dann allmählich abnimmt und schließlich konstant wird.

§ 210. Die Wetterbeständigkeit.

Frostversuche werden nach dem in § 228 beschriebenen Verfahren mit je 20 kg gesiebtem, trockenem und wassersattem Material ausgeführt. Während des Versuches befindet es sich in einem eisernen Drahtkorb, in dem es auch zum Auftauen verbleibt. Entweder wird nach beendetem Frostversuch durch Sieben die Beschaffenheit des Materials nachgeprüft oder man unterzieht es einem Druckversuch nach § 208, wobei die Abnahme der Festigkeit ermittelt wird.

An dieser Stelle ist noch auf eine Eigenschaft des Basaltes, der als Schottermaterial häufig Verwendung findet, hinzuweisen. Es ist dies der sogenannte Sonnenbrand der Basalte[1]). „Sonnenbrenner"[2]) werden nämlich von den Steinbrechern Basalte genannt, welche beim Liegen an der Luft zu einem lockeren Haufwerke von unregelmäßig vieleckigen, scharfkantigen Körnern von Erbsen- bis Haselnußgröße zerfallen. Die Zerstörung beginnt an bestimmten Punkten des Gesteins, indem von ihnen aus mehr oder weniger regelmäßig radiale Haarrisse auslaufen. Frisch aus dem Bruche gebracht, sind an den Bruchflächen des Gesteins keine Anzeichen zu erkennen, welche die Eigenschaft des Sonnenbrandes vermuten ließen. Erst bei längerem Liegen (einige Wochen) an der Luft und im Lichte machen sich an der Oberfläche der Gesteinsstücke kleine hellere bis weiße Flecken (1—6 mm Größe) bemerkbar, an denen später die Risse auftreten. Leppla führt ihre Entstehung auf die Gegenwart von Nephelin oder einem dem Nephelin ähnlich zusammengesetzten Grundmassenrest im Basalt zurück. Dieses Silikat hat die Neigung, aus der Atmosphäre Wasser aufzunehmen und in zeolithische Zersetzung überzugehen, die eine Volumenausdehnung und infolgedessen Zersprengung des Gesteins verursacht. Steht genügend Zeit zur Verfügung, so kann man die zu untersuchende Gesteinsprobe einige Monate an der Luft liegen lassen und ihr Verhalten beobachten. Treten dabei helle Flecken auf der ursprünglich dunkelgrauen bis schwarzen und gleichförmigen Gesteinsmasse auf, dann ist die Gegenwart von Nephelin und die Neigung zu Sonnenbrand höchst wahrscheinlich. Ist aber nicht viel Zeit für die Prüfung vorhanden, so legt man Splitter der Gesteinsprobe einige Stunden in eine warme Lösung von kohlensaurem Ammoniak, wodurch die Flecken bald hervortreten. Einen ähnlichen Erfolg hat die mehrere Tage währende Behandlung des Gesteins mit warmer, verdünnter Essigsäure.

§ 211. Verkittungsfähigkeit des Gesteinsbindemittels.

Eine Probe, die für Straßenpflasterschotter von Bedeutung ist, ist die auf Verkittungsfähigkeit des Gesteinbindemittels. Bekanntlich werden die Schotterstücke und der Sand der beschotterten Straßen durch den Schlamm zusammengehalten, der durch die Wechselwirkung der Atmosphärilien mit den durch den Fahrzeugverkehr entstandenen Gesteinsstaub entsteht. Der

[1]) Leppla, Zeitschrift für praktische Geologie 1901, S. 170.

[2]) Die Bezeichnung ist willkürlich gewählt, da die Erscheinung nicht durch den Einfluß der Sonnenstrahlen, sondern durch den der Luft bewirkt wird.

Gesteinsstaub enthält das Bindemittel des Gesteines, aus dem er stammt, und dieses dient dem Schlamm zu demselben Zwecke. Je wirksamer und verkehrssowie wetterwiderstandsfähiger dieses Bindemittel ist, desto wertvoller ist das betreffende Gestein als Straßenbeschotterungsmaterial, unter der Voraussetzung seiner sonstigen Eignung. Für die Versuche wird der Schotter in ausreichender Menge zerkleinert und in einer Kugelmühle zu Staub zermahlen. Andererseits kann auch für die Versuche das bei der Prüfung auf Abnutzbarkeit (s. § 209) entstandene Staubfeine nach Absieben auf einem Siebe mit 900 Maschen für 1 qcm benutzt werden.

Dieser so erhaltene Staub wird im Mörtelmischer (§ 222) mit Wasser zu einer plastischen Masse angefeuchtet und diese dann wie Portlandzement-Normenmörtel zu Zug- und Druckprobekörpern verarbeitet. Die eine Hälfte der Probekörper (je 5 Stück), wird trocken gelagert, während die anderen Körper nach 28 Tagen Luftlagerung unter Wasser gelegt werden. 56 Tage nach der Anfertigung werden sämtliche Probekörper der Prüfung unterzogen. Die unter Wasser gelegten Probekörper werden während ihrer Lagerzeit dauernd beobachtet zur Feststellung, ob und wann sie zu zerfallen beginnen.

IV. Die Prüfung der Bindemittel.

§ 212. Allgemeines.

Die Bindemittel dienen zur Vereinigung der verschiedenartigen Bestandteile der Mörtel und geben denselben die ihnen eigentümlichen Eigenschaften.

Es sind zu unterscheiden[1]:

a) Luftmörtel und
b) Wassermörtel.

Zu a) gehören:

1. die Lehmmörtel, bestehend aus genäßtem Lehm mit Zusätzen von Sand, Häcksel oder dgl.;
2. die Kalkmörtel aus gelöschtem, gebranntem Kalk mit Zusätzen von Sand (bei Haarkalkmörtel außerdem noch Tierhaare);
3. die Gipsmörtel aus Gips mit und ohne Sandzusatz;
4. die Schamottemörtel aus Schamottemehl mit feuerfestem Ton.

Zu b) gehören alle diejenigen Mörtel, in denen ein Bindemittel enthalten ist, das dem Mörtel bereits von sich aus die Eigenschaft erteilt, unter Wasser zu erhärten, oder das den Mörtel durch Wechselwirkung mit einem besonderen Zuschlagstoffe widerstandsfähig macht.

Zur ersten Gruppe dieser Mörtel gehören:

1. die Zementmörtel, bestehend aus Portland-, Eisenportland-, Hochofen- oder Schlackenzementen mit einem Zusatz von Sand;
2. die natürlichen Wasserkalkmörtel, bestehend aus gebranntem, hydraulischem Kalk mit Sandzusatz;
3. die künstlichen Wasserkalkmörtel, bestehend aus durch besondere Herstellungsverfahren hydraulisch gemachten Kalken mit Sandzusatz.

[1] Die Erklärung der Eigenschaften und der Unterscheidungsmerkmale der einzelnen Bindemittel ist in den einschlägigen Paragraphen angegeben.

Zur zweiten Gruppe der Wassermörtel gehören:

1. der Traßmörtel, bestehend aus Luftkalkmörtel mit einem Zusatz von Traßmehl;
2. alle Luftkalkmörtel, denen natürliche oder künstliche, durch Glühen aufgeschlossene Tonerdesilikate oder Zemente in ausreichender Menge beigemischt wurden.

Die Luftmörtel bedürfen zur Erlangung ihrer Festigkeit und eines dauernden Zusammenhanges des ungehinderten Luftzutrittes, wobei rasches Austrocknen nachteilig ist. Die Erhärtung (s. § 249) erfolgt durch chemische Einwirkung der Kohlensäure der Luft auf den feuchten Kalk des Mörtels.

Die Wassermörtel benötigen zum Festwerden nicht unbedingt der Luftkohlensäure. Sie erhärten auch ohne Luftzutritt, aber nur sehr langsam, durch chemische Einwirkung der in ihnen befindlichen Bestandteile, aber auch nur dann, wenn eine ausreichende Menge Wasser gegenwärtig ist (s. § 219 und 257).

Gemäß dieser Kennzeichnung kann man von den zur Mörtelbereitung dienenden Bindemitteln als wichtigste die folgenden hervorheben:

1. Lehm,
2. Luftkalke,
3. Wasserkalke,
4. Gipse,
5. Portlandzemente,
6. Eisenportlandzemente,
7. Hochofenzemente.

Prüfungsverfahren wurden zuerst für den Portlandzement ausgearbeitet, und die für ihn aufgestellten Normen[1]) besitzen jetzt allgemeine Gültigkeit.

Da sich die Prüfungsverfahren der übrigen Bindemittel in hohem Maße an diese Normen anlehnen, soll die Prüfung des Portlandzements bei den weiteren Ausführungen als Grundlage benutzt werden[2]).

1. Der Portlandzement.

§ 213. Begriffsfeststellung.

Nach den Normen für einheitliche Lieferung und Prüfung von Portlandzement, aufgestellt vom „Verein deutscher Portlandzement-Fabrikanten" ist Portlandzement ein hydraulisches Bindemittel mit nicht weniger als 1,7 Gewichtsteilen Kalk (CaO) auf 1 Gewichtsteil lösliche Kieselsäure (SiO_2) + Tonerde (Al_2O_3) + Eisenoxyd (Fe_2O_3), hergestellt durch feine Zerkleinerung

[1]) Normen für die einheitliche Lieferung und Prüfung von Portlandzement. (Deutsche Normen.) Berlin, Wilhelm Ernst & Sohn.

Verfahren zur Prüfung von Metallen und Legierungen von hydraulischen Bindemitteln usw. Leipzig und Wien 1907, Franz Deuticke.

Normen für eine einheitliche Benennung, Klassifikation und Prüfung der hydraulischen Bindemittel. Zürich 1901, E. Speidel.

[2]) Zusammenstellungen zahlreicher Versuchsergebnisse s. u. a. Burchartz, Mitteilungen des Materialprüfungsamtes Groß-Lichterfelde 1907, S. 62 u. S. 277; ferner 1910, S. 1; 1912, S. 414; 1914, S. 5; 1915, S. 34; 1919, S. 85.

Über den Zementbazillus s. u. a. „Zement" 1917, S. 197.

Über die Zusammensetzung und die Festigkeit verschiedener Zemente s. Tonindustrie-Zeitung 1917, S. 14.

und innige Mischung der Rohstoffe, Brennen bis mindestens zur Sinterung und Feinmahlen. Dem Portlandzement dürfen nicht mehr als 3 % Zusätze zu besonderen Zwecken zugegeben sein. Der Magnesiagehalt darf höchstens 5 %, der Gehalt an Schwefelsäureanhydrit SO_3 nicht mehr als 2,5 % im geglühten Portlandzement betragen.

Normen, wie die vorstehend erwähnten, bestehen in fast allen industriell bedeutenderen Ländern, und es ist für den Technologen wichtig, sich mit denselben bekannt zu machen, da sie mancherlei Abweichungen aufweisen. Eine deutsche Sammlung dieser internationalen Normen ist erschienen im „Zementverlag" Charlottenburg[1]).

Übereinstimmend verlangen diese Normen, daß unter der Bezeichnung „Portlandzement" nur ein reines, unverfälschtes Produkt zu verstehen sei, und während alle anderen Staaten den Portlandzement ausdrücklich als ein Kunstprodukt bezeichnen, will Rußland auch die natürlichen Portlandzemente in die Normen einbezogen wissen. Darin liegt in gewisser Beziehung eine Gefahr, denn es wird kaum möglich sein, solchen Zementen eine hinreichend gleichartige chemische Zusammensetzung zu erteilen, durch die ja gerade der Name Portlandzement mitbedingt ist, und von der alle Eigenschaften abhängen.

Der Begriff „Portlandzement" ist in chemischer Beziehung gegeben durch den hydraulischen Modul, unter dem das Verhältnis des Kalkgehaltes zu den Hydraulefaktoren $SiO_2 + Al_2O_3$ zu verstehen ist. Die unterste Grenze für den hydraulischen Modul liegt bei dem Werte 1,7, denn bei niedrigeren Werten werden die vorgeschriebenen Festigkeitszahlen nicht erreicht. In manchen Normen werden höhere Moduli verlangt.

Hinsichtlich der chemischen Zusammensetzung des Portlandzementes ist zu beachten, daß sie Schwankungen unterworfen ist, die in erster Linie den Unterschieden zuzuschreiben sind, welche die vorhandenen Rohmaterialien aufweisen.

Im allgemeinen bewegt sich die Zusammensetzung der Portlandzemente innerhalb der nachstehend angegebenen Grenzwerte:

Ätzkalk CaO	57—68%
Kieselsäure SiO_2	17—26%
Eisen Fe_2O_3	1— 5%
Tonerde Al_2O_3	4—10%
Magnesia MgO	bis 5%
Alkalien	„ 3,0%
Schwefelsäureanhydrit SO_3	„ 3,3%
Glühverlust	„ 10%[2])
Unaufgeschlossener Rückstand	„ 1,5%

Der in Salzsäure unlösliche Rückstand ist ein Faktor, der bei der Beurteilung eines Zementes nicht unbeachtet bleiben sollte, denn sein Wert bildet einen Maßstab für die Güte und Schärfe des Brandes. Mehr als 1—2 % unlöslichen Rückstand sollte ein guter Portlandzement niemals besitzen. Höhere

[1]) Eine sehr bemerkenswerte Kritik derselben s. Dr. F. Hart, Wochenschrift „Zement" 1919, S. 112ff.

[2]) Mehr als 5% Glühverlust ist bereits als sehr hoch zu bezeichnen.

Werte lassen die Annahme berechtigt erscheinen, daß bei der Herstellung des Zementes Fehler begangen oder unerlaubte Zusätze gemacht wurden.

Als Erfinder des Portlandzementes ist Joseph Aspdin, Maurermeister zu Leeds (England), zu nennen, der im Jahre 1824 auf ein Verfahren zur Herstellung eines Produktes, welches er „Portlandzement" nannte, ein englisches Patent erhielt. Er wählte den Namen „Portlandzement" wegen der Ähnlichkeit des Produktes in Festigkeit und Farbe mit dem in England vielfach zu Bauten verwendeten Portlandsteine.

Die Farbe guten Portlandzementes ist grünlich- bis bläulich-grau, auch gelblich. Bräunliche Farbe läßt auf zu hohe Brenntemperatur der Klinker und überhaupt auf minderwertiges Produkt schließen.

Der neuerlich in den Handel gebrachte „Hochleistungs" — oder „hochwertige" Portlandzement ist hinsichtlich seiner Zusammensetzung ein normaler Portlandzement, der aber intensiver gebrannt und so fein als irgend möglich gemahlen wurde. Dadurch erlangte er eine raschere Erhärtungsfähigkeit bei gleich langer Bindezeit als der normale Portlandzement. Er soll bereits nach zweitägiger Erhärtungszeit die in den Normen (s. S. 225) vorgeschriebene Festigkeit aufweisen[1]).

§ 214. Der Glühverlust.

Unter dem Glühverlust des Zementes, der in Prozenten des Trockengewichtes anzugeben ist, versteht man die Gewichtsabnahme, die der Zement beim Glühen bei etwa 800° erleidet. Dieser Glühverlust ist durch die Eigenschaft des Zementes bedingt beim Lagern an der Luft, Feuchtigkeit und Kohlensäure aufzunehmen. Andererseits kann aber dem Zement auch absichtlich Feuchtigkeit beigefügt worden sein, was gelegentlich bei nicht hinreichend gebrannten Zementen geschieht, die Neigung zum Treiben besitzen. Der Glühverlust ist deshalb ein Merkmal zur Kennzeichnung der Beschaffenheit der Zemente, ohne daß damit gesagt sein soll, daß etwa ein Zement mit besonders hohem Glühverlust minderwertig ist[2]). Etwa 2,6% Glühverlust kennzeichnen einen etwa 4 Wochen gelagerten Zement als einwandfrei. Mehr als 4,5% Glühverlust lassen jeden Portlandzement verdächtig erscheinen und seine Prüfung ist dann geboten.

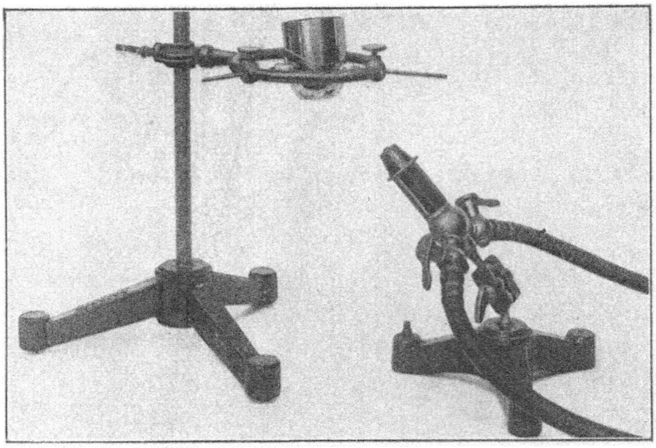

Abb. 392.

[1]) Diese Eigenschaft ist von überaus großer Bedeutung da sie bei Eisenbetonbauten ein viel früheres Ausschalen gestattet als bisher. Dadurch wird an Zeit und Schalungen gespart.

[2]) Man findet Glühverluste bis zu 10% und auch mehr (s. S. 398 Anmerkung [2])).

Das Glühen erfolgt im bedeckten Tiegel (Platin, Nickel, Porzellan) während mindestens 30 Minuten bei ca. 800° in der Gasgebläseflamme oder noch besser im elektrischen Ofen. Abb. 392 zeigt die Anordnung des Versuches mit der Gasgebläseflamme und Abb. 288 Seite 302 einen zweckmäßigen Tiegelofen von Heraeus[1]. Bei der ersteren Anordnung muß darauf geachtet werden, daß die Flamme nicht in den Tiegel hineinschlägt. Vor der Wägung müssen die Tiegel zur Abkühlung in den Exsikkator gestellt werden. Da sich der Zement beim Glühen zusammenballt, wird die zur Bestimmung des spezifischen Gewichtes erforderliche Menge in einer Reibschale ohne Anwendung von Druck zerrieben. Gewöhnlich benutzt man 30 g Zement für jeden Versuch, so daß es sich empfiehlt, 40 g für den Glühversuch zu verwenden.

Der allgemeinüblichen Anschauung, daß das spezifische Gewicht Rückschlüsse auf die Brenntemperatur und somit auf die Güte des Zementes zu ziehen gestatte, wurde von Meyer-Malstatt[2] widersprochen. Auf Grund einer großen Anzahl von Brennversuchen gelangte er zu der Überzeugung, daß das spezifische Gewicht jeder Rohmischung mit der Brenntemperatur zunimmt, aber eine Erniedrigung erfährt, sobald diejenige Temperatur erreicht ist, die erforderlich ist, um den Zement raumbeständig zu machen. Hiernach muß somit ein nicht völlig durchgebrannter Zement ein höheres spezifisches Gewicht besitzen als ein bis zur Sinterung gebrannter und somit guter Zement. Da eine zuverlässige Abhängigkeit des spezifischen Gewichtes im ursprünglichen Zustande und des Glühverlustes von dem spezifischen Gewicht im geglühten Zustande bisher nicht gefunden wurde, empfiehlt es sich, zur Kennzeichnung des Zementes außer dem Glühverlust beide spezifischen Gewichte zu bestimmen. Auf Grund einer Untersuchung von 19 verschiedenen Zementen kam Gary[3] zu dem Schlusse, daß keine der bekannten Rechnungsmethoden von Hauenschild oder Meyer die rechnerische Bestimmung des spezifischen Gewichtes im geglühten Zustande erlaubt.

§ 215. Feinheit der Mahlung.

Portlandzement soll um so besser sein, je feiner er gemahlen ist. Im allgemeinen mag diese Annahme berechtigt erscheinen, doch darf nicht unberücksichtigt bleiben, daß Zemente, welche nicht gehörig gebrannt wurden, oder bei deren Erzeugung zu viel Ton zugesetzt wurde, beim Mahlen besonders fein ausfallen. Es darf daher fein gemahlener Zement nicht ohne weiteres als guter Zement angesprochen werden. Unter dem Mikroskop betrachtet, zeigen die Körnchen gehörig gebrannten Zementes schiefrige Struktur, ähnlich wie gestoßenes Glas. Bei schlecht gebrannten Zementen dagegen sind die Körnchen nur wenig blätterig, sondern mehr rund.

Ermittelt wird die Feinheit der Mahlung nach den Normen durch Siebversuche unter Verwendung von Sieben mit 0,222 und 0,09 mm Maschenweite. Bei jener Maschenweite entfallen auf 1 qcm des Siebes 900 Maschen und bei

---

[1]) Beschreibung des Ofens s. § 148.

[2]) Protokoll der Versammlung des Vereins deutscher Portlandzementfabrikanten, 22. Februar 1905.

[3]) Mitteilungen aus dem Materialprüfungsamt Groß-Lichterfelde, Jahrg. 1905, S. 278.

dieser 4900. Die Maschen müssen rechteckig sein und die Drahtdicke soll 0,10 und 0,05 mm betragen. Die Siebe sind Kastensiebe von 25 × 25 qcm Fläche oder Siebbüchsen. Gegenüber den ersteren haben letztere den Vorzug, daß kein Verstauben des Zementes eintritt. Ein vollständiger Siebsatz besteht nach Abb. 393 aus vier aufeinandergepaßten Sieben mit Deckel 1 und Boden 2. Auf das oberste, das 900 Maschensieb, werden 100 g Zement gebracht; der Deckel wird geschlossen und die Büchse geschüttelt. Der Zement trennt sich dadurch in seine Bestandteile (s. Abb. 394—397), nämlich in den Rückstand auf dem 900 Maschensiebe, den Rückstand auf dem 2500, dem 5000 und dem 10000 Maschensiebe und in das Siebfeine, welches durch das 10000 Maschensieb hindurchgefallen ist. Die einzelnen Bestandteile werden hiernach gewogen; ihr Gewicht wird in Prozenten der eingetragenen Gewichtsmenge

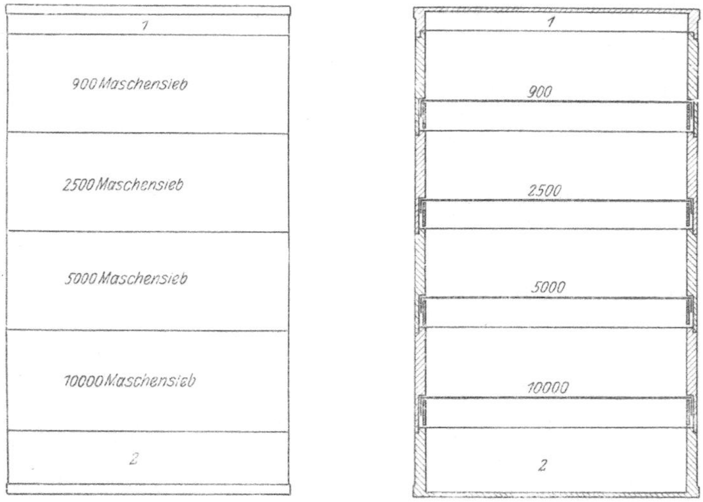

Abb. 393.

angegeben. Da die Einwage 100 g ist, ergibt das Einzelgewicht der Bestandteile in Gramm unmittelbar das prozentuale Gewicht.

Die Siebbüchsen dürfen nach beendetem Sieben nicht sofort geöffnet werden; man muß vielmehr warten, bis sich der Zement auf den Sieben abgelagert hat, was nach etwa 2 Minuten geschehen ist. Das Sieben ist als beendet zu betrachten, wenn beim Absieben des Zementes auf einem Blatt weißen Papieres nur unbedeutende Mengen Staubteilchen zu erkennen sind. Diese unbedeutenden Mengen beeinflussen das Ergebnis nicht. Es ist besser, das Sieben abzubrechen, weil bei fortgesetztem Sieben sich die einzelnen Teilchen aneinander reiben, sich infolgedessen zerkleinern und ein falsches Bild von der wirklichen Siebfeinheit liefern. Es ist deshalb besser, die Zementprobe einer bestimmten Anzahl Schüttelungen in der Siebbüchse zu unterwerfen und den Versuch alsdann abbrechen.

Das Schütteln der Siebe von Hand ist sehr zeitraubend und außerdem bei vorgeschriebener Schüttelzahl nicht einwandfrei. Aus diesem Grunde werden zum Schütteln Maschinen benutzt. Eine solche Maschine ist in

Abb. 398 dargestellt. Die oben in der Maschine befindlichen Siebbüchsen werden durch einen Kurbelmechanismus von Hand oder durch eine Transmission in schüttelnde Bewegung versetzt und die einzelnen Schüttelungen von einem Umdrehungszähler vermerkt. Verfasser hat festgestellt, daß 6000 Schüttelungen genügen.

Abb. 394.
Rückstand auf dem 900-Maschensieb.

Abb. 395.
Rückstand auf dem 2500-Maschensieb.

Abb. 396.
Rückstand auf dem 5000-Maschensieb.

Abb. 397.
Rückstand auf dem 10000-Maschensieb.

Die in der Abb. 399 dargestellte Maschine zeigt die beiden Maschinen der Abb. 398 und 401 zu einer kombiniert. Dadurch können die Sieb- und Schüttelversuche gleichzeitig ausgeführt werden[1]).

Oft enthält der Zement geringe Mengen hygroskopischer Feuchtigkeit, welche schlechtes Sieben des Zementes veranlaßt. Auch kommt es vor, daß die Siebe bei längerer Nichtbenutzung etwas feucht sind und infolgedessen der Zement an ihnen haften bleibt. Es empfiehlt sich daher, sowohl

[1]) Lieferant der Maschine ist das Chemische Laboratorium für Tonindustrie in Berlin.

die Siebe als auch den Zement vor dem Versuche bei 105° etwa 1 Stunde lang zu trocknen. Veränderungen des Zementes sind dadurch nicht zu befürchten.

Abb. 398.

Nach den deutschen Normen soll Portlandzement so fein gemahlen sein, daß eine Probe desselben auf einem Siebe von 900 Maschen pro Quadratzentimeter höchstens 5% Rückstand hinterläßt[1]).

Abb. 399.

Diese Vorschrift erscheint nicht mehr zeitgemäß, da gute Zemente auf dem genannten Siebe fast gar keinen Rückstand hinterlassen. Es wird daher

[1]) Die Normen der einzelnen Länder weichen in diesen Vorschriften voneinander ab: die schweizerischen nennen 3% Rückstand, die japanischen 5%, die italienischen 2%, die britischen 3% und die russischen 10%.

auch bereits das obenerwähnte 5000 Maschensieb mit benutzt, auf welchem man nur etwa 20% Rückstand erhält[1]).

Abb. 394 zeigt bei 10facher Vergrößerung die auf dem Siebe mit 900 Maschen zurückgebliebenen Zementkörner, Abb. 395 die Körner vom 2500er, Abb. 396 die vom 5000er und Abb. 397 die vom 10000 Maschen-Sieb.

§ 216. Das spezifische Gewicht.

Frischer Portlandzement aus gut gesinterten Klinkern hat ein spezifisches Gewicht *s* von etwa 3,13—3,25, jedenfalls nicht weniger als 3,1.

Die Bestimmung geschieht mit einem der in § 346 beschriebenen Volumenometer. Als Meßflüssigkeit wird Terpentinöl oder Tetrachlorkohlenstoff benutzt, welche beide gegenüber dem Zement völlig indifferent sind. Letztere Flüssigkeit hat infolge ihres hohen spezifischen Gewichtes dem Terpentinöl gegenüber den Vorzug, daß der Zement im Meßgefäß leicht niedersinkt, ohne zusammenzuballen. Nachteilig ist aber ihre große Tension, welche bei einer Temperaturerhöhung von 10 auf 20° mehr als 1,2% beträgt. Es ist deshalb bei Verwendung dieser Flüssigkeit erforderlich, die Temperatur während des Versuches auf gleicher Höhe zu halten und außerdem durch sorgfältiges Verstopfen der Meßgefäße die Verdunstung auf ein möglichst geringes Maß herabzudrücken.

Da der zur Prüfung gelangende Zement in der Regel nicht frisch ist, sondern bereits einige Zeit gelagert hatte, wobei er Feuchtigkeit und Kohlensäure aufnahm, muß er vor Bestimmung des spezifischen Gewichtes durch Glühen in den ursprünglichen Zustand zurückgeführt werden.

§ 217. Das Raumgewicht (Litergewicht).

Trotzdem die Normen keine Vorschriften über die Größe oder die Bestimmung des Raumgewichtes *r* enthalten, hat man von jeher das Raumgewicht des Zementes ermittelt. Die Kenntnis desselben ist zur Umrechnung der Mörtelmischungsverhältnisse aus Gewichtseinheiten in Volumeneinheiten und zur Ermittelung des Dichtigkeitsgrades erforderlich. Im Laboratorium werden die Mischungsverhältnisse in der Regel und auch mit Recht nach Gewichtseinheiten bemessen, während sie in der Praxis in Volumeneinheiten ausgedrückt werden.

Man unterscheidet das Raumgewicht im „lose eingefüllten" *r* und das im „eingerüttelten" Zustande r_r.

Bei der Untersuchung verschiedener Portlandzemente wurden z. B. die folgenden Raumgewichte ermittelt.

Litergewicht:

„lose eingefüllt"	„eingerüttelt"
810 g bis 1425 g	1285 g bis 2028 g

Aus diesen Werten erkennt man die großen Gewichtsabweichungen der einzelnen Portlandzemente und den erheblichen Unterschied zwischen dem

[1]) Die deutschen und schweizerischen Normen geben dafür keine Werte an; die österreichischen lassen höchstens 35%, die russischen 50%, die britischen 18% und die französischen 25% Rückstand auf dem 5000 Maschensiebe zu.

Litergewicht im lose eingefüllten und eingerüttelten Zustande. Die Raumgewichte sind ebenso wie die spezifischen Gewichte in hohem Maße von der Lagerungsdauer des Zementes abhängig. Beide nehmen mit der Lagerungsdauer ab. Bei genauen Versuchen müssen daher die Proben vor der Gewichtsbestimmung geglüht werden.

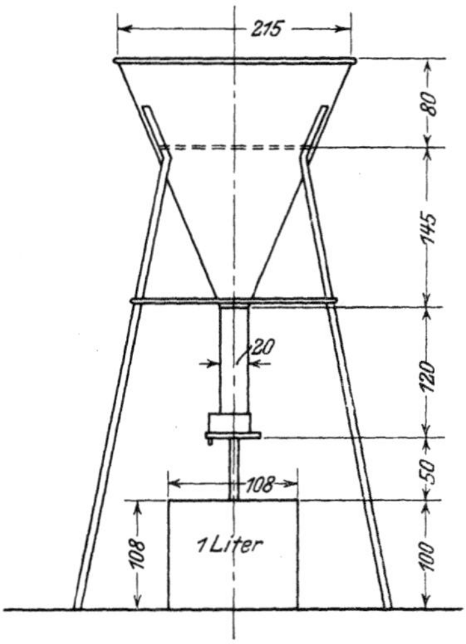

Abb. 400.

Nach den Vorschlägen des Internationalen Verbandes für die Materialprüfungen der Technik soll zur Bestimmung des Raumgewichtes im „lose eingelaufenen" und „fest eingerüttelten" Zustande ein zylindrisches Litergefäß benutzt werden, dessen Durchmesser gleich der Höhe ist[1]).

Für das Einlaufen soll ein Apparat nach Abb. 400 benutzt werden. In der Mitte des Trichters befindet sich ein gelochtes Blech (gestrichelt gezeichnet) mit Löchern von etwa 2 mm Durchmesser und an der Trichtermündung ein Verschlußschieber. Die Entfernung der Oberkante des Litergefäßes von der Trichtermündung beträgt 50 mm.

Beim Versuche wird der Zement in Mengen von etwa 300—400 g in den Trichter geschüttet und mit einem Spachtel durch das Sieb getrieben. Erreicht der Fuß des vom auslaufenden Zemente gebildeten Kegels die Randhöhe des Litergefäßes, dann wird die Auslauföffnung des Trichters geschlossen und der überschüssige Zement mit einem geraden Messer abgestrichen. Das Gewicht des gefüllten Litergefäßes verringert um das Gewicht des leeren Gefäßes ist alsdann das Raumgewicht des Zementes im lose eingelaufenen Zustande.

Abb. 401.

Zur Bestimmung des Raumgewichtes im eingerüttelten Zustande muß der Zement in das Meßgefäß fest eingerüttelt werden. Es geschieht dadurch, daß man dem Litergefäß so lange eine gleichmäßig stoßende Bewegung erteilt, bis das gefüllte und gerade abgestrichene Gefäß keine Gewichtszunahme mehr zeigt.

Wie bei den Siebversuchen die Bewegung der Siebbüchsen, ist hier die Bewegung des Gefäßes von Hand zeitraubend und nicht einwandfrei. Man strebt deshalb an, auch für diese Versuche Maschinen zu verwenden. Eine Ausführungsform solcher Maschinen[2]) ist in Abb. 401 (s. a. Abb. 398)

---

[1]) Ein solches Gefäß entspricht nicht den deutschen Eichungsvorschriften.
[2]) Lieferant: s. Anm. [1]) auf Seite 402.

dargestellt. Das Litergefäß ist oben mit einem aufgesetzten 30 mm hohen Rande versehen und wird jede Sekunde einmal auf eine ebene, eiserne Unterlagsplatte heftig aufgesetzt. Dadurch sinkt der bis zum oberen Rande des Gefäßaufsatzes eingefüllte Zement zusammen. Das Aufstoßen wird wiederholt, bis der Beharrungszustand erreicht ist. Bei Versuchen des Verfassers mit dieser Maschine hat sich ein 6000maliges Aufstoßen als ausreichend erwiesen. Nach dem Versuch wird der Gefäßaufsatz abgehoben, der überstehende Zement mit einem geraden Messer abgestrichen und das Gefäß gewogen.

§ 218. Das Abbinden des Zementes.

Wenn Portlandzement mit Wasser zu einem Brei angerührt und auf ruhender, nicht absaugender Unterlage sich selbst überlassen bleibt, wird er nach einiger Zeit starr bzw. fest[1]).

Den Vorgang des Festwerdens nennt man „Abbinden" und die Zeit, welche der Zementbrei zum Abbinden benötigt, die „Bindezeit"[2]). Das Abbinden beginnt nicht sofort nach dem Anrühren des Zementes mit Wasser, sondern benötigt, je nach der Eigenart des Zementes, mehr oder weniger Zeit. Ein Zement, welcher bereits in weniger als 2 Stunden abgebunden hat, heißt „Schnellbinder"[3]) im Gegensatz zu den langsam bindenden Zementen, die zum Abbinden mehr Zeit, oft bis zu 12 Stunden, benötigen.

Im allgemeinen binden ab:

Gießzemente in 5 Minuten,
Schnellbinder in 15—20 Minuten,
Normalbinder in 1—2 Stunden,
Langsambinder in 3—12 Stunden.

Durch „Umschlagen" wird die Abbindezeit der Zemente in weiten Grenzen verändert, und zwar verlängert oder verkürzt. Dabei kann erst eine Verlängerung eintreten, die dann wieder von einer Verkürzung abgelöst wird. Auch kann bei weiterer Lagerung dieser Verkürzung der Abbindezeit aufs neue eine Verlängerung folgen[4]).

Zur Regelung der Bindezeit wird dem Zement während der Herstellung und zwar vor dem Vermahlen des Klinkers, eine geringe Menge von Gips, (Kalziumsulfat) zugesetzt. Hierbei ist aber Vorsicht geboten, da ein zu großer Gehalt des Zementes an schwefelsaurem Kalzium „Treiben" veranlaßt. Die verschiedenen Normen schreiben daher vor, daß der Gehalt an Schwefelsäureanhydrit 1,2—3 % nicht übersteigen darf. Der Wert 1,2 erscheint sehr niedrig, da sich gezeigt hat, daß selbst der Gehalt von 3 % sogar bei Meerwasserbauten durchaus ungefährlich ist.

---

[1]) Durch Stöße oder Umrühren im Abbinden gestörter Zement liefert nicht die richtige Bindezeit; der Brei bleibt länger unstarr und der Zement kann sich als Langsambinder zeigen, während er tatsächlich ein Schnellbinder ist.

[2]) Über die chemischen Vorgänge beim Abbinden s. Roland, Der Portlandzement vom physikalisch-chemischen Standpunkte, 1903.

[3]) Die britischen Normen nennen Schnellbinder die Zemente, welche zwischen 10 und 30 Minuten, Mittelbinder, die zwischen 30 und 120 Minuten, Langsambinder, die zwischen 2 und 5 Stunden abbinden.

[4]) Über das Umschlagen des Portlandzementes s. Tonindustriezeitung 1912, S. 557.

Auch hinsichtlich des zulässigen Magnesiagehaltes, der bei Vorhandensein größerer Mengen ebenfalls Treiben verursacht, zeigen die internationalen Normen Werte von 2—5%, trotzdem durch die Arbeiten von Dyckerhoff einwandfrei nachgewiesen ist, daß Portlandzement mit 5% Magnesiagehalt unbeschadet selbst bei Meerwasserbauten verwendet werden kann.

Zemente mit hohem Glühverlust, d. s. solche, welche bereits längere Zeit ungünstig gelagert wurden und dabei Feuchtigkeit und Kohlensäure aufnahmen, erleiden eine Veränderung ihrer Bindezeit; manche werden langsamer bindend, andere dagegen schneller bindend. Diese Erscheinung ist noch nicht einwandfrei geklärt. Jedenfalls nehme man alle Angaben über Abbindezeit mit Vorsicht auf, wenn der Zement einen großen Glühverlust, d. i. mehr als 3,5% besitzt.

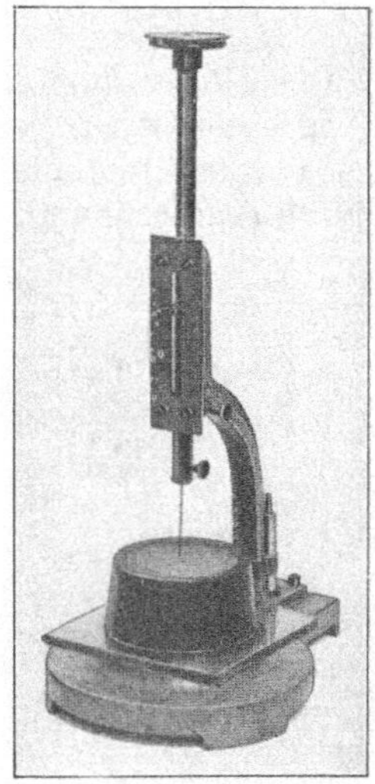
Abb. 402.

Infolge der chemischen Umsetzungen tritt beim Abbinden von Zementbrei eine Wärmeentwicklung auf, die sich bei rasch bindenden Zementen durch eine Temperaturerhöhung bis zu 10° und bei langsam bindenden bis etwa 3,5° bemerkbar macht.

Die Ermittelung der Abbindezeit geschieht mit einem Normenzementbrei[1]) unter Verwendung des Vicatschen Nadelapparates.

In Abb. 402 ist der Vicatsche Nadelapparat dargestellt. Er besteht aus einer Fußplatte, an der ein Arm befestigt ist, welcher am oberen Ende eine Führung zur Aufnahme der 300 g schweren Vicatschen Nadel (Pistill) besitzt. Die Nadel hat im unteren Teil 1 qmm Querschnitt (1,13 mm Durchmesser) und besitzt keine Spitze, sondern ist scharfkantig senkrecht zur Achse abgeschnitten. Die Nadel kann in der Führung auf und ab bewegt und ihr Weg an einer Skala mit Zeiger abgelesen werden. Der Zementbrei wird in konische Hartgummiringe, welche auf Spiegelglasscheiben liegen, gefüllt[2]), an der Oberfläche mit dem Messer eben gestrichen und innerhalb gewisser Zeitabschnitte durch allmähliches Einsenken der Vicatschen Nadel geprüft. Der Zeitpunkt, zu welchem die Nadel den Brei nicht mehr gänzlich zu durchdringen vermag, sondern 5 mm über der Bodenplatte stehenbleibt, gilt als „Beginn des Abbindens"; die Zeit, welche verfließt, bis die Nadel auf dem erstarrten Zementkuchen keine merkliche Vertiefung mehr hinterläßt, ist die „Bindezeit"[3]).

Eine rohe Abbindeprobe kann auch derartig ausgeführt werden, daß man den Normenzementbrei auf Glasplatten zu etwa 1,5 cm dicken, nach den Rändern hin dünn auslaufenden Kuchen ausbreitet und ihn als abgebunden betrachtet, wenn die Oberfläche des Kuchens einem geringen Druck mit dem Fingernagel widersteht.

[1]) Man nennt „Brei" den Mörtel, der aus Zement mit Wasser ohne Sandzusatz angerührt wird.

[2]) Beim Einfüllen darf der Brei weder eingedrückt noch eingerüttelt werden.

[3]) Alle genannten Zeiträume zählen von dem Augenblicke an, in welchem das Wasser mit dem Zement in Berührung kommt.

Zur Verhütung der Wasserverdunstung werden die Probekuchen in einen mit feuchter Luft erfüllten Kasten gestellt und nur zur Prüfung jedesmal herausgenommen. Der Versuchsraum selbst soll eine relative Luftfeuchtigkeit von ca. 60 % besitzen (s. § 360).

Abb. 403.

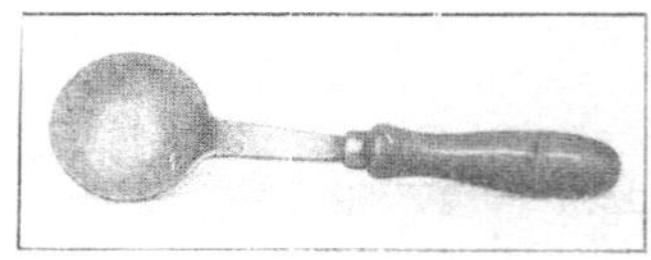

Abb. 404.

Der Normenbrei wird in folgender Weise hergestellt.

In einem eisernen Gefäß (s. Abb. 403) werden 400 g Zement in Kranzform ausgebreitet; in die Mitte wird das erforderliche Wasser mit einem Male eingegossen und sofort durch 3 Minuten dauerndes (bei Raschbindern

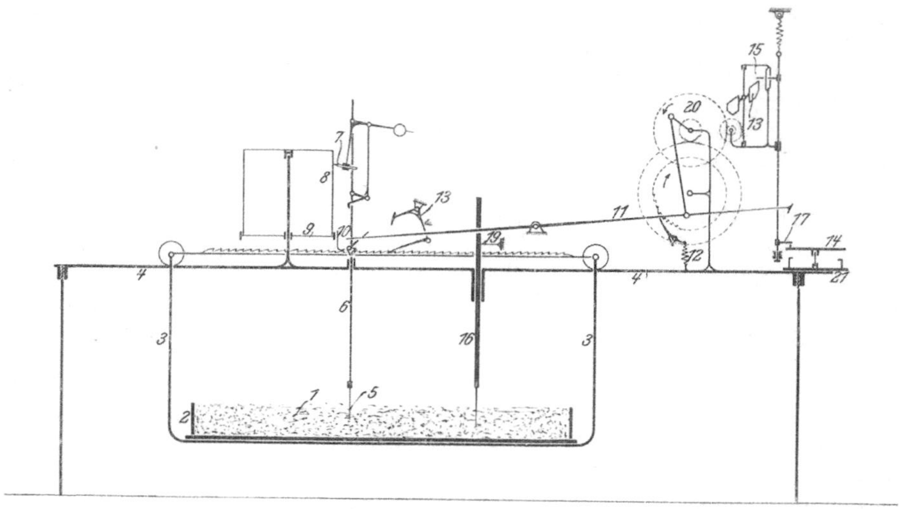

Abb. 405.

1 Minute) kräftiges Durcharbeiten mit einer Kelle (s. Abb. 404) ein Brei gleichartiger Steife erzeugt.

Die Steife des Breies ist abhängig von der Größe des Wasserzusatzes[1]), der durch wiederholte Versuche ermittelt werden muß. Der Brei besitzt die richtige Steife („Normenkonsistenz"), wenn die an Stelle der Nadel in den Vicatschen Nadelapparat eingesetzte „Sonde" mit 1 qcm Querschnitt den Brei nicht durchdringt, sondern 5—6 mm über dem Boden stehenbleibt.

Da die Bindezeit des Zementes sich bei hoher Temperatur verkürzt, müssen Zement, Anmachewasser und Versuchsraum konstante Temperatur von etwa 14—18° besitzen.

[1]) Der Wasserzusatz beträgt etwa 25 %.

Außer dem obengenannten Vicatschen Nadelapparat gibt es noch Apparate, welche den Verlauf des Abbindens mechanisch aufzeichnen. Es geschieht derartig, daß, durch ein Uhrwerk veranlaßt, in gewissen Zeitabschnitten eine Vicatsche Nadel in den Zementbrei gesenkt und die Eindringungstiefe auf einem Papierstreifen markiert wird.

Abb. 405 veranschaulicht den Grundsatz eines solchen Apparates (Bauart Amsler)[1]).

Der Zementbrei 1 befindet sich in dem Trog 2, der auf dem Wagen 3 ruht. Der Wagen hängt an einer festen Bahn des Gestelles 4 und wird in bestimmten Zeitintervallen verschoben. Die Nadel 5 wird nach jeder Verschiebung des Wagens 3 herabgelassen und dringt in den Zementbrei 1 ein. Am Halter 6 der Nadel ist der Schreibstift 7 angebracht, der auf der Trommel 8 einen Strich zeichnet, dessen Länge der Eindringungstiefe der Nadel 5 proportional ist. Nach jedem Spiel der Nadel wird die Trommel 8 durch das Schaltrad 9 und den Sperrzahn 10 mittels Lenkerstange 11 gedreht. 11 wird von der Feder 12 durch ein Räderwerk mit Windflügelhemmung 13 betätigt. Die Wechselscheibe 14 der Uhr besitzt regelmäßig verteilte Ausschnitte. Die Lenkerstange 11 hebt einerseits durch die vom Exzenter 20 bedingte zwangläufige Bewegung den Schreibstift 7 von der Trommel 8 weg und führt mit dem Winkelhebel 18 die Schaltbewegung des Wagens 3 aus; sie bewirkt ferner das Einspringen des Hakens 17 in die Scheibe 14 und das Feststellen des Windflügels 13 durch den Mitnehmer 15. Mit dem im Gestell 4 des Apparates senkrecht geführten Stift 16 stellt man die Normenkonsistenz des Zementbreies fest. Die Eindringungstiefe von 16 ist an einer Teilung bei 19 ablesbar.

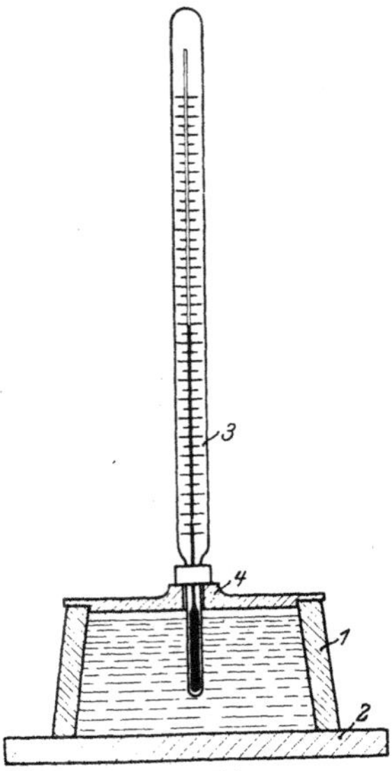

Abb. 406.

Die beim Abbinden auftretende Temperaturerhöhung (s. S. 407) wird in der Weise gemessen, daß man Normenzementbrei in einen konischen, mit Deckel 4 versehenen Hartgummiring 1 nach Abb. 406 füllt, der auf einer Glasplatte 2 liegt, und in den Brei ein Thermometer 3 senkt, dessen Ansteigen man während des Abbindevorganges beobachtet. Da diese Art der Versuchsausführung sehr zeitraubend ist, empfiehlt es sich, zur Vermeidung der beständigen Beobachtung des Thermometers ein Maximumthermometer zu benutzen oder zur Festlegung des ganzen Vorganges durch eine mechanische Einrichtung die jeweilige Temperatur als Funktion der Zeit aufzeichnen zu lassen. Es kann dies dadurch geschehen, daß man, wie bei einem von Gary konstruierten Apparate, den jeweiligen Stand der Quecksilbersäule auf einer mechanisch vorbeibewegten photographischen Platte festhält, oder andererseits in einfachster Weise dadurch, daß man ein Thermoelement (s. § 352) in

[1]) Weitere solche Apparate s. Mitteilungen aus dem Königl. Materialprüfungsamt Großlichterfelde, Jahrg. 1906, Heft V und Gary, Thermograph für die Bindezeit der Zemente, Tonindustriezeitung 1910, S. 5.

den Zementbrei einbettet und die jeweilige elektromotorische Kraft mit einem registrierenden Zeigergalvanometer (s. § 354) feststellt. Die letztere Methode bietet den Vorteil, daß man die Temperaturerhöhung an dem Probekuchen, der zur Feststellung der Abbindezeit benutzt wird, ermitteln kann. Die feinen Drähte des Thermoelementes beeinflussen in keiner Weise den Abbindungsvorgang, und da sie leicht beweglich sind, kann man die thermoelektrische Temperaturmeßmethode auch bei registrierenden Nadelapparaten mit verwenden.

§ 219. Die Erhärtung des Zementes.

Nach dem Abbinden des Zementes beginnt die Erhärtung, deren Verlauf und Dauer keine gesetzmäßige Beziehung zu anderen Eigenschaften aufweisen. Im allgemeinen benötigen rasch bindende Zemente längere Zeit zur vollen Erhärtung als langsam bindende.

Die während der Erhärtung sich abspielenden chemischen Vorgänge sind noch nicht völlig geklärt. Es ist aber von Michaelis[1]) festgestellt, daß beim Erhärten des Portlandzementes Wasser chemisch gebunden und Kalkhydrat ausgeschieden wird. Beim Erhärten in Wasser werden Alkalien und geringe Mengen von Kalk und Kieselsäure an das Wasser abgegeben. Das ausgeschiedene Kalkhydrat geht an der Luft in kohlensauren Kalk über, während es in Wasser in Lösung geht.

Im übrigen basiert die Erhärtung auf kolloiden Vorgängen. Der Portlandzement dehnt sich bei der Reaktion mit Wasser zu einem gelartigen Kolloid aus, das im Mörtel als Kittmasse für den Sand dient. Dabei ist der Vorgang der, daß jedes Zementkörnchen sich durch die Einwirkung des Wassers mit einer kolloiden Schicht umgibt, die allmählich wächst und sich verdichtet, bis der Vorgang schließlich zum Stillstand kommt, weil alle Zementteilchen umgewandelt sind oder weil kein Wasser mehr zu den von der gelartigen Schicht dicht umschlossenen Teilchen gelangen kann.

Bedingung für gute Erhärtung des Portlandzementes ist die Gegenwart von Wasser; daher muß der Zement bei allen Versuchen vor raschem Austrocknen geschützt werden[2]). Besonders in den ersten Tagen der Erhärtung muß genügend Wasser vorhanden sein, damit die Spaltung der Zementbestandteile, welche sich ja unter dem chemischen Einflusse des Wassers vollzieht, vollkommen stattfinden kann. Sind alle Bedingungen für günstige Erhärtung vorhanden, dann erfolgt in den ersten Tagen eine große Zunahme sowohl der Härte als auch der Festigkeit. Später verlangsamt sich die Zunahme und findet erst nach langer Zeit, in der Regel erst nach mehreren Jahren ihren Abschluß. (Über das mikroskopische Gefüge von erhärtetem Zement s. Berichte der Deutschen chemischen Gesellschaft 1908, Nr. 8, S. 1742.)

§ 220. Die Selbstfestigkeit und die Mörtelfestigkeit des Zementes.

Man unterscheidet die sogenannte „Selbstfestigkeit" des Zementes von der „Mörtelfestigkeit". Jene wird an Probekörpern ermittelt, die aus einer

[1]) Michaelis, Verhandlungen des Vereins zur Beförderung des Gewerbefleißes 1896, S. 157ff.

[2]) Diese Ausführungen widerlegen daher die gelegentlich geäußerte irrige Anschauung, daß Portlandzement durch Austrocknen erhärte, und wie der Kalk (s. § 249), Kohlensäure zum Erhärten benötige.

Mischung von Zement und Wasser hergestellt wird; die Feststellung dieser erfolgt an Probekörpern aus einem Mörtel, der durch Mischen des Zementes mit Normensand erzeugt wird.

Die Selbstfestigkeit gibt Aufschluß über die Güte einer Zementsorte verglichen mit anderen Zementen oder anderen hydraulischen Bindemitteln, ohne aber ein Maß für die Verwendbarkeit des Zementes im Bauwesen zu liefern. Letztere Eigenschaft kann dagegen durch Ermittelung der Mörtelfestigkeit klargestellt werden; denn erst bei Verarbeitung mit Sandzusatz kommt die wirkliche Bindefähigkeit des Zementes zum Ausdruck.

§ 221. Der Normensand.

Wie oben erwähnt wurde, wird zur Erzeugung des Mörtels ,,Normensand" benutzt. Der Normensand ist ein Quarzsand, der mindestens 99 % SiO_2 und nicht mehr als 0,1 % abschlämmbare Substanz enthalten soll. Der deutsche Normensand entstammt einem bestimmten tertiären Quarzsandlager der Braunkohlenformation in der Nähe von Freienwalde a. O. Er wird durch Waschen und Sieben gewonnen und vom Laboratorium des Vereins deutscher Portlandzement-Fabrikanten in Karlshorst bei Berlin in Säcken mit 50 kg Inhalt, die mit Plomben des Materialprüfungsamtes Großlichterfelde verschlossen sind, in den Handel gebracht.

Die Körner dieses Sandes sollen durch Siebe mit kreisrunden Löchern von 1,350 mm fallen und auf Sieben mit kreisrunden Löchern von 0,775 mm Durchmesser liegenbleiben. Die Bleche der Prüfungssiebe sollen 0,25 mm dick sein. Als Abweichung von der Vorschrift werden bis 2 % zu grobe und 10 % zu feine Körner zugelassen.

Die Bestrebungen des Internationalen Verbandes für die Materialprüfungen der Technik gehen dahin, einen internationalen Normensand zu vereinbaren, da durch Versuche festgestellt worden ist, daß Sande gleicher Korngröße und gleicher Oberflächenbeschaffenheit, sowie ähnlicher Beimengungen sehr verschiedene Festigkeit des Mörtels liefern. Mörtel dagegen, die mit Normensand an verschiedenen Prüfungsstellen hergestellt wurden, lieferten übereinstimmende Festigkeitsergebnisse. Es empfiehlt sich daher, Prüfungsergebnissen auch Angaben über die Art des verwendeten Sandes (Normensand, Bausand oder dgl.) und, sein Raumgewicht im eingelaufenen und eingerüttelten Zustande beizufügen[1]).

§ 222. Der Normenmörtel.

Zur Erzeugung von Normenmörtel werden einem Gewichtsteile Zement drei Gewichtsteile Normensand zugesetzt, wobei die erforderliche Wassermenge durch Sonderversuche ermittelt werden muß. Aber nicht allein die Zusammensetzung des Mörtels bedingt die Festigkeit der Probekörper, sondern die Art ihrer Herstellung und die während der Herstellung herrschenden Nebenumstände, wie Feuchtigkeitsgehalt und Temperatur der Luft, sowie Beschaffenheit des Mörtelwassers, Durcharbeitungsart und Zeit beeinflussen

[1]) Der schweizerische Normensand gibt höhere, der russische dagegen niedrigere Festigkeitswerte als der deutsche. Über die Eignung des Normensandes s. a. § 225, § 250 und 259. — Zur Zeit tritt Gary dafür ein, die Körnung des Normensandes zu ändern, s. Zement-Wochenschrift 1923, S. 28.

das Ergebnis. Um diesen Einflüssen nach Möglichkeit zu begegnen, empfehlen die Normen zur Herstellung des Normenmörtels die Verwendung des Mörtelmischers, Bauart Steinbrück-Schmelzer.

Der Mörtelmischer ist in Abb. 407 und 408 dargestellt. Er besteht aus einer Mischschale 1, in welcher der Mörtel unter dem Gewichte der in gleicher Richtung wie die Schale, aber mit anderer Geschwindigkeit laufenden Walze 2 niedergedrückt und auseinandergestrichen wird, um darauf an den beiden Abstreichern 3 und 4 wieder aufgelockert und gewendet zu werden. Zum Abstreichen der Walze ist ein Abschaber vorhanden (in der Abb. nicht gezeichnet), welcher das Festanhaften des Mörtels verhindert. Die Abstreicher 3 und 4 sitzen auf einem gemeinsamen Halter 6, der um das Gelenk 7 drehbar ist und das gleichzeitige Ausheben der Abstreicher gestattet. Die Achse 8 der Walze 2 ist aus demselben Grunde und zur Anpassung an die Dicke der Mörtelschicht um das Gelenk 9 drehbar. Zu beachten ist, daß beim Mischen der unter der Walze hervorkommende Mörtel zuerst dem Abstreicher 3 und dann dem Abstreicher 4 zugeführt wird. Der Antrieb des Mörtelmischers erfolgt entweder mit Kurbel von Hand oder durch Riemenscheibe durch die Welle 10. Die Schale 1 besitzt an der Unterseite

Abb. 407.

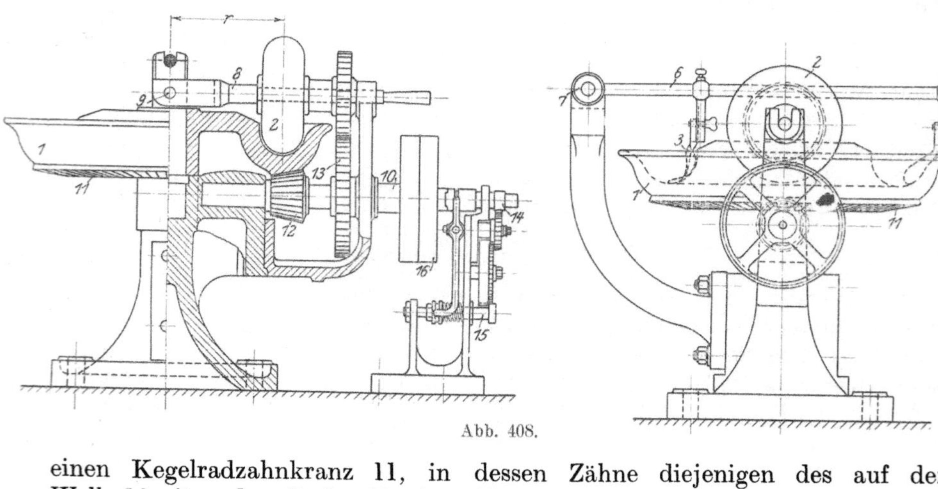

Abb. 408.

einen Kegelradzahnkranz 11, in dessen Zähne diejenigen des auf der Welle 10 sitzenden Rades 12 eingreifen.

Die Bewegung der Walze erfolgt durch das Zahnräderpaar 13. Bemerkenswert ist, daß die Umfangsgeschwindigkeit der Walze nicht gleich der

Schalenrinnenmitte ist. Es wird dadurch eine Relativbewegung erzielt, welche das Durcharbeiten des Mörtels befördert.

Die maßgebenden Teile des Mörtelmischers sollen folgende Gewichte und Abmessungen besitzen:

Gewicht der Mischwalze mit Achse	21,50—22,00 kg.
,, ,, ,, ohne ,, ...	19,10—19,40 ,,
Durchmesser der Mischwalze	20,25—20,35 cm,
Breite der Mischwalze.	8,08 ,,
Abstand der Walze vom Schalenboden	0,50— 0,60 ,,
Walzenabstand r von der Mitte der Schalendrehachse	19,70—19,80 ,,

Die mechanisch betriebenen Mörtelmischer sind mit selbsttätigen Ausrückvorrichtungen versehen, welche den Stillstand des Mörtelmischers nach 20 Umdrehungen der Schale bewirken. Die 20 Umdrehungen müssen innerhalb 2 ½ Minuten erfolgen.

Eine mechanische Umdrehungszähl- und Ausrückvorrichtung für Mörtelmischer, Konstruktion des Verfassers, ist in Abb. 409 abgebildet. Die Antriebswelle 10 des Mörtelmischers (Abb. 408) ist mit einem einzähnigen Rade 14 versehen, welches bei jeder Umdrehung die Zählvorrichtung um 1 Zahn weiter schaltet. Nach 150 Schaltungen gibt das Zählwerk einen Schieber 15 frei, welcher das Ausrücken der Riemenscheibe 16 durch Federdruck bewirkt[1]). Es gibt aber auch noch andere Vorrichtungen, wie z. B. die des Chemischen Laboratoriums für Tonindustrie in Berlin.

Abb. 409.

Die Schale des Mörtelmischers vermag 2000 g Mörtel zu fassen. Es werden daher 500 g Zement und 1500 g Normensand in einer trockenen Schüssel (s. Abb. 403, Seite 408) ½ Minute lang mit Hilfe eines eisernen Löffels (s. Abb. 404, Seite 408) innig gemischt, dann das in der Schüssel kegelförmig angehäufte Gemisch mit einer Vertiefung versehen und in diese die durch Versuch (s. S. 420) zu bestimmende Wassermenge zugesetzt. Die angefeuchtete Masse wird alsdann abermals ½ Minute lang mit dem Löffel gemischt, dann in der Schale des Mörtelmischers gleichmäßig ausgebreitet und während 2 ½ Minuten durchgearbeitet. Zu beachten ist, daß vor dem Einbringen des Mörtels in die Maschine die Schale derselben mit einem nassen Tuche, am besten mit nassem Zementmörtel, ausgewischt wird. Trockene Schale entzieht dem Mörtel Feuchtigkeit.

[1]) Diese Vorrichtung wird von Mechaniker Richter, Dresden, geliefert.

Daß Schale, Walze und Abstreicher nach jeder Mischung sorgfältig gereinigt werden müssen, bedarf wohl kaum der Erwähnung. Der Mörtel muß sofort verarbeitet werden, da Lagerung seine Eigenschaften verändert[1]).

§ 223. Die Herstellung der Probekörper für die Festigkeitsversuche.

Aus dem fertig gemischten Mörtel werden Zug- und Druckprobekörper hergestellt. Jene haben sogenannte Achterform (s. Abb. 410). Ihr beanspruchter Querschnitt beträgt 5 qcm. Als Druckprobekörper dienen Würfel mit 50 qcm Fläche.

Die in der Abb. 410 dargestellte Achterform entspricht in ihren Abmessungen nicht genau der alten Michaelisschen Form, deren Abmessungen auf dem englischen Maßsystem fußen und deren Ableitung sich ohne weitere Erklärung aus der Abb. 411 ergibt. Die letztere Form ist noch an zahlreichen Prüfungsstellen im Gebrauch, trotzdem die Herstellung der für sie benötigten Formkasten (s. Abb. 415, Seite 417) in Anbetracht dessen gewisse Schwierigkeiten bereitet, als keine Einigkeit darüber besteht wie groß der englische Zoll anzunehmen ist. Das Materialprüfungsamt, Berlin-Dahlem schreibt vor, daß der 3″ige Umkreisdurchmesser des Probekörpers (s. Abb. 411) gleich 3 × 26 = 78 mm zu betragen habe und daß die übrigen Kreisabmessungen diesem Kreisdurchmesser anzupassen sind. Es wäre besser, diese Vorschrift zu verlassen und die einwandfreien Maße der Abb. 410 zu benutzen.

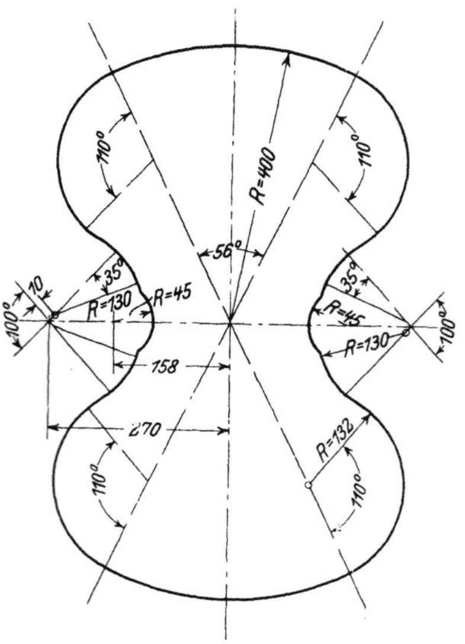

Abb. 410.

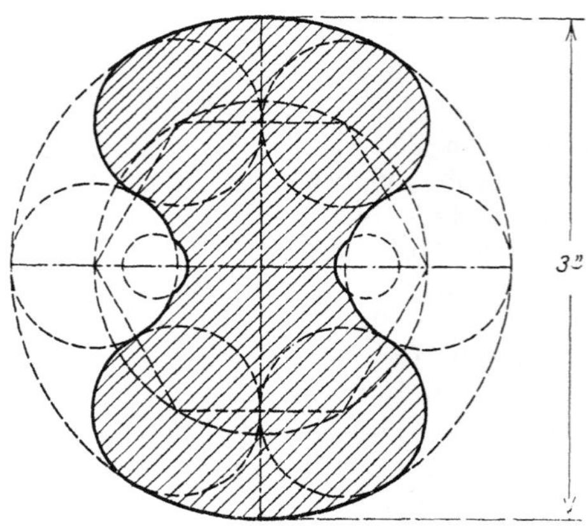

Abb. 411.

Nach den Vorschlägen des Internationalen Verbandes sind die Probekörper maschinell anzufertigen. Die dazu benutzte Maschine soll derartig beschaffen sein, daß eine gleichmäßige Anzahl Schläge auf jeden Probe-

[1]) Über den Einfluß des Lagerns angemachten Zementmörtels s. Zement und Beton 1909, S. 392.

körper ausgeübt wird. Diesen Bedingungen entspricht der „Hammerapparat", Bauart **Böhme**, welcher in Deutschland als Normenapparat eingeführt ist. Er besteht aus einem Schwanzhammer von 2 kg Gewicht,

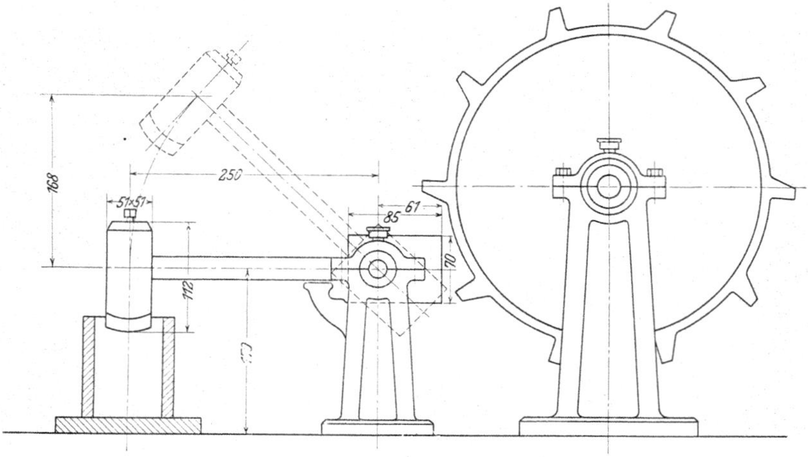

Abb. 412.

welcher auf jeden Probekörper, gleichgültig, ob Zug- oder Druckprobekörper, aus bestimmter Fallhöhe 150 Schläge ausübt und dann selbsttätig ausgerückt wird. Da der Probekörper um so dichter wird, je größer die zu seiner Her-

Abb. 413.

stellung aufgewendete Schlagarbeit war, muß darauf geachtet werden, daß die Abmessungen des Hammers (s. Abb. 412) auch den Vorschriften entsprechen[1]). Es empfiehlt sich daher, bei Neuanschaffungen von Hämmern

[1]) Die Entfernung der Hammerbahn vom Grunde des Formkastens beträgt in der gezeichneten Stellung des Hammers 120 mm.

dieselben vor Inbetriebnahme in einer staatlichen Materialprüfungsanstalt untersuchen zu lassen. Man wird sich durch die damit verbundene geringe Geldausgabe vor vielen Mißerfolgen bei der Probekörperherstellung bewahren. Das Aufstellen des Hammerapparates muß auf erschütterungsfreier Unterlage erfolgen, damit die ganze lebendige Kraft des Hammers zur Wirkung gelangen kann. Es muß daher der Apparat auf einem gut fundierten Mauerklotz mit Schrauben befestigt und mit Zementbrei untergossen werden.

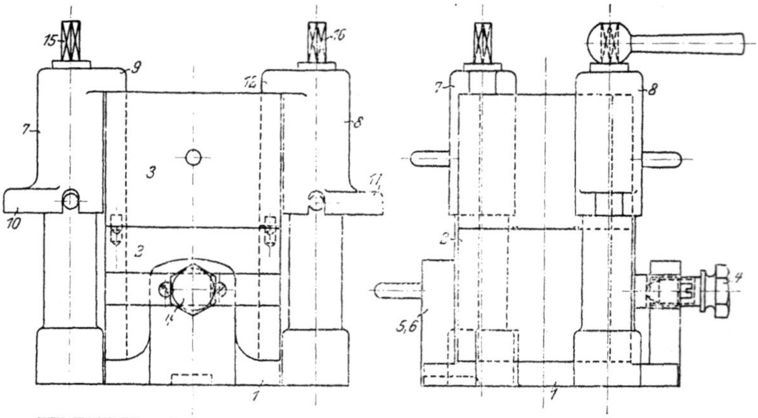

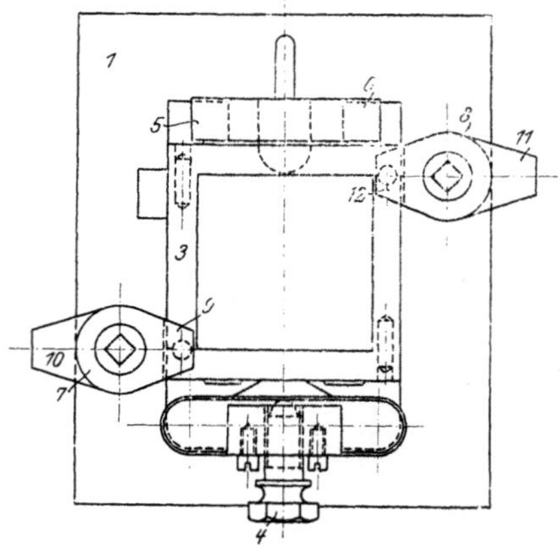

Abb. 414.

In Abb. 413 ist der Fünfhammerapparat der Dresdner Technischen Hochschule dargestellt. Auf einer gemeinsamen Welle, die durch ein Zahnradvorgelege von einer Riemenscheibe aus angetrieben wird, sitzen 5 Nockenräder, die zum Ausheben der Schwanzhämmer dienen. Unter den Hämmern befinden sich die Formkästen, welche durch Haltevorrichtungen, Bauart Martens, in ihrer Lage unverrückbar gehalten werden. Diese Vorrichtungen besitzen gegenüber den älteren den Vorzug, daß sie sicher wirken, fest mit der Maschine verbunden bleiben und ohne weiteres zur Festhaltung der Zug- oder Druckprobekörperformkästen verwendet werden können. Die Formkästen sind zerlegbar, damit das Entformen der Probekörper leicht bewerkstelligt werden kann. Ihre Konstruktion mit Aufsatzkästen und Unterlagen ist aus Abb. 414 und 415 ersichtlich. Auf der Unterlagplatte 1 ruht die Zug- oder Druckprobekörperform 2 und auf ihr der Aufsatzkasten 3. Alle drei Teile werden durch die obenerwähnte Haltevorrichtung in ihrer Lage gesichert. Zum Zusammenpressen der zweiteiligen Form 2 dient die an der Unterlagplatte befestigte Schraube 4, welche die Form gegen die Nocken 5 und 6 drückt. Die Schraube greift bei den Zugprobekörperformen in eine Vertiefung der Form ein, so daß Verschieben derselben infolge von Erschütterungen ausgeschlossen ist. Die Haltevorrichtung besteht im wesentlichen aus zwei in der Hammerfundamentplatte befestigten Säulen, die oben um 180° drehbare Muffen 7 und 8 tragen. Die Muffen haben oben und unten die Nasen 9, 10, 11, 12 und im Innern eine Feder 13 (s. Abb. 415), welche Anheben der Muffe bewirkt, wenn die Schraube 15 oder 16 gelockert wird. Zur Festhaltung der niedrigen Zugprobekörperformen mit Aufsatzkästen dienen die Nasen 10 und 11

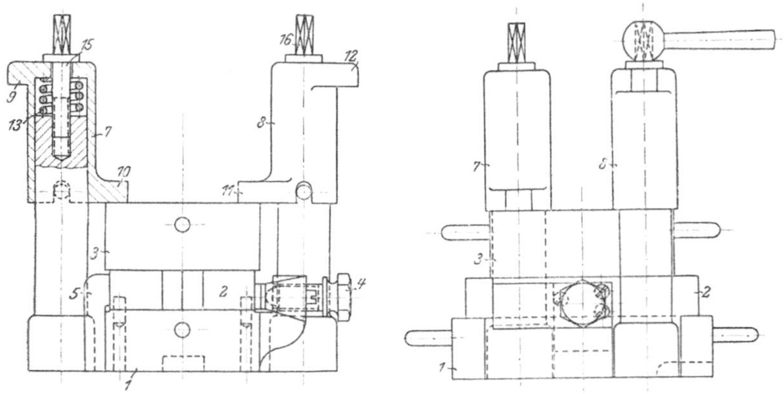

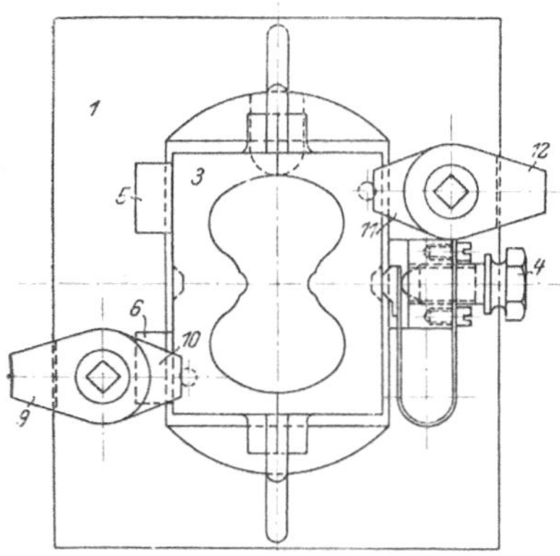

Abb. 415.

und der höheren Druckprobekörperformen mit Aufsatzkästen die entsprechend höher angeordneten Nasen 9 und 12.

Auf sichere Befestigung der Formen ist der größte Wert zu legen, weil lockere Formen sich bei jedem Schlage bewegen und dadurch die Erzeugung dichter Probekörper unmöglich wird. Der Hammerapparat (Abb. 413) ist mit einer selbsttätigen Schlagzähl- und Ausrückvorrichtung versehen, die den Stillstand des Hammers nach 150 Schlägen bewirkt.

Die Schlagfolge muß derartig bemessen sein, daß die 150 Schläge 2½ Minuten Zeit erfordern.

Während bei dem eben besprochenen Böhmeschen Hammerapparat die Herstellung der Zug- und Druckprobekörper mit der gleichen Anzahl Schläge erfolgt und die aufgewendete Schlagarbeit infolge der größeren Fallhöhe des Hammers bei Anfertigung der niedrigen Zugprobekörper größer als für die Druckprobekörper ist, gestattet der in Österreich, der Schweiz und einigen anderen Ländern eingeführte Rammapparat durch Anpassung der Schlagarbeit an die Art des Probekörpers die Erzeugung von Körpern gleicher Dichte.

Die Abb. 416 zeigt das sogenannte Klebesche Universalschlagwerk. Auf der Grundplatte 1, die mit Steinschrauben auf einem erschütterungsfreien Fundament befestigt werden muß, befindet sich der Ständer 2, an dessen oberem Ende die Welle 3 gelagert ist, welche die Riemenscheibe 4 trägt. Auf dem Umfange derselben ist ein rauhes Teilstück 5 befestigt. Die Welle 3 bzw. die Riemenscheibe 4 kann durch die Antriebscheibe 6, welche mittels des Hebels 7 ein- und ausgerückt wird, in Umdrehung versetzt werden. Durch die Spannrolle 8, welche in dem Bock 9 schwingbar gelagert ist und mittels der Feder 10 gegen die Scheibe 4 gezogen wird, wird die Stange 11 gegen den rauhen Belag 5 der Scheibe 4 gepreßt. Beim Umlauf dieser Scheibe wird infolgedessen die Stange 11 nach oben gehoben, und zwar um eine Strecke, die der Länge des rauhen Belages 5 entspricht. Dadurch wird der Rammbär 12 mit seiner Führung 13, die in den Stangen 14 und 15 läuft, auf eine ganz bestimmte Höhe gehoben.

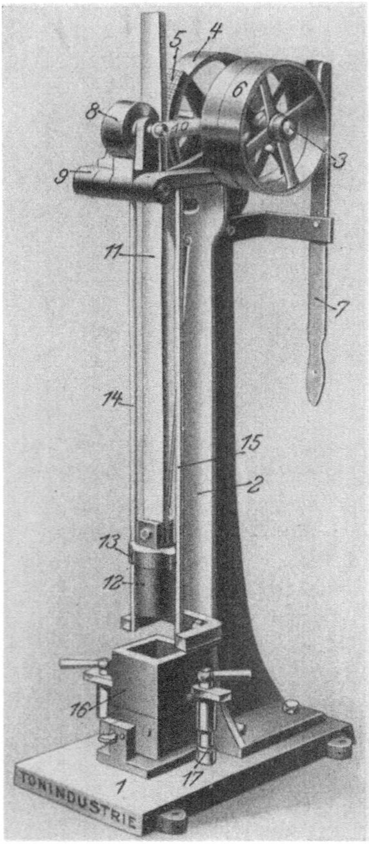

Abb. 416.

Unter dem Rammbär befindet sich der Formkasten 16 (in der Abbildung für Druckprobekörper dargestellt), der mit den Haltevorrichtungen 17 in der gleichen Weise auf der Grundplatte 1 befestigt ist, wie beim Böhmeschen Hammerapparat (siehe Abb. 413).

Durch Aufsetzen verschieden langer Beläge 5 auf die Scheibe 4 kann die Fallhöhe des Rammapparates verändert und damit die oben erwähnte Anpassung der Schlagarbeit an die Probekörpergröße erreicht werden[1]).

Die Anfertigung der Probekörper geschieht mit den Ramm- und Hammerapparaten in folgender Weise. Für einen Zugprobekörper werden 180 g und für einen Druckprobekörper 860 g Mörtel unter Verwendung eines Einfülltrichters in die Formkästen gebracht, leicht mit einem eisernen Stampfer geebnet und der Schlagstempel wird aufgesetzt. Hiernach wird das Zählwerk eingestellt und die erforderliche Anzahl Schläge auf den Schlagstempel ausgeübt. Nach Stillstand der Maschine wird der Hammer abgehoben, gegen Niederfallen gesichert und die Form mit Unterlagplatte aus dem Hammerapparat entfernt. Sie wird mit der Unterlagplatte auf einen schweren, feststehenden

[1]) Das Klebesche Universalschlagwerk wird vom Chemischen Laboratorium für Tonindustrie in Berlin geliefert.

Tisch gesetzt, wo sie gegen Verschieben durch eingesetzte Zapfen gesichert ist. Hier erfolgt das Entfernen des überstehenden Mörtels, der mit einem Messer abgeschnitten wird. Schließlich wird die Oberfläche des Probekörpers noch mit dem Messer geglättet und durch Eindrücken von Buchstaben oder Zahlen gezeichnet.

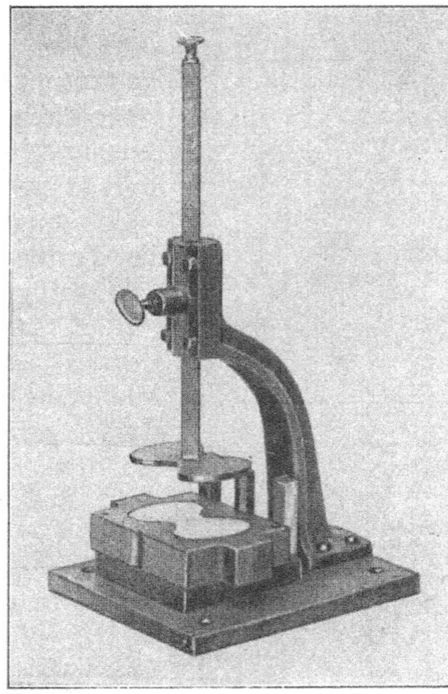
Abb. 417.

Der fertige Körper wird alsdann mit der Form von der Unterlagplatte abgezogen und auf einer mit nassem Fließpapier bedeckten Glasplatte in einem mit feuchter Luft erfüllten Raume gelagert. Die Zugprobekörper werden nach ½ Stunde und die Druckprobekörper nach 20 Stunden entformt. Das Entformen der Körper geschieht entweder von Hand oder mit Vorrichtungen, die in Abb. 417 und 418 dargestellt sind.

Die erstere Vorrichtung zum Entformen von Zugprobekörpern wurde von Michaelis angegeben. Sie wird in der Weise benutzt, daß der Probekörper mit Form auf die Grundplatte gelegt, mit der in einer Führung auf und ab beweglichen, verstellbaren Platte gegen die Unterlage gepreßt und durch vorsichtiges Abheben der Form die letztere von dem Probekörper abgezogen wird.

Der zweite für Druckprobekörper bestimmte Apparat besteht aus einem eisernen quadratischen Stempel, dessen Querschnittsgröße von der Würfelfläche nur wenig abweicht und der zum Ausdrücken des Probekörpers in der aus Abb. 418 ersichtlichen Weise benutzt wird. Zur Verhinderung des Schiefstellens ist der Stempel mit einer Führung für die Form versehen. Während beim Entformen von Hand auch bei großer Geschicklichkeit des Arbeiters leicht eine Zerstörung des Probekörpers erfolgen kann, ist dies bei mechanischer Entformung mit den obigen Vorrichtungen ausgeschlossen.

Abb. 418.

Nach dem Entformen müssen die Formen sofort gereinigt und eingefettet werden, weil sie sonst sehr schnell verrosten und die rostigen Stellen das Abziehen der Formen von den Probekörpern erschweren, wenn nicht gar verhindern. Auch ein leichtes Einölen der Formen vor dem Einfüllen des Mörtels ist zu empfehlen, weil dadurch das Entformen wesentlich erleichtert wird. Vor zu viel Öl muß aber gewarnt werden, es würde die Erhärtung der Probekörper beeinträchtigen. Die Art des Öles ist gleichgültig, es darf nur nicht zu dickflüssig sein. Im allgemeinen wird ein Gemisch von $^2/_3$ Rüböl mit $^1/_3$ Petroleum empfohlen.

Verwechselung der einzelnen Formen und Formkastenteile braucht nicht befürchtet zu werden. Von zuverlässigen Lieferanten herrührende Einrichtungen sind sorgfältig und auswechselbar hergestellt, sogar die Formkastenhälften können gegenseitig vertauscht werden. Es empfiehlt sich, die einzelnen Teile oft zu vertauschen, damit sie sich nicht ungleichmäßig abnutzen. Bei Neuanschaffungen überzeuge man sich, daß alle Teile auswechselbar sind und gut ineinander passen. Besonders ist darauf zu achten, daß die beiden Formhälften passend gearbeitet sind; die geringste Verschiebung der beiden Hälften veranlaßt Abweichungen der Größe des beanspruchten Querschnittes. Der Schlagstempel muß in dem Aufsatzkasten sehr lose geführt sein, damit er, durch zwischendringenden Mörtel veranlaßt, sich nicht festsetzen kann. Auch muß der Querschnitt des Aufsatzkastens etwas geringer sein als derjenige der Form, damit der Schlagstempel bei zu wenig Mörtel sich nicht auf den Rand der Form aufsetzt und diese beschädigt.

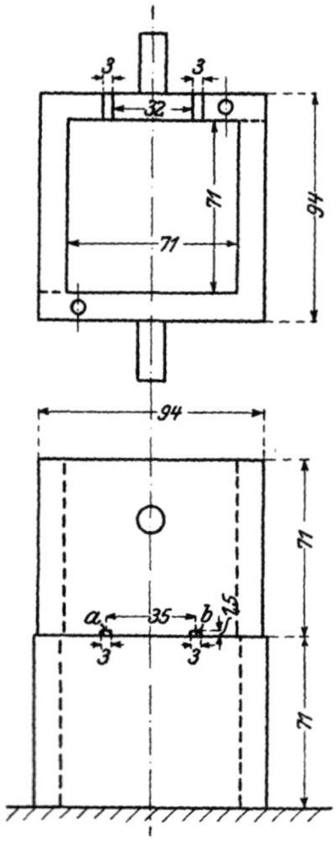

Abb. 419.

Von größter Wichtigkeit ist bei der Herstellung der Probekörper zur Ermittelung der Mörtelfestigkeit die Wahl des geeigneten Wasserzusatzes. Nach einer Ergänzung der Normen vom Jahre 1902 ist der Wasserzusatz nicht mehr der Willkür des Arbeitenden überlassen oder für alle Zemente allgemein gültig festgelegt, sondern es muß der geeignete Wasserzusatz für jeden Zement durch Sonderversuche vor dem Einschlagen der Probekörper ermittelt werden. Es geschieht in folgender Weise.

Aus einem mit 8 % Wasserzusatz hergestellten Mörtel wird ein Druckprobekörper eingeschlagen und während des Einschlagens beobachtet, nach wieviel Schlägen Zementschlamm aus den in der Druckform bei *a* und *b* befindlichen Löchern (s. Abb. 419) austritt. Der Wasserzusatz ist als richtig anzusehen, wenn dieser Vorgang zwischen dem 90. und 110. Schlage[1]) beginnt. Beginnt er früher, dann enthält der Mörtel zu viel Wasser, beginnt er später, dann ist zu wenig Wasser benutzt worden. Es muß alsdann neuer Mörtel mit weniger oder mehr Wasser hergestellt und der Versuch wiederholt werden. War zu wenig Wasser im Mörtel, dann darf nicht etwa Wasser dem noch vorhandenen Mörtel zugesetzt und dieser benutzt werden, sondern es muß neues Mischen erfolgen.

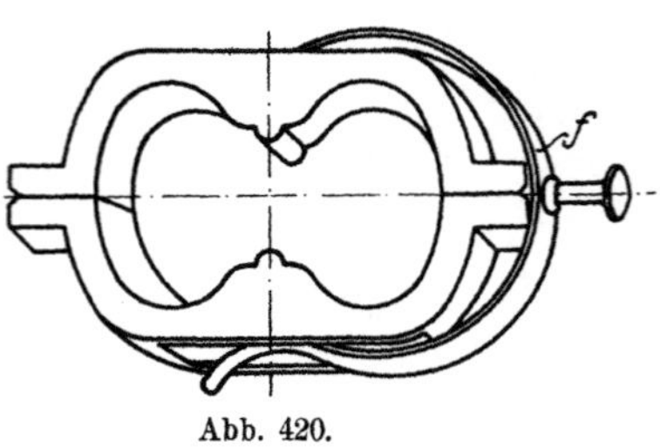

Abb. 420.

[1]) Diese Grenzen sind zu weit; es wäre eine Einengung derselben vorteilhaft, weil der Wasserzusatz um mehr als $1/4$ % innerhalb dieser Grenzen variieren kann.

Schnellbindende Zementmörtel[1]) kann man nicht mit der Maschine einschlagen, sondern man muß die Probekörper von Hand anfertigen, da die Maschinenarbeit zu lange Zeit erfordert. Es werden bei der Handarbeit die mit Feder *f* zusammengehaltenen Formen (Abb. 420) auf fester, ebener, nicht absaugender Unterlage aufgestellt und mit Mörtel, stark gewölbt, gefüllt. Hiernach schlägt man mit einem eisernen Spatel (s. Abb. 421) von 5 × 9 cm Fläche, 35 cm Länge und 750 g Gewicht den überstehenden Mörtel solange in die Form ein, bis er elastisch wird und sich an seiner Oberfläche Wasser zeigt. Nach Abstreichen und Glätten der Oberfläche werden die Probekörper der gleichen Behandlung unterworfen, wie die maschinell erzeugten.

Der Wasserzusatz muß durch probeweise erfolgtes Einschlagen mehrerer Probekörper bestimmt werden. Er beträgt bei normalen Zementen etwa 8—9 %, und zwar bei Schnellbindern meist etwas mehr als bei Langsambindern.

Da die chemische Beschaffenheit des Mörtelwassers von Einfluß auf die Festigkeit ist, indem z. B. hartes, gipshaltiges Wasser dem Mörtel eine höhere Festigkeit verleiht als weiches, empfiehlt es sich, destilliertes Wasser zu verwenden oder wenigstens die Härte und Art des Wassers anzugeben.

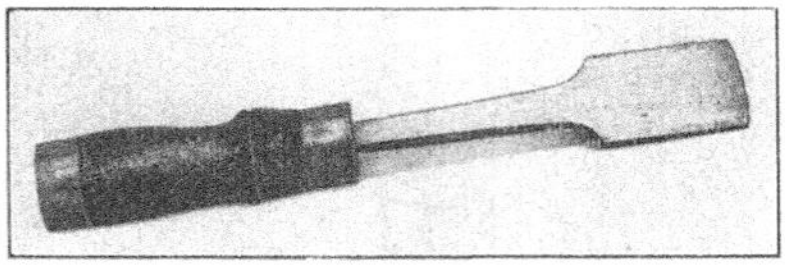

Abb. 421.

Ähnlich wie im vorhergehenden beschrieben, erfolgt die Anfertigung der Probekörper für die Ermittelung der Selbstfestigkeit des Zementes. Sie geschieht ebenfalls von Hand, indem Zementbrei von sirupartiger Steife in die aus Eisen oder Bronze bestehenden Formen eingeschüttet und mit einem Messer eingedrückt wird. Die Formen liegen dabei auf einem glatten Marmortisch oder auf einer polierten Metallplatte; dicke Glasscheiben verrichten dieselben Dienste. Zur Beförderung der Luftentweichung aus dem Zementbrei klopft man unmittelbar nach dem Einfüllen seitlich an die Formen, was Einsinken des Breies zur Folge hat. Wenn der Zement etwas angezogen hat, d. h. etwas steif geworden ist, streicht man mit einem Messer ohne Anwendung von Druck das überstehende Material ab, glättet die Oberfläche und bewahrt die Körper in gleicher Weise wie die Mörtelprobekörper auf.

Ein anderes Verfahren besteht darin, daß eine Mischung von Zement mit wenig Wasser, die das Aussehen feuchter Erde hat, angefertigt und mittels eines Spatels (s. Abb. 421) in die Form eingeschlagen wird.

Beide Verfahren liefern infolge des verschiedenen Wasserzusatzes und der abweichenden Herstellungsweise, die verschiedene Dichtigkeit der Körper veranlaßt, abweichende Ergebnisse. Die Probekörper dürfen erst nach 24 Stunden entformt werden. Ihre sonstige Behandlung stimmt aber mit derjenigen der Mörtelkörper überein.

Im Alter von 24 Stunden werden alle Probekörper in Wasser gebracht und dort bis zur Prüfung aufbewahrt. Der Wasserstand über den Probekörpern soll 1 m nicht übersteigen. Gewöhnlich beträgt die Wassertiefe im

[1]) Näheres s. F. Schiffner: Protokoll des Vereins deutscher Portlandzement-Fabrikanten 1888.

Behälter nicht mehr als 10 cm, so daß die Würfel gerade mit Wasser bedeckt sind. Das Wasser muß jede Woche erneuert und seine Temperatur ohne Schwankungen auf 15—18° erhalten werden. Da auch die Beschaffenheit des Lagerwassers die Erhärtung beeinflußt, empfiehlt es sich, die Art und Härte des Wassers neben den Prüfungsergebnissen anzugeben.

§ 224. Zug- und Druckversuche.

Wegen der vielen Faktoren, welche die Ergebnisse der Versuche zu beeinflussen vermögen, werden zur Verkleinerung der methodischen und zufälligen Fehler in jeder Versuchsreihe 10 Probekörper der Prüfung unterzogen; aus den festgestellten Werten wird der Mittelwert gebildet. Bei den Zugversuchen werden diejenigen Einzelwerte von der Mittelwertbildung ausgeschlossen, welche um mehr als 20 % geringere Festigkeit als das Mittel aller 10 Probekörper zeigen. Für den Druckversuch können unter Umständen, wenn z. B. das Versuchsmaterial nicht ausreicht, auch nur 5 Probekörper benutzt werden; aber im Streitfalle sollen immer 10 Proben entscheidend sein.

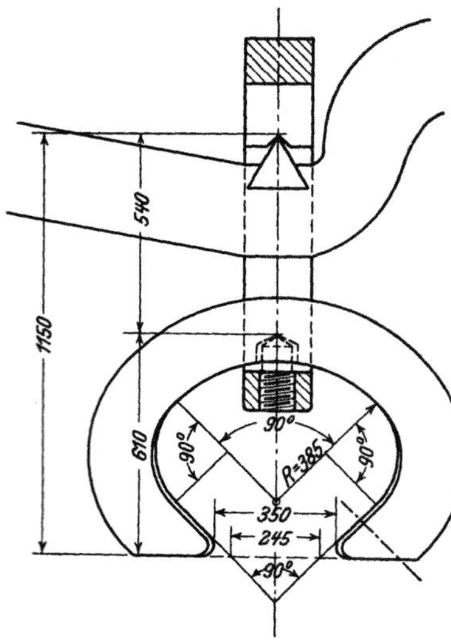

Abb. 422.

Geprüft werden die Probekörper im Alter von 7 und 28 Tagen. Nach den Normen ist maßgebend die Druckfestigkeit nach 28 Tagen. Sie soll mindestens 250 kg/qcm betragen.

Dabei haben die Probekörper nach ihrer Anfertigung 1 Tag an der Luft, dann 6 Tage unter Wasser und schließlich weitere 21 Tage wieder an der Luft bei 15 bis 20° zu lagern. Nach der Wasserlagerung, also im Alter von 7 Tagen, sollen die Probekörper eine Druckfestigkeit von 200 kg/qcm besitzen.

Portlandzement, der für Wasserbauten bestimmt ist, soll nach 1 Tag Lagerung an der Luft und 27 Tage unter Wasser eine Druckfestigkeit von 200 kg/qcm aufweisen.

Der große Einfluß, den die Lagerungsweise auf die Festigkeit von Probekörpern aus Normenmörtel ausübt, erhellt aus der nachstehenden Zusammenstellung, die einen Grundmann-Zement mit einem Abbindebeginn von 4 Stunden und einer Abbindezeit von 7 ½ Stunden betrifft.

Beanspruchungsart	Lagerung der Probekörper	
	1 Tag an der Luft, 27 Tage unter Wasser	1 Tag an der Luft, 6 Tage unter Wasser, 21 Tage an der Luft
Zugfestigkeit	28,4 kg/qcm	39,1 kg/qcm
Druckfestigkeit	346 kg/qcm	431 kg/qcm

Die Festigkeitsversuche können mit jeder beliebigen, richtig anzeigenden Materialprüfungsmaschine ausgeführt werden[1]). Es ist nur zu beachten, daß beim Zugversuch die Belastung stetig um 5 kg in der Sekunde wächst und die Einspannvorrichtung für die Probekörper der in Abb. 422 angegebenen entspricht. Die Druckprobekörper sind in Richtung senkrecht zur Einschlagerichtung zu beanspruchen. Eine Prüfungsmaschine für Zug- und Druckversuche mit Zementprobekörpern, Bauart Amsler, ist in § 402 beschrieben. Eine andere Spezialmaschine für Druckversuche zeigt die Abb. 596 auf Seite 648.

Ein verhältnismäßig wohlfeiler Zerreißapparat für Zementprobekörper, dessen Konstruktion von Michaelis herrührt, ist in Abb. 423 abgebildet.

Abb. 423.

Es ist ein Hebelapparat mit dem Übersetzungsverhältnis 1 : 50, welches durch die beiden Hebel 1 und 2 mit dem Verhältnis 1 : 10 und 1 : 5 erreicht wird. Der Hebelmechanismus dient gleichzeitig als Krafterzeuger und Kraftmesser.

Vor Beginn des Versuches muß dieser Apparat auf seine Gleichgewichtslage geprüft werden. Es wird bei abgehängter Wagschale 3, und unter Weglassung des Eimers 4, durch Verschieben des Laufgewichtes 5 der Hebel 1 auf die Marke 6 am Apparatgestell eingestellt. Hiernach hängt man die Wagschale 3 ein, ordnet den Probekörper 14 in den Einspannklauen 15 und 16 an und dreht die Schraube 7 mittels des Handrades 8 solange nach oben oder unten, bis der Hebel wieder auf die Marke 6 einspielt. Mittels des Schrotzuführers 9 führt man alsdann Bleischrot in die Wagschale 3 ein. Die Größe

[1]) Über ein neues Verfahren zur Ermittelung der Zugfestigkeit von Portlandzement s. The Engineering Record 1903, Nr. 20, oder Auszug daraus; Mitteilungen aus den technischen Versuchsanstalten zu Berlin 1903, S. 196.

der Auslauföffnung des Schrotzuführers läßt sich mit Hilfe eines Schiebers 10, der in Verbindung mit der Zahnstange 11 steht, derartig einstellen, daß die obenerwähnte Mehrbelastung von 5 kg in der Sekunde erzielt wird. Infolge des Übersetzungsverhältnisses 1 : 50 ist dazu eine Schrotmenge von 100 g in der Sekunde erforderlich. Die Einstellung des Schiebers wird durch die Nase 12 des Doppelhebels 13 bewirkt, welcher gleichzeitig zur Ausrückung des Schrotzuführers dient, indem er beim Bruch des Probekörpers durch die fallende Wagschale 3 nach unten gedrückt wird und die Zahnstange 11 auslöst. Letztere fällt durch ihr Eigengewicht nach unten und verschließt mittels des Schiebers 10 die Auslauföffnung. Das Gewicht des Eimers, einschließlich Schrot, multipliziert mit dem Übersetzungsverhältnisse des Hebelmechanismus, ergibt alsdann die zum Zerreißen des Probekörpers aufgewandte Kraft. Da aber der Probekörper 5 qcm Querschnitt besitzt und das Übersetzungsverhältnis 1 : 50 ist, genügt eine Multiplikation des festgestellten Gewichtes mit 10, um die Zerreißfestigkeit des Probekörpers für den Quadratzentimeter zu erhalten.

Körper mit geringer Festigkeit kommen manchmal schon durch Belastung des Hebels mit der Wagschale 3 zum Bruche; daher muß ihr Gewicht durch ein Gegengewicht ausgeglichen werden. Dazu dient der Eimer 4. Er wird mit soviel Schrot beschwert, als erforderlich ist, den Hebel 1 bei angehängter Wagschale 3 auf die Marke 6 zum Einspielen zu bringen.

Benutzt man außerdem noch an Stelle des Schrotes im Schrotzuführer zur Belastung Normensand, so kann man Probekörper prüfen, die zum Zerreißen nur einen Bruchteil eines Kilogramms benötigen.

Zur Gewichtsfeststellung des in die Wagschale 3 eingelaufenen Schrotes oder Sandes kann man auch in Ermangelung einer Wage den Zerreißapparat benutzen, indem man die Wagschale 3 an die Stelle des Eimers 4 bringt und dann auf eine an den Aufhängehaken der Wagschale 3 befestigten Platte (in der Abbildung nicht vorhanden) Gewichtsstücke auflegt, bis der Hebel 1 auf die Marke 6 einspielt. Da das Übersetzungsverhältnis dieses Hebels 1 : 10 ist, ergibt sich das Gewicht des Schrotes mit Wagschale, oder des Sandes wie bei einer Dezimalwage durch Multiplikation des auf der Wagschale befindlichen Gewichtes mit 10.

Besondere Aufmerksamkeit ist der Einspannung des Probekörpers in die Einspannklauen zu widmen. Letztere sind an ihren Angriffsflächen gewölbt (s. Abb. 422), um eine Punktberührung des Probekörpers zu gestatten. Der Probekörper muß deshalb genau in die Mittelebene der beiden Klauen geschoben und sorgfältig ausgerichtet werden. Schiefe Einspannung veranlaßt einseitige Belastung des Probekörpers, die das Versuchsergebnis ungünstig beeinflußt.

Bei richtiger Behandlung liefert der Apparat sehr zuverlässige Versuchsergebnisse. Bedingung ist nur, daß besonders die Schneiden und Pfannen sauber gehalten werden und der Apparat von Zeit zu Zeit auf den Bestand seines Übersetzungsverhältnisses geprüft wird. Letzteres geschieht in der Weise, daß die Schraube 7 mit der unteren Einspannklaue aus dem Apparate entfernt und in das Gehänge der oberen Klaue ein Draht eingeschraubt wird, der durch das Gewindeloch der Schraube 7 im Fuß der Maschine geht und am unteren Ende eine Schale zur Aufnahme von Gewichten trägt. Vergleicht man unter Berücksichtigung des Übersetzungsverhältnisses der Hebel das angehängte Gewicht mit dem zur Gleichgewichtserzeugung auf die Wagschale 3 gebrachten, so ergibt die Differenz der beiden den Fehler des Apparates. Der Fehler soll keinesfalls mehr als $\pm$ 1 % betragen. Im allgemeinen ist er wesentlich kleiner, so daß er in Anbetracht der fast 6 % betragenden Festigkeitsunterschiede, die durch die Eigenart des Probekörpermaterials bedingt sind, vernachlässigt werden darf.

Beim Schopperschen Zerreißapparat (s. § 397) erfolgt die Kraftmessung mit einer Feder, indem an Stelle des Eimers mit Schrotzulauf beim Michaelisschen Apparat ein Federdynamometer angebracht ist. Die Krafterzeugung geschieht dagegen durch Abwärtsbewegen der unteren Einspannklaue maschinell oder mit Hilfe einer von Hand zu betätigenden Kurbel, die auf ein Schneckenradvorgelege einwirkt.

§ 225. Beurteilung der Ergebnisse von Festigkeitsversuchen mit Zement.

Wie hervorgehoben wurde, müssen die zur Erzeugung und Prüfung von Probekörpern benutzten Maschinen und Einrichtungen, wie Mörtelmischer, Hammerapparat, Prüfungsmaschinen und die verwendeten Materialien gewissen, sehr scharf umgrenzten Bedingungen genügen. Dies hat zur Folge, daß bei Nichterfüllung dieser Bedingungen die Prüfungsergebnisse der anders erzeugten Probekörper keine Übereinstimmung mit solchen zeigen, welche unter Beobachtung aller obenerwähnten Umstände gewonnen wurden. Bevor man daher bei ungünstigen Versuchsergebnissen mit einem im allgemeinen als gut und gleichmäßig bekannten Zemente denselben als schlecht verwirft, wiederhole man, wenn man seiner Einrichtungen und seiner Arbeitsmethode nicht ganz sicher ist, den Versuch, nach Prüfung aller in Frage kommenden Faktoren, oder man übergebe den Zement für eine Vergleichsprüfung einer der größeren staatlichen Versuchsanstalten, welche ihre Einrichtungen unter ständiger Kontrolle halten, sowie geschultes Personal besitzen und infolgedessen zuverlässige Versuchsausführung gewährleisten.

Ferner ist zu berücksichtigen, daß die nach vorstehenden Angaben gefertigten und geprüften Probekörper nur Festigkeitswerte liefern, welche den Zweck haben, verschiedene Zemente untereinander zu vergleichen, oder die Gleichartigkeit des Produktes verschiedener Brände festzustellen. Es dürfen deshalb die gewonnenen Festigkeitszahlen keinesfalls als Unterlagen für Berechnungen benutzt werden, bei denen eine gewisse Mörtelfestigkeit gefordert wird. Die Probekörper werden unter Verwendung eines Sandes (Normensand) hergestellt, der in der Praxis niemals benutzt wird und der für Bauzwecke auch ungeeignet ist. Außerdem ist der Wasserzusatz ein anderer, als im Bauwesen gebräuchlich. Er muß für Bauwerke so hoch bemessen werden, daß der Mörtel kellengerecht wird. Das erfordert einen mehr als doppelt so großen Wasserzusatz wie in den Normen vorgesehen ist. Es lieferte z. B. ein Normenzementmörtel mit verschiedenen Wasserzusätzen im Alter der Probekörper von 28 Tagen folgende Festigkeitsergebnisse.

	Wasserzusatz:				
	9% Normenmörtel	10¾%	11¾%	12¾%	14¾% kellengerechter Mörtel
Zugfestigkeit in kg/qcm . . .	28,0	27,2	24,0	17,6	13,7
Druckfestigkeit in kg/qcm . . .	249	231	206	184	147

Die Differenz zwischen der Festigkeit des Normenmörtels und derjenigen des kellengerechten Mörtels beträgt somit bei Beanspruchung

auf Zug . . . 51%
auf Druck . . 41%.

Wenn auch die Differenz in höherem Alter der Probekörper geringer wird, so bleibt sie dennoch sehr lange bestehen, und da die Mörtel im Bauwerke gewöhnlich bereits nach kurzer Zeit ihrer vollen Beanspruchung ausgesetzt werden, muß der Einfluß der Größe des Wasserzusatzes auf die Festigkeit genügend berücksichtigt werden.

Auch die Schnelligkeit der Erhärtung eines Zementes läßt auf die Güte des Fabrikates schließen. Manche Zemente weisen eine rasche Anfangserhärtung auf, die Weitererhärtung hingegen geht sehr langsam vor sich oder bleibt sogar aus. Andere wieder zeigen geringe Anfangserhärtung und dann stetig fortschreitende Weitererhärtung. In richtiger Erkenntnis der Wichtigkeit des Erhärtungsvorganges schreiben z. B. die britischen Normen vom Jahre 1905 eine bestimmte Festigkeitszunahme für den Zement vor. Sie soll für reinen Zement vom 7. bis 28. Tage nicht weniger betragen als:

25%, wenn die Zugfestigkeit nach 7 Tagen zwischen 28,0 und 31,5 kg/qcm
20 „ „ „ „ „ 7 „ „ 31,5 „ 35,0 „
15 „ „ „ „ „ 7 „ „ 35,0 „ 38,5 „
10 „ „ „ „ „ 7 „ „ 38,5 „ mehr „
betrug.

Nimmt dagegen die Festigkeit des Zementes innerhalb der Lagerzeit der Probekörper ab, dann liegt die Vermutung nahe, daß der Zement ein „Treiber“ ist, und es muß eine dahingehende Untersuchung angestellt werden.

Nach den deutschen Normen soll langsam bindender Portlandzement-Normenmörtel nach 7 Tagen 120 kg/qcm und nach 28 Tagen 250 kg/qcm Druckfestigkeit aufweisen. Für Wasserbauten bestimmter Normenmörtel muß mindestens 200 kg/qcm Druckfestigkeit nach 28 Tagen (1 Tag in feuchter Luft, 27 Tage unter Wasser) besitzen. Bei der Prüfung auf Zugfestigkeit wird vom Normenmörtel eine Zugfestigkeit von 12 kg/qcm nach 7 Tagen gefordert. Schnell bindende Portlandzemente können etwas geringere Festigkeit haben. Sie sind jedoch, ebenso wie die langsam bindenden, um so wertvoller, je größere Festigkeit sie nach 28 Tagen erreicht haben[1]).

[1]) Über den Zuverlässigkeitsgrad von Festigkeitsversuchen s. Mitteilungen aus dem Materialprüfungsamt Großlichterfelde 1910, S. 249; ferner ebenda: Über den Sicherheitsgrad und die Beurteilung der Festigkeitsversuche nach den Normen für Zementprüfung, Jahrg. 1900, S. 91.

§ 226. Die Raumbeständigkeit.

Nach den Normen soll Portlandzement raumbeständig sein, d. h. ein aus ihm hergestellter Probekörper soll innerhalb gewisser Grenzen unverändert seine Form und Größe beibehalten, sowie den Zusammenhang seiner Teilchen bewahren.

Die Prüfung auf Raumbeständigkeit erfolgt durch die Kaltwasser-Kuchenprobe und durch die beschleunigten Proben, bei denen die Probekörper höherer Temperatur ausgesetzt werden.

Bei der Kaltwasserprobe erfolgt die Prüfung durch Beobachtung dreier Kuchen aus Normenbrei, die ebenso wie bei der Abbindeprobe auf Glasplatten ausgebreitet werden. Die Kuchen sollen 1,5—2 cm Dicke besitzen und nach den Rändern hin dünn auslaufen. Ihre Aufbewahrung erfolgt während der ersten 24 Stunden im bedeckten, mit feuchter Luft erfüllten Kasten. (Überdecken der Kuchen mit nassen Tüchern ist nicht zu empfehlen, da dieselben leicht Beschädigungen oder Anbacken der Kuchen veranlassen.) Hiernach werden sie in Wasser von 15—18^0 gelagert, und täglich wird ihr Zustand festgestellt. Nach 27tägiger Wasserlagerung, also im Alter von 28 Tagen, werden sie von den Glasplatten abgezogen und eingehend, am besten mit einer Lupe untersucht. Zeigen die Kuchen leichte Verkrümmungen oder feine Kantenrisse, so ist dies ein Zeichen, daß der Zement Treibneigung besitzt, und man verlängere die Beobachtungsdauer. Ist der Kuchen aber bereits von Rissen kreuz und quer durchzogen und läßt sich aus den Rissen Zement in Pulverform herausheben, dann ist der Zement ein ausgesprochener Treiber und somit von der Verwendung auszuschließen. In der Regel zeigen sich die Treiberscheinungen bereits nach 3 Tagen, manchmal aber, besonders bei magnesiareichen Zementen, erst viel später

Abb. 424.

Ungeübte Beobachter halten oft die sogenannten Schwindrisse für Treiberscheinungen. Schwindrisse treten während des Abbindens auf, wenn der Zementkuchen bei der Luftlagerung infolge Feuchtigkeitsmangel an der Oberfläche austrocknet. Sie sind jedoch von Treibrissen, welche erst während der Erhärtung entstehen, leicht zu unterscheiden, wenn man die Art und Weise ihrer Entstehung berücksichtigt. Treiben erfolgt von innen nach außen, während Schwindrisse sich nur an der Oberfläche der Probekörper bemerkbar machen. Treiberscheinungen müssen daher infolge der örtlichen Volumenvergrößerung ein Auseinandersprengen der Probekörper zur Folge haben. Schwindrisse dagegen können den Kuchen nicht vollständig durchdringen, weil der Kern des Kuchens gewöhnlich nicht so schnell austrocknet wie die Oberfläche. Schwindrisse treten gewöhnlich als Sternrisse und kreisförmige Risse auf, während Treibrisse den Kuchen in unregelmäßig verlaufenden, netzartigen Linien durchziehen (s. Abb. 424).

Frische Zemente neigen mehr zum Treiben als abgelagerte, daher werden in den Zementfabriken die Zemente vor dem Versand erst einige Wochen in Silos gelagert. Dort findet unter dem Einfluß der Luft eine Ablöschung des etwa noch im Zemente enthaltenen Ätzkalkes (vgl. Nachlöschen) unter Aufnahme von Wasser und Kohlensäure statt, die gewöhnlich von einem weiteren Zerfall der kleinsten Zementteilchen begleitet ist. Selbst ausgesprochene Treiber können durch mehrwöchentliche Lagerung, deren Einfluß man durch öfteres Umschaufeln unterstützt, verbessert werden.

Die Ursache der Treiberscheinungen ist außer auf die obenerwähnte verspätete Ablöschung des Kalkes infolge zu niedriger Brenntemperatur des Zementes auf die Anwesenheit von Magnesia oder einigen Schwefelverbindungen zurückzuführen, die durch Zersetzung, Oxydation oder Wasseraufnahme eine molekulare Raumvergrößerung erfahren und infolgedessen den bereits erhärteten Zementkuchen auseinander treiben.

Von den beschleunigten Proben auf Raumbeständigkeit, welche den Zweck verfolgen, schneller zu einem Ergebnis zu gelangen, als dies die Kuchenprobe gestattet, sind zu nennen[1]):

a) Die Darrprobe.

Aus Normenzementbrei stellt man auf absaugender Unterlage (z. B. gebrannten Dachziegeln, Gipsplatten oder dgl.) Kuchen her, die man nach dem Abbinden in einem Trockenschrank oder auf einer eisernen Platte während 3 Stunden einer Temperatur von 160—180 ° C aussetzt. Durch diese Beanspruchung dürfen die Kuchen weder Verkrümmungen noch Kanten- oder Netzrisse erhalten.

b) Die Dampfdarrprobe.

Diese Probe unterscheidet sich von der ersteren dadurch, daß man die Probekuchen nicht trockener, erhitzter Luft aussetzt, sondern durch Aufstellen eines Wassergefäßes im Trockenschrank die Luft mit Wasserdampf sättigt. Im Anfange des Versuches schlägt sich der Wasserdampf auf dem kälteren Probekörper als Wasser nieder, später verdampft auch dieses wieder und der Probekörper ruht in einer mit Wasserdampf gesättigten Atmosphäre. Die Dauer des Versuches muß ca. 4—5 Stunden betragen und am Probekörper dürfen sich während dieser Zeit weder Verkrümmungen noch Risse zeigen.

c) Die Heintzelsche Kugelglühprobe.

Aus mäßig angefeuchtetem Zement formt man durch Kneten mit der Hand eine Kugel von ca. 5 cm Durchmesser, legt sie zum Absaugen der

[1]) Keine der Proben darf Anspruch auf absolute Zuverlässigkeit erheben, da bei ihnen der Zement eine ganz andere Beanspruchung erfährt als bei seiner Verwendung auf Bauten. Die Proben gestatten aber, wenn sie sorgfältig angestellt wurden, eine ganz gute Beurteilung. Kritiken der beschleunigten Raumbeständigkeitsproben mit Versuchsergebnissen s. Berichte XIII_1, XIV_2 und XIV_3 von Schüle und Gary des Int. Verbandes für die Materialprüfungen der Technik beim VI. Kongreß in New York 1912.

Feuchtigkeit etwa ½ Stunde lang auf eine Gipsplatte und erhitzt sie alsdann auf einer Eisenblechplatte während 3 Stunden durch einen unter die Platte gestellten Bunsenbrenner. Zement mit Neigung zum Treiben erleidet durch diese Beanspruchung Treibrisse.

d) Die Michaelissche Kochprobe.

Abgebundene, auf Glasplatten hergestellte Probekuchen werden in einem mit kalten Wasser gefüllten Kochtopf 3 Stunden lang gekocht. Kuchen aus schlechtem Portlandzement zerfallen während des Kochens zu Brei, während gute klingend hart werden und Kuchen aus mittelmäßigem Material Verkrümmungen sowie Netz- und Kantenrisse erhalten[1]).

e) Die Maclaysche Heißwasserprobe.

Für diese Probe werden sechs Kuchen angefertigt. Der erste Kuchen kommt sofort nach seiner Herstellung in einen mit Wasserdampf erfüllten Trockenschrank, wo er 3 Stunden lang einer Temperatur von ca. 90—95° ausgesetzt wird. Der zweite Kuchen wird nach erfolgtem Abbinden in den Trockenschrank gebracht, der dritte erst nach einer Luftlagerung, deren Dauer gleich der doppelten Abbindezeit ist, und der vierte 24 Stunden nach erfolgtem Abbinden. Alle Kuchen verbleiben 3 Stunden lang im Dampfbade und werden hiernach sofort 24 Stunden lang in heißem Wasser gekocht.

Der fünfte Kuchen kommt nach dem Abbinden in Wasser von 15 bis 18° C und der sechste in einen mit feuchter Luft erfüllten Behälter.

Bei den ersten vier Kuchen kann die Beobachtung nach dem Kochen in heißem Wasser abgeschlossen werden. Die Kuchen dürfen keine Treiberscheinungen zeigen. Die Beobachtung des fünften und sechsten Kuchens erstreckt sich dagegen über 28 Tage.

f) Die Prüssingsche Preßkuchenprobe.

Für diese Probe werden in einer dreiteiligen Metallform, die durch einen federnden Ring zusammengehalten wird, kreisrunde Kuchen von 8 cm Durchmesser und 5 cm Dicke durch Pressung hergestellt. Man setzt die Form auf eine starke, glatte, eiserne Platte, füllt den vorher mit ca. 5 bis 7 % Wasser angefeuchteten Zement ein und streicht die obere Fläche glatt. Hiernach setzt man einen genau passenden Preßstempel auf und preßt den feuchten Zement mit ca. 500 kg Druck in die Form ein.

Nach dem sofort stattfindenden Entformen wird der Kuchen 24 Stunden lang in feuchter Atmosphäre gelagert und dann unter Wasser gelegt. Ein zweiter Kuchen wird nach 24stündiger Erhärtung 6 Stunden unter Wasser von 15—18° C, gelagert und hiernach in ein Bad von 90° Temperatur gelegt, wo er nach 24 Stunden aufs neue besichtigt wird und, falls er keine Veränderungen aufweist, 28 Tage lang verbleibt.

g) Die Erdmengersche Hochdruckdampfprobe.

Diese Probe ähnelt der Dampfdarrprobe und unterscheidet sich von ihr dadurch, daß die Probekörper bei höherer Dampftemperatur unter Druck geprüft werden.

---

[1]) Zur Ehrenrettung der Kochprobe nach Michaelis s. Tonindustriezeitung 1911, S. 1576.

Man benutzt dazu einen Kessel von ca. 100 l Inhalt, der mit einer verschließbaren Öffnung nach Art der Mannlöcher an Dampfkesseln und mit zwei Manometern sowie einem auf bestimmten Druck einstellbaren Sicherheitsventil versehen ist. Die abgebundenen Probekörper (Zug- oder Druckprobekörper, Kuchen, Heintzelsche Kugeln oder dgl.) werden getrennt nach ihrem Ursprunge in Leinwandbeutel[1]) gefüllt und durch das Mannloch in den Kessel gebracht. Hierauf füllt man den Kess l (ca. 40 l) bis zur Höhe des Mannlochrandes mit Wasser, verschließt das Mannloch sorgfältig und heizt, bis das Manometer den gewünschten Druck (bis 30 Atmosphären) anzeigt. Je höher der Druck gewählt wird, desto früher zeigt sich die Wirkung bei Probekörpern aus minderwertigen Zementen. Für normale Versuche genügt ein Druck von 10 Atmosphären und eine Beanspruchungsdauer von 6 Stunden.

Nach Versuchen des Materialprüfungsamtes Großlichterfelde, die es im Auftrage der vom Verein deutscher Portlandzement-Fabrikanten eingesetzten Kommission zur Klarstellung der Eignung der beschleunigten Volumenbeständigkeitsproben ausführte, ergab sich, daß keine der obengenannten Proben *a* bis *f* geeignet ist, ein in allen Fällen zutreffendes und schnelles Urteil über die Verwendbarkeit des Zementes in der Praxis zu gestatten[2]). Von der Nachprüfung der Erdmengerschen Hochdruckdampfprobe wurde abgesehen, weil sie für die Praxis nicht geeignet erschien. Für die Versuche, die sich auf die Dauer von 4 Jahren erstreckten, wurden zehn Zemente benutzt, welche die Normenprobe bestanden, nach dem Ausfall der beschleunigten Proben aber hätten verworfen werden müssen. Sie wiesen nach, daß außer der obenerwähnten Unzuverlässigkeit der beschleunigten Proben der Einwand, die Normenprobe sei ungeeignet, wenn der Zement bei der Verwendung an der Luft erhärtet, nicht berechtigt ist, und daß in jedem Falle die Normenprobe als maßgebend beibehalten werden darf, bis es gelingt, eine Volumenbeständigkeitsprobe zu finden, welche die Prüfung zuverlässig in kürzerer Zeit gestattet als diese.

h) Die Probe von Le Chatelier.

Als ein sehr einfaches Verfahren zur Ermittelung der Volumenbeständigkeit des Zementes erscheint das von Le Chatelier, wobei der Zement nach 24stündiger bzw. 7tägiger Lagerung an der Luft keinesfalls mehr als 12 bzw. 6 mm Ausdehnung (gemessen an den Spitzen des Apparates) aufweisen darf. Der zur Ausführung des Le Chatelierschen Versuches dienende Apparat ist in Abb. 425 dargestellt. Er besteht aus einem kleinen aufgeschlitzten Zylinder von 30 mm Länge und 30 mm Durchmesser, der aus 0,5 mm dickem Messingblech oder einem anderen geeigneten Material angefertigt ist. An beiden Seiten des Schlitzes sind Zeiger mit Spitzen angebracht. Die Entfernung der Spitzen von der Zylindermitte beträgt 175 mm.

Zur Ausführung des Versuches wird der Zylinder vertikal auf eine Glasplatte gestellt und mit Zementbrei gefüllt, wobei darauf zu achten ist, daß

---

[1]) Die Anwendung von Jutebeuteln ist nicht angängig, die Probekörper werden darin fleckig.

[2]) Siehe Mitteilungen aus den technischen Versuchsanstalten zu Berlin 1899, Ergänzungsheft 1; ferner 1897, Heft 5, S. 229 und 1900 Heft 2 und Heft 5.

der Zylinder sich nicht aufbiegt. Dies kann durch Zusammenhalten der unteren Zeigerenden mittels eines übergeschobenen Ringes bewirkt werden. Die Form wird alsdann mit einer zweiten Glasplatte bedeckt, genügend beschwert, sofort unter Wasser von 14—18^0 getaucht und darin 24 Stunden lang aufbewahrt. Hiernach wird der Ring von den Zeigern abgezogen, die Entfernung der Spitzen gemessen und die Form mit dem inzwischen abgebundenen Probekörper in kaltes Wasser gebracht, das innerhalb 15—30 Minuten zum Sieden erhitzt und 6 Stunden lang in diesem Zustande erhalten wird. Die Entfernung der Zeigerspitzen wird alsdann wieder gemessen, wobei der Unterschied zwischen dem ersten Messungsergebnis die Ausdehnung des Zementes darstellt.

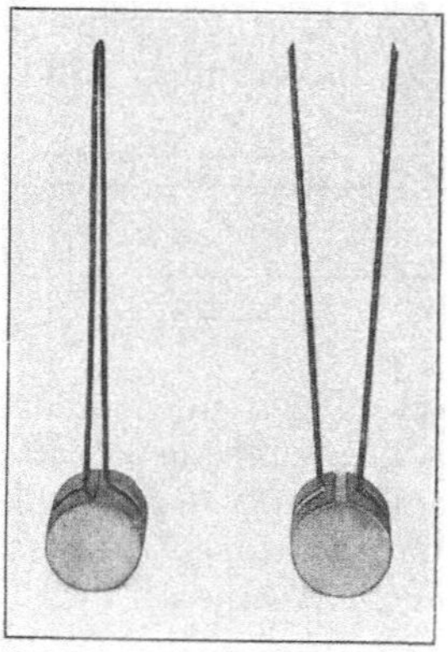

Abb. 425.

Die Le Chatelier-Probe erscheint nicht einwandfrei, wie aus zahlreichen, stark voneinander abweichenden Versuchsergebnissen geschlossen werden muß. Trotzdem ist sie in manchen Ländern, insbesondere in England, als maßgebende Probe anerkannt.

i) Die Probe von Dyckerhoff.

Eine weitere für die Praxis geeignete Volumenbeständigkeitsprobe ist die von Dyckerhoff. Bei ihr werden Prismen mit geneigten Kopf- und Seitenflächen als Formen verwendet. Jede Ausdehnung der in diesen Formen hergestellten und später unter Wasser erhärteten Körper muß dazu führen, daß beim Hineinlegen in die Formen die Körper über den Rand der Formen herausragen. Dieser Überstand gilt als Maß für die Ausdehnung des Zementmörtels. Die lichten Abmessungen der Formen sind: Grundfläche 22 × 99 mm, obere Öffnung 23 × 100 mm, Höhe 22 mm[1]).

§ 227. Die Ausdehnung des Zementes.

Außer den Volumenänderungen, welchen der Zement durch Treiben unterworfen ist, erleidet er durch Temperaturzunahme oder Feuchtigkeitsaufnahme, ebenso wie jeder andere Körper, eine Ausdehnung. Die dadurch bewirkte Volumenvergrößerung ist aber, selbst zusammengenommen mit der durch den Erhärtungsvorgang im Wasser bedingten, gegenüber anderem Material sehr gering, so daß schon dadurch Zement für viele Anwendungsgebiete den Vorzug verdient. Die Ausdehnung des reinen Zementes ist größer als die des Zementmörtels, bei beiden Materialien aber großen Schwankungen unterworfen, die eine Gesetzmäßigkeit in dem Ausdehnungsvorgang nicht vermuten lassen. Am wichtigsten ist die Ausdehnung des Zementes infolge der Erhärtung; sie ist im Anfange am größten und allgemein der Festigkeitszunahme annähernd proportional.

Zur Feststellung der Ausdehnung des Zementes durch den Erhärtungsvorgang kann der eigens für diesen Zweck konstruierte Bauschingersche

[1]) Näheres über eine Nachprüfung dieser Methode s. Mittermayer: Zement, Jahrg. 1920, S. 258.

Tasterapparat (s. § 332) benutzt werden[1]). Als Probekörper dienen Parallelepipede von 10 cm Länge und 5 qcm Querschnitt, die aus Normenmörtel von Hand mittels Spatels in einen metallenen Formkasten eingeschlagen werden. Der Formkasten ist von Zeit zu Zeit zu prüfen, ob seine Seitenwände unverändert sind, da sie beim Einschlagen verbogen werden und dadurch eine Querschnittsabweichung des Probekörpers veranlassen. Zur Schaffung einwandfreier Kontaktstellen am Probekörper werden an den Enden Achatplättchen[2]), welche Körnermarken besitzen, mittels reinen Zementes angekittet. Besser ist, die Plättchen gleich mit einzuschlagen und zu ihrer richtigen Lagerung Aussparungen in den Formkästen anzubringen. Es empfiehlt sich, die Probekörper nicht zu zeitig, jedenfalls nicht vor Ablauf einer halben Stunde zu entformen. Sie sind alsdann in feuchter Luft oder unter Wasser aufzubewahren; nach jedesmaligem Ausmessen wird die Lagerung unter gleichen Verhältnissen fortgesetzt. Die Probekörper sind deutlich zu kennzeichnen, damit sie stets in gleicher Lage der Messung unterzogen werden können. Es genügt dazu die aus Abb. 426 ersichtliche Bezeichnung.

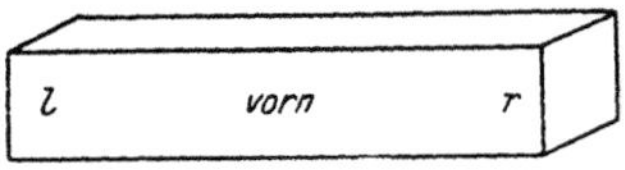

Abb. 426.

Bei der Messung legt man den Probekörper auf das Tischchen des Tasters, wobei die mit vorn bezeichnete Fläche stets dem Beschauer zugekehrt wird, setzt die Kontaktspitzen des Tasters in die Körner der Plättchen ein und führt die Messung aus. Da die Temperaturschwankungen bei den großen Abmessungen des Tasterbügels das Messungsergebnis wesentlich zu beeinträchtigen vermögen, muß vor jeder Messung die Raumtemperatur an dem Thermometer des Tasters abgelesen und mittels des Endmaßes der Nullpunkt der Mikrometerschraube festgelegt werden. Kann später die Messung nicht bei derselben Temperatur erfolgen, dann muß die Ausdehnung des Körpers für das betreffende Temperaturintervall rechnerisch bestimmt und das Messungsergebnis korrigiert werden, s. S. 563. Den Ausdehnungskoeffizienten bestimme man sich selbst unter Benutzung des zu messenden Körpers, sowie des Endmaßes, indem man die Länge des Körpers bei zwei verschiedenen Temperaturen mit der bekannten Länge des Endmaßes vergleicht, wobei jedoch darauf geachtet werden muß, daß sowohl der Probekörper als auch das Endmaß die Temperatur der Umgebung angenommen hat[3]).

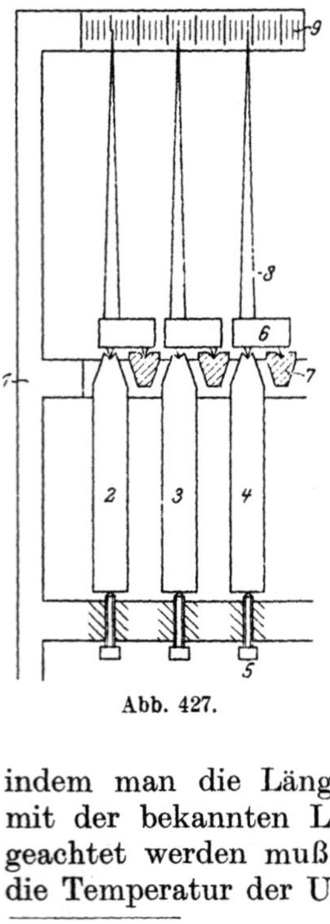

Abb. 427.

[1]) Siehe Mitteilungen aus dem mechanisch-technischen Laboratorium der Technischen Hochschule in München, Heft VIII.

[2]) Die früher benutzten Metallplättchen sind wegen ihrer größeren Abnutzbarkeit unzweckmäßig; siehe Mitteilungen aus den technischen Versuchsanstalten zu Berlin 1903, S. 106.

[3]) Das Ausmessen des Endmaßes zur Feststellung seines Ausdehnungskoeffizienten kann mit dem Abbeschen Dickenmesser (s. § 334) erfolgen.

Einfacher gestaltet sich die Prüfung mit dem Martensschen Apparat zur Messung der Raumänderungen des Zementes (Abb. 427). Er besitzt den Vorzug, daß mehrere Stäbe gleichzeitig beobachtet werden können, ohne daß man sie von ihrem Lagerorte entfernt oder bei Wasserlagerung aus der Flüssigkeit herausnimmt. Im wesentlichen besteht er aus einem eisernen Gestell 1, in welches nebeneinander mehrere Probekörper 2, 3, 4 in vertikaler Lage eingesetzt werden. Am unteren Ende tragen die Körper ebenfalls Körnerplättchen für den Kontakt mit verstellbaren Spitzen 5 im Gestell, und am oberen Ende sind sie mit einer Kimme versehen, in welcher die Schneide eines Messingklötzchens 6 aufsitzt; dieses ist mit einer zweiten Schneide versehen, die auf dem festen Querbalken 7 des Gestelles 1 ruht. Das Klötzchen ist ferner mit einem leichten Zeiger 8 ausgerüstet, der an einer ebenfalls am Gestell befestigten Skala 9 vorbeispielt. Da jeder Körper einen solchen Zeiger besitzt, kann die Ausdehnung aller Körper gleichzeitig abgelesen werden.

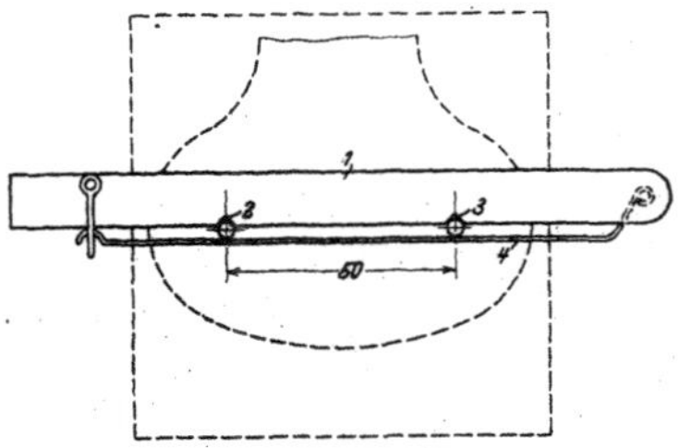

Abb. 428.

Eine weitere Methode zur Messung der Ausdehnung von Zement ist die mit dem Martensschen Dehnungsmesser[1]. Es werden dazu in den Probekörper, an welchem die Ausdehnung bestimmt werden soll, mit Hilfe der in Abb. 428 abgebildeten Schablone zwei Stifte parallel zueinander in 50 mm Entfernung eingedrückt. Die Schablone besteht aus einem Lineal 1, welches in 50 mm Abstand zwei Kerben 2 und 3 zur Aufnahme der zylindrischen Stifte gleichen Durchmessers besitzt, die durch eine Drahtfeder 4 in die Kerben gedrückt und auf diese Weise in ihrer gegenseitigen Lage gesichert werden. Drückt man mit dem Lineal die Stifte in den noch weichen Probekörper bis zum Anliegen des Lineals ein, so ist man sicher, daß beide Stifte parallel stehen. Hiernach löst man vorsichtig die Feder und hebt das Lineal von den Stiften ab. Ist der Zement abgebunden, dann bestimmt man in gewissen Zeitabschnitten mit dem in Abb. 429 abgebildeten Dehnungsmesser die Entfernungsänderung der Stifte, welche der Ausdehnung des Zementes entspricht.

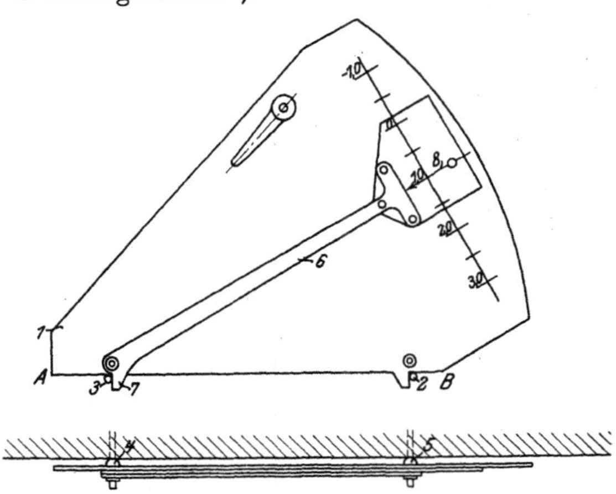

Abb. 429.

Zur Messung wird das Stahlblech 1, auf welchem der Dehnungsmesser aufgebaut ist, mit der Kante AB auf die Stifte derartig aufgesetzt, daß

[1] Mitteilungen aus dem Materialprüfungsamt Groß-Lichterfelde 1905, S. 203.

der Stift 2 sich genau in den rechtwinkeligen Ausschnitt des Bleches legt, während dieses mit seiner Rückenfläche auf der Probekörperfläche ruht. Auf dieser Rückenfläche sind aus praktischen Gründen die Stifte 4 und 5 als Kuppen ausgebildet, so daß die Berührungskante *A B* nicht an dem Fuß der in den Probekörper eingesteckten und mit ihm nach dem Erhärten des Zementes fest verbundenen Stifte anliegt, sondern etwas höher; denn an den Stiften wird der letzte Zementrest immer einen kleinen Wulst bilden, der das genaue Anliegen der Meßflächen verhindern würde.

Beim Aufsetzen hebe man den Zeiger 6 in seine äußerste Lage, bei — 10, lege die Kante *A B* des Bleches auf den Stift 2 und 3, wobei Stift 3 dicht in dem Ausschnitt liegen muß, und lasse den Zeiger 6 bei leicht geneigter Lage des Probekörpers infolge seines Eigengewichtes vorsichtig nach unten sinken. Dadurch legt sich der Fortsatz 7 des Zeigers an den Stift 3 an und der Zeiger weist mit seiner Strichmarke 8, die auf einem durchsichtigen Glimmerplättchen angebracht ist, auf einen Strich der auf dem Blech befindlichen Teilung. (Ablesung auf der Mittellinie der Teilung.) Vor der Ablesung klopfe man zur Erschütterung des Instrumentes leicht mit dem Finger an den Probekörper, wodurch etwa vorhandene Lose in den beweglichen Teilen ausgeglichen wird. Der Maßstab des Instrumentes ist in Millimeter geteilt, so daß bei dem Übersetzungsverhältnis 1 : 20 des Zeigers ein Ausschlag von 10 mm einer wirklichen Entfernungsänderung der Stifte von 0,5 mm entspricht. Die Bezifferung der Teilung ist dementsprechend gewählt, so daß bei jeder Zeigerstellung die entsprechende Abweichung der Stiftentfernung von der ehemaligen 50 mm betragenden Meßstrecke abgelesen werden kann. Man messe jedesmal von beiden Seiten der Stifte und nehme aus beiden Ablesungen das Mittel.

§ 228. Die Frostbeständigkeit.

Guter Portlandzement ist nach erfolgtem Abbinden als völlig frostbeständig zu bezeichnen. Nur während des Abbindens kann Frost schädlich wirken, weil das gefrierende Wasser die einzelnen Mörtelteilchen auseinandertreibt, so daß sie beim Auftauen nicht mehr genügend verbunden sind. Es tritt dies besonders bei kellengerechtem Mörtel ein, der viel Wasser enthält. Trockenem Mörtel schadet der Frost weniger; es wird der Abbindeprozeß nur wegen des im gefrorenen Zustande nicht chemisch wirksamen Wassers verzögert. Das Abbinden erfolgt langsamer, und auch die Erhärtung schreitet nicht so schnell vorwärts wie im normalen Zustande. Zur Erniedrigung des Gefrierpunktes des Wassers setzt man in kalten Gegenden, wo oft bei Kälte gearbeitet werden muß, dem Mörtelwasser Salz zu. Es ist dies nicht gerade schädlich, aber es bewirkt häßlich aussehende Auswitterungen an den Bauausführungen. Besser ist, das Wasser und den Sand anzuwärmen und möglichst wenig Wasser anzuwenden, damit kein freies Wasser vorhanden ist, welches die obenerwähnte sprengende Wirkung äußert.

Zahlenmäßig wird der Einfluß des Frostes durch Festigkeitsversuche mit Probekörpern ermittelt, die vor ihrer Prüfung nach erfolgtem Abbinden einer mehrmaligen Frostbeanspruchung ausgesetzt wurden. Die Probekörper werden entweder im trockenen oder wassersatten Zustande durch kalte Luft beansprucht und nach gehörigem Durchfrieren in Luft oder Wasser von etwa 15—20° wieder aufgetaut. Bei dieser Beanspruchung dürfen sie weder Abblätterungen noch Risse oder sonstige Zerstörungen erleiden.

Wichtig ist bei diesen Versuchen, daß die Probekörper auch vollständig durchfrieren. Oft sind sie nur äußerlich gefroren, so daß die inneren Teile keine Frostbeanspruchung erlitten. Es ist deshalb erforderlich, die verwendeten Kälteerzeuger auf ihre Wirksamkeit zu prüfen. Man tut dies dadurch, daß man einen Probekörper von den größten Dimensionen, die zur Verwendung gelangen sollen, mit einer feinen Bohrung versieht und in dieselbe ein Thermoelement (s. S. 596) einbettet. Die verbleibende Öffnung wird sorgfältig mit Wachs verschlossen. Den Probekörper setzt man in die Gefriervorrichtung ein und stellt die Zeit fest, welche erforderlich ist, um das Innere des Körpers bis auf die gewünschte Temperatur abzukühlen. Es darf sich aber nicht der mit dem Thermoelement versehene Körper allein in der Gefriervorrichtung befinden, sondern es müssen neben ihm so viele Körper eingesetzt werden, als später beansprucht werden sollen. Dies ist deshalb nötig, weil einem einzelnen Körper schneller die gesamte Wärme entzogen wird als mehreren. Gut eingerichtete Prüfstellen haben maschinell betriebene Gefriervorrichtungen.

Für die Dresdner Hochschule konstruierte Verfasser einen unter dem Fußboden des Raumes angeordneten Gefrierschacht, dessen Einzelheiten aus Abb. 430 ersichtlich sind und der sich bei jahrelanger Benutzung bewährt hat. Der Schacht ist aus starken Holzbrettern zusammengebaut und außen mit imprägnierten Korkplatten umgeben. Die Grube, in welche der Schacht

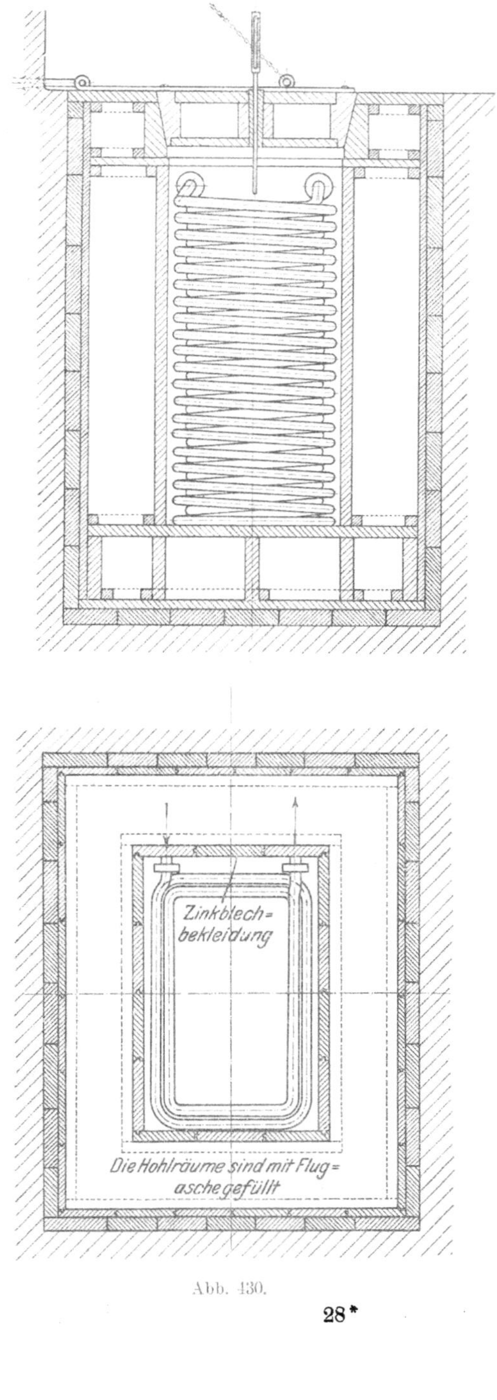

Abb. 430.

eingesetzt ist, besteht aus Mauerwerk, das zur Abhaltung von Grundfeuchtigkeit mit Zementmörtel geputzt ist. Zur weiteren Wärmeisolierung sind alle Hohlräume der Schachtwandungen mit Lokomotivflugasche ausgefüllt. Der innere eigentliche Gefrierschacht ist mit starkem Zinkblech ausgekleidet zur Vermeidung des Übertrittes von Feuchtigkeit in das Holzwerk des Gefrierschachtes.

Verschlossen wird der Gefrierschacht mit einem schwenkbaren ebenfalls gut isolierten Deckel, in den ein Kontrollthermometer eingesetzt ist.

Derartige Gefrierschächte haben gegenüber den anderenorts üblichen Gefrierschränken den Vorzug, daß die kalte Luft besser in ihnen verbleibt. Sie ist schwerer als die des Versuchsraumes und strömt deshalb bei Öffnen des Deckels nicht aus, wie es bei Schränken geschieht. Die Kühlung wird durch eine Kühlschlange mittels Kohlensäure erzeugt, die durch einen Kohlensäurekompressor verdichtet wird. Bei einer Beschickung des Schachtes mit 100 wassersatten Zementprobekörpern konnte innerhalb 2 ½ Stunden die Temperatur von + 10° bis auf — 30° erniedrigt werden. Die Temperatur stieg hiernach bei stillstehendem Kompressor innerhalb 12 Stunden um ca. 20°. Zur Temperaturfeststellung ist der Gefrierschacht mit entsprechenden Meßvorrichtungen versehen. Damit die kalte Luft die Probekörper allseitig bestreichen kann, werden sie auf Holzrosten in einem eisernen Gestell gelagert, mit dem sie nach der Frostbeanspruchung mittelst Hebezeug gemeinsam aus dem Schachte gehoben und entweder in den daneben angeordneten Auftauschacht, der mit Wasser gefüllt ist, gesenkt oder an der Luft zum Auftauen gelagert werden.

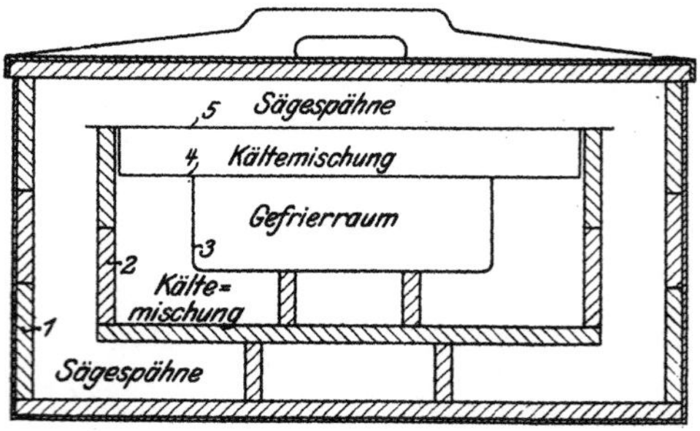

Abb. 431.

Sind keine maschinell betriebenen Einrichtungen vorhanden, so kann als Frosterzeugungseinrichtung auch der Belelubskysche Frostkasten benutzt werden. Er besteht, wie Abb. 431 zeigt, aus einem hölzernen, außen mit Filz bekleideten Kasten 1, in welchen noch zwei ineinandergestellte Kästen 2 und 3 gesetzt werden. Der mittlere Kasten 2 ist auch aus Holz und innen mit Eisenblech bekleidet, der innere 3 ist dagegen aus Zinkblech hergestellt. Als Abdeckung des Kastens 3 dient der Blechkasten 4 mit einem aus Eisenblech bestehenden Deckel 5. In den inneren Kasten 3 werden die Probekörper gebracht; der Zwischenraum zwischen ihm und dem Kasten 2 wird mit einer Kältemischung, z. B. 1 Gewichtsteil Kochsalz und 3 Gewichtsteile fein zerkleinertes Eis, gefüllt. Hiernach wird der Kasten 4 eingesetzt, ebenfalls mit der Kältemischung gefüllt und mit dem Bleche 5 abgedeckt. Der Raum zwischen Kasten 2 und 1 enthält trockene Sägespäne, und zur Isolierung nach oben wird auch das Deckelblech 5 mit Sägespänen überschüttet und dann der Holzdeckel des Kastens 1 geschlossen.

Die niedrigste Temperatur, welche mit diesem Frostkasten erzeugt werden kann, beträgt entsprechend der Kältemischung — 10° bis — 15°. Hinsichtlich der Temperaturmessung gilt das weiter oben bei den maschinellen

Kälteerzeugungsanlagen Erwähnte. In Ermangelung eines Thermoelementes leistet ein Minimumthermometer zur Kontrolle der tiefsten Temperatur gute Dienste. Sehr wichtig bleibt auch hierbei, sich von der Wirksamkeit der Kälteerzeugungsvorrichtung durch Sonderversuche zu überzeugen.

§ 229. Die Wetterbeständigkeit.

Während von reinem Zement wegen des Auftretens von Schwind- und Haarrissen, die den Eintritt von Wasser gestatten, keine weitgehende Wetterbeständigkeit erwartet werden darf, muß Zementmörtel völlig wetterbeständig sein. Durch den Sandzusatz wird nämlich die Eigenschaft des Schwindens des Zementes während des Abbinde- und Erhärtungsprozesses wesentlich herabgemindert. Schon bei dem Mischungsverhältnis von 1 Gewichtsteil Zement und 1 Gewichtsteil Sand schwindet guter und richtig hergestellter Mörtel nicht mehr.

Zur Feststellung der Wetterbeständigkeit[1]) empfiehlt Verfasser folgendes Verfahren. Auf ½steinstarke Mauerwerkskörper von etwa 60 × 60 cm Fläche wird ein 1½ cm dicker Zementputz in dem beabsichtigten Mischungsverhältnisse aufgetragen. Nach dem Abbinden des Zementes wird die Putzfläche während 3 Stunden der direkten Sonnenbestrahlung oder der Wärmebestrahlung durch einen Gasofen mit Reflektor ausgesetzt. Hiernach wird die Fläche in einem Kälteschachte durch Frost beansprucht.

Hat der Putz nach fünfmaliger Wiederholung dieser Beanspruchung keine Beschädigung erfahren, dann wird der Mauerwerkskörper mit der Putzfläche 24 Stunden lang in eine flache Wasserschale gelegt und dem Putz auf diese Weise Gelegenheit gegeben, Wasser aufzunehmen. Die Eintauchtiefe darf dabei 5 mm nicht überschreiten. Hierauf setzt man den Putz in gleicher Weise wie vorher einer mehrstündigen Frostbeanspruchung aus, taut ihn an warmer Luft auf, legt ihn wieder in Wasser und wiederholt den Versuch etwa 15 mal.

Bei minderwertigem Zement treten bald Abblätterungen des Putzes auf; auch Abspringen ganzer Putzflächenteile ist zu beobachten. Übersteht der Putz diese Probe, dann darf er für normale Verhältnisse als wetterbeständig angesprochen werden.

Die Probe kann noch dadurch erweitert werden, daß man den Putz auch noch der Einwirkung von schwefliger Säure aussetzt.

§ 230. Die Beständigkeit des Zementes gegen sonstige äußere Einwirkungen.

Außer den Witterungseinflüssen kommen als chemische Beanspruchungsfaktoren noch andere Feinde[2]) des Zementes in Betracht. Insbesondere sind in dieser Beziehung zu erwähnen alle Säuren[3]) und auch gewisse fette Öle, die bei der Einwirkung auf Zement Kalkseifen bilden und dadurch zerstörend wirken. Ferner sind kohlensäurehaltige Wässer als schädlich erkannt worden,

[1]) Das Verfahren eignet sich auch zur Prüfung von Putzmassen, wie Terranovaputz, Reformputz usw.

[2]) Siehe Gary, Feinde des Zementes. Mitteilungen des Materialprüfungsamtes, Groß-Lichterfelde 1919, S. 12 u. f.

[3]) Der Einfluß von Säuren auf Beton, Tonindustrie-Ztg. 1920, S. 688.

wenn in ihnen freie Kohlensäure dem Zementmörtel dauernd zugeführt wird. Nach Gary wandelt die freie Kohlensäure der Wässer das Kalkhydrat und vielleicht auch den kieselsauren Kalk in kohlensauren Kalk um, der dann durch die weitere Einwirkung der freien Kohlensäure als saurer kohlensaurer Kalk gelöst und dem Zementmörtel oder Beton entzogen wird. Es bilden sich dann auf der Oberfläche der Wasserbehälter lockere sandige Schichten, die abgewaschen werden.

Auch Seewasser enthält Bestandteile, die schädlich auf Zementmörtel oder Beton einwirken. Insbesondere sind es die Magnesiasalze, Chlormagnesium und schwefelsaure Magnesia, welche schädliche Umbildungen hervorrufen und die Kalkverbindungen zersetzen. Die mit Staatsmitteln ausgeführten sehr umfangreichen Versuche über das Verhalten hydraulischer Bindemittel im Seewasser veranlaßten Gary[1]) im Schlußberichte über diese Versuche zur nachstehenden Schlußfolgerung.

„Um widerstandsfähige Bauten im Seewasser zu erlangen, ist es notwendig, Zement zu verwenden, der möglichst reich an Kieselsäure, dagegen arm an Tonerde und Eisenoxyd ist. Solchen Zementen kann man, wenn sie nebenbei kalkreich sind, durch Traßzusätze (s. S. 461) unter gewissen Bedingungen für Seebauten größeren Wert verleihen. Entscheidend für die Haltbarkeit der Betonbauten im Meere ist aber die Verwendung möglichst dichter, für das Seewasser undurchdringbarer Mischungen, wie tunlichst ausreichende äußere Erhärtung der in See zu bringenden Körper in Wärme und an der feuchten Luft, bevor sie den Wirkungen des Seewassers ausgesetzt werden. Beton, dessen Mörtel mehr als $^2/_3$ v. H. Teile Sand enthält, wird im allgemeinen nicht die erforderliche Dichte aufweisen, um den Angriffen des Meeres lange Zeit Widerstand zu leisten.“

Bei Versuchen zur Ermittelung der Beständigkeit des Zementes gegen äußere Einflüsse verwendet man zweckmäßig neben Probekuchen (s. S. 427) aus reinem Zement und aus den vorgesehenen Mörteln noch Zug- und Druckprobekörper, die man dem Einflusse der in Frage kommenden Flüssigkeiten oder Gasen aussetzt. Hierbei ist dafür zu sorgen, daß die Flüssigkeiten und Gase nicht etwa stagnierend die Probekörper berühren. Es müssen die Angriffsmittel vielmehr in Strömung erhalten werden, damit sie immer in gleicher Konzentration die Probekörper beanspruchen. Nach verschiedenen Zeiten werden die Probekörper auf Rißbildung und Absanden untersucht und schließlich werden die Festigkeitsprobekörper in verschiedenen Zeitabschnitten der Festigkeitsprüfung unterworfen, um zahlenmäßig eine etwaige Abnahme der Festigkeit festzustellen. Etwaige Veränderungen der Probekörper während der Beanspruchungszeit sind beschreibend und zeichnerisch oder besser durch Lichtbild festzulegen. Betont mag noch werden, daß solche Versuche nur dann praktische Bedeutung besitzen, wenn sie sich über sehr lange Zeit erstrecken.

§ 231. Die Wasserdichtigkeit[2]).

Erfahrungsgemäß ist eine 1,5 cm starke Schicht Mörtel aus 1 Teil Zement und 1 Teil Sand sofort nach dem Abbinden völlig wasserdicht. Erhöht

[1]) Siehe Gary, Über das Verhalten hydraulischer Bindemittel im Seewasser. Mitteilungen des Materialprüfungsamtes Groß-Lichterfelde 1900, 1909 und 1919.
[2]) Siehe auch § 275.

nan den Sandzusatz, so nimmt die Wasserdichtigkeit ab, und zwar um so mehr, e gröber der verwendete Sand ist. Wenn auch Prüfungen auf Wasserdichtigkeit verhältnismäßig selten vorkommen, so sind sie doch notwendig, da die Verwendung des Zementes für den Bau von Wasserbehältern Wasserdichtigkeit erfordert.

Ein sehr einfacher Apparat von Tetmajer zur Bestimmung der Wasserdichtigkeit ist in Abb. 432 dargestellt. Er besteht aus einem gußeisernen Gehäuse 1, welches mit dem Rohrstutzen 2, der mit Manometer 3 versehen ist, an die Wasserleitung oder eine andere Druckwasseranlage angeschlossen wird, und dem Oberteil 4 mit Meßröhre 5. In das Gehäuse wird ein wassergesättigter Zementkuchen 6, der in einem Metallring 7 von 72 mm Durchmesser und 20 mm Höhe eingeschlagen wurde, nach entsprechender Erhärtung eingesetzt und unter Zwischenschaltung von Gummiringen 8 und 9 mit Schrauben zwischen Deckel und Gehäuse geklemmt. Der freie Kuchenquerschnitt beträgt hiernach 40 qcm. Öffnet man bei gleichzeitiger Entlüftung des unter dem Zementkuchen befindlichen Hohlraumes den Wasserzuflußhahn und füllt über den Zementkuchen in die Röhre Wasser bis zu einer bestimmten Marke ein, so steigt bei Wasserdurchlässigkeit infolge des Überdruckes das Wasser in der Röhre oder behält bei Wasserdichtigkeit sein anfängliches Niveau bei. Die Wasserdurchlässigkeit wird ausgedrückt durch die Wassermenge, welche in der Zeiteinheit durch die Flächeneinheit des Probekuchens tritt.

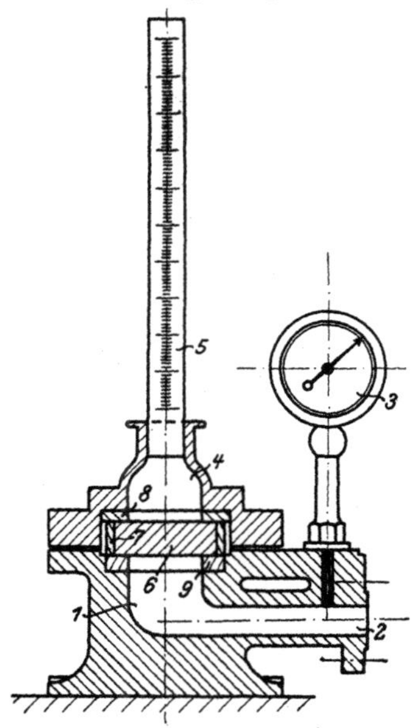

Abb. 432.

Ein auf demselben Grundsatz beruhender Apparat zur Bestimmung der Wasserdichtigkeit ist der Wasserdurchlässigkeitsapparat von Amsler, der schematisch in Abb. 433 dargestellt ist und dessen Ausführungsform die Abb. 434 zeigt.

Auf dem Tisch 1 sind die mit dem abgebundenen Bindemittel 2 gefüllten Formen 3 und 4 befestigt. Das Druckwasser wird von unten durch die Hähne 5, 6 in die Formen gepreßt. Das durchgedrungene Wasser sammelt sich bei der kleinen Form 3 oberhalb der Form in dem Glasrohr 7, bei der großen Form 4 in einer Rinne und fließt durch ein Röhrchen in den eingeteilten Glasbecher 8. Das Wasser ist im unteren Teil der beiden säulenartigen Stahlflaschen 9 und 10, an welchen der Tisch 1 befestigt ist, enthalten. Die im oberen Teil der Flaschen enthaltene komprimierte Luft hat das Bestreben, das Wasser durch die Rohrleitung 11 nach den Formen 3 und 4 zu drücken. Die Luftspannung, ablesbar an dem Manometer 12, wird erreicht durch Einpumpen oder Ablassen von Luft. Zum Einpumpen von Luft und Wasser wird die einfach wirkende Handpumpe 13 benutzt.

Der in der Abb. 435 dargestellte Apparat für Versuche zur Bestimmung der Wasserdurchlässigkeit ist von Gary angegeben. Er besteht aus dem kleinen regelbaren Wasserdruckakkumulator 1, dem Wasserverteiler 2 mit dem Manometer 3 zur Messung des auf den Probekörpern in den Druckdosen 4 bis 9 lastenden Flüssigkeitsdrucke. Diese Dosen entsprechen sinngemäß der Abb. 432 nur mit dem Unterschiede, daß bei ihnen der Druck von oben her auf den Probekörper wirkt und daß als Maß für die Wasserdurchlässigkeit die Wassermenge betrachtet wird, die innerhalb einer bestimmten Zeit durch den Probekörper hindurch nach dem darunter befindlichen Glasgefäß übertritt.

11 ist die Grundplatte des ganzen Apparates und 12 ist eine Vorrichtung, in welche die Dosen 4 bis 9 beim Einsetzen der Probekörper eingespannt werden[1]).

Abb. 433.

§ 232. Prüfung auf Reinheit des Zementes.

Zement aus dem Handel bezogen, ist nicht immer rein. Es werden z. B. rasch bindende Zemente durch Gipszusatz langsamer bindend gemacht, oder es werden Hochofenschlacke, Kalkstein, Tonschiefer, Asche, Sand u. dgl. zugesetzt. In einigen Fällen lassen sich diese Beimengungen durch quantitative chemische Analyse feststellen; in anderen dagegen versagt diese Methode, weil z. B. Mischungen aus Portlandzement und Schlackenmehl Analysenzahlen liefern können, die guten Portlandzementen eigen sind.

Schon aus dem spezifischen Gewichte lassen sich gewisse Schlüsse auf die Reinheit des Zementes ziehen; findet man nämlich das spezifische Gewicht

[1]) Der Apparat wird vom Chemischen Laboratorium für Tonindustrie in Berlin geliefert

im geglühten Zustande (s. S. 404) niedriger als 3,1, so ist der Zement verdächtig, vermischt zu sein.

Ein oberflächlicher Nachweis, ob Beimengungen vorhanden sind, kann dadurch erbracht werden, daß man 3 g des Zementes in einem Becherglase

Abb. 434.

mit 50 ccm verdünnter Salzsäure (1 Raumteil reine Salzsäure von 1,12 spezifischem Gewicht und 4 Raumteile Wasser) durch Umrühren mit einem Glasstabe behandelt[1]). Bei reinem, unverfälschtem Zemente färbt sich die Flüssigkeit gelb, ohne daß sonst auffallende Erscheinungen eintreten. Findet bei der Vereinigung des Zementes mit der Säure sofort lebhaftes Aufbrausen

[1]) Büsing & Schumann, Der Portlandzement usw., Berlin 1905, S. 51.

statt, so deutet dies auf Beimengung von kohlensaurem Kalk oder hydraulischem Kalk, der beim Lagern rasch Kohlensäure aufnimmt, hin. Schwaches, bald wieder verschwindendes Aufbrausen dagegen ist ohne Bedeutung und rührt von der bei längerer Lagerung aufgenommenen Kohlensäure her. Macht sich aber ein starker, anhaltender Geruch nach Schwefelwasserstoff bemerkbar, der bei wiederholtem Umrühren erneut auftritt, und wird die Flüssigkeit gleichzeitig entfärbt und milchig getrübt (ausgeschiedener Schwefel), so läßt dies auf einen Zusatz von Hochofenschlacke schließen. Reiner Portlandzement enthält nur höchst geringe Mengen von Schwefelverbindungen, während Hochofenschlacke deren bis zu 2 % und mehr enthält. Dieser hohe Schwefelgehalt ruft die beschriebenen Erscheinungen hervor.

Abb. 435.

Ferner kann man derart verfahren, daß man den Zement auf dem 5000 Maschensiebe absiebt und den Siebrückstand unter dem Mikroskop oder mit der Lupe untersucht. Bei gut gebranntem, reinem Portlandzemente besteht der Rückstand aus fast gleichmäßig gefärbten, schwärzlich-grünen Körnern, während sich bei vermischten Zementen eine beträchtliche Menge heller Körnchen erkennen läßt. Übergießt man den Siebrückstand mit verdünnter Salzsäure (1 : 4) und beobachtet man hierbei, daß die hellen Körner unter Aufbrausen Kohlensäure entwickeln, so ist die Verfälschung mit kohlensaurem Kalk bewiesen, da die gröberen Zementteile niemals Kohlensäure enthalten. Durch eine Gewichtsbestimmung der Kohlensäure im Zement kann dann der Gehalt an kohlensaurem Kalk berechnet werden.

$$(CO_2 \cdot 2{,}273 = C_aCO_3.)$$

Enthält der Rückstand weißliche Körnchen, die mit Salzsäure starken Geruch nach Schwefelwasserstoff entwickeln, so liegt jedenfalls eine Vermischung mit Schlackenmehl vor, welche durch die in § 233 angegebene Prüfung nachzuweisen ist.

§ 233. Die Schwebeanalyse.

Als bisher zuverlässigstes Mittel zum Nachweise von Hochofenschlacke im Portlandzement dient die Schwebeanalyse in Verbindung mit der chemischen Analyse. Ein im Materialprüfungsamte Groß-Lichterfelde ausgearbeitetes Verfahren wird von Gary in den Mitteilungen aus dem Materialprüfungsamte 1905, Heft 1, wie folgt beschrieben:

Ist dargetan, daß der Zement mit Wahrscheinlichkeit freie Schlacke enthält, so werden etwa 500 g des Zementes auf einem Siebe von 10000 Maschen für 1 qcm abgesiebt. Im allgemeinen werden dabei etwa 30 %, also etwa 150 g Rückstand erhalten. Dieser Siebrückstand wird mit dem Magneten vom metallischen Eisen befreit, dann mit Alkohol und Äther zur Entfernung der anhaftenden staubfeinen Teilchen gewaschen und im Dampftrockenschrank getrocknet. 60 g dieses Grießes werden in einem gläsernen Scheideapparat (s. Abb. 436) von etwa 150 ccm Inhalt mit Methylenjodid-Terpentin vom spezifischen Gewicht 3,0 gründlich aufgeschüttelt und solange sich selbst überlassen, bis eine glatte Trennung erfolgt ist. Durch Abfiltrieren der Flüssigkeit werden dann die schweren und leichten Anteile gesondert gewonnen. Um sicher zu gehen, daß nicht die schwereren Anteile noch Schlacke, die leichteren noch Klinkerbestandteile enthalten, werden beide Teile noch jeder für sich mit einer leichteren bzw. schwereren Scheideflüssigkeit in der gleichen Weise wie oben beschrieben behandelt. Wie das spezifische Gewicht dieser Flüssigkeit im einzelnen gewählt werden muß, läßt sich nicht allgemein vorweg bestimmen. Übung und Erfahrung in der Beobachtung der Art der Absonderung beim ersten Trennversuch müssen den richtigen Weg weisen. Hat man es mit schwerem Klinker und schwerer Schlacke zu tun, so wird bei der Trennung mit der Scheideflüssigkeit vom spezifischen Gewicht 3,0 der Grieß sich mehr in der unteren Hälfte des Apparates halten, bei leichterem Klinker und leichterer Schlacke wird das Umgekehrte eintreten. Am schnellsten wird eine glatte und richtige Trennung erzielt, wenn sehr schwerer Klinker und sehr leichte Schlacke vorliegen. Am schwierigsten gestaltet sich die Sachlage, wenn verhältnismäßig leichter Klinker mit schwerer Schlacke vermischt worden ist, weil die Trennung naturgemäß um so schwieriger vor sich geht, je näher die spezifischen Gewichte der zu trennenden Körper aneinanderliegen. Im allgemeinen kann als Regel angegeben werden, daß die schweren Grießanteile noch mit Methylenjodidmischung vom spezifischen Gewicht 3,04—3,10 je nach der Lage der Sache nachbehandelt werden müssen, die leichten ebenso mit Scheideflüssigkeit vom spezifischen Gewicht 2,96 bis 2,90; jedoch kommen auch Ausnahmen vor.

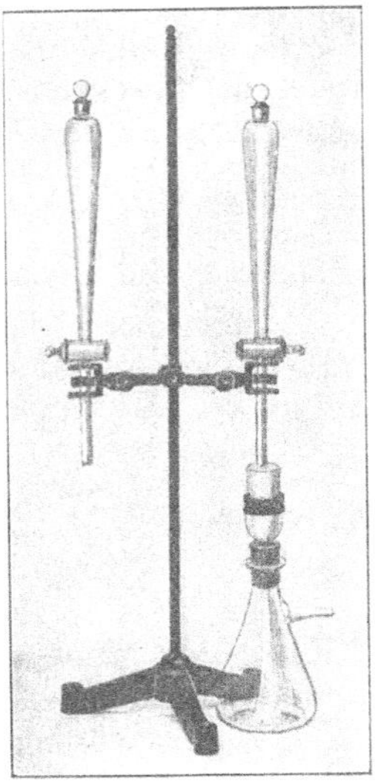

Abb. 436.

Die so erhaltenen schwersten und leichten Anteile und der Zement im Anlieferungszustande werden nun auf Glühverlust, Kieselsäure, Kalk, Unlösliches (Sand) und Sulfidschwefel untersucht. Die Schwefelbestimmung wird in folgender Weise ausgeführt: In 4 g Substanz wird die Schwefelsäure in üblicher Weise als schwefelsaurer Baryt bestimmt. Weitere 4 g werden mit Bromwasser und Bromsalzsäure oxydiert, wodurch der Sulfidschwefel in Schwefelsäure übergeführt wird. Alsdann wird durch Chlorbarium die gesamte Schwefelsäure — die bereits vorhandene wie auch die durch Oxydation gebildete — als Bariumsulfat ausgefällt. Aus der Differenz der beiden durch Analyse gefundenen Schwefelsäuremengen ergibt sich der als Sulfid vorhandene Schwefel. Der Gehalt an Sulfidschwefel in der Schlacke, den Klinkern und dem Gemisch wird der Berechnung des Schlackengehaltes des Gemisches zugrunde gelegt und die Rechnung wie folgt durchgeführt.

Enthalten: die Schlacke, frei von Kohlensäure, Wasser und in Salzsäure unlöslichem Rückstand a % Sulfidschwefel, die Klinkeranteile b % Sulfidschwefel, der Mischzement c % Sulfidschwefel, so berechnet sich der Gehalt x des Mischzementes an Hochofenschlacke nach der Gleichung:

$$x = 100 \cdot \frac{c - b}{a - b}.$$

Bezeichnet y den Gehalt des Mischzementes an Klinkerteilen, so ist

$$y = 100 - x.$$

Die Ableitung ist die folgende:

$$x + y = 100,$$

$$\frac{x \cdot a}{100} + \frac{y \cdot b}{100} = c, \quad \frac{x \cdot a}{100} + \frac{(100 - x) \cdot b}{100} = c, \quad \frac{x \cdot a + 100 \cdot b - x \cdot b}{100} = c;$$

$$x = 100 \cdot \frac{c - b}{a - b}.$$

Hatte der Mischzement	. . . . .	0,9 % (c)	Sulfidschwefel
„ „ Schlackengrieß	. . . . .	2,8 % (a)	
„ „ Klinkergrieß	. . . . . .	0,2 % (b)	

(bezogen auf den kohlensäure-, wasser- und rückstandfreien Zustand), so ist

$$x = 100 \cdot \frac{0,9 - 0,2}{2,8 - 0,2} = \frac{70}{2,6} = 27\,\%.$$

Es berechnen sich also 27 % freie Hochofenschlacke; bezogen auf den ganzen Zement einschließlich Kohlensäure, Wasser und Rückstand, die zu bestimmen sind, ergibt sich entsprechend weniger.

2. Der Eisenportlandzement.

§ 234. Allgemeines.

Der Eisenportlandzement[1]) wird hergestellt aus einem aus Kalkstein und Hochofenschlacke erzeugten Portlandzement und einer basischen Hochofenschlacke durch inniges Vermischen derselben im mehlfeinen Zustande. Das Produkt soll mindestens 70 % des Portlandzementes und höchstens 30 % der basischen Hochofenschlacke enthalten. Die chemische Zusammensetzung des Eisenportlandzementes ähnelt durchaus der des Portlandzementes, und die Prüfung dieses Zementes erfolgt in der gleichen Weise wie jene. Auch gelten für ihn in vollem Umfange dieselben Normen.

[1]) Näheres s. Taschenhandbuch des Vereins deutscher Eisenportlandzementwerke.

3. Der Hochofenzement[1]).

§ 235. Begriffsfeststellung.

Hochofenzement[2]) besteht aus einem Gemisch von Portlandzement und basischer Hochofenschlacke. Bei der Herstellung werden feuerflüssige, basische Hochofenschlacken durch Wassergranulation rasch abgekühlt und dadurch in einen glasigen Zustand übergeführt. Hiernach wird das Produkt mit 15—30% Portlandzementklinkern staubfein vermahlen. Nach den Normen[3]) muß Hochofenzement mindestens 15% (Gewichtsteile) Portlandzement enthalten.

Zur Herstellung von Hochofenzement dürfen nur beim Eisen-Hochofenbetrieb gewonnene Schlacken von folgender Zusammensetzung benutzt werden:

$$\frac{CaO + MgO + \frac{1}{3}\,Al_2O_3}{SiO_2 + \frac{2}{3}\,Al_2O_3} > 1\,.$$

Die Hochofenschlacke darf nicht mehr als 5% MnO enthalten.

Zusätze zu besonderen Zwecken, namentlich zur Regelung der Abbindezeit, sind in Höhe von 3% des Gesamtgewichtes begrenzt, um die Möglichkeit von Zusätzen lediglich zur Gewichtsvermehrung auszuschließen.

Der Hauptträger der Erhärtung ist beim Hochofenzement die Hochofenschlacke; der zugesetzte Portlandzement ist zwar als Hilfsmittel unentbehrlich, übernimmt aber eine Nebenrolle.

Die Hochofenzemente enthalten im allgemeinen weniger Ätzkalk als die Portlandzemente und dafür aber mehr Kieselsäure und Tonerde. Auch ihr Gehalt an Magnesia und Sulfidschwefel ist höher, während der Glühverlust verhältnismäßig sehr niedrig ist.

Die mittlere Zusammensetzung der Hochofenzemente bewegt sich etwa in den folgenden Grenzen.

Ätzkalk CaO	44—53%
Kieselsäure SiO_2	27—32%
Tonerde und Eisenoxyd	11—20%
Magnesia	bis 4%
Sulfidschwefel	bis 2,5%.

Die Prüfung des Hochofenzementes erfolgt in der gleichen Weise wie die des Portlandzementes, jedoch mit den aus den §§ 236 bis 239 ersichtlichen Abweichungen.

§ 236. Das Abbinden.

Die Abbindeversuche werden nach den gleichen Verfahren durchgeführt, wie sie im § 218 beschrieben wurden. Zur Herstellung des Normenbreies

---

[1]) Über eingehende Versuche mit Hochofenzement, die vergleichsweise neben Versuchen mit Portlandzement und Eisenportlandzement ausgeführt wurden, s. Mitteilungen des Materialprüfungsamtes Groß-Lichterfelde 1920, S. 163.

[2]) Siehe H. Passow, Der Hochofenzement. Kurzer Leitfaden, Berlin, ferner Tonindustrie-Ztg. 1919, S. 1010 und 1037.

[3]) Deutsche Normen für einheitliche Lieferung und Prüfung von Hochofenzement. Wilhelm Ernst & Sohn, Berlin.

werden 100 g des reinen langsam bindenden Hochofenzementes 3 Minuten und des rasch bindenden 1 Minute lang mit Wasser angerührt. In den meisten Fällen genügen 27—30 % Anmachewasser.

Hohe Temperatur beschleunigt und niedrige Temperatur verzögert das Abbinden. Deshalb ist es bei der Prüfung von Hochofenzement noch mehr als bei Portlandzement notwendig, den Zement und das Wasser, sowie alle Geräte auf die vorgeschriebene Lufttemperatur von 14—18° zu bringen.

§ 237. Die Raumbeständigkeit.

Als Raumbeständigkeitsprobe dient die Kaltwasser-Kuchenprobe, wobei aber im Gegensatz zu dem auf S. 427 Gesagten zu beachten ist, daß sich beim Hochofenzement das Treiben bereits nach 3 Tagen zeigt und eine Beobachtung über 28 Tage hinaus nicht notwendig ist.

§ 238. Feinheit der Mahlung.

Die feine Mahlung ist beim Hochofenzement von besonderer Wichtigkeit, und die Normen schreiben vor, daß 100 g Zement auf dem 4900 Maschensieb höchstens 12 % Rückstand hinterlassen dürfen.

§ 239. Zug- und Druckfestigkeit.

Bei der Herstellung des Mörtels für die Probekörper (s. S. 411) sollen sowohl das Mörtelgemenge als auch die Mörtelmasse je eine ganze Minute mit der Hand vorgemischt werden, im Gegensatz zum Portlandzement, wo ½ Minute ausreicht.

4. Die Kalke.

§ 240. Begriffsfeststellung.

Kalke sind Erzeugnisse, die durch Brennen von Kalksteinen bei Temperaturen unterhalb der Sintergrenze gewonnen wurden.

Es gibt gemäß S. 397 Luftkalke und Wasserkalke. Die dazwischengelegenen Übergangsformen werden in der Literatur auch schwach hydraulische Kalke genannt, und demgemäß werden unterschieden:

1. Luftkalke (Fett- oder Weißkalke),
2. schwach hydraulische Kalke,
3. stark hydraulische Kalke oder Wasserkalke.

Diese Unterscheidung ist zwar üblich, sie erscheint aber nicht sehr zweckmäßig, da eine Trennung in schwach und stark hydraulische Kalke leicht zu Irrtümern Anlaß geben kann. Schon die Definition des schwach hydraulischen Kalkes ist bedenklich.

Nach den Leitsätzen für einheitliche Prüfung von Kalk[1]) sind schwach hydraulische Kalke durch Brennen unterhalb der Sintergrenze aus Kalksteinen gewonnene Erzeugnisse von folgendem Verhalten: „Sie löschen sich wie Luftkalke, gedeihen jedoch etwas weniger stark; eingesumpft, werden sie nach einiger Zeit in der Grube hart. Sie bedürfen einer längeren, mehr als

[1]) Verlag Tonindustrie-Zeitung, Berlin 1911.

7tägigen, höchstens jedoch 21tägigen Lufterhärtung, ehe sie der Einwirkung des Wassers ausgesetzt werden dürfen. Ihre Mörtel erhärten durch Bindung von Kohlensäure und Wasser an der Luft und nach vorausgegangener genügender Lufterhärtung auch unter Wasser bei stetig zunehmender Festigkeit."

Der springende Punkt bei dieser Definition sind die letzten Worte des letzten Satzes, die fordern, daß der Mörtel auch unter Wasser stetig an Festigkeit zunimmt. Es gibt zwar solche Kalke, aber Versuche haben gezeigt, daß diese Kalke manchmal erst stetig fester werden, dann aber wieder an Festigkeit abnehmen und schließlich zerfallen. Man sollte daher alle Kalke, die sich nicht als echte Wasserkalke (s. S. 459) kennzeichnen, auch nicht mit Namen belegen, die zu Verwechslungen mit solchen Anlaß geben können.

Ebenso ist der irrtümlichen Auffassung entgegenzutreten, daß Magerkalke stets „hydraulische", also Wasserkalke seien.

Es kann ein Kalk sehr wohl mager sein, wie es in der Regel die Dolomitkalke sind, er braucht aber darum noch nicht hydraulische Eigenschaften zu besitzen. Manche Magerkalke, die ihrer Natur nach Luftkalke sind, erhärten wohl manchmal im Wasser weiter, sie dürfen aber trotzdem noch nicht als Wasserkalke bezeichnet werden. Von Mörteln aus Wasserkalken darf man verlangen, daß sie nach 3tägiger Lufterhärtung unter Wasser nicht aufgelöst werden, sondern an Festigkeit mehr zunehmen als bei reiner Lufterhärtung. Solche teilweise hydraulische Eigenschaften weisen aber auch manche Luftkalke auf; deshalb ist eine strengere Scheidung der Luftkalke von den Wasserkalken anzustreben. Verfasser möchte solche Kalke, deren Mörtel nach 3tägiger Lufterhärtung unter Wasser eine weitere ständige Festigkeitszunahme erfahren, als „Wasserkalke" und die anderen als „Luftkalke" bezeichnet wissen.

A. Luftkalk.

§ 241. Begriffsfeststellung und allgemeine Eigenschaften der Luftkalke.

Luftkalke sind durch Brennen von hochkalkhaltigen Kalksteinen (kohlen saurem Kalk) gewonnene Erzeugnisse, die im Gegensatz zu den Wasserkalken nur an der Luft durch Kohlensäureaufnahme von außen nach innen erhärten. Beim Ablöschen erfahren sie infolge der Wasserbindung, die eine veränderte Molekulargruppierung bedingt, unter erheblicher Wärmeentwickelung[1]) eine Raumvergrößerung (Gedeihen, Ergiebigkeit), die abhängig ist von der mehr oder minder großen Reinheit des Kalkes. Reine Kalke, d. s. solche, die mindestens 90% Ätzkalk enthalten und beim Ablöschen zu einem feinen, mehlartigen Pulver zerfallen, oder beim Naßlöschen einen weichen, speckigen Brei ergeben, heißen Fett-, Speck- oder Weißkalke. Andere dagegen mit 15—30% fremden Bestandteilen (Tonerde, Eisenoxyd, Magnesia) liefern beim Trockenlöschen ein mehr oder weniger körniges Pulver und beim Naßlöschen einen sich sandig anfühlenden Brei. Da sie beim Ablöschen wenig ergiebig sind, also eine verhältnismäßig geringe Raumvergrößerung erfahren, werden sie Magerkalke genannt.

Die Kalke kommen gelöscht und ungelöscht (s. S. 459), und zwar in Stückform oder gemahlen als ein mehr oder weniger feines Pulver in den

[1]) 1 kg reines CaO, mit Wasser zu $Ca(OH)_2$ gelöscht, 277 Kalorien.

Handel. Es ist bei Prüfungen von pulverförmigen Kalken daher erst durch Vorversuche festzustellen, ob gelöschter oder gemahlener ungelöschter Kalk vorliegt. Derartiger gelöschter Kalk wird auch als „Sackkalk“ bezeichnet, aber mit Unrecht, denn auch gemahlener ungelöschter Kalk wird in Säcken verfrachtet.

§ 242. Das Löschen des Kalkes.

Vor der Verarbeitung zu Mörtel muß jeder Kalk gelöscht werden, d. h. er muß mit soviel Wasser getränkt werden, als zur vollständigen Umbildung des Ätzkalkes zu Kalkhydrat erforderlich ist. Da gebrannter Stückkalk sehr porös ist, saugt er begierig Wasser auf. Infolge des Entweichens der in den Poren eingeschlossenen Luft entsteht dabei ein zischendes Geräusch, welches aufhört, sobald die Wassersättigung vollzogen ist. Bei manchen Kalken beginnt sofort die chemische Bindung des Wassers, bei anderen dagegen erst nach mehreren Minuten. Begleitet ist die chemische Reaktion von Wärmeentwicklung[1]), die starke Verdampfung des aufgesaugten Wassers veranlaßt; die Kalkstücke zerfallen dabei zu einem mehr oder minder feinen Pulver, das völlig rein ist oder steinartige Beimengungen enthält. Bei weiterem Wasserzusatz geht das Pulver in einen Brei über, den man „Kalkbrei“ nennt.

Die Wassermenge, welche zum vollständigen Ablöschen des gebrannten Kalkes notwendig ist, richtet sich nach der Art des Kalkes. (Bei der Bildung von trockenem Kalkhydrat verbinden sich 56 Gewichtsteile Kalkerde [chemisch rein] mit 18 Gewichtsteilen Wasser.) Der Löschwasseranspruch der Wasserkalke entspricht etwa demjenigen der Magerkalke. Gibt man dem Kalke weniger Wasser, als er zu binden vermag, so „verbrennt“ er; es entsteht ein sandartiges Pulver oder ein körniger Brei. Jenes kann durch weitere Wasserzugabe nicht mehr zum Zerfallen gebracht werden, und dieser benötigt zur Nachlöschung, wenn sie überhaupt eintritt, längere Zeit, manchmal mehrere Jahre. Verwendet man zu viel Löschwasser, so „ersäuft“ der Kalk. Es ist daher der Löschwasserbedarf mit möglichster Sorgfalt durch Sonderversuche zu bestimmen, wenn man einen Kalk erzielen will, der sich durch große Ergiebigkeit (s. § 243) auszeichnet[2]).

Die Ergiebigkeit ist bei Fettkalken etwa 2½—3½fach[3]) und bei Mager- sowie Wasserkalken etwa bis 2½fach. Es bedeutet dies, daß beim Löschen eine 2½—3½ oder bis 2½fache Volumenzunahme eintritt, die auch mit „Wachsen“ oder „Gedeihen“ des Kalkes bezeichnet wird. Wie bereits vorausgeschickt wurde, ist die Wasserbindung von einer erheblichen Temperaturzunahme begleitet, die Wasserdampfbildung verursacht. Sie ist um so bedeutender, je rascher sich der Kalk löscht und je mehr Ätzkalk er enthält.

---

[1]) Manche Kalksorten erhitzen sich beim Löschen derartig stark (300—400°), daß sie die Lagerschuppen zur Entzündung bringen können, wenn sie mit Holzteilen in Berührung stehen (s. Wawrziniok, Die Feuergefährlichkeit löschenden Kalkes, Tonindustrie-Zeitung 1914, S. 1423).

[2]) „Abgestandener oder abgestorbener“ Kalk ist solcher, der durch Lagern an der Luft Feuchtigkeit und Kohlensäure aufgenommen und unter geringer Volumenzunahme zerfallen ist. Solcher Kalk ist unbrauchbar. Gebrannter Kalk muß daher in trockenen Räumen gelagert und vor Feuchtigkeitsaufnahme geschützt werden.

[3]) Bei Trockenlöschung; bei Naßlöschung ist sie geringer.

Da durch die Wasserdampfbildung dem Kalk viel Wärme entzogen wird, die er zum völligen Aufschließen benötigt, muß das Entweichen des Dampfes durch Bedecken des Kalkes verhindert werden. In der Baupraxis geschieht es am besten durch Löschen unter Druck in geschlossenen eisernen Gefäßen.

Das Löschwasser darf nicht zu hart sein und soll auch nur wenig Kohlensäure enthalten. Hartes oder viel Kohlensäure führendes Wasser verzögert den Löschvorgang erheblich. Salzhaltiges Wasser, Meerwasser, Sole usw. sind zum Kalklöschen überhaupt untauglich, während warmes Wasser, oder solches mit einem geringen Gehalt an Wein- oder Essigsäure den Löschprozeß befördert.

§ 243. Die Löschverfahren.

Für die Materialprüfung empfiehlt Verfasser die unter a) Trockenlöschung und b) Naßlöschung beschriebenen Löschverfahren. Sie sind dem altrömischen Löschverfahren nachgebildet und haben sich bei zahlreichen Kalkuntersuchungen bewährt.

a) Trockenlöschung.

Gebrannter, in walnußgroße Stücke zerschlagener Kalk wird portionenweise in einem sackartigen, engmaschigen Drahtkorbe von ca. 25 cm Durchmesser und 30 cm Tiefe bis zum Aufhören von Blasenbildung unter Wasser von ca. 20° oder 50° getaucht und dann in einen mit Deckel versehenen, innen mit Blech ausgeschlagenen Holzkasten geschüttet, wo er zu Pulver (Kalkhydrat) zerfällt. Der Deckel muß zur Vermeidung des Entweichens von Wasserdampf geschlossen bleiben. Die dabei auftretende Temperaturzunahme wird mit einem Maximumthermometer gemessen. Zur Feststellung des Wasseranspruches und der Ergiebigkeit des Kalkes wird nach Verlauf von 24 Stunden das durch ein Sieb mit 20 Maschen pro Quadratzentimeter gesiebte Kalkhydrat[1]) gewogen.

Stellt G_s das Gewicht des Stückkalkes,
G_h ,, ,, ,, Kalkhydrates,
G_w ,, ,, ,, Löschwassers,
G_r ,, ,, der abgesiebten steinigen Rückstände im trockenen Zustande
und V_s ,, Volumen des Stückkalkes,
V_h ,, ,, ,, Kalkhydrates

dar, so ergibt sich der Wasseranspruch W und die Ergiebigkeit E durch folgende Rechnung:

$$W = \frac{G_w}{G_s} \cdot 100\,\% \text{ Gewichtsteile,}$$

$$E = \frac{V_h}{V_s} \text{ nach Raumteilen.}$$

Das Gewicht der steinigen Rückstände G_r wird in Prozenten des Stückkalkgewichtes G_s angegeben.

[1]) Der „Trockenkalk" (Kalkhydrat) nimmt aus der Luft Feuchtigkeit und Kohlensäure auf; deshalb ist der Kalk in luftdicht verschlossenen Gefäßen aufzubewahren. Bei dieser Aufbewahrungsart ist er unbegrenzt haltbar. Verfasser empfiehlt zur Aufbewahrung luftdicht verschließbare zylindrische Steinzeugfässer von 150 l Inhalt.

b) Naßlöschung.

Faustgroße Stücke bei Fettkalk, walnußgroße bei Magerkalk werden in etwa 8 cm hoher Schicht in einem mit Blech ausgekleideten und mit Deckel versehenen Holzkasten ausgebreitet und durch Brause mit soviel Wasser von ca. 20° oder 50° benetzt, als sie aufzusaugen vermögen. Bei beginnendem Zerfallen rührt man das entstehende Kalkhydrat mit einer Löschkrücke (Abb. 437) beständig um und setzt Wasser zu, bis ein dickflüssiger Brei entsteht. Hiernach schließt man den Deckel des Kastens und überläßt den Kalk 24 Stunden sich selbst. Nach Verlauf dieser Zeit rührt man ihn zur Feststellung der ungelöscht gebliebenen Teile durch ein Sieb mit 20 Maschen für das Quadratzentimeter und stellt das Volumengewicht des Breies fest, nachdem man ihn auf „Normenkonsistenz" (s. S. 451) gebracht hat. Da Breikalk zum „Nachlöschen"[1]) neigt, empfiehlt es sich, ihn vor der weiteren Verarbeitung (z. B. zu Mörtel) mindestens 2 Wochen einzusumpfen[2]). Dadurch wird den im Brei verteilten, ungelöscht gebliebenen Kalkteilchen Gelegenheit zum vollständigen Löschen gegeben.

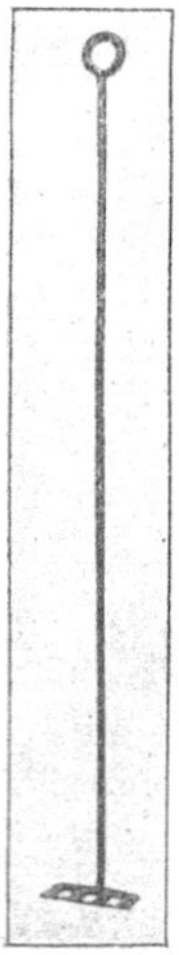

Abb. 437.

Der Wasseranspruch und die Ergiebigkeit bei der Naßlöschung berechnen sich in gleicher Weise wie bei der Trockenlöschung.

Bedeutet:

G_s das Gewicht des Stückkalkes,
G_b „ „ „ Breikalkes von Normenkonsistenz,
G_w „ „ „ Löschwassers,
G_r „ „ der steinigen Rückstände im trockenen Zustande,
V_s das Volumen des Stückkalkes,
V_b „ „ „ Breikalkes,

so ist

$$\text{der Wasseranspruch } W = \frac{G_w}{G_s} \cdot 100\,\% \text{ Gewichtsteile,}$$

$$\text{die Ergiebigkeit } E = \frac{G_b}{G_s} \text{ nach Gewichtsteilen oder}$$

$$= \frac{V_b}{V_s} \text{ nach Raumteilen.}$$

---

[1]) Wenn im Kalk ungelöschte Teilchen verblieben sind, tritt durch Aufnahme von Feuchtigkeit während oder nach der Verarbeitung zu Putz oder dgl. Nachlöschen ein. Das betr. Kalkteilchen nimmt dadurch an Volumen zu, was ein Absprengen des in seiner Umgebung befindlichen Mörtels verursacht und bei Mauerwerk eine Lockerung der Fuge nach sich ziehen kann.

[2]) Zum Einsumpfen benutzt man für die Zwecke der Materialprüfung am besten tönerne Gefäße, in die der Breikalk eingefüllt wird. Bei längerem Stehen löschen die etwa ungelöscht gebliebenen Teilchen nach, das zuviel zugesetzte Löschwasser sondert sich an der Oberfläche ab und der Breikalk erfährt eine Verdickung, so daß er speckige Konsistenz annimmt. Vor der Verarbeitung dieses Kalkes muß das darüber stehende Wasser sorgfältig abgeschöpft werden, weil sich auf ihm durch den Kohlensäuregehalt der Luft eine dünne Schicht kohlensauren Kalkes bildet, der den Breikalk beim Umrühren verunreinigen würde.

Hierbei ist

$$V_b = \frac{G_b}{r_b} \text{ und } V_s = \frac{G_s}{r_s},$$

wenn r_b und r_s das Litergewicht (s. § 246) des Breikalkes und des Stückkalkes bedeuten.

Die Normenkonsistenz des Breikalkes wird derart erzeugt, daß man dem speckigen Kalk unter stetigem Umrühren soviel Wasser zusetzt, daß er dickflüssig wird. Von diesem Kalk schüttet man etwa 5 l auf ein Leinentuch, das etwa je 20 Ketten- und Schußfäden auf das Quadratzentimeter besitzt, bindet mit einem Bindfaden das Tuch zu einem Beutel zusammen und quetscht ihn in einer Presse unter 100 kg Belastung während 3 Stunden aus. Von dem so erhaltenen Brei von Normenkonsistenz wird der Wassergehalt durch Trocknen auf dem Wasserbad und das Hydratwasser durch Glühen festgestellt. Der Wassergehalt beträgt nach dem Auspressen bei fast allen Luftkalken ca. 55 %[1]).

§ 244. Beschaffenheit des gelöschten Kalkes.

a) Trockenkalk.

Trockenkalk[2]) soll ein feines, mehlartiges Pulver darstellen. Sandartige Beschaffenheit deutet auf unrichtiges Löschen oder auch auf Minderwertigkeit des Kalksteines hin. Steinige Beimengungen, die beim Absieben richtig gelöschten Kalkes auf dem Siebe mit 20 Maschen für das Quadratzentimeter zurückbleiben, bestehen aus Kohlenschlacke, herrührend vom Brennen, oder aus gesinterten Kalkteilen (Griefen), oder aus quarzigen Beimengungen. Reine Kalksteine, die richtig gebrannt und deren Brennprodukt richtig gelöscht wird, ergeben einen Trockenkalk ohne Rückstände. Auf dem Siebe mit 900 Maschen soll der Trockenkalk nicht mehr als 10 % Rückstand hinterlassen.

b) Breikalk.

Breikalk besitzt speckige Beschaffenheit und weiße, graue oder auch gelbliche Farbe; aus völlig reinem Ätzkalk erzeugter enthält 150 % Wasser. Durch Einsumpfen darf er eindicken, aber nicht erhärten. Alle Kalke sind daher nicht zum Einsumpfen geeignet. Ungeeignet hierfür sind die Kalke mit hydraulischen Eigenschaften; sie verzehren das Wasser durch chemische Bindung, so daß der Brei allmählich hart wird.

§ 245. Das spezifische Gewicht und das Raumgewicht.

Die Ermittelung des spezifischen Gewichtes des Kalksteines und des gebrannten Stückkalkes erfolgt am gepulverten und getrockneten Material mit dem Volumenometer (s. § 348a). Die Bestimmung des Raumgewichtes geschieht am vorteilhaftesten nach der Auftriebsmethode (s. § 348b) an walnußgroßen Stücken, die nach dem Trocknen mit Paraffin eingehüllt wurden.

Das spezifische Gewicht des reinen Kalksteines beträgt 2,5—2,7; das des reinen, gebrannten Kalkes ist je nach dem Brenngrade 2,6—3,4 und das von chemisch reinem Kalkhydrat 2,08—2,30.

---

[1]) Siehe auch Burchartz, Luftkalke und Luftmörtel, S. 15, Berlin 1908.

[2]) D. i. trocken gelöschter Kalk (Kalkhydrat).

§ 246. Das Litergewicht.

Das Litergewicht wird ermittelt:

a) am Stückkalk: durch die Gewichtsbestimmung eines Liters in haselnußgroße Stücke zerschlagenen gebrannten Kalkes;

b) am Trockenkalk: durch Gewichtsbestimmung eines Liters
  α) lose eingefüllten Kalkhydrates (Ausführung s. S. 404),
  β) eingerüttelten Kalkhydrates (Ausführung s. S. 404);

c) am Breikalk: durch Gewichtsbestimmung eines Liters
  α) lose eingefüllten Breikalkes,
  β) eingerüttelten Breikalkes von Normenkonsistenz.

§ 247. Siebfeinheit des Trockenkalkes.

Die Siebfeinheit des Trockenkalkes wird mit ähnlichen Siebsätzen ermittelt, wie die des Zementes (s. § 215), wobei das Probematerial vor dem Versuch völlig zu trocknen ist. Der beste Kalk ist derjenige, welcher zu einem derart feinen Pulver zerfällt, daß auf dem 900 und 4900 Maschensieb nur wenig Rückstand verbleibt.

Es ergab z. B. ein gebrannter Dolomit von der Zusammensetzung:

Glühverlust	3,5 %
Kieselsäure	7,4 %
Eisenoxyd und Tonerde	1,8 %
Ätzkalk	53,8 %
Magnesia	33,3 %

folgende Siebrückstände:

Auf	dem	Siebe	mit	225	Maschen	pro	Quadratzentimeter	5,6 %
„	„	„	„	300	„	„	„	0,7 %
„	„	„	„	500	„	„	„	1,2 %
„	„	„	„	600	„	„	„	5,19 %
„	„	„	„	900	„	„	„	2,08 %
„	„	„	„	4900	„	„	„	11,36 %

Es gingen somit 73,87 % durch das feinste Sieb.

Ein reiner Muschelkalk von der Zusammensetzung:

Glühverlust	0,3 %
Kieselsäure	1,1 %
Eisenoxyd und Tonerde	1,2 %
Ätzkalk	97,4 %

ergab folgende Siebrückstände:

Auf	dem	Siebe	mit	225	Maschen	pro	Quadratzentimeter	1,6 %
„	„	„	„	300	„	„	„	0,1 %
„	„	„	„	500	„	„	„	0,4 %
„	„	„	„	600	„	„	„	0,1 %
„	„	„	„	900	„	„	„	1,1 %
„	„	„	„	4900	„	„	„	1,7 %

Es gingen somit 95,0 % durch das feinste Sieb.

§ 248. Die Raumbeständigkeit.

Zur Prüfung auf Raumbeständigkeit werden Kuchen aus reinem Kalkbrei und aus Kalkmörtel auf Glasplatten und auf gebrannten, unglasierten Dachziegeln[1]) ausgebreitet. Einige derselben werden dauernd an der Luft, andere nach mehrtägiger Luftlagerung in feuchtem Sande oder auch unter Wasser aufbewahrt.

Bei dieser Behandlungsweise sollen die Kuchen keine Beschädigung erleiden, sondern allmählich erhärten. Die Beobachtungsdauer hat sich über mindestens 120 Tage auszudehnen. Es darf angenommen werden, daß alle Luftkalke raumbeständig sind.

§ 249. Das Anziehen und die Erhärtung des Luftkalkes[2]).

Unter Anziehen des Kalkes versteht man den Übergang des Kalkes aus dem breiigen in den starren Zustand. Es entspricht dies etwa dem Abbinden des Zementes, ohne jedoch mit den dabei auftretenden Vorgängen identisch zu sein. Fälschlicherweise wird das „Anziehen" des Kalkes oft mit „Abbinden" bezeichnet, obgleich das Abbinden des Kalkes dem Anziehen bereits vorausgegangen ist, wenn man nach Knapp den Vorgang des Ablöschens, bei welchem ebenso wie beim Abbinden des Zementes eine Wasserbindung stattfindet, als Abbinden betrachtet.

Das Anziehen geschieht durch Wasserabgabe, die infolge Schwindens eine Verdichtung des Kalkbreies oder Mörtels bewirkt und bereits dadurch eine Festigkeitserhöhung verursacht, welche um so größer ist, unter je höherem äußeren Druck das Anziehen erfolgte. Der Erhärtungsvorgang dagegen ist ein chemischer Vorgang, bei welchem das Kalkhydrat durch Aufnahme von Kohlensäure aus der Luft in kohlensauren Kalk verwandelt wird. Dabei spielt die Feuchtigkeit des Kalkes oder Mörtels eine wichtige Rolle, insofern als die Kohlensäure sich nur bei Gegenwart von Wasser mit dem Kalkhydrat zu verbinden vermag; trockenes Kalkhydrat und trockene Kohlensäure reagieren nicht miteinander. Ebenso ist aber auch zu viel Wasser schädlich. Ist der Mörtel zu naß, so findet keine Kohlensäureaufnahme statt, weil sich dann sofort eine dünne Haut von kohlensaurem Kalk an der Oberfläche bildet, die das weitere Eindringen von Kohlensäure verhindert. Am günstigsten ist eine mäßige Feuchtigkeit des Mörtels, und daher müssen Probekörper vor zu schneller Austrocknung durch Anfeuchten geschützt werden. Je langsamer die Austrocknung vor sich geht, desto härter und fester wird der Mörtel.

Die lange bestandene Anschauung, daß Luftkalkmörtel zum Teil auch durch Silikatbildung erhärte, indem durch die ätzende Wirkung des Kalkhydrates die Quarzsandkörner an der Oberfläche aufgeschlossen würden, ist von Cramer widerlegt worden. Auch Donath[3]) hat nachgewiesen, daß absolut reiner Quarzsand durch Ätzkalk selbst nach langer Einwirkungsdauer keine chemische Veränderung erfährt. Nach Michaelis kann der Angriff von Quarzsand durch Kalkhydrat nur unter der Einwirkung hoher Temperaturen, d. i. über 100°, in Gegenwart von Feuchtigkeit vor sich

---

[1]) Die Dachziegel müssen vorher gut mit Wasser benetzt werden, damit sie dem Mörtel keine Feuchtigkeit entziehen.

[2]) S. Michaelis d. Ä., Der Kalkmörtel; Zentralblatt der Bauverwaltung 1908, Nr. 17.

[3]) Die chemische Bewertung des Mörtelsandes; Tonindustrie-Zeitung 1900, Nr. 3 und Nr. 6.

gehen. Hierauf beruht das Patent Michaelis, D. R. P. 14195, welches die Grundlage für die gesamte Kalksandsteinerzeugung nach dem Hochdruckverfahren bildet.

Die Bestimmung der bis zum Anziehen verstreichenden Zeit erfolgt mit dem Vicatschen Nadelapparat in der § 218 erläuterten Weise. Das Anziehen beginnt bei einem Wassergehalt unter 60 % und ist eingetreten, wenn die Vicatsche Nadel unter 300 g Belastung in den Kalk- oder Mörtelbrei nicht mehr einzudringen vermag.

Mörtel beginnt früher anzuziehen als Kalkbrei, weil infolge des Sandzusatzes der Kalk eine größere Oberfläche der Luft darbietet, was die Wasserverdunstung beschleunigt. Aus demselben Grunde erhärtet auch Mörtel schneller und stärker als reiner Kalk. Der Beginn des Anziehens von Mörtel wird festgestellt an Probekuchen, die auf Glasplatten ausgebreitet werden.

§ 250. Die Festigkeit des Kalkes und des Kalkmörtels.

Hinsichtlich der Festigkeit des Kalkes sind ebenso wie bei der Prüfung des Portlandzementes Eigenfestigkeit und Mörtelfestigkeit zu unterscheiden. Die Eigenfestigkeit bedingt in erster Linie die Festigkeit der aus dem Kalke hergestellten Mörtel und liefert somit Anhaltspunkte zur Beurteilung der Erhärtungsfähigkeit eines Kalkmörtels im Mauerwerk. Da aber Kalkprobekörper länger in den Formen verbleiben müssen als Zementkörper, bietet die Entformung Schwierigkeiten wegen des Festhaftens des Kalkes an den Wänden der eisernen Formen. Ein Verfahren zur Vermeidung dieses Umstandes gibt Burchartz[1]) an. Er legte Pausleinwandstreifen so an die Seitenwände der Formen, daß sie unten und oben ein wenig über die Form hinausragten und an den Innenflächen der Form fest anlagen. Hierauf wurde der Aufsatzkasten aufgesetzt und das Ganze in den Hammerapparat so eingespannt, daß beim Einstampfen der eingefüllten Kalkmasse die Leinwand nicht zerknittert werden konnte. Maschinelles Einschlagen der Probekörper aus Kalkhydrat ist nicht angängig, weil sie unerklärlicherweise beim Entformen zerfallen. Es erfolgt deshalb das Einschlagen mit dem Spatel oder einem kleinen Stampfer von Hand.

Das Kalkhydratpulver wird wie Zement in einer Schüssel mit einem eisernen Löffel unter Zusetzen von Wasser zu einer erdfeuchten Masse angerührt[2]).

Zur Ermittelung der Mörtelfestigkeit benutzt man einen Mörtel, der 1 Teil Kalkhydratpulver oder Breikalk und 3 Teile Kalknormensand[3]) enthält. Hierbei wird die Zusammensetzung derart bemessen, daß die Teile auf das trockene Kalkhydrat bezogen werden. Bei der Benutzung von Trockenkalk (Kalkhydratpulver) wird erst der Sand mit dem Kalk trocken gemischt, dann das Wasser zugesetzt, von Hand durchgerührt und schließlich im Mörtelmischer fertig gemischt.

---

[1]) Burchartz, Luftkalke und Luftkalkmörtel, Berlin 1908.

[2]) Die erforderliche Wassermenge ist durch Sonderversuche zu bestimmen.

[3]) Der Kalknormensand wird erhalten, wenn man reinen Freienwalder Quarzsand wäscht, trocknet, durch ein 120 Maschensieb die gröbsten Teile ausscheidet und aus dem gewonnenen Produkt mit dem 625 Maschensieb das Siebfeine entfernt.

Verwendet man Breikalk für die Probekörper, so wird der Kalk erst dickflüssig gemacht, dann von Hand mit Sand gemischt und hierauf in einem Filtertuche ausgepreßt (s. S. 451). Dieser Mörtel wird nochmals im Mörtelmischer gemischt und nach nochmaliger Handmischung stellt er eine erdfeuchte Masse dar, die sich gut verarbeiten läßt.

Ist die Mörtelmasse trotz Ausquetschens noch zu feucht, so kann man ihr weiter dadurch Wasser entziehen, daß man sie auf trockenen Gipsplatten kurze Zeit ausbreitet. Es ist aber notwendig, sie hiernach zur Erzielung gleichmäßiger Feuchtigkeitsverteilung im Mörtelmischer nochmals gehörig durchzumischen.

Der Wasserzusatz bei den Mörtelprobekörpern wird am besten durch Sonderversuche in der Weise ermittelt, daß man einige Druckprobekörper mit willkürlich gewähltem Wasserzusatze auf dem Hammerapparate einschlägt und ihr Verhalten beobachtet. Körper mit zu hohem Wasserzusatze zeigen nach dem Entformen an den Seitenflächen Risse und sinken nach dem Abstreichen der Oberfläche allmählich ein, während zu niedriger Wasserzusatz ein Abbröckeln der Kanten veranlaßt. Die Würfel enthalten die richtige Wassermenge, wenn ihre Oberflächen eben und rißfrei sind und der zur Herstellung verwendete Mörtel das Aussehen feuchter Erde ohne klumpige Beimengungen aufgewiesen hat. Es ist nicht möglich, für Kalk eine allgemeingültige Regel zur Bemessung des Wasserzusatzes wie für Zement (s. S. 420) aufzustellen, da Kalk einer individuellen Behandlung bedarf [1]).

Besondere Aufmerksamkeit ist der Aufbewahrung der Probekörper zu schenken. Entsprechend der bereits in § 249 erwähnten Eigenschaft des Luftkalkes, nur bei Gegenwart von Wasser Kohlensäure zu binden, muß den Probekörpern Gelegenheit gegeben werden, die erforderliche Wassermenge zu behalten oder aufzunehmen. Die Körper sind deshalb vor zu schnellem Austrocknen zu schützen. Es geschieht durch Lagerung in offenen Kästen, die in zugfreiem, gut gelüftetem Raume mit hoher relativer Luftfeuchtigkeit aufgestellt sind.

Die günstigsten Erhärtungsbedingungen für Probekörper aus Luftkalkmörteln bietet eine Lagerung an der Luft, die durch eine zeitweise Wasserbenetzung unterbrochen wird. Burchartz folgert aus seinen Versuchen zur Bestimmung des Einflusses der Art der Erhärtung auf die Festigkeit von Luftkalkmörtel [2]), daß

1. das Raumgewicht der benetzten Probekörper mit fortschreitendem Alter mehr zunimmt als das der nicht benetzten;
2. die Festigkeit der angefeuchteten Probekörper höher ist als die der nicht angefeuchteten; der Unterschied nimmt innerhalb der bei der Beobachtung benutzten Zeitgrenzen (28 Tage bis 1 Jahr) mit dem Alter zu;
3. die benetzten Probekörper mehr Kohlensäure aufnehmen als die nicht benetzten.

---

[1]) Eine Berechnung des Wasserzusatzes für Mörtelprobekörper gibt F. Ritzmann in seiner Dissertation: „Untersuchungen über Traß-Kalk-Sandmörtel“, Heidelberg 1907.

[2]) Burchartz, Luftkalke und Luftkalkmörtel, Berlin 1908.

Er nimmt an, daß die Benetzung des Mörtels wahrscheinlich Ausscheidung von Kalk durch Umlösung bewirkt, die größere Verdichtung und Verkittung der Mörtelmasse zur Folge hat. Durch das jedesmalige Befeuchten wird immer wieder Kalk ausgeschieden, in kohlensauren Kalk übergeführt und so die Festigkeit des Mörtels gesteigert.

Abb. 438.

Die Prüfung der Zugprobekörper erfolgt mit dem Michaelis-Frühlingschen Zerreißapparat (s. S. 423), und zwar mit der Kalkprüfungseinrichtung, während die Druckprobewürfel in jeder beliebigen Materialprüfungsmaschine dem Druckversuch unterzogen werden können. Zerreißprobekörper sehr geringer Festigkeit können auch mit dem Zerreißapparat (Abb. 438), Konstruktion des Verfassers, durch direkte Belastung geprüft werden. Die Wirkungsweise des Apparates ist ohne Erläuterung erkenntlich[1]).

§ 251. Die Haft- und Scherfestigkeit des Kalkmörtels.

Manchmal ist es erforderlich, die Haftfestigkeit oder auch die Scherfestigkeit von Mörtel festzustellen. Insbesondere sind solche Prüfungen von Bedeutung, wenn für Bauten neuartige Bausteine Verwendung finden sollen. Für die Haftfestigkeitsversuche benutzt man Probekörper nach

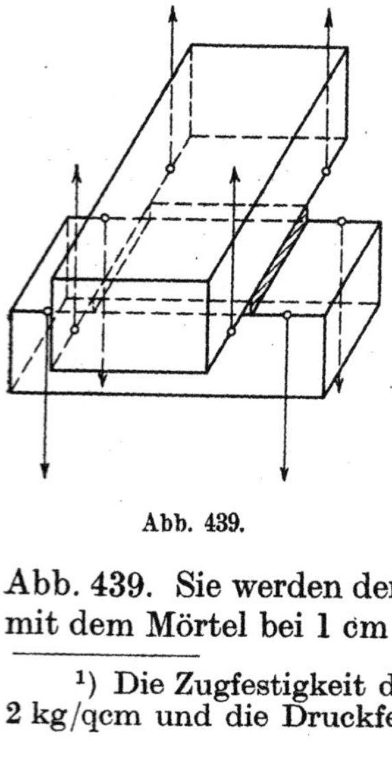

Abb. 439.

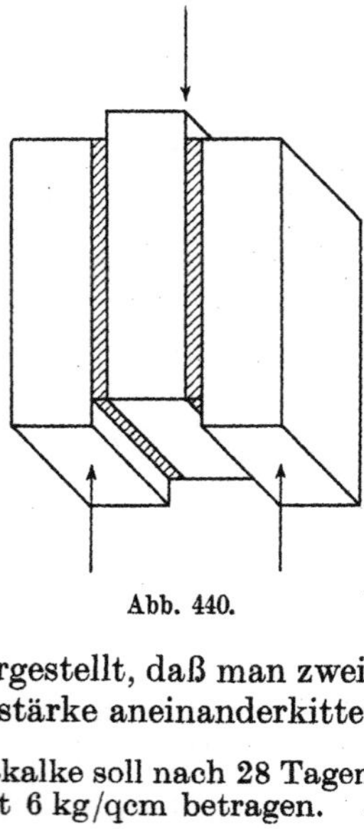

Abb. 440.

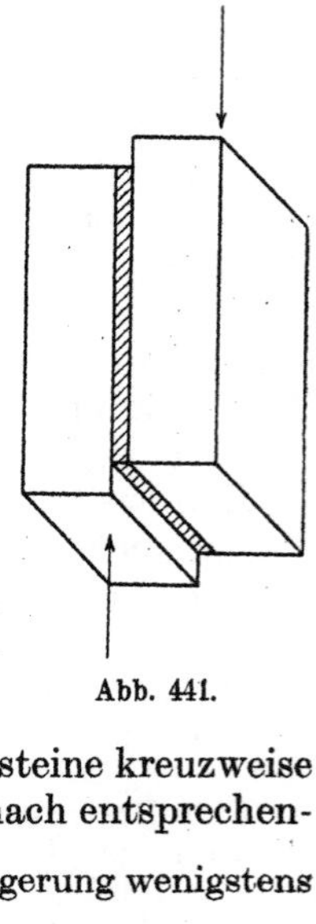

Abb. 441.

Abb. 439. Sie werden derart hergestellt, daß man zwei Mauersteine kreuzweise mit dem Mörtel bei 1 cm Fugenstärke aneinanderkittet und nach entsprechen-

[1]) Die Zugfestigkeit der Luftkalke soll nach 28 Tagen Luftlagerung wenigstens 2 kg/qcm und die Druckfestigkeit 6 kg/qcm betragen.

er Erhärtung die Kraft bestimmt, welche erforderlich ist, die beiden Steine oneinander zu reißen. Beim Zusammenmauern sind die Steine zur Vermeidung es Wasserabsaugens gehörig anzunässen und zur Verdichtung des Mörtels is zum Erhärtungsbeginn mit einem Gewicht, z. B. 0,01 kg/qcm[1]), zu beasten.

In gleicher Weise werden die Probekörper zur Ermittelung der Scherestigkeit angefertigt. Ihre Form ist aus Abb. 440 und 441 ersichtlich und der Kraftangriff bei der Prüfung ist durch Pfeile angedeutet.

§ 252. Die Mörtelergiebigkeit.

Zemente werden in bestimmten Mischungsverhältnissen, die hinlänglich erprobt sind, zu Mörtel verarbeitet. Da aber Kalk nie in solcher gleichartigen Beschaffenheit wie Zement geliefert wird, weil Ursprung, Brenntemperatur sowie Brenndauer seine Eigenschaften wesentlich beeinflussen, ist die Ermittelung der Mörtelergiebigkeit eines Kalkes wichtig.

Am ökonomischsten läßt sich derjenige Kalk verwerten, welcher ohne Schädigung seiner Erhärtungsfähigkeit am meisten mit Sand gemagert werden kann. Man verfährt bei dieser Ermittelung am besten derart, daß man eine größere abgewogene Menge Trockenkalk oder Breikalk in gewöhnlicher Weise zu Mörtel verarbeitet und allmählich Sand zusetzt, bis der Mörtel eine solche Beschaffenheit erhält, daß er erfahrungsgemäß gerade noch zum Mauern oder Putzen benutzt werden kann.

Ein Maß für die Mörtelergiebigkeit ist alsdann die Verhältniszahl „Raumteile Sand dividiert durch Raumteile Trockenkalk oder Breikalk“. Naturgemäß muß die Mörtelergiebigkeit mit Bausand ermittelt werden. Zement- oder Kalknormensand ist für Kalkuntersuchungen überhaupt nur wenig geeignet, wegen seines gleichmäßigen und großen Kornes.

Obgleich es nicht ganz einwandfrei ist, trotzdem es den praktischen Verhältnissen entspricht, wird die Mörtelergiebigkeit anderenorts nicht wie vorstehend auf das trockene Mörtelgemenge bezogen, sondern sie wird ausgedrückt als die Verhältniszahl E = Raumteile mauergerechter Mörtel M dividiert durch die Raumteile trockenes Mörtelgemenge (1 Raumteil Bindemittel + n Raumteile Sand) also $E = \frac{M}{1 + n}$.

Bei Feststellungen der Mörtelergiebigkeit ist deshalb anzugeben, nach welcher Methode die Berechnung erfolgte.

§ 253. Bestimmung des Kalkgehaltes im Kalkmörtel.

Zur Kontrolle vorgeschriebener Mörtelmischungsverhältnisse wird manchmal die Aufgabe gestellt, den Kalkgehalt im Kalkmörtel zu bestimmen.

Es geschieht an einer Probe, die mit einem Stecher (s. Abb. 442) entnommen wird, der aus einem Rohr 1 mit beweglichem Boden 2 besteht und 50 ccm Mörtel faßt. Das Rohr wird, nachdem der bewegliche Boden bis zur Mündung des Rohres herausgedrückt ist, auf die Mörtelmasse gesetzt, in dieselbe eingedrückt und dadurch mit 50 ccm Mörtel gefüllt. Der den Rand

[1]) Burchartz, Luftkalke und Luftkalkmörtel, S. 162, Berlin 1908.

überragende Mörtel wird mit einem Messer abgestrichen. Hierauf gibt man den Mörtel in eine Pulverflasche von etwa 500 ccm Inhalt, fügt 25 g Chlorammon hinzu, füllt die Flasche bis zur Hälfte mit Wasser und schüttelt nach Aufsetzen des Stöpsels gut durch. Dann setzt man etwa 20 Tropfen Phenolphthaleinlösung hinzu, wodurch Wasser und Mörtel rotgefärbt werden, und schüttelt nach Aufsetzen des Stöpsels nochmals gut durch; nunmehr füllt man aus einer Bürette 50 ccm Salzsäure (1 ccm = 0,05 g) in die Flasche, wodurch die Rötung verschwindet, jedoch nur scheinbar, denn nach kräftigem Schütteln tritt sie wieder auf. Nun setzt man in Mengen von etwa 1 ccm unter ständigem Umschütteln wiederholt Salzsäure zu, bis die Rötung verschwunden ist. Eine nach etwa 5 Minuten nochmals auftretende weinrote Tönung ist ohne Belang und kann unberücksichtigt bleiben. Der Kalkgehalt wird dann aus der verbrauchten Salzsäuremenge berechnet. Werden beispielsweise 98 ccm Salzsäure verbraucht und entspricht 1 ccm 0,05 g Kalkhydrat ($Ca(OH)_2$), so enthalten die geprüften 50 ccm Kalk 98 · 0,05 = 4,9 g Kalk[1]).

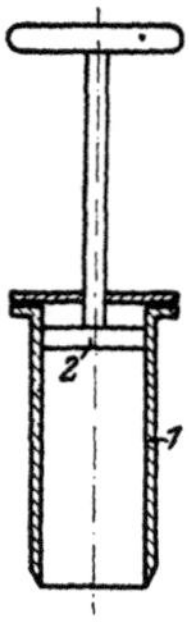

Abb. 442.

§ 254. Der Normenkalk.

Der Normenkalk wurde von dem Deutschen Verband für die Materialprüfungen der Technik eingeführt[2]) und ist für die Prüfung von Traß und anderen Bindemittelzusatzstoffen bestimmt. Er ist ein reiner Fettkalk und kann nicht als Maßstab für die Gütebemessung anderer Luftkalke dienen. Der Normenkalk entstammt den reinsten Kalksteinen des Rübelander Bruches Christinenklippe der A.-G. Vereinigte Harzer Kalkindustrie zu Elbingerode a. H. und wird als Breikalk[3]) in plombierten[4]) Blechgefäßen vom Chemischen Laboratorium für Tonindustrie, Berlin, vertrieben. Die chemische Zusammensetzung des dazu verwendeten Kalksteines und des gebrannten Kalkes ist aus folgender Tabelle ersichtlich.

	% Kalkstein	% Gebrannter Kalk
Glühverlust	43,89	—
Kieselsäure und Unlösliches. . .	0,40	0,71
Eisenoxyd und Tonerde	0,24	0,43
Ätzkalk.	54,87	97,79
Magnesia	0,18	0,32
Schwefelsäureanhydrid	0,07	0,12
Rest (Alkalien usw.)	0,35	0,62

Seine Verarbeitung geschieht in derselben Weise wie die jedes anderen Breikalkes, und es finden auf ihn auch alle für diesen angegebenen Prüfungsmethoden sinngemäße Anwendung.

---

[1]) Eine Methode zur Prüfung von abgebundenem (erhärtetem) Zementmörtel und Beton, sowie von Kalkmörtel auf mechanische Zusammensetzung s. Burchartz, Mitteilungen aus dem Materialprüfungsamte, Großlichterfelde 1906, S. 291, sowie S. 472ff. dieses Buches.

[2]) Gary, Normalkalk; Mitteilungen aus dem Materialprüfungsamt Groß-lichterfelde 1903, S. 188.

[3]) Es wird angestrebt, den Breikalk durch einen Staubkalk zu ersetzen.

[4]) Plombe des Materialprüfungsamtes Berlin-Dahlem.

B. Der Wasserkalk.

§ 255. Begriffsfeststellung und Allgemeines.

Wasserkalke sind Erzeugnisse[1]), welche durch Brennen von Kalkmergeln oder Kieselkalken unterhalb der Sintergrenze gewonnen werden und die nicht allein durch Kohlensäureaufnahme von außen nach innen, sondern vorzüglich durch chemische Bindung von Wasser in sich erhärten. Während angezogene und auch bereits teilweise erhärtete Luftkalkmörtel sich unter Wasser auflösen, erfahren Mörtel aus Wasserkalken eine fortschreitende Erhärtung. Im allgemeinen werden die Wasserkalke hydratisiert und zerkleinert als „Sackkalke", seltener als Stückkalke in den Handel gebracht. Zerkleinert und noch nicht hydratisiert stellen sie ein erdig-körniges Pulver dar (spezifisches Gewicht 2,6—2,9) von hellgelblicher, grauer oder auch bräunlicher Farbe; abgelöscht gleichen sie in ihrem Aussehen den mageren Luftkalken.

§ 256. Das Ablöschen und die Ergiebigkeit.

Das Ablöschen und die Bestimmung der Ergiebigkeit des als Stückkalk in den Handel gebrachten Wasserkalkes geschieht wie bei den Luftkalken (s. § 243). Vor der Verarbeitung zu Mörtel werden auch sie einige Zeit (mindestens 3 Tage) gelagert.

Pulverförmige Kalke[2]) werden dagegen entweder mit Wasser zu einem steifen Brei angerührt oder im trockenen Zustande mit der für die Mörtelbereitung vorgesehenen Sandmenge trocken gemischt und dann erst durch Wasserzusetzen gelöscht. In beiden Fällen wird die erforderliche Wassermenge festgestellt und in Prozenten des Kalkpulvers angegeben. Die zweite Methode ist in dieser Beziehung nicht einwandfrei, weil der trockene Sand selbst Feuchtigkeit an sich zieht und infolgedessen ein zu hoher Wasseranspruch ermittelt wird.

Fast jeder Lieferant von Wasserkalk fügt seinen Lieferungen Löschvorschriften bei, deren Befolgung dringend anzuraten ist, wenn man hinsichtlich Ablöschung und größter Ergiebigkeit Mißerfolge vermeiden will. Da die Eigenschaften dieser Kalke in erster Linie durch die chemische Zusammensetzung beeinflußt werden und diese wiederum der Natur des Kalkes entsprechend wechselt, können einheitliche Vorschriften für die Ablöschung nicht aufgestellt werden.

Zum Einsumpfen sind Wasserkalke natürlich nicht geeignet, weil sie schnell hart werden. Während Luftkalke jahrelang eingesumpft stehen können, wenn sie vor Kohlensäureaufnahme geschützt werden, entstehen in den Wasserkalken chemische Verbindungen der aufgeschlossenen Kieselsäure mit Kalk und Tonerde, die eine Erhärtung hervorrufen.

§ 257. Sonstige physikalische Eigenschaften des Wasserkalkes.

Die Ermittelung der sonstigen physikalischen Eigenschaften des Wasserkalkes erfolgt im allgemeinen wie die des Portlandzementes. Abweichungen sind

[1]) Hierher gehören außer den eigentlichen hydraulischen Kalken die Romanzemente und die Dolomit- oder Magnesiazemente.

[2]) Auszuschließen sind hier diejenigen Kalke, die bei sehr hoher Temperatur gebrannt und dann zerkleinert wurden. Sie müssen wie Zement behandelt werden.

nur bei Feststellung der Korngröße des Kalkhydrates und der sogenannten Abbindezeit (Anziehen)[1]), sowie bei Aufbewahrung der Probekörper zu beachten. Die Feststellung der Korngröße geschieht durch Siebversuche wie bei der Prüfung der Luftkalke.

Die Bestimmung der sogenannten Abbindezeit wird derart ausgeführt, daß entweder Kalkhydratpulver in der in § 249 beschriebenen Weise geprüft wird oder daß gemahlener Kalk wie Zement nach § 218 behandelt wird. Die Erstarrung des mit Wasser angemachten Trockenkalkes ist eine Folge des Eintrocknens bei gleichzeitig eintretendem Erhärtungsvorgang und die des gemahlenen Kalkes eine Folge der Wasserbindung, die von einer Volumenzunahme (Gedeihen) begleitet ist[2]).

Portlandzementmörtel sind nach wenigen Stunden abgebunden, und daraus hergestellte Probekörper für Festigkeitsversuche sollen normengemäß 24 Stunden nach ihrer Herstellung zur weiteren Erhärtung unter Wasser gelagert werden. Mörtelprobekörper aus Wasserkalken dagegen, welche zum völligen Anziehen längere Zeit benötigen, müssen mindestens bis nach erfolgtem Anziehen zur Wasserabgabe und Einleitung der Erhärtung, was in der Regel nach 3 Tagen geschehen ist, der Einwirkung der Luft ausgesetzt werden. Bringt man sie früher unter Wasser, so zerfallen sie oder werden aufgeweicht[3]). Den genauen Zeitpunkt, zu welchem die Widerstandsfähigkeit des Mörtels gegen das Wasser beginnt, bestimmt man in der Weise, daß eine Reihe gleichzeitig hergestellter Probekörper einzeln in gewissen Zeitintervallen nach äußerlich sichtbarem Erhärtungsbeginn in Wasser gelagert und ihr Verhalten beobachtet wird. Zeigt sich, daß der zuletzt unter Wasser gelegte Probekörper unbeschädigt bleibt, so darf die Lagerungszeit dieses Probekörpers für die übrigen als maßgebend betrachtet werden[4]).

5. Die Bindemittelzusatzstoffe.

§ 258. Allgemeines.

Zur Erzielung größerer Festigkeit oder Wasserwiderstandsfähigkeit oder größerer Wasserdichtigkeit sowie höherer Elastizität, werden den Zementen oder Kalken, bzw. den Mörteln derselben, gewisse andere Stoffe beigefügt, die teils natürlichen Ursprungs sind, teils künstlich hergestellt werden. Als solche Stoffe kommen in Betracht: die Pozzuolanerde[5]), der Traß, Hochofenschlacken, Ziegelmehl u. a. Insbesondere werden zusammengefügt:

[1]) S. § 249.

[2]) Eine einfache Vorrichtung zur Feststellung des Erstarrungsbeginnes ist in den Leitsätzen beschrieben (s. S. 446, Anm. [1]). Sie dient auch zur Anfertigung von Probekörpern für die Raumbeständigkeitsprüfung.

[3]) Die Zugfestigkeit der Wasserkalke nach 7 Tagen Luft- und 21 Tagen Wasserlagerung soll wenigstens 5 kg/qcm und die Druckfestigkeit 12 kg/qcm betragen. Von den sog. „schwach hydraulischen Kalken" werden nach 21 Tagen Luft- und 7 Tagen Wasserlagerung 2 bzw. 6 kg/qcm gefordert.

[4]) Näheres über die Prüfung der Wasserkalke und der dabei gewonnenen Ergebnisse s. Tetmajer, Methoden und Resultate der Prüfung der hydraulischen Bindemittel, Heft 6, 1893; Burchartz, Hydraulische Kalke, Mitteilungen aus den Technischen Versuchsanstalten zu Berlin 1902, S. 255; Feichtinger, Die chemische Technologie der Mörtelmaterialien, 1885.

[5]) Pozzuolane (vulkanischer Tuff), genannt nach der Fundstätte Pozzuoli bei Neapel.

Portlandzement und Kalk, Kalk und Pozzuolanerde oder Traß, Kalk und Hochofenschlacke, Kalk, Portlandzement und Traß.

Diese dem Kalk zugesetzten Stoffe sind an sich keine Bindemittel, aber sie enthalten verbindungsfähige Kieselsäure, die zur Erzielung der gewünschten obengenannten Sondereigenschaften der Bindemittel günstig ist.

Der wichtigste der genannten Zusatzstoffe ist der Traß, und für seine Prüfung sind Normen[1]) aufgestellt worden, die bei Versuchen mit Traßmörteln zu beachten sind. Verfahren zur Prüfung der anderen Zusatzstoffe sind nicht normiert, es können aber Versuche mit solchen Stoffen in der gleichen Weise angelegt werden wie die Versuche mit Traß.

§ 259. Der Traß.

Unter Traß versteht man gemahlenen Tuffstein bestimmten Ursprunges und bestimmter chemischer Zusammensetzung[2]).

Ein vom Verfasser bei besonderen Versuchen[3]) benutzter Traß der Firma Herfeldt in Plaidt bei Andernach a. Rh. besaß die folgende chemische Zusammensetzung:

Glühverlust	9,83%
Salzsäureunlöslicher Abdampfrückstand (SiO_2)	64,59%
Al_2O_3	13,01%
Fe_2O_3	4,85%
CaO	1,38%
MgO	0,94%
Na_2O	2,17%
K_2O	3,21%

Das spezifische Gewicht dieses Trasses war = 2,337 und bei der Ermittelung der Mahlfeinheit hinterließ er

auf dem 900 Maschensieb 17,54% Rückstand,
auf dem 4900 Maschensieb 27,64% Rückstand.

Die bei seiner Verwendung erzielten Festigkeitsergebnisse sind auf Seite 465 wiedergegeben und der Einfluß, den der mit diesem Traß hergestellte Mörtel auf die Druckfestigkeit von Mauerwerk ausübt, ist aus der Zusammenstellung auf Seite 529 ersichtlich.

a) Bestimmung des hygroskopischen Wassers und des Hydratwassers.

Diese Untersuchung erfolgt nach der im folgenden dargelegten Weise. Ihr Ergebnis liefert einen Anhalt dafür, ob der Traß aus guten hydraulischen

[1]) Normen für die Prüfung von Traß des Deutschen Verbandes für die Materialprüfungen der Technik vom 27. I. 1922.

[2]) „Traß im Sinne der Bautechnik ist feingemahlener, vulkanischen Auswurfmassen entstammender Tuffstein, sofern das Steinmehl nach Mischung mit Kalkhydrat ein an der Luft und unter Wasser erhärtendes Bindemittel ergibt und die in den ‚Normen' festgelegten Eigenschaften aufweist." (Diese allgemeine Begriffsbestimmung wird vom „Traßbund" bekämpft mit der Behauptung, daß die Bezeichnung „Traß" nur dem gemahlenen Tuffstein des Nettetales zukomme, während das Material aus den Ettringer Tuffsteinbrüchen als „gemahlener Leuzittuff" zu bezeichnen sei.) Traß kommt in feingemahlenem Zustande, in Säcken verpackt, in den Handel.

[3]) Wawrziniok, Die Festigkeit von Ziegelmauerwerk und die Abhängigkeit desselben von der Art des Mörtels, Zeitschrift d. Verbandes Deutsch. Arch und Ing.-Ver. 1913, Bd. 2.

Tuffsteinen hergestellt ist. Guter Traß soll mindestens 7% Glühverlust, entsprechend 7% Hydratwasser (chemisch gebundenes Wasser), ergeben, doch soll diese Prüfung nicht als entscheidend für den Wert des Trasses angesehen werden, da Trasse von 6% Glühverlust noch zum Gebrauche zugelassen werden können, wenn die für die Festigkeit gestellten Bedingungen erfüllt werden[1]).

α) Vorbereitung der Proben.

Von dem zu untersuchenden Traß wird eine Durchschnittsprobe von etwa 20 g entnommen und in einer Reibschale soweit zerkleinert, daß alles durch ein Sieb von 900 Maschen auf das Quadratzentimeter geht.

Muß der zu untersuchende Traß aus angelieferten ungemahlenen Tuffsteinen erst hergestellt werden, so ist darauf zu achten, daß die aus den letzteren entnommene Probe eine richtige Durchschnittsprobe von etwa 10 kg aus der Lieferung darstellt und daß die entnommenen Steine genügend durcheinander gemischt wurden. Die 10 kg (faustgroße Stücke) sind im Mörser zu zerstoßen, bis auf dem Ein-Maschensieb[2]) kein Rückstand verbleibt. Von dem Siebgut ist nach gründlichem Durchmischen 1 kg zu entnehmen und soweit zu zerkleinern, daß auf dem 60 Maschensieb kein Rückstand verbleibt. Von diesem Siebgut sind 100 g so fein zu reiben, daß auf dem 900 Maschensieb kein Rückstand verbleibt.

β) Ermittelung des Trockenverlustes.

Um die Menge des hygroskopischen (mechanisch festgehaltenen) Wassers zu bestimmen, werden von der nach der Vorschrift unter α) vorbereiteten Traßmenge 10 g in ein Wägegläschen mit eingeschliffenem Stopfen und einer Bodenfläche von mindestens 4 cm Durchmesser gebracht. Das Gläschen wird offen, mit geneigt auf die Öffnung gelegtem Stopfen in einen Trockenschrank mit Wasserumspülung und Lufterneuerung[3]) gebracht und während 3 Stunden gleichmäßig auf annähernd 98° C. erhitzt. Alsdann wird das Gefäß mit dem warmen Stopfen verschlossen, herausgenommen und zum Abkühlen in einen Exsikkator gebracht. Die dann festgestellte Gewichtsabnahme wird als der Gehalt des Trasses an hygroskopischem Wasser angesehen[4]).

γ) Ermittelung des Glühverlustes.

Um den Glühverlust zu bestimmen, werden von der nach der Vorschrift unter α) vorbereiteten Traßprobe 10 g (die zweite Hälfte der vorbereiteten Menge) in einem Platin- oder Porzellantiegel entweder 30 Minuten über dem

[1]) Wird das chemisch gebundene Wasser ausgetrieben, so verliert der Traß fast vollständig seine Eigenschaft als Hydraulefaktor und damit seinen Wert als Mörtelzuschlag.

[2]) Maschengröße 1 qcm.

[3]) Es ist darauf zu achten, daß die Flamme nicht unter dem Boden des Schrankes herausschlägt und die Tür erhitzt, wodurch der Trockenraum stärker erwärmt wird, als es das kochende Wasser bedingt. Es ist ferner darauf zu achten, daß sich keine Wasserdämpfe im Innern des Schrankes niederschlagen können.

[4]) Für die genaue Ermittelung des mechanisch gebundenen Wassers ist es notwendig, die Trocknung bei ungefähr 98° C. bis zu gleichbleibendem Gewicht fortzusetzen; für die Praxis werden aber meistens 3 Stunden Trockenzeit genügen, da nach dieser Zeit die Gewichtsabnahme nur noch Zehntelprozente zu betragen pflegt, um welche sich der Glühverlust alsdann höher stellt.

Gasgebläse (s. S. 399, Abb. 392) oder im Hempelschen Glühofen mindestens 40 Minuten bis zur Rotglut erhitzt. Hierbei ist darauf zu achten, daß die Anfangserwärmung des Trasses, der außer Wasser auch Luft enthält, nur langsam gesteigert wird, so daß erst in 5—10 Minuten Rotglut eintritt. Bei zu schneller Erhitzung reißen das heftig austretende Wasser sowie die eingeschlossene Luft feine Teile des Trasses mit sich, wodurch Stoffverlust entsteht, der sich fälschlich als Glühverlust geltend machen würde. Nach Ablauf der Glühzeit ist der Tiegel mit einer angewärmten Zange sofort zum Erkalten in einen Exsikkator zu bringen. Nach dem Erkalten wird die Gewichtsabnahme festgestellt.

Bei der Berechnung des Glühverlustes (Hydratwassers) muß von dem Gewichtsverlust, den der Traß durch das Glühen erlitten hat, der Gewichtsverlust, herrührend vom hygroskopischen Wasser, in Abzug gebracht werden. Der wirkliche Glühverlust ist alsdann auf die Gewichtsmenge des getrockneten Trasses, also des Trasses ohne hygroskopisches Wasser, in Prozenten zu beziehen.

b) Die Mahlfeinheit[1]).

Für die Prüfung auf Mahlfeinheit werden die auf S. 401 erwähnten Siebe mit 144, 900 und 5000 (4900) Maschen auf 1 qcm benutzt. Es sind 100 g bei 98—100° getrockneten Pulvers zu benutzen und die Siebung soll auf dem feinsten Gewebe beginnen. Der darauf zurückbleibende Rest ist zu wägen und auf das nächstfolgende Sieb zu bringen (im übrigen s. § 215). Die Feinheit der Mahlung allein läßt auf die Güte des Trasses keine Schlüsse zu.

c) Die Zug- und Druckfestigkeit.

Die normengemäß hergestellten Probekörper sollen nach 28 Tagen Erhärtung — 3 Tage in feuchter Luft von 15—20° C., 25 Tage in Wasser von gleicher Wärme — mindestens 14 kg/qcm Zugfestigkeit und 70 kg/qcm Druckfestigkeit aufweisen. Als entscheidende Probe soll die Druckprobe gelten.

α) Art der Probekörper.

Es sind die im § 223 angegebenen Probekörper zu benutzen, die in bestimmter Weise (β, γ, δ) hergestellt wurden.

β) Mischen des Mörtels für die Probekörper.

Der Traßnormenmörtel, bestehend aus:

1 Raumteil (= 1 Gewichtsteil) Traß,
1 „ (= 1,4 Gewichtsteile) Normenkalk[2]),
1 „ (= 1,5 Gewichtsteile) Normensand[3])

ist im Traßnormenkollergang wie folgt zu mischen.

1 kg des Trasses im Anlieferungszustand und 1,4 kg des vorher in einem starken, porösen Tuche bis auf etwa 43—46 % Wassergehalt abgepreßten Normenkalkteiges werden in einer Schüssel mit einem Löffel 3 Minuten lang

[1]) Der Traß soll so fein wie möglich gemahlen werden, da die Bindefähigkeit des Stoffes mit seiner Feinheit wächst. Zur Zeit ist es gerechtfertigt, zu fordern, daß auf dem Siebe von 900 Maschen auf 1 qcm höchstens 20 % liegenbleiben. Die Maschenweite des Siebes soll 0,222 mm betragen, doch sind Schwankungen von 0,215—0,240 mm zulässig.

[2]) Siehe S. 458. [3]) Siehe S. 454, Anm. [3]).

gemischt. Dann werden sie im Traßnormenkollergang[1]) gleichmäßig verteilt und durch 50 Tellerumdrehungen bearbeitet. Diesem Gemisch wird der Normensand in dem vorgeschriebenen Anteil unter gleichmäßiger Verteilung im Kollergang zugesetzt und die Masse nochmals im Kollergang unter Anwendung von 25 Tellerumdrehungen durchgearbeitet. Der Mörtel wird dann, wenn nötig, auf Gipsplatten solange abgesaugt, bis er erdfeucht ist, d. h. sich in der Hand eben noch ballen läßt.

γ) **Herstellung der Probekörper.**

Es werden 210 g des Mörtels in die Normenzugformen und 860 g in die Normendruckformen gefüllt und mit 150 Schlägen des Normenhammerapparates (Bauart Böhme mit Festhaltung nach Martens s. S. 415) gleichmäßig eingeschlagen. Die Oberfläche der Probekörper wird mit dem Messer abgestrichen und geglättet. Die Probekörper sind alsdann dauernd haltbar zu zeichnen und mit den Formkästen auf Glasplatten liegend in feucht zu haltenden bedeckten Kästen zu lagern. Die Zugproben werden nach einer halben Stunde, die Druckprobekörper nach etwa 2 Stunden entformt (s. S. 419). Drei Tage nach ihrer Herstellung werden die Körper unter Wasser von 15 bis 20 ° C. gelagert. Das Wasser wird während der Lagerzeit nicht erneuert. Soweit es verdunstet, wird es durch Wasser gleicher Temperatur ersetzt.

δ) **Zahl der Probekörper und Art ihrer Prüfung.**

Zur Erlangung einwandfreier Mittelwerte sind mindestens 10 Zugprobekörper und 5 Druckprobekörper zu benutzen. Ihre Prüfung erfolgt in der in § 224 angegebenen Weise.

d) Besondere, in den Normen nicht vorgeschriebene Traßprüfungen.

Außer den vorgenannten Versuchen werden noch folgende ausgeführt. Das spezifische Gewicht des Trasses wird mit dem Volumenometer (s. S. 588) und das Raumgewicht (Litergewicht) im eingelaufenen und eingerüttelten Zustande festgestellt. Die Raumbeständigkeitsprüfung erfolgt nach § 227 mit dem Bauschingerschen Tasterapparat oder an Kuchen aus kellengerechtem Normensandmörtel 1 : 2 : 3, die auf Glasplatten und auf Dachziegeln ausgebreitet und nach erfolgtem Abbinden unter Wasser gelagert werden. Treiben[2]) macht sich durch Rissigwerden bemerkbar und ist nach Michaelis auf ungenügendes Ablöschen des verwendeten Kalkes zurückzuführen. Ferner wird die Nadelprobe (s. § 218) ausgeführt. Dabei ist der Traß im Anlieferungszustande zu verwenden.

Da Kalktraßmörtel häufig bei Wasserbauten (Talsperren) Verwendung findet, ist er auch der Prüfung auf Wasserdichtigkeit zu unterwerfen. Die Probekörper werden aus Normenmörtel oder dem zur Verwendung vorgesehenen, mit dem Spatel (Abb. 421, S. 421) von Hand in Metallringe eingeschlagen und nach der vorgeschriebenen Erhärtungsdauer in dem Wasserdurchlässigkeitsprüfer (s. § 231) einem Wasserdruck von 2—2,5 kg/qcm ausgesetzt.

[1]) Das ist ein erheblich schwererer Kollergang als der in der Abb. 407, S. 412 dargestellte Steinbrücksche. Seine Anwendung ist notwendig, weil der Traßmörtel beim Mischen sich zusammenballt. Der Walzendurchmesser dieses Kollerganges beträgt 300 mm, die Walzenbreite 170 mm und das Walzengewicht 84 kg.

[2]) Bei Verwendung des Normenkalkes ist Treiben nicht zu befürchten. Dagegen tritt diese Erscheinung häufig bei Benutzung von Kalkhydratpulver auf, dessen Einführung neuerdings angestrebt wird.

Weitere Prüfungen sind noch: die Feststellung der Mörtelergiebigkeit, der Frostbeständigkeit, der Verputzfähigkeit; sie werden nach den in den einschlägigen Paragraphen angegebenen Verfahren ausgeführt[1]).

e) Die Festigkeit von Traßmörteln.

Zur Beurteilung des Einflusses, den Traßzuschläge auf Kalk- und Zementmörtel ausüben, können Ergebnisse von Versuchen des Verfassers dienen, die in der nachstehenden Zusammenstellung enthalten sind.

	Mischungsverhältnis des Mörtels	Nr. der Versuchsreihe	Alter der Probekörper bei der Prüfung	Zugfestigkeit[2]) kg/qcm	Druckfestigkeit[2]) kg/qcm
I	1 Raumteil Kalk 4 „ Bausand	1	7 Tage	0,31	1,08
		2	28 „	0,42	1,22
		3	91 „	0,43	1,40
		4	1 Jahr	1,62	6,23
		5	2 Jahre	3,00	7.66
II	1 Raumteil Kalk 1,5 „ Traß 4 „ Bausand	1	7 Tage	0,85	2,48
		2	28 „	1,56	4,86
		3	91 „	2,49	6,10
		4	1 Jahr	3,01	6,46
		5	2 Jahre	3,87	7,74
III	1 Raumteil Zement 5 „ Bausand	1	7 Tage	1,42	14,21
		2	28 „	1,82	22,44
		3	91 „	2,06	23,40
		4	1 Jahr	8,28	69,06
		5	2 Jahre	8,62	80,32
IV	1 Raumteil Zement 0,5 „ Traß 5 „ Bausand	1	7 Tage	3,52	23,88
		2	28 „	3,78	26,76
		3	91 „	3,92	30,80
		4	1 Jahr	8,39	70,56
		5	2 Jahre	8,70	81,68
V	1 Raumteil Zement 2 „ Kalk 7 „ Bausand	1	7 Tage	1,90	8,30
		2	28 „	2,37	14,02
		3	91 „	2,45	19,56
		4	1 Jahr	4,15	42,88
		5	2 Jahre	4,46	49,16
VI	1 Raumteil Zement 2 „ Kalk 1,5 „ Traß 7 „ Bausand	1	7 Tage	4,05	20,72
		2	28 „	5,54	28,08
		3	91 „	5,74	30,68
		4	1 Jahr	—	—
		5	2 Jahre	—	—

[1]) Näheres über künstliche Kalke s. Schoch, Die moderne Aufbereitung und Wertung der Mörtelmaterialien, Berlin 1896. Wawrziniok, Versuche mit Traßmörtel; Zeitschr. d. Verb. Deutsch. Arch. u. Ing.-Ver. 1913, Bd. 2. Burchartz, Traß- und Traßmörtel; Mitteilungen aus den techn. Versuchsanstalten zu Berlin 1900 und 1921. Ritzmann, Untersuchungen über Traß-Kalk-Sandmörtel, Heidelberg: J. Hörnig 1907. Ferner die Arbeiten von Hambloch, u. a. Der rheinische Traß, Andernach 1903, und schließlich als besonders eingehende Arbeit: Vorlage des Ausschusses XVII des deutschen Verbandes für die Materialprüfungen der Technik vom März 1921, aus der sich insbesondere die Unterschiede verschiedener Traßsorten ergeben.

[2]) Die einzelnen Werte stellen Mittelwerte aus je 10 Versuchen dar.

Sie beweisen, daß der Traßzusatz in jedem Falle eine Beschleunigung der Erhärtung sämtlicher Mörtel verursacht, trotzdem er hinsichtlich des Mischungsverhältnisses als Magerungsmittel zu betrachten ist.

Setzt man in dieser Zusammenstellung die Festigkeit des Mörtels ohne Traßzusatz gleich 1 und bildet die zugehörigen Verhältniszahlen, so ergibt sich für die Mischungen I—IV die nachstehende Folge.

Mischungen		7 Tage	28 Tage	91 Tage	1 Jahr	2 Jahre
I. 1 Rtl. Kalk, 4 „ Bausand; II. 1 Rtl. Kalk, 1,5 „ Traß, 4 „ Bausand	Zug	1:2,7	1:3,7	1:5,8	1:1,9	1:1,3
	Druck	1:2,3	1:4	1:4,4	1:1	1:1
III. 1 Rtl. Zement, 5 „ Bausand; IV. 1 Rtl. Zement, 0,5 „ Traß, 5 „ Bausand	Zug	1:2,5	1:2,1	1:1,9	1:1	1:1
	Druck	1:1,7	1:1,2	1:1,3	1:1	1:1

Vergleicht man die Verhältniszahlen für die Kalk-Sand- und Kalk-Traß-Sandmischungen miteinander, so erkennt man, daß durch den Traßzusatz, trotz der Magerung des Mischungsverhältnisses, eine mehr als zweimal so rasche Erhärtung innerhalb der ersten 7 Tage stattgefunden hat. Bei den 91 Tage alten Probekörpern macht sich die schnellere Erhärtung noch insofern deutlicher bemerkbar, als die Festigkeit des Traßmörtels in diesem Alter 5,8- und 4,4mal so groß als die des reinen Kalkmörtels ist. Besonders wichtig ist, daß bereits nach einjähriger Erhärtung kein Festigkeitsunterschied mehr vorhanden ist und auch nach Verlauf von 2 Jahren kein Festigkeitsunterschied mehr besteht. Ferner beweisen die Ergebnisse, daß durch den Traßzusatz dem Kalkmörtel eine schnellere Erhärtungsfähigkeit verliehen wird und daß außerdem mit der gleichen Kalkmenge eine um 30% größere Mörtelmenge erzielbar ist.

Ähnliches Verhalten zeigen auch der Zement- und der Zement-Traßmörtel. Ihre Erhärtungsfortschritte unterscheiden sich von denen des Kalk- und Kalk-Traßmörtels nur insofern, als bereits nach 28tägiger Erhärtung eine Abnahme des Festigkeitsunterschiedes besteht. Ausschlaggebend ist aber, daß auch dem Zementmörtel durch den Traßzusatz eine raschere Erhärtungsfähigkeit verliehen wird.

V. Die Prüfung des Zementbetons.

§ 260. Allgemeines.

Unter Beton im allgemeinen hat man einen Stoff zu verstehen, der steinartige Beschaffenheit besitzt und dadurch erzeugt wurde, daß gebrochene oder sonstige nicht mehr als faustgroße Steinstücke mittels eines Mörtels regellos zusammengefügt wurden. Der Mörtel kann Kalkmörtel oder Zementmörtel oder irgend ein anderer sein. Je nach dem verwendeten Mörtel spricht man von Kaltbeton oder Zementbeton[1]).

[1]) Verlängerter Zementbeton ist solcher, der einen verlängerten Zementmörtel enthält. Verlängerter Zementmörtel enthält als Bindemittel neben Zement noch Kalk.

Eisenbeton kennzeichnet sich dadurch, daß in den Beton nach ganz bestimmten Grundsätzen Stabeisenstäbe, Gußeisengerippe oder dgl. eingebettet sind, und zwar zur Erhöhung der Zugfestigkeit des Betons bzw. zum zweckmäßigen Spannungsausgleich in dem unter Verwendung von Beton und einem Eisengerippe hergestellten Konstruktionsgliede oder Bauwerke.

Eisenbeton ist demnach nicht als ein Baustoff an sich anzusprechen, und daher ist die Besprechung seiner Prüfung in den Siebenten Teil, S. 517 verwiesen worden, insoweit dieselbe nicht überhaupt den Rahmen dieses Buches überschreitet und daher unterbleiben mußte[1]).

Es mag darauf hingewiesen werden, daß Beton, der unter Zusatz von Kohlenschlacken erzeugt wurde, für Eisenbetonbauten nicht geeignet ist, da dieser Zuschlagstoff infolge seiner die Rostbildung begünstigenden Bestandteile die Eiseneinlagen angreift.

§ 261. Begriffsfeststellung und Bestandteile des Zementbetons.

Der Zementbeton ist ein Gemenge von Zementmörtel und den Zusatzstoffen Sand, Kies oder Steinschlag, oder ein Gemenge von allen diesen Bestandteilen. Das trockene Gemenge der Bestandteile wird als Betongemenge, das mit Wasser fertig gemischte Gemenge als Betonmasse und die eingestampfte Betonmasse als Beton bezeichnet. Der zur Betonbereitung benutzte Sand (s. S. 384) soll nicht zu fein sein und soll scharfkantige, nicht glatte Körner besitzen. Er soll möglichst frei sein von lehmigen Bestandteilen und sonstigen Verunreinigungen, wie z. B. Kohlenstückchen (Elbsand enthält solche), Holzstückchen, Pflanzenresten u. dgl. Bis 3% freie Tonanteile, bezogen auf das Sandgewicht, dürften als unschädlich zu betrachten sein.

Der Kies (s. S. 385) soll ebenfalls vorwiegend rauhe Körner und keine Beimengungen aufweisen. Die Steinstücke des Steinschlages (s. S. 385) müssen frei von Erde, Staub und lehmigen Bestandteilen sein und sollen nötigenfalls mit reinem Wasser gewaschen werden. Der Form nach sollen die Steinstücke nicht plattig oder stänglig, sondern würflig sein. Sie müssen genügende Wetterbeständigkeit und mindestens die gleiche Festigkeit besitzen, wie der zur Betonbereitung verwendete Mörtel.

Die Zusammensetzung des Betongemenges sei derart, daß möglichst wenig Hohlräume vorhanden sind. Zu diesem Zwecke müssen die Mengenverhältnisse der Zusatzstoffe derart bemessen werden, daß die feinkörnigen Bestandteile die zwischen den grobkörnigen verbleibenden Zwischenräume ausfüllen und der Zement nicht als Füllstoff, sondern möglichst nur als Kittmasse für die einzelnen gröberen und feineren Teile zu dienen braucht[2]).

Die Abmessungen der größten Stücke im Beton richten sich nach der Art seiner Verwendung. Zu Fundamenten großer Abmessungen u. dgl. benutzt man Stücke bis zu 7 cm Größe, manchmal auch darüber; Eisenbeton dagegen erfordert feinere Zusatzstoffe, und zwar richten sich ihre Abmessungen nach der Dicke, Form und gegenseitigen Anordnung der Eiseneinlagen, denn

---

[1]) Näheres über Eisenbeton s. Handbuch für Eisenbetonbau von Fr. v. Emberger, Berlin 1911. Ferner: Amtliche Bestimmungen für die Ausführung von Konstruktionen aus Eisenbeton bei Hochbauten vom 24. Mai 1907.

[2]) Siehe S. 470.

es müssen die Stücke der Zusatzstoffe zwischen den Eiseneinlagen und der Bretterverschalung Platz finden.

Auch ist der Wasserzusatz zu beachten, insofern, als es sich empfiehlt, für weichen oder flüssigen Beton kleinere Gesteinsstücke zu verwenden zur Vermeidung des Separierens derselben (s. S. 477). Große Stücke sinken nämlich in der Schalung um so leichter zu Boden, je höher der Wasserzusatz gewählt wurde.

Entsprechend seiner Zusammensetzung unterscheidet man u. a.:

Kiesbeton (Gemisch aus Bindemittel, Sand und Kies);

Schotterbeton (Gemisch aus Bindemittel, Sand und Steinschotter);

Kies-Schotterbeton (Gemisch aus Bindemittel, Sand, Kies und Steinschotter);

Schlackenbeton (Gemisch aus Bindemittel, Sand und Schlacken oder Bindemittel und Schlacken)[1];

Ziegelbeton (Gemisch aus Bindemittel, Sand und Ziegelbrocken)[2].

In bezug auf den Wassergehalt gibt es:

a) Erdfeuchte Betonmasse, die nach dem Mischen ziemlich trocken aussieht, nach dem Einstampfen an der Oberfläche aber eine Feuchtigkeitsschicht zeigt. Beim Zusammenballen in der Hand soll sie die Handflächen deutlich naß machen[3].

b) Weiche Betonmasse, die sich beim Stampfen als so weich erweist, daß sie nur mit leichten Stampfern bearbeitet werden kann, unter schweren aber ausweicht. Sie braucht nicht so intensiv gestampft zu werden als erdfeuchte Betonmasse. Sie besitzt den richtigen Wassergehalt, wenn die Ränder der durch einen Stampfstoß hervorgerufenen Vertiefung eine kurze Zeit stehenbleiben und nur langsam verlaufen.

c) Flüssige Betonmasse, die von der Schaufel abläuft und, in die Form gefüllt, so flüssig ist, daß sie durch Stampfen nicht weiter verdichtet werden kann[4].

Der weiche und der flüssige Beton werden fast ausschließlich bei Eisenbetonbauten verwendet, und zwar der flüssige nur dort, wo ein Stampfen wegen der Eiseneinlagen oder sonstiger Umstände (Unzugänglichkeit!) nicht möglich ist.

§ 262. Umfang und Zweck einer Betonprüfung.

Die Prüfung des Betons erstreckt sich auf die Ermittelung der Beschaffenheit des verwendeten Zementes, des Sandes und der Zusatzstoffe (Kies und

---

[1]) Über Schlackenbeton s. Mitteilungen des Materialprüfungsamtes, Berlin-Dahlem 1919, S. 171; 1920, S. 149, sowie Scheit, Wawrziniok und Amos, Heft 31 des Deutschen Ausschusses für Eisenbeton, Berlin 1915.

[2]) Näheres über Materialien zur Betonbereitung und über die Anwendung von Beton, s. F. Ast, Der Beton und seine Anwendung, Berlin 1907.

[3]) Der hier und da verwendete „trockene Beton", der beim Stampfen kein Wasser abscheidet, erlangt niemals das Maximum der seinem Mischungsverhältnis zukommenden Festigkeit.

[4]) Flüssige Betongemische, Gary, Heft 39 des deutschen Ausschusses für Eisenbeton, Berlin, Wilhelm Ernst & Sohn.

Steinschlag), sowie auf Feststellung der Druckfestigkeit (Würfelfestigkeit) des nach bestimmten Vorschriften[1]) angefertigten Betons. (Über den Ersatz der Druckfestigkeitsprüfung durch die Empergersche Biegeprobe mit Kontrollbalken s. S. 540 Anm. [2]).

Da die Prüfung des Zementes, des Sandes und der Zusatzstoffe bereits in den einschlägigen Abschnitten besprochen wurde, brauchen sich die folgenden Ausführungen nur auf die Prüfung des Betons auf Festigkeit und auf die dabei zu beachtenden Maßnahmen zu erstrecken. Es soll an dieser Stelle jedoch besonders darauf hingewiesen werden, daß die Prüfung des Betons nach den erwähnten Vorschriften eine Güteprüfung der zur Betonbereitung benutzten Baustoffe ist und keine Ergebnisse liefert, die ohne weiteres als Unterlagen für die Berechnung von Bauwerksteilen benutzt werden dürfen. Es ist dies darin begründet, daß auf der Baustelle Herstellung des Betons, Auswahl der Materialien, Bemessung des Wasserzusatzes und der Stampfarbeit niemals mit der Sorgfalt geschehen können wie bei der Erzeugung von Probekörpern. Ferner ist zu berücksichtigen, daß das Einstampfen der Probekörper in eiserne Formen erfolgt, welche kein Wasser hindurchlassen, während bei der Bauausführung die hölzernen Schalungen das überschüssige Wasser absaugen. Berechnungsunterlagen sind nur zu erlangen durch Prüfung von Probekörpern möglichst großer Abmessungen, die nicht zu Prüfungszwecken hergestellt, sondern in geeigneter Weise aus fertigen Bauwerksteilen herausgearbeitet wurden. Bei zahlreichen derartigen vom Verfasser ausgeführten Prüfungen hat sich gezeigt, daß ein geschickter Arbeiter Würfel aus größeren Blöcken herausarbeiten kann, ohne daß das Gefüge des Betons Beschädigungen erleidet, wenn mit der gehörigen Vorsicht verfahren wird.

§ 263. Allgemeine Gesichtspunkte für die Bereitung von Betonmassen.

Entweder wird zur Anfertigung der Druckprobekörper Betonmasse verwendet, wie sie bei Bauausführungen Benutzung findet, oder man stellt Betonmasse in bestimmten Mischungsverhältnissen her, wenn man die Eigenschaften mehrerer Baustoffe oder Mischungen kennenlernen will.

§ 264. Mischungsverhältnis und Art der Betonmasse.

Das Mischungsverhältnis (Zement : Sand : Gestein) ist in Gewichts- oder Raumteilen anzugeben. Die Korngröße und die Raumgewichte der Zusatzstoffe sind zu ermitteln; die Art der Betonmasse ist zu beschreiben. Erdfeucht ist eine Betonmasse, die nur soviel Wasser enthält, daß erst nach beendetem Stampfen die Oberfläche des Druckprobekörpers anfängt Wasser abzusondern oder unter Fingerdruck nachgibt. Für eine Betonmasse, die infolge der Eigenschaften des Sandes und der Zusatzstoffe derartige Erscheinungen nach dem Stampfen nicht zeigt, gilt als Merkmal des erdfeuchten

[1]) Leitsätze für die Vorbereitung, Ausführung und Prüfung von Bauten aus Stampfbeton, aufgestellt vom Deutschen Betonverein.

Bestimmungen für die Anfertigung und Prüfung von Probekörpern aus Stampfbeton, aufgestellt vom Deutschen Ausschuß für Eisenbeton 1907.

Ferner: Gary, Zweckmäßige Zusammensetzung des Betongemenges für Eisenbeton, Heft 29 des Deutschen Ausschusses für Eisenbeton, Berlin 1915.

Zustandes, daß beim Formen eines Ballens mit der Hand deutlich sichtbare Nässe auf der Handfläche zurückbleibt. Weich (plastisch) ist eine Betonmasse, deren Wasserzusatz so bemessen ist, daß die Ränder der durch einen Stampfstoß hervorgerufenen Vertiefung kurze Zeit stehenbleiben und nur langsam verlaufen, so daß eine verdichtende Wirkung vom Stampfen noch erwartet werden kann. Flüssig ist eine Betonmasse, die auseinanderläuft und nicht gestampft werden kann, weil sie dem Stampfer keinen Widerstand zu bieten vermag.

Bei der Ermittelung des günstigsten Mischungsverhältnisses, d. h. desjenigen, bei dessen Verwendung der dichteste Beton erzielt wird, muß man von folgender Überlegung ausgehen. Wie bereits auf S. 470 erwähnt wurde, darf der Zement im Betongemenge nicht nur als Füllstoff dienen, sondern er soll die einzelnen Gemengteile miteinander verkitten. Zu diesem Zwecke muß er die kleinsten zwischen den Sandkörnchen noch vorhandenen Hohlräume ausfüllen und die Oberfläche aller vorhandenen Körner überziehen. Es ist somit ein Überschuß an Zement erforderlich, der zum Überziehen der Gemengteile bestimmt ist. Würde man daher nur soviel Zement verwenden, als zum Ausfüllen der durch Versuch oder Berechnung bestimmbaren Hohlräume nötig ist, so würde er nicht hinreichen, die einzelnen Gemengteile wirksam miteinander zu verkitten. Man gibt daher zu dem durch Berechnung festgestellten Zementzusatze einen Überschuß an Zement, dessen Höhe von der Größe der Oberfläche der verwendeten Zusatzstoffe abhängig ist[1]).

Ein Beispiel mag die Berechnungsweise erläutern.

Ist r_r das Raumgewicht der Zusatzstoffe im eingerüttelten Zustande, s das spezifische Gewicht, ermittelt am gepulverten Material, $\frac{r_r}{s} = d$ der Dichtigkeitsgrad der ohne Bindemittel eingestampften Zuschlagstoffe und $1 - d = u$ der entsprechende Undichtigkeitsgrad, so ist für einen Sand mit

$$r_r = 1{,}85, \qquad s = 2{,}64\,, \qquad d = \frac{1{,}85}{2{,}64} = 0{,}70$$

der Undichtigkeitsgrad, also der Gehalt an Hohlräumen:

$$u = 1 - d = 1 - 0{,}70 = 30\,\%\,.$$

Diese Hohlräume müssen mit Zementbrei ausgefüllt und die Sandkörner verkittet werden. Der Mörtel setzt sich demnach zusammen aus 30 % (Vol.) Zementbrei + 70 % (Vol.) Sand + Überschuß an Zementbrei. Wählt man erfahrungsgemäß 15 % Überschuß, so müssen den 70 Teilen Sand 45 Teile Zementbrei zugesetzt werden und das Mischungsverhältnis ist 39 % Zementbrei + 61 % Sand. Beträgt die Undichtigkeit des Steinschlages 0,40, so wären mit dem obigen Mörtel 40 % Hohlräume auszufüllen und außerdem die Steinschlagstücke zu umhüllen. Die für letzteren Zweck erforderliche Mörtelmenge ist abhängig von der Oberfläche, also auch von der Größe der Steinschlagstücke, und wechselt von etwa 15—25 % der zum Ausfüllen der Hohlräume erforderlichen Mörtelmenge. Wählt man im vorliegenden

---

[1]) Aus diesem Grunde ist die Meinung nicht ganz zutreffend, daß derjenige Beton den sparsamsten Zementverbrauch ergibt, dessen Zusatzstoffe dicht liegen. Es sind wenig Hohlräume vorhanden, aber es ist sehr viel Bindemittel zum Überziehen der Körner erforderlich.

Falle ebenfalls wie beim Sande 15 % Überschuß, so erhält man die Zusammensetzung der Betonmasse zu

$$48\,\%\ \text{(Vol.) Mörtel} + 52\,\%\ \text{(Vol.) Steinschlag}$$

oder

$$19\,\%\ \text{(Vol.) Zementbrei} + 29\,\%\ \text{(Vol.) Sand} + 52\,\%\ \text{(Vol.) Steinschlag.}$$

Beträgt der Wasserzusatz 7 % (Vol.), so ist das endgültige Mischungsverhältnis des Betons

12 %	(Vol.)	Zement	entsprechend	1,0	Raumteile	~ 1,0	Rt.
29 %	„	Sand	„	2,4	„	~ 2,5	„
52 %	„	Steinschlag	„	4,3	„	~ 4,5	„
7 %	„	Wasser	„	0,58	„	~ 0,58	„

Die Volumenprozente sind in der Weise zu verstehen, daß Volumen im physikalischen Sinne auszulegen ist als Quotient aus

$$\frac{\text{absolutes Gewicht}}{\text{Raumgewicht}}\,.$$

Im allgemeinen reicht zur Umhüllung und Verkittung der Bestandteile eine Zementmenge aus, die ist:

bei Stampfbeton = Volumen der Hohlräume der Zusatzstoffe + 20 % und
bei stampfbarem Eisenbeton = Volumen der Hohlräume + 10 %.

Steht zum Mischen des Zementes auf der Baustelle keine Maschine zur Verfügung, sondern muß Handmischung angewendet werden, so empfiehlt es sich, zu den vorgenannten Zementmengen einen weiteren Zuschlag von 5 % treten zu lassen.

§ 265. Die Bestimmung des Mischungsverhältnisses von abgebundenem Zementmörtel und von Beton.

Oftmals ist es notwendig, nachträglich das Mischungsverhältnis von abgebundenen Beton oder von Zementmörtel festzustellen, z. B. in den Fällen, in denen es sich darum handelt, nachzuprüfen, ob der Beton in Bauwerken den Vorschriften entspricht oder ob er gleichmäßig gemischt wurde.

Solche Nachprüfungen sind von großer Tragweite und deshalb ist es notwendig, sie nur nach erprobten Methoden durchzuführen. Abgesehen sollte von solchen Prüfungen in allen den Fällen werden, in denen von den Ursprungsmaterialien, aus denen der Beton zusammengesetzt wurde, Belegproben nicht mehr vorhanden sind. Zum mindesten müssen in dieser Beziehung Proben der Zuschlagstoffe vorliegen, während auf eine Probe des Zementes verzichtet werden kann, wenn ein normaler Zement im reinen Zustande, also unvermischt mit Kalk oder Schlacken oder anderen salzsäurelöslichen Stoffen vorliegt. Anderenfalls müssen auch diese Stoffe einzeln im Ursprungszustande der Prüfung mit unterzogen werden oder es muß ihre Zusammensetzung und die Zusammensetzung des salzsäurelöslichen Teiles bekannt sein.

Ohne Kenntnis dieser Werte kann die Nachprüfung nicht zu einem Ergebnis führen, weil Stoffe, die neben dem Zement vorhanden sind und durch Salzsäure angegriffen werden, bei der chemisch-analytischen Untersuchung als zum Zement gehörig bestimmt werden.

Nach einem von Dr.-Ing. Luftschitz, Dresden ausgearbeiteten Verfahren ist bei der Durchführung der Bestimmung des Mischungsverhältnisses wie folgt vorzugehen:

Eine gewisse größere Menge des Mörtels (ca. 500 g) wird bei 105^0 getrocknet, dann in einem Mörser zerkleinert und schließlich das entstandene Gut gründlich durchgemischt. Hiernach wird von dem Gute eine Probe von 100 g entnommen, in ein Becherglas von 500 ccm Inhalt geschüttet und mit Salzsäure (1:3) vermischt. Nach gehörigem Umrühren wird der Inhalt des Becherglases auf dem Wasserbade erhitzt. Hiernach dekantiert man die kochende Flüssigkeit, gießt letztere ab, setzt wiederum Salzsäure (1:3) hinzu und erwärmt wieder, dekantiert von neuem und wiederholt den Zusatz von Salzsäure (1:3) so lange, bis die überstehende Flüssigkeit klar geworden ist. Alsdann gibt man so lange heißes Wasser hinzu, bis alle schleimigen und tonigen Bestandteile entfernt sind. Den im Becherglas verbleibenden Rückstand schüttet man in einen etwa 30 cm hohen Glaszylinder, füllt ihn mit gewöhnlichem Wasser voll auf, rührt gut um und läßt den Zylinder etwa 10 Minuten stehen. Hiernach gießt man die Flüssigkeit bis zum Bodensatz ab, gibt von neuem Wasser hinzu, rührt abermals um, dekantiert 5, schließlich 3 Minuten lang und setzt dieses Verfahren so lange fort, bis nach dem Umrühren die Flüssigkeit gelblich erscheint. Dann gießt man die Lösung vollständig ab, spült den Rückstand in eine Porzellanschale und trocknet ihn im Trockenschrank bei 105^0. Dieser Rückstand ist Sand.

Zum Gewicht desselben muß der ihm eigentümliche Gehalt an abschlämmbaren und salzsäurelöslichen Anteilen addiert werden, um den Sand bzw. sein Volumengewicht im ursprünglichen Zustande zu erhalten. Zu diesem Zwecke ist die vorliegende Belegprobe des bei der Mörtelbereitung benutzten Sandes in der gleichen Weise zu prüfen, wie vorher der Mörtel. Hiernach kann die Berechnung des Mischungsverhältnisses gemäß dem nachstehenden Beispiel erfolgen.

Beispiel: Es war bei der Prüfung der Mörtelprobe ein Sandrückstand von 78 g ermittelt worden und die Untersuchung des Sandes hatte ergeben einen Gehalt von

4% abschlämmbaren Bestandteilen[1])
und 2% salzsäurelöslichen Anteilen.

Demnach enthalten 100 g Sand:

4 g Abschlämmbares
und 2 g Salzsäurelösliches.

Dem entsprechen, bezogen auf die obigen 78 g,

3,12 g Abschlämmbares und
1,56 g Salzsäurelösliches.

Diese Gewichte sind zu den obigen 78 g zu addieren und es ergibt sich das Ursprungsgewicht der aus der Mörtelprobe von 100 g isolierten Sandmenge zu $78 + 3{,}12 + 1{,}56 = 82{,}68$ g. Die Zementmenge in den 100 g Mörtel ist als Differenz $= 100 - 82{,}68 = 17{,}32$ g.

---

[1]) Die abschlämmbaren Bestandteile setzen sich zusammen aus den feinsten tonigen Teilen des Sandes und Glimmerteilchen, sowie der durch die Salzsäurebehandlung gelatinös bzw. flockig sich abscheidbaren Kieselsäure des Zementes.

Daraus ergibt sich das Mischungsverhältnis 82,68:17,32 = 4,8:1. Dieses Mischungsverhältnis entspricht dem des trockenen Mörtels. Das deckt sich aber nicht mit den praktischen Verhältnissen, wo Mörtel und Beton oft nach langer Erhärtungszeit oder aber auch bald nach der Herstellung zu prüfen sind. In solchem Falle würden nach obigem weder das gebundene Wasser noch die Kohlensäure Berücksichtigung finden. Es ist deshalb bei genauen Untersuchungen der Sand und der Zement im Urzustand zu betrachten. Im allgemeinen nimmt man an, daß der Sand im Verwendungszustand 4% Wasser und der Zement 2% Kohlensäure enthält. Diese Werte sind aber unsicher und in Abhängigkeit vom Alter starken Schwankungen unterworfen. Es ist deshalb besser, diese Gewohnheitswerte nicht zu benutzen und lieber nach dem oben angegebenen Verfahren auch das Mischungsverhältnis von geglühten Zementmörtel oder Zementbeton zu bestimmen und seine Ergebnisse der Berechnung zugrunde zu legen.

Nach dem Glühen des Mörtels oder Betons befindet sich der Zement angenähert im ursprünglichen Zustande, d. h. hinsichtlich seiner analytischen Werte, während der Sand kleine Veränderungen durch Oxydationsvorgänge erlitten haben kann. Zur möglichsten Vermeidung solcher ist das Glühen in einem elektrisch betriebenen Glühofen zu bewirken.

Von dem Material werden 1 kg bei Mörtel oder 5 kg bei Beton in einem Mörser auf Sandgröße (s. S. 384) zerkleinert[1]). Von der zerkleinerten Probe werden etwa 600 g in einem Chamottetiegel bei 105° getrocknet und dann geglüht. Das Glühen kann auch in bedecktem Tiegel sehr zweckmäßig in einem Laboratorium-Gas-Luft-Ofen (Méker) geschehen. Der Glühverlust wird berechnet, als Differenz des Gewichtes der im Tiegel vorher bei 105° getrockneten und später geglühten Probe. Alsdann werden 500 g der geglühten Probe in einer großen Porzellanschale 3mal mit Salzsäure (1:3) während jeweils einer halben Stunde auf dem Sandbade gekocht. Nach dem Absetzenlassen während 3 Minuten werden die über dem festen Rückstand befindlichen bräunlich-gelben Lösungen in einem etwa 50 cm hohen 10 cm weiten Glaszylinder übergegossen, und zwar derartig, daß möglichst nichts vom Schalenrückstand mitgeht. Der letzte Rückstand in der Porzellanschale wird mit destilliertem Wasser 3mal aufgerührt, jedesmal 3 Minuten absetzen gelassen und die Lösung über dem Rückstand aus der Schale gleichfalls in den Glaszylinder übergegossen. Dann wird der Inhalt des Glaszylinders mit destilliertem Wasser bis auf 40 cm aufgefüllt, gehörig durchgerührt und 10 Minuten stehengelassen. Die Lösung über dem Bodensatz wird bis nahe an diesen abgegossen. Dieses Verfahren wird 3 mal mit destilliertem Wasser wiederholt, um die Salzsäure aus dem Bodensatz zu entfernen.

In der Porzellanschale befindet sich nunmehr der Hauptteil des Betons, nämlich der Kiessand und im Glaszylinder die abschlämmbaren Anteile. In beiden ist verbindungsfähige, d. h. gelatiniert bzw. flockig ausgeschiedene, teilweise auch kristalline Kieselsäure des Zementes mit enthalten, die entfernt werden muß. Zu diesem Zwecke spült man den Rückstand aus dem

[1]) Eine weitergehende Zerkleinerung oder besondere Siebung ist nicht notwendig und auch unzweckmäßig.

Glaszylinder mit destilliertem Wasser zum Kiessand in die Schale hinüber, läßt nach Umrühren daselbst etwas absetzen, gießt die Lösung über dem Rückstand ab, setzt 5%ige Kalilaugelösung zum Rückstand hinzu und erwärmt auf 60° während 5 Minuten. Dann wird etwas absetzen gelassen und die trübe, „suppige" alkalische Brühe bis auf den kiesigen Rückstand in ein großes Becherglas übergegossen. Der Rückstand wird mit 5%iger kalter Kalilauge aufgenommen, wieder ganz wenig absetzen gelassen und die trübe Brühe ebenfalls ins Becherglas übergegossen. Das Abgegossene wird im Becherglas absetzen gelassen, das darin Klargewordene wird jedoch weggegossen. Der Bodensatz wird auf ein Faltenfilter gebracht und mit destilliertem Wasser 4- bis 6mal zur vollständigen Entlaugung nach gewaschen, alsdann getrocknet und gewogen.

Der Rückstand entspricht dem Abschlämmbaren, also dem Feinen und Feinsten vom Sande.

Der noch in der Porzellanschale befindliche Hauptrückstand, der noch alkalisch ist, wird in der Schale mit destilliertem Wasser 4- bis 6mal hintereinander aufgenommen, aufgerührt, absetzen gelassen und die Lösungen werden nach dem Absetzenlassen weggegossen. Der Rückstand wird gleich in der Schale im Trockenschrank getrocknet. Er stellt den Kiessand der Mörtel- bzw. Betonprobe dar.

Durch Untersuchung einer Sonderprobe des Kiessandes nach dem gleichen, eben beschriebenem Verfahren, werden die abschlämmbaren Bestandteile ermittelt, die sich nach der Kalilaugebehandlung ergeben. Das Gewicht dieser Bestandteile wird zu dem rückständigen Sande (der Sanduntersuchung) addiert. Zieht man dieses so erhaltene Gesamtgewicht von dem Gewicht der zur Untersuchung verwendeten Kiessandmenge ab, so ergibt sich der Gehalt derselben an säurelöslichen Bestandteilen.

Beispiel: Es liegen vor zur Untersuchung 600 g bei 105° getrockneter Beton. Nach dem Glühen beträgt das Gewicht dieser Betonmenge 578 g. Der Glühverlust ist somit gleich 22 g entsprechend 3,7 %. Zur weiteren Untersuchung wurden benutzt:

500 g geglühter Beton.

Im Beton wurden gefunden 399 g Sand (grober Rückstand).

Hieraus ergibt sich:

a) Das Mischungsverhältnis des geglühten, also des wasser- und kohlensäurefrei gemachten Betons nach Gewichtsteilen wie folgt:

Gewicht des Sandes im Beton ohne Abschlämmbares und ohne Säurelösliches	399 g
Gewicht des Abschlämmbaren im Sande berechnet auf obige 399 g =	44 g
Gewicht des Säurelöslichen im Sande berechnet auf obige 399 g =	9 g
Gewicht des Zuschlagstoffes im Beton (als Summe) . . .	452 g
Gewicht des Zementes im Beton (als Differenz)	48 g

Das Mischungsverhältnis nach Gewichtsteilen ist infolgedessen = 452 : 48 = **9,4 : 1.**

b) Das angenäherte Mischungsverhältnis des Betons zur Zeit der Herstellung, wie folgt:

Gewicht des geglühten Zuschlagstoffes im Beton	452 g
Gewicht von 4% Feuchtigkeit	18 g
Gewicht des Zuschlagstoffes im ursprünglichen Zustand (als Summe)	470 g
Gewicht des Zementes (gemäß Ermittelung)	48 g

Das Mischungsverhältnis nach Gewichtsteilen ist mithin = 470 : 48 = **9,8 : 1**.

Beispielweise wog:

1 Liter Sand 1,5 kg
1 „ Zement 1,3 kg

d. h.

1 kg Sand umfaßt 0,666 Liter
1 kg Zememt „ 0,770 „

Daraus ergibt sich das Mischungsverhältnis in Raumteilen zur Zeit der Betonbereitung zu:

$$0{,}666 \cdot 470 : 0{,}77 \cdot 48 = 313 : 37 = \mathbf{8{,}46 : 1},$$

d. h. es wurden gemischt zu 1 Rtl. Zement $\sim$ 8,5 Rtle. Kiessand.

§ 266. Der Wasserzusatz.

Es darf nur reines Wasser[1]) zur Verwendung gelangen; seine Menge ist nach Prozenten des Trockengewichtes sämtlicher in der Mischung enthaltenen Baustoffe anzugeben. Die Ermittelung des Feuchtigkeitsgehaltes der einzelnen Bestandteile der Mischung zur Feststellung des gesamten Wassergehaltes hat deshalb der Bemessung[2]) des Wasserzusatzes vorauszugehen und sind zu diesem Zwecke 3 l des jeweiligen Zusatzstoffes zu benutzen. Der Feuchtigkeitsgehalt der Zusatzstoffe ist besonders anzugeben[3]).

Vom Wasserzusatz hängt wesentlich die Druckfestigkeit des Betons ab. Die größte Festigkeit erlangt bereits nach kurzer Erhärtungszeit ein Stampfbeton, dessen Wassergehalt nur so groß ist, daß er zum Abbinden des Zementes gerade ausreicht. Aber ein Beton mit höherem Wassergehalt, der sorgfältig und gleichmäßig gestampft wurde, erlangt die gleiche Festigkeit, jedoch erst nach längerer Lagerungszeit als der trockenere Beton. In beiden Fällen ist aber Vorbedingung, daß der Beton immer gleichmäßig feucht gehalten wird und daß bei den feuchteren Betonmassen während des Einstampfens keine Entmischung eintritt.

Belegt werden die vorstehenden Angaben durch die in der folgenden Tabelle aufgeführten Ergebnisse von Druckversuchen, die mit Probewürfeln ausgeführt wurden, zu deren Herstellung verschieden feuchte Betonmassen Benutzung fanden. Die Ergebnisse zeigen deutlich, daß die Würfelfestigkeit von Beton aus weniger feuchten Massen größer ist als die aus Massen mit höheren Wassergehalten und daß der Altersunterschied der Probekörper in der Festigkeit nicht in die Erscheinung tritt. Es weist das darauf hin, daß die Festigkeitszunahme, insbesondere von sehr naß hergestelltem Beton in der hier in Betracht kommenden Zeitspanne (28 bis 45 Tage) nicht merkbar fortschreitet.

---

[1]) Art und Härte des Wassers sind, wenn möglich, anzugeben.

[2]) Stark poröse Zusatzstoffe saugen viel Wasser auf und entziehen dadurch dem Mörtel Feuchtigkeit.

[3]) Über den Einfluß des Wasserzusatzes auf die Druckfestigkeit von Beton s. Graf, Armierter Beton, 1914, S. 197.

Mischung der Betonmassen	Feuchtigkeitsgrad der Betonmassen	Wassergehalt der Betonmassen	Druckfestigkeit nach 28 Tagen Erhärtungsdauer kg/qcm	Druckfestigkeit nach 45 Tagen Erhärtungsdauer kg/qcm
1 Rtl. Zement und 4 Rtle. Kiessand (0 – 25 mm)	erdfeucht	7%	—	255
		8%	243	255
	weich	12%	167	156
		14%	—	151
	flüssig	16%	116	120
		25%	—	67
1 Rtl. Zement und 2 Rtle. Sand und 2 Rtle. Feinschlag	erdfeucht	7%	397	432
	weich	10%	249	242
	flüssig	14%	166	164
		25%	—	55

§ 267. Das Mischen.

Nach den Normen soll das Mischen durch eine Mischmaschine erfolgen, welche das Mischgut nicht nur durcheinandermengt, sondern auch knetet. Die Bauart der Maschine ist gleichgültig, wenn sie nur den genannten Vorschriften entspricht. Außerdem soll die jedesmal eingebrachte Mischgutmenge für mindestens drei Probekörper ausreichen. Die Mischzeit beträgt ½ Minute für Trockenmischung und weitere 2½ Minuten nach Zugabe des Wassers.

Steht keine Mischmaschine zur Verfügung, so muß man sich mit Handmischung behelfen. Die Betonmasse wird dabei auf einer gut gelagerten, kräftigen, dichtschließenden Pritsche oder auf sonst ebener, schwer absaugender und fester Unterlage durch Umschaufeln der Masse hergestellt. Zunächst ist Sand oder Kiessand mit dem Zement trocken zu mischen, bis er ein gleichfarbiges Gemenge ergibt, dann erst sind die vorher angenetzten Zusatzstoffe (Kies, Steinschlag) zuzusetzen und das Gemenge ist mit dem zugegebenen Wasser so lange weiter zu mischen, bis eine gleichmäßig feuchte Masse entsteht und die Steine mit inniggemischtem Mörtel behaftet sind[1]).

§ 268. Die Arbeitsstelle.

Die Anfertigung der Probekörper hat in einem geschlossenen, mäßig warmen Raume, vor Sonne und strahlender Ofenwärme geschützt, zu erfolgen; die Temperatur der Baustoffe (auch des Wassers) soll während der Verarbeitung 10—25° betragen. Die Unterlage, auf welche die Formkästen (§ 269) gestellt werden, muß erschütterungsfrei sein; insbesondere sollen neben bereits fertiggestampften Würfeln keine neuen eingestampft werden, weil durch die Erschütterung des Bodens die fertigen leiden können.

---

[1]) Die Betonmasse darf nicht lagern, sondern muß sofort nach ihrer Herstellung verarbeitet werden.

Auch in der Praxis darf nicht auf Schalungen betoniert werden, die Erschütterungen ausgesetzt sind, da dieselben eine wesentliche Veränderung der Festigkeitsverhältnisse des Betons im Bauwerk zu verursachen vermögen.

Die Abb. 443 bis 446 zeigen geschliffene Schnitte durch Probekörper, die von Erschütterungsversuchen herrühren[1]). Es sind Querschnitte durch Eisenbetonbalken von 20 cm Breite und 30 cm Höhe, die in einer Entfernung von 1,5 cm von der Unterseite eine Eiseneinlage von 1,6 cm Durchmesser besaßen.

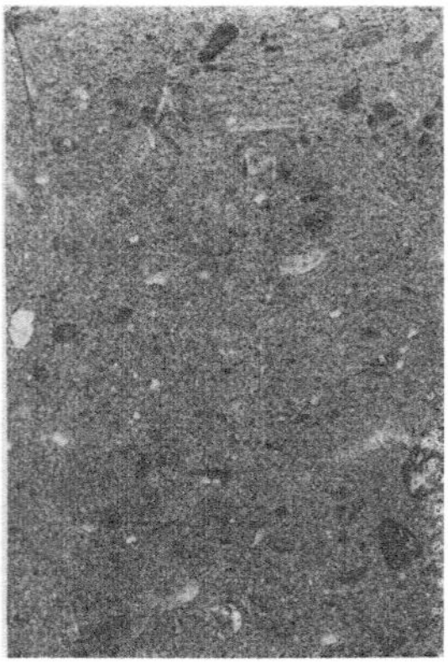

Abb. 443.

Abb. 444.

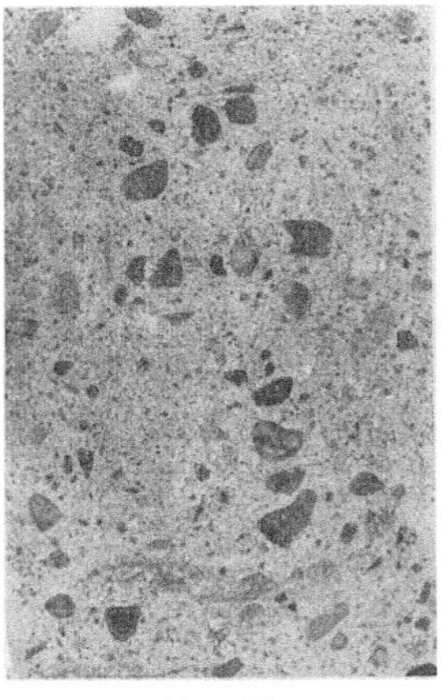

Abb. 445.

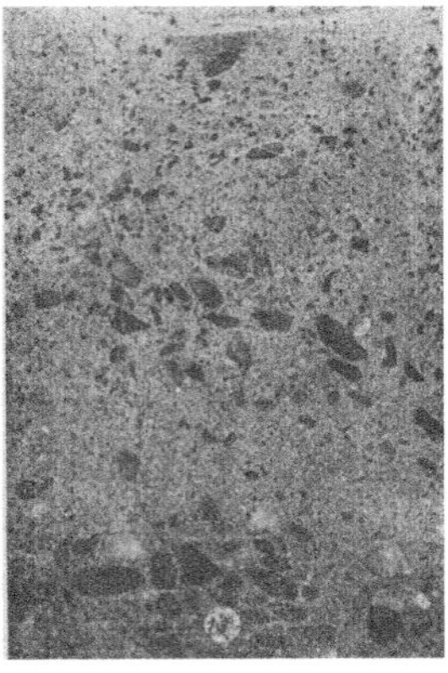

Abb. 446.

Die Balken (Abb. 443 und 444) waren aus erdfeuchter Betonmasse hergestellt worden, die aus 1 Rtl. Zement und 4 Rtl. Kiessand bestand. Der Wasserzusatz war 7%, bezogen auf das Trockengewicht der Betonmischung.

Die Balken (Abb. 445 und 446) bestanden aus weicher Betonmasse mit 14% Wasserzusatz. Das Mischungsverhältnis war das gleiche wie das der vorigen Balken.

Die Balken (Abb. 443 und 445) waren erschütterungsfrei gelagert worden, während die Balken (Abb. 444) 48 Stunden lang in einer besonderen Vorrichtung kräftigen Erschütterungen ausgesetzt worden waren. Eine Vergleichung der Abb. 444 mit der entsprechenden Abb. 443 läßt erkennen, daß die Erschütterungen trotz ihrer langen Dauer keinen Einfluß auf die Bestandteile der eingestampften Betonmasse auszuüben vermochten. Demgegenüber zeigt der Vergleich der Abb. 446 mit der Abb. 445, daß eine weitgehende Entmischung der Betonmasse eingetreten ist, trotzdem die Erschütterung nur 2 Stunden dauerte im Gegensatz zu der obenerwähnten 48stündigen Erschütterungsdauer. Weitere Versuche, die mit flüssiger Betonmasse (25%

[1]) S. Scheit, Wawrziniok u. Amos, Versuche mit Eisenbetonbalken zur Ermittelung des Einflusses von Erschütterungen. Forschungsarbeiten des Deutsch. Ausschusses f. Eisenbeton, Heft 40. Berlin 1918. Wilh. Ernst & Sohn.

Wassergehalt) durchgeführt wurden, bewiesen, daß Erschütterungen solcher Betonmasse sehr rasch eine völlige Entmischung verursachen.

Diese Versuchsergebnisse weisen darauf hin, daß bei der Anfertigung von Probekörpern um so mehr auf erschütterungsfreie Lagerung geachtet werden muß, je höher der Wassergehalt der Betonmasse gewählt wurde.

§ 269. Die Geräte zur Herstellung der Probekörper.

a) Die Formen.

Da in der Regel 3 Probewürfel mit 30 cm Kantenlänge[1]) anzufertigen sind, müssen auch mindestens 3 Formkästen vorhanden sein. Letztere haben die aus Abb. 447 ersichtliche Konstruktion. Sie bestehen aus der eigentlichen zerlegbaren Form, deren Seitenwände gegenseitig und mit dem Boden durch Schrauben verbunden sind, und dem Aufsatzkasten, der durch Schrauben auf der Form befestigt ist. Die Innenflächen der Form sind sauber, eben bearbeitet; hinsichtlich ihrer Pflege ist auf das S. 419 für die Würfelformen der Zementprobekörper Erwähnte zu verweisen[2]).

Abb. 447.

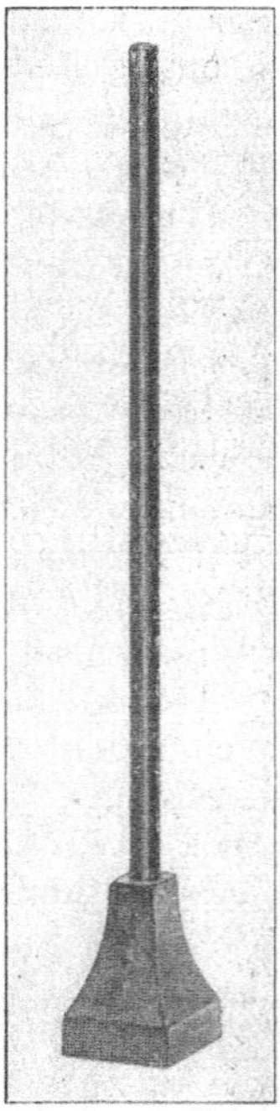
Abb. 448.

b) Die Stampfer.

Zum Stampfen sind quadratische Normalstampfer von 12 cm Seitenlänge und 12 kg Gewicht zu benutzen (s. Abb. 448).

Auf das Einlegen und Stampfen der Betonmasse ist besondere Aufmerksamkeit zu verwenden, da von diesen Maßnahmen die Gleichmäßigkeit der Probekörper und ihre Druckfestigkeit entscheidend abhängig sind. Insbesondere ist dies hinsichtlich der Stampfarbeit zu beachten, denn je größer die spezifische Stampfarbeit, bezogen auf den Rauminhalt der Probekörper, ist, desto größer ist im allgemeinen die Dichtigkeit des Betons und seine Druckfestigkeit.

§ 270. Einlegen und Stampfen der Betonmasse.

In die auf einer 3 cm hohen Sandunterlage stehenden Würfelformen wird die Betonmasse in 2 Schichten von gleicher Höhe eingelegt. Bei grober und steinreicher Betonmasse empfiehlt es sich, um am Würfelkörper dichte

---

[1]) Für feinkörnigen Beton werden auch Würfel mit 20 cm Kantenlänge benutzt.

[2]) In Amerika werden auch zylindrische Formkasten verwendet. Man erhält dann zylindrische Probekörper, die sich insbesondere für Versuche zur Bestimmung der elastischen Eigenschaften vorzüglich eignen (s. S. 484).

Kanten und Ecken zu erzielen, vor dem Einlegen der Betonmasse am Boden an den Kanten der Form etwas Mörtel vorzulegen. Dieser Mörtel ist der Betonmasse durch Absieben mit dem 7 mm-Siebe zu entnehmen. Jede Schicht ist zunächst zu ebnen. An den Wandungen der Form muß mit einem passenden Gerät (s. Abb. 449) hinuntergestochen werden, um etwa dort festliegende Steine hinabzudrücken und die Bildung von Nestern und Hohlräumen zu verhindern.

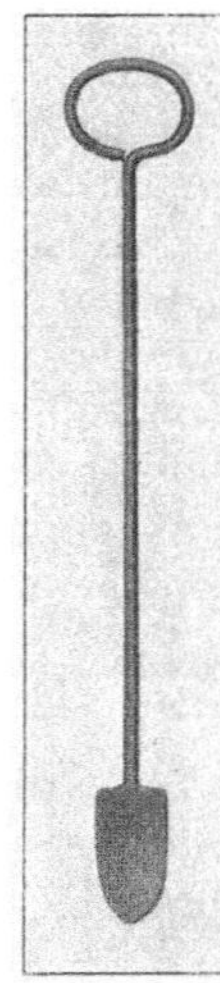

Abb. 449.

Zur Erzielung eines stets gleichmäßigen Aufwandes an Stampfarbeit und infolgedessen gleichartiger Verdichtung der Betonmasse darf das Stampfen nur durch freien Fall des Stampfers bei rund 25 cm Fallhöhe bewirkt werden. Insgesamt ist jeder Probekörper mit 216 Stampfstößen herzustellen, und zwar mit viermal je 3 = 12 Stampfstößen für jede Stampfstelle jeder Schicht, wobei die Stampfstellen nach Abb. 450 zu wählen sind[1]). Es ist deshalb beim Einstampfen die geleistete Stampfarbeit festzustellen. Das geschieht durch Zählen der angewendeten Stampfstöße und Fallenlassen des Stampfers immer aus gleich großer Höhe von 25 cm. Bei 216 Stampfstößen ergibt sich die Stampfarbeit z. B. zu: 216 0,25 = 54 mkg für einen Würfel von 30 cm Kantenlänge. Besondere Bedeutung kommt der Feststellung der Stampfarbeit zu, bei der Herstellung andersartiger Probekörper, z. B. von Bauteilen, Biegebalken oder dgl. Bei diesen muß selbstverständlich zur Erzielung der Vergleichbarkeit der Versuchsergebnisse immer die gleiche Stampfarbeit aufgewendet werden.

An einer Ecke, z. B. Fläche 1, beginnend, werden 3 Stampfstöße auf derselben Stelle ausgeübt, hierauf wird der danebenliegende mittlere Teil der ersten Stampfreihe (Fläche 2) derart gestampft, daß der 12 cm breite Stampfer ca. 3 cm auf die erste Stampfstelle übergreift. In gleicher Weise wird bei der dritten Stampfstelle der ersten Stampfreihe, sodann bei der mittleren und dritten Stampfreihe verfahren. Die Stampffläche ist hierauf zum zweiten Male wie vorstehend beschrieben, aber in umgekehrter Reihenfolge, an der zuletzt gestampften Stelle (Fläche 9) beginnend, in 3 Reihen mit je 3 Stößen für jede Stampfstelle zu bearbeiten. Schließlich ist die Fläche in gleicher Weise und Reihenfolge noch ein drittes und viertes Mal zu stampfen. Vor dem Einlegen der zweiten Schicht muß die Oberfläche der ersten Schicht zur

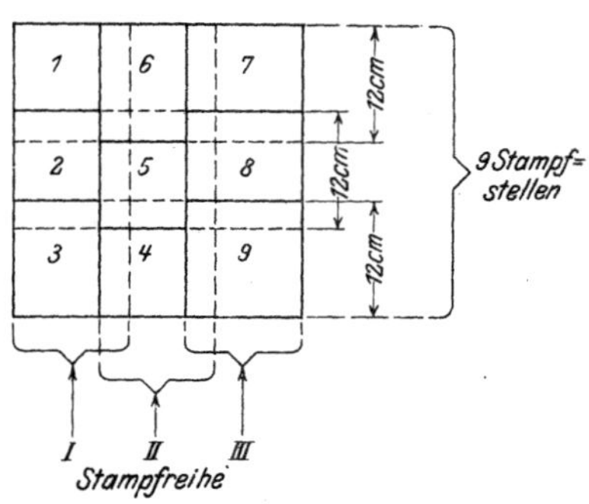

Abb. 450.

[1]) Bei allen Betonarten ist es nicht möglich, beim Einstampfen drei Stampfstöße hintereinander auf dieselbe Stelle des Betonkörpers zu führen. Der Stampfer dringt bei weichem Beton tief in die Masse ein und lockert die danebenliegenden Teile auf. Man muß sich in solchen Fällen mit einem Stampfstoß auf jede Stelle begnügen und jede Schicht zwölfmal anstatt viermal in der angegebenen Reihenfolge stampfen.

Erzielung guter Verbindung aufgerauht werden. Das Stampfen der zweiten Schicht hat in gleicher Weise zu erfolgen wie das Stampfen der ersten Schicht. Nach Beendigung des Stampfens wird der Aufsatzkasten abgehoben, der überstehende Beton mit einem eisernen Lineal abgestrichen und etwaige Hohlräume in der Oberfläche werden mit Mörtel aus der übrigen Betonmasse ausgefüllt. (Die abgestrichene Betonmasse darf nicht zur Herstellung weiterer Probekörper benutzt werden, weil ihre Zusammensetzung sich durch das Stampfen verändert hat.) In die Niederschrift über die Anfertigung der Probekörper sind außer den Zeitpunkten noch Temperaturen und Witterungsangaben einzutragen[1]). Manche Behörden besitzen zur Anfertigung von Probekörpern besondere Vorschriften, welche von den vorstehend angegebenen abweichen und infolgedessen keine vergleichbaren Festigkeitsergebnisse liefern können.

An einigen Prüfstellen findet zur Herstellung der Probewürfel auch die Schmidtsche Betonstampfmaschine Verwendung.

§ 271. Schmidts Betonstampfmaschine.

Die Grundaufgabe der Stampfmaschine (s. Abb. 451)[2]) besteht darin, die willkürlichen und die unwillkürlichen Beeinflussungen des Handstampfens zu beseitigen, also

1. die Fallhöhe,
2. den Ort der Stampfschläge und
3. die Zahl der Schläge

genau festzulegen[3]).

Die Maschine ist demgemäß so eingerichtet, daß

1. der Stempel, gleichgültig wie weit die Form gefüllt ist, immer aus gleicher Höhe (25 cm) frei auf die in der Normalform (s. Abb. 447, S. 478) befindliche Betonmasse fällt,
2. der die Form tragende Tisch und der Stempel selbsttätig gegeneinander absatzweise so verschoben werden, daß die einzelnen Stampfstellen bei gleichen Abständen in geraden Reihen liegen, sich gegenseitig um ein gewisses Maß überdecken und in wiederkehrender Folge unter den Stempel gebracht werden und daß schließlich
3. nach einer genau einstellbaren Anzahl von Stampferschlägen der Antrieb für die Vorrichtung zwangläufig und augenblicklich ausgerückt wird.

Bei den Probewürfeln von 30 cm Kantenlänge kommen, da man einen quadratischen Stempel von 12 cm Seitenlänge verwendet, auf die Fläche 9 Stöße, und diese übt die Maschine in der aus Abb. 452 ersichtlichen Reihenfolge aus. Dabei wird der Stampfer von links nach rechts bzw. umgekehrt und der Tisch, auf dem sich die Form befindet, von vorn nach hinten oder

---

[1]) Es empfiehlt sich auch den Namen des Arbeiters anzugeben, welcher die Probekörper herstellte.
Über die Bedeutung der Stampfarbeit s. Zement und Beton 1909, S. 419.

[2]) Siehe Deutsche Bauzeitung 1909, S. 87.

[3]) Vergleichsversuche mit Handarbeit und Maschinenarbeit beim Stampfen von Betonkörpern s. Deutsche Bauzeitung 1909, S. 78.

umgekehrt bewegt. Die Verschiebung von Tisch und Stempel erfolgt von dem Handrad a aus, ebenso wie das Anheben und Freigeben des Stempelstiels b. Die Bewegungen geschehen absatzweise aber stoßfrei, und so genau, daß der Stampfer immer erst dann wieder herunterfällt, wenn der Tisch an dem neuen Orte angekommen ist. Die zwangläufige Verschiebung geschieht mittelst der Kurvenscheiben c, d, d_1, die von der Welle des Handrades durch die an dem senkrechten Ständer der Maschine sichtbaren Zahnräder und Stangen bewegt werden. Die beiden Scheiben d und d_1 sind durch Schutzbleche e und e_1 vor Verunreinigungen mit Mörtelmasse geschützt.

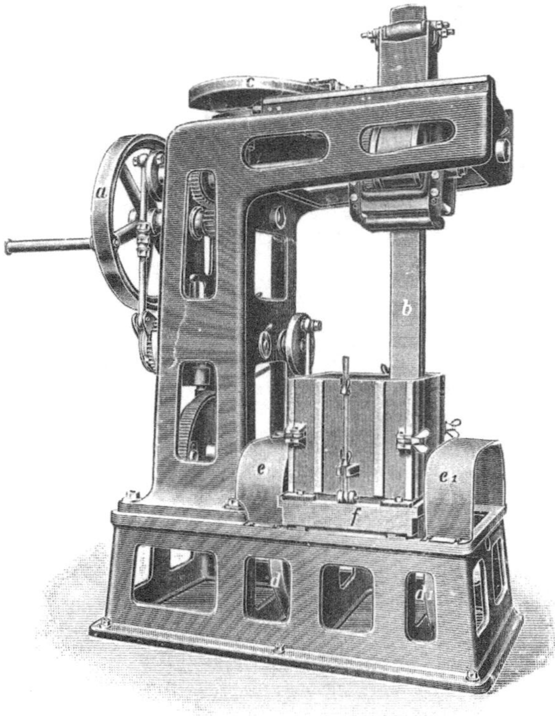

Abb. 451.

Der Verlauf des Stampfens ist, wenn man von der Stellung 1 (Abb. 452) ausgeht, folgender. Ist der erste Schlag gefallen, so wird der Stempel b mit seinem ganzen Arbeitsmechanismus an dem Ausleger der Maschine um die Stampferbreite nach außen geschoben und nach dem zweiten Schlag in derselben Richtung bis an die andere Seite der Form. Während aber nunmehr der Stempel durch die besondere Gestaltung der Führungsrinne in der Kurvenscheibe c stehenbleibt, wird der Tisch f um eine Stempelbreite nach hinten geschoben. Es folgt der Schlag 4. Die Kurvenscheibe c zieht weiterhin unter Vollendung eines Umganges den Stempel nach links in die Stellungen 5 und 6 zurück und, nachdem inzwischen der Tisch um einen weiteren Absatz nach hinten geschoben wurde, beginnt der Stempel seinen alten Weg. Ist der Schlag 9 gefallen, so bleibt der Tisch noch in der dritten Stellung für die nächsten 3 Schläge stehen und setzt dann seinen Weg rückwärts in umgekehrter Reihenfolge wie vorher fort. Hiernach wiederholt sich dasselbe Spiel.

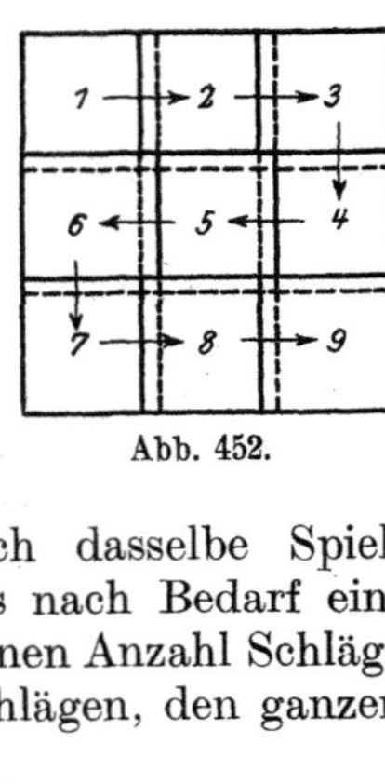

Abb. 452.

Die Maschine ist mit einem Zählwerk versehen, das nach Bedarf eingestellt werden kann und nach Ausübung der vorgeschriebenen Anzahl Schläge auf jede Stampfstelle, also bei 12 (s. S. 479) nach 108 Schlägen, den ganzen Bewegungsmechanismus ausrückt oder feststellt.

Durch eine einfache Umschaltvorrichtung ist die Maschine auch unmittelbar zum Stampfen von Würfeln mit 20 cm Kantenlänge benutzbar zu machen. Sie übt dann auf die ganze Oberfläche nur 4 Schläge aus, deren Folge aus Abb. 453 zu ersehen ist.

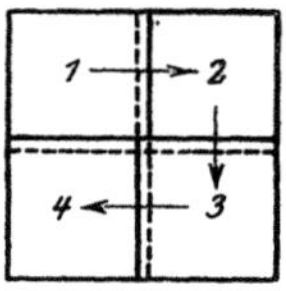

Abb. 453.

Ferner kann man durch Einschaltung eines besonders geformten Zahnrades erreichen, daß auf jede Stampfstelle 3 Schläge hintereinander ausgeübt werden, so daß die maschinelle Stampfausführung der sonst geübten Handarbeit völlig gleicht[1]).

§ 272. Behandlung und Aufbewahrung der Probekörper.

Sofort nach dem Einstampfen werden die Probekörper durch Eindrücken von Zahlen mit Bezeichnungen versehen. Sie verbleiben alsdann mindestens 24 Stunden in den Formen und nach Abnehmen der 4 Seitenwände der Formkasten nochmals 24 Stunden auf dem Boden des Formkastens. Hiernach werden sie in einem geschlossenen, frostfreien Raume (wenn möglich bei 15—20^0) in feuchtem Sande gelagert[2]). Der Sand muß erd- und lehmfrei sein und soll jeden Würfel in 10 cm dicker Schicht umgeben[3]). Während der Lagerungsdauer ist der Sand feucht zu erhalten[4]).

§ 273. Die Druckprobe.

Die Prüfung der Probewürfel erfolgt in der Regel 28 Tage nach ihrer Herstellung. Für etwaige weitere Proben sind Fristen von 90 Tagen, 1, 2 und 5 Jahren üblich. Die Druckversuche mit 1, 2 und 5 Jahre alten Probekörpern haben für die Praxis, weil nach diesen Zeiträumen der Bau gewöhnlich beendigt ist, nur insofern Wert, als sie einen Einblick in die Nacherhärtung des Betons liefern, dessen Kenntnis für spätere Bauausführungen wertvoll ist.

Die Druckrichtung ist einflußlos, der Würfel kann parallel zur Einstampfrichtung und auch senkrecht dazu geprüft werden. Beide Beanspruchungsweisen liefern das gleiche Ergebnis, d. h. für sogenannte praktische Verhältnisse, weil dabei schon bei gleichartiger Beanspruchungsweise die durch die Eigenart des Materials bedingten Abweichungen der Druckfestigkeit der einzelnen Probekörper den Einfluß der Stampfrichtung auf die Druckfestigkeit des Probekörpers überwiegen. Bei Laboratoriumsversuchen dagegen ergibt sich die Druckfestigkeit der Würfel bei Beanspruchung senk-

---

[1]) Über die Prüfung der Schmidtschen Betonstampfmaschine und deren Zuverlässigkeit, s. Protokoll der elften Hauptversammlung des Deutschen Verbandes für die Materialprüfungen der Technik in Nürnberg 1910.

[2]) Manche Probekörper werden auch unter Wasser gelagert (s. S. 421).

Versuche über den Einfluß der Temperatur auf das Abbinden von Beton. Der Ingenieur, 3. Jahrg., S. 198, 1910. Gary, Versuche über den Einfluß von Kälte und Wärme auf die Erhärtungsfähigkeit von Beton, Heft 13 des Deutschen Ausschusses für Eisenbeton, Berlin 1912.

[3]) Bei Platzmangel können 4 Schichten Probekörper übereinander gesetzt werden.

[4]) Bei etwaigem Versand werden die Probekörper in feuchtes Sägemehl verpackt.

recht zu ihrer Stampfrichtung größer, als bei Beanspruchung in der Stampfrichtung. Selbstverständlich übt aber auch hierbei die Größe des Wasserzusatzes einen erheblichen Einfluß aus; die Verschiedenheit der Druckfestigkeiten nimmt um so mehr ab, je höher der Wasserzusatz ist. Am zweckmäßigsten erscheint es, die Würfel in derselben Richtung zu zerdrücken, wie der Beton im Bauwerke beansprucht wird, wenn man nicht dazu übergehen will, eine bestimmte Druckrichtung wie bei der Druckfestigkeitsprüfung von Portlandzementprobewürfeln vorzuschreiben.

Vor der Prüfung sind Gewicht und Abmessungen der Probekörper zu ermitteln und es ist festzustellen, ob die Druckflächen eben und parallel sind. Unebene und nichtparallele Flächen werden mit Zementmörtel 1 : 1 dünn abgeglichen, der aufgebrachte Mörtel soll bei der Prüfung annähernd die Festigkeit des Betonkörpers haben. Zur Ermittelung der Druckfestigkeit wird der Probewürfel zwischen die Preßplatten der Prüfungsmaschine gebracht, mit Hilfe der beweglichen Druckplatte (s. S. 100) ausgerichtet und mit allmählich gesteigertem Druck bis zum Eintritt des Bruches belastet. Der Bruch ist als eingetreten zu erachten, wenn der Kraftanzeiger der Prüfungsmaschine einen Rückgang der Belastung anzeigt. Absplittern von Kanten des Würfels oder von Schalen an den Seitenflächen ist noch nicht als Bruch zu betrachten. Die so ermittelte Festigkeitszahl wird als die Würfelfestigkeit bezeichnet, da sie nicht mit derjenigen Druckfestigkeitszahl übereinstimmt, die man bei der Prüfung zylindrischer Körper auf Druck oder von eisenbewehrten Biegebalken erhält[1]).

In den Versuchsanstalten erfolgt die Prüfung der Probekörper in der Regel mit stationären Prüfungsmaschinen verschiedener Bauart. Für die Baustelle ist dagegen die von Martens konstruierte Betonprüfungsmaschine für 300 t Belastung[2]) mit Fahrwerk, deren neueste Ausführungsform in § 382 beschrieben ist, besonders zweckmäßig. Hydraulische Presse mit Pumpwerk sowie Kraftmesser sind auf einem mit Rädern versehenen Gestell montiert, so daß die Presse in einfachster Weise zum jeweiligen Lagerungsorte der Probekörper geschafft werden kann. Da die Presse auf Baustellen gewöhnlich nicht mit der nötigen Sorgfalt behandelt und gepflegt werden kann wie die Prüfungsmaschinen der Versuchsanstalten, empfiehlt es sich, sie öfters eichen oder wenigstens nachsehen zu lassen.

Über die Festigkeitszunahme des Betons mit dem Alter s. Zentralblatt d. Bauverw. 1908, S. 593; über den Einfluß des Mischungsverhältnisses auf die Festigkeit, Zement und Beton 1909 S. 325, und Baumaterialienmarkt 1910, S. 289; über Einwirkung niedriger und höherer Temperatur auf die Druckfestigkeit s. Bericht über den Vortrag von Germer in der Versammlung des Deutschen Betonvereins 1909, und Gary s. Anmerkung [2]), S. 482.

---

[1]) Versuche zum Vergleich der Würfelfestigkeit des Betons zu der im Bauwerk erzielten Festigkeit, s. Forschungsheft 36 des Deutschen Ausschusses für Eisenbeton 1915.

[2]) Auf einen Fehler der älteren Konstruktionen dieser Maschinen ist bereits auf S. 101 hingewiesen worden. Ergänzend ist noch hinzuzufügen, daß bei einigen Maschinen sich auch die untere Traverse, in welche der Zylinder eingebaut ist, durchbiegt, so daß der ehemals kreisrunde Zylinderquerschnitt elliptisch wird und der Kolben klemmt.

§ 274. Die elastischen Eigenschaften des Betons.

Bei manchen Bauwerken, Betonbrücken, Betondecken usw., die durch bewegliche Lasten wiederholt durchgebogen werden, erleidet der Beton ständig Dehnungen und Zusammendrückungen, die niemals so groß werden dürfen, daß die Elastizitätsgrenze (s. § 4) des Betons überschritten wird. Es ist deshalb wertvoll, die elastischen Eigenschaften des Betons durch geeignete Versuche zu studieren. Die umfangreichsten Versuche auf diesem Gebiete dürfte Bach[1]) ausgeführt haben, der auch mit Sicherheit feststellte, daß für Beton nicht das Hookesche Gesetz (s. § 4) gültig ist, sondern, daß die Dehnungen rascher wachsen als die Spannungen[2]).

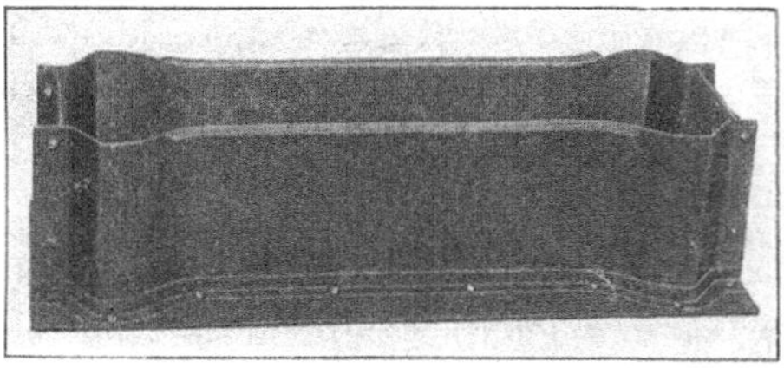

Abb. 454.

Die Dehnungszahl ist abhängig von der Zusammensetzung des Betons und den dazu verwendeten Baustoffen. Die von Bach benutzte Probekörperform für Zug- und Druckversuche, die auch andernorts fast ausschließlich Anwendung findet, ist bereits auf S. 58 erwähnt und dargestellt worden. Die Probekörper besitzen an den Enden Verbreiterungen, mit denen sie in die Einspannköpfe der Materialprüfungsmaschine eingehängt werden; sie sind aber auch abgeplattet, so daß sie gleichzeitig für Druckversuche Benutzung finden können. Dies ist ein wesentlicher Vorteil, da man dadurch in der Lage ist, an einem einzigen Körper die Dehnungszahl für Zug- und Druckbeanspruchung festzustellen. Die Probekörper werden durch Einstampfen der Betonmasse in zerlegbare eiserne Formen (siehe Abb. 454) hergestellt und im übrigen wie die Druckprobe-

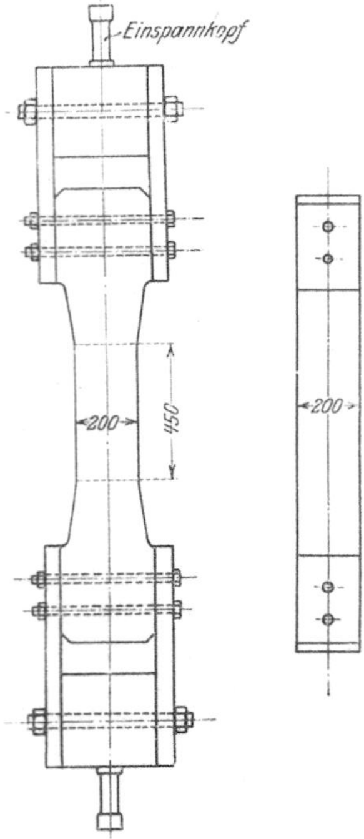

Abb. 455.

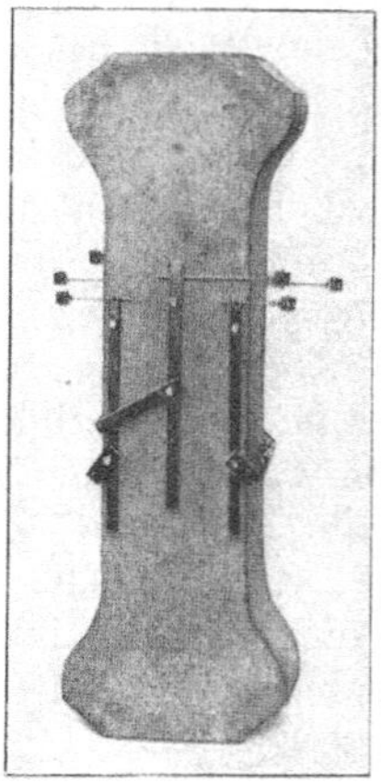

Abb. 456.

[1]) Zeitschr. d. Ver. deutsch. Ing. 1895, S. 489; 1896, S. 1381; 1897, S. 248. Ferner: Versuche über die Elastizität des Zementmörtels bei verschiedenem Sandzusatz nach feuchter und nach trockener Lagerung, Armierter Beton S. 309, 1911.

[2]) Bach, Elastizität und Festigkeit, Julius Springer, Berlin.

körper behandelt. Neuerdings werden nach Bach[1]) auch Probekörper mit Einspannvorrichtungen nach Abb. 455 benutzt. Die Dehnungsmessung erfolgt dabei zweckmäßig mit Martensschen Spiegelapparaten unter Benutzung einer 25 cm langen Meßstrecke. Wegen des großen Querschnittes der Probekörper werden drei Paare Spiegelapparate verwendet (ihre Verteilung ist aus Abb. 456 ersichtlich) und aus ihren Anzeigen der Mittelwert gebildet.

§ 275. Die Wasserdichtigkeit des Betons.

Für gewisse Zwecke wird große Wasserdichtigkeit[2]) des Betons verlangt. Sie ist abhängig von dem Mischungsverhältnis und von der Dichtigkeit des Betons selbst, ohne daß zu einem bestimmten Mischungsverhältnis oder zu einem gewissen Dichtigkeitsgrade eine bestimmte Wasserdichtigkeit gehört. Auch gibt es Zemente, welche poröse Mörtel liefern, deren Poren auch bei fortschreitender Erhärtung sich nicht schließen und dadurch die Wasseraufnahme und somit den Wasserdurchtritt begünstigen.

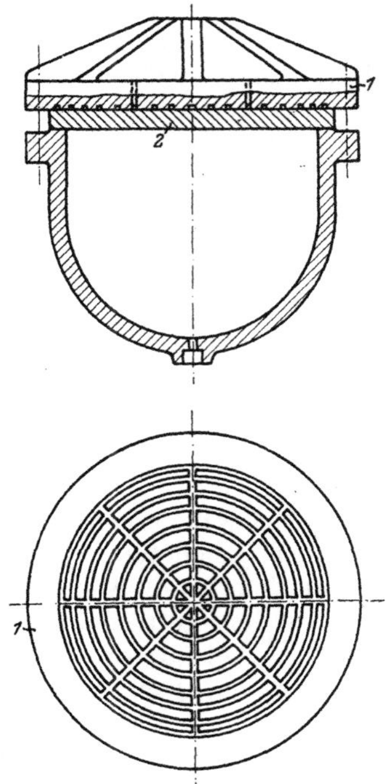

Abb. 457.

Da eine Erprobung des Betons auf Wasserdurchlässigkeit unter solchen Verhältnissen, wie sie bei Wasserbehältern vorliegen, mit dem in § 231 beschriebenen Apparate zur Ermittelung der Wasserdurchlässigkeit von Zement infolge der geringen Abmessungen der Probestücke nicht angängig ist, konstruierte Verfasser zur Prüfung größerer Betonplatten die in Abb. 457 dargestellte Vorrichtung. Sie stellt einen Autoklaven dar, dessen Deckel 1 mit Rinnen und Löchern versehen ist. Die Betonplatte 2 wird in den Autoklaven eingesetzt und stützt sich bei Erhöhung des Flüssigkeitsdruckes in dem Autoklaven gegen den Deckel, ohne daß Biegungsspannungen im Beton auftreten können. Bei Undichtigkeiten vermag die Luft und das Wasser durch die Rinnen und Löcher im Deckel 1 zu entweichen und die undichte Stelle des Betons ist durch die Färbung zu erkennen, welche die dem Wasser zugesetzte Anilinfarbe bewirkt.

Andererseits kann aber mit dieser Vorrichtung auch während des Versuches der Augenblick des ersten Wasserdurchtrittes ermittelt werden. Zu diesem Zwecke wird nämlich zwischen der Betonplatte 2 und der Stützplatte 1 eine Zwischenlage angeordnet, die aus zwei Platten glattem Fließ-

[1]) Bach, Versuche mit Eisenbetonbalken, Mitteilungen über Forschungsarbeiten Heft 39, 45—47. Ferner: Graf, Die Druckelastizität und Zugelastizität des Betons, Heft 227 der Forschungsarbeiten auf dem Gebiete des Ingenieurwesens.

[2]) Wasserdichter Beton, Tonindustriezeitung 1910, S. 201. Ermittelung der Dichtigkeit von Beton s. Jahresbericht 1913 des Materialprüfungsamtes Groß-lichterfelde, S. 22.

papier besteht, zwischen denen sich ein feines Metalldrahtgewebe befindet, an das ein elektrischer Leitungsdraht angeschlossen ist, der zu einem Galvanometer und von da über ein Trockenelement zu der Stützplatte 1 führt. Solange das Löschpapier trocken ist, reicht es zur Isolation der elektrischen Leitung aus. Wird es aber an irgendeiner Stelle feucht, so tritt Stromfluß ein, und der Galvanometerzeiger schlägt aus. Baut man hiernach die Vorrichtung auseinander, so kann man mit Hilfe der Wasserflecken auf dem Löschpapier diejenige Stelle feststellen, an der das Wasser hindurchtrat.

Mit dieser Vorrichtung werden auch Anstrichmassen oder sonstige Mittel zum Abdichten von Beton geprüft. Es wird dazu die Innenseite der Betonplatte mit dem Anstrich versehen (oder mit dem Dichtungsmittel belegt oder auch damit getränkt) und der Flüssigkeitsdruck festgestellt, der erforderlich ist, um innerhalb einer Stunde den Wasserdurchtritt durch die Betonplatte einzuleiten.

Eine andere Art der Prüfung auf Wasserdichtigkeit oder auf Dichtigkeit hinsichtlich anderer Flüssigkeiten, insbesondere von solchem Beton, der zur Herstellung von Flüssigkeitsbehältern benutzt wird, ist die folgende.

Entweder werden rohrförmige Probekörper aus dem Beton hergestellt und diese auf inneren Druck geprüft (s. § 306) oder es werden Probebehälter hergestellt, deren Form in allen Abmessungen derjenigen der Ausführung ähnlich ist. Diese Behälter werden alsdann mit der in Betracht kommenden Flüssigkeit gefüllt, und es wird während möglichst langer Zeit beobachtet, ob und an welchen Stellen Flüssigkeit durch die Wände des Behälters hindurchtritt. Dabei ist besonders den Behälterkanten Aufmerksamkeit zu schenken, da an diesen leicht Risse entstehen.

§ 276. Das Kleingefüge des Betons und der Mörtel.

Im § 268 war gezeigt worden, daß eine Entmischung des Betons durch Anfertigung geeigneter Schnittflächen durch die Probekörper sichtbar gemacht werden kann, wobei zur Beobachtung des Betongefüges das bloße Auge ausreicht. Letzteres trifft aber nicht zu, wenn die Verteilung oder die gegenseitige Anlagerung der feinsten Teile des Betons, insbesondere des Bindemittels nachgeprüft werden soll, oder wenn zu ermitteln ist, ob alle Bindemittelteile ihre Schuldigkeit getan haben, d. h. daß sie abgebunden und die Zuschlagstoffe verkittet haben. Für diese Nachprüfung müssen sorgfältig vorbereitete Schliffflächen mittels des Mikroskopes in ähnlicher Weise untersucht werden, wie das im vierten Teile dieses Buches für die Metallprüfung beschrieben wurde.

Da eine Behandlung dieser Prüfungen aber zu sehr aus dem Rahmen des vorliegenden Buches heraustreten würde, muß auf dahingehende Erläuterungen verzichtet und auf die einschlägige Literatur verwiesen werden, wobei erwähnt werden möge, daß für solche mikroskopische Untersuchungen allgemein bindende Richtlinien überhaupt nicht aufgestellt werden können. Es müssen vielmehr von Fall zu Fall die geeigneten Prüfungsmethoden ermittelt und dann auf Grund der Erfahrungen die entsprechenden Schlüsse gezogen werden[1]).

---

[1]) Siehe: Die Anwendung des Mikroskopes bei der wissenschaftlichen Untersuchung von Mörtel u. Beton, „Zement“ 1917, S. 51.

VI. Die Prüfung des Holzes.

§ 277. Allgemeines.

Die vielseitige Verwendbarkeit des Holzes als Baumaterial hat bereits frühzeitig zur Erprobung seiner physikalischen Eigenschaften Veranlassung gegeben, und bereits im Jahre 1847 stellte Nördlinger[1]) umfassende Holzuntersuchungen an. Seine Versuche sind für die spätere Ausgestaltung der Prüfungsverfahren für Holz vorbildlich geblieben. Auf einheitliche Grundlage gestellt wurden die Prüfungsverfahren jedoch erst durch die Bemühungen des Internationalen Verbandes für die Materialprüfungen der Technik, welcher im Jahre 1906 die von einer Sonderkommission vorgeschlagenen Grundsätze zur Prüfung von Holz annahm[2]). Unberücksichtigt blieben in diesen Grundsätzen die Untersuchungen über die Dauer und Härte des Holzes[3]).

Bevor man an eine Holzuntersuchung herantritt, muß die Frage geklärt sein, ob die Prüfung Aufschluß über die Eigenschaften eines vorliegenden Probestückes oder die eines Stammes, oder die eines ganzen Waldbestandes geben soll. Im ersteren Falle genügt die Untersuchung ohne Rücksicht auf Entstehung und Ursprung des Holzes. Im zweiten Falle sind bereits Erwägungen darüber anzustellen, welchem Teile des Stammes die Versuchskörper entnommen werden müssen, und der dritte Fall erfordert eingehende Besichtigung des Waldbestandes, außerdem Erhebungen über die Entstehung des Waldes, ferner über das Alter, die Wachstumsverhältnisse, die klimatischen Verhältnisse usw.

Unter dem dritten Gesichtspunkte wird in den folgenden Paragraphen die Prüfung des Holzes auf diejenigen Eigenschaften erläutert werden, deren Kenntnis zu seiner Beurteilung erforderlich ist. Da aber hinsichtlich der technischen Verwendung bei Materialprüfungen auch noch einige andere Feststellungen vorgenommen werden müssen, werden diese praktischen Gesichtspunkte mit berücksichtigt werden.

Im allgemeinen sind bei umfassenden Holzprüfungen zu ermitteln:

1. Standort und Ursprung des Stammes;
2. Äußere Beschaffenheit des Stammes und der Probestücke;
3. Raumgewicht an verschiedenen Stellen des Stammes;
4. Feuchtigkeitsgehalt der einzelnen Probestücke;
5. Schwinden und Quellen des Holzes in bezug auf die Faserrichtung;
6. Zug-, Druck-, Biege-, Scherfestigkeit in Abhängigkeit vom Feuchtigkeitszustand;
7. Spaltbarkeit in bezug auf den Faserverlauf;
8. Dauerhaftigkeit unter verschiedenen Lagerungsverhältnissen;
9. Härte.

---

[1]) Nördlinger, Die technischen Eigenschaften der Hölzer, Stuttgart 1860; s. a. Chevandier & Wertheim, Mémoires sur les propriétés mécaniques du bois, Paris 1848. Lang, Das Holz als Baustoff, Wiesbaden 1915,

[2]) Die Bearbeitung der Grundsätze erfolgte in der Hauptsache durch Rudeloff.

[3]) Eine sehr beachtenswerte Arbeit über Holzprüfungen s. Bericht XXIII 5 der Mitteilungen des VI. Kongresses in New-York 1912.

§ 278. Probeentnahme.

Bei der Probeentnahme ist festzustellen der Ursprung des Probematerials, und zwar nach Standort, Wachstum, Alter, Fällungszeit, Art der Lagerung und Lage des Versuchsstückes im Stamme.

a) Standortsbeschreibung.

Hierzu ist die Anleitung zur Standorts- und Bestandsbeschreibung beim forstlichen Versuchswesen, Neudamm 1907, Verlag von J. Neumann, zu benutzen.

Es kommen in Betracht:

α) die allgemeine geographische Breite und Länge, sowie ob Küstenland, Flußniederung, Flachland, Hochebene, Hügelland, Mittelgebirge, Hochgebirge;

β) die besondere örtliche Lage (d. i. absolute Höhe über N. N., Neigungsrichtung und Neigungswinkel der achtteiligen Windrose, Bodenausformung, nachbarliche Umgebung);

γ) das Klima, gekennzeichnet durch die mittlere Jahrestemperatur, die mittlere Niederschlagsmenge;

δ) der Boden, beschrieben nach Art und Struktur des Grundgesteines bzw. nach der geologischen Zugehörigkeit desselben (z. B. Dünensand, Talsand, Flußsand, Diluvialmergel, Aueboden u. dgl.), nach seinem äußeren Zustande (nackt, bedeckt, Bodenflora, Humusformen), nach seinen Bestandteilen (mineralische oder auch chemische Zusammensetzung), nach seinen physikalischen Eigenschaften (Gründigkeit, Bindigkeit, Durchlässigkeit, Frische, Farbe), nach dem Bodenprofil und schließlich noch nach Verbreitung der Wurzeln.

b) Die Standortsgüte.

Die Standortsgüte kann sein:

α) „gut“ (Standortsklassen I und II);

β) „mittel“ (Standortsklasse III);

γ) „gering oder schlecht“ (Standortsklassen IV und V)

c) Art des Bestandes.

Es wird unterschieden:

α) „im Freien gestanden“;

β) „aus durchlichtetem Bestande“;

γ) „aus geschlossenem Bestande“.

Bei Auswahl der Probestämme aus geschlossenen oder annähernd geschlossenen Beständen sollen die Mittelstämme unter den 200 stärksten Stämmen als Repräsentanten des ganzen Bestandes benutzt werden. Wenn eine derartige Wahl nicht stattfinden kann, sollen in der Regel nur herrschende Stämme (d. h. zeitentwickelte Stämme mit normaler, dem Durchschnitte der besseren Stämme des betreffenden Standes entsprechenden Stamm- und Kronenform) zur Untersuchung herangezogen werden. Andernfalls ist wenigstens anzugeben, ob die zu untersuchenden Stämme den stärksten, mittleren oder geringeren Stämmen des Bestandes angehören.

d) Wachstumsverhältnisse.

Die Wachstumsverhältnisse werden gekennzeichnet durch:

α) den Formquotienten $\frac{\delta}{d}$;

Es ist $\frac{\delta}{d} = \frac{\text{Durchmesser in halber Stammhöhe}}{\text{Durchmesser 1,3 m über dem Erdboden}}$;

β) das Kronenverhältnis, d. i. Gesamtlänge des Stammes, Länge der Krone, größter Durchmesser der Krone;

γ) die Entstehungsweise, d. h. ob aus Saat, Pflanzung, Naturbesamung, Stockausschlag hervorgegangen;

δ) die Jugendentwicklung;

ε) die bisherige wirtschaftliche Behandlung.

e) Das Alter des Baumes.

Das Alter eines Baumes wird ermittelt durch Auszählen der Jahresringe am Stockabschnitt, d. h. am unteren Ende des Stammes. Undeutlich sichtbare Jahresringe kann man verdeutlichen durch scharfes Trocknen des Probestückes. Dadurch schwinden die Frühjahrsholzringe stärker als die Herbstholzringe, wodurch die Trennfugen sichtbar werden. Sind hiernach die Jahresringe noch nicht hinreichend sichtbar, so empfiehlt es sich, den Querschnitt zu polieren, wodurch die Jahresringe hervortreten. In besonders schwierigen Fällen führt die Beanspruchung der Schnittfläche mit dem Sandstrahlgebläse (s. S. 370 und 501) zum Ziele.

f) Die Fällungszeit.

Es ist das Datum der Fällung nach Jahr, Monat und Tag festzustellen.

g) Art der Lagerung.

Es ist festzustellen, ob der für die Prüfung bestimmte Stammabschnitt im freien oder geschlossenen Raume gelagert und ob er nach der Fällung getrocknet wurde. Gegebenenfalls ist die Art des Trocknens anzugeben.

h) Lage des Versuchsstückes im Stamm.

Es ist festzustellen, welcher Zone des Stammes das Probestück entnommen wurde. Der Beschreibung ist zweckmäßig eine Skizze beizufügen, aus welcher die Lage des Versuchsstückes im Stamme ersichtlich ist und aus der gleichzeitig die Himmelsrichtung in bezug auf den Stammquerschnitt zu erkennen ist.

§ 279. Die Beschreibung der äußeren Kennzeichen des Probestückes.

Ebenso wie durch den Ursprung die physikalischen Eigenschaften des Holzes beeinflußt werden, zeigen sie auch eine Abhängigkeit von der äußeren sichtbaren Beschaffenheit. Ihre Beschreibung hat zu erfolgen:

a) nach dem Aussehen des Längsschnittes oder der Spaltfläche, und zwar ist anzugeben:
   α) der Verlauf der Holzfasern, gerade oder krumm gewachsen,
   β) Anzahl, Art und Verteilung etwa vorhandener Aststummel;

b) nach dem Aussehen des Querschnittes, wobei festzulegen ist:
 α) die durchschnittliche radiale Jahrringbreite; Holz mit schmalen Jahrringen heißt „feinjährig“, solches mit breiten „grobjährig“
 β) die Breite von 30 zu 30 Jahrringen, als Maß für gleiche Altersabschnitte, beginnend mit dem äußeren Ringe,
 γ) die Jahrringlänge auf 1 qcm Querschnittfläche, ermittelt mit Hilfe eines Meßrädchens,
 δ) Art der Anlagerung der Holzringe, „kreisförmig“ oder „exzentrisch“,
 ε) bei Nadelhölzern das mittlere gemessene Breitenverhältnis zwischen den Herbst- (Spät-)holz- und Frühjahrsholzschichten.

Ferner ist zur Kennzeichnung des Holzes seine Farbe und sein Geruch anzugeben. Nadelholz riecht z. B. nach Harz und Terpentin, Eichenholz nach Gerbsäure, Weichselkirsche nach Waldmeister usw.

Zur sicheren Festlegung des Aussehens der Hölzer empfiehlt sich die photographische Aufnahme von Querschnitten sowie von Tangential- und Radiallängsschnitten. Dabei ist möglichst kontrastreiche Beleuchtung zu benutzen. Auch ist es zweckmäßig die Schnittflächen mit Leinöl einzureiben und dieses nach einigen Minuten langem Eintrocknen mit einem trockenen Lappen abzureiben. Dadurch treten die Holzadern deutlicher hervor. Bei gelblichen Hölzern (Tanne, Ahorn, Weißbuche) kann man gewöhnliche Platten zur photographischen Aufnahme benutzen. Hölzer jedoch, bei denen weiße und graublaue Masern nebeneinanderstehen, erfordern farbenempfindliche Platten und Gelbfilter.

§ 280. Entnahme der Versuchskörper aus den Stammabschnitten.

Ebenso wie die Entnahme der Probestücke aus einem Stamme oder einem Waldbestande vorschriftsmäßig zu erfolgen hat, sind bei Entnahme der Versuchskörper gewisse Umstände zu berücksichtigen. In erster Linie müssen die Versuchskörper schätzungsweise Material mittlerer Güte des Probestückes darstellen. Sie sollen tunlichst astfrei sein, oder, wenn auch die Eigenschaft ästigen Holzes in Frage kommt, ist astfreies und ästiges Holz zu prüfen. Die Versuchsergebnisse sind jedoch auseinanderzuhalten. Im allgemeinen können Regeln für Entnahme der Versuchskörper aus den Probestücken nicht aufgestellt werden. Die jeweilig in Frage kommenden Gesichtspunkte werden daher bei den Prüfungen, für welche die Versuchskörper dienen sollen, angegeben werden.

Soweit es sich darum handelt, Versuchskörper aus einem ganzen Stamme zu entnehmen, gilt allgemein folgendes:

Beim Zerlegen des Stammes ist zu beachten, daß die Reststücke wirtschaftlich verwendbar bleiben. Die ehemalige Lage der Probestücke im Stamme muß angegeben und am besten an Hand einer Skizze erläutert werden. Bei Untersuchungen über den Einfluß der Höhenlage des Versuchskörpers im Stamme ist zur Ermittelung der Druckfestigkeit der unterste Abschnitt und für die des Raumgewichtes ein 1,3 m über dem Boden gelegener zu wählen. Die weiteren sind bei 1, 5, 11, 17 m und so fortschreitend um je 6,0 m über dem Stockabschnitte zu entnehmen, bis der Durchmesser des Stammes weniger als 13 cm beträgt.

Zur Erprobung von Stämmen auf Verwendbarkeit als Tragbalken und Stützen von bestimmter Länge werden Biegeprobekörper benutzt, die tunlichst aus Zonen des Stammes herrühren sollen, welche der Mitte des Gebrauchsstückes entsprechen.

Zur Ermittelung der Durchschnittseigenschaften von Stämmen ist folgendes Versuchsmaterial zu entnehmen:

Ein Abschnitt für Biegeprobekörper, zwischen 7 und 10 m der Stammhöhe, die Proben zu den übrigen Versuchen unmittelbar oberhalb bzw. unterhalb des Abschnittes für die Biegeprobekörper.

§ 281. Das Raumgewicht.

Das Raumgewicht ist abhängig von der Dichtigkeit des Holzes, die wiederum durch die Weite der Holzzellen und Gefäße, sowie durch die Dicke ihrer Wandungen bedingt ist. Es schwankt bei den einzelnen Holzarten in weiten Grenzen und ist groß bei feinjährigen Nadelhölzern, die auf rauhen Höhen gewachsen sind, ferner bei ringporigen Laubhölzern mit breiten Jahrringen und bei manchen Bäumen, welche in tropischen Gegenden heimisch sind. Holz von der Nordseite eines Bestandes besitzt höheres Raumgewicht als solches von der Südseite. Auch ist das Raumgewicht größer bei Bäumen von trockenem Standort als bei solchen von nassem, bei langsam gewachsenen größer als bei solchen mit üppigem Wachstum, bei im Winter geschlagenen größer als bei den im Sommer gefällten. Ferner besitzt Kernholz ein größeres Raumgewicht als Splintholz, Maserholz ein größeres als nicht gemasertes.

Beeinflußt wird das Raumgewicht in hohem Maße durch den Feuchtigkeitsgehalt des Holzes. Derselbe ist bei den einzelnen Holzarten verschieden und abhängig von der Jahreszeit, zu welcher das Holz gefällt wurde.

Es ist zu unterscheiden:

α) das Grüngewicht, d. i. das Gewicht des frisch gefällten, saftreichen Holzes;

β) das Lufttrockengewicht, d. i. das Gewicht nach dem Austrocknen an der Luft. Es schwankt mit seinem Feuchtigkeitsgehalt (ca. 10—15%), der von jenem der Luft abhängig ist;

γ) das Naßgewicht, d. i. das Gewicht des Holzes mit beliebigem Feuchtigkeitsgehalt;

δ) das Darrgewicht, d. i. das Gewicht des künstlich bei 95° getrockneten Holzes.

Alle Festigkeits- und Gewichtszahlen werden zweckmäßig auf Holz in lufttrockenem Zustande mit 15% Feuchtigkeitsgehalt bezogen.

Zur Berechnung des Dichtigkeitsgrades (s. S. 594) dagegen wird das Darrgewicht benutzt, wobei das spezifische Gewicht der porenlos gedachten Holzmasse, für alle Holzarten etwa gleich 1,5, gewählt werden kann.

Nach Versuchen des Verfassers ist das spezifische Gewicht des Zellstoffes
von Kiefernholz = 1,5414, bei einem Raumgewicht des Holzes im gedarrten Zustande von $r = 0{,}4296$;
von Eichenholz = 1,5341, bei $r = 0{,}6373$;
von schwerem Eukalyptusholz = 1,5248, bei $r = 0{,}9580$;
von leichtem Eukalyptusholz = 1,5331, bei $r = 0{,}7044$.

Die Bestimmung des Raumgewichtes von Holz erfolgt entweder stereometrisch durch Berechnung aus den Abmessungen sauber bearbeiteter, rißfreier Versuchskörper (s. S. 588) oder nach der Wasserverdrängungsmethode (s. S. 592) oder, wenn weitgehende Genauigkeit gefordert wird, nach der Auftriebsmethode (s. S. 593). Da Holz begierig Wasser aufsaugt, muß die Bestimmung zur Vermeidung von Fehlern schnell (15—20 Sekunden) durchgeführt werden oder der Versuchskörper durch einen Überzug von Leinöl oder einer Lösung von Paraffin in Benzol gegen das Eindringen von Wasser geschützt werden.

§ 282. Der Feuchtigkeitsgehalt.

Da der Feuchtigkeitsgehalt, wie bereits mehrfach erwähnt wurde, alle Eigenschaften des Holzes beeinflußt und seine Größe abhängig ist von der Fällungszeit, der Aufbewahrungsart und der Lage des Versuchskörpers im Probestück, muß seine Bestimmung unmittelbar an dem Versuchskörper erfolgen, zu dessen Beurteilung die Kenntnis des Feuchtigkeitsgehaltes notwendig ist.

Alle Angaben haben in Prozenten des Darrgewichtes, also des Holzgewichtes in vollständig trockenem Zustande, zu erfolgen.

Bei der Untersuchung umfangreicher Versuchskörper, deren Trocknen umständlich wäre, entnimmt man dem Körper sofort nach der Prüfung an mehreren Stellen mit der Handsäge[1]) Abschnitte von ca. 2—5 cm Faserlänge und bildet aus ihrem Feuchtigkeitsgehalt den für den ganzen Versuchskörper gültigen Mittelwert. Weicht der Mittelwert stark von dem Feuchtigkeitsgehalt des Probestückes an der Bruchstelle ab, so wird zur Bruchfestigkeit der zugehörige Feuchtigkeitsgehalt und nicht der vorstehend erwähnte Mittelwert angegeben.

Die Trocknung erfolgt in einem gut ventilierten Trockenschrank bei 65—98° oder besser in einem Vakuumtrockenapparat bei niedriger Temperatur und gehöriger Luftverdünnung. Höhere Temperatur kann infolge von Trockendestillation eine chemische Veränderung des Holzes herbeiführen. Als beendet ist die Trocknung anzusehen, wenn die Gewichtsunterschiede der zeitweilig wiederholten Wägungen, die erst nach völliger Abkühlung des Versuchskörpers über Schwefelsäure im Exsikkator erfolgen dürfen, nicht mehr als 0,3 % betragen. Die aus dem Exsikkator kommenden Versuchskörper sind sehr hygroskopisch, weshalb die Wägung schnell ausgeführt werden muß.

Versuchskörper aus Hartholz, welches die Feuchtigkeit beim Trocknen schwer abgibt, erscheinen manchmal trocken, obgleich sie, besonders bei größeren Abmessungen, im Inneren noch erhebliche Mengen Feuchtigkeit besitzen. Es empfiehlt sich daher, solche Körper nach beendeter Trocknung mehrfach zu spalten und in diesem Zustande einer nochmaligen Trocknung zu unterziehen. Als „Normalfeuchtigkeitsgehalt" des Holzes wird ein solcher

[1]) Das Abtrennen des Probestückes hat mit der Handsäge zu erfolgen, weil die schnell arbeitende Maschinensäge so viel Luft zur Schnittstelle führt, daß Feuchtigkeitsverluste eintreten (s. Rudeloff, Aufstellung einheitlicher Methoden für die Prüfung von Holz. Mitteilungen aus dem Materialprüfungsamt Groß-lichterfelde 1907, S. 10).

von 15 % betrachtet. Auf ihn sind alle Eigenschaften, die bei anderen Feuchtigkeitsgehalten festgestellt wurden, zu beziehen.

§ 283. Das Schwinden und Quellen.

Während des Trocknens schrumpfen die Holzzellen zusammen, und das Volumen des Probestückes erfährt eine Verminderung. Diese Verminderung heißt „Schwinden". Sie ist um so größer, je schneller das Holz ausgetrocknet wurde und je saftreicher es war.

Linear schwindet Holz in tangentialer und radialer Richtung in bezug auf die Jahrringe mehr als in axialer Richtung. Letztere Schwindung ist sehr gering, so daß sie für die praktische Verwendung des Holzes nicht in Frage kommt. Die Folge dieses ungleichmäßigen Schwindens ist das „Werfen" des Holzes. Wegen dieser Eigenschaft sollen Versuchskörper erst dann aus den Probestücken hergestellt werden, wenn diese den Feuchtigkeitsgehalt besitzen, mit welchem sie zu prüfen sind.

Ähnliche Eigenschaften wie die vorgenannten weist Holz auf, welchem nach der Austrocknung wieder Feuchtigkeit zugeführt wird. Durch die Feuchtigkeitsaufnahme werden die eingetrockneten Holzzellen erweicht und erweitert, so daß das Holz an Volumen zunimmt. Diese Eigenschaft heißt „Quellen", und der bei der Aufbewahrung des Holzes an der Luft stattfindende Vorgang des Schwindens und Quellens „Arbeiten". Bei der Feststellung des linearen Schwindens oder Quellens des Holzes ist die Richtung in bezug auf den Jahrringradius anzugeben, in welchem die Messung erfolgte. Man unterscheidet dabei die bereits weiter oben erwähnten Richtungen: axial, tangential und radial zu den Jahrringen.

Das Messen der Längenänderung geschieht am vorteilhaftesten an Würfeln mit ca. 10 cm Kantenlänge, die derartig geschnitten sind, daß eine Würfelkante Sehne zu den Jahrringen ist, unter Benutzung des Abbeschen Dickenmessers (s. § 334) oder des Martensschen Dehnungsmessers (s. S. 433). Jede Messung ist an zwei Stellen des Versuchsstückes auszuführen, und die Genauigkeit soll mindestens 0,1 mm betragen.

Die Volumenänderung stellt man ebenfalls an Würfeln oder auch an unregelmäßig gestalteten Körpern durch Volumenbestimmung fest.

Neben den Längen- und Volumenänderungen müssen aber auch die Gewichtsveränderungen ermittelt werden, da beide in keiner unmittelbaren Beziehung zueinander stehen.

Die Größe des Schwindens oder Quellens wird entweder in Prozenten der Körperlänge im absolut trockenen Zustande angegeben oder sie wird auch als Flächenschwindungsprozent, bezogen auf die Abmessungen im absolut trockenen Zustande und für 1 % Feuchtigkeitsverlust vom feuchten oder lufttrockenen Zustande bis zum absolut trockenen berechnet nach der Formel:

$$\text{Flächenschwindungsprozent} = \frac{F - f}{f \cdot S} \cdot 100\,\%,$$

wenn bedeuten:

F die Querschnittsfläche der feuchten oder lufttrockenen Probe,

f die Querschnittsfläche der absolut trockenen Probe,

S den ursprünglichen Feuchtigkeitsgehalt der Probe.

§ 284. Die Festigkeitseigenschaften des Holzes.

Zur Kennzeichnung der Festigkeitseigenschaften eines Bauholzes dient an erster Stelle der Druckversuch, ferner der Biege- und der Scherversuch. Außerdem empfiehlt es sich, Zug- und Spalteversuche anzustellen.

Da die Festigkeitseigenschaften an den verschiedenen Stellen eines Probestückes nicht übereinstimmen, sind mindestens drei Parallelversuche anzustellen. Es ist dabei der Feuchtigkeitsgehalt zu ermitteln, und wenn derselbe von dem ,,Normalfeuchtigkeitsgehalte" (s. § 282) abweicht, sind die Festigkeitswerte auf ihn umzurechnen, insoweit natürlich der Einfluß des Feuchtigkeitsgehaltes auf die Festigkeitseigenschaften bekannt ist. Auch die Belastungsgeschwindigkeit (s. § 23) übt bei Holzprüfungen einen wesentlichen Einfluß aus, weshalb sie derartig zu regeln ist, daß der Spannungszuwachs im beanspruchten Querschnitt 20 kg/qcm in der Minute beträgt.

Wegen der großen elastischen Nachwirkung (s. § 7), die Holz besitzt, mißt man bleibende Formänderungen erst dann, wenn sie nach erfolgter Entlastung während einer Minute keine Abnahme zeigen[1]).

§ 285. Der Druckversuch.

Zur umfassenden Prüfung auf Druckfestigkeit gehört die Ermittelung:

a) der Spannung an der Proportionalitätsgrenze,

b) der Dehnungszahl α bzw. des Elastizitätsmoduls E,

c) der Druckfestigkeit (Würfelfestigkeit oder Prismenfestigkeit)[2]),

d) der Verkürzungen mit fortschreitender Belastung bis zum Bruche und

e) des Quotienten $\dfrac{\text{Druckfestigkeit}}{\text{Raumgewicht}}$ beim Normalfeuchtigkeitsgehalt.

Für die Versuche zur Feststellung der Druckfestigkeit werden Würfel und für die zur Ermittelung der Dehnungszahl Prismen mit quadratischem Querschnitt, deren Länge gleich der dreifachen Querschnittsbreite ist, benutzt. Die zur Dehnungsmessung dienende Meßlänge ist dabei gleich der Länge einer Querschnittsbreite. Sie soll symmetrisch zur Mitte der Körperlänge liegen. Bei der Untersuchung ganzer Stämme ist der Entnahme der Versuchskörper aus dem Stamme besondere Aufmerksamkeit zu widmen.

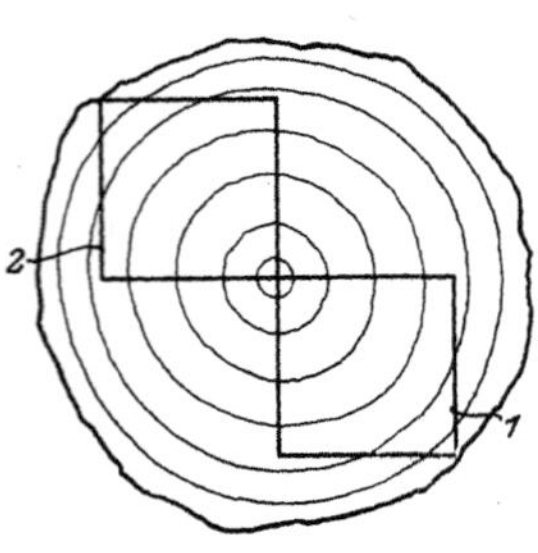

Abb. 458.

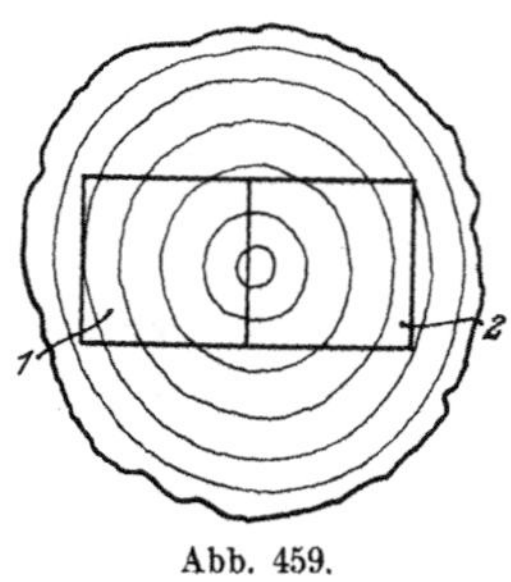

Abb. 459.

Sie sind nach Abb. 458 und 459 aus einem Stammabschnitte derartig herauszuschneiden, daß der Körper 1 bzw. 2 Kernholz und Splintholz gleichzeitig enthält und eine Diagonale der Würfelfläche gleichzeitig Radius der Jahrringe ist. Die Versuchs-

[1]) Zahlreiche Versuchsergebnisse s. Dr. Weiskopf, Die Harthölzer für Eisenbahnwagenbau. Glasers Annalen Bd. 72, S. 858, 1913.

[2]) Siehe § 37 und 38.

körper sind alsdann an den Flächen zu behobeln und zwar an den Druckflächen mit besonderer Sorgfalt. Gutgeführte Sägeschnitte können aber behobelte Flächen ersetzen. Oft reicht bei dicken Stämmen die Kraft der vorhandenen Prüfungsmaschine nicht zum Zerdrücken so großer Stücke aus. Man zerteilt sie alsdann durch weitere Schnitte parallel zu den Würfelflächen in vier oder neun gleiche Teile von quadratischem Querschnitt und wählt für die Prüfung systematisch einige derselben aus oder zerdrückt alle.

Neben den ermittelten Zahlen sind im Prüfungsprotokoll an Hand einer Skizze noch Angaben zu machen über die Lage der Jahrringe sowie über das Breitenverhältnis des Kernholzes und Splintholzes im Versuchskörper, sowie über die Richtung der Druckkraft in bezug auf die Faserrichtung und über die Bruchform (s. S. 105). (Über die Verwendung von Zwischenlagen beim Druckversuch s. S. 100)[1]).

§ 286. Der Biegeversuch.

Der Biegeversuch ist mit prismatischen Stäben vorzunehmen, die an den Enden gestützt und in der Mitte belastet werden (s. S. 115). Da der Druck am Kraftangriffspunkt senkrecht zur Holzfaser wirkt und die Druckfestigkeit in dieser Richtung verhältnismäßig gering ist, werden die auf S. 132 erwähnten Zwischenlagen verwendet. Die Zwischenlage am Kraftangriff soll folgende Abmessungen besitzen: Breite = Stabbreite; Länge = $^1/_{10}$ Stützweite; Dicke = $^1/_3$ der Stabhöhe. Die Zwischenlagen an den Stützen erhalten zweckmäßig eine Fläche, deren Größe gleich der des Stabquerschnittes ist.

Abb. 460.

Bei Prüfung ganzer Stämme erfolgt die Entnahme der Versuchskörper nach demselben Schema wie beim Druckversuch gemäß Abb. 458, d. h. der Stammradius soll gleichzeitig Diagonale im Biegestab sein. Für den Biegeversuch ist der Stab so zu stützen, daß eine der beiden im Stamme radial gelegenen Flächen auf der Zugseite liegt.

Für die Biegeversuche dagegen mit einzelnen Holzstücken entnimmt man die Biegestäbe so, daß die Jahrringsehnen senkrecht zu einer Quer-

[1]) Über Druckversuche mit Holz bei Beanspruchung senkrecht zur Faserrichtung s. S. 105ff. dieses Buches, sowie den Aufsatz von Stamer in den Mitteilungen des Materialprüfungsamtes Berlin-Dahlem 1920, S. 28.

schnittseite verlaufen (s. Abb. 459). Auch soll diese Seite als Zugseite gewählt werden. Weicht man von dieser Regel ab, so erläutere man den Verlauf der Jahrringe in bezug auf die Jahrringsehne an einer Skizze.

Die Ausführung des Biegeversuches erfolgt unter Berücksichtigung der angegebenen Gesichtspunkte, wie in § 45 erläutert.

Der Bruch tritt im allgemeinen derartig ein, daß zuerst die Holzfasern auf der Druckseite des Biegestabes zerstört werden[1]). Später zerreißen einzelne Faserbündel auf der Zugseite (s. Abb. 460), und die Tragfähigkeit des Stabes hört auf.

Ein vollständiger Biegeversuch mit Holz erfordert die Ermittelung

a) der Spannung an der Proportionalitätsgrenze,
b) der Dehnungszahl,
c) der Biegefestigkeit,
d) der Durchbiegungen bei den einzelnen Belastungen bis zum Bruche,
e) der Biegearbeit bis zur Proportionalitätsgrenze,
f) der Biegearbeit bis zur Bruchgrenze.

Hierzu gilt folgendes:

Die Spannungen sind nach der Gleichung (24), S. 115 unter der Annahme ihrer Gültigkeit bis zum Bruche zu berechnen, und die Durchbiegungen sind mit der Genauigkeit von 0,01 mm zu messen. Als Bruchlast ist die höchste vom Stabe getragene Belastung zu betrachten, einzelne Brüche von Faserbündeln oder Flächenabschieferungen sind noch nicht als Bruch anzusehen.

Um die Werte für Stäbe von verschiedenen Abmessungen vergleichbar zu machen, ist die Biegearbeit auf einen Normalbiegestab von 10 × 10 cm Querschnitt und 1,5 m Stützweite zu beziehen.

§ 287. Der Scherversuch.

Der Scherversuch[2]) wird nach Abb. 136, S. 142 einschnittig durchgeführt, und es ist die Scherfestigkeit radial und tangential zu den Jahrringen zu ermitteln. Beide Festigkeiten sind voneinander verschieden, ohne daß eine Gesetzmäßigkeit besteht. Bei manchen Holzarten ist die erste höher als die zweite und bei anderen wieder umgekehrt.

Eine Ermittelung senkrecht zur Faserrichtung ist zwecklos, weil reine Scherbeanspruchung infolge der geringen Druckfestigkeit des Materials nicht möglich ist. Die benutzten Scherbacken sollen nicht über 1 cm breit sein, und ihre Angriffsflächen müssen senkrecht zur Kraftrichtung stehen. Die Versuchsstücke sind derartig zu bemessen, daß die Scherfläche in der Kraftrichtung (Länge) gleich der vierfachen Breite der Scherbacken, also nicht mehr als 4 cm ist, und bei Abscherung nach einer Radialebene ihre Breite nicht über 5 cm, sowie bei Abscherung nach einer Tangentialebene nicht über 3 cm beträgt.

Ermittelt wird beim Versuch die Scherfestigkeit, bezogen auf den vollen beanspruchten Querschnitt ohne Berücksichtigung etwaiger Verdrückungen des Holzes durch die Scherbacken.

---

[1]) Zu beachten ist als Folge hiervon, daß nach Eintritt des Zusammenschiebens der Holzfasern auf der Druckseite die neutrale Faserschicht nicht mehr ihre ursprüngliche Lage besitzt, so daß die Biegegleichungen, S. 111ff., entsprechend zu modifizieren sind.

[2]) Siehe § 52, S. 142.

§ 288. Der Zugversuch.

Den bereits auf S. 34, 55 und 58 mitgeteilten Angaben ist nur noch hinzuzufügen, daß in der Regel der Stabquerschnitt nicht weniger als 1 × 2 cm und die Versuchslänge 22 cm betragen soll. Die Stäbe werden

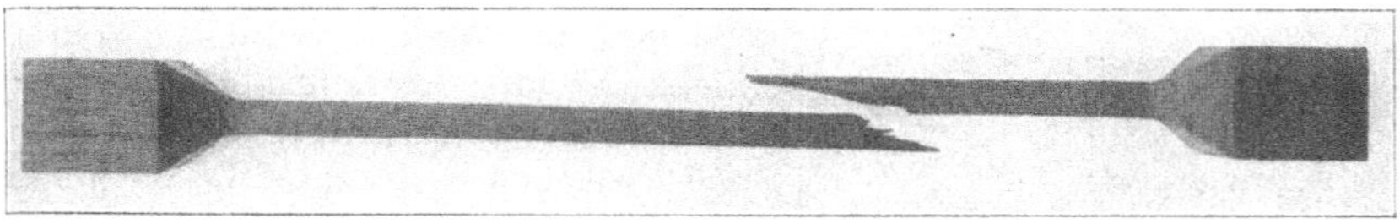

Abb. 461.

am besten aus Spaltstücken herausgearbeitet, weil man dann sicher ist, daß der Stab in seiner Längsrichtung das gleiche Faserbündel enthält. Abb. 15, S. 34 zeigt die Bruchform eines Zerreißstabes aus Kiefernholz und Abb. 461 die eines ebensolchen aus Eukalyptusholz.

§ 289. Der Spaltversuch.

Die Spaltfestigkeit wird nach dem bereits von Nördlinger[1]) angegebenen Verfahren an klammerartigen Probekörpern (Abb. 462) ermittelt,

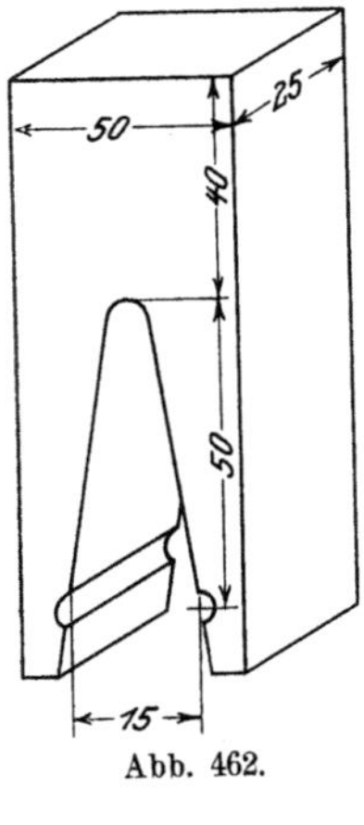

Abb. 462.

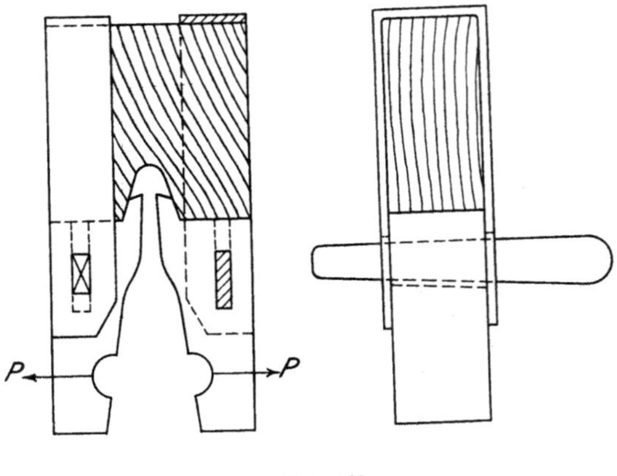

Abb. 463.

indem man die Kraft bestimmt, welche in den Nuten angreifend zum Auseinanderreißen der beiden Schenkel erforderlich ist. Die Bearbeitung der Probekörper muß sehr sorgfältig erfolgen; insbesondere ist darauf zu achten, daß die Holzfasern der Spaltfläche genau parallel zu einer Seitenfläche des Probekörpers verlaufen und die Abmessungen aller Probekörper genau übereinstimmen.

Reicht das Probematerial für Probekörper nach Abb. 462 nicht aus, so kann man die von Rudeloff[2]) eingeführte Probekörperform nach Abb. 463

1) Nördlinger, Die technischen Eigenschaften der Hölzer, Stuttgart 1860.
2) Rudeloff, Mitteilungen aus den technischen Versuchsanstalten Berlin 1899, S. 191.

verwenden. Die Schenkel, welche mit Keilen am Holz befestigt werden, bestehen dabei aus Eisen.

Als Maß für die Spaltfestigkeit gilt die Gesamtbruchlast; sie ist getrennt, für Spaltflächen radial und tangential zu den Jahrringen, anzugeben. Der Spaltversuch kann in jeder Materialprüfungsmaschine nach Art eines Zugversuches ausgeführt werden. Sehr einfach ist die Einrichtung, welche Verfasser bei einer großen Reihe von Spaltversuchen benutzte. Sie ist aus Abb. 464 ersichtlich. In die Klauen eines Michaelisschen Zerreißapparates (s. Abb. 423, S. 423) wurden vierkantige Stahlstücke eingepaßt, welche zur Kraftübertragung auf die Schenkel der Klammern dienten. Die Bestimmung der Bruchlast erfolgte durch Abwiegen des Schrotes oder bei Ermittelung der Spaltarbeit aus den Gewichten auf der Wagschale. In Abb. 465—468 sind Spaltflächen von verschiedenen Hölzern dargestellt. Abb. 465 zeigt die Bruchfläche der Wölbfläche und die Abb. 466 die der Spiegelfläche von Kiefernholz. Abb. 467 entspricht der Wölbfläche und Abb. 468 der Spiegelfläche von Eukalyptusholz (Tallowwood).

Abb. 464.

Die Flächen in Abb. 465 und 466 sind im allgemeinen eben, wegen des geraden Wuchses der Kiefer. Aus Abb. 467 und 468 ist dagegen ersichtlich, daß das Holz keinen geraden Faserverlauf, sondern wimmerigen Wuchs besitzt, und daß die Fasern sozusagen miteinander verflochten sind. Im allgemeinen spalten die Hölzer in der Wölbfläche schwerer als in der Spiegelfläche.

Abb. 465.

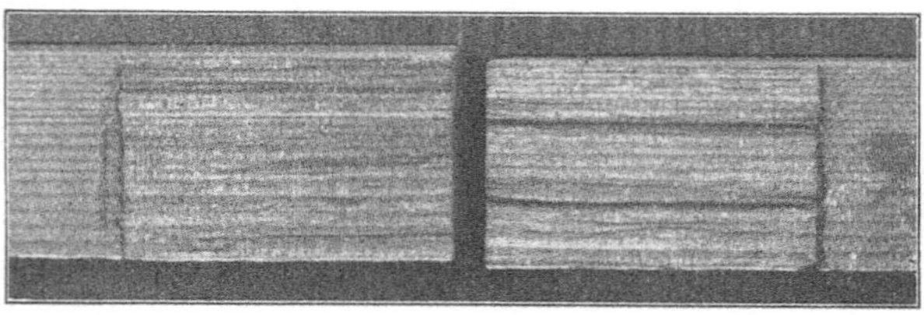

Abb. 466.

§ 290. Die Härte des Holzes.

Vereinbarungen über die Härteprüfung des Holzes bestehen noch nicht, obgleich gerade diese Eigenschaft von wesentlicher Bedeutung für die Bearbeitung des Holzes ist. Verfasser benutzte in zahlreichen Fällen die Brinellsche Kugelprobe (s. § 84)[1] und glaubt, daß dieselbe als Vergleichsprobe für die Härteprüfung des Holzes geeignet ist, wenn zahlreiche Einzelversuche durchgeführt werden. Ob die so ermittelte Härtezahl aber zuverlässige Schlüsse auf die Bearbeitbarkeit zu ziehen gestattet, muß dahingestellt bleiben, da nicht feststeht, ob ein gesetzmäßiger Zusammenhang zwischen Härte und Bearbeitbarkeit besteht.

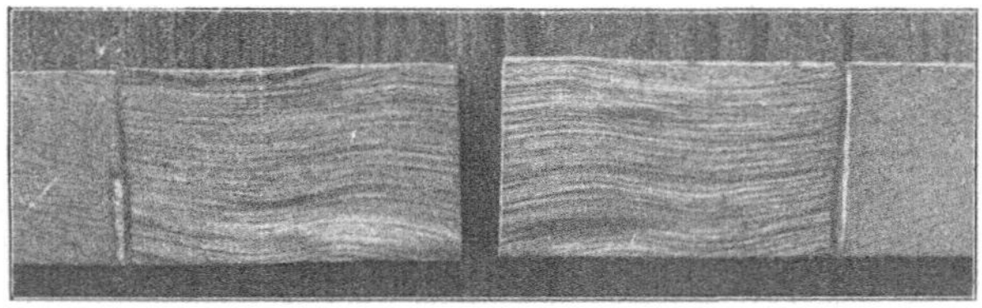

Abb. 467.

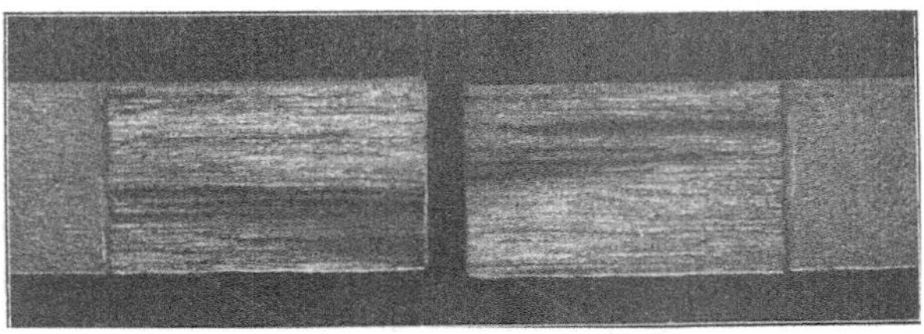

Abb. 468.

Wenn man die Bearbeitbarkeit als Maßstab der Härte zugrunde legt, kann man in Anlehnung an die Nördlingersche Einteilung, 9 Härteklassen unterscheiden, nämlich:

1. Steinhart (Pockholz, Ebenholz u. a.);
2. beinhart (Buchsbaum, Beinholz u. a.);
3. sehr hart (Weißdorn, Schwarzdorn, Mandelbaum u. a.);
4. hart (Ahorn, Hainbuche, Wildkirsche u. a.);
5. ziemlich hart (Esche, Platane, Ulme u. a.);
6. etwas hart (Silberahorn, Edelkastanie, Rotbuche, Nußbaum, Eichenarten u. a.)
7. weich (Kiefer, Fichte, Tanne, Roßkastanie, Erle, Birke u. a.);
8. sehr weich (Linde, Pappel, Weimutskiefer u. a.);
9. plastisch (manche Eukalyptusarten, Korkhölzer und andere Leichthölzer).

§ 291. Die Dauerhaftigkeit des Holzes.

Die Dauerhaftigkeit des Holzes hängt naturgemäß von den Eigenschaften seiner Umgebung ab. Im Wasser oder im nassen Sand- oder Lehmboden hält sich das Holz verhältnismäßig lange, im trockenen Boden dagegen sehr schlecht. Im Innern von Gebäuden, wo es gegen die Witterungseinflüsse geschützt ist und beständig Luft hinzutreten kann, ist die Dauerhaftigkeit von Holz unbegrenzt, wenn es nicht Krankheitserreger in sich trägt. Solche Krankheitserreger sind die Sporen der sog. holzzerstörenden Pilze, von denen der echte Hausschwamm (Merulius lacrymans) der gefährlichste ist. Die Sporen dieses Pilzes sind so außerordentlich klein, daß sie kaum erkennbar sind, und da

[1] Siehe a. Janka, Härteprüfung des Holzes mittels Kugeldruckverfahrens, Mitteilungen des VI. Kongresses in New-York 1912, Bericht XXIII 3.

sie überdies eine bräunliche Farbe besitzen, die ihrer Umgebung gleicht, werden sie auch bei strengster Prüfung leicht übersehen. Es ist deshalb auch erklärlich, daß die Sporen dieses Pilzes sehr leicht alle Holzteile von Gebäuden befallen, insbesondere, wenn es sich um solche handelt, in denen Feuchtigkeit vorhanden ist, die das Wachstum der Pilze begünstigt. Die Feststellung, ob in einem Bauwerk festgestellte Schwammbildung dem echten Hausschwamm (Merulius lacrymans) entspricht, ist überaus schwierig, und Verwechselungen mit harmlosen oder weniger gefährlichen holzzerstörenden Pilzen ist leicht möglich. Während die letzteren Pilze meist einen muffigen, wenig angenehmen Geruch aufweisen, entwickelt der echte Hausschwamm einen nicht unangenehmen, süßlichen oder aromatischen, an frische Waldpilze erinnernden Geruch. In Bauwerken findet sich der echte Hausschwamm meistens in den Balkenlagen der unteren Stockwerke. Er tritt aber auch an anderen Stellen auf, wo genügend Feuchtigkeit zur Einleitung der Sporenkeimung vorhanden ist. Diese Feuchtigkeit braucht aber gar nicht dauernd vorzuliegen. Sie kann vielmehr vorübergehend sein, und da die Sporen des echten Hausschwammes auch noch nach langer Trockenheit keimungsfähig sind, so genügt sie zur Keimung und Ausbreitung der Schwammbildung. (Näheres über diesen Gegenstand und über Untersuchungsmethoden s. Jul. Wolfmann, Feuchtigkeit und Schwammentwicklung in Wohngebäuden, Berlin 1910 bei Franz Siemenroth.)

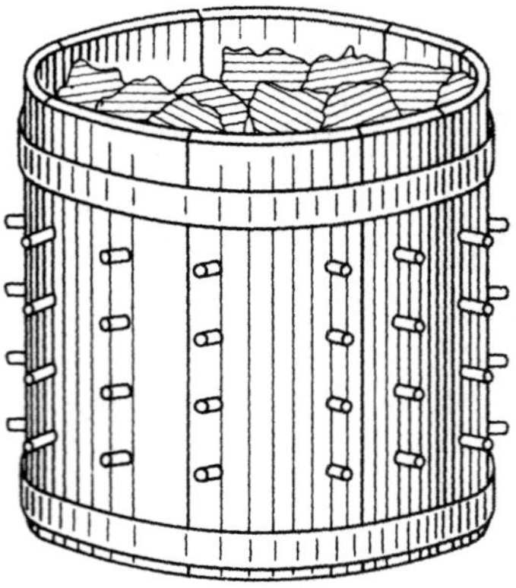
Abb. 469.

Die ersten Versuche zur Ermittelung der Dauerhaftigkeit von Holz stellte Hartig an[1]). Seine Versuche wurden im größten Maßstabe eingeleitet. Ob sie aber zum Abschluß gelangt sind, ist dem Verfasser nicht bekannt geworden.

Ein sehr einfaches Verfahren zur Bestimmung der relativen Dauer des Holzes, das ziemlich schnell Ergebnisse liefern muß, gibt Nördlinger[2]) an. In die Wandung einer aus sehr gutem Eichenholz oder gebranntem Ton bestehenden Kufe (s. Abb. 469) werden Löcher gebohrt und in diese Dübel gleicher Abmessungen von etwa Fingerlänge eingeschlagen. Die Kufe wird mit mäßig feuchten und locker erhaltenen, faulenden Substanzen, Dünger, Asche u. dgl. gefüllt und von Zeit zu Zeit der Fortschritt des Verderbens der Holzdübel festgestellt.

§ 292. Die Abnutzbarkeit des Holzes.

Der Abnutzung ist das Holz überall dort unterworfen, wo es Reibungsbeanspruchungen ausgesetzt ist. So werden z. B. Fußbodenbretter durch

---

1) Versuche über die Dauer der Hölzer von Georg Ludwig Hartig, Stuttgart und Tübingen 1822.

2) Nördlinger, Die technischen Eigenschaften der Hölzer, S. 459. Stuttgart 1860.

den Verkehr abgenutzt, aber in anderer Weise, wie es z. B. in Müllereimaschinen durch das Mahlgut geschieht. Es ist deshalb notwendig, das Versuchsverfahren der später zu erwartenden Beanspruchungsweise anzupassen, und man verwendet deshalb zur Ermittelung der Abnutzbarkeit des Holzes das im § 185 beschriebene Bauschingersche Schleifverfahren und das Abnutzungsverfahren mit dem Sandstrahlgebläse. Bei dem erstgenannten Verfahren werden sowohl die härteren als die weniger harten Anteile der Schnittflächen der Probekörper in gleichartiger Weise angegriffen, und beim zweiten Verfahren erfolgt der Angriff derartig, daß der Sand die weniger harten Anteile der dem Sandstrahl ausgesetzten Schnittfläche stärker herausarbeitet als die anderen. Es treten deshalb auch bei diesem letzteren Verfahren durch die Sandstrahlbeanspruchung die Unterschiede in den einzelnen Jahrringen deutlich in die Erscheinung.

Hinsichtlich der Schleifversuche ist zu beachten, daß nach jedem Einzelversuch (s. S. 369) die Schlifffläche erst sorgfältig von allem anhaftenden Schmirgel zu reinigen und wieder zu ebnen ist, bevor man den Versuch fortsetzt, da sonst einseitige Abnutzung der Schlifffläche erfolgt, was starke Abweichungen in den Ergebnissen der Einzelversuche zeitigt. Selbstverständlich ist auch bei den Abnutzungsversuchen der Feuchtigkeitsgehalt des Holzes zu berücksichtigen und am Versuchsstück selbst zu ermitteln. Es empfiehlt sich, die Versuche mit lufttrockenen und gedarrten Probekörpern durchzuführen, um jeweils einen gewissen Anhalt über den Einfluß des Feuchtigkeitsgehaltes zu erlangen. Zweckmäßig ist es auch, nach Beendigung der Abnutzungsversuche die Druckfestigkeit der auf Abnutzung beansprucht gewesenen Probekörper festzustellen[1]).

§ 293. Die technische Bezeichnung der Schnitthölzer.

Für die Bezeichnung der geschnittenen Hölzer sind gewisse Ausdrücke gebräuchlich, die in Prüfungsberichten zur Vermeidung von Verwechselungen richtig angewendet werden müssen.

Hinsichtlich der Schnittrichtung sind zu unterscheiden:

1. Schnitte in der Längsrichtung des Stammes. Sie können sein:
   a) Strahlschnitte (Radialschnitte), wenn die Schnittfläche durch die Stammachse zwischen zwei Markstrahlen verläuft;
   b) Spiegelschnitte, wenn die Schnittfläche durch die Stammachse und einen Hauptmarkstrahl verläuft;
   c) Fladenschnitte, wenn die Schnittfläche, schwach gekrümmt, angenähert in der Richtung der Jahrringe verläuft und
   d) Sehnenschnitte, wenn der Schnitt so geführt ist, daß die Schnittfläche eine Tangentialebene zu den Jahrringen bildet.
2. Schnitte senkrecht zur Stammachse. Diese Schnitte sind Hirnholzschnitte, sie lassen die Jahrringe und die Stärke der Kern- und Splintholzschichten sowie innere Schäden des Holzes durch Kernfäule, Bohrwürmer u. dgl. erkennen.

---

[1]) Über die Abnutzbarkeit von Holz, s. Baumaterialienmarkt 1912, S. 148 und Jahresbericht 1913 des Materialprüfungsamtes Großlichterfelde S. 15.

Hinsichtlich der Schnittart unterscheidet man:

1. Rundholz, das gewöhnlich nur entrindet ist.
2. Kantholz, das als splintfreie Balken, scharfkantige Balken, vollkantige Balken, baumkantige Balken und als Pfosten vorkommt.
3. Breitschnittholz, zu dem Planken von 10—15 cm Stärke, Bohlen von 5—10 cm Stärke, Bretter von 1,5—4,5 cm Stärke gerechnet werden.
4. Latten, die als Dachlatten von 2,5 × 5 cm bis 4 × 6 cm Stärke, als Doppellatten von 5 × 8 cm Stärke und als Spalierlatten von 1,5 × 2,5 cm bis 2 × 4 cm Stärke vorkommen.

Das Rundholz wird auch als Ganzholz bezeichnet. Es ist beschlagenes Ganzholz, wenn es mit der Axt in angenäherte Balkenform gebracht ist. In diesem Zustande wird es als wahnkantig oder baumkantig bezeichnet.

Wird Ganzholz gehälftet, so entsteht das Halbholz, und wird es geviertelt, so liefert es das Kreuzholz.

Im Schiffsbau sind noch andere Bezeichnungen gebräuchlich. Man nennt dort beschlagene oder geschnittene Stücke von 24 cm Dicke und darüber „Hölzer", Stücke von 5—23 cm Dicke, soweit sie besäumt oder behauen sind, „Planken". Besitzen die letzteren noch Baumkanten, dann heißen sie „Bohlen".

Unter 1 Festmeter (fm) Holz versteht man 1 cbm feste Holzmasse, während 1 Raummeter (rm) Holz den Rauminhalt eines geschichteten Stapels Hölzer von 1 × 1 × 1 m = 1 cbm darstellt.

Derbholz ist Stangenholz von 7—14 cm Durchmesser; Reiserholz ist solches von weniger als 7 cm Durchmesser.

VII. Die Prüfung von Dachbedeckungsmaterialien.

§ 294. Allgemeines.

Als Dachbedeckungsmaterialien finden hauptsächlich Anwendung:

Gebrannte Tonziegel, Zementdachsteine, natürliche Schieferplatten, Kunstschieferplatten, Dachpappe und Holzzement. Kupferbedachungen und solche aus Zinkblech oder verzinktem oder verbleitem Eisenblech finden nur selten Verwendung und bedürfen wegen ihrer bekannten, unveränderlichen Eigenschaften keiner Prüfung.

Ihrem Bestimmungszweck entsprechend, nämlich das Innere der Gebäude gegen Witterungseinflüsse zu schützen und bei Bränden eine Übertragung des Feuers auf noch nicht angegriffene Gebäudeteile zu verhindern, erstreckt sich die Prüfung der Dachbedeckungen auf Ermittelung der physikalischen Eigenschaften des Dachbedeckungsstoffes und auf die Feststellung der Widerstandsfähigkeit der Dachbedeckung selbst gegen Feuerübertragung. Zur Schaffung von Unterlagen für die Berechnung der Dachkonstruktion ist außerdem die Feststellung des Gewichtes der Flächeneinheit der Dachbedeckung erforderlich. An den meisten Orten werden die obenerwähnten Dachbedeckungen als harte Dachungen im Gegensatze zu weichen Dachungen, z. B. Schindeldächer, Strohdächer usw. bezeichnet. Nach anderen Bauvorschriften findet eine solche Scheidung nicht statt, da die Dachbedeckungen darin zweckentsprechender als feuersichere und nichtfeuersichere bezeichnet werden. Von den obenerwähnten sog. harten Dachungen gelten Pappdächer nicht als unbeschränkt feuersicher, weshalb sie nur auf untergeordneten Gebäuden und unter gewissen Voraussetzungen benutzt werden dürfen.

§ 295. Prüfung der Dachsteine.

Die Prüfung der Dachsteine erstreckt sich auf folgendes:

a) Äußere Beschaffenheit.

Es wird festgestellt:

α) das Material, aus welchem die Dachsteine bestehen[1];

β) die Beschaffenheit der Oberfläche, nämlich ob glasiert, engobiert oder roh, ferner ob Risse, Löcher oder Einschlüsse sichtbar sind[2];

γ) die Farbe, Härte und Struktur des Scherbens (s. S. 524); die Härtebestimmung geschieht mit der Mohsschen Reihe (s. S. 212).

b) Die Form.

Die Form des Dachsteines ist in einer Skizze niederzulegen, und bei Angabe der Abmessungen der Probestücke sind die Maximal- und Minimalwerte anzuführen.

c) Das Gewicht.

Das Gewicht des einzelnen Dachsteines ist festzustellen als Mittelwert aus dem Gewichte von 10 willkürlich ausgewählten Dachsteinen.

d) Das Gewicht von 1 qm Dachbedeckung.

Hierzu wird festgestellt, wieviel Dachsteine zur Eindeckung von 1 qm Dachfläche erforderlich sind, und aus der Zahl wird das Gesamtgewicht berechnet.

e) Das spezifische Gewicht.

Das spezifische Gewicht wird mit Volumenometer (§ 348 α, β) am gepulverten Material bestimmt, das durch Absieben auf einem Siebe mit 900 Maschen für das Quadratzentimeter von groben Körnern und auf einem Siebe mit 4900 Maschen vom feinsten Staube befreit wurde.

f) Das Raumgewicht.

Die Ermittelung des Raumgewichtes geschieht nach der Auftriebsmethode (s. S. 593) durch mindestens fünf Einzelbestimmungen an getrockneten und mit Paraffin umhüllten Scherben mehrerer Dachsteine.

g) Dichtigkeits- und Undichtigkeitsgrad.

Die Berechnung erfolgt aus dem spezifischen und dem Raumgewicht nach den in § 349, S. 594 gemachten Angaben.

---

[1]) Dachsteine aus gebranntem Ton können auch als Dachziegel bezeichnet werden.

[2]) Festlegung durch Lichtbilder ist zu empfehlen.

h) Ermittelung der Wasseraufsaugefähigkeit.

sowie

i) Bestimmung der wasserlöslichen Salze

und

k) Die Prüfung auf schädliche Einlagerungen wie löschfähige Kalkteile usw.

geschieht in analoger Weise wie bei der Prüfung der künstlichen Bausteine bzw. der Ziegelsteine (s. §§ 190, 197, 198).

l) Die Wasserdurchlässigkeit.

Für diese Prüfung werden mindestens fünf bei 110° getrocknete Dachsteinscherben benutzt, die schätzungsweise etwa 20—25 ccm Wasser aufzunehmen vermögen[1]). Sie werden an den Rändern mit Wachs[2]) gedichtet; auf ihre Oberfläche werden graduierte, zylindrische Röhren von 10 qcm Querschnitt mit Wachs aufgesetzt (s. Abb. 470)[3]).

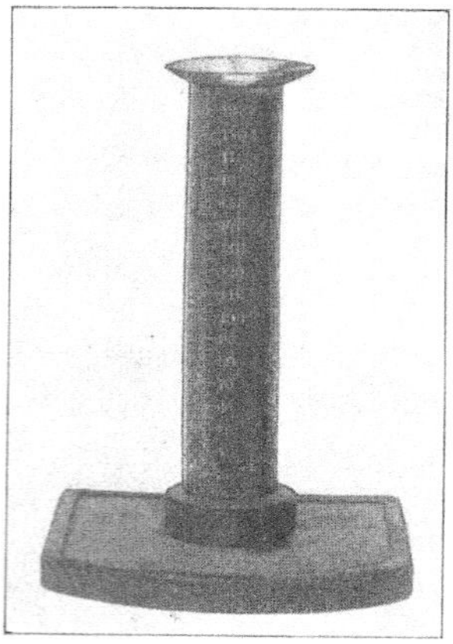

Abb. 470.

Es wird alsdann beobachtet:

a) die Zeit, während welcher 10 ccm Wasser einziehen, die in die Röhre von 10 qcm Querschnitt gebracht wurden;

b) die Zeit, welche vergeht, bis bei weiterer Wassereinführung von 10—15 ccm sich an der unteren Fläche tauartige Durchfeuchtung des Scherbens zeigt;

c) die Zeit, welche vergeht, bis sich etwaige Tropfenbildung an der unteren Fläche bei weiterer Einführung von 10 ccm Wasser in das Rohr bemerkbar macht, oder die Wassermenge, welche bei etwaiger Durchlässigkeit der Dachziegel in ein untergesetztes Becherglas tropft.

Gute gebrannte Tonziegel dürfen keine Tropfenbildung und auch keine tauartige Durchfeuchtung zeigen. Die ersten 10 ccm Wasser werden in etwa 20 Stunden aufgesaugt.

Profilierte Dachsteine bieten zur Anbringung der graduierten Glasröhren keine genügend große Fläche. Man benutzt deshalb zu ihrer Prüfung folgendes Verfahren.

Auf die Oberfläche des Dachsteines wird mit Gips oder schnellbindendem Zementmörtel ein Blech- oder Holzrahmen aufgekittet, der nach dem Abbinden des Bindemittels mit Asphalt gedichtet wird. In die so entstandene Wanne füllt man Wasser bis zu 10 cm Höhe auf und beobachtet die Zeit, welche vergeht, bis sich auf der Unterseite des Dachsteines Tropfenbildung oder tau-

[1]) Bei glasierten Dachsteinen oder solchen mit Farbüberzug (Engobe) wird die Glasur oder die Farbe vor dem Versuch entfernt, falls nicht die Prüfung im ursprünglichen Zustand verlangt wird.

[2]) Mischung von Erdwachs und Kolophonium.

[3]) Zur Verhinderung der Wasserverdunstung werden die Röhren mit Uhrgläsern bedeckt.

artige Durchfeuchtung zeigt. Tritt innerhalb dreier Tage keine solche ein, so darf der Dachstein als wasserdicht bezeichnet werden. Auch Berieselungsversuche mit ganzen Dachflächen werden gelegentlich ausgeführt, wobei das Verhalten der Dachsteine auch an den Überdeckungsstellen und Falzen beobachtet werden kann.

m) Die Frostbeständigkeit.

Die Ermittelung der Frostbeständigkeit erfolgt an 10 trockenen und an 10 wassersatten (vor der Wassersättigung bei 110° getrockneten) Dachsteinen in derselben Weise, wie in § 184 dargelegt wurde.

Durch diese Behandlung dürfen die Dachsteine keine Risse erhalten. Absplitterungen oder Absandungen dürfen nicht stattfinden, und Abspringen der Nasen darf ebenfalls nicht eintreten. Sind nennenswerte Absplitterungen zu verzeichnen, so ist ihr Trockengewicht in Prozenten des Dachsteingewichtes anzugeben. Zur Beurteilung der Festigkeitsabnahme durch die Frostbeanspruchung werden die Dachsteine auf Biegefestigkeit geprüft.

n) Die Biegefestigkeit.

Zur Prüfung auf Biegefestigkeit werden 10 Ziegel an den Enden in einem Abstande von 20 cm gestützt und in der Mitte der Stützweite belastet. Der Kraftangriff erfolgt an der Oberseite. Zur gleichmäßigen Verteilung der Last über die ganze Ziegelbreite werden die Ziegel an den Auflagerstellen bzw. am Kraftangriff mit Leisten von 2 cm Breite aus Portlandzement- oder Gipsmörtel versehen (s. Abb. 471). Die Berechnung der Biegefestigkeit erfolgt nach Gleichung (24) S. 115.

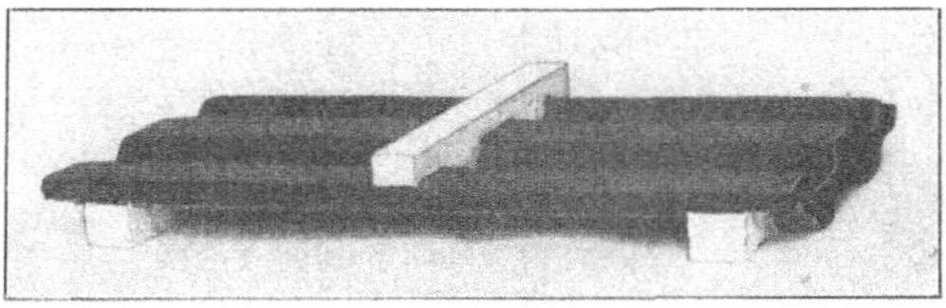
Abb. 471.

Um den Einfluß des Feuchtigkeitsgehaltes und der Frostwirkung festzustellen, wird auch die Biegefestigkeit der Dachsteine im wassersatten Zustande und im Zustande nach der Frostbeanspruchung ermittelt. Im allgemeinen bewirkt die Wassersättigung eine Verminderung der Biegefestigkeit und die Frostbeanspruchung im wassersatten Zustande eine weitere, wenn die Steine nicht frostbeständig sind.

o) Die Stoßfestigkeit.

Die Prüfung auf Stoßfestigkeit erfolgt mit einem birnenförmigen Fallkörper von 2000, 1000 oder 500 g Gewicht, den man aus gemessener Höhe auf die Oberseite des Dachsteines fallen läßt, welcher auf fein gesiebtem Sande ruht s. § 181. Die Anzahl Schläge, welche zur Zerstörung des Steines erforderlich sind, gibt in Verbindung mit der zum Zerschlagen aufgewandten Arbeit (s. § 69, S. 163) ein Maß zur Beurteilung der Güte des Steines.

p) Die Abnutzbarkeit.

Durch Flugsand u. dgl. erleidet die Oberfläche der Dachziegel eine Abnutzung. Man unterzieht daher die Dachziegel gelegentlich auch dem Abnutzungsversuch mit dem Sandstrahlgebläse (s. § 185b, S. 370).

q) Die Feuerbeständigkeit.

Zur Prüfung von Dachziegeln auf Feuerbeständigkeit eignen sich die vom Verfasser angegebenen, in der Abb. 472 dargestellten Versuchshäuser, welche mit feuerisolierten eisernen Dachsparren bzw. Latten zur Aufnahme der Ziegel versehen sind. Die innere Grundfläche dieser Häuser beträgt 2 × 2 m und die Neigung des Satteldaches 45⁰. Am oberen Ende der einen Giebelwand befindet sich die Abzugsöffnung für die Rauch- bzw. Flammgase des auf dem Rost befindlichen Feuers, und die Zuführung der Verbrennungsluft erfolgt von unten durch einen gemauerten Luftkanal, dessen Öffnung mit einem Schieber verengt oder erweitert werden kann. Unterhalb der Abzugsöffnung befindet sich eine feuersichere Decke (Zunge) A zur Leitung der Flamme über die ganze Dachfläche. Als Feuerungsmaterial dienen ca. 420 kg getrocknetes, erstklassiges kiefernes Scheitholz, welches vor Beginn des Versuches auf dem Roste aufgeschichtet wird. Nachlegen während des Versuches findet nicht statt, weil dadurch die Heizwirkung beeinträchtigt wird, und es ist auch nicht erforderlich, da die Menge des Holzes für den Versuch ausreicht. Um sofortige volle Flammenentwickelung zu erzeugen, wird das Holz mit 25 l Petroleum begossen. Die unter der Dachfläche herrschende Temperatur wird mit Thermoelementen s. § 352) oder mit Schmelzpyrometern z. B. mit Segerkegeln (s. § 358), die in Haubenlerchen (s. S. 609) eingesetzt sind, gemessen[1]. Nach den üblichen Vorschriften muß die Temperatur mehr als 800⁰ betragen (s. a. S. 314).

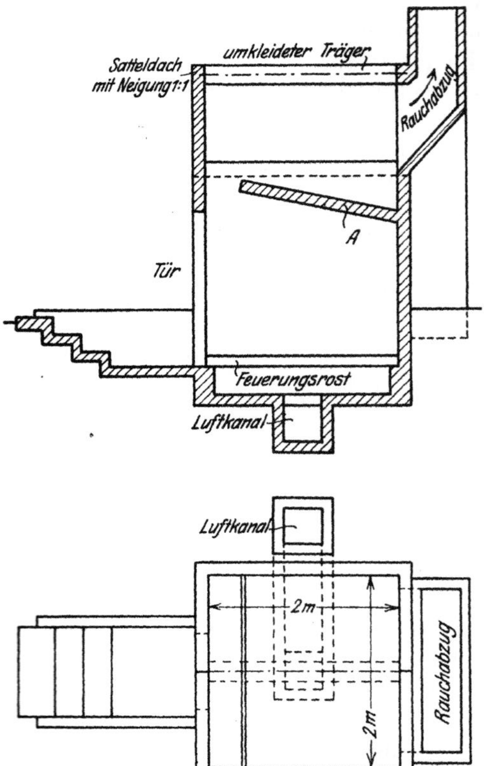

Abb. 472.

Der Versuch wird in der Weise durchgeführt, daß das Verhalten der Dachsteine unter der Feuerwirkung beobachtet wird. Die dürfen nicht zerspringen oder wenigstens nicht ihren Zusammenhang verlieren. Nach 20 Minuten wird die äußere Dachfläche durch einen gleichmäßig einwirkenden Wasserstrahl abgekühlt. Selbstverständlich darf der Wasserstrahl nicht un-

[1] Die Schmelzpyrometer müssen derartig angeordnet werden, daß man durch Schaulöcher beobachten kann, wann sie niederschmelzen. Bei unachtsamer Feuerführung, insbesondere bei Verwendung von zuviel Petroleum, oder bei ungleichmäßiger Verteilung desselben kommt es vor, daß nur zeitweise eine hohe Temperatur herrscht, welche vorzeitiges Schmelzen der Pyrometer hervorruft.

mittelbar auf die Dachfläche gerichtet werden, da in solchem Falle die Kraft des Wasserstrahles die Dachziegel oder dgl. zertrümmern würde. Es muß der Strahl vielmehr so geführt werden, daß nur der freifallende Strahl die Dachfläche erreicht. Auch durch diese einseitige Abkühlung darf ein Zerfallen der Dachsteine nicht eintreten. Nach 60 Minuten wird der Versuch als beendet angesehen, das Feuer abgelöscht und die Dachsteine der Abkühlung überlassen. Hiernach werden die einzelnen Dachsteine äußerlich untersucht und durch Beklopfen mit einem Holzhammer wird ihr Zusammenhang geprüft. Schließlich werden noch 10 nicht beschädigte Dachsteine dem Biegeversuche (s. S. 505) unterzogen, um den Einfluß der Feuerwirkung auf das Material festzustellen. Gebrannte Tonziegel erleiden durch die Feuerbeanspruchung im allgemeinen keine Veränderung, Zementdachsteine dagegen werden spröde und zerspringen größtenteils. Durch die einseitige Abkühlung mit Wasserstrahl ziehen sie sich auch krumm.

r) Haltbarkeit des Farbüberzuges und der Glasur.

Die Haltbarkeit des Farbüberzuges (Engobe) der Dachsteine prüft man dadurch, daß man trockene und nasse Scherben der Dachsteine der Einwirkung von gasförmiger Salzsäure und gasförmiger schwefliger Säure aussetzt. Durch diese Behandlung darf der Farbüberzug keine wesentliche Veränderung erleiden. Glasierte Dachziegel werden in ähnlicher Weise behandelt, doch wird bei ihnen vor Eintritt in weitere Prüfungen mit der Lupe festgestellt, ob die Glasur rissig ist und ob Abblätterungen derselben vorliegen. Man legt Scherben unter eine Glasglocke, unter der sich eine Schale mit Salzsäure befindet, und beobachtet während 24 Stunden die Einwirkung der gasförmigen Säure auf die Glasur. Nimmt der Glanz der Glasur ab oder treten bunte Farbenschimmer auf, so ist die Glasur nicht haltbar. Am schlechtesten ist diejenige Glasur, welche sich bei der Einwirkung der Säuredämpfe mit einer weißen Haut (Hydrosilikat) überzieht. Um festzustellen, ob die Glasur zum Abblättern neigt, werden Stoßversuche (s. S. 505) mit dem 500 g-Gewicht ausgeführt. Haftet die Glasur nicht fest, so springt sie bei dieser Beanspruchung ab, ohne daß der Stein eine Beschädigung erleidet.

§ 296. Prüfung von natürlichem Dachschiefer.

Ein guter natürlicher Dachschiefer[1]) muß wetter- und farbbeständig sein, glatte, ebene Spaltflächen und feines Korn aufweisen und geringe Wasseraufnahmefähigkeit besitzen; er soll eine angenehme dunkle, gleichmäßige und bestimmte Färbung wie bläulich-schwarz, grün oder rotbraun ohne starken, spiegelnden Glanz aufweisen, geringes Gewicht haben, sich leicht und dünn aufspalten, bohren und namentlich durchlochen lassen und beim Anschlagen mit dem Hammer einen hellen Klang geben.

Dachschiefer ist um so weniger gut, je größer die Menge der eingelagerten Mineralien von Pyrit, Markesit und kohlensauren Erden ist. Das Vorhandensein von Gips ist bereits ein Zeichen, daß eine Zersetzung eingetreten ist, die zur baldigen Zerstörung führt.

[1]) S. Herrmann, Steinbruchindustrie und Steinbruchgeologie, Berlin 1916; Knoch, Der Dachschiefer in der Baupraxis, II, Berlin 1895.

Die Prüfung des Dachschiefers erfolgt entsprechend seiner Natur als natürliches Gestein nach den für dieses angegebenen Methoden und außerdem als Dachbedeckungsmaterial in derselben Weise wie Dachziegel. Bei letzterer Prüfung ist nur zu berücksichtigen, daß Schieferdächer in der Praxis auf Schalung mit Dachpappenzwischenlage verlegt werden und daher auch beim Brandversuch das Versuchsdach in der üblichen Ausführungsweise hergestellt werden muß. Als Schalung dienen bei solchen Brandversuchen trockene, ungespundete Fichtenbretter von 20 mm Dicke.

Künstlichen Dachschiefer (Eternit, Asbestzementschiefer) prüft man wie natürlichen Dachschiefer und deckt für den Brandversuch zur Vergleichung die eine Dachhälfte mit natürlichem Schiefer und die andere mit dem zu untersuchenden künstlichen. Aus dem Verhalten des letzteren gegenüber dem ersteren bildet man sich dann ein Urteil darüber, inwieweit der künstliche Schiefer dem natürlichen gleichkommt.

§ 297. Die Prüfung der Dachpappen und der Rohpappen für solche.

a) Allgemeines und Umfang der Prüfung.

Dachpappen werden durch Imprägnieren von Rohpappen mit heißem, destilliertem oder präpariertem Steinkohlenteer hergestellt. Zu manchen Sorten werden auch andere Imprägnierungsstoffe, z. B. Schmieröl- und Petroleumrückstände oder dgl., verwendet. Die besten Pappen dürften jedoch diejenigen sein, zu deren Herstellung destillierter Steinkohlenteer mit einem Zusatz von natürlichem Asphalt[1]) verwendet wird. Letztere Dachpappe heißt auch Asphaltdachpappe.

In der Regel gelangt die Dachpappe als Rollenpappe in den Handel, seltener als Tafelpappe. Die zu der ersteren verwendete Rohpappe wird mit Nr. 70, 80, 90, 100 usw. bezeichnet, wobei die Nummern folgende Bedeutung haben.

Von Nr.	70,	welche	1,500 mm	dick ist,	wiegen	70 qm	50 kg
,, ,,	80,	,,	1,315 ,,	,, ,,	,,	80 ,,	50 ,,
,, ,,	90,	,,	1,167 ,,	,, ,,	,,	90 ,,	50 ,,
,, ,,	100,	,,	1,050 ,,	,, ,,	,,	100 ,,	50 ,,
,, ,,	120,	,,	0,850 ,,	,, ,,	,,	120 ,,	50 ,,
,, ,,	150,	,,	0,620 ,,	,, ,,	,,	150 ,,	50 ,,

usw.[2]).

Eine Rolle enthält etwa 50—60 qm Pappe von gewöhnlich 1 m Breite[3]).

Die Dachpappen werden ebenfalls mit Nummern bezeichnet. Die Bezeichnung ist aber eine willkürliche, ohne Innehaltung allgemeiner Regeln[4]). Gewöhnlich wird die dickste Dachpappe von ihrem Hersteller mit Nr. 0 bezeichnet und die folgenden dünneren mit Nr. 1, 2, 3 usw. Zur Verhütung

[1]) Gewöhnlich wird aber nur Teerasphalt verwendet.

[2]) Die Anfertigung der 70er, 90er und 120er Pappe soll nach den Beschlüssen der Verbände aufgegeben werden.

[3]) Da die Rohpappen nur noch in Längen von 10 m angefertigt werden sollen, ändern sich auch die Längen der Dachpappen.

[4]) Nach den Vorschriften des Verbandes deutscher Dachpappenfabrikanten werden mit Nr. 0 die aus Rohpappe Nr. 80 hergestellten Dachpappen und mit Nr. 1, 2, 3, 4, 5, 6 die aus Rohpappe Nr. 100, 125, 150, 200, 250 und 300 hergestellten bezeichnet werden.

des Zusammenklebens beim Aufrollen werden manche Dachpappen nach der Imprägnierung besandet, d. h. sie werden mit ton- und lehmfreiem, feingesiebtem Sand bestreut, der an ihnen haftenbleibt.

Die Prüfung der Dachpappen erstreckt sich auf:

1. Feststellung der Dicke (ohne Besandung gemessen) und des Gewichtes von 1 qm Dachpappe;
2. Feststellung des Verhaltens beim Biegen und Zusammenschlagen;
3. Feststellung der Farbe und des Imprägnierungsgrades;
4. Feststellung der Wasseraufnahmefähigkeit;
5. Feststellung der Wasserdurchlässigkeit;
6. Feststellung der Reißlänge und Dehnung in Längs- und Querrichtung zur Pappenbahn.

Die Prüfung der Rohpappen erfolgt nach besonderen Normen gemäß Absatz h, Seite 511.

b) Dicke und Gewicht.

Die Feststellung der Dachpappendicke geschieht mit einer Mikrometerschraube (s. S. 561) oder einem anderen Dickenmesser (s. Abb. 522, S. 567) nach Abreiben der Besandung. Die Messung ist an mindestens 20 verschiedenen Stellen einer Pappenrolle vorzunehmen; als Ergebnis ist der Mittelwert sämtlicher Messungsergebnisse zu benutzen.

Zur Gewichtsermittelung ist eine Rolle Dachpappe im Anlieferungszustand zu wägen und nach Ausmessen der Länge und Breite das Gewicht eines Quadratmeters zu berechnen.

c) Verhalten beim Biegen und Zusammenschlagen.

Beim Biegen und Zusammenschlagen muß sich gute Pappe zähe und so geschmeidig erweisen, daß sie trotz mehrmaligen Zusammenbiegens bis zum Aufeinanderliegen der Pappflächen nicht bricht.

Zur zahlenmäßigen Vergleichung mehrerer Dachpappen untereinander biegt man je 5 Pappstreifen von 6 cm Breite[1]) und 20 cm Länge um Dorne von verschiedenem Durchmesser, wobei darauf geachtet werden muß, daß die Pappen keine Zugbeanspruchung, sondern reine Biegungsbeanspruchung erleiden. Es gelangen Dorne von 20, 15, 10, 5, 2 mm Durchmesser zur Verwendung. Schließlich werden die Streifen noch ohne Verwendung eines Dornes so weit zusammengeschlagen, daß die beiden Hälften sich unmittelbar berühren.

d) Farbe und Imprägnierungsgrad.

Die Farbe der Dachpappe soll an der Oberfläche und an den Reißstellen gleichmäßig braun-schwarz bis schwarz sein und an keiner Stelle dürfen sich teerfreie Schichten zeigen. Zur Feststellung des Imprägnierungsgrades ermittelt man den Gehalt an Bitumen in Prozenten des Gewichtes der sand- und kiesfreien Pappe. Ein Stück Dachpappe (ca. 100 g) wird durch Abreiben von dem anhaftenden Sand befreit, im trockenen Luftstrom 1 Stunde lang bei ca. 30° getrocknet und dann mit der Schere zerkleinert. Die Schnittbröckelchen füllt man nach dem Abwägen in einen mit Kühlrohr versehenen

[1]) Anderenorts werden auch Streifen von 5 cm Breite benutzt.

Erlmeyerkolben, schüttet Chloroform darüber und löst durch Auskochen unter öfterem Umschütteln die Imprägnierungsmasse auf. Hiernach läßt man die Lösung in dem schräggestellten Kolben erkalten und ca. 12 Stunden lang abklären. Alsdann filtriert man die Lösung durch ein trockenes, gewogenes Filter und wäscht den Filterinhalt solange mit Chloroform aus, als dieses noch Bestandteile auszuwaschen vermag. Nach dem Abdestillieren des Lösungsmittels trocknet man den Destillationsrückstand bei 100° bis zu gleichbleibendem Gewicht im Trockenschrank und ermittelt nach dem Trocknen und Wägen des Filterinhaltes das Gewicht der zurückgebliebenen Rohpappe mit den darin enthaltenen Verunreinigungen. Den Bitumengehalt (Destillationsrückstand) gibt man alsdann in Prozenten des ursprünglichen Pappengewichtes an.

e) Wasseraufnahmefähigkeit.

Nach 24stündigem Liegen unter Wasser soll Dachpappe keine oder wenigstens nur eine unwesentliche Gewichtszunahme aufweisen[1]). Für die Prüfung benutzt man quadratische Dachpappenstücke von 40 cm Seitenlänge, die man nach Feststellung ihres Gewichtes 24 Stunden lang in reinem Wasser von ca. 15—20° lagert.

f) Wasserdurchlässigkeit.

Entsprechend ihrem Verwendungszweck als Isolierung von Bauwerken gegen Eindringen von Feuchtigkeit muß Dachpappe wasserdicht sein. Zur Ermittelung der Wasserdichtigkeit bzw. der Wasserdurchlässigkeit kittet man auf quadratische Dachpappenstücke von 10 cm Seitenlänge, deren Ränder mit Asphalt verstrichen sind, runde Glaszylinder von 10 qcm lichtem Querschnitt, füllt sie mit 250 ccm destilliertem Wasser und stellt die Zeit fest, nach der tauartige Durchfeuchtung oder Tropfenbildung auf der Unterseite des Pappenstückes eintritt. Fast alle Dachpappen besseren Ursprunges erweisen sich während einmonatiger Beobachtungsdauer als wasserdicht.

Für diese Versuche ist auch der Wasserdichtigkeitsprüfer von Schopper mit Vorteil verwendbar. Es werden bei ihm die zu prüfenden Pappestücke kreisrunder Fläche in die Druckdose des Apparates eingespannt und von unten her nach Öffnen eines Ventiles durch eine in einer geteilten Glasröhre befindliche Wassersäule belastet. Die Glasröhre kann in ihrer Höhenlage verstellt werden, so daß der Apparat auf verschiedene Druckhöhen einstellbar ist. Beim Einfüllen des Wassers ist darauf zu achten, daß keine Luft unter der Pappe verbleibt. Es wird festgestellt, wieviel Wasser in einer bestimmten Zeit durch die Pappe hindurchtritt.

g) Reißlänge und Dehnung.

Zur Ermittelung der Reißlänge (s. S. 20) und Dehnung werden je 10 Probestreifen von 36 cm freier Einspannlänge und 6 cm Breite[2]) längs

---

[1]) Diese Forderung ist etwas streng und wird von keiner im Handel befindlichen Dachpappe erfüllt. Die Gewichtszunahme beträgt bei den meisten Pappen etwa 3—15 %.

[2]) Anderenorts werden auch Streifen von 150 mm Einspannlänge und 50 mm Breite benutzt.

und quer zur Rollenbahn mit dem Pappenmesser herausgeschnitten, bei 18° Temperatur und ca. 55—65 % relativer Luftfeuchtigkeit (s. § 360) der Prüfung auf Zerreißfestigkeit unterzogen. Die Probestreifen werden mit Klemmbacken in die Materialprüfungsmaschine eingespannt und unter allmählich wachsender Belastung[1]) zerrissen. Aus der ermittelten Zerreißbelastung und dem Gewichte des Probestreifens wird die Reißlänge berechnet[2]). Die Angabe der Dehnung erfolgt in Prozenten der freien Einspannlänge.

Ein wichtiger Punkt bei der Festigkeitsprüfung der Rohpappe ist die jeweilige Luftfeuchtigkeit. Sie beeinflußt infolge der starken Hygroskopizität der Pappfasern die Zerreißfestigkeit und das Gewicht der Pappe[3]). Da aber beide zur Berechnung der Reißlänge benutzt werden und durch höheren Feuchtigkeitsgehalt die Zerreißfestigkeit geringer, das Gewicht aber größer wird, muß die Versuchsausführung unter gleichartigen vorgeschriebenen Verhältnissen erfolgen. Nach den Vorschriften für amtliche Papierprüfungen muß deshalb die Zerreißbelastung, die Dehnung usw. bei 65° relativer Luftfeuchtigkeit ermittelt werden und die Berechnung der Reißlänge unter Zugrundelegung des Gewichtes des bei 100° getrockneten Probestreifens geschehen. Der Feuchtigkeitsgehalt der Pappe beträgt bei 65 % relativer Luftfeuchtigkeit etwa 7,5 %.

h) Zusammensetzung der Rohpappe.

Als beste Rohpappe zur Erzeugung von Dachpappe gilt allgemein die reine Lumpenpappe, welche in der Hauptsache aus Wolle besteht. Dieser Bestandteil besitzt in hohem Grade die Fähigkeit, Teer aufzusaugen, von dessen Menge die Güte der Pappe abhängt. Wie aber Versuche im Materialprüfungsamt Großlichterfelde[4]) nachgewiesen haben, enthalten viele zur Dachpappenfabrikation benutzten Rohpappen nur wenig Wolle. Beispielsweise ergab die Untersuchung von 13 Rohpappen[5]) einen Gehalt an Wolle von 45—10 %, an Baumwolle von 60—10 % und an Jute von 35—5 %.

Keine dieser Pappen entsprach daher der eingangs erwähnten Forderung, daß Rohpappen in der Hauptsache aus Wolle bestehen sollen.

Außer den vorgenannten Stoffen finden sich in den Rohpappen manchmal noch erdige Stoffe, welche die Festigkeit der verfilzten Fasern vermindern und von denen namentlich die kohlensaure Kalkerde die Verwitterung des Steinkohlenteers sehr begünstigt[6]). Im allgemeinen genügt

[1]) Die Versuchsdauer ist von wesentlichem Einfluß auf das Ergebnis; es können nur Festigkeitsergebnisse miteinander verglichen werden, die mit gleicher Belastungsgeschwindigkeit erhalten werden.

[2]) Die Reißlängen verschiedener Dachpappen besitzen nur dann Vergleichswert, wenn sie auf das Gewicht der unbesandeten Pappe bezogen werden.

[3]) S. E. Müller, Über die Abhängigkeit des Wassergehaltes der Faserstoffe von der Luftfeuchtigkeit; Civilingenieur 1882.

[4]) Herzberg, Mitteilungen aus dem Materialprüfungsamte Großlichterfelde 1907, S. 41.

[5]) Die in dem Aufsatz noch erwähnte weitere Pappe Nr. 13 darf wegen ihres hohen Strohstoffgehaltes von 45 % nicht als Rohpappe für Dachpappenfabrikation betrachtet werden.

[6]) Luhmann, Die Fabrikation der Dachpappe usw., Wien 1902.

es, den Gehalt an Wollfaser neben dem Feuchtigkeits- und Aschengehalte der Rohpappe zu ermitteln.

α) Feuchtigkeitsgehalt.

Zwei aus zwei verschiedenen Rollen Rohpappe quer zur Rollenbahn entnommene Streifen von 10 mm Breite und einer der Rollenbreite entsprechenden Länge werden sofort nach dem Herausschneiden zusammengerollt in ein Wägeglas gebracht und gewogen. Hiernach werden die Streifen in kurze Stückchen zerschnitten, bei 100 bis 105° im Trockenschrank getrocknet, dann im Exsikator erkalten gelassen und wieder gewogen. Der Gewichtsverlust ist der Feuchtigkeitsgehalt. Er wird angegeben in Prozenten des Trockengewichtes.

β) Aschengehalt.

Je 1 g der zur Bestimmung des Feuchtigkeitsgehaltes benutzten völlig trockenen Probe wird in einem Platintiegel verbrannt und so lange geglüht[1]), bis sämtlicher Kohlenstoff verbrannt ist. Nach dem Erkalten wird die helle Farbe besitzende Asche im Tiegel mit Ammoniumkarbonatlösung angefeuchtet und der Tiegel nochmals bis zur Rotglut erhitzt. Hiernach wird der Tiegel im Exsikkator abgekühlt, die Asche gewogen und der Aschengehalt in Prozenten des Gewichtes der trockenen Probe angegeben. Da bei der Veraschung nicht nur die organischen Stoffe zu Kohlensäure und Wasserdampf verbrennen, sondern auch chemische Veränderungen eintreten und manche Bestandteile ausgeschieden werden, ist zur genauen Bestimmung der in der Rohpappe enthaltenen Füllstoffe die chemisch analytische Untersuchung notwendig.

γ) Gehalt an Wollfaser.

Man kocht eine getrocknete Probe (je 10 qcm Pappe aus fünf verschiedenen Rollen) der zerkleinerten Rohpappe 15 Minuten lang in einem Porzellanschälchen mit Kalilauge von 12° Bé, wobei man beständig die Masse mit einem Glasstabe hin und her bewegt. Dadurch löst sich die Wollfaser bald auf, während die vegetabilische Faser unverändert bleibt. Den Pappebrei bringt man auf ein wasserfreies, gewogenes Filter und wäscht nach Abtropfen der Kalilauge den aus vegetabilischer Faser und den erdigen Aschenbestandteilen bestehenden Rückstand mit destilliertem Wasser aus. Der Rückstand wird mit dem Filter getrocknet, dann gewogen und aus dem Gewichtsverlust des Pappebreies der Gehalt an Wollfaser dem Gewicht nach berechnet.

Wenn auch diese Bestimmungsmethode nicht völlig einwandfrei ist, so bietet sie doch einen annähernden Einblick in die Zusammensetzung der Rohpappe. Die genaue Bestimmung geschieht durch Schätzung der Mengenverhältnisse der einzelnen Faserarten unter dem Mikroskop[2]) nach Aufkochen der Pappeprobe in Alkohol und Färben mit einer Chlorzinkjodlösung.

---

[1]) Am besten im elektrischen Ofen (s. Abb. 288, S. 302).

[2]) Näheres s. Herzberg, Papierprüfung, Berlin; oder auch Müller, Die Herstellung und Prüfung des Papiers, Berlin.

δ) Saugfähigkeit.

Die Saugfähigkeit der Rohpappe wird dadurch festgestellt, daß gewogene ıppestreifen von 10 mm Breite und 1 g Gewicht allmählich in Anthrazenöl[1]) ›n Zimmertemperatur getaucht und 5 Minuten nach völligem Untertauchen ›rausgenommen werden. Sobald sie nicht mehr tropfen, wird durch erneute ʼägung die Ölaufnahme festgestellt und in Prozenten des Ursprungsgewichtes ıgegeben.

§ 298. Vorschriften für Rohpappen.

Nach den Normen[2]) sollen die Rohpappen etwa den folgenden Be- ingungen genügen:

1. Zur Herstellung der Rohpappen dürfen nur Lumpen, Abfälle aus der Textilindustrie, soweit sie faseriger Art sind, und Altpapier verwendet werden. Auswahl und Mischungsverhältnis bleibt den Fabrikanten überlassen. Der Zusatz von Holzschliff, Torf, Sägemehl und mineralischen Füllstoffen ist verboten.
2. Der Aschegehalt der Rohpappe darf 12 % nicht übersteigen.
3. Lufttrockene Pappe darf nicht mehr als 12 % Wassergehalt besitzen.
4. Alle Pappen, die bei Zimmertemperatur weniger als 120 % gewöhnliches Anthrazenöl aufnehmen, müssen als mangelhaft gelten.
5. Rohpappen von normaler Dicke (333 g für 1 qm und mehr) müssen in der Längsrichtung bei 15 mm breiten Streifen mindestens 4 kg Zerreißbelastung besitzen.

Die vorstehenden Bestimmungen gelten aber nur für Rohpappen bis zu Nr. 150 (150 qm = 50 kg).

§ 299. Prüfung der aus Dachpappen hergestellten Dachbedeckungen.

Die Prüfung umfaßt die Ermittelung des Gewichtes von 1 qm fertiger Dachdeckung ohne Unterkonstruktion und der Widerstandsfähigkeit derselben gegen Feuerbeanspruchung von außen oder von innen.

Beispielsweise kommen dafür in Betracht:

a) einlagige Pappdächer,
b) doppellagige Klebedächer,
c) zweilagige Klebedächer mit eingewalzter Kiesschicht[3]),
d) dreilagige Klebedächer mit eingewalzter Kiesschicht.

a) Gewichtsermittelung.

Zur Gewichtsermittelung wird an dem unter b) zu besprechenden Versuchsdache der Pappen-, Nägel- und Anstrichmasseanspruch für das Quadrat-

[1]) Als Anthrazenöl ist das Normenöl von C. A. F. Kahlbaum, Berlin C 25, zu verwenden.

[2]) Gemäß Vereinbarung des Verbandes Deutscher Dachpappenfabrikanten, des Vereins Deutscher Rohpappenfabrikanten und des Vereins Westdeutscher Rohpappenfabrikanten v. 10. Mai 1913.

[3]) Unter Kies ist hier nicht solcher von der im § 200 angegebenen Korngröße zu verstehen, sondern es bedeutet hier „Kies" einen Sand von ca. 2—5 mm Korngröße. Zur Vortäuschung eines ziegeldachähnlichen Aussehens wird auch manchmal ein aus Ziegelsteinbrocken hergestellter Sand aufgewalzt.

meter Dachdeckung festgestellt und ihr Gewicht berechnet. Den Gewich angaben sind Einzelheiten, die Überdeckung der Papplagen betreffend, ε zufügen.

b) Beanspruchung durch Innenfeuer.

Ein Versuchshaus von 4 qm innerer Grundfläche, dessen Konstrukti und Abmessungen Abb. 473 zeigt, wird mit der zu prüfenden Dachdecku eingedeckt. Die Wände des Hauses bestehen aus Mauerziegeln oder Eise beton, der an der Innenseite m feuersichererMasse (Gips-Schlacke beton) bekleidet ist. Die Feuerung tür ist aus Eisen hergestellt ur bleibt während des Brandes g schlossen. Dadurch wird der Eii fluß der Windrichtung ausgeschlo sen. Als Schalung werden 2 cı dicke, trockene, ungespundete Bret ter aus Fichtenholz benutzt[1]). Di Dachneigung ist 1 : 10, und zwa steigt das Dach von der Türseit nach der Schornsteinseite an. In Innern des Hauses befindet sich eir Rost, auf welchem ca. 420 kg bestes lufttrockenes, kiefernes Scheitholz aufgestapelt ist, das kurz vor dem Versuche zur schnelleren Entflammung und Anwärmung mit 25 l Petroleum begossen wird. Zur Temperaturfeststellung werden hinter den mit Glimmer verschlossenen Beobachtungsfenstern Schmelzpyrometer, z. B. Segerkegel in Haubenlerchen, Legierungen oder dgl., oder auch Thermoelemente angeordnet[2]) (s. auch S. 506).

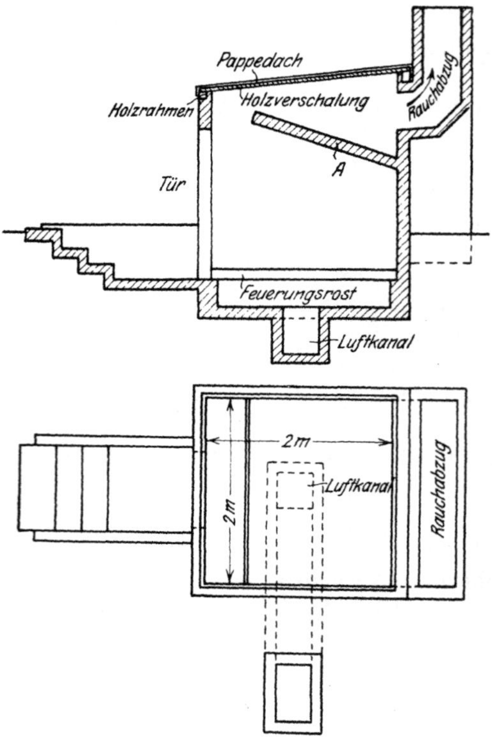

Abb. 473.

Die Führung des Feuers erfolgt durch Regulierung eines Schiebers, welcher durch den Luftkanal mehr oder weniger Verbrennungsluft unter den Feuerungsrost treten läßt.

Während des Brandes beobachtet man den Zeitpunkt des Entweichens von Destillationsprodukten aus der Pappe oder der Anstrichmasse und die Brenndauer bis zum Durchbruch der Flamme. Wenn diese die Dachpappe

---

1) Manchmal finden auch Bretter von 25 oder 30 mm Verwendung. Die dabei gewonnenen Versuchsergebnisse können aber untereinander ebensowenig verglichen werden wie solche, die mit gespundeter Schalung gewonnen wurden. Gespundete Schalungen leisten dem Feuer infolge ihrer Luftdichtigkeit länger Widerstand als ungespundete. Bei einem vom Verfasser angestellten Vergleichsversuche brannte ein Holzzementdach mit halbgespundeter Schalung in 28 Minuten und ein zweites mit ungespundeter in 18 Minuten durch.

2) Siehe Anm. 1) auf S. 506.

n der Umgebung der entstandenen Öffnung entzündet hat, wird das Feuer m Innern des Hauses abgelöscht und festgestellt, wie lange Zeit die Dachleckung weiterbrennt, bevor sie von selbst wieder verlöscht. Die Temperatur ın der inneren Dachfläche soll etwa 1000° betragen. Eine widerstandsfähige Dachdeckung muß sofort nach Ablöschen des Feuers verlöschen, keinesfalls ıber darf sich das Feuer von der Durchbruchstelle aus über die Dachfläche ausbreiten. Die Imprägnierungsmasse der Pappe darf ebenso wie die Anstrichmasse von der Dachfläche nicht ablaufen und auch nicht spratzen. Nur die Brandränder der Pappe dürfen schiefrige Struktur annehmen, die übrigen Teile dagegen müssen weich und geschmeidig bleiben.

c) Beanspruchung durch Außenfeuer.

Für die Prüfung auf Widerstandsfähigkeit gegen Außenfeuer, welches etwaigem Flugfeuer bei einem Brande entsprechen soll, werden Dachdeckungen von 1 qm Fläche bei Steigung 1 : 10 auf ungespundeter Fichtenschalung von 20 mm Dicke benutzt. Es wird auf ihnen aus kleingespaltenem Holze und Stroh (ohne Petroleum oder dgl.) ein Feuer angefacht und durch Nachlegen 3 Minuten[1]) lang brennend erhalten[2]). Nach Verlauf dieser Zeit wird das Feuermaterial durch Neigen der Dachfläche entfernt und nach Verlöschen der Flammen die Beschädigung festgestellt.

Bei widerstandsfähigen Pappdeckungen darf sich das Feuer vom Brandherde aus nicht über die Dachfläche ausbreiten. Es muß außerdem nach Entfernen des Feuermaterials die Flamme von selbst verlöschen. Die Pappe darf wohl verkohlen, nicht aber ihren Zusammenhang verlieren. Die Imprägnierungs- oder Anstrichmasse soll nicht ablaufen.

§ 300. Prüfung von Holzzementbedachungen.

Der Holzzement besteht aus einem Gemisch von 60 Gewichtsteilen entwässertem Steinkohlenteer, 15 Teilen Asphalt und 25 Teilen Schwefel[3]). Zur Dachdeckung wird er in der Weise benutzt, daß nach Aufnageln einer Lage dünner Dachpappe auf die Schalung und Auflegen einer Lage Rollenpapier mit einer Bürste erwärmter, dünnflüssiger Holzzement aufgestrichen wird. Auf den Anstrich wird eine zweite Lage Papier geklebt und gleichfalls angestrichen, und dies wird solange fortgesetzt, bis 3—5 Papierlagen je nach Vorschrift aufgebracht sind. Die oberste Lage enthält einen besonders kräftigen Anstrich von Holzzement oder einer besonders präparierten Anstrichmasse. Hierauf wird auf der Dachfläche eine 10—15 mm hohe Schicht feiner Sand ausgebreitet und dieser wiederum mit einer 6—10 cm hohen Schicht Kies, dem man Lehm, Ton oder Chausseeschlamm beimischt, überdeckt.

Die Prüfung der Holzzementbedachung erfolgt in ähnlicher Weise wie die der Dachpappen; Gewicht und Zerreißfestigkeit des Papiers und der Dachpappen-

[1]) Bei doppellagigem Klebedach 6 Minuten, bei dreilagigem 9 Minuten und bei Holzzementdach 15 Minuten.

[2]) Das Feuer ist in der Weise anzuordnen, daß der Wind die Flamme über die Dachfläche bläst.

[3]) Diese Zusammensetzung entspricht dem Originalprodukt des Erfinders; neuerdings wechselt die Zusammensetzung. Der Holzzement besteht jetzt aus hochsiedenden Teerfraktionen z. T. mit Beimengungen von Kieselguhr oder dgl.

unterlage, die Widerstandsfähigkeit der Dachdeckung gegen Innenfeuer ur Außenfeuer, sowie das Gewicht von 1 qm fertiger Dachdeckung werden ermittel

Einem Innenfeuer leistet ein Holzzementdach verhältnismäßig wenig lange Widerstand als ein Pappdach, weil das erstere wegen seines verhältni mäßig hohen Gewichtes (ca. 40—70 kg pro Quadratmeter ohne Unterko struktion) eher ein Durchbrechen der Schalung hervorruft als das letzter welches nur 8—9 kg pro Quadratmeter wiegt. Gegen Außenfeuer ist es da gegen völlig widerstandsfähig. Bei sehr langer Dauer des Feuers (ca. 1 Stunde wird nur der Holzzement erweicht, so daß er Blasenbildung und Rutschen de Papiers hervorrufen kann.

Zur Vergleichbarkeit von Holzzement verschiedenen Ursprungs müsse chemische Zusammensetzung, Flamm- und Brennpunkt sowie das spezifisch Gewicht ermittelt werden.

§ 301. Prüfung der Anstrich-, Klebe- und Imprägnierungsmassen für Dach pappen und für Holzzementbedachungen.

Im allgemeinen genügt es, die Anstrich-, Klebe- und Imprägnierungs massen hinsichtlich ihrer Flamm- und Brennpunkte zu untersuchen und nu in besonderen Fällen die chemische Analyse sowie die fraktionierte Destillation hinzutreten zu lassen.

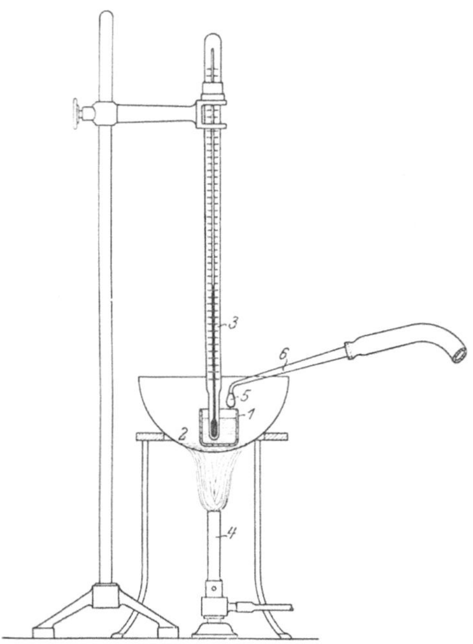

Abb. 474.

Die Ermittelung des Flamm- und Brennpunktes geschieht mit dem Pensky-Martensschen Flammpunktsprüfer[1]) oder mit Hilfe des in Abb. 474 dargestellten Apparates.

Die Masse wird in den zylindrischen, glasierten Porzellantiegel 1 von 4 cm Höhe und 4 cm Durchmesser bis zu einer 1 cm unter dem Tiegelrande angebrachten Ringmarke gefüllt und auf das Sandbad 2 gesetzt, welches aus einer halbkugelförmigen Blechschale von 18 cm Durchmesser besteht, die 1,5 cm hoch mit feinem Sande angefüllt ist. (Der Tiegel darf nicht in den Sand eingebettet werden, sondern soll frei darauf stehen.) Hierauf senkt man das Thermometer 3 in den Tiegel und erhitzt durch den Bunsenbrenner 4 das Sandbad derartig, daß die Temperatur der Masse in der Minute 3—4° ansteigt. Führt man alsdann die auf 1 cm Länge eingestellte Gasflamme 5 in horizontaler Richtung über das Gefäß, indem man das Rohr 6 auf dem Rande der Sandbadschale 2 gleiten läßt, so macht sich der Flammpunkt durch

[1]) Holde, Untersuchung der Mineralöle und Fette, Berlin.

ufflammen der aus der Masse sich entwickelnden Gase bemerkbar. Die asflamme 5 darf die Masse nicht unmittelbar berühren, auch darf sie sich desmal nur 4 Sekunden über dem Tiegel befinden. Im Gegensatz zu dem ei der Prüfung von Ölen üblichen Verfahren, wo das Thermometer ruhig im l steht, wird es bei den vorliegenden Untersuchungen zum Rühren benutzt nd nur beim Ablesen einen Augenblick festgestellt.

Wie bereits vorausgeschickt, macht sich der Flammpunkt durch Aufammen der aus der Masse entwickelten brennbaren Gase bemerkbar. Steigert ıan die Temperatur über den Flammpunkt hinaus weiter, so gelangt man chließlich zum Brennpunkt. Es ist dies die Temperatur, bei welcher die ntzündeten Gase ein selbständiges Weiterbrennen der Masse verursachen.

Flammpunkt und Brennpunkt liegen in der Regel bei verschieden hohen Temperaturen, bei manchen Massen näher beieinander, bei anderen wieder veiter voneinander entfernt. Je höher der Flammpunkt liegt, desto weniger euergefährlich ist die Masse. Am vorteilhaftesten ist es, wenn Flammpunkt ınd Brennpunkt nahe beieinander und zwar bei hoher Temperatur liegen.

Siebenter Teil.

Die Prüfung von Bauteilen aus natürlichen und künstlichen Steinen, sowie aus Beton und Eisenbeton.

§ 302. Allgemeines.

Wie an den entsprechenden Stellen der vorhergehenden Abschnitte mehrfach erwähnt wurde, lassen sich die bei Festigkeitsversuchen gewonnenen Güteprüfungsergebnisse nicht ohne weiteres als Unterlagen zur Berechnung von Bauwerksteilen benutzen. Die Beanspruchungen beim Festigkeitsversuche entsprechen wohl soweit als möglich den im Bauwerk auftretenden, aber es übt die Probekörperform einen wesentlichen Einfluß aus. Wie auf S. 99 und 378 näher dargelegt wurde, ergibt sich die Festigkeit von gebrannten Tonziegeln wesentlich geringer, wenn man Mauerwerkskörper prüft, als wenn man die Druckfestigkeit einzelner Ziegel bestimmt. Der Verband und der zum Aufmauern der Probekörper benutzte Mörtel spielen hier eine wesentliche Rolle, indem Ausweichen des Mörtels Biegungsbeanspruchungen in den einzelnen Ziegeln hervorrufen, die wiederum eine Zerstörung unterhalb der Druckfestigkeit der Ziegel veranlassen. Bei Betonbauten lassen sich die durch Güteprüfungen des Betons (s. § 273) gewonnenen Ergebnisse auch nicht ohne weiteres auf die Beanspruchungen im Bauwerk übertragen. Auch versagen oft wegen der Eigenart des Betonmaterials die üblichen Berechnungsverfahren, und alle diese Umstände drängen dazu, die Materialfestigkeit durch Prüfung von Bauwerksteilen zu ermitteln und dadurch eine Feststellung der Zuverlässigkeit der angewandten Berechnungsmethoden herbeizuführen.

Bei diesen Prüfungen hat man zu unterscheiden solche, die Aufschluß über die höchste Tragfähigkeit, also über die Bruchlast des Bauteiles geben, und solche, welche die Feststellung der Formveränderungen des Bauteiles unter der Nutzlast oder bei Laststufen bis zur Bruchlast zum Zwecke haben.

Im zweiten Falle findet somit neben Feststellung der Belastung auch ei Messung der durch die Belastung hervorgerufenen Formänderungen statt, (elastische und auch bleibende sein können.

I. Prüfung von Ton-, Steinzeug- und Zementröhren.

§ 303. Allgemeines.

Äußerlich zeigen Ton- und Steinzeugrohre fast keine Unterscheidung merkmale. Nur am Scherben vermag man den Unterschied festzustelle Allerdings ist es auch dort schwierig, weil eine strenge Grenze zwischen T(und Steinzeug nicht gezogen werden kann. Tonröhren besitzen wenig od nicht gesinterten, buntfarbigen, ziegelartigen, porösen Scherben, der etw 5—10 % Wasser aufzusaugen vermag. Auf der Bruchfläche zeigt der Scherbe mattes, erdiges Aussehen und klebt wegen seiner Wasseraufsaugefähigkeit a der Zunge. Steinzeugrohre haben gesinterten, nicht porösen Scherben, d(höchstens 5% Wasser aufsaugt. Seine Bruchfläche ist gelb bis braun od(blaugrau oder auch andersfarbig; er besitzt große Härte und ist an der Obe fläche dicht und glänzend. Er klebt nicht an der Zunge[1]).

Tonrohre müssen zur Erhöhung ihrer Wasserdichtigkeit mit Glasu überzogen sein. Steinzeugrohre haben dies nicht nötig; sie werden abe wegen besseren Aussehens und zur Erzeugung größerer Glätte der Innen flächen ebenfalls glasiert.

Zementrohre werden fabrikmäßig aus Beton (s. § 261) hergestellt. Gegen über den Ton- und Steinzeugröhren besitzen sie den Vorzug, daß sie in alle Profilformen und Größen, und zwar in genauester Form angefertigt werde können. Sie finden in erster Linie als Kanalrohre zur Abwässerabführung Benutzung. Zum Schutze gegen den Angriff schwerer Sinkstoffe und Geschiebe, sowie auch gegen den Angriff konzentrierter Säuren werden sie manchmal im unteren Teil ihrer Innenfläche mit gesinterten Tonschalen, Klinkern oder auch Asphalt ausgekleidet.

Ton-, Steinzeug- und Zementröhren werden den folgenden Prüfungen unterzogen:

1. Prüfung auf Druck von außen unter Ermittelung des elastischen Verhaltens;
2. Prüfung auf Druck von innen;
3. Prüfung des Gefüges;
4. Prüfung der Innenflächen.

Außerdem sind auch die Abmessungen und das Gewicht der Rohre sowie ihre äußere Beschaffenheit festzustellen.

§ 304. Abmessungen und äußere Beschaffenheit.

Ton- und Steinzeugrohre sind in der Regel zylindrische Muffenrohre von 50—400 mm lichter Weite und kreisförmigem Querschnitt. Zementrohre besitzen dagegen die aus Abb. 475—477 ersichtlichen Querschnittsformen. Abb. 475 stellt sogenannte kreisrunde und Abb. 476 und 477 eiförmige Röhren

[1]) Über den Unterschied zwischen Tonröhren und Steinzeugröhren s. Verhandl. d. Ver. z. Förderung des Gewerbfleißes S. 111—116, 1909; ferner Tonindustriezeitung 1915, S. 234.

lar. Erstere werden bis 100 cm Durchmesser und letztere von 20/30 bis 100/150 cm Lichtweite bzw. Höhe angefertigt. Die Wandstärken sind im Scheitel und in der Sohle gegenüber den Kämpfern etwas erhöht. Die Baulänge der Rohre ist 1 m, bei den eiförmigen Röhren von 60/90 cm aufwärts auch 1,25 m. Die größeren eiförmigen Profile werden auch zwei- und vierteilig hergestellt. Die Teilfugen sind in Abb. 477 angegeben[1]).

Die Untersuchung der äußeren Beschaffenheit hat den Zweck, Beschädigungen, Glasurfehler oder Haarrisse festzustellen. Zum Sichtbarmachen der Haarrisse in Glasuren reibt man die Oberfläche der Rohre mit färbenden Substanzen ein. Für helle Glasuren ist Graphit und für dunkle Talgpulver empfehlenswert.

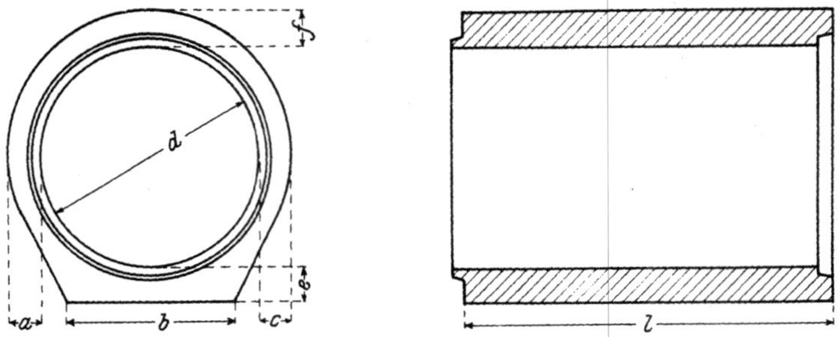

Abb. 475.

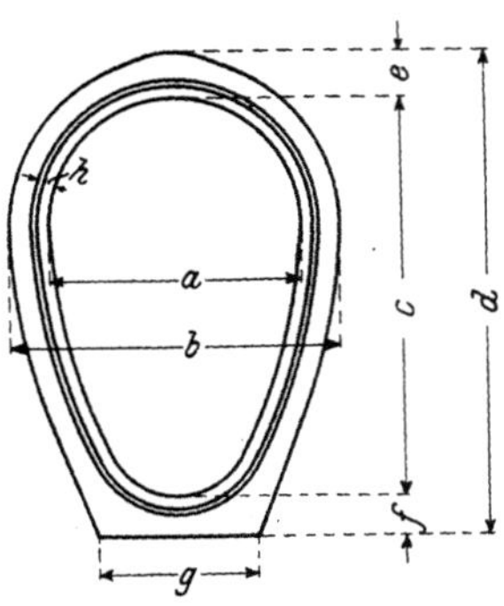

Abb. 476.

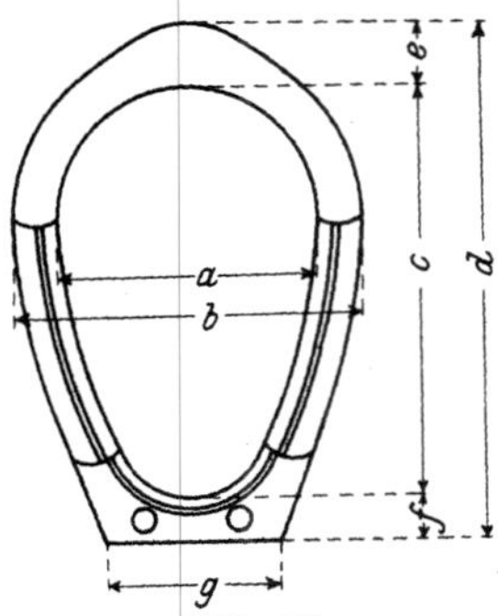

Abb. 477.

Bei Zementrohren sind nach den Leitsätzen für Ausführung von Zementrohrleitungen, aufgestellt vom Deutschen Betonverein, kleine Beschädigungen nicht nachteilig und Haarrisse, da unvermeidlich, nicht als Fehler zu bezeichnen. Unter Haarrissen sind dabei die unregelmäßig verlaufenden, durch Witterungseinflüsse entstehenden feinen Risse zu verstehen, welche sich nach Art eines Spinnengewebes nur auf der geglätteten Oberfläche zeigen.

§ 305. Prüfung auf Druck von außen.

a) Stoßfreier Scheiteldruck.

Die Prüfung auf äußeren Druck ist wegen der Beanspruchung der Rohre durch den Erddruck und darüberfahrende Fuhrwerke erforderlich.

[1]) Über Eisenbetonrohre mit Klinkerauskleidung s. Gesundheits-Ingenieur 1914, S. 603.

Die Kraft soll bei der Prüfung unter Ausschluß aller Nebeneinwirkung(senkrecht zur Rohrachse und gleichmäßig über die Rohrlänge verteilt wirke:

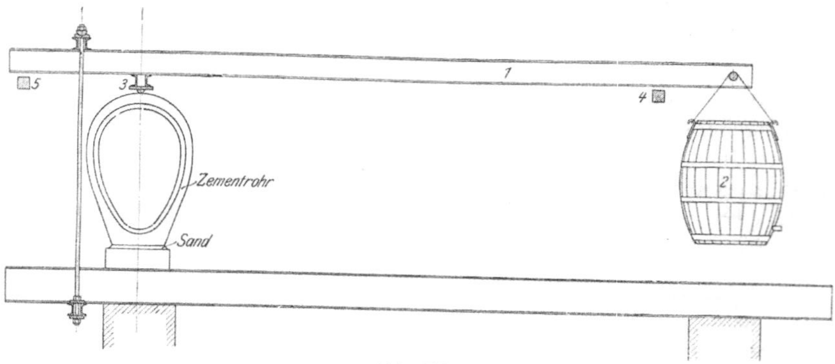

Abb. 478.

Ganze oder teilweise Einbettung der Rohre in Sand ist unrichtig, weil eine Beobachtung des Äußeren der Rohre unmöglich ist und sie trotz eingetretenen Bruches wegen der versteifenden Wirkung des Sandes noch zusammenhalten. Ihre Tragfähigkeit ist abhängig von der Dichtigkeit der Umschüttung und um so größer, je fester die Umschüttung ist. Dyckerhoff in Biebrich stellte fest, daß die Tragfähigkeit solcher Rohre vom $2\frac{1}{2}$—4fachen derjenigen wechselt, welche bei der ordnungsmäßigen, oben angegebenen Art des Kraftangriffes vorhanden ist.

Abb. 479.

Die Prüfung erfolgt entweder mit hydraulischen Pressen oder mit Hebelapparaten. Bei beiden Versuchseinrichtungen ist das Widerlager, auf welchem das Rohr ruht, eine ebene Fläche und das Übertragungsglied für den Kraftangriff am Scheitel des Rohres eine abgerundete, als Träger gleicher Festigkeit konstruierte Schneide von höchstens 5 mm Breite. Zur Schaffung ebener Berührungsflächen werden die Röhren mit schmalen, ganz niedrigen Mörtelleisten versehen[1]). Zementrohre mit ebener Grundfläche erhalten nur am Scheitel eine Mörtelleiste, und die Unebenheiten der Grundfläche werden durch eine über das Widerlager gebreitete Sandschicht von 2—3 cm Stärke ausgeglichen.

[1]) In den meisten Fällen genügen aber zur Ausgleichung der Unebenheiten schmale Hartholzkeile, die man zwischen die Rohrfläche und die Schneide schiebt.

Als einfachen Apparat zur Rohrprüfung schlägt Verfasser den in der Abb. 478 abgebildeten vor. In das am Ende des Hebels 1 hängende Gefäß 2 läßt man Wasser einlaufen, dessen Gewicht auf das bei 3 angeordnete Rohr wirkt. Beim Bruch des Rohres stützt sich der Hebel auf die Böcke 4 und 5.

Abb. 479 zeigt die Röhrenpresse für 10 t Kraftäußerung nach Koenen von Grether & Co. in Freiburg i. Br. Sie besteht aus einem kräftigen Eisengestell, welches unten eine ebene Plattform zur Aufnahme des Rohres und oben eine in der Höhenlage verstellbare Traverse besitzt, an welcher eine hydraulische Presse befestigt ist. Der Druckkolben der Presse wirkt auf einen mit Gelenk versehenen, zur Kraftübertragung auf das Rohr dienenden, eisernen Balken (Schneide). Der Betrieb der Presse erfolgt durch das seitlich an der Maschine angebrachte Pumpwerk, welches Druckwasser durch bewegliche Rohre nach der hydraulischen Presse fördert. Die Kraftmessung geschieht durch Manometer.

Zur Orientierung bei der Beurteilung der Ergebnisse von Druckversuchen mit Zementrohren diene folgende Tabelle, in der die Mindest-, Höchst- und Durchschnittsfestigkeiten einer größeren Zahl geprüfter Zementrohre aufgeführt sind[1]).

Zusammenstellung[2]) der Mindest-, Höchst- und Durchschnitts-Festigkeiten von Zementröhren.

Profilform	Mittlerer innerer Durchmesser der Rohre cm	Mittlere Dicke der Rohrwandung cm	Anzahl der Einzelversuche	Scheiteldruck: Bruchlast in kg Mindestwert	Scheiteldruck: Bruchlast in kg Höchstwert	Scheiteldruck: Bruchlast in kg Durchschnitt
s. Abb. 475	20	3,5	3	1880	2380	2070
	25	4,0	1	—	—	(1870)
	30	4,8	10	1380	7650	4320
	40	5,4	22	1200	6120	3690
	45	5,6	6	3340	4160	3660
	50	6,1	21	1280	6190	3070
	60	7,0	9	2140	6150	3620
	70	8,0	2	3300	5900	4600
	80	8,5	7	2400	3650	3260
s. Abb. 476	25/37,5	4,5	4	2940	4830	3980
	30/45	5,0	3	2250	3500	2760
	35/52	6,5	3	3650	5960	4860
	50/75	7,5	11	4550	7660	5750
	60/90	9,3	3	5000	5310	5160
	70/105	10,0	13	1910	9890	5590
	80/120	10,0	8	1980	5900	3550
	100/150	13,0	5	2160	5620	3330

[1]) Nach den Leitsätzen des Deutschen Betonvereins für die Prüfung von Zementröhren sind bestimmte „Mindesttraglasten" vorgeschrieben, die bei einigermaßen sorgfältiger Herstellung der Rohre leicht erzielbar sind. Die Rohre der obigen Tabelle genügen alle diesen Vorschriften.

[2]) Ein Teil der Tabellenwerte wurde der Broschüre von Gary, „Zementröhren, ihre Verwendung, Prüfung und Bewertung in der Praxis", Berlin 1907, Verlag der Tonindustriezeitung, entnommen, während die übrigen Werte Ergebnissen von Versuchen des Verfassers entsprechen.

Der Bruch der Rohre ohne Eiseneinlage erfolgt plötzlich, und gewöhnlic entsteht der erste Riß längs des Scheitels an der Innenseite des Rohres, w die größte Zuganstrengung im Rohrmantel auftritt.

Da bei der Benutzung der Rohre das elastische Verhalten derselben vo Bedeutung ist, empfiehlt es sich, die Prüfung auch auf die in dieser Beziehun in Betracht kommenden Eigenschaften zu erstrecken.

Zum Messen der Zusammendrückung der Rohre bedient man sich mit Vorteil der von Martens angegebenen Vorrichtung (Abb. 480). Sie besteht aus 2 Holzschienen 1 und 2, die durch das Gummiband 3 verbunden sind und zwischen sich ein Schneidenprisma 4 mit Zeiger 5 aufnehmen, der bei Verschiebung der Holzschienen an der Skala 6 vorbeispielt. Gummiband 7 dient dazu, die Enden der beiden Holzschienen gegen die Rohrwandungen zu drücken, und Rolle 8 zur Sicherung des Abstandes der beiden Holzschienen 1 und 2. Das Übersetzungsverhältnis ist abhängig von dem Schneidenabstand des Prismas 4 und der Zeigerlänge.

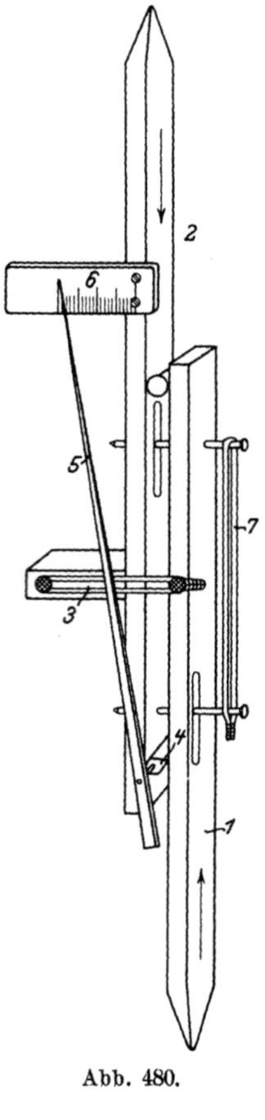

Abb. 480.

Im allgemeinen werden zwei solche Apparate angewendet: einer zur Messung der Zusammendrückung in vertikaler Richtung und einer zur Feststellung der zugehörigen Erweiterung in horizontaler Richtung. Selbstverständlich können für diese Messungen aber auch die Zeigerapparate (Abb. 535, S. 579) benutzt werden.

b) Schlagversuche.

Um die Empfindlichkeit von Röhren gegen Stöße festzustellen, unterzieht man sie einer Schlagbeanspruchung auf den Scheitel und ermittelt diejenige Schlagarbeit, welche erforderlich ist, das unversehrte Rohr mit einem Schlage zu zertrümmern. Der Fallbär soll Kugelform besitzen.

Wenn kein geeignetes Fallwerk zur Verfügung steht, kann man die Prüfung derartig ausführen, daß das Rohr auf einer Plattform mit Sandzwischenlage aufgestellt und durch eine freifallende eiserne Kugel beansprucht wird. Die Kugel kann unter Benutzung einer über dem Rohr angebrachten Rolle an einem Faden hochgezogen werden, und durch Loslassen desselben oder besser durch Zerschneiden oder Durchbrennen desselben kann man das Niederfallen der Kugel bewirken. Die Fallhöhe wird zur Berechnung der Schlagarbeit gemessen.

§ 306. Prüfung auf Druck von innen.

Wenn auch Ton-, Steinzeug- und Zementröhren im allgemeinen nicht für Druckwasserleitungen benutzt werden, bietet die Prüfung auf Innendruck doch gewisse Anhaltspunkte zur Beurteilung der Güte der Röhren und deshalb schreiben verschiedene Behörden als Abnahmeprüfung die Wasserdruckprobe vor. Der dabei zu benutzende Flüssigkeitsdruck beträgt etwa 4—15 m Wassersäule.

Hinsichtlich der Prüfungsvorrichtungen ist hervorzuheben, daß sie gestatten müssen, das Rohr ohne zusätzliche Kraftwirkungen durch reine, radial zur Rohrachse wirkende Kräfte zu beanspruchen. Es sind deshalb alle Vorrichtungen als unzweckmäßig zu verwerfen, bei denen das Rohr zur Abdichtung zwischen zwei ebene Platten eingespannt wird. Diese Art der Einspannung bewirkt, daß das Rohr Materialspannungen erleidet, welche senkrecht zu den durch den Flüssigkeitsdruck erzeugten wirken.

Einwandfrei in dieser Beziehung ist die von Rudeloff[1]) herrührende Einrichtung, welcher der Verfasser die in der Abb. 481 dargestellte Ausgestaltung erteilte.

In die Enden des Rohres werden Eisendeckel 1 und 2, von denen mehrere Sätze vorhanden sind und die mit Ledermanschetten 3, 4 abgedichtet werden, eingesetzt.

In den unteren Deckel 1 ist die Zugstange 5 eingeschraubt, welche am oberen Ende mit einem langen Gewinde 6 zur Aufnahme einer Gewindebüchse versehen ist, an der der Deckel 2 hängt. Die Zugstange 5 besitzt eine Bohrung, in welche bei 7 das von der Hochdruckleitung kommende Rohr 8 zur Flüssigkeitszufuhr in das Innere des zu prüfenden Rohres mündet. An derselben Stelle ist das Manometer 9 zur Messung des Druckes angeschlossen. Bei der Vorrichtung ist darauf zu achten, daß die Manschetten geschmeidig sind und bereits beim Zusammenbauen der Vorrichtung fest an der Rohrwand anliegen. Bei der Prüfung unrunder Rohre preßt man die Manschetten etwas auseinander, füllt sie mit Gelatine und erreicht dadurch, daß ihre Ränder von vornherein an die Rohrwand angedrückt werden.

Aus dem Flüssigkeitsdruck p, dem lichten Rohrdurchmesser D und der Wandstärke e läßt sich die Materialspannung berechnen nach der Beziehung:

$$\sigma = \frac{p \cdot D}{2 \cdot e}.$$

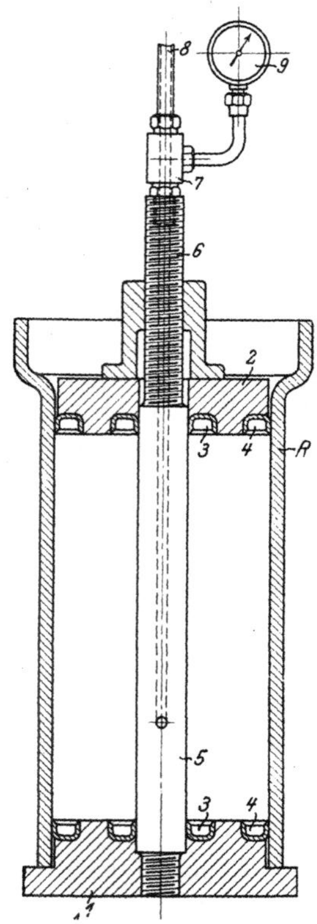

Abb. 481.

Da die Rohre nicht an allen Stellen gleiche Wandstärke besitzen, messe man sie an mehreren Stellen und führe bei der Berechnung den Mittelwert sämtlicher Messungsergebnisse ein. Zur Ermittelung der Erweiterung der Röhren durch den inneren Druck verwendet man die von Martens angegebene Vorrichtung (s. Abb. 482), welche die Vergrößerung des Rohrumfanges mit Hilfe eines um das Rohr 1 geschlungenen Stahlbandes 2 zu messen gestattet. Das eine Ende 3 des Stahlbandes 2 ist an einer Holzlatte 4 befestigt, während das andere Ende über eine ebenfalls an der Latte

[1]) Mitteilungen aus den technischen Versuchsanstalten, Berlin 1892.

angebrachte Rolle 5 geführt und mit einem Gewicht 6 versehen ist, welches das Band 2 in Spannung erhält. Bei einer Umfangsänderung des Rohres 1 wird das Gewicht 6 gehoben, und da an dem Stahlband gleichzeitig der um die Rolle 7 geschlungene Faden 8 angebracht ist, der durch die Feder 9 gespannt wird, kann man an der Skala 10 mit Hilfe des an der Rolle 7 befindlichen Zeigers 11 die Bewegung des Stahlbandes und somit die Umfangsänderung des Rohres messen.

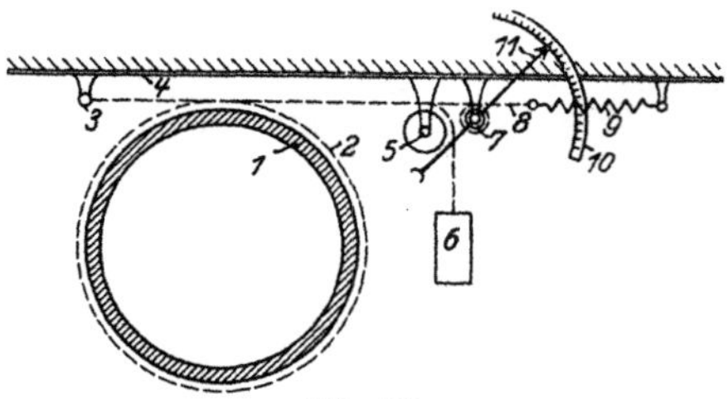
Abb. 482.

Bei der Durchführung von Versuchen zur Feststellung der elastischen Formänderungen sind die einzelnen Belastungsstufen mehrfach einzustellen zur Ausschaltung etwaiger elastischer Nachwirkungen.

§ 307. Prüfung des Gefüges.

a) Bruchflächenbeschaffenheit.

Die Bruchfläche eines guten Ton- oder Steinzeugrohres muß dichtes, rißfreies Gefüge aufweisen, und es ist daher der Scherben mit der Lupe eingehend zu untersuchen. Man unterscheidet muscheligen Bruch, ebenen und unebenen Bruch. Muscheliger Bruch besitzt glatte, ebener rauhe und unebener höckrige Flächen. Das Material muß sich mit Meißel und Hammer bearbeiten lassen, und das Rohr muß beim Anschlagen mit dem Hammer metallisch klingen. Es empfiehlt sich, für diese Probe das Rohr aufrecht auf hohle Unterlage zu stellen. Die Bruchflächen von Zementröhren sollen gleichfalls dicht, rißfrei und gleichförmig sein. Die Kieselsteine sollen so fest im Zementmörtel sitzen, daß sie sich mit einem Hammer spalten lassen, ohne aus der Zementumhüllung herauszuspringen.

b) Härte.

Die Härte der Oberfläche und der Bruchfläche der Röhren wird mit der Mohsschen Reihe festgestellt.

c) Dichtigkeitsgrad.

Die Ermittelung des Dichtigkeitsgrades geschieht, wie auf S. 357 angegeben oder durch Wassersättigung von Scherben. Letztere Methode bietet insofern einige Schwierigkeiten, als der Scherben gesinterter Rohre nur sehr schwer Wasser aufsaugt. Zweckmäßig geschieht daher die Wassersättigung im luftverdünnten Raum oder auch durch 24stündiges Kochen der Scherben in siedendem Wasser. Zu beachten ist, daß vor dem Versuch der Scherben vollständig von der Glasur befreit wird. Da ein einzelner Versuch wegen der Ungleichartigkeit des Rohrmaterials kein einwandfreies Ergebnis zu liefern vermag, ist die Bestimmung an 10 Stücken auszuführen.

d) Wasserdurchlässigkeit.

Die Wasserdurchlässigkeit von Röhren ist in erster Linie abhängig vom Dichtigkeitsgrad des Scherbens und in zweiter Linie von der Dichtigkeit der Oberfläche bzw. der Glasur.

Man bestimmt die Wasserdurchlässigkeit in der auf S. 504 angegebenen Weise unter Benutzung von Scherben, gegebenenfalls mit Glasur, die erst getrocknet, dann an den Rändern mit Wachs gedichtet und schließlich mit graduierten Glasröhren von 45 mm lichtem Durchmesser versehen werden. Man beobachtet, wieviel Wasser innerhalb bestimmter Zeit in das Material eindringt oder ob Wasser das Rohrstück zu durchdringen vermag. Da Rohre, die in Grundwasser verlegt werden, auch Dichtigkeit gegen Wassereintritt von außen besitzen müssen, ist die Wasserdurchlässigkeit sowohl der Innenseite als auch der Außenseite der Rohre festzustellen.

§ 308. Prüfung der Innenflächen.

Die Prüfung der Innenflächen erstreckt sich bei Ton- und Steinzeugröhren auf Ermittelung der Säurebeständigkeit und bei Zementröhren auf Abnutzbarkeit.

Bei der Säurebeständigkeitsprüfung hat die des Scherbens getrennt von derjenigen der Oberfläche zu erfolgen. Die erstere geschieht nach einem Verfahren von Seger und Cramer. Der Scherben wird ohne Glasur zerkleinert und das Material auf Sieben von 64 bzw. 121 Maschen auf das Quadratzentimeter abgesiebt. Der zwischen den Sieben verbleibende Rückstand ist das Versuchsmaterial. Die Körner werden zur Entfernung des Staubes mit Wasser gewaschen, bis zu gleichbleibendem Gewicht getrocknet und mit der zehnfachen Menge Salz- oder Salpetersäure 24 Stunden lang unter öfterem Umschütteln behandelt. Nach Wiederholung des Waschens und Trocknens wird der durch die Säurebehandlung entstandene Gewichtsverlust, der als Maß für die Säurebeständigkeit zu betrachten ist, festgestellt.

Die zweite Prüfung, d. i. die Ermittelung der Säurebeständigkeit der Oberfläche oder der Glasur, erfolgt nach dem Verfahren von Kämmerer, indem Probestücke während 48 Stunden bei Zimmertemperatur der Einwirkung 1 %iger Lösung von Salzsäure, Salpetersäure, Schwefelsäure und Ammoniak ausgesetzt werden. Auch eine Behandlung der Glasur mit den Dämpfen der rauchenden Salpetersäure gibt Aufschluß über die Säurebeständigkeit. Zur Beurteilung der Säurebeständigkeit wird alsdann die Änderung des spezifischen Gewichtes und der physikalischen Beschaffenheit des Probestückes benutzt. Es dürfen durch diese Behandlung weder die Glasur noch Stücke vom Probekörper abgelöst werden.

Da Zement gegen Säuren wenig widerstandsfähig ist, erübrigt sich die Untersuchung der Zementröhren auf Säurebeständigkeit und man prüft sie deshalb nur auf Abnutzbarkeit. Es geschieht mit dem Sandstrahlgebläse, weil man Rohrstücke wegen der Krümmung ihrer Flächen auf der Schleifmaschine dem Abnutzungsversuch nicht unterziehen kann. Die Ausführung des Versuches geschieht, wie in § 185b dargelegt wurde[1]).

§ 309. Prüfung von Rohrverbindungen.

Wenn Rohre nicht auf völlig unbeweglichem Untergrunde verlegt werden oder bereits zu Rohrsträngen vereinigt zur Verlegung gelangen, können die Rohrverbindungen Beanspruchungen erleiden, die auf eine Trennung zweier

[1]) Siehe a. Gary, Baumaterialienkunde, Jahrg. 1898, S. 35.

benachbarter Rohre hinwirken. Um daher die zulässigen Beanspruchungen kennenzulernen, welche man den Rohrverbindungen gegebenenfalls zumuten darf, unterzieht man sie einer Prüfung. Zwei Rohre werden in ordnungsmäßiger Weise, wie es beim Verlegen geschehen soll, miteinander verbunden und dann durch eine über die Scheitel gleichmäßig verteilte Last beansprucht. Die Stützung der beiden Rohre erfolgt an den Enden und die Belastung mit Hilfe einer Lastverteilungsvorrichtung, deren Wesen in § 316 näher erläutert ist. Die Belastung wird allmählich gesteigert und diejenige Kraft festgestellt, welche eine Trennung der Rohrverbindung hervorruft.

Eine gleichzeitige Prüfung mehrerer Rohrverbindungsarten[1]) oder von mehr als zwei Rohrstücken ist nicht zu empfehlen, weil sich die Beanspruchungen rechnerisch nicht verfolgen lassen und beim Bruch der einen Verbindung infolge des Stoßes die übrigen Verbindungen beschädigt werden.

II. Die Prüfung von Mauerwerk.

§ 310. Allgemeines.

Auf S. 99ff. wurde nachgewiesen, daß die Druckfestigkeit von Mauerwerk geringer ist als die des Materials, welches zu seiner Herstellung Verwendung fand, und auf S. 517 ist auf die Umstände hingewiesen, durch welche diese geringere Festigkeit begründet ist. Es wurde erwähnt, daß in erster Linie der Mörtel Schuld an der geringeren Festigkeit des Mauerwerkes trägt. Der Mörtel wirkt als weiche Zwischenlage, deren Einfluß auf S. 100 dargelegt wurde. Sehr lehrreich sind in dieser Beziehung die Versuchsergebnisse, welche Burchartz[2]) mitteilt. Nach diesen ist vergleichsweise die Druckfestigkeit von zwei aufeinandergebauten Ziegelhälften gleich:

100, wenn die Mauerfuge aus reinem Zementmörtel,
100, „ „ „ „ Zementmörtel 1 : 3,
78, „ „ „ „ Kalkmörtel,
83, „ „ „ „ losem Zementpulver,
73, „ „ „ „ feinem, trockenem Sande,
77, „ „ „ „ „ feuchtem Sand,
87, „ „ „ „ feuchtem Sägemehl bestand und
100, „ „ Steinhälften mit geschliffenen Flächen

aufeinandergelegt wurden.

Aus den Einzelwerten der Versuchsergebnisse geht hervor, daß die Druckfestigkeit um so größer ist, je dünner die Mörtelfuge zwischen den Steinen war. Je dicker die Fuge ist, desto leichter wird der Mörtel aus der Fuge herausgedrückt und zermalmt.

Ähnlich liegen die Verhältnisse bei der Prüfung größerer Mauerwerkskörper, wie die zahlreichen, an der Dresdner Technischen Hochschule ausgeführten Prüfungen großer Mauerwerkskörper[3]) nachgewiesen haben[4]). Sie werden

---

[1]) Beton und Eisen S. 300, 1906. Neue Verbindung von Betonrohren.

[2]) Burchartz, Luftkalke und Luftmörtel, Berlin 1908.

[3]) Die Mauerwerkskörper besaßen 75 × 75 × 75 cm Größe, ihre Prüfung fand in der Materialprüfungsmaschine für 1000 t Kraftäußerung statt (s. § 393).

[4]) Näheres hierüber s. Wawrziniok, Die Festigkeit von Ziegelmauerwerk und die Abhängigkeit derselben von der Art des Mörtels, Zeitschr. des Verbandes Deutscher Archit. u. Ing.-Ver., Bd. 2, 1913. Ferner: Tonindustriezeitung 1909, S. 1202.

ungünstiger dadurch, daß bei wachsender Größe der Probekörper auch die Erhärtung ungleichmäßiger stattfindet. An den Außenseiten des Probekörpers schreitet die Erhärtung des Kalkmörtels infolge der leichteren Kohlensäurebindung schneller fort als in seinen inneren Teilen, wo die Kohlensäure langsamer Zutritt findet und die Erhärtung des Mörtels verzögert wird (s. S. 453). Dadurch besitzt die Mörtelfuge keine gleichgroße Festigkeit, was eine ungleichmäßige Zusammendrückung der Probekörper und infolgedessen Biegungsbeanspruchungen der einzelnen Ziegel bedingt, welche wiederum eine vorzeitige Zerstörung der Ziegel veranlassen. Es wird diese Anschauung dadurch gestützt, daß bei Probekörpern, die in Zementmörtel gemauert waren, die Rißbildung zeitlich mit dem Eintritt des Bruches zusammenfiel. Die Erhärtung der Zementmörtelfugen erfolgte infolge der selbständigen Erhärtung des Zementes gleichmäßiger, so daß keine Biegungsanstrengungen auf die Ziegel einwirkten. Bei Probekörpern dagegen, die unter Verwendung von Kalkmörtel hergestellt waren, begann die Rißbildung bereits bei Belastungen, die etwa 40—50 % unter der Bruchbelastung lagen. In der Regel verlaufen die ersten Längsrisse an Probekörpern mit Kalkmörtel durch die Mitte der Ziegel, seltener in den Fugen. Bei solchen aus Zementmörtel dagegen treten sie plötzlich, erst im Augenblicke des Bruches und dann meistens in den Fugen auf. Naturgemäß ist die Festigkeit von Probekörpern mit Zementmörtel größer als die mit Kalkmörtel; der Unterschied beträgt etwa 50 %. Im allgemeinen kann behauptet werden, daß die Druckfestigkeit von Mauerwerk um so höher ist, je größere Festigkeit und Selbsterhärtungsfähigkeit der Mörtel besitzt. Auch die Bruchform ist von der Festigkeit des Mörtels abhängig. In Zementmörtel hergestellte Mauerkörper liefern eine Bruchform, die sich der eines einheitlichen Steinkörpers nähert, indem in vielen Fällen Druckpyramiden (s. S. 102) entstehen. Mauerkörper dagegen, zu deren Anfertigung Kalkmörtel oder verlängerter Zementmörtel geringerer Festigkeit benutzt wird, zerfallen in einzelne Stücke, da der Mörtel vor Zertrümmerung der einzelnen Ziegel zermalmt wird[1]).

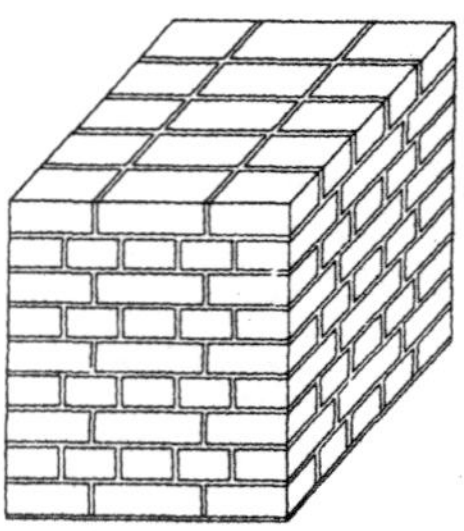

Abb. 483.

§ 311. Form der Probekörper.

Die Abmessungen der Probekörper müssen so gewählt werden, daß zu ihrer Herstellung möglichst ganze Ziegel, zum mindesten keine Riemenstücke oder Viertelsteine verwendet werden. Bei der Prüfung von Mauerwerk aus gelochten Steinen verbietet sich eine Teilung der Steine von selbst. Man läßt dann, wie es durch den regelrechten Verband bedingt ist, die betreffenden Steinteile über die Seitenflächen des Probekörpers hervorragen und berücksichtigt bei der Prüfung die unregelmäßige Querschnittsform dadurch, daß man die abgleichende Zementmörtelschicht gleich der geringsten Querschnittsfläche macht und diese in der Berechnung einführt. Der dadurch

[1]) Für die Prüfung von Bruchsteinmauerwerk gelten die gleichen Gesichtspunkte, nur spielt dabei der Verband der Probekörper eine noch wichtigere Rolle.

entstehende Fehler ist so geringfügig, daß er vernachlässigt werden kann Bei gelochten Steinen werden die Hohlräume mit Mörtel ausgefüllt und ihre Querschnitte bei Berechnung der Druckfestigkeit vom Körperquerschnitt nicht in Abzug gebracht.

Abb. 483 zeigt den Verband von Mauerkörpern aus gebrannten Mauerziegeln, und in Abb. 484 ist die Bruchform eines Probekörpers dargestellt, wie er zur Ermittelung der Druckfestigkeit von Mauerwerk aus Schornsteinradialziegeln Verwendung findet.

Abb. 484.

§ 312. Umfang einer vollständigen Mauerwerksprüfung.

Eine vollständige Mauerwerksprüfung hat sich zu erstrecken auf:

1. Untersuchung der einzelnen Bausteine nach VI. Teil, Abschnitt II, S. 373;
2. Untersuchung des zur Herstellung des Probekörpers benutzten Mörtels nach IV. Teil, S. 396;
3. Feststellung des Gewichtes von 1 cbm Mauerwerk;
4. Ermittelung der Druckfestigkeit; hierbei werden festgestellt:
   a) die Beanspruchung beim Entstehen des ersten Risses,
   b) die Belastung im Augenblicke des Bruches, d. h. die höchste Tragfähigkeit[1]).

Die nachstehende Zusammenstellung der Ergebnisse von Versuchen, die Verfasser mit Mauerwerksprobekörpern ausführte, enthält alle den genannten Forderungen entsprechenden Werte. Sie beweisen den hohen Einfluß der Art des Mörtels und der Erhärtungszeit desselben auf die Druckfestigkeit und Formveränderung, bzw. Zusammendrückung der Probekörper und sie lassen deutlich erkennen, daß zur Erlangung der höchsten Festigkeit eine jahrelange Erhärtungszeit notwendig ist[2]).

---

[1]) Über Krankheiten und Zerstörungen von Ziegelmauerwerk, siehe Reese, Leipzig 1916, Verlag von Degener. Ferner siehe Gebauer, Druckfestigkeit von Lehmsteinen und Lehmsteinmauerwerk, Tonindustrieztg. 1920, S. 301.

[2]) S. Anmerkung [4]), S. 526.

Mischungsverhältnis des Mörtels	Gewicht der Mauerwerkskörper bei der Prüfung kg/cbm	Alter bei der Prüfung	Druckfestigkeit kg/qcm	Materialspannung bei der Rißbelastung kg/qcm	Elastische Zusammendrückung in mm bei 12 kg/qcm	100 kg/qcm	200 kg/qcm	[illegible] drückung in mm bei 12 kg/qcm	100 kg/qcm	200 kg/qcm
	1933	7 Tage	134,75	38,00	0,95	6,73	—	0,93	5,35	—
1 Raumteil Settenzer Kalk	1869	28 „	135,40	40,35	0,65	5,34	—	0,63	4,72	—
4 Raumteile Bausand bis	1861	91 „	143,45	41,05	0,34	4,93	—	0,34	4,63	—
5 mm Korngröße	1825	1 Jahr	154,15	79,10	0,23	2,56	—	0,27	2,13	—
	1812	2 Jahre	160,35	94,10	0,21	2,43	—	0,15	1,62	—
1 Raumteil Settenzer Kalk	2029	7 Tage	149,85	53,25	0,71	8,04	—	0,46	6,36	—
1,5 Raumteile Traß	2014	28 „	173,90	84,05	0,27	6,12	—	0,27	5,58	—
4 Raumteile Bausand bis	1945	91 „	181,25	84,90	0,20	4,40	—	0,15	3,87	—
5 mm Korngröße	1939	1 Jahr	194,60	90,65	0,19	2,98	—	0,14	2,55	—
	1926	2 Jahre	218,15	99,50	0,23	2,10	5,45	0,22	1,75	—
1 Raumteil Zement	1945	7 Tage	236,40	147,20	0,21	1,10	2,49	0,17	0,72	2,08
(Grundmann)	1945	28 „	263,85	189,60	0,20	0,85	1,66	0,19	0,51	0,97
5 Raumteile Bausand bis	1874	91 „	282,60	220,85	0,15	0,65	1,29	0,13	0,32	0,65
5 mm Korngröße	1869	1 Jahr	326,85	232,30	0,18	0,75	1,28	0,21	0,45	0,62
	1844	2 Jahre	372,20	237,20	0,18	0,81	1,33	0,20	0,39	0,51
1 Raumteil Zement	1971	7 Tage	218,75	122,45	0,18	1,11	3,27	0,15	0,75	2,42
(Grundmann)	1943	28 „	244,55	139,05	0,19	0,96	2,13	0,17	0,59	1,20
0,5 Raumteil Traß	1892	91 „	266,95	179,60	0,17	0,91	1,78	0,12	0,35	0,74
5 Raumteile Bausand bis	1865	1 Jahr	361,60	240,80	0,18	0,71	1,19	0,24	0,44	0,56
5 mm Korngröße	1859	2 Jahre	397,40	303,30	0,15	0,65	1,02	0,19	0,40	0,49
1 Raumteil Zement	1952	7 Tage	208,80	102,95	0,27	2,68	5,94	0,27	2,02	4,31
(Grundmann)	1921	28 „	228,05	114,85	0,17	1,54	4,44	0,17	1,05	3,25
2 Raumteile Settenzer Kalk	1907	91 „	235,35	148,10	0,20	0,93	3,21	0,15	0,44	2,00
7 Raumteile Bausand bis	1895	1 Jahr	279,50	210,20	0,14	0,65	1,30	0,14	0,35	0,59
5 mm Korngröße	1833	2 Jahre	288,95	212,20	0,30	1,00	1,67	0,30	0,70	0,91
1 Raumteil Zement										
(Grundmann)	2050	7 Tage	210,70	111,95	0,24	3,29	7,19	0,20	2,67	5,71
2 Raumteile Settenzer Kalk	2032	28 „	251,50	148,00	0,27	1,60	4,06	0,37	1,33	3,25
1,5 Raumteile Traß	2018	91 „	308,45	197,90	0,32	1,06	1,78	0,37	0,76	1,10
7 Raumteile Bausand bis										
5 mm Korngröße										

Sämtliche Zahlen sind Mittelwerte aus je zwei Versuchen.

III. Die Prüfung von Brücken-Gelenksteinen.

§ 313. Art der Versuchsausführung.

Gelenksteine für Brücken werden auf Druckfestigkeit geprüft, wob(man die Anlageflächen bei verschiedenen Belastungsstufen feststellt. Di

Abb. 485.

Prüfung erfolgt nicht am einzelnen Stein, sondern durch Belastung eines ordnungsmäßig aufeinandergesetzten Gelenksteinpaares. Der eine Stein wird auf die untere Preßplatte der Prüfungsmaschine gesetzt und der andere an der oberen Platte aufgehängt (Abb. 485), damit man bei jeder Belastungsstufe zwecks Besichtigung der Berührungsflächen den einen Stein vom anderen abheben kann. Zur Bestimmung der Größe der Berührungsflächen, deren Kenntnis zur Berechnung der spezifischen Pressung zwischen den Anlageflächen notwendig ist, werden zwischen den Steinen zwei Bogen weißes, dünnes, gutgeleimtes Papier angeordnet, auf welche die jeweilige Berührungsfläche durch zwischengelegtes Farbpapier kopiert wird. Die Größe der Berührungsfläche bestimmt man zur Berechnung der spezifischen Pressung zwischen den Steinen durch Ausmessen mit dem Maßstab oder dem Planimeter.

Da gute Anlage der Steine an den Preßplatten unbedingt erforderlich ist, auch beim Belasten die beiden Steine stets in richtiger Lage aufeinander-

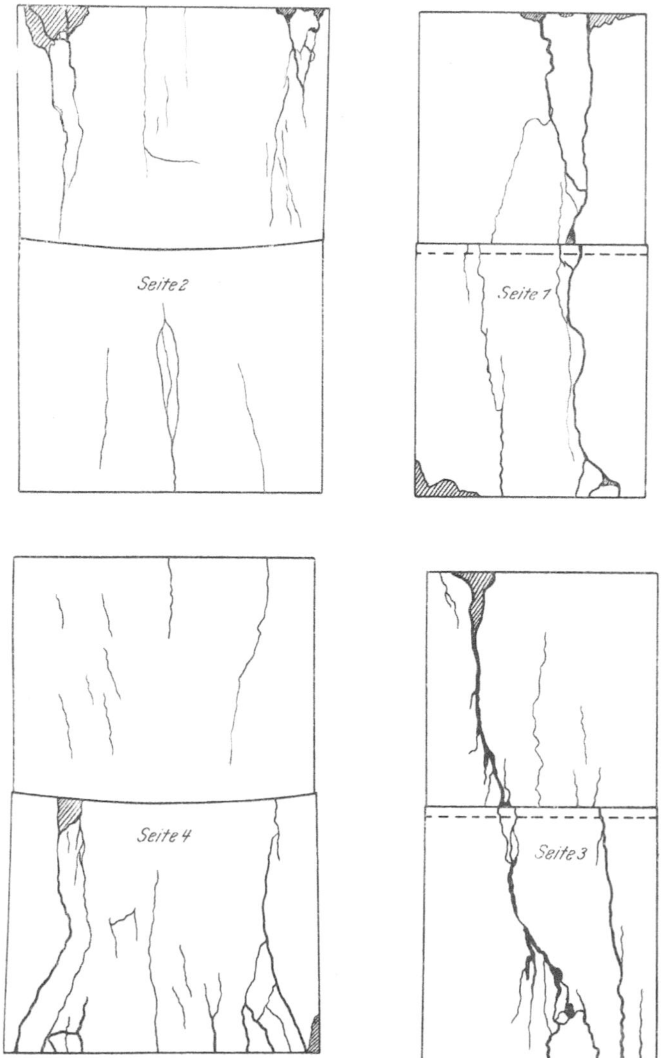

Abb. 486.

gesetzt werden müssen, gleicht man die Druckflächen mit Zementmörtel 1 : 1 ab und markiert die vorgeschriebene gegenseitige Lage der Gelenksteine durch Farbstriche.

Der Versuch wird in der Weise durchgeführt, daß man zuerst diejenige Belastung auf die Steine bringt, welcher sie im Bauwerke ausgesetzt werden sollen, und dann sie stufenweise bis zum Bruche steigert. Jede Belastung läß man 5 Minuten bestehen, hebt hiernach den Stein ab, entfernt das zwischen gelegte Papier, bringt neues an seine Stelle und stellt die nächste Laststufe ein Während des Versuches, also auch während der Belastungssteigerung, werdei die Seitenflächen der Steine beobachtet und mit der Lupe nach Rissen ab gesucht. Die Belastung, bei welcher der erste Riß eintritt, wird notiert und ebenso werden die Belastungen angegeben, bei welchen weitere Risse eintreten oder sich Teile von den Steinen ablösen. Das endgültige Aussehen der Steine nach dem Versuche ist zeichnerisch festzulegen.

§ 314. Beispiel eines Druckversuches mit Gelenksteinen.

Abb. 485 zeigt das Aussehen eines Gelenksteinpaares nach der Prüfung und Abb. 486 läßt die Art der Aufzeichnung der Risse erkennen.

Die Abbildungen entsprechen einem Gelenksteinpaare einer Brücke, das vom Verfasser geprüft wurde. Die Nutzlast, welche die Gelenksteine im Bauwerke tragen sollten, betrug 97600 kg, und der Bruch erfolgte bei 976000 kg, also zufällig genau bei der zehnfachen Nutzlast. Der Prüfungsvorgang ist aus der folgenden Zusammenstellung ersichtlich.

Nr. der Belastungsstufe	Belastung kg	Größe der Berührungsfläche qcm	Spez. Pressung zwischen den Anlageflächen	Beobachtungen:
1	97600	1260	77	—
2	197200	1380	143	—
3	297000	1560	190	—
4	398000	2160	(184)	Nach 2½ Minuten Belastungsdauer ein Riß in der Mitte des konvexen Steines.
5	498000	2640	(188)	2 seitliche Risse in demselben Stein.
6	598000	2820	(212)	—
7	699000	3000	(232)	Riß in der Mitte des konvexen Steines an der Grundfläche beginnend.
8	799000	3420	(233)	Querriß im konvexen Stein.
9	899000	3660	(245)	Querriß im konkaven Stein.
10	976000	—	—	Bruch.

Die eingeklammerten Werte sind nicht einwandfrei, weil durch den Eintritt der Rißbildung die Anschmiegung der Gelenksteine sich änderte.

IV. Die Prüfung von Betonbalken, ebenen Platten, Gewölben, Treppen, Wänden und Masten.

§ 315. Allgemeines.

Die Berechnungsmethoden von Balken, ebenen Platten und von Gewölben aus Bausteinen, Beton oder Eisenbeton[1]) fußen in der Hauptsache auf Ver-

[1]) Für die Herstellung und Prüfung von Eisenbetonbauten gelten die deutschen Bestimmungen für Ausführung von Bauwerken aus Eisenbeton, Berlin, Verlag von Wilh. Ernst & Sohn. Ferner: W. Gehler, Erläuterungen mit Beispielen zu den Eisenbetonbestimmungen. Berlin: Verlag von Wilh. Ernst & Sohn.

uchsergebnissen, die bei Prüfung von Probeobjekten oder von Bauausührungen gewonnen wurden. Der Kraftangriff bei solchen Bauteilen, die n der Regel auf Biegung und Schub beansprucht werden, erfolgt entweder ıls Einzellast an einer oder mehreren Stellen der Platte oder als gleichmäßig über die ganze Plattenoberfläche verteilte Last. Da beim Versuch die Beanspruchung der wirklichen im Bauwerk auftretenden nahekommen muß, erfolgt die Prüfung bei solcher Lastverteilung, wie sie für die Berechnung maßgebend ist.

Beanspruchungen durch Einzellasten und auch durch zwei Lasten bieten keine Schwierigkeiten (s. S. 118). Sind die Abmessungen der Platten nicht groß und steht eine Materialprüfungsmaschine zur Verfügung, so kann die Prüfung der Platten unter den in Teil I, Abschnitt III, S. 111 erläuterten Gesichtspunkten ausgeführt werden. Besitzen dagegen die Probeobjekte größere Abmessungen oder steht keine Maschine zur Verfügung, so kann man sich auch mit Belastungsgewichten behelfen. Nachteilig in solchem Falle ist jedoch die lange Dauer der Prüfung, die durch Bewegen der oft erheblich großen Gewichte bedingt ist, und der Umstand, daß man die Gewichte weder ohne Stoß, wie es erforderlich ist, aufsetzen, noch eine mehrfach wiederholte Entlastung zur Messung der elastischen Formänderungen vornehmen kann, wie es bei Benutzung einer Prüfungsmaschine möglich ist. Der wichtigste Punkt bei Anwendung von Gewichtsbelastung ist der, die Belastung in der Weise aufzubringen, daß nur diejenige Beanspruchung in dem Bauteil entsteht, welche beabsichtigt ist, und daß vor allem keine unkontrollierbaren Nebenspannungen auftreten.

Wenn für die Prüfung besondere Probeobjekte errichtet werden, muß ihre Ausführung derjenigen im Bauwerke entsprechen. Insbesondere ist die Auflagerung und Stützung in übereinstimmender Weise zu wählen. Massivdecken, die im Bauwerk zwischen Trägern hergestellt werden und bei Belastung einen Horizontalschub äußern, der von den festverlegten Trägern aufgenommen wird, müssen auch für die Prüfung zwischen unverschiebbaren Trägern gebaut werden. Im allgemeinen benutzt man bei Deckenprüfungen Deckenstreifen von 1 m Breite, die in eiserne Rahmen eingespannt werden, wenn sie Horizontalschub ausüben, oder man legt sie auf Träger oder Fundamentmauern, wenn sie keinen Horizontalschub äußern. Horizontalschub ergeben alle mit Stich hergestellten Decken und Gewölbe, und ihre Tragfähigkeit ist in hohem Maße von der Sicherheit ihrer Stützung abhängig. Während des Belastungsversuches ist deshalb das Verhalten der Widerlager zu beobachten, und etwaige Lagenänderungen sind zu messen.

Zur Beanspruchung eines Balkens oder einer Platte auf Biegung durch eine über die Plattenbreite verteilte Einzellast empfiehlt Verfasser, falls keine Maschine zur Verfügung steht, die in der Abb. 487 dargestellte Vorrichtung.

Die zu prüfende Platte 3 ist auf den Fundamentpfeilern 1 und 2 gestützt. Auf die Mitte der Platte ist unter Zwischenschaltung eines schmalen Holzbrettes 4, das auf eine Sandschicht 5 zum Ausgleichen der Unebenheiten gebracht wird, eine Rolle 6 zur Übertragung der Kraft gelegt. Die Belastung erfolgt durch Auflegen von Gewichten G auf die Brücke 7, welche einerseits auf der Stütze 8, die auf einer Dezimalwage steht, und andererseits auf Rolle 6 ruht. Beim Aufbringen der Gewichte ist darauf zu achten, daß die einzelne Stücke möglichst symmetrisch zur Rolle 6 verteilt werden, damit die Resultierende aller Einzelgewichte möglichst in die Mitte der Probeplatte fällt. 9 und 10 sind Stützen zum Auffangen der Brücke 7 beim Bruch der Platte. Die Größe der Belastung der Platte ergibt sich durch Subtraktion der Last

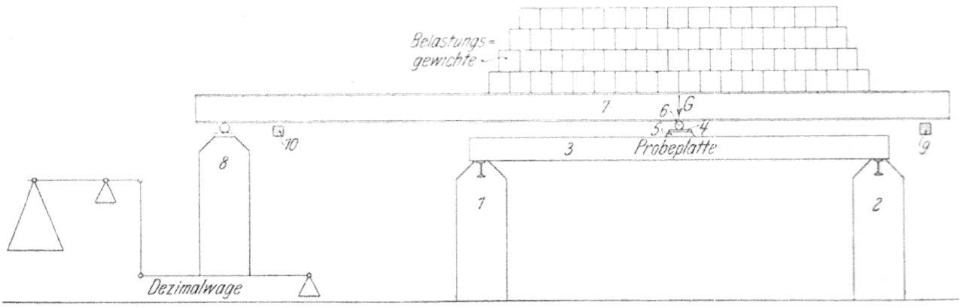

Abb. 487.

anzeige der Dezimalwage von der Summe der auf der Brücke 7 befindlichen Gewichte, einschließlich Eigengewicht der Brücke.

Die Vorrichtung gestattet auch eine Entlastung der Platte durch Anheben der Brücke 7 mit zwei untergebauten Lastwinden oder mittels Flaschenzügen, die an einem Gerüst über der Vorrichtung angebracht sind.

Bei Verwendung von zwei Angriffspunkten der Last wird unter die Rolle 4 ein Träger gelegt, der die Druckkraft auf 2 Rollen überträgt, welche

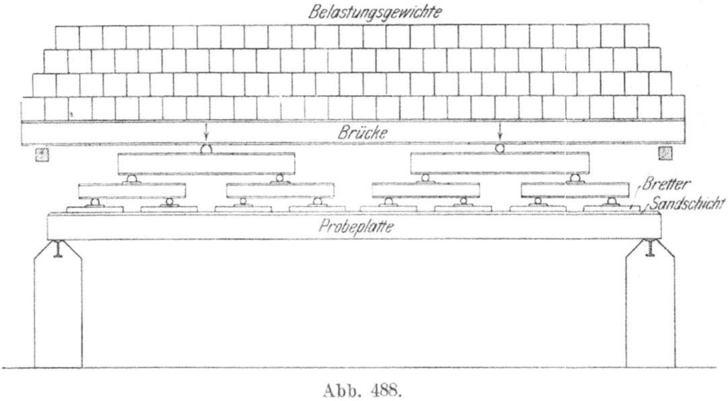

Abb. 488.

unter Zwischenschaltung von Sand und von Holzbrettern auf der Probeplatte angeordnet sind.

Die Erzielung einer gleichmäßig über die ganze Plattenfläche verteilten Last ist schwierig, wenn die freie Formänderungsfähigkeit der Platte gewahrt bleiben soll. Da die Probeplatten aber in der Regel an den Enden über die ganze Breite gestützt sind und die gleichmäßig über ihre Fläche verteilten Kräfte nur eine Durchbiegung der Platte in ihrer Längsrichtung verursachen, braucht eine Lastverteilungsvorrichtung auch nur derartig zu wirken, daß sie freie Beweglichkeit der Plattenteilchen unter der Last in dieser Richtung gewährleistet.

Abb. 488 zeigt eine Vorrichtung zur Kraftverteilung für gleichmäßig verteilte Belastung.

Die Probeplatte ist zur Ausgleichung von Unebenheiten 2 cm hoch mit Sand beschüttet, und auf die Sandschicht sind Bretter gelegt, auf welche die Last durch einen Trägeraufbau übertragen wird. Zur Sicherung der Beweglichkeit des Trägeraufbaues entsprechend der Durchbiegung der Platte sind zwischen die einzelnen Träger Rollen geschaltet. Die Wirkungsweise einer solchen Anordnung bei Durchbiegung der Platte ist gleich der aus Abb. 493, S. 538 ersichtlichen. Die Belastung erfolgt durch Gewichte, welche auf die Brücke gebracht werden, oder mit der Vorrichtung nach Abb. 487 oder mit den auf S. 537 beschriebenen Maschinen Abb. 491 und 492.

Das Auflegen von Gewichten unmittelbar auf die Probeplatte oder unter Zwischenschaltung einer Sandschicht oder einer gußeisernen Platte[1]) ist falsch, da bei solcher Anordnung die Formänderungsfähigkeit der Platte verhindert wird und oft die Last überhaupt nicht auf der ganzen Plattenfläche, sondern nur auf den äußersten Enden derselben bzw. ihren Widerlagern ruht. Eine beliebte Ausführungsart der Prüfung von ebenen Platten (Massivdecken in Bauwerken) ist die nach Abb. 489.

Abb. 489.

Es wird auf die Platte ein Stapel Ziegelsteine aufgebracht, der dadurch, daß die Ziegel im Verbande liegen, als ein einheitlicher starrer Körper betrachtet werden kann. Bedenkt man nun, daß die Platte das Bestreben hat sich in der Mitte durchzubiegen, so ist ersichtlich, daß der Ziegelstapel nicht, imstande sein wird, sich der Plattenform anzupassen und die Platte auch nach eingetretener Durchbiegung zu belasten. Der Ziegelstapel ruht alsdann nur auf den äußersten Teilen der Platte, welche, als Kragsteine dienend, die Last auf die Widerlager der Platte übertragen.

Gelegentlich eines Demonstrationversuches wurden vom Verfasser zwei gleichartige, aus Deckenhohlziegeln hergestellte ebene Platten Versuchen mit Lastverteilungsvorrichtung und ohne Anwendung dieser Vorrichtung unterzogen.

Mit Lastverteilungsvorrichtung trug die Platte von 1,25 m Stützweite und 1 m Länge 1300 kg, und bei Benutzung eines Ziegelstapels trat bei 6500 kg Belastung erst ein Riß in der Mitte der Platte auf, der auch bei weiterer Steigerung der Last bis auf 13600 kg unverändert blieb. Bei dieser Belastung machten sich erhebliche Durchbiegungen der Stützträger bemerkbar, so daß von einer weiteren Erhöhung der Last abgesehen werden mußte.

Mit ganz ähnlichen Anordnungsfehlern behaftet sind diejenigen Versuche, bei deren Ausführung auf die Platte Sandsäcke in hoher Schicht aufgelegt werden. Eine oder auch zwei Schichten liefern noch angenähert eine gleichmäßig verteilte Last. Werden aber mehrere Schichten übereinander-

[1]) Siehe Zentralblatt der Bauverwaltung 1895, S. 339.

getürmt, so tritt ebenfalls eine Versteifung der Sandsäcke unter sich ein und die gleichmäßige Verteilung der Last hört auf. Wenn auch diese Anordnung nicht derart fehlerhaft ist, wie die vorher beschriebenen, so muß doch vor ihrer Benutzung gewarnt werden. Die Anordnung leidet noch an dem weiteren Übelstande, daß durch das allmähliche Auflegen der Sandsäcke, wenn es z. B. an einem Ende der Platte beginnend erfolgt, eine ungleichartige Belastung stattfindet, die das Versuchsergebnis trüben kann. Jedenfalls muß, wenn man gezwungen ist, diese Art Belastung zu wählen, mit dem Auflegen der Sandsäcke in der Mitte der Platte begonnen und die weiteren Säcke müssen symmetrisch zum ersten angeordnet werden. Zu erwähnen ist noch, daß das Absetzen der Sandsäcke stoßfrei erfolgen muß.

Auch diejenigen Versuche sind mit Fehlern behaftet, bei denen Eisenbahn-

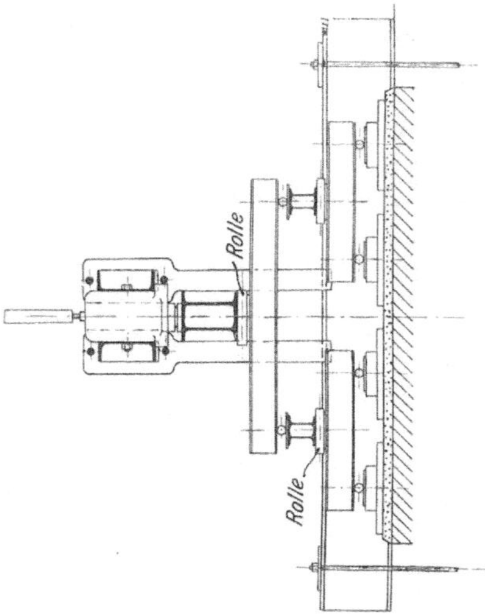

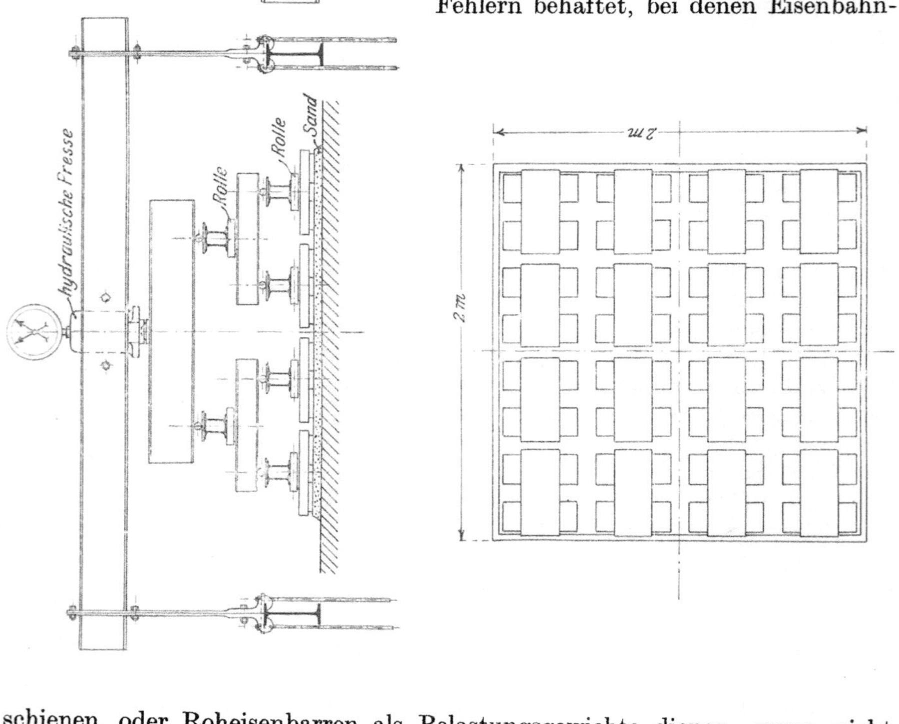

Abb. 490.

schienen oder Roheisenbarren als Belastungsgewichte dienen, wenn nicht eine Zwischenkonstruktion zur Lastverteilung nach Abb. 488, S. 534 Verwendung findet.

Ist die zu prüfende Platte an allen vier Rändern gestützt, so genügt die Lastverteilungsvorrichtung nach Abb. 488 nicht, weil sie nur den Formänderungen in einer Richtung folgen kann. Soll sie auch Beweglichkeit nach der zweiten Richtung besitzen, also einer Ausbauchung der Platte folgen können, so muß sie nach Abb. 490 angeordnet werden.

Hauptbedingung bei allen Zwischenkonstruktionen ist, daß durch sie auf gleich große Flächenstücke der Platte auch gleich große Kräfte übertragen werden.

Wie aus vorstehenden Erläuterungen ersichtlich geworden ist, bietet die Belastung von Bauteilen mit Gewichten mancherlei Schwierigkeiten; daher war das Bestreben der Versuchsanstalten von jeher darauf gerichtet, diese Schwierigkeiten zu umgehen. Soweit dem Verfasser bekannt geworden ist, war das Materialprüfungsamt an der Technischen Hochschule zu Dres-

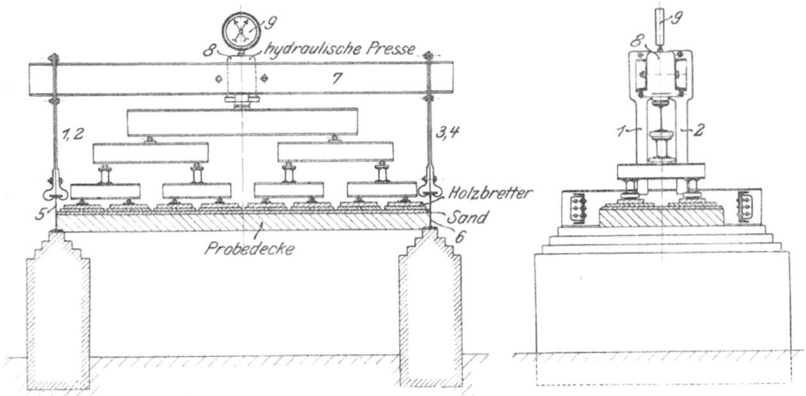

Abb. 491.

den die erste Prüfungsstelle, welche bereits im Jahre 1899 die Belastung mit Gewichten aufgab und für die Prüfung von Bauteilen auf Tragfähigkeit transportable hydraulische Pressen einführte und dieses Verfahren bei den verschiedensten Bauteilen in Anwendung brachte.

Die erste Ausführungsform einer transportablen hydraulischen Belastungsmaschine für 30 t Kraftäußerung (Konstruktion des Verfassers) ist in Abb. 491 dargestellt. Die Maschine hat bei zahlreichen auch auf Bauten ausgeführten Prüfungen von Decken und sonstigen Bauteilen wertvolle Dienste geleistet.

Sie besteht aus den vier in ihrer Länge und Klauenweite verstellbaren Zangen 1, 2, 3, 4, die z. B. an den Widerlagerträgern 5, 6 ebener Massivdecken befestigt werden, und der von ihnen gehaltenen Traverse 7 mit hydraulischer Presse 8. Die Presse ist mit einem Kontrollmanometer 9 versehen und erhält ihren Antrieb durch ein Pumpwerk, welches mit ihr durch ein dünnes Kupferrohr verbunden ist. Obgleich die Presse mit Ledermanschette am Kolben versehen ist, zeigt sie nur geringfügige Änderungen in ihrer Anzeige, wie die regelmäßigen Eichungen nachgewiesen haben (s. S. 690).

Abb. 492 zeigt die Anordnung einer ähnlichen Belastungsvorrichtung für 100 t Kraftäußerung unter Benutzung von zwei hydraulischen Pressen. Beide Pressen sind miteinander durch ein Kupferrohr verbunden, dessen lichte Weite zur Vermeidung von Flüssigkeitsreibungen groß (13 mm) gewählt wurde. Als Widerlager für die Pressen dienen Traversen, die mit Zugstangen

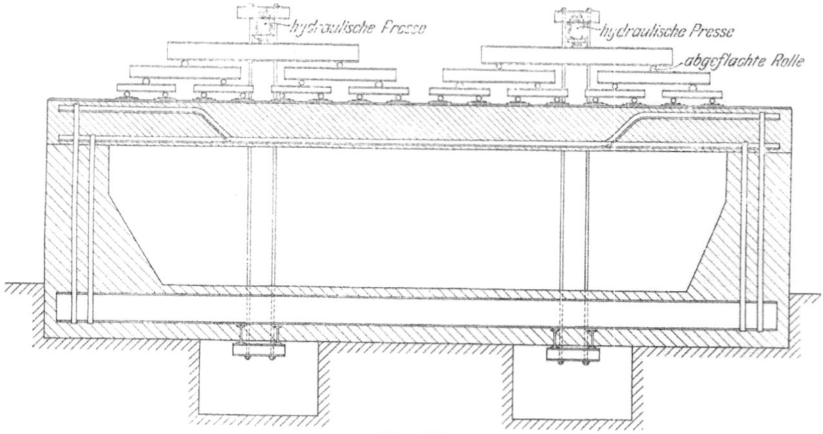

Abb. 492.

versehen sind. Diese greifen unterhalb der Platte an Trägern an, welche ihre Stützung an den Widerlagern der Platte finden. Die Wirkungsweise dieser Belastungsvorrichtung ist aus Abb. 493 ersichtlich.

Abb. 493.

Ist die Spannweite der Platte groß, so daß sehr starke Widerlagerträger erforderlich wären[1]), so benutzt man, wie es Verfasser z. B. bei Prüfung einer

[1]) Die Aufstellung der großen, aus Abb. 5 der Abhandlung: Belastungsversuche mit Visentiniträgern, in der Zeitschr. Beton und Eisen 1906, S. 200, ersichtlichen eisernen Widerlagerträgern muß sehr kostspielig gewesen sein.

Brücke mit 14 m Spannweite tat, an Stelle der Träger ein Gegengewicht (s. Abb. 494), indem man unterhalb der Brücke die Zugstangen der Presse mit einer Plattform verankert und auf diese entsprechende Mengen Erde oder Steine aufschichtet. Natürlich erfordert diese Belastungsmethode entsprechend starke Fundamente, da die gesamte Last auf dieselben zur Wirkung gelangt.

Der große Vorteil der Benutzung hydraulischer, mit den Widerlagern des Bauteiles verankerter Pressen gegenüber der Gewichtsbelastung ist ohne weiteres einleuchtend. In erster Linie wird durch die Verankerung der Presse an den Widerlagern das Fundament des Bauteiles in nur unerheblicher Weise beansprucht, weil die Kräfte der hydraulischen Presse unmittelbar auf die Platte übertragen und dadurch ausgeglichen werden. Ferner ist die Möglichkeit vorhanden, den Belastungsversuch mit jeder beliebigen Geschwindigkeit auszuführen, die Belastung zu entfernen und wieder aufzubringen; außerdem

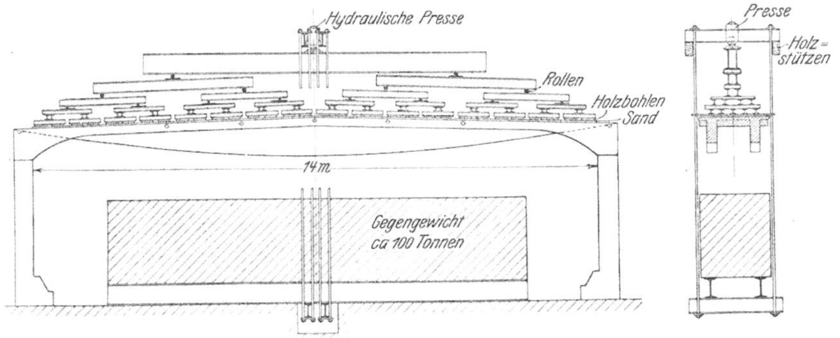

Abb. 494.

werden die Hilfskräfte zum Bewegen der Belastungsgewichte überflüssig; ein Mann ist imstande, die Belastung mit der Handpumpe zu regeln. Die Versuchsausführung ist völlig gefahrlos, weil nach Aufhören der Widerstandsfähigkeit der Probeplatte auch die Belastung aufhört und keine Gewichte vorhanden sind, die durch ihr Niederfallen die in der Umgebung des geprüften Bauteiles befindlichen Bauwerksteile gefährden.

Nach Eintritt des Bruches der Bauteile sind die entstandenen Risse, die Lage der Bruchstelle und die Art des Bruches festzustellen. Insbesondere ist anzugeben, ob die Risse, welche den Bruch herbeigeführt haben, durch die einzelnen Bausteine oder in ihren Fugen verlaufen. Die vorhandenen Risse sind zeichnerisch festzulegen; beim Niederreißen des Bauteils müssen die Bruchflächen auf Vorhandensein von alten Anbrüchen, Hohlräumen oder sonstigen Umständen untersucht werden, die vorzeitigen Eintritt des Bruches veranlaßt haben könnten. Bei Eisenbetonkonstruktionen ist nachträglich die Lage der Eiseneinlagen genau zu ermitteln, da von dieser die Tragfähigkeit des Konstruktions- oder Bauteiles wesentlich abhängt. Eiseneinlagen dienen in der Hauptsache zur Aufnahme von Zugspannungen, denen gegenüber der Beton nur wenig widerstandsfähig ist. Sie müssen deshalb bei Decken od. dgl. in möglichst großer Entfernung von der neutralen Schicht angeordnet werden. Sie dürfen aber auch nicht der Oberfläche der Decke oder des Balkens zu nahe liegen, da sie ihre Wirkung nur zu äußern vermögen, wenn sie vollständig mit einer entsprechend dicken Betonschicht bedeckt sind.

Es ist ferner festzustellen, ob Gleiten der Eiseneinlagen innerhalb der Betonumhüllung stattgefunden hat und ob die Eiseneinlagen genügend fest mit dem Beton verbunden waren[1]). Gleiten der Einlagen macht sich an der Oberfläche des freigelegten Eisens durch Längsrisse in der Zementumhüllung und durch glatte metallisch glänzende Oberfläche des Eisens bemerkbar. Besitzen dagegen die Eiseneinlagen nach ihrer Entfernung aus dem Bauteile noch festanhaftende Mörtelreste, so kann angenommen werden, daß der Beton fest mit dem Eisen verbunden war und auch kein Gleiten der Eiseneinlagen stattgefunden hatte[2]).

Außer der Tragfähigkeit werden auch die Formänderungen der Bauteile festgestellt. Dies erfolgt unter Verwendung der in Teil VIII, Abschnitt II beschriebenen Apparate. Die Durchbiegungen werden z. B. bei Massivdecken mit Zeigerapparaten (s. § 342) gemessen, die in der Mitte der Decken und an den beiden Enden angeordnet werden. Als Festpunkt, gegen welchen die Messung erfolgt, dient der Fußboden des Prüfraumes. Die Anbringung von Meßapparaten an den Enden der Decken geschieht, weil die Widerlager manchmal nachgeben und ein falsches Messungsergebnis erzielt werden würde, wenn man ihre Lagenänderungen außer acht ließe. Die Angriffspunkte der Meßapparate an den Decken müssen vor Ansetzen der Apparate von Sand und leicht lösbaren Teilchen gereinigt werden, damit nicht etwaige Verschiebungen dieser Teilchen als Formänderungen der Decke gemessen werden. Um ein genaues übersichtliches Bild des Belastungsvorganges zu erhalten, sind die wahren Durchbiegungen der Decke als Funktion der zugehörigen Belastungen aufzuzeichnen. Die einzelnen Belastungsstufen werden schätzungsweise gewählt, indem man die höchste Tragfähigkeit der Decke vorausbestimmt, diese in mindestens 10 Stufen zerlegt und dann den abgerundeten Wert der Stufen als Belastungsintervall annimmt.

Die Aufzeichnung des Belastungs-Durchbiegungsdiagramms ist bei solchen Prüfungen von besonderem Werte, da man aus ihm die Belastung entnehmen kann, bei welcher der erste Riß in der Decke entstand. Dieser Vorgang macht sich im Diagramm als Knick der Kurve bemerkbar, während er durch Beobachtung der Decke beim Versuche oftmals nicht festgestellt werden kann.

Die Belastung, bei welcher der erste Riß eingetreten ist, und Art und Lage desselben sind von besonderer Wichtigkeit, weil Rißbildung nicht den Bruch des Bauteils zur Folge haben darf. Bei Bauteilen, welche mit Eiseneinlagen bewehrt sind (Eisenbeton), liegen die Belastungen, durch welche der erste Riß entsteht und der Bruch herbeigeführt wird, ziemlich weit auseinander. Bei Eisenbetondecken entstehen trotz der Eiseneinlagen in der Regel Risse immer zuerst auf der auf Zug beanspruchten Seite, da Beton größere Dehnungen nicht zu ertragen vermag. Die Tragfähigkeit der Decke

---

[1]) Über Versuche mit Eisenbetonbalken zur Bestimmung des Gleitwiderstandes, s. Scheit und Wawrziniok in Heft 7 der Berichte des Deutschen Ausschusses für Eisenbeton, Wilh. Ernst & Sohn, 1908.

[2]) Über Probebelastung von Decken s. a. Gary u. Rudeloff in Heft 32 der Berichte des Deutschen Ausschusses für Eisenbeton 1915; ferner Bach und Graf, Prüfung von Balken zu Kontrollversuchen, Heft 19, derselben Berichte, 1912.

hört aber trotzdem noch nicht auf, weil das mit dem Beton fest verbundene Eisen die Zugspannungen aufnimmt. Durch die Trennung der Betonteilchen wird aber die neutrale Schicht (s. S. 112) nach der Druckzone zu verschoben; dies veranlaßt ein Anwachsen der Druckbeanspruchung in der äußersten Druckzone. Diese Beanspruchung wird schließlich so groß, daß der Bruch der Decke durch Zerstörung des Betons in der Druckzone herbeigeführt wird, ohne daß das Eisen eine besonders hohe Beanspruchung erlitten hätte. Zerreißen der Eiseneinlagen findet daher nur in sehr seltenen Fällen statt.

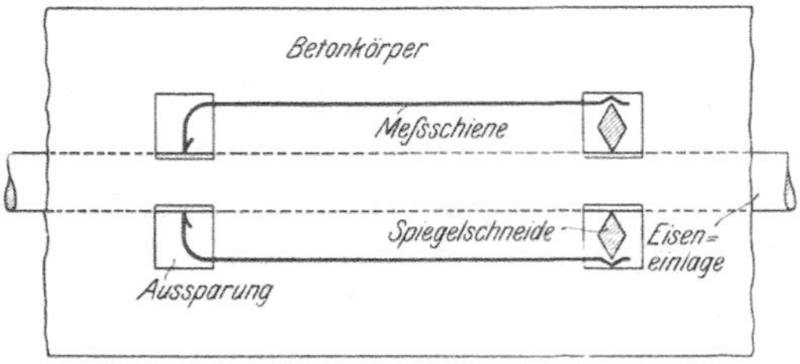

Abb. 495.

Um die Beanspruchungen der Eiseneinlagen im Eisenbeton beurteilen zu können, stellte Verfasser mehrfach Versuche in der Weise an, daß bei Anfertigung der Probeobjekte (Plattenbalken, Säulen) unmittelbar neben den Eiseneinlagen, wie Abb. 495 zeigt, Aussparungen zur Aufnahme von Spiegelapparaten nach Abb. 496 angebracht oder später an diesen Stellen durch Ausbohren erzeugt wurden. Mit diesen Apparaten stellte man die Eisendehnungen bei bestimmten Belastungen der Platten fest. Gleichzeitig wurden an besonderen Zugprobekörpern, die zu den abgelesenen Dehnungen

Abb. 496.

gehörigen Materialspannungen durch einen Zugversuch mit demselben Eisen ermittelt, nachdem es mit einer Betonumhüllung versehen worden war. An der Hand der Ergebnisse dieser Versuche konnte man Rückschlüsse auf die Zugbeanspruchung der Eiseneinlagen im Bauwerk ziehen.

§ 316. Prüfung von Treppenstufen, Zementdielen u. dgl.

Einzelne Treppenstufen[1]), Zementdielen und sonstige im Bauwerke Belastungen ausgesetzte Bauteile, deren Beanspruchungen rechnerisch verfolgt werden können, prüft man für sich in einer Materialprüfungsmaschine auf Biegung bei gleichmäßig über die ganze Fläche verteilter Belastung (s. Abb. 497).

[1]) Über die Bezeichnung der verschiedenen Formen von Treppenstufen s. Baumaterialien-Markt 1910, S. 237.

Die Lastverteilung erfolgt dabei analog dem in Abb. 488, S. 534 angegebenen Schema. Zur Erzielung geeigneter Auflagerflächen werden die Probekörper an den betreffenden Stellen mit Zementleisten von 4 cm Breite versehen. Treppenstufen mit abgeschrägter Unterseite (Trägerstufen) erhalten an den Enden Ansätze (Backen) aus Beton. Die Ansätze werden in der Weise hergestellt, daß man die entsprechenden Stellen der Stufen aufrauht und nach Anbringung einer Schalung den Beton aufstampft. Da die Beanspruchung

Abb. 497.

der Backen nicht hoch ist, können so vorbereitete Stufen bereits nach dreitägiger Erhärtung des Betons der Prüfung unterzogen werden. Die Bruchbelastung wird in Kilogramm für das Quadratmeter angegeben, wobei als belastete Fläche das Produkt aus freier Stützweite und größter Breite der Stufe oder Diele gilt. Maßgebend für die Beurteilung ist die Belastung, bei welcher der erste Riß eingetreten ist, und die zugehörige Durchbiegung. Die Bruchbelastung dagegen liefert nur Anhaltspunkte über die Eignung der Konstruktion. Im übrigen gilt auch hier das bereits auf S. 539 Erwähnte. Es müssen nach dem Versuche Lage, Abmessungen und Anordnung der Eiseneinlagen festgestellt werden.

§ 317. Versuchsanordnung bei der Prüfung von Treppen.

Für die Ermittelung der Tragfähigkeit von Treppenkonstruktionen oder ihren Widerlagern gilt hinsichtlich der Lastverteilung dasselbe, worauf bereits in § 315 hingewiesen wurde. Der Kraftangriff muß dem bei der Benutzung von Treppen entsprechen, und es dürfen nur Beanspruchungen hervorgerufen werden, die sich rechnerisch verfolgen lassen.

Zur Prüfung einer schiefen Voutendecke, die als Treppe dienen sollte, benutzte Verfasser eine Anordnung, deren Wirkungsweise aus Abb. 498 ersichtlich ist.

Die zwischen zwei Trägern eingebaute Voutenplatte sollte in der Mitte durch eine über die Plattenbreite verteilte Einzellast beansprucht werden. Da die Oberfläche der Platte geneigt und eben war, und somit kein Belastungs-

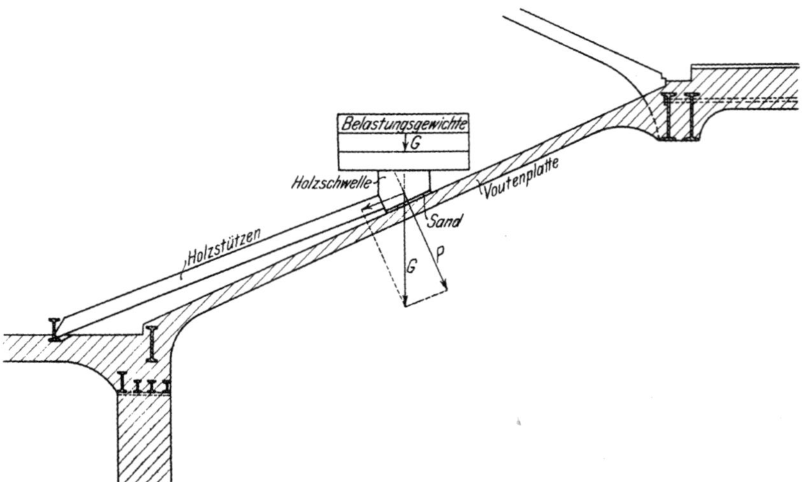

Abb. 498.

material aufgebracht werden konnte, auch zur Anbringung einer hydraulischen Presse die Angriffspunkte fehlten, wurde eine Schwinge hergestellt, die ihren Drehpunkt an einem Träger des unteren Treppenpodestes hatte. Das freie Ende der Schwinge, welches als Plattform ausgestaltet war, stützte sich gegen die Oberfläche der Platte; auf die Plattform wurde das Belastungsmaterial aufgebaut, welches aus Bleibarren bestand. Zur Feststellung der Formänderung der Decke wurden die Lagenveränderungen der Widerlager und die Durchbiegung der Platte in der Mitte gemessen. Die Größe der senkrecht auf die Platte wirkenden Kraft wurde durch Kraftzerlegung berechnet.

Abb. 499 zeigt die Versuchsanordnung bei Prüfung einer gewundenen, freitragenden Eisenbetontreppe. Die Lastverteilung erfolgte, wie aus der Abbildung ersichtlich, durch einen Aufbau aus Brettern und Trägern, und die Belastung durch eine am Fundament des Bauwerkes verankerte hydraulische Presse. Die Formänderungsmessung geschah mit Zeigerapparaten, wobei der Erdboden als Festpunkt für die Messungen galt. Aus Abb. 500 sind die Formänderungen und die Bruchstellen nach dem Belastungsversuch ersichtlich.

§ 318. Prüfung von Wänden.

Zum Abteilen von Räumen im Inneren von Gebäuden, an Stellen, wo keine Träger oder sonstige Tragkonstruktionen vorhanden sind, werden Leichtwände benutzt, die aus einzelnen Teilen zusammengesetzt oder aus den Rohmaterialien an Ort und Stelle angefertigt werden. Solche Wände

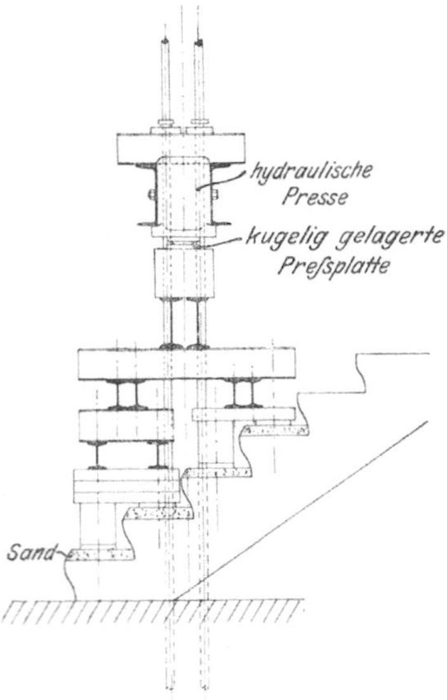

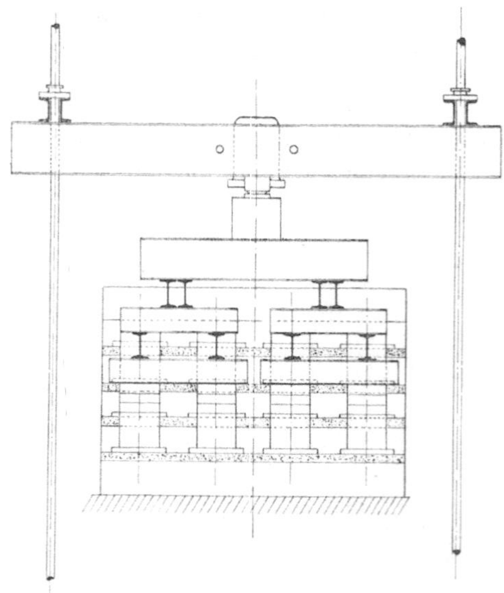

dürfen den Fußboden, auf welchen sie gestellt werden, in keiner Weise belasten und müssen deshalb nicht nur leicht sein, sondern auch die Eigenschaft des Freitragens besitzen.

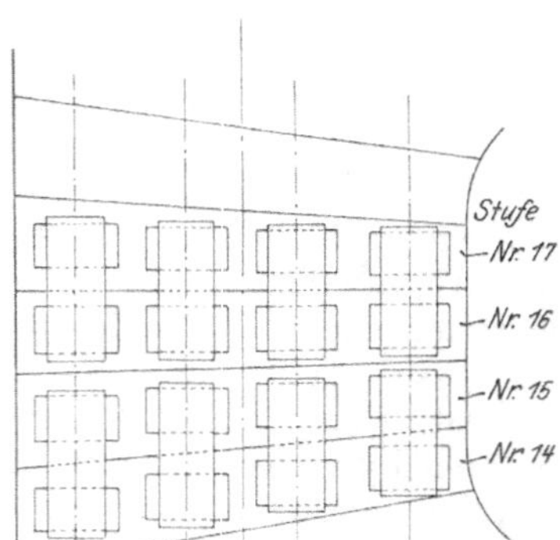

Abb. 499.

Die Prüfung der Wände umfaßt die Untersuchung der zum Bau benutzten Einzelbauteile nach den für künstliche Steine angegebenen Verfahren und die Ermittelung der Eigenschaft des Freitragens. Es wird eine Wand nach Abb. 501 errichtet, welche an den beiden Auflagern 1 und 2 gestützt, sonst aber nur gegen Umfallen durch Einbau in einen Holzrahmen gesichert ist. (Die Wand darf in dem Rahmen nicht eingespannt sein.) Zur Stützung während des Baues dient eine hölzerne Schwelle und zum Verspannen des Türgerüstes die Holzlatte 3. Nach genügender Erhärtung des Bindemittels der Einzelbauteile oder der zum Bau verwendeten Masse wird die Stützschwelle entfernt und dabei beobachtet, ob die Wand Risse erhält und um welches

Abb. 500.

Abb. 501.

Maß sie sich durchbiegt. Zeigt sie sich unbeschädigt, so wird die Holzlatte 3 des Türgerüstes zersägt und wiederum das Verhalten der Wand festgestellt. Erleidet sie auch hiernach keine Veränderungen, dann wird sie, wenn notwendig, belastet und ihre Tragfähigkeit bis zum Bruche ermittelt.

Manche Wände werden auch auf Widerstandsfähigkeit gegen Schlagbeanspruchung geprüft, indem man eine an einem Seil aufgehängte Kugel von 50 kg Gewicht und 25 cm Durchmesser gegen die Wand treffen läßt und die Arbeit ermittelt, die Zertrümmerung der Wand hervorbringt. Zum Schutze des Materials läßt man die Kugel nicht unmittelbar gegen die Wand treffen, sondern schaltet eine Eisenplatte von ca. 20 mm Dicke dazwischen, die mit Nägeln an der Wand befestigt wird.

Die an manchen Prüfungsstellen mit solchen Wänden ausgeführten Erschütterungsversuche erscheinen nur dann einwandfrei, wenn die Erschütterungen in ungleichmäßiger Folge, und mit meßbarer Energie erfolgen, da sie sonst Beanspruchungen ergeben, die sich der Nachprüfung entziehen.

§ 319. Die Prüfung von Masten.

Gelegentlich ist es notwendig, Tragmasten für Beleuchtungskörper, für elektrische Leitungen od. dgl. einer Prüfung zu unterziehen, ob sie den auf sie wirkenden äußeren Kräften genügend Widerstand zu leisten vermögen. Dabei ist auch zu beachten, daß sie sich nicht übermäßig stark verbiegen, wodurch nicht nur die Formenschönheit leidet, sondern auch unzulässige Distanzänderungen eintreten können. Solche Masten sind daher auf Biegung unter Messung der Formveränderungen zu prüfen. Dabei darf aber nicht etwa nur die Durchbiegung des oberen Endes gegenüber der Einspannstelle festgestellt werden, da dies leicht zu Fehlern Anlaß geben kann. Besteht beispielsweise ein solcher Mast nicht aus einem einheitlichen Material, z. B. Holz, oder aus einem sich konisch nach oben hin verengenden Rohre, gleicher Wandstärke, sondern beispielsweise aus Eisenbeton oder einer eisernen Gitterkonstruktion, so kann leicht der Fall eintreten, daß an einer besonderen Stelle der Mastlänge eine unerwartete Durchbiegung auftritt, die übersehen wird, wenn daselbst keine Formänderungsmessung stattfindet. Masten sollten daher bei Biegeversuchen gleichzeitig immer hinsichtlich ihrer Formveränderung beobachtet werden, und zwar derartig, daß die Ausgestaltung ihrer elastischen Linie festgestellt wird. Das kann in einfacher Weise durch entsprechend angeordnete Meßapparate erfolgen, wie weiter unten dargelegt werden wird.

Andererseits müssen solche Mastprüfungen auch gelegentlich zu dem Zwecke durchgeführt werden, um festzustellen, wie tief die Masten in das Erdreich geführt werden müssen, um genügend Widerstand in ihm zu finden, bzw. um zu ermitteln, welchen Seitendruck die Masten auf das Erdreich ausüben.

Die Ermittelung der Widerstandsfähigkeit bei Biegungsbeanspruchung und die dabei auftretende Formänderung kann in Ermangelung besonderer Prüfungseinrichtungen leicht gemäß dem in der Abb. 502 dargestellten Schema ausgeführt werden.

Hiernach werden die beiden gleichartigen Masten 1 und 2[1]) mittelst der Schraubenbolzenpaare 3 — 3′ und 4 — 4′ unter Zwischenschaltung der Streben 5 und 6 sowie der Träger 9 — 9′ und 10 — 10′ nach Beilage der Zwischenlagen 7 und 8 zu einem Ganzen vereinigt. Alsdann wird mittelst der Querträger 12 und 12′ der Tragbalken 11 angefügt, mittelst dem die ganze Vorrichtung an der Kette 13 aufgehängt wird. Gegebenenfalls kann die Vorrichtung auch noch zur Sicherung ihrer Lage zwischen Führungsbalken eingeklemmt werden.

Durch Beanspruchung der Masten mittelst der äußeren Kräfte *P* können sie den praktischen Verhältnissen entsprechend durchgebogen werden, wobei die Messung der Durchbiegungen bei einzelnen Kraftstufen keine Schwierigkeiten bereitet. Allerdings ist bei dieser Anordnung das Eigengewicht der Masten mit zu berücksichtigen.

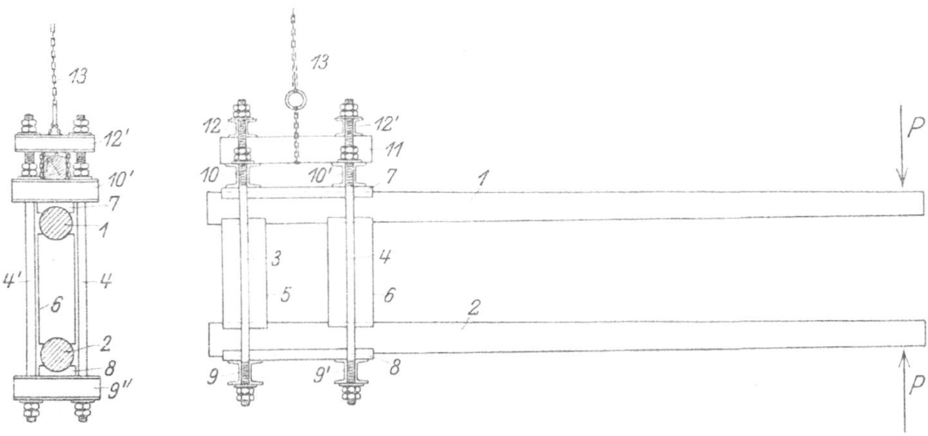

Abb. 502.

Verfasser benutzte diese Vorrichtung bei der Prüfung eiserner Rohrmasten, wobei die Kräfte *P* dadurch erzeugt wurden, daß die Mastenden zwischen den Preßplatten einer Druckfestigkeit-Prüfungsmaschine angeordnet und belastet wurden. Die Entfernung der Stützen 5 und 6 entsprach dabei der Einbettungstiefe der Masten in Betonfundamenten.

Bei der Prüfung von Eisenbeton-Gittermasten gemäß der Abb. 503 sollte neben der Festigkeit der Masten, die Lage ihres gefährlichen Querschnitts und ihr Verhalten im Erdboden festgestellt werden.

Zu diesem Zwecke wurden die Masten in der vorgeschriebenen Weise im Erdboden gebettet und dann am oberen Ende durch eine den praktischen Verhältnissen entsprechend angreifende Kraft belastet. Diese Kraft wurde, wie die Abb. 503 zeigt, durch ein Drahtseil 3 ausgeübt, das vom oberen Ende 9 des Mastes 1 aus horizontal nach der Rolle 4 lief und dessen vertikal hängendes Ende 5 mit der Wagschale 6 ausgerüstet war, die mit Gewichten belastet werden konnte. Die Rolle 4 war an einem

[1]) Der Mast 2 kann auch durch einen geeigneten eisernen I Träger ersetzt werden.

standsicheren Gerüst angebracht. An einem gleichen Gerüst 8 waren die Zeigerapparate 9 bis 19 befestigt, die zur Messung der Durchbiegung des Mastes durch die am Seil 3 angreifende Belastung dienten. Die Ablesung der Zeigerapparate erfolgte von dem Leitergerüst 20 aus.

Abb. 503.

Die zu verschiedenen Zeiten während der Dauer zweier Jahre ausgeführten Prüfungen wiesen nach, daß die Größe der elastischen Durchbiegungen mit zunehmendem Alter, entsprechend der Betonerhärtung, abnehmen und daß sich die Durchbiegungen der Masten bei den für die praktische Verwendung in Frage kommenden Belastungen in zulässigen Grenzen bewegten. Auch die Einbettung der Masten im Erdboden erwies sich als zuverlässig, da die Bewegung der Masten im Erdboden nur sehr geringe Werte erreichte. Wie die beiden vorderen Masten der Abb. 503 und insbesondere der rechte Mast 21 erkennen läßt, erfolgte der Bruch nicht am unteren Ende, d. h. an der Stelle des größten Biegungsmomentes sondern weiter oben, etwa 4,5 m höher, nach Eintritt von Rissen auf der Zugseite des Mastes, infolge Absprengungen des Betons auf der Druckseite.

Zur Beurteilung der Durchbiegungen empfiehlt es sich, dieselben zeichnerisch an den jeweiligen Stellen der Mittellinie der Masten aufzutragen.

V. Die Prüfung von Bauteilen auf Feuerbeständigkeit[1]).

§ 320. Allgemeines.

Im allgemeinen sollen Bauteile feuerbeständig (s. S. 376) sein, damit sie bei Innenbränden die Weiterverbreitung des Feuers verhindern. Da die entsprechenden Prüfungen sehr mannigfacher Art sind und mehr als andere der Eigenart des zu prüfenden Materials und seinem Verwendungszwecke angepaßt werden müssen, können allgemeingültige Angaben für die Versuchsausführungen nicht gemacht werden, und es sollen daher nur Richtung weisende Angaben über die Prüfung feuersicherer Türen erfolgen und zur Orientierung zwei besonders bemerkenswerte Versuche beschrieben werden, die vom Verfasser mit Bautafeln, feuersicherer Masse und mit feuersicheren Verglasungen ausgeführt wurden.

§ 321. Prüfung von feuersicheren Türen.

Zum gegenseitigen feuersicheren Abschluß von Räumen werden sog. feuersichere Türen benutzt, die bei Bränden der Weiterverbreitung des Feuers Einhalt bieten und außerdem durch dichten Abschluß das Verqualmen des vom Feuer noch nicht ergriffenen Raumes verhindern sollen. Dementsprechend müssen die Türen neben genügender Widerstandsfähigkeit gegen Feuereinwirkung auch rauchsicher sein. Diese Bedingung erfüllen sie, wenn ihre einseitige Erwärmung kein Verwerfen zur Folge hat.

Eine in vielfachen Ausführungen im Gebrauch befindliche Tür, die auch von den meisten Baupolizeibehörden als feuersicher anerkannt wird, ist eine ca. 30 mm dicke Buchenholz- oder Eichenholztür, die allseitig mit 1—2 mm dickem Eisenblech beschlagen ist. Da somit eine solche Tür den gewünschten Zweck einigermaßen erreicht, werden Prüfungen anderer feuersicherer Türen entweder als Vergleichsversuche in der Weise durchgeführt, daß gleichzeitig die zu prüfende Tür und eine eisenbeschlagene Holztür der Feuerbeanspruchung ausgesetzt werden, oder es wird eine einzelne Tür geprüft und ihr Verhalten auf Grund von Erfahrungen beurteilt.

Man baut die Türen in gleicher Weise, wie es im Bauwerk geschieht, in ein Versuchshaus ein und beobachtet ihr Verhalten während des Brandes. Von größter Wichtigkeit bei solchen Versuchen ist die Feuerführung. Die

[1]) In Amerika wird auf solche Prüfungen besonderer Wert gelegt, und deshalb unterhalten die Feuerversicherungsgesellschaften vorzüglich eingerichtete Versuchsanstalten für diese Sonderversuche, z. B. die „Underwriters Laboratories" in Chicago.

Flamme muß die ganze Fläche der Türen bestreichen können, und es darf durch ungeeignete Anordnung der Luftzuführungsöffnungen nicht eine Kühlung der Tür bewirkt werden. Bei den Versuchshäusern, die Verfasser benutzte (s. Abb. 504), schlugen die Türen in Falze, die in 12 cm Entfernung von der Innenseite der Wand angeordnet waren. Außerdem liegen ihre Unterkanten 50 cm über dem Feuerroste, und die in ihrer Weite regulierbaren Feuerabzugsöffnungen sind über jeder Tür angeordnet, so daß letztere von der vollen Flamme bestrichen werden können. Im Inneren des Hauses, dessen Rauminhalt 25 cbm beträgt, werden auf einem Roste 2600 kg, das sind 7,5 Raummeter bestes, lufttrockenes, kiefernes Scheitholz, das zur Ent-

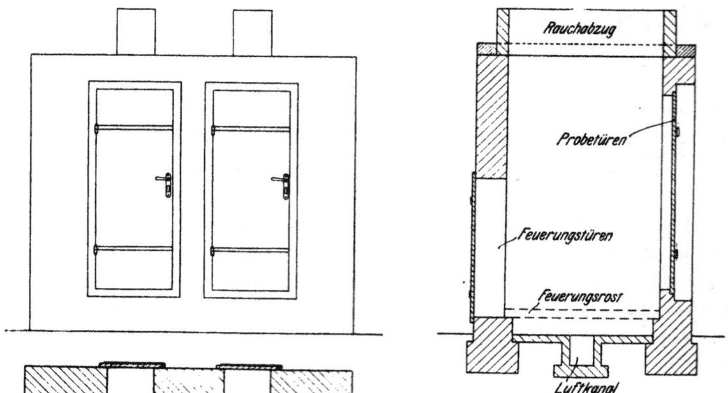

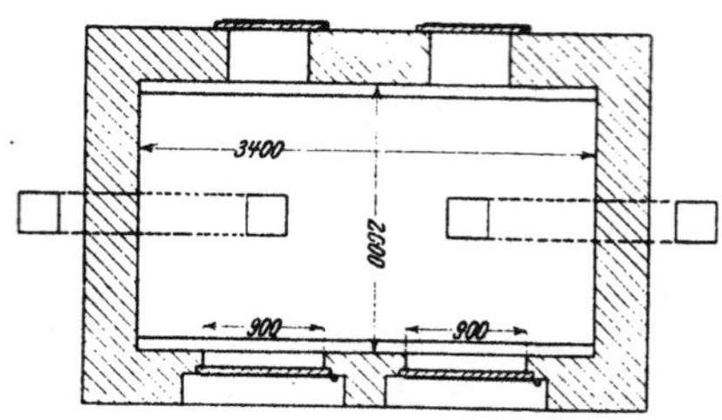

Abb. 504.

flammung und Anwärmung mit 50 l Petroleum begossen wird, eingebaut. Außerdem werden unmittelbar an den Türflächen mehrere Segerkegel und Thermoelemente zur Temperaturfeststellung angeordnet. An der Außenseite der Türen werden Thermometer aufgehängt und außerdem zur Sichtbarmachung der Temperatur der Türen Paraffin- (Smp. ca. 70°), Asphalt- (Smp. ca. 95°), Zinn- (Smp. 233°) Tropfen und auch Papierstreifen und Ölfarbenstriche angebracht.

Während des Brandversuches werden die Temperaturmeßinstrumente und das Verhalten der Türen beobachtet. Die Türen werden mehrmals geöffnet und geschlossen, um festzustellen, ob sie infolge der Feuereinwirkung klemmen und außerdem werden sie einige Male zur Feststellung ihrer Neigung zum Verwerfen von außen mit Wasser bespritzt. Die einzelnen Zeitpunkte, zu denen Rauch oder Flammen aus den Türspalten austreten, werden neben den zugehörigen Temperaturen angegeben.

Nach dem Versuch werden die Türen der Abkühlung überlassen und alsdann zerlegt, um die Veränderungen ihrer Einzelteile festzustellen. Außerdem wird ihr Gewichtsverlust durch die Feuerbeanspruchung ermittelt[1]).

[1]) Über die Ansprüche, welche an feuersichere Türen zu stellen sind, s. a. Hoch, Die Feuerschutztüren, Wien und Leipzig 1908.

§ 322. Prüfung von Bautafeln, feuersicheren Umhüllungen u. dgl.

Aus den Bautafeln und der Masse wurde ein Versuchshaus nach Abb. 505 errichtet. Es bestand aus einem Brandraume und einem Beobachtungsraume. Der Brandraum besaß eine verschließbare Türe und ein mit Drahtglas versehenes Fenster. Der Rost diente zur Aufnahme des Feuermaterials (1300 kg lufttrockenes, kiefernes Scheitholz und 40 l Petroleum) und der Luftkanal

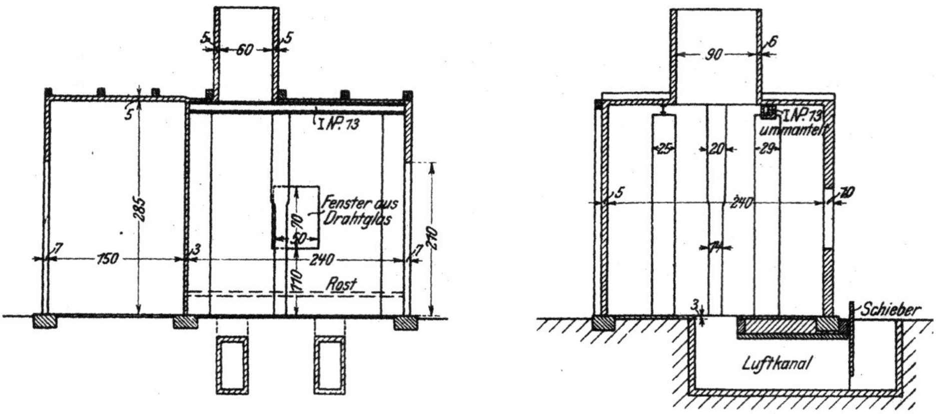

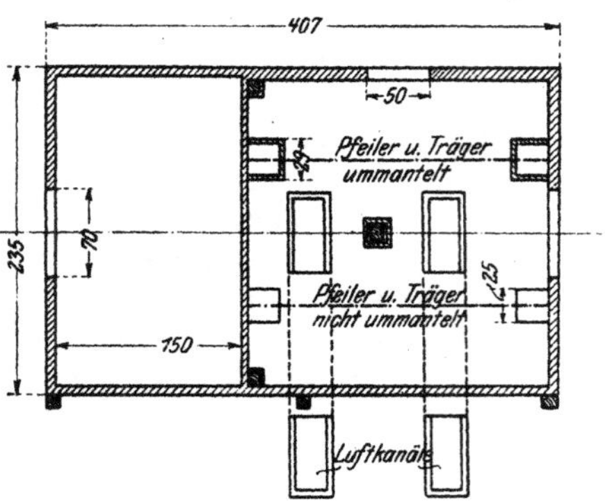

Abb. 505.

mit Schieber zur Zuführung der Verbrennungsluft. Durch den Schornstein wurden die Rauchgase abgeführt. Im Brandraume befand sich eine mit feuersicherer Masse umkleidete hölzerne Säule (in der Mitte), zwei Paar aus gebrannten Tonziegeln hergestellte Pfeiler, ein ummantelter Träger (N. P. Nr. 12) und ein nicht ummantelter. Letztere beiden Träger lagen auf den erwähnten Pfeilern und waren in der Mitte ihrer Länge mit je 100 kg belastet. An den Wänden und der Decke des Brandraumes wurden Segerkegel, sowie Metallegierungen und unter den Ummantelungen Metallegierungen sowie Thermoelemente angeordnet. Zur Temperaturbestimmung an der Außenseite des Gebäudes und an der Scheidewand wurden Thermometer, Farbstriche, Papierstreifen, Paraffin- und Asphalttropfen angebracht. Außerdem wurden in die Scheidewand Maximumthermometer eingefügt, welche bis auf halbe Wandstärke reichten.

Nach voller Entfaltung des Feuers wurde es durch Verstellung des Luftschiebers so geregelt, daß möglichst vollkommene Verbrennung erzielt wurde. Es machte sich dies dadurch bemerkbar, daß die vorher berußte Drahtglasscheibe rußfrei wurde und die Flamme zum Schornstein herausschlug.

Durch die starke Erwärmung entstanden in den Fugen der aus Bautafeln hergestellten Wände Schwindrisse, die sich im Laufe des Versuches erweiterten oder auch wieder schlossen. Nach 21 Minuten Brenndauer hatte sich der nicht ummantelte Träger so stark durchgebogen, daß er von seinem Widerlager abglitt. Der ummantelte Träger wies dagegen keine Veränderung auf. Die Temperaturmeßinstrumente zeigten an der Decke und den Wänden des Brandraumes 1100—1200°; in der Zwischenwand 135—180° und an ihrer dem Feuer abgekehrten Seite 30—50°. Nach einer Stunde Brenndauer wurde das Feuer abgelöscht und nach Abkühlung der Bauteile zur Untersuchung derselben geschritten. Im Brandraume war der Wand- und Deckenputz teilweise abgefallen und die Plattenmasse auf etwa 1 mm Tiefe mürbe geworden. Die mit feuersicherer Masse umkleideten Teile waren unbeschädigt geblieben, der ummantelte eiserne Träger hatte sich nicht verbogen, und die hölzerne Säule war nicht gebräunt; die ummantelten Pfeiler zeigten sich unverändert, während von den unbekleideten Pfeilern derbe Schalen abgesprungen waren. Der Brandversuch hat somit den Nachweis geliefert, daß sowohl die Bautafeln als auch die an Ort und Stelle aufgetragene Feuerschutzmasse gegen Feuer weitgehende Widerstandsfähigkeit besitzen, und geeignet sind, um zur Herstellung von feuersicheren Scheidewänden und zur Isolierung von Bauteilen gegen die Einwirkung von Feuer verwendet zu werden.

§ 323. Prüfung von Verglasungen auf Widerstandsfähigkeit gegen Feuer.

Das in Abb. 505 dargestellte Versuchshaus, welches aus dem Brandraum A und dem Beobachtungsraum B bestand, und zwei verschließbare Türen 1 und 2, den Schornstein 3 und den Luftzuführungskanal 8 besaß, wurde mit den Verglasungen (Drahtglas) versehen. Das Dach wurde mit Glastafeln gedeckt, die in eisernen Falzen aus Winkeleisen gelagert wurden. Zur Erzielung genügender Widerstandsfähigkeit gegen das Feuer wurden die Winkeleisen mit Feuerschutzmasse umhüllt. Die Fensteröffnungen 4, 5, 6, 7 erhielten Verglasungen und die Scheidewand wurde mit Verglasungen versehen, von denen besonders große Widerstandsfähigkeit gegen Feuer erwartet wurde. Auf dem Roste des Versuchsraumes wurden 3400 kg lufttrockenes, bestes kiefernes Scheitholz aufgestapelt und nach Übergießen mit 100 l Petroleum entzündet. Die Türen 1 und 2 wurden zur Vermeidung von Abkühlungen geschlossen und durch Regulierung des Luftschiebers wurde das Feuer so geführt, daß die Verglasungen rußfrei blieben und die Flamme zum Schornstein hinausschlug. Die Temperaturmessung erfolgte mit Segerkegeln und Thermoelementen. Nach 5 Minuten Brenndauer bogen sich die Dachverglasungen durch und nach 14 Minuten schmolzen sie nieder. Die Fensterverglasungen schmolzen ebenfalls im Laufe des Versuches und nach 45 Minuten Brenndauer schmolz auch die eine Verglasung der Scheidewand, die andere dagegen blieb unbeschädigt, auch als sie durch Wasser abgekühlt wurde. Die Versuche hatten damit den Nachweis erbracht, daß die betreffenden Verglasungen geeignet sind, bei Bränden, trotz sehr hoher Temperaturinanspruchnahme, das Feuer 14 Minuten und länger abzuhalten.

§ 324. Hauptgesichtspunkte bei Brandversuchen.

a) Konstruktion des Versuchshauses.

Die Umfassungswände müssen dem hohen Druck der Feuergase Widerstand zu leisten vermögen. Schwere Bauteile dürfen nie auf ungeschützte, eiserne Träger gesetzt werden. Eiserne Träger und Anker sind so einzubauen,

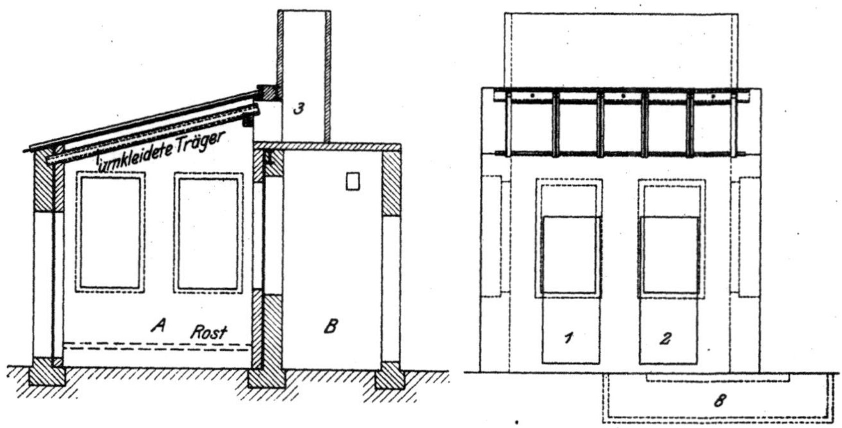

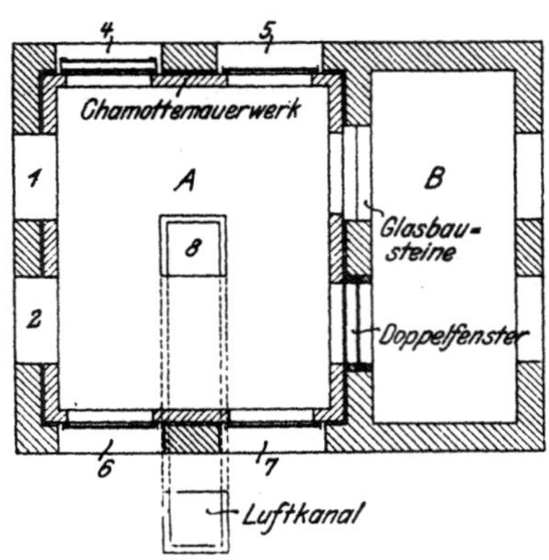

Abb. 506.

daß sie infolge ihrer Ausdehnung bei der Erwärmung das Haus nicht zersprengen. Die Abmessungen des Hauses sind derart zu wählen, daß die zu prüfenden Gegenstände entsprechend der in der Praxis üblichen Weise eingebaut werden können und genügend Raum für das während des ganzen Brandversuches notwendige Feuermaterial vorhanden ist. Die Rauchabzugöffnung muß hinreichend groß sein und so angeordnet werden, daß das Feuer richtig geleitet wird. Im übrigen muß die Bauart des Hauses die Beobachtung der Prüfungsobjekte während des Versuches gestatten.

b) Art des Brennstoffes.

Als Brennstoff verwende man lufttrockenes, bestes kiefernes Scheitholz, und zwar verteile man schwächer gespaltene Scheite zwischen grob gespaltenen. Kistenholz, Holzabfälle u. dgl. sind für Brandversuche ungeeignet, da sie geringeren Heizwert besitzen und nie in gleichartiger Qualität zu erhalten sind. Auch ist eine sorgfältige Schichtung solchen Materials, wie es der Versuch erfordert, nicht möglich. Petroleum benutze man nur in solcher Menge, als zum Entzünden und Anwärmen des Holzes erforderlich ist. Petroleum rußt sehr stark und überzieht die Prüfungsgegenstände infolgedessen mit einer Rußschicht, die unter Umständen einen wirksamen Schutz gegen Feuereinwirkung bildet. (Besonders auffällig ist diese Erscheinung bei der Prüfung von Verglasungen.)

Abb. 507.

c) Bemessung des Brennstoffes.

Der Brennstoff muß in ausreichender Menge vor dem Versuch eingebaut werden, und zwar soviel, als der ganze Brandversuch erfordert. Nachlegen von Brennstoff wird stets eine Abkühlung des herrschenden Feuers hervorrufen, außerdem ist auch wegen der großen Hitze in der Nähe des Brandherdes eine sorgfältige Verteilung des Brennstoffes unmöglich. Nachschütten von Petroleum in das Feuer ist gefährlich und außerdem nicht zweckmäßig, weil es eine momentane Wärmeentwicklung erzeugt, die nur vorübergehend in unkontrollierbarer Weise das Probeobjekt beanspruchen und falsche Anzeigen der Pyrometer veranlassen kann. Abb. 507 zeigt die zweckmäßigste Anordnung des Brennstoffes in einem Versuchshause.

d) Führung des Feuers.

Zu jeder Verbrennung ist eine bestimmte Luftmenge erforderlich, die von der Art und Menge des Brennmaterials abhängig ist. Man muß daher bei Brandversuchen dafür Sorge tragen, daß dem Feuer genügend Verbrennungsluft zugeführt und an geeigneter Stelle den Abgasen Gelegenheit zum Entweichen gegeben wird. Da bei Brandversuchen in allen Teilen des Feuers möglichst gleiche Temperatur herrschen soll, muß auch allen Teilen Luft zugeführt werden. Dies ist aber nur möglich, wenn sich das Feuermaterial auf einem Rost befindet, der den Zutritt der Luft an allen Stellen gestattet. Man baut daher, wie in §§ 321, 322 und 323 angegeben, in die Versuchshäuser Roste ein und führt durch Kanäle entsprechenden Querschnitts unter dieselben die erforderliche Verbrennungsluft. Da aber zu viel Luft ebenso schädlich ist, wie zu wenig, regele man die Luftwege durch einen Schieber derart, daß das Feuer mit heller Flamme brennt und sich nur wenig Rauch entwickelt.

e) Messung der Temperatur.

Das Kriterium der Eignung eines durch Feuer geprüften Bauteiles ist die Temperatur, welcher er ausgesetzt wurde; daher muß bei Brandversuchen die Temperatur so bemessen werden, daß sie derjenigen entspricht, welche das Probestück im Bauwerk unter Umständen erleiden kann. Schornsteinmauerwerk prüft man daher bei 400—600°, gewöhnliches Ziegelmauerwerk bei 400°, Dachbedeckungsmaterialien bei 600—1000°, feuersichere Türen oder Bauteile dagegen bei solchen Temperaturen, wie sie bei starken Bränden vorkommen (ca. 1100—1200°). Zur Messung der Temperaturen genügen Segerkegel (s. S. 607), da bei den in Frage kommenden Temperaturen ihre Genauigkeit völlig ausreicht, oder auch Metallegierungen mit bekannten Schmelzpunkten[1]). Will man an bestimmten Stellen des Versuchsgegenstandes die jeweilig herrschende Temperatur feststellen, so verwendet man Thermoelemente (s. S. 596) oder auch optische Pyrometer (s. S. 602).

f) Das Ablöschen des Feuers.

Beim Ablöschen des Feuers richte man den Wasserstrahl nur gegen das Feuermaterial und vermeide Bauteile zu bespritzen, die nachträglich einer Untersuchung unterzogen werden sollen. Das Wasser bewirkt oft durchgreifende Veränderungen des Materials, die Fehlschlüsse bei der Beurteilung der Feuerwirkung veranlassen. Auch kann der Druck eines Wasserstrahles leicht zum Einsturz des Bauwerkes führen.

g) Die Dauer des Versuches.

Man dehne den Versuch so lange aus, bis der Versuchsgegenstand zerstört ist oder die Umstände erkennen lassen, daß eine weitere Dauer des Versuches zwecklos ist. Jedenfalls breche man den Versuch nicht eher ab, als bis die vorgeschriebene Temperatur erreicht und die beabsichtigte Wirkung eingetreten ist[2]).

Achter Teil.

Meßverfahren und Meßinstrumente des Materialprüfungswesens.

I. Längenmessungen.

§ 325. Allgemeines.

Die Längenmeßinstrumente werden in solche zur Feststellung der Abmessungen und in solche zur Ermittelung von Längen- oder sonstigen Formänderungen eines Körpers eingeteilt. Da die ersteren auch zu Messungen der zweiten Art benutzt werden können, soll im folgenden keine scharfe Trennung der Instrumente beider Arten vorgenommen werden.

---

[1]) Metallegierungen mit bestimmten Schmelzpunkten liefert die Deutsche Gold- und Silberscheideanstalt in Frankfurt a. M.

[2]) Über Brandproben an Eisenbetonbauten, s. Gary in den Heften 11, 26, 33 und 41 der Berichte des Deutschen Ausschusses für Eisenbeton, Wilh. Ernst & Sohn, Berlin.

Messen bedeutet: Vergleichung bekannter Größen mit unbekannten. Für das Materialprüfungswesen kommen hinsichtlich der Längenmessungen fast nur solche in Betracht, die entweder durch Anlegen von Maßstäben an den zu messenden Körper oder unter Zwischenschaltung von Hilfseinrichtungen ausgeführt werden. Andererseits sind aber zur Ermittelung der Größe von Längenänderungen in Anbetracht der notwendigen Feinheit der Messung Instrumente besonderer Art erforderlich, die als Feinmeßinstrumente bezeichnet werden.

§ 326. Fehler bei den Messungen.

Jede Messung ist mit Fehlern behaftet, deren Ursache sowohl in der Person des Messenden, als auch in dem benutzten Meßinstrumente, als in der Art und Weise liegen kann, wie das Instrument benutzt wird. Nach Martens[1]) sind folgende Gattungen von Fehlerquellen zu beachten:

a) Fehler des Beobachters, die von Übung, Geschicklichkeit, Sehschärfe usw. abhängig sind;
b) Fehler des Instrumentes, die durch Teilungsfehler, Strichschärfe usw. bedingt sind;
c) Fehler der Methode;
d) Fehler äußeren Ursprunges, die durch Temperaturschwankungen, Feuchtigkeitsänderungen, ungünstige Beleuchtung usw. hervorgerufen werden.

Im allgemeinen scheidet man die Fehler in methodische und zufällige. Jene beeinflussen das Messungsergebnis einseitig (d. h. es weicht entweder positiv oder negativ vom Sollwerte ab), und sie können rechnungsmäßig festgestellt und verbessert werden. Diese hingegen zeigen im einzelnen keinerlei Gesetzmäßigkeit, sie sind nur durch den Zufall bedingt und durch vielmalige Wiederholung der Messungen und Bildung eines Mittelwertes aus sämtlichen Messungsergebnissen mit hinreichender Genauigkeit ausschaltbar.

§ 327. Strichmaßstäbe.

Bessere Maßstäbe werden aus Metall (Messing, Silber, Neusilber, Stahl, Glas, Nickel) hergestellt. Hölzerne Maßstäbe sind wegen ihrer hygroskopischen Veränderungen nur beschränkt brauchbar. Da alle Strichmaßstäbe mit Teilungsfehlern behaftet sind und ihre Länge von der Temperatur abhängig ist, empfiehlt es sich, Maßstäbe in der Physikalisch-Technischen Reichsanstalt zu Charlottenburg eichen zu lassen. Die Reichsanstalt stellt eine Fehlertabelle zusammen und gibt auch die Formel zur Korrektur der Temperaturfehler an (s. § 334).

Undurchsichtige gewöhnliche Anlegemaßstäbe besitzen den Nachteil, daß bei der Ablesung Fehler infolge der Parallaxe gemacht werden, ein Übelstand, an dem Maßstäbe aus durchsichtigem Glas, bei deren Verwendung man die Teilung mit dem Objekt zusammenfallen lassen kann, nicht leiden. Das Senkrechtstehen kann auch durch einen zur Teilung parallelen Spiegel gesichert werden, indem man das Spiegelbild des be-

[1]) Martens, Materialienkunde I, Berlin 1898, S. 436.

obachtenden Auges in den abzulesenden Punkt bringt. Noch sicherer geschieht die Ablesung mit einem am Maßstabe parallel verschiebbaren Mikroskop oder mit einer Lupe schwacher Vergrößerung.

§ 328. Schiebelehren (Schublehren).

Zwei für alle Zwecke des Materialprüfungswesens erprobte und gut brauchbare Schiebelehren sind in Abb. 508 und 509 dargestellt.

Außer den flachen Mäulern besitzen sie noch Spitzen zum Einsetzen in Körnermarken. Durch Benutzung des Nonius gestatten sie Ablesungen bis zu 0,1 mm und Schätzung bis auf 0,05 mm.

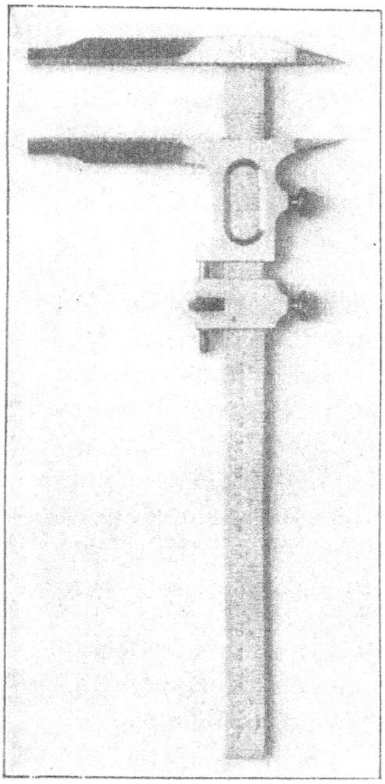

Abb. 508.

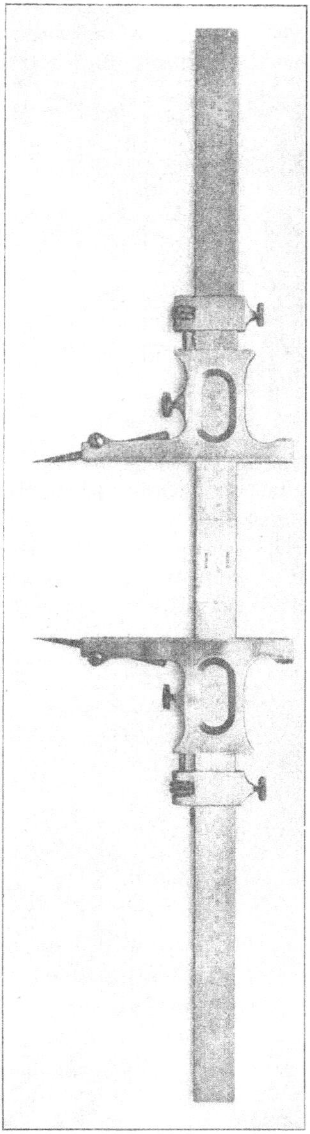

Abb. 509.

Da Nonien auch bei anderen Maßstäben Verwendung finden und manchmal ihre Benutzung besonders dem Anfänger Schwierigkeiten bereitet, soll im folgenden die Benutzungsweise der verschiedenen Nonien erläutert werden.

§ 329. Der Nonius.

Der „Nonius“ ist ein kleiner Hilfsmaßstab, der am Hauptmaßstabe die Ablesung von Teilen ermöglicht, die kleiner sind als die Teilung des Hauptmaßstabes. Entspricht die Länge des Nonius $n + 1$ Teilen des Maßstabes, so wird der Nonius „nachtragend“ genannt; beträgt dagegen die Länge des Nonius nur $n - 1$ Maßstabteile, so bezeichnet man ihn als „vortragend“.

Beim nachtragenden Nonius ist jeder Noniusteil um $^1/_n$ größer als jeder Maßstabteil, so daß, wenn ein bestimmter Teilstrich des Nonius auf einen Teilstrich des Maßstabes trifft, die Summe der folgenden Teilstriche um $^1/_n$, $^2/_n$, $^3/_n$, $^4/_n$ usw. größer ist als die Summe der entsprechenden Maßstabteile. Fällt z. B., wie in der Abb. 510, der Teilstrich 3 des nachtragenden Nonius mit dem Teilstriche 38 mm des Maßstabes zusammen, so steht der Nullpunkt des Nonius um $^3/_{10}$ eines Maßstabteiles hinter dem ihm entsprechenden Striche des Maßstabes, so daß die Ablesung $41 + {}^3/_{10}$, also 41,3 mm lautet. Beim vortragenden Nonius ist jeder Noniusteil um $^1/_n$ kleiner als jeder Maßstabteil, und wenn ein Teilstrich des Nonius auf einen Maßstabteilstrich fällt, liegen die vorhergehenden folgenden Noniusteilstriche um $^1/_n$, $^2/_n$, $^3/_n$, $^4/_n$ usw. hinter den entsprechenden Maßstabteilstrichen.

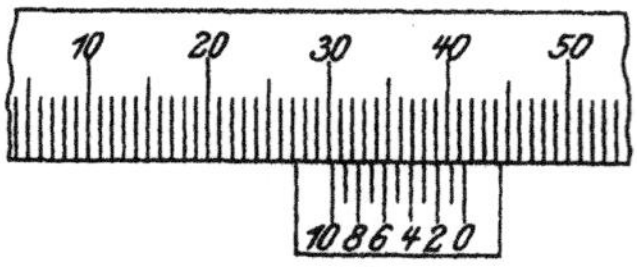

Abb. 510.

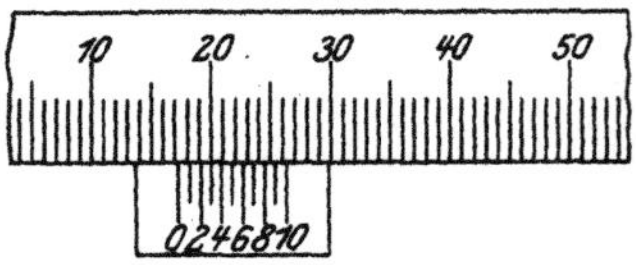

Abb. 511.

Während der nachtragende Nonius in entgegengesetzter Richtung wie der Maßstab beziffert ist, ist der vortragende in derselben Richtung bezeichnet, so daß bei diesem die Noniusteile vom Nullpunkte an in derselben Richtung gezählt werden wie die Maßstabteile.

In Abb. 511 fällt der Strich 3 des vortragenden Nonius mit dem Maßstabteilstriche 20 zusammen und der Nullpunkt liegt zwischen dem 17. und 18. Millimeter des Maßstabes. Die Ablesung ist alsdann $17 + {}^3/_{10} = 17{,}3$ mm.

Ist der Nonius nicht in 10 Teile geteilt, wie in den beiden angeführten Beispielen, d. h. die — Angabe — des Nonius nicht $^1/_{10}$, sondern allgemein $^1/_n$, so erhält man beim vortragenden Nonius die gesuchte Länge dadurch, daß man zu den ganzen Teilstrichen des Maßstabes vor dem Noniusnullpunkte einen Wert addiert, der sich durch Multiplikation der „Angabe" mit der Anzahl Teilstriche ergibt, welche auf dem Nonius zwischen Nullpunkt und Deckungsteilstrich liegen.

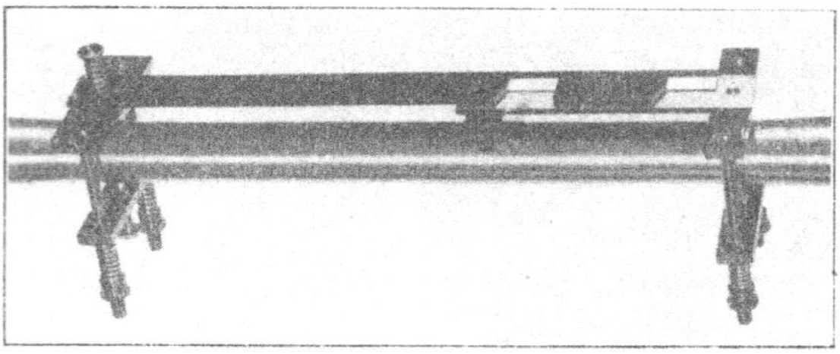
Abb. 512.

§330. Apparate zum Messen der Längenänderungen von Zerreißstäben.

Der in der Abb. 512 dargestellte Meßapparat (Konstruktion des Verfassers) besteht aus zwei Metallinealen mit Maßstabteilungen. Das eine Lineal (links) trägt Striche mit Nonien bei den Längen 150 und 200 mm, und zum Befestigen am Zerreißstab ist es am linken Ende mit einer Federklemme versehen. Sein anderes Ende ruht auf dem zweiten, in der Umgebung der 150- und 200-mm-Striche des ersten Lineals mit Millimeterteilung versehenen Lineal, das ebenfalls eine Federklemme zum Befestigen am Probestabe und außerdem ein Füßchen zum Stützen auf dem Probestabe besitzt. Werden durch die Dehnung des Zerreißstabes die beiden Metallineale gegeneinander verschoben, so kann man mit Hilfe der an den 150- und 200-mm-Teilstrichen angebrachten Nonien die Größe der Verschiebungen der beiden Federklemmen und somit Verlängerungen des Probestabes bis auf $^1/_{100}$ mm messen.

Eine andere vom Verfasser konstruierte Vorrichtung zur Messung der Stabverlängerung bei Zugversuchen zeigt die Abb. 513. Sie besteht aus zwei federnden Schneidenklemmen 2 und 3, welche an den Stab angepreßt werden und den beiden teleskopartig ineinander beweglichen, mit Millimeterteilung

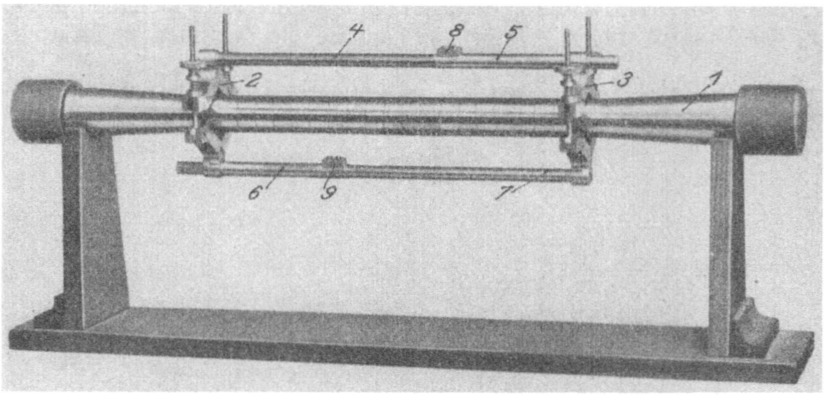

Abb. 513.

und Nonien 8 und 9 versehenen Meßrohren 4, 5 sowie 6, 7. Diese Vorrichtung besitzt gegenüber der vorbeschriebenen den Vorzug, daß sie die Stabdehnung auf zwei einander gegenüberliegenden Seiten des Probestabes angibt; das erhöht die Genauigkeit der Messung, da es möglich ist, durch Mittelwertbildung die Verlängerung der Stabachse zu errechnen (s. auch

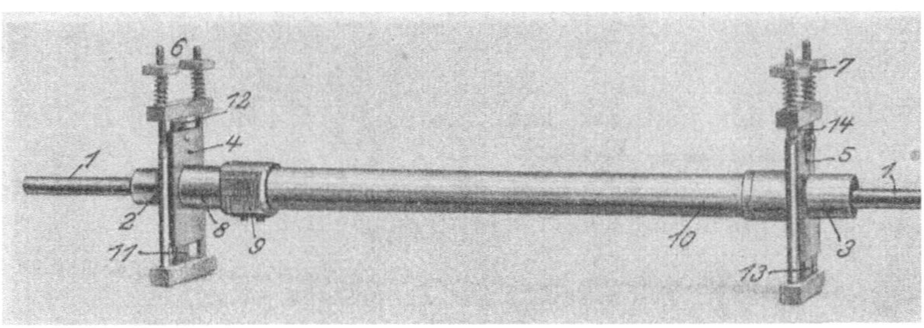

Abb. 514.

S. 570), während der erste Apparat bei einseitiger Dehnung des Stabes dies nicht gestattet.

Bei der Dehnungsmessung von Drähten hat sich auch die Vorrichtung in der Abb. 514 (Konstruktion des Verfassers) als sehr brauchbar erwiesen, trotzdem es bei ihrer Benutzung nicht möglich ist, den Draht während des Versuches zu beobachten. Es werden bei dieser Vorrichtung am Probedrahte 1 die Halter 2 und 3 befestigt, und zwar mittelst Schneiden, für welche die Stücke 4 und 5 als Gradführung dienen, und für welche die Federpaare 6 und 7 den Anpressungsdruck liefern. An den Stücken 4 und 5 befinden sich die teleskopartig ineinander verschiebbaren Rohrstücke 8 und 10, von denen das eine 8 eine Millimeterteilung besitzt, über der sich der Nonius 9 bewegt. Da die Schneiden 11 und 12, sowie 13 und 14 der Federklemmen sehr genau in den Stücken 4 und 5 gerade geführt sind und fest gegen den Draht 1 gepreßt werden, entspricht einerseits der Abstand der Federklemmen voneinander der Meßlänge des Probedrahtes und andererseits müssen die Federklemmen jeder Dehnung des Drahtes folgen. Dabei nehmen sie die an ihnen befestigten

Abb. 515.

Rohrstücke 8 und 10 mit, und man kann am Nonius 9 sehr genau die Verlängerung des Probedrahtes 1 ablesen.

Die Vorrichtung läßt sich sehr rasch am Probedrahte befestigen und erleichtert dadurch die Vornahme zahlreicher Versuche ungemein.

§ 331. Teilmaschine für Probestäbe.

Um die Messung der Stabdehnung bei Zerreißversuchen unabhängig von der Lage der Bruchstelle des Probestabes ausführen zu können, versieht man den Stab mit Zentimeterteilung (s. § 11). Entweder geschieht dies in zeitraubender Weise von Hand oder sehr bequem und schnell mit einer Teilmaschine von Amsler (Abb. 515). Der Probestab wird auf einem Schlitten befestigt, der von einem durch Kurbel beweglichen Schaltwerk schrittweise um 1 cm vorwärts transportiert wird. Zwischen jedem Schritte bleibt der Schlitten einen Augenblick in Ruhe, so daß der Mechanismus mit einem Stichel einen Strich auf dem Probestabe ziehen kann; sowohl die Strichstärke als auch die Strichlänge können eingestellt werden. Die Befestigung von Flachstäben geschieht mit Klemmen, die am Schlitten angebracht und der Stablänge entsprechend einstellbar sind. Zur Teilung von Rundstäben mit Ringmarken ließ Verfasser die Teilmaschine der Dresdner Hochschule mit der aus der Abb. 515 ersichtlichen Einspannvorrichtung versehen. Bei ihrer Benutzung wird der Probestab zwischen den beiden einstellbaren Spitzenschrauben gelagert und nach dem Aufsetzen des Stichels dreht man zur Erzeugung der Ringmarken den Probestab um seine Achse.

§ 332. Mikrometerschrauben.

Die Mikrometerschrauben lassen Längen bis auf 0,01 mm ablesen und bis auf 0,001 mm schätzen.

Die Herstellung guter Mikrometerschrauben ist schwierig, und es sollten immer nur solche verwendet werden, von deren Richtigkeit man sich durch Prüfung überzeugt hat. Zur direkten Messung größerer Längenunterschiede verwende man Mikrometerschrauben nicht, sondern beschränke sich auf ein

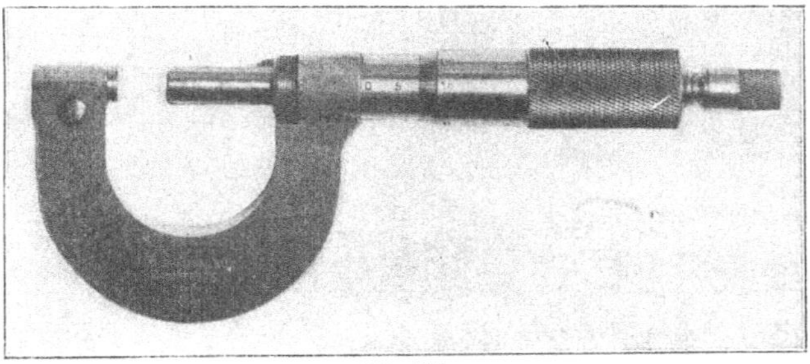

Abb. 516.

Meßbereich von nur wenigen Millimetern. Beim Gebrauche darf die Schraube nicht mit Gewalt angepreßt werden, weil diese und auch das Objekt dadurch Deformationen erleiden, die das Messungsergebnis fehlerhaft gestalten.

Sehr zu empfehlen sind die Mikrometerschrauben mit Gefühlsschrauben (s. Abb. 516), bei denen dieser Fehler nicht entstehen kann, weil die Vorwärtsbewegung der Schraube aufhört, sobald der Gegendruck des Probestückes den geringen Federdruck der Gefühlsschraube erreicht. Auch den elektrischen Strom kann man zur Vermeidung veränderlichen Anpressungsdruckes benutzen, indem man die Schraube derartig anordnet, daß bei Berührung des Objektes der Stromkreis geschlossen und dadurch eine elektrische Klingel betätigt wird. Zuverlässig ist diese Methode aber nur dann, wenn keine starke elektrische Stromquelle verwendet wird, die an der Berührungsstelle einen Funken entstehen läßt.

Unter Verwendung von Endmaßen lassen sich Mikrometerschrauben auch zur Messung größerer Längen benutzen, wenn sie auf Endmaße, deren Länge annähernd der zu messenden Länge entsprechen, eingestellt werden und man mit der Schraube hierauf nur die Differenz zwischen der zu messenden Länge und der des Endmaßes feststellt. Auf dieser Messungsmethode beruht der Bauschingersche Mikrometertaster mit Fühlhebel (Abb. 517), der zur Messung der Längenänderungen von Zementprobekörpern konstruiert wurde (s. § 227), aber auch bei anderen Messungen gut verwendbar ist.

Er besteht aus dem Mikrometerbügel 1 (Abb. 517), der an einem auf Stativ 4 in Spitzen gelagerten doppelarmigen Hebel 3 leicht beweglich aufgehängt ist. Der zu messende Probekörper 5, dessen Enden durch Körnerplättchen (s. § 227) oder sonstige Marken begrenzt sind, liegt auf einer am Stativ 4 befestigten Unterlage 2. In die Marken werden die Spitzen des Fühlhebels 6 bzw. der Mikrometerschraube 7 eingesetzt und diese so weit vor- oder zurückgeschraubt, bis der Fühlhebel auf die Marke 0 der Skala 8

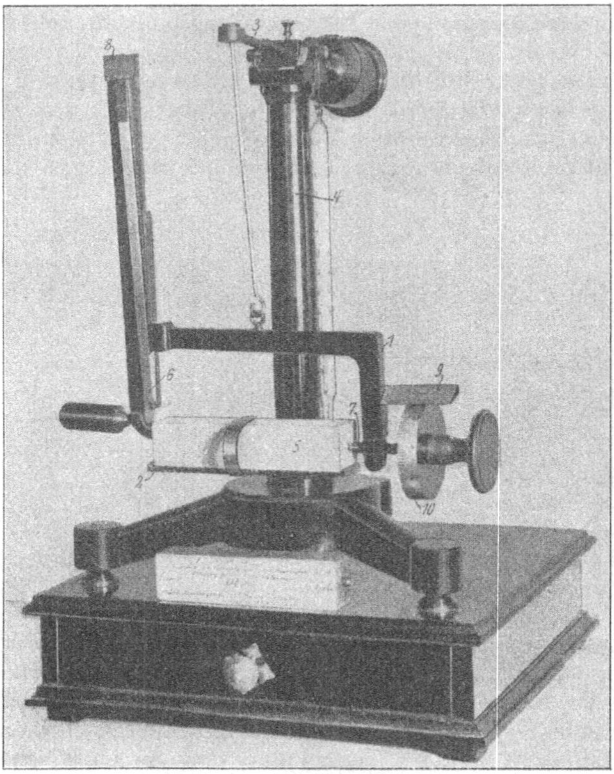

Abb. 517.

einspielt. Die Messung geschieht dann in der Weise, daß man an der Skala 9 die ganzen Millimeter und an der Trommel 10 der Mikrometerschraube die Bruchteile feststellt. Das Instrument ist derart justiert, daß bei bestimmter Raumtemperatur die Nullablesung an der Mikrometerschraube einer bestimmten Länge zwischen den Spitzen entspricht. Dieser Wert muß von Zeit zu Zeit mit einem bekannten Endmaße kontrolliert werden, weil sich durch unvermeidliche Abnutzung der Spitzen die Entfernung ändert.

Bei der Berechnung ergibt sich die Länge des Probekörpers aus der Ablesung des Standes der Mikrometerschraube bei genau einspielendem Fühlhebel unter Hinzurechnung der konstanten, dem Nullpunkt der Skala entsprechenden Tasterweite.

Die konstante Tasterweite ist bei jedem Apparate gleich 95 mm. Beträgt daher z. B. bei Messung eines Probekörpers der Stand der Meßschraube 9,56 Umdrehungen (1 Umdrehung = 0,5 mm), so ist die absolute Länge des Körpers

$$L = \frac{9{,}56}{2} + 95 \text{ mm} = 99{,}78 \text{ mm}.$$

Die Temperaturkorrektur geschieht wie folgt: Betrug bei der vorangegangenen Messung die Temperatur 15° und wird derselbe Probekörper ein zweites Mal bei + 10° C ausgemessen, wobei sich eine Ablesung von 9,48 Skalenteile ergibt, so sind, da der Temperaturunterschied 5° und die erforderliche Korrektur für 1° = 0,002 Skalenteile ist, 5 × 0,002 = 0,01 Skalenteile abzuziehen.

Die Länge des Körpers bezogen auf die Anfangstemperatur von 15° ist daher

$$= \frac{9{,}48 - 0{,}01}{2} + 95 = 99{,}735 \text{ mm}.$$

Bei dieser Korrektur wird vorausgesetzt, daß Apparat und Probekörper die gleiche Temperatur besitzen, was bei den an der Luft aufbewahrten Probestücken wohl immer der Fall sein wird.

Bei den im Wasser lagernden Probestücken kommt aber in Betracht, daß Wasser- und Lufttemperatur verschieden sein können, daher wird hierfür eine weitere Umrechnung notwendig, die sich aus folgenden Betrachtungen ergibt:

Der Ausdehnungskoeffizient des Bügelmaterials (Messing) ist $= \alpha = 0{,}0000187$. Der des Zementes $= \alpha'$ kann aus der oben bezeichneten Korrektur berechnet werden. Es ist nämlich $(\alpha - \alpha') \cdot 100$ mm die scheinbare Zusammenziehung eines Zementprismas von 100 mm Länge bei einer Temperaturveränderung von + 1° C = 0,002 Skalenteile oder

$$(\alpha - \alpha') = 0{,}00001 \text{ mm},$$
$$\alpha' = \alpha - 0{,}00001$$

und für α den Wert 0,0000187 eingesetzt

$$\alpha' = 0{,}0000187 - 0{,}00001.$$

$\alpha' = 0{,}0000087$ der Ausdehnungskoeffizient des Zementes.

Für je 1° Temperaturunterschied zwischen Apparat und Probekörper (Luft und Wasser) ist somit die Korrektur = 100 × 0,0000087 × 2 = 0,00174 Skalenteile (1 Skalenteil = 0,5 mm).

Zeigt z. B. das Thermometer am Apparat eine Lufttemperatur von + 10° und ist die Wassertemperatur + 6°, so sind zunächst für einen Unterschied von 10 − 6 = 4° dem abgelesenen Mikrometerstand 4 × 0,00174 = 0,007 Skalenteile zuzuzählen, womit Probekörper und Apparat für die gleiche Temperatur von 10° berechnet sind. Die weitere Umrechnung erfolgt dann wie oben in bezug auf die Anfangstemperatur angegeben wurde.

Man gewöhne sich daran, bei allen Messungen mit Mikrometerschrauben die Schraube während der Messung zur Vermeidung des Einflusses des toten Ganges nur nach einer Richtung zu drehen.

Unter Benutzung der Bauart des Bauschinger-Tasters konstruierte der Mechaniker Bauschingers, Klaebe, einen Dickenmesser, hinsichtlich dessen Ausführungsform auf Martens, Materialienkunde S. 451, zu verweisen ist.

Zu erwähnen ist an dieser Stelle noch die Reineckersche Meßmaschine (s. Abb. 518), die in manchen Betrieben Verwendung findet. Im Prinzip entspricht sie dem Bauschingerschen Taster mit dem Unterschiede, daß an Stelle des Fühlhebels eine Meßdose benutzt wird. Die einzelnen Bestandteile des Apparates sind aus der Abbildung ersichtlich.

Abb. 518.

Auf die in Amerika zur Messung der elastischen Dehnungen vielfach verwendeten Mikrometerschraubenapparate (s. Abb. 519) soll hier nicht näher eingegangen werden, weil ihre Benutzung umständlich und die Genauigkeit der Messung nicht hinreichend groß ist. (Näheres über diese Instrumente siehe Martens, Materialienkunde S. 464.)

§ 333. Okularschraubenmikrometer.

Für die genaue Messung geringer Längen wird ein Mikroskop mit Okularschraubenmikrometer (Abb. 520) benutzt.

Es besteht aus einem gewöhnlichen Mikroskop mit Okular, in dem ein auf eine Glasplatte geritztes Strichkreuz angeordnet ist. Die Glasplatte ist in einer Führung gelagert und kann durch eine Mikrometerschraube über das vom Objektiv des Mikroskops entworfene Bild hinweggeführt werden. Ein Intervall der Trommelteilung entspricht einer Verschiebung des Strichkreuzes um 0,01 mm. Die Umdrehungen der Trommel werden an einer im Sehfeld sichtbaren bezifferten Skala gezählt. Wenn der Nullpunkt der Trommel nicht mit einem Teilstriche der Skala zusammenfällt, kann man sie auf ihrer Achse verdrehen und die Übereinstimmung auf diese Weise herstellen.

Manche Instrumente werden anstatt des Strichkreuzes mit Doppelstrichen ausgerüstet. Das bedeutet insofern einen Vorteil, als die Strichmarke sich zwischen beide Doppelstriche genauer einstellen oder sich mit einem einfachen Strichkreuze zur Deckung bringen läßt.

Der einem Intervall der Trommelteilung entsprechende Längenwert bei der Verschiebung auf einem Präparat muß für jedes Objektiv mit Hilfe eines Objektmikrometers genau bestimmt werden[1]).

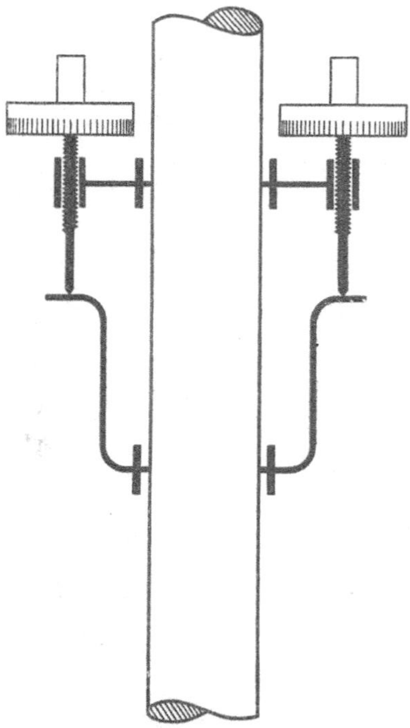

Abb. 519.

§ 334. Dickenmesser nach Abbe von Zeiß, Jena.

Der Apparat (Abb. 521) besteht aus einem Stativ 1 auf der Grundplatte 2, an dem mit Geradführung ein Stift 3 verschoben werden kann, der am oberen Ende ausgehöhlt ist und einen aus Silber hergestellten Maßstab mit $^1/_5$ oder $^1/_{10}$ Millimeterteilung enthält. Das Gewicht des Stiftes 3 ist durch ein Gegengewicht im Innern des Statives ausbalanciert. Schraube 4 dient zur Befestigung dieses Gewichtes während des Transportes; mit der Handschraube 5 kann der Stift 3 gehoben und gesenkt werden. 6 ist ein Ablesemikroskop mit Okularschraubenmikrometer, 7 ist eine ebengeschliffene Stahlplatte, die genau senkrecht zur Achse des Stiftes eingestellt werden muß. Zwischen Stift und Platte wird das zu messende Objekt angeordnet. Das untere Ende des Stiftes ist mit einer Kontaktplatte 8 versehen, die gegen anders geformte (Schneide 9, Kuppe 10) ausgewechselt

Abb. 520.

[1]) Objektmikrometer sind Skalen, auf denen ein Millimeter in 100 Teile geteilt ist.

werden kann. Die aus Achat bestehende Kuppe dient zum Kontakt bei ebenen, die Schneide bei gewölbten und die Platte bei Kugelflächen oder Stichmaßen. Bei der Messung von Kugeldurchmessern wird an der Platte 7 eine Irisblende 11 angeordnet, mit der die Zentrierung der Kugel erfolgt. Die Ausführung einer Messung geschieht z. B. in folgender Weise:

Die Kugel, deren Durchmesser festgestellt werden soll, wird auf der Platte 7 gelagert, die Kontaktplatte unter Benutzung der Handschrauben 5

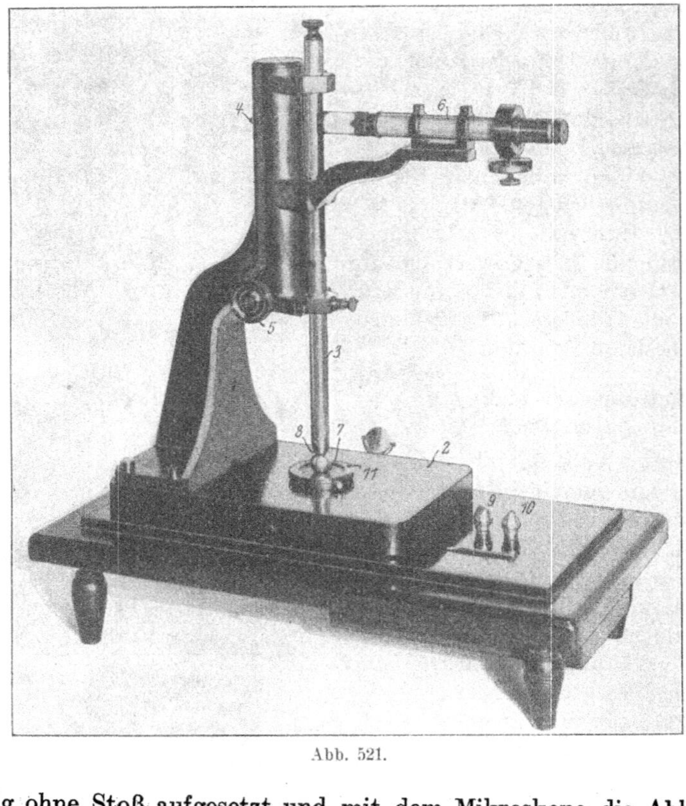

Abb. 521.

vorsichtig ohne Stoß aufgesetzt und mit dem Mikroskope die Ablesung am Maßstab bewirkt. Nur in den seltensten Fällen deckt sich das Fadenkreuz des Mikrometerschraubenokulars mit einem Teilstriche des Maßstabes; meistens muß die Differenz zwischen Teilstrich und Fadenkreuzstellung mit der Mikrometerschraube bestimmt werden. Da der Maßstab in Zehntelmillimeter und die Trommel der Mikrometerschraube in 100 Teile geteilt ist, geben die Trommelteile unmittelbar die zweite und dritte Dezimale der gewünschten Länge. Es empfiehlt sich, sowohl vor als nach der Messung zu kontrollieren, ob der Nullpunkt der Mikrometerschraube mit dem des Maßstabes zusammenfällt. Hierauf ist der Fehler zu korrigieren, den der Teilungsfehler des Maßstabes verursachte. Der Teilungsfehler ist aus einer Fehlertabelle zu entnehmen. Für das Instrument der Technischen Hochschule Dresden wurde diese von der Physikalisch-Technischen Reichsanstalt aufgestellt; die Tabelle gibt folgende Werte an:

Strich mm	Fehler μ	Strich mm	Fehler μ	Strich mm	Fehler μ
0	0	0	0	55	− 0,1
1	− 0,1	5	+ 0,5	60	+ 2,4
2	+ 0,9	10	+ 0,7	65	+ 2,6
3	+ 0,7	15	+ 0,6	70	+ 1,0
4	+ 1,0	20	− 1,0	75	− 0,1
5	+ 0,5	25	− 0,7	80	+ 0,2
6	+ 0,4	30	+ 0,6	85	− 1,0
7	− 0,1	35	0	90	+ 0,5
8	+ 2,0	40	+ 2,0	95	+ 1,7
9	+ 1,4	45	+ 1,3	100	0
10	+ 0,7	50	+ 1,3	105	− 2,2

Hierin bedeutet das Vorzeichen + oder −, daß der Abstand des in Betracht kommenden Striches vom Nullstriche um den daneben angegebenen Betrag[1]) größer bzw. kleiner ist, als er sein würde, wenn die Teilung zwischen den Strichen 0—105 mm fehlerfrei wäre.

Die Tabelle wurde bei 16,5° ermittelt, und es muß bei Messungen, die bei wesentlich abweichender Temperatur vorgenommen werden, noch der durch die Längenänderung des Maßstabes verursachte Fehler berücksichtigt werden. Bedeutet L_t die Länge, die das zwischen den Strichen 0 und 100 mm enthaltene Intervall bei einer Temperatur von t Grad besitzt, und wurde die wirkliche Länge bei 16,5° zu

$$L_t = 100\ \text{mm} + (26{,}8 \pm 1{,}0)\ \mu$$

ermittelt, so ergibt sich unter Annahme eines thermischen Ausdehnungskoeffizienten für Silber von $(18{,}3 \pm 0{,}5) \cdot \mu$ pro Meter und Grad die Gleichung

$$L_t = 100\,\text{mm} - (3{,}4 - 1{,}83\,t \pm \eta) \cdot \mu,$$

worin

$$\eta = 1{,}5 \sqrt{1 + [0{,}03 \cdot (t - 16{,}5)]^2}.$$

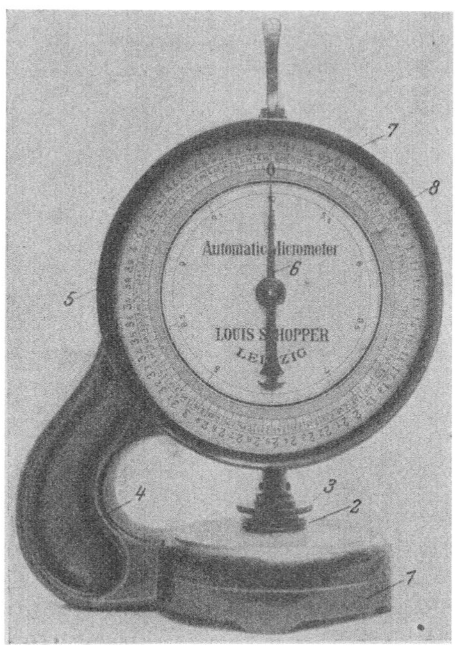

Abb. 522.

Mit Rücksicht auf die wenig widerstandsfähige Form der Lamelle ist hierbei die Unsicherheit für die Temperatur 16,5° um 0,5 μ höher angeschlagen

[1]) 1 μ bedeutet 1 Mikron, d. i. $^1/_{1000}$ mm.

als die bei dem oben angegebenen unmittelbaren Messungsergebnis erwähnte. Die Länge des Maßstabes ist somit für jede Temperatur t um $(3{,}4 \pm \eta) \cdot \mu$ kleiner als ihr mit Hilfe des oben angegebenen Ausdehnungskoeffizienten berechneter Sollwert.

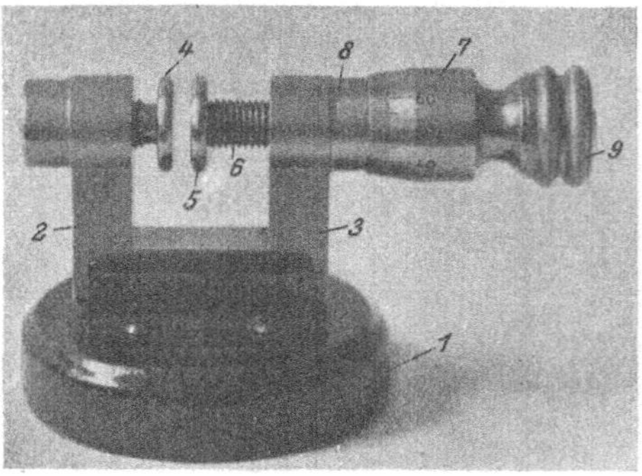

Abb. 523.

Es empfiehlt sich für diese, sowie überhaupt für alle Maßstäbe, die genauen Messungen dienen sollen, die Herstellung einer Korrektionstafel, damit man ohne Rechnung sofort in der Lage ist, den wahren Wert eines Maßstabstriches zu bestimmen.

§ 335. Dickenmesser von Schopper.

Zur Messung der Dicke von Blechen, Dichtungsplatten, Fournieren, Pappen und Geweben leisten die Dickenmesser von **S c h o p p e r** gute Dienste.

Abb. 522 zeigt den Dickenmesser „Automatik", der an dem Zifferblatt unmittelbar die Ablesung der Dicke der zwischen die beiden Kontaktflächen

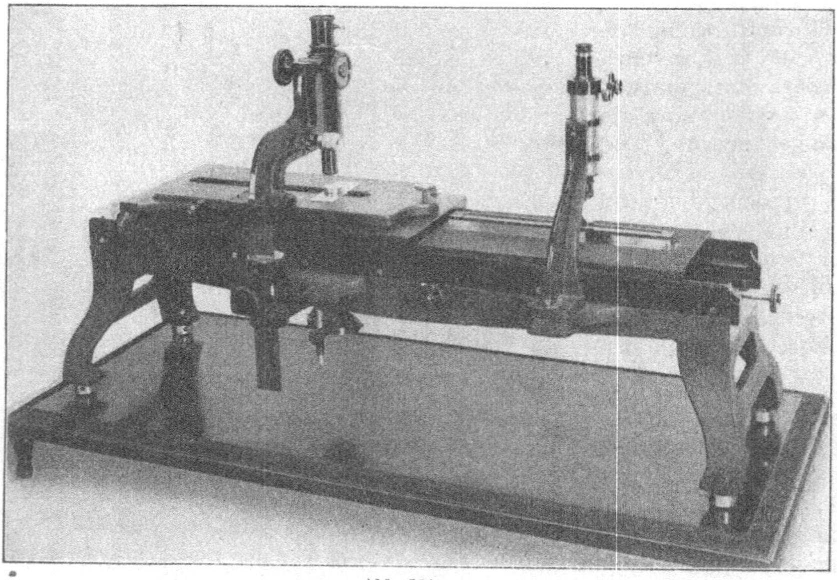
Abb. 524.

gebrachten Papier- oder Gewebestreifen gestattet. Die Teilung am Zifferblatt reicht von 0 bis 5 oder 10 mm, und jeder Teilstrich auf der Skala entspricht $^1/_{100}$ mm Dicke.

Abb. 523 zeigt einen anderen Dickenmesser, der nach Art einer Mikrometerschraube ausgestaltet ist und sich von der im § 332 beschriebenen nur durch die vergrößerten Kontaktflächen unterscheidet. Die Trommelteilung dieses Dickenmessers gestattet unmittelbare Ablesungen von $^1/_{100}$ mm.

§ 336. Großer Komparator von Zeiß.

In Abb. 524 ist der große Komparator von Zeiß abgebildet, der u. a. z. B. zur Messung der Bruchdehnung von wenig dehnbaren Materialien (harter Stahl) sehr geeignet ist. Er besteht aus einem mit fein geteiltem Maßstabe versehenen Schlitten, der auf einem kräftigen, mit zwei Mikroskopen versehenen Gestelle verschoben werden kann. Das rechte Mikroskop mit Okularschraubenmikrometer dient zur Ablesung am Maßstabe und das linke mit Fadenkreuzokular zum Anvisieren der Endmarken des zu messenden Körpers.

Bei Benutzung des Instrumentes wird der Probekörper auf dem Schlitten in der geraden Verlängerung des Maßstabes gelagert und das eine Ende der zu messenden Länge mit dem Fadenkreuze des Mikroskopes durch Verschiebung des Schlittens zur Deckung gebracht. Hierauf wird der Maßstab abgelesen und dann der Schlitten verschoben, bis im Beobachtungsmikroskope das andere Ende der Meßstrecke unter dem Fadenkreuze liegt. Die Differenz der nunmehr vorgenommenen Maßstabablesung und der ersten Ablesung ergibt die gesuchte Länge. Die Messungsergebnisse sind ebenso wie die mit dem Dickenmesser (s. § 334) erhaltenen, unter Benutzung einer Eichungstabelle zu korrigieren.

II. Dehnungs- und andere Formänderungsmessungen.

§ 337. Der Bauschingersche Spiegelapparat.

Zur Messung der Dehnungen von Probestäben während Festigkeitsversuchen sind die vorstehend beschriebenen Meßwerkzeuge nur in beschränktem Umfange verwendbar. Entweder reicht ihre Genauigkeit zur Messung der elastischen Dehnungen nicht aus oder es verhindert ihre Konstruktion ihre Anbringung an dem Probekörper, dessen Formänderungen gemessen werden sollen. Es bedeutete daher einen Fortschritt von größter Tragweite, als Bauschinger im Jahre 1873 unter Benutzung der Poggendorf-Gausschen Winkelmessung mit Spiegel einen Spiegelapparat zur Dehnungsmessung für Zerreißstäbe konstruierte, mit dem er Längenänderungen von 0,1 μ messen konnte.

Bauschinger befestigte an dem Probestab (s. Abb. 525) eine Klemme, welche die beiden Schneiden 14 und 15 trug, mit denen sie sich gegen den Probekörper stützte. Die Klemme war mit den beiden Haltern 12 und 13 versehen, in welche zwei Spiegelachsen mit Spitzenlagerung 10 und 11 eingesetzt waren. Am unteren Ende der Spiegelachsen befanden sich die Rollen 6 und 7 und am oberen Ende die Spiegel 8 und 9. Letztere konnten mit Schrauben gegen die Spiegelachse geneigt und um Zapfen gedreht werden. Gegen die Rollen 6 und 7 lehnten sich die beiden Stahllamellen 1 und 2, die durch Klemme 5 mit den Spitzen 3 und 4 an den Probekörper gepreßt wurden. Erlitt hiernach der Probestab eine Verlängerung, so entfernten sich die Schneiden 14 und 15 von den Spitzen 3 und 4, und da zwischen den Rollen 6 und 7 einerseits und den Stahllamellen 1 und 2 andererseits genügend Reibung vorhanden war, wurden die Rollen und somit die Spiegel um einen Winkel verdreht, dessen Bogen der Stabdehnung proportional ist. Den Spiegeln gegenüber wurden Fernrohre mit Skalen aufgestellt und in bekannter Weise die Ablesung der Spiegeldrehung vorgenommen.

Die Verwendung zweier Spiegel auf gegenüberliegenden Seiten des Probestabes ist dadurch bedingt, daß sich der Stab nur selten an allen Stellen

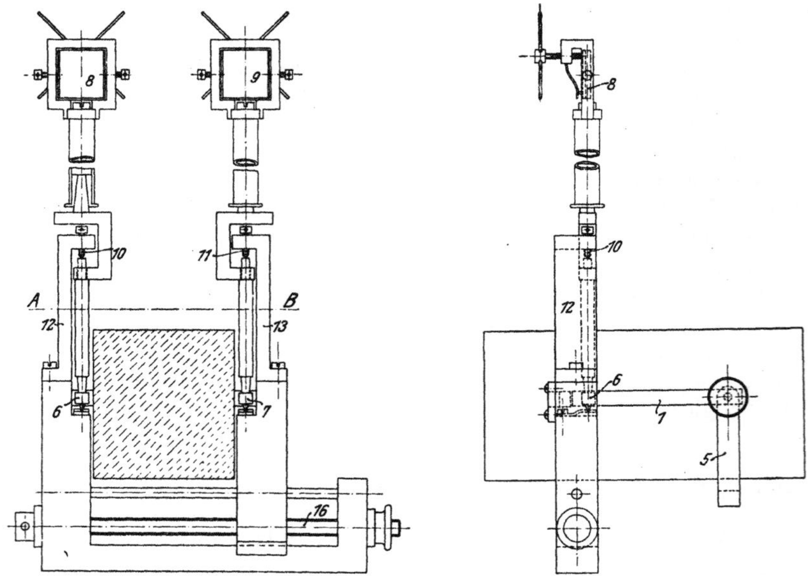

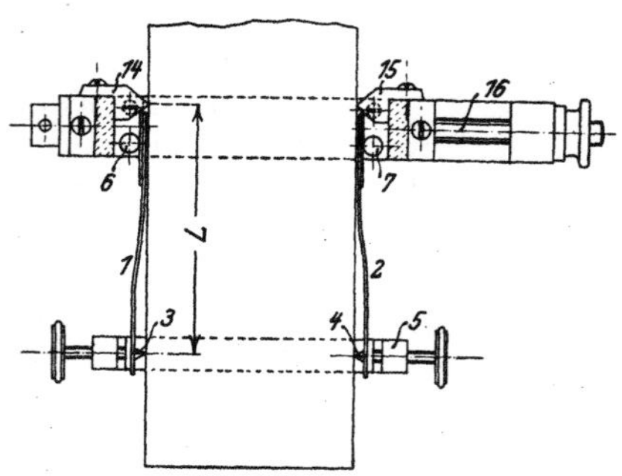

Abb. 525.

seines Umfanges gleichmäßig dehnt und auch eine Bewegung im Raume durch Schiefstellen in der Einspannvorrichtung nicht ausgeschlossen ist. Ein einziger Spiegel würde demnach nur die Dehnung einer einzigen Mantellinie des Stabes anzeigen, und Bewegungen des Stabes im Raume könnten als Dehnungen gedeutet werden. Benutzt man dagegen zwei Spiegel, so gibt der Mittelwert beider Ablesungen die Dehnung der Stabachse, und Schiefstellen des Stabes in den Einspannvorrichtungen bleibt ohne Einfluß, weil infolge des entgegengesetzten Drehsinnes beider Spiegel dann der eine Spiegel um soviel weniger anzeigt, als der andere mehr angibt.

Das Übersetzungsverhältnis ist abhängig von dem Durchmesser der Rollen 6 und 7 und dem Abstande der Skalen von den Spiegelflächen des Apparates. Man ersieht hieraus, daß das Übersetzungsverhältnis durch Vergrößerung des Skalenabstandes beliebig gesteigert werden kann. Das Übersetzungsverhältnis ergibt sich auf folgende Weise (s. Abb. 526).

Unter der Einwirkung der Kraft P wird der zylindrische Probestab 1 um die Strecke λ verlängert und infolge des durch die Feder 2 und Lamelle 3 bzw. 4 bewirkten Anpressungsdruckes die Rolle 5 um die gleiche Strecke λ auf dem Stabe abgewälzt. Die dadurch um den Winkel α bewirkte Spiegeldrehung hat zur Folge, daß nicht mehr derselbe Skalenpunkt wie zuvor, sondern ein anderer Punkt der Skala vom Spiegel reflektiert wird. Infolge der Spiegelwirkung entspricht dieser Punkt aber dem doppelten Drehungs-

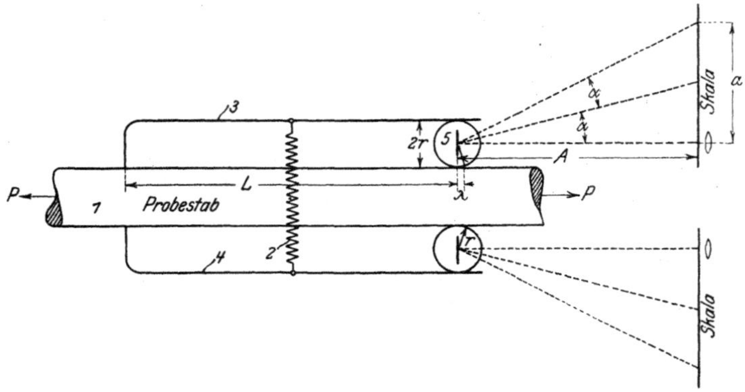

Abb. 526.

winkel α. Es darf mithin nur der halbe Wert der Skalenablesung zur Berechnung der Stabverlängerung λ herangezogen werden. Es ist:

$$a = A \cdot \operatorname{tg} 2\alpha$$

und

$$\lambda = r \cdot \widehat{\alpha}\,,$$

demnach

$$\frac{\lambda}{a} = \frac{r \cdot \widehat{\alpha}}{A \cdot \operatorname{tg} 2\alpha}.$$

Da α ein sehr kleiner Winkel ist, kann man den Bogen gleich der Tangente setzen, und es ergibt sich somit

$$\lambda = a \cdot \frac{r}{2A}.$$

Die Werte r und A werden durch Messung bestimmt, so daß das Übersetzungsverhältnis leicht ermittelt werden kann.

Empfehlenswert ist, bei allen Messungen ein bestimmtes Übersetzungsverhältnis, etwa $\frac{1}{500}$ oder $\frac{1}{1000}$ anzuwenden und die dementsprechende Skalenentfernung zu benutzen.

§ 338. Der Martenssche Spiegelapparat.

Ein zweiter, jetzt fast allgemein verwendeter Spiegelapparat ist der von Martens (Abb. 527)[1]). Er besitzt gegenüber dem Bauschingerschen

[1]) Über den systematischen Fehler der Messung mit dem Martensschen Spiegelapparat, s. Mitteilungen des Materialprüfungsamts, Berlin-Dahlem, 1920, S. 1. Bericht von G. Jensch.

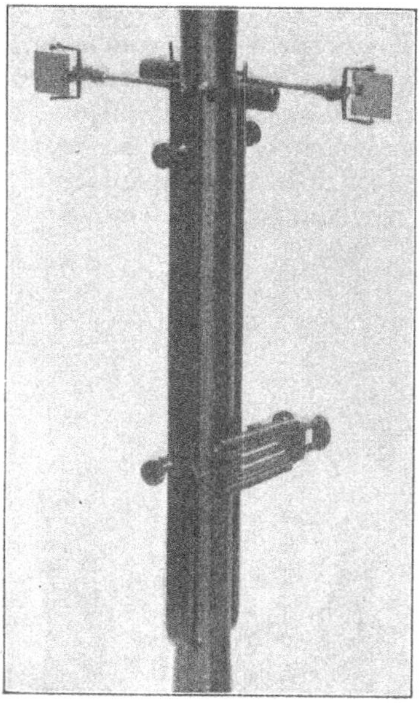

Abb. 527.

den Vorzug größerer Handlichkeit und bedeutend geringeren Gewichtes. Seiner einfachen Konstruktion wegen ist er auch für andere Zwecke als nur für Dehnungsmessungen benutzbar. Über seine Verwendbarkeit bei Biegeversuchen s. S. 130. Im Prinzip unterscheidet er sich von dem älteren Bauschingerschen Apparate nur durch Verwendung von Schneidenprismen an Stelle der Rollen. Der Ersatz der Rollen durch Schneidenprismen macht einen besonderen Träger für die Spiegelachsen überflüssig und schaltet den Fehler aus, der durch unrunde Herstellung der Rollen und durch deren Spitzenlagerung auftreten kann. Die Schneidenentfernung der Prismen kann leicht gemessen werden, und die Befestigung der sehr leichten Prismen mit Spiegelachsen unmittelbar am Probestabe bietet keine Schwierigkeiten.

Der Apparat (Abb. 528) besteht aus den beiden Meßschienen 1 und 2, den beiden Stahlprismen 9 und 10 mit Spiegeln 15 und 16 und der Federklemme 7. Mit letzterer werden die beiden Meßschienen 1 und 2, die an dem einen Ende die Schneiden 3 und 4 und an dem anderen die Kerben 5 und 6 besitzen, an den Probestab 8 geklemmt. Die Kerben 5 und 6 dienen zur Aufnahme der Stahlprismen 9 und 10, die sich einerseits gegen die Meßschienen und andererseits gegen den Probestab stützen. An den Stahlprismen sind Achsen 11 und 12 angebracht, deren Enden Halter für die Spiegel 15 und 16 tragen. Die Halter bestehen aus den auf den Achsen drehbaren Hülsen 17 und 18, den beiden Bügeln 13 und 14 und den Schrauben 19 und 20 mit

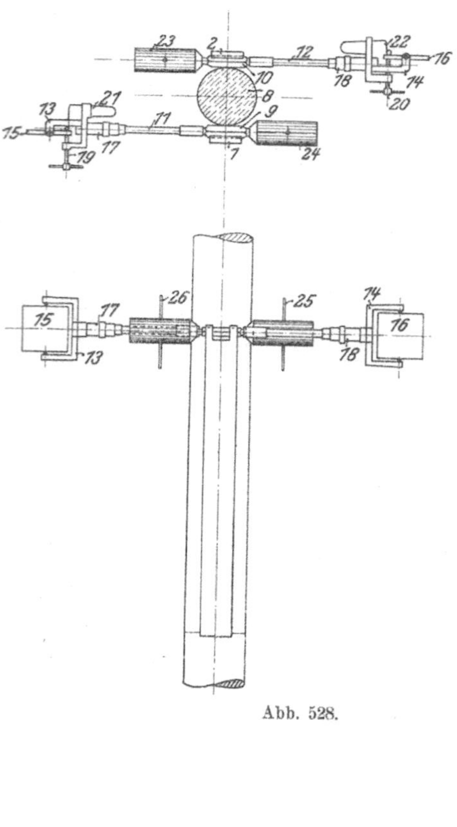

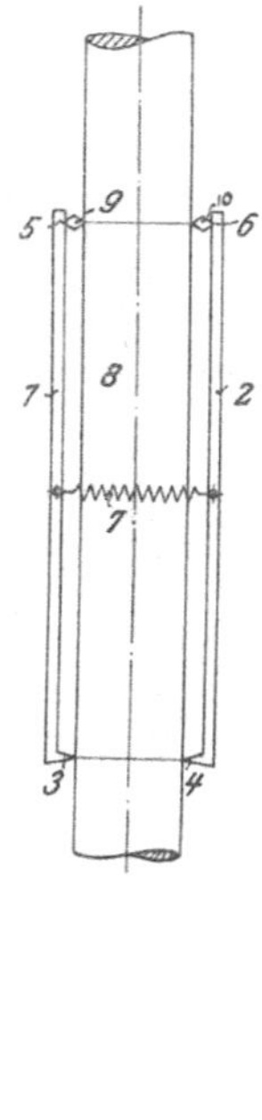

Abb. 528.

Spannfedern 21 und 22 zur Neigung der Spiegel gegen die Prismenachsen. Die Bügel 13 und 14 sind gekröpft, damit die spiegelnden Flächen der Spiegel 15 und 16 mit den Prismenschneiden, die sich gegen die Meßschienen lehnen, in einer Ebene liegen. 23 und 24 sind Gegengewichte zur Ausgleichung des Gewichtes der Spiegel.

Die Verlängerung des Probestabes λ (s. Abb. 529) bewirkt einen Ausschlag der Prismen 1 und 2 gegenüber ihren Drehpunkten in der Nut der Meßschienen 3 und 4 und somit eine Drehung der Spiegel um den Winkel α. Infolge der Spiegelwirkung wird mit dem Fernrohr 5 an der Skala 6 der dem doppelten Winkel α entsprechende Wert a abgelesen, und demnach ergibt sich das Übersetzungsverhältnis durch folgende Rechnung. Es ist:

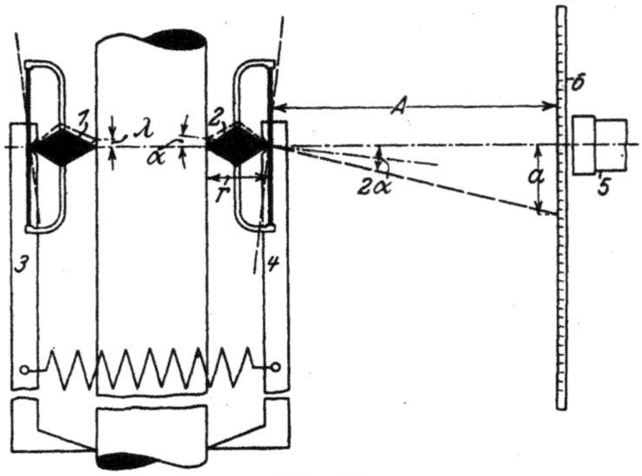

Abb. 529.

$$\lambda = r \cdot \sin \alpha \text{ und}$$
$$a = A \cdot \operatorname{tg} 2\,\alpha,$$

demnach das Übersetzungsverhältnis:

$$n = \frac{\lambda}{a} = \frac{r \cdot \sin \alpha}{A \cdot \operatorname{tg} 2\,\alpha}.$$

Da α ein sehr kleiner Winkel ist, darf man den Sinus gleich der Tangente setzen und man erhält mit genügender Annäherung:

$$n = \frac{\lambda}{a} = \frac{r \cdot 1}{A \cdot 2}.$$

a, r und A sind bekannte Größen, so daß

$$\lambda = \frac{a \cdot r}{2 \cdot A}$$

leicht berechnet werden kann.

Der durch die Annäherungsrechnung entstehende Fehler ist an und für sich sehr klein, so daß er im allgemeinen unberücksichtigt bleiben darf. Größer ist der Fehler, der durch unzweckmäßige Einstellung der Spiegelschneidenprismen entsteht. Stellt man nämlich bei Beginn der Messung das Prisma nicht vertikal zur Stabachse, sondern bereits ein wenig in der Bewegungsrichtung geneigt ein, so wird der durch die Annäherungsrechnung entstehende Fehler um so mehr vergrößert, je mehr die Prismenlage von der Vertikalstellung abweicht. Von größerem Einfluß auf die Zuverlässigkeit der Messung ist gegenüber den vorgenannten Fehlerquellen die Genauigkeit der Feststellung der Entfernung der Schneiden am Prisma und die Messung des Abstandes der Skala von der Spiegelfläche.

Die Feststellung der Schneidenentfernung überlasse man am besten dem Lieferanten des Apparates, der mit den erforderlichen Meßinstrumenten versehen ist. Auch versäume man nicht, die Schneiden von Zeit zu Zeit zu untersuchen und, wenn durch den Gebrauch abgenutzt, nachschleifen und neu messen zu lassen, wenn man selbst keine zuverlässigen Meßwerkzeuge besitzt[1]). Jedenfalls beziehe man diese Apparate nicht von irgendeinem beliebigen Mechaniker, sondern man erkundige sich bei einer Materialprüfungsanstalt nach einem zuverlässigen Lieferanten.

Da das Ansetzen und Einstellen der Spiegelapparate dem Anfänger gewisse Schwierigkeiten bereitet, soll im folgenden der Vorgang geschildert und dabei auf Fehlerquellen hingewiesen werden. Das Ansetzen des Apparates an den Stab erfolgt am leichtesten außerhalb der Prüfungsmaschine. Der Stab wird dabei zweckmäßig auf einem Bänkchen nach Abb. 530 gelagert, von dem das eine Auflager in der Längsrichtung des Stabes verstellbar ist. Hierauf werden die beiden Meßschienen mittels der Federklemme am Probestab befestigt. Nach sorgfältigem Ausrichten der Schienen hebt man das eine mit Nut versehene Ende der Meßschiene vom Stabe ab, setzt das Spiegelprisma ein und wiederholt diese Manipulation mit der zweiten Schiene und dem zweiten Prisma. Die in den Gegengewichten der Spiegelachsen befindlichen Stifte dienen zur Anzeige der richtigen Prismenstellung. Sie sollen der Stabachse parallel stehen, und es müssen die Spiegelschneidenprismen solange verstellt werden, bis diese Bedingung erfüllt ist, da andernfalls die auf S. 573 angedeuteten Fehler eintreten. Die Verstellung darf jedoch nicht unter dem Federdruck der Klemme ausgeführt werden, da sonst die Schneiden Beschädigungen erleiden; die Meßschiene muß während der Einstellung leicht angehoben werden.

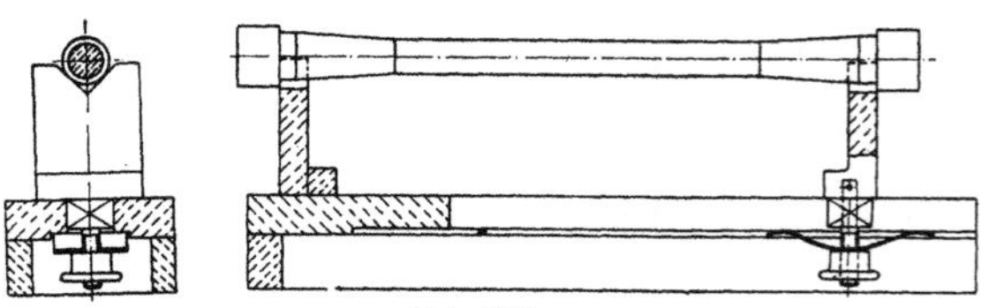

Abb. 530.

Nachdem man sich überzeugt hat, daß beide Spiegelachsen parallel zueinander stehen und auch die Meßschienen parallel zur Stabachse liegen, wird der Stab in die Materialprüfungsmaschine eingesetzt. Hierauf werden die an schweren eisernen Stativen befestigten Fernrohre den Spiegeln gegenüber in der annähernd erforderlichen Skalenentfernung so aufgestellt, daß die Fernrohrachsen auf den Spiegelachsen senkrecht stehen. Die Lage des Probestabes und des Spiegelapparates wird alsdann dadurch gesichert, daß der Stab mit geringer Kraft in der Maschine gespannt wird. Nunmehr werden die Fernrohre durch die Horizontal- und Vertikalbewegungsschrauben so auf die Spiegel gerichtet, daß diese mitten im Gesichtsfelde liegen und daß die Fadenkreuze in der Spiegelmitte liegend erscheinen. Findet sich das Bild der Skala nach Verschiebung des Fernrohrtubus jetzt noch nicht im Gesichtsfelde des Fernrohres, so sucht man, hinter dem Fernrohre stehend, parallel zu seiner Achse an ihm vorbei in den Spiegel blickend, das Skalenbild und läßt durch einen Gehilfen den Spiegel durch Drehung seiner Stellschraube soweit neigen, daß das Bild in das Gesichtsfeld des Fernrohres verlegt wird und dort gleichmäßig beleuchtet erscheint.

Die Skalenentfernung, die durch das Übersetzungsverhältnis bestimmt ist, wird am einfachsten mit einem Endmaße festgelegt. Dieses besteht

---

1) Der Abbesche Dickenmesser (§ 334) ist für solche Messungen gut verwendbar.

aus einer Holzlatte, die an dem einen Ende eine Spitze aus Kartonpapier oder Feinblech trägt und an dem anderen Ende mit einer Klemme versehen ist, womit man die Latte an der Skala des Ablesefernrohres befestigt. Stellt man die im Skalenträger in der Entfernungsrichtung verschiebbar gelagerte Skala dem Spiegel etwas näher ein, als dem Sollwerte entspricht, so kann man durch leichte Schläge an einen Vorsprung der Meßlatte diese so weit verschieben, daß die Entfernung bis auf 0,5 mm genau, der gewünschten nahekommt.

Bei der Scharfeinstellung des Skalenbildes verfährt man in der Weise, daß man zuerst das Fadenkreuz durch Verschieben der Frontlinse des Okulars scharf begrenzt sichtbar macht und hierauf mit dem Fernrohrauszuge so lange reguliert, bis die Skalenteilstriche ohne Parallaxe deutlich zu erkennen sind. Ist die Skala gut beleuchtet, so muß hiernach das Skalenbild in gleichmäßiger Helligkeit in der Mitte des Gesichtsfeldes erscheinen. Einseitige Helligkeit entsteht dadurch, daß der Spiegel nicht in der Mitte des Gesichtsfeldes des Fernrohres liegt. Der Fehler wird berichtigt, indem man den Fernrohrauszug herauszieht, bis der Spiegel selbst sichtbar wird, und dann das Fernrohr mit seinen Einstellschrauben auf die Spiegelmitte richtet. Allerdings wird durch diese Berichtigung auch das Skalenbild verschoben, und es ist erforderlich, dieses durch entsprechende Drehung des Spiegels wieder nach der Spiegelmitte zu verschieben.

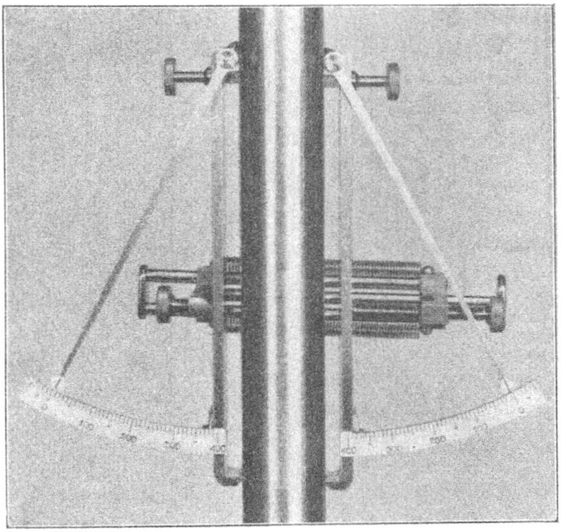

Abb. 531.

Ein dem Martensschen Spiegelapparat nachgebildeter Meßapparat ist der Zeigerapparat nach Martens-Kennedy.

Wie Abb. 531 zeigt, unterscheidet er sich von dem erstgenannten nur dadurch, daß der optische Zeiger durch einen materiellen ersetzt ist, der sich an einer Skala jeder Meßschiene vorbeibewegt. Der Apparat leistet bei der Prüfung von solchen Materialien vorzügliche Dienste, bei denen der Eintritt der Fließgrenze nicht deutlich ausgeprägt ist. Befestigt man nämlich den Apparat an einem Probestabe und belastet diesen, so wird jede Dehnung durch eine Bewegung des Zeigers und der Eintritt der Fließgrenze durch eine plötzliche Beschleunigung der Zeigerbewegung angezeigt.

§ 339. Der Hartig-Leunersche Spiegelapparat.

Die Bestrebungen, mit einem einzigen Fernrohre die Dehnungsablesungen vorzunehmen, haben zur Konstruktion des Hartig-Leunerschen Spiegel-

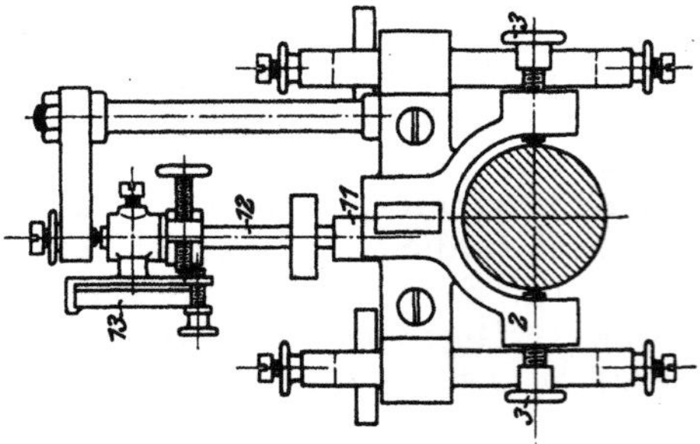

apparates geführt, der mit einigen vom Verfasser vorgenommenen Änderungen in Abb. 532 dargestellt ist.

Die beiden federnden Schraubenklemmen 1 und 2 werden am Umfange des Stabes in seiner Mittelebene mit den Spitzenschrauben 3 angesetzt. Beide Klemmen sind durch eine mit

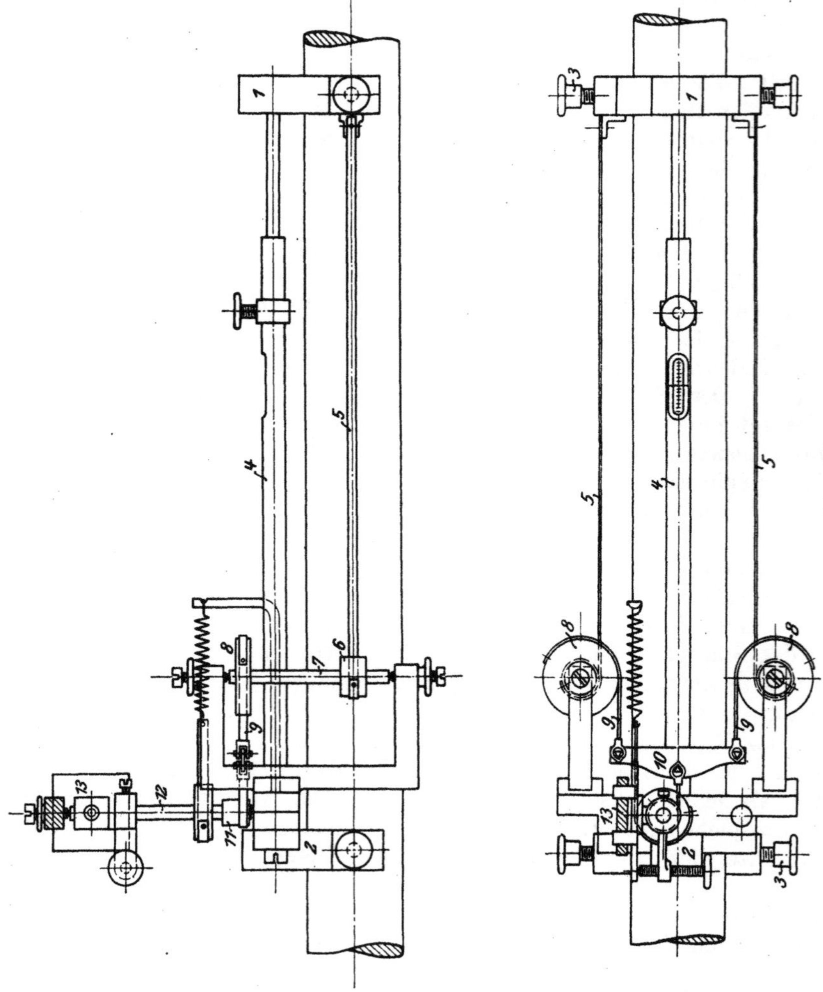

Abb. 532.

Millimeterteilung versehene Führung 4 verbunden. Die Teilung korrespondiert mit der Entfernung der Spitzenschrauben der Klemmen und gestattet somit ihre Einstellung auf die beabsichtigte Meßlänge. An der Klemme 1 sind zwei feine Stahlbänder 5 befestigt, die zu den Rollen 6 der in Spitzen drehbaren Achsen 7 führen und die Entfernungsänderung der Klemmen in eine Drehbewegung umsetzen. Diese Bewegung wird auf die Rollen 8 und unter Vermittlung der Stahlbändchen 9 sowie des Waghebels 10 auf die Rolle 11 mit Achse 12 und Spiegel 13 übertragen. Durch den Waghebel erfolgt mechanisch eine Ausgleichung der etwa verschieden großen Längenänderungen der beiden Seiten des Stabes.

Der Apparat besitzt in seinen Rollen und seinen Spitzenlagerungen viele Fehlerquellen, und besonders stark wird das Messungsergebnis durch die Längenänderungen der feinen Stahlbändchen bei Temperaturschwankungen beeinflußt. Seine Benutzung erfordert daher auch größte Aufmerksamkeit.

Mit besonderem Vorteil ist der Apparat bei Demonstrationsversuchen verwendbar. Er wird dabei in der Weise benutzt, daß von einer Lichtquelle aus ein Lichtstrahl in den Spiegel geleitet wird, welcher denselben reflektiert und auf eine große, allen Beteiligten sichtbare Skala projiziert. Bei Belastungen des Probestabes wandert alsdann der Lichtfleck auf der Skala und zeigt dadurch die Stab-

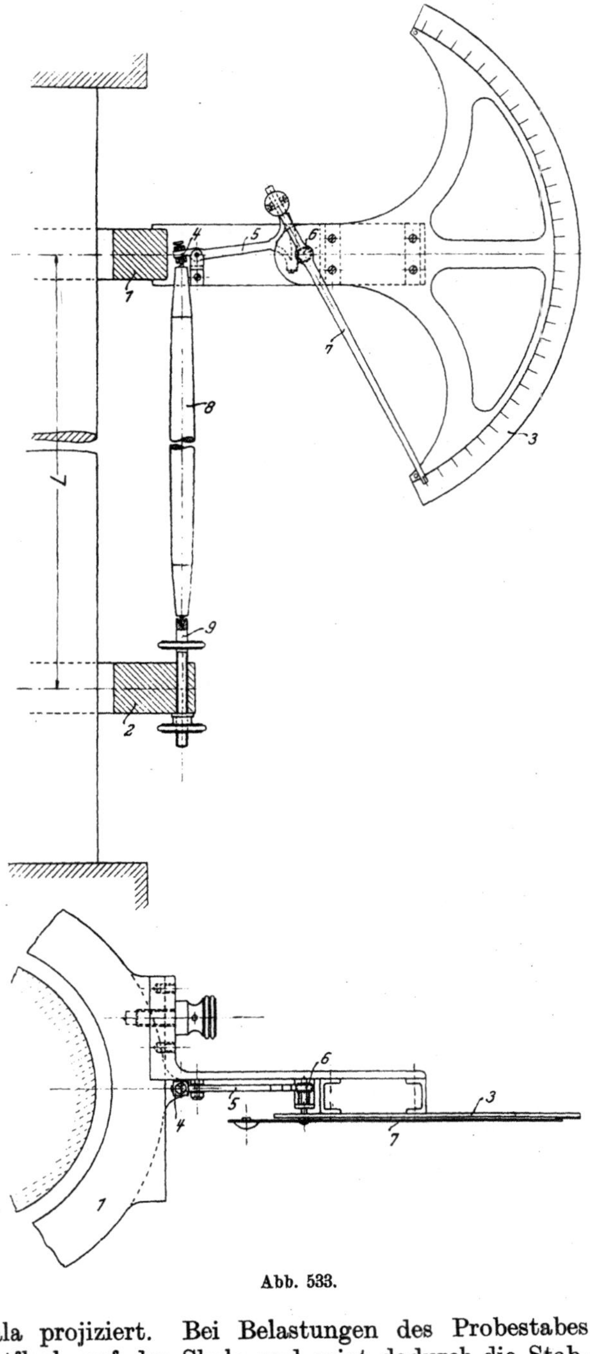

Abb. 533.

dehnungen an. Die Anordnung gestattet mit genügender Genauigkeit die Demonstration der elastischen und bleibenden Dehnung und zeigt vor allem den Vorgang des Fließens in anschaulicher Weise.

§ 340. Der Bachsche Feinmeßapparat.

Eine weitere Vorrichtung zur Messung der elastischen Dehnung, die von Bach bei seinen umfangreichen Versuchen mit Probekörpern aus Zement, Beton, Sandstein usw. Verwendung gefunden hat, ist in Abb. 533 dargestellt[1]). Sie beruht auf dem gleichen Konstruktionsprinzip wie der Bauschingersche Apparat, nur mit der Abweichung, daß die Längenänderung des Probekörpers nicht unmittelbar, sondern durch Zwischenschaltung einer Hebelübersetzung in Drehbewegung einer Rolle mit Zeiger umgesetzt wird.

Im wesentlichen besteht die Vorrichtung aus:

1. den beiden Klemmen 1 und 2, von denen die eine 1 eine Kreisbogenskala 3 und das Hebelwerk 4, 5 mit Rolle 6 und Zeiger 7 trägt;
2. dem Stäbchen 8, das sich einerseits gegen das freie Ende 4 des doppelarmigen Hebels 4—5 und andererseits gegen die Schraube 9 stützt, die zur Einstellung des Zeigers auf den Nullpunkt der Skala dient.

Zur Sicherung der Berührung zwischen dem segmentartig ausgestalteten Ende des doppelarmigen Hebels 5 und der Rolle 6 ist an dem Hebel ein Metallbändchen befestigt, welches die Rolle mitnimmt. Die Übersetzung des Instrumentes ist so gewählt, daß 1 mm Längenänderung des Versuchskörpers 300 mm Weg auf der Skala entsprechen. Da nun $^1/_{10}$ mm Weg noch abgelesen werden kann, erfolgt die Messung der Längenänderung des Probekörpers in $^1/_{3000}$ mm.

Der Apparat ist jedoch nur für Körper größerer Dimensionen geeignet, weil sein verhältnismäßig hohes Gewicht und seine sperrige Konstruktion sichere Stützung am Probekörper erfordert. Seine Benutzung erscheint jedoch bequem und darum einwandfrei, weil die Anzeigen des Apparates leicht geeicht werden können.

§ 341. Die Dehnungsmessung nach dem Interferenzprinzip.

Das Bestreben, die Feinheit der Messungen noch weiter zu vervollkommnen, als es mit Spiegelapparaten möglich ist, hat zur Benutzung des Interferenzprinzipes geführt, das sonst zur Messung thermischer Ausdehnungen verwendet wird. Ein Interferenzapparat, der in der physikalisch-technischen Reichsanstalt entstanden ist, wurde in Heft 2 des Jahrganges 1907 der Zeitschrift für Instrumentenkunde beschrieben. Da der Apparat und die Methode jedoch für allgemeine Verwendung nicht geeignet sind, soll hier nicht näher darauf eingegangen werden. Zu erwähnen ist jedoch, daß die Methode äußerst wertvoll zur Messung elastischer Dehnungen an Stäben aus solchen Materialien ist, die infolge großer elastischer Nachwirkungen nur geringe Belastungen vertragen und infolgedessen mit den üblichen Vorrichtungen nicht geprüft werden können.

§ 342. Zeigerapparate zur Messung der Größe linearer Bewegungen im Raume.

Diese Instrumente werden erforderlich, wenn die Lagenänderung gewisser Bauwerksteile gegen feste Punkte gemessen werden soll und die Bewegungen so gering sind, daß die Genauigkeit der Messung mit einem gewöhnlichen Längenmaßstabe nicht ausreichend ist.

---

[1]) S. Bach, Elastizität und Festigkeit, Berlin.

Die einfachste Form eines für diese Zwecke geeigneten Meßinstrumentes ist der doppelarmige Hebel mit Zeiger und Skala, dessen Konstruktionsgrundsatz mit dem des in Abb. 115, S. 128 dargestellten Apparates übereinstimmt. Soll z. B. die Durchbiegung einer Brücke gegenüber der darunter befindlichen Erdoberfläche gemessen werden, so schafft man sich in einfacher Weise ein gutes Meßinstrument dadurch, daß man einen dünnen, aber widerstandsfähigen, zugespitzten Holzstab 1, 2 (s. Abb. 534) auf die Schneide 3 eines Messers legt, das man horizontal in einen im Erdboden steckenden Holzpflock 4 eintreibt, und zwischen 1 und Brücke 5 einen beiderseits zugespitzten Stift 6 einschaltet, der die Bewegung überträgt. Ist die dem freien Hebelende 2 gegenüber aufgestellte Skala 7 mit Millimeterteilung versehen, so berechnet man das Maß der Bewegung der Brücke in der Weise, daß man die Anzeige am Maßstabe mit dem Übersetzungsverhältnisse des Hebels, z. B. $^1/_{10}$, multipliziert. Voraussetzung dabei ist jedoch, daß der Hebelausschlag sich innerhalb von Grenzen bewegt, die die Benutzung einer geraden Skala nicht verbieten. Andernfalls muß der dadurch verursachte Fehler berichtigt werden.

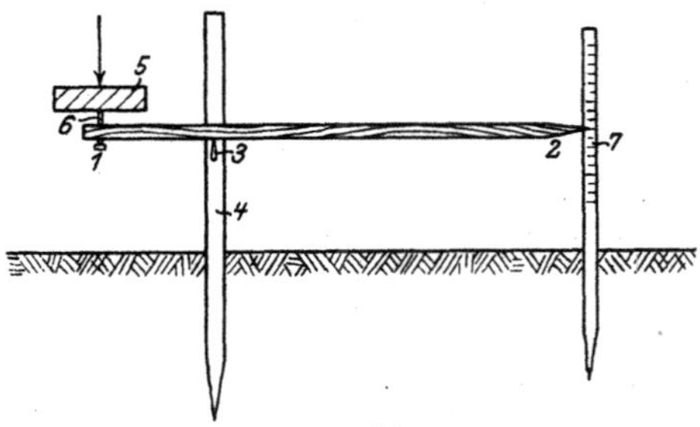

Abb. 534.

Reichen solche Zeigervorrichtungen zur Vergrößerung der Bewegungen nicht aus, so empfiehlt sich die Benutzung von Feinmeßzeigerapparaten.

Der in der Abb. 535 dargestellte, nach Angaben des Verfassers von Mechaniker Leuner in Dresden gebaute Apparat gestattet infolge seiner Ausgestaltung eine vielseitige Verwendung.

Abb. 535.

In einem Gehäuse mit Kreisteilung (s. Abb. 535) ist ein Schieber angebracht, der durch Federspannung nach einer Richtung gezogen wird und eine sehr fein geteilte Zahnstange trägt. Mit dieser Zahnstange im Eingriff befindet sich ein Zahntrieb, welcher einen Zeiger trägt. Die Zähne des Zahntriebes sind Schraubenzähne, die mit größter Genauigkeit auf Schneckenradfräsmaschinen hergestellt werden. Zur Verhinderung des toten Ganges der Zähne ist der Zahntrieb nicht in Spitzen gelagert, sondern er trägt in der Mitte seiner Länge eine zapfenartige Aussparung, worin er mit einer Feder gegen die Zahnstange gedrückt wird.

So wenig einwandfrei auch die Verwendung von Zahnstange mit Trieb erscheint, haben die mit den Apparaten angestellten Kontrollmessungen doch sehr gute Ergebnisse gezeitigt. Will man die Verzahnung vermeiden, so empfiehlt sich die Benutzung eines feinen Stahldrahtes, den man zur Erzeugung genügender Reibung um das Röllchen des Zeigers legt und dessen Enden man federnd an der sonst mit Zähnen versehenen Stange befestigt.

§ 343. Die Diagrammapparate.

Diagrammapparate dienen dazu, den Belastungsvorgang bei Materialprüfungen mechanisch aufzuzeichnen.

Im allgemeinen bestehen sie aus einer mit präpariertem Papier versehenen Trommel, die proportional der Formänderung des untersuchten Körpers verdreht wird, und aus einem Schreibstifte, der proportional der Belastung lineare Verschiebungen erleidet. Die Vereinigung beider Bewegungen ergibt ein Diagramm, das den Verlauf der Formänderung als Funktion der Belastungen darstellt (s. § 16).

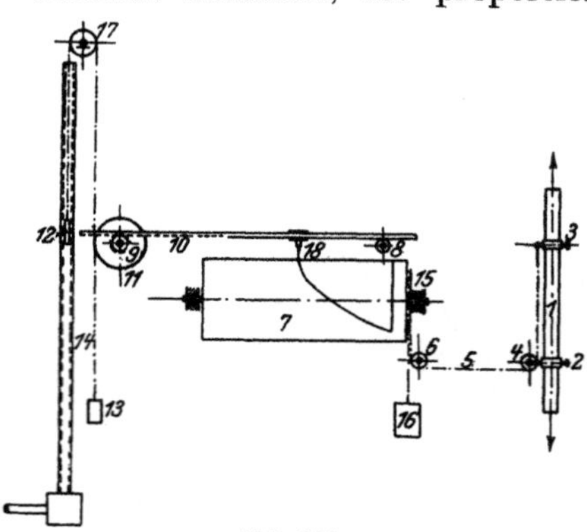

Abb. 536.

Bei einigen Materialprüfungsmaschinen werden die Diagrammapparate unmittelbar als Meßvorrichtung zur Kraft- und Formänderungsanzeige benutzt (s. § 395), während sie bei den übrigen Maschinen nur zur bildlichen Darstellung des Belastungsvorganges Anwendung finden. Da bei den meisten Diagrammapparaten vollkommene Zwangläufigkeit der Bewegungen nicht vorhanden ist und die Versuchsergebnisse infolgedessen nicht einwandfrei sind, rät Verfasser von der Benutzung solcher Apparate als Kraftanzeiger ab, wenn die Maschinen nicht mit Vorrichtungen versehen sind, die jederzeit in einfachster Weise eine Kontrolle des Kraftanzeigers gestatten.

Verfasser zieht auch für die bildliche Darstellung des Belastungsvorganges die Benutzung der durch direkte Beobachtung ermittelten Belastungs- und Formänderungswerte vor. Die zufälligen Fehler bei direkter Beobachtung können auf ein Mindestmaß beschränkt werden, während bei der mechanischen Aufzeichnung unkontrollierbare Mängel des Diagrammapparates das Versuchsergebnis trüben, wenn nicht gar unbrauchbar machen.

In Abb. 536 ist ein Diagrammapparat dargestellt, wie er bei den Maschinen mit Quecksilbermanometer von Amsler verwendet wird.

An dem in der Prüfungsmaschine befindlichen Zerreißprobestab 1 sind die beiden Klemmen 2 und 3 durch federnde Spitzenschrauben befestigt. Die untere 2 trägt eine Rolle 4, über die ein an 3 befestigter Faden 5 läuft, der durch Leitrolle 6 in die Ebene der Schnurscheibe 15 geführt wird. Der Faden umschlingt die Schnurscheibe 15 und wird durch das Gewicht 16 gespannt erhalten. Jede Entfernungsänderung der Klemmen 2 und 3 voneinander bewirkt eine Drehung der Schnurscheibe und, da diese mit der Trommel 7 fest verbunden ist, eine Bewegung der Trommel proportional der Entfernungsänderung, also der Längenänderung des Probestabes. Gleichzeitig wird durch das Quecksilber des Manometers 14 der Schwimmer 12, der an einem über Rolle 17 geführten Faden hängt, gehoben und infolgedessen die Rolle 11, um die derselbe Faden geschlungen ist, gedreht. Gewicht 13 dient zur Ausbalancierung des Schwimmergewichtes. Auf der Achse der Rolle 11 befindet sich eine zweite verzahnte Rolle 9, die mit einer Zahnstange 10 in Eingriff steht, die bei 8 gestützt ist und einen Schreibstift 18 trägt. Da somit die Bewegung des Schreibstiftes 18 proportional dem Ansteigen der Quecksilbersäule erfolgt und diese ja bekanntlich zur unmittelbaren Belastungsmessung dient, ergibt die Vereinigung der Bewegung des Schreibstiftes und der der Trommel ein Dia-

Abb. 537.

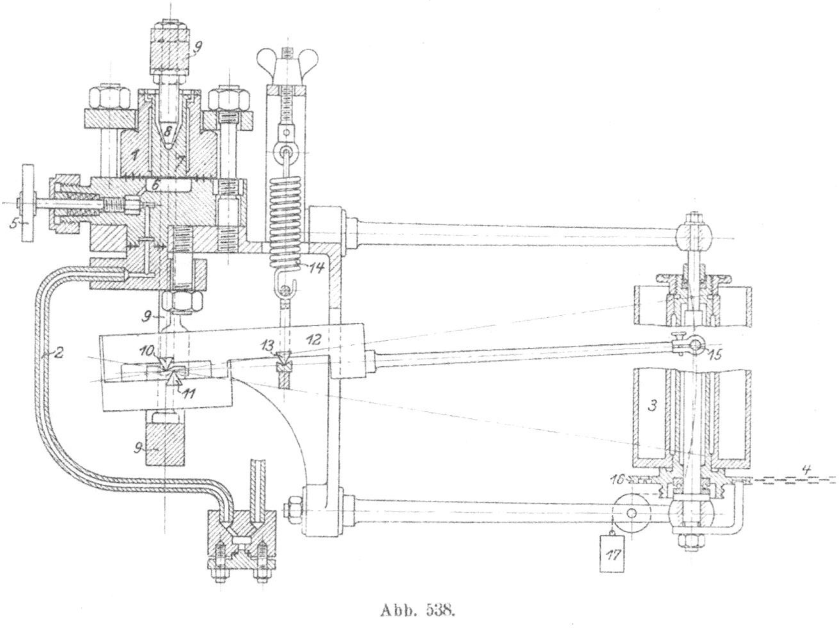

Abb. 538.

gramm, das die jeweiligen Längenänderungen als Funktion der Belastungen enthält. Abb. 537 zeigt die Ausführungsform des Diagrammapparates. (Über den Diagrammapparat zum Amslerschen Pendelmanometer s. S. 633.)

Ganz ähnliche Konstruktion weist der bei den Prüfungsmaschinen von Mohr & Federhaff benutzte Diagrammapparat auf. Er unterscheidet sich nur insofern von dem oben beschriebenen, als die Bewegung des Schreibstiftes zum Aufzeichnen der Belastung nicht durch ein Manometer, sondern durch das Laufgewicht des Waghebels hervorgebracht wird.

Ein anderer bei Materialprüfungsmaschinen mit hydraulischer Kraftmessung benutzter Diagrammapparat ist der hydraulische Schreibapparat von Losenhausen (s. Abb. 538). Er besteht aus einer Meßdose 1 (s. S. 629), welche durch das Rohr 2 mit dem Zylinderraum in Verbindung steht, dessen Flüssigkeitsdruck gemessen werden soll, und einer Schreibvorrichtung, deren Schreibtrommel 3 durch einen am Probestab angreifenden Kettenzug 4 gedreht wird. Der Arbeitsvorgang ist folgender: Die durch das Ventil 5 aus dem Rohr 2 in den Dosenraum 6 eintretende Flüssigkeit drückt auf den Kolben 7 der Meßdose und hebt infolgedessen den Stützzapfen 8 proportional dem Drucke nach oben. Diese Bewegung überträgt sich durch das Gehänge 9 und die Schneide 10 auf den mit Schneide 11 am Meßdosengestell gestützten doppelarmigen Schreibhebel 12, der bei 13 an einer Feder 14 aufgehängt ist. Das Ende des Schreibhebels 12 ist mit einem Schreibstift 15 versehen, der die Bewegung auf dem um die Trommel 3 gelegten Papier aufzeichnet und somit in einem gewissen Maßstabe die auf den Probestab wirkende Kraft festlegt. Da ferner die Schreibtrommel gleichzeitig durch die über die Rolle 16 laufende, durch Gewicht 17 gespannte Kette entsprechend der Stabdehnung oder sonstigen Formänderung des Probestückes gedreht wird, erhält man ein Diagramm, in welchem die eine Koordinate Belastungen und die andere Formänderungen darstellt.

III. Gewichtsermittelungen.

§ 344. Die Wagen und Wägungen.

Die Wagen dienen dazu, die Maße eines Körpers zu bestimmen. Als Einheit gilt dabei das Gramm, d. i. die Masse von 1,00003 ccm Wasser von + 4° C.

Im Materialprüfungswesen werden bei Wägungen neben gröberen Wagen in erster Linie die doppelarmigen sogenannten Analysenwagen benutzt, und zwar kommen je nach der Art der Wägung solche mit mehr oder weniger hoher Empfindlichkeit zur Verwendung.

Die sog. kurzarmigen Wagen besitzen hohe Empfindlichkeit und gestatten, Wägungen mit geringerem Zeitaufwand auszuführen als die langarmigen. Während für eine Schwingungsdauer einer langarmigen Wage 10—15 Sekunden gerechnet werden müssen, vollführt eine kurzarmige Wage eine Schwingung innerhalb 6—10 Sekunden.

Da Wagen durch die geringfügigsten Ursachen in ihrer Empfindlichkeit und Zuverlässigkeit der Anzeige verändert werden können, soll hier auf die wichtigsten Punkte, die bei Benutzung von Wagen zu berücksichtigen sind, hingewiesen und Anweisung zur Abstellung etwaiger Mängel gegeben werden.

In erster Linie ist der Aufstellung einer Wage besondere Aufmerksamkeit zu schenken. Sogenannte Analysenwagen müssen einen völlig erschütterungsfreien Standort erhalten und vor Luftfeuchtigkeits- und Temperaturwechseln bewahrt werden. Im Wagegehäuse ist ein Thermometer aufzuhängen. Die

Schneiden und Pfannen dürfen keine Stäubchen aufweisen. Sie müssen gegebenenfalls mit einem feinen Haarpinsel gereinigt werden, und da bereits das feinste Stäubchen zwischen Schneide und Pfanne die Einstellung der Wage illusorisch machen kann, überzeuge man sich von dem Erfolg der Reinigung mit einer Lupe.

Gewöhnlich sind die Wagen mit einem Senklot oder einer Libelle versehen, die dazu dienen, eine genaue Einstellung der Wage in der Horizontalebene durch Betätigung der Fußschrauben vorzunehmen.

Hierauf löst man die Arretiervorrichtung und stellt fest, ob sich der Waghebel im Gleichgewicht befindet. Dies ist der Fall, wenn sein Zeiger mit gleichförmiger Geschwindigkeit um die Nullage hin und her schwingt. Ist dies nicht der Fall, schlägt z. B. die Wage, wenn sie nach rechts oder links betätigt wird, um, d. h. schwingt sie nicht zurück, dann befindet sie sich im labilen Gleichgewicht. Es rührt dies daher, daß der Schwerpunkt der Wage über ihrem Stützpunkte liegt. Man korrigiert den Fehler durch Herunterschrauben des über dem Stützpunkt angebrachten Laufgewichtes. Zu tiefes Herunterschrauben vermindert die Empfindlichkeit der Wage; es ist daher durch mehrfaches Probieren die Wage auf die gewünschte Empfindlichkeit einzustellen. Schwingt hiernach der Zeiger der Wage nicht um den mittelsten Skalenteilstrich, dann verlegt man den Schwerpunkt des ganzen schwingenden Systems durch Betätigung einer der an den Enden der Wagearme angebrachten Regulierschrauben oder der über dem Stützpunkte des Wagehebels befindlichen Fahne usw. Eine Ungenauigkeit von einigen Zehnteln eines Skalenteiles kann bestehen bleiben, weil der Nullpunkt sich trotz sorgfältigster Einstellung mit der Zeit verändert.

Nach diesen Manipulationen überlasse man die Wage einige Minuten sich selbst, damit sich etwaige, durch Temperaturwechsel bedingte Veränderungen wieder ausgleichen. Hiernach bestimmt man den Nullpunkt der Wage, indem man sie mehrmals um die Mittellage 2—5 mm hin und her schwingen läßt, wobei die Lage der Umkehrpunkte abgelesen wird. Im allgemeinen genügen drei Umkehrpunkte. Man bildet aus dem ersten und dritten den Mittelwert und vereinigt diesen mit dem zweiten zu dem endgültigen Mittelwert, der den Nullpunkt der Wage darstellt.

Nun kann mit der Wägung begonnen werden.

Man legt bei arretierter Wage den zu wägenden Körper auf die eine Wagschale (gewöhnlich die linke) und bringt auf die andere Schale so viele Gewichtsstücke, daß die Wage ohne zu großen Ausschlag schwingt. Hierauf sucht man durch Verschiebung des Reiters auf dem Wagehebel den Schwingungsmittelpunkt dem vorher bei leeren Wagschalen festgestellten Nullpunkte soweit als möglich nahe zu bringen. Nachdem dies geschehen, macht man, wie vorher, mehrere Umkehrbeobachtungen und berechnet durch Mittelwertbildung den Schwingungsnullpunkt. Weicht dieser Schwingungsnullpunkt von dem Nullpunkte der Wage um n Skalenteilstriche ab und bedeutet C die Empfindlichkeit (s. § 345) der Wage, dann ist $\frac{n}{C}$ die Größe, die man den Gewichtsstücken noch hinzufügen bzw. von ihnen wegnehmen müßte, um die Wage zum Schwingen um den Nullpunkt zu bringen, d. h. um Gleichgewicht zu erzeugen.

Erwähnt soll noch werden, daß die Wägungen bei geschlossenem Wagegehäuse ausgeführt werden müssen.

Für weniger genaue Wägungen benutzt man Tarierwagen, deren Genauigkeit im allgemeinen hinreicht, um das Gewicht eines Körpers bis auf 1 cg zu bestimmen. Eine gute Tarierwage für 5 kg Belastung ist in Abb. 539 dargestellt, und zwar bei Benutzung zur Volumengewichtsbestimmung eines Druckprobekörpers nach der Auftriebsmethode (s. S. 593).

Die Gewichte der Analysenwagen sind sorgfältig vor Staub und Schmutz zu bewahren. Sie dürfen nicht mit den Händen berührt, sondern müssen unter Verwendung einer Pinzette auf die Wagschale gelegt werden. Da jedoch Gewichte trotz sorgsamster Behandlung Veränderungen erleiden,

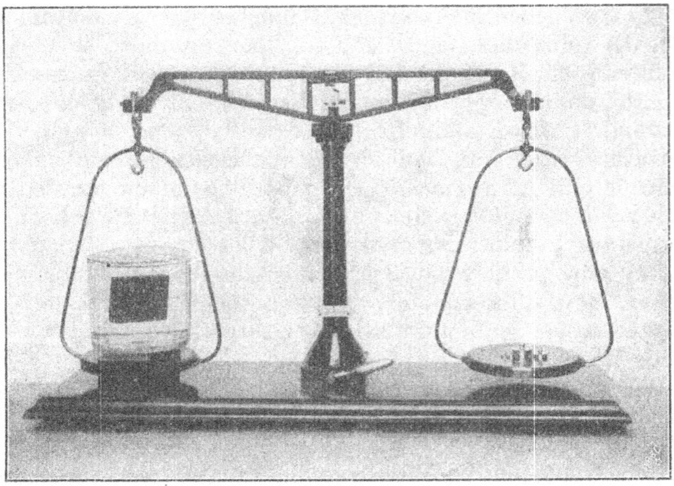

Abb. 539.

empfiehlt es sich, die Gewichte von Zeit zu Zeit eichen zu lassen oder die Eichung unter Benutzung eines besonderen Gewichtssatzes (Quarz) selbst auszuführen.

Das Austarieren von Wägegläschen oder dgl. erfolgt am besten mit Granatkörnern, die gegenüber Bleischrot den Vorzug besitzen, beim Verstreuen nicht fortzurollen.

§ 345. Empfindlichkeit einer Wage.

Unter Empfindlichkeit einer Wage versteht man die Änderung der Einstellung für die Mehrbelastung „Eins" (z. B. 1 mg) einer Schale.

Wegen der geringeren Durchbiegung kurzer Wagehebel gegenüber langen besitzen kurzarmige Wagen im allgemeinen eine größere Empfindlichkeit als langarmige. Die Empfindlichkeit wechselt aber je nach der Belastung, und es empfiehlt sich deshalb, zur Ermittelung der Empfindlichkeit der Wage bei jeder Belastung eine Kurve anzufertigen, aus welcher der Ausschlag auf 1 mg als Funktion der Belastung entnommen werden kann.

Die Bestimmung der Empfindlichkeit C geschieht in folgender Weise: Man belastet die Wage auf beiden Schalen mit gleichen Gewichten und fügt, nachdem man sich durch Wägung von der Gleichheit der Gewichte überzeugt hat, ein kleines Übergewicht auf der einen Schale hinzu, so daß die Einstellung um e Skalenteilstriche vom Nullpunkt der Wage abweicht. Hierauf bewirkt man durch Mehrbelastung der anderen Wagschale um x mg eine ungefähr ebensoweit nach der anderen Seite abweichende Einstellung e' und findet die Empfindlichkeit der Wage zu

$$C = \frac{(e - e')}{x}.$$

Da die Empfindlichkeit einer Wage Veränderungen erleidet, muß sie von Zeit zu Zeit neu bestimmt werden.

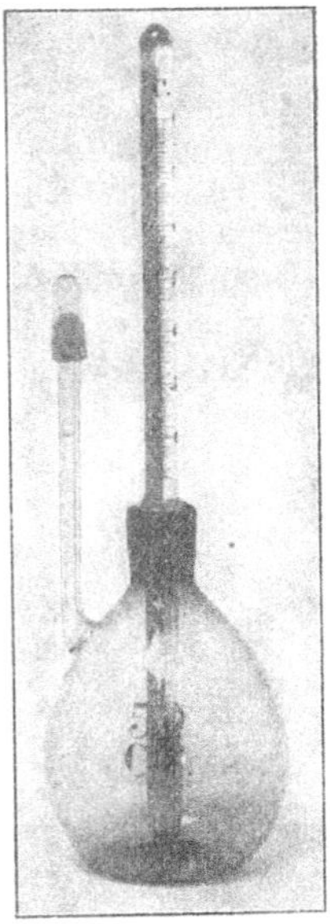

Abb. 540.

§ 346. Das spezifische Gewicht.

Spezifisches Gewicht s eines Körpers heißt das Verhältnis seiner Masse zu der Masse eines gleichen Volumens Wasser von 4° oder, bei Benutzung des Zentimeter-gramm-Systems auch das Verhältnis des Gewichtes G eines Körpers zu seinem lückenlosen Volumen V.

Hiernach ergibt sich das spezifische Gewicht s eines Körpers, wenn G sein absolutes Gewicht in Gramm, V sein lückenloses Volumen in Kubikzentimeter bedeutet, zu

$$s = \frac{G}{V}.$$

Bei Bestimmung des spezifischen Gewichtes ist somit eine Gewichts- und eine Volumenermittelung vorzunehmen.

§ 347. Die Ermittelung des spezifischen Gewichtes von Flüssigkeiten.

a) Ermittelung mit dem Pyknometer.

In Abb. 540 und 541 sind zwei Pyknometer abgebildet; das eine besteht aus einer mit Glasstopfen versehenen Flasche, die am Halse eine feine Ringmarke trägt, das andere besitzt in den Hohlraum eingesetzt ein als Stopfen ausgestattetes Thermometer und außerdem eine seitlich angesetzte, mit Ringmarke versehene Röhre, die zum Austritt der Luft beim Einfüllen der zu untersuchenden Flüssigkeit dient. Die Anwendung beider Pyknometer geschieht in folgender Weise: Man wägt das Gefäß zuerst leer, sodann mit Wasser und schließlich mit der zu untersuchenden Flüssigkeit gefüllt. Die Differenz zwischen dem Ergebnis der zweiten und ersten sowie der dritten und ersten Wägung gibt die jeweilige Flüssigkeitsmenge an, die das Pyknometer aufgenommen hat.

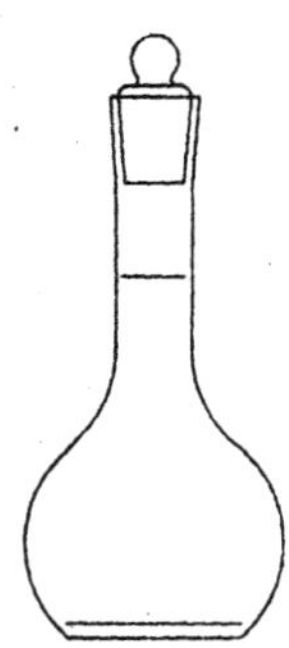

Abb. 541.

Die Temperaturbestimmung geschieht bei Benutzung des Pyknometers nach Abb. 540 mit dem eingesetzten Thermometer und bei Pyknometer nach Abb. 541 dadurch, daß man dasselbe in ein Bad von konstanter Temperatur solange stellt, bis man sicher ist, daß die Flüssigkeit die Temperatur des Bades angenommen hat. Bei etwaigem Steigen der Flüssigkeit im Gefäßhalse über die Ringmarke saugt man durch Eintauchen eines Stückchen Fließpapieres etwas Flüssigkeit ab. Vor Einfüllen der Flüssigkeiten überzeuge man sich, daß die Pyknometer völlig sauber und trocken sind.

Über die Korrektur bei Temperaturschwankungen vgl. § 351, S. 595.

Ein zur Untersuchung von dickflüssigen Körpern, wie Fett, Teer, Pech u. dgl., besonders geeignetes Pyknometer ist das Stereopyknometer von Dr. Max Vogtherr. Es besteht aus einem Aufnahmegefäß (Abb. 542) mit weiter Öffnung, die durch einen, mit langem Hals versehenen, übergreifenden Deckel verschlossen ist. Am Halse ist eine Teilung angebracht, die das Volumen des geschlossenen Apparates abzulesen gestattet. An Stelle des Halses mit nur einer Marke wird der Apparat auch mit zwei Hälsen hergestellt, wobei der zweite zur Aufnahme eines Thermometers bestimmt ist.

b) Ermittelung mit dem Skalenaräometer.

Ein Skalenaräometer ist, wie Abb. 543 zeigt, ein Senkkörper, der am oberen Ende eine mit einer Teilung versehene Spindel trägt. Seine Konstruktion beruht auf dem Archimedischen Prinzip, wonach ein schwimmender Körper so tief in eine Flüssigkeit eintaucht, daß das Gewicht des von dem untergetauchten Teil des Körpers verdrängten Flüssigkeitsvolumens gleich dem ganzen Gewicht des Körpers ist. Der Schwerpunkt des Aräometers muß tief liegen, damit es beim Schwimmen vertikal steht. Die Teilung an der Spindel des Aräometers zeigt entweder unmittelbar das spezifische Gewicht oder dessen reziproken Wert, das spezifische Volumen, an. Für spezielle Zwecke gibt es auch noch anders geteilte Aräometer, die aber hier nicht in Frage kommen.

Abb. 542.

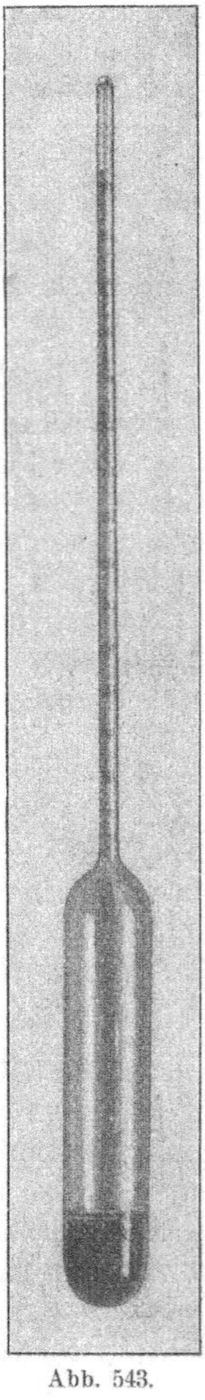

Abb. 543.

Die Ablesung geschieht derart, daß man durch Anvisieren denjenigen Teilstrich sucht, der mit der Oberfläche der Flüssigkeit in einer Ebene liegt. Auf große Genauigkeit darf diese Methode keinen Anspruch erheben, weil die unvermeidlichen Fehler, die in ungenauer Ablesung und Kapillarität bedingt sind, einen verhältnismäßig großen Wert erreichen. Außerdem erfordert die Methode größere Flüssigkeitsmengen.

Gewöhnlich besitzt man eine größere Zahl von Aräometern, die für verschiedene Intervalle von spezifischen Gewichten bestimmt sind. Man probiert zuerst mit einem gröberen Aräometer, welchem Intervall das spezifische Gewicht der Flüssigkeit nahekommt, und wählt dann das richtige Aräometer aus.

Man benutze nur geeichte Aräometer oder lasse sie an geeigneter Stelle mit Instrumenten richtiger Anzeige vergleichen.

c) Ermittelung mit Senkkörper nach der Auftriebsmethode.

Diese Methode kann unter Benutzung einer doppelarmigen Wage in der Weise Anwendung finden, daß man einen mit Faden an die Wage gehängten Glaskörper (Senkkörper) in der Luft (G_l), im Wasser (G_w) und in der zu untersuchenden Flüssigkeit (G_f) wägt. Beträgt der Gewichtsverlust infolge des Auftriebes im Wasser $w = G_l - G_w$, in der Flüssigkeit $m = G_l - G_f$, so ist das spezifische Gewicht der Flüssigkeit

$$s = \frac{m}{w}.$$

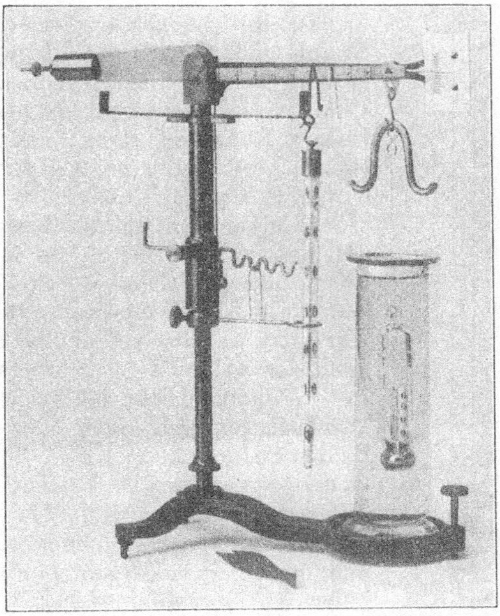

Abb. 544.

Die Aufhängung des Senkkörpers erfolgt mit einem feinen Faden oder Draht. Beim Eintauchen ist darauf zu achten, daß die Aufhängeschlinge völlig von der Flüssigkeit bedeckt ist und an keiner Stelle Luftbläschen vorhanden sind. Die Senkkörper sind gewöhnlich als Thermometer ausgestaltet (Reimannsche Senkkörper).

Erleichtert wird die Bestimmung des spezifischen Gewichtes nach der vorbeschriebenen Methode durch Verwendung der Mohr-Westphalschen Wage (Abb. 544). Sie besteht aus einer doppelarmigen Wage ohne Schalen, an deren einem Hebel mit einem feinen Drahte ein Senkkörper aufgehängt ist, dessen Gewicht durch eine konstante Belastung des anderen Hebels ausgeglichen wird. Der Wagebalken ist dezimal geteilt und kann mit Reitern belastet werden, deren Gewicht so bemessen ist, daß das Gewicht des größten gleich dem Auftriebe des Senkkörpers im Wasser ist. Das Gewicht des nächsten ist gleich dem zehnten, hundertsten und tausendsten Teile des größten. Soll eine Bestimmung ausgeführt werden, dann wird der Senkkörper in die Flüssigkeit eingetaucht und der größte Reiter auf den Teilstrich 10 der Wagebalkenteilung gesetzt. Die übrigen Reiter werden dann auf die anderen Teilstriche verteilt, bis die Belastung dem Auftriebe das Gleichgewicht hält. Infolge der dezimalen Teilung des Wagehebels geben seine Teilstriche ohne weiteres die einzelnen Dezimalen des spezifischen Gewichtes an.

Bei der in Abb. 544 benutzten Gewichtsverteilung würde 1,679 abgelesen werden.

§ 348. Die Ermittelung des spezifischen Gewichtes von festen Körpern.

a) Ermittelung durch Wägung und Ausmessung.

Ist das durch Wägung festgestellte Gewicht eines Körpers gleich G g und das durch Ausmessung ermittelte lückenlose Volumen gleich V ccm, dann ist das spezifische Gewicht

$$s = \frac{G}{V}.$$

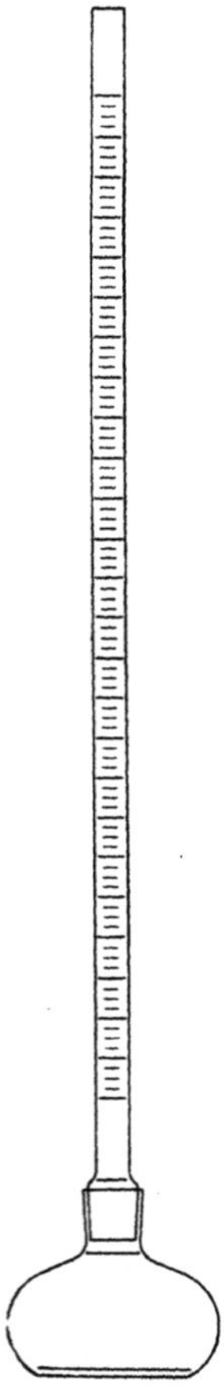

Abb. 545.

Ist die Ausmessung des Körpers wegen unregelmäßiger Gestalt nicht angängig, dann kann man das Volumen des Körpers durch Eintauchen in eine Flüssigkeit in der Weise bestimmen, daß man ermittelt, wieviel Flüssigkeit aus dem vorher bis zum Rande gefüllten Gefäß durch das Eintauchen ausfließt. Hierbei ist zu beachten, daß an dem Körper keine Luftbläschen haftenbleiben.

Man kann zur Volumenbestimmung auch derartig verfahren, daß man den Körper in ein Meßgefäß von bekanntem Inhalt bringt und das Gefäß durch Einfüllen von Flüssigkeit in bekannter Menge bis zur Marke füllt. Der Inhalt des Meßgefäßes, verringert um das eingefüllte Flüssigkeitsvolumen, ergibt alsdann das Volumen des Körpers.

Besonders leicht läßt sich nach letzterem Verfahren das Volumen von pulverigen oder gekörnten Körpern bestimmen. Zu den ersteren können z. B. Zement und zu den letzteren Sand gerechnet werden. Da Zement in Wasser Veränderungen seines Zustandes erleidet, darf aber die Volumenbestimmung nicht mit Wasser vorgenommen werden, sondern sie muß unter Benutzung einer indifferenten Flüssigkeit, z. B. Terpentinöl, erfolgen.

Der einfachste Apparat für diese Zwecke ist das in Abb. 545 abgebildete Volumenometer von Schumann.

α) Das Volumenometer von Schumann.

Es besteht aus einem Glaskolben, in dessen Hals eine mit Teilung versehene Glasbürette eingeschliffen ist. Bei Benutzung wird der Glaskolben mit Flüssigkeit gefüllt, die sorgfältig trocken ausgewischte Bürette aufgesetzt und die Marke festgestellt, auf die der Flüssigkeitsspiegel sich in der Bürette einstellt. Hierauf trägt man durch die Bürette eine vorher gewogene Menge des Materials ein und liest die Steighöhe der Flüssigkeit ab. Die Differenz zwischen dem Flüssigkeitsstande nach und vor dem Eintragen des Materials ergibt alsdann ohne weiteres das Volumen, wenn die Teilung an der Bürette Volumeneinheiten, z. B. $^1/_{10}$ ccm, angibt.

Beim Eintragen des Materials ist darauf zu achten, daß nichts an der Röhre hängenbleibt und die eingeschliffene Bürette sich nicht vom Kolben abhebt. Das Eintragen muß in kleinen Portionen erfolgen; leichtes Neigen der Bürette verhindert das Aufspritzen der Flüssigkeit, was Benetzen der Rohrwandungen zur Folge hat. Bei nasser Rohrwandung bleibt das Material hängen und veranlaßt Verstopfen der Bürette.

Die Handhabung des Apparates ist nicht einfach, es gehört große Übung und Geschicklichkeit dazu, staubfein zerkleinerte Körper unter Verwendung von Terpentinöl auszumessen.

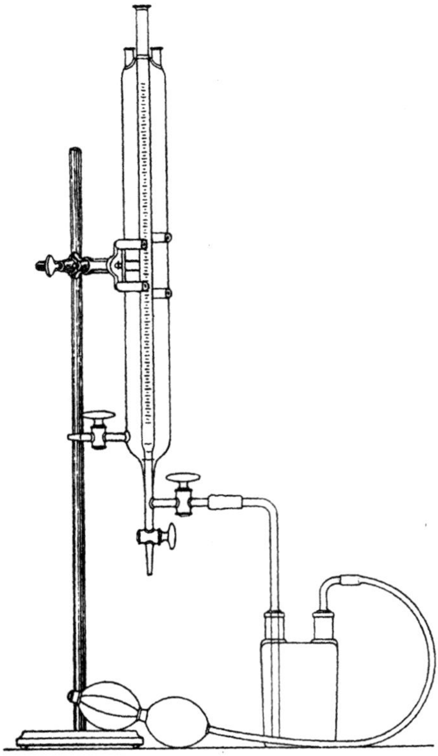

Abb. 546.

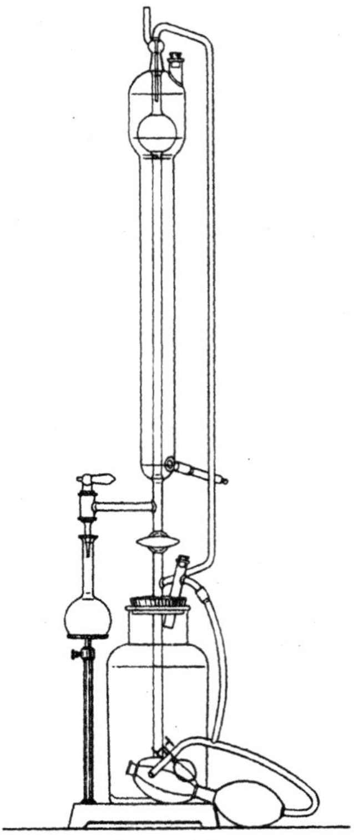

Abb. 547.

Wesentlich sicherer gestaltet sich die Bestimmung mit dem Volumenometer nach Erdmenger-Mann, von welchem drei Ausführungsformen in Abb. 546—548 dargestellt sind.

β) Das Volumenometer nach Erdmenger-Mann.

Abb. 546 zeigt die ursprüngliche Form. Innerhalb eines weiten Kühlrohres, das unten einen Zufluß- und oben einen Abflußstutzen sowie einen zweiten Stutzen zum Einhängen eines Thermometers besitzt, befindet sich eine in Volumeneinheiten geteilte Bürette, deren Nullpunkt am unteren Ende liegt. Über dem Hahn der Bürette mündet das mit Hahn versehene Zuflußrohr für die Meßflüssigkeit in die Bürette ein. Nach Öffnen dieses Hahnes kann mit einem Gummiballgebläse Flüssigkeit in die Bürette gedrückt und ihr

Niveau auf den Nullpunkt eingestellt werden. Zur Erleichterung der Ablesung befindet sich in der Bürette ein gläserner Schwimmer mit Strichmarke. Das gewogene Material wird in kleinen Portionen in ein Pyknometer eingetragen und zwischen jeder Portion unter Schütteln des Pyknometers Flüssigkeit aus der Bürette eingefüllt. Nach Eintragen des gesamten Materials füllt man bis zur Marke auf und stellt durch Ablesen an der Teilung der Bürette die eingefüllte Flüssigkeitsmenge fest. Der Rauminhalt des Pyknometers, verringert um das Volumen der eingefüllten Flüssigkeit, stellt alsdann das Volumen des im Pyknometer befindlichen Materials dar. Da der Nullpunkt der Bürette am unteren Ende liegt, braucht diese Rechnung nicht erst angestellt zu werden; der abgelesene Teilstrich gibt unmittelbar das Volumen des Materials an.

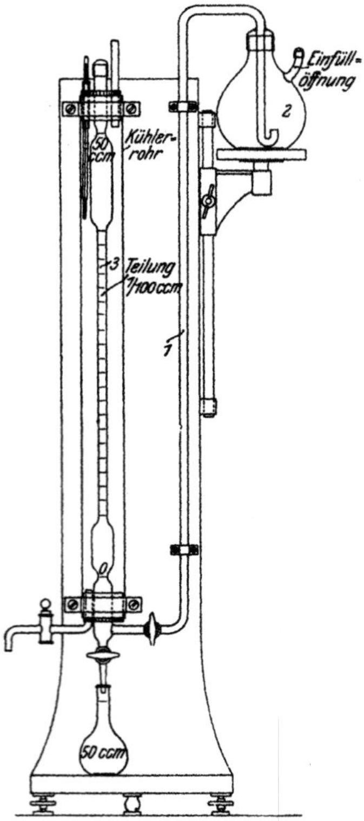

Abb. 548.

Beim Eintragen staubfeinen Materials ist darauf zu achten, daß dieses gehörig durchfeuchtet wird und sich nicht zusammenballt. Letzteres wird durch Schütteln des Pyknometers und allmähliges Eintragen des Materials wirksam verhindert.

Das die Bürette umschließende Kühlrohr ist mit Wasser zu füllen, dessen Temperatur auf derjenigen Höhe gehalten werden muß, bei der die Bürettenskala geteilt wurde. Gewöhnlich geschieht dies bei 15°. Die Temperaturmessung erfolgt mit einem in das Kühlrohr eingehängten Thermometer. Da auch die Eichung der Pyknometer gewöhnlich bei 15° erfolgt, muß das Pyknometer während des Versuches in ein Bad von dieser Temperatur gestellt werden.

Terpentinöl kann bei dieser Ausführungsform des Volumenometers nicht verwendet werden, weil diese Flüssigkeit die Gummischläuche auflöst.

Daß die Bürette sorgfältig sauber gehalten werden muß, bedarf eigentlich nicht erst der Erwähnung, es empfiehlt sich, sie mit einer Glaskappe zu bedecken und bei Nichtbenutzung bis oben mit Flüssigkeit zu füllen.

Abb. 547 zeigt die Ausführungsform des Erdmenger-Mannschen Volumenometers, wie es im Materialprüfungsamt Großlichterfelde verwendet wird[1]).

In eine weithalsige Flasche mit doppelt durchbohrtem Gummistopfen ist die Meßröhre durch die vordere, dem Arbeitenden zugekehrte Durchbohrung bis nahezu auf den Grund eingeführt. Durch die zweite Bohrung führt ein kurzes Glas-T-Stück bis etwas unter den Stopfen. An dem einen äußeren Ende befindet sich der Druckball, das andere ist mit einem Korken

[1]) Beschreibung ist entnommen den Mitteilungen aus dem Materialprüfungsamt Groß-Lichterfelde S. 217, 1904.

verschlossen, durch dessen Öffnen der Überdruck aus dem Apparat entfernt werden kann. Gleichzeitig dient diese Öffnung zum Ein- und Nachfüllen der Meßflüssigkeit unter Zuhilfenahme eines dem Apparate beigegebenen Trichters. Die Meßröhre ist folgendermaßen eingerichtet: Am unteren Teile oberhalb des Flaschenstopfens befindet sich ein einfacher Glashahn zur Füllung der Bürette. Darüber liegt ein nach vorn gehendes Ansatzrohr, an dessen vorderem Ende ein Hahn mit Ausfluß nach unten sitzt. Über dem Ansatzrohr beginnt die Teilung der Meßröhre. Unten liegt die Nullmarke. Von 0—15 ccm ist die Meßröhre in $^5/_{100}$ ccm geteilt, oberhalb der 15-ccm-Marke ist sie kugelig erweitert, um sich dann wieder zur Aufnahme der 50-ccm-Marke zu verengen. Die Meßröhre ist von einem Wasserkühlmantel umgeben, der auch die Aufnahme eines Thermometers gestattet. Meßröhre und Flasche sind fest durch ein Stativ verbunden, doch so, daß beide bequem voneinander getrennt werden können, was aber im allgemeinen, und insbesondere zur Füllung, nicht notwendig ist. Unterhalb der Ausflußöffnung am Auslaßhahn der Meßröhre ist auf der Stativplatte ein kleines Tellerstativ aufgeschraubt mit senkrecht verschiebbarem, durch eine Schraube festzustellendem Teller zur Aufnahme der Meßkölbchen. Außerdem befindet sich am Apparat eine selbsttätige Einstellung der Flüssigkeitshöhe, deren Ablaufröhrchen nicht im Innern der Bürette untergebracht, sondern nach dem Muster der Zahnschen Büretten außerhalb derselben verlegt ist.

Da diese Volumenometer mancherlei Nachteile besitzen, gestaltete sie Verfasser nach Abb. 548 aus[1]).

Die neue Konstruktion unterscheidet sich von der ursprünglichen durch die Flüssigkeitszuführung und durch die Gestaltung der Bürette sowie Anbringung des Kühlers. Die Flüssigkeitszufuhr geschieht durch das seitlich angebrachte Heberohr 1. Durch Heben und Senken des Flüssigkeitsbehälters 2 kann Steigen bzw. Fallen des Flüssigkeitsniveaus in der Bürette 3 bewirkt werden. Bei der ersten Füllung ist die Flüssigkeit in die Bürette zu saugen. Bei späterem Nachfüllen ist dies nicht erforderlich, wenn darauf geachtet wird, daß der Behälter nicht zu weit entleert wird.

Die dargestellte Ausführungsform eignet sich besonders für Zementprüfungen. Zur Erhöhung der Genauigkeit der Ablesung ist die Bürette 3 innerhalb des in Frage kommenden Meßbereiches derart eingeschnürt, daß eine Teilung in $^1/_{100}$ ccm angebracht werden konnte.

Selbsttätige Einstellvorrichtungen an den Büretten erachtet Verfasser für unzweckmäßig, weil sie einerseits den damit Arbeitenden zur Sorglosigkeit bei der Einstellung verleiten, andererseits bei Anordnung als Überlauf im Inneren der Bürette ihre von Flüssigkeit benetzte Oberfläche vergrößern und bei Anordnung außerhalb der Bürette an der Mündung durch abfallende Tropfen Fehler veranlassen können.

γ) Das Segersche Volumenometer.

Das in Abb. 549 dargestellte Volumenometer dient zur Volumenbestimmung größerer Probekörper, z. B. von Zementprobewürfeln mit 7 cm Kantenlänge.

---

[1]) Das Volumenometer wird von der Firma Hugo Keyl in Dresden, Marienstraße, geliefert.

Es besteht aus einer weithalsigen Glasflasche 1, die oben durch einen Glasstopfen 2 verschlossen werden kann, und einer seitlich angebrachten, mit Hahn 3 versehenen Bürette 4. Der Glasstopfen besitzt in der Mitte eine Öffnung, in die eine dünne Glasröhre 5 mit kugeliger Erweiterung 6 am oberen Ende eingeschliffen ist.

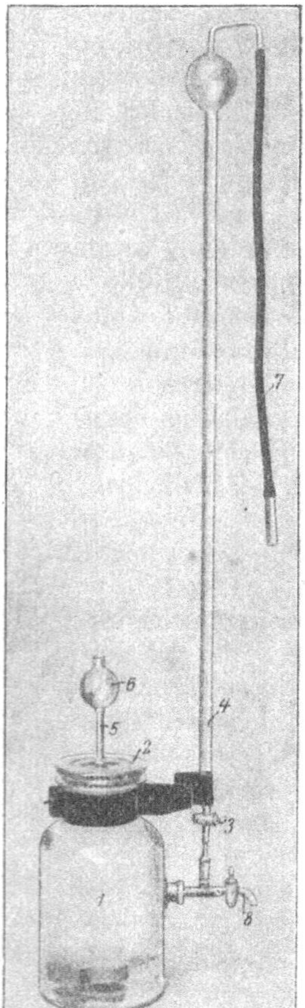

Abb. 549.

Die Bürette ist mit einer Teilung ($^1/_{10}$ ccm) versehen und oben zu einer Kugel erweitert, die einen Rohransatz zur Befestigung eines Gummischlauches 7 trägt. Der Nullpunkt der Bürette liegt auf gleicher Höhe mit einer Strichmarke auf der Röhre 5.

Die Benutzungsweise des Apparates ist folgende:

Man füllt die Flasche 1 mit Wasser oder einer anderen geeigneten Flüssigkeit, drückt den gehörig eingefetteten Stopfen 2 fest in den Flaschenhals und befestigt ihn mit einer eisernen Klemme. Hierauf öffnet man den Bürettenhahn, saugt zur Annässung der Bürette mit dem Schlauche 7 Flüssigkeit bis zum Kugelrohr in dieselbe und füllt nach Absenken der Flüssigkeit durch das Rohr 5 bis zur Marke Flüssigkeit nach. Hierbei ist darauf zu achten, daß etwaige in der Flasche unter dem Stopfen befindliche Luftblasen entfernt werden. Es geschieht durch vorsichtiges Hin- und Herneigen des Apparates, wobei die Luft in die Röhre 5 gelangt und entweicht. Nachdem man den Apparat etwa 10 Minuten sich selbst überlassen hat, überzeugt man sich nochmals vom ordnungsmäßigen Flüssigkeitsstande, füllt eventuell wieder auf oder läßt das Zuviel an Wasser durch den Hahn 8 ab. Dann saugt man Flüssigkeit aus der Flasche in die Bürette bis zu völliger Füllung der Kugel, schließt den Hahn 3, öffnet den Stopfen der Flasche, bringt den Probekörper in dieselbe, verschließt wieder und läßt durch Öffnen des Hahnes 3 Flüssigkeit in die Flasche übertreten, bis ihr ehemaliger Stand bei der Strichmarke wieder erreicht ist.

Nach Verlauf von 10 Minuten liest man an der Bürettenteilung ab, wieviel Flüssigkeit in der Bürette zurückgeblieben ist. Diese Flüssigkeitsmenge ist gleich dem Volumen des geprüften Körpers. Ist das Körpervolumen größer als das der Bürette, dann kann man vor Einsetzen des Probekörpers in die Glasflasche eine gewisse Flüssigkeitsmenge unter Verwendung eines Meßkolbens durch den Hahn 8 entnehmen. In letzterem Falle ist das Körpervolumen gleich dem Volumen der abgelassenen Flüssigkeit, vergrößert um das in der Bürette befindliche Flüssigkeitsvolumen.

Körper, die lebhaft Flüssigkeit aufsaugen, müssen vor dem Versuch entweder mit Flüssigkeit gesättigt oder mit Paraffin eingehüllt werden. Das erstere geschieht durch Lagern und Kochen der Körper in Flüssigkeit bis zur Gewichtsgleichheit oder unter dem Rezipienten der Luftpumpe durch Ansaugen der Flüssigkeit (s. a. § 177).

Bei der Paraffineinhüllung wird der Körper in geschmolzenes Paraffin getaucht und hiernach durch Wägung die gebrauchte Paraffinmenge festgestellt. Bei der Volumenberechnung ist alsdann das Volumen des Paraffins in Abzug zu bringen. Das dazu erforderliche spezifische Gewicht des Paraffins kann man in demselben Apparat oder nach irgendeiner anderen Methode ermitteln.

Der Apparat bedarf sorgfältiger Wartung, und beim Versuch muß den zahlreichen eingeschliffenen Stopfen große Aufmerksamkeit geschenkt werden. Es kommt oft vor, daß der eine oder andere von ihnen, besonders bei mehrfachem Hin- und Herneigen des Apparates zur Entfernung der Luft, sich lockert und zu Flüssigkeitsverlusten, die Fehler im Gefolge haben, Anlaß gibt.

b) Ermittelung mit Wage nach der Auftriebsmethode.

Besitzt ein Körper bei der Wägung in der Luft ein Gewicht G und ist sein Auftrieb bei der Wägung unter Wasser w, so ist sein spezifisches Gewicht

$$s = \frac{G}{w}.$$

Die Wägung wird in folgender Weise ausgeführt. Man hängt den Körper mit einem dünnen Platindrahte an der einen Wagschale einer doppelarmigen Wage auf, wägt ihn in der Luft, senkt ihn alsdann nach Abb. 539, S. 584 in ein Wassergefäß und bestimmt sein Gewicht unter Wasser. Die Differenz beider Gewichte ist gleich dem Auftrieb. Hierauf entfernt man den Körper von dem Faden und bestimmt noch den Auftrieb des eingetauchten Drahtendes durch Wägung des Drahtes in der Luft und unter Wasser. Zieht man alsdann das Gewicht des Drahtes von dem vorher bei der Wägung in der Luft ermittelten Körpergewicht und den Auftrieb des Drahtes von demjenigen des am Draht hängenden Körpers ab, dann erhält man das wirkliche Gewicht und den wirklichen Auftrieb des Körpers.

Sollten beim Eintauchen am Körper oder am Drahte Luftbläschen hängen bleiben, so kann man sie mit einem Glasstäbchen entfernen. Hat man eine größere Zahl von Wägungen auszuführen oder ist das spezifische Gewicht zerkleinerter Körper zu bestimmen, dann kann man die umständliche Befestigung des Körpers an einem Drahte dadurch vermeiden, daß man ein Schälchen benutzt, welches in die Flüssigkeit eintaucht und den zu wägenden Körper aufnimmt. Die Auftriebsermittelung des Schälchens ist alsdann wegen seiner Unveränderlichkeit gegenüber einem Drahte nur einmal auszuführen.

Das bei der Wägung benutzte Wasser muß zur Vermeidung von Temperaturänderungen während der Wägung möglichst Zimmertemperatur besitzen.

In Wasser lösliche Körper wägt man in einer anderen Flüssigkeit, z. B. Terpentinöl. Das dabei ermittelte spezifische Gewicht des Körpers muß mit dem der Flüssigkeit multipliziert werden.

Da Körper, deren spezifisches Gewicht geringer als das des Wassers ist, bei der Wägung unter Wasser nicht untersinken, muß man sie durch Beschweren zum Untersinken zwingen. Es geschieht am einfachsten dadurch, daß man den Körper in ein gelochtes Gefäßchen bringt und in der weiter oben angegebenen Weise die Wägung durchführt.

c) Ermittelung nach der Schwebemethode.

Bei Vorhandensein von nur sehr wenig Versuchsmaterial leistet die Schwebemethode gute Dienste.

Sie beruht ebenfalls auf dem Archimedischen Prinzip und besteht darin, daß man durch Probieren Flüssigkeiten mischt, in der die Probekörper weder untersinken noch aufsteigen, sondern in jeder Lage in der Flüssigkeit schweben. Das bedeutet, daß die Körper dasselbe spezifische Gewicht haben wie die Flüssigkeiten. Geeignete Flüssigkeiten sind:

Chloroform ($s = 1{,}52$) . . . . . . $CHCl_3$,
Bromoform ($s = 2{,}9$) . . . . . . CHB_3,
Methylenjodid ($s = 3{,}3$) . . . . . CH_2J_2.

Sie können durch Mischung mit Benzol ($s = 0{,}89$), Toluol ($s = 0{,}89$), Xylol ($s = 0{,}86$), Azetylentetrabromid ($s = 3{,}0$), Pseudocumol ($s = 0{,}88$) eingestellt werden, oder man kann auch die Thouletsche Lösung, bestehend aus einer wässerigen Lösung von Kaliumquecksilberjodid[1]), die bis zu $s = 3{,}196$ eingestellt werden kann, verwenden. Das spezifische Gewicht der Flüssigkeiten kontrolliert man mit der Mohr-Westphalschen Wage (s. S. 587). Die gemischten Flüssigkeiten kann man durch partielle Destillation wieder zerlegen.

§ 349. Raumgewicht und Dichtigkeitsgrad.

Während das spezifische Gewicht s das Gewicht der Raumeinheit des lückenlosen Stoffes eines Körpers darstellt, wird unter Raumgewicht r das Gewicht der Raumeinheit eines Körpers einschließlich der eingeschlossenen Hohlräume verstanden. Das spezifische Gewicht s muß somit größer sein als das Raumgewicht r. Je weniger Hohlräume ein Material besitzt, d. h. je dichter es ist, desto mehr nähert sich das Raumgewicht in seiner Größe dem spezifischen Gewicht. Das Verhältnis beider Gewichte gibt somit Aufschluß über den Dichtigkeitsgrad d des Körpers.

Es ist der Dichtigkeitsgrad

$$d = \frac{r}{s}.$$

Sind beide Gewichte gleich, dann ist der Dichtigkeitsgrad gleich Eins, andernfalls immer kleiner als Eins[2]).

IV. Temperaturmessungen.

§ 350. Allgemeines.

Durch Zu- oder Abführung von Wärme sowie durch chemische oder auch physikalische Umwandlungen ändert sich die Temperatur aller Körper. Da

[1]) Greift die Haut an und ist giftig.

[2]) Anstatt des Dichtigkeitsgrades d wird häufig der Undichtigkeitsgrad u bzw. Porositätsgrad angegeben. Es ist:

$$u = s - \frac{r}{s},$$

also Undichtigkeitsgrad

$$u = 1 - d.$$

ferner die Eigenschaften jedes Stoffes mit der Temperatur in unmittelbarem Zusammenhange stehen, sind bei Materialuntersuchungen häufig die Versuchskörper- und Raumtemperaturen festzustellen. Je nach der Höhe der zu messenden Temperatur oder des festzustellenden Temperaturunterschiedes und der Art des vorliegenden Körpers werden zur Temperaturbestimmung verschiedenartige Instrumente benutzt, deren Art und Benutzungsweise im folgenden beschrieben werden wird.

§ 351. Das Quecksilberthermometer.

Das Quecksilberthermometer beruht auf der Eigenschaft des Quecksilbers, sich bei steigender Temperatur auszudehnen. Die Ausdehnung ist aber der Temperaturzunahme nicht genau proportional, sondern sie erfolgt etwas beschleunigt. Da auch die verschiedenen Glassorten, aus welchen die Thermometerröhren hergestellt werden, ähnliches Verhalten zeigen, muß die Richtigkeit der Thermometeranzeige vor Benutzung kontrolliert werden. Diese Kontrolle geschieht am besten durch Vergleichung mit geeichten Normalthermometern. Thermometer für sehr genaue Temperaturbestimmungen und insbesondere solche für höhere Temperaturgrade eiche man nicht selbst, sondern lasse dies von der Physikalisch-technischen Reichsanstalt ausführen. Im allgemeinen liefern die Thermometerfabrikanten auf Wunsch sämtliche Thermometer mit Prüfungsschein.

Da sich Thermometer im Laufe der Zeit verändern, ist es notwendig, sie gelegentlich nacheichen zu lassen.

Die gewöhnlichen Quecksilberthermometer können zur Messung von Temperaturen zwischen 25° und ca. 350° benutzt werden. Bei Thermometern für höhere Temperaturen (ca. 550°) wird das Quecksilber in der Röhre durch Einfüllen von Stickstoff oder wasserfreier Kohlensäure oberhalb des Quecksilbers unter höheren Druck gebracht, was eine Erhöhung des Quecksilbersiedepunktes (360°) bewirkt.

Zur Messung von Temperaturen unter — 25° benutzt man Weingeistthermometer, welche den Quecksilberthermometern gleich gebaut und konstruiert sind.

Da bei der Ablesung der Thermometeranzeige infolge Parallaxe leicht Fehler gemacht werden können, klemmt man bei durchsichtigen Thermometerröhren hinter dieselben Spiegelscheiben und hält das Auge so, daß das Quecksilberfadenende mit seinem Spiegelbild zusammenfällt. Besser zum Ziele führt die Benutzung einer Lupe oder eines Fernrohres.

Ein wesentlicher Fehler bei Temperaturmessungen mit Quecksilberthermometern entsteht durch ihre Anordnung in dem Raume, dessen Temperatur festgestellt werden soll. In der Regel ist es nicht möglich, das Thermometer ganz in diesem Raume unterzubringen; ein Teil desselben besitzt daher immer eine andere Temperatur als die Quecksilberkugel, die sich unbedingt in dem Raume befinden muß. Der durch solche Anordnung entstehende Fehler ist um so größer, je erheblicher der Unterschied zwischen der zu messenden Temperatur und der Temperatur der Umgebung ist. Da alle Thermometerskalen unter der Annahme geteilt sind, daß der Quecksilberfaden vollständig in den Raum eintaucht, also dieselbe Temperatur wie die Kugel besitzt, muß bei genauen Messungen eine Fehlerkorrektion stattfinden.

Nach Kohlrausch beträgt der „scheinbare Ausdehnungskoeffizient" des Quecksilbers im Glase, d. h. der Unterschied der Volumenausdehnungskoeffizienten beider Substanzen für gewöhnliches und Jenaer Thermometerglas Nr. XVI 0,000157, für Jenaer Thermometerglas Nr. 59 0,000163, für Verre dur 0,000158; also hat man zu der Ablesung t hinzuzufügen:

$$0{,}000157 \text{ bzw. } 0{,}000163 \text{ oder } 0{,}000158 \cdot a\,(t - t_0)\,,$$

wenn t_0 die Mitteltemperatur und a die in Graden ausgedrückte Länge des herausragenden Fadens ist. Die Mitteltemperatur t_0 wird mit einem Hilfsthermometer bestimmt, dessen Quecksilbergefäß etwa in der mittleren Höhe des herausragenden Fadens angeordnet ist.

Bei der Benutzung von Thermometern ist darauf zu achten, daß sich das Quecksilbergefäß (Kugel) auch an derjenigen Stelle befindet, deren Temperatur bestimmt werden soll, und daß nicht durch Strahlung von den Gefäßwänden oder durch Wärmetransmission durch den Thermometerhalter Fehler hervorgebracht werden. Die Halter sind daher durch einen möglichst schlechten Wärmeleiter zu isolieren.

Will man die Temperaturänderung im Inneren eines festen Körpers mit Quecksilberthermometern bestimmen, dann versieht man den Körper mit einem Loche genügender Tiefe und füllt es zur besseren Wärmeübertragung mit Quecksilber, steckt das Thermometer hinein und isoliert die Oberfläche der Quecksilberfüllung mit Wachs. Bei höheren Temperaturen (über 250°) kann an Stelle des Quecksilbers Heißdampföl Verwendung finden.

§ 352. Die Temperaturbestimmung mit Thermoelementen.

Die Thermoelemente gehören zu den elektrischen Pyrometern; bei ihnen werden die sogenannten Thermoströme zum Messen von Temperaturen benutzt. Solche Ströme entstehen bekanntlich, wenn die Stelle, wo zwei verschiedene Metallstäbe zusammengelötet sind, erwärmt wird. Die Messung der Ströme, deren Stärke mit der Temperatur der Lötstelle im bestimmten Verhältnis steht, erfolgt alsdann durch empfindliche Galvanometer, die man zwischen die Enden der Metallstäbe einschaltet. Ein besonders brauchbares ist das Thermoelement von Le Chatelier, das aus Platin und Platin-Rhodium (10% Rhodium) besteht und bis gegen den Schmelzpunkt des Platins (1720°) zuverlässig ist[1]).

Dieses Element wird von Heraeus in Hanau nach Angabe von Holborn und Wien hergestellt und besteht aus je zwei Drähten von 1,5 m Länge und 0,6 mm Dicke[2]), die an einem Ende zu einer kleinen Kugel, der sogenannten „Lötstelle" zusammengeschmolzen sind. Werden die beiden Drähte (die Schenkel des Elementes) zu einem Stromkreise unter Einschaltung eines Galvanometers geschlossen, wobei die freien Enden des Elementes auf gleicher Temperatur zu halten sind, so entsteht bei Erhitzung der Lötstelle ein Strom, dessen Stärke im Mittel für 100° Temperaturerhöhung 0,001 Volt beträgt.

---

[1]) Das Element von Heraeus, welches aus reinem Iridium und einer Legierung von Iridium mit 10% Ruthenium besteht, reicht bis 2000°.

[2]) Für Laboratoriumszwecke eignen sich auch Elemente aus dünnerem Draht (0,2—0,5 mm), die erheblich billiger sind.

Den Normalelementen wird von Heraeus ein Prüfschein der Physikalisch-technischen Reichsanstalt mitgegeben, aus dem die elektromotorische Kraft für Elemente, die aus bestimmten Sorten Drähten hergestellt wurden, entnommen werden kann. Da die Metalle für diese Drähte aber in absoluter Reinheit zur Verwendung gelangen, müssen alle Elemente für gleiche Temperatur der Lötstelle auch gleiche elektromotorische Kraft besitzen, also auch jederzeit vertauschbar sein. Diese Eigenschaft bedingt den Vorzug, daß die Galvanometer zur Messung der thermoelektrischen Kraft mit doppelten Skalen ausgestattet werden können, von denen die eine elektromotorische Kräfte und die andere Temperaturgrade angibt. Nach Feststellungen von Holborn und Wien ist die Genauigkeit dieses Pyrometers eine große, da es bei 1000^0 nur einen Fehler von $\pm 5^0$, also von $\pm 0{,}5\,\%$ aufwies.

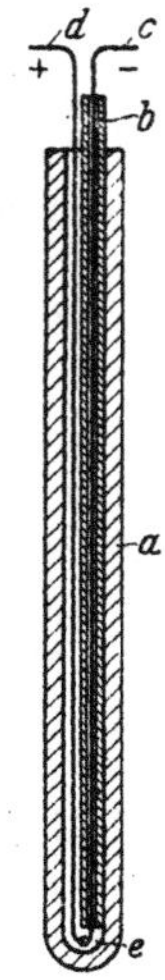

Abb. 550.

Die normale Benutzungsweise des Pyrometers ist folgende:

Der eine Schenkel des Thermoelementes wird durch ein dünnes übergeschobenes Rohr aus einer besonders schwer schmelzbaren Porzellanmasse, „Marquardtscher Masse", gegen den anderen Schenkel isoliert und beide Schenkel gemeinsam in ein einerseits geschlossenes Rohr aus der gleichen Masse geschoben (s. Abb. 550). Hierbei muß man sich überzeugen, daß die Lötstelle auch auf dem Grunde des geschlossenen Rohres liegt und die Elementdrähte nicht durch irgendeinen Umstand hängengeblieben sind, so daß die Lötstelle sich an unbekannter Stelle im Rohre befindet. Das geschlossene Ende des Rohres wird alsdann an die Stelle gebracht, deren Temperatur gemessen werden soll. Die freien Enden des Thermoelementes sind durch Verlöten mit Kupferdrähten zu verbinden, deren Widerstand nicht mehr als 1 Ohm betragen darf (bis 100 m Leitungslänge genügt Kupferdraht bis 2 mm Dicke), und die zu dem an beliebiger Stelle aufgestellten Galvanometer geführt werden. Die Lötstellen an den Kupferdrähten sind auf gleicher Temperatur zu halten, was dadurch geschehen kann, daß man sie gemäß Abb. 551 in U-förmig gebogenen Glasröhren oder gemäß Abb. 552 in Reagenzgläsern unterbringt und diese gemeinsam in Wasser taucht, dessen Temperatur zu messen ist. Da die Elemente bei 0^0 Temperatur der Lötstelle geeicht werden, empfiehlt es sich, diese Temperatur auch bei Messungen innezuhalten (Temperatur schmelzenden Eisens). Anderenfalls muß der entstehende Fehler korrigiert werden. Es geschieht dadurch, daß man das Thermoelement bei verschiedenen Temperaturen der Kaltlötstellen eicht und dann bei Messungen, die der jeweiligen Kaltlötstellentemperatur entsprechende Eichkurve verwendet. Das sonst geübte Verfahren, bei dem

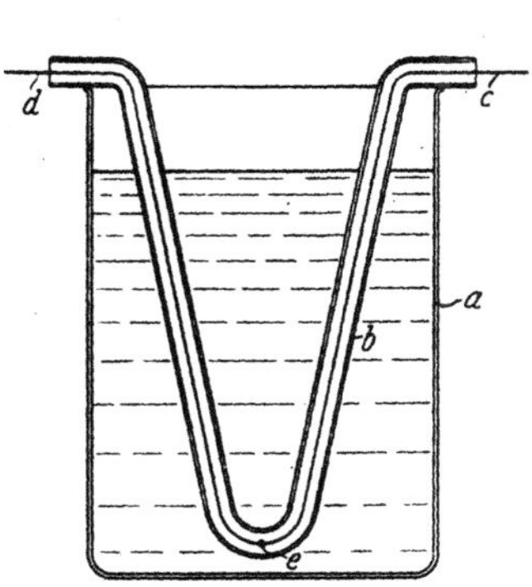

Abb. 551.

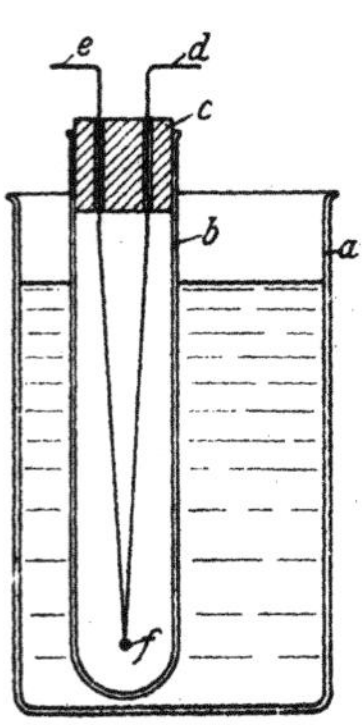

Abb. 552.

die Kaltlötstellentemperatur zu der vom Galvanometer angezeigten Temperatur addiert wird, ist nicht einwandfrei[1]).

Das Einschließen des Thermoelementes in ein Porzellanrohr (Schutzrohr) gemäß Abb. 550 geschieht zum Schutze der Elementdrähte gegen die Einwirkung von Flammengasen oder dgl. Zur bequemeren Benutzung werden die Thermoelemente auch zusammen mit ihren Schutzrohren in besondere Armaturen eingebaut. Eine solche Ausführung ist z. B. das Handpyrometer von Siemens & Halske, s. Abb. 295, das bei Salzbadhärteöfen benutzt wird.

Ist man gezwungen, das Element ohne Schutzrohr zu verwenden, was erforderlich wird, wenn mit größter Genauigkeit die Temperatur einer bestimmten Stelle eines Körpers ermittelt werden soll, dann ist zu berücksichtigen, daß manche Substanzen, z. B. Kohlenstoff, mit Platin bei bloßer Berührung in glühendem Zustande Verbindungen eingehen und dadurch das Element unbrauchbar machen. Man hat deshalb für genügende Isolierung der Drähte an der Lötstelle z. B. durch Asbestwolle Sorge zu tragen. Ist auch dieses nicht angängig, dann vergleiche man nach Benutzung das Thermoelement oftmals mit einem Normalelement, schneide, sobald sich Abweichungen zeigen, die Lötstelle ab und schmelze die Drähte wieder zusammen[2]). Hat man für das Zusammenschmelzen keine Einrichtung, dann genügt es unter Umständen, die beiden Enden durch mehrmaliges festes Zusammendrehen zu vereinigen. Das Zusammenschmelzen erfolgt in der Stichflamme des Sauerstoffgebläses, indem man die beiden Drahtenden zusammenhält und bis zum Schmelzen erhitzt. Zur Beobachtung bediene man sich einer dunklen Brille.

Für Temperaturen bis 1000° soll auch ein Thermoelement mit Elektroden aus Reinnickel und Nickelchrom mit 9% Chromgehalt gut brauchbar sein. Es liefert bei Erwärmung von 1000° eine elektromotorische Kraft von mehr als 40 Millivolt. Benutzbar ist es für Temperaturen bis 1300°, aber von 1000° an brennt es mit zunehmender Temperatur stärker ab[3]).

Ein weiteres Thermoelement für Temperaturen bis + 650° ist das Silber-Konstantanelement, welches aus einem Silber- und einem Konstantandraht von 0,5 mm Dicke besteht und eine Genauigkeit von ± 1° besitzt.

Zur Messung tiefer Temperaturen ist das Kupfer-Konstantanelement sehr geeignet. (Drahtdicke 0,5 mm.) Es findet bei Temperaturen von + 100° bis − 190° Verwendung. Seine Genauigkeit beträgt ± 1°. Die thermoelektrische Kraft letzteren Elementes beträgt im Mittel bei

− 187°	− 0,0052 Volt,
− 80°	− 0,0026 „
0°	0 „
+ 100°	+ 0,0041 „

[1]) Der Ersatz der Kupferdrahtleitungen mit gekühlten Lötstellen durch die neuerlich empfohlenen Kompensationsleitungen aus bestimmten Legierungen, kann Fehler veranlassen, wenn diese nicht dauernd auf das Thermoelement abgestimmt werden.

[2]) Man kann auch derart verfahren, daß man von vornherein kurze Drahtenden in das Element einfügt und sie nach Zerstörung erneuert. Diese Methode besitzt gegenüber der obigen den Vorzug, daß die Länge der Elementdrähte nicht geändert wird.

[3]) Nach Engineering, 27. August 1920.

Die Verbindung der Silber- bzw. Kupfer-Konstantanelementdrähte erfolgt durch Lötung mit Silber oder durch Zusammenschmelzen. Auch die Verbindung der Elementdrähte mit den Leitungsdrähten wird zweckmäßig anstatt mit Klemmen zur Vermeidung von schädlichen Übergangswiderständen durch Löten mit demselben Metalle vorgenommen.

Über die besondere Anordnung und Schaltungsweise von Thermoelementen bei Schmelzpunkts- und Haltepunktsbestimmungen s. § 151.

Die Eichung von Thermoelementen erfolgt in der Weise, daß man mit ihnen Haltepunktsbestimmungen (s. § 115) durchführt, unter Verwendung von Metallen oder anderen Stoffen, die ganz bestimmte und in der Abkühlungskurve deutlich hervortretende Erstarrungspunkte besitzen. Obgleich sich Metalle, wie Zinn (Sp. = 232°), Blei (Sp. = 327°), Zink (Sp. = 419°), Antimon (Sp. = 631°), Aluminium (Sp. = 657°), Silber (Sp. = 962°) und Kupfer (Sp. = 1084°) zur Eichung ganz gut eignen, bietet ihre Verwendung doch mancherlei Schwierigkeiten, da sie in reinem Zustande schwer erhältlich sind und bei ihrer Verwendung leicht oxydieren, was ihren Schmelz- bzw. Erstarrungspunkt verändert. Am besten eignet sich von den genannten Metallen das Silber, doch ist seine Verwendung kostspielig. Neuerdings werden Metallsalze in den Handel gebracht, die sich für Eichzwecke sehr bewähren und die immer wieder verwendet werden können, ohne daß sie beim Niederschmelzen Veränderungen erleiden. Die Salze bieten überdies den Vorteil, daß die Thermoelemente ohne Schutzrohre in die Schmelze eingetaucht werden können, denn sie vermögen auf sie keine chemische Wirkung auszuüben. Es empfiehlt sich aber, mit nicht zu geringen Salzmengen zu operieren und die Schmelze vor dem Versuche sorgfältig durchzurühren.

Gewöhnliches Kochsalz schmilzt zwischen 795 und 800°. Ist die richtige Temperatur dieses Salzes einmal festgestellt, so kann sie als gleichbleibend angenommen werden.

Nach der Eichung sind die Thermoelemente erst sorgfältig zu reinigen, bevor sie wieder zu Temperaturmessungen Verwendung finden, da Reste der Eichungssalze das Messungsergebnis beeinflussen.

§ 353. Zeigergalvanometer.

Zur Messung der thermoelektrischen Spannung der Thermoelemente dienen in der Regel, wenn ihre Empfindlichkeit ausreicht, Zeigergalvanometer, anderenfalls Spiegelgalvanometer.

Die ersteren Galvanometer sind Millivoltmeter der Deprez d'Arsonvaltype mit beweglicher Spule und festem, permanentem Magneten. Die Instrumente mit sehr hohem Widerstande haben gegenüber anderen den Vorzug, daß der Widerstand der Zuleitungen vom Thermoelement zum Galvanometer sowie der mit der Temperatur veränderliche Widerstand des Thermoelementes selbst keinen Einfluß auf die Messung ausüben. Für feine Messungen sind nur diejenigen Zeigergalvanometer brauchbar, deren Zeiger an einem dünnen Metallbändchen oder -faden aufgehängt ist. Das Äußere eines Zeigergalvanometers von Siemens & Halske zeigt Abb. 553.

Das Instrument muß vor Anschluß der Leitungsdrähte mit den Fußschrauben unter Benutzung der an ihm angebrachten Libelle genau horizontal eingestellt werden. Geschieht dies nicht, dann hängt das Metallbändchen mit dem Zeiger schief und kann sich nicht frei bewegen. Weist der Zeiger anfänglich nicht auf Null, so kann man ihn mit Hilfe einer Stellschraube, die durch Abheben der Schutzkappe freigelegt wird, verdrehen.

Bei den Galvanometern für nur eine Stromrichtung, d. h. bei denen der Skalennullpunkt am Anfang und nicht in der Mitte der Skala liegt, muß zur Vermeidung von Beschädigungen des Instrumentes, durch verkehrten Ausschlag, vor Anschluß der Leitungsdrähte deren Polarität festgestellt werden. Bei Temperaturmessungen unter 0° müssen die Klemmen eines solchen Galvanometers wegen der umgekehrten Stromrichtung vertauscht werden. Die Schraube an der Vorderseite des Galvanometers (s. Abb. 553) ist eine Klemmschraube für das bewegliche System; sie muß beim Transport des Instrumentes hineingeschraubt werden.

Abb. 553.

§ 354. Das registrierende Zeigergalvanometer.

Bei fortlaufenden Temperaturmessungen, z. B. zur Bestimmung des Verlaufes der Abkühlung einer Flüssigkeit, ist die vielmalige Ablesung der Temperatur zu gewissen Zeitintervallen lästig. Bequem ist deshalb die Benutzung von registrierenden Zeigergalvanometern. Bei diesen Instrumenten wird in beliebigen Zeitintervallen automatisch die jeweilige Temperatur als Funktion der Zeit markiert. Sie bestehen aus einem wie oben beschriebenen Zeigergalvanometer und einem Uhrwerk, das einen Papierstreifen, sowie ein Farbband mit gleichförmiger Geschwindigkeit unter dem Zeiger des Galvanometers fortbewegt. Dieser Zeiger trägt auf der Unterseite einen Stift, der die Markierung der Temperatur dadurch bewirkt, daß alle 15 Sekunden durch einen Elektromagneten ein Bügel, der über der Galvanometerskala liegt, den Zeiger auf den Papierstreifen niederdrückt. Der Papierstreifen ist transparent, und das Farbband läuft unter ihm hindurch. Der beim Niederdrücken des Zeigers mit dem Papier in Berührung gebrachte Stift zeichnet infolgedessen auf dem Papierstreifen eine aus einzelnen Punkten bestehende Kurve auf. Da der Papierstreifen mit einem Koordinatensystem (Zeit-Temperatur) versehen ist, kann aus der Kurve die zu einer beliebigen Zeit vorhanden gewesene Temperatur festgestellt werden.

In Abb. 554 ist das registrierende Zeigergalvanometer von Siemens & Halske mit abgehobenem Schutzkasten abgebildet.

§ 355. Kompensationsschaltung nach Lindeck.

Für thermoelektrische Messungen, bei denen die Empfindlichkeit des Galvanometers nicht ausreicht und der Elementwiderstand zur Erhöhung der Genauigkeit nicht vernachlässigt werden darf, findet die Kompensationsschaltung nach Lindeck[1]) Verwendung.

Abb. 554.

Das Prinzip der Messung beruht darauf, daß man der unbekannten elektromotorischen Kraft des Thermoelementes eine regulierbare Potentialdifferenz entgegenschaltet, deren jeweiliger Betrag mit Normalwiderstand und Amperemeter gemessen wird.

Abb. 555 zeigt das Schaltungsschema.

T ist das Thermoelement,
H ein Spiegel- oder Zeigergalvanometer,
A ein Akkumulator,
W ein Regulierwiderstand,
M ein Milliamperemeter und
W_f ein fester Widerstand.

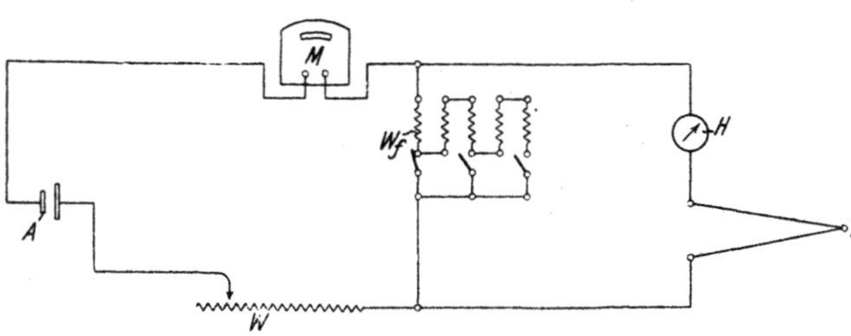

Abb. 555.

Der Hauptstrom durchfließt den Regulierwiderstand W und den festen Widerstand W_f von z. B. 0,1 Ohm. Im Nebenschlusse zu diesem liegt die zu messende elektromotorische Kraft des Thermoelementes T und das Galvanometer H. Man verändert nun mit dem Regulierwiderstand W die

[1]) Lindeck und Rothe, Zeitschrift für Instrumentenkunde, 1900, S. 292.

Stromstärke des Hauptstromkreises so lange, bis das Galvanometer H keinen Ausschlag mehr zeigt. Die Größe der gesuchten elektromotorischen Kraft des Thermoelementes ist alsdann gleich dem Produkte aus dem Betrage des festen Widerstandes W_f und der am Milliamperemeter M abgelesenen Stromstärke in Ampere.

Die einzelnen Bestandteile der Schaltung werden von der Firma Siemens & Halske auf ein gemeinschaftliches Grundbrett von ca. 40 • 50 cm Größe montiert geliefert.

Die Kompensationsschaltung nach Lindeck kann nach Angaben von Heyn in ausgezeichneter Weise zur Erhöhung der Empfindlichkeit der Temperaturmessung mittels Thermoelementen benutzt werden. Während nämlich bei Messungen unter Verwendung gewöhnlicher Galvanometer entsprechend ihrer Teilung nur Ablesungen von 10 zu 10° möglich sind, gestattet die nach Heyn modifizierte Lindeck-Schaltung Ablesungen von viel geringeren Temperaturintervallen[1]).

§ 356. Die optischen Pyrometer.

a) Allgemeines.

Die optischen Pyrometer, wie die optische Temperaturmessung überhaupt, beruhen auf dem Lehrsatz, daß die von einem leuchtenden Körper ausgesandte Strahlungsenergie (Lichtstärke) mit steigender Temperatur desselben zunimmt. Ist daher der Zusammenhang zwischen der Strahlungsenergie und der Temperatur für einen bestimmten Körper bekannt, so kann durch Messung der erstgenannten die Temperatur errechnet oder vergleichsweise bestimmt werden. Da die Lichtstärke bei steigender Temperatur verhältnismäßig außerordentlich stark zunimmt, kann man bei einiger Übung bereits schätzungsweise durch Beobachtung des leuchtenden Körpers mit dem bloßen Auge die Temperatur ziemlich genau feststellen.

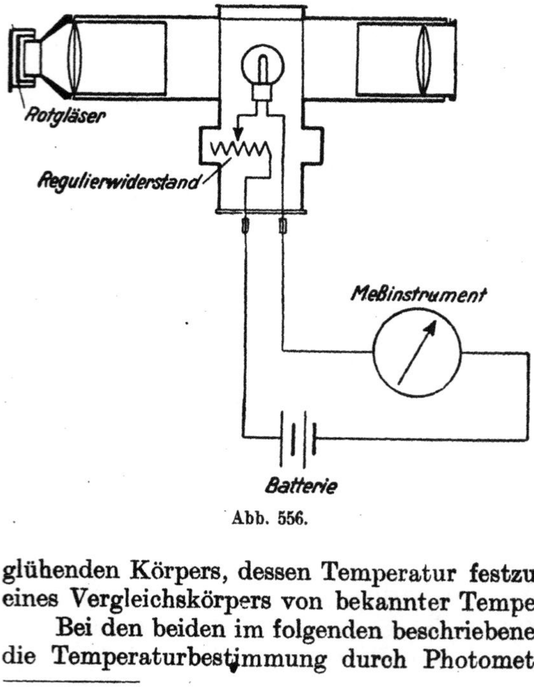

Abb. 556.

Zuverlässiger geschieht dies natürlich durch photometrischen Vergleich der Lichtstärke des leuchtenden bzw. glühenden Körpers, dessen Temperatur festzustellen ist, mit der Lichtstärke eines Vergleichskörpers von bekannter Temperatur.

Bei den beiden im folgenden beschriebenen optischen Pyrometern erfolgt die Temperaturbestimmung durch Photometrieren eines homogenen Teiles

[1]) Näheres siehe Martens-Heyn, Materialienkunde, S. 144, Berlin 1912.

der Strahlung des glühenden Körpers unter Benutzung eines konstanten oder veränderlichen Vergleichslichtes.

Die Benutzung der optischen Pyrometer ist außerordentlich bequem, trotzdem es zweckmäßig ist, so nahe als möglich mit dem Instrument an den glühenden Körper, dessen Temperatur gemessen werden soll, heranzugehen und trotzdem es notwendig ist, Nebenstrahlen, z. B. von reflektierenden Ofenrändern, vom Pyrometer fernzuhalten.

Bei Materialprüfungen verwendet man die optischen Pyrometer zur Temperaturmessung bei Schmelz-, Glüh- oder Härteversuchen sowie bei der Prüfung feuerfester Steine und bei Brandproben (s. die betreffenden Abschnitte). Gegenüber der thermoelektrischen Temperaturmessung hat die mittels optischer Pyrometer den Vorzug, daß keine mechanische Verbindung mit dem zu prüfenden Körper hergestellt zu werden braucht, und daß die Temperatur an beliebig vielen Stellen des Körpers festgestellt werden kann. Nachteilig ist jedoch, daß niedrigere Temperaturen als 650^0 mit den optischen Pyrometern wegen zu geringer Lichtstärke des zu prüfenden Körpers nicht gemessen werden können.

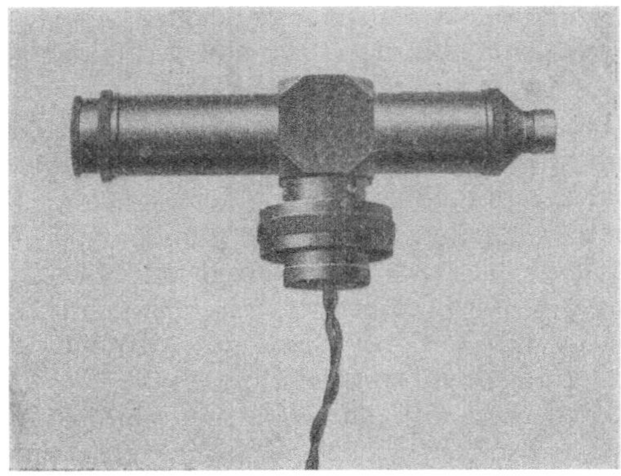

Fertig zusammengesetztes Gerät.

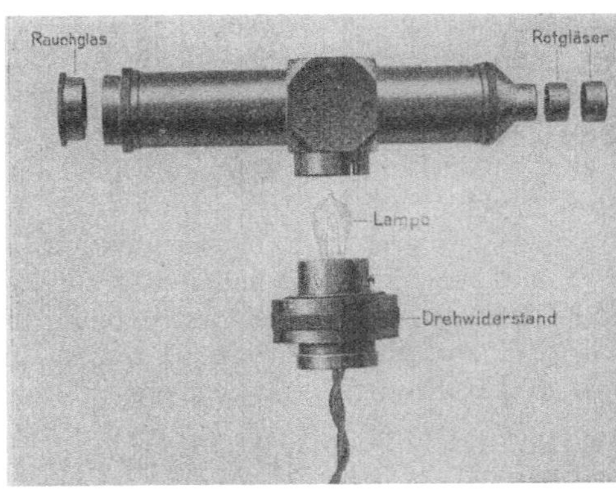

Regulierkopf mit Glühlampe, sowie Rauchglas und Rotgläser abgenommen.

Abb. 557.

b) Das Pyrometer von Holborn und Kurlbaum [1]).

Das Schema dieses Pyrometers ist in Abb. 556 dargestellt. (Ausführungsform von Siemens & Halske siehe Abb. 557 [2]).)

Als Photometer dient ein einfaches Fernrohr, dessen Objektivlinse hinter der Öffnung eines Diaphragmas ein Bild der glühenden Fläche erzeugt, deren Temperatur zu messen ist. Hinter dem Diaphragma befindet sich der Kohlefaden einer kleinen Glühlampe von 4 Volt, die in einen mit Strommesser und Regulier-

[1]) Über ein optisches Pyrometer, Annalen der Physik Bd. 10, S. 225.

[2]) Siemens & Halske stellt auch noch ein anderes optisches Temperaturmeßgerät her, nämlich das Ardometer (s. Automobil- u. Motorenfabrikation, 1922, S. 172). Die Abb. 556 u. 557 entstammen der Beschreibung des Pyrometers im Prospekt der Siemens & Halske A.-G.

widerstand ausgestatteten elektrischen Stromkreis geschaltet ist. Vor die Okularlinse, die scharf auf den Kohlebügel eingestellt werden muß, werden zur Erzielung homogenen Lichtes Kupferoxydulgläser geschoben.

Beobachtet man das Bild der glühenden Fläche, so hebt sich bei ausgeschaltetem Strome der Kohlebügel der Lampe schwarz von dem Bilde der leuchtenden Fläche ab, und beim Erglühen der Lampe verschwindet das Bild des Kohlebügels um so mehr, je mehr sich die Helligkeit der Lampe derjenigen der leuchtenden Fläche nähert. Der Kohlebügel verschwindet schließlich vollständig, wenn die Helligkeit seiner roten Strahlen gleich derjenigen der leuchtenden Fläche ist.

Die Temperaturmessung erfolgt in der Weise, daß man die beiden übereinanderliegenden Bilder des Lampenfadens und des glühenden Körpers vergleicht und dabei die Lichtstärken der Lampe so lange ändert, bis ihr Glühfaden in dem Bilde des glühenden Körpers verschwindet. In diesem Augenblick besitzen beide die gleiche Lichtstärke, und die am Strommesser angezeigte Stromstärke ist das Maß für die Temperatur des glühenden Körpers, die aus einer zum Instrument gehörigen Eichungstabelle ohne weiteres abgelesen werden kann.

Übersteigt die zu messende Helligkeit die größtmögliche der Glühlampe, so wird zur Lichtschwächung vor dem Objektiv ein Reflexionsprismenpaar angebracht, dessen Absorption bekannt ist. Die Temperaturmessung kann dann bis zu 2800° erfolgen, ohne daß die Glühlampe mit höherer Temperatur als 1500° zu brennen braucht.

Bei Temperaturen von 650—800° bleibt das Kupferoxydulglas vor dem Okular weg, von 800—1200° soll das Glas eine Dicke von 2 mm, bei 0,643 μ Durchlässigkeit besitzen und bei höheren Temperaturen verdoppelt man wegen der großen Lichtintensität die Dicke des Glases, indem man ein zweites Glas vorschiebt.

Beim Auswechseln einer unbrauchbar gewordenen Lampe muß man die neue zur Erzielung möglichster Helligkeit etwa 30 Stunden lang bei etwa 1900° brennen lassen. Später beim Gebrauch soll ihre Temperatur 1500° nicht überschreiten. Die Lampen müssen von der Physikalisch-technischen Reichsanstalt geeicht sein.

c) Das Wannersche Pyrometer.

Das Wannersche Pyrometer[1]) besteht aus dem eigentlichen Photometer, dem für Eichungszwecke eine Amylazetatlampe beigegeben ist, und dem Akkumulator, der mit einem Regulierwiderstand und einem Strommesser zur Einstellung der „Stromzahl“ zusammengebaut ist.

Als Vergleichslampe dient bei ihm eine kleine Niederspannungs-Glühlampe (6 Volt), zu deren Speisung der Akkumulator bestimmt ist. Sowohl ihr Licht als auch das des leuchtenden Körpers wird durch ein Prisma in das Spektrum zerlegt, von dem nur ein kleiner Teil im Rot zur Messung benutzt wird. Dabei werden die Strahlen beider Lichtquellen in zwei aufeinander senkrechten Ebenen polarisiert und ihre Lichtstärke wird so lange durch Drehen eines Nikols verändert, bis das Rot des Vergleichsfeldes mit der

---

[1]) Siehe Physikal. Zeitschrift 3, 112; 1902.

Helligkeit des Rot des zu beobachtenden Körpers übereinstimmt. Hiernach kann die Temperatur des letzteren unmittelbar an der Temperaturskala des Photometers abgelesen oder aus dem eingestellten Drehwinkel errechnet werden.

Die Zuverlässigkeit der Messung beruht deshalb ausschließlich auf der Genauigkeit der Gleichstellung der Helligkeit der beiden leuchtenden Felder. Erfahrungsgemäß entsteht dabei nach Erlangung einer gewissen Übung im Einstellen ein Fehler von höchstens $\pm$ 1 %, und es ist die Messung einer Temperatur von 1000^0 mit einem Fehler von nur $\pm$ 0,75^0, von 1500^0 mit einem Fehler von nur $\pm$ 1,0^0 und von 1800^0 mit einem Fehler von nur $\pm$ 1,1^0 behaftet.

Den schematischen Aufbau des Pyrometers bzw. des Photometers zeigt die Abb. 558[1]).

Die Strahlen der Vergleichsglühlampe treten durch den Schlitz S_1 und die des zu beobachtenden Körpers durch den Schlitz S_2 in das Instrument ein. Sie gelangen in das Objektiv O, und hinter ihm treten die beiden Strahlen-

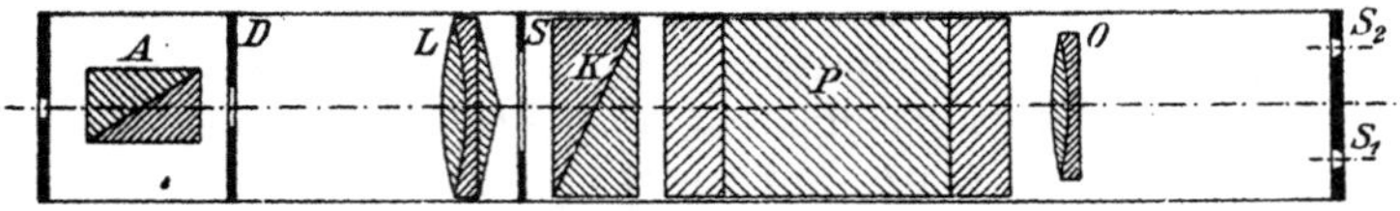

Abb. 558.

bündel durch das Prisma P mit gerader Durchsicht, wo sie in zwei Spektren zerlegt werden. Diese beiden Spektren gelangen alsdann in das doppeltbrechende Prisma K, durch das jeder Lichtstrahl in zwei aufeinander senkrecht stehende Ebenen polarisiert wird. Auf ihrem weiteren Wege schaltet die Schlitzblende S alles Licht der Spektren bis auf einen kleinen Teil des Spektrums im Rot aus, so daß nur monochromatisches Licht von der Wellenlänge $\lambda = 0{,}656\,\mu$ übrigbleibt. Dieses geht weiter durch das Doppelprisma und die Linse L, wodurch acht Spaltbilder erzeugt werden. Zwei derselben, das eine vom zu beobachtenden glühenden Körper und das andere von der Vergleichslampe herrührend und in zwei senkrecht aufeinanderstehenden Ebenen polarisiert, berühren sich im Gesichtsfelde, während alle übrigen Spaltbilder von der Blende D ausgeschaltet werden. Der Nikol A wird nun als Analysator so lange um seine mit der Achse des Instrumentes zusammenfallende Drehachse nach links oder rechts gedreht, bis beide Spaltbilder gleiche Helligkeit erlangt haben. Der dazugehörige Drehwinkel φ des Analysators wird abgelesen und zur Berechnung der Temperatur des zu beobachtenden Körpers benutzt. Sie erfolgt entweder mit Hilfe einer dem Instrument beigegebenen Tabelle oder mittels des Wienschen Gesetzes.

Es verhalten sich nämlich die Helligkeit E des glühenden Körpers zur Helligkeit E_0 des Vergleichslichtes (Glühlampe)

$$\frac{E}{E_0} = \operatorname{tg}^2 \varphi$$

[1]) Die Abb. 558 ist dem Werke Martens-Heyn, Materialienkunde, entnommen.

und da nach dem Wienschen Gesetz

$$ln \frac{E}{E_0} = \frac{c_2}{\lambda} \cdot \left(\frac{1}{T_0} - \frac{1}{T}\right)$$

so ist die Temperatur T des zu beobachtenden glühenden Körpers feststellbar, wenn die absolute Temperatur T_0 des Vergleichslichtes durch Einstellen des Instrumentes auf einen schwarzen Körper bekannter Temperatur ermittelt ist. Da in der obigen Gleichung überdies die Konstante $c_2 = 14500$ und die Wellenlänge $\lambda = 0{,}656\ \mu$ ist, so sind nach Ablesung des Winkels φ bzw. nach Feststellung des Verhältnisses $\frac{E}{E_0}$ alle Glieder der Gleichung bis auf das Glied T, das berechnet werden soll, bekannt.

Wichtig für die Richtigkeit der Temperaturmessung ist die Lichtstärke der Vergleichsglühlampe. Da diese mit der Stromstärke der Lampe wechselt, muß das Instrument öfters durch Einstellen auf Normallichtstärke vor der Amylazetatflamme geeicht werden. Dabei ist die Flammenhöhe den Vorschriften entsprechend genau zu bemessen, und das Licht der Flamme ist auf eine vor dem Spalt S_2 anzuordnende kleine Mattscheibe zu richten. Diese Mattscheibe ist vor der Benutzung sorgfältig zu reinigen, da etwaige Fettspuren auf ihr das Messungsergebnis unrichtig beeinflussen. Bei der Eichung selbst wird der Analysator auf einen bestimmten, durch eine Marke am Instrument festgelegten Winkel eingestellt, und die Stromstärke der Glühlampe wird durch den am Akkumulator befindlichen Widerstand so lange geändert, bis die Helligkeit des Amylazetatlichtes mit der des Vergleichslichtes im Instrument übereinstimmt. Die so ermittelte „Stromzahl" ist zu notieren und bei allen folgenden Messungen einzustellen.

Dabei ist auch noch zu beachten, daß das Instrument auf den zu beobachtenden glühenden Körper unmittelbar einzustellen ist, da Zwischenkörper, z. B. Glimmerfenster, infolge ihrer Absorption das Ergebnis fälschlich beeinflussen. Sind solche Zwischenkörper nicht zu umgehen, so muß das Instrument für diesen Fall besonders geeicht werden.

Hinsichtlich der Temperaturbereiche, in denen das Instrument benutzt werden kann, ist darauf hinzuweisen, daß die neueren Instrumente, um den ganzen Temperaturbereich von 650° aufwärts umfassen zu können, zwei Stromzahlen erhalten. Dabei dient die kleinere Stromzahl für die Skala 650° bis 1200° und die größere für Beobachtungen in den Meßbereichen 840° bis 2000° bzw. bis 4000° und 7000°. Die Stromzahlen selbst werden mittels des Regulierwiderstandes eingestellt. Da überdies die einzelnen Temperaturmeßbereiche verschiedene Beobachtungsokulare und Blenden benötigen, so sind die richtigen vor der jeweiligen Benutzung des Instrumentes einzusetzen.

Im einzelnen geben hierüber die dem Pyrometer beigegebenen Tabellen und Gebrauchsanweisungen Auskunft.

§ 357. Skala für die Schätzung der Glühtemperatur von Eisenkörpern.

Bei der Erhitzung von Eisenkörpern verfärben sich dieselben und nehmen gewisse Farben an, die bei bestimmten Temperaturen regelmäßig wiederkehren und daher zur schätzungsweisen Temperaturbestimmung benutzt werden können. Allerdings ist dieses Verfahren rein subjektiv und das Ergebnis daher mit Fehlern behaftet, die um so geringer sind, je größer die Übung des betreffenden Beobachters ist.

Im allgemeinen können die Angaben der folgenden Tabelle als Grundlagen für die Temperaturschätzung nach diesem Verfahren benutzt werden, wobei alle Angaben auf Beobachtungen im verdunkelten Raum bezogen sind.

Etwa 600° = Erscheinen von dunkler Rotglutfärbung,
„ 700° = deutliches Dunkelrot,
„ 800° = dunkel leuchtendes Kirschrot,
„ 900° = helles Kirschrot,
„ 1000° = lachsrot,
„ 1100° = orange,
„ 1200° = zitronengelb,
„ 1300° = hellgelb bis weiß,
„ 1400° und mehr = blendend weiß leuchtend.

Die Temperaturschätzung läßt sich am besten durchführen, wenn man sich eine Farbentafel anfertigt und durch Vergleichung mit dieser die jeweilige Farbe feststellt. Selbstverständlich ist bei der Beobachtung die Beleuchtung des Arbeitsplatzes zu berücksichtigen, da bei Tageslicht die Farben anders erscheinen als im Dunkeln. Am besten ist es, sich an die Schätzung bei stark abgeblendetem Tageslicht zu gewöhnen.

§ 358. Die Segerkegel.

Für angenäherte Temperaturbestimmungen in Glüh-, Brenn- und Schmelzöfen können die sog. Segerkegel[1]) verwendet werden. Es sind dies abgestumpfte dreiseitige Pyramiden von 6 oder 2½ cm Höhe; sie bestehen aus schwer schmelzbaren Silikaten, von deren Zusammensetzung der Schmelzpunkt der Kegel abhängig ist.

Die Segerkegel erweichen mit steigender Temperatur mehr und mehr und neigen schließlich ihre Spitze. Sie gelten als geschmolzen, wenn die sich umbiegende Spitze die Unterlage leicht berührt.

Die Segerkegel 022—20 sind etwa 6 cm hoch. Die zur Bestimmung der Feuerfestigkeit verwendeten Kegel 26—42 sind etwa 2,5 cm hoch. Auf besonderen Wunsch werden jedoch auch die erstgenannten Segerkegel 2,5 cm hoch und die kleinen 6 cm hoch geliefert. Die Segerkegel werden ausschließlich in der Porzellanmanufaktur zu Berlin hergestellt und tragen die gesetzlich geschützte Marke (Zepter).

Da die Segerkegel Silikatgemische sind, so besitzen sie, ebensowenig wie die Silikate selbst, einen in allen Fällen und unter den verschiedenen Erhitzungsbedingungen bestimmten, stets gleichbleibenden (absoluten) Schmelzpunkt. Es ist daher nicht möglich, für die Segerkegel Schmelzpunkte nach Celsiusgraden allgemein anzugeben. Zur genauen Messung von Temperaturen nach Celsiusgraden eignen sie sich daher im allgemeinen nicht, sondern nur in den Fällen, wenn die Schmelzpunkte der einzelnen Segerkegel für bestimmte, genau wieder zu erhaltende Erhitzungsbestimmungen bekannt sind, also z. B. in elektrischen Versuchsöfen mit regelbarer Erhitzungsgeschwindig-

[1]) Über die Prüfung von Segerkegeln s. Uhlands Wochenschrift für Ind. u. Techn. 1908, Nr. 36, S. 72 und Nr. 46, S. 87.

keit. Eine genaue Bestimmung der Temperatur auf einzelne Grade ist natürlich auch hierbei nicht ausführbar. In allen anderen Fällen kann die Angabe der Schmelztemperatur t^0 der Segerkegel in Celsiusgraden nur ganz annähernd stattfinden.

Sie betragen etwa:

Nr.	t⁰	Nr.	t⁰	Nr.	t⁰	Nr.	t⁰	Nr.	t⁰
022[1])	— 600⁰	010a	— 900⁰	010	— 900⁰	7	— 1230⁰	28	— 1630⁰
021	— 650	09a	— 920	09	— 930	8	— 1250	29	— 1650
020	— 670	08a	— 940	08	— 970	9	— 1280	30	— 1670
019	— 690	07a	— 960	07	— 1000	10	— 1300	31	— 1690
018	— 710	06a	— 980	06	— 1020	11	— 1320	32	— 1710
017	— 730	05a	— 1000	05	— 1040	12	— 1350	33	— 1730
016	— 750	04a	— 1020	04	— 1060	13	— 1380	34	— 1750
015a[2])	— 790	03a	— 1040	03	— 1080	14	— 1410	35	— 1770
014a	— 815	02a	— 1060	02	— 1100	15	— 1435	36	— 1790
013a	— 835	01a	— 1080	01	— 1120	16	— 1460	37	— 1825
012a	855	1a	— 1100	1	— 1140	17	— 1480	38	— 1850
011a	— 880	2a	— 1120	2	— 1155	18	— 1500	39	— 1880
		3a	— 1140	3	— 1170	19	— 1520	40	— 1920
		4a	— 1160	rote Kegel[3])		20[4])	— 1530	41	— 1960
		5a	— 1180			26	— 1580	42	— 2000
		6a	— 1200			27	— 1610		

Beispielsweise entspricht Segerkegel 26 dem Schmelzpunkt derjenigen Tone, welche in der Tonindustrie als die niedrigst schmelzenden feuerfesten Tone angesehen werden.

Abb. 559.

Bis zu den Temperaturen 1040⁰, d. i. Segerkegel 05, dürften die mit diesen Kegeln vorgenommenen Temperaturbestimmungen bis auf ± 25⁰ genau sein. Bei höheren Temperaturen ist die Ungenauigkeit größer, und es

[1]) Sprich: Null zweiundzwanzig. [2]) Sprich: Null fünfzehn a.

[3]) Die roten Kegel 010 bis 3 sind durch die Kegel 010a bis 6a ersetzt worden. Sie werden auch nur auf ausdrückliche Bestellung geliefert. Siehe Tonindustrie-zeitung 1908, S. 1764, Dr. M. Simonis.

[4]) Die Kegel Nr. 21—25 werden nicht mehr hergestellt, da ihre Schmelzpunkte zu nahe beieinander liegen.

empfiehlt sich, bei Benutzung der Kegel nicht die Temperatur in Graden anzugeben, sondern zu sagen: Die Temperatur entspricht der Schmelztemperatur von Segerkegel 2 oder 5 oder 10 usw.

Als Anhaltspunkte können dabei immer noch die in der Tabelle angegebenen Temperaturen in Graden dienen. Will man z. B. kontrollieren, ob in einem Ofen eine Temperatur von etwa 1350° herrscht, dann wähle man die Segerkegel 9—14 aus, klebe sie mit etwas Kaolin aufrecht nebeneinander auf eine Schamotteplatte (s. Abb. 559) und bringe sie an den Ort, dessen Temperatur ermittelt werden soll; dabei ist darauf zu achten, daß die Kegel nicht durch eine Stichflamme beansprucht werden können, sie sind eventuell durch besondere Schutzhauben, sog. Hängeschalen

Abb. 560.

Abb. 561.

(Abb. 560) oder Haubenlerchen (Abb. 561) zu schützen. Ist alsdann nach Beendigung des Glüh- und Brennprozesses Segerkegel Nr. 9 völlig geschmolzen, Nr. 10 nur angeschmolzen und stark niedergebogen, Nr. 11—14 dagegen unverändert geblieben, dann hat eine Temperatur entsprechend Segerkegel Nr. 10 geherrscht. Nach der Tabelle ist die Temperatur in Graden schätzungsweise 1330° C. Ist eine genauere Feststellung der Temperatur in Graden erforderlich, dann kann sie dadurch erfolgen, daß man nachträglich mit einem thermoelektrischen Pyrometer den Schmelzpunkt von Segerkegel Nr. 10 ermittelt.

§ 359. Die Sentinelpyrometer.

Die Sentinelpyrometer[1]) werden von The Amalgams Company in Sheffield erzeugt. Es sind 20 mm hohe Zylinder von 12 mm Durchmesser, die aus Mischungen von Metallsalzen hergestellt sind. Segerkegeln gegenüber be-

[1]) Salzzylinder-Pyrometer. Näheres s. Metallurgie 1907, S. 379.

sitzen sie den Vorzug leichterer Schmelzbarkeit und somit deutlicherer Anzeige. Es genügt in der Regel ein Temperaturzuwachs von nur wenigen Graden, um das Niederschmelzen des Zylinders zu veranlassen[1]).

Beim Gebrauch werden die Salzzylinder auf Porzellanschälchen gestellt, wie die Abb. 563 zeigt. Es ist zweckmäßig, nicht nur einen solchen Salzzylinder anzuordnen, sondern besser drei nebeneinander, von denen einer bei einer höheren und einer bei einer niedrigeren Temperatur schmilzt als der, dessen Temperatur eingestellt werden soll. Als richtig geschmolzen kann nur derjenige Salzzylinder gelten, der eine spiegelblanke Oberfläche besitzt.

Für Verwendung in Schmelzöfen werden die Salzzylinder in besonderen Armaturen untergebracht, wie beispielsweise die Abb. 562 zeigt. Diese bestehen aus einem Eisenrohr, das am unteren

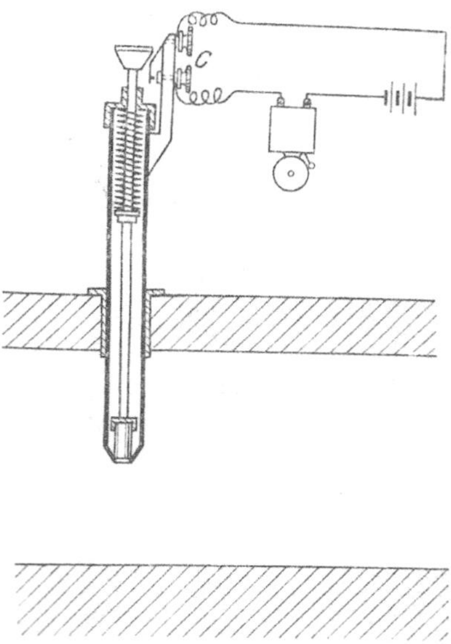

Abb. 562.

Abb. 563.

Ende eine verengte Öffnung besitzt, auf deren Rande der Salzzylinder ruht. Andererseits ist der Salzzylinder an einem Eisenstabe befestigt, der innerhalb des Rohres durch eine Feder den Salzzylinder nach unten drückt. Schmilzt der Zylinder, so fällt der Stab ganz herab und stellt Kurzschluß zwischen dem Eisenschutzrohr und einer elektrischen Klingelanlage her. Das Ertönen der Klingel erfolgt dadurch in dem Augenblick, in dem der Salzzylinder niederschmilzt und die gewünschte Temperatur erreicht ist.

Geliefert werden die Salzzylinder mit Schmelzpunkten von ca. 230—340° und von 650—1065°.

V. Bestimmung der Luftfeuchtigkeit und des Taupunktes.

§ 360. Die relative Luftfeuchtigkeit.

Bei manchen Materialprüfungen ist zur Erlangung vergleichbarer Ergebnisse eine bestimmte Luftfeuchtigkeit im Versuchsraume erforderlich. Manche Textilerzeugnisse müssen z. B., bevor sie dem Zerreißversuch unterworfen

[1]) Metallegierungen mit bestimmten Schmelzpunkten zur Eichung der Sentinelpyrometer liefert die deutsche Gold- und Silberscheideanstalt in Frankfurt a. M.

werden, eine gewisse Zeit bei bestimmter Temperatur zur Erlangung eines gleichen Feuchtigkeitsgehaltes trocknen. Da solche Erzeugnisse aber sehr hygroskopisch sind und ihre Festigkeit vom Feuchtigkeitsgehalt abhängt, würden sie — bei verschiedener Luftfeuchtigkeit geprüft — abweichende Ergebnisse liefern. Es ist daher vor Beginn der Versuche erforderlich, den Feuchtigkeitsgehalt der Luft im Versuchsraume zu ermitteln und, falls erforderlich, zu verändern. Man kann den Feuchtigkeitsgehalt erhöhen durch Verdampfen oder Zerstäuben von Wasser und erniedrigen durch Trocknen der Luft.

Falls besondere Vorrichtungen für diese Zwecke nicht vorhanden sind, genügt im ersten Falle Kochen von Wasser in offenen Gefäßen oder Besprengen des Fußbodens. Im zweiten Falle bewirken flache, mit Schwefelsäure gefüllte offene Schalen Entziehung der Feuchtigkeit.

§ 361. Die Haarhygrometer.

Die Bestimmung des Feuchtigkeitsgehaltes der Luft erfolgt am einfachsten und mit hinreichender Genauigkeit mit Hilfe von Haarhygrometern. Diese Instrumente geben die relative Feuchtigkeit bzw. den Sättigungsgrad, d. h. das Verhältnis des wirklich vorhandenen Wassergehaltes zu demjenigen, bei welchem die Luft mit Wasser gesättigt wäre, an[1]).

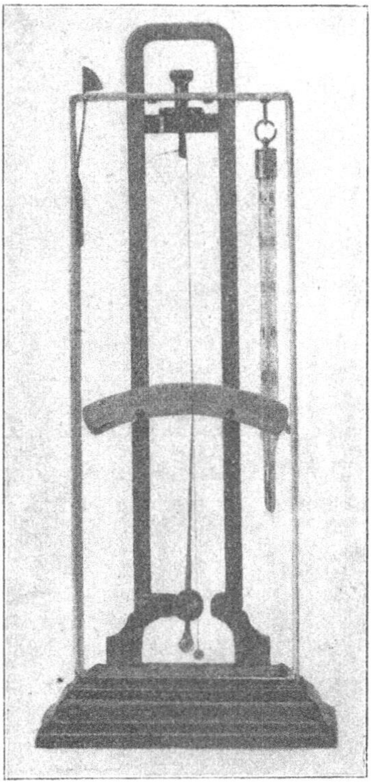

Abb. 564.

Beim Koppeschen Hygrometer (siehe Abb. 564)[2]) wird zur Anzeige der Feuchtigkeitsänderung ein entfettetes Haar benutzt, dessen Länge sich mit dem Feuchtigkeitsgehalte ändert. An dem einen Ende (oben) ist es an einer Stellschraube befestigt, und das andere Ende ist um eine Rolle gelegt, die einen Zeiger trägt, der sich vor einer Skala bewegt. Ein kleines Gewicht hält Faden mit Rolle in Spannung. Bei völliger Trockenheit der Luft besitzt das Haar seine geringste Länge, und der Zeiger muß über dem Nullpunkt der Skala stehen. Bei gesättigter Luft besitzt das Haar seine größte Länge, und der Zeiger steht über dem Teilstrich 100%. Zur Prüfung des Nullpunktes stellt man das Instrument unter eine Glocke, in der sich konzentrierte Schwefelsäure befindet, die völlige Trocknung der Luft bewirkt. Der 100% Punkt wird dadurch kontrolliert, daß man an Stelle der Schwefelsäure Wasser unter die Glocke bringt, das die Luft mit Feuchtigkeit sättigt.

---

[1]) Einige Instrumente besitzen auch Skalen, die in Grade eingeteilt sind; die relative Luftfeuchtigkeit muß alsdann berechnet werden.

[2]) Dr. Karl Koppe, Die Messung des Feuchtigkeitsgehaltes der Luft, Zürich 1878.

Andere Punkte der Skala können nur durch Vergleichung mit einem anderen Hygrometer geprüft werden. Die Einstellung des Zeigers auf einen der Fixpunkte erfolgt durch Drehen der Stellschraube am oberen Fadenende.

Abb. 564a.

Abb. 564a zeigt dasselbe Hygrometer in Verbindung mit einer Registriervorrichtung.

§ 362. Die absolute Luftfeuchtigkeit und der Taupunkt.

Den absoluten Feuchtigkeitsgehalt und den Taupunkt kann man mit Hilfe eines Diagrammes nach Abb. 565 bestimmen. Hat man am Hygro-

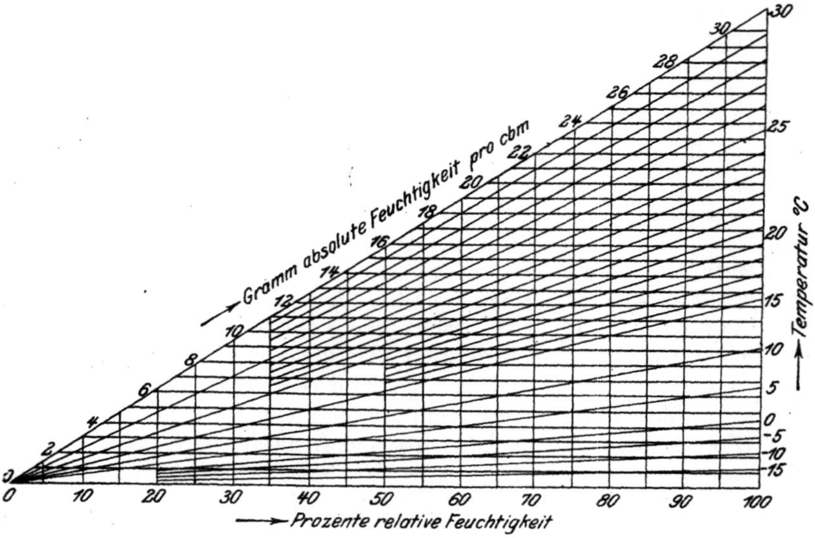

Abb. 565.

meter z. B. 65%, am Thermometer 10° C abgelesen, so geht man auf der Vertikalen bei 65 aufwärts bis zum Schnittpunkte der Geraden 0—10°. Von hier geht man horizontal nach links und findet dadurch den absoluten Feuchtigkeitsgehalt zu 6 g, d. h., es sind in 1 cbm Luft 6 g Wasserdampf enthalten. Verfolgt man die nämliche Horizontale nach rechts, so ergibt sich der Taupunkt bei 3°, d. h. die Luft kann von 10° auf 3° abgekühlt werden, bevor ein Niederschlag erfolgt.

Neunter Teil.

Die Materialprüfungsmaschinen.

§ 363. Allgemeines.

Die Materialprüfungsmaschinen haben den Zweck, bei Festigkeitsversuchen

a) die erforderlichen Kräfte zu erzeugen,
b) die tatsächlich auf den Probekörper wirkenden Kräfte zu messen und
c) die der jeweiligen Beanspruchungsweise entsprechenden Formänderungen des Probekörpers mit geeigneten Einspannvorrichtungen und Übertragungsgliedern hervorzurufen.

Man hat an diesen Maschinen demnach drei Hauptbestandteile zu unterscheiden:

1. den Kraft erzeugenden Teil (Krafterzeuger),
2. den Kraft messenden Teil (Kraftmesser),
3. den Kraft übertragenden Teil (Kraftübertrager).

Alle drei Teile müssen an allen Materialprüfungsmaschinen gleichzeitig vorhanden sein, und nur die gegenseitige Anordnung der Teile ist Abweichungen unterworfen, die durch die Art der Beanspruchungen bedingt sind, welche die Maschinen erzeugen sollen. Gemeinsam soll aber allen Maschinen die Eigenschaft sein, daß die Kräfte stoßfrei erzeugt, augenblicklich und sicher angezeigt und ohne Hervorrufung von Nebenwirkungen auf den Probekörper übertragen werden.

Man erkennt aus diesen Forderungen, daß Materialprüfungsmaschinen keine einfachen Mechanismen sind und die Konstrukteure solcher Maschinen genau mit dem Wesen einer Materialprüfung vertraut sein müssen, wenn sie eine allen Ansprüchen hinsichtlich Genauigkeit der Versuchsausführung und der Einfachheit der Handhabung entsprechende Prüfungsmaschine schaffen wollen.

Auch die Fabrikation solcher Maschinen ist ein Sonderzweig des Maschinenbaues, und nicht alle Maschinenfabriken, welche sonst schwierige Maschinen erzeugen, sind in der Lage, brauchbare Materialprüfungsmaschinen herzustellen. Aus diesem Grunde befassen sich auch nur wenige Firmen mit der Herstellung solcher Maschinen. Sie haben aber im Laufe der Jahre ihre Konstruktionen auf eine derartige Höhe gebracht, daß die Maschinen bei sorgfältiger Ausführung einwandfreie Versuchsergebnisse liefern. Im allgemeinen baut jede dieser Firmen Maschinen nach einem bestimmten Grundsatz, der gewöhnlich auf der Ausgestaltung des Kraftmessers fußt.

I. Die Krafterzeuger.

§ 364. Allgemeines.

Die Krafterzeugung geschieht bei den Materialprüfungsmaschinen durch mechanische oder hydraulisch betriebene Vorrichtungen. Jene haben gegenüber diesen den Vorzug unbegrenzten Weges der Kraft, während diese wiederum gegenüber den mechanischen Vorrichtungen leistungsfähiger und vor allem bequemer in der Handhabung sind.

Für kleinere Kräfte zieht man in der Regel den mechanischen Antrieb mit Schraube und Mutter, weil er einfacher ist, vor. Er arbeitet mit stets gleichbleibender Geschwindigkeit sowie stoßfrei und gestattet die Einstellung einer bestimmten Belastung des Probekörpers, ohne daß man Abfall derselben zu befürchten hätte. Dies bedeutet bei Feinmessungen einen nicht zu unterschätzenden Vorteil, weil ein einzelner Beobachter die Einstellung der Kraft bewerkstelligen und hiernach die Ablesung der Dehnung vornehmen kann. Auch Belastungen von längerer Dauer können bei diesem Antriebe eingestellt werden, ohne daß Steigen oder Fallen derselben eintritt. Kommen dagegen große Kraftleistungen in Betracht, dann wird der mechanische Antrieb insofern schwierig, als entweder große Kräfte zur Bewegung aufgewendet werden müssen oder man sich mit geringer Belastungsgeschwindigkeit begnügen muß.

Bei hydraulischem Antriebe ist man dagegen sowohl in der Größe der Kraft als auch in der Geschwindigkeit der Belastungssteigerung an keine Grenzen gebunden, wenn nur die Kolben- und Ventilquerschnitte richtig gewählt werden. Er besitzt aber den Nachteil, daß der Weg des Einspannkopfes bei manchen Versuchen, wo große Deformationen des Probekörpers, wie bei Zugversuchen mit Hanfseilen, in Frage kommen, nicht groß genug ist, und daß schon sehr geringe Undichtigkeiten der Kolbenmanschetten Dauerbelastungen ausschließen. Eine Schraubenspindel kann beliebig lang gemacht werden, aber ein hydraulischer Zylinder muß auf gewisse Abmessungen beschränkt bleiben. Bei der Wahl des Antriebes haben daher Erwägungen Platz zu greifen, die unter Berücksichtigung des Zweckes anzustellen sind, dem die Maschine dienen soll.

§ 365. Der mechanische Antrieb.

Für den mechanischen Antrieb der Materialprüfungsmaschinen wird im allgemeinen zur Erzeugung der linearen Bewegung der beweglichen Einspannvorrichtung eine Schraubenspindel benutzt, deren Widerlagsmutter als Schraubenrad ausgestaltet ist, in dessen Zähne eine Schnecke eingreift. Die Schnecke erhält ihre drehende Bewegung entweder durch eine Kurbel von Hand oder durch ein Vorgelege von einer Transmission oder einem Elektromotor.

Beim Antrieb von Hand sind besondere Vorrichtungen zur Erzeugung wechselnder Geschwindigkeit nicht nötig, weil sie nach Erfordernis jeweilig eingestellt werden kann. Es muß nur darauf geachtet werden, daß auch die Kraft der Hand zur Bewegung ausreicht. Der Transmissionsantrieb verlangt dagegen, wegen konstanter Drehgeschwindigkeit, die Zwischenschaltung einer

Kombination einer Druckwasser- und Druckölerzeugungsa

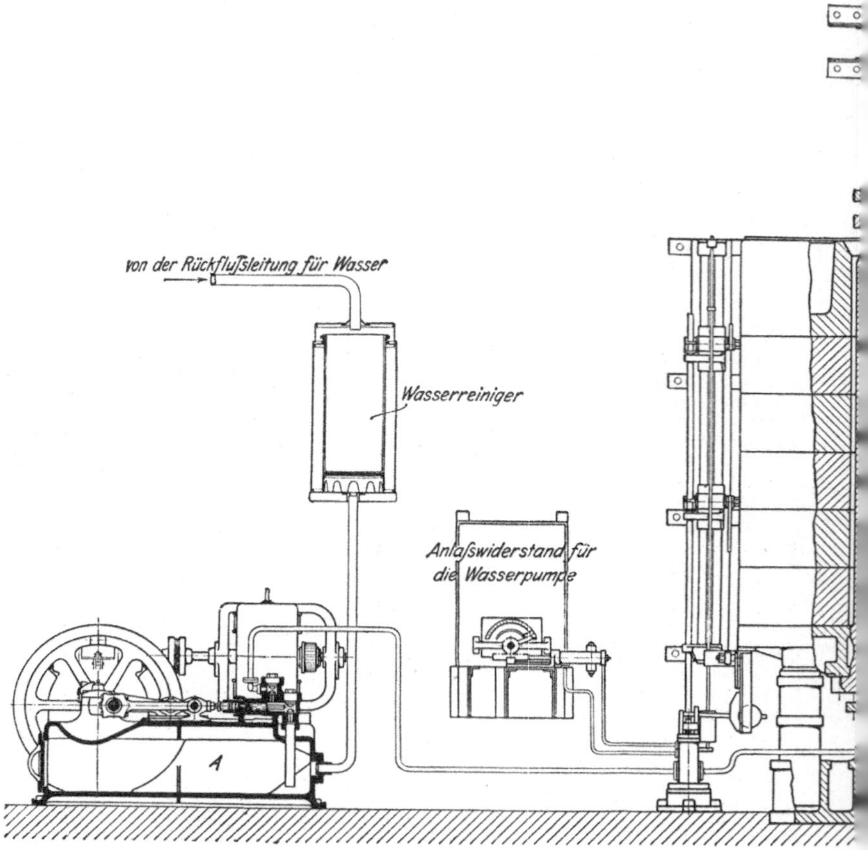

Abb. 566. Ausführung nach Vorschlägen des Verfassers f
A Wasserpumpe; *B* Differentialgewichtsakkumulator; *C* Verteilungsleitung für Wasser; *D*

.iter Fördermenge in einer Minute und 15 Liter Akkumulatorinhalt.

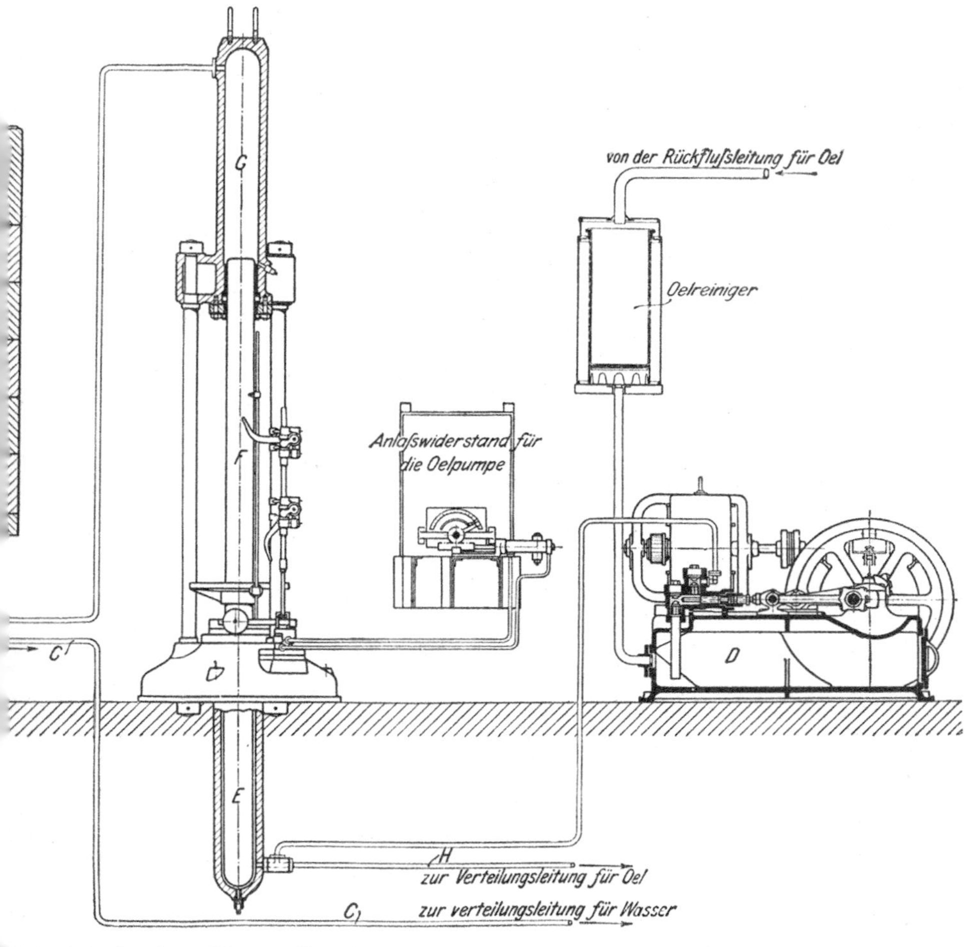

Hochschule, Dresden. Lieferant: Maschinenbaugesellschaft Nürnberg.
kzylinder; *F* Druckübertragende Kolbenstange; *G* Wasserdruckzylinder; *H* Verteilungsleitung für Öl.

Vorrichtung zur Änderung der Antriebsgeschwindigkeit sowie zur Umkehrung der Drehrichtung. Beides kann durch Reibungsvorgelege bewirkt werden, wenn das Reibungsrad auf der Reibscheibe über den Mittelpunkt hinaus in Richtung des Reibscheibendurchmessers verschoben werden kann. Die Mannheimer Maschinenfabrik Mohr & Federhaff rüstet ihre Maschinen auf Wunsch mit einem solchem Vorgelege aus.

Steht elektrische Energie zur Verfügung, dann können die Maschinen mit mechanischem Krafterzeuger unmittelbar durch einen regulierbaren Elektromotor angetrieben werden. In der Dresdner Hochschule versah Verfasser die 50-Tonnen-Zerreißmaschine mit einem solchen Motor, der infolge Anordnung eines entsprechenden Zwischenvorgeleges außer Umkehrung der Drehrichtung Tourenänderungen der Antriebswelle der Prüfungsmaschine von 10—110 in der Minute bei gleichbleibendem Drehmoment gestattet. Der Elektromotor ist mit zwei Wicklungen versehen, die entweder von dem 440-Volt-Netz oder dem 220-Volt-Netz gespeist werden. Regulierwiderstände erlauben dabei eine Regulierung des Ankerstromes mit gleichzeitiger Feldschwächung oder eines von beiden allein. Die Anordnung ist derart getroffen, daß vom Beobachter gleichzeitig die Gewichtseinstellung am Kraftmesser und durch zwei Handräder die Regulierung des Motors bewirkt werden kann.

§ 366. Der hydraulische Antrieb.

Der hydraulische Antrieb wird durch hydraulische Pressen bewerkstelligt, die ihre Kraft durch den Kolben entweder unmittelbar auf den Probekörper (bei Druckversuchen) oder durch zwischengeschaltete Übertragungsglieder (bei Zugversuchen) ausüben. Die Preßflüssigkeit wird durch Handpumpen, welche unmittelbar an der Prüfungsmaschine angebracht sind, oder durch maschinell betriebene, abseits aufgestellte Pumpwerke geliefert. Bei letzterer Anordnung empfiehlt sich zur Vermeidung unökonomischen Betriebes die Einschaltung eines Kraftsammlers (Akkumulators) in die Druckleitung, welcher die vom Pumpwerk geförderte überschüssige Preßflüssigkeit aufnimmt und bei gesteigertem Flüssigkeitsbedarf abgibt.

Als Preßflüssigkeit werden Wasser, Öl, Glyzerin oder Mischungen von Wasser und Glyzerin benutzt. Wasser kommt in Anwendung bei Pressen, deren Kolbenabdichtung mit Manschetten bewirkt ist, Öl bei denjenigen Pressen, die mit Amagat-Dichtung (s. S. 619) versehen sind, und Glyzerin oder Mischungen von Glyzerin mit Wasser in solchen Anlagen, wo Einfrieren einer Wasserleitung zu befürchten ist. Glyzerin erniedrigt den Gefrierpunkt des Wassers, so daß die Leitungen unbeschadet dem Froste ausgesetzt werden können.

Sind mehrere Prüfungsmaschinen vorhanden, die mit zweierlei Preßflüssigkeiten betrieben werden, so empfiehlt sich aus Ersparnisrücksichten eine Kombination beider Druckerzeugungsanlagen.

In Abb. 566 ist eine solche Kombination, wie sie Verfasser für die Dresdner Hochschule projektierte und die sich in jahrelangem Betriebe bewährt hat, schematisch dargestellt. Die Anlage ist für eine minutliche Förderung von 15 l Wasser und 15 l Rizinusöl bei 250 Atmosphären Druck eingerichtet. Die Preßpumpe *A* fördert Wasser unter den Differentialgewichtsakkumulator *B* mit 15 l Inhalt, der für die Prüfungsmaschinen mit Wasserbetrieb Flüssigkeit abgibt und gleichzeitig mit dem Umformer *GE* in Verbindung steht. Der Umformer besteht aus zwei durch Zugstangen miteinander vereinigten Zylindern *E* und *G*, in denen eine gemeinschaftliche Kolbenstange *F* steckt. Infolge des auf dem oberen Kolbenquerschnitt lastenden Wasserdruckes entsteht in dem unteren Zylinder *E* der gleiche Flüssigkeitsdruck, wenn die Preßpumpe *D* Öl unter den Kolben dieses Zylinders pumpt. Durch hydraulische Umsteuerungsvorrichtungen werden die elektrisch betriebenen Pumpen selbsttätig von dem Akkumulator oder dem Umformer angelassen oder abgestellt. Zur Fortleitung der Flüssigkeiten dienen Kupferrohre von 13 mm lichter Weite und 3 mm Wandstärke. Die Verteiler sowie Verschraubungen an den Abzweigstellen bestehen aus nachgeschmiedetem Flußeisen. Ihre Konstruktion ist aus Abb. 567 ersichtlich. Besonderes Augenmerk ist bei allen hydraulischen Antriebsvorrichtungen für Materialprüfungsmaschinen auf

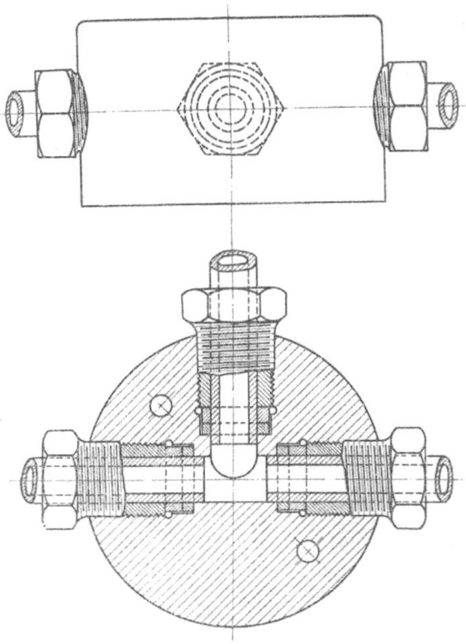

Abb. 567.

Entlüftung der Druckleitungen zu richten. Es empfiehlt sich, an allen Stellen, wo Ansammlung von Luft eintreten kann, d. i. bei Krümmungen in vertikaler Richtung und in den Zylindern der Pressen, Entlüftungsventile anzubringen. Auch Stoß- und Sicherheitsventile an den Akkumulatoren dürfen nicht fortgelassen werden. Da die Pressen selbst mit verschieden hohen Drucken arbeiten, die meist niedriger als der Akkumulatordruck sind, bringe man an den Preßzylindern zur Vermeidung von Maschinenüberlastungen Sicherheitsventile an. Ein einfaches Sicherheitsventil, welches Verfasser für die Dresdner Prüfungsmaschinen konstruierte und das gleichzeitig als Entlüftungsventil der Zylinder dient, ist in Abb. 568 dargestellt.

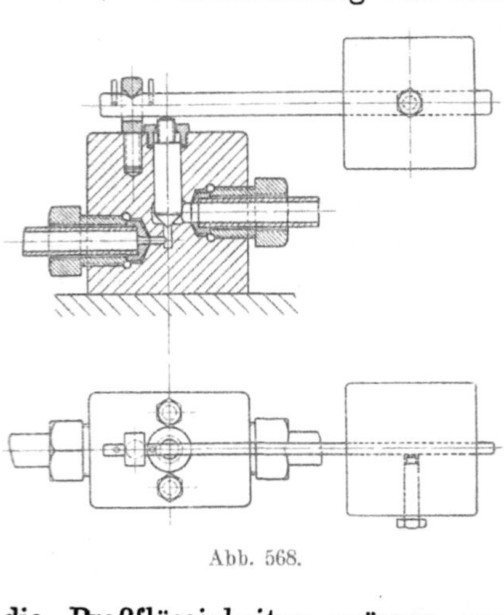

Abb. 568.

Auch Reinigungsvorrichtungen für die Preßflüssigkeiten müssen vorgesehen werden. Bei der Anlage der Dresdner Hochschule bestehen die Wasser- bzw. Ölreiniger (s. Abb. 566) aus doppelten Blechbehältern, in denen die Flüssigkeit Flanell- und Leinwandfilter passieren muß, bevor sie in den Pumpenkasten zurückströmt.

Im übrigen sind alle Pumpensysteme zur Druckerzeugung brauchbar. Hinsichtlich der Akkumulatoren glaubt aber Verfasser den Gewichtsakkumulatoren den Vorzug gegenüber allen anderen Systemen einräumen zu müssen. Luftdruckakkumulatoren benötigen große Kolben und leiden an dem Übelstande, daß der Druck nur bei sorgfältigster Wartung konstant erhalten werden kann. Dampfdruckakkumulatoren sind von der Dampferzeugungsanlage abhängig, und ihr Flüssigkeitsdruck macht alle Schwankungen mit, die der Druck im Dampferzeuger erleidet. Wechselnder Druck ist aber der größte Übelstand bei Materialprüfungen, wenn es sich darum handelt, Feinmessungen vorzunehmen und mit einem Regulierventile konstante Belastung einzustellen. Verbreitet sind auch die sogenannten Multiplikatoren zur Druckerzeugung (s. § 384, Materialprüfungsmaschine von Pohlmeyer). Sie können mit Wasser einer Niederdruckleitung betrieben werden und dienen entweder als Druckausgleicher, oder wenn periodischer Betrieb möglich ist, ohne Pumpwerk auch zur Druckerzeugung. Sie leiden aber an den gleichen Übelständen wie die Dampfdruckakkumulatoren, insbesondere dann, wenn sie an eine städtische Wasserleitung angeschlossen sind, deren Druck dauernden Schwankungen unterliegt.

§ 367. Die Ventile zur Regulierung der Belastungsgeschwindigkeit.

Gut und sicher wirkende Ventile an Materialprüfungsmaschinen sind Bedingung für einwandfreie Versuchsausführung. Da aber jeder Mechanismus unzuverlässiger wird, je komplizierter er ist, muß für Ventile die Forderung größter Einfachheit und Übersichtlichkeit verlangt werden. Was nutzt z. B. die Anbringung eines besonderen Feinregulierventils an der Ventilstation einer Prüfungsmaschine, wenn der Flüssigkeitsdruck in der Zuleitung nicht konstant ist. Mag die Ventileinstellung zur Erzeugung einer bestimmten Belastungsgeschwindigkeit noch so sorgfältig erfolgt sein, die Geschwindigkeit ändert sich doch, wenn der Leitungsdruck infolge von Flüssigkeitsentnahme aus der Leitung an anderer Stelle oder durch Druckveränderung im Akkumulator abnimmt. Durch sehr zahlreiche Versuche hat Verfasser die Überzeugung gewonnen, daß ein einziges Einlaßventil und ein davon getrenntes Auslaßventil für alle normalen Versuche ausreicht und eine solche Einrichtung am besten geeignet ist. Zwei einzelne Ventile lassen sich sehr leicht übersehen, ihre Pflege ist einfach und ihre Handhabung schnell zu erlernen.

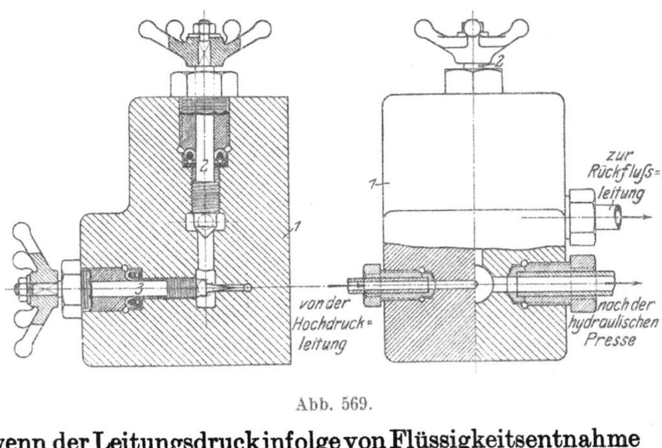

Abb. 569.

Ein vom Verfasser konstruiertes Ventil, das sich für alle Arten Versuche bewährt hat, ist in Abb. 569 dargestellt. Es besteht aus dem Ventilkörper 1, in welchen die spitz auslaufenden Ventilspindeln 2 und 3 mit Gewinde eingesetzt sind. Ihre Abdichtung erfolgt mit Ledermanschetten, und zu ihrer Bewegung dienen Handräder, an denen zur Kenntlichmachung der Ventilstellung ein Zeiger (nicht gezeichnet) mit Skala angebracht ist. Ist der Druck in der Leitung konstant, dann kann man „mit Durchfluß" arbeiten, d. h. man reguliert den Flüssigkeitsein- und -austritt gleichzeitig, läßt also Flüssigkeit durchfließen. Dies gestattet eine außerordentlich geringe Belastungsgeschwindigkeit und genaue Einstellung einer bestimmten Belastung, auch wenn die Dichtungen der Presse oder des Ventils nicht ganz in Ordnung sein sollten.

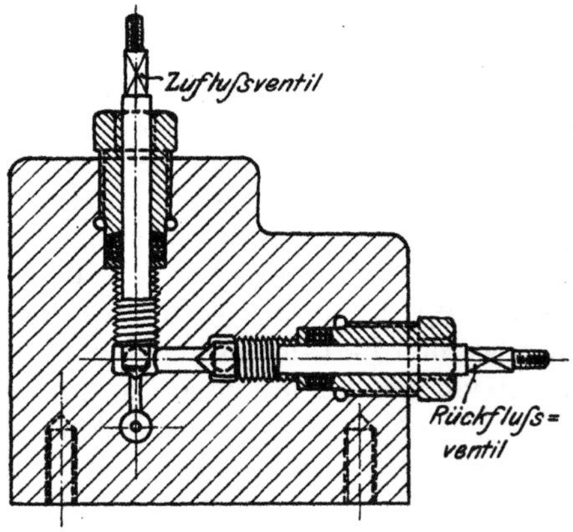

Ein weiteres, ebenfalls vom Verfasser konstruiertes Regulierventil zeigt die Abb. 570. Es gehört zur Schopperschen Zerreißmaschine (§ 396) und unterscheidet sich von dem Ventil in der Abb. 569 dadurch, daß an ihm ein besonderes Feineinstellventil vorgesehen ist, mit dem erreicht wird, daß bei Betätigung des Zuflußventils eine bestimmte Belastungsgeschwindigkeit nicht überschritten werden kann. Das Feineinstellventil ist zur Vermeidung unbefugter Benutzung mit einem abnehmbaren Handgriff versehen.

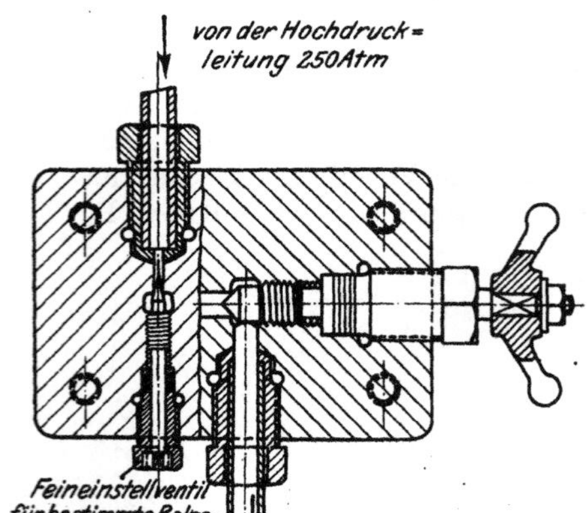

Abb. 570.

Alle Ventile für Materialprüfungsmaschinen bedürfen der sorgfältigsten Pflege sowie Schonung bei der Bedienung. Sie müssen stets dicht und leicht gangbar erhalten werden, ihre Ventilspitzen sind öfters zu reinigen und beim Absperren darf die Ventilspindel niemals mit Gewalt auf den Sitz niedergeschraubt werden.

§ 368. Die Zylinder der hydraulischen Pressen.

Die Zylinder der hydraulischen Pressen werden in der Regel aus Gußeisen oder aus Stahlguß angefertigt. Solche dagegen, bei denen auf geringe Abmessungen und geringes Gewicht besonderer Wert gelegt werden muß oder in denen sehr hohe Flüssigkeitspressungen (über 500 Atm.) auftreten, stellt man aus geschmiedetem Stahl her. Die Kolben bestehen dagegen fast immer aus Gußeisen und sind nur zur Vermeidung des Anrostens mit einem Kupfermantel überzogen oder galvanisch verkupfert oder vermessingt. Bei den Maschinen, welche mit Drucköl betrieben werden, sind solche Mäntel oder Überzüge nicht nötig, weil Anrostungsgefahr nicht besteht. Für die Abdichtung der Kolben im Zylinder sind zwei Verfahren üblich. Es werden U-förmige Ledermanschetten angewendet oder es wird der Kolben in dem Zylinder auf eine größere Länge eingeschliffen (Amagat). Die erstere Abdichtungsweise findet sich bei solchen Maschinen, wo die hydraulische Presse lediglich zur Krafterzeugung benutzt oder wo auf weitgehende Genauigkeit der Anzeige kein Wert gelegt zu werden braucht. Die zweite Abdichtung wird dort benutzt, wo die Kraftmessung auf hydraulischem Wege stattfindet und deshalb die Kolbenreibung gering, sowie bei allen Flüssigkeitsdrücken möglichst konstant sein soll.

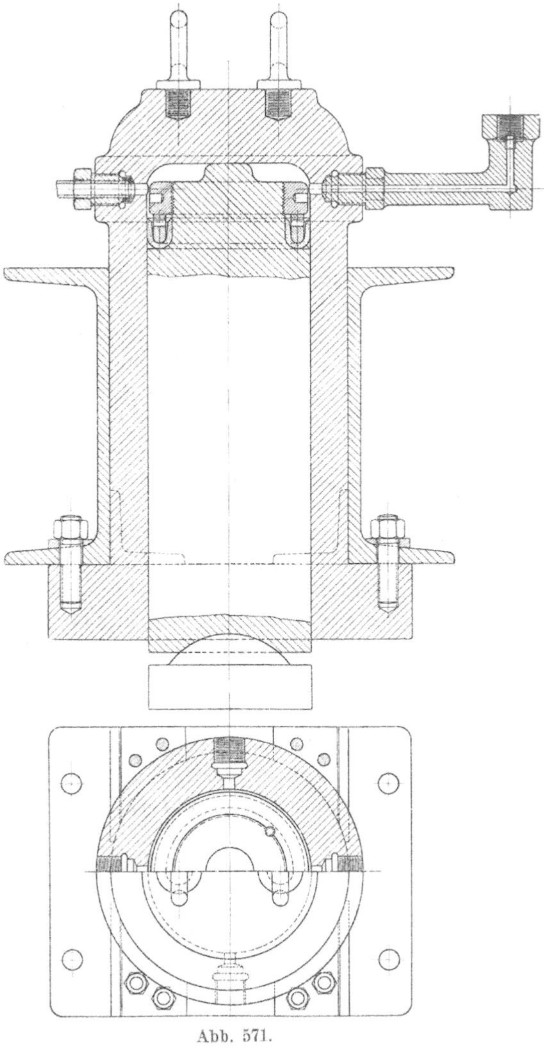

Abb. 571.

Während die Abdichtung durch Manschette bei sorgfältiger Ausführung fast vollkommen ist, so daß kein Wassertropfen an den Dichtungsflächen austritt, läßt die Amagatsche Dichtung, welche dicke Preßflüssigkeiten (Öl) erfordert, ständig solche austreten. Wenn auch die Kolben bei dieser Dichtungsweise auf große Länge in den Zylinder eingeschliffen sind, müssen sie bei höheren Drücken Flüssigkeit durchlassen, weil die Zylinderdurchmesser sich mit wachsendem Druck vergrößern und die Wandungen auf ihrer ganzen Ausdehnung nicht mehr dicht am Kolben anliegen. Der Kolben schwimmt bei dieser Anordnung in einer langsam strömenden Ölschicht und es reiben bei der Bewegung nicht mehr Metallflächen auf ebensolchen, sondern man hat es nur mit Flüssigkeitsreibung zu tun. Manschetten sollen immer am unteren Kolbenende und nicht am Zylinder angebracht werden, da dies den Vorteil bietet, daß bei steigendem Flüssigkeitsdruck die Manschette sofort unter Druck gesetzt wird und sich an die Zylinderwandungen anlegt. Bei Anordnung der Manschette im Zylinder bietet auch ihre Einbringung Schwierigkeiten. In allen Fällen empfiehlt sich möglichst lange Führung des Kolbens, damit Schiefstellen des Kolbens ausgeschlossen ist.

Abb. 571 zeigt eine aus geschmiedetem Stahl hergestellte Presse für 600 Atm. Innendruck, nach einer Konstruktion des Verfassers. Solche Pressen leisten bei Belastungsversuchen von Bauwerken und Bauwerksteilen wertvolle Dienste, da sie sich leicht allen Beanspruchungsverhältnissen anpassen lassen (s. S. 537ff.). (Hinsichtlich der Reibungsverhältnisse der Manschette s. § 373.)

II. Die Kraftmesser.

§ 369. Allgemeines.

Die Kraftmessung kann mit mechanischen Wagen oder mit hydraulischen Meßvorrichtungen erfolgen. Welcher von beiden Meßmethoden ein Vorzug eingeräumt werden soll, ist schwer zu entscheiden. Jede einzelne Methode bietet gewisse Vorteile, die durch solche der anderen Methode wieder ausgeglichen werden. Man kann sagen, daß jede der beiden Methoden, an der richtigen Stelle angewendet, einwandfreie Messungsergebnisse liefert. Die Vorrichtungen müssen die jeweilige Kraft augenblicklich anzeigen und dürfen durch äußere Einflüsse, wie Temperaturänderungen im Versuchsraume oder Stöße in der Prüfungsmaschine beim Bruch des Probekörpers in ihrer Anzeige nicht gestört werden. Sie müssen ferner mit Einrichtungen versehen sein, die bei plötzlichem Bruche des Probekörpers, also nach Aufhören der Belastung, die höchste benutzte Kraft dauernd angeben.

In den folgenden Paragraphen werden die einzelnen im Gebrauch befindlichen wichtigeren Kraftmesser der beiden oben angeführten Hauptgruppen der Reihe nach beschrieben und ihre Arbeitsweise erläutert werden[1]).

§ 370. Die Hebelwage.

Die Konstruktion dieser Wagen entspricht im wesentlichen derjenigen der Dezimal- oder Zentesimalwagen. Sie bezweckt, eine verhältnismäßig große Kraft mit kleinen Gewichten zu bestimmen und den Weg der Gewichte zu vergrößern. Letztere Eigenschaft ist notwendig, damit der Waghebel zur Ablesung um seine Nullage schwingen kann, während die Bewegungen des Kraftangriffspunktes nur sehr klein sind. Die Stützung des Waghebels erfolgt ebenso wie die Befestigung der Übertragungsglieder an ihm mit Schneiden. Es ist dabei, wie bei allen Wagen, zu beachten, daß die Schneiden stets am Hebel und die Pfannen am Maschinengestell angeordnet werden. Würde dies nicht der Fall sein und besäße z. B. ein doppelarmiger Hebel in der Mitte eine Pfanne, an den Enden dagegen Schneiden, dann könnte während des Versuches infolge eines Stoßes in der Maschine eine Verschiebung des Hebelstützpunktes eintreten und eine Änderung des Übersetzungsverhältnisses der Wage die Folge sein. Große Übersetzungsverhältnisse werden er-

[1]) Eine für Konstrukteure von Materialprüfungsmaschinen überaus beachtliche Arbeit über Kraftmessung ist die von Dr.-Ing. Georg Wazau, Forschungsarbeiten auf dem Gebiete des Ingenieurwesens, Sonderreihe M, Heft 3, 1920.

reicht durch Anwendung mehrfacher Hebel oder eines einzigen mit sehr großem Hebelverhältnis. Mehrfache Hebel finden Anwendung z. B. bei der Maschine von Mohr & Federhaff (s. § 386), einfache Hebel aber mit großem Hebelverhältnis z. B. bei der Werdermaschine (s. § 379). Diese besitzt ein Hebelverhältnis 1 : 500, wobei der kurze Arm 3 mm mißt. Wenn auch die Konstruktion von einfachen Hebelwagen mit so großen Hebelverhältnissen gewisse Schwierigkeiten bereitet, weil die Anordnung der Schneiden in derartig geringem Abstande nicht leicht ist, muß einfachen Hebelwagen gegenüber denjenigen mit mehreren Hebeln doch der Vorzug gegeben werden. Einfache Hebel lassen sich genügend kräftig ausführen, damit Durchbiegungen verhindert werden. Mehrfache Hebel erfordern dagegen sorgfältige Sicherung ihrer gegenseitigen Lage, was nicht immer ohne weiteres möglich ist.

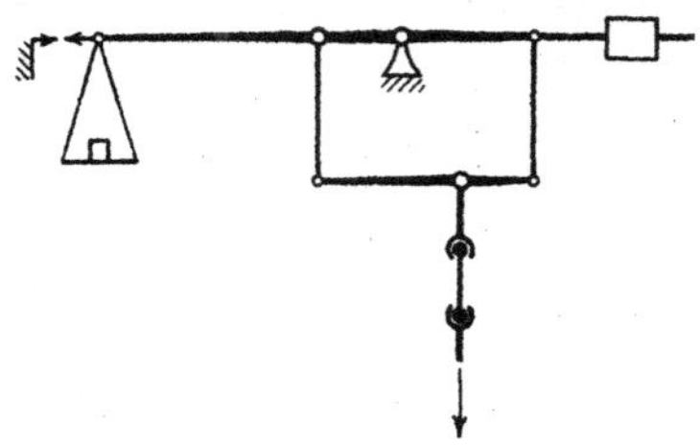

Abb. 572.

In Abb. 572 und 573 sind schematisch die beiden Hebelkonstruktionen dargestellt. Man erkennt daraus auch die Art der Geradführung für den Kraftangriffspunkt. Die Geradführung ist erreicht durch Einschaltung eines Lenkers zwischen Hebel und Einspannkopf.

Besondere Sorgfalt ist beim Bau von Prüfungsmaschinen mit Hebelwagen den Schneiden und Pfannen zu widmen. Beide müssen aus bestem härtbaren Stahl hergestellt, sauber geschliffen und sehr gut gelagert werden. Am besten sind diejenigen Konstruktionen, bei denen man die Schneiden nach dem Einsetzen in den Hebel schleifen kann, da bei nachträglichem Einsetzen Verbiegungen oder Schiefstellen der Schneiden nicht ausgeschlossen sind. Wie hoch die Materialspannungen in den Schneiden sind, zeigt am besten folgendes Ausführungsbeispiel. Die Hauptschneide der Werdermaschine, welche die gesamte Kraft von 100 t aufnehmen und auf die Pfanne des Wider-l gers übertragen muß, besitzt eine Länge von 35 cm. Nimmt man an, daß die Schneide durch die Belastung vielleicht eine Abplattung von 0,5 mm Breite erfährt, so ergibt sich die Flächenbeanspruchung zu $\frac{100000}{0{,}05 \cdot 35} = 57100$ kg/qcm. Bei anderen Maschinen ist diese Beanspruchung wesentlich niedriger, und Martens[1]) erklärt, daß eine Schneidenbeanspruchung bis zu 4000 kg/qcm praktisch als zulässig zu erachten ist[2]). Die Gewichte zur Herstellung des Gleichgewichtes der Kräfte bei belasteter Wage werden

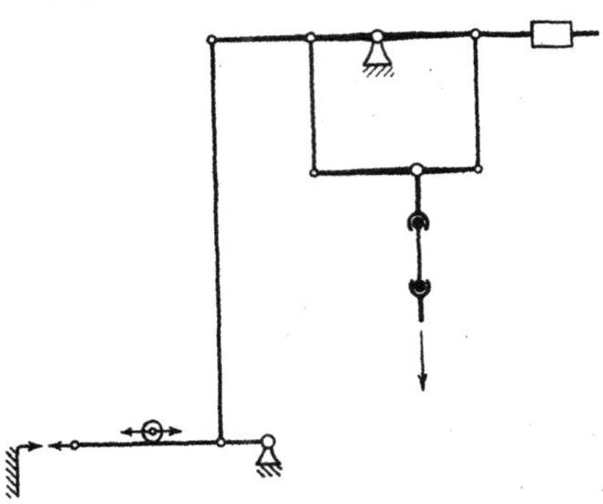

Abb. 573.

---

[1]) Martens, Materialkunde S. 231.

[2]) Dieser Wert erscheint für gut ausgeführte Schneiden, die aus gehärtetem Spezialstahl (Chromnickelstahl) hergestellt sind, viel zu niedrig.

entweder auf eine Wagschale am Ende des Hebels gelegt (Werdermaschine, s. § 379) oder es werden einzelne Gewichtsscheiben an einer vertikalen Stange am Ende des Hebels angebracht (Martensmaschine s. § 380). Auch Laufgewichte finden Anwendung, die von Hand oder durch mechanische Vorrichtungen bei fortschreitender Belastung auf dem Waghebel vorwärtsbewegt werden (Maschinen von Mohr & Federhaff, s. § 386, Losenhausen, s. § 391). Benutzt man bei solchen Maschinen noch Laufgewichte verschiedener Schwere, dann kann man die ganze Laufgewichtsskala auch bei geringeren Belastungen der Maschine voll ausnutzen und dadurch eine größere Genauigkeit der Kraftablesung erzielen.

Die Wagen müssen im stabilen Gleichgewicht sein. Manchmal kommt es aber vor, daß bei Neuanfertigungen der Fabrikant diesem Umstande im voraus keine Beachtung schenkt und die Massenverteilung am Hebel unrichtig vornimmt. Die Folge davon ist entweder labiles Gleichgewicht, wenn der Schwerpunkt des Hebelsystems über dem Stützpunkte liegt, oder indifferentes, wenn beide Punkte zusammenfallen. Verfasser hatte mehrfach Gelegenheit, bei Maschineneichungen diesen Fehler zu beobachten, und stellte ihn durch Anbringung von Gewichten an den Hebeln zur Verlegung des Schwerpunktes ab. Gutes Ausbalancieren der Hebelwagen im unbelasteten Zustande erleichtert wesentlich die Versuchsausführung, da man jederzeit bei Entlastung der Maschine aus dem Einspielen erkennt, ob das Hebelverhältnis noch besteht.

§ 371. Die Neigungswage.

Der Konstruktionsgrundsatz der Neigungswage ist aus Abb. 574 erkenntlich. An dem einen Ende eines doppelarmigen Hebels 1—2, der bei 3 gestützt ist, ist ein Gewicht G angebracht. Bei 4 greift die Kraft P an und bewirkt einen Ausschlag des Hebels und somit Anheben des Gewichtes. Die Größe der Kraft P ist infolgedessen lediglich eine Funktion des Abstandes a des Gewichtes G von der Nullage. Auflegen von Gewichten oder sonstige Handgriffe, wie Bewegen eines Laufgewichtes, sind bei dieser Meßvorrichtung nicht erforderlich. Der Beobachter braucht sich nur darauf zu beschränken, die Größe des Ausschlages der Neigungswage zu messen. Bei den Prüfungsmaschinen von Schopper (s. § 396) wird die bei 4 angreifende Kraft unmittelbar als Funktion des Ausschlages des Gewichtes an einer Skala abgelesen, an der ein am Gewicht angebrachter Zeiger vorbeispielt.

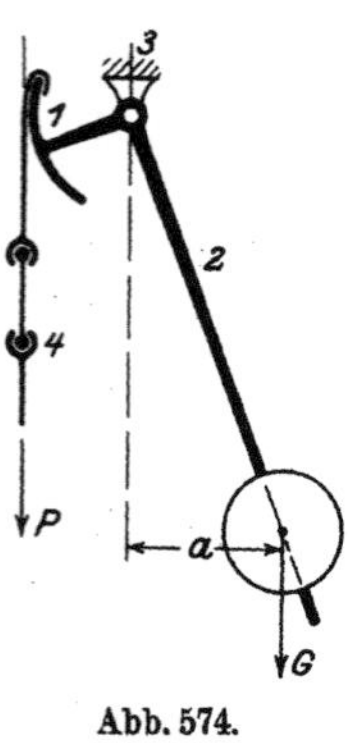

Abb. 574.

Die Maschine von Pohlmeyer (s. § 384) dagegen überträgt den Ausschlag des Gewichtes auf einen Zeigerapparat, welcher denselben in vielfacher Vergrößerung anzeigt. Die Vorzüge der Neigungswage gegenüber der Hebelwage leuchten ohne weiteres ein. Während bei der Hebelwage durch Auflegen von Gewichten ein stufenweises Steigen der Belastung erreicht wurde und nur bei Anwendung eines Laufgewichtes annähernd stetige Laststeigerung möglich war, geht bei der Neigungswage die Belastungssteigerung ständig ohne Stoß vor sich. Der Kraftmesser stellt sich somit selbsttätig entsprechend der Belastung des freien Hebelarmes der Neigungswage ein und markiert seine äußerste Lage durch einen Schleppzeiger, der bei plötzlicher Entlastung stehenbleibt.

§ 372. Die Federwage.

Die Kraftmessung durch Federwage ist bei Materialprüfungsmaschinen in umfangreichstem Maße in Anwendung gebracht worden. Sie war naheliegend durch die Einfachheit ihrer Ausführung, weil die Dehnung oder Zusammendrückung der Feder unmittelbar als Maß für die Kraft dienen konnte. Da aber bei häufiger Benutzung eine Veränderung der Federn zu beobachten ist, die Veränderungen in der Kraftanzeige nach sich zieht, ist eine häufige Eichung der Federn bzw. der Prüfungsmaschinen mit solchen Kraftmessern notwendig. Hinsichtlich der Größe der Kraft ist das Anwendungsgebiet der Federwage überdies beschränkt. Entweder ist man gezwungen, für größere Kräfte erhebliche Federdehnungen zuzulassen oder aber die Federn sehr stark zu bemessen, was geringe Dehnungen zur Folge hat und dadurch große Übersetzungen des Kraftanzeigers erfordert. Auch bietet die unbedingt notwendige sichere Zentrierung der Federn gewisse Schwierigkeiten. Spiralfedern lassen sich an ihren letzten Windungen nur unter Verwendung sorgfältigst angefertigter Aufhängevorrichtungen befestigen. Die Feder muß allseitige Beweglichkeit besitzen, damit sie sich frei ausdehnen oder verkürzen kann, ohne daß ihr Material Nebenspannungen erleidet. Sehr zweckmäßig ist die Federkonstruktion nach Abb. 575, welche der bei den Crosby-Indikatoren benutzten nachgebildet ist. Die Feder 1 ist doppelgängig und besitzt an den Enden kugelige Verdickungen 2 und 3 zur Befestigung in Gehängen 4 und 5. Da die Stützpunkte in letzteren hohlkugelig ausgestaltet sind, lassen sie allseitige Beweglichkeit der Feder zu. Auch Blattfedern und Plattenfedern sowie auf Zug oder Biegung beanspruchte Stahlstäbe kann man für Meßzwecke verwenden. Eine für alle Zwecke geeignete Meßfeder ist der Kontrollstab (s. § 414b). Wegen seiner handlichen Form und zuverlässigen Befestigungsweise läßt er sich in einfachster Weise in Materialprüfungsmaschinen einfügen und als Meßinstrument benutzen. Gegenüber allen anderen Federn besitzt er den Vorzug, daß er infolge seiner verhältnismäßig geringen Dehnung eine schnelle Entlastung des Probekörpers gestattet. In Anwendung ist diese Meßmethode bei einigen Leunerschen Materialprüfungsmaschinen, bei denen ein Spiegelapparat nach dem Grundsatze des in § 339 beschriebenen zur Dehnungsmessung bzw. Kraftbestimmung benutzt wird.

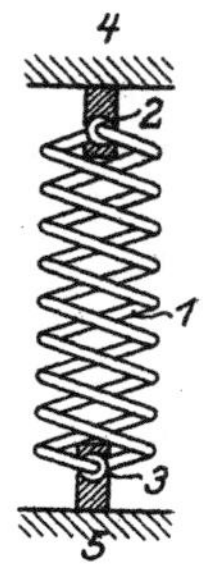

Abb. 575.

§ 373. Die hydraulische Kraftmessung.

Bei den Prüfungsmaschinen mit hydraulischem Antriebe ist der einfachste Kraftmesser das Manometer, mit welchem man den Flüssigkeitsdruck bestimmt, der im Innern des hydraulischen Zylinders herrscht. Diese Methode ist einwandfrei, solange keine oder wenigstens keine veränderlichen Reibungswiderstände in den Gleitflächen des hydraulischen Preßkolbens auftreten. Sind keine Reibungswiderstände vorhanden, so ist die durch den Kolben geäußerte Kraft gleich dem Produkte aus Kolbenfläche und Flüssigkeitsdruck. Annähernd sind diese Verhältnisse gegeben bei den Maschinen mit eingeschliffenem Kolben ohne Abdichtungsmanschetten (Maschinen von Amsler. Wie in § 368 bereits erläutert wurde, schwimmt bei dieser Anordnung der Kolben in einer Ölschicht, so daß keine Metallflächen aufeinanderreiben, sondern nur Flüssigkeitsreibung vorhanden ist. Veränderliche Kolbenreibung besitzen die Pressen, bei denen die Abdichtung mit Ledermanschetten bewirkt wird. Bei steigendem Flüssigkeitsdruck legt sich die Manschette nämlich mit wachsender Kraft an die Zylinder- bzw. Kolbenwandungen und erzeugt auf diese Weise Reibung, die die Kraftäußerung des Kolbens vermindert. Eingehend studiert wurden diese Verhältnisse durch Martens[1]), der zu dem Schlusse gelangte, daß die Kraftmessung bei Maschinen, deren Zylinder mit Manschetten ausgerüstet sind, innerhalb der praktisch völlig zulässigen Fehlergrenzen von $\pm 5\%$ für gewisse Zwecke zulässig ist.

Daß sorgfältig gepflegte Maschinen weit unter diesem Fehler bleiben, weisen Versuche an der Materialprüfungsmaschine für 1000 t Kraftleistung der Dresdner Hochschule (s. § 393) nach[2]).

Der Kolben der Maschine (700 mm Durchmesser) ist auf eine Länge von 1500 mm eingeschliffen; da er aber sehr viel Öl durch die Dichtungsflächen treten ließ, wurde er nachträglich am unteren Ende mit einer Ledermanschette versehen. Die Reibung der Manschette wurde unter Verwendung eines Kontrollzylinders von 260 mm Durchmesser und 600 mm Höhe zu verschiedenen Zeiten und bei verschiedenen Raumtemperaturen festgestellt. Dabei zeigte sich, daß Temperaturabweichungen von $15,6^0$—$20,2^0$ die Größe des Fehlers nicht beeinflußten und daß die Reibung des Kolbens von 80000 kg Belastung aufwärts nur ca. $\pm 0,5\%$ beträgt. Die größte Reibung machte sich bei den niedrigen Belastungen, d. i. bis 160000 kg bemerkbar. Da die Maschine jedoch nur für höhere Belastungen bestimmt ist, könnte man die Reibung außer acht lassen. Da sie aber in einfachster Weise aus einer Fehlertabelle, die man auf Grund der Eichungsergebnisse aufstellte, ablesbar ist, wird sie bei Feststellung der Versuchsergebnisse mit berücksichtigt.

Da auch die in der Dresdner Hochschule verwendeten transportablen hydraulischen Pressen zur Prüfung von Bauwerkteilen (s. S. 537ff.) mit Ledermanschetten versehen sind, werden sie zur Kontrolle vor und nach jeder Prüfung in der aus § 414 angegebenen Weise geeicht und ihre Fehlertabelle geprüft. Es zeigte sich bisher, daß trotz jahrelanger Benutzung der Pressen eine Änderung der Manschettenreibung nicht eintritt. Nur nach Erneuerung von Manschetten tritt gewöhnlich eine unbedeutende Änderung der Kraftäußerung der Pressen auf. Ein wichtiger Faktor bei der hydraulischen Kraftmessung ist die Anordnung des Kraftmessers (Manometer) im Meßsystem. Derselbe muß unbedingt mit einem besonderen Stutzen unmittelbar am Preßzylinder angebracht werden. Die Anbringung an der Pumpe oder in der Rohrleitung von der Pumpe zum Manometer ist unrichtig und gibt wegen der Strömungsverluste Anlaß zu Fehlern.

---

[1]) Martens, Die Stulpenreibung und der Genauigkeitsgrad der Kraftmessung mittels der hydraulischen Presse (Zeitschr. d. Ver. deutsch. Ing. 1907, S. 1184).

[2]) Die Maschine wird mit Drucköl betrieben und die Manschette ist aus chromgarem Leder hergestellt.

§ 374. Die Federmanometer.

Zur Messung des Flüssigkeitsdruckes bei der hydraulischen Kraftmessung leisten Federmanometer gute Dienste, wenn ihre Konstruktion derart ist, daß Beschädigungen der Feder oder der Anzeigevorrichtung sofort erkennbar sind. Aus diesem Grunde verwendet man fast ausschließlich Doppelmanometer, bei denen man mit einiger Sicherheit darauf rechnen kann, daß nicht beide gleichzeitig und in gleichem Maße Veränderungen erleiden. Entweder werden diese Manometer völlig getrennt voneinander als Einzelinstrumente auf gemeinsamen Stutzen befestigt oder man vereinigt zwei Bourdonfedern in einem Gehäuse mit gemeinsamer Skala und läßt die Zeigerachse des einen Manometers durch die des anderen hindurchtreten. Man verlasse sich aber nicht auf die Annahme, daß eine gleichzeitige Beschädigung der beiden Instrumente ausgeschlossen ist, sondern lasse die Manometer von Zeit zu Zeit eichen[1]).

Man wird dabei erfahren, daß sich die Manometer im Laufe der Zeit verändern und ihre Anzeige dann nicht mehr den Drücken entspricht, die auf der Skala des Manometers angegeben sind. Aus diesem Grunde ist es besser, die Skalen der Manometer nicht mit Druckangaben zu versehen, sondern auf ihnen lieber nur eine Gradeinteilung anzubringen, für welche die zugehörigen Drucke in einer Tabelle oder besser in einer Eichungskurve enthalten sind. Es braucht dann bei Neueichungen und eingetretenen Veränderungen nur die Tabelle oder die Kurve berichtigt zu werden.

Da bei plötzlichen Entlastungen die Zeiger der Federmanometer zurückschnellen, können sie durch die Massenwirkungen verbogen werden, und es empfiehlt sich daher, die Manometer mit Rückschlagventilen zu versehen. Schleppzeiger zur Anzeige des höchsten Manometerstandes vermeide man, wenn irgend möglich; sie verleiten bei der Ablesung zur Sorglosigkeit und ihre Reibung kann die Ablesung fehlerhaft beeinflussen[2]).

§ 375. Die Quecksilbermanometer.

Die unmittelbare Messung des Flüssigkeitsdruckes im Krafterzeuger mit Quecksilbermanometer zur Bestimmung der von der Prüfungsmaschine geäußerten Kraft ist nur dann zweckmäßig, wenn es sich um geringe Pressungen handelt, für die eine Quecksilbersäule von höchstens 2 m Höhe ausreicht. Bei längeren Säulen ist die Ablesung nur unter Zuhilfenahme von besonderen Vorrichtungen möglich, deren Handhabung die Aufmerksamkeit des Beobachters von dem Probekörper ablenkt. Da aber bei den Prüfungsmaschinen in der Regel viel höhere Drücke in Frage kommen (200—300 Atm. und mehr), kann man diesen Übelstand nur dadurch vermeiden, daß man durch Einschaltung eines Druckreduktionsapparates den Flüssigkeitsdruck auf mechanischem Wege vermindert.

Diesem Zwecke dient in ausgezeichneter Weise der Druckreduktor von Amsler, der in Abb. 576 in Verbindung mit dem Quecksilbermanometer dargestellt ist. Durch das Rohr l tritt die Flüssigkeit (Öl) in den Hochdruck-

---

[1]) Physikalisch-Technische Reichsanstalt in Charlottenburg.

[2]) Über die Brauchbarkeit des Federmanometers siehe Martens, Zeitschr. d. Ver. deutsch. Ing. 1914, S. 201.

raum 3 des Reduktors, drückt dort auf den kleinen Kolben 4 und den größeren durchbohrten Kolben 5. Der durchbohrte Kolben 5 sitzt in der gezeichneten Stellung mit dem Rande an seinem oberen Ende auf dem Boden des Raumes 3 auf und kann sich daher nicht abwärts bewegen. Der Kolben 4 spielt in der Bohrung des Kolbens 5 und steht mit seinem unteren Ende auf dem zentralen Zapfen des hohlen Kolbens 6, der durch die im Raum 7 befindliche Flüssigkeit getragen wird. Die Füllung des Raumes 7 besteht aus Quecksilber und Öl. Das Quecksilber füllt den unteren Teil des Raumes aus und steht durch das Rohr 8 mit dem durchsichtigen, oben offenen Manometerrohr 9 in Verbindung. Das Gewicht des Kolbens 6 und der vom Kolben 4 auf den Kolben 6 übertragene Druck treibt so viel Quecksilber aus dem Raume 7 in das Manometerrohr, bis die aufsteigende Quecksilbersäule dem Druck des Kolbens 6 das Gleichgewicht hält. Die Steighöhe des Quecksilbers im Manometer ist daher das Maß des auf den Kolben 4 ausgeübten Flüssigkeitsdruckes. Das über dem Quecksilber im Raum 7 befindliche Öl dient zur Druckübertragung und zur Schmierung sowie Abdichtung des Kolbens 6 im Zylinderkörper.

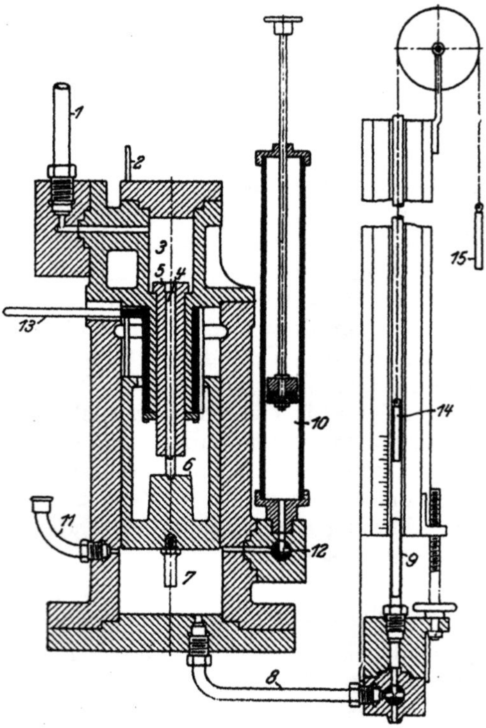

Abb. 576.

Das Verhältnis der Steighöhe des Manometers zur Größe des Flüssigkeitsdruckes im Hochdruckraum 3 ist abhängig von dem Verhältnis der Querschnitte der wirksamen Kolben und vom spezifischen Gewicht des Quecksilbers. Vergrößert man die Ölfüllung des Raumes 7, was mit dem Pümpchen 10 geschieht, so steigt der Kolben 6 in die Höhe, erfaßt dabei den durchbohrten Kolben 5 und hebt ihn mit in die Höhe. Schließt man den Hahn 12 bei dieser Stellung des Kolbens 6, so wirken beide Kolben 4 und 5 gleichzeitig auf den Kolben 6. Die Folge ist, daß das Verhältnis der Steighöhe des Quecksilbers im Manometer zum Flüssigkeitsdruck im Raume 3 ein anderes ist als vorher, wo der Kolben 5 außer Tätigkeit war. Die gleichzeitige Wirkung von Kolben 4 und 5 bewirkt, daß das Quecksilber mehr steigt, als wenn bloß Kolben 4 wirkt. Die von der Prüfungsmaschine ausgeübte Kraft wird an Teilungen abgelesen, die zu beiden Seiten des Rohres 9 angebracht sind. Eine der Teilungen entspricht derjenigen Einstellung des Druckreduktors, bei welcher bloß der Kolben 4 in Wirksamkeit ist; die andere Teilung entspricht dem Fall, wo beide Kolben 4 und 5 auf den Kolben drücken. Rohr 11 dient zum Einfüllen des Quecksilbers und zur Entfernung der Luft aus dem Raume 7. Der Handgriff 13 führt in das Innere des Druckreduktors und ermöglicht, dem Kolbensystem eine Schüttelbewegung zu erteilen, die zur Aufhebung etwaiger Reibungswiderstände vor jeder Belastungsablesung vorgenommen werden muß. 2 ist ein Stift, der auf dem Kolben 6 ruht und mit Marken versehen ist, welche die Stellung des Kolbensystems erkennen lassen. Ein Schwimmer 14, der durch ein Gegengewicht 15 ausbalanciert ist, wird durch die steigende Quecksilbersäule aufwärts geschoben. Sinkt das Quecksilber wieder, so bleibt der Schwimmer stehen und zeigt die größte ausgeübte Kraft an. Der Schwimmer kann auch zur Betätigung eines Diagrammapparates (s. § 343) benutzt werden.

Durch die andauernde Berührung des Quecksilbers mit den Eisenwandungen des Druckreduktors und dem Öle wird es stark verunreinigt, so daß sich das aus Zelluloid hergestellte Manometerrohr an der Innenseite sehr bald mit einer weißen Schicht überzieht, die das Rohr undurchsichtig macht und die Ablesung des Quecksilberstandes erschwert. Man kann das Anhaften der Schicht dadurch verhindern, daß man einige Tropfen Petroleum in das Manometerrohr füllt und von Zeit zu Zeit mit einem Putzstock unter Zuhilfenahme von etwas Chloroform das Rohr ausputzt. Öftere Reinigung des Quecksilbers[1]) durch Filtrieren und Auswaschen mit Benzol und Alkohol ist zu empfehlen.

Leider hat die Firma Amsler den Bau der Druckreduktionsapparate mit Quecksilbermanometer aufgegeben, da sie ihre Materialprüfungsmaschinen nur noch mit Pendelmanometern (s. § 377) ausrüstet. Die Abkehr von der Verwendung der erstgenannten Meßeinrichtung erfolgte auf Grund von Klagen, die von manchen Seiten über die Zuverlässigkeit und die Genauigkeit der Kraftanzeige geführt wurden. Da Verfasser mit den Amslerschen Quecksilbermanometern aber bei sehr zahlreichen Versuchen die besten Erfahrungen gemacht und das Arbeiten mit ihnen als überaus bequem und übersichtlich empfunden hat, können die Klagen nur auf ungenügende Pflege der Druckreduktionsapparate und der Manometerrohre zurückgeführt werden. Die letztgenannten müssen öfters, wie weiter oben beschrieben wurde, gereinigt werden, und die Druckreduktionsapparate sind gelegentlich auseinanderzunehmen, zwecks Entfernung etwaigen verharzten Öles von den Kolbenflächen.

§ 376. Die Meßdosen.

Die Meßdosen dienen dazu, die von der Materialprüfungsmaschine durch mechanische oder hydraulische Hilfsmittel ausgeübte Kraft in Flüssigkeitsdruck umzusetzen und die einwandfreie Messung dieses Druckes mit empfindlichen Manometern unter Ausschluß von Reibungseinflüssen zu ermöglichen. Gegenüber den Amslerschen Pressen, die bei einigen Maschinen zu dem gleichen Zwecke benutzt werden (s. 5-t-Zerreißmaschine, § 403) ist der Weg, welchen der Angriffspunkt der Kraft innerhalb jedes Belastungsintervalles zurücklegt, gering, und Flüssigkeitsverluste können infolge der geschlossenen Konstruktion der Meßdosen bei diesen nicht in solchem

[1]) Da Quecksilber sich schon bei gewöhnlicher Temperatur verflüchtigt und die Dämpfe für die Gesundheit nachteilig sind, übe man bei Benutzung der Quecksilbermanometer Vorsicht.

Maße auftreten wie bei den vorgenannten Pressen. Die Meßdosen bilden somit in sich geschlossene Kraftmeßinstrumente, die man zu den verschiedensten Zwecken und in vielfachen Anordnungen benutzen kann. Sie bestehen im Prinzip (s. Abb. 577) aus einem dickwandigen, mit Flüssigkeit (Wasser, Öl, Quecksilber oder dgl.) gefüllten Gefäße 1, das mit einer leicht beweglichen dünnen Platte 2 aus Metallblech, Gummi oder Leder verschlossen ist, und einem Doppelmanometer 3 zur Bestimmung des Druckes P.

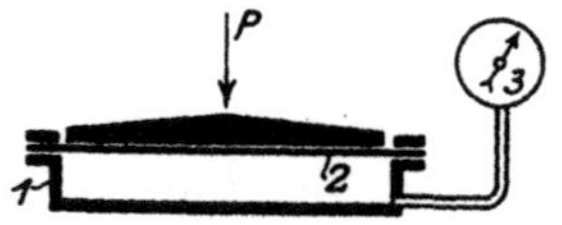

Abb. 577.

Abb. 578 zeigt die von Martens[1]) für die 150-t-Maschine Nr. 46 des Materialprüfungsamtes Großlichterfelde angewendete Meßdose. 1 ist das obere Querhaupt der Maschine, in welches die Meßdose eingebaut ist. Sie enthält das 0,3 mm dicke Messingblech 2, das den Dosenraum 3 abschließt. Die Dichtung erfolgt durch 1,5 mm dicke Gummifäden 6, die in 3 Windungen nebeneinander in dick angemachte Bleimennige verlegt wurden. Der Dosen-

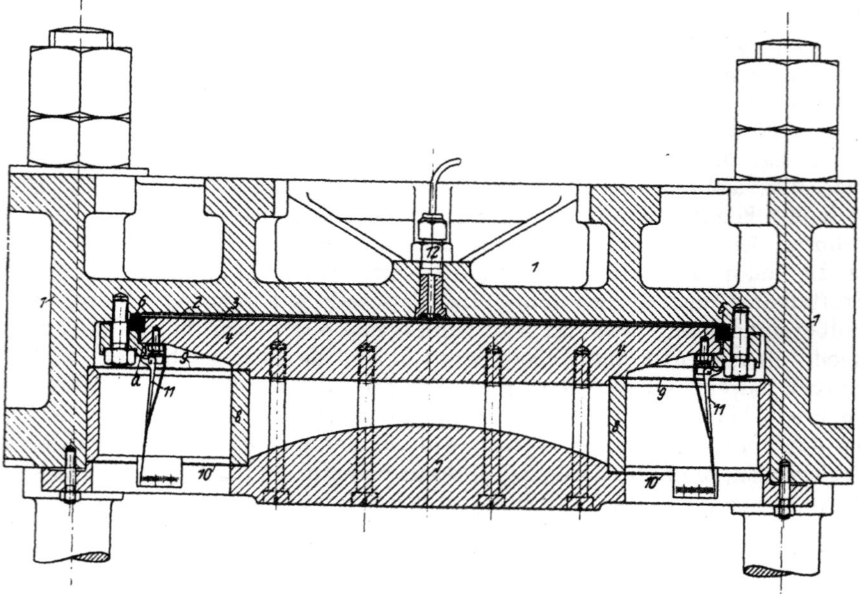
Abb. 578.

kolben 4 wirkt von unten gegen das Messingblech. Vor dem Versuche ruht er auf dem vorspringenden Rande *a* des Dichtungsringes auf. Beim Druckversuch drückt der Probekörper zunächst gegen die Preßplatte 7 und durch Vermittelung des Stützringes 8 wird der Dosenkolben von dem Rande *a* abgehoben, so daß das Gewicht der Preßplatte, des Stützringes und des

[1]) Martens, Die Meßdose als Kraftmesser in der Materialprüfungsmaschine (Mitteilungen über Forschungsarbeiten Heft 38, S. 29). Die Meßdose Abb. 577 wurde von der Maschinenfabrik Augsburg-Nürnberg A.-G. ausgeführt. Eine Änderung derselben bei weiteren Ausführungen ist gemäß Mitteilung der Firma an den Verfasser nicht vorgesehen.

Dosenkolbens nebst Zubehör als Anfangsbelastung auf den Probekörper wirkt.

Da die Größe dieses Gewichtes bekannt ist, läßt sich sein Einfluß auf das Versuchsergebnis berücksichtigen. Zur Führung des Dosenkolbens 4 dienen die Federplatten 9, 10, die aus ca. 0,5 mm dickem Stahlblech hergestellt sind. Diese Führung ist von besonderer Wichtigkeit, wenn exzentrische Kräfte auf die Preßplatte 7 zur Wirkung gelangen. Um etwaige Undichtigkeiten der Meßdose sofort erkennen zu können, sind am Dosendeckel drei unter 120° gegeneinander versetzte Zeigerapparate 11 angebracht, die die Dosenbewegung in zwanzigfacher Vergrößerung anzeigen. Außerdem ist eine Vorrichtung vorhanden, mit der man die Dose wieder mit Flüssigkeit bis zu einem bestimmten Druck füllen kann. Das Manometer zur Messung des in der Dose auftretenden Flüssigkeitsdruckes ist bei 12 angeschlossen. Martens gibt an, daß die Fehler der Meßdosen bei Messung von Flüssigkeitsdrücken bis zu 100 Atm. kleiner als $\pm 1\%$ sind.

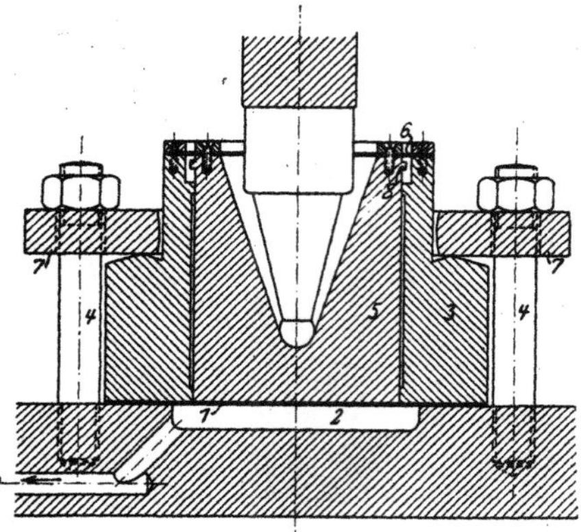

Abb. 579.

Infolge der Arbeiten von Martens haben verschiedene Fabriken den Bau von Meßdosenmaschinen verschiedener Art aufgenommen, aber anscheinend ohne den erhofften Erfolg, da sie wieder im Verschwinden begriffen sind[1]). Berücksichtigt man, daß ungleichmäßige Beschaffenheit des Dosenbleches, Reibung in der Dosenkolbenführung und vor allem Undichtigkeit der Dose zu Fehlern bei Versuchen führen können, so muß für diese Maschinen die sorgfältigste Ausführung und Wartung unbedingt gefordert werden[2]).

Einigermaßen begegnet den erwähnten Übelständen die Meßdose Abb. 579, D. R.-P. 147170, der Düsseldorfer Maschinenbau-Aktiengesellschaft vormals J. Losenhausen. Bei ihr wird als Membran eine dünne Gummischeibe 1 benutzt, die den Dosenraum 2 nach oben abschließt. Der Zylinder 3 dient zur Einspannung der Membran und zur Führung des Kolbens 5, auf den die zu messende Kraft durch den kugelförmig ausgestalteten Stützzapfen übertragen wird. Die am oberen Ende des Zylinders 3 befindliche Membran 6 dichtet den Zylinderraum staubdicht ab und schützt somit die Führungsflächen des Zylinders gegen das Eindringen von Reibung erzeugenden Verunreinigungen. Der Raum zwischen Kolben 5 und Zylinder 3 ist mit Knochenöl gefüllt. Durch die tiefe Anordnung des Zapfenstützpunktes am Kolben 5 wird erreicht, daß exzentrischer Kraftangriff kein Ecken des Kolbens und

[1]) Die Maschinenfabrik Augsburg-Nürnberg A.-G. hat den Bau ihrer Meßdosenmaschinen ganz aufgegeben.

[2]) Einen wesentlichen Fortschritt in der Konstruktion von Meßdosen scheint das D. R.-P. 182129 zu bedeuten. Bei ihm ist der Angriffspunkt der Kraft zur Ausschließung bzw. Verringerung des Kippmomentes unter die Ebene der Dosenmembran verlegt worden.

somit einen nur geringfügigen Reibungswiderstand in den Kolbenführungsflächen hervorruft. Um ein Verspannen des Zylinders 3 beim Befestigen der Membran zu vermeiden, greifen die Schrauben 4 nicht unmittelbar am Zylinder an, sondern es wird durch den Ring 7 die Schraubenkraft auf ihn in einer Kreislinie übertragen. Durch Verwendung von Gummimembranen ist eine große Empfindlichkeit der Meßdose erreicht, die auch nicht verringert wird, wenn etwas Flüssigkeit aus dem Dosenraume entweicht und die Membran bereits im unbelasteten Zustande der Maschine stark gespannt ist. Der Fortsatz 8 dient zur Hubbegrenzung des Kolbens 5, und ein an der Maschine angebrachter Zeiger zeigt seine Stellung an. Die Skala des an die Bohrung 9 angeschlossenen Manometers ist mit einer Teilung versehen, die unmittelbar die Maschinenbelastung in Kilogramm angibt und drehbar angeordnet ist, so daß bei Änderung der Dosenbelastung durch Auswechslung von Kraftübertragungsgliedern der Nullpunkt der Skala in einfachster Weise unter den Zeiger eingestellt werden kann[1]).

Abb. 580.

Meßdosen besonderer Art, bei denen keine durch Membranen verschlossene Hohlräume vorhanden sind, fabriziert die Firma Amsler & Co. in Schaffhausen. Sie sind in erster Linie zur Kontrolle von Materialprüfungsmaschinen bestimmt (s. S. 687), können aber auch als Kraftmesser für andere Zwecke verwendet werden, wobei ihre geringen Abmessungen und ihre Handlichkeit wertvoll sind. Die Abb. 580 zeigt eine für 30 t Belastung bestimmte Meßdose in eine Zerreißmaschine eingesetzt, während die in der Abb. 581 dargestellte ihre Benutzungsweise in einer Druckpresse erkennen läßt. Alle Meßdosen werden in der Fabrik durch direkte Gewichtsbelastung geeicht. In der Abb. 581 ist 1 der mit Quecksilber gefüllte Hohlraum der Meßdose, dessen Füllungsgrad an dem Glasröhrchen 2 abgelesen werden kann. Das Glasröhrchen 2 ist mittels der Verschraubung 3 und 4 am Meßdosenkörper dicht befestigt. Die Wandung 5 des Meßdosenhohlraumes 1 stellt die Verbindung zwischen dem Meßdosenunterteil 6 und dem Oberteil 7 her. Sowohl der Unterteil als auch der Oberteil können mit dem Meßdosenkörper aus einem Stück bestehen oder, wie die Abb. 580 erkennen läßt, zwecks Einspannung in eine Zerreißmaschine mehrteilig hergestellt sein.

[1]) Über falsche und richtige Verwendung von Meßdosen siehe Werkstatt-Technik 1915, S. 193; ferner Martens, Apparate zur Messung hoher Flüssigkeitsdrücke, Zeitschr. d. Ver. deutsch. Ing. 1909, S. 749.

Die Wirkungsweise der Meßdose beruht darauf, daß bei Belastung des Dosenkörpers in seiner Längsrichtung, infolge Zusammendrückung der Wandung 5 der Hohlraum 1 verkleinert wird, so daß das Quecksilber aus ihm nach dem Röhrchen 2 übertritt. Ist man nun in der Lage, mittels einer besonderen Vorrichtung die übergetretene Quecksilbermenge zu messen oder einen ihr äquivalenten Wert festzustellen, so besteht die Möglichkeit, umgekehrt von diesem Werte auf die Belastung der Meßdose zu schließen und ihre Meßvorrichtung mit einer Bezeichnung zu versehen, an der die Ablesungen fortlaufend vorgenommen werden können. Diesem Zwecke dient der Mikrometer-Meßkolben 8 mit der Mikrometertrommel 9, welche über der auf dem Mikrometerhalse 10 angebrachten Millimeterteilung läuft.

Im unbelasteten Zustande muß die Mikrometerschraube auf dem Teilstrich „Null“ stehen. Das Quecksilber im Röhrchen 2 steht dann bei 3 und seine Lage wird durch den auf dem Glasröhrchen verschiebbaren Indexzeiger 11 festgelegt. Wird die Meßdose belastet, so tritt das Quecksilber durch das Röhrchen nach der Kugel 12 über, insoweit es im Röhrchen 2 selbst nicht ausreichend Platz findet. Dreht man jetzt die Mikrometertrommel 9 zurück, so wird auch der Mikrometerkolben 8 zurückgezogen und das Quecksilber tritt aus der Kugel 12 nach der Meßvorrichtung über. Hat das Quecksilber im Röhrchen 2 seine ursprüngliche, durch den Indexzeiger festgelegte Stellung erreicht, so wird am Mikrometer die Ablesung vorgenommen, denn es entspricht jetzt die nach der Meßvorrichtung übergetretene Quecksilbermenge der Verkleinerung des Meßdosenhohlraumes 1. Da diese Verkleinerung, infolge der rein elastischen Verkürzung der Hohlraumwandung 5, proportional der Belastung stattfindet und auch die Mikrometervorrichtung mit einer proportionalen Teilung versehen ist, entspricht jeder Mikrometerteilstrich einer bestimmten Meßdosenbelastung, und zwar auch dann, wenn man die Meßvorrichtung anfänglich nicht auf den Teilstrich „Null“ einstellte. Obgleich die Temperatur bei Verwendung der Meßdose keinen unmittelbaren Einfluß besitzt, da es sich lediglich um Inhaltsmessungen handelt, ist es doch notwendig, wenigstens während der jeweiligen Versuchsreihe die Raum- und Meßdosentemperatur auf gleicher Höhe zu halten, da sonst infolge der Ausdehnung oder Zusammenziehung des Quecksilbers eine Nullpunktsverschiebung stattfindet.

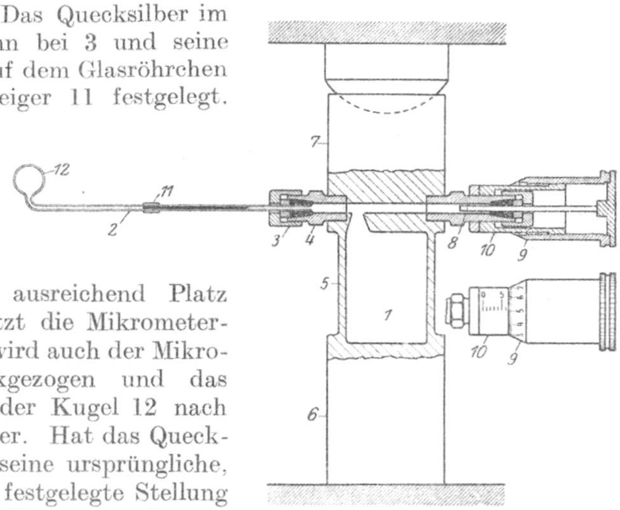

Abb. 581.

§ 377. Die Pendelmanometer.

Die Pendelmanometer sind Vorrichtungen, die dazu dienen, Flüssigkeitsdrücke durch den Ausschlag eines Pendels zu messen. Im Prinzip stellen sie

Neigungswagen dar, an denen aber nicht, wie in § 371 angegeben, der Probestab, sondern der Kolben einer kleinen hydraulischen Presse angreift, die lediglich dazu dient, den zu messenden Flüssigkeitsdruck auf das Pendelwerk zu übertragen. Ihr Konstruktionsgrundsatz ist aus Abb. 582 ersichtlich.

Der mit Öl gefüllte hydraulische Zylinder 1 des Pendelmanometers steht mit dem Raume in Verbindung, dessen Flüssigkeitsdruck gemessen werden soll, und es herrscht in ihm infolgedessen der gleiche Druck p. Dieser Druck wirkt auf den eingeschliffenen Kolben 2 und sucht ihn nach unten zu schieben. Dadurch drückt er auf den am Zylinder drehbar befestigten doppelarmigen Hebel 3, 4 und schwingt ihn soweit aus, daß das im Schwerpunkt angreifende Gewicht G des Hebels dem auf den Kolben wirkenden Drucke das Gleichgewicht hält. Da der Druck proportional dem an der Skala 5 ablesbaren Ausschlage (Kosinus des Ausschlagwinkels) des Hebelschwerpunktes ist, kann man diesen Wert zur Messung des Druckes benutzen.

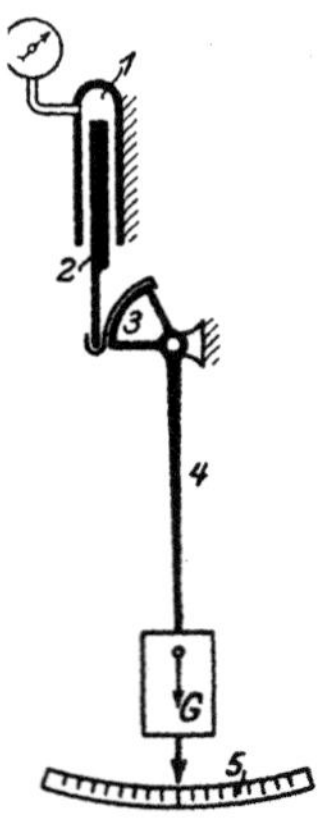

Abb. 582.

Abb. 583 zeigt das zur 1000-t-Prüfungsmaschine der Dresdner Hochschule (s. § 393) gehörige Pendelmanometer. In dem auf einem kräftigen Gestell 1 befestigten Zylinder 2 befinden sich die beiden sorgfältig eingeschliffenen Kolben 3 und 4. Der untere Kolben 3 besitzt am unteren Ende einen Fortsatz 5, an dem mit einem Stahlbande 6 der doppelarmige Hebel 7 angebracht ist. Dieser trägt am unteren Ende ein aus runden gußeisernen Platten bestehendes Gewicht 8 und ist bei 9 in Schneiden gelagert. Wird durch wechselnden Flüssigkeitsdruck im Zylinder 2 der Kolben 3 nach unten geschoben, so zieht er am Stahlband 6 und bringt einen Ausschlag des Pendels hervor. Zur Sicherung des Übersetzungsverhältnisses des doppelarmigen Pendelhebels ist die Oberfläche des kurzen Hebelarmes kreisförmig gekrümmt. Die Messung des Pendelausschlages geschieht mit dem Zeigerapparat 10 durch Vermittelung des Auslegers 11, der am Pendelhebel angebracht ist und somit dessen Bewegung mitmacht. Der Zeigerapparat besteht aus der Zahnstange 12, die am unteren Ende eine Platte trägt, mit der sie sich gegen den, einen Kreisbogen beschreibenden Endpunkt des Auslegers stützt. Durch diese Anordnung wird erreicht, daß die Auf- und Abwärtsbewegung der Zahnstange proportional dem Pendelausschlag ist. Die Zahnstange 12 greift in einen Zahntrieb ein, der einen Zeiger trägt, mit dem man an einer in Grade geteilten Skala den jeweiligen Pendelstand und somit den Flüssigkeitsdruck im Zylinder 2 ablesen kann. Bei einem Meßbereiche bis 1000 t entspricht eine ganze Zeigerdrehung 100 t. Ist die zu erwartende Maximalbelastung geringer, z. B. 500 t, so kann man 10 Platten des Gewichtes 8 entfernen und die Feinheit der Ablesung auf das Doppelte steigern; es entsprechen dann zwei Zeigerumdrehungen 100 t. Der zweite Kolben 4 dient zur Eichung des Apparates. Lagert man nämlich die in Abb. 636, S. 688 dargestellte Kontrollvorrichtung für direkte Gewichtsbelastung auf diesem Kolben, so muß wegen der Gleichheit beider Kolbenflächen die Anzeige des Pendelmanometers proportional der Zunahme der Kolbenbelastung wachsen.

Gegenwärtig rüstet auch Amsler seine Prüfungsmaschinen mit Pendelmanometern aus, deren Konstruktion aus Abb. 584 ersichtlich ist.

Das Rohr 1 leitet den Flüssigkeitsdruck von der Prüfungsmaschine nach dem Ventilkörper 2 und das Rohr 3 von dort nach dem kleinen Zylinder 4.

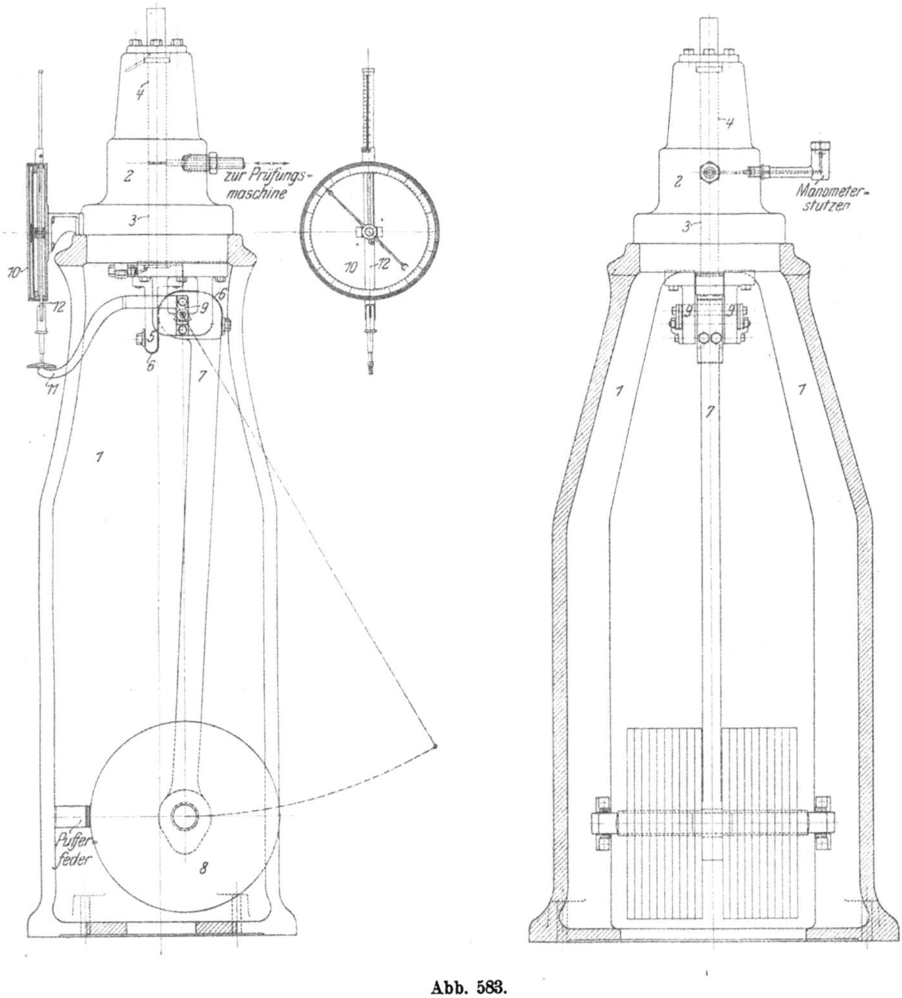

Abb. 583.

In diesem und im Hochdruckzylinder der Prüfungsmaschine herrscht somit derselbe Flüssigkeitsdruck. Im Zylinder 4 hat der Öldruck das Bestreben, den reibungslos spielenden Kolben 5 abwärts zu drücken. Die Kraft, mit der dies geschieht, wird durch den Ausschlag des Pendels 6 gemessen. Die Bewegung von 5 wird auf das Pendel durch den Zaum 7 übertragen, gegen den sich Kolben 5 stützt und der oben an den Hebel 8 angehängt ist. Dieser ist auf der Pendelachse 9 senkrecht zur Pendelstange 6 befestigt. Durch den

Druck von Kolben 5 wird das Pendel aus der senkrechten Gleichgewichtslage nach links abgelenkt. Die Neigung des Pendels ist das Maß der Kraft. Diese wird auf dem Zifferblatt 10 abgelesen und gleichzeitig durch den

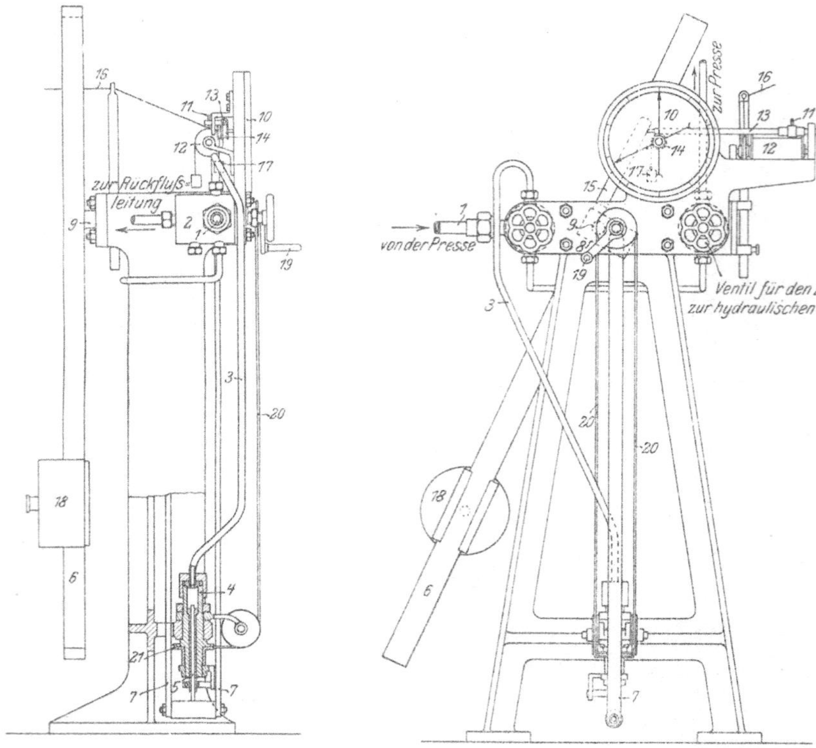

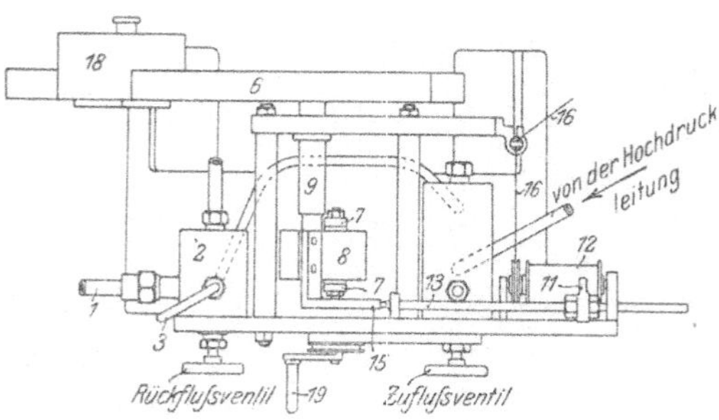

Abb. 584.

Schreibstift 11 auf ein Blatt Papier aufgezeichnet, das um die Schreibtrommel 12 gelegt ist.

Die Drehung des Zeigers geschieht durch die Zahnstange 13, die auf dem Zahnrad 14 liegt und dieses dreht, wenn sie durch den Arm 15 nach rechts geschoben wird. Die Stange 13 trägt auch den Schreibstift 11, der sich in der Längsrichtung der Schreibtrommel 12 bewegt, während diese durch den Faden 16 proportional zur Formänderung des Probekörpers gedreht wird. Nimmt der Flüssigkeitsdruck im Zylinder 4 ab, so bewegt sich das Pendel entsprechend zurück. Das Gewichtchen 17, welches das Bestreben hat, das Zahnrädchen 14 rückwärts zu drehen, bewirkt, daß sich auch der Zeiger zurückdreht und das Abnehmen des Druckes anzeigt. Ein Schleppzeiger, der vom ersten Zeiger mitgenommen wird, bleibt stehen und zeigt die Maximalkraft an.

Durch Verschieben des Gewichtes 18 am Pendel kann man den Meßapparat auf verschiedene Belastungsstufen einstellen, entsprechend dem beim Versuch zu erwartenden Höchstwiderstand des Probekörpers. In der Regel werden als Belastungsstufen $^1/_1$, $^1/_2$, $^1/_5$, $^1/_{10}$ der Vollast angenommen. Man hat es auf diese Weise in der Hand, die Empfindlichkeit des Meßapparates der Stärke des Probekörpers anzupassen. Hat man den Apparat vor dem Versuch auf eine zu niedrige Belastungsstufe eingestellt, so kann man das Gewicht 18 während des Versuches noch auf eine höhere Stufe umschalten.

Eine kleine Kurbel 19 unterhalb des Zifferblattes dient dazu, durch Vermittelung des Riemens 20 und der Rolle 21 den Kolben 5 in Drehung zu versetzen, was bewirkt, daß etwaige Reibungswiderstände zwischen Kolben und Zylinder verschwinden.

Die Pendelachse dreht sich in Kugellagern, ebenso läuft das Gelenk zwischen Hebel 8 und Zaum 7 in Kugellagern.

III. Maschinenkonstruktionen.

§ 378. Allgemeines.

Wie in den vorhergehenden Paragraphen gezeigt wurde, kann die Krafterzeugung und Kraftmessung bei Materialprüfungsmaschinen nach verschiedenen Grundsätzen geschehen, von deren Wahl der Gesamtaufbau der Maschine und die Anordnung ihrer Einzelteile abhängen. In erster Reihe teilt man die Maschinen in solche stehender und liegender Bauart ein. Jene verdienen wegen ihrer Übersichtlichkeit, ihres geringeren Raumbedarfes und ihrer einfacheren Handhabung vor diesen überall da den Vorzug, wo es sich nicht darum handelt, lange Probekörper, wie Seile, Ketten u. dgl., auf Zug zu prüfen. Stehende Anordnung ist auch bei Maschinen für Knickversuche vorzuziehen, da sie keine Aufhebung des Eigengewichtes der Probekörper durch mechanische Hilfsmittel erfordern. Bei solchen Maschinen ist aber darauf zu achten, daß ihre Kraft übertragenden Teile ausreichend stark bemessen sind, um etwaigen exzentrischen Belastungen Widerstand zu leisten.

Näher kann auf die Vorteile und Nachteile der beiden Bauarten sowie auf die sonstigen Konstruktionseinzelheiten wegen des beschränkten Raumes dieses Buches nicht eingegangen werden; es sollen daher in den folgenden Paragraphen lediglich einige der verbreitetsten Materialprüfungsmaschinen deutschen und schweizerischen Ursprunges und, mit Rücksicht auf den Sonderzweck des vorliegenden Buches, insbesondere die in der Technischen Hochschule Dresden vorhandenen Maschinen erläutert werden.

Die Besprechung von Konstruktionseinzelheiten, die lediglich konstruktives, maschinentechnisches Interesse besitzen, und der Einspannvorrichtungen, deren Wesen bereits in den früheren einschlägigen Paragraphen erörtert wurde, muß dabei unterbleiben, denn die Ausführungen sollen nur dazu dienen, den Leser mit den Maschinen und ihrer Handhabung bekannt zu machen. Derjenige, der tiefer in den Gegenstand eindringen will, sei auf Martens, Materialienkunde, Berlin 1898, verwiesen, wo Martens eine größere Anzahl deutscher und ausländischer Prüfungsmaschinen, u. a. auch die ausgezeichnete amerikanische Emery-Maschine, beschreibt[1]).

1. Maschinen der Maschinenbaugesellschaft Nürnberg.

§ 379. Materialprüfungsmaschine für Zug-, Druck-, Biege-, Knickungs- und Scherversuche, Bauart Werder, mit 100 t größter Kraftäußerung.

a) Konstruktionsgrundsatz.

Die Werdermaschine ist eine Maschine liegender Bauart mit hydraulischem Krafterzeuger und mit Kraftmessung durch Wage (s. § 370). Sie ist als eine Universalmaschine zu bezeichnen, da man mit ihr Zug-, Druck-, Biege-, Knickungs-, Scher- und Torsionsversuche ausführen kann. Die Torsionsversuche erfordern aber eine besondere Vorrichtung, die seitwärts von der Maschine auf einem schweren Fundament aufgestellt wird. Da ihre Handhabung schwierig ist, wird die Maschine gewöhnlich nicht mit dieser Vorrichtung ausgerüstet.

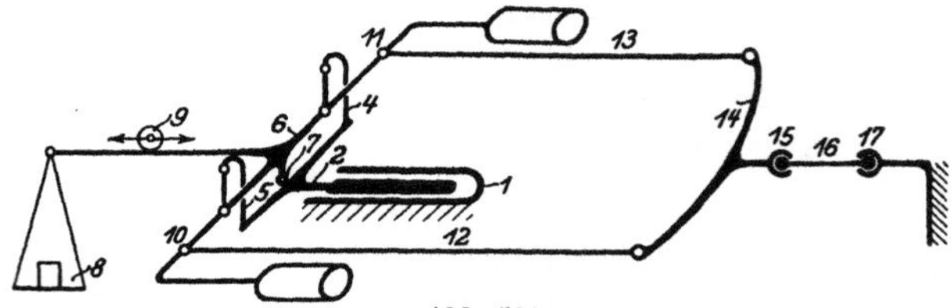

Abb. 585.

Der Konstruktionsgrundsatz der Werdermaschine in ihrer Zusammenstellung für Zugversuche ist aus Abb. 585 ersichtlich.

1 ist der auf dem Maschinenfundament gelagerte hydraulische Preßzylinder. An dem Querhaupt des Kolbens 2 ist mit den Haltern 4 und 5 der Wagebalken 6 aufgehängt, dessen kurzer Hebelarm sich bei 7 mit einer Schneide gegen den Kolben stützt. Der lange Waghebelarm besitzt am Ende eine Wagschale 8 und außerdem das Laufgewicht 9. Bei 10 und 11 sind die Zugstangen 12 und 13 angebracht, die an ihrem anderen Ende das Querhaupt 14 besitzen, an dem der Einspannkopf 15 befestigt ist. Der Probestab 16 hängt einerseits an diesem und andererseits an dem fest mit dem Maschinengestell verbundenen Einspannkopf 17. Läßt man Druckwasser in den Zylinder 1 einströmen, so wird der Kolben 2 nach vorn getrieben und nimmt den an ihm aufgehängten Wagebalken mit den Zugstangen mit, solange am Einspannkopf 15 kein Widerstand entsteht. Gelangt aber der Probestab 16 zum Anliegen, so wird der Wagebalken durch die Zugstangen 12 und 13 festgehalten, und der bei 7 auf den kurzen Hebelarm wirkende Kolbendruck verursacht, daß die Wagschale 8 nach oben steigt. Stellt man jetzt durch Auflegen von Gewichtsstücken auf die Wagschale Gleichgewicht her,

[1]) Zahlreiche der nachstehend beschriebenen Maschinen sind neueren Ursprunges und daher in dem Martensschen Werke noch nicht erwähnt. Im übrigen ist auf die meistens eingehend und sachlich bearbeiteten Kataloge der Fabrikanten von Materialprüfungsmaschinen zu verweisen, die auch mancherlei beachtliche Fingerzeige hinsichtlich der Benutzung der Maschinen geben.

so entsprechen sie unter Berücksichtigung des Übersetzungsverhältnisses der bei 10 und 11 auf die Zugstangen 12 und 13 übertragenen Kraft und somit der auf den Probestab 16 ausgeübten Zugkraft.

b) Ausführungsform der Werdermaschine für die Technische Hochschule in Dresden[1].

Die wichtigsten konstruktiven Einzelheiten zeigt die Abb. 586.

1 ist das Maschinengestell, das mit dem hydraulischen Zylinder 2 aus einem Stück besteht. Gestell und Zylinder ruhen auf den Füßen 3 und 4. An dem Kolben 5 des Zylinders 2 sind die beiden Böcke 6 und 7 angebracht, welche die Stange 8 tragen, an der der Wagbalken 9 (entsprechend 6 in Abb. 585) und die Zugstangen 10 (entsprechend 12 und 13 in Abb. 585) aufgehängt sind. Zur Stützung des Kolbens dient ein Schlitten, der auf einer an den Maschinenfuß 3 angegossenen Führungsbahn gleitet. An der Stirnseite besitzt der Kolben eine gehärtete Stahlpfanne 11 von 350 mm Länge (s. S. 621), gegen die sich die Schneide 12 stützt, welche am Wagbalken 9 befestigt ist. Die beiden Aufhängeschneiden 13 und 14 des Wagbalkens 9 müssen zur Erzeugung des Hebelverhältnisses entsprechend der Länge des kurzen Hebelarmes ca. 3 mm über der Stützschneide 12 angeordnet werden. Alle drei Schneiden sind genau parallel und horizontal einzustellen, damit sie sich beim Schwingen der Wage nicht verschieben oder teilweise von ihren Pfannen abheben. Es empfiehlt sich aber, die Aufhängeschneiden 13 und 14 ca. 0,1 mm gegenüber der mittleren Schneide 12 nach vorn zu versetzen. Dies bewirkt, daß die Mittelschneide 12 durch die Horizontalkomponente des Eigengewichtes des Waghebels mit sehr geringer Kraft auch bei unbelasteter Maschine angedrückt wird. Die Angriffspunkte der Zugstangen 10 sind ebenfalls als Schneidenlager (die sogenannten Außenschneiden) ausgestaltet und in den Querhäuptern 15 und 16 untergebracht. Am Wagbalken befinden sich die Schneiden und an den Querhäuptern Pfannen. Die Schneiden sind gegen die Mittelschneide um 3 mm entsprechend dem Hebelverhältnis versetzt, so daß sie mit den beiden Aufhängeschneiden 13 und 14 in gleicher Höhe liegen. Die Aufhängung der Zugstangen 10 mit ihren Querhäuptern 15 und 16 an der Stange 8 geschieht durch die leicht beweglichen und in ihrer Lage durch Stellschrauben verschiebbaren Ringe 17 und 18 und die des Wagbalkens durch die gleichfalls verstellbaren Gehänge 19 und 20, in denen sich die Pfannen der Tragschneiden des Wagbalkens befinden. Die Länge des großen Hebelarmes, an dem die Wagschale hängt, beträgt 1500 mm, so daß das Übersetzungsverhältnis 1 : 500 ist. Da aber die genaue Einstellung der Schneiden auf die verhältnismäßig geringe Länge von 3 mm unmöglich ist, ist der Wagbalken mit einer Stellschraube 21 ausgerüstet, mit der man den Angriffspunkt der Wagschale 22 verschieben und somit die Länge des größeren Hebelarmes der des kleineren anpassen kann. (Näheres s. S. 641.)

Die vom Kolben 5 geäußerte Kraft überträgt sich auf den Wagbalken 9 und durch ihn mit den Außenschneiden 38 und 39 auf die Querhäupter 15 und 16. Die dort angreifenden Zugstangen 10 leiten die Kraft weiter auf

---

[1] Andere Ausführungen der Maschine zeigen einige Abweichungen von dieser und zwar hinsichtlich der Ausbildung des Waghebels und der Betätigung des Laufgewichtes. Sie sind aber nicht grundsätzliche, so daß auf sie nicht besonders eingegangen zu werden braucht.

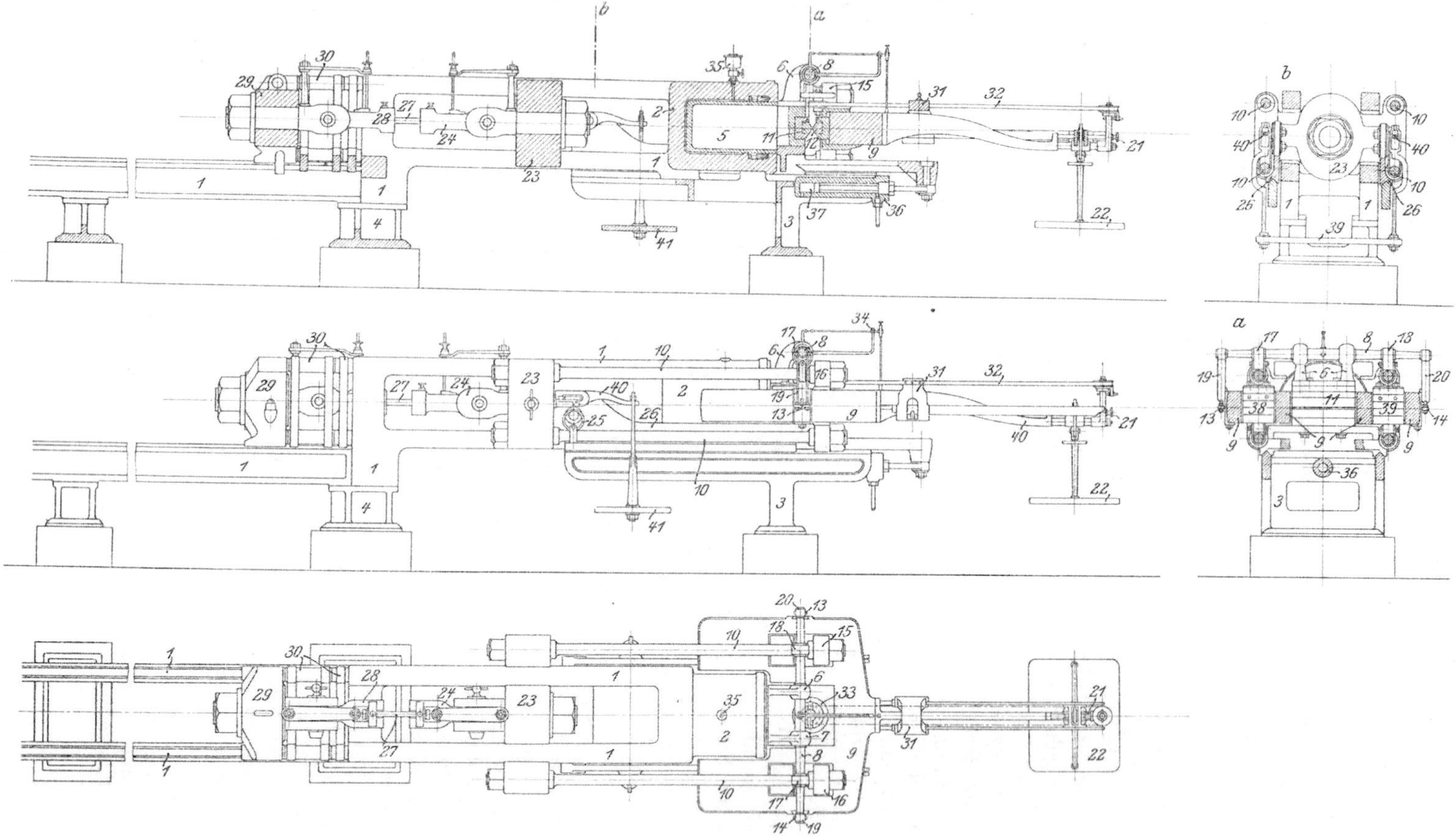

Abb. 586.

das schwere Querhaupt 23 und von da auf den Einspannkopf 24. Das Gewicht des Querhauptes 23 wird durch die Ringe 25 aufgenommen, die ihre Stützpunkte an dem Schlitten 26 finden, der den Kolben trägt. Der im Einspannkopf 24 befestigte Probestab 27 findet sein Widerlager durch Vermittelung des Einspannkopfes 28 und des Bockes 29 und der sogenannten Laternen 30 an dem Maschinengestell 1.

Außer mit der Wagschale 22 ist der Waghebel mit dem Laufgewicht 31 versehen, das in einer besonderen Führung gleitet und durch ein Stahlband 32 mit einem Handrade 33 bewegt wird. Das Handrad ist auf dem Wagbalken 9 angebracht, und zwar in nächster Nähe des Waghebelschwerpunktes, damit durch den Druck bei Betätigung des Laufgewichtes das Gleichgewicht nicht gestört wird. Das Einspielen wird an einer Wasserwage beobachtet, die auf dem Wagbalken angebracht ist. Außerdem wird die Gleichgewichtslage durch das Zeigerwerk 34 dem Beobachter kenntlich gemacht. Das Ventil 35 dient zur Entlüftung des Zylinders. Die Rückwärtsbewegung des Kolbens mit der Wage und den Kraftübertragungsgliedern erfolgt bei den älteren Ausführungen der Maschine durch eine am Kolbenschlitten angebrachte Zahnstange, in die ein durch Schneckenvorgelege betätigtes Getriebe eingreift, das am Maschinengestell befestigt ist. Die neueren Maschinen sind mit hydraulischer Rückzugvorrichtung versehen, die entweder mit dem Preßzylinder kombiniert ist oder die, wie es Verfasser bei der Maschine der Dresdner Technischen Hochschule tat, unterhalb der Wage angeordnet wird (s. Abb. 586, S. 638) und wie die oben erwähnte Zahnstange einerseits am Maschinengestell und andererseits am Kolbenschlitten angreift. Auf dem Kolben 37 der Rückzugvorrichtung lastet beständig Akkumulator- oder Wasserleitungsdruck oder es wird nur beim Zurücktreiben des Kolbens Wasser in den Rückzugzylinder gepreßt. Bei der Einrichtung für die Werdermaschine der Dresdner Versuchsanstalt wird ständig wirkender Akkumulatordruck von 250 Atm. benutzt, weil dies gegenüber Wasserleitungsdruck insofern einen Vorteil bedeutet, als in der Hochdruckleitung keine derartigen Druckschwankungen auftreten wie in einer Niederdruck-Wasserleitungsanlage. Druckschwankungen stören bei Feinmessungen in hohem Grade, da es in solchem Falle unmöglich ist, Dauerbelastungen vorzunehmen.

Als Einspannvorrichtungen beim Zugversuch finden Köpfe nach Abb. 34, 35, 36, S. 55 und 39, 40, S. 56 Verwendung.

c) Justierung und Eichung der Maschine.

Da alle Prüfungsmaschinen mit Hebelwagen, wie bereits im § 370 hervorgehoben wurde, sehr leicht Veränderungen erleiden können, die fehlerhafte Kraftanzeige zur Folge haben, ist die Werdermaschine mit einer keine Vorbereitung erfordernden Kontrollvorrichtung, der sogenannten Kontrollwage, versehen. Es ist zwischen den Kolbenschlitten 26 und das Querhaupt 23 eine Hebelwage mit dem Übersetzungsverhältnis 1 : 10 geschaltet, die aus zwei auf beiden Seiten der Maschine angeordneten doppelarmigen Hebeln 40 mit der gemeinsamen Wagschale 41 besteht. Das Übersetzungsverhältnis 1 : 10 ist genügend groß, um die Schneidenentfernung mit Genauigkeit einzustellen. Der kurze Hebelarm ist 32 mm und der lange 320 mm lang. Mit dieser Wage können die Kraftanzeigen der Maschine in einfachster Weise bis zu 2000 kg kontrolliert werden. Man verfährt derart, daß man ein Gewichtsstück, etwa 100 kg, auf die Kontrollwagschale 41 legt und am Kraftmesser die Kraftanzeige der Maschine feststellt. Da das Übersetzungsverhältnis der Kontrollwage 1 : 10 und das des Kraftmessers 1 : 500 ist, müssen beide Wagen einspielen, wenn sich 2 kg auf der Wagschale 22 befinden. Die Abweichungen des letzteren Gewichtes vom Sollwert stellen den Fehler der Maschine dar. Für höhere Belastungen ist die Kontrollwage nicht benutzbar, sie gestattet aber, wie oben dargelegt, in sehr einfacher Weise eine oberflächliche Kontrolle der Kraftanzeige der Maschine. Für die eigentliche Eichung bedient man sich der Kontrollstäbe (s. S. 690). Die Maschine der Dresdner Technischen Hochschule ist mit drei solchen Stäben ausgerüstet, und zwar einem für Belastungen bis 10000 kg einem für bis 50000 kg und einem bis 100000 kg. Die Eichung der Maschine sollte regelmäßig jeden Monat und außerdem nach Versuchen, die höhere Kraftäußerungen erforderten oder Stöße hervorbrachten, erfolgen.

Außer regelmäßiger Eichung der Maschine empfiehlt sich auch öfteres Nachsehen der Schneiden und Pfannen. Man hebt zu diesem Zwecke den Wagbalken 9 mit einem Kran aus der Maschine heraus und untersucht, ob die Schneiden und Pfannen noch eben oder bereits verdrückt sind. War Nacharbeiten der Schneiden oder Pfannen notwendig, so ist bei der folgenden Montage des Wagbalkens mit größter Sorgfalt vorzugehen, da die Schneidenebenen durch das Nacharbeiten unbedingt verlegt werden. Die richtige Montage und Justierung bietet ziemlich erhebliche Schwierigkeiten, und es soll daher zu deren Überwindung kurz der Gang des Justierens auf Grund der Erfahrungen des Verfassers angegeben werden. Zuerst richte man die Pfanne 11 des Kolbens 5 gegen die Aufhängeschneiden 13 und 14 des Wagbalkens 9 aus. Dies geschieht in der Weise, daß man in die genau in einer Horizontalebene liegenden Pfannen der Gehänge 19 und 20 einen feinen Draht hängt, der an den Enden mit Gewichten beschwert ist, und dann die Pfanne 11 so ausrichtet, daß sie ca. 0,1 mm den Draht überragt. Der Draht muß 3 mm über der Zylindermitte liegen, damit die Mittelschneide 12 des Wagbalkens genau in der Kolbenmitte angreift. Hiernach justiere man die Schneiden des Wagbalkens. Man entfernt den langen Waghebel 40 und stellt den Wagbalken mit der Stirnfläche auf eine Richtplatte, stellt mit einer Reißnadel die beiden äußeren Aufhängeschneiden genau mit den beiden Außenschneiden 38 und 39 ein, so daß alle in einer geraden Linie und außerdem genau parallel zur Oberfläche des Wagbalkens liegen. Hierauf bringe man die Mittelschneide 12 an ihre Stelle und richte sie ebenfalls in die Ebene der übrigen Schneiden, aber um 3 mm nach unten verschoben, ein. Jetzt ist der Wagbalken fertig montiert und er müßte nach dem Einhängen in die Maschine und Ausbalancieren der toten Massen einspielen und die Belastungen richtig anzeigen, wenn es möglich wäre, die Schneidenabstände bei der Montage richtig abzumessen. Da dies aber eine Unmöglichkeit ist, stellt man das Übersetzungsverhältnis experimentell ein, und zwar unter Benutzung der Kontrollwage. Vorher überzeuge man sich aber davon, daß alle Schneiden der Maschine richtig anliegen. Verfasser beobachtete bei einer Maschine, daß die beiden Außenschneiden des Wagbalkens ihre Pfannen nicht richtig berührten, weil die vier Zugstangen 10 nicht genau gleich lang waren. Dadurch kamen sie erst bei Belastung der Maschine zum Anliegen und verbogen den Wagbalken, was fehlerhafte Anzeige zur Folge hatte.

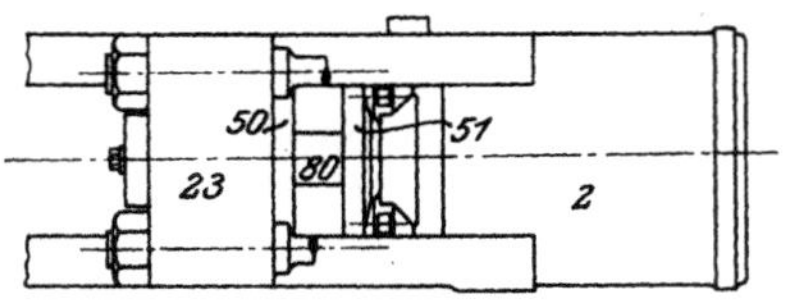

Abb. 587.

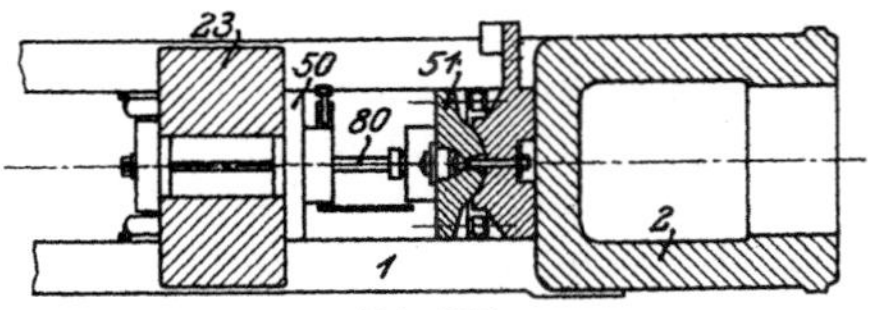

Abb. 588.

Hiernach bringe man die Wage durch Verlegen des Schwerpunktes mit Hilfe eines auf der Unterseite des Wagbalkens befindlichen mit Stellschraube versehenen Ausgleichgewichtes in die Gleichgewichtslage, lege auf die Kontrollwage 100 kg entsprechend 1000 kg Lastanzeige und beobachte den Ausschlag des Waghebels. Bewegt sich die Wagschale nach oben, so deutet dies an, daß der große Hebelarm zu kurz ist. In diesem Falle stelle man durch Auflegen weiterer Gewichtsstücke Gleichgewicht her und notiere die Größe des erforderlichen Ausgleichgewichtes. Seine Größe gibt das herrschende Übersetzungsverhältnis und gleichzeitig die Unterlage zur Berechnung des Maßes der Verlängerung des großen Hebelarmes. Jetzt braucht man nur noch die Verlängerung vorzunehmen und bei entlasteter Kontrollwage die toten Massen zur Herstellung des Gleichgewichtes auszugleichen. Die noch weiter erforderliche unbedeutende Veränderung der Hebelarmlänge muß durch Probieren geschehen. Stimmt alsdann die Kraftanzeige mit der der Kontrollwage

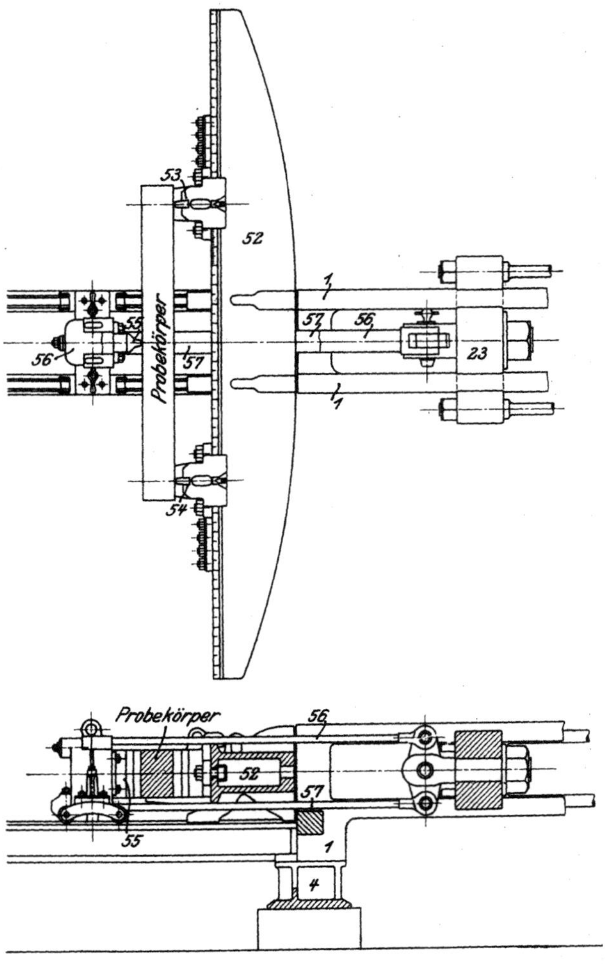

Abb. 589.

überein, so ist die Maschine mit dem Kontrollstabe für alle Belastungen zu eichen und eine Fehlertabelle aufzustellen.

Sollen mit der Maschine Druckversuche ausgeführt werden, so entfernt man den Einspannkopf 24 und bringt zwischen das Querhaupt 23 und den Zylinderboden 2 die beiden Preßplatten 50 und 51 (Abb. 587 und 588). Die am Querhaupt befindliche Platte 50 ist fest, während die Gegenplatte in einer Kugelschale gelagert und somit allseitig beweglich ist. Die Anordnung nach Abb. 587 dient zur Prüfung von würfelförmigen Körpern, während die nach Abb. 588 bei Druckversuchen mit Feinmessung der elastischen Längenänderung benutzt wird. 80 stellt in den Abbildungen den Probekörper dar.

Biegeversuche werden unter Benutzung des Biegebalkens 52 (Abb. 589), der sich gegen das Maschinengestell 1 stützt, vorgenommen. Man lagert auf seinen beiden Stützschneiden 53 und 54 den Probekörper und beansprucht ihn durch die an einem Wagen befindliche Belastungsschneide 55. Der

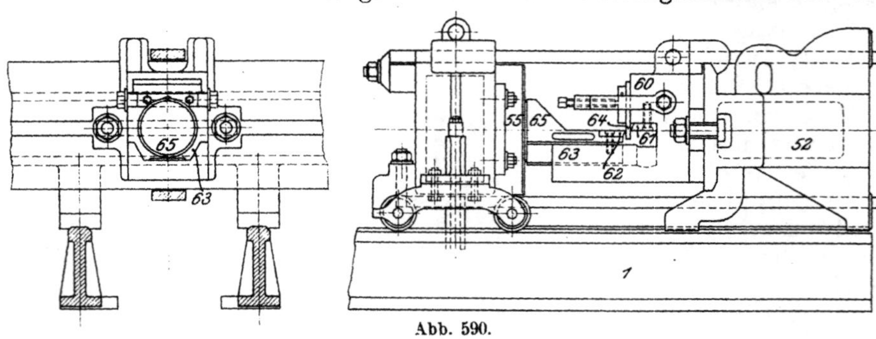

Abb. 590.

Wagen steht durch die Zugstangen 56 und 57 mit dem Querhaupt 23 in Verbindung und wird durch den Kolben, wie beim Zugversuch, nach vorn gezogen. In ähnlicher Weise wird die Schervorrichtung angewendet, die in Abb. 590 dargestellt ist. Das Widerlager 60 mit dem Schermesser 61 wird an dem Biegebalken 52 befestigt und die Belastungsschneide 55 der Biegevorrichtung (Abb. 589) läßt man auf das zweite Schermesser 62, welches an dem Führungskörper **65** angebracht ist, wirken. Dieser bewegt sich auf einer Schlittenführung 63, die gleichmäßige Kraftübertragung auf das Probestück 64 gewährleistet.

Die Anordnung bei Knickungsversuchen ist aus Abb. 127, S. 138 ersichtlich. Es wird an dem Maschinengestell eine kugelig gelagerte Preßplatte angeordnet, gegen die sich der Probekörper stützt. Die Kraft wird durch eine zweite Preßplatte ausgeübt, die auf einem Wagen angebracht ist, der durch Zugstangen mit dem Querhaupte 23 der Maschine in Verbindung steht. Die größte Einspannlänge beträgt beim Zugversuche 10 m, beim Druckversuche 0,35 m, beim Knickungsversuche 8,5 m.

§ 380. Materialprüfungsmaschine für 50000 kg Zugkraft, Bauart Martens.

Ausführung für die Technische Hochschule, Dresden (Abb. 592a und b S. 644 und 645).

Diese Maschine, deren Schema Abb. 591 zeigt, ist in erster Linie für Zugversuche mit Feinmessung der Dehnungen bestimmt. Sie besitzt ein sehr kräftiges Maschinengestell, bestehend aus dem Fuß 1, den Säulen 2 und 3 und dem oberen Querhaupt 4. Die Säulen 2 und 3 können durch Aufsetzen von Verlängerungsstücken zur Vergrößerung der Einspannlänge, erhöht werden. In dem Fuße ist der Krafterzeuger, eine hydraulische Presse 5, untergebracht, in deren Kolben 6 mit einer Schraubenspindel 8 der untere Einspannkopf 7 befestigt ist. Die Schraubenspindel besitzt Handgriffe 9, mit denen sie zur Einstellung der erforderlichen Einspannlänge im Kolben 6 auf und nieder geschraubt werden kann. Der obere Einspannkopf 10 hängt mit dem Gehänge 11 an dem Waghebel 12, der auf dem Querhaupt 4 des Maschinengestells gelagert ist. Die Aufhängeschneide 13 des Gehänges ist gegen die Stützschneiden 14 und 15 zur Erzeugung der Übersetzung um einige Millimeter versetzt. An dem rechten Ende des Waghebels ist in einer Schneide die mit Gewinde versehene Stange 16, deren Gewicht durch den Gußeisenkörper 17 ausbalanciert ist, aufgehängt. Diese Stange dient zur Aufnahme der Gewichtsstücke für die Kraftmessung, sie besitzt eine Schale 18, auf die kleinere Gewichtsstücke gelegt werden können, und außerdem in gewissen Abständen Muttern 19, 20, 21 usw., die zur Aufnahme der im Gestell 22 untergebrachten Gewichtsscheiben 23, 24, 25 usw. bestimmt sind. Dreht man nämlich das Handrad 26, so werden die auf den Muttern der Stangen 27 und 28 ruhenden Gewichtsscheiben gesenkt und auf die Muttern 19, 20, 21 usw. der Stange 16 abgesetzt. Je nach der Höhe der gewünschten Belastung kommt die entsprechende Zahl Scheiben zur Wirkung. Jede der neun oberhalb des Handrades 26 befindlichen Scheiben entspricht bei dem eingestellten Übersetzungsverhältnis des Waghebels 12 einer Stabbelastung von 1000 kg. Man kann somit nacheinander die Belastung um je 1000 kg bis auf 9000 kg erhöhen. Reicht diese Belastung nicht aus, so hebt man sämtliche Gewichte ab und setzt durch Drehen der Kurbel 29 eines der größeren Gewichtsstücke 30, 31, 32, 33, 34, welche einer Stabbelastung von je 10000 kg entsprechen, auf die Muttern der Stange 16 ab.

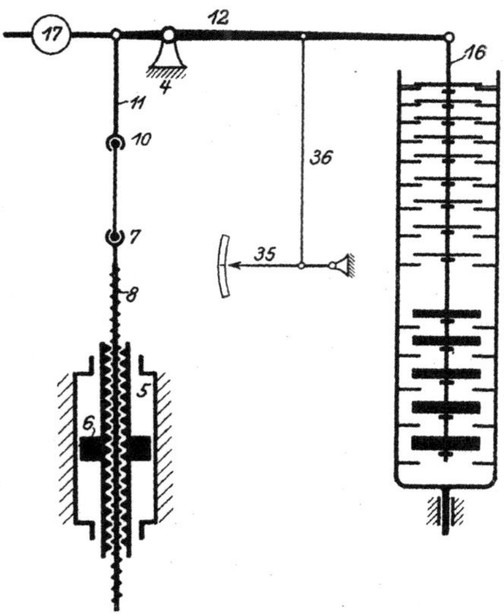

Abb. 591.

Der Zeiger 35, der seinen Stützpunkt am Maschinengestell hat, ist mit der Stange 36 an dem Waghebel 12 befestigt und zeigt seine Gleichgewichtslage an. Zum Einstellen des richtigen Übersetzungsverhältnisses ist das rechte Ende des Waghebels mit einer Stellvorrichtung 37 versehen, die eine Verlegung des Angriffspunktes der Stange 16 gestattet. Gewicht 38 ist ein Teil des Waghebels und dafür bestimmt, dessen Schwerpunkt zur Erzeugung des stabilen Gleichgewichtes unter den Stützpunkt zu verlegen.

Das Druckwasser tritt bei 38 in den hydraulischen Zylinder ein und schiebt den Kolben nach unten. Die entgegengesetzte Kolbenbewegung wird nach Öffnen des Zylinderraumes 39 durch den im Zylinderraum 40 herrschenden Flüssigkeitsdruck bewirkt, der durch die ständig bei 41 an-

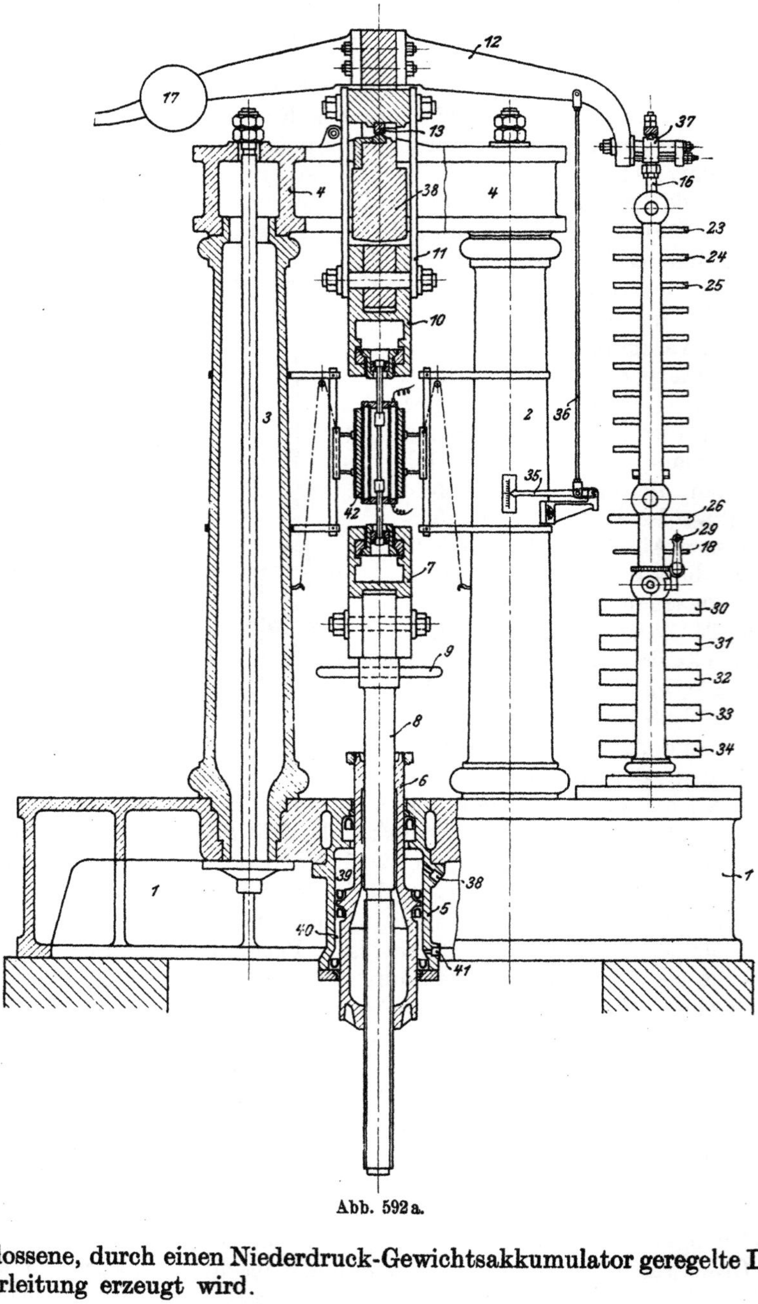

Abb. 592a.

geschlossene, durch einen Niederdruck-Gewichtsakkumulator geregelte Druckwasserleitung erzeugt wird.

In Abb. 592 ist die Maschine mit einem eletkrischen Ofen 42 für Warmzerreißversuche (s. § 25) versehen, dargestellt.

§ 381. 25-t-Zugfestigkeitsprüfer, Bauart Martens.

Die Maschine (siehe Abb. 593) ist zur Vornahme laufender Zerreißversuche mit Eisenstäben zur Feststellung ihrer Festigkeit und Bruchdehnung bestimmt. Als Krafterzeuger dient wie bei der Maschine § 382 eine Handpreßpumpe *a* mit Füll- und Preßkolben. Den Füllkolben benutzt man zum schnellen Füllen des Preßzylinders und zur raschen Einstellung des beweglichen Einspannkopfes *b*, der mit dem Kolben der Maschine in unmittelbarer Verbindung steht.

Zum Steuern der beiden Seiten des Kolbens des Krafterzeugers dient eine Ventilsteuerung, die durch drei Ventile *c* betätigt wird.

Zur Feststellung der Belastung dienen Federmanometer *d* und *e*, hinsichtlich deren Benutzung auf das in § 374 dargelegte zu verweisen ist.

Das Manometer *e* mit Schleppzeiger ist für den ständigen Gebrauch bestimmt, während das Manometer ohne Schleppzeiger zur Kontrolle des Gebrauchsmanometers verwendet werden soll.

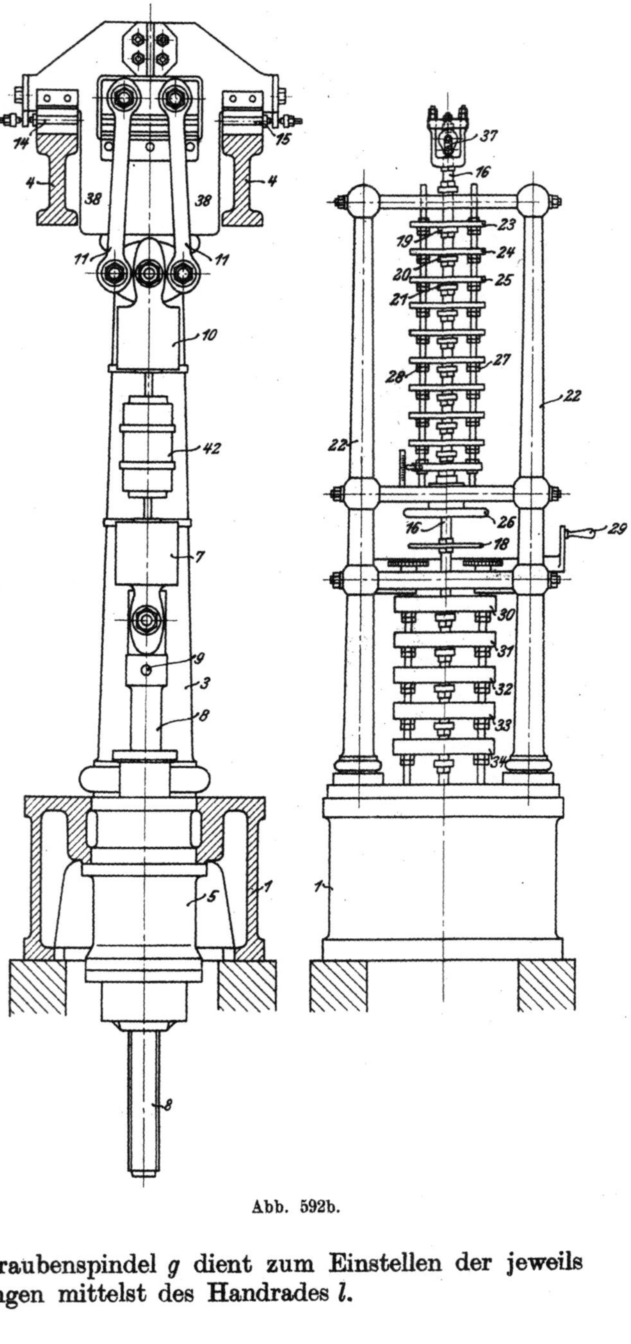

Abb. 592b.

Die den oberen Einspannkopf *f* tragende Schraubenspindel *g* dient zum Einstellen der jeweils erforderlichen Einspannlängen mittelst des Handrades *l*.

Der Preßzylinder ist gelegentlich mit dem vorn am Zylinderflansch befindlichen Entlüftungsventil *h* von Luft zu befreien, damit keine Stöße während der Versuche infolge Luftentweichung auftreten.

Die Preßflüssigkeit (Öl oder Wasser) ist im Maschinenfuß *i* untergebracht und kann durch den Hahn *k* abgelassen werden.

Abb. 593.

§ 382. Betonprüfungsmaschine für Belastungen bis 300 Tonnen.

Die Maschine (Abb. 594) ist zur Prüfung von Betonprobekörpern, und zwar Würfeln mit 30 oder 20 cm Kantenlänge bestimmt (s. § 273). Sie ist auf einem Fahrwerk *a* angeordnet, mit dem sie auf Baustellen nach dem Lagerorte der Probekörper geschafft werden kann. Die Krafterzeugung ist hydraulisch und erfolgt durch eine Preßpumpe *g*, die unmittelbar auf dem Fahrwerk neben dem unteren Querhaupt *h* der hydraulischen Presse untergebracht ist. Der Kolben *b* ist mit einer U förmigen Ledermanschette *c* versehen, deren Anordnung mit derjenigen in Abb. 571 übereinstimmt. Er überträgt seinen Druck unmittelbar, wie die Abb. 595 erkennen läßt, auf den Probekörper, der sich gegen die im oberen Querhaupt *d* mit einer kugeligen Lagerung *e* versehenen Preßplatte *f* stützt. Die größte Einspannlänge beträgt 31 cm, entsprechend den normalen Betonwürfeln mit 30 cm Kantenlänge. Da der Hub der Maschine nur 5 cm beträgt, können kleinere Würfel nur unter Verwendung von Beilagen geprüft werden. Für Würfel mit 20 cm Kantenlänge dient die rechte der beiden vor der Maschine (Abb. 594) liegenden Beilagen und für Würfel

Abb. 594.

mit 7 cm Kantenlänge die linke. Sie werden auf die untere Preßplatte der Maschine gesetzt, und da sie selbst mit kugelig gelagerten Preßplatten versehen sind, ist die Beanspruchungsweise der Probekörper einwandfrei.

Die Kraftmessung geschieht durch Feststellung des Flüssigkeitsdruckes im Preßzylinder mit einem Doppelmanometer (s. § 374).

Sorgfältige Pflege der Maschine und öftere Eichung sind unbedingt erforderlich. Auf einen Fehler der Maschine, den man bei verschiedenen Ausführungen beobachtete, wurde bereits auf S. 101 hingewiesen. Er wurde durch die neue Bauart der Maschine, bei der die bewegliche Preßplatte *f* (s. Abb. 594 und 595) in das obere Querhaupt verlegt wurde, ausgeschaltet.

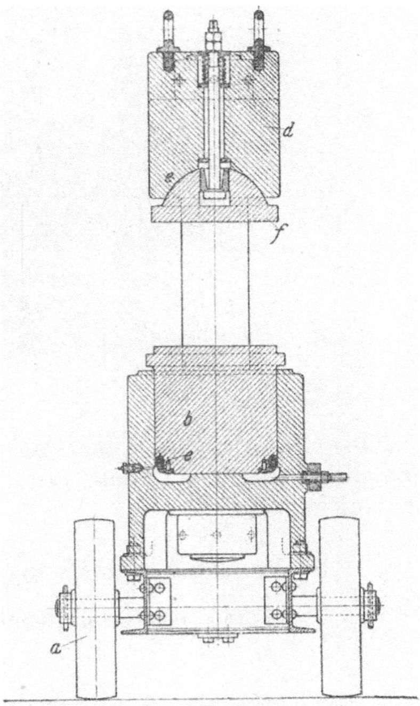

Abb. 595.

§ 383. Baustoffprüfer für 50000 kg Druckkraft[1]).

Der Baustoffprüfer ist in erster Linie zur Prüfung von Zement- und Kalkmörtel-Probewürfeln sowie zur Ermittelung der Druckfestigkeit von Mauerziegeln (s. S. 99) bestimmt. Er besteht (s. Abb. 596) aus dem Pressenkörper bzw. Pressengestell *a*, in dessen Fuß *b* eine hydraulische Kolbenpresse eingebaut ist, deren Kolben die untere Preßplatte *c* trägt. Auf ihr ruht der Probekörper *d*, der sich gegen die obere in einer Kugellagerung ruhende Preßplatte *e* stützt. Die Höhenlage dieser Preßplatte kann entsprechend der Probekörpergröße mittels der Schraubenspindel *f* unter Benutzung des Handrades *g* eingestellt werden. Zur Erzeugung des Flüssigkeitsdruckes im Preßzylinder dient eine im Maschinenfuß *h* eingebaute, durch die Handkurbel *i* zu betätigende hydraulische Spindelpreßpumpe, die mit zwei Übersetzungsverhältnissen versehen ist. Es besitzt nämlich die

[1]) Dieser Baustoffprüfer wird vom Chemischen Laboratorium für Tonindustrie in Berlin vertrieben.

Pumpe nicht wie gewöhnlich nur einen Preßkolben, sondern deren zwei von verschiedenen Durchmessern, wobei der kleinere in den größeren eingebaut ist. Für Preßdrücke von 200—5000 kg wird nur dem kleinen Kolben, für größere Drücke bis zu 50000 kg dem kleinen und dem großen gleichzeitig Druckflüssigkeit zugeführt. Der große Kolben wird durch Umstellen des Ventiles *k*, das unmittelbar am Preßzylinder angeordnet ist, eingeschaltet. Die Kraftmessung erfolgt durch die beiden Manometer *l* und *m*, von denen das linke (*m*) nur zur Kontrolle bestimmt ist.

Dieser Baustoffprüfer wird noch in einigen anderen Ausführungsformen gebaut, bei denen einerseits die Spindeleinstellung der oberen Preßplatte

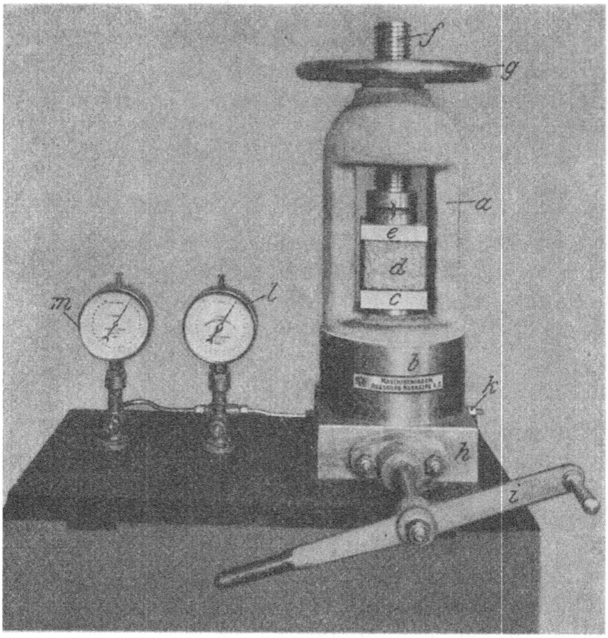

Abb. 596.

fehlt und andererseits das Pumpwerk einige Abweichungen von dem oben beschriebenen zeigt. Diese verfolgen den Zweck, die Benutzung der Maschine zu erleichtern.

2. Maschine von Heinrich Ehrhardt in Zella St. Blasii.

§ 384. Materialprüfungsmaschine Bauart Pohlmeyer.

(Abb. 597.)

Die Krafterzeugung geschieht bei dieser Maschine, deren Schema Abb. 598 zeigt, auf hydraulischem Wege und die Kraftmessung mit Neigungswage (s. § 371). Auf dem Maschinengestell 1 ist der hydraulische Zylinder 2 befestigt, in den der Kolben 3 eingepaßt und mit Manschette 4 gedichtet ist.

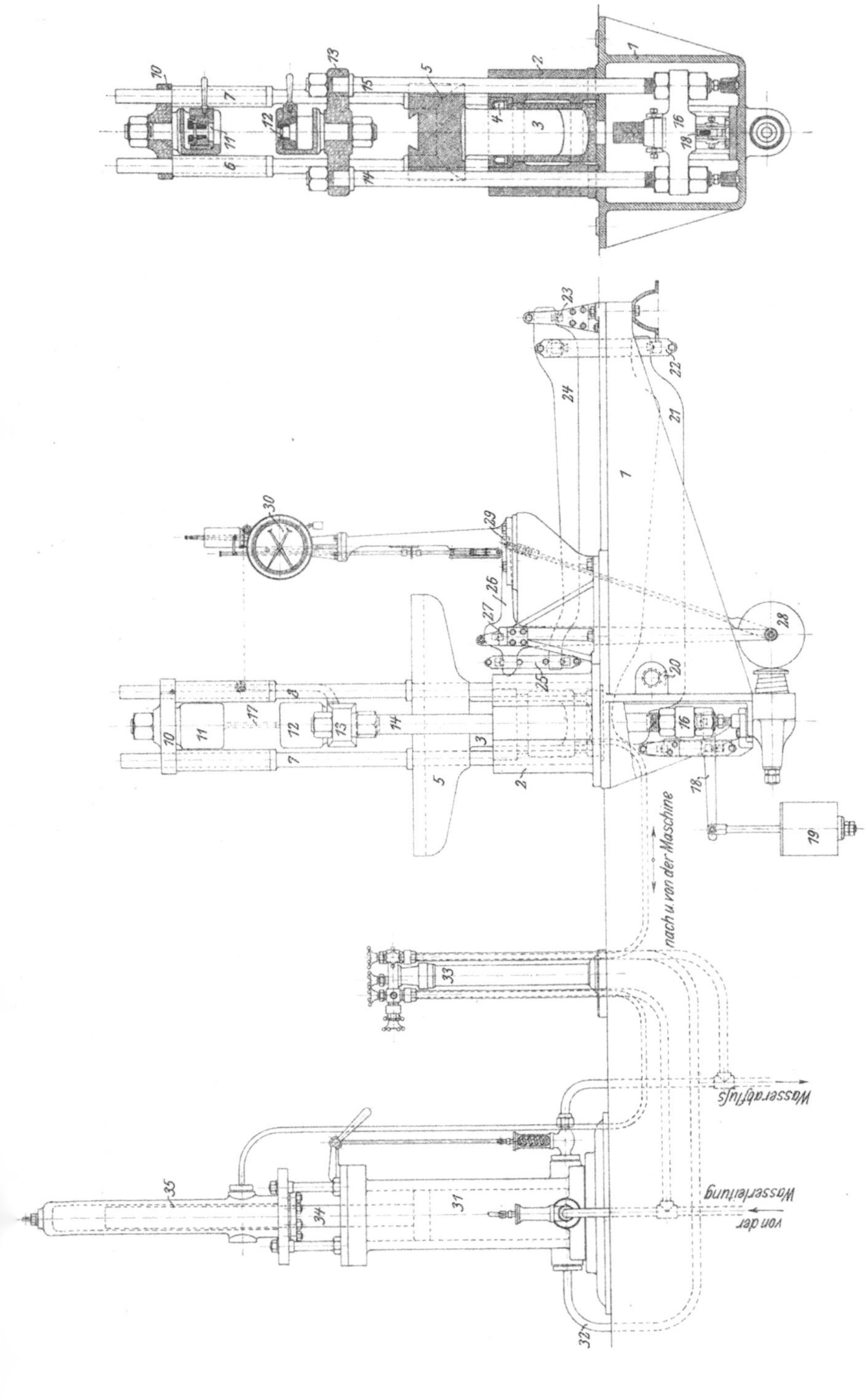
nach u. von der Maschine
Wasserabfluß
von der
Wasserleitung

Abb. 597.

Am oberen Ende trägt der Kolben 3 einen kräftigen, als Biegebalken ausgebildeten Gußkörper 5, in den die vier Säulen 6, 7, 8, 9 eingesetzt sind. Diese vier Säulen sind durch ein Querhaupt 10 zur Aufnahme des oberen Einspannkopfes 11 für Zugversuche verbunden. Die wirksame Länge der Säulen kann nach Abheben des Querhauptes durch Überschieben von Ringen vergrößert werden.

Der gezeichnete obere Einspannkopf ist zur Aufnahme von Flachstäben bestimmt, seine Konstruktion entspricht der in Abb. 37, § 21 angegebenen. Der untere Einspannkopf 12 ist dagegen für Befestigung von Rundstäben mit Köpfen ausgestaltet, und zwar deckt sich seine Ausführung mit der in Abb. 34, S. 55 dargestellten. Er ist an dem Querhaupt 13 befestigt, von dem zwei Zugstangen 14, 15 nach dem unteren Querhaupt 16 führen. Es hängen somit der Einspannkopf, die Querhäupter und die Zugstangen an dem Probestabe 17. Eine Zugkraft übt das Gewicht dieser Teile jedoch auf den Probestab nicht aus, da es durch den doppelarmigen Hebel 18 mit Gewicht 19, der am Maschinengestell hängt und sich gegen das untere Querhaupt 16 stützt, ausgeglichen wird. Beim Anheben des Kolbens 3 steigt der obere Einspannkopf 11 und überträgt diese Bewegung durch den Probestab auf den unteren Einspannkopf und dieser durch das Gehänge mit den Zugstangen 14, 15 auf das untere Querhaupt 16, an dem wiederum der Kraftmesser angreift. Dieser besteht aus dem bei 20 gestützten doppelarmigen Hebel 21, der seinen zweiten Stützpunkt in dem Gehänge 22 findet. Gehänge 22 dient zur Übertragung der im Verhältnis der Hebelarme des doppelarmigen Hebels 21 verkleinerten Stabkraft auf den zweiten bei 23 am Maschinengestell eingelenkten Doppelhebel 24, der diese Kraft, nochmals verkleinert, durch das Gehänge 25 auf die Neigungswage 26 überträgt. Diese hat ihren Dreh- und Stützpunkt bei 27 und ist ausgerüstet mit dem Gewicht 28. Infolge der Bewegung des Probestabes bzw. des unteren Querhauptes 16 erleidet die Neigungswage einen Ausschlag, der durch Vermittelung des Hebelarmes 29 an einem Zeigerapparat 30 gemessen wird. Der Konstruktionsgrundsatz dieses Apparates ist der gleiche wie der des auf S. 622 beschriebenen. Er ist mit einem Diagrammapparat verbunden, der eine Aufzeichnung der Dehnungen als Funktion der Pendelausschläge bzw. der Stabbelastungen gestattet.

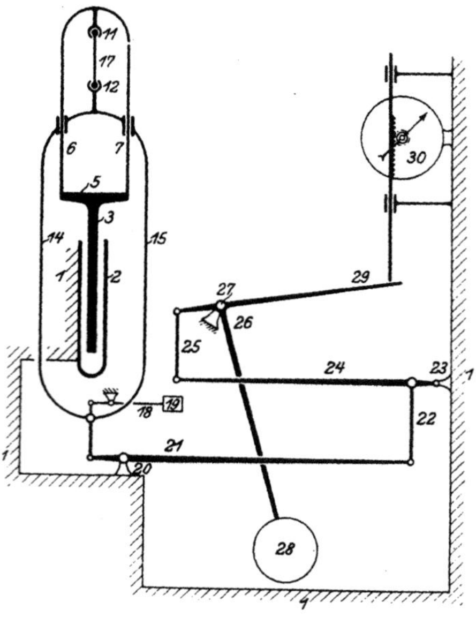

Abb. 598.

Außer auf äußerst sorgfältige Montage des Gehänges und der Neigungswage mit den Übertragungshebeln ist bei dieser Maschine darauf zu achten, daß die Zugstangen 14, 15 sich bei eingespanntem Probestabe in ihren Führungen frei bewegen. Es kommt nämlich vor, daß infolge exzentrischer

Belastung sich das Gehänge des unteren Einspannkopfes schief stellt, wenn der obere Einspannschieber nicht vollständig in den Kopf hineingeschoben wird. Aus diesem Grunde ist bei diesen Maschinen auch auf genaueste Zentrierung der Einspannköpfe zu achten.

Zur Ausführung von Druckversuchen wird der untere Einspannkopf 12 von dem Querhaupt entfernt und durch eine Druckplatte ersetzt, gegen die sich der auf einer am Biegebalken 5 angebrachten Preßplatte gelagerte Probekörper stützt. Für Biegeversuche wird der Biegebalken 5 mit Widerlagern (s. § 46) versehen und an Stelle des Einspannkopfes 12 eine Belastungsschneide eingefügt.

Um die Maschine mit Wasserleitungsdruck oder einem vorhandenen Akkumulatordrucke geringerer Größe betreiben zu können, rüstet die Firma die Maschine mit einem Multiplikator aus, dessen Konstruktion aus Abb. 537 ersichtlich ist. Er besteht aus dem Niederdruckzylinder 31, in den durch die Rohrleitung 32 nach Durchströmen des Regulierventils am Ventilstand 33 das Betriebswasser eintritt. Hier drückt es auf den Niederdruckkolben und überträgt durch den Kolben 34 den Druck auf die Flüssigkeit im Hochdruckzylinder 35, welche zum Betriebe der Maschine verwendet wird. Bei vollendetem Hube des Hochdruckkolbens im Multiplikator läßt man durch Öffnen der entsprechenden Ventile am Ventilstand 33 Niederdruckwasser in den Hochdruckzylinder eintreten, treibt den Kolben in seine Anfangslage zurück und schließt die Ventile wieder. Läßt man hierauf das Niederdruckwasser wie vorher auf den Niederdruckkolben wirken, so kann dem Multiplikator wieder Hochdruckwasser entnommen werden.

3. Maschinen der Mannheimer Maschinenfabrik Mohr & Federhaff.

§ 385. Allgemeines.

Die Mannheimer Maschinenfabrik Mohr & Federhaff betreibt bereits seit langer Zeit den Bau von Materialprüfungsmaschinen neben der Fabrikation von Hebevorrichtungen und Wagen aller Art. Während sie aber früher ihre Maschinen mit Wagen als Kraftmesser ausrüstete, versieht sie neuerdings einige Typen auch mit hydraulischen Kraftmessern. Sie verwendet dabei auch Meßdosen (s. § 376), deren Ausführung in § 387 beschrieben ist. Auf verschiedene Eigenarten der Maschinen ist bereits in früheren Paragraphen hingewiesen worden, und es erübrigt sich daher nur noch die Beschreibung der bemerkenswertesten Ausführungsformen.

§ 386. Materialprüfungsmaschine mit mechanischem Antrieb für 50000 kg Zugkraft (s. Abb. 599a u. b).

(Ausführung für die Technische Hochschule Dresden.)

Als Krafterzeuger besitzt die Maschine, deren Schema Abb. 600 zeigt, ein Schneckenvorgelege mit Schraubenspindel und als Kraftmesser eine Hebelwage (s. § 370). Das Maschinengestell besteht aus dem Gehäuse 1 zur Aufnahme des Schneckenvorgeleges, welches auf das Schneckenrad 2 wirkt[1]. Dieses stützt sich bei belasteter Spindel 3 mit Kugellager 4 gegen das Ge-

---

[1]) Antrieb siehe § 365, S. 614.

häuse 1. Die Spindel 3 trägt am oberen Ende den unteren Einspannkopf 5, der rechts und links an den Säulen 6 und 7 geführt und gegen Umschleppen

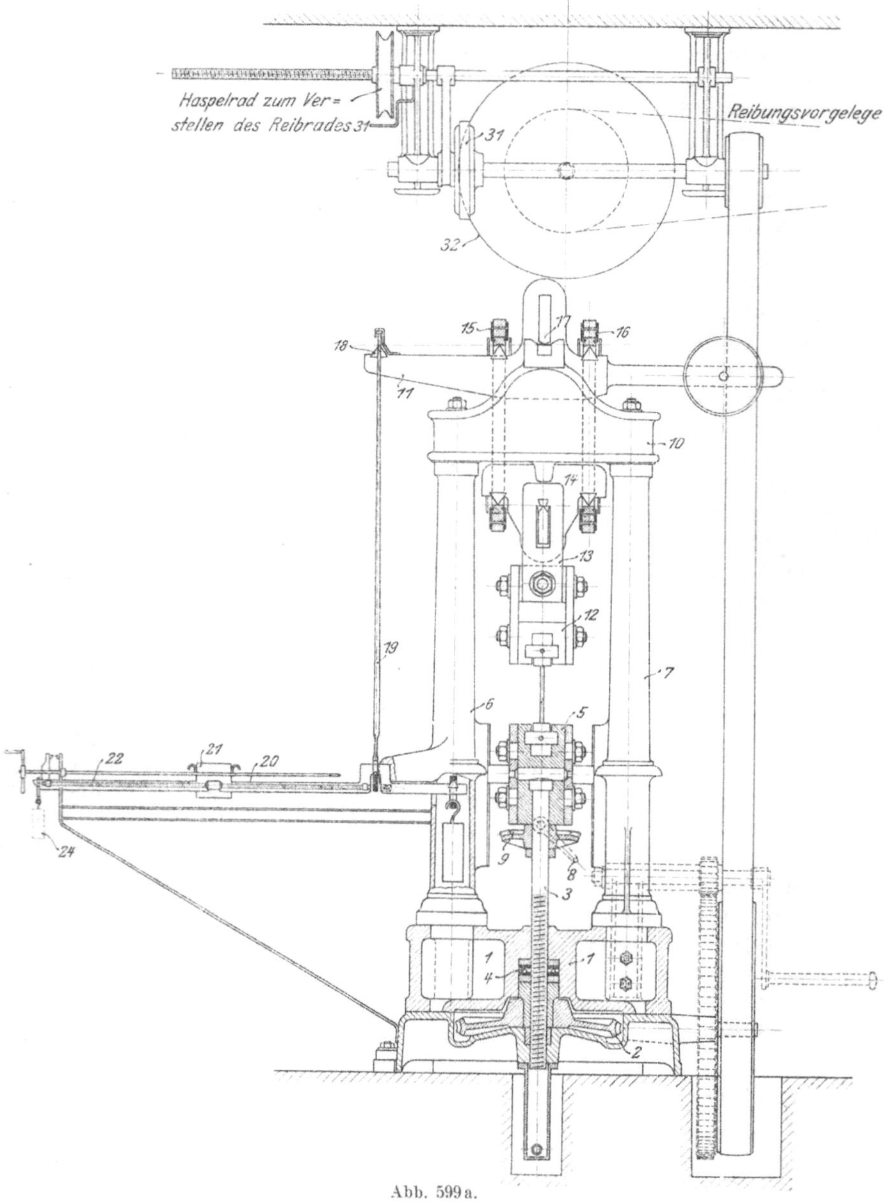

Abb. 599a.

gesichert ist. Kurbel 8 mit Zahnradvorgelege 9 dient zum Hoch- und Niederschrauben der Spindel 3 in der als Mutter ausgestalteten Nabe des Schneckenrades 2. Die beiden Säulen 6 und 7 sind am oberen Ende durch das Querhaupt 10 verbunden, welches zur Stützung des Waghebels 11 dient. Der Angriff des oberen Einspannkopfes 12 an diesem Waghebel erfolgt durch die Gehänge 13, das Schild 14 und die Gehänge 15 und 16. Zur Erzeugung des Hebelverhältnisses ist die Schneide 17 des Waghebels 11 um einige Millimeter aus der Mittellinie der Maschine versetzt angeordnet. Die bei 18 angreifende Zugstange 19 überträgt die im Hebelverhältnisse verkleinerte Probestabkraft auf den Waghebel 20. Dieser besitzt ein Laufgewicht 21, das durch eine Schraubenspindel 22 unter Vermittelung einer Vorgelegewelle entsprechend der Stabbelastung verschoben werden kann. Die Teilung des Waghebels entspricht der vollen Belastung der Maschine mit 50 t. Entfernt man dagegen das Laufgewicht 21 und benutzt den fest mit der Schraubenspindel verbundenen Gewichtsträger allein als Laufgewicht, so entspricht die ganze Laufgewichtsskala einer maximalen Stabbelastung von 5 t. Zur Ausgleichung des Waghebelgewichtes ist jedoch am Ende des Hebels das der Maschine beigegebene Gewicht 24 anzuhängen.

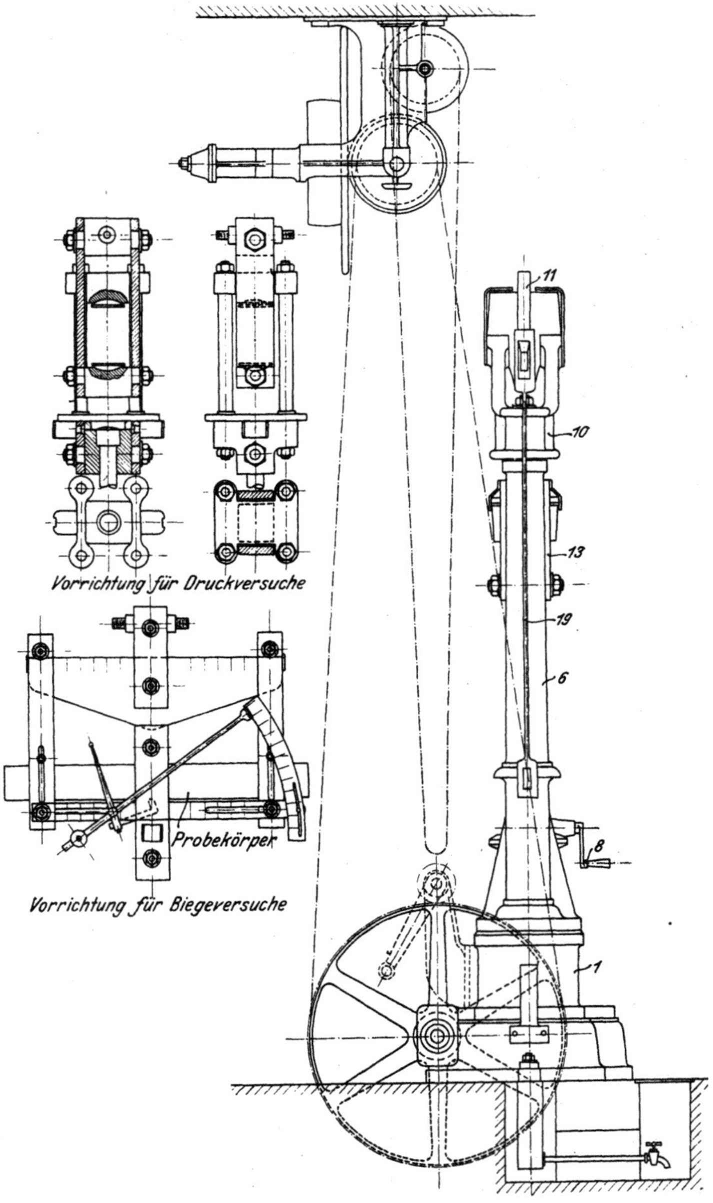

Abb. 599b.

Beim Versuch muß der Beobachter darauf achten, daß der Waghebel stets einspielt, da nur dann die an der Laufgewichtsskala abgelesene Belastung der wirklichen Stabbelastung entspricht. Er muß daher das Laufgewicht der fortschreitenden Stabbelastung entsprechend verschieben. Dieser Vorgang erfordert Geschicklichkeit, ist aber bei einiger Übung leicht ausführbar, ohne daß das Gleichgewicht durch Überregulierung beständig gestört wird.

Um die Einstellung des Laufgewichtes unabhängig von der Geschicklichkeit des Beobachters zu machen, versieht die Firma auf besonderen Wunsch die Wage mit einer Einrichtung zur selbsttätigen Bedienung des Laufgewichtes. Diese geschieht auf folgende Weise:

Ein durch die Maschinentransmission oder durch einen besonderen Elektromotor bewegter Schnurtrieb versetzt zwei lose auf der Vorgelegewelle des Laufgewichtes sitzende Scheiben in rechts- und linksdrehende Bewegung. Diese Scheiben sind als Elektromagnete ausgestaltet, die durch Erregung mit einem Strome von 1 Amp. bei 1,5 Volt selbsttätig die eine oder die andere Scheibe mit der zwischen beiden Scheiben fest auf der Vorgelegewelle sitzenden dritten Scheibe kuppelt. Je nachdem, ob der rechtsumlaufende oder der linksumlaufende Elektromagnet erregt wird, wird die Vorgelegewelle in rechts- oder linksdrehende Bewegung versetzt, was ein Vorwärts- oder Rückwärtsbewegen des Laufgewichtes zur Folge hat. Die Stromzuführung zu den umlaufenden Magneten geschieht durch Schleifkontakte und die Steuerung des Erregerstromes durch eine am Waghebelende befindliche Kontaktvorrichtung, die beim Ansteigen des Waghebels den einen und beim Sinken den Stromkreis des anderen Elektromagneten einschaltet. In der Gleichgewichtslage werden beide Stromkreise unterbrochen und das Laufgewicht bleibt in Ruhe.

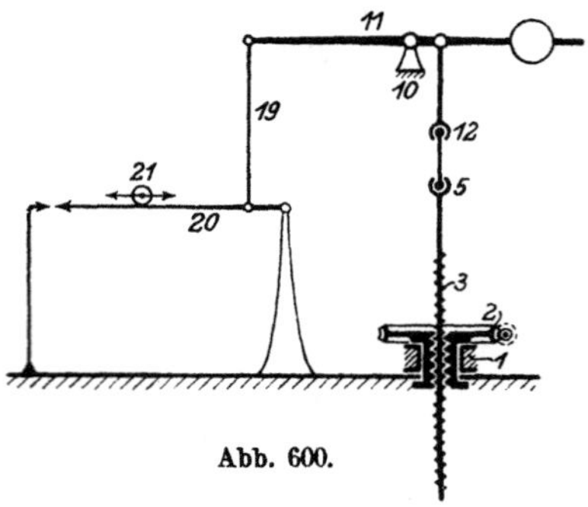

Abb. 600.

Zur Vermeidung des Zurückschaltens des Laufgewichtes beim Bruch des Probestabes wird der Hauptstromkreis der Elektromagnete durch einen Ausschalter unterbrochen, der durch die Maschinenerschütterung beim Bruche betätigt wird.

Die Abb. 58 S. 82 zeigt eine neuere Ausführungsform der Maschine, versehen mit Einspannköpfen zur Prüfung von Hanfseilen. Das Seil wird bei ihrer Verwendung durch Reibung auf seinem ringförmigen Auflager festgehalten. Allerdings erleidet es durch diese Anordnung am Übergang der geraden Versuchslänge nach dem Ringe eine Biegungsbeanspruchung und als Folge davon eine einseitige Zugbeanspruchung der einzelnen Seillitzen, deren Einfluß auf das Versuchsergebnis aber vernachlässigt werden darf, wenn der Einspannring einen nicht zu geringen Durchmesser besitzt.

§ 387. Materialprüfungsmaschine für Zugversuche mit Meßdose bis 50000 kg Belastung.

Die Hauptteile der Maschine (s. Abb. 601) sind die Grundplatte *a* mit dem Antrieb, die beiden Säulen *b* und *c* mit den Führungen *d* der Zugspindel, das obere Querhaupt *e* mit Meßdose *f*, die Spannköpfe *g* und *h* und die Manometersäule *i*. Der Antrieb erfolgt durch Transmission oder Motor unter Zwischenschaltung eines Friktionsvorgeleges, ähnlich wie bei der Maschine in der Abb. 599, S. 652.

Die Einspannköpfe *g* und *h* sind kugelig gelagert, um genau zentrische Einspannung der Probestäbe zu erzielen. Der Kugelbolzen des unteren Spannkopfes ruht auf einer Kugelschale und ist seitlich durch einen Gummiring 16, Abb. 602, elastisch abgestützt. Der obere Spannkopf hängt am Bolzen *m* des Meßdosenkolbens 4.

Abb. 601.

Die auf den Meßdosenkolben 4 übertragene Kraft wird in hydraulischen Druck umgesetzt, welcher durch die vier Manometer an der Säule *i* gemessen wird. Die Meßflüssigkeit — chemisch reines Glyzerin — befindet sich in der ringförmigen Aussparung 5 des Meßdosenkolbens (s. Abb. 602) und ist durch eine dünne Gummimembrane 6 abgeschlossen. Diese legt sich gegen ein ringförmiges Widerlager 9 im Meßdosengehäuse. Der Bolzen 2 des Meßdosenkolbens 4 läuft in zwei Kugelführungen 15 und 16, die im oberen und unteren Deckel des Meßdosenquerhauptes 10 angeordnet sind. Die Stellung des Kolbens 4 wird durch den Kolbenzeiger 18 bzw. *n* (s. Abb. 601) an der Skala 19 vorn am Meßdosenquerhaupt 10 bzw. *e* vergrößert kenntlich gemacht. Der Hub des Meßdosenkolbens ist einerseits durch einen Bund am Bolzen und andererseits durch einen einstellbaren Pufferring begrenzt. Der Pufferring fängt den Rückstoß beim Bruch des Probestabes gegen das Querhaupt ab.

Die Flüssigkeit in der Meßdose steht durch eine am Meßdosenquerhaupt angeschlossene Rohrleitung 12, 13, 14 (Abb. 602) bzw. *o* (Abb. 601) mit den an der Manometersäule *i* angebrachten Apparaten in Verbindung. Es sind dies die Manometer, das Entlastungsventil, die Füllpumpe mit dem Füllgefäß und der Vordruckregler.

Die Maschine wird mit einem oder zwei Manometeraggregaten geliefert. Hiervon ist das eine für die volle Tragkraft der Maschine bestimmt, das zweite für genauere Ablesungen bis ein Fünftel der Tragkraft. Beide Manometeraggregate bestehen aus je einem Gebrauchs- und einem Kontrollmanometer, auch kann jedes der beiden Aggregate mit Diagrammapparat geliefert werden.

Ein in der Glasscheibe des Gebrauchsmanometers gelagerter Schleppzeiger dient zur Feststellung der beim Versuch erreichten Maximallast. Die Skalen der Manometer sind in Grade eingeteilt, und aus Tabellen können die durch Feinmessungen mit Kontrollvorrichtungen festgestellten Kilogrammwerte der Gradablesungen ermittelt werden. Die Skalen sind mit Hilfe eines Schlüssels drehbar.

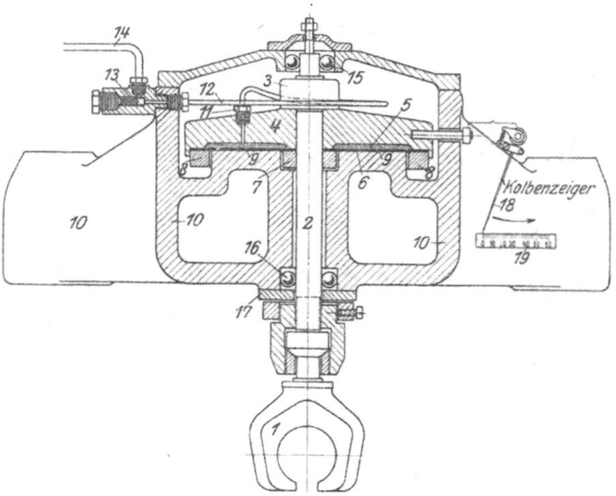

Abb. 602.

Das Entlastungsventil dient dazu, beim Bruch der Probe zum Schutze der Manometer diese automatisch von der Meßdose abzuschließen. Durch Linksdrehen des vorn an der Manometerplatte befindlichen Handrades *k*, wodurch ein Umführungskanal geöffnet wird, ist dann ein langsamer Druckausgleich zwischen Manometer und Meßdose herzustellen. Durch eine Feder wird das Handrad wieder in die Anfangslage zurückgeführt und der Umführungskanal wieder abgeschlossen.

Die an der Rückseite der Manometerplatte angebrachte Füllpumpe mit Füllgefäß und Ventilen dient dazu, das Rohrleitungssystem der Meßdose mit Glyzerin zu füllen und den vorgeschriebenen Vordruck herzustellen, für den sich die Manometerzeiger in Anfangsstellung befinden müssen.

Um diesen Vordruck genau einstellen zu können, ist der Vordruckregler an das Rohrsystem angeschlossen. Er besteht aus einer U-förmigen Röhre aus Zelluloid, die am Schaft der Manometersäule befestigt und mit Quecksilber gefüllt wird. Die Niveaudifferenz des Quecksilbers in den beiden Rohrschenkeln muß bei richtiger Füllung der Meßdose die durch zwei Skalen festgelegte Höhe erreichen.

Die Maschine ist mit einem Diagrammapparat *p* (s. Abb. 601) ausgerüstet, der auf dem Manometergehäuse angebracht ist und sich in unmittelbarem Zusammenhange mit dem Gebrauchsmanometer (s. oben) befindet. Das Manometer schreibt die Ordinaten, und durch Drehen der Schreibtrommel durch den am Probestab *q* oder an den Einspannköpfen *g* und *h* angebrachten Faden *r* werden die Abszissen erzeugt. Die Ordinaten stellen somit die Belastungen dar und die Abszissen die Dehnungen des Probestabes.

s und *t* sind Hebelvorrichtungen zum Vorspannen der Einspannbacken (Schnellspannköpfe).

§ 388. Materialprüfungsmaschine für Torsionsversuche mit 500000 cmkg Drehmoment (Abb. 603).

Der Probestab 1 ist mit dem einen Ende in der Hebelschwinge 2 befestigt, die einerseits in dem kräftigen Gestell 3 gestützt ist und andererseits

Abb. 603.

die Messung des Drehmomentes an der Wage 5 vermittelt. Das Gestell 3 kann der Länge des Probekörpers entsprechend auf dem Fundamentrahmen 4 verschoben werden. Das andere Ende des Probestabes befindet sich an der mit einer geeigneten Einspannvorrichtung versehenen Welle des großen Vorgelegerades 6, das durch das Zwischenvorgelege 7 von dem konischen Trommelvorgelege 8, 9 angetrieben wird. Zur Verhinderung des Zurückdrehens des Vorgeleges beim Verschieben des Riemens von der Festscheibe 10 auf die Loßscheibe 11 ist eine Differentialbremse angeordnet, die ein momentanes Stillstehen des Antriebes bewirkt. Der über die beiden konischen Trommeln laufende Riemen 12 wird durch die Vorrichtung 13, die gleichzeitig die Verschiebung des Riemens mit der Schraubenspindel 14 vermittelt, gespannt.

Die Einrichtung des Kraftmessers ist die folgende:

Die bereits oben erwähnte Hebelschwinge 2, in der der Probestab befestigt ist, besitzt ihren Stützpunkt in dem Gestell 3. Das freie Hebelende hängt mit einer sog. Rollenschneide in dem Gehänge 15, das die Kraft auf den Unterbalken 16 und von dort durch das Gehänge 17 auf den Oberbalken 18 der Wage überträgt. Durch Verschieben des Laufgewichtes 19, das von Hand durch Betätigung der Stirnräder 20 und 21 oder maschinell durch die elektromagnetische Kupplung 22 geschehen kann, wird die im Stützpunkt der Hebelschwinge 2 entstehende Kraft ausgeglichen. Da das Hebelverhältnis

Abb. 604.

der Schwinge 2 bekannt und für alle Drehmomente konstant ist, kann die Skala der Laufgewichtswage mit einer Teilung versehen werden, die unmittelbar Drehmomente abzulesen gestattet.

Die Einrichtung des elektrischen Antriebes für die Verschiebung des Laufgewichtes entspricht im wesentlichen der auf S. 654 beschriebenen. 22 ist die auf der Antriebsspindel 23 sitzende elektromagnetische Kupplung, deren Scheiben durch den Schnurantrieb 24 in entgegengesetzte Drehung versetzt werden. Die Bewegung wird durch die Vorgelegetrommel 9 hervorgebracht und durch die Welle 25 mit Schraubenradvorgelege 26 auf die Schnurscheibe 27 übertragen.

§ 389. Normal-Pendelschlagwerk von 75 mkg Arbeitsinhalt zur Ermittelung der Kerbzähigkeit von Normalprobestäben.

Das Normal-Pendelschlagwerk (Abb. 604) entspricht den in § 72 auseinandergesetzten Bedingungen. Die Schabotte besteht aus einem schweren gußeisernen Bock mit Stahlbacken zur Aufnahme des Probestückes und ist unabhängig von dem Gerüst auf einem isoliert stehenden Fundamentblock gelagert. Der Bär besteht aus einem flachen Stahlstück mit eingesetzter gehärteter Schneide; seine Aufhängung geschieht mittels ovaler Rohre von geringem Gewicht, die auf einer Drehachse einstellbar festgelegt sind. Die Achse läuft in Präzisionskugellagern, so daß der Arbeitsverbrauch durch Reibung ein Minimum wird.

Das Gerüst ist aus Profileisen hergestellt; seine Höhe beträgt 3,3 m bei 6 m Länge. Als Winde dient eine mit Sperrklinke versehene, links am Gestell angebrachte Kurbelwinde. Sie ist durch ein Seil mit einem Schlitten in Verbindung gebracht, der sich auf einer zur Pendeldrehachse angenähert konzentrischen Kurvenbahn bewegt. Der Bär wird mit einer Klinkvorrichtung an dem Schlitten befestigt und hochgezogen. Die Auslösung der Klinkvorrichtung beim Versuch erfolgt durch einen Schnurzug vom Stande des Beobachters aus, seitlich neben der Schabotte. Die Bremsung geschieht durch Anheben der Kurvenbahn. Dadurch streicht die am Bär befindliche Bürste auf der Kurvenbahn entlang und vernichtet auf diese Weise durch Reibung die dem Pendel noch innewohnende Energie. Zur Messung der Fallhöhe des Bären ist auf der Pendelachse eine leichte Schnurscheibe befestigt, die an der Pendelbewegung teilnimmt und mit einem dünnen Drahte einen Schieber betätigt, der an einer die Schlagarbeit anzeigenden Skala entlang läuft. Gleichzeitig schiebt der Schieber einen Maximumzeiger vor sich her, der die nachträgliche Ablesung des Pendelausschlages gestattet.

Da bei den Pendelschlagwerken größte Einheitlichkeit der Abmessungen zur Erzielung gleichen Arbeitsinhaltes der verschiedenen Ausführungen Grundbedingung ist, müssen für jedes Schlagwerk der Stoßmittelpunkt, der Schwerpunkt des Pendels und die Reibungsverluste experimentell bestimmt werden.

§ 390. Das Dauerschlagwerk (Bauart Krupp).

Zur Ausführung der im § 80 behandelten Dauerwechselschlagprobe dient das in der Abb. 605 dargestellte Schlagwerk[1]). Bei ihm wird ein mit ebener Bahn versehener Fallhammer *a*, der an den Tragstangen *c* und *d* hängt, durch die Exzenterscheibe *l* periodisch angehoben und auf den bei *e* und *f* gelagerten Probestab *g* fallen gelassen. Damit dieser nicht aus seinen Widerlagern herausspringt, wird er von den Federklemmen *h* und *i* festgehalten, und zur Vermeidung seitlicher Verschiebungen greift in die Nut *k* des Probestabes eine am Auflager *e* befestigte gut passende Schneide ein. Die Exzenterscheibe *l* sitzt auf der Welle *m*, die mittels Schraubenräder durch die Vertikalwelle *n* angetrieben wird. Ihre Drehzahl ist dadurch regelbar,

[1]) S. a. Abb. 171, S. 186.

daß der zu ihrem Antrieb dienende, im Maschinengestell angeordnete Elektromotor durch Vorschaltwiderstände auf eine bestimmte Drehzahl zwischen 60 und 120 in der Minute eingestellt wird. Damit die Maschine nicht dauernd beobachtet zu werden braucht, wird der Motor beim Bruch des Probestabes *g* selbsttätig abgestellt. Diesem Zwecke dient der automatische Stromunterbrecher *o*, der sich im Stromkreis des Antriebsmotors befindet und dadurch in Tätigkeit tritt, daß beim Bruch des Probestabes *g* der Fallhammer *a* tiefer als sonst fällt. *p* ist ein Zählwerk zur Festlegung der Schlagzahl. Durch die Vertikalstange *q*, welche ihre Bewegung von der Exzenterwelle *m* erhält, wird das Schaltwerk für die Bewegung des Probestabes betätigt. Dieser wird bekanntlich (s. S. 185) während der Schlagpausen entweder in eine schrittweise Drehbewegung (Dauerschlagprobe) oder in eine um 180° wechselnde Drehbewegung (Wechselschlagprobe) versetzt. Beim Versuch muß die Maschine auf festem Fußboden stehen, damit die ganze lebendige Kraft des Hammers sich allein auf den Probestab auswirkt. Außerdem ist zu beachten, daß die Schlagfolge so eingestellt wird, daß der neue Schlag erst dann stattfindet, wenn der Probestab ausgeschwungen hat, da sonst ein Tanzen des Hammers eintritt. Zur Vornahme der Wechselschlagprobe (s. oben) wird das Schaltwerk *s* mit der Stange *q* durch ein anderes zweckentsprechendes ersetzt.

Abb. 605.

r ist ein Querstift im Probestabe *g*, an dem das Schaltwerk *s* zwecks Drehung des Probestabes angreift.

4. Maschinen der Düsseldorfer Maschinenbau-Aktiengesellschaft vorm. J. Losenhausen[1]).

§ 391. Materialprüfungsmaschine für 50000 kg Zugkraft mit mechanischem Antrieb.

Die in Abb. 606 dargestellte Maschine ähnelt in ihrem Aufbau der in § 386 beschriebenen. Ihr Krafterzeuger ist eine Schraubenspindel 1 mit Schneckenvorgelege, das unmittelbar durch einen Elektromotor 2 angetrieben wird. Der Kraftmesser besteht aus einer Hebelwage 3, 4, 5 mit Laufgewicht 6, das von Hand durch Betätigung der Kurbel 7 oder maschinell verschoben werden kann. Die Maschine wird mit Einrichtungen für Zug-, Druck-, Biege-, Scher- und Torsionsversuche geliefert, deren Konstruktionsgrundsätze mit denen der Mohr & Federhaffschen Maschinen im wesentlichen übereinstimmen.

§ 392. Materialprüfungsmaschine für 500—3000 kg Zugkraft mit mechanischem Antrieb.

Der Krafterzeuger (s. Abb. 607), bestehend aus einer Schraubenspindel 1 mit Kegelradvorgelege 2, das durch eine Kurbel 3 oder Transmission bewegt werden kann, ist in dem kräftigen Eisengestell 4 montiert. Die Schraubenspindel 1 besitzt am oberen Ende den Einspannkopf 5, in welchem Drähte, Blechstreifen, Lederstreifen, Gewebe oder dgl. mit Beißkeilen befestigt werden können. Bei den sog. Schnellspannköpfen werden die Spannkeile vermittels eines kleinen Griffes in den Köpfen gehoben oder gesenkt, wodurch das Einsetzen des Probestückes sehr erleichtert wird. Die Kraftmessung geschieht mit einer Meßdose 6, auf deren Kolben 7 der obere Einspannkopf 8 die Stabkraft durch das Gehänge 9 überträgt. Die Meßdose, deren Einzelheiten aus Abb. 579, S. 629, ersichtlich sind, ist auf den Säulen 10, 11 gelagert. Die Ablesung des Flüssigkeitsdruckes erfolgt an dem Manometer 12, dessen Anzeige jederzeit durch das Kontrollmanometer 13 geprüft werden kann.

5. Materialprüfungsmaschine für Druck- und Knickungsversuche mit 1000000 kg Kraftäußerung.

(Ausgeführt nach Angaben des Verfassers durch die Maschinenfabrik vorm. Kühne in Dresden.)

§ 393. Beschreibung der Maschine.

Die Maschine ist eine hydraulische Presse, deren Konstruktionseinzelheiten aus Abb. 608 ersichtlich sind. Als Kraftmesser dient ein Pendelmanometer, dessen Konstruktion bereits auf S. 632 eingehend beschrieben wurde. Der Zylinder 1, der Fundamentrahmen 2 und das obere Querhaupt 3 sind aus Stahlguß hergestellt, während der Kolben 4 aus Hartguß besteht. Hervorzuheben ist der Antrieb für die Höheneinstellung des oberen Querhauptes. Es ist seitlich am Querhaupt ein Konsol 5 angebracht, auf dem ein Elektromotor 6 steht, dessen Tourenzahl durch eine Zentrator-Kupplung 7 von 600

[1]) Nähere Beschreibung dieser Maschinen siehe Dinglers Polytechnisches Journal Bd. 320, Jahrg. 1905, Heft 24, 35 und 36. Ferner Irion, Zeitschrift d. Ver. deutsch. Ing. Jahrg. 1920, S. 477ff.

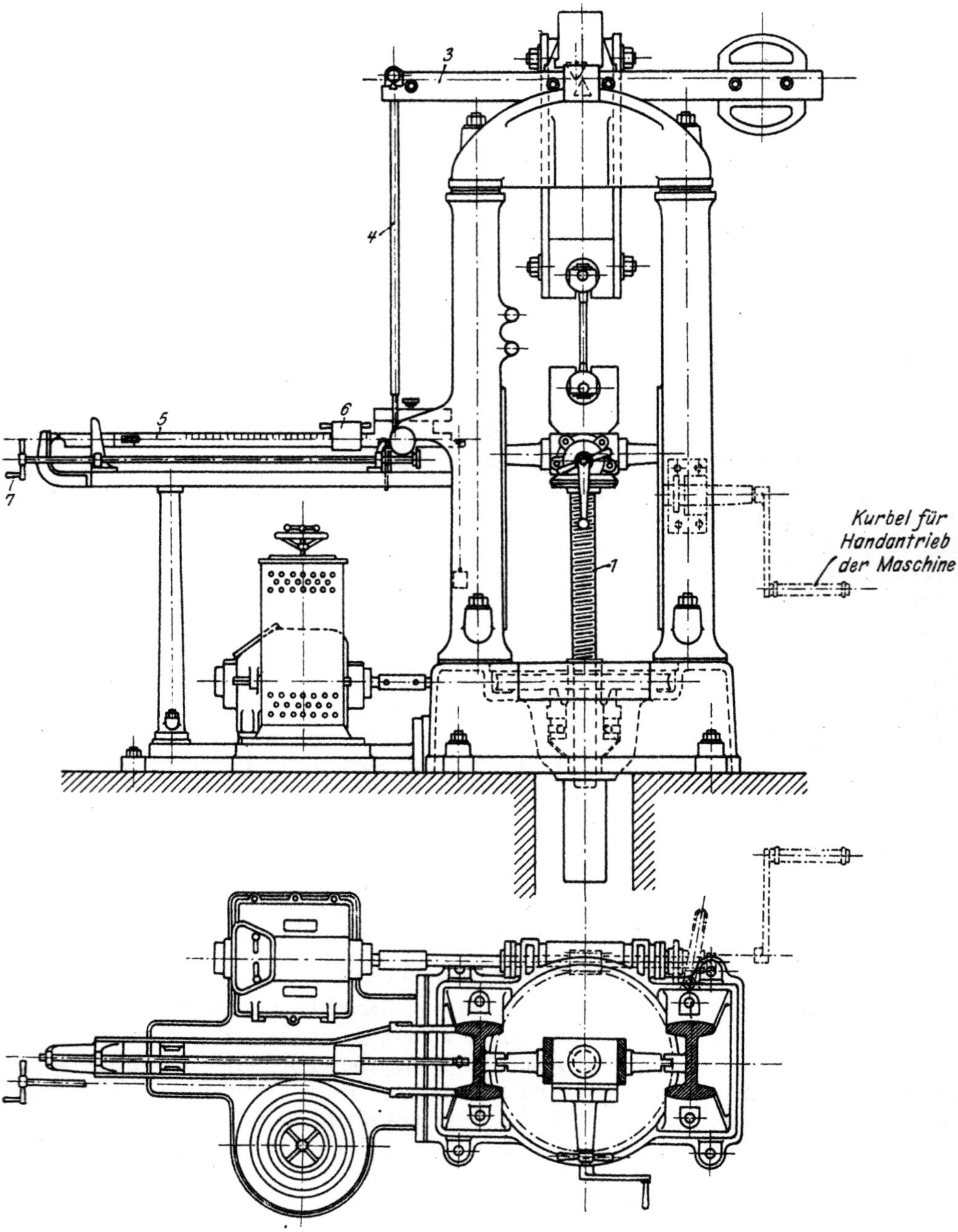

Abb. 606.

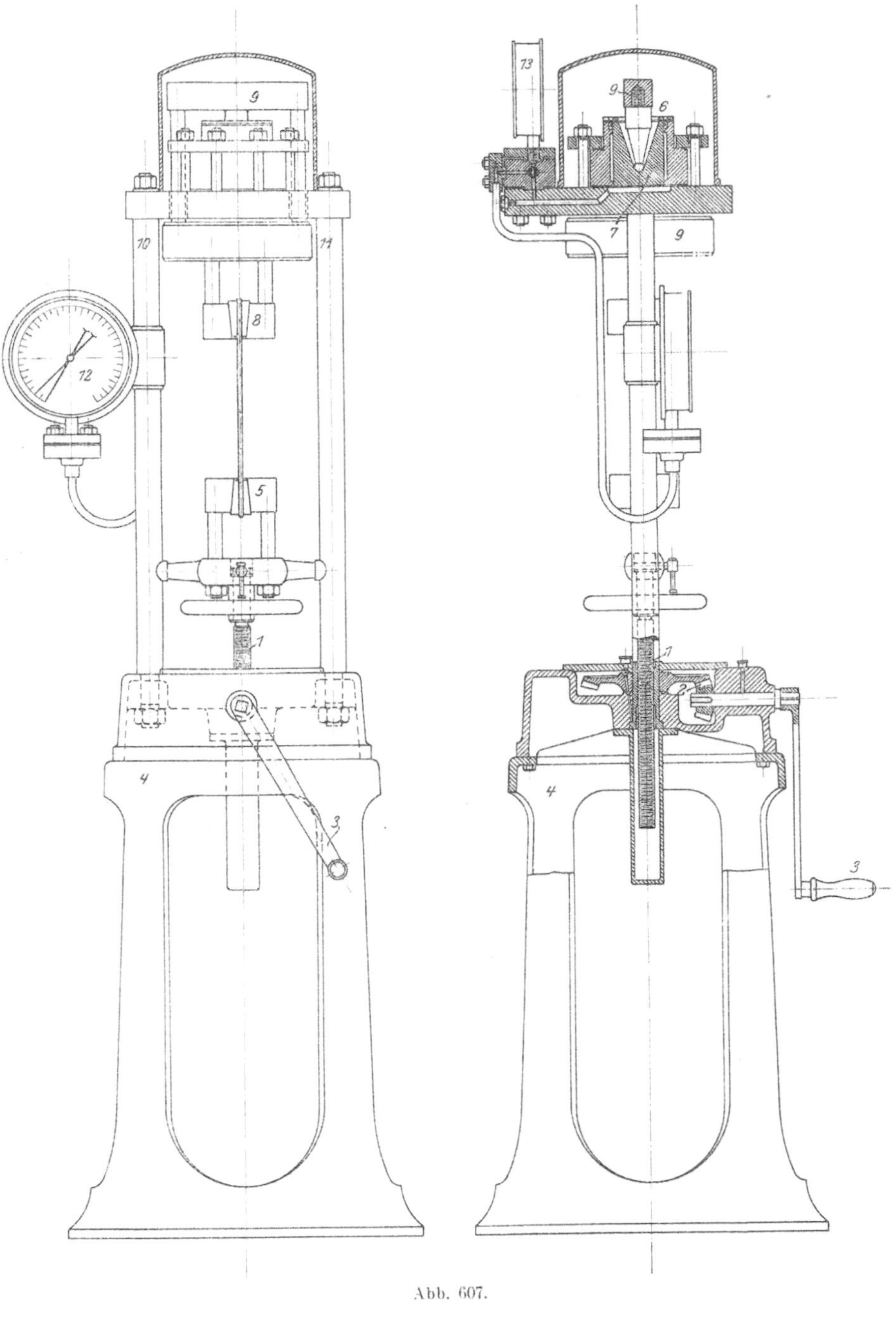

Abb. 607.

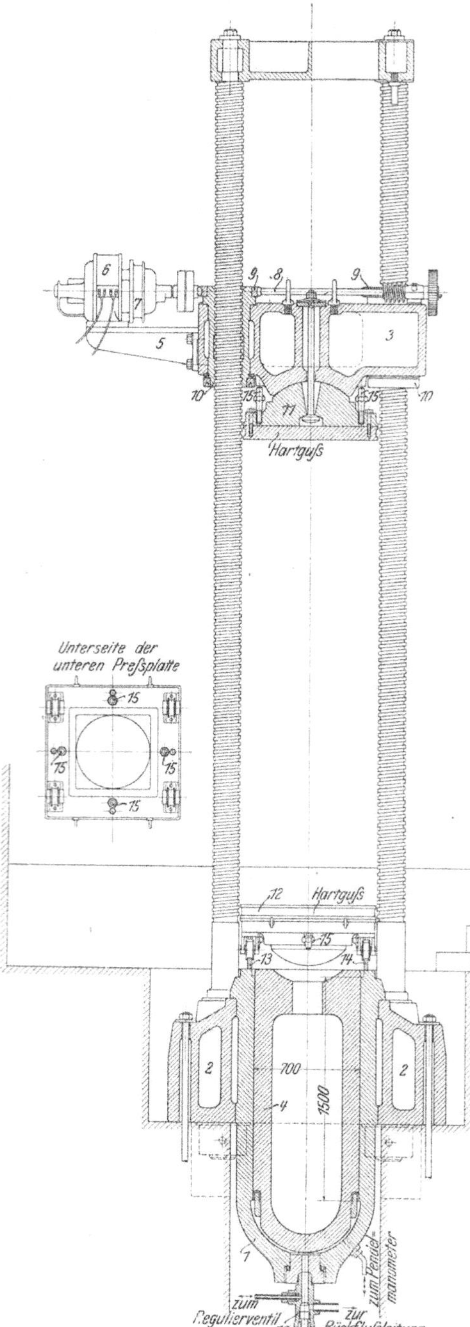

auf 40 Umdrehungen pro Minute reduziert wird. Die Kupplung ist unmittelbar mit der Antriebswelle 8 für die Schnecken mit Schneckenrädern 9 verbunden, die an den Gewindebüchsen 10 der vier Maschinensäulen befestigt sind, auf denen das Querhaupt ruht. Durch Umschalten der Drehrichtung des Motors kann das Querhaupt auf und nieder geschraubt werden. Die Maschine ist mit zwei in Kugelschalen beweglichen Preßplatten 11 und 12 versehen. Die obere 11 ist an dem oberen Querhaupt 3 aufgehängt, ohne daß ihre Beweglichkeit dadurch gehemmt wäre, und die untere ist mit Rädern versehen, mit denen sie sich auf Schienen 13 und 14 setzt, wenn der Kolben 4 entsprechend abgesenkt wird. Zum Ausrichten der Platten beim Einsetzen eines Probekörpers dienen die Preßschrauben 15. 16 ist ein Ventil zum schnellen Entleeren des Zylinders. Als Preßflüssigkeit wird Rizinusöl benutzt.

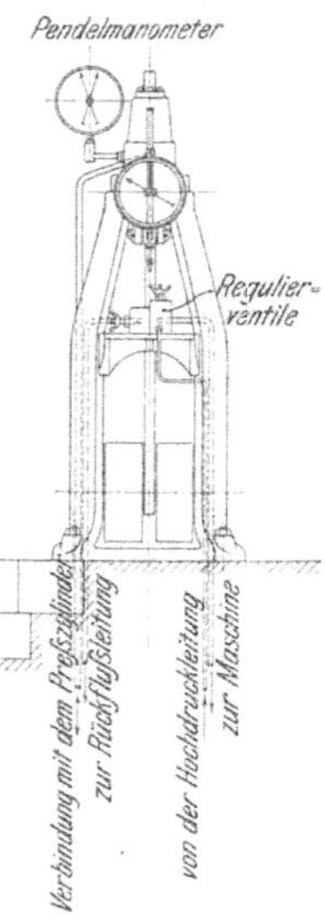

Abb. 608.

Die Prüfungsmaschine findet in erster Linie zur Prüfung von Mauerwerkskörpern (s. S. 526), Brückengelenksteinen (s. S. 530) und wegen ihrer großen Einspannlänge von 4,5 m zu Knickungsversuchen mit Säulen größeren Querschnittes Verwendung. Über die Zuverlässigkeit ihrer Anzeige s. S. 624.

Leunersche Materialprüfungsmaschin

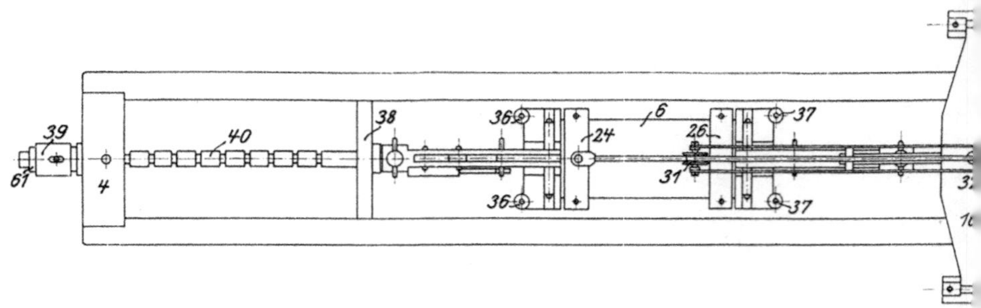

Kontrolvorrichtung zur Eichung des Kraftanzeigers

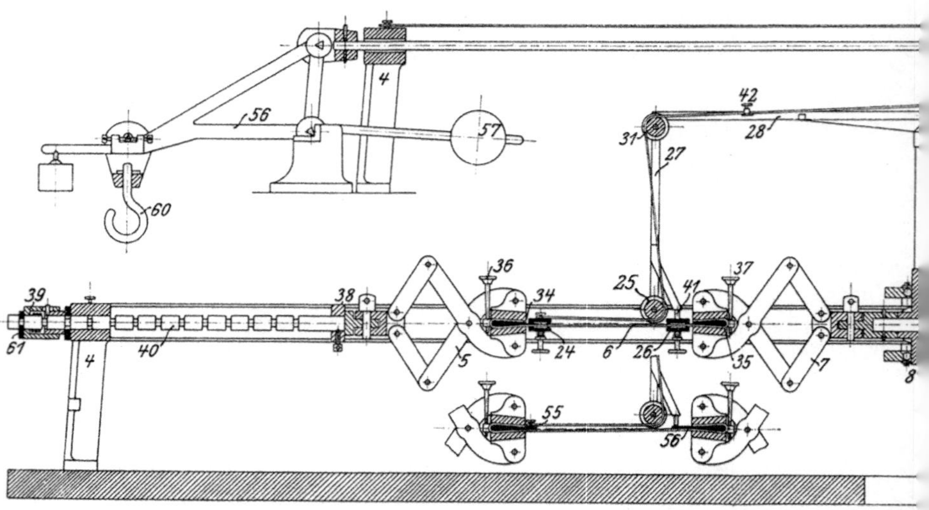

‹…›che mit 3000 kg größter Kraftäußerung.

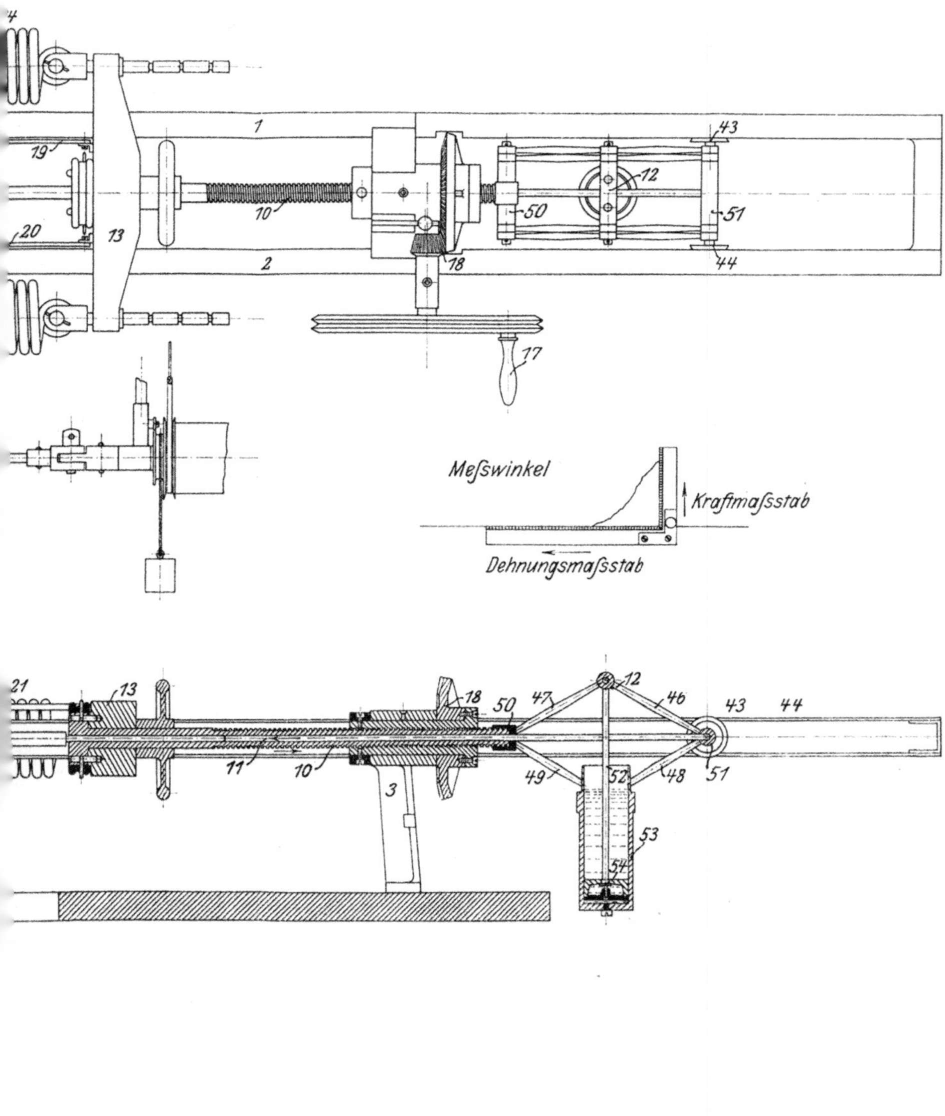

Zu S. 665.

6. Materialprüfungsmaschinen von Oskar Leuner in Dresden.

§ 394. Allgemeines.

Die Maschinen von Leuner haben als Krafterzeuger Schraubenspindeln mit Antrieb durch Zahnrädervorgelege oder auch hydraulische Pressen und als Kraftmesser Federn (s. § 372), deren Dehnungen unmittelbar auf einen Diagrammapparat übertragen werden. Die Maschinen sind für geringere Kräfte und in der Hauptsache für Zugversuche mit Textilerzeugnissen, Papier, Dachpappe usw. bestimmt. Sie werden aber auch mit Einrichtungen versehen, die die Ausführung von Zugversuchen mit Metallen und anderen Stoffen, sowie von Druck- und Biegeversuchen gestatten.

§ 395. Materialprüfungsmaschine für Zugversuche mit 3000 kg größter Kraftäußerung.

(Ausführung für die Technische Hochschule, Dresden.)

Die Ausführungsform der sog. Leunerschen selbstregistrierenden Materialprüfungsmaschine mit stetiger Belastung und hydraulischer Federfangvorrichtung für Belastungen bis 3000 kg ist in Abb. 609 dargestellt.

Das Maschinengestell besteht aus den beiden U-Eisenschienen 1, 2 und den beiden Tragböcken 3, 4, die in ihrem oberen Teile zugleich als Widerlager für die Kraftaufnahme ausgestaltet sind. An dem Bock 4 greift der feste Einspannkopf 5, eine selbstschließende Hebelklemme, an, die sich bei steigender Beanspruchung des Probestreifens 6 fester zusammenzieht. Der andere Einspannkopf 7 befindet sich an dem zweirädrigen Zeichenwagen 8, dessen Räder in den U-Eisenschienen laufen. Er ist an dem Wagen nicht unmittelbar befestigt, sondern greift an ihm durch Vermittelung der Zugstange 9 an, die in der Schraubenspindel 10 des Krafterzeugers steckt. Dort stützt sie sich gegen die Stange 11, die zur Federfangvorrichtung 12 führt. Mit der Schraubenspindel 10 fest verbunden ist das Querstück 13, an dem die beiden Schraubenfedern 14, 15 des Kraftmessers angreifen. Mit dem anderen Ende hängen sie an dem Wagbalken 16, dessen Hauptachse auf dem Schreibwagen 8 befestigt ist. Die Krafterzeugung erfolgt von der Kurbel 17 mit dem Kegelradvorgelege 18 durch die Schraubenspindel 10. An dem Querstück 13 ist durch die Stäbchen 19, 20 in einer Geradführung der Schreibstift 21 angebracht. Er dient dazu, die Federdehnung auf dem Papier der Schreibtrommel 22 zu verzeichnen. Da der Schreibtrommel durch Vermittelung des Metallbändchens 23 gleichzeitig eine Drehung erteilt wird, deren Größe proportional der Dehnung des Probestreifens ist, stellt die Vereinigung beider Bewegungen das Arbeitsdiagramm dar. Die Übertragung der Dehnung auf die Trommel geschieht, wie oben erwähnt, durch das Metallbändchen 23, das mit der Klemme 24 an dem Probestreifen 6 befestigt ist. Von der Klemme 24 aus ist das Bändchen über die am anderen Ende des Probestreifens angebrachte Rolle 25 und weiter über die Rollen 31, 32 geleitet. Die Rolle 25 sitzt an der Klemme 26, die gleichzeitig zur Stützung des Lenkerstangensystems 27, 28 dient. Das Gewicht 33 an der Schreibtrommel 22 ist bestimmt, das Stahlbändchen 23 stets straff gespannt zu erhalten.

Die Vorbereitung der Maschine für einen Zugversuch geschieht in folgender Weise: Die Enden des Probestreifens, z. B. Dachpappe, werden um je einen Einlagebacken 34, 35 geschlungen und in die beiden Hebelklemmen 5, 7 eingeschoben. Sodann sind in die vorstehenden Ösen der Einlagebacken, hinter den Hauptklemmbacken, je zwei Stifte 36, 37 einzustecken, die dazu dienen, das Selbstschließen der Klemmen einzuleiten und zu sichern. Das feststellbare Querstück 38 ist im Maschinengestell alsdann so weit zurückzubringen, bis das Probestück schwach gespannt ist. Hierauf wird die Federkapsel 39 auf der Nutenstange 40 bis an den Gestellbock 4 herangeschoben und die Gabelscheibe 61 in die hinter der Federkapsel zunächst gelegene Nut eingesteckt. Nunmehr befestigt man die Klemmen 24 und 26 an dem Probestreifen und verbindet das Lenkersystem mit diesem durch Einstecken des Stiftes 41 in die entsprechende Bohrung der Klemme 26. Das Stahlbändchen 23 hängt man mit seiner Öse an den Knopf der Klemme 24 und reguliert die Stahlbandlänge mit der Klemme 42 derart, daß das Belastungsgewicht 33 an der Schreibtrommel 22 sich in seiner höchsten Lage befindet. Hierauf spannt man den Probestreifen mit einer geringen Kraft, die das Anliegen aller Teile gewährleistet, entlastet wieder, ohne aber Lockerung in den beweglichen Teilen zu erzeugen, und zieht durch Nachlassen des Stahlbändchens 23 die Nullinie auf dem Schreibpapier. Nun führe man den Zerreißversuch unter beständiger Beobachtung des Schreibapparates durch. Hierbei werden die Meßfedern 14 und 15 proportional der entwickelten Zugkraft gedehnt, der Schreibstift entsprechend verschoben und die Schreibtrommel entsprechend der Verlängerung des Probestückes gedreht. Beim Bruche des Probestreifens tritt zur Verhinderung des plötzlichen Zurückschlagens der Federn die oben bereits erwähnte Federfangvorrichtung 12 in Wirksamkeit. Sie besteht aus einem Lenkersystem, das auf den Rollen 43 und 44 in dem Maschinenrahmen gelagert und mit einer Flüssigkeitsbremse versehen ist, deren Kolben an dem oberen Lenkerpaar 46, 47 aufgehängt ist. Durch das Querstück 50 ist das Lenkersystem an der Schraubenspindel 10 und mit dem Querstück 51 an der Fangstange 11 befestigt, die in der Bohrung der Schraubenspindel steckt und sich dort beständig gegen die Zugstange 9 stützt.

Die Wirkungsweise der Fangvorrichtung ist die folgende: Beim Zerreißversuch wird die Zugstange 9 des Schreibwagens aus der Schraubenspindel 10 herausgezogen. Infolge der Wirkung des Eigengewichtes des Zylinders 53 der Flüssigkeitsbremse folgt die Fangstange 11 der Zugstange 10 nach. Dadurch wird die Kolbenstange 52 aus dem Zylinder 53 herausgezogen, was Überströmen der Flüssigkeit durch das Ventil 54 unter den Kolben zur Folge hat. Zerreißt der Probestreifen, so will die Zugstange zurückschnellen, trifft dabei aber auf die Fangstange 11, die den Stoß auf die Flüssigkeitsbremse überträgt.

Will man sich bei der Dehnungsmessung damit begnügen, die Entfernungsänderung der Einspannköpfe als gesamte Längenänderung zu betrachten, so kann man das Stahlbändchen an den Zwischenbacken 55 hängen und das Lenkersystem 27, 28 an dem anderen Backen befestigen.

Zur Bestimmung der Meßfederkraft, d. i. zur Eichung des Kraftanzeigers dient die in Abb. 609 besonders dargestellte Kontrollvorrichtung. Zu ihrer Benutzung ist das Querstück 38 mit der Nutenstange 40 aus dem Maschinengestell herauszunehmen und der Winkelhebel 56 auf den am Gestellbock 4 angebrachten Lagerbock zu setzen. Nach Ausbalancieren des Winkelhebels mit dem Gewicht 57 befestigt man an ihm die am Schreibwagen angebrachte Zugstange 58, hängt das Stahlband mit seiner Öse an den Gestellbock 4 der Maschine, stützt das Lenkersystem 27, 28 in der Bohrung 59 der Zugstange 58 und hängt bei 60 ein Kontrollgewichtsstück an den Winkelhebel. Bringt man alsdann den Hebel durch Bewegung des Krafterzeugers zum Einspielen, so entspricht die Länge des vom Schreibstift gezeichneten Striches der Federspannung, die durch das Gewicht hervorgebracht wird. Zum Ausmessen des Diagramms bedient man sich des in Abb. 609 dargestellten sog. Meßwinkels. Auf dem einen seiner Schenkel ist eine Millimeterteilung zum Messen der Dehnungen und auf dem anderen der Kraftmaßstab zur Bestimmung der Belastungen angebracht. Man legt den Meßwinkel derart auf das Diagramm, daß der Dehnungsmaßstab parallel neben der Nullinie und der Nullpunkt des Kraftmaßstabes unmittelbar auf der Nullinie liegt, verschiebt ihn alsdann bis zu der im Diagramm markierten Bruchstelle und liest in dieser Lage die Zerreißbelastung nebst der zugehörigen Dehnung ab. Wird immer die gleiche Meßlänge beim Zerreißversuch benutzt, so kann man auch den Maßstab für die Dehnungsmessung prozentual teilen und alsdann die Bruchdehnung unmittelbar in Prozenten der Meßlänge ablesen. Versieht man ferner noch das Papier des Schreibapparates durch parallele Linien mit einer Teilung, die dem Kraftmaßstabe entspricht, so kann man während des Zerreißversuches, wie bei jeder anderen Maschine mit direkter Kraftanzeige, die auf den Probekörper wirkende Belastung auch unmittelbar ablesen.

7. Materialprüfungsmaschinen von L. Schopper in Leipzig.

§ 396. Zerreißmaschine zur Prüfung von Geweben, Dachpappen u. dgl. mit 150 kg größter Kraftäußerung.

(Ausführung für die Technische Hochschule Dresden.)

Die in Abb. 610 und 611 dargestellte Maschine besitzt einen hydraulischen Krafterzeuger und als Kraftmesser eine Neigungswage. Am Maschinengestell 1 ist der hydraulische Zylinder 2 befestigt, in dem der Kolben 3 steckt, der den unteren Einspannkopf 4 trägt. Die Einspannung geschieht durch Klemmung, indem man den Probestreifen 5 zwischen die zwei gezahnten Backen 6 schiebt und den beweglichen Backen mit der Preßschraube 7 festzieht. Das andere Ende des Probestreifens 5 befestigt man in gleicher Weise am oberen Einspannkopf 8, der an einer Gelenkkette 9 hängt und damit an dem kreisbogenförmig gekrümmten kurzen Arme 10 des Hebels 11 der Neigungswage angebracht ist. Die Neigungswage ist mit einer Rollenschneide bei 12 im Maschinengestell 1 gelagert und bei 14 durch ein Gewicht[1]) belastet. Die Größe des Pendelausschlages wird an der Skala 15 gemessen, und an der Skala 16 wird die Dehnung des Probestreifens abgelesen. Sie wird durch das Zeigerwerk 17, das durch eine Zahnstange mit dem unteren Einspannkopf in Verbindung steht, übertragen.

---

[1]) Es sind drei verschieden große Gewichte vorhanden, damit der ganze Pendelausschlag für 50, 100 oder 150 kg benutzt werden kann.

Das Einspannen des Probestreifens und die Versuchsausführung geschehen in folgender Weise:

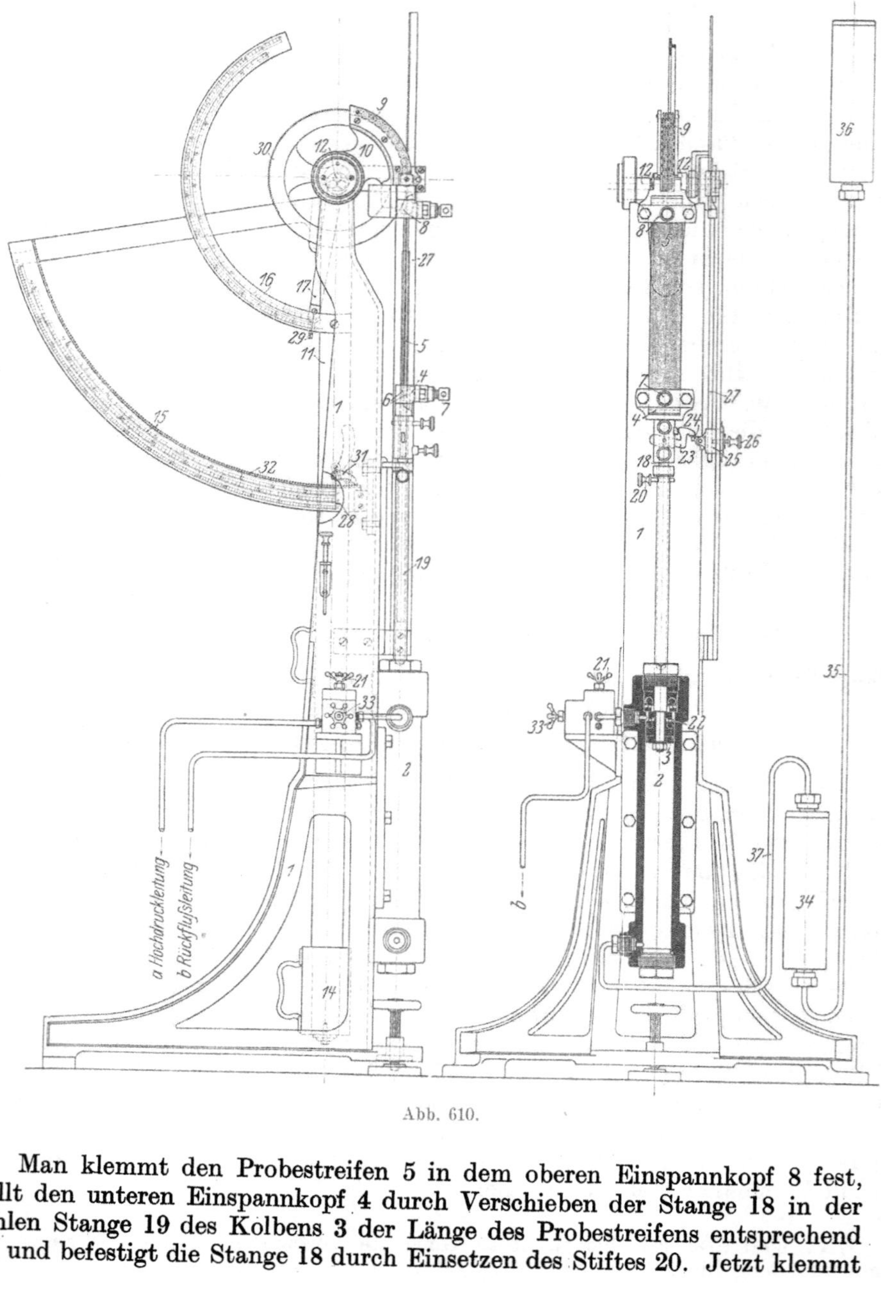

Abb. 610.

Man klemmt den Probestreifen 5 in dem oberen Einspannkopf 8 fest, stellt den unteren Einspannkopf 4 durch Verschieben der Stange 18 in der hohlen Stange 19 des Kolbens 3 der Länge des Probestreifens entsprechend ein und befestigt die Stange 18 durch Einsetzen des Stiftes 20. Jetzt klemmt man den Probestreifen 5 im unteren Einspannkopf fest, läßt durch Öffnen des Ventils 21 Flüssigkeit in den Zylinderraum 22 eintreten, wodurch die Kolbenstange 19 und somit der untere Einspannkopf nach unten gezogen wird. Durch geringe Anspannung des Probestreifens, die gleich dem Gewicht des unteren Einspannkopfes ist, wird der Hebel 23, der zwischen die Stange 18 und den Einspannkopf 4 geschaltet ist, nach unten gedrückt, so daß er in die Bahn der Nase 24 am Schieber 25 kommt. Hierauf wird der Schieber unmittelbar an die Nase 24 herangeschoben und durch Anziehen der Schraube 26 mit der Zahnstange 27 gekuppelt. Jetzt muß der Zeiger 28 der Neigungswage auf den Nullpunkt der Skala 15 und der Zeiger 29 auf den der Skala 16 einspielen. Belastet man alsdann den Probestreifen, so erfährt das Pendel der Neigungswage einen Ausschlag, und der untere Einspannkopf wandert nach unten. Dadurch wird der Schieber 25 ebenfalls nach unten gezogen, und da der Radius des Zahnrades 30 gleich dem kurzen Hebelarm der Neigungswage ist, muß der Zeiger 29 so lange auf den Nullpunkt der Skala 16 einspielen, als keine Dehnung des Probestreifens eintritt. Dehnt sich der Probestreifen, so eilt der untere Einspannkopf dem oberen voraus, und die Wegdifferenz, die gleich der Dehnung ist, markiert sich an der Skala 16. Durch den Bruch des Probestreifens tritt eine plötzliche Entlastung des unteren Einspannkopfes ein, die Ausklinken des Hebels 23 zur Folge hat. Dadurch bleibt der Schieber 25 stehen, und man kann am Zeiger 29 die größte Dehnung des Probestreifens ablesen. Die Neigungswage verbleibt ebenfalls in ihrer höchsten Lage, da die Klinke 31 beständig in die Zahnstange 32 eingreift. Nach Schließen des Ventils 21 für den Flüssigkeitszufluß und Öffnen des Rückflußventils 33[1]) wird durch den auf der Unterseite des Kolbens 3 lastenden Flüssigkeitsdruck der Kolben 3 wieder gehoben. Da hierzu nur geringer Druck erforderlich ist, ordnete Verfasser bei dieser Maschine in Ermangelung einer Niederdruckwasserleitung ein Quecksilbermanometer an, das aus dem Zylinder 34, der Röhre 35 und dem Zylinder 36 besteht. Der Zylinder 2 ist mit Flüssigkeit (Öl) gefüllt

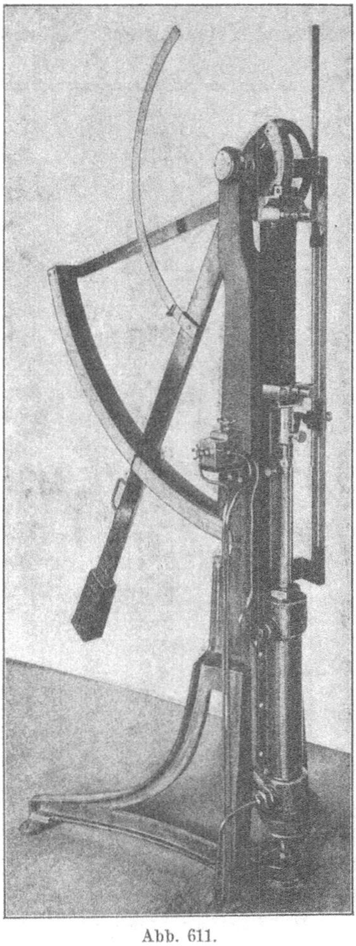

Abb. 611.

[1]) Die Konstruktion des Ventils ist aus Abb. 570, S. 618 ersichtlich.

und steht mit dem Zylinder 34 durch das Rohr 37 ständig in Verbindung. Der Zylinder 34 enthält ebenfalls Öl, auf welchem der Druck des im Rohr 35 und Zylinder 36 befindlichen Quecksilbers lastet.

§ 397. Maschine zum Prüfen von Zementkörpern auf Zugfestigkeit.

Die Maschine (Abb. 612) besteht im wesentlichen aus den zwei in Schneiden gelagerten Hebeln 1 und 2, einer Schraubenfeder 3, einem Zeigerwerk 4, den Einspannklauen 5 und 6 und dem von der Kurbel 7 angetriebenen Krafterzeuger.

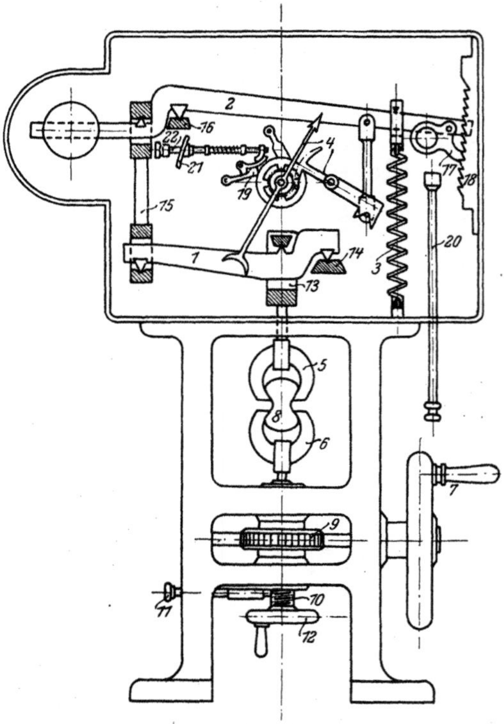

Abb. 612.

Der Probekörper 8 wird in die Einspannklauen 5 und 6 gehängt. Die untere (6) steht mit dem Krafterzeuger in Verbindung, der aus einem durch die Kurbel 7 angetriebenen Schneckenvorgelege mit Schneckenrad 9 und Schraubenspindel 10 besteht. Der Stift 11 dient zur Geradführung der Spindel 10 und muß zurückgezogen werden, wenn die Höhenlage der Einspannklaue 6 durch Drehen der Spindel 10 mit dem Handrad 12 geändert werden soll. Die obere Einspannklaue 5 hängt mit dem Gehänge 13 an dem bei 14 im Maschinengestell gelagerten doppelarmigen Hebel 1, der die auf den Probekörper ausgeübte Zugkraft seinem Hebelverhältnis entsprechend verkleinert durch das Gehänge 15 auf den bei 16 gelagerten Hebel 2 überträgt. Als Widerstand greift an diesem Hebel die Feder 3 an, die um so mehr gespannt wird, je größer die Beanspruchung des Probekörpers wird. Die Dehnung der Feder 3 bzw. der Ausschlag des Hebels 2 wird durch ein am Hebel angebrachtes Zeigerwerk sichtbar gemacht, und der Zeiger gestattet an zwei nebeneinander angeordneten Skalen die Ablesung der gesamten Zugkraft und der Zugfestigkeit des Probekörpers.

Beim Bruch wird das Zurückschnellen der Feder durch die Sperrklinke 17 verhindert, welche in die Zahnstange 18 eingreift. Der Zeiger wird durch den Exzenterhebel 19 in seiner Lage festgehalten. Nach Ablesung der Zeigerstellung beim Bruche werden zuerst durch Heben des Stiftes 20 die Hebel und dann durch Eindrücken des bei 21 am Apparatgehäuse befestigten Stiftes 22 der Zeiger auf die Nullage gebracht.

Der Apparat wird auch mit hydraulischem Antriebe versehen geliefert.

8. Materialprüfungsmaschine der Firma Ernst Krause & Co. in Berlin-Wien.

§ 398. 35 t-Universal-Materialprüfungsmaschine Patent Schiller.

Die Materialprüfungsmaschine (Abb. 613), Patent Schiller, ist für Kraftleistungen bis 35 t bestimmt und gestattet eine weitgehende Verwendungsfähigkeit. Zugversuche mit normalen Zerreißstäben lassen sich ohne weiteres mit ihr vornehmen, und die Anstellung von Druck-, Knick- und Biegeversuchen bietet ebenfalls keine Schwierigkeiten. Für Scher- und Lochversuche, sowie Verdrehungsversuche kann man die Maschine durch Einbau geeigneter Hilfsvorrichtungen ebenfalls benutzen. Besonders beachtenswert ist aber, daß die Maschine auch die Vornahme der Prüfung von Ringen auf inneren radialen Druck, also die Ausführung von Ringzerreißversuchen gestattet, die z. B. bei der Ermittelung der Festigkeit von Schrumpfringen oder dgl. von Bedeutung sind.

Abb. 613.

Als Krafterzeuger dient eine hydraulische Presse und als Kraftmesser werden mehrere Federmanometer verwendet.

Die hydraulische Presse ist in der Kugel 4 (Abb. 613) untergebracht. Sie überträgt ihre Kraft durch das Querhaupt 2 und die Druckstangen 5 und 6 auf das obere Querhaupt 7, in dem das obere Ende des Zerreißprobestabes befestigt wird. Das andere Ende des Probestabes ruht in dem unteren Einspannkopf, der im feststehenden Querhaupt 3 angeordnet wird, das mit dem als Maschinenfuß dienenden Fundamentkasten 1 in Verbindung steht.

In der Abb. 613 ist die Maschine in der Anordnung für Biegeversuche dargestellt. Der Probestab 13 ruht auf beweglichen Widerlagern des Biegebalkens 12, der mit den Druckstangen 5 und 6 in fester Verbindung steht, so daß er bei Eintritt von Druckflüssigkeit in die in der Kugel 4 befindliche hydraulische Presse, nach oben steigt. Dadurch wird der Probestab in der Mitte seiner Länge gegen das feststehende Querhaupt 3 gepreßt und entsprechend durchgebogen.

Bei Druckversuchen wird der Probekörper zwischen dem Biegebalken 12 und dem eben genannten Querhaupt 3 angeordnet.

Die Erzeugung des Flüssigkeitsdruckes zur Betätigung der hydraulischen Presse erfolgt durch die Handpumpe 10, die aber auch durch einen im Maschinenfuß 1 untergebrachten Elektromotor angetrieben werden kann. Zur Kraftmessung dienen die Manometer 11. Das eine reicht als Niederdruckmanometer bis zu 2000 kg Belastung, das andere als Mitteldruckmanometer bis zu 10000 kg Belastung und das dritte als Hochdruckmanometer bis zur Maximalbelastung von 35000 kg. Die Manometer sind jedes für sich abstellbar. Auch bleiben infolge eines eingebauten Abstellapparates die Zeiger der Manometer in ihrer letzten Stellung stehen, sobald infolge Bruches des Probekörpers der Flüssigkeitsdruck im Preßzylinder nachläßt. Dies gestattet eine sichere Ablesung der Höchstbelastung. Das obere Querhaupt *e* der Maschine läßt sich in seiner Höhenlage verstellen, so daß Probestäbe verschiedener Länge geprüft werden können. Da alle Teile der Maschine verhältnismäßig leicht und in einfachster Weise auswechselbar sind, kann schnell von der einen Versuchsart zur anderen übergegangen werden.

9. Materialprüfungsmaschinen von Alfred J. Amsler & Co. in Schaffhausen (Schweiz).

§ 399. Allgemeines.

Die Firma Amsler & Co. baut Materialprüfungsmaschinen und Apparate, sowie Instrumente für alle Zweige des Materialprüfungswesens als Spezialität. Die Maschinen zeichnen sich durch Einfachheit ihrer Handhabung und Zuverlässigkeit ihrer Anzeige aus. Als Krafterzeuger finden hydraulische Pressen ohne Manschetten (s. § 368) oder bei den Maschinen für geringere Kräfte auch Schraubenspindeln mit Schnecken- oder Zahnrädervorgelegen Verwendung. Die Kraftmessung erfolgt bei den größeren Maschinen auf hydraulischem Wege mit Quecksilbermanometern (s. § 375) oder mit Pendelmanometern (s. § 377)[1]. Kleinere Maschinen dagegen sind mit Neigungswage (s. § 371) ausgerüstet.

§ 400. Maschine für Druck- und Biegeversuche mit 150 t Kraftäußerung.

Der ohne Dichtungsmanschette im Zylinder 1 (s. Abb. 614 und 615) bewegliche Kolben 2 des Krafterzeugers trägt am oberen Ende den Biegebalken 3, der bei Biegeversuchen den Probebalken 4 aufnimmt. Dieser ist

---

[1]) Siehe S. 627.

auf den beweglichen Widerlagern 5 und 6 gelagert und in der Mitte lehnt er sich gegen das Widerlager 7, das als Festpunkt am Maschinengestell angeordnet ist, aber mittels der Muttern 8 und 9 an den Schraubenspindeln 10 und 11 auf und ab bewegt werden kann. Diese Schraubenspindeln sind am Zylinder 1 der hydraulischen Presse befestigt und bilden mit dem Fuß 12 derselben das Gestell der Maschine. Abb. 615 zeigt die Ausführungsform der Maschine bei Vornahme eines Druckversuches. Der Probewürfel 13 ruht dabei zwischen den beiden Preßplatten 14 und 15, die in Kugelschalen gelagert sind (s. S. 101). 16 und 17 sind die Rohre, die zum Kraftmesser und zum Druckflüssigkeitsregulierventil führen. Als Kraftmesser finden Pendelmanometer oder Quecksilbermanometer mit Druckreduktor Verwendung.

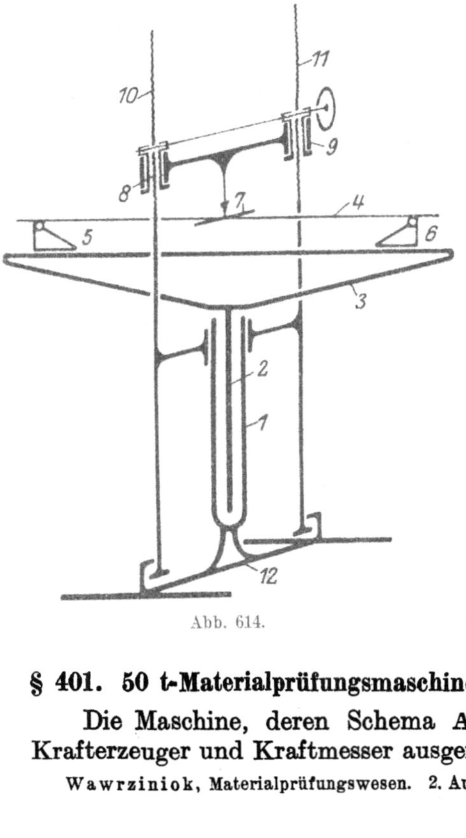

Abb. 614.

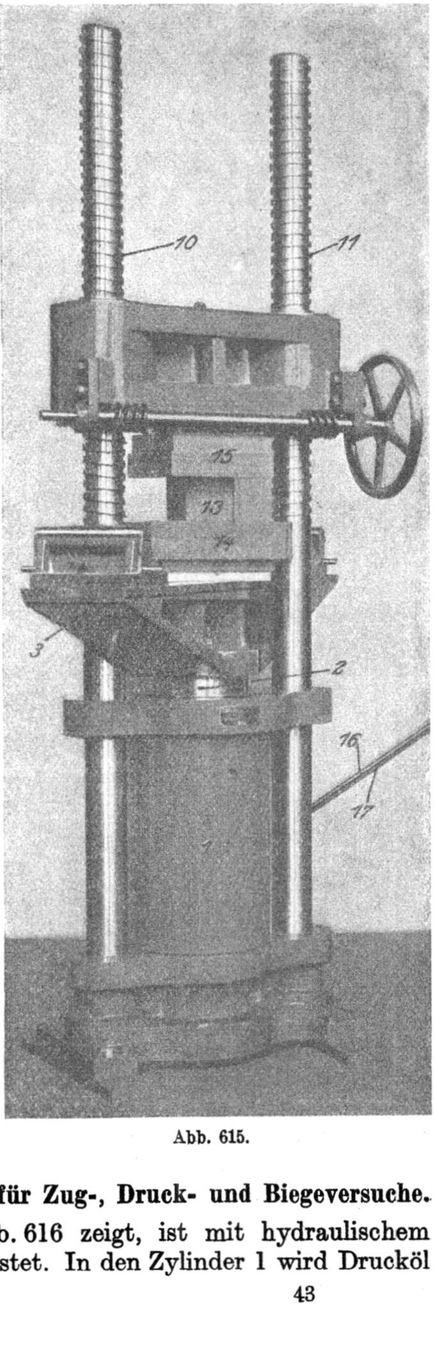

Abb. 615.

§ 401. 50 t-Materialprüfungsmaschine für Zug-, Druck- und Biegeversuche.

Die Maschine, deren Schema Abb. 616 zeigt, ist mit hydraulischem Krafterzeuger und Kraftmesser ausgerüstet. In den Zylinder 1 wird Drucköl gefördert, das den Kolben 2 aufwärts treibt und so die Kraft für Zug-, Druck- oder Biegeversuche hervorbringt. Der Zylinder 1 ist an dem oberen Teil des Gestelles 3 der Maschine befestigt. Auf dem Kolben 2 ruht das Querhaupt 4, das durch Gehänge 5 mit dem Biegebalken 6 verbunden ist, der bei den Zerreißversuchen den oberen Einspannkopf 7 für den Probestab 8 trägt. Das andere Ende von 8 wird im unteren Einspannkopfe 9

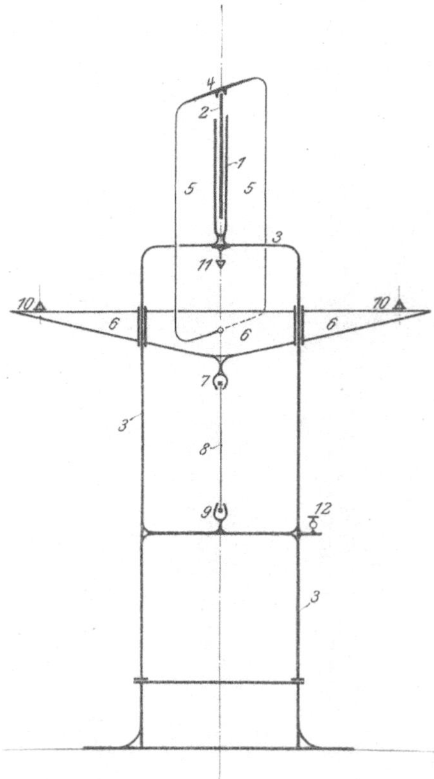

Abb. 616.

Abb. 617.

befestigt. Der Biegebalken 6 trägt die beiden Widerlager 10; die Stützschneide 11 ist am Gestell 3 befestigt. Bei Druckversuchen tritt die obere Preßplatte an Stelle von 11. Die untere Preßplatte wird auf den Biegebalken 6 gelegt. Rechts am Untergestell 3 der Maschine befindet sich das Druckölventil 12. Dieses dient jedoch nur zum Heben und Senken des Kolbens 2 zwecks Einstellung des Einspannkopfes 7 in passende Höhenlage. Die eigentlichen Steuerventile befinden sich am Druckmeßapparat (Quecksilber- oder Pendelmanometer), der abseits von der Maschine aufgestellt ist. Die Ausführung der Maschine mit Pendelmanometer zeigt die Abb. 617.

§ 402. 30 t-Materialprüfungsmaschine für Druckversuche mit Zerreißapparat für Zementprobekörper.

Die Maschine ist eine hydraulische Presse mit hydraulischem Kraftmesser. In den Zylinder 1 (Abb. 618) wird von der Druckpumpe 2 Öl getrieben, das den Kolben 3 aufwärts drückt. Auf dem Kolben 3 ruht in einer Kugelfläche die untere Preßplatte 4. Die obere Preßplatte 5 hängt an der Schraubenspindel 6 und kann mit Handrad 7 der Höhe des Probekörpers entsprechend höher oder tiefer eingestellt werden. Die Erzeugung der Druckkraft geschieht mit der Handpumpe 2, indem die als Kolben ausgestaltete Schraubenspindel 9 durch Drehen der Kurbel 10 in den mit Öl gefüllten Zylinder 11 getrieben wird. Der vom Kolben 3 auf die Preßplatte 4 ausgeübte Druck wird mit dem Quecksilbermanometer 12 gemessen, wobei der im Zylinder 1 herrschende Öldruck zuerst durch ein System von eingeschliffenen leicht spielenden Kolben 13 und 14 (s. § 375) herabgemindert wird.

Links am Gestell 15 der Maschine sitzt der kleine Zerreißapparat 16 für die Zementzerreißproben. Er wird ebenfalls hydraulisch mit der Handpumpe 2 betrieben, und am Quecksilbermanometer 12 wird die Zerreißbelastung abgelesen. Abb. 619 zeigt die Ausführungsform der Maschine.

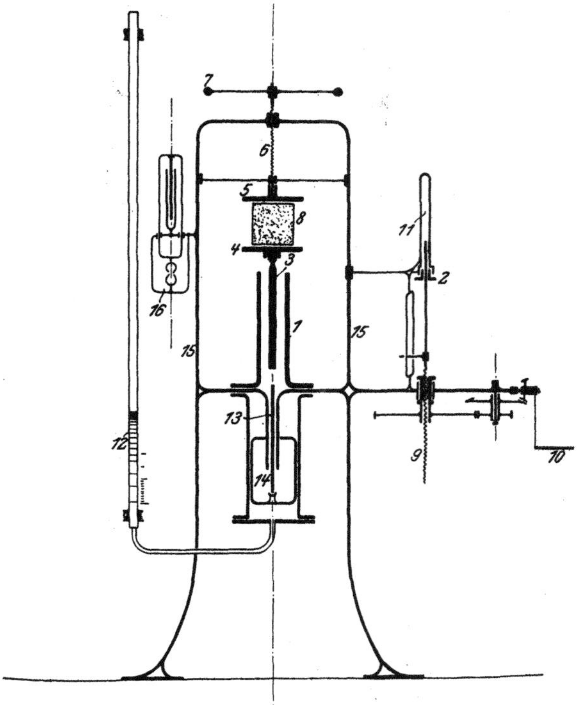

Abb. 618.

§ 403. 5000 kg-Materialprüfungsmaschine für Zugversuche.

Der zu prüfende Probestab 1 (s. Abb. 620) wird an seinen beiden Enden in den Einspannköpfen 2 und 3 befestigt. Zur raschen Einstellung von 2 ist die Kurbel 4 mit dem konischen Räderpaar 5 und der Schraube 6 vorhanden. Der obere Einspannkopf 3 bildet ein Ganzes mit dem Querstück 7, das durch Gehänge 8 auf dem Kolben 9 ruht. Dieser spielt in dem auf dem Gestell 10 befestigten Zylinder 11. Bei auftretender Zugkraft am Einspannkopf 3 drückt der Kolben 9 auf das im Zylinder 11 enthaltene Öl. Der herrschende Flüssigkeitsdruck, das Maß der Zugkraft, wird durch ein Rohr nach dem Druckmeßapparat geleitet. Die Ausübung der Zugkraft geschieht am Einspannkopf 2 durch Schraube 6 und Schneckengetriebe 12. Die Antriebsscheibe 13 kann durch Riemen oder von Hand in Drehung versetzt werden; sie ist durch den Hebel 14 aus- und einrückbar.

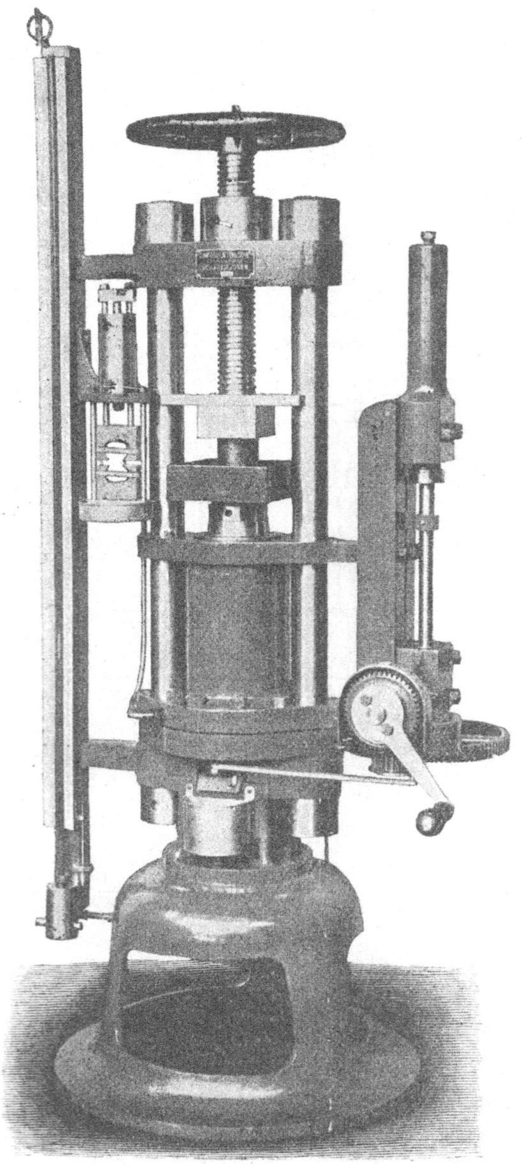
Abb. 619.

Die Maschine der Dresdner Hochschule (s. Abb. 621) ist mit Quecksilbermanometer versehen und zur Vermeidung von Erschütterungen durch das Vorgelege für Feinmeß-Zugversuche an die Hochdruckölleitung angeschlossen. Die Flüssigkeit tritt durch das vorn an der Maschine (s. Abb. 621) befestigte Regulierventil in den Zylinder 11 ein (s. Abb. 620), hebt dadurch den Kolben 9 und spannt den Probestab 1. Ein links am Manometer (Abb. 621) angebrachter Diagrammapparat, dessen Konstruktion in § 343 beschrieben ist, gestattet die Aufnahme von Arbeitsdiagrammen.

§ 404. Zug- und Torsionsmaschine[1]) für 30 t und 150 mkg.

Die Maschine (s. Abb. 622) entspricht in ihrem Aufbau einer Zerreißmaschine, die durch einen Torsionsapparat ergänzt ist. Dementsprechend können mit der Maschine entweder Zugversuche oder Torsionsversuche allein ausgeführt werden oder sie kann zu Versuchen dienen, bei denen der Probestab gleichzeitig Zug- und Torsionsbeanspruchung erfährt. Die Krafterzeugung für Zugbeanspruchung erfolgt durch eine hydraulische Presse und die für die Torsionsbeanspruchung mittels eines Schneckenradgetriebes, das durch eine Handkurbel betätigt wird. Zur Kraftmessung finden Quecksilbermanometer mit Druckreduktionsapparaten Verwendung.

[1]) Ausführung für die Technische Hochschule Dresden.

1 ist der Probestab, der in den Einspannköpfen 2 und 3 sowohl für Zug- als auch für Torsionsbeanspruchung sicher befestigt werden kann. Der untere Einspannkopf 3 ist als der feststehende zu betrachten. Er ist in seiner Höhenlage mittels des Rädervorgeleges 4 und der Handkurbel 5 in der Weise einstellbar, daß durch Betätigung der Handkurbel 5 die Tragspindel 6 des Einspannkopfes 3 im Maschinenfuß 7 hinauf- oder heruntergeschraubt werden kann. Das Querhaupt 8 des Einspannkopfes 3 gleitet mit seinen Führungen 9 und 10 an den Maschinensäulen 11 und 12, die durch das obere Querhaupt 13 verbunden sind. Auf diesem ist der hydraulische Preßzylinder 14 angeordnet, dessen Kolben 15 das Querhaupt 16 in Spitzenlagerung trägt. Am Querhaupt 16 hängen die Zugstangen 17 und 18, die an ihrem unteren Ende mit dem Einspannkopf 2 in Verbin-

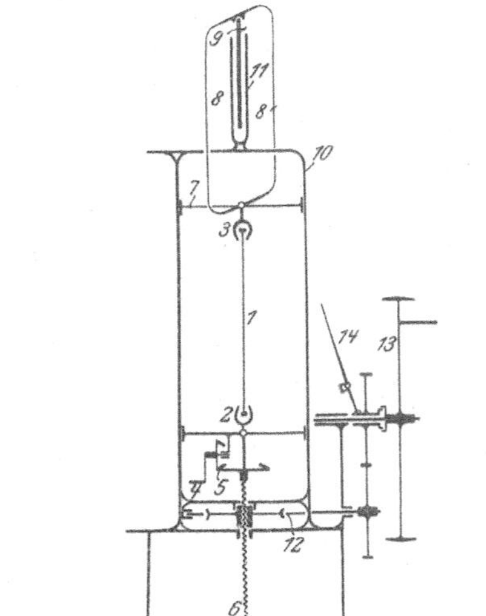

Abb. 620.

Abb. 621.

dung stehen. Wird durch Einpressen von Drucköl in den Zylinder 14 der Kolben 15 gehoben, dann steigt der Einspannkopf 2 nach oben und übt eine Zugbeanspruchung auf den Probestab 1 aus, deren Größe an dem Manometer 19 abgelesen werden kann, und zwar in zweierlei Übersetzungen, entsprechend dem jeweils im Druckreduktionsapparat eingestellten Kolbensystem (s. S. 626). Das Einlassen des Drucköles erfolgt durch Öffnen des Ventiles 20 und das Ablassen durch Betätigung des Ventiles 21.

Zur Erzeugung der Torsionsbeanspruchung des Stabes 1 kann der untere Einspannkopf 3 mittels eines Schneckenradvorgeleges, zu dem das Rad 22 und die Handkurbel 23 gehören, gedreht werden, wobei ein bei 24 angeordnetes Zählwerk die Anzahl der Umdrehungen und deren Teile anzeigt. Die Messung des Torsionsmomentes erfolgt hydraulisch mittels der beiden kleinen Pressen 25 und 26. Die Zylinder dieser beiden Pressen sind am Querhaupt 13 der Maschine in horizontaler Anordnung befestigt. In ihnen stecken Kolben, die mittels besonderer Zugvorrichtungen mit den Zugstangen 17 und 18 in Verbindung stehen, und zwar derartig, daß bei Verdrehen des oberen Einspannkopfes 2, wobei die Zugstangen 17 und 18 der Verdrehung folgen müssen, die Kolben in die Zylinder hineingepreßt werden. Der dadurch in den Zylindern entstehende Flüssigkeitsdruck überträgt sich durch das Rohr 27 auf das Manometer 28, an dem das Drehmoment unmittelbar abgelesen werden kann, trotzdem es sich lediglich um eine Druckanzeige handelt. Der Druck ist aber infolge der baulichen Anordnung der Vorrichtung unmittelbar proportional dem Drehmoment, da bei jedem Drehmoment der Hebelarm, an dem die Kraft wirkt, gleich groß ist. Es ist daher möglich, die Skala des Manometers 28 in cmkg einzuteilen. Diagrammapparate gestatten die Festlegung der Dehnung des Probestabes bei Zugversuchen oder der Verdrehung einer bestimmten Länge desselben bei Torsionsbeanspruchung.

Abb. 622.

Die Versuchsausführung mit dieser Maschine ist bequem und überaus zuverlässig wegen der Übersichtlichkeit des Zusammenwirkens der Einzelteile.

Durch Mitbenutzung von Feinmeßinstrumenten lassen sich auch Versuche zur Ermittelung der Dehnungszahl und der Schubzahl durchführen. Während dabei für die Dehnungsmessung Martenssche Spiegelapparate Benutzung finden können, gestattet die in Abb. 157. S. 157 dargestellte Spiegelanordnung die einwandfreie Bestimmung der Schiebung an der Staboberfläche zur Errechnung der Schubzahl nach der auf S. 151 angegebenen Berechnungsweise.

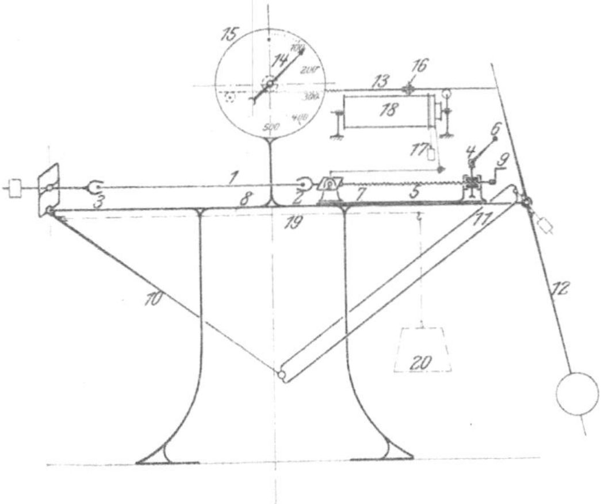

Abb. 623.

§ 405. 1000 kg-Materialprüfungsmaschine für Zerreißversuche mit Diagrammapparat.

Das Probestück 1 (Abb. 623) wird in den Einspannköpfen 2 und 3 festgehalten. Der Einspannkopf 2 wird während des Versuches durch Schneckengetriebe 4 und Schraubenspindel 5 durch Kurbel 6 langsam

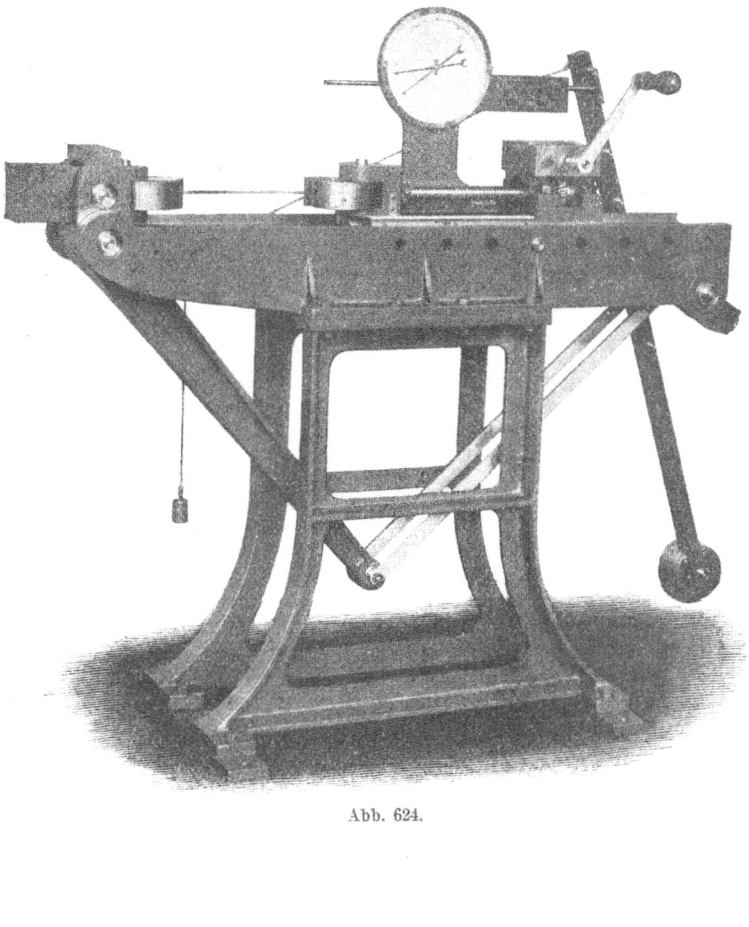
Abb. 624.

nach rechts bewegt. Die der Stablänge entsprechende grobe Einstellung des Einspannkopfes 2 wird bewirkt durch Verschieben des Schlittens 7 in dem Rahmen 8, die feine Einstellung durch Drehen der Spindel 5 mit Hilfe der Kurbel 9. Der Einspannkopf 3 ist am kurzen Arm des zweiarmigen Hebels 10 angehängt, der durch den Zaum 11 mit dem Pendel 12 verbunden ist. Bei Ausübung der Zugkraft auf den Probestab 1 wird das Pendel 12 nach rechts aus der Gleichgewichtslage getrieben. Die Neigung des Pendels, das Maß der Zugkraft, überträgt sich durch Zahnstange 13 auf die Achse des Zeigers 14 des Zifferblattes 15. Die Stange 13 trägt den Schreib-

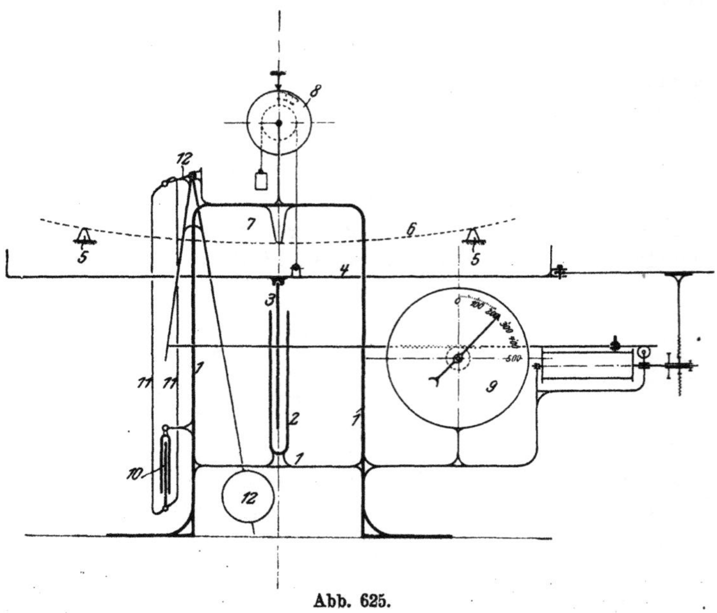

Abb. 625.

stift 16 zur Aufzeichnung des Diagrammes auf der durch Schnurlauf 17 angetriebenen Trommel 18.

Zur Kontrolle der Maschine wird der horizontale Hebel 19 an dem Hebel 10 befestigt und an der Endschneide mit Gewichten 20 belastet.

Die Ausführungsform der Maschine zeigt Abb. 624.

§ 406. 2000 kg-Materialprüfungsmaschine für Biegeversuche.

Die Maschine ist eine hydraulische Presse mit Pendelmanometer. In dem auf dem Gestell 1 (Abb. 625) befestigten Zylinder 2 wird durch Drucköl der Kolben 3 aufwärts getrieben. Auf dem Kolben 3 ruht der Balken 4 mit den beiden Widerlagern 5 zur Aufnahme des Probestabes 6. Beim Steigen des Kolbens 3 wird der Probestab gegen die am Gestell 1 befestigte Stützschneide 7 gedrückt. Der Zeiger am Zifferblatt 9 zeigt die zum Biegen aufgewendete Kraft an. Die Übertragung des im Zylinder 2 herrschenden

Flüssigkeitsdruckes auf den Zeiger am Zifferblatt 9 geschieht durch ein Pendelmanometer (s. § 377) mit Kolben 10, Zaum 11 und Pendel 12. Dieser Meßapparat bewirkt auch die Aufzeichnung der Kraft am Schreibapparat. Die Durchbiegung des Probekörpers 6 wird am Zeigerapparat 8 als Annäherung der Widerlager an die Stützschneide 7 gemessen.

Die Ausführungsform der Maschine ist aus Abb. 626 ersichtlich.

§ 407. Biegemaschine für Beanspruchung durch verteilte Lasten.

Auf dem durch Querrippen versteiften I-Balken 1 (Abb. 627) stehen eine Anzahl Preßzylinder 2 von gleicher Bohrung. Unter der Wirkung der Druckflüssigkeit steigen die Kolben 3 in allen Zylindern gleichmäßig in die

Abb. 626.

Höhe und drücken von unten gegen den Probekörper 4, der sich gegen zwei Schneiden 5 lehnt. Auf jedem Kolben 3 ist die Schneide 6 gelagert. Jeder Zylinder 2 steht als Ganzes allseitig beweglich auf der Unterlage 7. Um Standsicherheit des ganzen Systems zu bewahren, wird einer der Zylinder festgestellt. Die beiden Schneiden 5 lassen sich der oberen Fläche des Probekörpers 4 anpassen. Die beiden Rahmen 8 sind auf dem Balken fahrbar angeordnet. Beim Steigen der Druckkolben 3 lehnt sich der Probekörper 4 gegen die beiden Schneiden 5 und drückt das Querstück 9 wälzend gegen den I-Balken 1. Zur Druckmessung dient das rechts vor der Maschine aufgestellte Pendelmanometer, neben dem auch eine maschinell betriebene Preßpumpe steht.

Zur Messung der Biegung des Probekörpers 4 dienen Zeigerapparate. Sie bestehen aus Tastern 10, die in passender Entfernung voneinander fest-

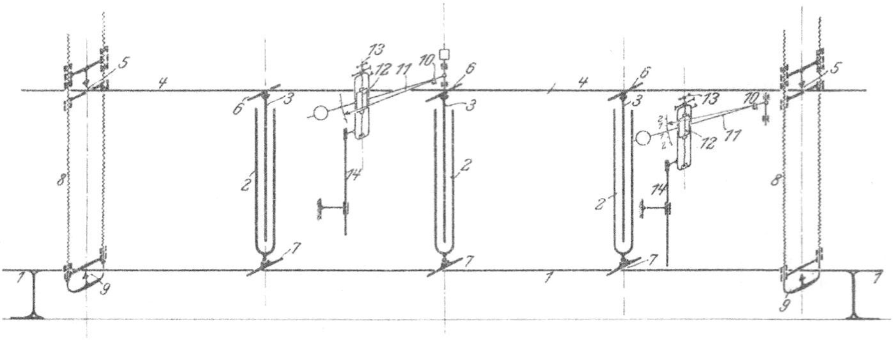

Abb. 627.

geklemmt werden. Jeder Taster besteht aus dem Fühlhebel 11, der den Probekörper berührt. Der Fühlhebel 11 wird von dem Schlitten 12 getragen,

Abb. 628.

der mit Mikrometerschraube 13 so auf- und abwärts bewegt wird, daß der Zeiger des Fühlhebels auf eine Marke einspielt. Der Taster 10 läßt sich auf der ihn tragenden Stange 14 drehen, wird jedoch beim Messen in einer bestimmten Lage gesichert. An Stelle der Taster finden aber auch Zeigerapparate Verwendung, wie die Abb. 628 erkennen läßt, welche die Ausführungsform der eben schematisch beschriebenen Maschine zeigt.

§ 408. 150 mkg-Torsionsmaschine mit Diagrammapparat.

Die Enden des Probestabes 1 (Abb. 629) werden in den Einspannköpfen 2 und 3 festgehalten. Zur Ausübung der Torsion dient das Schnecken-

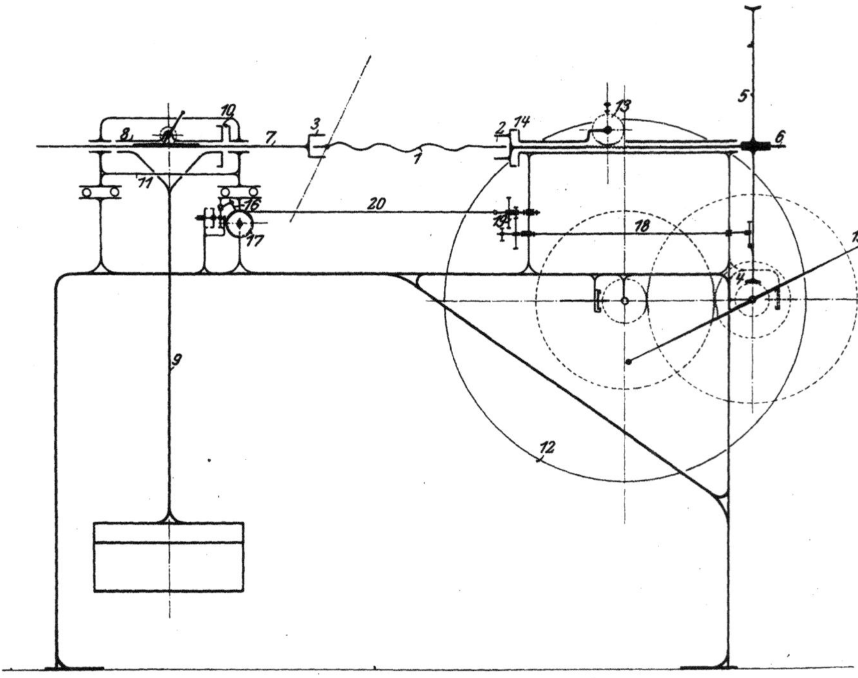

Abb. 629.

getriebe 4. Schneckenrad 5, Welle 6 und Einspannkopf 2 bilden ein Stück. Der Einspannkopf 3 bildet ein Stück mit der horizontalen Stange 7, die sich zwar in der Nabe 8 des Pendels 9 verschieben läßt, aber durch Keile gegen Drehung in der Nabe gesichert ist. Bei Ausübung einer Drehkraft auf den Probestab 1 neigt sich das Pendel 9. Die Abweichung des Pendels aus der Gleichgewichtslage ist das Maß der Torsionskraft, die auf einer eingeteilten Scheibe 10 abgelesen wird. Bei Verlängerung oder Verkürzung des Probestabes 1 können sich die Pendellager auf einem Wagen 11 in der Richtung der Achse des Probestabes verschieben. Ebenso ist der Einspannkopf 3 durch die an Stange 7 angebrachte Zahnstange in dieser Richtung verschiebbar. Der Antrieb der Maschine geschieht durch eine Riemenscheibe 12 maschinell oder von Hand durch eine Kurbel und wird durch Stirnradübersetzung auf die Schneckenwelle 4 übertragen. Die ganzen Umdrehungen des Schneckenrades 5 werden an dem Zähler 13, die Bruchteile an der Scheibe 14 abgelesen. Zum genauen Einstellen des Schneckenrades 5 beim Einspannen von 1 dient ein Handrad 15. Das Diagramm wird durch den Schreibstift 16 auf die Trommel 17 gezeichnet, die von 5 aus durch die Welle 18, das Zahnradvorgelege 19 und Welle 20 in Umdrehung versetzt wird.

Als Kontrollvorrichtung wird ein am Einspannkopf 3 befestigter Hebel (strichpunktiert gezeichnet) direkt mit Gewichten belastet.

Die Ausführungsform der Maschine zeigt Abb. 630.

Abb. 630.

§ 409. 6 mkg-Torsionsmaschine.

Die Enden des Probestabes 1 (Abb. 631) werden in zwei Futtern 2 und 3 festgeklemmt. Das Einspannfutter 2, durch die Kurbel 4 gedreht, verwindet das Probestück 1. Die Anzahl der Verwindungen überträgt sich durch die Kurbelwelle auf den Zähler 5; die Bruchteile sind an der eingeteilten Scheibe 6 ablesbar. Eine Umstellung der Kurbel 4 erlaubt, das Futter rasch zu drehen. Das Einspannfutter 3 sitzt auf der Drehachse 7 des Pendels 8. Bei Verwindung des Probestückes 1 neigt sich das Pendel 8. Die Größe dieser Abweichung, das Maß des Torsionsmomentes, wird an der eingeteilten Scheibe 9 angezeigt. Die Pendelbewegung überträgt sich durch Stange 10 auf die eingeteilte Scheibe 11, die das Torsionsmoment anzeigt; ein Nonius gibt die

Bruchteile an. Der Schieber 12 zeigt beim Bruch des Probestückes 1 das größte Torsionsmoment an. Die Stange 19 mit dem Schreibstift 13 verschiebt sich

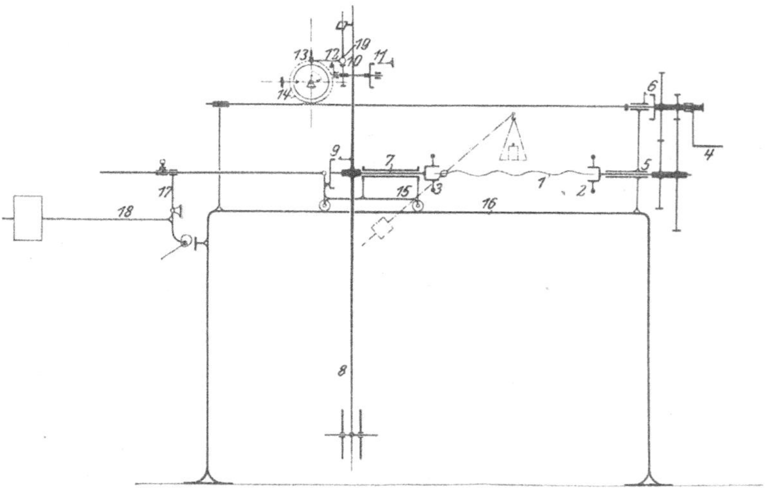

Abb. 631.

bei der Pendelbewegung horizontal auf der von der Kurbelwelle in gleichmäßige Umdrehung versetzten Trommel 14 und zeichnet das Diagramm. Das Pendel 8 samt dem Diagrammapparat wird von dem Wagen 15 getragen und kann, der Länge des Probestückes entsprechend, auf dem Tisch 16 verschoben werden. Der Wagen 15 ist an den Winkelhebel 17 angehängt, dessen horizontaler, durch ein Laufgewicht belasteter Arm 18 das Bestreben hat, das Probestück 1 in angemessener Spannung zu halten.

Abb. 632.

Zur Kontrolle der Maschine dient ein am Einspannfutter 3 anzubringender Hebel (strichpunktiert gezeichnet) mit Gewichtsbelastung.

Die Ausführungsform der Maschine, jedoch mit elektromotorischem Antrieb, zeigt die Abb. 632. Sie besitzt, im Gegensatz zu den älteren Maschinen der gleichen Art, die nur mit Handkurbelantrieb ausgestattet

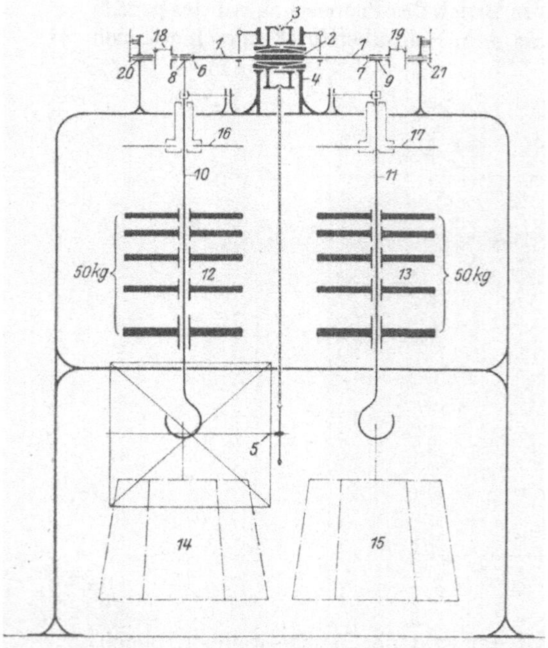

Abb. 633.

Abb. 634.

sind, noch den Zeigerapparat *a*, welcher dauernd das jeweils auf den Probestab ausgeübte Drehmoment anzeigt, so daß dem Diagrammschreiber *b* ausschließlich die Aufzeichnung der Verdrehung als Funktion des Drehmomentes überlassen bleibt.

§ 410. Maschine für Dauerbiegeversuche.

Die Abb. 633 zeigt das Schema einer Dauerbiegemaschine. Bei ihr ist der Probestab 1 mit seinem dickeren Mittelstück 2 in den mit der Antriebsriemenscheibe 3 versehenen Spindelstock 4 derartig eingespannt, daß er durch den Elektromotor 5 (s. Abb 634) in Rotation (1000 Umdrehungen in der Minute) versetzt werden kann. An den beiden freien Enden 6 und 7 des Probestabes 1 hängen in Kugellagern 8 und 9 die Tragstangen 10 und 11 für die Belastungsgewichte 12 und 13, deren Schwere noch durch Anhängen der Zusatzgewichte 14 und 15 vergrößert zu werden vermag, wenn die Gewichte 12 und 13 nicht ausreichen. Durch Hinaufschrauben der Handräder 16 und 17 können die Gewichte 12, 13, 14 und 15 abgestützt und die Stabenden entlastet werden. Die Kuppelungen 18 und 19 dienen zur Übertragung der Drehbewegung des Probestabes 1 auf die Zählwerke 20 und 21, welche stehenbleiben, sobald das zugehörige Stabende zerbricht. Sie zeigen infolgedessen die gesamten bis zum Bruche aufgewendeten Biegungs- bzw. Belastungswechsel an. Die Abb. 634 läßt die Ausführungsform der Maschine erkennen. Der Probestab muß zylindrisch und im mittleren Teil 18 mm dick sein. Seine ganze Länge muß 360 mm betragen, wenn er an beiden Enden beansprucht werden soll. Bei einseitiger Einspannung nur des einen Endes genügt eine Gesamtlänge von 220 mm. (Über die Durchführung von Dauerversuchen s. S. 180 ff.)

§ 411. Hin- und Herbiegeapparat zur Prüfung von Drähten.

Der Apparat dient zur Ausführung der im § 108 besprochenen Hin- und Herbiegeprobe. Der Draht 1 (Abb. 635) wird zwischen die Klemmbacken 2 und 3 des durch die Preßschraube 4 zu betätigenden Schraubstockes 5 eingeklemmt, wobei Backen mit einer Abrundung von 2, 4, 6 oder 8 mm Radius Verwendung finden. Das freie Ende des Drahtes 1 ist durch ein seiner Dicke entsprechendes Loch im Mitnehmer 6 hindurchgesteckt. Dünne Drähte werden dabei durch die federnde Spannvorrichtung 7 gespannt erhalten. Durch Hin- und Herschwingen des Hebels 8 wird der zu prüfende Draht um die abgerundeten Kanten der Klemmbacken 2 und 3 so lange um 180° hin und her gebogen, bis er bricht. Der Tragbolzen des Hebels 8 führt durch den Lagerkörper 9 hindurch zum Schaltwerk 10, das den Zählapparat 11 betätigt, an welchem die Biegezahl nach dem Bruche des Drahtes abgelesen werden kann. Der Apparat ist auf einem Tisch zu befestigen.

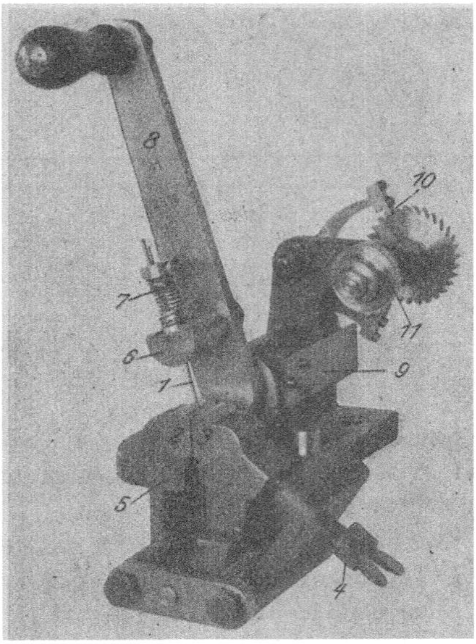

Abb. 635.

IV. Die Kontrolle der Materialprüfungsmaschinen.

§ 412. Allgemeines.

Ein wichtiger Faktor im Materialprüfungswesen ist die Kontrolle der Prüfungsmaschinen hinsichtlich der Richtigkeit ihrer Anzeigen. Selbst sehr gute und sorgfältig durchkonstruierte Maschinen sind wertlos, wenn nicht die Möglichkeit geboten ist, die Zuverlässigkeit der mit ihnen gewonnenen Versuchsergebnisse jederzeit zu kontrollieren. Fast alle Prüfungsmaschinen und in besonders hohem Maße diejenigen, welche als Kraftmesser eine Wage (Feder- oder Hebelwage) besitzen, erleiden durch den Gebrauch Veränderungen. Maschinen mit Kraftmessung durch Federwagen, wo die Zusammendrückung bzw. Dehnung oder die Biegung der Feder als Maß für die Kraftäußerung gilt, werden schon durch Temperaturänderungen und Spannungsausgleiche (s. § 28) des Federmaterials beeinflußt. Ihre Anzeige wechselt stets und um so mehr, je komplizierter der Zwischenmechanismus ist, der die Ablesevorrichtung mit der Feder verbindet.

Bei den Maschinen mit Hebelwage als Kraftmesser erleiden die Schneiden durch die häufig wechselnden Belastungen Abnutzungen, oder sie dringen in die Widerlager ein (s. S. 621). In jenem Falle ändert sich das Übersetzungsverhältnis des Waghebels je nach der Art der Abnutzung und in diesem die Empfindlichkeit der Wage. Beides veranlaßt jedenfalls Veränderungen der Meßvorrichtung, was falsche Versuchsergebnisse zeitigt. Die geringsten Veränderungen erleiden diejenigen Maschinen, bei denen die Kraft auf hydraulischem Wege durch Quecksilbermanometer (Amslersche Maschinen) gemessen wird. Es ist nur erforderlich, Kolben und Zylinderflächen der Maschinen sauber zu halten und vor Beschädigungen zu bewahren. Wo dagegen zur Messung des hydraulischen Druckes Federmanometer Anwendung finden, ist ständige Prüfung der Maschinen unerläßlich. Selbstverständlich ist auch bei sorgsamster Pflege der Materialprüfungsmaschinen vollkommene Genauigkeit niemals erreichbar und auch nicht notwendig. Es genügt, wenn die Maschinen eine Genauigkeit von $\pm 1\%$ in der Kraftanzeige besitzen, weil unsere Materialien selbst nicht homogen sind und selbst in demselben Probestück wesentlich größere Verschiedenheiten in ihren Eigenschaften zeigen.

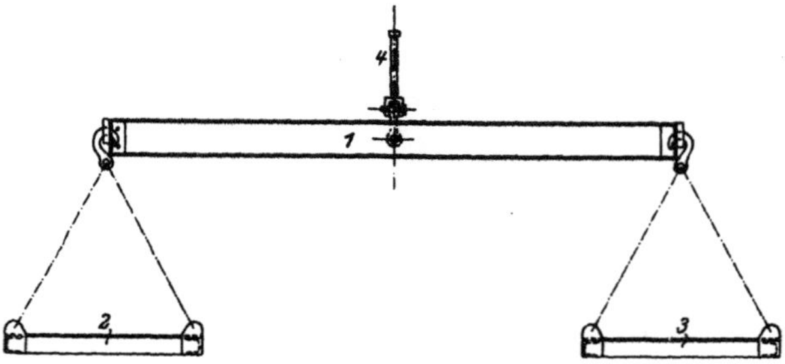

Abb. 636.

Zur Prüfung der Maschinen werden die folgenden Verfahren benutzt:

1. Belastung der Maschine mit bekannten Gewichten:
   a) direkte Belastung;
   b) Belastung unter Benutzung einer zwischengeschalteten Hebelvorrichtung.
2. Vergleichung der zu prüfenden Maschine mit einer anderen:
   a) durch Benutzung einer hydraulischen Presse mit Manometer, die zwischen die Einspannvorrichtungen der Maschine geschaltet wird;
   b) unter Verwendung eines Kontrollstabes, dessen elastische Dehnungen entweder bei Belastung durch Gewichte oder bei Prüfung in einer Materialprüfungsmaschine mit bekanntem Fehler bestimmt wurde.

§ 413. Maschinenkontrolle durch Gewichtsbelastung.

a) Unmittelbare Belastung.

Diese Prüfungsmethode ist bei allen Vertikalmaschinen anwendbar, wenn die Maschinen auf sicherem Untergrunde fundiert sind und somit Schiefstellen ausgeschlossen ist. Zu beachten ist dabei, daß die Last genau in der Mittellinie der Einspannvorrichtung der Maschine angreift. Es empfiehlt sich, eine Vorrichtung zu benutzen, wie sie Abb. 636 zeigt. An den Enden des Trägers 1 befinden sich Schalen 2 und 3, die zur Aufnahme der

Belastungsgewichte bestimmt sind. In der Mitte des Trägers 1 greift die nach allen Richtungen drehbare Aufhängevorrichtung 4 an, mit der die Belastungsvorrichtung an dem die Kraftmessung vermittelnden Einspannkopfe der Maschine angebracht wird.

Bei der Eichung verfährt man in der Weise, daß die auf Nullanzeige genau und leicht spielend eingestellte Prüfungsmaschine stufenweise mit der Kontrollvorrichtung belastet und dann die Angabe des Kraftanzeigers mit dem jeweiligen wirklichen Gewichte der Vorrichtung verglichen wird. Wie ohne weiteres ersichtlich ist, kann eine derartige Vorrichtung nur für Belastungen beschränkter Größe benutzt werden, weil die Bewegung größerer Gewichte und ihre Unterbringung auf den Gewichtsschalen Schwierigkeiten bereiten.

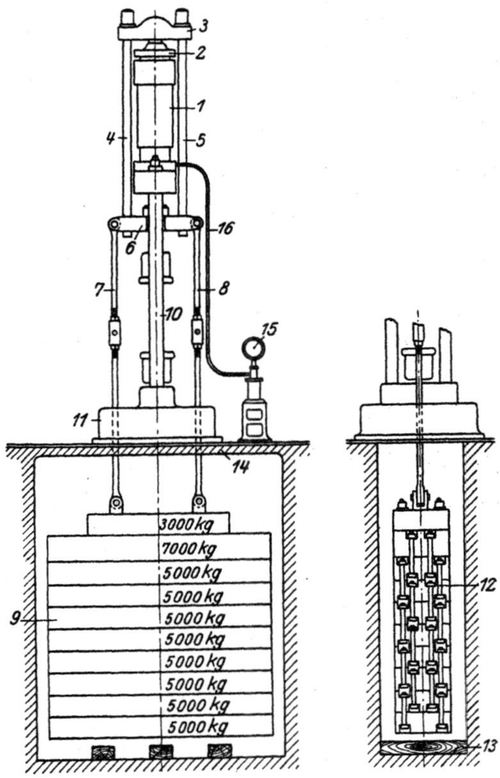

Abb. 637.

Am bequemsten und einwandfreiesten ist eine Kontrollvorrichtung gemäß der Abb. 637, bei der die Belastungsgewichte dauernd unter der Maschine angeordnet bleiben und bei Bedarf mittels eines Gehänges 12 und den Tragstangen 7 und 8 mit der Maschine in Verbindung gebracht werden. Die Tragstangen 7 und 8 hängen an dem Querhaupt 6, das durch die Zugstangen 4 und 5 mit dem oberen Querhaupt 3 in Verbindung steht. Dieses Querhaupt 3 ruht frei beweglich auf dem Kolben 2 der hydraulischen Presse 1 und belastet diese gemäß der Anzahl Gewichte, welche durch das Gehänge 12 schwebend gehalten werden, das Rohr 16 überträgt den Flüssigkeitsdruck der Presse auf den Kraftanzeiger 15. Bei der Eichung werden die Einzelgewichte nacheinander von ihren Auflagern abgehoben, so daß man die den Einzelgewichten entsprechenden Anzeigen am Kraftanzeiger zu vergleichen vermag. Wegen der Reibungseinflüsse im Krafterzeuger ist es notwendig, die Vergleichung sowohl im Ruhezustande als auch während des Anhebens der Gewichte durchzuführen.

b) Belastung unter Benutzung einer zwischengeschalteten Hebelvorrichtung.

Neben dem Vorteil der Möglichkeit höherer Probebelastungen bieten diese Vorrichtungen den Vorzug allgemeiner Anwendbarkeit. Sie sind nicht nur, wie die unter a) genannten, bei Vertikalmaschinen, sondern auch bei solchen horizontaler Anordnung benutzbar.

Ihr Konstruktionsgrundsatz ist aus Abb. 638 und 639 ersichtlich. Zwischen die beiden Preßplatten oder Einspannköpfe 1 und 2 der Materialprüfungsmaschine wird der doppelarmige Hebel 3 mit den Stützen bzw.

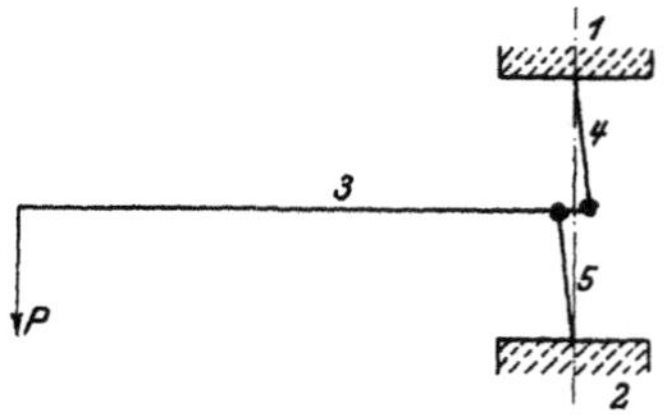

Abb. 638.

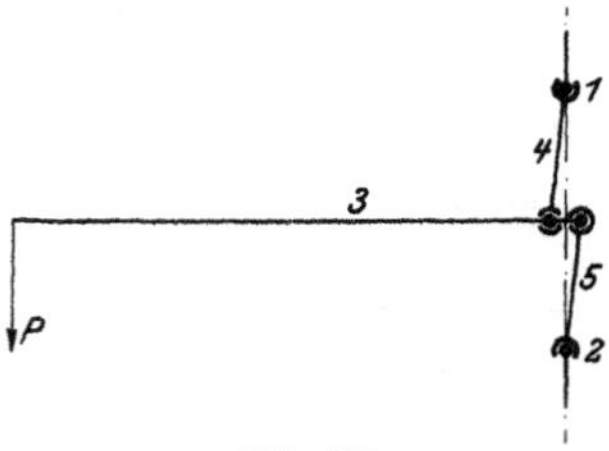

Abb. 639.

Zugstangen 4 und 5 und dem am Ende des Hebels angebrachten Kontrollgewichte P eingeschaltet. Die Größe des auf die Preßplatten bzw. Einspannköpfe 1 und 2 ausgeübten Druckes ergibt sich durch Multiplikation des Kontrollgewichtes P mit dem Übersetzungsverhältnisse des Hebels.

§ 414. Kontrolle durch Vergleichung der zu prüfenden Maschine mit einer anderen.

a) Unter Verwendung einer hydraulischen Presse oder einer Meßdose.

Diese Prüfungsmethode eignet sich in erster Linie für solche Maschinen, welche Einrichtungen für Druckversuche besitzen, und sie ist überall dort anwendbar, wo eine genau anzeigende Materialprüfungsmaschine neben der zu prüfenden zur Verfügung steht.

Zwischen die Preßplatten 1 und 2 der zu prüfenden Maschine wird die hydraulische Presse geschaltet (s. Abb. 640), welche sich mit dem Zylinder 3 einerseits und dem Kolben 4 andererseits unter Vermittelung der kugelig gelagerten Platten 5 und 6 gegen die Preßplatten stützt. Durch die Rohrleitung 7 wird Flüssigkeit in den Zylinder eingepreßt und mit Kontrollmanometer 8 der entstehende Druck gemessen. Durch Vergleichung der Manometeranzeigen der Presse mit den Kraftanzeigen der zu prüfenden Maschine und mit den Anzeigen der Maschine mit bekanntem Fehler läßt sich der Fehler der ersteren berechnen.

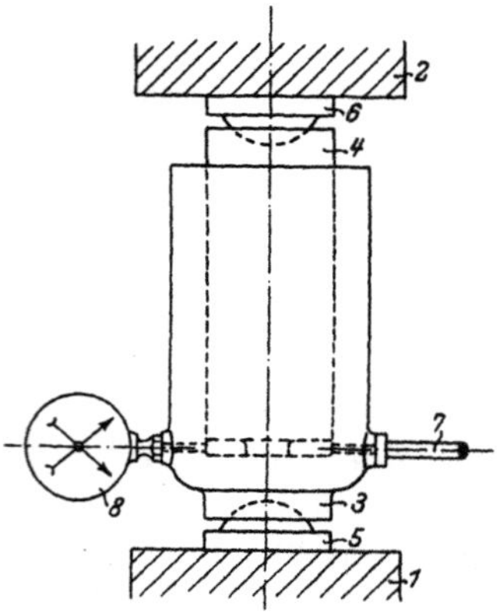

Abb. 640.

Bei dieser Eichungsmethode ist auch eine geeichte Meßdose (s. § 376) verwendbar. Sie wird in der gleichen Weise angewendet wie die Presse und kann unmittelbar als Meßinstrument benutzt werden, ohne daß sie vor jedem Versuche selbst geeicht zu werden braucht. Die Anordnung der Amslerschen Meßdose bei der Maschinenkontrolle und zwar bei Zugbeanspruchung zeigt die Abb. 580 Seite 630.

b) Unter Benutzung eines Kontrollstabes.

Die Maschinenprüfung mit Kontrollstab darf als die zuverlässigste und in der Handhabung bequemste bezeichnet werden. Sie erfordert jedoch völliges Vertrautsein mit der Benutzung von Spiegelapparaten und den bei Elastizitätsmessungen auftretenden Fehlern.

Im Prinzip ist diese Eichungsmethode weiter nichts als eine Vergleichung der Kraftanzeige der Maschine mit der eines Federdynamometers höchster Empfindlichkeit, da bei ihr ein Zug- oder Druckprobestab benutzt wird, dessen elastische Dehnungen mit Spiegelapparaten bei Belastung mit bekannten Gewichten gemessen wurden. Je nachdem der Stab für Zug- oder Druckprüfungsmaschinen bestimmt ist, werden positive oder negative Dehnungen festgestellt. Kennt man die zu bestimmten Belastungen gehörigen Dehnungen, so sind rückwärts nach Einstellung bestimmter Dehnungen leicht die entsprechenden Belastungen zu ermitteln. Die Vergleichung dieser Belastungen mit den Kraftanzeigen der Maschine ergibt die Fehler.

Die Abmessungen der Kontrollstäbe müssen derart gewählt werden, daß die Höchstbelastung, für die der Stab bestimmt ist, unter der Elastizitätsgrenze liegt. Zweckmäßig verwendet man zur Herstellung der Stäbe geschmiedeten, gut geglühten Tiegelflußstahl oder Spezialstahl.

Falls man nicht selbst über einwandfreie Eichungsvorrichtungen verfügt, überlasse man die Eichung der Stäbe einer zuverlässigen Materialprüfungsanstalt, die Vergleichsstäbe der entsprechenden Abmessungen besitzt.

Das Materialprüfungsamt Berlin-Dahlem ist in der Lage, mit einem besonderen Kontrollstabprüfer, der die Dehnung der Stäbe durch direkte Gewichtsbelastung bis zu 10000 kg erzeugen läßt, die Stabeichungen einwandfrei vorzunehmen. Die höheren Belastungen werden dagegen in Materialprüfungsmaschinen erzeugt, deren Anzeige bis 10000 kg durch Vergleichung mit dem Kontrollstabprüfer geeicht und deren weitere Kraftstufen unter Annahme stetigen Verlaufes der Spannungs-Dehnungskurve des Materials aus den Stabdehnungen ermittelt werden[1]).

Da jede Messung mit Fehlern behaftet ist (s. § 326), müssen zur Ausschaltung der zufälligen Fehler die Dehnungsmessungen mehrere Male und am besten von verschiedenen Beobachtern wiederholt werden. Die Spiegelapparate sind dabei jedesmal neu anzusetzen, und es ist rätlich, sich vor Beginn der Messung durch Klopfen an den Probestab davon zu überzeugen, daß die Spiegel feststehen.

Aus sämtlichen Ablesungen ist für jede Belastungsstufe ein Mittelwert zu bilden, der als wirkliche Stabdehnung zu betrachten und mit den für den Kontrollstab angegebenen Dehnungen in Vergleich zu setzen ist. Die Abweichungen zwischen den ermittelten und den Sollwerten für den Kontrollstab stellen die Stabdehnungen dar, die dem Fehler der Lastanzeige der Maschine entsprechen. Sind die Abweichungen erheblich, d. h. mehr als $\pm 1\%$, so ist der Kraftmesser der Maschine zu justieren oder es ist eine Fehlertabelle aufzustellen, aus der der jeweilige Fehler bei Materialprüfungen entnommen werden kann.

Für die zur Maschineneichung mit Kontrollstab benutzten Spiegelapparate gilt das in den §§ 337 und 338 Erwähnte. Es müssen diese Apparate

[1]) Die in der Abb. 637 dargestellte Materialprüfungsmaschine der Kruppschen Versuchsanstalt, kann zur Gewichtsbelastung und Eichung von Kontrollstäben bis zu 50000 kg benutzt werden.

selbst sorgfältig kontrolliert werden und es empfiehlt sich, zur Vermeidung schneller Abnutzung der Schneiden einen besonderen Spiegelapparat für den Kontrollstab zu verwenden. Obgleich es selbstverständlich sein sollte, mag noch betont werden, daß der Spiegelapparat stets an der gleichen Stelle des Kontrollstabes angesetzt werden muß und daß es notwendig ist, die Meßlänge am Kontrollstab durch Anreißen, allerdings sehr wenig tiefer, Strichmarken zu begrenzen bzw. festzulegen.

Abb. 641.

Aus der Abb. 641 ist die Anordnung eines Kontroll-Druckzylinders mit Spiegelapparat in der 150 t-Amsler-Materialprüfungsmaschine ersichtlich.

c) Unter Benutzung von Stauchzylindern aus Kupfer.

Die Eichung mit Stauchzylindern ist überaus einfach sowie rasch durchführbar, und wenn sie sorgfältig geschieht, liefert sie Ergebnisse, deren Genauigkeit auf $\pm 2\%$ geschätzt werden darf. Die Ausführung erfolgt nach Art eines Druckversuches derartig, daß kalibrierte Kupferzylinder, deren Größe der jeweiligen Maschinenkraft entspricht, in der Maschine angeordnet und mit allmählich steigender Kraft bis zu bestimmter Höhe belastet werden. Die dadurch verursachte Zusammendrückung wird gemessen und in Vergleich gebracht mit der Zusammendrückung von Kupferzylindern der gleichen Größe, die aus demselben Material hergestellt und in genau anzeigenden Prüfungsmaschinen hinsichtlich der Abhängigkeit ihrer Zusammendrückung von der Belastung geprüft wurden.

Reicht ein Kupferzylinder zur Aufnahme der Belastung nicht aus, dann können mehrere solcher Zylinder nebeneinander auf der Druckplatte der Maschine angeordnet werden. Es ist in solchem Falle aber darauf zu achten, daß die Belastung auf alle Zylinder gleichmäßig verteilt zur Wirkung gelangt.

Diese Stauchzylinder werden auch zur Kontrolle der Fallwerke benutzt (s. S. 162).

Zu erhalten sind derartige Stauchzylinder mit Belastungstabellen u. a. vom Materialprüfungsamt Berlin-Dahlem.

Autoren- und Sachverzeichnis[1]).

[1]) Es empfiehlt sich beim Aufsuchen von Prüfungsverfahren oder von besonderen Gegenständen das Inhaltsverzeichnis am Anfange des Buches mit zu benutzen.

GPSR Compliance

The European Union's (EU) General Product Safety Regulation (GPSR) is a set of rules that requires consumer products to be safe and our obligations to ensure this.

If you have any concerns about our products, you can contact us on ProductSafety@springernature.com

In case Publisher is established outside the EU, the EU authorized representative is:

Springer Nature Customer Service Center GmbH
Europaplatz 3
69115 Heidelberg, Germany

Batch number: 10682269

Printed by Printforce, the Netherlands